Analytic Combinatorics

分析组合学

[法] 菲利普·弗拉若莱（Philippe Flajolet）
[美] 罗伯特·塞奇威克（Robert Sedgewick） 著
冯贝叶 译

哈爾濱工業大學出版社
HARBIN INSTITUTE OF TECHNOLOGY PRESS

黑版贸审字 08－2015－061 号

图书在版编目(CIP)数据

分析组合学/(法)菲利普·弗拉若莱(Philippe Flajolet),(美)罗伯特·塞奇威克(Robert Sedgewick)著;冯贝叶译.—哈尔滨:哈尔滨工业大学出版社,2021.9

书名原文:Analytic Combinatorics

ISBN 978－7－5603－9615－6

Ⅰ.①分…　Ⅱ.①菲…②罗…③冯…　Ⅲ.①组合－数学分析　Ⅳ.①O122.4

中国版本图书馆 CIP 数据核字(2021)第 149300 号

策划编辑　刘培杰　张永芹
责任编辑　王勇钢　刘春雷
封面设计　孙茵艾
出版发行　哈尔滨工业大学出版社
社　　址　哈尔滨市南岗区复华四道街 10 号　邮编 150006
传　　真　0451－86414749
网　　址　http://hitpress.hit.edu.cn
印　　刷　哈尔滨市工大节能印刷厂
开　　本　787 mm×1 092 mm　1/16　印张 59.5　字数 1 050 千字
版　　次　2021 年 9 月第 1 版　2021 年 9 月第 1 次印刷
书　　号　ISBN 978－7－5603－9615－6
定　　价　88.00 元

(如因印装质量问题影响阅读,我社负责调换)

◎前言

学习分析组合学的目的是想通过多种多样的数学分析方法来精确地预测大型组合结构的性质，而生成函数是这一理论研究的中心对象.

分析组合学从确切的枚举来描述生成函数的组合结构开始，使生成函数第一次作为纯粹的、正式的代数对象出现. 从此之后，生成函数成了复分析的研究对象，即看成复平面到其自身的映射. 而奇异性确定了生成函数渐近形式的系数，并推导出了计数序列的精确估计. 这个推理链适用于一大类关于单词、成分、分拆、树、置换、图形、映射、平面构型等离散数学方面的问题. 对这一方法进行适当的改进后，开辟了通过扰动方法对大型随机结构的特征参数进行定量分析的新途径.

分析组合学所提供的解决离散数学中定量问题的方法，可以看成围绕以下三种组合组织的操作性计算.

符号方法. 衍生出了一些在离散数学上的、主要结构经过精确的计数序列编码的、关于生成函数操作之间的系统关系.

复渐近. 阐述了一套方法，通过这些方法可以从生成函数中抽取渐近的计数信息，一旦这些信息被看成是复域中的解析变换，奇异性似乎就成了确定渐近行为的关键性因素.

随机结构. 涉及大型随机结构本身的概率性质. 例如，哪些性质发生的概率很高？什么定律制约着大型对象中的随机性？在分析组合学中，通过标准枚举理论中的变形（添加辅助变量）和扰动（检查这些辅助变量发生微小变化后的效应）都可以处理这些问题. 本书通过列举大量的离散数学和组合学中的典型例子来阐述这一观点. 我们的最终目标是得出一套可对大型随机结构的度量性质定量的有效方法.

由于具有对大型离散结构性质定量的能力，分析组合学适用于多方面的应用. 这些应用不仅可用于组合学本身，也许更重要的是可用于其他科学领域中的离散概率模型，如统计物理、计算生物学、电气工程和信息理论等. 最后需要提到的是，研究上述问题时所采用的算法分析、计算机科学中的数据结构等方法，对于促进理论的发展至今仍起着重要的作用.

* * * * * * * * * * * *

部分 A：符号方法　这部分专门介绍符号方法，这种方法构成了一个统一的代数理论，其目的是建立计数生成函数之间的函数关系. 事实证明，一组一般的（并且是简单的）定理提供了组合结构和生成函数操作之间的一种系统的翻译机制. 这个翻译过程是纯形式的. 事实上，关于基本计数，存在着两个并行的框架，其中一个用于无标记的结构和普通的生成函数，另一个用于有标记的结构和指数生成函数. 此外，在这一理论中，通过添加补充变量可以简单地处理组合配置的参数. 部分 A 由三章组成：第Ⅰ章处理无标记的对象；第Ⅱ章以与第Ⅰ章平行的方式开发标记对象；第Ⅲ章处理这一理论的多变量方面的内容，这些内容适用于分析组合结构的参数.

* * * * * * * * * * * *

部分 B：复渐近理论　这部分具体阐述复渐近理论，它是一种统一的分析理论，这一理论专门致力于如何从计数生成函数中提取渐近信息. 一组一般的（并且是简单的）定理提供了生成函数系数的渐近形式之间的一种系统的翻译机制. 这一部分由五章组成. 第Ⅳ章介绍复分析方法并处理半纯函数（即其奇点都是极点的函数），有理函数是这种函数最简单的例子；第Ⅴ章拓展有理函数和生成函数的半纯渐近的应用，这些应用涉及单词和语言，行走和图表以及排列等多方面的内容. 第Ⅵ章介绍奇点分析的一般理论，这一理论适用于各种类型的奇点，例如平方根或对数，并且可以应用于树状结构以及其他递归定义的组合类. 第Ⅶ章介绍奇点分析的应用，这些应用涉及2—正规图和多项式、各种树、映射、无上下文关系的语言、行走和地图等多方面的内容. 这一章还特别讨论了代数函数的系数分析. 第Ⅷ章探讨了鞍点方法，这种方法对处理在奇点处急剧增长的解析函数和很多仅在无穷远处具有奇异性的函数(即整函数)是有用的.

* * * * * * * * * * * *

部分C(即第Ⅸ章)：随机结构　这部分专门分析我们将其看成是单变量函数的变形和扰动的多变量生成函数. 通过组合符号方法，复渐近和扰动方法在组合学中可以发现从Poisson分布律到Gauss分布律以及稳定分布等许多已知的离散的或连续的概率论定律. 因此，很多经典组合结构的重要特点可以在分布中精确地量化.

* * * * * * * * * * * *

部分D：附录　附录A总结了一些组合和渐近方面关键的基本概念，其中有渐近扩展，语言和树等. 附录B概括了复分析必要的背景知识，它可以看作关于复分析的自满足的小型教程，其中包括解析函数，Γ函数，隐函数以及Mellin变换等内容. 附录C回顾了一些在分析组合学中有应用的概率论中的一些基本概念.

* * * * * * * * * * * *

本书为了方便读者阅读，每个主要方法都通过具体例子加以解释，并用相当大的篇幅给每个具体问题提供一个完整的详细解答. 这些解答不仅用到了组合学本身的知识，也借用了相关学科的内容，这不仅适合研究不同数学分支的数学家，也适合其他学科的研究人员阅读. 分析组合学这本书是自满足的，包括了足够的附录，在这些附录中概括了组合学，复变函数论和概率论方面必要的背景知识. 书中有超过450个插入在正文中的简短的注记[①]，这些注记可作为自学的材料或学习的习题，同时还提供了大量的参考文献供读者参考和进一步学习研究之用. 我们也尽力让读者掌握核心的思想而不只是技术细节，我们假

---

① 注记用▶◀表示。

设读者已有一定程度的数学背景，但这只是我们对亲爱的读者们所应具备的基本预备条件的一种期望. 这本书具有强烈的解决实际问题的愿望，实际上它可以看作是一本手册，甚至是一个巨大的算法库，它们引导读者去解决一大类不同来源的离散数学模型的问题. 本着这种精神，我们的很多研究与计算机代数和符号操作系统有着密切的联系.

以本书为基础，可以用各种方式将其作为(实际上已经作为)一本教材来使用. 第Ⅰ章至第Ⅲ章关于符号方法的这一部分可以看成是对组合枚举形式方面的一个系统的、易于接受的介绍. 因此，本书将一些在相关文献[①]中找到的丰富的材料，例如 Bergeron-Labelle-Leroux，Comtet，Goulden-Jackson 和 Stanley 等学者的结果明显地引用在书的各处. 第Ⅳ章至第Ⅷ章关于复渐近的内容提供了许多具体的例子，这些例子说明了经典复分析和渐近分析在其传统应用范围中的作用. 因而可以在有关纯数学或应用数学的课程中使用这些材料，它们提供了丰富的非经典的例子. 此外，渗透在书中各处的符号操作系统提供了相当多的表明这些系统作用的范例，这些材料说明用其可以对许多组合模型进行测试或进行具体的实验. 符号系统可以用于快速随机生成、详细地验证非渐近方式的模型等，通过解析展开和奇异性分析而进行高效的实验等方面.

我们在这个项目开始时的最初目的是建立一套统一的可用于算法分析的方法. 现在计算机科学已经得到了很好的发展，并已在 Knuth，Hofri，Mahmoud 和 Szpankowski 等人所著的书，Vitter-Flajolet 的综述，以及更早的我们在 1996 年出版的 *Introduction to the Analysis of Algorithms*(《算法分析导引》)中做了详细的介绍.《分析组合学》这本书可以作为计算机科学在此领域中极其有用的一个系统性的演示. 作为背景知识阅读的读者可参见 Knuth 的 *Art of Computer Programming*(《计算机编程的艺术》)一书. 统计物理学(例如，van Rensburg 等人)，统计学(例如，David 和 Barton)和概率理论(例如，Billingsley，Feller)，数理逻辑(例如，Burris 的书)，解析数论(例如，Tenenbaum)，计算生物学(例如，Waterman 的教科书)以及信息论(例如，Cover-Thcmas，MacKay 和 Szpankowski)等方面的研究指出了计算机科学和组合学与其他科学领域之间的许多惊人的联系. 因此，本书中的方法和材料也可作为统计学，概率论，统计物理学，有限模型理论，解析数论，信息论，计算机代数，复分析，以及

---

① 论文和文献可在书末的参考文献中找到.

算法分析方面的方法和应用的补充与参考.

致谢. 如果没有 Neil Sloane 的 *Encyclopedia of Integer Sequences*, Steve Finch 的 *Mathematical Constants*, Eric Weisstein 的 *Math World*, 以及主机位于圣安德鲁斯的马克丢特数学历史数据网站(*MacTutor History of Mathematics site*), 这本书将和目前的形式明显不同, 并且信息量要小得多. 我们也极大地受益于如 Numdam, Gallica, GDZ(数字化数学文献), ArXiv, 以及 Euler Archive(欧拉档案)等开放的在线网站, 所有上述网站都是(或至少已经在某个阶段)免费的. Bruno Salvy 和 Paul Zimmermann 基于 MAPLE 系统的符号运算开发的组合结构和生成函数的算法和数据库已经被证明是非常有用的. 我们也非常感谢免费软件 Unix, Linux, Emacs, X11, TEX 和 LATEX 的作者以及符号操作系统 MAPLE 的设计师, 他们所创造的人机对话环境和平台对我们是非常宝贵的. 我们还要感谢在巴塞罗那, 伯克利(MSRI), 波尔多, 卡昂, 格拉茨, 巴黎(巴黎综合理工大学, 巴黎高等师范学院), 普林斯顿, 智利圣地亚哥, 乌迪内和维也纳等地听课的学生, 他们对我们讲课的反应大大地帮助了我们, 使本书变得更加完美. 最后感谢许多同事对这本书所做的贡献, 特别感谢 Analysis of Algorithms(A of A) (算法分析)社区的成员提供的强力支持、帮助和互动, 我们尤其要提到 Nicolas Broutin, Michael Drmota, Eric Fusy, Hsien-Kuei Hwang, Svante Janson, Don Knuth, Guy Louchard, Andrew Odlyzko, Daniel Panario, Carine Pivoteau, Helmut Prodinger, Bruno Salvy, Michè Soria, Wojtek Szpankowski, Brigitte Vallée, Mark Daniel Ward 和 Mark Wilson 等人. 此外, Ed Bender, Stan Burris, Philippe Dumas, Svante Janson, Philippe Robert, Löc Turban 和 Brigitte Vallée 也提供了很有见地的建议和反馈, 使我们能够及时地修改了本书几个章节的介绍并纠正了许多错误. 我们也非常荣幸地能与剑桥大学出版社的数学编辑 David Tranah 合作, 在这些年中, 他一直是一个特别(耐心地)支持本书出版的伙伴. 最后, 我们本国机构(INRIA 和普林斯顿大学)的支持以及其他方面(法国政府, 欧盟和 NSF)各种基金的赞助才使我们的合作成为可能.

法国国家情报与自动化研究协会—罗康库

Philippe Flajolet(**菲利普·弗拉若莱**)

美国普林斯顿大学

Robert Sedgewick(**罗伯特·塞奇威克**)

◎译者说明

历时近三年,终于将这本巨著译完.对此,译者感到印象十分深刻.首先,这是我为哈尔滨工业大学出版社所翻译过的最难翻译的书之一,说它难翻译,一是这本书所涉及的专业词汇和术语特别多,而且有很多在数学辞典中也查不到,需要自己揣摩上下文的含义而自创,这就使译者有诚惶诚恐之感,深恐自创的不当.二是此书是根据作者在世界各地多次讲课的记录写成,可能是为了增加讲课的风趣性吧,书中的比喻、俏皮话用得特别多,而且时不时加上两句法语或德语的警句或短语,这些无疑增加了翻译的难度.因此译者首先说明这点,以求读者和有关专家对此书翻译中可能有的错误和不当之处给予原谅,并诚恳地期望他们能够向译者指出(fby@amss.ac.cn).

其次是对本书的内容的新颖和材料的丰富感到印象深刻.像这样讲组合学,我还是第一次见到(也许是译者本人孤陋寡闻).译完本书后,译者有一种做应用题从小学进入中学学完解方程后的感觉.大家都知道,在小学遇到的应用题通常都会感到比较难,你需要用各种不同的巧妙办法直接列出得出答案的算数式子，而且不同的问题有不同的思路，没有统一的方法．而学了解方程之后，就有了统一的方法，而且不需要直接列出得出答案的算数式子，而只需找出问题中的等量关系，从而列出方程即可，以后只需解方程即可得出答案．

本书中的符号方法的思想与此类似，按照作者提出的这一套方法，你只需要把所要研究的问题中出现的组合类用一些集合论中的符号通过一些基本的组合类表示出来，那么你所感兴趣的组合类的生成函数即可机械地、自动地“翻译”出来，从而有关枚举和计数的问题即可解决．这也正是作者多年来的理想——得出一种解决组合问题的一般的统一方法．虽然作者承认，他们没能完全做到这一点，但无疑他们已经迈出了极有意义的一大步．

当然，说起来这一套方法是非常有吸引力的，但是对一个初学者来说，学会按照本书的思路熟练地应用本书中所给出的方法仍需要大量的练习和反复的学习，直到你已经对这套方法形成了条件反射和有意识的思考方式为止．

本书的安排是循序渐进的．部分 A 是本书的基础，其枚举和计数的结果都是精确的．然而有很多组合问题至今都无法得出精确的计数结果，或即使有也复杂的没有应用意义，这时研究者就转而考虑当参数（通常是组合类的容量 n）充分大时，对于计数结果的渐近表示问题，这就是本书部分 B 的主题．这一课题就是比较高级的了，而且解决问题的方法也真正进入了数学分析的高级阶段，所涉及的知识也更深、更广泛．比如说，这部分大量使用了复变函数的知识和方法，这都是理工科大学高年级大学生和研究生学习的内容，因而对读者的要求也更高．部分 C 则进入了概率领域，这是更高级的课题了．因此，读者可根据自己的数学程度阅读本书，对于只具有高中和大学一二年级水平的读者，译者建议他们可只阅读本书的部分 A．

上面译者提到，本书所收集的材料是极为丰富的，包括了几百个例子和注记（这些注记也都是一些有趣的问题，历史上著名问题的结果，通常给出了简明的解决线索、提示或有关的参考文献）．因此本书也可作为一本组合学的百科全书或辞典来使用．然而，这需要读者自行制作一个索引才能发挥这一功能．大部分外文书都是附有简要的索引的，这对读者来说是一个极大的便利．然而遗憾的是，对于翻译书来说，译者自己无法完成这一工作（由于译稿的页数和正式出版的书的页数并不一致．也许将来能有一种办法使二者能够统一起来，但即使是那样，做索引也并不是译者的义务，因为那需要大量增加译者的劳动．）因此，译者建议读者对本书至少读两到三遍，并在读第二遍或第三遍时做一个索引（建议使用计算机做，因为比如在按汉语拼音排列时，便于在添加新条目时加入).

相信读者在第一次接触本书时,会对本书所给的材料和方法的新颖感到兴奋,同时也会感到一种生疏和困难,但是一旦你克服了这些困难,你的能力无疑将会得到很大的提高,这时你将会感到一种很强烈的兴奋和满足.

冯贝叶

2019 **年底**

◎目录

部分 C 随机结构

部分 D 附录

邀请分析组合学教授来访的欢迎词

διὸ δὴ συμμειγνύμενα αὑτά τε πρὸς αὑτὰ καὶ πρὸς ἄλληλα τὴν ποικιλίαν ἐστὶν ἄπειρα· ἧς δὴ δεῖ θεωροὺς γίγνεσθαι τοὺς μέλλοντας περὶ φύσεως εἰκότι λόγῳ

——Plato, The Timaeus(柏拉图，蒂迈欧篇)①

《分析组合学》基本上是一本关于组合的书，也就是根据有限的规则建立的有限结构的研究的书. 标题中的分析表示我们特别关注自己的数学分析方法，特别是复分析和渐近分析. 值得注意的是，组合枚举和复分析这两个领域在本书中首次被组织在一起，形成一套连贯的方法. 我们的宏大目标是发现连续性如何帮助我们了解离散性并量化其性质.

组合学，正如它的名称所示，是研究组合规律的科学. 给定用简单成分组成某种对象的基本规则，由此而产生的性质是什么？这里，我们的目标是开发一套专门用于确定组合结构的定量性质的方法. 换句话说，我们想度量研究的对象. 比如说，我们有 n 个不同的对象，例如卡片或不同颜色的球. 那么我们有多少种方法可以把它们放在桌子上排成一排呢？你肯定认识到这是一个计数问题——其目的是发现 n 个元素的排列的数量. 答案当然是阶乘数

$$n! = 1 \cdot 2 \cdot \cdots \cdot n$$

这是一个很好的开始，如果你具备耐心或有一个计算器，你很快就能确定当$n=31$时，排列的数量已是一个相当大的数量

$$31! = 8\ 222\ 838\ 654\ 177\ 922\ 817\ 725\ 562\ 880\ 000\ 000$$

这是一个 34 位的十进制整数. 我们看到，阶乘解决了一个需要花一段时间来整

---

① “所以他们与自己和彼此的组合带来了无尽的复杂性，任何人如果想给出一个可能实现的说法，必须要高瞻远瞩.”Plato 在解释 Plato 式的固体被看成理想化的物理宇宙的主要成分时这样说.

理的枚举问题，公式 $n!$ 中的“…”的意义并不是那么容易看出的. 在 Donald Knuth(唐纳德·克努特)的书 *The Art of Computer Programming*(《计算机编程的艺术》，第三卷，第 23 页)中，Donald Knuth 追溯到希伯来的 *Book of Creation*(《创作书》)(c. AD 400)和印度的经典 *Anuyogadvara-sutra*(c. AD 500)中的发现.

假如你对排列感兴趣，我们在这里再给出一个更加细致的问题. 在这种排列中，第一个元素小于第二个元素，第二个元素大于第三个元素，而第三个元素又小于第四个元素，等等. 像这样的各种向上和向下的排列称为上下排列或 Z 字形排列，更正式的名称是交替排列. 设 $n=2m+1$ 是一个奇数，那么 $n=9$ 时的一个例子如下

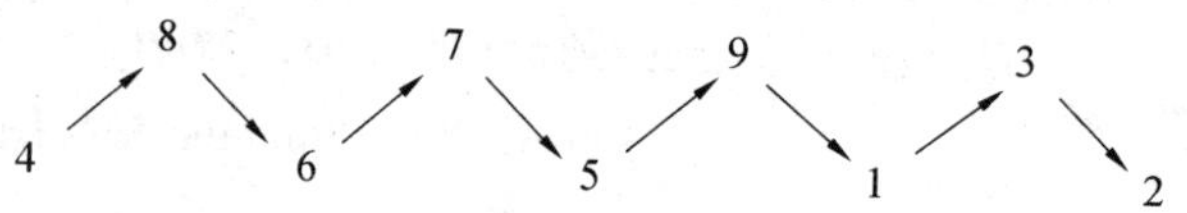

当 $n=1,3,5,\cdots,15$ 时，交替排列的数目分别是

$$1,2,16,272,7\,936,353\,792,22\,368\,256,1\,903\,757\,312$$

这些数字是怎么来的？它们与对应大小的全排列的总数的关系又是什么？浏览一下对应的全排列总数，即 $1!,3!,5!,\cdots,15!$，或者

$$1,6,120,5\,040,362\,880,39\,916\,800,6\,227\,020\,800,1\,307\,674\,368\,000$$

对照一下这两行数的最后两个数可以看出阶乘增长得有点快，但是怎么快以及快多少？这正是我们在本书中要解决的典型问题.

现在让我们验证交替排列的数目. 1881 年，法国数学家 Désiré André(德赛里·安德烈)得出了一个惊人的发现. 看看三角函数 $\tan z$ 的 Taylor(泰勒)展开式的前几项

$$\tan z=1\frac{z}{1!}+2\frac{z^3}{3!}+16\frac{z^5}{5!}+272\frac{z^7}{7!}+7\,936\frac{z^9}{9!}+353\,792\frac{z^{11}}{11!}+\cdots$$

就会惊奇地发现其中出现的系数竟然就是交替排列的数目组成的序列：1，2，16，….

我们称左边的函数是这个序列的生成函数(由于分母中的阶乘，准确地说，是一个指数型的生成函数).

André 的推导现在可以看成是通过某些标记的二叉树(图 0.1 和 Ⅱ.30 节)而简单地反映了排列的结构. 给定一个排列 σ，一旦 σ 通过取最大元素作为根，并附加左子树和右子树，就可被分解成一个三元组 $(\sigma_L,\max,\sigma_R)$，然后从 σ_L 和 σ_R 递归子树而得出一棵树. 本书的部分 A 通过所有这种树的类 $\mathcal{T}$ 的结构，全面

细致地开发了符号方法. 把

$$\mathcal{T} = ① \cup (\mathcal{T}, \max, \mathcal{T})$$

翻译成生成函数的关系,就得出

$$T(z) = z + \int_0^z T(w)^2 \mathrm{d}w$$

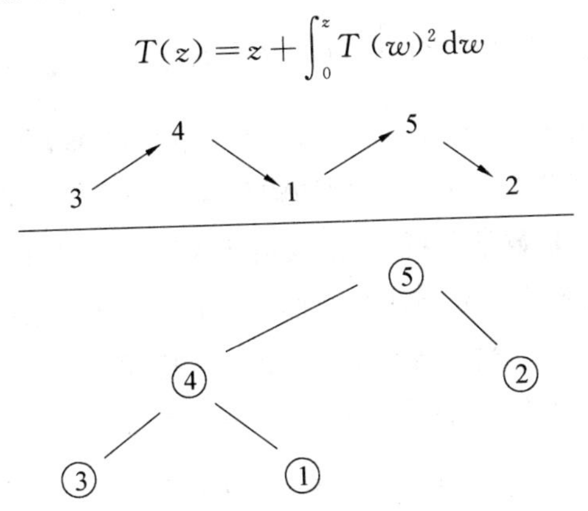

图 0.1　一个交替排列(顶部)和递减的二叉树(底部)之间的对应关系的例子:每个二叉节点具有两个后代,它们具有较小的标号. 这样一种可用生成函数描述并最终提供计数问题的解决方案的结构,是部分 A 的主要课题

在上面的等式中,$T(z) := \sum_n \frac{T_n z^n}{n!}$ 是序列 T_n 的指数型生成函数,其中 T_n 是所有长度为 n(奇数)的交替排列的数目. 在组合的形式和生成的函数之间有一个引人注目的类似关系:取并($\cup$)给出和($+$),最大位置给出积分($\int$),它们构成一对对应于平方($[\cdot]^2$)的树.

众所周知,到了这一步,为了得出 $T(z)$ 的表达式,就必须解微分方程

$$\frac{\mathrm{d}}{\mathrm{d}z} T(z) = 1 + T(z)^2, T(0) = 0$$

通过经典的方法[①],就得出 T 的确切的表达式

$$T = \tan z$$

现在,生成函数就可给出一个计算系数的简单算法. 实际上,当 n 是奇数时,公式

$$\tan z = \frac{\sin z}{\cos z} = \frac{z - \frac{z^3}{3!} + \frac{z^5}{5!} + \cdots}{1 - \frac{z^2}{2!} + \frac{z^4}{4!} + \cdots}$$

① 我们有 $\frac{T'}{1+T^2} = 1$,因此 $\arctan(T) = z$,而 $T = \tan z$.

蕴含关系式(对照 $T(z)\cos z=\sin z$ 两边 z^n 的系数)

$$T_n-\binom{n}{2}T_{n-2}+\binom{n}{4}T_{n-4}-\cdots=(-1)^{\frac{n-1}{2}}$$

其中 $\binom{a}{b}=\frac{a!}{b!\ (a-b)!}$ 是通常的二项式系数符号.

现在,枚举问题就可以认为已被解决,由于我们有非常简单的算法去确定计数的序列,而生成函数可以用众所周知的数学符号给出显式的表达式.

分析. 我们指的是数学分析,通常被描述为**逼近**的艺术和科学. 阶乘和正切数的序列增长得有多快? 如何**比较**它们的增长? 这些都是典型的分析问题.

首先,考虑排列数 $n!$. 当 n 很大时,这个数量把我们带到渐近分析的领域. 用初等函数表达阶乘数的方式称为 Stirling 公式[①]

$$n!\ \sim n^n e^{-n}\sqrt{2\pi n}$$

其中符号"~"表示"近似相等"(其精确意义是当 n 趋于无穷大时,两边的项的比趋向于 1). 这个美丽的以苏格兰数学家 James Stirling(詹姆斯·斯特林, 1692—1770)的名字命名的公式,奇妙地涉及自然对数的底 e 和圆的周长 2π. 当然,没有分析你不可能得出这样的结果. 作为第一步,有一个估计

$$\log n!\ =\sum_{j=1}^{n}\log j\sim\int_1^n\log x\mathrm{d}x\sim n\log\left(\frac{n}{e}\right)$$

这个估计至少解释了 $n^n e^{-n}$ 这一项,但已需要不少初等计算(Stirling 的精确公式来自几十年后由 Newton(牛顿)和 Leibniz(莱布尼茨)所奠基的微积分.) 注意 Stirling 公式的效用:它几乎瞬间就告诉我们 100! 是 158 位数,而 1 000! 是 $10^{2\,568}$ 位数,一个天文数字.

下面我们来估计正切数 T_n 的序列的增长. 对生成函数 $\tan z$ 的导出的分析到目前为止基本上是代数的或"形式"的. 我们可以画出正切函数的图像,当变量取实数值时,我们可以看到函数在点 $\pm\frac{\pi}{2}$, $\pm\frac{3\pi}{2}$ 等处变成无穷大(图 0.2). 函数为了"光滑"性(可微分)而停下的这些点称为奇点. 通过本书中已详尽发展的方法,正是在其"主导"奇点(即,接近原点的奇点)处的生成函数的局部性质确定了系数序列的渐近生长. 从这个角度来看, $\tan z$ 在 $\pm\frac{\pi}{2}$ 处具有主奇点这一

---

① 在本书中,我们将对 Stirling 公式给出五种不同的证明,每种证明都出于对它自身的兴趣:(i) 通过 Cayley 树函数的奇异性分析;(ii) 通过多元对数的奇异性分析;(iii) 采用鞍点方法;(iv) Laplace(拉普拉斯) 方法;(v) 通过对 Γ 函数的对数应用 Mellin(梅林) 变换的方法.

基本事实,使我们可以推出:生成函数 $\tan z$ 的首次逼近发生在其两个主奇点附近,即

$$\tan z \underset{z\to\pm\frac{\pi}{2}}{\sim} \frac{8z}{\pi^2 - z^2}$$

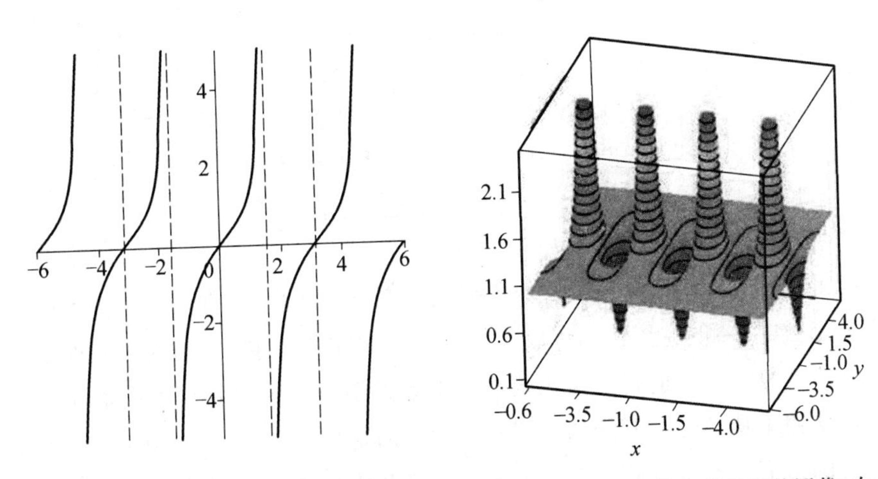

图 0.2　函数 $z\to\tan z$ 的两种图像. 左:对实数值 $z\in[-6,6]$ 描点所得出的图像. 右:模量当 $z=x+\mathrm{i}y$(其中 $\mathrm{i}=\sqrt{-1}$)分布在复平面的正方形 $\pm 6\pm 6\mathrm{i}$ 中时,以模 $|\tan z|$ 作为垂直于复平面方向的坐标轴的坐标所描出的图形. 正如将在部分 B 中详细叙述的那样,这是复域中奇点的本质

对照上式两边的系数,即可得出对于系数的有效逼近:当 n 是奇数,并且 $n\to\infty$ 时,有

$$\frac{T_n}{n!} \sim 2\cdot\left(\frac{2}{\pi}\right)^{n+1}$$

使用现有的技术,通过可实用的符号操作系统(也称为"计算机代数"系统)不难验证估计的准确性. 下面是对 $n=3,5,\cdots,21$ 算出的一个小金字塔,对照 T_n 的精确值和其近似值 T_n^* 即可看出

$$T_n^* = \left[2\cdot n!\ \left(\frac{2}{\pi}\right)^{n+1}\right]$$

以粗体字显示的近似值的差异数字表明,对于 $n=21$,误差的数量级只有十亿分之一. 渐近分析在这种情况下,显得出奇的准确.

(T_n)	(T_n^*)
2	**1**
16	1**5**
272	27**1**
7936	793**5**
353792	35379**1**
22368256	2236825**1**
1903757312	1903757**267**
209865342976	20986534**2434**
29088885112832	2908888510**4489**
4951498053124096	495149805**2966307**

在前面的讨论中，我们没有刻意强调一个重要的事实，即从分析的角度研究生成函数时，一般应该让变量取复数值，而不仅仅是实数. 由于对复平面中的奇点必须做复分析才能得出生成函数的系数的渐近形式. 因此，本书的相当大的部分依赖于从部分 B 开始的专用于复渐近的复分析技术. 这种用于组合枚举的方法的发展经历与 19 世纪数学界发生的事情有些类似，当时 Riemann(黎曼) 首先认识到 ζ 函数 $\zeta(s):=\sum \frac{1}{n^s}$ 的复分析性质和素数的分布之间的深刻联系，在 1896 年这最终导致了 Hadamard(哈达玛) 和 de la Vallée-Poussin(瓦莱—普桑) 所给出的数学家长期追求的素数定理的证明. 幸运的是，相对于初等的复分析已足以满足我们的需求，本书中包含了我们对发展分析组合的基本原理所需的理论的完整处理.

这里是另一个说明组合学和分析之间的密切的相互作用的例子. 当讨论交替排列时，我们列举了具有不同整数标签的、满足标签上的整数随着分支减少这一约束的二叉树的数目. 那么在确定所有可能的二叉树的形状的数量这一更简单的问题时会发生什么? 设 C_n 是具有 n 个二叉结点，因此有 $n+1$ 个“端点”的树的数目. 对较小的值 n，不难用穷举法得出它的值(图 0.3)，从中我们得出

$$C_0=1,C_1=1,C_2=2,C_3=5,C_4=14,C_5=42$$

这些数字可能是最著名的组合数之一. 虽然它们的名字 Catalan 数是为了纪念法国 — 比利时数学家 Eugène Charles Catalan(欧拉·查尔斯·卡塔兰，1814—1894) 而命名的，但其实它们在 18 世纪下半叶就已经出现在 Euler(欧拉) 和 Segner(赛格纳) 的作品中了(见图 Ⅰ.2). Stanley(斯坦利) 在他的超过 20 页的论文 *Enumerative Combinatorics*(《枚举组合学》) 中列出了 66 种不同

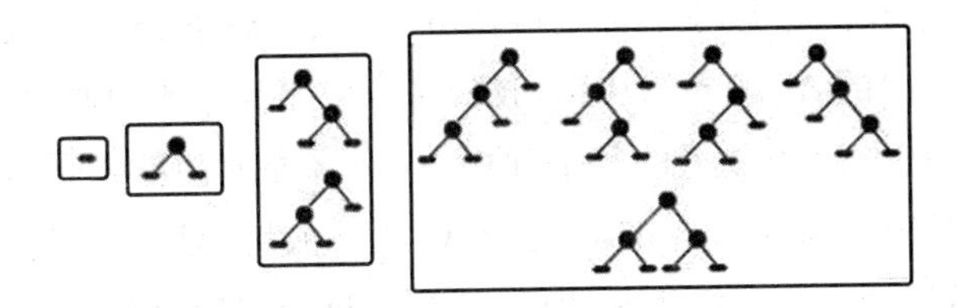

图 0.3　$n=0,1,2,3$ 时的二叉树的集合，其对应的集合元素的数目分别为 1,1,2,5

类型的用 Catalan 数计数的组合结构.

首先，我们可以像以前做过的那样，完全形式地写出一个组合方程，但不带有标签

$$\mathcal{C}=\square \cup (\mathcal{C}, \bullet, \mathcal{C})$$

(其中 □ 表示端点). 利用符号方法易于看出 Catalan 数的普通生成函数，其定义为

$$C(z) := \sum_{n\geqslant 0} C_n z^n$$

它满足一个直接反映其组合定义的方程，即

$$C(z) = 1 + zC^2(z)$$

这个二次方程的根是

$$C(z) = \frac{1-\sqrt{1-4z}}{2z}$$

然后，利用 Newton 二项式 $(1+x)^\alpha$ 的展开式，即可得出 $(x=-4z, \alpha=\frac{1}{2})$ Catalan 数的封闭的表达式

$$C_n = \frac{1}{n+1}\binom{2n}{n}$$

Stirling 渐近公式现在就派上用场了，这个公式蕴含

$$C_n \sim C_n^\star$$

其中 $C_n^\star := \frac{4^n}{\sqrt{\pi n^3}}$.

上面的近似是相当实用的[①]：它给出 $C_1^\star \doteq 2.25$（而 $C_1=1$），差了两倍. 但是对于 $n=10$，误差已降低到 10%，对于任何 $n \geqslant 100$，则小于 1%.

图 0.4 中画出了生成函数 $C(z)$ 的图像. 这个图说明 $C(z)$ 在 $z=\frac{1}{4}$ 处具有

---

① 我们用 $\alpha \doteq d$ 表示实数 α 的近似值是小数 d，其最后一位数字至多和 α 的实际值相差 ±1.

一个奇点，由于它在这个点处不再是可微分的(其导数变为无穷大). 这个奇点与极点是完全不同的，由求导的法则，我们可知它是一个平方根奇点. 正如我们将反复看到的，在一定条件下的复平面中，在点 ρ 处的函数的平方根奇异性总是要求其系数必须具有 $\rho^{-n}n^{-\frac{3}{2}}$ 的渐近形式. 更一般地，只要在奇点附近估计生成函数，以便推导其系数的渐近近似就足够了. 这个对应是本书的主题，本书的五个中心章节(第 Ⅳ 至 Ⅷ 章) 的目的就是阐述这一主题.

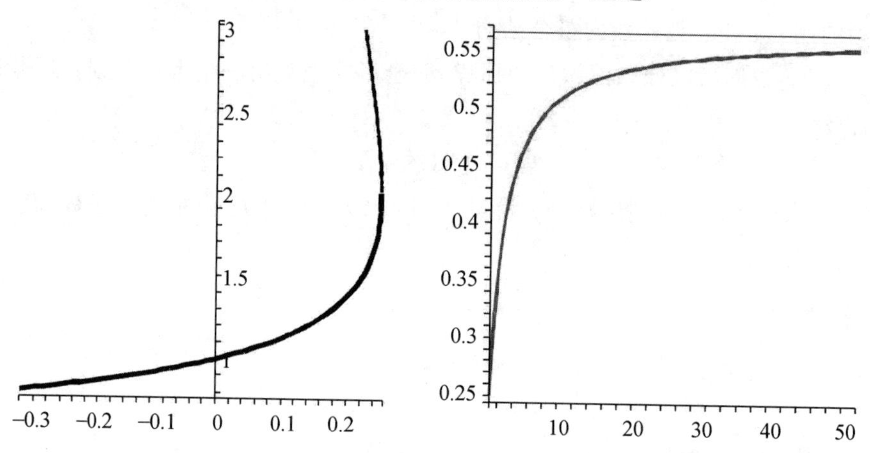

图 0.4　左：实值的 Catalan 数生成函数的图像，它在 $z=\frac{1}{4}$ 处有平方根奇点. 右：比率 $\frac{C_n}{4^n n^{-\frac{3}{2}}}$ 的图像，同时一起绘出了它在 $\frac{1}{\sqrt{\pi}}\doteq 0.564\ 18$ 处的渐近线. 奇点和系数的渐近形式之间的对应关系是部分 B 的中心主题

复分析的组合解释的结果是检测大的随机结构中的普适现象.(该术语最初是从统计物理学借用过来的，现在人们发现在像概率论等这样的数学领域中也越来越多地使用这一术语了.) 普适性在这里意味着许多定量的组合结构的性质只取决于它们的几个全局特征，而不是细节. 例如，由平方根奇点引起的计数序列的形如

$$K\cdot A^n n^{-\frac{3}{2}}$$

的增长性将被证明在所有各种由可行的结点的阶的有限集合决定的树中是普遍适用的，这包括一元的二叉树，三叉树，0 − 11 − 13 树以及它们的变种，如非平面树和标记的树等. 即使生成函数可以变得十分复杂，如次数很高的代数函数，甚至是一个无限的函数方程的解，但我们仍然可以相对容易地从生成函数中提取控制计数序列的全局的渐近法则.

随机性是我们所讲的另一个内容. 在准确地或近似地确定总数大到为了写

出这个数需要用到数百个甚至成千上万个数字时，它是如何有用？我们再以交替排列为例. 当估计它们的数量时，我们确实量化了所有这些排列中的比例. 换句话说，我们已经预测了某种大小的 n 的随机的交替排列产生的概率. 所有的科学领域对这种类型的结果都很感兴趣.

例如，生物学家可以常规处理的基因组序列的长度是10^5，而当可能性的数量的数量级大到 4^{10^5} 时，数据的解释就需要开发枚举或概率模型了. 概率论的语言后来被证明在讨论离散结构的特征参数时是极其方便的，由于我们可以精确或渐近地解释枚举的结果，并说明某些参数所可能具有的具体数值. 同样重要的结果也来自一些概率论的领域：如本书最后一章所示的那样，结果非常好的融合在分析 — 组合的框架之中.

比如说我们现在对排列中的递增段感兴趣. 递增段是排列中按照某种（增长的）顺序出现的一些最长的片段. 下面是一个用竖线隔开的具有 4 个递增段的排列

$$2\ 5\ 8 \mid 3\ 9 \mid 1\ 4\ 7 \mid 6$$

递增段会在排列中自然地出现，利用一种称为“自然列表合并”的算法，它从原始的递增段开始，并合并它们以构建越来越长的递增段，直到原来的排列最终被全部重排. 为了理解这个算法，我们显然会对如何量化一个排列中会有多少个可能的递增段感兴趣.

设 $P_{n,k}$ 表示长度为n，其中有 k 个递增段的所有排列的数目. 那么问题就再次成为如何能用最好的方法得出生成函数，而这次，我们发现在二元生成函数

$$P(z,u)=\frac{1-u}{1-u\mathrm{e}^{z(1-u)}}=1+zu+\frac{z^2}{2!}u(u+1)+\frac{z^3}{3!}u(u^2+4u+1)+\cdots$$

中 $u^k z^n$ 的系数就是我们想要的数$\frac{P_{n,k}}{n!}$.（得出上面的公式的一种简单方法建立在排列的树的分解和符号方法的基础之上；Euler 似乎首先认识到数字 $P_{n,k}$ 的重要性，这种数和所谓的 Euler 数有关，例 Ⅱ.25）由此出发，我们可以很容易地确定随机出现在排列中的递增段的平均值、方差，甚至次数更高的矩的效用，它可以自动地扩展，甚至更好地帮助一台计算机工作. 当 $u\to 1$ 时，上面的双变量生成函数就成为

$$\frac{1}{1-z}+\frac{1}{2}\frac{z(2-z)}{(1-z)^2}(u-1)+\frac{1}{2}\frac{z^2(6-4z+z^2)}{(1-z)^3}(u-1)^2+\cdots$$

当 $u=1$ 时，我们恰好列举出所有的排列：这就是常数项$\frac{1}{1-z}$，它等于所有排列的数目的指数生成函数. $u-1$ 的系数给出了递增段的平均数的生成函数，下一

项提供了二阶矩的生成函数，等等. 这样，我们就求出了长度为 n 的排列中的递增段数目的数学期望和标准偏差分别是

$$\mu_n = \frac{n+1}{2} \quad 和 \quad \sigma_n = \sqrt{\frac{n+1}{12}}$$

然后，简单地通过以所谓的二阶矩方法为基础的理论得出的分析－概率不等式(Chebyshev(切比雪夫)不等式)，我们就可知道递增数的分布很可能集中在其平均值周围：即如果一个人随机地取出一些排列，其递增段的数量将非常接近其平均值. 这种定量的定律的效果是非常明显的，它足以刻画一个**单样本**，例如当 $n=30$ 时，我们可以取 13,22,29 | 12,15,23 | 8,28 | 6,26 | 4,10,16 | 1,5,27 | 3,14,17,20 | 2,21,30 | 25 | 11,19 | 9 | 7,24 作为单样本. 对于 $n=30$，平均值为 $15\frac{1}{2}$，这个样本与此相当接近，因为它有 13 个递增段.

在第 Ⅸ 章中我们还将看到，即使对于长度为 10 000 及以上的中等大小的排列，能观察到的递增数的数目偏离平均值的 10% 以上的概率要小于10^{-65}. 这个例子说明：大型组合结构的性质通常都伴随着很多规律.

更好的方法是将奇点的观察与概率论中的分析结果(例如，特征函数的连续性定理)结合起来. 在排列中的递增段的例子中，当 u 固定时，量 $P(z,u)$ 可以看成是 z 的函数. 图 0.5(左)建议，它有一个极点. 那样，我们所面临的对象就成为全排列的生成函数在某种规则下的变形. 奇点分析的参数化版本(把 u 看成参数)然后即可给出对 Euler 数 $P_{n,k}$ 的渐近行为的描述. 这使我们能够非常准确地描述对很大的 n 的值，在一个随机的排列中发生了什么，一旦将其平均值中心化并将其偏差标准化递增段的分布就渐近于 Gauss(高斯)分布，见图 0.5(右).

二叉树的情况与此类似. 比如说我们对树中的“树叶”(有时也称“樱桃”)：它们是联结着两个端点(□)的二进制的结点感兴趣. 设 $C_{n,k}$ 是大小为 n(即总共有 n 个结点)并具有 k 片“树叶”的树的数目. 二元生成函数 $C(z,u) := \sum_{n,k} C_{n,k} z^n u^k$ 给出了对随机的二叉树进行统计而包含的所有关于“树叶”的信息. 对以前已做过的论证做某些修改后可以类似说明 $C(z,u)$ 仍然满足一个二次方程，其解析表达式为

$$C(z,u) = \frac{1 - \sqrt{1 - 4z + 4z^2(1-u)}}{2z}$$

这就可以把二元的生成函数 $C(z,u)$ 归结为当 u 变化时 $C(z)$ 的变形，其中 $C(z)$ 是 $u=1$ 时的生成函数.

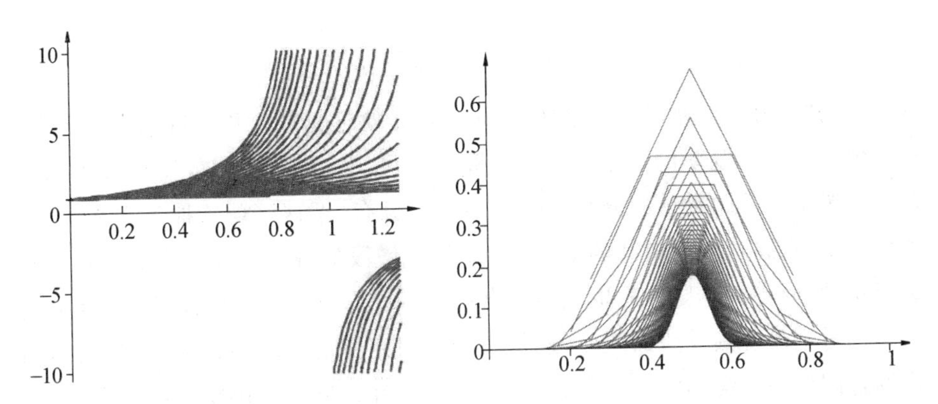

图 0.5　左：实值的 Euler 生成函数 $z\mapsto P(z,u)$ 在 $z\in\left[0,\frac{5}{4}\right]$ 上的局部图形，这些图形说明当 u 在 0 和 $\frac{5}{4}$ 之间变化时，$P(z,u)$ 存在可移动的极点，右：对于 $n=2,\cdots,60$ 的递增段的分布图叠加而得的一簇图形揭示了这些分布收敛到 Gauss 分布. 部分 C 系统地阐述了对这种收敛到极限分布的奇异行为的分析

事实上，图 0.6 中对一些 u 固定值的曲线网络说明存在光滑变化平方根奇点(其中的每条曲线都类似于图 0.4 中的曲线). 它可分析由于 u 的变化而引起的扰动以及分析 $C(z,u)$ 是形如

$$\sqrt{1-\frac{z}{\rho(u)}}$$

的全局解析类型的函数时所造成的效应，其中 $\rho(u)$ 是某个解析函数. 上面所做的奇点分析过程说明在大小为 n 的树中，树叶数量的概率生成函数的粗糙形式是

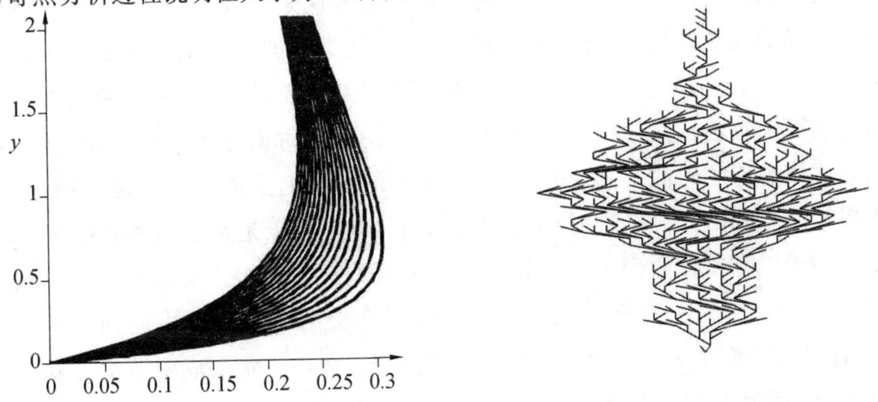

图 0.6　左：树的大小和树叶数目的二元生成函数 $z\mapsto C(z,u)$ 对一些不同的 u 值表现出一致的平方根奇异性. 右：一个随机抽取的大小为 300 的二叉树有 69 片树叶. 正如部分 C 所示，奇点扰动的性质是很多组合结构在原点的随机性质

$$\left(\frac{\rho(1)}{\rho(u)}\right)^{n}(1+o(1))$$

这被称为"准幂"近似. 它非常类似于 n 个独立随机变量之和的概率生成函数，这种情况产生了概率论中经典的中心极限定理. 对应的，我们就得出在大的随机二叉树中树叶的数量的分布极限是 Gauss 分布. 把这一现象抽象出来说，就是由次要参数(这里是树叶的数量，前面是递增段的数量) 造成的变形是更易进行扰动分析的，也更容易出现当奇点(这里是平方根奇点，以前是极点) 光滑的移动时不改变其性质的效应，这是一个极限定律的系统性结果. 我们可以再次通过即使是非常小的样本来验证一些结论：图 0.6(右) 中随机绘制了一个尺寸为 300 的树的单样本，并且显示它有 69 片树叶，而这个数字的期望值是 75.375，标准偏差略大于 4. 在大量的情况下这是典型的，我们发现了组合结构的度量定律，这些定律以高概率制约着大结构并最终使得我们对这种结构具有高度的可预测性.

这种随机性质构成本书部分 C 的主题：随机结构. 正如我们在前面的描述中所蕴含的，在这些对组合参数的分析中存在着极端的一般性. 读完本书后读者也能用自己的眼光看出很多这类情况并毫不费力地建立相应的定理.

从上面的讨论中可以得出对组合学的一个相当抽象的看法，如图 0.7，一个关于组合枚举性质的组合类，可以看成是一个四维实空间中的曲面：即其生成函数的图像，这些生成函数是复数到自身的定义在 $C\cong\mathbb{R}^2$ 上的函数. 这种曲面又称为 Riemann 曲面. 它们的表面上有"裂缝"，即奇点，这些奇点确定了计数序列的渐近行为. 因而我们可以通过奇点的效应来验证一个组合结构(例如那些自动形成的序列、集合等). 这样，貌似不同类型的组合结构就表现出它们都受到一些共同的定律的制约，这些规律不仅制约着计数，而且也制约着组合结构的更细致的特性. 我们已经在树的枚举情况中讨论过普适性，这些普适规律对许多类型的树都是有效的，它们高度制约着我们前面所讨论过的例子(大概率与尺度的平方根成比例) 和树叶的数目(渐近极限是常规出现的现象).

关于组合参数的概率性质我们能说些什么? 一个组合类的参数完全被其二元生成函数确定，这个二元生成函数是组合类的基本计数生成函数的变形(再让第二个变量 $u=1$，因而去除了参数信息，这时二元生成函数就重新成为单变量计数生成函数的意义上). 然后，我们所感兴趣的参数的渐近分布就由一组曲面所刻画，其中每个曲面都具有自己的奇点. 奇点位置的移动方式或其在变形下的性质变化方式包含了所考虑的参数的分布的所有必要的信息. 然后我们就可以得出组合参数的极限定理，并将相应的现象组织成被称为模式的大的

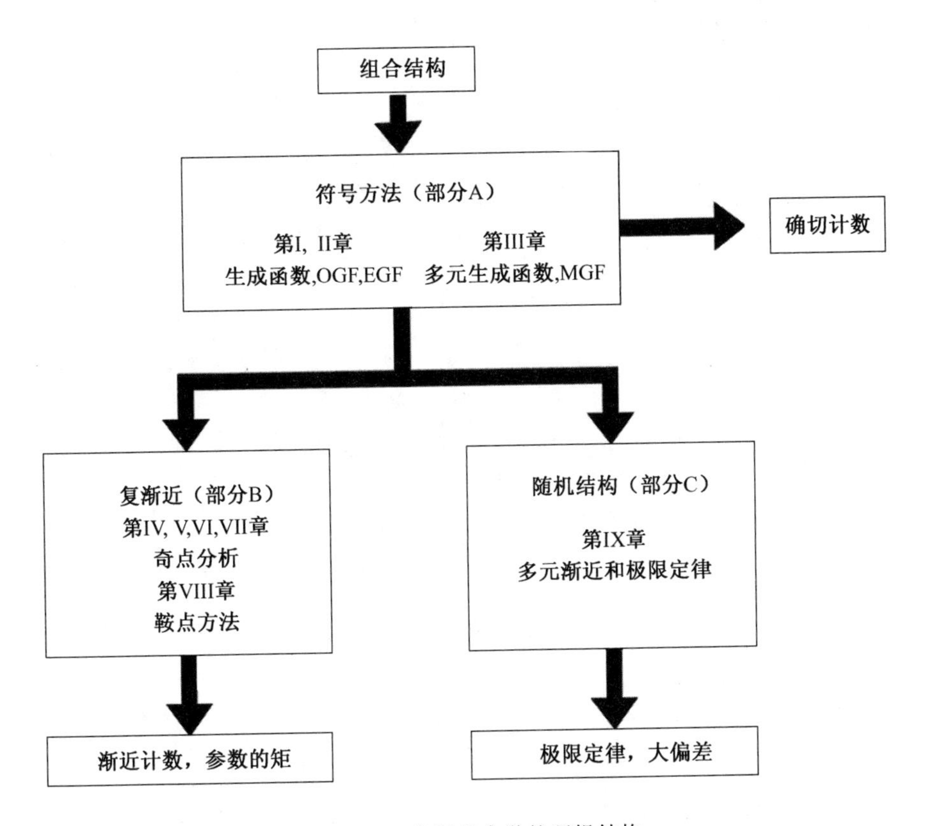

图 0.7　分析组合学的逻辑结构

类别.单独使用初等的分析方法想要达到这种对组合结构的度量性质的深刻分类是不可想象的.

我们将要打算对其处理的对象包括了离散数学的许多最重要的问题,以及应用科学中的一些反复出现的分支.我们会遇到单字和序列,树和格子路径,各种图表,映射,分配,排列,整数分拆和组合,多边形和平面图等,这还只是举出了一小部分例子.在大多数情况下,它们的主要特征可通过分析组合的方法精细量化.本书确实在有力的解析方法的基础上发展了随机组合结构的连贯理论,然后通过一条逻辑清楚的链可以处理几十种相当不同的组合类型.你不会在本书中找到所有问题的现成的答案,但是我们希望你可以用本书中的方法成功地去解决很多这方面的问题.

现在,请大家热烈欢迎分析组合学教授来访!（热烈鼓掌）

部分 A

符号方法

组合结构和普通的生成函数

第 I 章

Laplace 发现了理论上的算子和形式幂级数之间的明显的对应关系并将其用于解决各种组合问题.

——GIAN-CARLO ROTA(甘－卡尔洛·罗塔)[518]

本章和下一章专门研究枚举,枚举所要解决的问题是在各种大小的组合结构中确定,根据有限的规则所描述的特定组合配置的数量.例如,有多少个长度为 17 的不同的单词? 一般的,对一个任意的正整数 n,有多少个长度为 n 的不同的单词? 这个问题很容易,但如果附加了某些约束,例如,在一行中没有四个相同的元素,那问题又该如何解决? 答案是通过生成函数得出解答.我们将看到,生成函数是组合分析的中心数学对象.和基于递归的传统处理方法相反,我们在这里用生成函数的眼光看待组合问题,并将看到生成函数在解决组合枚举问题上的令人惊讶的效力.

本章的目的是介绍组合枚举的符号方法.其原理是很多一般的集合论的结构再加上一个从这些结构直接翻译成生成函数的操作.这个原理通过包括核心结构,即取集合的并,Descartes(笛卡儿)乘积,序列,集合,多重集合和循环等集合的操作构成的字典来具体实行.像诸如指定和替换等补充的操作也可以近似地翻译.在这种方法中,描述初等组合类的语言都已定义好了.那样,一类组合结构的枚举问题就简单地归结为写出一种适当的操作说明,一种用基本结构的术语表出的关于类的计算机程序.在此之后,将结构翻译成生成函数的操作就成为一个纯机械的符号式的过程.

生成函数：在第 Ⅱ 章中开发的与第 Ⅰ 章平行的方法适用于有标记的对象. 与此相反，本章中考虑的对象是所谓的无标记的平面结构. 适用于多变量扩充问题的方法将在第 Ⅲ 章中研究，这种方法可以用统一的方式分析组合对象的多个特征参数. 符号方法在建立组合结构与复渐近方法之间的密切联系方面也有很大的作用，复渐近方法用于探索组合结构的解析性质和奇异性质，这些信息对于精确的渐近估计通常是有效的. 而符号方法的应用 —— 对上述方面的系统处理就构成本书的部分 B(第 Ⅳ 章至第 Ⅷ 章）的基础 —— 复渐近理论.

Ⅰ.1 符号枚举方法

首先，组合学处理离散对象，即结构规则有限地描述的对象. 例子有单词，树，图形，置换，分配，从有限集到自身的函数，拓扑配置，等等. 主要的问题是根据一些特性参数来枚举这些对象.

定义 Ⅰ.1 一个组合类或更简单的，一个类是一个对其定义了满足以下条件的容量（或称尺寸、大小）函数的有限的或可枚举的集合：

(1) 元素的容量是非负整数；

(2) 对任何给定的容量，与此对应的元素的数量是有限的.

设$\mathcal{A}$是一个类，$\mathcal{A}$中的元素 $\alpha \in \mathcal{A}$的容量用$|\alpha|$表示，在少数需要强调 α 所属类的情况下，则用 $|\alpha|_{\mathcal{A}}$ 表示. 给了一个类$\mathcal{A}$，我们以后总是用$\mathcal{A}_n$表示由$\mathcal{A}$中的容量为n的对象组成的集合，并用同一个字母 A_n 表示$\mathcal{A}_n$的元素的数目，记成 $A_n = \text{card}(\mathcal{A}_n)$（或者用 $a_n = \text{card}(\mathcal{A}_n)$ 表示）. 我们约定：一个组合类就是一个对 $(\mathcal{A}, |\cdot|)$，其中$\mathcal{A}$是至多可数的，而映射 $|\cdot| \in (\mathcal{A} \to \mathbb{Z}_{\geqslant 0})$ 是一个对于任意整数，其逆映射都是有限的映射.

定义 Ⅰ.2 一个组合类的计数序列是一个整数$(A_n)_{n \geqslant 0}$ 的序列，其中 $A_n = \text{card}(\mathcal{A}_n)$，是由类$\mathcal{A}$中容量为 n 的对象组成的集合的数目.

例 Ⅰ.1 **二进数字**. 首先，考虑二进数字的集合$\mathcal{W}$，它的元素由二元素集 $\mathcal{A}=\{0,1\}$ 中的元素组成

$$\mathcal{W}=\{\varepsilon,0,1,00,01,10,11,000,001,010,\cdots,1001101,\cdots\}$$

其中 ε 表示空集合. 定义容量是组成单词的符号的数目. 由于每个字母有两种可能性，而多字母单词的可能性是把单词字母的可能性相乘，所以计数序列 (W_n) 满足

$$W_n = 2^n$$

(众所周知,这个序列与国际象棋的发明的传说有关:古代印度的舍罕王,打算重赏国际象棋的发明者 —— 宰相西萨.西萨向国王请求说:"陛下,我想向你要一点粮食,然后将它们分给贫困的百姓."国王高兴地同意了."请您派人在这张棋盘的第一个小格内放上一粒麦子,在第二格放两粒,第三格放四粒,……,照这样,每一格内的数量比前一格增加一倍.陛下啊,把这些摆满棋盘上所有64 格的麦粒都赏赐给您的仆人吧!我只要这些就够了."国王许诺了宰相这个看起来微不足道的请求.

千百年后的今天.我们都知道事情的结局:国王无法实现自己的承诺.这是一个长达 20 位的天文数字!这样多的麦粒相当于全世界两千年的小麦产量.不过当时所有在场的人都不知道这个结果.他们眼看着仅用一小碗麦粒就填满了棋盘上十几个方格,禁不住笑了起来,连国王也认为西萨太傻了.随着放置麦粒的方格不断增多,搬运麦粒的工具也由碗换成盆,又由盆换成箩筐.即使到这个时候,大臣们还是笑声不断,甚至有人提议不必如此费事了,干脆装满一马车麦子给西萨就行了!不知从哪一刻起,喧闹的人们突然安静下来,大臣和国王都惊诧得张大了嘴:因为,即使倾全国所有,也填不满下一个格子了.

例 Ⅰ.2 一个容量为 n 的排列的定义为:整数区间[1] $\mathcal{I}_n=[1\cdots n]$ 到自身的一个映射,它可用一个对应表来表示

$$\begin{pmatrix} 1 & 2 & \cdots & n \\ \sigma_1 & \sigma_2 & \cdots & \sigma_n \end{pmatrix}$$

或者,干脆用它的不同的整数 $\sigma_1\sigma_2\cdots\sigma_n$ 表示.排列的集合$\mathcal{P}$是

$$\mathcal{P}=\{\cdots,12,21,123,132,213,231,312,321,1\ 234,\cdots,532\ 614,\cdots\}$$

对一个由 n 个不同的数字写成的排列,它的第一个位置上的数可以有 n 种方法来选择,第二个位置上的数可以有 $n-1$ 种方法选择,等等.因此共有

$$P_n=n!\ =1\cdot 2\cdot \cdots \cdot n$$

个容量为 n 的排列.正如我们在欢迎词中所指出的那样,至少 15 世纪的数学家已经知道这个公式了.

例 Ⅰ.3 **三角剖分**.三角剖分的类$\mathcal{T}$ 由以不同的方式组成凸多边形的三

---

① 为了实用上的方便起见,我们借用计算机科学中的写法,用 $1\cdots n$ 或$[1\cdots n]$ 表示整数间隔,而用$[0,n]$ 表示实数区间.

角形组成.我们将三角剖分的容量定义为构成它的三角形的数量.例如,可以将凸四边形 $ABCD$ 分解为两个三角形(通过对角线 AC 或对角线 BD);类似地,有五种不同的方法将一个凸五边形分成三个三角形:见图 Ⅰ.1.我们约定 $T_0=1$,然后我们可求出

$$T_0=1, T_1=1, T_2=2, T_3=5, T_4=14, T_5=42$$

图 Ⅰ.1　由三角形以不同的方式组成的所有正多边形的集合$\mathcal{T}$(其容量是组成正多边形的三角形的数目)是一个组合类,其计数序列的前几项为 $T_0=1, T_1=1, T_2=2, T_3=5, T_4=14, T_5=42$

三角剖分数 T_n 的表达式

$$T_n=\frac{1}{n+1}\binom{2n}{n}=\frac{(2n)!}{(n+1)!\ n!} \tag{1}$$

是一个由 Euler 和 Segner[146,196,197] 大约在 1750 年得出的非平凡的组合结果.这是组合分析中熟知的被称为 Catalan 数的重要数字,见欢迎词.对它的历史简介,可见图 Ⅰ.2,对它的讨论见 Ⅰ.2.3 节和 Ⅰ.5.3 节.

根据 Euler 的著作[196] 可知,可用生成函数准确地计算三角剖分数,其历史仍见图 Ⅰ.2.

尽管前面三个例子是相当简单的,但是当我们面对一个组合枚举问题时,通过计算机或手算首先确定计数序列的一些初始值,一般来说,都是一个好的或者更好的想法,在这里,我们通过计算发现了以下数据:

n	0	1	2	3	4	5	6	7	8	9	10
W_n	1	2	4	8	16	32	64	128	256	512	1 024
P_n	1	1	2	6	24	120	720	5 040	40 320	362 880	3 628 800
T_n	1	1	2	5	14	42	132	429	1 430	4 862	16 796

(2)

这种实验方法可能对我们找出序列的真实公式具有极大的帮助.例如,在我们还不知道三角剖分数的真正公式前,可知下面的因数分解式中

$$T_{40}=2^2\cdot 5\cdot 7^2\cdot 11\cdot 23\cdot 43\cdot 47\cdot 53\cdot 59\cdot 61\cdot 67\cdot 71\cdot 73\cdot 79$$

包含了从43到79之间的所有素数,并且没有比80更大的素数.这一不寻常之处将使我们很快地追踪到正确的公式.今天我们甚至有一部巨大的由Sloane(斯隆)所编的电子形式的在线整数序列百科全书(EIS)[543]可用,这本百科全书包含了100 000个以上的序列(也可参见Sloane和Plouffe(普劳夫)所编的一本更早的书[544]).实际上,三个序列 W_n,P_n 和 T_n 在这本百科全书中都可查到,其编号[①]分别为EIS A000079,EIS A000142和EIS A000108.

▶Ⅰ.1 **项链.** 用黑白两种颜色的 n 个珠子可以组成多少种不同类型的项链?这里,我们认为方向不同的样式可以是不同的样式设计,以下是 $n=1,2,3$ 时的可能样式:

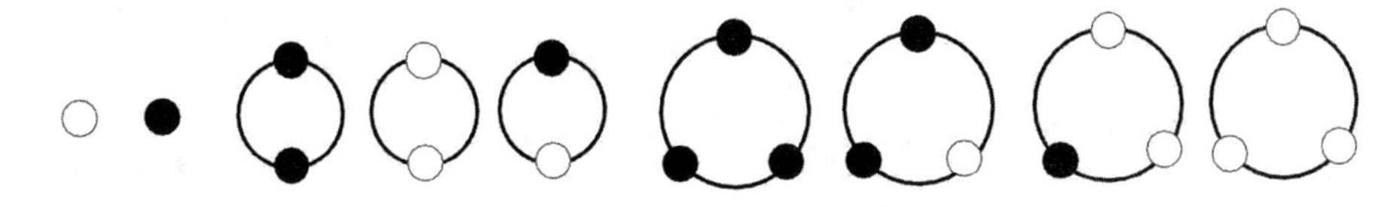

组合结构和普通的生成函数

这相当于枚举两个字母的圆形布置.并且如式(20)建议的那样,详尽的列表程序可以通过每个词的最小词典表示而得出.计数序列的开头几项为2,3,4,6,8,14,20,36,60,108,188,352,并且构成EIS A000031.(精确的公式见本章的后面(Ⅰ.36))

我们是否能识别互成镜像的两个项链?

▶Ⅰ.2 **单峰排列.** 这种排列仅具有一个局部最大值.换句话说,它的形式为 $\sigma_1\sigma_2\cdots\sigma_n$,其中 $\sigma_1<\sigma_2<\cdots<\sigma_k=n,\sigma_k=n>\sigma_{k+1}>\cdots>\sigma_n,1\leqslant k\leqslant n$.对 $n=5$,有多少个这种排列?答案是16.这些排列是12345,12354,12453,12543,13452,13542,14532和15432以及它们的反转.(Jon Perry(乔恩·佩里),见EIS A000079.)

有趣的是单词和排列的枚举也可使用最基本的计数原理,即对有限集 $\mathcal{B}$ 和 $\mathcal{C}$ 成立

---

① 本书中,EIS A ×××××× 均表示引自Sloane的《整数序列百科全书》[543].其数据库中包含了100 000个以上的条目.

$$\begin{cases}\text{card}(\mathcal{B}\cup\mathcal{C})=\text{card}(\mathcal{B})+\text{card}(\mathcal{C}) \quad (\mathcal{B}\cap\mathcal{C}=\varnothing)\\ \text{card}(\mathcal{B}\times\mathcal{C})=\text{card}(\mathcal{B})\cdot\text{card}(\mathcal{C})\end{cases} \tag{3}$$

下面(定义 Ⅰ.6 中方程(19)),我们很快将看到这些原理的应用,这些基础概念作为一些一般化的原理是特别有力的.

接下来,为了方便组合枚举起见,我们证明一些仅仅是彼此的变体的组合类的等价性.

定义 Ⅰ.3 称两个组合类$\mathcal{A}$和$\mathcal{B}$是(组合)同构的,如果它们的计数序列是恒同的,记为$\mathcal{A}\cong\mathcal{B}$. 这个条件等价于在$\mathcal{A}$和$\mathcal{B}$之间存在一个保容量的 1-1 映射,因而我们也称$\mathcal{A}$和$\mathcal{B}$是 1-1 等价的.

我们把同构的组合类看成是恒同的,并采用通常的等号$\mathcal{A}=\mathcal{B}$来表示这一恒同,今后我们用$\mathcal{A}\cong\mathcal{B}$强调那些由非平凡变换构成的组合同构结果.

定义 Ⅰ.4 序列 A_n 的普通生成函数(OGF)是一个形式幂级数

$$A(z)=\sum_{n=0}^{\infty}A_n z^n \tag{7}$$

一个组合类$\mathcal{A}$的生成函数是数 $A_n=\text{card}(\mathcal{A})$ 的生成函数. 等价的,类$\mathcal{A}$的以组合类形式表出的 OGF 为

$$A(z)=\sum_{\alpha\in\mathcal{A}}A_n z^{|\alpha|} \tag{8}$$

也称为用变量 z 标记了生成函数中的容量(译者注:原书的式(8)中少写了和号中 $z^{|\alpha|}$ 前的系数 A_n,这显然是不对的,见下文中对图 Ⅰ.4 的解释).

由一个具有形如式(8)的 OGF 的组合结果可直接看出 z^n 在生成函数中出现的次数与容量为 n 的组合类中成员的个数一样多. 我们在现阶段和整个部分 A 都始终强调下述观点:生成函数是一种可操作的代数形式的和,即把它们看成是一个形式幂级数.(见附录 A.5 形式幂级数.)

命名约定. 我们始终遵循以下命名约定:类,它们的计数序列,其生成函数均用相同的字母或字母组表示. 例如,对于类$\mathcal{A}$,计数序列用$\{A_n\}$(或$\{a_n\}$)表示,用于计数序列,其 OGF 用 $A(z)$(或 $a(z)$)表示.

提取系数. 我们用$[z^n]f(z)$ 表示提取形式幂级数 $f(z)=\sum f_n z^n$ 中 z^n 前的系数的操作,因此有

$$[z^n]\Big(\sum_{n\geqslant 0}f_n z^n\Big)=f_n \tag{9}$$

(符号$[z^n]f(z)$ 读作“$f(z)$ 中 z^n 的系数”.)

1. 1751 年 9 月 4 日，Euler 在给他的朋友 Goldbach(哥德巴赫) 的信[196] 中写道	
Ich bin neulich auf eine Betrachtung gefallen, welche mir nicht wenig merkwürdig vorkam. Dieselbe betrifft, auf wie vielerley Arten ein gegebenes polygonum durch Diagonallinien in triangula zerchnitten werden könne.	最近，我遇到了一个值得注意的问题. 这个问题和用对角线把一个凸的多边形分成若干个三角形的方法的数目有关.
Euler 描述了他对多边形的边数为 n，三角形的数目为 $n-2$ 的情况所得出的结论	
Setze ich nun die Anzahl dieser verschiedenen Arten $= x[\cdots]$. Hieraus habe ich nun den Schluss gemacht, dass generaliter sey $x = \frac{2 \cdot 6 \cdot 10 \cdot 14 \cdot \cdots \cdot (4n-10)}{2 \cdot 3 \cdot 4 \cdot 5 \cdot \cdots \cdot (n-1)}$ [⋯]Ueber die Progression der Zahlen 1,2,5,14,42,132,etc. habe ich auch diese Eigenschaft angemerket, dass $1+2a+5a^2+14a^3+42a^4+132a^5+\cdots = \frac{1-2a-\sqrt{1-4a}}{2aa}$	设用 x 表示分法[⋯] 的数目，我已经得出，在一般情况下 $x = \frac{2 \cdot 6 \cdot 10 \cdot 14 \cdot \cdots \cdot (4n-10)}{2 \cdot 3 \cdot 4 \cdot 5 \cdot \cdots \cdot (n-1)}$ 并且我也注意到由[⋯] 的数目 1,2,5,14,42,132 等组成的级数具有以下性质 $1+2a+5a^2+14a^3+42a^4+132a^5+\cdots = \frac{1-2a-\sqrt{1-4a}}{2aa}$

2. 在 18 世纪 50 年代，Euler 在通信中传播了这个问题，并给出了计数序列的前几项，Segner 在他 1758 年出版的书[146] 中写到“伟大的 Euler 已经仁慈地将这些数字告诉了我；他发现寻找这些数的方法和这些数字组成的级数的规律一直隐藏在我身上(“quos numeros mecumeulerus; modo, quo eos reperit, atque progressionis ordine, celatis”). Segner 开发了一种对 Catalan 数的递推算法. 通过类似于我们的根的分解方法(在我们的记法中，是分解成 n 个三角形) 他证明了

$$T_n = \sum_{k=0}^{n-1} T_k T_{n-1-k}, T_0 = 1 \tag{4}$$

用此公式可把 Catalan 数计算到任意所需的项. (Segner 的论文[197] 是由一位匿名的审稿人审查的，这个人可能就是 Euler).

3. 在 20 世纪 30 年代，Liouville(刘维尔) 在给 Lamé(莱姆) 的信中传播了这个问题，Lamé 第二天就给他回了一封信，并用类似于式(4) 的递推公式证明了显式表达式[399]

$$T_n = \frac{1}{n+1}\binom{2n}{n} \tag{5}$$

的证明[399]：有趣的是，Lamé 的这三页注记出现在 1838 年的期刊 *Journal de mathématiques pures et appliquées*(纯粹数学和应用数学杂志)(Liouville 编的杂志) 上，随后紧接着，在 Catalan 的一篇更长的论文中，也观察到上述公式涉及阶乘(本书第 Ⅰ.5.3 节). Catalan 又回到这一问题[107,108]，而数字 1,1,2,5,14,42,⋯ 最终成了众所周知的 Catalan 数. 在文[107] 中，Catalan 最终证明了 Euler 的生成函数

$$T(z) := \sum_n T_n z^n = \frac{1-\sqrt{1-4z}}{2z} \tag{6}$$

4. 现在，符号方法直接产生生成函数(6)，从生成函数出发的递推关系式(4) 和显式公式(5) 都很容易得出.

图 Ⅰ.2　关于 Catalan 数的简要历史资料

前面的三个例子中$\mathcal{W},\mathcal{P},\mathcal{T}$ 所对应的生成函数分别是

$$\begin{cases} W(z)=\sum\limits_{n=0}^{\infty}2^{n}z^{n}=\dfrac{1}{1-2z} \\ P(z)=\sum\limits_{n=0}^{\infty}n!\ z^{n} \\ T(z)=\sum\limits_{n=0}^{\infty}\dfrac{1}{n+1}\dbinom{2n}{n}z^{n}=\dfrac{1-\sqrt{1-4z}}{2z} \end{cases} \tag{10}$$

对于 $W(z)$ 的第一个表达式可以立即得出，由于这是一个几何级数，第二个生成函数 $P(z)$ 与分析中的简单函数都无关.（注意，这个表达式在形式级数的严格框架下仍然有意义.）

对于 $T(z)$ 的第三个表达式与$(1+x)^{\frac{1}{2}}$ 的 Newton 展开式等价于 T_n 的显式形式（欢迎词以及图 Ⅰ.2）. $W(z)$ 和 $T(z)$ 的 OGF 即可表示成标准的分析对象，直至在复域C中让形式变量z取复数值. 实际上，$W(z)$ 和 $T(z)$ 的级数在零点的邻域中，即对于 $W(z)$，在 $|z|<\frac{1}{2}$ 中，对于 $T(z)$，在 $|z|<\frac{1}{4}$ 中收敛并且在原点附近可表示成良定义的复函数. OGF $P(z)$ 是一个纯形式的幂级数（即它的收敛半径为 0），尽管如此，作为一个形式幂级数却可以对它施加通常的代数运算.（处理排列的枚举的最方便的方法是第 Ⅱ 章中发展的指数生成函数.）

生成函数(GFS) 的组合形式. 组合形式(8) 说明生成函数不是别的，而只是组合类的约简表示，这些组合类具体的内部结构已被忽略，并用变量 z 代替了元素对容量的贡献. 在某种意义上，这类似于化学家把复杂的分子写成分子的线性的约减分子式（图 Ⅰ.3）. Schützen berger（施滕伯格）在 20 世纪 50 年代和 60 年代时早就大量使用了这种写法. 用它可解释很多组合结构和生成函数之间的形式上的类似性.

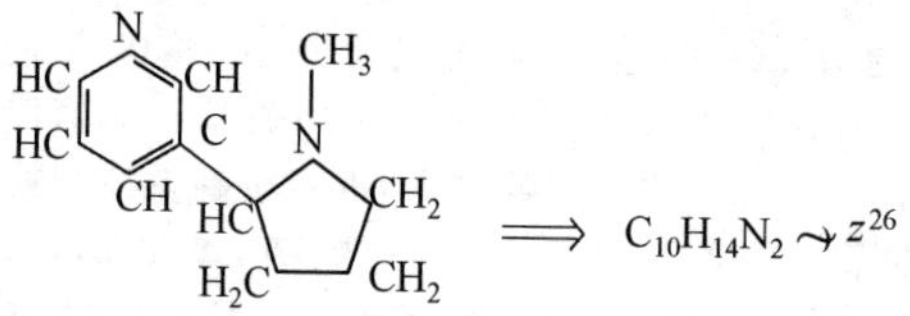

$$\Longrightarrow C_{10}H_{14}N_{2} \rightsquigarrow z^{26}$$

图 Ⅰ.3　甲基吡咯烷基－吡啶（尼古丁）的分子有复杂的配置结构，但是我们可以用一个简化的分子式来表示它，这个分子式中共有 26 个原子

图 Ⅰ.4 对组合形式的生成函数提供了一个组合说明：从图$\mathcal{H}$的（有限）族开始，其容量是顶点的数量. 把每个图中图形结构“忘记”，然后把每个图形的顶

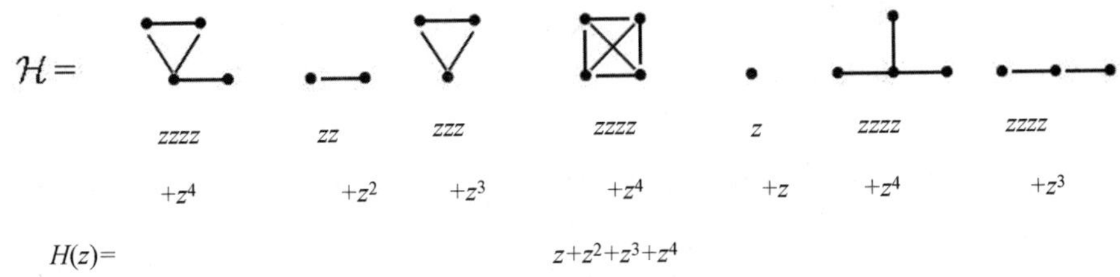

图 Ⅰ.4　一个图的有限族,它们最后被约减成一个生成函数

点的数目都替换为变量 z,然后写出对应于每个图形的单项式并通过合并同类项而获得最终的生成函数.

例如,在$\mathcal{H}$中有 3 个容量为 4 的图,这与事实$[z^4]H(z)=3$一致.如果容量由边数定义,则将导致另一个生成函数,即用 y 标记新的容量后,有:$1+y+y^2+2y^3+y^4+y^6$.若对顶点的数目和边的数目都感兴趣,则导致一个二元生成函数:$H(z,y)=z+z^2y+z^3y^2+z^3y^3+z^4y^3+z^4y^4+z^4y^6$.我们将在第 Ⅲ 章系统地开发这种多元生成函数.

文献中经常采取的路线是把要枚举的结构分解成相同类型或更简单类型的较小结构,然后从这种分解中自由提取$\{A_n\}$满足的递推关系.在这种方式中递推关系或者可以直接求解——只要它们是足够简单的——或者通过单纯的技巧来暂时得出生成函数.

相比之下,在本书的框架下,组合结构的类是通过收集基本的结构而直接构建在更简单的类之上的.这与通过语法组织的形式语言的描述以及编程语言中的结构化数据类型的结构非常相似.这里开发的方法被称为符号方法,由于它是一种依赖于组合结构的形式规范语言.特别,基于所谓的可行结构,它允许我们把组合结构直接翻译成生成函数.

定义 Ⅰ.5　设Φ是一个m-列的列向量的结构,对任意类$\mathcal{B}^{(1)},\mathcal{B}^{(2)},\cdots,\mathcal{B}^{(m)}$的集合,我们构造一个新的类$\mathcal{A}=\Phi[\mathcal{B}^{(1)},\mathcal{B}^{(2)},\cdots,\mathcal{B}^{(m)}]$.当且仅当$\mathcal{A}$的计数序列$A_n$仅依赖于$\mathcal{B}^{(1)},\mathcal{B}^{(2)},\cdots,\mathcal{B}^{(m)}$的计数序列$B_n^{(1)},B_n^{(2)},\cdots,B_n^{(m)}$时,我们称结构$\Phi$是可行的.

对可行的结构,存在一个良定义的、作用在对应的普通生成函数上的算子Ψ,使得

$$A(z)=\Psi[B^{(1)}(z),B^{(2)}(z),\cdots,B^{(m)}(z)]$$

这是一个贯穿本书的、关于可行性的基本事实.

作为一个介绍性的例子,考虑容量为自然定义的 Descartes 积的结构.

定义 Ⅰ.6　两个类$\mathcal{B}$和$\mathcal{C}$的 Descartes 积$\mathcal{A}=\mathcal{B}\times\mathcal{C}$是一个有序对的集合

$$\mathcal{A}=\mathcal{B}\times\mathcal{C}\Leftrightarrow\mathcal{A}=\{\alpha=(\beta,\gamma)\mid\beta\in\mathcal{B},\gamma\in\mathcal{C}\}\tag{11}$$

定义对 $\alpha=(\beta,\gamma)$ 的容量为

$$|\alpha|_{\mathcal{A}}=|\beta|_{\mathcal{B}}\times|\gamma|_{\mathcal{C}}\tag{12}$$

考虑所有的可能性后，立即看出$\mathcal{A},\mathcal{B},\mathcal{C}$所对应的计数序列之间的关系为卷积式

$$A_n=\sum_{k=0}^{n}B_kC_{n-k}\tag{13}$$

这说明 Descartes 积的结构是可行的，此外，我们还看出，这个公式就是两个幂级数的积的公式，所以就有

$$A(z)=B(z)\cdot C(z)\tag{14}$$

小结：Descartes 积是可行的结构，并且可翻译成 OGF 的积.

类似的，如果组合类$\mathcal{A},\mathcal{B},\mathcal{C}$满足关系式

$$\mathcal{A}=\mathcal{B}\cup\mathcal{C},\mathcal{B}\cap\mathcal{C}=\varnothing\tag{15}$$

容量用新旧对象的容量概念一致的方式定义. 设 $\omega\in\mathcal{A}$，则

$$|\omega|_{\mathcal{A}}=\begin{cases}|\omega|_{\mathcal{B}},\text{若 }\omega\in\mathcal{B}\\|\omega|_{\mathcal{C}},\text{若 }\omega\in\mathcal{C}\end{cases}\tag{16}$$

我们还有

$$A_n=B_n+C_n\tag{17}$$

用生成函数的符号表示就是

$$A(z)=B(z)+C(z)\tag{18}$$

因而，不相交集合的并是可行结构，并且可翻译成生成函数的和.（这一陈述的更加正规的说法将在下一节给出.）

由式(11)—(14) 以及式(15)—(18) 所给出的对应可总结成一个令人惊奇的公式

$$\begin{cases}\mathcal{A}=\mathcal{B}\cup\mathcal{C}\Rightarrow A(z)=B(z)+C(z)\\\mathcal{A}=\mathcal{B}\times\mathcal{C}\Rightarrow A(z)=B(z)\cdot C(z)\end{cases}(\mathcal{B}\cap\mathcal{C}=\varnothing)\tag{19}$$

与例 Ⅰ.3 式(3) 中平面算术情况比较一下即可看出. 这种关系的优点是只需要知道通用的翻译规则就可一劳永逸. 一旦看出问题是计算不相交集合的并集或 Descartes 积的元素的个数，即可免去所有的中间阶段而像式(13) 或式(17) 中那样，直接写出显式的系数关系或递推关系. 这就是组合枚举的符号方法的灵魂. 就像我们将在下一节中看到的那样，它的好处是一些强大的集合论结构就适合这样处理.

▶ **Ⅰ.3 连续性，Lipschitz(利普希茨) 条件与 Hölder(赫尔德) 条件.** 称一个可行结构是连续的，如果在形式幂级数空间上，它的超度量距离是连续的(附

录 A.5 形式幂级数). 连续性使得组合结构仅以有限种方式依赖于它们的元素. 此外,对本书中的所有结构都存在一个函数 $\vartheta(n)$,使得 A_n 仅依赖于($B_k^{(1)}$,$B_k^{(2)}$,…,$B_k^{(m)}$) 的前 $\vartheta(n)$ 个元素,并且 $\vartheta(n)\leqslant Kn+L$(Hölder 条件) 或者 $\vartheta(n)\leqslant n+L$(Lipschitz 条件). 例如,泛函 $f(z)\mapsto f(z^2)$ 满足 Hölder 条件,泛函 $f(z)\mapsto \partial_z f(z)$ 满足 Lipschitz 条件. ◀

Ⅰ.2 可行的结构和表示法

本节的主要目的是正式引入构成组合结构的规范语言核心的基本结构. 这个核心是基于不相交的并,也即我们上面已经讨论过的称为组合和与 Descartes 积的概念. 我们将通过序列的结构、循环、多重集和幂集来阐述它. 称一个类是可构造的或可表示的,如果它可以通过这些结构用原始元素定义. 任何一个这种类型的生成函数满足一个可以从表示法系统地翻译过来的函数方程;见定理 Ⅰ.1 和 Ⅰ.2,以及本章末小结中的图 Ⅰ.18.

Ⅰ.2.1 基本结构. 首先,为行文方便起见,我们约定以下的名称、说法和记号. 单位元类$\mathcal{E}$由容量为 0 的单个对象组成;任何容量为 0 的对象都称为空对象,通常用诸如 ϵ 或 1 的符号表示. 由组合同构

$$\mathcal{A}\cong \mathcal{E}\times \mathcal{A}\cong \mathcal{A}\times \mathcal{E}$$

就会明白使用这一术语的原因.(译者注:$\mathcal{E}$的最简单的例子是由空集组成的单元素集. 注意:$\mathcal{E}$的元素虽然是空集,但是它本身并不是空集. $\mathcal{A}\times \mathcal{E}=\{(\alpha,\varnothing)\mid \alpha\in \mathcal{A}\}$,$\mathcal{E}\times \mathcal{A}=\{(\varnothing,\alpha)\mid \alpha\in \mathcal{A}\}$,显然它们都与$\mathcal{A}$同构).

原子类$\mathcal{Z}$由容量为 1 的单个对象组成;任何容量为 1 的对象都称为原子,原子可用来表示一个图或一棵树中的顶点,这些顶点在图或树中通常用一个圆点(• 或 ◦) 表示. 但是在表示一个单词中的字母时,也采用 $a,b,c,\cdots$ 来表示. 不同的单位元类或原子类可以用不同的脚标加以区分. 例如,我们可用类 $\mathcal{Z}_a=\{a\}$,$\mathcal{Z}_b=\{b\}$(a,b 的容量为 1) 在字母表$\{a,b\}$ 的基础上构造二元单词,或者用 $\mathcal{Z}_\bullet=\{\bullet\}$,$\mathcal{Z}_\circ=\{\circ\}$(规定 • 或 ◦ 的容量为 1) 来构造一个有两种颜色的顶点的树. 类似的,我们也可用$\mathcal{E}_\square$,$\mathcal{E}_1$,$\mathcal{E}_2$来分别表示元素为 $\square$,ϵ_1,ϵ_2 的单位元类.

显然,单位元类和原子类的生成函数分别为

$$E(z)=1,\ Z(z)=z$$

它们分别对应于单位 1 和变量 z 的生成函数.

组合和(不相交并). 组合和的概念沿袭了不相交集合的并的想法,但在使

用这一概念进行论证时,不附加任何额外的条件(不相交).为此,我们将两个类$\mathcal{B}$和$\mathcal{C}$的(组合)和形式化的(在标准的集合论意义上)看成是$\mathcal{B}$和$\mathcal{C}$的两个不相交的复制品,例如$\mathcal{B}^{\square}$和$\mathcal{C}^{\diamond}$的并.这种结构方法的一个图片式的解释为:首先选择两种不同的颜色,并用第一种颜色重新绘制$\mathcal{B}$的元素,用第二种颜色重新绘制$\mathcal{C}$的元素的第二种颜色.这是通过引入两个不同的"标记",比如说 $\square$ 和 $\diamond$ 而精确做出的,其中每个"标记"都是空对象(即容量为零的对象),则$\mathcal{B}$,$\mathcal{C}$的不相交并$\mathcal{B}+\mathcal{C}$就定义为通常的集合论中的并

$$\mathcal{B}+\mathcal{C}:=(\{\square\}\times\mathcal{B})\cup(\{\diamond\}\times\mathcal{C}|)$$

不相交并$\mathcal{A}=\mathcal{B}+\mathcal{C}$中的对象的容量的定义如式(16)那样,从它的原来的类的容量定义继承而来.采用这一定义的一个很好的理由是,两个类的组合和总是良定义的,无论这两个类是否相交.此外,只要类是不相交的集合,不相交并就等价于普通的并.

由于类的重新绘制的复本是不相交的,因此就蕴含

$$\mathcal{A}=\mathcal{B}+\mathcal{C}\Rightarrow A_n=B_n+C_n$$

以及

$$A(z)=B(z)+C(z)$$

从而不相交并是可行的.作为对照,注意通常的集合论中的并却不是可行的结构,由于

$$|\mathcal{B}\cup\mathcal{C}|=|\mathcal{B}|+|\mathcal{C}|-|\mathcal{B}\cap\mathcal{C}|$$

因而$\mathcal{B}$和$\mathcal{C}$的相互的性质(即它们的交集的性质),必须归结为列举它们的并的元素的个数.

Descartes **积**.根据定义Ⅰ.6,结构$\mathcal{A}=\mathcal{B}\times\mathcal{C}$产生所有可能的有序对,那种对的容量可从$\mathcal{B}$和$\mathcal{C}$的容量用公式(12)得出.

下面我们引入一些建立在集论中的并和积基础之上的新的结构,并用这些结构形成序列、集合和循环.利用这些有力的结构足以定义各式各样的组合结构.

级数结构.设$\mathcal{B}$是一个类,那么级数类 SEQ($\mathcal{B}$)的意义是如下的无穷和

$$\mathrm{SEQ}(\mathcal{B})=\{\mathcal{E}\}+\mathcal{B}+(\mathcal{B}\times\mathcal{B})+(\mathcal{B}\times\mathcal{B}\times\mathcal{B})+\cdots$$

其中$\mathcal{E}$是一个容量为 0 的单位元类.换句话说,我们有

$$\mathcal{A}=\{(\beta_1,\cdots,\beta_l)\mid l\geqslant 0,\beta_j\in\mathcal{B}\}$$

它符合我们对这个无穷和所包含的对象应该是什么形式的直觉.(其中的单位元类对应于$l=0$的情况,在形式语言理论中,它起了"空"单词的作用.)现在容易验证结构$\mathcal{A}=\mathrm{SEQ}(\mathcal{B})$,当且仅当$\mathcal{B}$不包含容量为 0 的对象时定义了一个满足

容量有限条件的适当类. 从和与积的容量的定义可以得出,任何一个对象 $\alpha \in \mathcal{A}$的容量可以取成其分量的容量之和

$$\alpha = (\beta_1, \cdots, \beta_l) \Rightarrow |\alpha| = |\beta_1| + \cdots + |\beta_l|$$

轮换结构. 如果一个级数各项的分量都是其某一分量的轮换,那么此级数就定义了一个轮换,记为 $\mathrm{CYC}(\mathcal{B})$. 确切地说,我们有[①]

$$\mathrm{CYC}(\mathcal{B}) := (\mathrm{SEQ}(\mathcal{B}) \setminus \mathcal{E}) \setminus \mathbf{S}$$

其中 $\mathbf{S}$ 是如下定义的等价关系 $(\beta_1, \cdots, \beta_r) \mathbf{S} (\beta'_1, \cdots, \beta'_r) \Leftrightarrow$ 存在一个 $[1, \cdots, r]$ 的轮换 τ,使得对于所有的 j,都有 $\beta'_j = \beta_{\tau(j)}$. 换句话说,存在某个 d 使得 $\beta'_j = \beta_{1+(j-1+d)(\mathrm{mod}\, r)}$. 例如,下面描述了一个在两种类型的对象 (a, b) 的基础上,由长度为 3 和 4 的 8 和 16 个序列构成的轮换. 轮换的数目为 4(对于 $n=3$) 和 6(对于 $n=4$). 根据等价关系 $\mathbf{S}$ 把这些序列分成了下面的组

$$3-\text{cycles}: \begin{cases} aaa \\ aab\ aba\ baa \\ abb\ bba\ bab \\ bbb \end{cases},$$

$$4-\text{cycles}: \begin{cases} aaaa \\ aaab\ aaba\ abaa\ baaa \\ aabb\ abba\ bbaa\ baab \\ abab\ baba \\ abbb\ bbba\ bbab\ babb \\ bbbb \end{cases} \tag{20}$$

根据定义,这种结构中的形式是有方向的(参见项链的注记 Ⅰ.1). 我们只对无标记的对象有限地使用它; 然而,它的对应对象在第 Ⅱ 章有关有标记结构和指数生成函数的章节中起着相当重要的作用.

多重集结构. 按照通常的数学术语的含义,多重集类似于一个有限集(即不计元素之间的顺序),但是允许元素的任意重复. 其记号是 $\mathcal{A} = \mathrm{MSET}(\mathcal{B})$, $\mathcal{A}$是用$\mathcal{B}$的有限重的元素构成的. 确切的定义方法是: $\mathcal{A}$是如下的商集

$$\mathcal{A} := \mathrm{SEQ}(\mathcal{B}) / \mathbf{R}$$

其中 $\mathbf{R}$ 是一个序列之间的等价关系,其定义为 $(\alpha_1, \cdots, \alpha_r) \mathbf{R} (\beta_1, \cdots, \beta_r) \Leftrightarrow$ 存在 $[1, \cdots, r]$ 的一个任意的排列 σ,使得对所有的 j,都有 $\beta_j = \alpha_{\sigma(j)}$.

---

① 为方便起见,我们约定不存在"空"的轮换.

幂集结构. 幂集类(或集合类) $\mathcal{A}=\text{PSET}(\mathcal{B})$ 是由$\mathcal{B}$的所有有限子集构成的集合. 或者等价的,$\text{PSET}(\mathcal{B})\subset\text{MSET}(\mathcal{B})$ 是一个无重复的多重集.

我们需要再次明确容量函数的定义,对于积和级数,其组成对象,即集合,多重集或轮换的容量的定义是其分量的容量之和.

Ⅰ.4 组合类的半环. 根据同构的类就被看成是同一的惯例,是些由组合和与 Descartes 积构成的类,它们具有良好的代数属性. 例如,满足交换律和结合律

$$(\mathcal{A}+\mathcal{B})+\mathcal{C}=\mathcal{A}+(\mathcal{B}+\mathcal{C}),(\mathcal{A}\times\mathcal{B})\times\mathcal{C}=\mathcal{A}\times(\mathcal{B}\times\mathcal{C})$$
$$(\mathcal{A}+\mathcal{B})\times\mathcal{C}=(\mathcal{A}\times\mathcal{C})+(\mathcal{B}\times\mathcal{C})$$
◀

▶**Ⅰ.5 自然数**. 设$\mathcal{Z}:=\{\bullet\}$,其中 • 是一个原子(容量为1),那么$\mathcal{I}=\text{SEQ}(\mathcal{Z})\setminus\mathcal{E}$就是一种用单位类的符号刻画正整数的方法:$\mathcal{I}=\{\bullet,\bullet\bullet,\bullet\bullet\bullet,\cdots\}$. 对应的 OGF 是 $I(z)=\dfrac{z}{1-z}=z+z^2+z^3+\cdots$. ◀

▶**Ⅰ.6 区间覆盖**. 设$\mathcal{Z}:=\{\bullet\}$同上,那么$\mathcal{A}=\mathcal{Z}+(\mathcal{Z}\times\mathcal{Z})$是一个由两种元素 • 和(•,•)组成的集合,后者我们将其两个黑点之间加一个横杠,将其重新表示成{•, •—•},那么$\mathcal{C}=\text{SEQ}(\mathcal{A})$ 的元素就是

•, ••, •—•, ••—•, •—••, •—••—•, ••••,…

其容量按照上文的规定计算. $\text{SEQ}(\mathcal{Z}+(\mathcal{Z}\times\mathcal{Z}))$ 中容量为 n 的对象是(同构得到)覆盖区间$[0,n]$ 的度为 1 或 2 的区间. 生成函数是

$$C(z)=1+z+2z^2+3z^3+5z^4+8z^5+13z^6+21z^7+34z^8+55z^9+\cdots$$

正如我们将很快看到的(Ⅰ.13 节),是 Fibonacci(斐波那契) 数的生成函数. ◀

Ⅰ.2.2 普通生成函数的相容性定理. 本节对我们已有结构的相容性的证明给出一个正式的处理. 最后的结论是任何可结构类的形式都可直接转换为生成函数的方程. 轮换结构的转换涉及 Euler 函数 $\varphi(k)$,其定义为整数区间$[1,k]$ 中与 k 互素的整数的个数.(附录 A.1 算术函数).

定理 Ⅰ.1(基本相容性,无标记结构) 并,Descartes 积,级数,幂集,多重集和轮换都是相容的. 相关的运算如下:

并

$$\mathcal{A}=\mathcal{B}+\mathcal{C}\Rightarrow A(z)=B(z)+C(z)$$

Descartes 积

$$\mathcal{A}=\mathcal{B}\times\mathcal{C}\Rightarrow A(z)=B(z)\cdot C(z)$$

级数

$$\mathcal{A}=\operatorname{SEQ}(\mathcal{B})\Rightarrow A(z)=\frac{1}{1-B(z)}$$

幂集

$$\mathcal{A}=\operatorname{PSET}(\mathcal{B})\Rightarrow A(z)=\begin{cases}\prod_{n\geqslant 1}(1+z^n)^{B_n}\\ \exp\left(\sum_{k=1}^{\infty}\frac{(-1)^{k-1}}{k}B(z^k)\right)\end{cases}$$

多重集

$$\mathcal{A}=\operatorname{MSET}(\mathcal{B})\Rightarrow A(z)=\begin{cases}\prod_{n\geqslant 1}(1-z^n)^{-B_n}\\ \exp\left(\sum_{k=1}^{\infty}\frac{1}{k}B(z^k)\right)\end{cases}$$

轮换

$$\mathcal{A}=\operatorname{CYC}(\mathcal{B})\Rightarrow A(z)=\sum_{k=1}^{\infty}\frac{\varphi(k)}{k}\log\frac{1}{1-B(z^k)}$$

在级数、幂集多重集和轮换中我们均假设 $B_0=\varnothing$.

仅由空的对象组成的类$\mathcal{E}=\{\varepsilon\}$和仅由容量为 1 的单个原子(结点)组成的类$\mathcal{Z}$的生成函数分别为

$$E(z)=1\quad 和\quad Z(z)=z$$

证明 证明的方法是根据前面已经得到的类的并与积的结果,分情况证明.

组合和(不相交并).设$\mathcal{A}=\mathcal{B}+\mathcal{C}$,由于并是不相交的,并且$\mathcal{A}$的元素的容量分别与$\mathcal{B}$和$\mathcal{C}$中与这个元素对应的元素的容量相同,因此就像上面讨论中所说的那样,有 $A_n=B_n+C_n$ 和 $A(z)=B(z)+C(z)$.这一公式也可从定义 Ⅰ.4 中的公式(8) 根据组合和的定义直接得出

$$A(z)=\sum_{\alpha\in\mathcal{A}}z^{|\alpha|}=\sum_{\alpha\in\mathcal{B}}z^{|\alpha|}+\sum_{\alpha\in\mathcal{C}}z^{|\alpha|}=B(z)+C(z)$$

Descartes **积**. $\mathcal{A}=\mathcal{B}\times\mathcal{C}$的相容性可以看成是定义 Ⅰ.6 的一个例子,卷积方程(13) 导致了关系式$A(z)=B(z)\cdot C(z)$.我们还可以从定义 Ⅰ.4 中的组合形式的生成函数公式(8) 直接得出所要证的公式

$$A(z)=\sum_{\alpha\in\mathcal{A}}z^{|\alpha|}=\sum_{(\beta,\gamma)\in\mathcal{B}\times\mathcal{C}}z^{|\beta|+|\gamma|}=\left(\sum_{\beta\in\mathcal{B}}z^{|\beta|}\right)\cdot\left(\sum_{\gamma\in\mathcal{C}}z^{|\gamma|}\right)=B(z)\cdot C(z)$$

上面推导的中间过程中应用了乘法分配律.这一方法也可以推广到多个类的情况.

级数结构.对$\mathcal{A}=\operatorname{SEQ}(\mathcal{B})$ 的相容性($\mathcal{B}_0=\varnothing$) 可从定义中包含的并与积的

关系式得出.我们有

$$\mathcal{A}=\{\varepsilon\}+\mathcal{B}+(\mathcal{B}\times\mathcal{B})+(\mathcal{B}\times\mathcal{B}\times\mathcal{B})+\cdots$$

因此有

$$A(z)=1+B(z)+B^2(z)+B^3(z)+\cdots=\frac{1}{1-B(z)}$$

其中几何级数在形式幂级数的意义上收敛,由于根据假设,我们有$[z^0]B(z)=0$.

幂集结构.设$\mathcal{A}=\mathrm{PSET}(\mathcal{B})$.首先,设$\mathcal{B}$是有限的.那么所有$\mathcal{B}$的有限子集组成的类$\mathcal{A}$,同构于如下的乘积

$$\mathrm{PSET}(\mathcal{B})\cong\prod_{\beta\in\mathcal{B}}(\{\varepsilon\}+\{\beta\}) \tag{21}$$

其中ε是一个容量为0的空结构.实际上,乘法分配律产生了$\mathcal{B}$的元素的所有可能的组合(不允许重复),因此我们就有形如

$$(1+a)(1+b)(1+c)=1+[a+b+c]+[ab+bc+ac]+abc$$

这种形式的恒等式.其中的单项式是所有变量的组合.然后直接从组合形式的生成函数和乘法的法则得出

$$A(z)=\prod_{\beta\in\mathcal{B}}(1+z^{|\beta|})=\prod_{n}(1+z^n)^{B_n} \tag{22}$$

由指数-对数恒等式$A(z)=\exp(\log A(z))$得出

$$\begin{aligned}A(z)&=\exp\Big(\sum_{n=1}^{\infty}B_n\log(1+z^n)\Big)\\&=\exp\Big(\sum_{n=1}^{\infty}\cdot\sum_{k=1}^{\infty}(-1)^{k-1}\frac{z^{nk}}{k}\Big)\\&=\exp\Big(\frac{B(z)}{1}-\frac{B(z^2)}{2}+\frac{B(z^3)}{3}-\cdots\Big)\end{aligned} \tag{23}$$

其中第二个式子来自对数函数的展开式

$$\log(1+u)=u-\frac{u^2}{2}+\frac{u^3}{3}-\cdots$$

我们最后把上面的证明推广到最终延伸到$\mathcal{B}$是无限的情况.注意每个$\mathcal{A}_n$仅由那些脚标满足$j\leqslant n$的$\mathcal{B}_j$所决定,而这些项是有限的,因此对$\mathcal{A}_n$我们可以利用上面已对有限情况证明的结果.确切地说,令$\mathcal{B}^{(\leqslant m)}=\sum_{j=1}^{m}\mathcal{B}_j$,$\mathcal{A}^{(\leqslant m)}=\mathrm{PSET}(\mathcal{B}^{(\leqslant m)})$,则有

$$A(z)=A^{(\leqslant m)}(z)+O(z^{m+1})\text{ 和 }B(z)=B^{(\leqslant m)}(z)+O(z^{m+1})$$

其中$O(z^{m+1})$表示没有次数小于或等于m的任何级数.另外,由于$\mathcal{B}^{(\leqslant m)}$是有限的,所以$A^{(\leqslant m)}(z)$和$B^{(\leqslant m)}(z)$都可用基本的指数关系式(23)表出,令$m\to\infty$,

并在式(23) 中取极限,就得出

$$A(z)=\exp\left(\frac{B(z)}{1}-\frac{B(z^2)}{2}+\frac{B(z^3)}{3}-\cdots\right)$$

(关于形式收敛性见附录 A.5 形式幂级数.)

多重集结构. 先来考虑有限情况,多重集类$\mathcal{A}=\mathrm{MSET}(\mathcal{B})$ 可定义成

$$\mathrm{PSET}(\mathcal{B})\cong\prod_{\beta\in\mathcal{B}}\mathrm{SEQ}(\{\beta\}) \tag{24}$$

换句话说,任何多重集都可以按照下述观点重新排序,即把它看成先是由可重复元素 β_1 构成的序列,然后是可重复元素 β_2 构成的序列等,其中 $\beta_1,\beta_2,\cdots$ 是$\mathcal{B}$中的元素的标准排列. 利用乘积和级数的已证结果,将上面的关系式翻译成生成函数就得出

$$\begin{aligned}A(z)&=\prod_{\beta\in\mathcal{B}}(1-z^{|\beta|})^{-1}=\prod_{n=1}^{\infty}(1-z^n)^{-B_n}\\&=\exp\left(\sum_{n=1}^{\infty}B_n\log(1-z^n)^{-1}\right)\\&=\exp\left(\frac{B(z)}{1}+\frac{B^2(z)}{2}+\frac{B^3(z)}{3}+\cdots\right)\end{aligned} \tag{25}$$

其中指数形式来自指数-对数变换. 无限类$\mathcal{B}$的极限情况可用类似于幂集情况的论证得出.

轮换结构. 轮换变换$\mathcal{A}=\mathrm{CYC}(\mathcal{B})$ 可转换为

$$A(z)=\sum_{k=1}^{\infty}\frac{\varphi(k)}{k}\log\frac{1}{1-B(z^k)}$$

其中 $\varphi(k)$ 是 Euler 函数. $L_k(z):=\log\dfrac{1}{1-B(z^k)}$ 的前几项是

$$L(z)=\frac{1}{1}L_1(z)+\frac{1}{2}L_2(z)+\frac{2}{3}L_3(z)+\frac{2}{4}L_4(z)+\frac{4}{5}L_5(z)+\frac{2}{6}L_6(z)+\cdots$$

证明可见附录 A.4 转换结构,因为这一部分的证明需要依赖于在第 Ⅲ 章才正式引入的多元生成函数.

关于集合,多重集和轮换的结果是众所周知的 Pólya(波利亚) 理论的特殊情况,这一理论更一般地处理对称群作用下的对象的枚举. Pólya 的著作原始版本和其修改版本,可见文[488,491]. 在许多教科书中叙述过这一理论,例如,Comtet(孔泰)[129]、Harary(哈拉里) 和 Palmer(帕尔默) 的教科书[129,319](p. 85—p. 86) 中的附注 Ⅰ.58—Ⅰ.60 提取了这一理论的最基本的内容. 这里采用的方法相当于同时考虑由二元生成函数所得出的成分的数目的所有可能的值. 在 Bergeron(伯格龙),Labelle(拉贝尔) 和 Leroux(勒鲁) 的书[50]

中有力地推广了 Joyal(乔亚尔) 在文献[359] 中所提出的优美的理论.

▶Ⅰ.7 Vallée(瓦利) 恒等式. 设$\mathcal{M}$=MSET($\mathcal{C}$),$\mathcal{P}$=PSET($\mathcal{C}$),则我们有组合恒等式

$$M(z)=P(z)M(z^2)$$

(提示:多重集包含奇数个或偶数个元素.) 因此,可以从多重集的公式导出多重集和幂集之间的变换公式. 迭代上面的关系可以得出

$$M(z)=P(z)P(z^2)P(z^4)P(z^8)\cdots$$

这一式子与数字的二进制表示及 Euler 恒等式(注记 Ⅰ.19) 密切相关. 例如,它可用于附注 Ⅰ.66. ◀

限制结构. 为了提高结构的框架的描述能力,我们应该允许对级数、集合、多重集和轮换中的成分的数量加以限制. 设符号 $\mathfrak{K}$ 代表任意一个 SEQ,CYC,MSET,PSET,并设 Ω 是整数的一个子集,则 $\mathfrak{K}_\Omega(\mathcal{A})$ 将代表结构 $\mathfrak{K}$ 的对象构成的类,这个类的对象的数目满足对于 Ω 的约束. 例如,符号

$$\mathrm{SEQ}_{=k}(\text{或简单地写成 }\mathrm{SEQ}_k),\mathrm{SEQ}_{>k},\mathrm{SEQ}_{1,\cdots,k} \tag{26}$$

分别表示一个其对象的个数恰等于 k,大于 k 或可在整数区间[1,…,k] 上任意变动的级数. 特别

$$\mathrm{SEQ}_k(\mathcal{B}):=\mathcal{B}\times\cdots\times\mathcal{B}\equiv\mathcal{B}^k$$

$$\mathrm{SEQ}_{\geqslant k}(\mathcal{B})^j=\sum_{j\geqslant k}\mathcal{B}^j\cong\mathcal{B}^k\times\mathrm{SEQ}(\mathcal{B})$$

$$\mathrm{MSET}_k(\mathcal{B}):=\mathrm{SEQ}_k(\mathcal{B})/\mathbf{R}$$

类似的,$\mathrm{SEQ}_{\mathrm{odd}}$,$\mathrm{SEQ}_{\mathrm{even}}$ 将分别表示其对象的个数是奇数或偶数的级数,等等.

正如我们将在第 Ⅰ.6.1 节中看到的那样,我们也可对这种限制结构进行翻译. 只需注意到$\mathcal{A}$= $\mathrm{SEQ}_k(\mathcal{B})$ 实际上只不过是一个 k 重乘积的缩写即可,据此,我们即可将结构翻译成相应的 OGF

$$\mathcal{A}=\mathrm{SEQ}_k(\mathcal{B})\Rightarrow A(z)=B^k(z) \tag{27}$$

Ⅰ.2.3 可行的结构和表示法. 通过复合基本结构,我们可以构建各种各样的组合类的紧凑描述(规范). 由于我们仅限于注意相容的结构,我们可以立即导出这些类的 OGF. 换句话说,一个组合类的枚举任务就归结为用相容结构的规范语言编写一个表示法. 在本小节中,我们先来讨论结构语言的表达力,然后将其总结为符号方法(对于无标记的类和 OGF) 中的定理 Ⅰ.2.

首先,在上面引入的框架中,任意二元的单词可以描述成

$$\mathcal{W}=\mathrm{SEQ}(\mathcal{A}),\text{其中}\mathcal{A}=\{a,b\}\cong\mathcal{Z}+\mathcal{Z}$$

其中的大写字母$\mathcal{A}$由两个容量为 1 的元素(字母) 组成. 二元单词的容量定义成

它的长度(这个单词所包含的字母的数量). 换句话说,我们从最基本的原子开始,所有对象通过自由形成的序列的方法来建立单词. 组合类的这种只涉及应用于初始类$\mathcal{E}$,$\mathcal{Z}$的基本结构的复合的描述被称为显式递归(或非隐式递归)的表示法. 这种表示法的其他例子我们已遇到过二元项链(注记 Ⅰ.1) 和正整数(注记 Ⅰ.5),它们用我们上面所引入的符号可分别定义成

$$\mathcal{N}=\mathrm{CYC}(\mathcal{Z}+\mathcal{Z}) \quad 和 \quad \mathcal{I}=\mathrm{SEQ}_{\geqslant 1}(\mathcal{Z})$$

由此出发,我们可以构造更复杂的对象,例如

$$\mathcal{P}=\mathrm{MSET}(\mathcal{I}) \equiv \mathrm{MSET}(\mathrm{SEQ}_{\geqslant 1}(\mathcal{Z}))$$

表示正整数的多重集类,它同构于整数的分划构成的类(见下面将要详细讨论的 Ⅰ.3 节). 就像我们已经给出的例子那样,迭代表示法可以把对象表示成一个建立在$\mathcal{E}$,$\mathcal{Z}$以及结构+,×,SEQ,CYC,MSET,PSET 之上的单独的项. 迭代表示法还可以等价于命名一些子命令(例如,用自然数$\mathcal{I}$的分划的术语表示的类,而$\mathcal{I}$本身又定义成原子$\mathcal{Z}$的级数).

递归的语义. 接下来我们从树开始(关于树的基本定义,参见附录 A.9 树的概念) 将注意力转向递归表示. 在图论中,树被经典地定义成连通的、无环的无向图. 此外,如果指定了一个特定的顶点(这个顶点以后将被称为根),则称这个树是有根的. 计算机科学家通常使用被称为平面[①]的术语,它们都是有根的,但也嵌入在平面中,使得子树的排序可通过任意的节点进行. 在这里,我们将给出一般的平面树的名称,我们用$\mathcal{G}$表示所有这种有根的平面树的类,其容量是顶点的数量;例如,可参考文献[538]. (术语"一般" 是指允许树中有任意度数的节点.) 例如在下图中画出了一个根在顶点的容量为 16 的一般的树

$\tau=$ 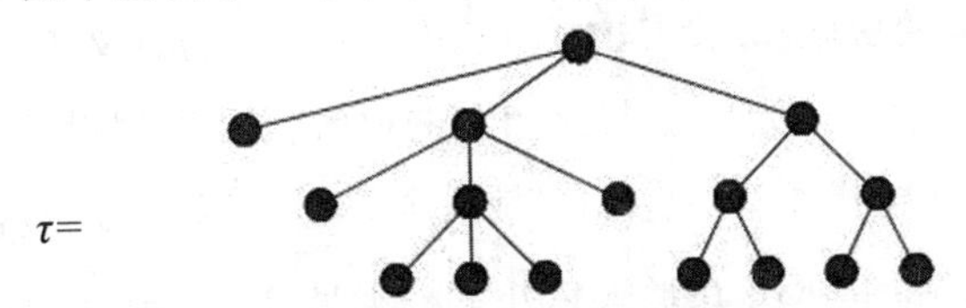

这一定义的结果就是,如果我们交换两个子树,例如,第二个和第三个根子树,则将得出不同的树 —— 原始树及其变体在平面的光滑变形下不等价. (因此一般的树可以比喻成儿童按年龄排序的家谱的图形.) 虽然我们是把平面树作为一个二维的图引入的,但是显然任何树也可以线性地表示:一个以 ζ 为根

---

① 替代术语"平面的树" 也经常使用,但有些人认为这种说法是不正确的(所有的树都是平面图). 因此,我们选择了"平面树" 这一表达方式,它等同于术语"平面曲线".

和以 $\tau_1,\cdots,\tau_r$（按该顺序）为根子树的树 τ 可以看成一个对象 $\zeta\,\boxed{\tau_1,\cdots,\tau_r}$，其中盒子包围了一个类似的子树的表示. 我们可把这种写法中的盒子简化为匹配对的括号“$(\cdot)$”，并且以这种方式得到的树和被看成平面图的树之间的对应关系，以及关于数理逻辑和计算机科学的功能术语的线性描述.

但是我们认为，最好还是用递归的方法表示树. 在这种观点下，一个平面树就是一个附加了根（可能是空的）的序列. 换句话说，一般树的类 $\mathcal{G}$ 可由一个递归方程定义成

$$\mathcal{G}=\mathcal{Z}\times \mathrm{SEQ}(\mathcal{G}) \tag{28}$$

其中 $\mathcal{Z}$ 由单个的原子“$\bullet$”组成，它表示一般的结点.

尽管这种递归的定义是计算机科学家所熟悉的，但是式(28)的表示法在某些人看来可能是一种危险的循环. 一种有意义的方法是通过迭代的数值技术来操作. 从空集 $\mathcal{G}^{[0]}=\varnothing$ 开始，并顺序的定义类

$$\mathcal{G}^{[j+1]}=\mathcal{Z}\times \mathrm{SEQ}(\mathcal{G}^{[j]})$$

例如 $\mathcal{G}^{[1]}=\mathcal{Z}\times \mathrm{SEQ}(\varnothing)=\{(\bullet,\varepsilon)\}\cong\{\bullet\}$ 描述了一个容量为 1 的树，并且

$$\mathcal{G}^{[2]}=\{\bullet,\ \bullet\,\boxed{\bullet},\ \bullet\,\boxed{\bullet\bullet},\ \bullet\,\boxed{\bullet\bullet\bullet},\cdots\}$$

$$\mathcal{G}^{[3]}=\{\bullet,\ \bullet\,\boxed{\bullet},\ \bullet\,\boxed{\bullet\bullet},\ \bullet\,\boxed{\bullet\bullet\bullet},\cdots,\ \bullet\,\boxed{\bullet\,\boxed{\bullet}},\ \bullet\,\boxed{\bullet\,\boxed{\bullet\bullet}},\ \bullet\,\boxed{\boxed{\bullet\bullet}\,\bullet},\ \bullet\,\boxed{\bullet\,\boxed{\bullet\bullet}\,\boxed{\bullet\bullet}},\cdots\}$$

首先，每个 $\mathcal{G}^{[j]}$ 都是良定义的，由于它对应于一个纯递归的表示. 其次，我们有一个包含关系 $\mathcal{G}^{[j]}\subset\mathcal{G}^{[j+1]}$（$\mathcal{G}^{[j]}$ 的一个类似的表达是所有高度小于 j 的树）. 因此我们可以认为所有的树构成的类 $\mathcal{G}$，可以定义成 $\mathcal{G}^{[j]}$ 的极限，即 $\mathcal{G}:=\bigcup_j \mathcal{G}^{[j]}$.

▶ **Ⅰ.8　类的极限和.** 设 $\{\mathcal{A}^{[j]}\}$ 在 $\mathcal{A}^{[j]}\subset\mathcal{A}^{[j+1]}$ 的意义下是一个组合类的递增序列，并且其容量的定义是与此相容的（译者注：即假设 $\mathcal{A}^{[j]}$ 的容量小于或等于 $\mathcal{A}^{[j+1]}$ 的容量）. 若 $\mathcal{A}^{[\infty]}:=\bigcup_j \mathcal{A}^{[j]}$ 是一个组合类（对每个 n，容量为 n 的元素是有限的），则对应的 OGF 在形式拓扑下将满足 $A^{[\infty]}(z)=\lim\limits_{j\to\infty}A^{[j]}(z)$（见附录 A.5 形式幂级数）. ◀

定义 Ⅰ.7　一个类的 r 元的一个有序的行 $\vec{\mathcal{A}}=(\mathcal{A}^{(1)},\cdots,\mathcal{A}^{(r)})$ 表示一个 r 元的方程组

$$\begin{cases}\mathcal{A}^{(1)}=\Phi_1(\mathcal{A}^{(1)},\cdots,\mathcal{A}^{(r)})\\ \mathcal{A}^{(2)}=\Phi_2(\mathcal{A}^{(1)},\cdots,\mathcal{A}^{(r)})\\ \quad\vdots\\ \mathcal{A}^{(r)}=\Phi_r(\mathcal{A}^{(1)},\cdots,\mathcal{A}^{(r)})\end{cases} \tag{29}$$

其中每个 Φ_i 表示一个从$\mathcal{A}$出发,使用不相交并,Descartes 积,级数,幂集,多重集和轮换等操作,以及初始类$\mathcal{E}$(空对象) 和$\mathcal{Z}$(原子) 建立起来的结构.

我们也说系统是$\mathcal{A}^{(1)}$的表示. 这是一种用定义这种类的形式语法结构的类的表示. 形式上,如果方程组(29) 是严格的上三角形系统,那么它是一个显式递归的或非隐式递归的表示,即$\mathcal{A}^{(r)}$涉及初始类$\mathcal{E}$,$\mathcal{Z}$和$\mathcal{A}^{(r-1)}$等. 在这种情况下,通过逆变换,显然对于显式递归表示,$\mathcal{A}^{(1)}$也可等价地用仅涉及初始类和基本结构的单项来描述. 否则,称此系统是隐式递归的. 在后一种情况下,递归的语义与在树的情况下引入的语义相同:从类的"空"向量$\overrightarrow{\mathcal{A}}^{[0]}=(\varnothing,\cdots,\varnothing)$开始进行迭代$\overrightarrow{\mathcal{A}}^{[j+1]}=\overrightarrow{\Phi}(\overrightarrow{\mathcal{A}}^{[j]})$,最后取极限.

我们可用下面的方便方法来直观地解释上述概念. 给定一个形如方程组(29) 的表示,我们可以让它对应一个依赖(di) 图 Γ 如下. Γ 的顶点集是指标集$\{1,\cdots,r\}$. 对每个方程$\mathcal{A}^{(i)}=\Xi_i(\mathcal{A}^{(1)},\cdots,\mathcal{A}^{(r)})$,及每个使得$\mathcal{A}^{(j)}$显式地出现在右边方程中的$j$,在$\Gamma$中做一条有向边$(i\rightarrow j)$. 由此很容易看出一个类是否是显式递归的:如果这个类表示的依赖图是无环的,那么它就是显式递归的,否则(即图中有一个有向的环) 它就是隐式递归的. (这一说明将定义不可约线性系统以及不可约多项式系统,这种系统具有很强的渐近性质.)

定义 Ⅰ.8 当且仅当一个组合结构的类可用和,积,级数,集合,多重集和轮换结构表示(可能是递归的) 时,称它为可构造的或可表示的.

在目前这个阶段,我们对组合结构已有了一种可用的表示语言,这种语言是具有递归的集合论的一些结构的. 每个可构造的类根据定理 Ⅰ.1 都有一个普通的生成函数,其函数方程可以系统地产生. (事实上,甚至可能用计算机代数系统自动地计算它! 关于那种描写系统,参看 Flajolet(弗拉若莱),Salvy(塞尔维) 和 Zimmermann(齐默尔曼) 的论文 [255].)

定理 Ⅰ.2(符号方法,无标记系统) 可结构类的生成函数是一个用 $1,z,+,\times,Q,\mathrm{Exp},\overline{\mathrm{Exp}},\mathrm{Log}$ 构成的函数方程组的解,其中

$$\begin{cases} Q[f]=\dfrac{1}{1-f} \\ \mathrm{Log}[f]=\displaystyle\sum_{k=1}^{\infty}\frac{\varphi(k)}{k}\log\frac{1}{1-f(z^k)} \\ \mathrm{Exp}[f]=\exp\Big(\displaystyle\sum_{k=1}^{\infty}\frac{f(z^k)}{k}\Big) \\ \overline{\mathrm{Exp}}[f]=\exp\Big(\displaystyle\sum_{k=1}^{\infty}(-1)^{k-1}\frac{f(z^k)}{k}\Big) \end{cases}$$

Pólya **算子**. 算子 Q 作为准反转可翻译成级数(SEQ),它是经典的已知结果. 算子 Exp(多重集,MSET) 称为 Pólya 指数算子[①],而$\overline{\text{Exp}}$(幂集,PSET) 称为修改的 Pólya 指数算子. 算子 Log 称为 Pólya 对数算子. 由于 Pólya 首先开发了关于置换群作用下的对象的一般的枚举理论,因此这些算子都以他的名字命名(见注记 Ⅰ.56 — Ⅰ.62).

二元字. 正如我们已经看到的那样,二元字的 OGF 可直接从迭代表示得出

$$\mathcal{W}=\text{SEQ}(\mathcal{Z}+\mathcal{Z})\Rightarrow W(z)=\frac{1}{1-2z}$$

由此可得出我们所期盼的结果 $W_n=2^n$.(注意:在我们的框架中,若设 a,b 是字母,则$\mathcal{Z}+\mathcal{Z}\cong\{a,b\}$.)

一般的树. 一般树的递归表示导致其 OGF 的隐函数定义

$$\mathcal{G}=\mathcal{Z}\times\text{SEQ}(\mathcal{G})\Rightarrow G(z)=\frac{z}{1-G(z)}$$

到达这一点后,其余的事就由基本的代数计算[②]完成. 首先,原来的方程(在形式幂级数环中) 等价于 $G-G^2-z=0$. 然后,解出这个二次方程的实数解,我们就求出

$$\begin{aligned}G(z)&=\frac{1}{2}(1-\sqrt{1-4z})\\&=z+z^2+2z^3+5z^4+14z^5+42z^6+132z^7+429z^8+\cdots\\&=\sum_{n\geqslant 1}\binom{2n-2}{n-1}z^n\end{aligned}$$

(另一个共轭的根舍去,由于其展开式中有 $\frac{1}{z}$ 项和负系数). 这一展开式可从 Newton 的二项展开公式

$$(1+x)^{\alpha}=1+\frac{\alpha}{1}x+\frac{\alpha(\alpha-1)}{2!}x^2+\cdots$$

得出,其中 $\alpha=\frac{1}{2}$,$x=-4z$.

数

---

① 值得注意的是:虽然 Pólya 算子看起来在代数上"难"以计算,但是比起复渐近方法,对于系数渐近的处理,还是相对"容易"一些. 我们将在第 Ⅳ 至第 Ⅶ 章中看到许多例子(例如,第 Ⅳ.4 节,第 Ⅶ.5 节中的例子).

② 关于方法的注释:为简单起见,我们的计算是使用数学的通常语言进行的. 然而,在这种推导中不需要分析,求解二次方程以及分数幂的展开等操作,所有这些计算都可以在形式幂级数的纯代数框架内进行.

$$C_n = \frac{1}{n+1}\binom{2n}{n} = \frac{(2n)!}{(n+1)!\ n!} \tag{30}$$

其 OGF 是 $C(z)=\frac{1-\sqrt{1-4z}}{2z}$，称为 Catalan 数(EIS A000108)，以纪念数学家 Eugéne Catalan，是他首先深入研究了这些数的性质.

综上所述：一般的树的枚举问题可归结为计算 Catalan 数

$$G_n = C_{n-1} \equiv \frac{1}{n}\binom{2n-2}{n-1}$$

因此，今天 Catalan 树这个词就成了“一般”的(有根的无标记的平面)树的代名词.

三角剖分. 在一个圆上按逆时针方向标出 $n+2$ 个固定的点，通常将它们从 0 到 $n+1$ 编号(例如，第 $n+2$ 个单位根). 凸 $n+2$ 边形的一个三角剖分是把它分解成(最大数目)的三角形，即 n 个三角形的分划(图 Ⅰ.1). 三角剖分在这里被看成是一种平面的抽象拓扑结构，所谓平面的拓扑结构是指它们是平面上的连续变形. 三角剖分的容量是三角形的数量，即 n. 给了一个三角剖分后，我们选择一个合适的三角形作为它的“根”(例如，在开始时，选择一个包含两个最小标签的三角形做根). 然后，三角剖分就被分解成根三角形和出现在根三角形的左侧和右侧的两个子构型(可能是“空”的)，这个分解如下图所示：

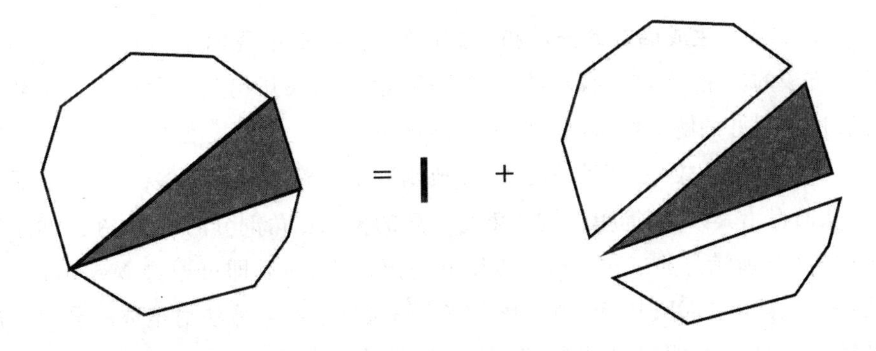

所有的三角剖分构成的类 $\mathcal{T}$ 可以递归地表示为

$$\mathcal{T} = \{\varepsilon\} + (\mathcal{T} \times \nabla \times \mathcal{T})$$

只要我们约定两边的多边形(一个线段)是一个(“空”的)容量为 0 的三角剖分.(子三角剖分是拓扑的、组合的，等价于顶点在圆周上是规则隔开的标准的三角剖分). 因此，OGF $T(z)$ 满足方程

$$T(z) = 1 + zT^2(z)$$

因而

$$T(z)=\frac{1}{2z}(1-\sqrt{1-4z}) \tag{31}$$

从(30) 和(31) 两式就得出三角剖分的计数是 Catalan 数

$$T_n=C_n=\frac{1}{n+1}\binom{2n}{n}$$

这个特别的结果可追溯到 Catalan 时代之前的 Euler 和 Segner，有关的材料可见图 Ⅰ.1 和 Ⅰ.53 节.

▶ **Ⅰ.9** 1－1 **对应**. 由于一般的树和三角剖分的枚举都可由 Catalan 数计数，因此在这两个类之间必定存在着一个 1－1 对应. 找出这个 1－1 对应.（提示：三角剖分的结构引出一个二叉树，而二叉树本身又和一个一般的树 1－1 对应.）◀

▶ **Ⅰ.10 三角剖分的另一种表示.** 考虑 n 边形的“非空”的三角剖分的类 $\mathcal{U}$，也就是说，我们排除了两边的三角形和对应的“空”的容量为 0 的三角剖分. 那么$\mathcal{U}=\mathcal{T}\setminus\{\varepsilon\}$ 即可表示如下

$$\mathcal{U}=\nabla+(\nabla\times\mathcal{U})+(\mathcal{U}\times\nabla)+(\mathcal{U}\times\nabla\times\mathcal{U})$$

这个表示也引出 Catalan 数，由于由上面的表示可得出 OGF 的函数方程 $U=z(1+U)^2$，因此 $U(z)=\frac{1}{2z}(1-2z-\sqrt{1-4z})=T(z)-1$. ◀

Ⅰ.2.4 生成函数的开发和计数序列. 在本书中我们将会看到一百多个符号方法的应用. 在进行技巧的开发之前，值得插入几句关于利用生成函数和计数序列很好的解决组合问题的方式的评论.

显式枚举公式. 在多种情况下，生成函数是明确的，并且可以以显式公式展开，从而得出其系数. 简单的例子就是一般的树和三角剖分的计数，在这两个例子中 OGF 所满足的二次方程可以明确地解出来，然后即可通过 Newton 二项式展开式得出 OGF. 同样，稍后我们在本章会通过符号方法对整数的分解方法的数目给出一个明确的表达式（答案就是简单的 2^{n-1}），并用这种方式通过 OGF 获得许多相关的枚举结果. 在本书中，我们假设读者已知用基本的微积分计算获得一个函数的 Taylor（泰勒）展开式的基本技巧.（关于这些方面的基本参考文献是 Wilf（维尔福）的《生成函数学》[608]，Graham（格雷哈姆），Knuth（克努特）和 Patashnik（帕塔施尼克）的《具体数学》[307] 和我们的书[538]）.

隐式枚举公式. 在某些情况下，通过符号方法获得的生成函数，仍然是明确的，然而它们的系数不能明确地确定到封闭的形式. 不过我们仍然可以通过符

号操作系统得出相应的计数序列的前几项的数值. 此外,由生成函数可以系统地导出递归关系,由此可得出计算计数序列到任意项的程序. 这种情况的一个典型例子是整数分拆的 OGF

$$\prod_{m=1}^{\infty} \frac{1}{1-z^m}$$

在注记Ⅰ.13和注记Ⅰ.19中给出了由其OGF得出的递归关系和相关的算法. 一个更引人注意的例子是非平面树的 OGF,在下面的证明中,它满足一个无限的函数方程

$$H(z)=z\exp\left(H(z)+\frac{1}{2}H(z^2)+\frac{1}{3}H(z^3)+\cdots\right)$$

它的系数可以较低的复杂性计算出来:见附注 Ⅰ.43(参考文献[255,264,456],对这些问题制定了系统的方法). 相应的渐近分析构成了第 Ⅶ 章的主题,见Ⅶ.5 节.

渐近公式. 这种形式是我们的最终目标,因为它们允许对计数序列给出一个容易的表达和比较. 通过快速浏览例 Ⅰ.3(2) 中的 W_n(字),P_n(排列),T_n(三角剖分) 的初始值表显然可以看出,W_n 比 T_n 更慢,而 T_n 本身也比 P_n 增长得越来越慢. 把计数序列的增长速度列入组合结构的渐近理论的范围内是正合适的,这一渐近理论通过复分析正好与符号方法产生了联系. 在第 Ⅳ 章至第 Ⅷ 章中对这一部分内容给予了彻底的处理. 在那里阐述的方法使它有可能渐近地估计几乎任何生成函数的系数,问题的复杂之处在于,估计生成函数的系数本来是由符号方法提供的,而在上述的隐性枚举情况下,却又恰好需要用复渐近方法才能很好地得以解决.

在这里,我们仅限于在基本的实分析基础上给出几点注记(基本符号见附录 A.2 渐近符号). 序列 $W_n=2^n$ 以指数方式增长,在这种极端简单的情况下,精确的形式与渐近的形式恰好一致. 序列 $P_n=n!$ 必然增长得更快. 但是有多快? 答案由 J. Stirling(斯特灵) 公式提供,这是一个重要的属于 James Stirling 的逼近(见欢迎词):当 $n\to\infty$ 时

$$n! = \left(\frac{n}{\mathrm{e}}\right)^n \sqrt{2\pi n}\left(1+O\left(\frac{1}{n}\right)\right) \tag{32}$$

(本书根据附录 B 中的 Laplace 方法对此公式给出了几个证明,包括附录 B 中的 Mellin 变换,注记 Ⅵ.16 中的奇异性分析和 Ⅷ.3.2 节中的鞍点法). 下表中列出了 $n!$ 的精确值与 Stirling 近似值的比率.

n	1	2	5	10	100	1 000
$\frac{n!}{n^n e^{-n}\sqrt{2\pi n}}$	1.084 437	1.042 207	1.016 783	1.008 365	1.000 833	1.000 083

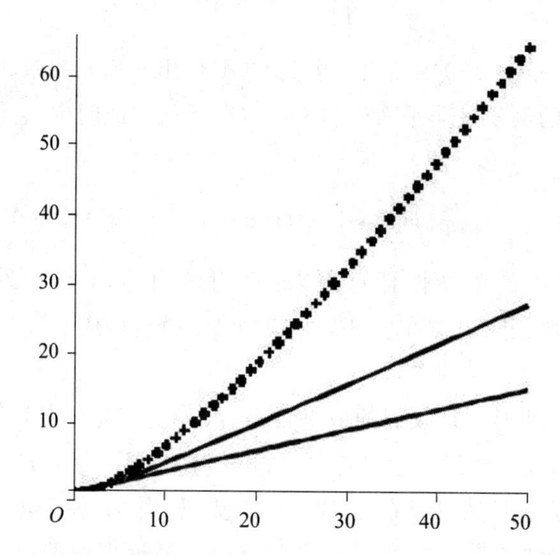

图 Ⅰ.5　在横坐标为 n，纵坐标为 $\lg f(n)$ 的比率下描点，所得出的三个序列 $f(n)=2^n, T_n, n!$ 的增长图形(从底部到顶部)

表中显示了这一渐近估计的高质量：$n=1$ 时的误差只有 8%，对 $n=10$，小于 1%，对大于 100 的任何 n 小于千分之 1.

通过简单的计算，Stirling 公式反过来又提供了 Catalan 数的渐近估计

$$C_n=\frac{1}{n+1}\frac{(2n)!}{(n!)^2}\sim\frac{1}{n}\frac{(2n)^{2n}e^{-2n}\sqrt{4\pi n}}{n^{2n}e^{-2n}2\pi n}$$

上式蕴含

$$C_n\sim\frac{4^n}{\sqrt{\pi n^3}}\tag{33}$$

因而，Catalan 数的增长大致相当于由亚指数因子调整的指数函数 4^n，亚指数因子在这里是 $\frac{1}{\sqrt{\pi n^3}}$. 这一渐近估计令人惊讶地出现在下文中例 Ⅰ.17 中的 Boole(布尔) 函数复杂性的领域中.

总而言之，一般的树和三角剖分的渐近数量，可以通过一个简单的公式加以概括. 当 n 变大时，近似值变得越来越准确. 图 Ⅰ.5 显示了我们的三个参考序列的不同的增长机制，而图 Ⅰ.6 显示了近似的质量，其中有某些细微现象也表

现在数字上，并可由渐近理论加以解释. 那种渐近公式因而可以容易地比较序列之间的增长速度的比率.

n	C_n	$C_n^\star$	$C_n^\star/C_n$
1	1	2.25	2.25675 83341 91025 14779 23178
10	16 796	18 707.89	1.11383 05127 5244589 43789064
100	$0.896\ 51 \cdot 10^{57}$	$0.906\ 61 \cdot 10^{57}$	1.011 263 284 124 540 522 571 395 7
1 000	$0.204\ 61 \cdot 10^{598}$	$0.204\ 84 \cdot 10^{598}$	1.001 125 132 815 424 164 701 282 7
10 000	$0.224\ 53 \cdot 10^{6\ 015}$	$0.224\ 56 \cdot 10^{6\ 015}$	1.000 112 501 328 127 929 135 140 6
100 000	$0.178\ 05 \cdot 10^{60\ 199}$	$0.178\ 05 \cdot 10^{60\ 199}$	1.000 011 250 013 281 252 929 632 2
1 000 000	$0.553\ 03 \cdot 10^{602\ 051}$	$0.553\ 03 \cdot 10^{602\ 051}$	1.000 001 125 000 132 812 502 929 6

图 Ⅰ.6　Catalan 数 C_n 和它们的 Stirling 逼近 $C_n^\star$ 以及比率 $C_n^\star/C_n$

▶ **Ⅰ.11　编码的复杂性.** 一家专门从事计算机辅助设计的公司已经出售给你一个方案：(他们声称) 最多可以用 $1.5n$ 比特的存储量即可对任意容量 $n \geqslant 100$ 的三角剖分编码. 看完这个宣传广告后，你该做什么？(提示：起诉他们！) 有关的编码问题，可见注记 Ⅰ.24. ◀

▶ **Ⅰ.12　实验渐近.** 从图 Ⅰ.6 的数据中，猜测 $C_{10^7}^\star/C_{10^7}$ 到 25D 以及 $C_{5\cdot10^6}^\star/C_{5\cdot10^6}$ 到 25D 的值①.（见图 Ⅵ.3 以及渐近展开，见文[385]，类似的性质，见文[80].）

Ⅰ.3　整数的合成与分拆

本节和下面几节给出了一些用经典的组合理论领域中表示的计数的例子. 这些例子形象地说明了符号方法的好处：几乎不用进行计算即可得出生成函数，同时，很多计数结果的改进也可从基本的组合结构得出. 这一节所描述的方法的最直接的应用是，用合成与分拆的经典的组合 —— 算术结构把加数合并成和数. 其中的表示是简单地把两个层次的 SEQ，MSET，CYC，PSET 结构进行合并以及迭代.

Ⅰ.3.1　合成与分拆. 我们先考虑一个例子，其目的是把一个整数分解为

① 在本书中，我们用“25D”这个缩写代表短语“25 位小数”.

若干个整数之和.

定义 Ⅰ.9 一个整数 n 的合成是给定了一个整数 k 后,整数的一个使得

$$n = x_1 + x_2 + \cdots + x_k \quad (x_j \geqslant 1)$$

的有序的组$(x_1, x_2, \cdots, x_k)$.

一个整数 n 的分拆是给定了一个整数 k 后,整数的一个使得

$$n = x_1 + x_2 + \cdots + x_k \quad (x_1 \geqslant x_2 \geqslant \cdots \geqslant x_k \geqslant 1)$$

的组$(x_1, x_2, \cdots, x_k)$.

在以上两种情况下,都称 x_i 是一个加数或一个部分,称 n 是合成或分拆的容量.

我们用一个小黑圆点"•"来表示单位加数,我们可以通过在某些圆点之间加一个竖杠的方法以图形的方式来呈现一个合成.如果我们垂直地安排合成,它看起来就像是一道崎岖的风景.与此对照,分拆就像是一个楼梯,也称为Ferrers(费雷尔斯)图(见文[129],p.100),见图Ⅰ.7.设 $\mathcal{C}$和 $\mathcal{P}$分别表示所有合成和所有分拆的类.由于一个集合总是可以加以分类的,所以合成与分拆之间的区别就在于它们和加数的顺序有没有关系上.$\mathcal{C}$的级数结构和 $\mathcal{P}$的多重集结构正反映了这一差别.从这个角度来看,用0代表空的加数组$(k=0)$是方便的,我们就从这里开始.

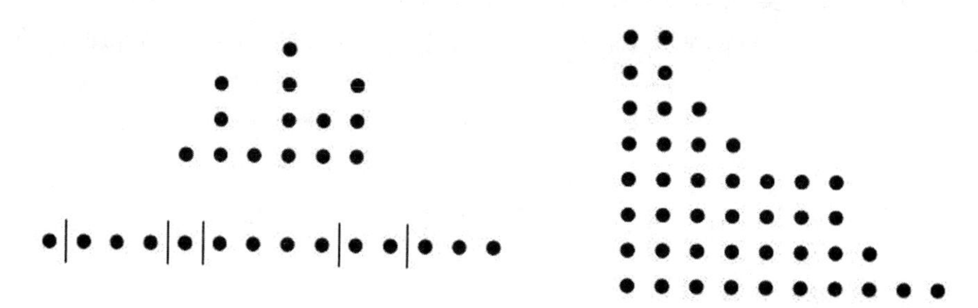

图 Ⅰ.7 合成与分拆的图示:(左) 合成 $1+3+1+4+2+3=14$,"崎岖的风景"和"球棒"表示;(右) 分拆 $8+8+6+5+4+4+4+2+1+1=43$ 的楼梯形 Ferrers 模型

作为组合类的整数. 设 $\mathcal{I}=\{1,2,\cdots\}$ 是所有正整数构成的组合类,每个整数的容量就是它的值,那么 $\mathcal{I}$的 OGF 就是

$$I(z) = \sum_{n \geqslant 1} z^n = \frac{z}{1-z} \tag{34}$$

由于对所有的 $n \geqslant 1$ 有 $I_n = 1$,这对应于在 $\mathcal{I}$中,对每一个容量 $n \geqslant 1$,恰存在一个以此为容量的对象,这一事实.如果用单位,比如说用一个小黑圆点来表示整数,那么我们就有

$$\mathcal{I}=\{1,2,3,\cdots\}\cong\{\bullet,\bullet\bullet,\bullet\bullet\bullet,\cdots\}=\mathrm{SEQ}_{\geqslant 1}\{\bullet\} \tag{35}$$

它以直接的方式解释了等式 $I(z)=\frac{z}{1-z}$.

合成. 首先,由定理 Ⅰ.1 可知,我们可把合成表示成级数,这就使得我们可将其结构直接翻译成 OGF

$$\mathcal{C}=\mathrm{SEQ}(\mathcal{I})\Rightarrow C(z)=\frac{1}{1-I(z)} \tag{36}$$

因而联合(34),(36) 两式,即可最后确定

$$C(z)=\frac{1}{1-\frac{z}{1-z}}=\frac{1-z}{1-2z}$$

$$=1+z+2z^2+4z^3+8z^4+16z^5+32z^6+\cdots$$

从这里开始,合成的计数问题就转变成对上式的直接计算

$$C(z)=\sum_{n\geqslant 0}2^n z^n-\sum_{n\geqslant 0}2^n z^{n+1}$$

上式蕴含 $C_0=1, C_n=2^n-2^{n-1}(n\geqslant 1)$,因而

$$C_n=2^{n-1}\quad (n\geqslant 1) \tag{37}$$

这与 $\mathcal{C}$的基本组合结构符合,因为 n 的合成数目可以看成在 n 个排成一排的小黑点(译者注:代表 1) 之间的 $n-1$ 个位置上,插入分隔棒(见图 Ⅰ.7 中的球棒模型) 的插法的数目. 显然,插入棒的可能的方法共有 2^{n-1} 种(译者注:显然,每一种插棒方法就对应于整数 n 的一种合成方法. 共有 $n-1$ 个位置可以插棒,在每个位置上有两种可能:插或不插,因此由乘法原理就可直接得出,共有 2^{n-1} 种可能性).

分拆. 把分拆表示成多重集后,根据定理 Ⅰ.1 的一般的翻译字典即可得出

$$\mathcal{P}=\mathrm{MSET}(\mathcal{I})\Rightarrow P(z)=\exp\left(I(z)+\frac{1}{2}I(z^2)+\frac{1}{3}I(z^3)+\cdots\right) \tag{38}$$

将上式与对应于幂集结构中公式(25) 的乘积形式合起来就得出

$$P(z)=\prod_{m=1}^{\infty}\frac{1}{1-z^m}=(1+z+z^2+\cdots)(1+z^2+z^4+\cdots)(1+z^3+z^6+\cdots)\cdots$$

$$=1+z+2z^2+3z^3+5z^4+7z^5+11z^6+15z^7+22z^8+\cdots \tag{39}$$

(其中的计数数列是 EIS A000041) 与合成的情况相反,在合成的情况下,有一个明确的计数公式 2^{n-1},但是在分拆的情况下,P_n 不存在简单的表达形式. 基于鞍点法(第 Ⅷ 章) 对于 OGF(38) 的渐近分析表明 $P_n=\mathrm{e}^{O(\sqrt{n})}$. 实际上,由 Rademacher(雷德马彻) 加以改进的 Hardy(哈代) 和 Ramanujan(拉马努金) 的一个非常有名的定理(见 Andrews(安德鲁斯) 的书[14] 和第 Ⅷ 章) 提供了

一个完整的展开式，其渐近公式的主项主导为

$$P_n \sim \frac{1}{4n\sqrt{3}} \exp\left(\pi\sqrt{\frac{2n}{3}}\right) \tag{40}$$

因此，与合成的数目相比，分拆的数目明显要少得多(图 Ⅰ.8).

n	C_n	P_n
0	1	1
10	1024	42
20	1048576	627
30	1073741824	5604
40	1099511627776	37338
50	1125899906842624	204226
60	1152921504606846976	966467
70	1180591620717411303424	4087968
80	1208925819614629174706176	15796476
90	1237940039285380274899124224	56634173
100	1267650600228229401496703205376	190569292
110	1298074214633706907132624082305024	607163746
120	1329227995784915872903807060280344576	1844349560
130	1361129467683753853853498429727072845824	5371315400
140	1393796574908163946345982392040522594123776	15065878135
150	1427247692705959881058285969449495136382746624	40853235313
160	1461501637330902918203684832716283019655932542976	107438159466
170	1496577676626844588240573268701473812127674924007424	274768617130
180	1532495540865888858358347027150309183618739122183602176	684957390936
190	1569275433846670190958947355801916604025588861116008628224	1667727404093
200	1606938044258990275541962092341162602522202993782792835301376	3972999029388
210	1645504557321206042154969182557350504982735865633579863348609024	9275102575355
220	1684996666696914987166688442938726917102321526408785780068975640576	21248279009367
230	1725436586697640946858688965569256363112777243042596638790631055949824	47826239745920
240	1766847064778384329583297500742918515827483896875618958121606201292619776	105882246722733
250	1809251394333065553493296640760748560207343510400633813116524750123642650624	230793554364681

图 Ⅰ.8　对 $n = 0, 10, 20, \cdots, 250$，合成的数目 C_n（中间一栏）和分拆的数目 P_n（右边）. 这个图显示了 $C_n = 2^{n-1}$ 与 $P_n = \mathrm{e}^{O(\sqrt{n})}$ 的增长速度之间的差别

▶ **Ⅰ.13　分拆数的递归**. 对数微分给出

$$z\frac{P'(z)}{P(z)} = \sum_{n=1}^{\infty} \frac{nz^n}{1-z^n}$$

它蕴含

$$nP_n = \sum_{j=1}^{n} \sigma_j P_{n-j}$$

其中 $\sigma(n)$ 是 n 的因子之和(例如，$\sigma(6) = 1 + 2 + 3 + 6 = 12$). 所以，可以 $O(N^2)$ 数量级的整数算术运算的计算量计算 $P_1, \cdots, P_n$(这一技术一般用于幂集和多重集，见注记 Ⅰ.43). 其他的应用可见注记 Ⅰ.19，对分拆的情况，幂的上界可进一步降低到 $O(N\sqrt{N})$.

通过改变(36) 和(38) 两式，我们可以使用符号方法直接导出一些数的计数结果. 首先，我们叙述下面的命题：

命题 Ⅰ.1　设 $\mathcal{T} \subset \mathcal{I}$ 是正整数的一个子集，则加数限制在 $\mathcal{T}$ 上的合成与分拆的类 $\mathcal{C}^{\mathcal{T}} := \mathrm{SEQ}(\mathrm{SEQ}_{\mathcal{T}}(\mathcal{Z}))$ 和 $\mathcal{P}^{\mathcal{T}} := \mathrm{MSEQ}(\mathrm{SEQ}_{\mathcal{T}}(\mathcal{Z}))$ 的 OGF 分别是

$$C^{\mathcal{T}}(z) = \frac{1}{1 - \sum_{n \in \mathcal{T}} z^n} \quad 和 \quad P^{\mathcal{T}}(z) = \prod_{n \in \mathcal{T}} \frac{1}{1 - z^n}$$

证明　这是定理 Ⅰ.1 和上述表示的直接推论.

这个命题允许我们用限制的方式枚举合成与分拆的总数,并且固定加数的数量.

例 Ⅰ.4　具有限制的合成. 为了枚举 n 的合成的类 $\mathcal{C}^{\{1,2\}}$ 的数量,其中的加数仅限于从集合 $\{1,2\}$ 中选取,我们可把 $\mathcal{C}^{\{1,2\}}$ 简单地表示成

$$\mathcal{C}^{\{1,2\}}=\mathrm{SEQ}(\mathcal{I}^{\{1,2\}}),\mathcal{I}^{\{1,2\}}=\{1,2\}$$

因而,表示成生成函数的形式,就有

$$C^{\{1,2\}}(z)=\frac{1}{1-I^{\{1,2\}}(z)},I^{\{1,2\}}(z)=z+z^2$$

上面的式子蕴含

$$C^{\{1,2\}}(z)=\frac{1}{1-z-z^2}=1+z+2z^2+3z^3+5z^4+8z^5+13z^6+\cdots$$

而在这种情况下,n 的合成的数目就是 Fibonacci 数

$$C_n^{\{1,2\}}=F_{n+1}$$

其中

$$F_n=\frac{1}{\sqrt{5}}\left[\left(\frac{1+\sqrt{5}}{2}\right)^n-\left(\frac{1-\sqrt{5}}{2}\right)^n\right]$$

这个数还因为与雏菊－洋百合的花瓣的排列以及兔子的繁殖数目等问题有关,而特别出名(译者注:参见冯贝叶:《数学拼盘和斐波那契魔方》,哈尔滨工业大学出版社,2010).其增长速度为指数型 φ^n,其中 $\varphi=\frac{1+\sqrt{5}}{2}$ 是黄金分割率.

类似的,加数属于集合 $\{1,2,\cdots,r\}$ 合成的生成函数为

$$C^{\{1,\cdots,r\}}(z)=\frac{1}{1-z-z^2-\cdots-z^r}=\frac{1}{1-z\dfrac{1-z^r}{1-z}}=\frac{1-z}{1-2z+z^{r+1}}\tag{41}$$

而对应的计数是广义 Fibonacci 数.这些数可以用双组合之和表示

$$C_n^{\{1,\cdots,r\}}=[z^n]\sum_j\left(\frac{z(1-z^r)}{1-z}\right)^j=\sum_{j,k}(-1)^k\binom{j}{k}\binom{n-rk-1}{j-1}\tag{42}$$

当 n 变大时,这个结果对于掌握序列的增长速度可能不太有用,所以为了得到渐近的信息就要求进行渐近分析.对于任何固定的 $r\geqslant 2$,分母 $1-2z+z^{r+1}$ 在区间 $\left(\frac{1}{2},1\right)$ 上有一个唯一的根 ρ_r,这个根压制了其他所有的根,并且是一个单根.在第Ⅳ章和例Ⅴ.4中充分发展的方法蕴含存在某个常数 $c_r>0$,当 r 固定,$n\to\infty$ 时有

$$C_n^{\{1,\cdots,r\}}\sim\frac{c_r}{\rho_r^n}\tag{43}$$

这里，量 ρ_r 起着与 $r=2$ 情况中黄金分割率类似的作用.

▶ Ⅰ.14　**用素数合成**. 用素数合成一个整数至今仍是一个谜. 例如，我们还不知道一个偶数是否总能表示成两个素数之和(Goldbach 猜想). 然而我们却知道把 n 表示成素数的合成的数目(其中加数的个数没有限制，可以取成任意的正整数)是 $B_n=[z^n]B(z)$，其中

$$B(z)=\frac{1}{1-\sum\limits_{p\text{是素数}} z^p}=\frac{1}{1-z^2-z^3-z^5-z^7-z^{11}-\cdots}$$
$$=1+z^2+z^3+z^4+3z^5+2z^6+6z^7+6z^8+10z^9+16z^{10}+\cdots$$

(EIS A023360). 用复渐近方法易于确定 B_n 的渐近形式为 $B_n\sim 0.303\ 65\cdot 1.476\ 22^n$，见例 Ⅴ.2. ◀

例 Ⅰ.5　加数有限制的分拆(denumerant(有限限制分拆)). 只要加数限制在一个有限的集合中，就称所得的特殊的分拆为 denumerant(有限限制分拆). 一个由 Pólya[493] 普及的有限限制分拆问题是求出用 pennies(便士)(1 美分)，nickels(奈克)(5 美分)，dimes(代姆)(10 美分)和 quarters(夸特)(25 美分)给出组成 99 美分零钱的方法的数量(不分次序，允许重复). 对于有限的 T 的情况，根据命题 Ⅰ.1，我们猜测 $P^T(z)$ 总是一个有理函数，其单位根是一个极点；P_n^T 也满足一个和 T 有关的线性递归关系. 后来发现这个硬币找零问题的解原来是

$$[z^{99}]\frac{1}{(1-z)(1-z^5)(1-z^{10})(1-z^{25})}=213$$

同理可以证明

$$P_n^{\{1,2\}}=\left\lceil \frac{2n+3}{4}\right\rfloor,\quad P_n^{\{1,2,3\}}=\left\lceil \frac{(n+3)^2}{12}\right\rfloor$$

其中$\lceil x\rfloor=\lceil x+\frac{1}{2}\rfloor$ 表示距离实数 x 最近的整数.

这种结果通常通过两步得出：(ⅰ)将有理的生成函数分解为简单分数；(ⅱ)计算每个简单分数的系数，并将它们合并而得到最终结果[129,p. 108].

一般的论证也给出加数限制在集合$\{1,2,\cdots,r\}$上的有限限制分拆的生成函数是

$$P_n^{\{1,2,\cdots,r\}}(z)=\prod_{m=1}^{r}\frac{1}{1-z^m}\tag{44}$$

换句话说，我们是根据最大的加数的值来枚举分拆的. 然后通过分析极点(定理 Ⅳ.9)，我们求出

$$P_n^{\{1,2,\cdots,r\}} \sim c_r n^{r-1}, \text{其中 } c_r = \frac{1}{r!\ (r-1)!} \tag{45}$$

类似的论证给出了 $P_n^{\mathcal{T}}$ 的渐近形式,其中 $\mathcal{T}$ 是一个任意的有限集

$$P_n^{\mathcal{T}} \sim \frac{1}{\tau} \frac{n^{r-1}}{(r-1)!}, \quad \text{其中 } \tau = \prod_{n \in \mathcal{T}} n, r = \operatorname{card}(\mathcal{T})$$

最后一个估计起源于 Schur(舒尔),其证明见 Ⅳ.5.2 节,命题 Ⅳ.2.

下面我们考虑固定加数的数目的合成和分拆.

例 Ⅰ.6 固定加数的数目的合成和分拆. 设 $\mathcal{C}^{(k)}$ 表示加数的个数等于 k 的合成的类,其中 $k \geqslant 1$ 是一个固定的正整数,则我们有

$$\mathcal{C}^{(k)} = \mathrm{SEQ}_k(\mathcal{I}) = \mathcal{I} \times \mathcal{I} \times \cdots \times \mathcal{I}$$

其中 Descartes 积的项数是 k. 由此式即可得出对应的生成函数是

$$C^{(k)}(z) = (I(z))^k, \text{其中 } I(z) = \frac{z}{1-z}$$

n 的有 k 个加数的合成的数目因而就是

$$C_n^{(k)} = [z^n] \frac{z^k}{(1-z)^k} = \binom{n-1}{k-1}$$

所得的结果是 $C_n = 2^{n-1}$ 的一个组合的改进.(注意:公式 $C_n^{(k)} = \binom{n-1}{k-1}$ 也易于从组合的球棒模型得出(图 Ⅰ.7). 在此情况下,渐近估计 $C_n^{(k)} \sim \frac{n^{k-1}}{(k-1)!}$ 可以立即从二项式系数 $\binom{n-1}{k-1}$ 的连乘形式得出.)(译者注:根据 $\binom{n-1}{k-1}$ 的连乘表示,我们有 $\binom{n-1}{k-1} = \frac{(n-1)\cdots(n-k+1)}{(k-1)!}$, 由此立即可以算出 $\frac{\binom{n-1}{k-1}}{\frac{n^{k-1}}{(k-1)!}} = \frac{(n-1)\cdots(n-k+1)}{(k-1)!} \cdot \frac{(k-1)!}{n^{k-1}} = \left(1-\frac{1}{n}\right)\cdots\left(1-\frac{k-1}{n}\right) \to 1$, 因而 $C_n^{(k)} \sim \frac{n^{k-1}}{(k-1)!}$).

例 Ⅰ.7 加数的数目受限制的分拆. 设 $\mathcal{P}^{(\leqslant k)}$ 表示加数的个数小于或等于 k 的分拆的类,其中 $k \geqslant 1$ 是一个固定的正整数. 利用我们关于限制结构的说明,可把这个类表示成

$$\mathcal{P}^{(\leqslant k)} = \mathrm{MSET}_{\leqslant k}(\mathcal{I})$$

作为下面 Ⅰ.6.1 节的延续,我们可以认为受限制的分拆的结构是相容的. 但是

对于我们现在要考虑的情况，下面的论证就够用了．几何上，分拆是如图 Ⅰ.7 中的楼梯模型所示的一些点．利用关于主对角线的对称性（这也是专业文献中已知的，作为共轭）交换加数的数量和最大的加数的值，我们就有（用以前的符号）

$$\mathcal{P}^{(\leqslant k)} \cong \mathcal{P}^{\{1,\cdots,k\}} \Rightarrow P^{(\leqslant k)}(z) = P^{\{1,\cdots,k\}}(z)$$

因此根据式（44）就有

$$P^{(\leqslant k)}(z) \equiv P^{\{1,\cdots,k\}}(z) = \prod_{m=1}^{k} \frac{1}{1-z^m} \tag{46}$$

作为上述结果的一个推论，我们可把恰有 k 个加数的分拆的 OGF 表为 $P^{(k)}(z) = P^{(\leqslant k)}(z) - P^{(\leqslant k-1)}(z)$，由此即可算出

$$P^{(k)}(z) = \frac{z^k}{(1-z)(1-z^2)\cdots(1-z^k)}$$

给定加数的数量和给定分拆的最大加数是等价的，因此渐近估计（45）可以逐字逐句地应用到这里．

▶ **Ⅰ.15　加数的数量和加数本身的界都给定的合成．** 考虑容量为 n 的合成的数量，其中加数的数目为 k，同时每个加数的最大值是 r，那么这个数可以表示成

$$[z^n]\left(z\,\frac{1-z^r}{1-z}\right)^k$$

它可以归结为一个简单的二项式系数的卷积（其计算类似于例 Ⅰ.4 中的式（42））．◀

▶ **Ⅰ.16　加数的数量和加数本身的界都给定的分拆．** 考虑容量为 n 的分拆的数量，其中加数的数目至多为 k，同时每个加数的最大值是 l，那么这个数可以表示成

$$[z^n]\,\frac{(1-z)(1-z^2)\cdots(1-z^{k+l})}{((1-z)(1-z^2)\cdots(1-z^k))\cdot((1-z)(1-z^2)\cdots(1-z^l))}$$

（容易用递归验证上式）．已知这个系数是所谓的 Gauss 二项式系数，或者二项式系数的一个"q－类似"，我们用 $\binom{k+l}{k}_z$ 来表示它，当 $z\to 1$ 时，其 GF 简化为二项式系数 $\binom{k+l}{k}$ 见[14,129]．◀

本节的最后一个例子说明了组合分解和特殊函数的等式之间密切的相互作用，这些互动构成了经典的组合分析中不断重复的主题．

例 Ⅰ.8　分拆的 Durfee（杜飞）正方形和堆叠多边形． 任何分拆的示意图中都包含一个唯一确定的最大的正方形（称为 Durfee 正方形）如下图所示：

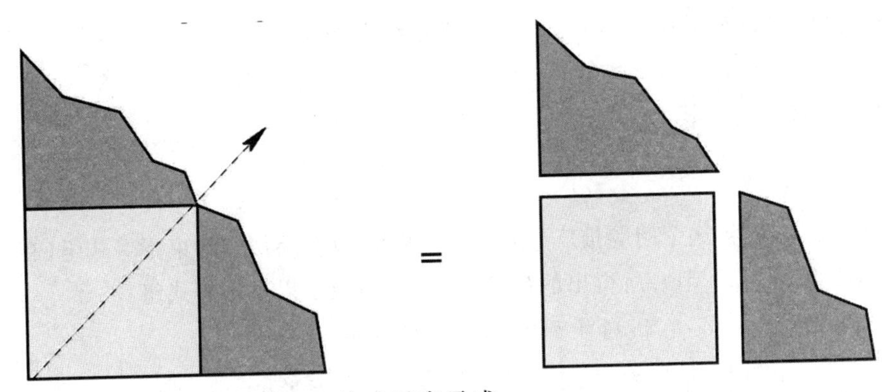

上述分解可用分拆的 GF 的式子表示成

$$\mathcal{P} \cong \bigcup_{h \geqslant 0} (\mathcal{Z}^{h^2} \times \mathcal{P}^{(\leqslant h)} \times \mathcal{P}^{\{1, \cdots, h\}})$$

通过(44) 和(46) 两式，上式自动给出了一个非平凡的等式，这个等式不是别的，只不过是上面的几何分解的分析形式的重写

$$\prod_{n=1}^{\infty} \frac{1}{1-z^n} = \sum_{h \geqslant 0} \frac{z^{h^2}}{((1-z)\cdots(1-z^h))^2}$$

(h 是 Durfee 正方形的容量，在有些文献中计量学者称其为“H－指标”).

堆叠多边形. 这是一个说明几何图示和由符号方法提供的生成函数之间的直接对应关系的类似的例子，一个堆叠多边形是一个合成的图示，使得对于某个 j,l 有 $1 \leqslant x_1 \leqslant x_2 \leqslant \cdots \leqslant x_j \geqslant x_{j+1} \geqslant \cdots \geqslant x_l \geqslant 1$(关于堆砌多边形的其他性质，见文[552，§ 2.5]). 堆砌多边形的图示如下

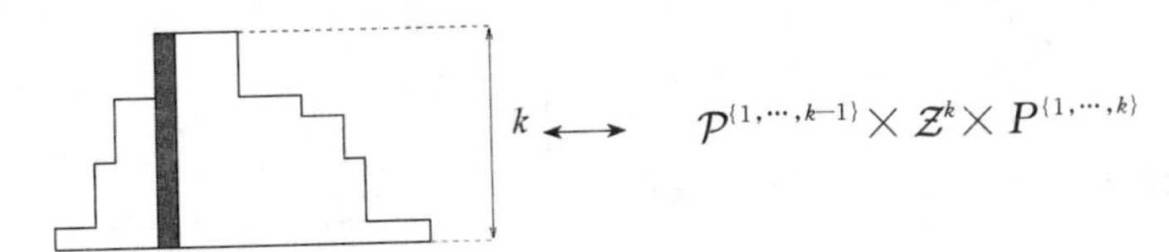

可以立即将其翻译成 OGF

$$S(z) = \sum_{k \geqslant 1} \frac{z^k}{1-z^k} \cdot \frac{1}{((1-z)(1-z^2)\cdots(1-z^{k-1}))^2}$$

这是一个由式(44) 表示的分拆 GFS $P^{\{1,\cdots,k\}}$ 成的等式. 上面的关系提供了一个好的计算堆叠多边形数量的初始值的算法(EIS A001523)

$$S(z) = z + 2z^2 + 4z^3 + 8z^4 + 15z^5 + 27z^6 + 47z^7 + 79z^8 + \cdots$$

van Rensburg(范・伦斯布尔格) 的书[592] 描述了许多统计物理学中，特别是堆叠中的这种结构与其模型的关系. 例如，出现在平行四面体堆叠枚举中“q－Bessel(贝塞尔)” 函数(例 Ⅸ.14)……

Ⅰ.17　线性 Diophantus**(丢番图) 不等式组**. 考虑四个加数 $\{x_1, x_2, x_3,$

$x_4\}$ 合成的类$\mathcal{F}$,其中$\{x_1,x_2,x_3,x_4\}$ 满足约束条件

$$x_1\geqslant 0, x_2\geqslant 2x_1, x_3\geqslant 2x_2, x_4\geqslant 2x_3$$

其中 $x_j\in\mathbb{Z}_{\geqslant 0}$,其 OGF 是

$$F(z)=\frac{1}{(1-z)(1-z^3)(1-z^7)(1-z^{15})}$$

可以在$\mathbb{Z}_{\geqslant 0}$中将这个问题推广到 $r\geqslant 4$ 个加数,以及类似的约束不等式组(有关的 GF 见 Ⅲ.7.1 节).所得出的初等的 OGF 对应于以下不等式组

$$\{x_1+x_2\leqslant x_3\},\{x_1+x_2\geqslant x_3\}$$

$$\{x_1+x_2\leqslant x_3+x_4\},\{x_1\leqslant x_2, x_2\geqslant x_3, x_3\leqslant x_4\}$$

更一般的问题是,加数在$\mathbb{Z}_{\geqslant 0}$中,加数的数目固定并满足一组系数在$\mathbb{Z}$中的线性方程组或不等式组的约束(译者注:这个约束条件中可能同时包含线性方程组和线性不等式组)合成的 OGF 是一个有理函数;其分母是形如 $1-z^j$ 的因子的乘积.(注意:这一推广是不平凡的,见 Stanley(斯坦利) 在文献[552, §4.6] 中的处理.)

图 Ⅰ.9 总结了关于合成和分拆的内容.其中一些用符号方法即可轻松解决的组合问题的解决方法是值得注意的.

类型		OGF	系数
合成:			
全部	$\mathrm{SEQ}(\mathrm{SEQ}_{\geqslant 1}(\mathcal{Z}))$	$\frac{1-z}{1-2z}$	2^{n-1}
小于或等于 r 的部分	$\mathrm{SEQ}(\mathrm{SEQ}_{1,\cdots,r}(\mathcal{Z}))$	$\frac{1-z}{1-2z+z^{r+2}}$	$\sim c_r\rho_r^{-n}$
k 个部分	$\mathrm{SEQ}_k(\mathrm{SEQ}_{\geqslant 1}(\mathcal{Z}))$	$\frac{z^k}{(1-z)^k}$	$\sim\frac{n^{k-1}}{(k-1)!}$
轮换	$\mathrm{CYC}(\mathrm{SEQ}_{\geqslant 1}(\mathcal{Z}))$	方程(48)	$\sim\frac{2^n}{n}$
分拆:			
全部	$\mathrm{MSET}(\mathrm{SEQ}_{\geqslant 1}(\mathcal{Z}))$	$\prod_{m=1}^{\infty}(1-z^m)^{-1}$	$\sim\frac{1}{4n\sqrt{3}}\mathrm{e}^{\pi\sqrt{\frac{2n}{3}}}$
小于或等于 r 的部分	$\mathrm{MSET}(\mathrm{SEQ}_{1,\cdots,r}(\mathcal{Z}))$	$\prod_{m=1}^{r}(1-z^m)^{-1}$	$\sim\frac{n^{r-1}}{r!\,(r-1)!}$
k 个部分	$\cong\mathrm{MSET}(\mathrm{SEQ}_{1,\cdots,k}(\mathcal{Z}))$	$\prod_{m=1}^{k}(1-z^m)^{-1}$	$\sim\frac{n^{k-1}}{k!\,(k-1)!}$
不同的部分	$\mathrm{PSET}(\mathrm{SEQ}_{\geqslant 1}(\mathcal{Z}))$	$\prod_{m=1}^{\infty}(1+z^m)$	$\sim\frac{3^{3/4}}{12n^{3/4}}\mathrm{e}^{\pi\sqrt{n/3}}$

图 Ⅰ.9　分拆与合成,表示,生成函数与系数(确切的或渐近的形式)

Ⅰ.3.2　相关结构. 很自然的，我们也会考虑轮换和幂集结构对整数集 $\mathcal{I}$ 的应用.

轮换合成(车轮). 类 $\mathcal{D}=\mathrm{CYC}(\mathcal{I})$ 由圆形轮换的加数构成. 例如，在这种合成中，我们把 $2+3+1+2+5$ 和 $3+1+2+5+2$ 看成是相同的合成方式. 我们也可把轮换合成看成是放在车轮周围的一些小黑点(小球) 组成的小棒.

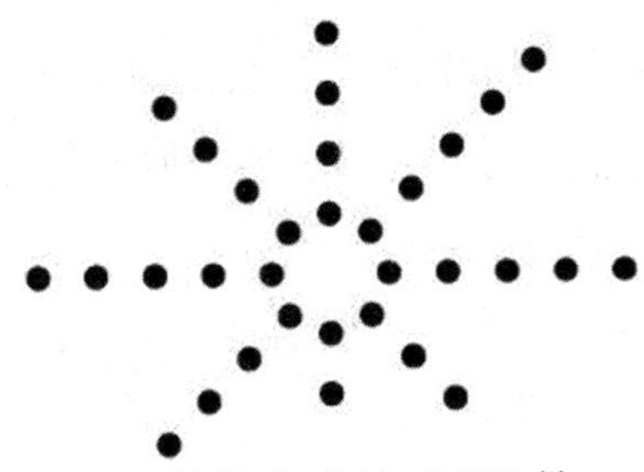

由轮换的翻译公式就得出轮换合成的 OGF 是

$$
\begin{aligned}
D(z) &= \sum_{k=1}^{\infty} \frac{\varphi(k)}{k} \log\left(1-\frac{z^k}{1-z^k}\right)^{-1} \\
&= z + 2z^2 + 3z^3 + 5z^4 + 7z^5 + 13z^6 + 19z^7 + 35z^8 + \cdots
\end{aligned} \tag{47}
$$

其系数为(EIS A008965)

$$
D_n = \frac{1}{n}\sum_{k|n}\varphi(k)(2^{\frac{n}{k}}-1) \equiv -1 + \frac{1}{n}\sum_{k|n}\varphi(k)2^{\frac{n}{k}} \sim \frac{2^n}{n} \tag{48}
$$

其中条件“$k \mid n$”表示求和遍历整除 n 的所有正整数 k. 注意 D_n 的渐近的阶与 $\frac{1}{n}C_n$ 相同，这个式子是由车轮的圆对称建立的，但是这两个表达式相差一个因子：$D_n \sim \frac{2C_n}{n}$.

分拆成不同的加数. 类 $\mathcal{Q}=\mathrm{PSET}(\mathcal{I})$ 是类 $\mathcal{P}=\mathrm{MSET}(\mathcal{I})$ 的子类，它对应于由定义 Ⅰ.9 所定义的分拆，但是加数满足严格不等式 $x_k > \cdots > x_1$，因此其 OGF 是

$$
Q(z) = \prod_{n\geqslant 1}(1+z^n) = 1 + z + z^2 + 2z^3 + 2z^4 + 3z^5 + 4z^6 + 5z^7 + \cdots \tag{49}
$$

其系数(EIS A000009)不可能表示成封闭形式. 然而鞍点方法(Ⅷ.6 节)可以给出渐近表达式

$$
Q_n \sim \frac{3^{\frac{3}{4}}}{12n^{\frac{3}{4}}}\exp\left(\pi\sqrt{\frac{n}{3}}\right) \tag{50}
$$

其形式与第 Ⅰ.3.1 节中 P_n 的渐近表达式(40) 类似.

▶ **Ⅰ.18　奇数个不同的加数.** 把 n 拆分成奇数个加数的拆分($\mathcal{O}_n$) 和把 n

拆分成不同的加数的拆分($\mathcal{Q}_n$)是等势的. 实际上,我们有

$$Q(z)=\prod_{m=1}^{\infty}(1+z^m),\quad O(z)=\prod_{j=0}^{\infty}\frac{1}{1+z^{2j+1}}$$

利用代换 $1+a=\frac{1-a^2}{1-a}$,其中 $a=z^m$ 可以得出一个对等的结果

$$Q(z)=\frac{\mathbf{1-z^2}}{1-z}\frac{1-z^4}{\mathbf{1-z^2}}\frac{\mathbf{1-z^6}}{1-z^3}\frac{1-z^8}{\mathbf{1-z^4}}\frac{\mathbf{1-z^{10}}}{1-z^5}\cdots=\frac{1}{1-z}\frac{1}{1-z^3}\frac{1}{1-z^5}\cdots$$

其分子被分母中一半的因式所约减(黑体字标出的部分). ◀

分拆成幂. 设$\mathcal{I}^{\text{pow}}=\{1,2,4,8,\cdots\}$是 2 的幂的集合. 对应于$\mathcal{P}$和$\mathcal{Q}$的分拆的 OGF 是

$$P^{\text{pow}}(z)=\prod_{j=0}^{\infty}\frac{1}{1-z^{2^j}}=1+z+2z^2+2z^3+4z^4+4z^5+6z^6+6z^7+10z^8+\cdots$$

$$Q^{\text{pow}}(z)=\prod_{j=0}^{\infty}(1+z^{2^j})=1+z+z^2+z^3+z^4+z^5+\cdots$$

第一个序列1,1,2,2,… 是“二进制分拆序列”(EIS A018819);de Bruijn(德·布鲁因)[141] 对它做了困难的渐近分析,他获得了具有微妙波动的估计,其全局形式为 $e^{O(\log^2 n)}$. 函数 $Q^{\text{pow}}(z)$ 可以简化为$\frac{1}{1-z}$,由于每个数只能以唯一的方式分拆为 2 的幂(译者注:记为这个数的二进制表示). 因此有恒等式

$$\frac{1}{1-z}=\prod_{j=0}^{\infty}(1+z^{2^j})$$

这一恒等式是 Euler 最先发现的,有时它被称为“计算机科学家恒等式”,由于它反映了每个数有唯一的二进制表示的性质.

从分拆的生成函数可以产生丰富的恒等式这一事实一方面是由于分拆的生成函数与椭圆函数,模形式及 q- 类似的特殊函数之间存在着深刻的联系;另一方面则是由于基础组合学与数论之间也存在着深刻的联系. 关于这一迷人的课题可见文献[14,129].

▶ **Ⅰ.19** Euler **的五边形数定理.** 这个著名的恒等式可把$\frac{1}{P(z)}$表示成

$$\prod_{n\geqslant 1}(1-z^n)=\sum_{k\in\mathbb{Z}}(-1)^k z^{\frac{k(3k+1)}{2}}$$

这个恒等式是 Comtet 在参考文献[129,p. 105] 中正式用组合方法证明的. 它被 Aigner(艾格纳) 和 Ziegler(齐格勒) 在文献[7,§29] 中精彩论证,这一论证是为了说明本书中的证明. 因此,数字序列$\{P_j\}_{j=0}^N$ 可以用 $O(N\sqrt{N})$ 阶的整数运算确定. ◀

▶ **Ⅰ.20** **一个数字奇迹.** 定义一个常数如下

$$\varphi := \frac{9}{10}\frac{99}{100}\frac{999}{1\ 000}\frac{9\ 999}{10\ 000}\cdots$$

将其小数展开式计算到充分多位后，得到

$$\varphi \doteq 0.890\ 010\ 099\ 998\ 999\ 000\ 000\ 100\ 009\ 999\ 999\ 989\ 999\ 900\ 000\ 000\ 001\ 0\cdots$$

结果你会惊奇地发现，这个展开式中的非零数字只有 1,8,9 这三个数. 至今无人能证明这是否是真的.（这个结果是由 S. Ramanujan 在 *Messenger of Math*（数学通信）XLIV,1915,pp. 10 — 18 中的注记"Some definite integrals"（一些确定的整数）中提出的.） ◀

▶ **Ⅰ.21　格点.** d 维 Euclid(欧几里得) 空间中的闭球内所含的格点(坐标为整数的点) 的数目为

$$[z^{n^2}]\frac{1}{1-z}(\Theta(z))^d$$

$$\Theta(z)=1+2\sum_{n=1}^{\infty}z^{n^2}$$

其中渐近逼近可用鞍点方法得出(见 Ⅷ.35 中的注记). ◀

Ⅰ.4　单词和正规语言

设给定了一个有限的字母表$\mathcal{A}$，其元素称为字母. 每个字母的容量都取为1，即它是一个原子. 一个单词(word)[①] 是任意有限个字母的一个序列，通常在这些字母之间不加分隔符. 因此，在我们的定义下，如果我们选择拉丁字母表($\mathcal{A}=\{a,\cdots,z\}$)，那么像 ygololihp，zgrmblglps 这样的序列就都被看成是单词. 我们用$\mathcal{W}$表示所有单词的集合(在形式语言学中通常写成 A^*). 按照计算机科学和形式语言学理论中已公认的习惯术语，称$\mathcal{W}$的任何子集是一个语言(或形式语言以区别于我们已自然形成的真实的语言).

从单词的集合$\mathcal{W}$的定义即可得出

$$\mathcal{W}=\mathrm{SEQ}(\mathcal{A})\Rightarrow W(z)=\frac{1}{1-mz} \tag{51}$$

其中 m 是字母表的势，即字母的数量. 这个生成函数给出如下的计数结果

$$W_n=m^n$$

这个结果是基本的，但像通常的符号方法一样，很多枚举结果是由给定的结果构成的. 出于这一真正目的，本节将验证其中的一些结构.

① 计算机科学家有时更喜欢称我们所定义的术语"单词"为"字符串"，而生物学家有时则称它为一个"序列".

我们将分别引入两个在描述语言上表现力很强的框架.第一个是递推的(即不循环的),并且是基于只涉及和,积和级数结构的“常规表示”;另一个是递归的(但是形式非常简单),最好用有限的自动机的术语去设想它,这一框架等价于一个线性方程组.这两种框架在确定了相同的语言系列的意义上,逻辑上是等价的.尽管对于形式语言来说,这种等价性是非平凡的,附录 A.7 正规语言)并且每个特定的问题通常只接受一个最适宜的表示.然而不变的是最后所得的 OGF 总是一个有理函数,这是一个在第 V 章中从渐近的角度系统用到的事实.图 I.10 扼要概括了一些本章所研究的问题以及对应于它们的渐近近似①.

	OGF	系数
Words:	$\dfrac{1}{1-mz}$	m^n
小于 k 的字符串	$\dfrac{1-z^k}{1-mz+(m-1)z^{k+1}}$	$\sim c_k\rho_k^{-n}$
排除子序列 p	方程(55)	$\approx (m-1)^n n^{\lvert p\rvert-1}$
排除因子 p	$\dfrac{c_p(z)}{z^{\lvert p\rvert}+(1-mz)c_p(z)}$	$\sim c_p\rho_p^{-n}$
轮换	方程(64)	$\sim m^n/n$
正规语言	[rational]	$\approx C\cdot A^n n^k$
无上下文	[algebraic]	$\approx C\cdot A^n n^{p/q}$

图 I.10 用 m 个字母的字母表构成的单词:生成函数及系数(译者注:最左边中的英文术语的名称和意义见下文首次出现时的中文.其中 word 的中文译名已在上文出现过,即单词)

I.4.1 正规表示. 考虑二元字母表 $\mathcal{A}=\{a,b\}$ 构成的单词(或字符串).其中一种二元的字符串的结构是基于以微调开始的观察,把字符串分解成为一个接一个的“块”,每个块中除了开头的块外,都是在一个单独的 b 后面跟着任意个 a 的序列(可能为空).例如 $aaabaababaabbabbaaa$ 可分解成

$$[aaa]\ baa \mid ba \mid baa \mid b \mid ba \mid b \mid baaa$$

多余②的字母已被删去.这样,我们就得出了一种分解

① 在本书中,我们在“渐近等价”的技术意义上使用“~”这一符号,其定义见附录 A.2 渐近符号;而用符号“≈”表示模糊意义上的“渐近相等”,所谓模糊意义是指在渐近公式中已经略去了常数因子或次要的项.

② 特别,我们在处理一个单词时,为了便于阅读,可以省略多余的括号{ ,}和 Descartes 积的“×”号.例如,我们把 SEQ{ $\{a\}+\{b\}$ } 和 $\{a\}\times\{b\}$ 简写成 SEQ{ $a+b$ } 和 ab.

$$\mathcal{W} \cong \mathrm{SEQ}(a) \times \mathrm{SEQ}(b\mathrm{SEQ}(a)) \Rightarrow W(z) = \frac{1}{1-z} \frac{1}{1-z\dfrac{1}{1-z}} \tag{52}$$

上式最后可简化为它本来就应该是的形式$\frac{1}{1-2z}$.

最大运行次数. 我们对于上面的结构感兴趣,是因为考虑结构的各种有意义的属性,例如最大运行次数,也即在一个单词中,一个字母允许使用的最大次数. 我们用缩写 $a^{<k} := \mathrm{SEQ}_{<k}(a)$ 表示所有只用 0 到 $k-1$ 个字母 a 构成的单词的集合. 对应的 OGF 为 $1+z+\cdots+z^{k-1}=\frac{1-z^k}{1-z}$. 集合$\mathcal{W}^{(k)}$表示所有至多含 $k-1$(也可能不含) 个字母 a 构成的单词的集合,它是式(52) 所刻画的集合的一个修改

$$\mathcal{W}^{(k)} = a^{<k}\mathrm{SEQ}(ba^{<k}) \Rightarrow W^{(k)}(z) = \frac{1-z^k}{1-z} \cdot \frac{1}{1-z\dfrac{1-z^k}{1-z}} = \frac{1-z^k}{1-2z+z^{k+1}}$$

尽管上面的 OGF 原则上可以展开,但由此产生的系数的表达式是复杂的,在这种情况下,渐近估计往往更有用. 从例 Ⅴ.4 开发的分析中可以推断出在长度为 n 的随机组成的二元符号串中,达到最大运行次数的单词的数量平均来说渐近于$\log_2 n$.

▶ **Ⅰ.22　对任意字母表的运行次数**. 对一个由 m 个字母组成的字母表来说,指定某个字母,则这个字母至多使用 $k-1$ 次的单词构成的类的 OGF 为

$$\frac{1-z^k}{1-mz+(m-1)z^{k+1}}$$

◀

最大运行次数的例子说明了涉及级数的嵌套结构的用处,这建议我们给出下面的定义.

定义 Ⅰ.10　称一个只涉及原子(例如一个有限的字母表$\mathcal{A}$中的字母) 以及组合和,Descartes 积和序列的迭代表示为正规表示.

称一个语言 $\mathcal{L}$是 S- 正规(“表示 — 正规”) 的,如果存在一个用正规表示描述的类$\mathcal{M}$,使得 $\mathcal{L}$和 $\mathcal{M}$是组合同构的:$\mathcal{L} \cong \mathcal{M}$.

上述定义的一个等价的表述如下:称一种语言是 S- 正规的,如果可以用一个正规表达式明确地描述它(见附录 A.7 正规语言).

命题 Ⅰ.2　任何 S- 正规语言的 OGF 都是一个有理函数. 这个 OGF 通过把所有的字母都翻译成变量 z,把不相交并和 Descartes 积翻译成和与积,把级数翻译成准逆$(1-\bullet)^{-1}$ 的方法是从这个语言的正规表示得出的.

这个结果在技术上是浅显的，但其重要性来自于正规语言丰富的封闭属性，且具有很强的表现力（附录 A.7 正规语言），以及它们与下一小节中将要讨论的与有限自动机有关的这样的一个事实. 下面的例子 Ⅰ.9 和 Ⅰ.10 将用到命题 Ⅰ.2，并处理两个和最大运行次数密切相关的问题.

例 Ⅰ.9　组合和间隔. 集合 $\mathcal{L}$ 有正规表示，这个类是所有 b 后面恰好跟着 k 个 a 的单词组成的类，其 OGF 可从它的正规表示得出

$$\mathcal{L}=\operatorname{SEQ}(a)\ (b\operatorname{SEQ}(a))^k \Rightarrow L(z)=\frac{z^k}{(1-z)^{k+1}} \tag{53}$$

因此，这种语言中的单词数量是 $L_n=\binom{n}{k}$. 这一公式也有组合方面的证据，由于长度为 n 的单词的特征是其中字母 b 的位置；也就是在 n 个可能的位置中选择 k 个位置. 因此符号方法使我们又重新得出了众所周知的用二项式系数表示的组合计数.

设 $\binom{n}{k}_{<d}$ 表示 $[1,n]$ 中的 k 个元素的组合结构的数目，这里的组合结构受到如下限制：任何两个元素之间的间隔都要小于 d. 其结构可用式(53) 的一种修改表示

$$\mathcal{L}^{[d]}=\operatorname{SEQ}(a)\ (b\operatorname{SEQ}_{<d}(a))^{k-1}(b\operatorname{SEQ}(a))\Rightarrow \sum_{n\geqslant 0}\binom{n}{k}_{<d} z^n=\frac{z^k\ (1-z^d)^{k-1}}{(1-z)^{k+1}}$$

从上式可以得出这种结构的组合计数的二项式系数的卷积表达式

$$\binom{n}{k}_{<d}=\sum_j\ (-1)^j\binom{k-1}{j}\binom{n-dj}{k}$$

（这个问题类似于例 Ⅰ.4 中，式(42) 中的有界加数的组合.）刚刚分析的问题是子集中的最大间隔（至多为 d）. 一个平行的分析可以获得关于最小间隔的信息.

例 Ⅰ.10　双运行统计. 通过形成单词中相同字母的最大组，我们很容易发现，对于二元字母表

$$\mathcal{W}\cong\operatorname{SEQ}(b)\operatorname{SEQ}(a\operatorname{SEQ}(a)b\operatorname{SEQ}(b))\operatorname{SEQ}(a).$$

设 $\mathcal{W}^{\langle\alpha,\beta\rangle}$ 表示有至多 α 个连续的字母 a 和至多 β 个连续的字母 b 构成的单词的类. 通过把括号内部的 $\operatorname{SEQ}(a)$ 和 $\operatorname{SEQ}(b)$ 分别换成 $\operatorname{SEQ}_{<\alpha}(a)$ 和 $\operatorname{SEQ}_{<\beta}(b)$，把括号外部的 $\operatorname{SEQ}(a)$ 和 $\operatorname{SEQ}(b)$ 分别换成 $\operatorname{SEQ}_{\leqslant\alpha}(a)$ 和 $\operatorname{SEQ}_{\leqslant\beta}(b)$ 的办法，我们可从 $\mathcal{W}$ 的表示得出 $\mathcal{W}^{\langle\alpha,\beta\rangle}$ 的表示. 特别，可以求出其中没有超过 r 个相同的字母的二元单词的类的 OGF 为（令 $\alpha=\beta=r$）

$$W^{(r,r)}=\frac{1-z^{r+1}}{1-2z+z^{r+1}}=\frac{1+z+\cdots+z^r}{1-z-\cdots-z^r} \tag{54}$$

(这一结果可以推广到由任意个字母组成的“Smirnov(斯米尔诺夫)单词”，见例Ⅲ.24.)

Revesz(瑞赛思)在文[508]中讲述了一个属于T. Varga(T. 瓦尔加)的有趣的故事：把一所高中的一个班的学生分成了两组. 给其中一组(称为随机组)的每个学生一枚硬币，并让他们各抛掷两百次，并将所得的正反面序列记录在一个纸条上，另一组(称为人工组)的学生不发硬币，但是请他们随意在纸条上写一个长度为200的正反面的序列. 然后把这些纸条混成一堆收上来. 然后(统计学家)试图将这些纸条还原成原来的组. 结果，在大多数情况下，他的成绩都很好.

统计学家的秘密在于确定长度为n(这里$n=200$)的随机二元字母串中，出现同样一个字母的最大次数的概率分布. 这个参数(连续出现同一个字母的次数)等于k的概率为

$$\frac{1}{2^n}(W_n^{(k,k)}-W_n^{(k-1,k-1)})$$

并可由式(54)完全确定. 然后我们对$n=200$用任何计算概率的软件，很容易地算出下面的数值结果

k	3	4	5	6	7	8	9	10	11	12
$P(k)$	$6.541\ 0^{-8}$	$7.071\ 0^{-4}$	0.033 9	0.166 0	0.257 4	0.223 5	0.145 9	0.082 9	0.044 0	0.022 6

因此，在长度为200的随机产生的序列中，一般来说同一字母运行6次或更多次事件发生的可能性接近97%(译者注：用1减去最大运行次数等于3,4,5的概率$\sim 1-0.033\ 9=0.966\ 1\approx 97\%$，并且还有大约8%(用1减去最大运行次数等于3,4,5,6,7,8,9,10的概率$\sim 1-6.541\ 0^{-8}-7.071\ 0^{-4}-0.033\ 9-0.166\ 0-0.257\ 4-0.223\ 5-0.145\ 9-0.082\ 9>0.08=8\%$的可能性发生一个运行次数为11或更多的事件). 另外，大多数孩子(包括大人)通常都是不愿意写下一个同一字母运行次数大于4或5的字母串的，因此可把这种不包含长的运行次数的序列看成是具有强烈的“非随机”的序列(译者注：即人工组的学生写的纸条). 统计学家只要简单地选择包含同一字母运行次数为6或更长的字母串的纸条为真随机的纸条(译者注：即随机组的学生写的纸条)即可.

▶ **Ⅰ.23** Alice(**爱丽丝**)，Bob(**鲍勃**)**和编码能力的极限.** Alice想要通过通道(电线或光纤)给Bob发送一条包含n个比特的消息，她可以发送0,1比特

的两种信号，但是只要遇到码字 11，则停止传输. 因此，她只能在通道上发送消息的编码，她的消息(其中某些码字的长度 $l \geqslant n$)，不能包含码字 11.

编码方案：给定消息 $m=m_1m_2\cdots m_n$，其中 $m_j \in \{0,1\}$，编码规则是 $0 \mapsto 00$，$1 \mapsto 01$(即用码字 00 代表数字 0，用码字 01 代表数字 1)，码字 11 表示传输中断. 在这种方案中 $l=2n+O(1)$. 我们称这种方案的耗费率为 2，是否有可能设计一种耗费率更好的方案？耗费率是否有可能任意逼近 1？

设$\mathcal{C}$是所有允许的码字的类，对一个长度为 n 的单词，一个长度为 $L=L(n)$ 的编码是可允许的必要条件是，存在一个从$\{0,1\}^n$ 到 $\bigcup_{j=0}^{L} C_j$ 的 1－1 映射，即 $2^n \leqslant \sum_{j=0}^{L} C_j$. 求出 $\mathcal{C}$的 OGF 即可得出一个必要条件

$$L(n) \geqslant \lambda n + O(1)$$

其中，$\lambda = \frac{1}{\log_2 \varphi} \doteq 1.440\,420$，$\varphi = \frac{1+\sqrt{5}}{2}$.

因此，没有一种编码方案可以达到比 1.44 更好的耗费率；即至少 44% 的传输损耗(译者注：这种损耗不是指信息量的损耗，而是指为发送所需的信息而额外消耗的比特的量)是不可避免的.(对于这个注记和下一个注记，可参见 MacKay 的书[427，Ch. 17(第 17 章)].) ◀

▶ **Ⅰ.24 无长运行次数的编码.** 由于磁头的磁滞，某些存储设备不能存储具有四个以上的连续的 0 的或具有四个以上的连续的 1 的二元序列. 我们来寻找满足这个约束的用任意的二元字符串进行编码的方案.

从上面的 OGF 可知$[z^{11}]W^{(4,4)}(z)=1\,546$，$2^{10}=1\,024$. 因此这种情况可归结为如何把 10— 比特的单词原文转变为 11— 比特的，没有五个以上相同符号的字符块的问题. 当两个 11 位的块串联时，可能在两个块的连接处产生具有禁止结构的连续的相同字母的序列，这可使用“分隔符”解决，其方法是把 $\alpha \cdot X \cdot \beta$ 换成更长的串 $\bar{\alpha}\alpha \cdot X \cdot \beta\bar{\beta}$，其中 $\bar{0}=1$，$\bar{1}=0$. 所得到的编码方案的耗费率为$\frac{13}{10}$.

改进这种方法(在理论上)可使耗费率达到 1.057. 另外，根据上一注记的原理，对任意长度为 n 的消息编码，任何可接受的代码只能渐近地接近至少 $1.056n$ 的存储空间(提示：设 α 是方程 $1-2x+x^5=0$ 在 $x=1$ 附近的根，这个根是 $W^{(4,4)}(z)$ 的极点. 我们有$\frac{1}{\mathrm{lb}\left(\frac{1}{\alpha}\right)} \doteq 1.05621$). ◀

模式. 科学中有很多情况需要确定在一个长的观察序列中，是否出现了某种模式. 在长度为 100 000(字母表为 A，G，C，T) 的基因组序列中，检测到三次

出现 TAGATAA 的模式是否是有意义的？在这种模式中，字母是连续的按照某种规则出现的. 在计算机网络安全问题中，可以通过一些明确的报警序列来检测到某些攻击事件，尽管这些事件可能被完全合法的行为分开. 在另一个注册表上，数据挖掘的目的是以自动的方式对电子文档进行大致的分类，在这种情况下，可以提供精心选择出来的模式观察的标准，而这些标准是极不相同的. 在各种应用中需要确定哪一种模式具有很高的概率，必然会发生（这些并不重要），哪一种不太可能出现，因此实际的观察会带来有用的信息. 对相应的概率现象的量化可以归结为枚举问题 —— 例 Ⅰ.10 中的双重运行统计是这种情况的一个典型案例.

模式的概念可以用不同的方式得出. 在本书中主要考虑两种情况.

(a) 子序列模式：这种模式是由字母以正确的，但不一定是连续的顺序出现的事实定义的[263]. 子序列模式也被称为"隐藏模式".

(b) 因子模式：这种模式是由字母以正确的，并且是连续的顺序出现的事实定义的[312,564]. 当上下文清楚时，也称因子模式为"块模式"，或简单地就称为"模式".

对于一个给定的模式概念，会产生两个范畴的问题. 第一个问题是确定模式中含有（或对偶的，不含有）一个随机的单词这一事件出现的概率. 这个问题可以等价地表述为：存在问题枚举所有的让模式存在的单词（即发生）的发生次数. 第二个问题是在一个随机的文本中，确定模式产生的数目的期望（甚至分布）. 这个问题涉及枚举丰富词，它会突出的在模式中出现.

这些问题适用于分析组合学的方法，特别是正规表示和自动机的理论：见下面的例 Ⅰ.11，在这个例子中我们第一次试分析隐藏的模式（将在第 Ⅴ 章中继续）. 例 Ⅰ.12 分析因子模式（将在第 Ⅲ 章和第 Ⅸ 章中进一步扩展）.

例 Ⅰ.11　文本中的子序列（隐藏）模式. 文本中字母以正确的但不一定是连续的方式出现的一个序列称为一个"隐藏模式". 例如，在 Shakespeare（莎士比亚）的 Hamlet（哈姆雷特）（第一幕，第一场）的台词中隐藏着模式"组合（combinatorics）"

Dared to the [comb] at; [in] which our v [a] lian [t] Hamlet-

F [or] so th [i] s side of our known world este em'd him-

Did slay this Fortinbras; who by a seal'd [c] ompact,

Well ratified by law and heraldry,

Did forfeit, with hi [s] life, all those his lands [⋯]

取一个固定的由 m 个字母(对英语来说,$m=26$) 组成的有限的字母表$\mathcal{A}$. 首先我们考虑由所有的单词组成的语言$\mathcal{L}$,我们称它为"文本",它含有一个长度为 k 的给定的单词 $p=p_1p_2\cdots p_k$ 作为子序列. 这个单词可以明确地描述成在一个不含 p_1 的序列之后跟着一个 p_1,再后面是一个不含 p_2 的序列之后跟着一个 p_2 等

$$\mathcal{L}=\mathrm{SEQ}(\mathcal{A}\backslash p_1)p_1\mathrm{SEQ}(\mathcal{A}\backslash p_2)p_2\cdots\mathrm{SEQ}(\mathcal{A}\backslash p_k)p_k\mathrm{SEQ}(\mathcal{A})$$

这在某种意义上等价于根据最左侧的内容把 p 明确地分解成一个子序列,相应的 OGF 是

$$L(z)=\frac{z^k}{(1-(m-1)z)^k}\frac{1}{1-mz} \tag{55}$$

对极点 $z=1$ 所做的一个简单的分析表明

$$\underset{z\to\frac{1}{m}}{L(z)}\sim\frac{1}{1-mz},\underset{n\to\infty}{L_n}\sim m^n$$

因而,当 $n\to\infty$ 时,所有的长度为 n 的包含 p 为子序列的单词,在全部单词中所占的比例将趋于 1.(下面的注记 Ⅰ.25 将改进这一估计.)

事件发生的平均数. 统计(注记 Ⅰ.26) 表明,在 Hamlet 的长度为 120 057(这是构成文本的字母数) 的文本中作为隐藏在某处的子序列 "combinatorics(组合)" 共出现了 $1.63\cdot 10^{37}$ 次. 这是否是"Hamlet"的作者传给我们的秘密鼓动的标志?

为了回答这个有点无聊的问题,我们在这里对隐藏模式中所发生的预期事件的数量做一个分析. 这一分析是基于对丰富词的枚举,丰富词是一个作为子序列的模式以显著突出的程度多次不断出现的单词. 考虑正规表示

$$\mathcal{O}=\mathrm{SEQ}(\mathcal{A})p_1\mathrm{SEQ}(\mathcal{A})p_2\mathrm{SEQ}(\mathcal{A})\cdots\mathrm{SEQ}(\mathcal{A})p_{k-1}\mathrm{SEQ}(\mathcal{A})p_k\mathrm{SEQ}(\mathcal{A})$$

$\mathcal{O}$的元素是一个$(2k+1)$元组,其第一个分量是一个任意的单词(称为自由块),第二个分量是字母 p_1,等等,模式中的字母和自由块交替出现. 用另外一种术语说就是任何 $\omega\in\mathcal{O}$代表一个可能出现在用字母表$\mathcal{A}$中的字母组成的文本中的隐藏模式 p. 相关的 OGF 是简单的

$$O(z)=\frac{z^k}{(1-mz)^{k+1}}$$

模式出现的次数与长度为 n 的单词的数目的比例是

$$\Omega_n=\frac{[z^n]O(z)}{m^n}=\frac{\binom{n}{k}}{m^k} \tag{56}$$

假设所有长度为 n 的单词出现的概率都是等可能的,那么这个数量就表示在长

度为 n 的随机单词中，p 出现的次数的期望值. 在 Hamlet 文本($n=120\ 057$) 的和模式"com binatorics(组合)"($k=13$) 的参数下，数量 Ω_n 的估计值为 $1.63 \cdot 10^{37}$. 这个隐藏模式发生的数目要高出一致模型预测数的 23 倍！ 然而，类似的方法也可以用于考虑非均匀字母的可能性(Ⅲ.6.1)：基于英语中字母出现的频率，发现的预期发生次数是 $1.71 \cdot 10^{39}$，Ω_n 的估计值只不到这个值的 5%. 因而 Shakespeare 并没有(可能) 隐藏关于"com binatorics(组合)" 的任何信息，关于这个话题的更多内容，见例 Ⅴ.7.

▶ **Ⅰ.25　改进的分析.** 用定理 Ⅳ.9 的方法进一步考虑 $z=\frac{1}{m-1}$ 处的极点，得出一个改进的估计

$$1-\frac{L_n}{m^n}=O\left(n^{k-1}\left(1-\frac{1}{m}\right)^n\right)$$

因而，不包含一个给定的子序列模式的概率是指数级的无穷小. ◀

▶ **Ⅰ.26　动态规划.** 文本中子序列模式的出现次数，可以通过从左到右扫描文本，并持续的对模式及其前缀的出现进行计数来有效的确定. ◀

Ⅰ.42　有限自动机. 我们从一个简单的装置 —— 有限自动机开始，这种装置广泛应用于计算模型的研究[189]，并且对单词的结构性质具有广泛的描述能力(在部分 B 的 Ⅴ.5 节中对自动机和图中的路径以及结合代数和渐近领域的组合给出了系统的处理).

定义 Ⅰ.11　有限自动机是一个有向的多重图，它的边用字母表 $\mathcal{A}$ 中的字母加以标记. 通常其顶点表示某种状态，这些状态的集合用 Q 表示. 我们用 $q_0 \in Q$ 表示初始状态，而用 $\bar{Q} \subset Q$ 来表示最终的状态的集合.

称一个自动机是确定性的，如果对每一个对(q,α)，其中 $q \in Q, \alpha \in A$，都存在至多一条从 q 出发的用 α 标记的边.

正如我们现在正在解释的那样，有限自动机(图 Ⅰ.11) 能够处理单词. 称自动机接受一个单词 $w=w_1\cdots w_n$，如果在这个自动机的多重图中，存在一条链接初始状态 q_0 和 $\bar{Q}$ 中的某个最终状态的路径，使得它的边的标记正好是 $w_1\cdots w_n$. 对于确定性的有限自动机，只要从初始状态 q_0 开始从左到右的扫描单词的字母，并在每一步跟随着唯一的允许途径转移即可；如果以这种方式扫描 w，并在扫描完 w 的最后一个字母后就达到了最终状态，则这个单词 w 就是可被自动机接受的. 示意图：

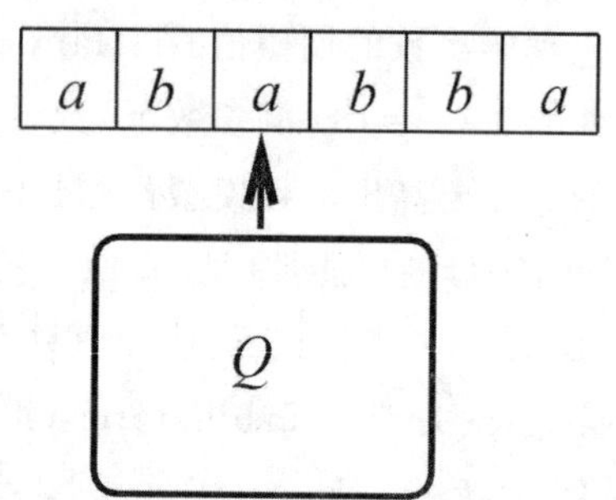

因而,有限自动机仅保留有限个过去的记忆(它的名称即因此而来),并且在某种意义上是概率论中Morkov(马尔可夫)链概念的组合论的对应物.在本书中,我们只考虑确定性的自动机.

作为一个例子,考虑所有包含以 abb 为因子的模式(模式的字母应该连续出现)的单词 w 的类$\mathcal{L}$.这样的单词可具有四种状态 q_0, q_1, q_2, q_3 的有限自动机识别.这个例子中的结构是经典的:状态 q_j 的含义是"模式中的第一个 j 字符刚才已被扫描",图 Ⅰ.11 给出了相应的自动机,其初始状态是 q_0,并且有一个唯一的最终状态 q_3.

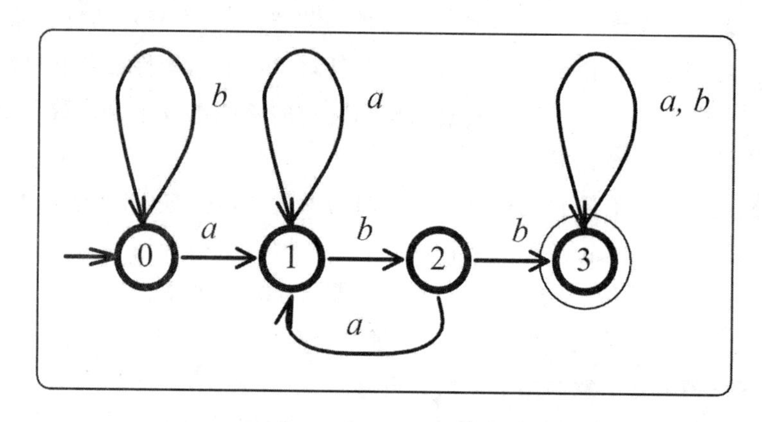

图 Ⅰ.11　包含模式 abb 的单词被一个具有四个状态的自动机识别,其初始状态为 q_0,最终状态为 q_3

定义 Ⅰ.12　称一个语言是A- 正规(自动机正规)的,如果它和一个被确定性有限自动机接受的单词的集合相同.称一个类$\mathcal{M}$是A- 正规的,如果有某个正规语言$\mathcal{L}$使得$\mathcal{M} \cong \mathcal{L}$.

▶ **Ⅰ.27**　**同余语言**.数字的二进制表示的语言同余于 2 模 7,这种语言是A- 正规的.类似的同余条件适用于以任何数字为基的进位制以及任何基的Boole组合. ◀

▶ **Ⅰ.28**　**素数的二进制表示**.素数的二进制表示的语言既不是A- 正规的

也不是 $\mathcal{S}$- 正规的.(提示:利用素数定理和第 Ⅳ 章的渐近方法.) ◀

在附录 A.7 正规语言中简要讨论了下面的等价定理.

等价定理(Kleene(克林) − Rabin(罗宾) − Scott(斯科特)) 一种语言是$\mathcal{S}$-正规的(表示正规的) 语言的充分必要条件是它是 $\mathcal{A}$- 正规的(自动机正规的) 语言.

这两种正规性的等价性也与形式语言理论中的概念是一致的.后一正规性是通过(可能含糊的) 正规表达式和(可能是非确定性的) 有限自动机[6,189] 来定义的.就像我们已经指出的那样,这个等价是不平凡的:它们是由将一种形式转化为另一种形式的,但不保持组合结构的算法给出的(在某些情况下,涉及描述的容量是指数爆炸式增长的).因此,我们选择了独立的发展 $\mathcal{S}$- 正规性和 $\mathcal{A}$- 正规性概念的路线.

下面我们说明生成函数可以从确定性自动机得出.这个得出的过程是在 20 世纪 50 年代后期首先由 Chomsky(乔姆斯基) 和 Schützenberger(施滕伯格) 在文献[119] 中发现的.

命题 Ⅰ.3 设 G 是一个有限自动机,其状态集合为 $Q=\{q_0,\cdots,q_s\}$,其中 q_0 是初始状态.又设其最终状态的集合为 $\bar{Q}=\{q_{i_1},\cdots,q_{i_f}\}$,则所有被自动机接受的单词组成的语言$\mathcal{L}$的生成函数是一个由下面的矩阵形式确定的有理函数

$$L(z)=\boldsymbol{u}(\boldsymbol{I}-z\boldsymbol{T})^{-1}\boldsymbol{v}$$

其中,过渡矩阵 $\boldsymbol{T}$ 由

$$T_{j,k}=\text{card}\{\alpha\in\mathcal{A},\text{使得 }\alpha\text{ 标记的边是}(q_j,q_k)\}$$

确定.$\boldsymbol{u}=(1,0,0,\cdots,0)$ 是行向量,$\boldsymbol{v}=(v_0,\cdots,v_s)^{\mathrm{T}}$ 是列向量,其中 $v_j=[[q_j\in\bar{Q}]]$①.

证明 我们提出的证明是基于“第一个字母的分解”,在概念上这类似于 Markov 链理论[93,p.153] 的 Kolmogorov(柯尔莫果洛夫) 后向方程(注记 Ⅰ.29 提供了一种替代方法).也就是说,对于 $j\in\{0,\cdots,s\}$,引入所有使得自动机以 q_j 开始,经过读取 w 之后在 $\bar{Q}$ 中的某个状态终止的单词 w 构成的类(语言) $\mathcal{L}_j$,对任何 j 就有以下关系成立

$$\mathcal{L}_j\cong\Delta_j+\left(\sum_{\alpha\in\mathcal{A}}\{\alpha\}\ \mathcal{L}_{(q_j\circ\alpha)}\right)\tag{57}$$

其中当 q_j 是终止状态时,Δ_j 表示由长度为 0 的单词空集构成的类 $\{\varepsilon\}$,符号

① 为证明方便起见,在这一段中,我们引入 Iverson(艾弗森) 括号,其定义为:当命题 P 为真时,$[[P]]=1$,当命题 P 不真时,$[[P]]=0$.

$(q_j \circ \alpha)$ 表示状态 q_j 经过读取字母 α 之后一步达到的状态. 理由很简单:仅在状态 q_j 是终止状态时,语言 $\mathcal{L}_j$ 才包含长度为 0 的单词,一个长度不小于 1 的可接受的单词从状态 q_j 开始必会第一次遇见一个字母 α,在这个字母后面跟着一个单词,当从状态 $(q_j \circ \alpha)$ 开始时,这个单词必然导致一个可接受的状态.

从式(57) 立即得出

$$L_j(z) = [[q_j \in \bar{Q}]] + z \sum_{\alpha \in \mathcal{A}} L_{(q_j \circ \alpha)}(z) \tag{58}$$

当 j 变化时,所有的方程合并起来就构成一个关于 $\boldsymbol{L}(z) = \begin{pmatrix} L_1(z) \\ \vdots \\ L_s(z) \end{pmatrix}$ 的线性方程组

$$\boldsymbol{L}(z) = \boldsymbol{v} + zT\boldsymbol{L}(z)$$

其中 $\boldsymbol{v}$ 和 T 如上所述. 用矩阵的求逆解出上面的方程组就得出所要的结果:语言 $\mathcal{L}$ 的 OGF 就是 $L_0(z)$.

▶ Ⅰ.29 **前向方程.** 设 $\mathcal{M}_k$ 是自动机在状态 q_0 开始时,所有导致状态 q_k 的单词的集合,用最后一个字母分解的方法,$\mathcal{M}_k$ 也满足一个类似于式(58) 的方程组. ◀

模式 abb. 考虑一个如图 Ⅰ.11 中所示的可辨识模式 abb 的自动机,则语言 $\mathcal{L}_j$ 满足以下方程组(其中 $\mathcal{L}_j$ 是从状态 q_j 开始时,自动机可接受的单词的集合)

$$\mathcal{L}_0 = a\,\mathcal{L}_1 + b\,\mathcal{L}_0$$
$$\mathcal{L}_1 = a\,\mathcal{L}_1 + b\,\mathcal{L}_2$$
$$\mathcal{L}_2 = a\,\mathcal{L}_1 + b\,\mathcal{L}_3$$
$$\mathcal{L}_3 = a\,\mathcal{L}_3 + b\,\mathcal{L}_3 + \varepsilon$$

这个方程组直接反映了图中自动机的结构,它给出 OGF 所满足的方程组

$$L_0 = zL_1 + zL_0$$
$$L_1 = zL_1 + zL_2$$
$$L_2 = zL_1 + zL_3$$
$$L_3 = zL_3 + zL_3 + 1$$

解这个方程组,我们就得到所有包含模式 abb 的单词组成的类的 OGF,它就是 $L_0(z)$,由于自动机是从状态 q_0 开始的,并且

$$L_0(z) = \frac{z^3}{(1-z)(1-2z)(1-z-z^2)} \tag{59}$$

它可以分解成部分分式之和

$$L_0(z)=\frac{1}{1-2z}-\frac{2+z}{1-z-z^2}+\frac{1}{1+z}$$

由此即可得出

$$L_{0,n}=2^n-F_{n+3}+1$$

其中 F_n 是 Fibonacci 数. 特别,长度为 n 的不包含 abb 单词的数量是 $F_{n+3}-1$,这是一个以指数速率 φ^n 增长的量,其中 $\varphi=\frac{1+\sqrt{5}}{2}$ 是黄金分割率. 因而,除了包含给定的模式 abb 的长度为 n 的字符串具有以指数速率增长的性质外,任意的字符串还具有根据概率预期的比例出现的性质(例如,从注记 Ⅰ.32 可知,在随机的单词中,大约有 $\frac{n}{8}$ 的单词会出现模式 abb).

▶Ⅰ.30 **模式 abb 的正规表示.** 模式 abb 足够简单,以至于我们可以用一个等价的正规表示来描述 $\mathcal{L}_0$, 否则这种正规表示的存在性就只能由 Kleene-Rabin-Scott 加以保证. 在图 Ⅰ.11 的自动机的可接受途径中先是有一个环绕状态 0 的 b 的序列的圈,然后读取 a,又有一个环绕状态 1 的 a 的序列的圈,并且在移动到状态 2 时,读取了一个 b. 那么就应该有一个字母的序列使得自动机顺序的通过状态 $1-2-1-2-\cdots-1-2$,最后以 b 终止,之后再跟着一个 a 和 b 的序列,这对应于如下的表示(其中缩写 X^* 表示 SEQ(X))

$$\mathcal{L}_0=(b)^*a(a)^*b(a(a)^*b)^*b(a+b)^*\Rightarrow L_0(z)=\frac{z^3}{(1-z)^2\left(1-\frac{z^2}{1-z}\right)(1-2z)}$$

上式给出一个等价于式(59)的表达式. ◀

例 Ⅰ.12 包含或排除模式的单词. 固定一个任意的模式 $p=p_1p_2\cdots p_k$,并设$\mathcal{L}$是至少一次以 p 为因子的单词组成的语言. 自动机理论意味着包含某个模式作为一个因子的单词的集合是 A- 正规的,因此有一个有理的生成函数. 实际上,给定 $p=abb$ 的结构可以容易地推广为:存在一个具有 $k+1$ 种状态的可识别$\mathcal{L}$的确定性有限自动机,它恰读过记忆了模式 p 的最大前缀的状态. 这种看法的一个结果是:包含长度为 k 的给定因子模式的单词的语言的 OGF 是一个次数至多为 $k+1$ 的有理函数. (对应的自动机实际上被称为 Knuth-Morris(莫里斯)-Pratt(普拉特) 自动机[382].) 然而,自动机的结构以确定性的方式给出了 OGF $L(z)$,因此有理形式和模式的结构之间的关系并不是显然的.

自相关. Guibas(古基巴斯) 和 Odlyzko(奥德利兹科)[313] 提出了一个可以巧妙地绕过这一问题的明确的结构. 这一基于"相等的"结构的表示,产生一个替代的线性系统. 其基础是自相关向量的概念. 对于给定的 $\mathfrak{p}$,这个以分量形式写出的向量 $\boldsymbol{c}=(c_0,c_1,\cdots,c_{k-1})$,说明它的意义的最方便的方式是通过 Iverson 括号加以定义

$$c_i = [[p_{i+1}p_{i+2}\cdots p_k = p_1 p_2 \cdots p_{k-1}]]$$

换句话说,分量 c_i 是通过把 $\mathfrak{p}$ 的分量向右平移 i 个位置的操作来确定的,如果剩余的字母正好和原来的 $\mathfrak{p}$ 中对应的向量相同,那么就令 $c_i=1$. 从图形上看,$c_i=1$ 的意思是下图中方框中的向量重合

$$\mathfrak{p} \equiv p_1 \cdots p_i \ \boxed{p_{i+1}\cdots p_k}$$

$$\boxed{p_1 \cdots p_{k-i}}\ p_{k-i+1}\cdots p_k \equiv \mathfrak{p}$$

例如,若设 $\mathfrak{p}=aabbaa$,则我们有

a	a	b	b	a	a						
a	a	b	b	a	a						1
	a	a	b	b	a	a					0
		a	a	b	b	a	a				0
			a	a	b	b	a	a			0
				a	a	b	b	a	a		1
					a	a	b	b	a	a	1

因此自相关向量 $\boldsymbol{c}=(1,0,0,0,1,1)$. 自相关多项式的定义为

$$c(z) := \sum_{j=0}^{k-1} c_j z^j$$

对此例中的模式,我们有 $c(z)=1+z^4+z^5$.

设 $\mathcal{S}$是由所有不含有模式 $\mathfrak{p}$ 的单词组成的语言,$\mathcal{T}$ 是由所有以模式 $\mathfrak{p}$ 结尾,但其他位置上不含有模式 $\mathfrak{p}$ 的单词组成的语言. 首先,通过给 $\mathcal{S}$中的单词附加一个字母的方法,我们可以在 $\mathcal{S}$或 $\mathcal{T}$ 中发现一个非空的单词,使得

$$\mathcal{S}+\mathcal{T}=\{\varepsilon\}+\mathcal{S}\times\mathcal{A} \tag{60}$$

然后,对 $\mathcal{S}$中的单词附加一个 $\mathfrak{p}$,可能只会给出一个在结尾"附近" 包含 $\mathfrak{p}$ 的单词. 确切地说,在$\mathcal{S}\mathfrak{p}$ 中,最左边是 $\mathfrak{p}$ 的分解,为

$$\mathcal{S}\times\{\mathfrak{p}\}=\mathcal{T}\times\sum_{c_i\neq 0}\{p_{k-i+1}p_{k-i+2}\cdots p_k\} \tag{61}$$

上述分解对应于下面的图形

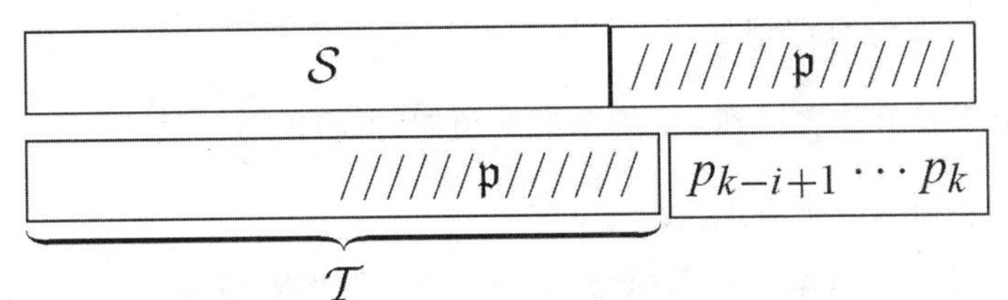

把(60),(61)两式翻译成 OGF,就得到两个含有未知数 S 和 T 的方程式

$$S+T=1+mzS,\ S\cdot z^k=Tc(z)$$

这个方程组是可解的.

命题 Ⅰ.4 不含以模式 p 作为因子的单词的类的 OGF 是

$$S(z)=\frac{c(z)}{z^k+(1-mz)c(z)} \tag{62}$$

其中 m 是字母表中字母的个数,$k=|p|$ 是模式的长度,而 $c(z)$ 是 p 的自相关多项式.

在第 Ⅲ 章中导出了基于自相关多项式的双变量生成函数,在此基础上,命题 Ⅳ.10 又导出了任意模式出现次数的界的 Gauss 定律.

▶ **Ⅰ.31 至少一次.** 某种模式在单词任何地方至少出现一次,以及在尾部仅出现一次的单词的类的 GF 分别是

$$L(z)=\frac{z^k}{(1-mz)(z^k+(1-mz)c(z))} \text{ 和 } T(z)=\frac{z^k}{z^k+(1-mz)c(z)}$$

◀

▶ **Ⅰ.32 模式发生的期望数.** 计算一个因子模式产生的平均次数的方法与计算一个子序列的发生次数的方法类似(甚至更简单),二者都可以在正规表示的基础上进行. 所有以 $p=p_1p_2\cdots p_k$ 作为因子的事件(文本)的集合可以用以下表示描述

$$\hat{\mathcal{O}}=\mathrm{SEQ}(\mathcal{A})(p_1p_2\cdots p_k)\mathrm{SEQ}(\mathcal{A})\Rightarrow \hat{\mathcal{O}}(z)=\frac{z^k}{(1-mz)^2}$$

因此,那种事件产生的数量的期望值满足

$$\hat{\Omega}_n=\frac{n-k+1}{m^k}\sim\frac{n}{m^k} \tag{63}$$

因此事件发生的期望和 n 成正比例. ◀

▶ **Ⅰ.33 字符串中的等待时间.** 设 $\mathcal{L}\subset \mathrm{SEQ}\{a,b\}$ 是一个语言,$S=\{a,b\}^\infty$ 是一个无限的字符串集合,其概率为由 $P(a)=P(b)=\frac{1}{2}$ 导出的乘积概率. 以 $\mathcal{L}$ 的单词开头的随机字符串 $\omega\in S$ 出现的概率为 $\hat{L}\left(\frac{1}{2}\right)$,其中 $\hat{L}(z)$ 是 $\mathcal{L}$ 的

“前缀语言”，即没有严格属于$\mathcal{L}$的前缀的单词 $w \in \mathcal{L}$组成的集合的 OGF. GF $\hat{L}(z)$ 可用于表示首次遇到$\mathcal{L}$中的单词的预期时间：即$\frac{1}{2}\hat{L}'\left(\frac{1}{2}\right)$. 对正规语言来说，这个数必须是一个有理数. ◀

▶ **Ⅰ.34 字符串的概率悖论.** 在一个随机的无限序列中，长度为k的模式$\mathfrak{p}$首次产生的平均时间为 $2^k c\left(\frac{1}{2}\right)$，其中 $c(z)$ 是自相关多项式. 例如，模式 $\mathfrak{p}=abb$(平均在第8个位置处)往往比模式$\mathfrak{p}'=aaa$(平均在第14个位置处)更早发生. 详细的讨论参见文献[313]. 下面是一个运行 20 次的样本，其中记录了 $\mathfrak{p}$ 和 $\mathfrak{p}'$ 首次出现的时刻

$\mathfrak{p}$:3,4,5,5,6,6,7,8,8,8,8,9,9,10,11,14,15,15,16,21

$\mathfrak{p}'$:3,4,8,8,9,10,11,11,11,12,17,22,23,27,27,27,44,47,52,52

另外，相同长度的图案应该具有相同的预期出现次数，这就令人不解了. 难道分析组合学是自相矛盾的吗？(提示：关键是看出，由于 $\mathfrak{p}'$ 本身的重叠，$\mathfrak{p}'$ 倾向于在一个符号的相同的串中出现，但是这种串又倾向于被比 $\mathfrak{p}$ 更宽的间隔分开，因此最终并没有矛盾.) ◀

▶ **Ⅰ.35 Borges(博格斯)定理.** 取一个任意固定的由模式组成的有限集Π，则当$n\to\infty$时，长度为n的随机文本中的包含Π中的所有模式(作为因子)的文本所占的比例将以指数速度趋于1. 原因是：有理函数$S\left(\frac{z}{2}\right)$在$|z|\leqslant 1$中没有极点，其中$S(z)$如式(62)中所示. 也可见第Ⅲ章，第Ⅳ章和第Ⅴ章. 这个性质有时候被称为“Borges 定理”，以表示对于著名的阿根廷作家 Jorge Luis Borges(1899—1986)的敬意. 他在 *The Library of Babel*(巴别塔图书馆)这篇文章中，描写了一个如此巨大的图书馆，它包含了：

“一切：未来的历史细节，天使的自传，图书馆的真实内容以及成千上万的虚假内容，关于这些内容中谬误的例子，关于真实内容中谬误的例子，The Gnostic gospel of Basilides(巴西里德的诺斯底福音)，对这本福音书的评论，对福音书评论的评论，你的死亡的真实故事，所有的各种语言的书的译本，所有的书的改编本，增补本和续书.”

加强的 Borges 定理包括了对很多随机组合结构，例如树，排列和平面图都成立 Gauss 极限律这一结果(见第Ⅸ章). ◀

▶ **Ⅰ.36 可变长度代码.** 称一个有限集合$\mathcal{F}\subset\mathcal{W}$，其中$\mathcal{W}=\mathrm{SEQ}(\mathcal{A})$为一个代码，如果$\mathcal{W}$的任意一个单词可以至多以一种方式分解成$\mathcal{F}$的因子(允许重

复). 例如, $\mathcal{F}=\{a, ab, bb\}$ 就是一个代码,而 $aaabbb=a\mid a\mid ab\mid bb$ 是 $aaabbb$ 的唯一的分解;由于 $aaa=a\mid aa=aa\mid a=a\mid a\mid a$,所以 $\mathcal{F}'=\{a, aa, b\}$ 不是代码. 无论 $\mathcal{F}$ 是否是代码,所有可分解为 $\mathcal{F}$ 的因子的单词的集合 $S_{\mathcal{F}}$ 的 OGF 都是可计算的有理函数.(提示:使用"Aho-Corasick(阿霍 - 克拉塞克)"自动机(译者注:简称 A-C 自动机,中文为多模式匹配自动机)[5]). 有限集合 $\mathcal{F}$ 是一个代码的充分必要条件是 $S_{\mathcal{F}}(z)=\frac{1}{1-F(z)}$. 因此,代码的一个性质是可以使用线性代数在多项式时间内确定. 在 Berstel(贝斯泰尔) 和 Perrin(佩兰) 的书[55]中系统地开发了这种可变长度代码的理论. ◀

一般情况下,自动机在建立生成函数的先验的有理特性上是有用的. 自动机也被对解析性质(例如,Perron-Frobenius(佩龙-弗罗贝尼乌斯) 理论, V.5 节,主极点的特点) 和参数为正规 Gauss 渐近概率分布有兴趣的研究者所关注. 当可能时,自动机在证明存在性定理时是最方便的,如果有可能,再用正规表示加以补充,那么很可能会导致更多的易于处理的表达式.

Ⅰ.4.3　相关结构. 任何组合结构,至少在原则上,都可用单词进行编码. 我们在这里要详细讨论一种表明了那种编码的用处的情况:即集合的分拆和 Stirling 数.

其要点是为了把组合结构纳入符号方法的框架之中,有时,有必要先进行一定量的"组合预处理"工作.

集合的分拆和 Stirling 数. 集合的一个分拆是把一个有限的集合分成若干个非空的集合,也称为块的操作. 例如,设原来的集合为 $\mathcal{D}=\{\alpha, \beta, \gamma, \delta\}$,则有 15 种分拆方式(图 Ⅰ.12). 设 $\mathcal{S}_n^{(r)}$ 是把集合 $[1,\cdots,n]$ 分成 r 个非空的块的分拆的集合,并设 $S_n^{(r)}$ 是它的元素的个数. 这里所考虑的基本对象是集合的分拆(不要和前面讨论过的整数的分拆混淆).

可以用由 r 个字母的字母表 $\mathcal{B}=\{b_1, b_2, \cdots, b_r\}$ 组成的单词对 $\mathcal{S}_n^{(r)}$ 进行如下编码,其中 $\mathcal{S}_n^{(r)}$ 是把集合 $[1,\cdots,n]$ 分成 r 个非空的块的分拆的集合. 考虑一个由 r 个块组成的分拆 $\overline{\omega}$,我们通过一个块的最小元素来标记这个块,我们称这个最小元素为块的首元素,然后把所有的首元素按照我们已习惯的方式从 1 开始顺序排列,假如一个块在这种排列下位于第 j 位,则用字母 b_j 来表示这个块. 然后从 1 开始一直到 n 顺序检查,假如一个数字 $k(1\leqslant k\leqslant n)$ 位于 b_j 块中,则令 k 对应于字母 b_j,这样,我们即可得出所需的编码表.

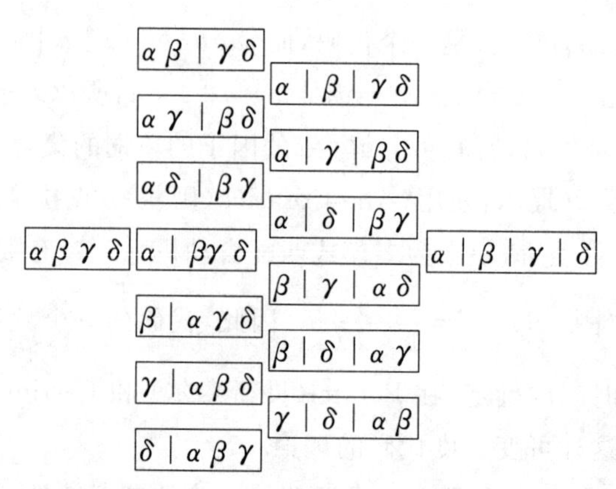

图 Ⅰ.12　把 4 个元素的集合分拆为块的 15 种方法，它们对应于 $S_4^{(1)}=1, S_4^{(2)}=7, S_4^{(3)}=6, S_4^{(4)}=1$

例如，对 $n=6, r=3$，分拆的集合 $\omega=\{\{6,4\},\{5,1,2\},\{3,7,8)\}\}$ 可以先按块的首元素排列并标记如下

$$\overline{\omega}=\{\overbrace{\{\mathbf{1},2,5\}}^{b_1},\overbrace{\{\mathbf{3},7,8\}}^{b_2},\overbrace{\{\mathbf{4},6\}}^{b_3}\}$$

然后我们即可得出如下编码

$$\begin{pmatrix}1 & 2 & 3 & 4 & 5 & 6 & 7 & 8\\ b_1 & b_1 & b_2 & b_3 & b_1 & b_3 & b_2 & b_2\end{pmatrix}$$

按照这种方式，分拆即可用由字母表$\mathcal{B}$中的字母组成的长度为 n 的单词编码，这种代码具有如下性质：(1) 所有的 r 个字母都会出现；(2)b_1 将首次出现，然后 b_2 首次出现，在 b_2 出现后，b_3 再首次出现，等等. 这一性质可用如下的“不规则阶梯”的图形表示：

$$\begin{matrix} & & & 4 & - & 6 & - & -\\ & & 3 & - & - & - & 7 & 8\\ 1 & 2 & - & - & 5 & - & - & -\end{matrix}$$

其中阶梯的长度为 n，高度为 r，每列只有一个元素，而每行代表分拆中的一个类.

根据以上讨论可知，$S_n^{(r)}$ 可被映射为语言中的长度为 n 的单词

$$b_1\,\mathrm{SEQ}(b_1)\cdot b_2\,\mathrm{SEQ}(b_1+b_2)\cdot b_3\,\mathrm{SEQ}(b_1+b_2+b_3)\cdot\cdots\cdot b_r\,\mathrm{SEQ}(b_1+b_2+\cdots+b_r)$$

上述语言的表示立即给出 OGF 如下

$$S^{(r)}(z)=\frac{z^r}{(1-z)(1-2z)(1-3z)\cdots(1-rz)}$$

容易算出 $S^{(r)}(z)$ 的部分分式展开

$$S^{(r)}(z)=\frac{1}{r!}\sum_{j=0}^{r}\binom{r}{j}\frac{(-1)^{r-j}}{1-jz}$$

因此

$$S_n^{(r)}=\frac{1}{r!}\sum_{j=1}^{r}(-1)^{r-j}\binom{r}{j}j^n$$

特别,我们有

$$S_n^{(1)}=1,\ S_n^{(2)}=\frac{1}{2!}(2^n-2),\ S_n^{(3)}=\frac{1}{3!}(3^n-3\cdot 2^n+3)$$

这些数被称为第二类Stirling数,或更确切地,Stirling分拆数.并且今天通常把 $S_n^{(r)}$ 写成$\left\{\begin{matrix}n\\r\end{matrix}\right\}$.见附录 A.8Stirling 数.

由于把分拆的集合编码成单词,分拆的计数最终可以成功完成.相应的语言形成一个组合结构(实际上是常规语言)的可构造的类.在下一章,我们将会在有标记结构的基础上验证集合分拆的灵活计数方法和指数生成函数(第Ⅱ.3.1节).

轮换单词(项链). 设$\mathcal{A}$是一个二元的字母表,不妨将其看成是由两种不同颜色的珠子组成的.轮换单词或项链的类(注记Ⅰ.1和Ⅰ.2.1方程(20))可定义成合成 CYC

$$\mathcal{N}=\mathrm{CYC}(\mathcal{A})\Rightarrow N(z)=\sum_{k=1}^{\infty}\frac{\varphi(k)}{k}\log\frac{1}{1-2z^k}\tag{64}$$

级数的开头几项为(EIS A000031)

$$N(z)=2z+3z^2+4z^3+6z^4+8z^5+14z^6+20z^7+36z^8+60z^9+\cdots$$

并且我们可确定 OGF 的展开式系数为

$$N_n=\frac{1}{n}\sum_{k\mid n}\varphi(k)2^{\frac{n}{k}}\tag{65}$$

由此可得 $N_n=D_n+1$,其中 D_n 是车轮的计数.(这一联系可用组合理论轻松地解释:从一个车轮开始,并用白色重画所有不在基本圈子上的节点;然后将它们折叠到圆圈上.)用类似的论证可以得出一个有 m 个字母的项链的计数是在式(65)中把2换成 m.

▶ **Ⅰ.37 有限语言.** 作为一个组合学的对象,有限语言λ是一个不同的单词的集合,其容量是λ中所有单词的总字母数.因此,对于二元字母表,所有有限语言的类就是

$$\mathcal{FL}=\mathrm{PSET}(\mathrm{SEQ}_{\geqslant 1}(\mathcal{A}))\Rightarrow FL(z)=\exp\left(\sum_{k\geqslant 1}\frac{(-1)^{k-1}}{k}\frac{2z^k}{1-2z^k}\right)$$

这个级数是(EIS A102866)$1+2z+5z^2+16z^3+42z^4+116z^5+312z^6+\cdots$.

◀

Ⅰ.5 树结构

本节涉及基本树的枚举.树,正如我们已看到的那样,是一种典型的递归结构,对应的表示形式上导致生成函数的非线性方程(或非线性方程组).Lagrange(拉格朗日)反演定理完全适合于解决这一范畴中的最简单的问题.然后通过符号方法提供的函数方程即可方便地使用第Ⅶ章的渐近理论了.像我们将要在这里看到的那样,在树的结构中,某种类型的解析行为,即平方根奇异性的出现似乎是"普遍的".因此,组合结构中的大多数树的家族都具有服从统一的渐近形式$\frac{CA^n}{n^{\frac{3}{2}}}$的计数序列.它广泛地扩展了我们前文中对Catalan数所用的初等方法.在本节中一个简要的说明如图Ⅰ.13所示.

树	表示	OGF	系数
平面生成的	$\mathcal{G}=\mathcal{Z}\times\mathrm{SEQ}(\mathcal{G})$	$\frac{1}{2}(1-\sqrt{1-4z})$	$\frac{1}{n}\binom{2n-2}{n-1}\sim\frac{4^{n-1}}{\sqrt{\pi n^3}}$
—— 二元的	$\mathcal{B}=\mathbf{1}+\mathcal{Z}\times\mathcal{B}\times\mathcal{B}$	$\frac{1}{2z}(1-\sqrt{1-4z})$	$\frac{1}{n+1}\binom{2n}{n}\sim\frac{4^n}{\sqrt{\pi n^3}}$
—— 单的	$\mathcal{T}=\mathcal{Z}\times\mathrm{SEQ}_\Omega(\mathcal{T})$	$T(z)=z\varphi(T(z))$	$\sim\frac{1}{c\rho^n\sqrt{n^3}}$
非平面生成的	$\mathcal{H}=\mathcal{Z}\times\mathrm{MSET}(\mathcal{H})$	$H(z)=z\mathrm{Exp}(H(z))$	$\sim\frac{\lambda\beta^n}{\sqrt{n^3}}$
—— 二元的	$\mathcal{U}=\mathcal{Z}+\mathrm{MSET}_2(\mathcal{U})$	注记Ⅰ.44,方程(76)	$\sim\frac{\lambda_2\beta_2^n}{\sqrt{n^3}}$
—— 单的	$\mathcal{V}=\mathcal{Z}\mathrm{MSET}_\Omega(\mathcal{V})$	Ⅰ.5.2节,方程(73)	$\sim\frac{\bar{c}}{\bar{\rho}^n\sqrt{n^3}}$

图Ⅰ.13 平面或非平面的有根树.其中$\lambda\doteq 0.439\,92$,$\beta\doteq 2.955\,76$,$\lambda_2\doteq 0.318\,77$,$\beta_2\doteq 2.483\,25$.其中的渐近表示式,参见第Ⅶ章

Ⅰ.5.1 平面树. 一棵树通常被定义为一个无向的无环的连通的图.此外,本书中考虑的树,除非另有规定,都是有根的(见附录A.9树的概念和文献[377,§2.3]).在本小节中,我们重点关注平面树,有时也称为有序树,其中从结点分出的子树之间可以定义次序.或者,也可把这些树看成嵌入到平面中的抽象的图形结构.这种结构可用级数结构确切地加以描述.

首先考虑一般的平面树组成的类$\mathcal{G}$,这种树的结点的度数(即连接这个节

点的分叉的数目）可以是任意的（这里重复了定理 Ⅰ.2 后面的材料）：我们有

$$\mathcal{G}=\mathcal{Z}\times\mathrm{SEQ}(\mathcal{G})\Rightarrow G(z)=\frac{z}{1-G(z)} \tag{66}$$

因此，$G(z)=\frac{1-\sqrt{1-4z}}{2}$，因此容量为 n 的一般的树的数目是下标改变了一下的 Catalan 数

$$G_n=C_{n-1}=\frac{1}{n}\binom{2n-2}{n-1} \tag{67}$$

很多类的树由各种受到限制的节点的性质加以定义，这些性质是组合学和相关领域，例如形式逻辑和计算机科学感兴趣的. 设 Ω 是包含 0 的整数的子集. 定义 Ω－限制树的类 $\mathcal{T}^{\Omega}$，这种树的结点的外度数只限于取 Ω 内的数. 在下面的讨论中，综合了 Ω 性质的特征函数起了基本的作用

$$\varphi(u):=\sum_{\omega\in\Omega}u^{\omega}$$

因而 $\Omega=\{0,2\}$ 确定了二元的树，其中每个结点或者有 0 个或者有 2 个后代（即分叉）. 因此 $\varphi(u)=1+u^2$；$\Omega=\{0,1,2\}$ 以及 $\Omega=\{0,3\}$ 分别确定了一元－二元树（$\varphi(u)=1+u+u^2$）和三元树（$\varphi(u)=1+u^3$）；一般的树对应于 $\Omega=\mathbb{Z}_{\geqslant 0}$，而 $\varphi(u)=\frac{1}{1-u}$.

命题 Ⅰ.5 Ω- 限制树的类 $\mathcal{T}^{\Omega}$ 的普通生成函数 $T^{\Omega}(z)$ 由下面的方程隐式确定

$$T^{\Omega}(z)=z\varphi(T^{\Omega}(z))$$

其中 φ 是 Ω 的特征函数，即 $\varphi(u):=\sum_{\omega\in\Omega}u^{\omega}$. 树的计数由

$$T_n^{\Omega}\equiv[z^n]T^{\Omega}(z)=\frac{1}{n}[u^{n-1}]\varphi(u)^n \tag{68}$$

给出.

生成函数满足形如 $y(z)=z\varphi(y(z))$ 的树的类称为树的简单族，对这种族（有标记情况和无标记情况是类似的）的研究构成本书中不断出现的主题.

证明 显然，对 Ω- 限制级数，我们有

$$\mathcal{A}=\mathrm{SEQ}_{\Omega}(\mathcal{B})\Rightarrow A(z)=\varphi(B(z))$$

因此

$$\mathcal{T}^{\Omega}=\mathcal{Z}\times\mathrm{SEQ}_{\Omega}(\mathcal{T}^{\Omega})\Rightarrow T^{\Omega}(z)=z\varphi(T^{\Omega}(z))$$

这说明 $T\equiv T^{\Omega}$ 和 z 具有如下反函数关系

$$z=\frac{T}{\varphi(T)}$$

Lagrange 反演定理确切地提供了上述情况的表达式(解析证明见附录 A.6 Lagrange 反演,关于组合方面,见注记 Ⅰ.47).

Lagrange **反演定理**. 反函数的系数及其所有的幂均可由原函数确定,若 $z=\frac{T}{\varphi(T)}$,则我们有(对任何 $k\in\mathbb{Z}_{\geqslant 0}$)

$$[z^n]T(z)=\frac{1}{n}[w^{n-1}]\varphi^n(w),\quad [z^n]T^k(z)=\frac{k}{n}[w^{n-k}]\varphi^n(w) \tag{69}$$

从这个定理立即得出式(68).

式(69) 中关于幂 T^k 的关系式称为 Lagrange 反演的"Bürmann(布尔曼)形式";它产生了(有序)k- 森林,即树的 k- 级数的计数. 此外,命题 Ⅰ.5 的陈述可以平凡地推广到 Ω 是一个多重集的情况. 即 Ω 是一个允许重复的整数的集合的情况. 例如,$\Omega=\{0,1,1,3\}$ 对应于具有两种类型的一元结点的一元三叉树,比如说,结点具有两种颜色的情况. 其特征函数为 $\varphi(u)=u^0+2u^1+u^3$. 当 $\varphi(u)=\frac{1}{1-u}$ 时,这个定理通过对 $\frac{1}{(1-u)^n}$ 运用二项式定理就又重新给出了一般的树的枚举. 在一般情况下,这意味着,当 $\Omega=\{\omega_1,\cdots,\omega_r\}$,即 Ω 由 r 个元素组成时,树的计数可表示成二项式系数的 r 重和式(利用多项式的展开式).

下面两个例子详细说明了当 Ω 只有两个元素时的两种重要的特殊情况.

例 Ⅰ.13 二叉树和 Catalan **数**. 一个二叉树是一个有根的平面树,其每个结点或者有 0 个或者有 2 个后继的结点(图 Ⅰ.14). 在这种情况下,我们习惯上认为这个树的容量是内部的"分叉的"结点的数目. 在大多数分析中,我们都将这样做.(由初等的组合学知识可知,若这个树有 v 个内部的结点,则它有 $v+1$ 个外部的结点,因此总共有 $2v+1$ 个结点.)因而二叉树的类$\mathcal{B}$的表示和 OGF 就是

$$\mathcal{B}=\mathbf{1}+(\mathcal{Z}\times\mathcal{B}\times\mathcal{B})\Rightarrow B(z)=1+zB^2(z)$$

(注意上述结构类似于 Ⅰ.2 节中式(31) 给出的三角剖分的表示),因此

$$B(z)=\frac{1-\sqrt{1-4z}}{2},\ B_n=\frac{1}{n+1}\binom{2n}{n}$$

我们又重新得出 Catalan 数.(和式(67) 相比,下标平移了一下.)综上,有 n 个内部结点,即有 $n+1$ 个外部结点,因而总共有 $2n+1$ 个结点的平面二叉树的数目为 Catalan 数 $B_n=C_n=\frac{1}{n+1}\binom{2n}{n}$.

如果我们把内部的结点和外部的结点看成是一样的结点，因而把所有的结点一起考虑，都认为是对容量的贡献，那么对应的表示和 OGF 就成为

$$\hat{\mathcal{B}}=\mathcal{Z}+(\mathcal{Z}\times\hat{\mathcal{B}}\times\hat{\mathcal{B}}),\hat{B}(z)=z(1+\hat{B}^2(z))$$

而我们又重新回到了 Lagrange 形式(以及$\hat{B}_{2n+1}=B_n$)，其中 $\varphi(u)=1+u^2$.

我们也可考虑修剪的二叉树的类$\bar{\mathcal{B}}$，这种树是把二叉树的外部结点去掉之后得出的树(见附录 A.9 树的概念)，这时，我们仅考虑$\mathcal{B}/\mathcal{B}_0$中的树. 相应的类$\bar{\mathcal{B}}$满足(把修剪树的左的和右的分叉的单个结点看成是不同的结点)

$$\bar{\mathcal{B}}=\mathcal{Z}+(\mathcal{Z}\times\bar{\mathcal{B}})+(\mathcal{Z}\times\bar{\mathcal{B}})+(\mathcal{Z}\times\bar{\mathcal{B}}\times\bar{\mathcal{B}})\Rightarrow\bar{B}(z)=z(1+\bar{B}(z))^2$$

现在其 Lagrange 形式为 $\varphi(u)=(1+u)^2$. 用 Ⅰ.5.3 节中自然的 1-1 对应的观点来解释，这些计算的风格都是极其类似的.

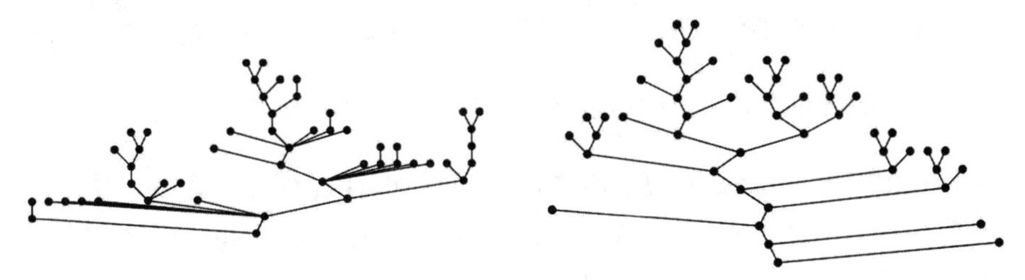

图 Ⅰ.14　一个一般的树$\mathcal{G}_{51}$(左)和一个二叉树$\mathcal{T}_{51}^{\{0,2\}}\cong\mathcal{B}_{25}$(右). 它们分别是在 C_{50} 和 C_{25} 种可能的树中随机选出来的，并以统一的形式绘制出来，其中 $C_n=\frac{1}{n+1}\binom{2n}{n}$ 是第 n 个 Catalan 数

▶ **Ⅰ.38　森林.** 考虑由$\mathcal{F}=\mathrm{SEQ}_k(\mathcal{T})$定义的度数为 k 的森林. 一般形式的 Lagrange 反演蕴含

$$[z^n]F(z)\equiv[z^n]T^k(z)=\frac{k}{n}[u^{n-k}]\varphi^n(u)$$

特别，对一般的树($\varphi(u)=\frac{1}{1-u}$)，我们有

$$[z^n]\left(\frac{1-\sqrt{1-4k}}{2}\right)^k=\frac{k}{n}\binom{2n-k-1}{n-1}$$

这个系数也称为“投票数”. ◀

例 Ⅰ.14　“正规的”(t- 分叉) 树. 称一棵树为 t- 正规的或 t- 分叉的，如果 $\Omega=\{0,t\}$ 仅由两个元素 0 和 t 组成(在 $t=2$ 的情况下，就又回到二叉树). 换句话说，所有的内部结点的度都恰好是 t. 设$\mathcal{A}:=\mathcal{T}^{\{0,t\}}$. 在这种情况下，特征函数

$\varphi(u)=1+u^t$，二项式定理和 Lagrange 反演公式就给出

$$A_n=\frac{1}{n}[u^{n-1}](1+u^t)^n=\frac{1}{n}\binom{n}{\frac{n-1}{t}}$$

其中 $n\equiv 1(\bmod t)$.

正如公式表明的那样，只存在容量为 $n=tv+1$ 的那种树(这是一个可用归纳法验证的众所周知的事实). 因而有

$$A_{tv+1}=\frac{1}{tv+1}\binom{tv+1}{v}=\frac{1}{(t-1)v+1}\binom{tv}{v} \tag{70}$$

就像在二叉树中的情况那样，我们也可以用另一种不需对结点的结构加以限制的方法来得出式(70). 定义“修剪”树，即 $\mathcal{A}/\mathcal{A}_0$ 中所有去掉了外部结点的树构成的类 $\bar{\mathcal{A}}$. $\bar{\mathcal{A}}$ 中的树的结点的度数至多为 t. 为了使 $\bar{\mathcal{A}}$ 可以 $1-1$ 的等价于 $\mathcal{A}$，只需认为 $\bar{\mathcal{A}}$ 中的树在度数为 j 的结点处，具有 $\binom{t}{j}$ 种可能的类型：对于任意的 $j\in[0,t]$，$\bar{\mathcal{A}}$ 中的每个结点在修剪之前有 $t-j$ 个子树. Ω 现在已经是一个多重集，我们看出 $\bar{\varphi}(u)=(1+u)^t$ 以及 $\bar{A}(z)=z\bar{\varphi}(\bar{A}(z))$，因此根据 Lagrange 反演公式就得出

$$\bar{A}_v=\frac{1}{v}\binom{tv}{v-1}=\frac{1}{(t-1)v+1}\binom{tv}{v}$$

由于 $\bar{A}_v=A_{tv+1}$，所以这只不过是式(70) 的另一种形式.

▶ **Ⅰ.39 单叉－二叉树和 Motzkin(莫茨金) 数.** 设 $\mathcal{M}$ 是单叉－二叉树的类

$$\mathcal{M}=\mathcal{Z}\times \mathrm{SEQ}_{\leqslant 2}(\mathcal{M})\Rightarrow M(z)=\frac{1-z-\sqrt{1-2z-3z^2}}{2z}$$

我们有 $M(z)=z+z^2+2z^3+4z^4+9z^5+21z^6+51z^7+\cdots$，其中的系数 $M_n=[z^n]M(z)$ 称为 Motzkin 数(EIS A001006)，根据 Lagrange 反演定理，它可由下式表出

$$M_n=\frac{1}{n}\sum_k\binom{n}{k}\binom{n-k}{k-1}$$

◀

▶ **Ⅰ.40 t- 叉树的另一种版本.** 设 $\tilde{\mathcal{A}}$ 是 t- 叉树的类，但是这次将其容量定义为树的外部结点(叶子) 的数目. 那么，我们就有

$$\tilde{\mathcal{A}}=\mathcal{Z}+\mathrm{SEQ}_t(\tilde{\mathcal{A}})$$

由于 $\widetilde{A}=\dfrac{z}{1-\widetilde{A}^{t-1}}$,因此$\widetilde{A}_n$ 的二项式形式可从 Lagrange 反演定理得出. 这个表达式可用组合学的方法得出吗? ◀

例 Ⅰ.15 *罗德岛的 Hipparchus(希帕克斯)* (译者注:希腊著名的天文学家,被称为天文学之父) ***和 Schröder(施罗德)*** . 1870 年,德国数学家 Ernst Schröder(1841—1902) 发表了一篇题为 *Vie combinatorische Probleme*(四个组合问题) 的论文. 论文的内容是用非结合算子构建 n 个变量组成的项的数量. 他所提出的四个问题中的第二个问题是:求出用 n 个相同的字母,例如 x 可以构成字符串的方式的数量,其中的 x 可以用括号"括"起来. 法则最好递归地表示:x 本身可以括起来. 设 $\sigma_1,\sigma_2,\cdots,\sigma_k,k\geqslant 2$ 是括号的表达式,那么一个由 k 个 σ_i 组成的串 $(\sigma_1\sigma_2\cdots\sigma_k)$ 就表示一种括法. 例如 $(((xx)x(xxx))((xx)(xx)x))$.

设$\mathcal{S}$为所有的括法的类,其中容量取为不同的括法的数目. 那么,递归的定义容易被翻译成形式的表示($\mathcal{Z}$表示 x) 和 OGF 方程

$$\mathcal{S}=\mathcal{Z}+\mathrm{SEQ}_{\geqslant 2}(\mathcal{S})\Rightarrow S(z)=z+\frac{S^2(z)}{1-S(z)} \tag{71}$$

实际上,每种容量为 n 的括法都对应于一棵树,其外部节点包含变量 x(并确定了容量),而内部节点对应于括法并且度数至少为 2(对容量没有贡献).

OGF 所满足的函数方程不是对应于命题 Ⅰ.5 的先验型,由于在这一特殊的应用中,并不是所有的结点都对容量有贡献. 注记 Ⅰ.41 提供了一种得出 Lagrange 形式的化简方法. 然而,在本例的简单情况下,式(71) 中的二次方程是可解的,并给出

$$\begin{aligned}S(z)&=\frac{1}{4}(1+z-\sqrt{1-6z+z^2})\\&=z+z^2+3z^3+11z^4+45z^5+197z^6+903z^7+4\ 279z^8+\\&\quad 20\ 793z^9+\underline{103\ 049}z^{10}+\underline{518\ 859}z^{11}+\cdots\end{aligned}$$

其中的系数是 EIS A001003(这些数字也计算了指定类型的串 - 并联网络,例如,图 Ⅰ.15 中底部的序列,其中的对象以平面方式放置.

在一篇指导性的文章中,Stanley(斯坦利)[553] 讨论了一页 Plutarch(普鲁塔克)(译者注:著名的希腊哲学家和历史学家) 记载的典故,其中有以下一段话:

"Chrysippus(克里斯帕斯) 说,可以用仅仅十个简单的命题制作的复合命题的数量要超过一百万条. (Hipparchus 通过计算显示共有<u>103 049</u> 个肯定的复合命题和<u>310952</u> 个否定的复合命题而坚决地驳斥了这一点)"

值得注意的是，罗德岛的 Hipparchus[①]（约公元前 190 — 120 年）的第十个数字正是 $S_{10}=103\ 049$，这是，例如，一个可以用十个 Boole 变量 $x_1,\cdots,x_{10}$（按此顺序，每个使用一次）从顶部开始，按照某种习惯的方式[②]，例如和与交的符号交替的（不“否定”）形式下，用和与或的连接构成的逻辑公式表示的数，见图 Ⅰ.15. Hipparchus 当然不知道生成函数，但是只用当时的数学水平（和卓越非凡的智慧！），他仍然能够发现等价于式(71)的递归

$$S_n=[[\geqslant 2]]\left(\sum_{n_1+\cdots+n_k=n} S_{n_1}S_{n_2}\cdots S_{n_k}\right)+[[n=1]] \tag{72}$$

其中当 $n=10$ 时，和号中有 42 个不同的项（见文[553] 中的讨论），并且最终确定了 S_{10}.

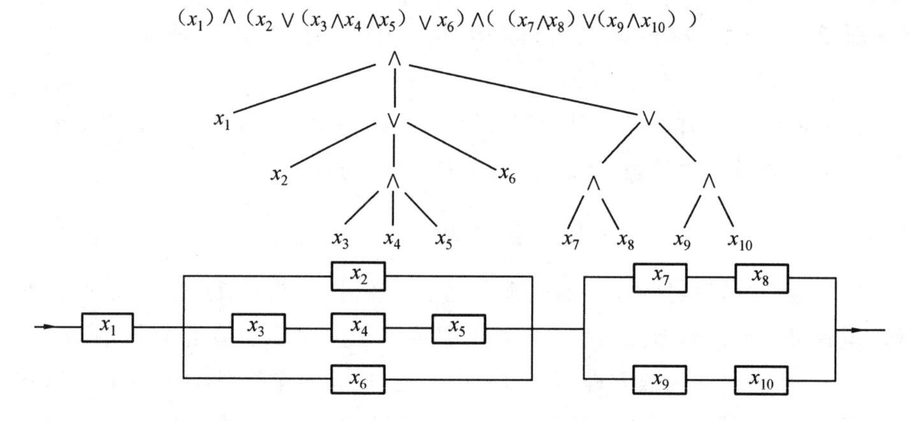

图 Ⅰ.15　一个连接型的和一或肯定式的命题（顶部），它对应的树（中）和与之等价的平面串一并联网络序列（底部）

Ⅰ.41　Schröder **的 GF 的语言形式.** 生成函数 $S(z)$ 满足如下形式的关系

$$S(z)=z\varphi(S(z))$$

其中 $\varphi(y)=\dfrac{1-y}{1-2y}$，这是一个合成的 OGF，因此我们有

---

① 这是 1994 年由 David Hough（戴维·霍夫）首先观察到的；见文[553]. 在文[315] 中，Habsieger（哈布西格）等进一步注意到 $\frac{1}{2}(S_{10}+S_{11})=310\ 954$，并（基于否定变量）对 Hipparchus 给出的另一个计数建议了一个相关的解释.

② 任何 Boole 函数的表达式都对应于一个唯一的树的表示. 这里，一旦根的类型已固定（例如，一个 ∧ 连接符号），则其他水平的连接符号即可由奇偶性确定. 树中结点的度数不小于 2 这一限制意味着没有使用多余的连接符号. 最后，任何单调的 Boole 表达式都可以用串一并联网络表示：x_j 的真值和假值的表达式可以看成分别对应了电路中闭合与断开的连接方式.

$$S_n = \frac{1}{n}[u^{n-1}]\left(\frac{1-u}{1-2u}\right)^n$$
$$= \frac{(-1)^{n-1}}{n}\sum_k (-2)^k \binom{n}{k+1}\binom{n+k-1}{k}$$
$$= \frac{1}{n}\sum_{k=0}^{n-2}\binom{2n-k-2}{n-1}\binom{n-2}{k}$$

对这个合成是否有一个直接的组合关系？◀

▶ **Ⅰ.42** Schröder **数的快速确定.** 通过形成 $S(z)$ 所满足的微分方程，并提取其系数，我们得到以下递推关系

$$(n+2)S_{n+2} - 3(2n+1)S_{n+1} + (n-1)S_n = 0,\ n \geqslant 1$$

这就保证了以线性时间快速的确定 S_n.（这种起源于 Euler 的文献[199]中的技巧适用于任何代数函数；见附录 B.4 完整函数.）相比之下，Hipparchus 的递推关系(72) 意味着一种要用到 $\exp(O(\sqrt{n}))$ 数量级的算术运算的复杂性的算法.

◀

Ⅰ.5.2 非平面树. 一个无序的树，也称为非平面树，在一般的图论中是这样的一个树，这个树的从公共结点发出的子树之间没有顺序. 此外这里所考虑的无序树仍然是有根的，即在它的所有结点之中指定一个结点作为根. 因此，在结构的语言中一个有根的无序树是一个和根节点相连的树的多重集. 因此，所有无序树的类$\mathcal{H}$有如下的递归表示

$$\mathcal{H} = \mathcal{Z} \times \mathrm{MSET}(\mathcal{H}) \Rightarrow \begin{cases} H(z) = z\prod_{m=1}^{\infty}\frac{1}{(1-z^m)^{H_m}} \\ \quad = z\exp\left(H(z) + \frac{1}{2}H(z^2) + \cdots\right) \end{cases} \tag{73}$$

上面的 OGF 的第一种形式是 Cayley(凯莱) 在 1857 年[67] 中给出的，它没有封闭形式的解，但是这个方程允许我们递归地确定所有的 H_n(EIS A000081)

$$H(z) = z + z^2 + 2z^3 + 4z^4 + 9z^5 + 20z^6 + 48z^7 + 115z^8 + 286z^9 + \cdots$$

由任意结点的度数的集合定义的树的类的枚举可以立即从集合中元素的个数固定的情况推广得出.

命题 Ⅰ.6 设 $\Omega \subset \mathbb{N}$ 是一个包含 0 的有限的整数集合，那么结点的度数必需属于 Ω 的非平面树的 OGF 满足以下形式的函数方程

$$U(z) = z\Phi(U(z), U(z^2), U(z^3), \cdots) \tag{74}$$

其中 Φ 是某个可计算的多项式.

证明　树的类满足下面的组合方程

$$\mathcal{U}=\mathcal{Z}\times \mathrm{MSET}_{\Omega}(\mathcal{U})\quad \left(\mathrm{MSET}_{\Omega}(\mathcal{U})\equiv \sum_{\omega\in\Omega}\mathrm{MSET}_{\omega}(\mathcal{U})\right)$$

其中的多重集结构反映了非平面性，由于从一个结点发出的子树之间可以自由的重新排列，并且可能会出现重复. 稍后我们即会看到这种例子. 注意到定理 Ⅰ.3 提供了$\mathrm{MSET}_k(\mathcal{U})$ 的翻译

$$\Phi(U(z),U(z^2),U(z^3),\cdots)=\sum_{\omega\in\Omega}[u^{\omega}]\exp\left(\frac{u}{1}U(z)+\frac{u^2}{2}U(z^2)+\cdots\right)$$

由此就立刻得出所需的命题.

在非平面树枚举方面，没有明确的公式，但是没有明确的公式，而只有隐式的确定了生成函数的函数方程. 但是，正如我们将在 Ⅶ.5 节见到的那样，这种方程可用于分析 $U(z)$ 的定义域的奇异性. 我们将会发现一个无论是平面还是非平面的简单树(图 Ⅰ.13) 都要服从的一个"普遍"的法则：奇点的一般类型为 $\sqrt{1-\frac{z}{\rho}}$，通过奇异性分析，可将其翻译成

$$U_n^{\Omega}\sim\lambda_{\Omega}\frac{(\beta_{\Omega})^n}{\sqrt{n^3}}\tag{75}$$

许多这样的问题起源于组合化学的枚举，一个由 Cayley 在十九世纪带头兴起的主题[67,第 4 章]. Pólya 重新研究了这些问题，并且在他 1937 年发表的重要论文[488] 中同时发展了群作用下的组合枚举的一般理论和导致像式(75) 这样的估计的系统方法. 关于这个问题更详细的内容可见 Harary(哈拉里) 和 Palmer 的书[319] 或 Pólya 的论文[491].

Ⅰ.**43**　Cayley-Pólya **数的快速确定**. $H(z)$ 的对数的微分给 H_n 提供了一个递推公式，利用这个公式可在 n 次多项式时间内计算 H_n.（注意类似的技巧可用于计算分拆数 P_n，见注记 Ⅰ.13.） ◀

▶ Ⅰ.**44**　**二分叉的非平面树**. 容量为外部结点的数目的无序的二叉树的类$\mathcal{V}$，可用方程$\mathcal{V}=\mathcal{Z}+\mathrm{MSET}_2(\mathcal{V})$ 加以描述. 确定 $V(z)$ 的函数方程为

$$V(z)=z+\frac{1}{2}V^2(z)+\frac{1}{2}V(z^2);\quad V(z)=z+z^2+z^3+2z^4+3z^5+\cdots\tag{76}$$

系数(EIS A001190) 的渐近分析由 Otter(奥特)[466] 给出，他建立了类型式(75) 的估计. 数量 V_n 也是在可交换的非结合的二元算子的作用下，n 个元素可构成的乘积的个数. ◀

▶ Ⅰ.**45**　**层次结构**. 定义层次结构类$\mathcal{K}$为所有的没有外度数等于 1 的结

点的树，容量为外部结点的数目. 我们有(Cayley，1857，见文[67，p. 43])

$$\mathcal{K}=\mathcal{Z}+\mathrm{MSET}_{\geqslant 2}(\mathcal{K})\Rightarrow K(z)=\frac{1}{2}z+\frac{1}{2}\left[\exp\left(K(z)+\frac{1}{2}K(z^2)+\cdots\right)-1\right]$$

利用上式可得出(EIS A000669)的前几项

$$K(z)=z+z^2+2z^3+5z^4+12z^5+33z^6+90z^7+\\261z^8+766z^9+2\ 312z^{10}+\cdots$$

这些数也枚举了统计分类理论中的层次结构[585]. 它们是 Hipparchus－Schröder 数的非平面类似物. ◀

▶ **Ⅰ.46 非平面的串－并联网络.** 考虑前面 Hipparchus 的例子中的串－并联网络的类$\mathcal{SP}$，但不再要求它们必须嵌入在平面中. 这时我们认为(串行)网络 $s_1,\cdots,s_k$ 的所有并行布置都是等价的，而每个串行网络的线性排列却很重要，因而不能忽略. 例如，对于 $n=2,3$，所有可能的布置为

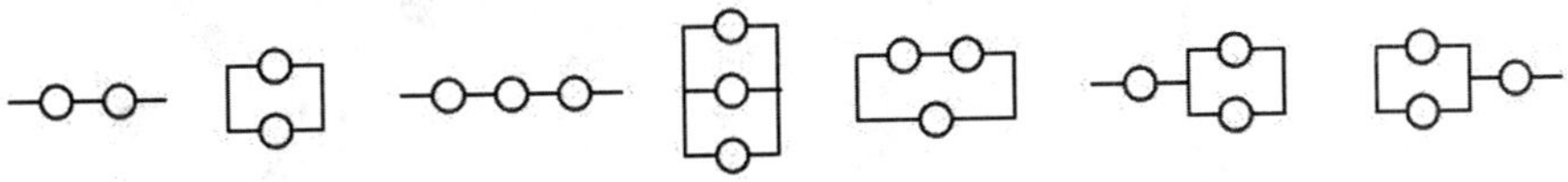

因而 $SP_2=2$，$SP_3=5$，它们的结构可表示如下

$$\mathcal{S}=\mathcal{Z}+\mathrm{SEQ}_{\geqslant 2}(\mathcal{P}),\mathcal{P}=\mathcal{Z}+\mathrm{SEQ}_{\geqslant 2}(\mathcal{S})$$

此外，一个元素的网络不能数两次

$$SP(z)=S(z)+P(z)-z\\=z+2z^2+5z^3+15z^4+48z^5+167z^6+602z^7+2\ 256z^8+\cdots$$

(EIS A003430). 这种结构一般用于描述电阻的网络. ◀

Ⅰ.5.3 相关的结构. 树是各种递归结构的基础. 第一个例子是 Catalan 数 $C_n=\frac{1}{n+1}\binom{2n}{n}$，这是容量为 $n+1$ 的一般树($\mathcal{G}$)，容量(其中容量的定义为内部的结点数目)为 n 的二叉树($\mathcal{B}$)，以及由 n 个三角形组成的三角剖分($\mathcal{T}$)的数量. 组合学家 John Riordan(约翰·里奥丹)甚至为处理与 Catalan 数有关的组合对象的网页起了 Catalan domain 这个域名. Stanley(斯坦利)的书中有一道习题[554，习题 6.19]，在这道习题中用了整整十页的篇幅列举了 66 种和 Catalan 数有关的组合对象(！). 我们将通过描述几个基本的对应(组合同构，1－1 对应)来说明 Catalan 数的重要性，这些对应解释了在组合学的一些不同的领域中是如何产生 Catalan 数的.

树的旋转. $\mathcal{G}$和$\mathcal{B}$之间的组合同构(尽管可能会有一个容量的平移)与计算机科学的分类技术是一致的[377，§2.3.2]. 即，一般的树可以用每个节点有两

种类型的联结方式来表示. 其中一个指定最左边的孩子，另一个按照从左到右的方向指定下一个兄弟姐妹.

在这种表示下，如果一般的树的根被放在一边，那么每一个结点都连接到另外两个(可能是空的)子树. 换句话说，一般的具有 n 个结点的树和具有 $n-1$ 个结点的修剪的二叉树是等价的

$$\mathcal{G}_n \cong \mathcal{B}_{n-1}$$

上述关系可用下图解释

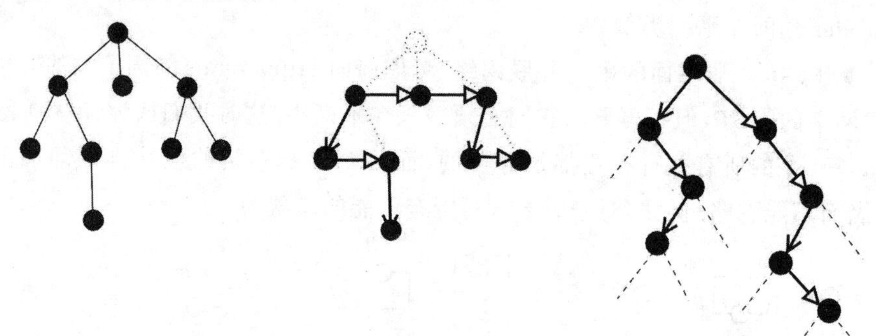

最右边的树是按照倾斜 45° 的惯例画出的二叉树. 这同时也解释了组合学中通常称此变换为“旋转对应”的原因.

三角剖分的树分解. 二叉树$\mathcal{B}$和三角剖分$\mathcal{T}$ 之间的关系同样简单：画出三角剖分，假设你已指定了两个顶点(例如，编号为 0 和 1 的顶点)，定义包含联结这两个指定顶点的边的三角形为根三角形. 将根三角形和二叉树的根对应起来；然后递归地把根三角形左侧的三角剖分对应于二叉树的根的左边的子树，类似地，把根三角形右侧的三角剖分对应于二叉树的根的右边的子树，即可产生一个正确的树.

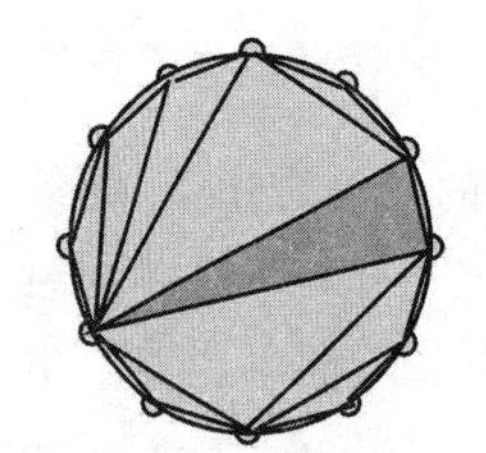

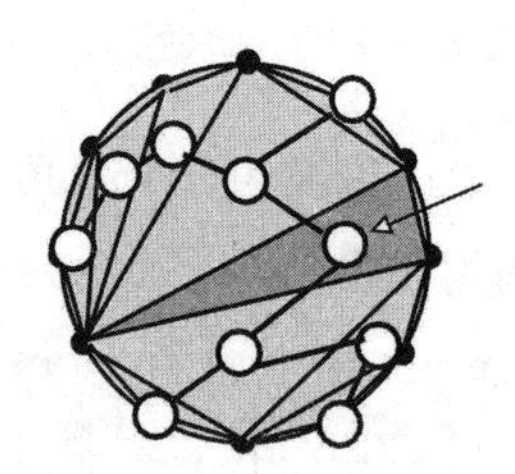

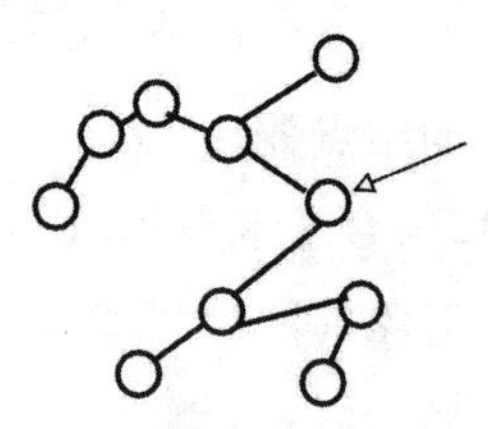

在这种对应关系下，树的结点对应于三角形的面，而边连接了相邻的三角形. 这个对应就证明了这两种组合结构是同构的

$$\mathcal{T}_n \cong \mathcal{B}_n$$

下面我们将转向另一种类型的与树对应的对象. 它们可以用遍历树经过编码的单词表示，在几何上，则可用离散平面$\mathcal{Z}\times\mathcal{Z}$上的路径来表示.

树的编码和 Lukasiewicz**(鲁卡谢维奇) 单词**. 任何平面树可以从根节点开始,按照先向纵深,从左到右,直到所有的子树都经过了,再向上回去的方式遍历. 例如,在树中,每个字母在遍历中第一次遇到的顺序为

$$a,b,d,h,e,f,c,g,i,j$$

(注意:为了方便起见,在区分结点时,添加了标签 $a,b,\cdots$,这没有什么特别的意义,这里只有抽象形状的树才是重要的.) 这个顺序称为前序(preorder) 或前缀顺序(prefix order),这是由于在访问孩子们之前先访问了结点.

$\tau =$ 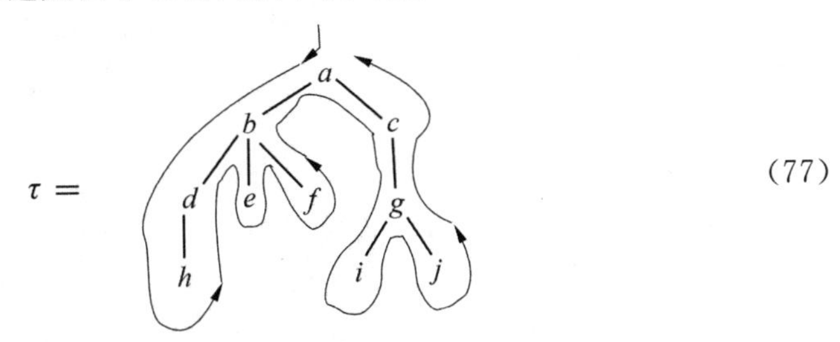 (77)

给定了一棵树,以前缀顺序排列的节点的外度数称为前序度数序列. 对 (77) 中的树,这个序列如下

$$\sigma=(2,3,1,0,0,0,1,2,0,0)$$

事实上,度数序列明确地确定了树. 实际上,给了度数序列之后,就可以通过在已经画出的部分的左边可用的地方,一步一步地添加结点来重新画出一个树. 对于 σ,其前几步如下

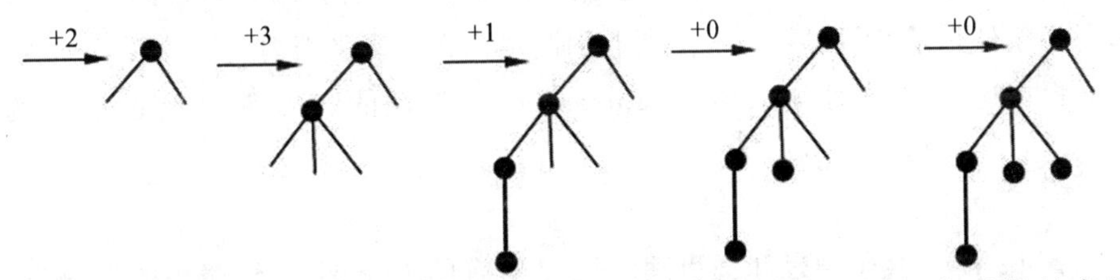

然后,如果用"符号"f_j 来代表度数 j,则度数序列就成了一个无限的字母表$\mathcal{F}=\{f_{j_0},f_{j_1},\cdots\}$,例如

$$\sigma\rightarrow f_2f_3f_1f_0f_0f_0f_1f_2f_0f_0$$

这可以用逻辑语言来表示由$\mathcal{F}$的符号构成的函数,其中 f_j 表示度数 j(或"一个数量") 的函数,如果在适当的地方添加括号以界定函数的自变量,那么这一对应关系就将变得更加明显

$$\sigma\rightarrow f_2(f_3(f_1(f_0),f_0,f_0),f_1(f_2(f_0,f_0)))$$

这种代码就是所谓的 Lukasiewicz 码[①]，按照学术界的惯例，这一名称是为了纪念波兰逻辑学家 Jan Lukasiewicz(1878—1956) 所做出的贡献. 他为了构成各种逻辑推理的术语的完整语法而引进了这种编码. 现在已经证明这种编码是开发计算机科学中的解析器和编译器的基础.

最后，可以将树代码表示成离散格子$\mathbb{Z}\times\mathbb{Z}$上的行走. 将任意一个 f_j 对应于位移$(1,j-1)\in\mathbb{Z}\times\mathbb{Z}$，并描出从原点出发的移动路线，在我们的例子中，就得出下图：

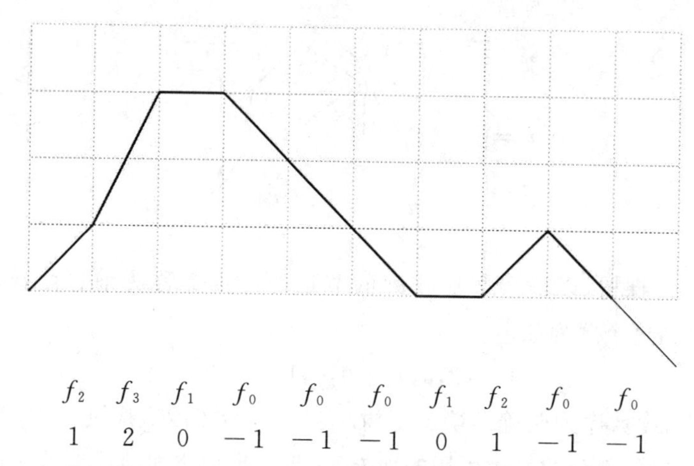

f_2	f_3	f_1	f_0	f_0	f_0	f_1	f_2	f_0	f_0
1	2	0	-1	-1	-1	0	1	-1	-1

其中最后一行代表垂直位移. 生成的路径则被称为 Lukasiewicz 路径. 这种行走可用两个条件加以刻画：一个条件是垂直位移都在集合$\{-1,0,1,2,\cdots\}$之中，另一个条件是，除了最后一步外，所有的路线都在上半平面内.

根据这个对应可知，n 步的 Lukasiewicz 路径的数目就是经过平移的 Catalan 数$\frac{1}{n}\binom{2n-2}{n-1}$.

▶**Ⅰ.47　共轭原理和圆引理.** 设$\mathcal{L}$是所有的 Lukasiewicz 路径的类. 称一个开始时处于 0 水平线位置(即其垂直位移为 0)，结束时处于 -1 水平线位置(即其垂直位移为 -1)，但在其他地方允许取任意负值的垂直位移的路径为一条“松弛”路径. 设$\mathcal{M}$是所有松弛路径的类. 那么每个松弛路径都可以唯一的方式在最左边的最低点处做以下的剪切－粘贴操作：

---

① 一个不那么正式的名称是“波兰前缀符号”.“反向波兰符号”是它的基于后向次序的变式，20 世纪 70 年代以来，这种符号已经在一些计算器中使用.

这个操作把任一条长度为 v 的松弛路径变换成一条 Lukasiewicz 路径. 用一点组合的推理可以证明,这个对应是 1 对 v 的(即每条$\mathcal{L}$中的路径有 v 个原像). 因而我们有 $M_v = vL_v$. 这个变换保持每种类型$(f_{j_0}, f_{j_1}, \cdots)$ 的步数不变,因此类型 f_j 有 v_j 步的 Lukasiewicz 路径的数目为

$$\frac{1}{v}\left[\frac{u_0^{v_0} u_1^{v_1} \cdots}{x}\right]\left(\frac{u_0}{x} + u_1 + xu_2 + x^2 u_3 + \cdots\right)^v = \frac{1}{v}\binom{v}{v_0, v_1, \cdots}$$

其中的 $v_0, v_1, \cdots$ 需满足必要条件$(-1)v_0 + 0v_1 + 1v_2 + 2v_3 \cdots = -1$. 这种通过改进的 Catalan 统计而得出的组合方法就是所谓的共轭原理[503] 或圆引理[129,155,184]. 就像 Raney(雷尼) 在文[503] 中所示的那样,这种方法在逻辑上等价于 Lagrange 反演定理. Dvoretzky & Motzkin(德沃列斯基和莫茨金) 在文[184] 中就使用了这一技术去解决一些有关圆排列的计数问题.

例 Ⅰ.16 二叉树编码和 Dyck(戴克) 路径. 和二叉树对应的行走具有特殊的形式,由于其垂直位移只能是 $+1$ 或者 -1. 从 Lukasiewicz 对应所得的路径等价于一个由数字组成的特征序列 $x = (x_0, x_1, \cdots, x_{2n}, x_{2n+1})$,这些数字满足条件

$$x_0 = 0; x_j \geqslant 0, 1 \leqslant j \leqslant 2n; \mid x_{j+1} - x_j \mid = 1, x_{2n+1} = -1 \tag{78}$$

这个序列就是所谓的"赌徒破产序列",一个概率论中很熟悉的对象,猜正反的玩家. 他从 0 时刻没有资本$(x_0 = 0)$ 的状态开始;到他在第 j 次猜完后的总收益 x_j;期间允许他没有信用$(x_j \geqslant 0)$,并在游戏结束时丢失 $x_{2n+1} = -1$,其收益是 $+1$ 或 -1,这取决于他投掷硬币的结果$(\mid x_{j+1} - x_j \mid = 1)$.

研究者习惯扔掉最后一步,而只考虑上半平面内发生的"游览". 这样所得的对象定义了一个满足式(78) 第一个条件的序列$(x_0 = 0, x_1, \cdots, x_{2n-1}, x_{2n} = 0)$,这就是组合学中所谓的 Dyck 路径①. 由结构过程可知长度为 $2n$ 的 Dyck 路径和具有 n 个内部结点的二叉树是 1-1 对应的,因此可用 Catalan 数枚举. 设$\mathcal{D}$是 Dyck 路径的类,其容量为路径的长度. 那么也可以直接验证这个性质:二次分解

① Dyck 路径与一个生成元的自由群密切相关,并以德国数学家 Walther (von) Dyck (1856—1934) 的名字命名,他在 1880 年左右引进了自由群的概念.

$$\mathcal{D}=\{\varepsilon\}+(\nearrow\mathcal{D}\searrow)\times\mathcal{D}$$

$$\Rightarrow \mathcal{D}(z)=1+(z\,\mathcal{D}(z)z)\,\mathcal{D}(z) \tag{79}$$

从上面的 OGF(正如我们所期望的)就产生 Catalan 数:$D_{2n}=\frac{1}{n+1}\binom{2n}{n}$. 分解式(79)称为"第一次通过"分解,这是因为这一分解是根据考虑抛掷硬币游戏中累积的收益第一次通过零值的时刻而得出的.

Dyck 路径也会出现在如何保证得出好的括号表达式的问题中,这种表达式可通过持续检查是否每一次添加括号时,开头的括号"("是否会超过正确的数量,或结束的括号")",是否会超过正确的次数而得出. 最后,Dyck 路径的起源之一可追溯到 19 世纪著名的选票问题[423]:$2n$ 个投票人要选举两个候选人 A 和 B,最后的结果是平局,问在计票过程中,A 的选票总是多余或等于 B 的概率是什么? 答案是

$$\frac{D_{2n}}{\binom{2n}{n}}=\frac{1}{n+1}$$

因为总共有 $\binom{2n}{n}$ 种可能,其中有利的情况的数量是 D_{2n},这是一个 Catalan 数. Dyck 路径和 Catalan 数在由不同领域中导出的问题中,都起着核心作用是非常引人注意的. 在 Ⅴ.4 节中给出了关于格子路径(例如,高度的分析)的精细计数结果,在第 Ⅶ.8.1 节中对更难的具有任意类型的(垂直位移不仅仅限于 ±1)有限步的行走问题给出了确切的和渐近的结果.

▶ **Ⅰ.48** **Dyck 路径,括号组和一般的树.** Dyck 路径的类还有另一种级数形式的分解

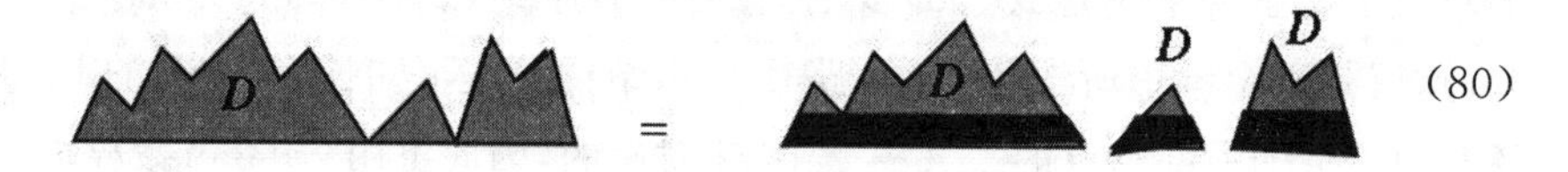

(80)

$$\mathcal{D}=\mathrm{SEQ}(\mathcal{Z}\times\mathcal{D}\times\mathcal{Z})$$

这个分解再次导致 Catalan GF. 分解式(80),就是所谓的"弓形分解"(关于此分解的更多内容见 Ⅴ.4.1 节). 这个分解可以直接和一般的树的遍历序列联系起来,但是对应的序列记录的是走过的边的方向(而不是结点的度数). 对于一棵一般的树 τ:按照以下法则,递归的定义用二元字母表$\{\nearrow,\searrow\}$中的符号构成的

编码$\mathcal{K}(\tau)$

$$\mathcal{K}(\tau)=\varepsilon,\mathcal{K}(\bullet(\tau_1,\cdots,\tau_r))=\nearrow\mathcal{K}(\tau_1)\cdots\mathcal{K}(\tau_r)\searrow$$

这是树的括号组形式的经典表示(把"$\nearrow$"和"$\searrow$"分别换成"("和")"),它对应了一棵有 n 个结点的,长度为 $2n-2$ 的树. ◀

▶ **Ⅰ.49** **Dyck 路径的随机生成.** 长度为 $2n$ 的 Dyck 路径可以随机的在线性时间 n 内均匀的生成.(提示:根据注记 Ⅰ.47,可以均匀地产生一个 n 个 a 和 $n+1$ 个 b 的序列,然后用共轭原理重组它.) ◀

▶ **Ⅰ.50** **游览,桥和漫步.** 采用概率论中的术语,我们给出以下定义:(1) 漫步($\mathcal{M}$) 是一个由$\{-1,+1\}$中的元素组成的单词,使得这个单词的任何一个前缀的总和总是一个非负整数;(2) 桥($\mathcal{B}$) 是一个所有字母之和等于 0 的单词;因此,漫步表示一个在第一象限中的行走,而桥表示一个既可能在水平线上方也可能在水平线下方,但最终要回到水平线的行走;游览既是一个漫步又是一个桥. 简单的分解给出

$$M(z)=\frac{D(z)}{1-zD(z)},B(z)=\frac{1}{1-2z^2D(z)}$$

这蕴含 $M_n=\binom{n}{\lfloor\frac{n}{2}\rfloor}$ (EIS A001405) 和 $B_{2n}=\binom{2n}{n}$ (EIS A000984). ◀

▶ **Ⅰ.51** **Motzkin 路径和一叉-二叉树.** Motzkin 路径的定义是把定义 Dyck 路径的式(78) 中的第三个条件改成 $|x_{j+1}-x_j|\leqslant 1$. 它们出现在一叉-二叉树的由注记 Ⅰ.39 中的 Motzkin 数枚举的编码中. ◀

例 Ⅰ.17 **Boole 函数的复杂度.** 复杂性理论对枚举组合和渐近估计给出了很多令人惊奇的应用. 一般来说,我们总是先从一个有限的由抽象的数学对象组成的集合 Ω 和一个对 Ω 中的对象加以具体描述的组合类$\mathcal{D}$出发. 根据假设,每个元素 $\delta\in D$ 都对应一个对象,即所谓"元素的意义"$\mu(\delta)\in\Omega$;反之,任何 Ω 中的对象都在$\mathcal{D}$中至少有一种描述(即函数 μ 是映上的(或满射)). 然后我们感兴趣的是 $\omega\in\Omega$ 的最短的描述函数的数量性质,其定义为

$$\sigma(\omega):=\min\{|\delta|_D\mid\mu(\delta)=\omega\}$$

并称它为元素 $\omega\in\Omega$(关于$\mathcal{D}$) 的复杂度.

现在我们把 Ω 取成所有的有 m 个变量的 Boole 函数的类. 这个集合的元素个数是 $||\Omega||=2^{2^m}$. 在描述时,我们采用由逻辑连接符号"$\vee$","$\wedge$"连接原变量或其否定变量组成的逻辑表达式. 等价的,$\mathcal{D}$是二叉树的类,其内部节点由逻辑析取符号("$\vee$") 或连接符号("$\wedge$") 标记. 外部节点由 Boole 变量$\{x_1,\cdots,$

$x_m\}$ 或其否定变量$\{\neg x_1,\cdots,\neg x_m\}$ 标记. 将大小定义树描述的容量为内部节点的数量,即逻辑运算符的数量,那么就像在我们计数树的形状和内部的以及外部的标签时所看到的那样,有

$$D_n=\left[\frac{1}{n+1}\binom{2n}{n}\right]\cdot 2^n\cdot(2m)^{n+1} \tag{81}$$

问题的关键是,如果不等式

$$\sum_{j=0}^{v}D_j<||\Omega|| \tag{82}$$

成立,那么就没有足够的不大于 v 的容量,去用完 Ω 中的元素描述.(这类似于注记 Ⅰ.23 中的编码论证). 换句话说,Ω 中至少存在一个复杂度超过 ν 的对象. 如果式(82) 的左侧比右侧小得多,那么甚至会出现"大多数"Ω 中对象的复杂度超过 ν 的情况.

在描述 Boole 函数和树的情况中,渐近形式(33) 是成立的. 从式(81) 可以看出,当 n,v 充分大时,我们有

$$D_n=O\left(\frac{16^n m^n}{n^{\frac{3}{2}}}\right),\sum_{j=0}^{v}D_j=O\left(\frac{16^v m^v}{v^{\frac{3}{2}}}\right)$$

选择 v 使得第二个表达式的数量级是 $O(||\Omega||)$,例如,取

$$v(m):=\frac{2^m}{4+\log_2 m}$$

即可保证这一点. 在这一选择下,就暗示有下面的结论:

当 $m\to\infty$ 时,复杂度至少为$\dfrac{2^m}{4+\log_2 m}$ 的树和 m 个变量的 Boole 函数的数量的比趋于 1.

关于 Boole 函数复杂度的上界,有一个函数的树的复杂度至多为 $2^{m+1}-3$. 为看出这一点,我们注意,对 $m=1$,类中所有的 4 个函数分别为

$$0\equiv(x_1\wedge\neg x_1),1\equiv(x_1\vee\neg x_1),x_1,\neg x_1$$

其次,m 个变量的 Boole 函数可用所谓的二叉决策树的技巧表示

$$f(x_1,\cdots,x_{m-1},x_m)=(\neg x_m\wedge f(x_1,\cdots,x_{m-1},0))\vee(x_m\wedge f(x_1,\cdots,x_{m-1},1))$$

这就给出了归纳的基础,由于这一表达式通过使用 3 个逻辑连接符,用两个含 $m-1$ 个变量的函数表示出了一个含 m 个变量的函数.

总而言之,基本的计数论证已经说明"大多数" 的 Boole 函数的树的复杂度为$\left(\dfrac{2^m}{\log m}\right)$,这相当接近可能的最大值,即 $O(2^m)$. Shannon(香农) 建立了一个类似的称为电路复杂度的结果:电路比树的表达能力更强大,但 Shannon 的结

果表明几乎所有的 m 个变量的 Boole 函数的电路复杂度都是 $O\left(\frac{2^m}{m}\right)$，见 Li(李)和 Vitányi(维塔尼)的著作[591]中的有关章节和 Gardy(加迪)关于随机 Boole 表达式的综述[283]，其中在复杂性理论和逻辑的框架内讨论了这种计数技巧. 我们在例 Ⅶ.17 中重新发现了这个线索，在那里，我们量化了一个计算固定函数的大的随机 Boole 表达式的概率.

Ⅰ.5.4 与上下文无关的表示和语言. 到目前为止，本节所遇到的很多组合的例子都可以组织在一个共同的框架之内，这一框架是形式语言学和理论计算机科学的基础.

定义 Ⅰ.13 称一个类 $\mathcal{C}$ 是上下文无关的，如果它和如下的方程组的第一个分量相同($\mathcal{T}=\mathcal{S}_1$)

$$\begin{cases} \mathcal{S}_1=\mathfrak{F}_1(\mathcal{Z},\mathcal{S}_1,\cdots,\mathcal{S}_r) \\ \quad\vdots \\ \mathcal{S}_r=\mathfrak{F}_r(\mathcal{Z},\mathcal{S}_1,\cdots,\mathcal{S}_r) \end{cases} \tag{83}$$

其中每一个 $\mathfrak{F}_j$ 都是一个只涉及算子组合和(+)，Descartes 积(×)和单位元类 $\mathcal{E}=\{\varepsilon\}$ 的结构函数.

称一个语言 $\mathcal{L}$ 是明确的且上下文无关的，如果 $\mathcal{L}$ 组合同构于一个树的上下文无关的类：$\mathcal{T}\cong\mathcal{C}$.

一般的树的类($\mathcal{G}$) 和二叉树的类($\mathcal{B}$) 都是上下文无关的，因为它们可表示成

$$\begin{cases} \mathcal{G}=\mathcal{Z}\times\mathcal{F} \\ \mathcal{F}=\{\varepsilon\}+(\mathcal{G}\times\mathcal{F}),\mathcal{B}=\mathcal{Z}+(\mathcal{B}\times\mathcal{B}) \end{cases}$$

这里 $\mathcal{F}$ 指一般的树的有序的森林. 上下文无关的表示可以用于描述各种组合对象. 例如，凸多边形的非空的三角剖分的类 $\mathcal{U}=\mathcal{T}\setminus\mathcal{T}_0$(注记 Ⅰ.10) 可以用符号表达式表示成

$$\mathcal{U}=\nabla+(\nabla\times\mathcal{U})+(\mathcal{U}\times\nabla)+(\mathcal{U}\times\nabla\times\mathcal{U}) \tag{84}$$

其中 $\nabla\cong\mathcal{Z}$ 表示一个一般的三角形. Lukasiewicz 语言和 Dyck 路径的集合也都是上下文无关的，由于它们分别 1－1 对应的等价于 $\mathcal{G}$ 和 $\mathcal{U}$.

术语"上下文无关"来自语言学：它强调对象可以由规则(83)"自由"地产生，而外部的文本①对它没有任何限制这一事实. 这里，我们可经典地把上下文无关的语言定义成一个用上下文无关树的族的树叶的标签(按照从左到右的顺

① 形式语言理论也定义了上下文相关的语法，其中的每个法则(称为一个生产)仅在某些外部上下文启用时才应用. 上下文相关的语法要比上下文无关的语法具有更大的表现力，但是它们显著地缺乏分解性，并包含了很强的不可判定性. 因此，上下文相关的语法无法在形式上和任何全局的生成函数联系起来.

序读）的序列中的单词构成的语言. 在形式语言学中，树和单词之间的 1－1 映射一般来说并不是一个硬性要求. 如果这一条件满足，则称此上下文无关语言是明确的. 在这种情况下，树和单词互相唯一的确定. 参见下面的注记 Ⅰ.54.

相容性定理的直接推论是下面的，首先由 Chomsky 和 Schützenberger 在他们研究形式语言和形式幂级数的著作[119]中，遇到过的命题

命题 Ⅰ.7 上下文无关的组合类$\mathcal{C}$的 OGF 是一个代数函数，换句话说，存在一个(非零的) 二元多项式 $P(z,y)\in\mathbb{C}[z,y]$ 使得

$$P(z,C(z))=0$$

证明 由基本的和与积的法则，上下文无关的系统(83) 可以翻译成 OGF 的方程组

$$\begin{cases}S_1(z)=\Phi_1(z,S_1(z),\cdots,S_r(z))\\ \quad\vdots\\ S_r(z)=\Phi_r(z,S_1(z),\cdots,S_r(z))\end{cases}$$

其中 Φ_j 是从结构 F_j 翻译所得的多项式.

根据众所周知的结果，对多项式方程组可以进行代数消元. 这里，可以一个接一个地消除辅助变量 $S_2,\cdots,S_r$，并在每个阶段保留方程组中的多项式. 那么最终所得的结果就是一个 $C(z)\equiv S_1(z)$ 所满足的一元多项式.（为有效的实行多项式方程组的消元，还必须反复使用 Gröbner(格罗布纳) 基的算法，简要的讨论和有关的参考材料可见附录 B.1 代数消去法.）

命题 Ⅰ.7 是命题 Ⅰ.3 的类似命题，根据这一命题可知，有理生成函数来自于有限状态的设备，这一命题强调了代数函数在枚举理论中的重要性. 以后，当我们在第 Ⅶ 章中基于奇异性理论开发他们的系数的一般的渐近理论时，我们将会遇到代数生成函数对平面非交叉构型，行走和平面映射的应用. 下面的例子显示了可以用某些格子构型模拟上下文无关的表示的方式.

例 Ⅰ.18 **定向动物.** 考虑正方形网格$\mathbb{Z}^2$. 有 k 个紧致的发源点的定向动物是一个有限的格点的集合 α，这些格点满足下列要求：(Ⅰ) 对 $0\leqslant i<k$，点 $(-i,i)$ 属于 α，这些点称为发源点；(Ⅱ) 所有 α 中的其他点可以从某一个发源点出发，通过一条每一步都是向北或向东的路径到达，并且包括 α 的顶点.（译者注：因此，若定向动物的发源点的容量为 k，则它就有 k 个发源点，并且这些发源点都位于上半平面中从原点出发的斜率为 -1 的直线上.）(图 Ⅰ.16 中的有向动物有一个发源点(译者注：即原点).) 这种格点构型曾由统计物理学家

Dhar(达尔) 等人在文[162] 中引入过,这种构型对二维的渗流提供了一个易于处理的模型. 我们的讨论是跟随着 Bousquet-Mélou(布斯凯 — 梅卢) 在文[84] 中的富有洞察力的说法而写的,而他们的说法的根据则是 Viennot(维耶诺) 在文[597] 中的雅致的碎片堆积理论.

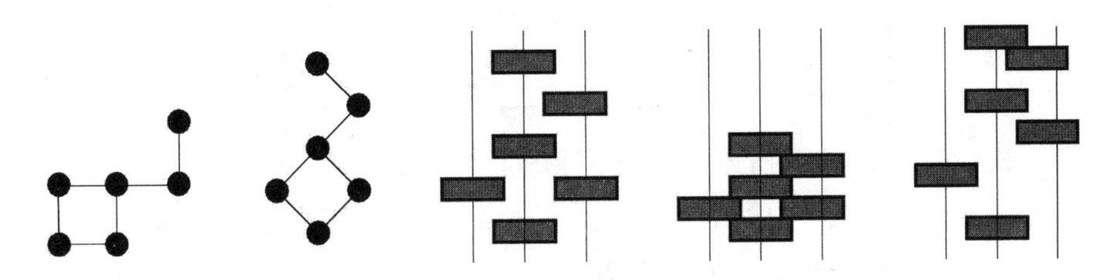

图 Ⅰ.16　一个定向动物和它的倾斜形式(经过 $+\frac{\pi}{4}$ 的旋转后) 以及三个等价的二维块的堆积

用图(图 Ⅰ.16) 表示一个定向动物的最好的方法是,先将其格点结合旋转 $+\frac{\pi}{4}$,然后(在每一列顶点所在的直线上) 把它的每一个顶点对应一个称为 dimer(二聚体或二维块) 的水平的矩形小砖块,矩形的长度要略小于原来的网格的对角线之长. 允许这些砖块在它所在的直线上垂直(向上或向下) 滑动,但是不允许互相错过,因此一旦一个砖块被其他的砖块挡住,就只能停在那个砖块上方. 现在我们可以把定向模型看成是一堆碎片(即小砖块) 在重力的作用下,按照上述限制自然地形成的形象.(译者注:图 Ⅰ.16 右边中间的图就是砖块在重力的作用下自然地堆成的形象(假设最底下的砖块已停止在一个水平面上了),将这些砖块拉开成左边或右边的位置,虽然其"样子" 改变了,但是砖块互相之间的位置关系与中间的图形是等价的. 因此,定向动物的堆砌图形必须满足一个必要条件,即任何两列相邻的列中的砖块不可能相邻(即位于同一水平线上)).

称仅有一个发源点的定向动物是一个金字塔,将金字塔用倾斜形式表示后,如果图形中没有任何顶点严格的位于其发源点的左侧(译者注:允许在发源点所在的竖直直线上有金字塔的顶点),则称这个金字塔是一个半金字塔. 设$\mathcal{P}$和$\mathcal{H}$分别是砖块堆形式的金字塔和半金字塔构成的类,那么根据角分解(注记 Ⅰ.52),就可用下面图中所建议的模式来构造金字塔和半金字塔.

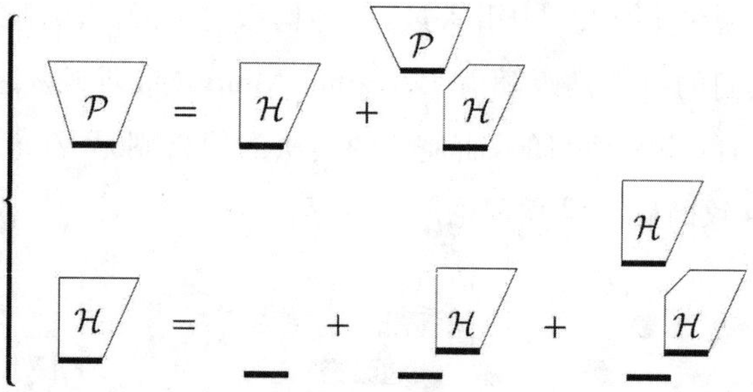

$$
\begin{cases}
\text{[diagram: } \mathcal{P} = \mathcal{H} + \mathcal{P}\text{ over }\mathcal{H}\text{]} \\
\text{[diagram: } \mathcal{H} = \text{\_} + \mathcal{H} + \mathcal{H}\text{ over }\mathcal{H}\text{]}
\end{cases}
\tag{85}
$$

模式(85) 中的图形描述等价于下述的上下文无关的表示

$$
\begin{cases}\mathcal{P}=\mathcal{H}+\mathcal{P}\times\mathcal{H}\\ \mathcal{H}=\mathcal{Z}+\mathcal{Z}\times\mathcal{H}+\mathcal{Z}\times\mathcal{H}\times\mathcal{P}\end{cases}\Rightarrow\begin{cases}P=H+PH\\ H=z+zH+zH^2\end{cases}
$$

在上面右边的式子中，第二个式子是一个已对 H 显式解出的二次方程(译者注:即一个显式的关于 H 的二次方程)，从中解出 H 后，再从第一个式子又可解出 P，因此我们就求出

$$
\begin{cases}P(z)=\dfrac{1}{2}\left(\sqrt{\dfrac{1+z}{1-3z}}-1\right)=z+2z^2+5z^3+13z^4+35z^5+\cdots\\ H(z)=\dfrac{1-z-\sqrt{(1+z)(1-3z)}}{2z}=z+z^2+2z^3+4z^4+9z^5+\cdots\end{cases}
\tag{86}
$$

它们分别对应于EIS A005773 和EIS A001006(Motzkin数，见注记 Ⅰ.39 和注记 Ⅰ.51).

类似的结构允许我们分解具有下述紧致发源点的定向动物，我们用$\mathcal{A}$表示这种动物的砖块堆形式构成的类. 例如

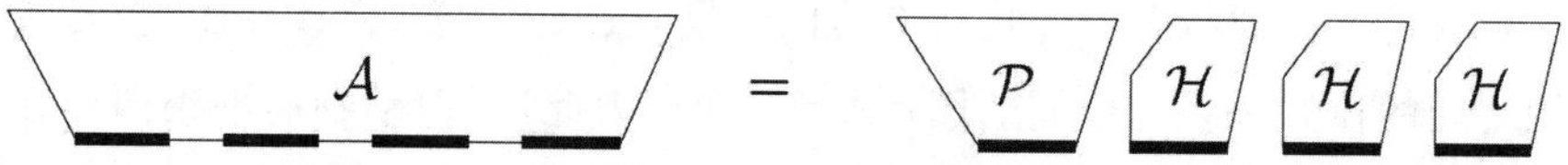

$$
\text{[diagram: } \mathcal{A} = \mathcal{P}\ \mathcal{H}\ \mathcal{H}\ \mathcal{H}\text{]}
$$

因而，具有 k 个紧致的发源点的定向动物就可表示成$\mathcal{P}\times \mathrm{SEQ}_{k-1}(\mathcal{H})$，所以我们有

$$
\mathcal{A}\cong\mathcal{P}\times\mathrm{SEQ}(\mathcal{H})\Rightarrow A(z)=\frac{P(z)}{1-H(z)}=\frac{z}{1-3z}
\tag{87}
$$

其中最后的表达式是基本的代数化简的结果. 式(87) 中的表达式竟是令人吃惊的简单(但并不是平凡的)，由此就得出共有 3^{n-1} 种容量为 n 的，具有紧致发源点的这种定向动物. 论文[61,87] 进一步发展了关于定向动物的计数理论所含有的丰富内容.

▶ Ⅰ.52　**理解动物.** 在式(85) 的第一个方程中，在一个不是半金字塔的

金字塔 π 的发源点的上方的左侧，有一个唯一的砖块，把这个砖块向着无穷大的方向向上推，这就分出了构成这个金字塔的一组砖块 ω. 剩下的砖堆在发源点的左边已经没有砖块了，因此构成一个半金字塔χ. 下图说明了这一分解，其中 ω 中的砖块都有一个向上的箭头.

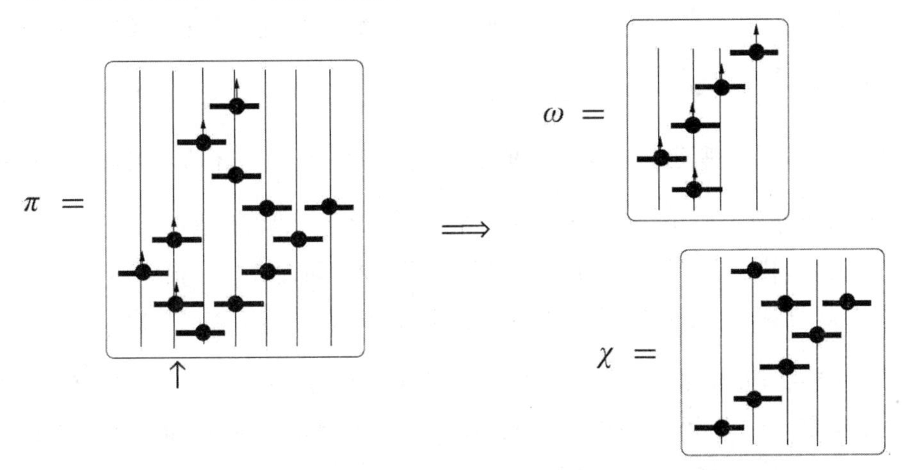

反过来，给定了一个对$(\omega,\chi)\in\mathcal{P}\times\mathcal{H}$，把 ω 中的砖块放在充分高的地方，使得χ 中的砖块都在其下方，最后在重力的作用下，它们自然就会形成一个金字塔. 这说明原来的金字塔 π 可用这种方式恢复，即变换 $\pi\rightarrow(\omega,\chi)$ 是一个 1—1 对应. ◀

▶ **Ⅰ.53 “树状”结构.** 上下文无关的表示总是被看成定义了一类树. 事实上，如果我们把式(83) 中的结构 $\mathfrak{F}_i$ 的第 j 项记成(i,j)，那么就可以看出把这个上下文无关的系统产生的树中的结点标记成(i,j)，就可以符合系统构成的规则. 但是，尽管这种对应在可以保留直接与对象进行操作的角度上讲通常是很方便的，但是从树的角度来说，得出的树却可能是不自然的.（有些作者已经开发出一个平行的“对象语法”的记号；例如文献[183] 的作者，尽管它本身受到文献[150] 中多种分类手法的启发.）借用计算机科学中语法分析理论的术语，也称那种树为“语法分析树”或“语法树”. ◀

▶ **Ⅰ.54 上下文无关的语言.** 设$\mathcal{A}$是一个固定的元素称为字母的有限的字母表. 一个语法是一个如下的方程组

$$G:\begin{cases}\mathcal{L}_1=\mathfrak{F}_1(\boldsymbol{a},\mathcal{L}_1,\cdots,\mathcal{L}_m)\\ \qquad\vdots\\ \mathcal{L}_m=\mathfrak{F}_m(\boldsymbol{a},\mathcal{L}_1,\cdots,\mathcal{L}_m)\end{cases}\tag{88}$$

其中每个 $\mathfrak{F}_j$ 都是一个由一些$\mathcal{L}_i$和字母向量中的一些字母的积和取并运算“$\cup$”

连接而成的式子,例如

$$\mathfrak{F}_1(\boldsymbol{a},\mathcal{L}_1,\mathcal{L}_2,\mathcal{L}_3)=a_2\cdot\mathcal{L}_2\cdot\mathcal{L}_3\cup a_3\cup\mathcal{L}_3\cdot a_2\cdot\mathcal{L}_1$$

方程组(88)的解是满足上述系统的字母表$\mathcal{A}$上的语言的一个 m 元组. 我们约定,语法 G 定义了第一个分量$\mathcal{L}_1$.

对每个语法(88),我们可通过把并换成不相交并,把串联积换成 Descartes 积的变换 $\cup\mapsto+$, $\cdot\mapsto\times$ 而让这个语法对应一个上下文无关的表示(60). 设 $\hat{G}$ 表示根据此方法所得的对应于G 的表示. 根据我们前面所述的观点,由 $\hat{G}$ 所描述的对象显然是一个树(见上面关于语法树的讨论). 设 h 是从$\hat{G}$ 的树到G 的语法的变换,其中字母插入的排列方式是按照从左到右的次序. 我们称这个变换为消除变换,由于它已"忘记"了所有包含在语法树中的结构的信息,而只继承了其中的字母. 显然,由 $\hat{G}$ 确定的h 对组合对象的应用产生了一个服从G 的语法的语言. 对一个语法 G和一个单词$w\in A^*$,使得$h(t)=w$的语法树t 的数目称为 w 关于语法G 的模糊系数.

如果所有相应的模糊系数都为0或1,则称语法G是明确的. 这意味着在$\hat{G}$ 的语法树和由 G 所描述的语言的单词之间存在着 $1-1$ 对应:根据语法 G 生成的每个单词都是"可语法分析的",并且其分析方法是唯一的. 根据命题 Ⅰ.7 就有,一个明确的上下文无关的语言的 OGF 满足一个形如式(61)的多项式系统,因此它是一个代数函数. ◀

▶ Ⅰ.55 **扩展的上下文无关的表示.** 如果$\mathcal{A}$,$\mathcal{B}$都是上下文无关的表示,那么,(Ⅰ)级数类$\mathcal{C}=\mathrm{SEQ}(\mathcal{A})$也是上下文无关的;(Ⅱ)下面将正式定义的代换类$\mathcal{D}=\mathcal{A}[b\mapsto\mathcal{B}]$也是上下文无关的. ◀

Ⅰ.6 加性结构

本节介绍了组件数量和机制有限制的级数、集合和轮换的结构,这丰富了核心的结构,即指定、代换和使用隐式组合定义的框架.

Ⅰ.6.1 有限制的结构. 一个立即可以得出的结果是 Descartes 积$\mathcal{B}\times\mathcal{B}$的对角线 Δ 的 OGF 的公式,其中对角线的定义为

$$\mathcal{A}\equiv\Delta(\mathcal{B}\times\mathcal{B}):=\{(\beta,\beta)\mid\beta\in\mathcal{B}\}$$

因而,我们有关系式 $A(z)=B(z^2)$,与组合推导的结果一致

$$A(z)=\sum_{(\beta,\beta)} z^{2|\beta|}=B(z^2)$$

或者通过显然的观察得出的等式 $A_{2n}=B_n$ 也可得出上述公式.

对角线结构可以使我们研究$\mathcal{B}$的所有(不同的)元素构成的无序对的类$\mathcal{B}$,即$\mathcal{A}=\mathrm{PSET}_2(\mathcal{B})$. 然后我们可以做一个如下的直接的论证:无序对$\{\alpha,\beta\}$对应于两个有序对$(\alpha,\beta)$和$(\beta,\alpha)$,其中要排除$\alpha=\beta$的情况,而在这种情况中我们得出对角线的元素. 换句话说,我们有如下的组合同构

$$\mathrm{PSET}_2(\mathcal{B})+\mathrm{PSET}_2(\mathcal{B})+\Delta(\mathcal{B}\times\mathcal{B})\cong\mathcal{B}\times\mathcal{B}$$

这就表示

$$2A(z)+B(z^2)=B^2(z)$$

这就给出PSET_2 的翻译. 类似地,也可得出MSET_2 和CYC_2 的翻译(同时也可看出$\mathrm{CYC}_2\cong\mathrm{MSET}_2$)

$$\mathcal{A}=\mathrm{PSET}_2(\mathcal{B})\Rightarrow A(z)=\frac{1}{2}B^2(z)-\frac{1}{2}B(z^2)$$

$$\mathcal{A}=\mathrm{MSET}_2(\mathcal{B})\Rightarrow A(z)=\frac{1}{2}B^2(z)+\frac{1}{2}B(z^2)$$

$$\mathcal{A}=\mathrm{CYC}_2(\mathcal{B})\Rightarrow A(z)=\frac{1}{2}B^2(z)+\frac{1}{2}B(z^2)$$

这种类型的直接推理原则上可以扩展到处理三元组等对象,但计算容易变得失控. 这些经典问题的处理依赖于所谓的 Pólya 理论,我们在注记 Ⅰ.58－Ⅰ.60 中初步展示了这一理论的应用. 然而在这里我们采用更简单的基于多变量生成函数的全局方法,它足以同时得出所有我们标准收藏中关于基数有限制的结构的结果.

定理 Ⅰ.3　成员个数有限制的结构. 有 k 个成员的级数$\mathcal{A}=\mathrm{SEQ}_2(\mathcal{B})$的类的 OGF 满足

$$A(z)=B^k(z)$$

集合$\mathcal{A}=\mathrm{PSEQ}_k(\mathcal{B})$ 的 OGF 是一个 $B(z),\cdots,B(z^k)$ 的多项式

$$A(z)=[u^k]\exp\left(\frac{u}{1}B(z)-\frac{u^2}{2}B(z^2)+\frac{u^3}{3}B(z^3)+\cdots\right)$$

多重集$\mathcal{A}=\mathrm{MSET}_k(\mathcal{B})$ 的 OGF 是

$$A(z)=[u^k]\exp\left(\frac{u}{1}B(z)+\frac{u^2}{2}B(z^2)+\frac{u^3}{3}B(z^3)+\cdots\right)$$

轮换$\mathcal{A}=\mathrm{CYC}_k(\mathcal{B})$ 的 OGF 是

$$A(z)=[u^k]\sum_{l=1}^{\infty}\frac{\varphi(l)}{l}\log\frac{1}{1-u^l B(z^l)}$$

其中 φ 是 Euler 函数.

图 Ⅰ.18 中给出了 k 较小时的显式公式.

证明 由于 $\mathrm{SEQ}_k(\mathcal{B})$ 意为$\mathcal{B}\times\cdots\times\mathcal{B}$($k$ 次),故对于级数的结果是显然的. 对于其他的结构,可以使用定理 Ⅰ.1 的技巧来证明,但最好是基于二元的生成函数,在第 Ⅲ 章中对此有详细的阐述. 其想法是描述所有的复合对象并引入补充的标记变量以跟踪组件的数量.

用 $\mathfrak{K}$ 表示结构 SEQ,CYC,MSET,PSET 中的任何一种. 考虑关系$\mathcal{A}=\mathfrak{K}(\mathcal{B})$,并令$\chi(\alpha)$,$\alpha\in\mathcal{A}$是参数"$\mathcal{B}$的成员的数目". 定义多下标的数量如下

$$A_{n,k}:=\mathrm{card}\{\alpha\in\mathcal{A}\mid|\alpha|=n,\chi(\alpha)z=k\}$$

$$A(z,u):=\sum_{n,k}A_{n,k}u^k z^n=\sum_{\alpha\in\mathcal{A}}z^{|\alpha|}u^{\chi(\alpha)}$$

例如,对级数的情况,直接计算就得出

$$A(z,u)=\sum_{k\geqslant 0}u^k B^k(z)=\frac{1}{1-uB(z)}$$

多重集和幂集的情况,可对已经做过的论证做简单的改造,结果就可通过分别做指数-对数变换,再做提取系数$[u^k]A(z,u)$的运算得出

$$A(z,u)=\prod_n\frac{1}{(1-uz^n)^{B_n}},A(z,u)=\prod_n(1+uz^n)^{B_n}$$

对轮换的情况,结果可从附录 A.4 轮换结构中导出的双变量生成函数(或用注记 Ⅰ.60)得出.

▶ **Ⅰ.56 非周期的单词.** 非周期性单词是一个原始的字母序列(在附录 A.4 轮换结构的意义下);也就是说,如果单词 w 不是通过重复真因子得出的:$w\neq u\cdots u$,它就是非周期的. m 个字母的字母表上的长度为 n 的非周期性单词的数量是

$$PW_n^{(m)}=\sum_{d|n}\mu(d)m^{\frac{n}{d}}$$

(其中 $\mu(k)$ 是 Möbius(莫比乌斯) 函数,见附录 A).

对 $m=2$,序列的前几项是 2,2,6,12,30,54,126,240,504,990(EIS A027375). ◀

▶ **Ⅰ.57 环绕轮换结构.** 利用算术函数进行的计算(附录 A) 分别得出轮换的多重集和非周期的轮换的多重集的 OGF 为

$$\prod_{k\geqslant 1}\frac{1}{1-A(z^k)}\text{ 和 }\frac{1}{1-A(z)}$$

见文献[144],(后一公式对应于任何单词可以写成一个递减的 Lyndon(林登)单词的乘积这一组合性质;特别值得注意的是,这一性质可用于结构自由 Li 代数的基,参考文献[413,第 5 章]. ◀

▶ **Ⅰ.58** Pólya **理论 Ⅰ:轮换指标**. 考虑有 m 个元素的有限集合$\mathcal{M}$和$\mathcal{M}$的排列的群 G. 为方便起见,可设 $\mathcal{M}$ 为$[1\cdots m]$. 定义 G 的轮换指标(Zyklenzeiger) 为下面的多元多项式

$$Z(G)\equiv Z(G;x_1,\cdots,x_m)=\frac{1}{\operatorname{card}(G)}\sum_{g\in G}x_1^{j_1(g)}\cdots x_m^{j_m(g)}$$

其中 $j_k(g)$ 是在排列 g 中长度为 k 的轮换的数目. 例如,如果设 $\mathfrak{I}_m=\{\mathrm{Id}\}$ 是由恒同排列导出的群,$\mathfrak{S}_m$ 是所有容量为 m 的排列构成的群,而 $\mathfrak{R}_m$ 是由恒同排列和所有的"镜面反射" 排列 $\begin{pmatrix}1,\cdots,m\\ m,\cdots,1\end{pmatrix}$ 构成的群,那么就有

$$\begin{cases}Z(\mathfrak{I}_m)=x_1^m;Z(\mathfrak{S}_m)=\displaystyle\sum_{j_1,\cdots,j_m\geqslant 0}\frac{x_1^{j_1}\cdots x_m^{j_m}}{j_1!\ 1^{j_1}\cdots j_m!\ m^{j_m}}\\ Z(\mathfrak{R}_m)=\begin{cases}\dfrac{1}{2}x_2^v+\dfrac{1}{2}x_1^{2v},\text{如果 } m=2v\text{ 是偶数}\\ \dfrac{1}{2}x_1x_2^v+\dfrac{1}{2}x_1^{2v+1},\text{如果 } m=2v+1\text{ 是奇数}\end{cases}\end{cases}\tag{89}$$

(对 $\mathfrak{S}_m$ 的情况,见方程(40),第 Ⅲ 章.) ◀

▶ **Ⅰ.59** Pólya **理论 Ⅱ:基本定理**. 设$\mathcal{B}$是一个组合类,而$\mathcal{M}$是一个在群 G 作用下的有限集. 考虑所有从$\mathcal{M}$到$\mathcal{B}$的映射的集合$\mathcal{B}^{\mathcal{M}}$. 称两个映射 $\varphi_1,\varphi_2\in\mathcal{B}^{\mathcal{M}}$ 是等价的,如果存在 $g\in G$ 使得$\varphi_1\circ g=\varphi_2$. 我们设$(\mathcal{B}^{\mathcal{M}}\backslash G)$ 是等价类的集合. 问题是:给了$\mathcal{B}$,$\mathcal{M}$和"对称群"G 的数据后,枚举集合$\mathcal{B}^{\mathcal{M}}$.

设 w 是一个权函数,它给每一个$\beta\in\mathcal{B}$一个权 $w(\beta)$,这个权可以通过 $w(\varphi):=\prod_{k\in\mathcal{M}}w(\varphi(k))$ 积性的扩展到任意 $\varphi\in\mathcal{B}^{\mathcal{M}}$,进而扩展到$(\mathcal{B}^{\mathcal{M}}\backslash G)$ 上去. Pólya-Redfield(雷德菲尔德) 定理是指下面的恒等式

$$\sum_{\varphi\in(\mathcal{B}^{\mathcal{M}}/G)}w(\varphi)=Z\Big(G;\sum_{\beta\in\mathcal{B}}w(\beta),\cdots,\sum_{\beta\in\mathcal{B}}w^m(\beta)\Big)\tag{90}$$

特别,我们可以选 $w(\beta)=z^{|\beta|}$ 作为形式参数,那么由 G 的对称性,Pólya—Redfield 定理(90) 就给出$\mathcal{B}^{\mathcal{M}}$的对象的 OGF

$$\sum_{\varphi\in(\mathcal{B}^{\mathcal{M}}/G)}z^{|\varphi|}=Z(G;B(z),\cdots,B(z^m))\tag{91}$$

(从 Pólya 的文献[488,491] 开始,有很多介绍这一经典理论的优秀的著作,例如Comtet的文献[129,§6.6],De Bruijn的文献[142]和Harary-Palmer

的文献[319,第2章].其证明依赖于轨道的计数和Burnside(伯恩赛德)引理.)

◀

▶Ⅰ.60 Pólya **理论 Ⅲ:基本结构**.比如说我们想要得出$\mathcal{A}=\mathrm{MSET}_3(\mathcal{B})$的OGF.我们把$\mathcal{A}$看成一个三元组$\mathcal{B}^{\mathcal{M}}$,其中$\mathcal{M}=[1\cdots3]$,并利用符号$\mathfrak{S}_3$(三个元素的所有排列的集合).轮换指标由式(89)给出,由此就得出MSET_3的翻译(结果见图Ⅰ.18);这一计算可以推广到所有的MSET_m,这给出了一个代替定理Ⅰ.3的方法.结构CYC_m的翻译可以通过所有轮换排列的群$\mathfrak{C}_m$的轮换指标用这种方法得出,即

$$Z(\mathfrak{C}_m)=\frac{1}{m}\sum_{d\mid m}\varphi(d)x_d^{\frac{m}{d}}$$

其中$\varphi(k)$是Euler函数.利用群$\mathfrak{R}_m$可给出无向序列的结构

$$\mathcal{A}=\mathrm{USEQ}(\mathcal{B})\Rightarrow A(z)=\frac{1}{2}\cdot\frac{1}{1-B(z)}+\frac{1}{2}\cdot\frac{1+B(z)}{1-B(z^2)}$$

其中序列和它的镜像看成是同一的.类似的原则给出由轮换排列和镜面反射产生的无向的轮换结构UCYC(本书中采用的方法可在Pólya理论的延展中,对一个对称群的完全族$\{G_m\}$,其中$G_m=(\mathfrak{C}_m,\mathfrak{S}_m\cdots)$,在直接确定$\sum\limits_{m\geqslant0}Z(\mathfrak{G}_m)$时看到.)

◀

▶Ⅰ.61 **具有不同容量的成分的集合**.设$\mathcal{A}$是由$\mathcal{B}$中的元素组成的有限集合,其中集合中任何两个元素的容量都不相同,则我们有

$$A(z)=\prod_{n=1}^{\infty}(1+B_nz^n)$$

类似的恒等式可用于多项式因式分解的算法分析[236].

◀

▶Ⅰ.62 **没有重复成分的级数**.生成函数的形式是

$$\int_0^{\infty}\exp\Big(\sum_{j\geqslant1}(-1)^{j-1}\frac{u^j}{j}B(z^j)\Big)\mathrm{e}^{-u}\mathrm{d}u$$

(这个表达式是基于Euler积分:$k!=\int_0^{\infty}\mathrm{e}^{-u}u^k\mathrm{d}u$而得出的.)

◀

Ⅰ.6.2 指定和代入.另外两个结构,即指定和代入都可以转化为生成函数.其组合结构总看成是由原子(字母,结点等)组成的结构,并且这些原子的数量确定了它们的容量.指定意为"指定一个特殊的原子";代入,用$\mathcal{B}\circ\mathcal{C}$或$\mathcal{B}[\mathcal{C}]$表示,意为"用$\mathcal{C}$的元素代替$\mathcal{B}$的原子".

定义Ⅰ.14 设$\{\varepsilon_1,\varepsilon_2,\cdots\}$是由不同的容量为0的空对象组成的固定的集合.定义类$\mathcal{B}$的一个指定$\mathcal{A}=\Theta\mathcal{B}$为

$$\Theta\,\mathcal{B} := \sum_{n\geqslant 0} \mathcal{B}_n \times \{\varepsilon_1, \cdots, \varepsilon_n\}$$

用$\mathcal{C}$代入$\mathcal{B}$(也称为用$\mathcal{C}$的元素组成$\mathcal{B}$),用$\mathcal{B}\circ C$或$\mathcal{B}[C]$表示,其定义为

$$\mathcal{B}\circ\mathcal{C} \equiv \mathcal{B}[\mathcal{C}] := \sum_{k\geqslant 0} \mathcal{B}_k \times \mathrm{SEQ}_k(\mathcal{C})$$

设B_n为容量为n的$\mathcal{B}$结构的数量,那么可把量nB_n解释成指定的结构的计数,其中构成$\mathcal{B}$—结构的n个原子之一已被区分出来(这里已对这个特殊的原子加上了一个容量为0的特殊的"指针".)$\mathcal{B}\circ\mathcal{C}$的元素也可以看成是这样得出的:先选出每个元素$\beta\in\mathcal{B}$的所有可能方式,然后用$\mathcal{C}$的任意元素代替其中每个原子,同时保留$\beta$的基础结构.

上面的解释依赖于(默认了)对象中的原子最终可以被彼此区分开来这一事实.这可以通过"正规化"[①]对象的表示来达到:首先对积和级数归纳的定义字典次序,然后对幂集和多重集用前面已定义的字典次序排成递增的序列(更复杂的规则也可以循环的正规化).这样,任何可构建的对象就都具有一个唯一的"刚性"代表,其中每个特定的原子都由其位置确定.这样的正规化使得定义Ⅰ.14中的抽象说法和我们对指定和代入的直觉一致起来.

定理Ⅰ.4　指定和代入. 指定和代入的结构对应于以下的翻译转换[②]

$$\mathcal{A} = \Theta\,\mathcal{B} \Rightarrow A(z) = z\partial_z B(z), \partial_z := \frac{\mathrm{d}}{\mathrm{d}z}$$

$$\mathcal{A} = \mathcal{B}\circ\mathcal{C} \Rightarrow A(z) = B(C(z))$$

证明　根据指定的定义就有

$$A_n = nB_n$$

因此$A(z) = z\partial_z B(z)$.

根据和与积的运算法则,代入的定义蕴含

$$A(z) = \sum_{k\geqslant 0} B_k \cdot (C(z))^k = B(C(z))$$

这就完成了证明.

指定对象的排列. 作为指定的一个例子,考虑所有从1开始的,以整数形式写成的所有排列的类$\mathcal{P}$.我们可以通过选择一个"空隙",然后向这个空隙中插入一个n的方法,而从一个容量为$n-1$的排列得出一个容量为n的排列.当所

① 这种正规化技巧也可用于开发穷竭给定容量的对象列表,以及称为"排序"和"解除排序"等一系列问题的快速算法,并影响到对快速的随机生成算法.例如,对一般的理论,可参见文献[430,465,607],对于诸如项链和树等特殊情况,可参见文献[500,623].

② 在本书中,我们从微分代数中借用了一个方便的符号$\partial_z := \frac{\mathrm{d}}{\mathrm{d}z}$去表示求导.

有可能的插入都已做完之后，就产生了下面的组合关系

$$\mathcal{P}=\mathcal{E}+\Theta(\mathcal{Z}\times\mathcal{P}),\mathcal{E}=\{\varepsilon\}\Rightarrow P(z)=1+z\frac{\mathrm{d}}{\mathrm{d}z}(zP(z))$$

OGF满足一个常微分方程，其形式解为 $P(z)=\sum_{n\geqslant 0}n!\ z^n$，由于它等价于递推关系 $P_n=nP_{n-1}$.

作为代入对象的一叉－二叉树. 作为代入的一个例子，考虑(平面有根的)二叉树的类$\mathcal{B}$，其中每个结点都对容量有贡献. 如果在每个结点处都带入一个结点的线性链(通过与放在结点顶部的边连接)，那么我们就形成了一个一叉－二叉树的类$\mathcal{M}$的元素，用符号表示，就是

$$\mathcal{M}=\mathcal{B}\circ \mathrm{SEQ}_{\geqslant 1}(\mathcal{Z})\Rightarrow M(z)=B\left(\frac{z}{1-z}\right)$$

从已知的 OGF，$B(z)=\frac{1-\sqrt{1-4z^2}}{2z}$，我们就得出

$$M(z)=\frac{1-\sqrt{1-\frac{4z^2}{(1-z)^2}}}{\frac{2z}{1-z}}=\frac{1-z-\sqrt{1-2z-3z^2}}{2z}$$

这与注记 Ⅰ.39 中直接推导所得的结果一致(Motzkin 数).

▶Ⅰ.63 **导数的组合.** “消除－指定”的组合操作**D**指定了对象中的一个原子，并将其替换为一个空的对象，然而保留该对象的整体结构. **D** 对 OGF 上的翻译就是简单的$\partial:=\partial_z$. 因而分析中的经典的恒等式即可翻译成相应的组合表示：例如

$$\partial(A\times B)=(A\times\partial B)+(\partial A\times B)$$

以及 Leibniz(莱布尼茨)恒等式 $\partial^m(f\cdot g)=\sum_j\binom{m}{j}(\partial^j f)\cdot(\partial^{m-j}g)$，类似还有“链法则”$\partial(f\circ g)=((\partial f)\circ g)\cdot\partial g$ 都可以从基本的逻辑关系得出.(例 Ⅶ.25 举例说明了用这种方法如何解析地去解很多罐过程.) ◀

▶Ⅰ.64 Newton－Raphson(**拉夫逊**)**迭代的组合.** 给定一个实函数 f，迭代 Newton－Raphson 迭代算法可以从例如 $\alpha=0$ 开始，通过反复使用变换 $\alpha^*=\alpha-\frac{f(\alpha)}{f'(\alpha)}$(有条件地)求出方程 $f(y)=0$ 的根.(对充分光滑的函数来说，这个算法是二次收敛的.) 对于方程 $y=z\varphi(y)$ 的 Newton－Raphson 迭代算法在命题 Ⅰ.5 的意义下对应一个简单的树的族. 这个迭代导致了下面的算法

$$\alpha_{m+1}=\alpha_m+\frac{z\varphi(\alpha_m)-\alpha_m}{1-z\varphi'(\alpha_m)},\alpha_0=0$$

可以从分析和组合学两方面看出，α_m 和 $y(z)$ 至少有 2^m-1 阶的相切. 其组合学方面的兴趣来自 Décoste，Labelle（德科斯特，拉贝尔）和 Leroux（勒鲁）[147]，它涉及所谓的"重树"的概念（在这种树中，至少有一个根子树在适当的意义下是足够大的，见文献[50，§3.3]，进一步的发展见[485].） ◀

I.6.3 隐式结构. 在很多情况下，组合类$\mathcal{X}$由关系式$\mathcal{A}=\mathcal{B}+\mathcal{X}$确定，其中$\mathcal{A}$和$\mathcal{B}$是已知的.（这样的一个例子是 I.4.2 节中为了枚举确实包含一个给定的模式 p 的单词，而使用的等式技巧.）不太平凡的例子涉及反 Descartes 积以及多重集的级数（见下面例子）.

定理 I.5 隐式表示. 下面的关于未知类$\mathcal{X}$的隐式方程

$$\mathcal{A}=\mathcal{B}+\mathcal{X},\mathcal{A}=\mathcal{B}\times\mathcal{X},\mathcal{A}=\mathrm{SEQ}(\mathcal{X})$$

所对应的生成函数分别是

$$X(z)=A(z)-B(z),X(z)=\frac{A(z)}{B(z)},X(z)=1-\frac{1}{A(z)}$$

对隐式结构$\mathcal{A}=\mathrm{MSET}(\mathcal{X})$，我们有

$$X(z)=\sum_{k\geqslant 1}\frac{\mu(k)}{k}\log A(z^k)$$

其中 $\mu(k)$ 是 Möbius 函数①.

证明 前两种情况的结果可从初等代数得出，由于用 OGF 的形式，我们分别有 $A=B+X$ 和 $A=BX$. 对于级数的情况，关系式 $A(z)=\frac{1}{1-X(z)}$ 容易反解. 对于多重集，我们从定理 I.1 中的基本关系开始并取对数

$$\log(A(z))=\sum_{k=1}^{\infty}\frac{1}{k}X(z^k)$$

设 $L=\log A,L_n=[z^n]L(z)$，我们就有

$$nL_n=\sum_{d\mid n}(dX_d)$$

对此应用 Möbius 逆（附录 A）即可.

例 I.19 不可分解的排列. 称排列 $\sigma=\sigma_1\cdots\sigma_n$（这里把排列写成用不同的字母（译者注：即 $1,2,\cdots,n$）组成的单词的形式）是不可分解的，如果存在某个 $k<n$，使得$\sigma_1\cdots\sigma_k$ 是 $1,2,\cdots,k$ 的一个排列，即排列的严格前缀（以单词形式表示的）本身就是一个排列. 如图 I.17 所示，任何排列都可以唯一地分解成不可

① Möbius 函数是 $\mu(n)=(-1)^r$，如果 n 是 r 个不同的素数的乘积，否则 $\mu(n)=0$（附录 A.1 算术函数）.

分解排列的连接.

从上述定义可以得出,所有排列的类$\mathcal{P}$和不可分解的排列的类$\mathcal{I}$之间有如下关系

$$\mathcal{P}=\mathrm{SEQ}(\mathcal{I})$$

这个隐式确定了$\mathcal{I}$,由定理 Ⅰ.5 就得出

$$I(z)=1-\frac{1}{P(z)}$$

其中 $P(z)=\sum_{n\geqslant 0} n!\ z^n$.

这个例子说明了隐式结构的用处及隐式结构的效用,同时也说明了我们可能相信,即使在发散情况下的级数的代数计算的结果(附录 A.5 形式幂级数).由此我们求出

$$I(z)=z+z^2+3z^3+13z^4+71z^5+461z^6+3\ 447z^7+\cdots$$

其中的系数(EIS A003319) 为

$$I_n=n!\ -\sum_{\substack{n_1+n_2=n\\ n_1,n_2\geqslant 1}}(n_1!\ n_2!)+\sum_{\substack{n_1+n_2+n_3=n\\ n_1,n_2,n_3\geqslant 1}}(n_1!\ n_2!\ n_3!)-\cdots$$

在上式中通过项的简单优化,可以得出 $I_n\sim n!$,这意味着几乎所有的排列都是不可分解的,参见文献[129,p. 262].

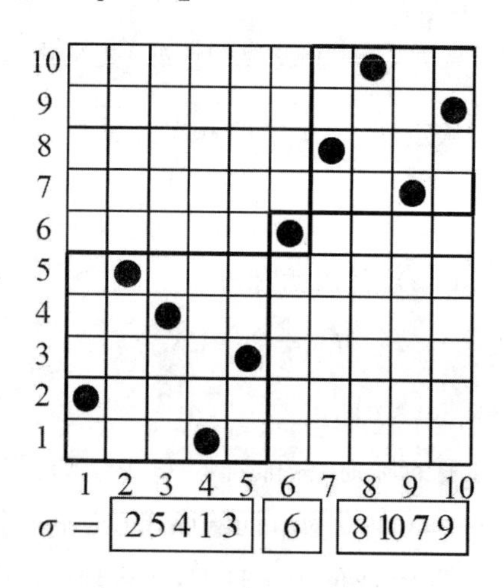

图 Ⅰ.17 一个排列(σ) 的分解

▶ **Ⅰ.65 二维的漫游者.** 一个醉汉从$\mathbb{Z}\times\mathbb{Z}$平面的原点出发,每一秒钟,他在 NW(西南),NE(东南),SW(西北),SE(东北) 四个方向上走一步. 因而其每一步可用箭头"↖""↗""↙""↘" 之一表示. 考虑所有"初等圈" 的类$\mathcal{L}$,其定义

为一个从原点开始又回到原点(但不以其他方式接触原点)的圈,则$\mathcal{L}$的 GF 为(EIS A002894)

$$L(z)=1-\frac{1}{\sum_{n=0}^{\infty}\binom{2n}{n}^2 z^{2n}}=4z^2+20z^4+176z^6+1\,876z^8+\cdots$$

(提示:行走是由其在水平和垂直轴上的投影决定的;一维的用 $2n$ 步返回原点的行走可由$\binom{2n}{n}$枚举.)特别$[z^{2n}]L\left(\frac{z}{4}\right)$是最先以 $2n$ 步返回原点的随机行走的概率.

这些问题在很大程度上起源于 Pólya,他很好地掌握了其中隐含的结构[490];对某些多维的扩展,也可见文献[85].首次回归的问题在第 Ⅵ 章中基于奇异性理论和 Hadamard(哈达玛)的封闭属性给予了渐近分析. ◀

例 1.20 有限域上的不可约多项式.当形式上不明显时,组合类的对象有时也可以用符号方法枚举.现在我们考虑的正是一种关于有限域上的多项式的间接结构.取一个固定的素数 p,并考虑所有模 p 下等价的整数构成的基本域$\mathbb{F}_p$.多项式环$\mathbb{F}_p[X]$是由所有 X 的系数属于$\mathbb{F}_p$的多项式构成的集合.

对于各种实用目的而言,只需将注意力限制为首一多项式,即按降幂排列后,首项系数等于 1 的多项式即可.我们把$\mathbb{F}_p[X]$中的首一多项式的集合看成一个组合类,其中多项式的容量就是它的阶数.由于一个多项式可用它的系数的序列表示,因此我们就有:如果把字母表中的字母看成是多项式的系数,那么 $A=\mathbb{F}_p$就可看成是原子的集合

$$\mathcal{P}=\mathrm{SEQ}(\mathcal{A})\Rightarrow P(z)=\frac{1}{1-pz} \tag{92}$$

与容量为 n 的首一多项式共有 p^n 个这一事实一致.

多项式环是唯一分解环,由于对多项式可以实行 Euclid 算法.一个没有真的非常数因子的多项式称为不可约多项式.因此,不可约多项式是整数中素数的类似物.例如,在$\mathbb{F}_3$上,我们有

$$X^{10}+X^8+1=(X+1)^2(X+2)^2(X^6+2X^2+1)$$

设$\mathcal{I}$是首一的不可约多项式的集合,唯一因子分解性质就蕴含所有多项式的集合组合,等价于不可约多项式的多重集(可能有重复)的类

$$\mathcal{P}\simeq\mathrm{MSET}(\mathcal{I})\Rightarrow P(z)=\exp\left(I(z)+\frac{1}{2}I(z^2)+\frac{1}{3}I(z^3)+\cdots\right) \tag{93}$$

因而不可约多项式的类是由所有的多项式的类隐式确定的,而后者的 OGF 已由式(92)给出.那样定理 Ⅰ.5 就蕴含下面的恒等式

$$I(z)=\sum_{k\geqslant 1}\frac{\mu(k)}{k}\log\frac{1}{1-pz^k} \tag{94}$$

以及 $I_n=\frac{1}{n}\sum_{k\mid n}\mu(k)p^{\frac{n}{k}}$.

特别 I_n 渐近于$\frac{p^n}{n}$. 这个估计和 Gauss 提出的关于不可约多项式的密度定理是一致的.(见 von zur Gathen(范·楚·盖森)和 Gerhard(格哈德)的学术笔记 [599,p.396].):

不可约多项式因子的数目与有限域$\mathbb{F}_p$上的所有阶数为 n 的多项式中的个数之比渐近于$\frac{1}{n}$.

这个性质类似于素数定理(然而这个定理依赖于更深的结果,见文献[22,138]),根据素数定理,区间[1,n] 中的素数的比例渐近于$\frac{1}{\log n}$. 实际上,一个(译者注:有限域$\mathbb{F}_p$上的)n 阶的多项式可以粗略地看成是,一个以 p 为进位制基底的 n 位数.(在这些性质的基础上 Knopfmacher(科诺普夫马彻)在文献资料[370] 中进一步发展了算术半群的统计性质的抽象理论.)

我们在书中进一步探讨了这一点:我们将证明在一个随机的 n 次多项式中,因子的数量平均 $\sim\log n$(例 Ⅶ.4),而对应的分布渐近于 Gauss 分布(例 Ⅸ.21).

▶Ⅰ.66 **无平方因子多项式.** 设$\mathcal{Q}$表示所有首一的无平方因子多项式(即不能被某个多项式的平方整除的多项式)的类. 我们有“Vallée 恒等式”$Q(z)=\frac{P(z)}{P(z^2)}$,因此 $Q(z)=\frac{1-pz^2}{1-pz}$,以及 $Q_n=p^n-p^{n-1}(n\geqslant 2)$.

Berlekamp(伯力坎普)在他的书[51] 中讨论了上述事实和纠错码之间的关系. ◀

▶Ⅰ.67 **平衡的树.** 平衡二叉—三叉树的类$\mathcal{E}$包含所有那种(有根的平面)树,其内部结点的度数为 2 或 3,仅仅只有叶子才对容量有贡献. 这种树是 B—树的特殊情况,它们在实现动态的检索方面是一种有用的数据结构[378,537]. 平衡的树满足基于组合代入的隐式方程

$$\mathcal{E}=\mathcal{Z}+\mathcal{E}\circ[(\mathcal{Z}\times\mathcal{Z})+(\mathcal{Z}\times\mathcal{Z}\times\mathcal{Z})]\quad\Rightarrow E(z)=z+E(z^2+z^3)$$

展开式的前几项(EIS A014535) 是

$$E(z)=z+z^2+z^3+z^4+2z^5+2z^6+3z^7+4z^8+5z^9+8z^{10}+\cdots$$

Odlyzko[459] 已确定了,粗略地说,E_n 的增长率约为$\frac{\varphi^n}{n}$,其中 $\varphi=\frac{1+\sqrt{5}}{2}$ 是黄金分割率,分析可见 Ⅳ.7.2 节. ◀

Ⅰ.7 小结和评论

本章和下一章以同样的方式把基本的组合枚举结果组织并总结在图Ⅰ.18中,其中考虑了无标记的结构. 在这里,我们叙述了应用这些结构去辨识组合类的过程,以及此后由组合类自动得出生成函数的符号方法. 分析组合学中的符号方法是"组合的",这种方法允许我们以统一的整体方法去构建组合学中的经典结果,并导出推广和扩展了经典问题的新结果. 它们都是在计算机科学,计算生物学,统计物理学和其他科学学科中出现的问题.

更重要的是,符号方法让我们可以用分析组合学中的"分析"部分来处理这些生成函数. 全面掌握符号方法的这一特性虽然目前还为时过早,但是简短的讨论可能有助于安排本书其余部分在全书中的位置.

对于一族给定的问题,符号方法通常会导致一个相应的生成函数所在的自然函数类,即使符号方法是完全形式的,我们仍然能够经常成功地使用复分析和渐近分析的古典技巧. 例如,硬币面额数量有限的组合问题总是导致极点在单位圆上的有理的生成函数. 这一观察作为一个共同的策略对以后要进行的系数提取是有用的(在硬币面额数量固定的情况下所做的部分分数展开). 同样,对数据的统计构成Chomsky和Schützenberger的一般定理的一个特例影响到正规语言的生成函数必然是有理函数. 类似地,上下文无关的结构总是对应于代数的生成函数. 这种定理建立了分析组合学和特殊函数之间的桥梁.

并不是所有的符号方法的应用都是自动的(虽然这肯定是这个方法的一个目标). 集合分拆的计数例子说明应用符号方法可能需要找到足够的组合结构的表示才能进行计数.

这样,1－1对应的组合学就以不平凡的方式进入了这场游戏.

我们所介绍的关于组合和分拆的例子,对应于具有明确"迭代"定义的组合结构的类,这又导致了生成函数具有显式的表达式的事实. 然后树的例子又让我们引入了递归的定义结构. 在这种情况下,递归的定义则转化成只能隐含地确定生成函数的函数方程. 在简单的情况下(例如,二叉树或一般的树),确定生成函数的方程经常可以明确地解出来,然后就可以得出明确的计数结果. 在其他情况下(例如非平面树的情况),通常可以直接从函数方程出发进行对奇点分析并获得非常精确的渐近估计:部分B的第Ⅳ章－Ⅷ章对这种模式提供了丰富的图解. 进一步发展适当的扰动理论将是我们研究本书部分C第Ⅸ章的主题,即系统地量化大型组合结构的参数(不只是计数序列).

1. 不相交并(组合和),Descartes 积,级数,幂集,多重集和轮换的主要结构以及转换后的生成函数(定理 Ⅰ.1)

结构	生成函数
并 $\mathcal{A}=\mathcal{B}+\mathcal{C}$	$A(z)=B(z)+C(z)$
Descartes 积 $\mathcal{A}=\mathcal{B}\times\mathcal{C}$	$A(z)=B(z)\cdot C(z)$
级数 $\mathcal{A}=\mathrm{SEQ}(\mathcal{B})$	$A(z)=\dfrac{1}{1-B(z)}$
幂集 $\mathcal{A}=\mathrm{PSET}(\mathcal{B})$	$A(z)=\exp\left(B(z)-\frac{1}{2}B(z^2)+\cdots\right)$
多重集 $\mathcal{A}=\mathrm{MSET}(\mathcal{B})$	$A(z)=\exp\left(B(z)+\frac{1}{2}B(z^2)+\cdots\right)$
轮换 $\mathcal{A}=\mathrm{CYC}(\mathcal{B})$	$A(z)=\log\dfrac{1}{1-B(z)}+\dfrac{1}{2}\log\dfrac{1}{1-B(z^2)}+\cdots$

2. 成员数目有限制的级数,幂集,多重集和轮换的转换(定理 Ⅰ.3)

结构	生成函数
$\mathrm{SEQ}_k(\mathcal{B})$	$B^k(z)$
$\mathrm{PSET}_2(\mathcal{B})$	$\frac{1}{2}B^2(z)-\frac{1}{2}B(z^2)$
$\mathrm{MSET}_2(\mathcal{B})$	$\frac{1}{2}B^2(z)+\frac{1}{2}B(z^2)$
$\mathrm{CYC}_2(\mathcal{B})$	$\frac{1}{2}B^2(z)+\frac{1}{2}B(z^2)$
$\mathrm{PSET}_3(\mathcal{B})$	$\frac{B^3(z)}{6}-\frac{B(z)B(z^2)}{2}+\frac{B(z^3)}{3}$
$\mathrm{MSET}_3(\mathcal{B})$	$\frac{B^3(z)}{6}+\frac{B(z)B(z^2)}{2}+\frac{B(z^3)}{3}$
$\mathrm{CYC}_3(\mathcal{B})$	$\frac{B^3(z)}{3}+\frac{2B(z^3)}{3}$
$\mathrm{PSET}_4(\mathcal{B})$	$\frac{B^4(z)}{24}-\frac{B^2(z)B(z^2)}{4}+\frac{B(z)B(z^3)}{3}+\frac{B^2(z^2)}{8}-\frac{B(z^4)}{4}$
$\mathrm{MSET}_4(\mathcal{B})$	$\frac{B^4(z)}{24}+\frac{B^2(z)B(z^2)}{4}+\frac{B(z)B(z^3)}{3}+\frac{B^2(z^2)}{8}+\frac{B(z^4)}{4}$
$\mathrm{CYC}_4(\mathcal{B})$	$\frac{B^4(z)}{4}+\frac{B^2(z^2)}{4}+\frac{B(z^4)}{2}$

3. 指定和代入的补充结构

结构	生成函数
指定 $\mathcal{A}=\Theta\mathcal{B}$	$A(z)=z\dfrac{\mathrm{d}}{\mathrm{d}z}B(z)$
代入 $\mathcal{A}=\mathcal{B}\circ\mathcal{C}$	$A(z)=B(C(z))$

图 Ⅰ.18　适用于无标记结构及其普通生成函数(OGFS)的对应词典.(对应于可标记结构的表为图 Ⅱ.18)

关于参考文献的注记和评论. 当代的组合分析介绍可见 Comtet 的书[129](一本美丽的包含大量例子的书),Stanley 的文献[552,554](一本代数方向的内容丰富的文集),Wilf(维尔福)的文献[608](面向生成函数)和 Lando(兰多)的文献[400](一本简洁的现代介绍).一本关于基本技巧的初等的但是有洞察力的参考书是 Graham,Knuth 和 Patashnik 的经典著作[307],这是一本受欢迎的,高度原创的书.一本百科全书式的参考书是 Goulden(古尔登)和 Jackson(杰克逊)的书[303],他们的描述性方法与本书很相似.

由于组合分析的现代方法通常是基于早期的传统和做实际工作的组合分析学者的不正式的叙述,因此这些方法的来源现在已难以追溯了.(例如,MacMahon(麦克马洪)在 1917 年首次出版的书[428],出现在文献[489,493]中的由 Pólya 引进的枚举的生成函数,或文献[307,7.1 节]中的"多米诺"理论),最近的一个来源是关于形式语言和枚举的 Chomsky－Schützenberger 理论,见文献[119].

Rota(罗塔)的文献[518]和 Stanley 的文献[550,554]开发了一种主要基于偏序集的方法. Bender(本德)和 Goldman(戈德曼)的文献[42]开发了一种称为"预制件"的理论,他们的目的类似于这里开发的理论. Joyal 的文献[359]提出了一个特别优雅的"物种理论"的框架,这一框架致力于组合理论中的基础问题,并构成了 Bergeron,Labelle 和 Leroux 在文献[50]中的出色论述的出发点. Sachkov(萨奇科夫)在文献[525,526]中很好地综述了"俄罗斯学派"对组合分析学平行(但在很大程度上独立的)的发展.

对组合枚举和随机结构的兴趣复兴的原因之一是算法分析(一个由 Knuth 的文献[381]在现代建立的课题),其目标是模拟计算机算法和程序的性能.本书中阐述的符号方法和书[538]中提出的要素,已经应用到算法分析中去了,见综述[221,559].符号方法对组合结构的随机生成领域的进一步影响可见文献[177,228,264,456].

[…] une propriété quise traduit par une égalité $|A|=|B|$ est mieux explicitée lorsque l'on construit une bijection entre deux ensembles A et B, plutôt qu'en calculant les coefficients d'un polynôme dont les variables n'ont pas de significations particulières. La méthode des fonctions génératrices, qui a exercéses ravages pendant un siècle, est tombée en désuétude pour cette raison.

(“[…] 当在两个结合 A 和 B 之间可以建立一个 1－1 对应的时候，一个从等式 |A|=|B| 翻译过来的性质就可以被更好地理解为，计算一个多项式的系数，而不用去管其变量的意义是什么. 由于这一原因，生成函数方法已摧毁了曾经影响过我们一个世纪之久的过时的一套东西.”)

——CLAUDE BERGE(克劳德·伯格)[48, p. 10]

有标记结构和指数生成函数

第 II 章

Cette approche évacue protíquement tous les calculs. ①

——Dominique Foata(多米尼克·福阿塔)和

Marco Schützenberger(马尔科·施滕伯格)[267]

经典组合学的许多研究对象自然地呈现为有标记的结构，在这种结构中对象的原子(典型的例子是图形或树中的结点)，由于带有不同的标签而可以互相区分.不失一般性,我们可以把标签的集合看成是整数的集合.例如,排列可以看成是把不同的整数放置在一条直线上,而排列的经典的轮换分解等价于把排列表示成顶点本身是整数的有向图的无序集合.

有标记结构的操作是基于一种特殊的乘积:有标记的积，这种乘积把标签分配在组合对象的成员之间.这个操作是对平面上无标记对象的 Descartes 积的一种自然的模拟.有标记积又导出关于级数、集合和轮换的有标记的类似物.

有标记的结构可以翻译成指数生成函数——它的翻译方法甚至比无标记的情况更简单.同时,这种结构使我们能够考虑某些在组合方式上,尤其是在序的性质上比第Ⅰ章中的无标记结构更丰富的结构.有标记结构是构成组合计数的符号方法的第二个支柱.

① "这种方法几乎消除了所有的计算."Foata 和 Schützenberger 这里是指一种非常类似于我们的组合学中的"几何"方法,它允许我们把组合性质和特别的函数恒等式联系起来.

在本章中，我们将研究一些最重要的有标记对象的类，包括分段，集合的分拆，排列，有标记的图和树，以及从有限集合到其自身的映射. 语言的某些方面也将用这一理论处理. 这些内容不仅在组合学本身，而且在概率、统计中都有重要的意义. 特别是有标记的语言结构为两个经典问题——生日问题和优惠券收藏者问题——及其某些变种，还有众多在其他领域中的应用，包括在计算机科学中为散列算法的分析提供了一个优雅的解决方案.

Ⅱ.1 有标记的类

本章介绍定义 Ⅰ.1 中所定义的组合类：我们只处理有限的对象；一个组合类$\mathcal{A}$是一个附加了容量概念的对象的集合，因此$\mathcal{A}$中每种容量的对象的数量都是有限的. 除了这些基本概念之外，我们现在再补充一个要求，即对象是有标记的. 这可以理解为每个原子都带有独特的颜色，或者等价的，我们给每个原子都附加一张上面写着整数的标签，使得每个对象的标签是不同的. 确切地说就是：

定义 Ⅱ.1 容量为 n 的弱有标记的对象是一个图，其顶点是整数的子集. 等价的，我们说每个顶点都附有一张标签，并默认这些标签上都写着$\mathbb{Z}$ 中不同的整数. 称一个容量为 n 的对象是良标记的，或简称为有标记的，如果它首先是弱有标记的，此外，它的标签的集合是一个完整的整数区间$[1,\cdots,n]$. 一个有标记的类是一个由良标记的对象组成的组合类.

我们所考虑的图可以是有向的或无向的. 其实当需要的时候，在广义上，我们可以用带有整数标签的“对象”来表示任何一种离散的结构. 事实上，本书所考虑的几乎所有的有标记的类最终都可以编码成那种图形. 因此，使用这种有标记类的扩展的符号表示，只会使我们更加自由方便而没有坏处.（见 Ⅱ.7 节中关于与有标记的类等价的逻辑框架的简要讨论.）

例 Ⅱ.1 **有标记的图.** 根据定义，有标记的图是一个无向的图，其每个顶点都附有一张写着不同整数的标签，且这些整数构成一个形如$\{1,\cdots,n\}$ 的整数区间. 下面是一个具体的容量为 4 的有标记的图

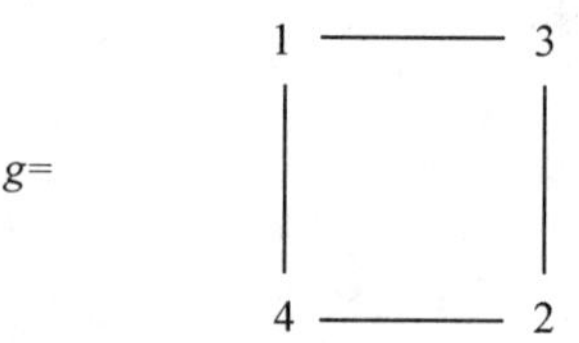

这个图表示一个顶点的标签上的数字为$\{1,2,3,4\}$ 的图，其边的集合为

$$\{\{1,3\},\{2,3\},\{2,4\},\{1,4\}\}$$

我们只考虑这个(由其相邻的结构,即边的集合所定义的)图的结构,因此下面的图形具有相同的抽象结构

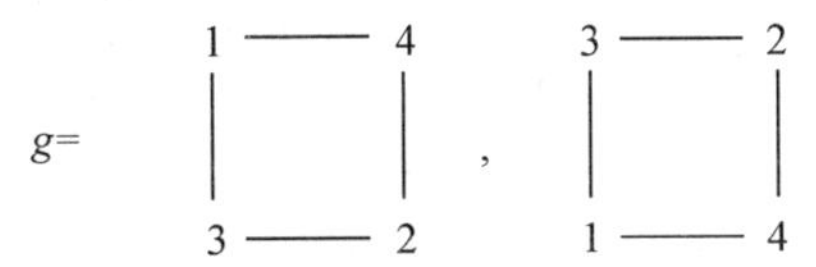

然而,下面的图都是和上图不同的图,他们互相也是不同的:

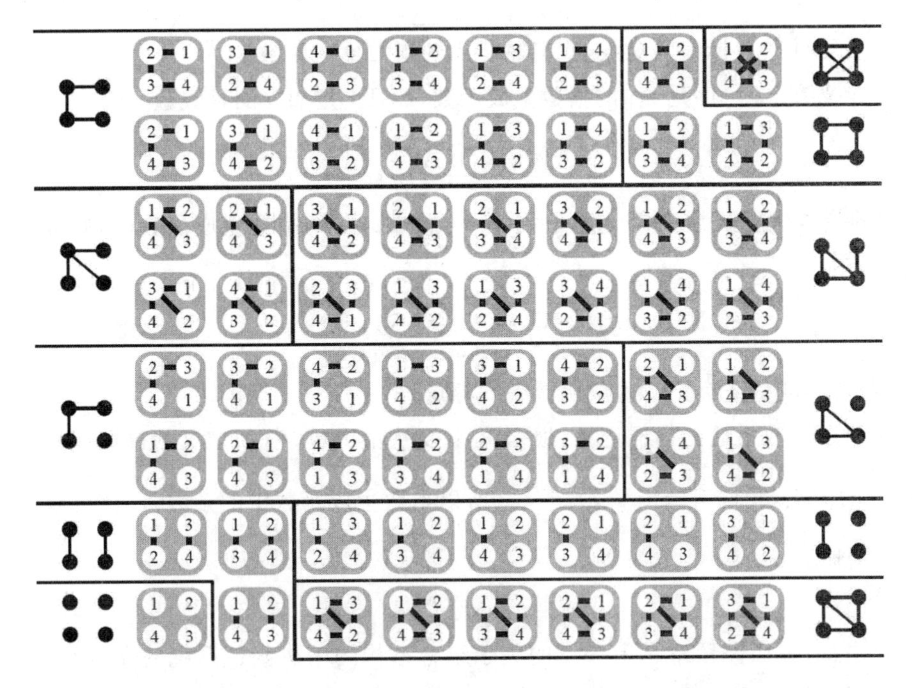

图 Ⅱ.1 列出了 64 种容量为 4 的有标记图和忽略标记时对应于它们的等价类的无标记图

一共有 $G_4=64=2^6$ 种不同的容量为 4 的,即由 4 个顶点组成的有标记的图.其种类的一般计数公式为 $G_n=2^{\frac{n(n-1)}{2}}$(详见例 Ⅰ.5 节).有标记的图可以分组成等价类,这些等价类的个数就是标签上的数字的全排列的个数.这些等价类确定了 $\widehat{G}_4=11$ 种容量为 4 的无标记的图.每一个无标记的图对应于一个由各种有标记的图的变种组成的等价类.例如,完全断开的图(底部,左侧)和完全的图(右上)只对应于 1 个有标记的图,而直线图(左上)则对应了 $\frac{1}{2}\times4!=12$ 个可能的有标记的图.

例如,由于在 h 和 j 中,1 和 2 是相邻的,但是在 g 中不相邻,所以共有 3 种

不同的(1 和 2 的相邻关系)有标记的图(即 g,h,j),他们具有相同的"形状",并都对应于一个正方形的无标记的图 G

$$h=\begin{array}{ccc}4&—&1\\|&&|\\3&—&2\end{array},\qquad j=\begin{array}{ccc}3&—&1\\|&&|\\4&—&2\end{array}$$

$$Q=\begin{array}{ccc}\bullet&—&\bullet\\|&&|\\\bullet&—&\bullet\end{array}$$

为了计数有标记的对象,我们需要用到指数生成函数.

定义 Ⅱ.2 序列 A_n 的指数生成函数(EGF) 是如下的幂级数

$$A(z)=\sum_{n\geqslant 0}A_n\frac{z^n}{n!}\tag{1}$$

类$\mathcal{A}$的指数生成函数(EGF) 就是数 $A_n=\mathrm{card}(\mathcal{A}_n)$ 的指数生成函数,因此等价的就有

$$A(z)=\sum_{n\geqslant 0}A_n\frac{z^n}{n!}=\sum_{\alpha\in\mathcal{A}}\frac{z^{|\alpha|}}{|\alpha|!}$$

也就是说,变量 z 标记了生成函数中的容量.

利用级数系数的标准记法,根据第 Ⅰ 章中的方程(9) 所定义的提取记号和 EGF 的定义,我们有$[z^n]A(z)=\dfrac{A_n}{n!}$,所以指数生成函数中的系数 A_n 就可以重新写成①

$$A_n=n!\cdot[z^n]A(z)$$

注意,我们保留继承上一章的关于组合结构的生成函数系统的命名约定,即对于一个有标记的类$\mathcal{A}$,其计数序列 A_n(或 a_n) 与其指数生成函数 $A(z)$(或 $a(z)$),均用相同的字母表示.像往常那样,组合同构的意义(定义 Ⅰ.3) 可根据我们的需要自由确定.

单位元类和原子类. 正如在无标记情况中已经证明的那样,引进容量为 0 的(空的) 对象 ε 所组成的单位元类是有用的.现在我们也考虑一种特殊的有标记的对象:单位元类$\mathcal{E}$,其定义为$\mathcal{E}=\{\varepsilon\}$,并用黑体字 **1** 表示它.(有标记的) 原子类$\mathcal{Z}=\{①\}$ 由唯一的一个容量为 1 的对象组成,这是一个良标记的对象,其标签

---

① 某些作者喜欢用 $\left[\dfrac{z^n}{n!}\right]A(z)$ 这一符号来代替 $n!\cdot[z^n]A(z)$,但本书不使用这一记法.实际上,Knuth[376] 令人信服地说明,这一记法与许多"好"的系数运算符的理想性质,例如"双线性"不符合.

上的记号是 ①. 单位元类和原子类的 EGF 分别为

$$E(z)=1 \text{ 和 } Z(z)=z$$

排列,箱子和圆圈图. 在例 Ⅱ.2—Ⅱ.4 中描述的这些结构无疑是有标记计数中最基本的结构.

例 Ⅱ.2　排列. 所有的排列组成的类$\mathcal{P}$是一种典型的有标记的类. 排列

$$\sigma=\begin{pmatrix}1 & 2 & \cdots & n \\ \sigma_1 & \sigma_2 & \cdots & \sigma_n\end{pmatrix}$$

通常表示成一个直线的序列$(\sigma_1,\sigma_2,\cdots,\sigma_n)$,这时,可把$\mathcal{P}$排成下面的形式

$$\mathcal{P}=\left\{\varepsilon,①,\begin{matrix}①—②\\②—①\end{matrix},\begin{matrix}①—②—③\\②—③—①\\③—①—②\\②—①—③\\①—③—②\\③—②—①\end{matrix},\cdots\right\}$$

因此 $P_0=1,P_1=1,P_2=2,P_3=6$ 等. 根据定义,所有可能顺序的不同的标签都要考虑进去,因此可把类$\mathcal{P}$等价地看成所有有标记直线的有向图的类(我们默认表示中的方向是从左到右). 因此,排列的类$\mathcal{P}$的计数为 $P_n=n!$.

证明　在第 1 个位置上有 n 种选择,第 2 个位置上有 $n-1$ 种选择,等等. $\mathcal{P}$的 EGF 为

$$P(z)=\sum_{n\geqslant 0} n!\,\frac{z^n}{n!}=\sum_{n\geqslant 0} z^n=\frac{1}{1-z}$$

由于包含了元素排序的信息,排列在很多和次序统计有关的应用中是至关重要的.

例 Ⅱ.3　箱子. 这是如下的所有的由单原子的不连通的图组成的类$\mathcal{U}$

$$\mathcal{U}=\left\{\varepsilon,①,\boxed{①\ ②},\boxed{\begin{matrix}① & ②\\ & ③\end{matrix}},\boxed{\begin{matrix}① & ②\\③ & ④\end{matrix}},\boxed{\begin{matrix}① & & ②\\ & ⑤ & \\③ & & ④\end{matrix}},\cdots\right\}$$

在这种组合结构中,不考虑有标记的原子之间的次序,因此对每个 n 只存在一种可能的布置,因而有 $U_n=1$. 类$\mathcal{U}$可以看成所有的单个箱子组成的类,其中容量为 n 的箱子包含 n 个不计次序的可以区分的球. 对应的 EGF 为

$$U(z)=\sum_{n\geqslant 0} 1\,\frac{z^n}{n!}=\exp(z)=\mathrm{e}^z$$

(常数序列{ 1 } 的 EGF 是一个指数函数,说明了术语“指数生成函数”的含

义）. 箱子的概念也说明了在一些应用中，把箱子中的元素等价地表示成递增的直线图组成的箱子是方便的. 例如

①—②—③—④—⑤

等价于一个容量为 5 的箱子. 尽管初看之下，箱子的概念是非常平凡的，然而我们很快就会看到，它们作为复杂的有标记结构（例如，各种配置）的搭建积木是特别重要的.

例 Ⅱ.4　圆圈图. 最后，我们考虑如下的圆圈图的类，其中圆圈的定向按照自己习惯的方式确定（比如说，在这里我们按逆时针定向）.

$\mathcal{C} = \Bigg\{$ ①, ①②, ①②③, ①③②, $\ldots \Bigg\}$

圆圈图和圆圈上的排列是 1－1 对应的. 因此我们有 $C_n=(n-1)!$（证明：一个定向的圆圈上的排列由 1 后面的元素确定，因此由 $n-1$ 个元素的排列确定）. 因而，我们就有

$$C(z)=\sum_{n\geqslant 1}(n-1)!\,\frac{z^n}{n!}=\sum_{n\geqslant 1}\frac{z^n}{n}=\log\frac{1}{1-z}$$

正如我们将在下一节中看到的那样，出现对数是在圆圈上布置有标记对象的特征.

▶ **Ⅱ.1　有标记的树.** 现在设 U_n 是具有 n 个顶点的连通的和无环的有标记图的数量，等价的，U_n 也是有标记的无根的非平面树的数量. 设 T_n 是有标记的有根的非平面树的数量. 恒等式 $T_n=nU_n$ 是初等的，由于在有标记的树中，所有的顶点都可根据其标签加以分辨，因而有 n 种选择根的方式. 在，Ⅱ.5 节中，我们将证明 $U_n=n^{n-2}$ 以及 $T_n=n^{n-1}$. ◀

Ⅱ.2　可行的有标记结构

我们现在描述一个可以从简单的有标记的类结构复杂的有标记类的工具包. 我们仍在第Ⅰ章 Ⅰ.2 节的意义上理解组合和，或不相交并的意义：即它是一些不相交的副本的并. 接下来，为了定义适合有标记结构的积，我们不能依靠 Descartes 积，由于两个有标记对象的对不是良标记的对象（例如标签 1 总是会重复出现两次）. 相反，我们定义一个新的操作，有标记的积，它可以自然地转换为指数生成函数. 从此开始，就产生了有标记的级数、集合和轮换的简单翻译法则.

二项式卷积.作为有标记结构翻译的准备工作,我们首先简要回顾一下EGF的乘法效应.设 a(z),b(z),c(z) 都是 EGF,其中 $a(z)=\sum_{n}\frac{a_{n}z^{n}}{n!}$,$b(z)$,$c(z)$ 类似.二项式卷积公式是:

若 $a(z)=b(z)\cdot c(z)$,则

$$a_{n}=\sum_{k=0}^{n}\binom{n}{k}b_{k}c_{n-k} \tag{2}$$

其中像通常那样,$\binom{n}{k}=\frac{n!}{k!\ (n-k)!}$ 表示二项式系数.这个公式可从通常的形式幂级数的乘积公式得出

$$\frac{a_{n}}{n!}=\sum_{k=0}^{n}\frac{b_{k}}{k!}\cdot\frac{c_{n-k}}{(n-k)!}$$

其中 $\binom{n}{k}=\frac{n!}{k!\ (n-k)!}$.

类似的,若 $a(z)=b^{(1)}(z)b^{(2)}(z)\cdots b^{(r)}(z)$,则有

$$a_{n}=\sum_{n_{1}+n_{2}+\cdots+n_{r}=n}\binom{n}{n_{1},n_{2},\cdots,n_{r}}b_{n_{1}}^{(1)}b_{n_{2}}^{(2)}\cdots b_{n_{r}}^{(r)} \tag{3}$$

方程(3)中出现了多项式系数

$$\binom{n}{n_{1},n_{2},\cdots,n_{r}}=\frac{n!}{n_{1}!\ n_{2}!\ \cdots n_{r}!}$$

这个公式计数了把 n 个元素分成 r 个可区分的组的方法的数目,其中每个组中的元素个数分别是 $n_{1},n_{2},\cdots,n_{r}$.这一性质在二项式卷积和 EGF 的枚举应用中起了核心的作用.

Ⅱ.2.1 有标记结构.一个有标记的对象可以被重新标记.我们只考虑一致的重新标记,在这种重新标记中,前后两种标记保留它们标签之间的次序关系不变.在这一规定之下,有两种对偶的重新标记的模式是特别重要的.

—— 简化:对容量为 n 的弱的有标记结构,此操作可以将其标签简化为标准的整数区间 $[1,2,\cdots,n]$,同时保持标签之间的次序关系不变.例如,序列 $\langle 7,3,9,2\rangle$ 可简化成 $\langle 3,2,4,1\rangle$.我们用 $\rho(\alpha)$ 表示结构 α 经简化后所得的标准的重新标记结构.

—— 扩展:这一操作定义了一个重新标记函数 $e:[1,\cdots,n]\mapsto\mathbb{Z}$,我们假设此函数是严格递增的.对一个容量为 n 的良标记对象 α,我们让它对应一个弱有标记对象 $\widetilde{\alpha}$,设 α 的标签是 j,那么我们规定 $\widetilde{\alpha}$ 的标签是 $e(j)$.例如,$\langle 3,2,4,1\rangle$ 可

以扩展成$\langle 33,22,44,11\rangle$，$\langle 7,3,9,2\rangle$等. 我们用$e(\alpha)$表示结构$\alpha$经扩展后所得的重新标记结构.

给了两个有标记对象$\beta\in\mathcal{B}$和$\gamma\in\mathcal{C}$，它们的有标记积或简称积用$\beta\star\gamma$表示，它是由好的有序对(β',γ')组成的集合，其中(β',γ')可以简化为(β,γ).

$$\beta\star\gamma=\{(\beta',\gamma')\mid(\beta',\gamma')\text{ 是良标记的，且 }\rho(\beta')=\beta,\rho(\gamma')=\gamma\}\tag{4}$$

利用扩展，其等价的形式为

$$\begin{aligned}\beta\star\gamma=\{(e(\beta),f(\gamma))\mid &\operatorname{Im}(e)\cap\operatorname{Im}(f)=\varnothing,\\ &\operatorname{Im}(e)\cup\operatorname{Im}(f)=[1,\cdots,1+|\beta|+|\gamma|]\}\end{aligned}\tag{5}$$

其中e,f是重新标记函数，其值域分别是$\operatorname{Im}(e)$和$\operatorname{Im}(f)$.

注意：根据结构可知，有标记积的元素是良标记的对象. 两个容量分别为n_1和n_2的元素β和γ的有标记积$(\beta\star\gamma)$是一个元素个数为$n=n_1+n_2$的集合. 我们将其表示为

$$\binom{n_1+n_2}{n_1,n_2}\equiv\binom{n}{n_1}$$

由于这个数量是对(β,γ)扩展后的重新标记对象集合的元素个数.

（图Ⅱ.2显示了一个具体的容量为3的有标记对象和一个容量为2的有标记对象的有标记积的$\binom{5}{2}=10$个元素. 然后通过对集合的扩展操作就自然地定义了这些类的有标记的积.）

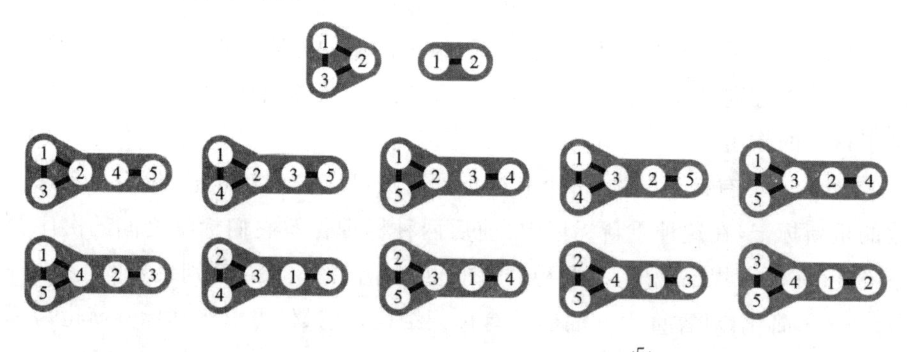

图Ⅱ.2　三角形和线段的有标记积的$10\equiv\binom{5}{2}$个元素

定义Ⅱ.3　$\mathcal{B}$和$\mathcal{C}$的有标记积是对$\mathcal{B}\times\mathcal{C}$的所有有序对施行所有可能的保序的重新标记操作，所形成的集合，用$\mathcal{B}\star\mathcal{C}$表示，用符号写出来就是

$$\mathcal{B}\star\mathcal{C}=\bigcup_{\beta\in\mathcal{B},\gamma\in\mathcal{C}}(\beta\star\gamma)\tag{6}$$

有了这些记号后，我们即可用类似于无标记结构的方法建立级数、集合和

轮换.同时建立结构的可行性①.

有标记的积. 当$\mathcal{A}=\mathcal{B}\star\mathcal{C}$时,对应的计数序列满足关系式

$$A_n=\sum_{|\beta|+|\gamma|=n}\binom{|\beta|+|\gamma|}{|\beta|,|\gamma|}B_{|\beta|}C_{|\gamma|}=\sum_{n_1+n_2=n}\binom{n}{n_1,n_2}B_{n_1}C_{n_2} \tag{7}$$

乘积 $B_{n_1}C_{n_2}$ 跟踪了$\mathcal{B}$和$\mathcal{C}$的所有可能的分量,而二项式系数根据我们先前的讨论计数了所有可能的重新标记的对象的数量.二项卷积性质(7)蕴含了相容性

$$\mathcal{A}=\mathcal{B}\star\mathcal{C}\Rightarrow A(z)=B(z)\cdot C(z)$$

这使我们可把有标记的积简单地翻译成 EGF 的乘积.

▶ Ⅱ.2 **多重有标记积.** (二元)的有标记积满足结合律

$$\mathcal{B}\star(\mathcal{C}\star\mathcal{D})=(\mathcal{B}\star\mathcal{C})\star\mathcal{D}$$

这一性质定义了$\mathcal{B}\star\mathcal{C}\star\mathcal{D}$.对应的EGF是$B(z)\cdot C(z)\cdot D(z)$.这一法则可以推广到 r 个因子的情况,其系数由多项式卷积(3)给出. ◀

k-级数和级数. $\mathcal{B}$的 k 次(有标记)幂定义成$(\mathcal{B}\star\mathcal{B}\star\cdots\star\mathcal{B})$,其中有 k 个因子$\mathcal{B}$,我们用 $\mathrm{SEQ}_k(\mathcal{B})$ 表示这一结构,由于它对应的形成了一个 k-级数并且对所有的对象施行同样的重新标记.类 $\mathcal{B}$的(有标记)级数用 $\mathrm{SEQ}(\mathcal{B})$ 表示,其定义为

$$\mathrm{SEQ}(\mathcal{B}):=\{\varepsilon\}+\mathcal{B}+(\mathcal{B}\star\mathcal{B})+(\mathcal{B}\star\mathcal{B}\star\mathcal{B})+\cdots=\bigcup_{k\geqslant 0}\mathrm{SEQ}_k(\mathcal{B})$$

EGF 的乘积关系可以推广到任意多个因子的情况(见上面的注记 Ⅱ.2),因此

$$\begin{cases}\mathcal{A}=\mathrm{SEQ}_k(\mathcal{B})\Rightarrow A(z)=B^k(z)\\ \mathcal{A}=\mathrm{SEQ}(\mathcal{B})\Rightarrow A(z)=\displaystyle\sum_{k=0}^{\infty}B^k(z)=\frac{1}{1-B(z)}\end{cases}$$

在后一方程中要求$\mathcal{B}_0=\varnothing$.

k-集合和集合. 我们用$\mathrm{SET}_k(\mathcal{B})$ 表示由 $\mathcal{B}$形成的 k-集合.就像在无标记的情况中那样,集合类的定义是形式的:它是一个商集$\mathrm{SET}_k(\mathcal{B})=\mathrm{SEQ}_k(\mathcal{B})/R$,其中的等价关系 R 的含义是当一个序列的分量是另一个的排列时,则将其看成恒同的.一个“集合”就像一个序列,但是不管其中的次序.一个对 $\mathcal{B}$应用所得的(有标记)集合,用 $\mathrm{SET}(\mathcal{B})$ 表示,其定义为

$$\mathrm{SET}(\mathcal{B})=\{\varepsilon\}+\mathcal{B}+\mathrm{SET}_2(\mathcal{B})+\cdots=\bigcup_{k\geqslant 0}\mathrm{SET}_k(\mathcal{B})$$

---

① 回忆一下,如果结果的计数序列,只取决于运算的计数序列,那么称此结构是可行的(定义Ⅰ.5).因此,可行的结构会导致一个从结构到指数生成函数的良定义的变换.

一个有标记的 k- 集和恰好对应着 k! 个不同的序列，由于它们的分量都可用其上面的标签区分．确切地说，对每一个有标记的集合或序列，我们都可通过其“领头分量”来识别它们，这个“领头分量”的标签的值是所有标签中最小的．因而，在 k- 序列和 k- 集合之间，就存在着一个 $k!-1$ 的一致的对应，如下图($k=3$)所示：

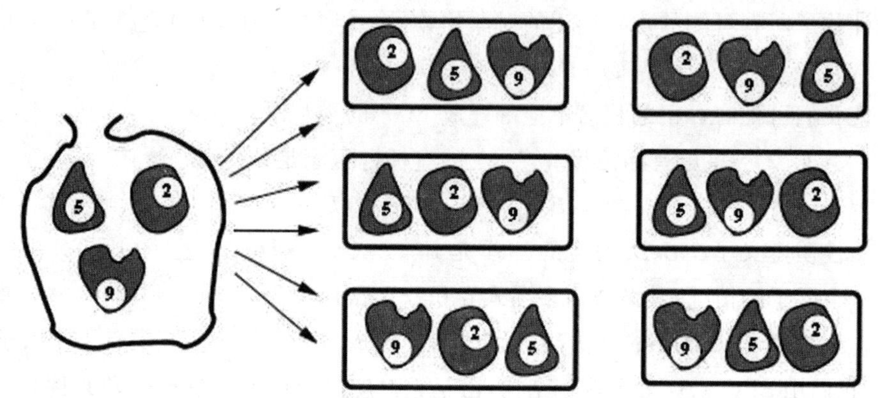

用术语具体地说就是一个包含 k 个不同对象的口袋中的东西，其标签的排列是一个有 k! 种排列方式的表．用 EGF 的术语来说就是

$$\begin{cases} \mathcal{A}=\mathrm{SET}_k(\mathcal{B}) \Rightarrow A(z)=\dfrac{1}{k!}B^k(z) \\ \mathcal{A}=\mathrm{SET}(\mathcal{B}) \Rightarrow A(z)=\sum\limits_{k=0}^{\infty}\dfrac{1}{k!}B^k(z)=\exp(B(z)) \end{cases}$$

在后一等式中，我们假设$\mathcal{B}_0=\varnothing$.

在无标记的情况中，公式要比现在更复杂，由于多重集中的分量不一定是不同的．对于无标记结构，还要注意多重集和幂集之间的区别，这是很重要的．作为对照，我们可以看出有标记集合的无标记类似物要更多：前者仅有集合 SET 的概念，而在无标记结构中，与此对应的则有多重集 MSET 和幂集 PSET 两种概念.

k- **轮换和轮换**．我们还要引入 k- 轮换和轮换的类的概念，并分别用 $\mathrm{CYC}_k(\mathcal{B})$ 和 $\mathrm{CYC}(\mathcal{B})$ 表示它们．就像在无标记的情况中那样，轮换类的定义是形式的：它是一个商集$\mathrm{CYC}_k(\mathcal{B}):=\mathrm{SEQ}_k(\mathcal{B})/S$，其中的等价关系 S 的含义是当一个序列的分量是另一个的圆排列时，则将其看成恒同的．一个“集合”就像一个序列，但是其分量可以循环地位移．因而，在 k- 序列和 k- 轮换之间，就存在着一个 $k-1$ 的一致的对应，由于每个轮换都恰有 k 种序列表示．用 EGF 的术语来说，我们有(设$\mathcal{B}_0=\varnothing$ 以及 $k\geqslant 1$)

$$\begin{cases} \mathcal{A}=\mathrm{CYC}_k(\mathcal{B})\Rightarrow A(z)=\dfrac{1}{k}B^k(z) \\ \mathcal{A}=\mathrm{CYC}(\mathcal{B})\Rightarrow A(z)=\sum\limits_{k=1}^{\infty}\dfrac{1}{k}B^k(z)=\log\dfrac{1}{1-B(z)} \end{cases}$$

综上,我们有

定理 Ⅱ.1 有标记对象的基本相容性. 组合和,有标记积,级数,集合和轮换都是相容的结构,对应于它们的 EGF 的运算是:

和:$\mathcal{A}=\mathcal{B}+\mathcal{C}\Rightarrow A(z)=B(z)+C(z)$;

积:$\mathcal{A}=\mathcal{B}\star\mathcal{C}\Rightarrow A(z)=B(z)\cdot C(z)$;

级数:$\mathcal{A}=\mathrm{SEQ}(\mathcal{B})\Rightarrow A(z)=\dfrac{1}{1-B(z)}$;

——k 个分量:$\mathcal{A}=\mathrm{SEQ}_k(\mathcal{B})\equiv(\mathcal{B})^{\star k}\Rightarrow A(z)=B(z)^k$.

集合:$\mathcal{A}=\mathrm{SET}(\mathcal{B})\Rightarrow A(z)=\exp(B(z))$.

——k 个分量:$\mathcal{A}=\mathrm{SET}_k(\mathcal{B})\Rightarrow A(z)=\dfrac{1}{k!}B^k(z)$.

轮换:$\mathcal{A}=\mathrm{CYC}(\mathcal{B})\Rightarrow A(z)=\log\dfrac{1}{1-B(z)}$.

——k 个分量:$\mathcal{A}=\mathrm{CYC}_k(\mathcal{B})\Rightarrow A(z)=\dfrac{1}{k}B^k(z)$.

可结构类. 像上一章一样,称一个有标记对象的类是可结构的,如果这个类可用和(不相交并),有标记的积,级数,集合,轮换,由容量为 0 的单位元类定义的初始类和原子类$\mathcal{Z}=\{①\}$表示出来. 根据 Ⅱ.1 节中的讨论,立即可以看出,以下的类都是一些初等的可结构类

$$\mathcal{P}=\mathrm{SEQ}(\mathcal{Z}),\mathcal{U}=\mathrm{SET}(\mathcal{Z}),\ \mathcal{C}=\mathrm{CYC}(\mathcal{Z})$$

它们分别确定了排列,箱子和圆圈图. 这些都是可以用来结构更复杂的可结构类的基本元素. 特别,就像我们很快就会看到的(Ⅱ.3 节和 Ⅱ.4 节),它们可用于结构集合的分拆($\mathcal{S}$),满射($\mathcal{R}$),在圆周上的分解下的排列($\mathcal{P}$)和对齐($\mathcal{O}$),其对应的表示为

满射:$\mathcal{R}\cong\mathrm{SEQ}(\mathrm{SET}_{\geqslant 1}(\mathcal{Z}))$ (集合的级数)

集合的分拆:$\mathcal{S}\cong\mathrm{SET}(\mathrm{SET}_{\geqslant 1}(\mathcal{Z}))$ (集合的集合)

对齐:$\mathcal{O}\cong\mathrm{SEQ}(\mathrm{CYC}(\mathcal{Z}))$(轮换的级数)

排列:$\mathcal{P}\cong\mathrm{SET}(\mathrm{CYC}(\mathcal{Z}))$(轮换的集合)

定理 Ⅱ.1 的直接推论是可结构的有标记类的 EGF 的函数方程可以自动计算出来.

定理 Ⅱ.2　有标记对象，符号方法. 一个有标记对象的结构类的指数生成函数是一个函数方程组的分量，这个函数方程组是用算子

$$+,\times,Q(f)=\frac{1}{1-f},E(f)=e^f,L(f)=\log\frac{1}{1-f}$$

对1和 z 作用而构成的. 当我们进一步允许算子的复合时，还可以把 f^k（相当于 SEQ_k），$\frac{1}{k!}f^k$（相当于 SET_k）和 $\frac{1}{k}f^k$（相当于 CYC_k）添加到上表中去.

Ⅱ.2.2　标签和无标记的枚举. 任何有标记的类 $\mathcal{A}$ 都有一个无标记的对应物 $\hat{\mathcal{A}}$：$\hat{\mathcal{A}}$ 中的对象是通过忽略 $\mathcal{A}$ 中对象的标签得出的. 这一思想可以通过两个有标记对象的等价加以形式化，若存在任何一种重新标记方法（不一定是像我们至今一直用到的保序的重新标记）使得可以把其中一个对象变换为另一个，则称这两个有标记对象是等价的. 对一个容量为 n 的对象，每个与其等价的类的系数与这个对象的系数之比都位于1和 $n!$ 之间，即

命题 Ⅱ.1　有标记类 $\mathcal{A}$ 的计数和它的无标记对应物 $\hat{\mathcal{A}}$ 的计数之间有关系

$$\hat{A}_n\leqslant A_n\leqslant n!\ \hat{A}_n \tag{8}$$

或等价的 $1\leqslant\frac{A_n}{\hat{A}_n}\leqslant n!$.

例 Ⅱ.5　有标记和无标记的图. 上述情况我们已经在关于图的讨论中遇见过（图 Ⅱ.1）. 设 G_n 和 $\hat{G}_n$ 分别是容量为 n 的有标记图和无标记图的数量. 我们发现对 $n=1,\cdots,15$，有

$\hat{G}_n$（无标记图的数量）	G_n（有标记图的数量）
1	1
2	2
4	8
11	64
34	1 024
156	32 768
1 044	2 097 152
12 346	268 435 456
274 668	68 719 476 736
12 005 168	35 184 372 088 832
1 018 997 864	36 028 797 018 963 968
165 091 172 592	73 786 976 294 838 206 464

序列$\hat{G}_n$构成EIS A000088,他可以通过扩展第 I 章中的方法,特别是通过Pólya理论得出,见文献[319,第4章].序列可直接由下述事实确定,即在n个顶点的图中,每个顶点或有$\binom{n}{2}$个可能的边或没有,因此

$$G_n = 2^{\binom{n}{2}} = 2^{\frac{n(n-1)}{2}}$$

显然,计数有标记图数量的序列要比计数无标记图数量的序列增长的快得多.我们可对这一特例验证不等式(8).将比率正规化

$$\rho_n := \frac{G_n}{\hat{G}_n}, \ \sigma_n := \frac{G_n}{n! \ \hat{G}_n}$$

然后就可以观察到

n	$\rho_n = G_n/\hat{G}_n$	$\sigma_n = G_n/(n! \ \hat{G}_n)$
1	1.000 000 000	1.000 000 000 0
2	1.000 000 000	0.500 000 000 0
3	2.000 000 000	0.333 333 333 3
4	5.818 181 818	0.242 424 242 4
6	210.051 282 1	0.291 737 891 8
8	21 742.706 63	0.539 253 636 7
12	446 946 830.2	0.933 080 036 1
16	$0.207\,688\,578\,3 \cdot 10^{14}$	0.992 642 852 2

根据这些数据,很自然会猜想当$n \to \infty$时,σ_n将快速地趋于1.这的确是一个原来由Pólya发现的不平凡的事实(见Harary和Palmer的书[319],第9章,其中的内容是图形枚举的渐近表达式)

$$\hat{G}_n \sim \frac{1}{n!} 2^{\binom{n}{2}} = \frac{G_n}{n!}$$

换句话说,"几乎所有"的容量为n的图都应该满足数量接近于$n!$那么多的标签.(在组合上,这对应于在一个随机的无标记的图中,在很大的概率下,可以通过图的邻接结构来区分所有节点这一事实;在这种情况下,图不具有非平凡的自同构,并且不同的标签的数量恰有$n!$个).

和所有的图的情况相对应的是箱子(完全不联通的图)的情况,在图的情况中,$\hat{G}_n \sim \frac{G_n}{n!}$,而在作为另一种极端情况的箱子情况中

$$\hat{U}_n = U_n = 1$$

这些例子表明,除了给出命题 Ⅱ.1 的一般的界之外,在有标记的枚举和无标记的枚举之间不存在一种自动的转换方法.但至少,若类$\mathcal{A}$是可结构的,则我们可以在第 Ⅰ 章的意义下(SET $\mapsto$ MSET) 通过将其所有的中间结构表示成无标记结构的方法,来获得其无标记的对应物$\hat{\mathcal{A}}$,这两种生成函数都是可计算的,因此其系数也是可以比较的.

▶Ⅱ.3 **排列及其无标记对应物**. 排列的有标记的类可以表示成$\mathcal{P}=$ SEQ($\mathcal{Z}$),其无标记的对应物是以单位符号表示的整数的集合$\hat{\mathcal{P}}$. 因而我们有$\hat{\mathcal{P}}_n \equiv 1$,所以恰有$\mathcal{P}_n = n!\ \hat{\mathcal{P}}_n$. 表示$\mathcal{P}' =$ SET(CYC($\mathcal{Z}$)) 描述了轮换的集合,而在有标记的世界里,我们有$\mathcal{P}' \cong \mathcal{P}$,然而$\mathcal{P}'$ 的无标记的对应物是第 Ⅰ 章中验证过的整数的分拆的类$\hat{\mathcal{P}}' \neq \hat{\mathcal{P}}$.(在无标记世界中,有一些像 $\mathrm{SEQ}_{\geqslant 1}(\mathcal{Z}) \cong \mathrm{MSET}_{\geqslant 1}(\mathcal{Z}) \cong \mathrm{CYC}(\mathcal{Z})$ 那样的特殊的组合同构,而在有标记世界中,成立恒等式 SET $\circ$ CYC $\equiv$ SEQ.)

Ⅱ.3 满射,集合的分拆和单词

这一节和下一节专门讨论由两种结构合成的称为二层非递归类型的结构.在这一部分,我们讨论满射和集合的分拆(Ⅱ.3.1 节),它们是无标记的整数的合成与分拆的有标记的类似物.那样,符号方法就可自然地扩展到有限字母表上的单词,其中发现了一个新的课题,即对组成单词的字母的频率进行分析.这反过来又对经典的随机分配问题的研究产生了有益的影响,这些问题包括了生日悖论和优惠券收藏者问题(Ⅱ.3.2 节).图 Ⅱ.3 总结了这一节中导出的一些主要的枚举结果.

Ⅱ.3.1 **满射和集合的分拆.**

我们研究类

$$\mathcal{R} = \mathrm{SEQ}(\mathrm{SET}_{\geqslant 1}(\mathcal{Z}))\ \text{和}\ \mathcal{S} = \mathrm{SET}(\mathrm{SET}_{\geqslant 1}(\mathcal{Z}))$$

它们分别对应于集合的级数($\mathcal{R}$) 和集合的集合($\mathcal{S}$),或者等价的,分别对应于箱子的级数和箱子的集合.这种抽象的表示模型,即满射和集合的分拆是离散数学的基本对象.

	表示	EGF	系数
满射	$\mathcal{R}=\mathrm{SEQ}(\mathrm{SET}_{\geqslant 1}(\mathcal{Z}))$	$\frac{1}{2-\mathrm{e}^z}$	$\sim\frac{n!}{2(\log 2)^{n+1}}$
r个像	$\mathcal{R}^{(r)}=\mathrm{SEQ}_r(\mathrm{SET}_{\geqslant 1}(\mathcal{Z}))$	$(\mathrm{e}^z-1)^r$	$r!\left\{\begin{matrix}n\\r\end{matrix}\right\}$
集合的分拆	$\mathcal{S}=\mathrm{SET}(\mathrm{SET}_{\geqslant 1}(\mathcal{Z}))$	$\mathrm{e}^{\mathrm{e}^z-1}$	$\approx\frac{n!}{(\log n)^n}$
r个块	$\mathcal{S}^{(r)}=\mathrm{SET}_r(\mathrm{SET}_{\geqslant 1}(\mathcal{Z}))$	$\frac{1}{r!}(\mathrm{e}^z-1)^r$	$\left\{\begin{matrix}n\\r\end{matrix}\right\}$
块的个数$\leqslant b$	$\mathcal{S}=\mathrm{SET}(\mathrm{SET}_{1,\cdots,b}(\mathcal{Z}))$	$\mathrm{e}^{\mathrm{e}_b(z)-1}$	$\approx n^{n\left(1-\frac{1}{b}\right)}$
单词	$\mathcal{W}=\mathrm{SEQ}_r(\mathrm{SET}(\mathcal{Z}))$	e^{rz}	r^n

图 Ⅱ.3　关于满射，集合的分拆和单词的主要的枚举结果

具有 r 个像的满射. 在初等数学中，满射是一个从集合 A 到集合 B 的函数，它把值域中的每个值至少取得一次(一个映上的映射). 固定某个整数 $r\geqslant 1$，并用$\mathcal{R}_n^{(r)}$表示所有从集合$[1,\cdots,n]$到集合$[1,\cdots,r]$的满射组成的类，并称其每一个元素为一个 r- 满射. 图 Ⅱ.4 中画出了一个具体的这种对象 $\varphi\in\mathcal{R}_9^{(5)}$.

令$\mathcal{R}^{(r)}=\bigcup\limits_n\mathcal{R}_n^{(r)}$并继续计算它的 EGF，即 $R^{(r)}(z)$. 首先，我们看出一个 r- 满射 $\varphi\in\mathcal{R}_n^{(r)}$是由一个有序的 r 元组确定的，这个组是由像元素的所有的原像集合形成的，把这个组写出来就是$(\varphi^{-1}(1),\cdots,\varphi^{-1}(r))$，他们本身是整数集合$[1,\cdots,n]$的非空的不相交集合. 对于图 Ⅱ.4 中的映射 φ，把它具体写出来就是

$$\varphi:[\{2\},\{1,3\},\{4,6,8\},\{9\},\{5,7\}]$$

通过这样的分解，我们即可得出 $R^{(r)}$ 的组合表示和 EGF 关系

$$\mathcal{R}^{(r)}=\mathrm{SEQ}_r(\mathcal{V}),\mathcal{V}=\mathrm{SET}_{\geqslant 1}(\mathcal{Z})\Rightarrow R^{(r)}(z)=(\mathrm{e}^z-1)^r \tag{9}$$

其中$\mathcal{V}\cong\mathcal{U}\setminus\{\varepsilon\}$表示非空的箱子$\{\mathcal{U}\}$的类，它的 EGF 是$V(z)=\mathrm{e}^z-1$. 换句话说"一个满射就是一个非空集合的序列"(图 Ⅱ.4).

表达式(9) 解决了满射的计数问题. 对小的 r，我们由此就可求出

$$R^{(2)}(z)=\mathrm{e}^{2z}-2\mathrm{e}^z+1,R^{(3)}(z)=\mathrm{e}^{3z}-3\mathrm{e}^{2z}+3\mathrm{e}^z-1$$

因此，将级数展开后就得到

$$R_n^{(2)}=2^n-2,R_n^{(3)}=3^n-3\cdot 2^n+3$$

一般的公式可用二项式定理简单地把式(9) 中的式子展开到 r 次幂，并提取系数而得出

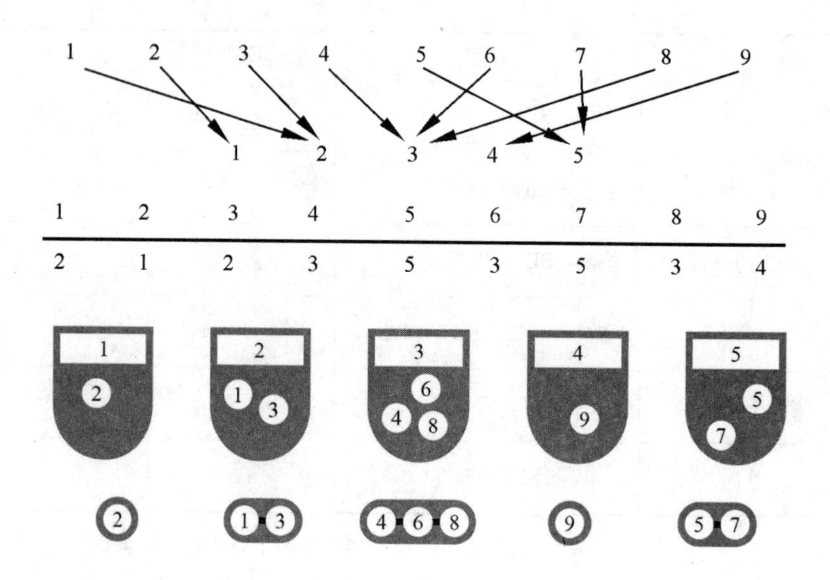

[{2}, {1,3}, {4,6,8}, {9}, {5,7}]

图 Ⅱ.4　把满射分解成集合的序列：一个满射 φ 可由它的图(顶部)，它的表(第二行)或它的原像的序列(底部)给出

$$R_n^{(r)} = n!\ [z^n]\sum_{j=0}^{r}\binom{r}{j}(-1)^j e^{(r-j)z} = \sum_{j=0}^{r}\binom{r}{j}(-1)^j (r-j)^n \tag{10}$$

▶**Ⅱ.4　满射的 EGF 的一种直接推导方法.** 我们可以通过从最原始的原理出发的方法来验证由符号方法得出的结果. 满射的值 j 的原像是某个元素个数为 $n_j \geqslant 1$ 的非空的集合，因此有

$$R_n^{(r)} = \sum_{(n_1,n_2,\cdots,n_r)}\binom{n}{n_1,n_2,\cdots,n_r} \tag{11}$$

其中的求和遍历 $n_j \geqslant 1, n_1+n_2+\cdots+n_r=n$. 引入数 $V_n := [[n \geqslant 1]]$，其中 $[[P]]$ 是 Iverson 括号，则公式(11) 可以写成更简单的形式

$$R_n^{(r)} \equiv \sum_{n_1,n_2,\cdots,n_r}\binom{n}{n_1,n_2,\cdots,n_r} V_{n_1}V_{n_2}\cdots V_{n_r} \tag{12}$$

现在求和扩展到遍历所有的有序组 $(n_1,n_2,\cdots,n_r)$. V_n 的 EGF 是 $V(z) = \sum \frac{V_n}{n!}z^n = \mathrm{e}^z - 1$，因而卷积关系(12) 再次导出式(9). ◀

把集合分拆成 r 个块. 设 $S_n^{(r)}$ 表示把集合 $[1,\cdots,n]$ 拆分成 r 个等价类，也即块的方法的数目. 设 $S^{(r)} = \sum_n S_n^{(r)}$，其对应的对象称为集合的分拆(不要把这一概念和 Ⅰ.3 节中所研究的整数的分拆混淆起来). 集合的分拆的计数和满射的

计数差不多.从符号上看,集合的分拆是由类(块)的有标记的集合确定的,其中的每一个类都是一个非空的箱子.因而我们就有

$$\mathcal{S}^{(r)}=\mathrm{SET}_r(\mathcal{V}),\mathcal{V}=\mathrm{SET}_{\geqslant 1}(\mathcal{Z})\Rightarrow S^{(r)}(z)=\frac{1}{r!}(\mathrm{e}^z-1)^r \tag{13}$$

根据(9)和(13)两式可知联系两个计数序列 $R_n^{(r)}$ 和 $S_n^{(r)}$ 的基本公式是

$$S_n^{(r)}=\frac{1}{r!}R_n^{(r)}$$

这也可以直接加以解释.一个 r- 分拆恰和一个由 $r!$ 个不同的满射组成的组相关,两个满射属于同一组当且仅当其中一个可通过置换值域 $[1,\cdots,n]$ 中的值而从另一个得出.

数 $S_n^{(r)}=n!\ [z^n]S^{(r)}(z)$ 就是所谓的第二类Stirling数,或Stirling数.我们已经在单词的编码(第 Ⅰ 章)中遇到过这种数.Knuth 按照 Karamata(卡拉马塔)的记法,把 $S_n^{(r)}$ 记成 $\left\{ n \atop r \right\}$,根据式(10)可把它确切地写成

$$S_n^{(r)}\equiv\left\{ n \atop r \right\}=\frac{1}{r!}\sum_{j=0}^{r}\binom{r}{j}(-1)^j(r-j)^n \tag{14}$$

Graham,Knuth 和 Patashnik 的书[307]以及 Comtet 的书[129]中包含了对这些数的透彻的讨论,也可见附录 A.8 Stirling 数.

所有的满射和集合的分拆.现在我们定义所有的满射的集合和所有的集合的分拆的集合如下

$$\mathcal{R}=\bigcup_r \mathcal{R}^{(r)},\mathcal{S}=\bigcup_r \mathcal{S}^{(r)}$$

按照这个定义,$\mathcal{R}_n$就是所有的$[1,\cdots,n]$到任意的整数的初始段上的满射构成的类,而$\mathcal{S}_n$则是所有的把集合$[1,\cdots,n]$拆分成任意数目的分拆的类(图 Ⅱ.5).用符号表示就是

$$\begin{cases}\mathcal{R}=\mathrm{SEQ}(\mathrm{SET}_{\geqslant 1}(\mathcal{Z}))\Rightarrow R(z)=\dfrac{1}{2-\mathrm{e}^z}\\ \mathcal{S}=\mathrm{SET}(\mathrm{SET}_{\geqslant 1}(\mathcal{Z}))\Rightarrow S(z)=\mathrm{e}^{\mathrm{e}^z-1}\end{cases} \tag{15}$$

数 $R_n=n!\ [z^n]R(z)$ 称为满射数,(也称为"优先安排"数,EIS A000670),而数 S_n 则称为 Bell(贝尔)数(EIS A000110).容易根据 EGF 的展开式确定这些数

$$R(z)=1+z+3\cdot\frac{z^2}{2!}+13\cdot\frac{z^3}{3!}+75\cdot\frac{z^4}{4!}+$$
$$541\cdot\frac{z^5}{5!}+4\ 683\cdot\frac{z^6}{6!}+47\ 293\cdot\frac{z^7}{7!}+\cdots$$

$$S(z)=1+z+2\cdot\frac{z^2}{2!}+5\cdot\frac{z^3}{3!}+15\cdot\frac{z^4}{4!}+$$
$$52\cdot\frac{z^5}{5!}+203\cdot\frac{z^6}{6!}+877\cdot\frac{z^7}{7!}+\cdots$$

作为有限的二重和的确切表达式,可从 Stirling 数的求和得出

$$R_n=\sum_{r\geqslant 0}r!\left\{\begin{matrix}n\\r\end{matrix}\right\},S_n=\sum_{r\geqslant 0}\left\{\begin{matrix}n\\r\end{matrix}\right\}$$

其中每个 Stirling 数本身又是一个由式(14) 给出的和. 也可以给出普通的和式(尽管是无穷的) 形式的表达式,它们来自下面的展开式

$$R(z)=\frac{1}{2}\frac{1}{1-\frac{1}{2}\mathrm{e}^z}=\sum_{l=0}^{\infty}\frac{1}{2^{l+1}}\mathrm{e}^{lz}$$

和

$$S(z)=\mathrm{e}^{\mathrm{e}^z-1}=\frac{1}{\mathrm{e}}\mathrm{e}^{\mathrm{e}^z}=\frac{1}{\mathrm{e}}\sum_{l=0}^{\infty}\frac{1}{l!}\mathrm{e}^{lz}$$

通过提取系数就得出

$$R_n=\frac{1}{2}\sum_{l=0}^{\infty}\frac{l^n}{2^l}\text{ 和 }S_n=\frac{1}{\mathrm{e}}\sum_{l=0}^{\infty}\frac{l^n}{l!}$$

Bell 数的公式是 Dobinski(多宾斯基) 在 1877 年发现的.

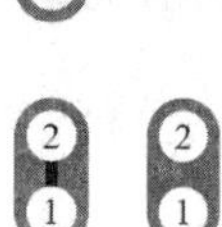

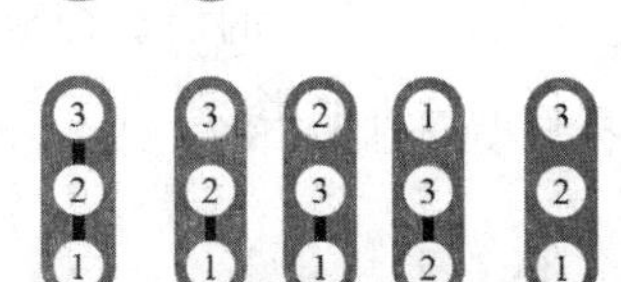

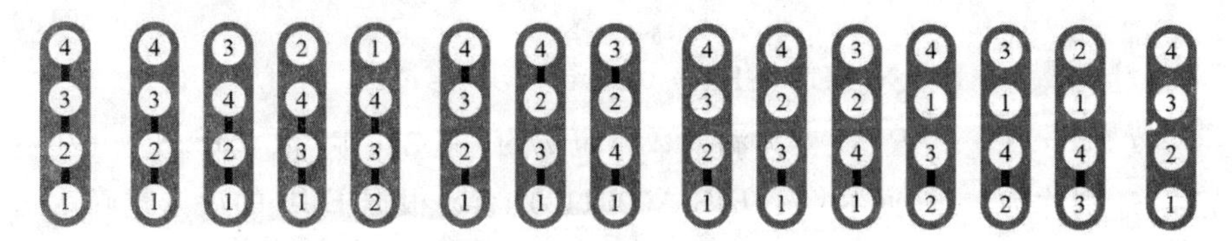

图 Ⅱ.5 大小为 $n=1,2,3,4$ 的所有分区集的完整列表对应的数列中的 1,1,2,5,15,… 是由 Bell 数形成的,EISA000110

满射的渐近分析将作为复渐近分析方法(半纯情况) 最初的例子在例Ⅳ.7 中加以展示,而 Bell 的分拆数则是显示鞍点方法最好的例子(例 Ⅷ.6). 这些数

的渐近形式为

$$R_n \sim \frac{n!}{2} \cdot \frac{1}{(\log 2)^{n+1}}, S_n \sim n! \cdot \frac{e^{e^r-1}}{r^n \sqrt{2\pi r(r+1)e^r}} \tag{16}$$

给出这些渐近形式的初等推导（即只依赖于实分析）也是可能的，简单的讨论可见附录 B.6 Laplace 方法.

把满射看成集合的级数和把分拆看成集合的枚举推理方法产生的一般性结果适用于很广泛的一类受约束的结构.

命题 Ⅱ.2 满射的类$\mathcal{R}^{(A,B)}$的 EGF 为

$$R^{(A,B)}(z)=\beta(\alpha(z))$$

其中$\alpha(z)=\sum_{a\in A}\frac{z^a}{a!}$，$\beta(z)=\sum_{b\in B}z^b$，这里$\mathcal{R}^{(A,B)}$的原像位于$A\subset\mathbb{Z}_{\geqslant 1}$，而值域中的对象集合的元素个数属于 B.

集合的分拆的类$\mathcal{S}^{(A,B)}$的 EGF 为

$$S^{(A,B)}(z)=\beta(\alpha(z))$$

其中$\alpha(z)=\sum_{a\in A}\frac{z^a}{a!}$，$\beta(z)=\sum_{b\in B}\frac{z^a}{b!}$，这里$\mathcal{S}^{(A,B)}$中的块的容量在$A\subset\mathbb{Z}_{\geqslant 1}$中，而相应的块的数目属于$\mathcal{B}$.

证明 我们有$\mathcal{R}^{(A,B)}=\mathrm{SEQ}_B(\mathrm{SET}_A(\mathcal{Z}))$以及$\mathcal{S}^{(A,B)}=\mathrm{SET}_B(\mathrm{SET}_A(\mathcal{Z}))$，这里按照注记 Ⅰ.7 中我们的一般记法，记号 $\mathfrak{K}_\Omega$ 表示一个其成员的个数限制在集合 Ω 中的结构 $\mathfrak{K}$.

例 Ⅱ.6 集合分拆中最小的块和最大的块. 设 $e_b(z)$ 表示截断的指数函数

$$e_b(z):=1+\frac{z}{1!}+\frac{z^2}{2!}+\cdots+\frac{z^b}{b!}$$

则 EGFs $S^{\leqslant b}(z)=\exp(e_b(z)-1)$ 和 $S^{\geqslant b}(z)=\exp(e^z-e_b(z))$ 就分别对应于所有的块的容量都 $\leqslant b$ 的分拆和所有的块的容量都 $\geqslant b$ 的分拆.

▶ **Ⅱ.5 缺单元素的拆分.** 没有单元素部分的 EGF 是 e^{e^z-1-z}. “双满射”（每个原像至少含有两个元素）的 EGF 是$\frac{1}{2+z-e^z}$. ◀

例 Ⅱ.7 Comtet **正方形.** Comtet 的书中的一道习题[129，p. 225，习题 13]给出了符号方法效力的一个漂亮的例子. 这里的问题是关于块的数量或每个块中的元素的数量满足奇偶限制的分拆的枚举，对应的 EGF 可列表如下：

集合的分拆	块中的元素个数任意	块中的元素个数是奇数	块中的元素个数是偶数
任意块数	e^{e^z-1}	$\sinh(e^z-1)$	$\cosh(e^z-1)$
奇数块数	$e^{\sinh z}$	$\sinh(\sinh z)$	$\cosh(\sinh z)$
偶数块数	$e^{\cosh z-1}$	$\sinh(\cosh z-1)$	$\cosh(\cosh z-1)$

证明 直接应用命题 Ⅱ.2.并注意 e^z,$\sinh z$ 和 $\cosh z$ 分别是刻画$\mathbb{Z}_{\geqslant 0}$,$2\mathbb{Z}_{\geqslant 0}+1$ 和 $2\mathbb{Z}_{\geqslant 0}$的 EGFs,所求的 EGFs 然后即可从复合

$$\begin{Bmatrix}\exp\\ \sinh\\ \cosh\end{Bmatrix}\circ\begin{Bmatrix}-1+\exp\\ \sinh\\ -1+\cosh\end{Bmatrix}$$

出发,根据一般原理得出.

Ⅱ.3.2 对单词和随机分配的应用. 当我们分析统计单词中的字母时,大量的枚举问题就出现在这些单词中.这些枚举问题在随机分配[388]和计算机科学中的哈西算法(hashing algorithms)(见文献[378,538])中都有应用.固定一个元素个数为 r 的字母表

$$\mathcal{X}=\{a_1,a_2,\cdots,a_r\}$$

并设$\mathcal{W}$是所有由这些字母构成的单词的类,单词的容量就是它的长度.一个长度为 n 的单词 $w\in\mathcal{W}_n$可以看成是一个从$[1,\cdots,n]$到$[1,\cdots,r]$的函数,即一个把每个位置的值对应于单词中的字母的函数(1 到 r 的标准编号),例如,设$\mathcal{X}=\{a,b,c,d,p,q,r\}$,$\mathcal{X}$对单词 *abracadabra* 的标准编号为$a_1=a,\cdots,a_7=r$,那么给出位置 — 字母对应的表就是

$$\begin{pmatrix}a&b&r&a&c&a&d&a&b&r&a\\1&2&3&4&5&6&7&8&9&10&11\\1&2&7&1&3&1&4&1&2&7&1\end{pmatrix}$$

这个表本身又被如下的原像的序列所确定

$$\overbrace{\{1,4,6,8,11\}}^{a=a_1},\overbrace{\{2,9\}}^{b=a_2},\overbrace{\{5\}}^{c=a_3},\overbrace{\{7\}}^{d=a_4},\overbrace{\{\quad\}}^{p=a_5},\overbrace{\{\quad\}}^{q=a_6},\overbrace{\{3,10\}}^{r=a_7}$$

这一分解与用于满射的分解相同,只是现在不再要求原像集合必须是非空的.

设$\mathcal{U}$表示所有箱子的类,那么基于原像的分解就给出

$$\mathcal{W}\cong\mathcal{U}^r=\mathrm{SEQ}_r(\mathcal{U})\Rightarrow W(z)=(e^z)^r=e^{rz}\tag{17}$$

由此,正如我们所期望的那样,我们又重新得出$W_n=r^n$.总之一个由 r 个字母组成的字母表中的字母组成的单词等价于一个映到一个基数为 r 的函数,并

可由一个 r 层的有标记的积描述.

对于字母出现的次数有限制的情况,分解式(17) 可以推广如下.

命题 Ⅱ.3 设$\mathcal{W}^{(A)}$表示由 r 个字母组成的字母表中的字母组成的单词的族,其中每个字母的出现次数都在集合 A 中,那么

$$W^{(A)}(z)=\alpha^r(z) \tag{18}$$

其中 $\alpha(z)=\sum_{a\in A}\frac{z^a}{a!}$.

证明 只需一行:$\mathcal{W}^{(A)}\cong \mathrm{SEQ}_r(\mathrm{SET}_A(\mathcal{Z}))$. 尽管这一结果在技巧上只是符号方法的一个浅显的推论,但是正如我们将在下面所看到的那样,它在离散概率中却有一些重要的应用.

例 Ⅱ.8 受限制的单词. 每个字母至多出现b次的单词的类和每个字母的出现次数都要多于 b 的单词的类的 EGF 分别是

$$\mathcal{W}^{(\leqslant b)}(z)=e_b^r(z),\mathcal{W}^{(>b)}(z)=(\mathrm{e}^z-e_b(z))^r \tag{19}$$

(注意此例与例 Ⅱ.6类似.)在上面第一个式子中取$b=1$就给出r个元素的n-排列的数目(即 n 个位置的有次序的组合,其中每个位置可取 r 种可能的元素)

$$n!\ [z^n](1+z)^r=n!\ \binom{r}{n}=r(r-1)\cdots(r-n+1) \tag{20}$$

现在,在式(19) 的第二个式子中取 $b=0$,则正如我们所预期的那样,就又重新得出r满射的数目. 对一般的b,式(19) 中的生成函数则给出了在随机的单词中出现次数最少的和出现次数最多的字母的有价值的信息.

例 Ⅱ.9 随机分配(箱球模型). 把 n 个可分辨的球随机地扔进 m 个可分辨的箱子. 那么一个特定的箱子装球的情况就可用一个长度为 n 的、用由 m 个字母(代表装球的箱子)组成的字母表中的字母组成的单词来加以描述. 设Min 和 Max 分别代表装球最少的箱子和装球最多的箱子中所装球的数目,那么①

$$\begin{cases}\mathbb{P}\{\mathrm{Max}\leqslant b\}=n!\ [z^n]e_b\left(\dfrac{z}{m}\right)^m\\ \mathbb{P}\{\mathrm{Min}>b\}=n!\ [z^n]\left(\mathrm{e}^{\frac{z}{m}}-e_b\left(\dfrac{z}{m}\right)\right)^m\end{cases} \tag{21}$$

这个公式的正确性依赖于下面的易于验证的恒等式

$$\frac{1}{m^n}[z^n]f(z)\equiv[z^n]f\left(\frac{z}{m}\right) \tag{22}$$

---

① 我们用 $P(E)$ 表示事件 E 发生的概率,用 $E(X)$ 表示随机变量 X 的数学期望. 参见附录 A.3 组合概率和附录 C.2 随机变量.

基于概率可由有利事件的数目(由式(19) 确定) 和总数(m^n) 之比确定这一事实,这就导致我们可用符号操作系统来验证式(21). 例如,对 $m=100$ 和 $n=200$,我们可发现对于 $P(\mathrm{Max}=k)$ 有

k	2	4	5	6	7	8	9	12	15	20
$P(\mathrm{Max}=k)$	10^{-55}	$1.4\cdot 10^{-3}$	0.17	0.46	0.26	0.07	0.01	$9\cdot 10^{-5}$	$2\cdot 10^{-7}$	$4\cdot 10^{-10}$

由此可以看出值 $k=5,6,7,8$ 集中了大约 99% 的事件发生的概率.

一种特别令人感兴趣的情况是 m 和 n 渐近成比例的情况,即 $\frac{n}{m}=\alpha$,其中 α 位于 $(0,+\infty)$ 的某个紧致的子区间中. 当 $n\to\infty$,概率趋于1的情况下,我们有

$$\mathrm{Min}=0,\ \mathrm{Max}\sim\frac{\log n}{\log\log n}$$

换句话说,几乎可以肯定的是,空的箱子(实际上它们很多,见例 Ⅲ.10) 在总的箱子中的比例几乎为零,而装球最多的箱子以容量的对数增长(例Ⅷ.14). 建立这种概率性质的最好的方法是复分析,其起点是像(19) 和(21) 两式这样的精确的生成函数表达式.

它们构成了 Kolchin(科尔钦),Sevastyanov(谢瓦斯特亚诺夫) 和 Chistyakov(切斯特雅科夫) 的书[388] 的核心. 所得的估计值在哈希算法(hashing algorithms)(见文献[301,389,538]) 的分析中非常有价值,对于这一算法箱球模型已被公认具有很高的精度(见文献[425]).

▶Ⅱ.6 **单词中不同字母的个数.** 在一个随机的长度为 n 的用由 r 个字母组成的字母表中的字母组成的单词中,有 k 个不同的字母的单词出现的概率为

$$p_{n,k}^{(r)}:=\frac{1}{r^n}\binom{r}{k}\left\{{n\atop k}\right\}k!$$

(其中$\left\{{n\atop k}\right\}$是 Stirling 数)(先在 r 个字母中选 k 个字母,然后把 n 个位置分成 k 个不同的非空的类.) 量 $p_{n,k}^{(r)}$ 也是在从$[1,\cdots,n]$到$[1,\cdots,r]$的映射中,具有 k 个像的映射的概率. ◀

▶Ⅱ.7 **排列.** 一个容量为 n 的排列是$[1,\cdots,n]$ 的(某些) 元素的一个有序的组合. 设$\mathcal{A}$是所有排列的类. 将所有在排列中没有出现的字母都装在一个箱子中,则其表示和相应的 EGF 为(见文献[129])

$$\mathcal{A}\cong\mathcal{U}\star\mathcal{P},\mathcal{U}=\mathrm{SET}(\mathcal{Z}),\mathcal{P}=\mathrm{SEQ}(\mathcal{Z})\Rightarrow A(z)=\frac{\mathrm{e}^z}{1-z}$$

计数序列为 $A_n=\sum_{k=0}^{n}\frac{n!}{k!}$，其开头的几个数为 1，2，5，16，65，326，1 957(EIS A000522). ◀

生日悖论和优惠券收藏者问题. 下面的两个例子显示了 EGF 对概率理论的两个经典问题，生日悖论和优惠券收藏者问题的应用. 它们构成了一个符号方法用于分析离散概率模型的整洁漂亮的例证. 第 Ⅲ 章系统地探讨了这一主题，而第 Ⅸ 章则致力于渐近律的研究. 确切的结果可见这两章的有关章节.

假设有很多人，排成了一长队准备一个接一个地进入一个很大的房间. 每个人进入房间后，就公布他(她)的生日. 问必须进入多少人才能找到两个生日相同的人？生日悖论是一个违反直觉的断言，直觉上，人们感觉平均而言，最早的生日重合大约在 $n\doteq 24$ 时发生. 与之对偶的是优惠券收藏者问题，这个问题问的是为了耗尽作为出生日期的一年中的可能的日子，平均必须进入多少人才成？在这种情况下，平均值是相当大的，$n'\doteq 2\ 364$.("收藏优惠券"一词是指卖家将各种优惠券随物品销售并对那些有幸集全优惠券的顾客给予一定的奖励.) 生日问题和优惠券收藏者问题是对于事件的潜无限序列而提出的问题. 然而，第一次生日重合或第一次集全优惠券发生的时刻对任何的固定次数 n 只涉及有限的事件. 下图说明了令我们感兴趣的事件：

换句话说，我们要求的是单射停止的时刻(第一次生日重合的时刻 B) 和满射开始满足的时刻(全部收齐的时刻 C)，接下来，我们考虑一年中的天数 r(来自地球的读者可以取 $r=365$)，并用 $\mathcal{X}$ 表示具有 r 个字母(一年中的天数) 的字母表.

例 Ⅱ.10　生日悖论. 设 B 是第一次发生生日重合的时刻，这是一个在 2 和 $r+1$ 之间变动的随机变量(这个变量的上界可从鸽笼原理(译者注：国内一般统称为抽屉原则) 得出). 如果生日序列 $\beta_1,\cdots,\beta_n$ 没有重复的项，那么不可能产生生日的重合. 换句话说从 $[1,\cdots,n]$ 到 $\mathcal{X}$ 的函数 β 必须是一个单射，或等价的，$\beta_1,\cdots,\beta_n$ 必须是 r 个对象的一个排列. 因而，我们就得出了一个基本关系

$$
\begin{aligned}
\mathbb{P}\{B>n\} &= \frac{r(r-1)\cdots(r-n+1)}{r^n} \\
&= \frac{n!}{r^n}[z^n](1+z)^r \\
&= n!\ [z^n]\left(1+\frac{z}{r}\right)^r
\end{aligned}
\tag{23}
$$

其中第二行可从式(20)得出,而第三行则可从式(22)得出.

随机变量 B 的数学期望是初等的

$$
\mathbb{E}\{B\} = \sum_{n=0}^{\infty} \mathbb{P}\{B>n\} \tag{24}
$$

则是通过对所有的离散的随机变量都有效的一般公式而得出的(见附录 C.2 随机变量). 而式(23) 的第一行,就给出了一个表示数学期望的和,即

$$
\mathbb{E}\{B\} = 1 + \sum_{n=1}^{r} \frac{r(r-1)\cdots(r-n+1)}{r^n} \tag{25}
$$

例如,对于 $r=365$,我们可以求出数学期望是一个有理数

$$
\mathbb{E}\{B\} = \frac{12681\cdots06674}{5151\cdots0625} \doteq 24.616\,58
$$

其中分母包含多达 864 个数字.

数学期望的另一个表达式可从式(23) 第三行对应的生成函数得出. 设 $f(z) = \sum_n f_n z^n$ 是一个具有非负系数的整函数. 那么公式

$$
\sum_{n=0}^{\infty} f_n n! = \int_0^{\infty} \mathrm{e}^{-t} f(t)\,\mathrm{d}t \tag{26}
$$

是 Laplace 变换的一种具体的表达式. 只要左边的和式或右边的积分收敛,上面的公式就是有效的. 其证明是通常的 $n!$ 的 Euler 表达式

$$
n! = \int_0^{\infty} \mathrm{e}^{-t} t^n\,\mathrm{d}t
$$

的一个直接的推论. 对式(24) 应用上述结果,其中的概率由式(23) 给出(第三行),我们就得出

$$
\mathbb{E}\{B\} = \int_0^{\infty} \mathrm{e}^{-t}\left(1+\frac{t}{r}\right)^r \mathrm{d}t \tag{27}
$$

从这里可以得出渐近分析的结果. Laplace 方法[①]即可对式(25) 中的离散形式也对式(27) 中的积分形式应用. 见附录 B.6 Laplace 的方法. 无论用哪种方式,当 $r\to\infty$ 时,我们都得出估计

① Knuth 在文献[377,1.2.节 11.3] 中将此计算用作(实数) 渐近分析的一个初步的范例.

$$\mathbb{E}\{B\}=\sqrt{\frac{\pi r}{2}}+\frac{2}{3}+O\left(\frac{1}{\sqrt{r}}\right) \tag{28}$$

特别地式(28)提供了逼近的前两项.对于 $r=365$,其值为 24.611 19,相对误差仅为 $2\cdot 10^{-4}$.也可见图 Ⅱ.6,对应于 $r=20$ 中的例子.数量$\mathbb{E}(B)$通过关系式 $\mathbb{E}(B)=1+Q(r)$ 与 Ramanujan 的 Q- 函数相联系(见方程(50)).我们将在例Ⅵ.13 中验证一种可处理一大类有关的和的全局性方法.

从生成函数得出的积分表示,之所以有兴趣是由这种表示形式有广泛的适应性:它们可以很自然地适应多种组合条件.例如,式(21)的计算可同样证明如下:我们所期盼的事件"b 个人有相同的生日"首次发生的时刻可以通过用积分表达的数学期望

$$I(r,b):=\int_0^\infty \mathrm{e}^{-t}e_{b-1}\left(\frac{t}{r}\right)^r \mathrm{d}t \tag{29}$$

(最简单的生日悖论对应于 $b=2$)公式(29)最先是由 Klamkin(克拉姆金)和 Newman(纽曼)在 1967 年得出的,此外他们的论文[366]还表明

$$I(r,b)\underset{r\to\infty}{\sim}\sqrt[b]{b!}\,\Gamma\left(1+\frac{1}{b}\right)r^{1-\frac{1}{b}}$$

再次符合 Laplace 方法的结果.对 $r=365$ 和 $b=3$,渐近形式的估值为 82.87,期望值的确切值为 88.738 91.这样用三种方法得出的结果都是平均来说,大约 89 人进入房间后,就会有两个人的生日重合,这比人们想象的要早得多.整体的看起来,这一发展说明符号方法的多种用途以及对许多基本的概率问题的应用(另见 Ⅲ.6.1 小节).

▶ **Ⅱ.8　生日重合时间的概率分布.** 初等的逼近表明,对大的 r,在以 $n=t\sqrt{r}$ 为"中心"的框架中,我们有

$$\mathbb{P}\{B>t\sqrt{r}\}\sim \mathrm{e}^{-\frac{t^2}{2}},\ \mathbb{P}\{B=t\sqrt{r}\}\sim\frac{1}{\sqrt{r}}t\,\mathrm{e}^{-\frac{t^2}{2}}$$

密度为 $t\mathrm{e}^{-\frac{t^2}{2}}$ 的连续概率分布称为 Rayleigh(瑞利)分布.鞍点方法(第 Ⅷ 章)可用以说明一个 b- 层的第一次生日重合的概率为$\mathbb{P}\{B>tr^{1-\frac{1}{b}}\}\sim \mathrm{e}^{-\frac{t^b}{b!}}$. ◀

例 Ⅱ.11　完全集齐问题. 这个问题是生日悖论的对偶问题.我们要问的是 $\beta_1,\cdots,\beta_C$ 第一次包含了 $\mathcal{X}$ 中的全部字母的时间 C,即所有可能的生日都已"重合"的时间.换句话说,事件 $\{C\leqslant n\}$ 的含义是成立集合的等式 $\{\beta_1,\cdots,\beta_n\}=\mathcal{X}$.因而,根据我们前面所说的满射的计数这一概率应满足

$$\mathbb{P}\{C\leqslant n\}=\frac{R_n^{(r)}}{r^n}=\frac{r!\left\{ {n \atop r} \right\}}{r^n}$$

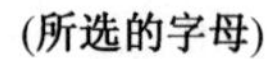

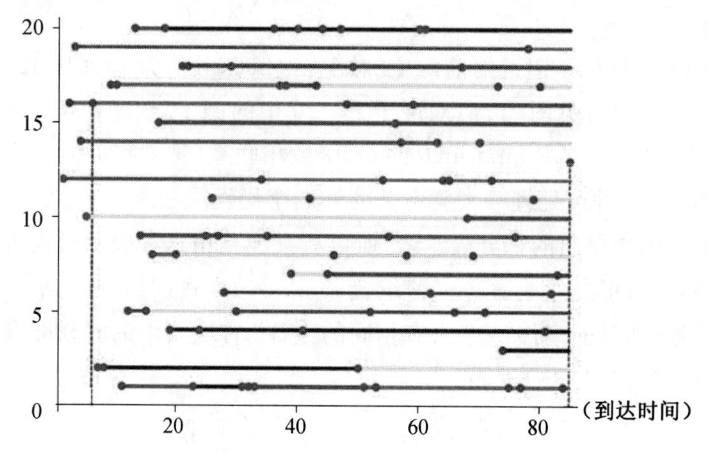

图 Ⅱ.6　一个实现"生日悖论"和"完全集齐"的样本，所用的字母表含有 $r=20$ 个字母. 第一次生日重合发生在 $B=6$ 时，而完全集齐发生在 $C=87$ 时

$$=\frac{n!}{r^n}[z^n](e^z-1)^r$$

$$=n!\ [z^n](e^{\frac{z}{r}}-1)^r \tag{30}$$

余集发生的概率因而就是

$$\mathbb{P}\{C>n\}=1-\mathbb{P}\{C\leqslant n\}=n!\ [z^n](e^z-(e^{\frac{z}{r}}-1)^r)$$

应用 Euler 积分(27) 那样就给出我们所需的完全集齐的时间的数学期望的表达式

$$\mathbb{E}(C)=\int_0^{\infty}(1-(1-e^{-\frac{t}{r}})^r)\,dt \tag{31}$$

经简单的计算(先用二项式定理展开再逐项积分) 表明

$$\mathbb{E}(C)=r\sum_{j=1}^{r}\binom{r}{j}\frac{(-1)^{j-1}}{j}$$

这个以交错级数形式表出的表达式与完全集齐问题的第一个答案是一致的. 在式(31) 中实行变换 $v=1-e^{-\frac{t}{r}}$，然后再展开并逐项积分就给出一个更易于处理的形式

$$\mathbb{E}(C)=rH_r \tag{32}$$

其中 H_r 是调和级数的前 r 项

$$H_r=1+\frac{1}{2}+\frac{1}{3}+\cdots+\frac{1}{r} \tag{33}$$

公式(32)易于直接[①]给出解释：一般来说，平均需要$1=\frac{r}{r}$次实验才能等来第一个日子，然后需要$\frac{r}{r-1}$次实验才能等来第二个日子，等等.

对于式(32)可以使用众所周知的方法(将和与积分相比较或Euler－Maclaurin(马克劳林)求和方法)而得出

$$H_r=\log r+\gamma+\frac{1}{2r}+O\left(\frac{1}{r^2}\right),\ \gamma\doteq 0.577\ 215\ 664\ 9$$

其中γ是所谓的Euler常数.因而，我们所期待的完全集齐的时刻将满足

$$\mathbb{E}(C)=r\log r+\gamma r+\frac{1}{2}+O\left(\frac{1}{r}\right) \tag{34}$$

这里“令人惊奇”之处在于我们所期待的完全集齐时刻的增长是非线性的！对一个地球年来说，$r=365$，而我们所期待的值则$\doteq 2364.646\ 02$，而逼近表达式(34)的前三项所给出的值则为2 364.646 25，相对误差仅为一千万分之一.

像通常那样，符号方法可适应各种情况.例如，多次重合的情况.我们可以求出每个对象(生日或优惠券)获得b次的期待时间为

$$J(r,b)=\int_0^{\infty}\left(1-\left(1-e_{b-1}\left(\frac{t}{r}\right)\mathrm{e}^{-\frac{t}{r}}\right)^r\right)\mathrm{d}t$$

这个表达式极大地推广了对应于$b=1$的标准情况(31).由此可以求出(见文献[454])

$$J(r,b)=r(\log r+(b-1)\log\log r+\gamma-\log(b-1)!\ +o(1))$$

因此为了得出更多对象的重合所需的时间，我们仅需再在原来的公式中多加几项即可.

▶Ⅱ.9　**妹妹**.优惠券收藏者有一个妹妹，每次哥哥得到一张优惠券时，就会分给他的妹妹一张.Foata，Lass(拉斯)和Han(汉)的文献[266]表明，当妹妹平均错过H_r张优惠券时，哥哥将第一次集全.

▶Ⅱ.10　**集齐时的概率分布**.用鞍点方法(第Ⅷ章)可以证明.如果令$n=r\log r+tr$，那么我们有

$$\lim_{t\to\infty}\mathbb{P}(C\leqslant r\log r+tr)=\mathrm{e}^{-\mathrm{e}^{-t}}$$

这个连续的概率分布就是所谓的二重指数分布.对收集到b张一样的优惠券所

---

① 和符号方法相反，这种初等的推导只能适用于非常特别的问题，一般来说无法将其推广到更复杂的情况.

需的时间 $C^{(b)}$，我们有

$$\lim_{t\to\infty}\mathbb{P}\left(C^{(b)}<r\log r+(b-1)r\log\log r+tr\right)=\exp\left(\frac{-\mathrm{e}^{-t}}{b!}\right)$$

这是一个称为 Erdös（埃尔多斯）－Rényi（瑞尼）律的性质，这一性质在随机图的研究中得到了应用，见文献[195]. ◀

作为有标记对象的单词和作为无标记对象的单词. 从一个无标记的结构中我们能区分出什么样的有标记结构？如果单纯地问这个问题，那么答案就是根本没有什么内在的天然区别，所有的事情都在于观察者的眼光 —— 或者说是在表示一个问题的建模过程中采用何种类型的结构. 例如，考虑用 r 个字母组成的字母表中的字母构成的单词的类 $\mathcal{W}$，则两种结构的生成函数（一种为 OGF，另一种为 EGF）分别为

$$\hat{W}(z)\equiv\sum_n W_n z^n=\frac{1}{1-rz}\text{ 和 }W(z)=\sum_n W_n z^n=\frac{1}{1-rz}$$

在两种情况中我们都得出 $W_n=r^n$，它对应了两种结构单词的方式：第一种是直接作为无标记的序列，而另一种是作为字母位置的有标记的幂. 类似的情况出现在 r- 分拆上，我们可分别求出 OGF 和 EGF 为

$$\hat{S}^{(r)}(z)=\frac{z^r}{(1-z)(1-2z)\cdots(1-rz)}\text{ 和 }S^{(r)}(z)=\frac{(\mathrm{e}^z-1)^r}{r!}$$

这就要看你是把它们看成无标记的结构（按照 Ⅰ.4.3 节中的正规语言表示）还是直接将其看成一个有标记的结构（本章 Ⅱ.1 节）了.

▶**Ⅱ.11　球换盒子：Ehrenfest（埃伦费斯特）模型.** 考虑一个含两个盒子的系统 A 和 B. 有 N 个可辨别的球，开始时，这些球都在盒子 A 中. 在时刻 $\frac{1}{2}$，$\frac{3}{2}$，… 时，允许一个球从原来的盒子换到另一个盒子. 令 $E_n^{[l]}$ 是导致在时刻 n 时 A 将含有 l 个球的所有可能的过程的数目，$E^{[l]}(z)$ 是对应的 EGF，那么

$$E^{[l]}(z)=\binom{N}{l}(\cosh z)^l(\sinh z)^{N-l},E^{[N]}(z)=(\cosh z)^N=\left(\frac{\mathrm{e}^z+\mathrm{e}^{-z}}{2}\right)^N$$

（提示：EGF $E^{[N]}$ 枚举了每个原像都是偶数的映射的数目.）特别，在 $2n$ 时刻箱子 A 又重新装满的概率是

$$\frac{1}{2^N N^{2n}}\sum_{k=0}^{N}\binom{N}{k}(N-2k)^{2n}$$

这个著名的模型是 1907 年由 Paul（保罗）和 Tatiana Ehrenfest（达吉雅娜・埃伦弗斯特）的文献[188]引进的简化的热传导模型. 它有助于解决不可逆的热

力学($N\to\infty$ 的情况)和遍历系统的回复($N<\infty$ 的情况)之间的明显矛盾. 特别可见 Mark Kac(马克·卡克)在文献[361]中的讨论. 也可用类似于加权格点路径的组合方法给出分析:见注记 Ⅴ.25 和文献[304]. ◀

Ⅱ.4 对齐,排列和相关的结构

在本节中,我们首先考虑两种结构的嵌套,这两种结构分别是轮换的序列和轮换的集合. 他们定义了一类新的对象:对齐,同时以一种新的方式表示排列.(这些表示平行于满射和集合的分拆.)这时,我们将把排列分解成轮换而加以研究,相应的枚举结果是组合学中最重要的一部分(Ⅱ.4.1 节和图 Ⅱ.8). 在 Ⅱ.4.2 节中我们重述可以通过两个有标记结构的嵌套的组合迭代定义的类的意义.

Ⅱ.4.1 对齐(alignment)和排列

这两种结构在现在的条件下其表达式分别为

$$\mathcal{O}=\mathrm{SEQ}(\mathrm{CYC}(\mathcal{Z}))\text{ 和 }\mathcal{P}=\mathrm{SET}(\mathrm{CYC}(\mathcal{Z})) \tag{35}$$

他们现在表示一种新的称为对齐($\mathcal{O}$)的对象,同时也表示排列的一种重要的分解($\mathcal{P}$).

对齐. 对齐是一个轮换的良标记的序列. 设$\mathcal{O}$是所有的对齐的类,用图表示,直观上可把一个对齐看成一个排成一条直线的轮换的有序的集合,它看起来有点像一串香肠的切片:

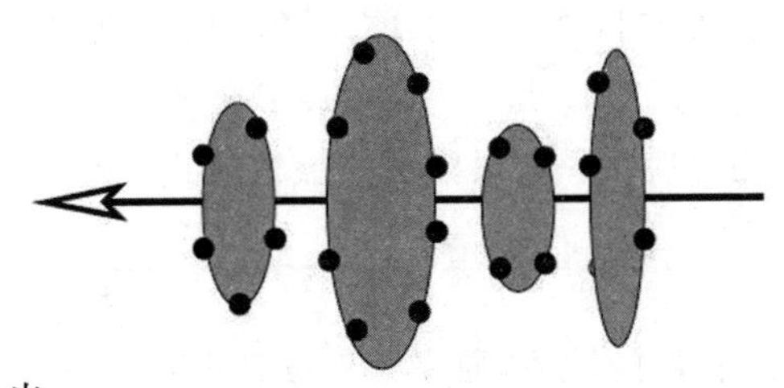

从符号方法得出

$$\mathcal{O}=\mathrm{SEQ}(\mathrm{CYC}(\mathcal{Z}))\Rightarrow O(z)=\frac{1}{1-\log\dfrac{1}{1-z}}$$

展开式的前几项是

$$O(z)=1+z+3\frac{z^2}{2!}+14\frac{z^3}{3!}+88\frac{z^4}{4!}+694\frac{z^5}{5!}+\cdots$$

但是系数(EIS A007840,“排列变成轮换的有序分解”)显得没有更简单的表示方法.

排列和轮换.由初等数学知识可知,每一个排列都可用唯一的方式分解成轮换的乘积.设σ为一个排列.从任何一个元素例如1开始,并从1到$\sigma(1)$画一条有方向的边,然后继续向$\sigma^2(1)$,$\sigma^3(1)$等做有向边.那么至多经过n次后,就可得到一个包含1的轮换.再取一个以前已得到的轮换中不包含的元素重新开始重复这一过程,那么最后就可得出排列σ的轮换分解,见图Ⅱ.7.这个论证说明,轮换的集合的类(对应于式(35)中的$\mathcal{P}$)与例Ⅱ.2中定义的排列的类是同构的

$$\mathcal{P}\cong\mathrm{SET}(\mathrm{CYC}(\mathcal{Z}))\cong\mathrm{SEQ}(\mathcal{Z}) \tag{36}$$

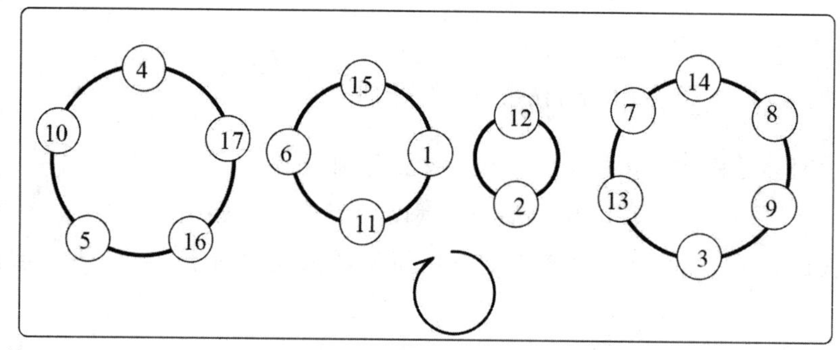

排列可以看作有标记的圆形的有向图的一组轮换.上图表示排列

$$\sigma=\begin{pmatrix}1&2&3&4&5&6&7&8&9&10&11&12&13&14&15&16&17\\11&12&13&17&10&15&14&9&3&4&6&2&7&8&1&5&16\end{pmatrix}$$

的一个分解(图中的轮换按顺时针方向定向,i对应于图中的边连成的σ_i).

图Ⅱ.7　排列的轮换分解

上面的组合同构对应于一个显然的级数恒等式

$$P(z)=\exp\left(\log\frac{1}{1-z}\right)=\frac{1}{1-z}$$

Exp和log彼此相反的性质,原来只不过是排列可以用唯一的方式分解成轮换的乘积这一组合学事实的分析解释!

作为组合的应用,从排列的轮换分解这一特殊结果可以导出丰富的许多其他结果.对有限制的结构完全平行地应用命题Ⅱ.2,就得出下面的陈述:

命题Ⅱ.4　轮换的长度在$A\subset\mathbb{Z}_{>0}$中,轮换的个数在$B\subset\mathbb{Z}_{\geqslant 0}$中的排列组成的类$\mathcal{P}^{(A,B)}$的EGF为

$$P^{(A,B)}(z)=\beta(\alpha(z))$$

其中 $\alpha(z)=\sum_{a\in A}\frac{z^a}{a},\beta(z)=\sum_{b\in B}\frac{z^b}{b!}$.

▶ **Ⅱ.12 对齐有什么结果?** 使用类似的记号,对齐有下面的公式

$$O^{(A,B)}(z)=\beta(\alpha(z))$$

其中,$\alpha(z)=\sum_{a\in A}\frac{z^a}{a},\beta(z)=\sum_{b\in B}z^b$,上述公式对应于$\mathcal{O}^{(A,B)}=\mathrm{SEQ}_B(\mathrm{CYC}_A(\mathcal{Z}))$.

◀

例 Ⅱ.12 Stirling **轮换数**. 可分解成 r 个轮换的排列的类$\mathcal{P}^{(r)}$满足

$$\mathcal{P}^{(r)}=\mathrm{SET}_r(\mathrm{CYC}(\mathcal{Z}))\Rightarrow P^{(r)}(z)=\frac{1}{r!}\left(\log\frac{1}{1-z}\right)^r \tag{37}$$

容量为 n 的那种排列的数目为

$$P_n^{(r)}=\frac{n!}{r!}[z^n]\left(\log\frac{1}{1-z}\right)^r \tag{38}$$

这些数是组合分析的基本量. 他们被称为第一类 Stirling 数,或更恰当的,根据 Knuth 的建议,称为 Stirling 轮换数. 在 Graham,Knuth 和 Patashnik 的书 [307] 中探讨了 Stirling 轮换数的性质和 Stirling 分拆数,在那本书中用 $\left[{n \atop r}\right]$ 来表示它们. 见附录 A.8 Stirling 数. (注意具有 r 个轮换的对齐的数目是 $r!\left[{n \atop r}\right]$.) 正如我们将要看到的那样(图 Ⅱ.5),Stirling 数也在按其记录的数得出的排列的枚举中浮现出来.

确定容量为 n 的随机排列中的轮换发生了什么情况,也是有兴趣的. 显然,当$\mathcal{P}_n$的所有元素都是一致分布均匀时,每个特定的排列的概率正好为$\frac{1}{n!}$. 由于一个事件发生的概率是有利的情况的数目与总的情况的数目的比,所以具有 k 个轮换的$\mathcal{P}_n$的随机元素发生的概率就是

$$p_{n,k}:=\frac{1}{n!}\left[{n \atop k}\right]$$

这个概率可用计算机代数系统从式(38)中,通过设置适当的 n 的值来有效地确定. 下面是对 $n=100$ 的情况选出的一些例子

k	1	2	3	4	5	6	7	8	9	10
$p_{n,k}$	0.01	0.05	0.12	0.19	0.21	0.17	0.11	0.06	0.03	0.01

对这个值 $n=100$，我们期望在绝大多数情况下，轮换的数目位于区间[1, 10]之中(残差的概率仅为 0.005 左右). 在这个概率模型中，平均值约为 5.18，因此对一个容量为 100 的随机排列平均来说，具有略多于 5 个的轮换而极少数才具有 10 个的轮换.

这种程序解释了符号方法的直接用法. 然而它无法告诉我们，当 $n\to\infty$ 时，轮换的数目是如何依赖于 n 的，这一问题将在第 Ⅲ 章和第 Ⅸ 章中系统地加以研究. 这里，我们先简略地介绍这一内容，首先构造二元生成函数

$$P(z,u):=\sum_{r=0}^{\infty}P^{(r)}(z)u^r$$

并且看出

$$P(z,u)=\sum_{r=0}^{\infty}\frac{u^r}{r!}\left(\log\frac{1}{1-z}\right)^r=\exp\left(u\log\frac{1}{1-z}\right)=\frac{1}{(1-z)^u}$$

然后由 Newton 的二项式展开公式就得出

$$[z^n]\frac{1}{(1-z)^u}=(-1)^n\binom{-u}{n}$$

换句话说，我们得出了一个简单的公式

$$\sum_{k=0}^{n}\left[\begin{matrix}n\\k\end{matrix}\right]u^k=u(u+1)(u+2)\cdots(u+n-1) \tag{39}$$

这个公式精确地给出了对应于固定的 n 的所有 Stirling 轮换的数目. 由此，通过对式(39) 做对数微分就可把轮换的期望数 $\mu_n:=\sum_k kp_{n,k}$ 表示成调和级数

$$\mu_n=H_n\equiv 1+\frac{1}{2}+\cdots+\frac{1}{n}$$

特别，我们有 $\mu_{100}=H_{100}\doteq 5.187\,38$. 对于一般情况，一个容量为 n 的随机的排列中轮换的平均数是以 n 的对数的速度增长的：$\mu_n\sim\log n$.

例 Ⅱ.13 不带长周期的对合与排列. 若一个排列 σ 满足 $\sigma^2=\mathrm{Id}$，则称这个排列是一个对合，其中 Id 是恒同置换. 显然，对合只可能有容量为 1 或 2 的轮换. 所有对合的类 $\mathcal{I}$ 满足

$$\mathcal{I}=\mathrm{SET}(\mathrm{CYC}_{1,2}(\mathcal{Z}))\Rightarrow I(z)=\exp\left(z+\frac{z^2}{2}\right) \tag{40}$$

确切形式的 EGF 是我们可以导出下面的展开式

$$I_n=\sum_{k=0}^{\lfloor\frac{n}{2}\rfloor}\frac{n!}{(n-2k)!\ 2^k k!}$$

这个公式解决了确切的计数问题. 一个对子是一个没有不动点的对合. 换句话

说，对子只有长度为 2 的轮换. 因此，若设$\mathcal{J}$是所有对子的类，则有

$$\mathcal{J}=\mathrm{SET}(\mathrm{CYC}_2(\mathcal{Z}))\Rightarrow J(z)=\mathrm{e}^{\frac{z^2}{2}},J_{2n}=1\times3\times5\times\cdots\times(2n-1)$$

(由 J_n 的公式，可知 I_n 的公式可以通过直接的推理验证.)

在一般情况下，所有具有长度至多等于 r 的轮换的排列的类的 EGF 为

$$B^{(r)}(z)=\exp\left(\sum_{j=1}^{r}\frac{z^j}{j}\right)$$

数 $b_n^{(r)}=[z^n]B^{(r)}(z)$ 满足递推关系

$$(n+1)b_{n+1}^{(r)}=(n+1)b_n^{(r)}-b_{n-r}^{(r)}$$

用上述公式可以快速地计算这些数，而用鞍点方法(第 Ⅷ 章)则可以给出其渐近逼近的解析表达式. 这就使我们可以统计排列中最长的轮换的数目及其增长速度.

例 Ⅱ.14　没有短轮换的错排和排列. 经典的，称一个没有不动点的排列为错排(derangement)，即对所有的 i 都有 $\sigma_i\neq i$. 给了一个整数 r，一个 r- 错排是一个所有的轮换(特别，最短的轮换)的长度都大于 r 的排列. 设$\mathcal{D}^{(r)}$是所有的 r- 错排构成的类，那么它有如下的表示

$$\mathcal{D}^{(r)}=\mathrm{SET}(\mathrm{CYC}_{>r}(\mathcal{Z}))\tag{41}$$

因而对应的 EGF 就是

$$D^{(r)}(z)=\exp\left(\sum_{j>r}\frac{z^j}{j}\right)=\frac{\exp\left(-\sum_{j=1}^{r}\frac{z^j}{j}\right)}{1-z}\tag{42}$$

例如，当 $r=1$ 时，由直接展开得出

$$\frac{D_n^{(1)}}{n!}=1-\frac{1}{1!}+\frac{1}{2!}-\cdots+\frac{(-1)^n}{n!}$$

上式是 e^{-1} 的级数展开式的截断，它快速地收敛到 e^{-1}. 在文献[129] 中用另一种形式的说法对这个问题做了陈述，这就成了一个轻松愉快的，带有 19 世纪古色古香风格的著名的组合学问题了："有 n 个人去歌剧院，进去之后，每个人都把帽子放在了衣帽间的挂钩上. 当他们走的时候，每个人都随手拿了一顶帽子，那么所有人都没拿到自己的帽子的概率渐近于$\frac{1}{\mathrm{e}}$，这是一个接近于 37% 的数."通常的证法是使用容斥原理；见 Ⅲ.7 节，其中用经典的和符号的两种方法做了论证(这是时代变化的标志，译者注：在 Motwani(莫特瓦尼) 和 Raghavan(拉加万) 的文献[451,p. 11] 的描述中，这个问题中的人和帽子被换成了一些喝醉的水手和船舱，而问题被描述成水手们都离开自己的船舱去喝酒了，回来时喝醉的水手每个人都随机地选了一个船舱进去睡觉了，结论当然是

一样的，即每个水手都进入了别人的船舱的概率渐近于$\frac{1}{\mathrm{e}}$).

对一般的错排问题，设 r 是一个固定的整数，H_r 是式(33) 中的调和数，则我们有

$$\frac{D_n^{(1)}}{n!} \sim \mathrm{e}^{-H_r} \tag{43}$$

上式易于用复渐近方法加以证明(第 Ⅳ 章).

类似于我们以前考虑过的其他几种结构，排列允许给出结构的约束和生成函数的形式之间的清晰的联系. 本节所遇到的主要枚举结果总结在图 Ⅱ.8 中.

▶ **Ⅱ.13　使得 $\sigma^f = \mathrm{Id}$ 的排列.** 那种排列是对称群中的"单位根"，其 EGF 是

$$\exp\left(\sum_{d|f} \frac{z^d}{d}\right)$$

其中的求和遍历 f 的所有因子 d. ◀

	表示	EGF	系数
排列	$\mathrm{SEQ}(\mathcal{Z})$	$\frac{1}{1-z}$	$n!$
r- 轮换	$\mathrm{SET}_r(\mathrm{CYC}(\mathcal{Z}))$	$\frac{1}{r!}\left(\log\frac{1}{1-z}\right)^r$	$\begin{bmatrix} n \\ r \end{bmatrix}$
对合	$\mathrm{SET}(\mathrm{CYC}_{1,2}(\mathcal{Z}))$	$\mathrm{e}^{z+\frac{z^2}{2}}$	$\approx n^{\frac{n}{2}}$
所有的轮换 $\leqslant r$	$\mathrm{SET}(\mathrm{CYC}_{1,\cdots,r}(\mathcal{Z}))$	$\exp\left(\frac{z}{1}+\cdots+\frac{z^r}{r}\right)$	$\approx n^{1-\frac{1}{r}}$
错排	$\mathrm{SET}(\mathrm{CYC}_{>1}(\mathcal{Z}))$	$\frac{\mathrm{e}^{-z}}{1-z}$	$\sim n!\ \mathrm{e}^{-1}$
所有的轮换 $> r$	$\mathrm{SET}(\mathrm{CYC}_{>r}(\mathcal{Z}))$	$\frac{\exp\left(-\frac{z}{1}-\cdots-\frac{z^r}{r}\right)}{1-z}$	$\sim n!\ \mathrm{e}^{-H_r}$

图 Ⅱ.8　排列的枚举小结

Ⅱ.14　排列中的奇偶限制. 只有偶数长度的轮换或奇数长度的轮换的排列的 EGF 分别是

$$E(z) = \exp\left(\frac{1}{2}\log\frac{1}{1-z^2}\right) = \frac{1}{\sqrt{1-z^2}}$$

$$O(z) = \exp\left(\frac{1}{2}\log\frac{1+z}{1-z}\right) = \sqrt{\frac{1+z}{1-z}}$$

由此可求出 $E_{2n} = (1\times 3\times 5\times\cdots\times(2n-1))^2$，以及 $O_{2n} = E_{2n}$，$O_{2n+1} = (2n+$

$1)E_{2n}$.

具有偶数个轮换的排列的 EGF($E^*(z)$) 和奇数个轮换的排列的 EGF($O^*(z)$) 分别是

$$E^*(z)=\cosh\left(\log\frac{1}{1-z}\right)=\frac{1}{2(1-z)}+\frac{1-z}{2}$$

$$O^*(z)=\sinh\left(\log\frac{1}{1-z}\right)=\frac{1}{2(1-z)}+\frac{z-1}{2}$$

因此轮换数的奇偶性在长度为 n 的排列中当 $n\geqslant 2$ 是均匀分布的,这样得出的生成函数类似于在例 Ⅱ.7“Comtet 正方形”的讨论中出现的生成函数. ◀

▶**Ⅱ.15　一百个囚犯 Ⅰ.** 这个难题起源于 Gál(盖尔) 和 Miltersen(米尔特森) 的文献[275,612]. 有一百名已被判处死刑的囚犯,每个人有一个唯一的在1和100之间的数字作为代号. 监狱长宣布给他们最后的一次机会. 他有一个柜子,其中有 100 个(编号从 1 到 100) 抽屉. 在每个抽屉中,他会随机放置一张带有囚犯代号的数字卡片(所有数字不同). 囚犯们将被允许一个接一个地进入房间打开抽屉看一下,然后必须关上. 每个人可选择 50 个抽屉查看,但不允许选择后以任何方式和其他人进行沟通. 每个囚犯的目标是找到装有自己号码的抽屉. 如果所有的囚犯都成功,那么他们就都会被赦免;但是只要有一个人失败,则他们都将被执行死刑.

囚犯中有两位数学家. 第一个是一个悲观主义者,宣称他们的整体成功机会只有 $\frac{1}{2^{100}}\doteq 8\cdot 10^{-31}$. 第二个是一个组合学家,他声称囚徒们有一个成功机会超过30%的策略. 请问谁是对的?(注记 Ⅲ.10提供了一个解答,但作者建议我们的读者对此问题思考一段时间后,再跳到后面去看答案.) ◀

Ⅱ.4.2　二级结构. 考虑三种基本的有标记结构:级数(SEQ),集合(SET) 和轮换(CYC). 我们来玩一个游戏,看看这些结构的组合将会产生什么样的组合对象. 我们限于考虑两种结构的复合(一个作用于内部结构的外部结构). 这将产生 9 种可能的对象,图 Ⅱ.9 的表中列出了这些复合.

满射,对齐,集合的拆分以及排列作为对应于 SEQ ∘ SET,SEQ ∘ CYC,SET ∘ SET 和 SET ∘ CYC(右上角) 的对象自然会出现在这个表中. 其他的结构基本上都代表了非经典的对象. 类$\mathcal{L}=\mathrm{SEQ}(\mathrm{SEQ}_{\geqslant 1}(\mathcal{Z}))$ 对应于线性图的(有序的) 序列的对象. 这一对象可解释成插入分隔符的排列,例如 53 | 264 | 1,或具有叠加标记的整数组合. 因此 $L_n=n!\ 2^{n-1}$. 类$\mathcal{F}=\mathrm{SET}(\mathrm{SEQ}_{\geqslant 1}(\mathcal{Z}))$ 对应了排列的无序集合;换句话说,通过将排列打断成“碎片”(碎片必须不空) 而得到的对象.

外部\内部	$\mathrm{SEQ}_{\geqslant 1}$	$\mathrm{SET}_{\geqslant 1}$	CYC
SEQ	有标记的复合($\mathcal{L}$) SEQ ∘ SEQ $\frac{1-z}{1-2z}$	满射($\mathcal{R}$) SEQ ∘ SET $\frac{1}{2-\mathrm{e}^z}$	对齐($\mathcal{O}$) SEQ ∘ CYC $\frac{1}{1-\log\frac{1}{1-z}}$
SET	分散的排列($\mathcal{F}$) SET ∘ SEQ $\mathrm{e}^{\frac{z}{1-z}}$	集合的拆分($\mathcal{S}$) SET ∘ SET $\mathrm{e}^{\mathrm{e}^z-1}$	排列($\mathcal{P}$) SET ∘ CYC $\frac{1}{1-z}$
CYC	超项链($\mathcal{S}^{\mathrm{I}}$) CYC ∘ SEQ $\log\frac{1-z}{1-2z}$	超项链($\mathcal{S}^{\mathrm{II}}$) CYC ∘ SET $\log\frac{1}{2-\mathrm{e}^z}$	超项链($\mathcal{S}^{\mathrm{III}}$) CYC ∘ CYC $\log\frac{1}{1-\log\frac{1}{1-z}}$

图 Ⅱ.9　九种二级结构

其中令人感兴趣的 EGF 是

$$F(z)=\mathrm{e}^{\frac{z}{1-z}}=1+z+3\frac{z^2}{2!}+13\frac{z^3}{3!}+73\frac{z^4}{4!}+\cdots$$

(EIS A000262:“列表的集合”).相应的渐近分析可用来说明第 Ⅷ 章中的鞍点方法的一个重要方面.最后一行中我们称之为“超项链”的结构表示轮换布置的复合结构,它有三个分支.

图 Ⅱ.8 和图 Ⅱ.9 中各种结构的改进显然都可能给出一种新的想法.我们留给读者一个想象的余地,去确定在三级结构中哪些结构可能具有组合上的兴趣.

▶ **Ⅱ.16　元-练习:n 级表示的计数.** 结构的代数满足一个组合同构:对所有的$\mathcal{X}$,$\mathrm{SET}(\mathrm{CYC}(\mathcal{X}))\cong\mathrm{SEQ}(\mathcal{X})$.用三个符号 CYC ,SET,SEQ 可以得出多少种涉及 n 级结构的项?这些项必须满足由半群律(“∘”)确定的关系式 SET ∘CYC=SEQ.这一条件就确定了n级表示的数目.(提示:作为对应于具有排除模式的单词的正规形式的 EGF 是一个有理函数.)◀

Ⅱ.5　有标记的树,映射和图

在这一节中,我们考虑有标记的树,以及其他与他们自然相关的重要结构.

正像在 Ⅰ.6 节中的无标记情况那样，由于树是通过将子树的集合(集合或序列)添加到根上得出的，对应的有标记的组合类是天然的递推的. 由此，可以构建与从有限集合到自身的映射相关联的“函数图”—— 这些作为相关组件集合的分解就是树的轮换. 这些结构的变种最终开辟了边的数量与顶点的数量之差是一个固定的数的图的枚举方法.

Ⅱ.5.1　树. 我们将要研究的是有标记的树，这表示树的每个结点都带有不同的整数标签. 除非另有说明，我们讨论的树都是有根的，如通常那样，这表示我们指定其中的一个结点作为根. 像无标记的树那样，存在两种有标记的树：(Ⅰ)理解成嵌入到平面中的平面树(或等价的，从节点悬挂的有向的，例如，从左到右的方向的子树)；(Ⅱ)非平面树，这种树不要求必须嵌入到平面中(因此那种树不是别的，而只是一个具有一个单独的、根的、连通的、无向的、无圈的图). 树可能进一步受到节点的外度数必须属于一个固定的集合 $\Omega\subset\mathbb{Z}_{\geqslant 0}$ 的附加限制，其中 $0\in\Omega$.

平面的有标记的树. 我们首先处理各种平面的有标记的树. 设$\mathcal{A}$是所有限制在 Ω 上的(有根的、有标记的)平面树组成的集合，那么这个族就是

$$\mathcal{A}=\mathcal{Z}\star\mathrm{SEQ}_{\Omega}(\mathcal{A})$$

其中$\mathcal{Z}$表示由单个的标记符号组成的原子的类：$\mathcal{Z}=\{1\}$. 这里出现的级数结构对应于树是被嵌入在平面中的这一要求，这里的树中被排成了次序的子树起源于一个共同的根. 于是，EGF $A(z)$ 就必须满足

$$A(z)=z\varphi(A(z))$$

其中 $\varphi(u)=\sum_{\omega\in\Omega}u^{\omega}$. 这恰恰是 Ω 限制的无标记的平面树的普通的 GF 所满足的方程(见命题 Ⅰ.5). 因而，$\frac{1}{n!}A_n$ 就是无标记的树的数目. 换句话说，在平面有根树的情况下，有标记的树的数目就等于对应的无标记树的数目的 $n!$ 倍. 这易于用组合观点理解，就像在图 Ⅱ.10 中所显示的那样，每个有标记的树可以用它的“形状”再加上一个标记符号的序列加以定义，其中的“形状”是一个无标记的树，而标记则按某个固定的顺序移动(比如说，一个预定的排列). 类似于命题 Ⅰ.5，我们有 Lagrange 反演(附录 A.6 Lagrange 反演)

$$A_n=n!\ [z^n]A(z)=(n-1)!\ [u^{n-1}]\varphi^n(u)$$

这一简单的分析－组合关系式使我们能够把 Ⅰ.5.1 节中的所有的枚举结果转化为平面有标记情况下的结果. 为此，只需把相应的计数结果乘以 $n!$ 即可. 特别，“一般的”平面有标记树(不施加度数限制，即 $\Omega=\mathbb{Z}_{\geqslant 0}$)的总数自然就是

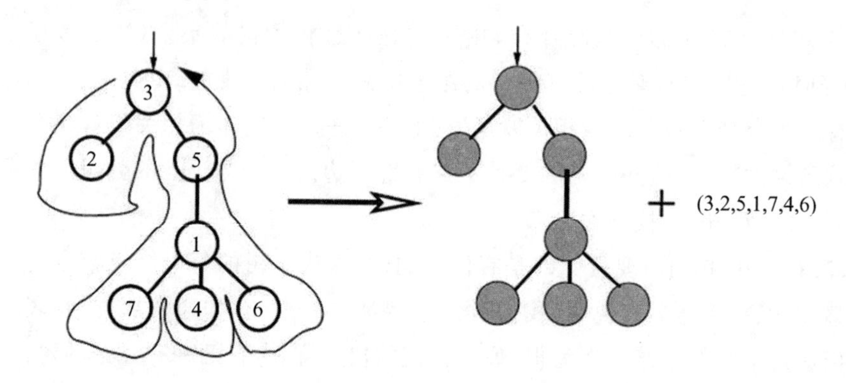

图 Ⅱ.10　一个由无标记的树(的形状)确定的有标记的平面树和标签 $1,\cdots,n$ 的一个排列

$$n! \times \frac{1}{n}\binom{2n-2}{n-1}=\frac{(2n-2)!}{(n-1)!}=2^{n-1}(1\times 3\times\cdots\times(2n-3))$$

这个数列(EIS A001813) 的前几项为 1,2,12,120,1 680.

非平面的有标记的树. 下面我们转向非平面的有标记的树(图 Ⅱ.11),这一节余下的部分都将用于讨论这种树. 所有这种树构成的类$\mathcal{T}$ 由一个符号方程定义,这个符号方程将给出一个 EGF 所满足的隐函数方程

$$\mathcal{T}=\mathcal{Z}\star\mathrm{SET}(\mathcal{T})\Rightarrow T(z)=z\mathrm{e}^{T(z)} \tag{44}$$

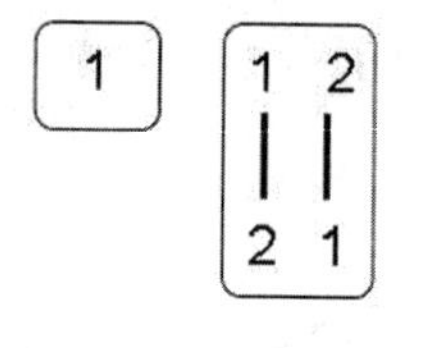

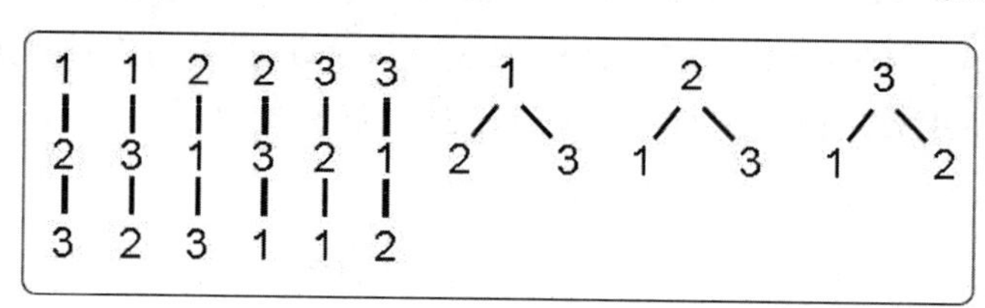

图 Ⅱ.11　容量为 n 的 Cayley 树的数目,我们有 $T_1=1,T_2=2,T_3=9$,对于一般情况,则有 $T_n=n^{n-1}$

上述结构的设置对应于下述事实,即从根发出的子树之间是没有次序关系的. 表示方程(44) 通过函数方程

$$T(z)=z\mathrm{e}^{T(z)} \tag{45}$$

以隐函数形式定义了 EGF $T(z)$,其前几项易于用待定系数法得出

$$T(z)=z+2\frac{z^2}{2!}+9\frac{z^3}{3!}+64\frac{z^4}{4!}+625\frac{z^5}{5!}+\cdots$$

正如前几个系数所建议的那样($9=3^2,64=4^3,625=5^4$),一般的公式是

$$T_n=n^{n-1} \tag{46}$$

它(就像无标记的树的情况那样) 可由 Lagrange 反演得出

$$T_n = n!\ [z^n]T(z) = n!\ \left(\frac{1}{n}[u^{n-1}](\mathrm{e}^u)^n\right) = n^{n-1} \tag{47}$$

枚举结果 $T_n = n^{n-1}$ 之所以著名，是由于多产的英国数学家 Arthur Cayley(1821－1895)，他一直对组合数学感兴趣并发表了 900 多篇论文和笔记. 所以，通常把 Cayley 在 1889 年给出的公式(46) 称为“Cayley”公式，并把“无限制的非平面的有标记树”称为“Cayley 树”. 关于这一问题的历史资料，可见文献[67，p. 51]. 函数 $T(z)$ 也称为(Cayley)“树函数”，这个函数与通过函数方程 $W\mathrm{e}^W = z$ 定义的隐函数 W- 函数[131] 有着密切的关系，而后者是由瑞士数学家 Johann Lambert(约翰・兰伯特)(1728－1777) 引入的，另外他之所以著名还在于他首次证明了 π 的无理性.

用类似的程序可给出所有的结点的外度数限制在一个集合 Ω 中的(非平面的有根的) 树的数目. 这种树的类对应于下述表示

$$\mathcal{T}^{(\Omega)} = \mathcal{Z}\star\mathrm{SET}_\Omega(\mathcal{T}^{(\Omega)}) \Rightarrow T^{(\Omega)}(z) = z\bar{\varphi}(T^{(\Omega)}(z))$$

$$\bar{\varphi}(u) := \sum_{\omega\in\Omega}\frac{u^\omega}{\omega!}$$

最后一个公式涉及的是度数序列的“指数特性”(与平面情况下的普通特性相反). Lagrange 反演仍然适用. 综上所述，我们有：

命题 Ⅱ.5 外度数限制在一个集合 Ω 中的非平面的有根的树的数目是

$$T_n^{(\Omega)} = (n-1)!\ [u^{n-1}](\bar{\varphi}(u))^n$$

其中 $\bar{\varphi}(u) = \sum_{\omega\in\Omega}\frac{u^\omega}{\omega!}$. 特别，当所有的结点的度数不受限制时，即当 $\Omega = \mathbb{Z}_{\geqslant 0}$ 时，树的数目就是 $T_n = n^{n-1}$，并且其 EGF 就是 Cayley 树函数，它满足函数方程 $T(z) = z\mathrm{e}^{T(z)}$.

正像在无标记情况中那样(命题 Ⅱ.5)，我们特别提一下一种有标记的树，这种树是由简单树的度数所受的限制定义的，其 EGF 满足形如 $y = z\varphi(y)$ 的方程.

▶ **Ⅱ.17** Cayley **公式的** Prüfer**(普吕弗) 双射证明**. Cayley 公式的简单要求应有一个几何解释. 其中最著名的一种解释是由著名的 Prüfer(于 1918 年) 给出的. 它建立了容量为 n 的无根的 Cayley 树(其数目为 n^{n-2}) 和序列 $(a_1,\cdots,a_{n-2})$，$1 \leqslant a_j \leqslant n$ 之间的 1－1 对应. 给了一个无根的树 τ，将标号最小的端点(及其所连的边) 去掉，用 a_1 表示与去掉的端点相连的结点的标签上的数，用类似的方法继续对 τ' 进行修剪可得出 a_2，反复施行以上步骤，直到只剩下一个单独的边. 例如：

可以验证，这个对应是一个 1－1 对应，见文[67，p. 53] 或文[445，p. 5].

◀

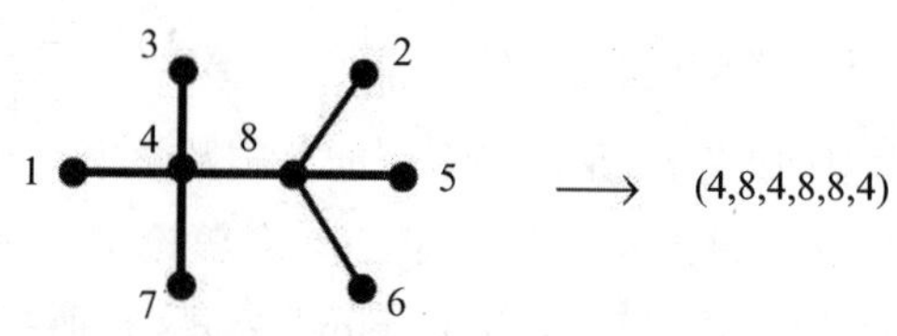

▶Ⅱ.18 **森林.** 无序的 k- 森林(即树的 k- 集合)的数目作为从关于幂的 Lagrange 反演的 Bürmannn 形式的结果,是

$$F_n^{(k)}=n!\ [z^n]\ \frac{T^k(z)}{k!}=\frac{(n-1)!}{(k-1)!}[u^{n-k}]\ (e^u)^n=\binom{n-1}{k-1}n^{n-k}$$

◀

▶Ⅱ.19 **有标记的层次结构.** 有标记的层次的类$\mathcal{L}$由内部节点是无标记的,外度数大于1,叶子附有标签的树组成. 就像其他的有标记结构那样,容量是标签的数量(内部节点不贡献). 层次结构具有如下表示(与注记 Ⅰ.45 比较)

$$\mathcal{L}=\mathcal{Z}+\mathrm{SET}_{\geqslant 2}(\mathcal{L})\Rightarrow L=z+e^L-1-L$$

这个函数恰巧可用 Cayley 函数表出:$L(z)=T\left(\frac{1}{2}e^{\frac{z}{2}-\frac{1}{2}}\right)+\frac{z}{2}-\frac{1}{2}$. 其前几个值是 0,1,4,26,236,2 752(EIS A000311) 这些数计数了进化的树,他们描述了与遗传相关的生物群的演变,并且对应于 Schröder 的"第四问题"[129,p. 224]. 在例 Ⅶ.12 中对其做了渐近分析.

在二元的有标记层次结构的类的定义中. 附加了内部结点的度数只能是 2 的限制,他们可表示成

$$\mathcal{M}=\mathcal{Z}+\mathrm{SET}_2(\mathcal{M})\Rightarrow M(z)=1-\sqrt{1-2z},M_n=1\times 3\times\cdots\times(2n-3)$$

其中的计数,也许有点令人惊奇,竟是奇数的乘积. ◀

Ⅱ.5.2 映射和函数图. 设$\mathcal{F}$是从$[1,\cdots,n]$到自身的映射(或"函数")的类. 一个映射 $f\in[1,\cdots,n]\to[1,\cdots,n]$ 可以表示成一个顶点$[1,\cdots,n]$的集合上的对所有的 $x\in[1,\cdots,n]$ 带有从 x 指向 $f(x)$ 的边的有向图. 这个图因此被称为函数图,并且这种图具有每个顶点的外度数恰等于 1 的特性.

映射和相关的图. 给了一个映射(或函数)f,从任一个点 x_0 开始,图中后继的(有向的) 边所经过的顶点对应于映射的迭代的值

$$x_0,f(x_0),f(f(x_0)),\cdots$$

由于顶点是有限的,所以每个上面所写的那种序列最终都要回到这个序列本身中的某一项. 每次当我们从以前没有出现过的元素开始重复上述操作时,所出现的顶点的集合就构成了图的一个(弱连通) 的成分. 这就导致函数图(图 Ⅱ.12) 的一个有价值的特征:一个函数图是一个连通的函数图的集合,而一个

联通的函数图又是一个以圈的形式布置的有根的树(这个分解是图 Ⅱ.7 中排列分解成轮换的推广).

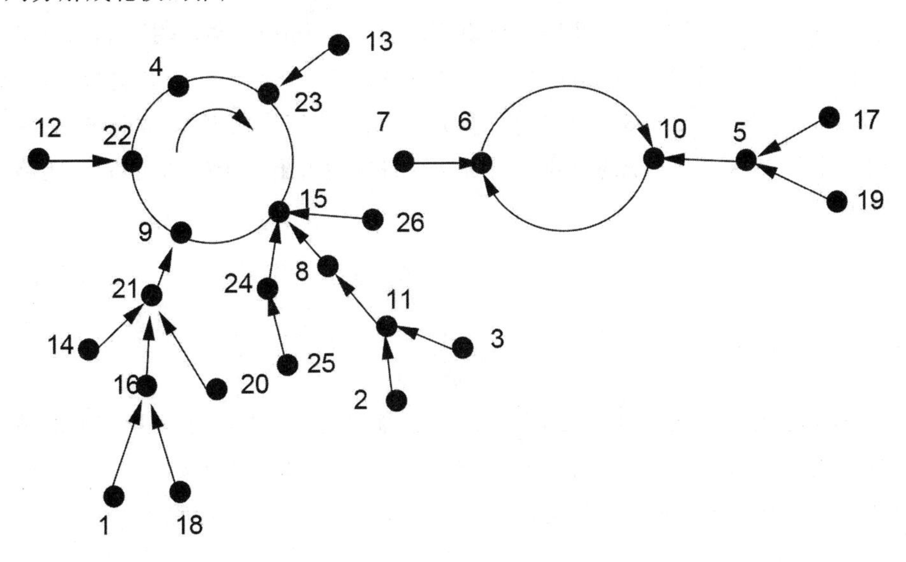

图 Ⅱ.12　一个与映射 φ 对应的容量为 $n=26$ 的函数图,其中的映射 φ 使得 $\varphi(1)=16,\varphi(2)=\varphi(3)=11,\varphi(4)=23$,等

因而,设$\mathcal{T}$ 是前面提到的所有 Cayley 树的类,而$\mathcal{K}$是所有的连通的函数图的类,则我们就有下面的表示

$$\begin{cases}\mathcal{F}=\mathrm{SET}(\mathcal{K})\\ \mathcal{K}=\mathrm{CYC}(\mathcal{T})\\ \mathcal{T}=\mathcal{Z}\star\mathrm{SET}(\mathcal{T})\end{cases}\Rightarrow\begin{cases}F(z)=\mathrm{e}^{K(z)}\\ K(z)=\log\dfrac{1}{1-T(z)}\\ T(z)=z\mathrm{e}^{T(z)}\end{cases}\tag{48}$$

这里特别有趣的事情是,在这一表示中把三种类型的结构绑在一起了. 从式(48) 中可以看出 EGF $F(z)$ 满足 $F=\frac{1}{1-T}$. 再次由 Lagrange 反演(附录 A.7),则正像我们在原来的问题中所期盼的,我们就有

$$F_n=n^n\tag{49}$$

更加有趣的是,Lagrange 反演也给出了连通的函数图的数目(把 $\log\frac{1}{1-T}$ 展开后,再用 Bürmannn 形式恢复系数),我们有

$$K_n=n^{n-1}Q(n)\tag{50}$$

其中 $Q(n):=1+\frac{n-1}{n}+\frac{(n-1)(n-2)}{n^2}+\cdots$.

式(50) 中的量 $Q(n)$ 出现在许多著名的离散数学问题中(包括生日悖论,

方程(27)). Knuth 已提议将其命名为“Ramanujan-Q 函数”由于这个量在 Ramanujan 1913 年致 Hardy 的第一封信中就已出现了. 渐近分析是初等的,它涉及一般形式的连续逼近以及用一个积分得出的 Riemann 和,这是 Laplace 求和法的一个例子,其简要介绍可见附录 B.6 Laplace 方法(也可见文献[377, 1.2.11.3 节] 和文献[538,4.7. 节]). 事实上,就像我们将在第 Ⅵ 章和第 Ⅶ 章见到的那样从 EGF $K(z)$ 的奇点分析可以很自然地得出一个确切的估计. 粗略的结果是

$$K_n \sim n^n \sqrt{\frac{\pi}{2n}}$$

因此所有的由单一成分组成的图大约占$\frac{1}{\sqrt{n}}$.

有约束的映射. 像往常那样用符号方法,基本的结构打开了大量有关的计数结果(图 Ⅱ.13). 首先,通过应用式(48),没有不动点的映射($\forall x: f(x) \neq x$)和没有 1,2 周期点的映射(即,$\forall x: f(f(x)) \neq x$) 的 EGF 分别是

$$\frac{e^{-T(z)}}{1-T(z)} \text{和} \frac{e^{-T(z)-\frac{T^2(z)}{2}}}{1-T(z)}$$

	EGF	系数
映射	$\frac{1}{1-T}$	n^n
连通	$\log \frac{1}{1-T}$	$\sim n^n \sqrt{\frac{\pi}{2n}}$
没有不动点	$\frac{e^{-T}}{1-T}$	$\sim \frac{1}{e} n^n$
幂等	e^{ze^z}	$\approx \frac{n^n}{(\log n)^n}$
部分	$\frac{e^T}{1-T}$	$\sim e n^n$

图 Ⅱ.13 各种关于映射的计数结果的小结,其中 $T \equiv T(z)$ 是 Cayley 树的函数.
(1-1 对应,满射,对合和单射已在前面的结构中讨论过)

上面第一个 EGF 与直接的计数结果即$(n-1)^n$ 相一致,因此没有不动点的映射所占的份额渐近于$\frac{1}{e}n^n$,而通过对第二个 EGF 应用复渐近方法则容易得出

$$n! \; [z^n] \frac{e^{-T(z)-\frac{T^2(z)}{2}}}{1-T(z)} \sim e^{-\frac{3}{2}} n^n$$

其与 n^n 的比渐近于 $e^{-\frac{3}{2}}$. 这两个特别的估计是与在排列中建立的结果具有相同的形式(广义的错排,式(43)). 这些事实用初等的概率论来论证并不明显,但是用本书部分 B 所开发的组合模式的奇异理论来解释却显得很清楚.

下面讨论幂等映射,即对所有的 x,满足 $f(f(x))=x$ 的映射,它对应于表示 $\mathcal{I}\cong \mathrm{SET}(\mathcal{Z}\star\mathrm{SET}(\mathcal{Z}))$,因此

$$I(z)=e^{ze^z}$$

并且 $I_n=\sum_{k=0}^{n}\binom{n}{k}k^{n-k}$.

(这个表示反映了幂等映射只可能有一个长度为 1 的环这一事实,这个环就是由它的唯一的不动点组成的集合.)后面的序列就是 EIS A000248,其前几项为 1,1,3,10,41,196,1 057. 其渐近估计可从 Laplace 方法导出,或更好地,用第 Ⅷ 章将要详细讲解的鞍点方法得出.

这种类型的一些分析与密码学以及随机发生器的研究有关. 例如 $[1\cdots n]$ 上的随机映射在 $O(\sqrt{n})$ 内将趋向于一个环. 这一事实导致 Pollard(波拉德) 设计出了令人惊讶的整数的 Monte Carlo(蒙特・卡罗) 因数分解算法. 见文献[378,p. 371.] 和[538,8.8 节],也可见我们在例 Ⅶ.11 中的讨论. 经过优化的这一算法,首先导致 Brent(布伦特) 在 1980 年发现了 Fermat(费马) 数 $F_8=2^{2^8}+1$ 的因数分解.

▶ Ⅱ.20 **二分岔映射**. 二分岔映射的每个点有 0 个或者 2 个原像. 二进制映射的类 $\mathcal{BF}$ 可表示成

$$\mathcal{BF}=\mathrm{SET}(\mathcal{K}),\mathcal{K}=\mathrm{CYC}(\mathcal{P}),\mathcal{P}=\mathcal{Z}\star\mathcal{B},\mathcal{B}=\mathcal{Z}\star\mathrm{SET}_{0,2}(\mathcal{B})$$

(这里需要用到平面树 $\mathcal{P}$ 和二岔树 $\mathcal{B}$),因此

$$BF(z)=\frac{1}{\sqrt{1-2z^2}},BF_{2n}=\frac{((2n)!)^2}{2^n(n!)^2}$$

类 $\mathcal{BF}$ 是一个(在模 2 下的) 二次函数的迭代的行为的渐近模型. 包括度有限制的随机映射的一般的枚举理论可见文献[18,247]. ◀

▶ Ⅱ.21 **部分映射**. 部分映射在某些点可以没有定义,我们让这些点取一个特殊的值 $\perp$. $\perp$ 的前像的迭代构成一个森林,而其余的值则构成一个标准的映射. 部分映射的类 $\mathcal{PF}$ 可表示成 $\mathcal{PF}=\mathrm{SET}(\mathcal{T})\star\mathcal{F}$,因此

$$PF(z)=\frac{e^{T(z)}}{1-T(z)},\ PF_n=(n+1)^n$$

这种结构适用于各种各样的变化,例如单的部分映射的类可以描述成线性的和圆形的图的链 $\mathrm{PFI}=\mathrm{SET}(\mathrm{CYC}(\mathcal{Z})+\mathrm{SEQ}_{\geqslant 1}(\mathcal{Z}))$,因此

$$\mathrm{PFI}(z)=\frac{1}{1-z}e^{\frac{z}{1-z}},\mathrm{PFI}_n=\sum_{i=0}^{n}i!\binom{n}{i}^2$$

(这是论文[78] 的一部分符号的重写形式,其渐近形式见例 Ⅷ.13.) ◀

▶Ⅱ.5.3 **有标记的图.** 随机图构成随机离散结构理论[76,355] 的主要内容之一.这里我们仅研究一些"复杂性" 较低的图,即几乎是树的图的枚举结果.(如文献[241,354] 所示的那样,通过不断地添加边,这种图在随机图发展的早期阶段的研究中曾起着非常基本的作用.)

无根树和无圈树. 所有连通图中最简单的图当然是无圈的连通图.这种图就是树,但是与 Cayley 树不同,其特征是没有根.设$\mathcal{U}$是无根树的类(正如我们已知道的那样,计数有根树的公式为 $T_n=n^{n-1}$),由于无根树是有根树和一个单独的结点的组合(对容量为 n 的树,有 n 种可能的选择),所以我们就有 $T_n=nU_n$,这蕴含 $U_n=n^{n-2}$.

在考虑它的生成函数时,上面的组合恒等式就给出

$$U(z)=\int_0^z T(w)\,\frac{\mathrm{d}w}{w}$$

积分上式(把 T 看成独立变量) 就得出

$$U(z)=T(z)-\frac{1}{2}T^2(z)$$

由于$U(z)$ 是无圈的连通图的 EGF,所以量

$$A(z)=e^{U(z)}=e^{T(z)-\frac{1}{2}T(z)^2}$$

就是所有无圈图的 EGF(等价地,它们也是无根树的无序森林的 EGF,其计数序列为EIS A001858:1,1,2,7,38,291,…).奇点分析方法(注记 Ⅵ.14)给出的渐近估计为 $A_n\sim\sqrt{e}\,n^{n-2}$.令人惊讶的是,与无根树相比,几乎没有无圈的图,这种现象易于用奇点分析解释.

单圈图. 我们定义图的超出数为边数和顶点数的差.对于连通图,此数量必须至少为 -1,这个最小值在无根树的情况下确切地达到.我们用$\mathcal{W}_k$表示超出数等于k 的连通图的类.特别有,$\mathcal{U}=\mathcal{W}_{-1}$.类的序列$\mathcal{W}_{-1}$,$\mathcal{W}_0$,$\mathcal{W}_1$,… 可以看成是描述了越来越复杂的连通图.

类$\mathcal{W}_0$由所有边数和结点数相等的连通图组成.等价地,$\mathcal{W}_0$中的图都是恰有一个环的(一种"眼") 连通图,因此,$\mathcal{W}_0$中的元素有时也被称为"单圈成分"或"单圈".在某种意义下,这种图很像是连通的函数图的无向版本.确切地说,$\mathcal{W}_0$中的图由长度至少为 3 的环组成(按照定义,图中没有重复的边因而也没有长度为 1,2 的环),这个环是无向的(通常的环中的定向将被由反射形成的同构

的环所消灭.）在环上是嫁接的树（这些树被隐蔽地连接在环上的一些点上，他们都是隐藏的根）.用 UCYC 表示（新的）无向环的结构，则我们有

$$\mathcal{W}_0 \cong \mathrm{UCYC}_{\geqslant 3}(\mathcal{T})$$

我们断言，这一表示所对应的 EGF 是

$$W_0(z) = \frac{1}{2}\log\frac{1}{1-T(z)} - \frac{1}{2}T(z) - \frac{1}{4}T^2(z) \tag{51}$$

实际上，我们有如下的同构

$$\mathcal{W}_0 + \mathcal{W}_0 \cong \mathrm{CYC}_{\geqslant 3}(\mathcal{T})$$

由于我们可把左边的两个不相连的结构看成是无向环的两种可能的定向.像通常那样，式(51)可从环的结构转化出来 —— 这是由匈牙利概率学家 Rényi 在 1959 年首先得出的.（用第 Ⅵ 章的方法）我们可求出其计数公式的渐近表达式为

$$n!\ [z^n]W_0 \sim \frac{1}{4}\sqrt{2\pi}\, n^{n-\frac{1}{2}} \tag{52}$$

（这个序列是 EIS A057500，其开头几项是 0，0，1，15，222，3 660，68 295）.

最后，仅由树和单环组成的图的 EGF 为

$$\mathrm{e}^{W_{-1}(z)+W_0(z)} = \frac{\mathrm{e}^{\frac{T}{2}-\frac{3T^2}{4}}}{\sqrt{1-T}}$$

其渐近表达式为 $n!\ [z^n]\mathrm{e}^{W_{-1}+W_0} \sim \Gamma\left(\frac{3}{4}\right)(2\mathrm{e})^{-\frac{1}{4}}\pi^{-\frac{1}{2}}n^{n-\frac{1}{4}}$.无圈图的复杂性仅次于那种图的复杂性，他们是我们在前一节所见过的函数图的无向版本.

▶ **Ⅱ.22.2　正规图.** 这个注记是根据 Comtet 的文献[129，7.3 节]的叙述改写的.2- 正规图是一个每个结点的度数都恰等于 2 的无向图.因而连通的 2- 正规图就是一个长度 $n \geqslant 3$ 的无向环，因此它们组成的类 $\mathcal{R}$ 满足

$$\mathcal{R} = \mathrm{SET}(\mathrm{UCYC}_{\geqslant 3}(\mathcal{Z})) \Rightarrow R(z) = \frac{\mathrm{e}^{-\frac{z}{2}-\frac{z^2}{4}}}{\sqrt{1-z}} \tag{53}$$

给了平面上 n 条一般位置上的直线，我们定义一团云是 n 个无三点共线的交点的集合.一团云和 2- 正规图是等价的（提示：利用对偶性）.其渐近分析将作为奇点分析的一个初等例子给出（见例 Ⅵ.1 和例 Ⅵ.2）.

一旦 $r > 2$，一般的 r- 正规图的枚举将变得有点困难.文献[289，303]中讨论了这一问题的代数方面，而 Bender 和 Canfield（坎菲尔德）在文献[39]中则（对 rn 是偶数的情况）确定了容量为 n 的 r- 正规图的数量的渐近公式

$$R_n^{(r)} \sim \sqrt{2}\,\mathrm{e}^{\frac{r^2-1}{4}}\frac{r^{\frac{r}{2}}}{\mathrm{e}^{\frac{r}{2}}r!}n^{\frac{rn}{2}} \tag{54}$$

◀

具有固定超出数的图. 前面的讨论建议我们根据超出数来讨论更一般的连通图的枚举问题. E. M. Wright(E. M. 怀特)在文[620,621,622]中对此做出了重要贡献. Janson(詹森), Knuth, Luczak(卢察克)和 Pittel(皮特尔)在"关于一个大问题的大论文"[354]中对此做了综述和回顾. Wright 的结果可以总结成下面的命题.

命题 Ⅱ.6 超出数(边数与结点数之差)等于 k(其中 $k \geqslant 1$)的连通图的 EGF $W_k(z)$ 的形式为

$$W_k(z)=\frac{P_k(T)}{(1-T)^{3k}}, T \equiv T(z) \tag{55}$$

其中 P_k 是 $3k+2$ 次多项式. 对固定的 k,当 $n \to \infty$ 时,我们有

$$W_{k,n}=n!\ [z^n]W_k(z)=\frac{P_k(1)\sqrt{2\pi}}{2^{\frac{3k}{2}}\Gamma\left(\frac{3k}{2}\right)}n^{n+\frac{3k-1}{2}}\left(1+O\left(\frac{1}{\sqrt{n}}\right)\right) \tag{56}$$

证明的组合部分是图形手术和符号方法中的一个有趣的习题(见下面的注记 Ⅱ.23),而证明的分析部分则是奇点分析的直接推论. 多项式 $P_k(T)$ 和常数 $P_k(1)$ 则由一个显式的非线性迭代确定,例如

$$W_1=\frac{1}{24}\frac{T^4(6-T)}{(1-T)^3}, W_2=\frac{1}{48}\frac{T^4(2+28T-23T^2+9T^3-T^4)}{(1-T)^6}$$

▶ **Ⅱ.23** Wright **手术.** 用符号方法完整证明命题 Ⅱ.6,需要用到第 Ⅲ 章中才要出现的关于多变量生成函数的记号. 利用下述定义是方便的:$w_k(z,y):=y^kW_k(zy)$,这是一个二元生成函数,其中 y 表示边的数量. 在一个超出数等于 $k+1$ 的连通图中选出一条边,然后删除这条边. 这一步骤或者得出一个带有两个指定顶点(它们之间没有边相连)的超出数等于 k 的连通图,或者得出一个有两个分支的图,这两个分支的超出数分别等于 h 和 $k-h$,并且各自和一个指定的顶点相连. 下面的图显示了这一过程(用灰色表示连通的分支):

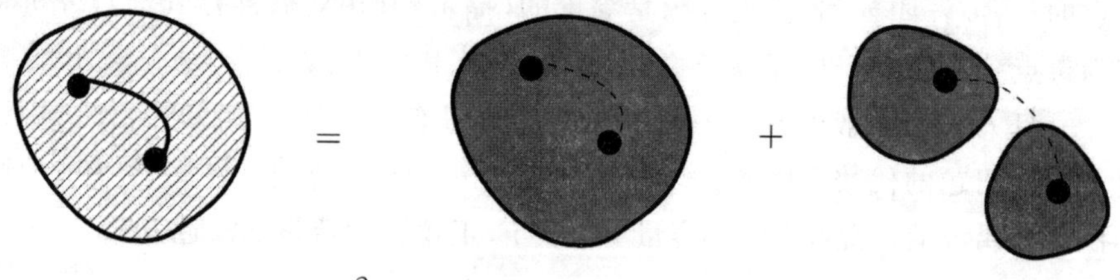

这就得出 $w_k(\partial_x := \frac{\partial}{\partial x})$ 的一个差分递推公式

$$2\partial_y w_{k+1} = (z^2\partial_z^2 w_k - 2y\partial_y w_k) + \sum_{h=-1}^{k+1}(z\partial_z w_h)\cdot(z\partial_z w_{k-h})$$

对 $W_k(z)=w_k(z,1)$ 可得出类似的公式. 由此,用归纳法可以验证每个 W_k 都是 $T=W_{-1}$ 的有理函数.(细节可见. Wright 原来的论文[620,621,622]或[354];关于 $P_k(1)$ 的常数可见 Ⅶ.10.1 节) ◀

图	EGF	系数
		$2^{\frac{n(n-1)}{2}}$
无环,连通	$U \equiv W_{-1} = T - \frac{T^2}{2}$	n^{n-2}
无环(森林)	$A = e^{T-\frac{T^2}{2}}$	$\sim\sqrt{e}\,n^{n-2}$
单环	$W_0 = \frac{1}{2}\log\frac{1}{1-T} - \frac{T}{2} - \frac{T^2}{4}$	$\sim\frac{1}{4}\sqrt{2\pi}\,n^{n-\frac{1}{2}}$
树和单环的集合	$B = \frac{e^{\frac{T}{2}-\frac{3T^2}{4}}}{\sqrt{1-T}}$	$\sim\Gamma\left(\frac{3}{4}\right)\frac{e^{-\frac{1}{4}}}{\sqrt{\pi}}n^{n-\frac{1}{4}}$
连通的,超出数等于 k	$W_k = \frac{P_k(T)}{(1-T)^{3k}}$	$\sim\frac{P_k(1)\sqrt{2\pi}}{2^{\frac{3k}{2}}\Gamma(\frac{3}{2}k)}n^{n+\frac{3k-1}{2}}$

图 Ⅱ.14　有标记的图的枚举结果的小结. 渐近估计结果来自于奇点分析(注记 Ⅵ.14)

正如长篇论文[354]所述的那样,这种结合了复分析技巧所得出的结果提供了随机图 $\Gamma(n,m)$ 的大量细节和信息,其中 n 是结点的数目,而 m 是边的数目. 在 n 的阶是 m 的稀有情况下,我们发现以下性质以"高概率"(简记为 w. h. p. (with high probability))[①] 发生,即当 $n\to\infty$ 时,其概率趋向于 1:

• 当 $m=\mu n,\mu<\frac{1}{2}$ 时,具有 w. h. p. 的随机图 $\Gamma(n,m)$ 仅有树和单环组成的分支,具有 w. h. p. 性质的最大分支的容量为 $O(\log n)$;

• $m=\frac{1}{2}n+O(n^{\frac{2}{3}})$ 时,出现一个或几个容量为 $O(n^{\frac{2}{3}})$ 的半-巨大分支是 w. h. p. 的;

• 当 $m=\mu n,\mu>\frac{1}{2}$ 时,有唯一一个容量正比于 n 的大分支是 w. h. p. 的.

① 同义词有在"概率"上"几乎渐近肯定"(a. a. s.),有时也使用术语"几乎肯定",尽管这一术语本身与连续测度的性质容易混淆.

在每种情况下，精细的估计都是从详细的分析相应的生成函数得出的，这是文[241]，特别是文[354]的主题. 这些结果的原始形式首先是由 Erdös 和 Rényi 得出的，以他们署名的系列论文可追溯到 1959—1960 年；概率方面的书可见文献[76,355]，而论文[40]则提供了极好的计数估计. 相反，所有连接图的枚举(不管边的数量，也就是说，没有过多的考虑)是一个比较容易的问题，我们将在下一节中处理. Harary(哈里里)和 Palmer(帕尔默)撰写的书《图形枚举》(文献[319])中包括了许多图的枚举理论的其他古典方面的结果.

▶Ⅱ.24 **图是不可表示的.** 从单个的原子直到仅用和、乘积、集合和轮换构成的所有的图的类是无法表示的. 实际上 G_n 的增长使得 $G(z)$ 的 EGF 的收敛半径是 0，而可结构类的 EGF 必须有非零的收敛半径. (Ⅳ.4 节对迭代结构提供了这一事实的详细证明；对递归表示的类，这一结果是合并使用了反函数分析，系统分析和采用了注记 Ⅳ.20 中合适的优级数的技巧所得出的推论.) ◀

Ⅱ.6 加性结构

就像在无标记情况中那样，指定和替换(Ⅱ.6.1 节)在有标记结构的世界中是可应用的技巧，而隐式定义(Ⅱ.6.2 节)扩大了符号方法的应用范围. 需要枚举隐式结构的反演过程甚至更简单，因为在有标记的世界中集合和轮换作为 EGF 的算子有更简洁的翻译. 而最后一节将和第 Ⅰ 章的内容有显著的差别，整数标签是自然排序的这一事实使得有可能利用它去处理组合结构的某些顺序属性(Ⅱ.6.3 节).

Ⅱ.6.1 指定和替换. 指定运算完全类似于其无标记的类似物，由于它是在所有的组成一个容量为 n 的对象的原子中单独挑出一个和其他原子有区别的原子的操作. 但是有标记结构的复合的定义却更加细致，由于这一操作需要在结构的成分中挑出"领头元素".

指定. 类$\mathcal{B}$的指定由下式定义

$$\mathcal{A}=\Theta\,\mathcal{B}\quad \text{当且仅当}\quad \mathcal{A}_n=[1,\cdots,n]\times\mathcal{B}_n$$

换句话说，为了生成$\mathcal{A}$的一个元素，我们在 n 个标签中选出一个并且指出它. 显然

$$A_n=n\cdot B_n\Rightarrow A(z)=z\frac{\mathrm{d}}{\mathrm{d}z}B(z)$$

替换(复合). 复合或者替换可以用对应于生成函数的组合的方式引入. 正

式的定义为

$$\mathcal{B}\circ\mathcal{C}=\sum_{k=0}^{\infty}\mathcal{B}_k\times \mathrm{SET}_k(\mathcal{C})$$

因此其 EGF 为

$$\sum_{k=0}^{\infty}B_k\frac{(C(z))^k}{k!}=B(C(z))$$

实现这个定义并形成一个任意的对象$\mathcal{B}\circ\mathcal{C}$的组合方式如下. 首先选择一个元素$\beta\in\mathcal{B}$,称为“基”,令$k=|\beta|$为它的容量，然后选出一组$\mathcal{C}$的元素的$k$-集合;$k$-集合的元素是按照他们的“领头者”的值自然的排成顺序的(一个对象的领头者按照惯例,是标签的值最小的元素);然后将标签值为r的领头者的元素换成β的标签值为r的结点,把上述的这些项收集起来,我们就得出:

定理 Ⅱ.3 指定和替换的组合结构是相容的

$$\mathcal{A}=\Theta\,\mathcal{B}\Rightarrow A(z)=z\partial_z B(z)$$

$$\partial_z\equiv\frac{\partial}{\partial z}$$

$$\mathcal{A}=\mathcal{B}\circ\mathcal{C}\Rightarrow A(z)=B(C(z))$$

例如,用$\mathcal{C}$的配对元素(重新标记)所构成的类的 EGF 为

$$\mathrm{e}^{\frac{C^2(z)}{2}}$$

由于没有不动点的对合的 EGF 是$\mathrm{e}^{\frac{z^2}{2}}$.

▶**Ⅱ.25 基于替换的标准结构**. $\mathcal{A}$的类的级数可以定义成复合$\mathcal{P}\circ\mathcal{A}$,其中$\mathcal{P}$是所有排列的集合. $\mathcal{A}$的类的集合可以定义成$\mathcal{U}\circ\mathcal{A}$,其中$\mathcal{U}$是所有箱子的类. 类似的,轮换可通过圆圈图得出,因而

$$\mathrm{SEQ}(\mathcal{A})\cong\mathcal{P}\circ\mathcal{A},\mathrm{SET}(\mathcal{A})\cong\mathcal{U}\circ\mathcal{A},\mathrm{CYC}(\mathcal{A})\cong\mathcal{C}\circ\mathcal{A}$$

通过这种方式,排列,箱子和圆圈图在基于复合的组合分析的发展以原型类的形式出现. (Joyal 的“表示理论”[359] 和 Bergeron, Labelle 和 Leroux(勒鲁) 的书[50] 表明影响深远的组合枚举理论可以基于替换的概念而形成.) ◀

▶**Ⅱ.26 不同容量的成分**. 具有不同长度的轮换的排列和具有不同容量的部分的集合分拆的 EGF 分别为

$$\prod_{n=1}^{\infty}\left(1+\frac{z^n}{n}\right)\quad 和\quad \prod_{n=1}^{\infty}\left(1+\frac{z^n}{n!}\right)$$

具有不同容量的轮换的排列$\mathcal{P}_n$的概率趋向于e^{γ}; 一个 Tauber(陶贝尔) 型的证明可见文献[309,4.1.6 节],精确的渐近表示可见文献[495]. 集合分拆的对应分析在七位作者署名的论文[368] 中给予了处理. ◀

Ⅱ.6.2　隐式结构. 设$\mathcal{X}$是一个由以下方程隐式刻画的有标记的类：

$$\mathcal{A}=\mathcal{B}+\mathcal{X},\ \mathcal{A}=\mathcal{B}\star\mathcal{X}$$

那么,解对应的 EGF 方程就分别得出

$$X(z)=A(z)-B(z),X(z)=\frac{A(z)}{B(z)}$$

对复合的有标记结构 SEQ,SET 和 CYC,容易得出相应的等式.

定理 Ⅱ.4　隐式表示. 对应于$\mathcal{X}$的隐式方程

$$\mathcal{A}=\mathrm{SEQ}(\mathcal{X}),\mathcal{A}=\mathrm{SET}(\mathcal{X}),\mathcal{A}=\mathrm{CYC}(\mathcal{X})$$

的生成函数分别是

$$X(z)=1-\frac{1}{A(z)},X(z)=\log A(z),X(z)=1-\mathrm{e}^{-A(z)}$$

例 Ⅱ.15　连通图. 在图的枚举中,有标记的集合结构的枚举公式表现为与图的类$\mathcal{G}$有关的形式.对连通图的子类$\mathcal{K}\subset\mathcal{G}$,我们有

$$\mathcal{G}=\mathrm{SET}(\mathcal{K})\Rightarrow G(z)=\mathrm{e}^{K(z)}$$

这个基本公式在图论中称为指数公式,见文[319].

考虑所有(无定向的)有标记图的类$\mathcal{G}$,图的容量是其结点的数目.由于图是通过选择其边的集合来确定的,因此有 $\begin{bmatrix}n\\2\end{bmatrix}$ 种可能的选择,而每条边又有向内和向外两种可能,因此 $G_n=2^{\binom{n}{2}}$.设$\mathcal{K}\subset\mathcal{G}$是所有连接图的子类,则指数公式隐式地确定了 $K(z)$

$$\begin{aligned}K(z)&=\log\left(1+\sum_{n\geqslant 1}2^{\binom{n}{2}}\frac{z^n}{n!}\right)\\&=z+\frac{z^2}{2!}+4\frac{z^3}{3!}+38\frac{z^4}{4!}+728\frac{z^5}{5!}+\cdots\end{aligned}\tag{57}$$

其中的序列是 EIS A001187.这个级数是发散的,即其收敛半径为 0.尽管如此,我们可把它作为一个形式级数来运算,附录 A.5 形式幂级数).利用展开式 $\log(1+u)=u-\frac{u^2}{2}+\cdots$,我们就可得出 K_n 的一个复杂的卷积表达式

$$K_n=2^{\binom{n}{2}}-\frac{1}{2}\sum\begin{bmatrix}n\\n_1,n_2\end{bmatrix}2^{\binom{n_1}{2}+\binom{n_2}{2}}+\frac{1}{3}\sum\begin{bmatrix}n\\n_1,n_2,n_3\end{bmatrix}2^{\binom{n_1}{2}+\binom{n_2}{2}+\binom{n_3}{2}}-\cdots$$

(第 k 项是一个遍历 $n_1+\cdots+n_k=n$ 的和,其中 $0<n_j<n$).当 n 增长时,G_n 增长的非常快,例如

$$2^{\binom{n+1}{2}}=2^n2^{\binom{n}{2}}$$

对 K_n 的展开式中各个项的详细分析表明第一个和是占优势的，而在这个和本身中对应于 $n_1=n-1$ 或 $n_2=n-1$ 极端条件下的项又占了主导地位，因此

$$K_n=2^{\binom{n}{2}}\left(1-\frac{2n}{2^n}+o\left(\frac{1}{2^n}\right)\right) \tag{58}$$

因而，几乎所有容量为 n 的有标记图都是连通的. 此外，误差项减少的非常快：例如，对于 $n=18$，根据生成函数的精确计算公式表明，所有的图中只有 0.000 137 329 107 4 的图是不连通的，这非常接近于渐近公式(58) 的主项所预测的值0.000 137 329 101 6. 注意，为了达到渐近计数的目的，这里可以很好地利用纯粹发散的生成函数.

▶Ⅱ.27 **二分图.** 平面二分图是一个对(G,ω)，其中G是有标记的图，$\omega=(\omega_W,\omega_E)$是结点的二分符号(结点分成了向西和向东的两类). 图中的边只连接 ω_W 中的结点和 ω_E 中的结点. 直接的计数显示平面二分图的 EGF 是

$$\Gamma(z)=\sum_n \gamma_n \frac{z^n}{n!}$$

其中 $\gamma_n=\sum_k \binom{n}{k} 2^{k(n-k)}$. 联通的平面二分图的 EGF 是 $\log \Gamma(z)$.

一个二分图是一个结点可以分成两组，且它的边只联结不同的组中的结点的有标记的图. 二分图的 EGF 是

$$\exp\left(\frac{1}{2}\log \Gamma(z)\right)=\sqrt{\Gamma(z)}$$

(提示：连通的二分图的 EGF 为$\frac{1}{2}\log \Gamma(z)$，是由于有$\frac{1}{2}$ 的在同一个平面上连接东西方向的二分图在计算中被取消了. 细节见 Wilf 的书[608,p. 78]). ◀

▶Ⅱ.28 **两个排列生成一个对称群?** 给了两个容量相同的排列 σ,τ，让它们对应一个图 $\Gamma_{\sigma,\tau}$，设它的顶点的集合是 $V=[1,\cdots,n]$. 如果 $n=|\sigma|=|\tau|$，并且边的集合是由所有对$(x,\sigma(x))$，$(x,\tau(x))$ 构成的(译者注：即由联结顶点 x 与$\sigma(x)$ 的边和联结顶点 x 与$\tau(x)$ 的边构成的)，其中 $x\in V$，则随机出现图 $\Gamma_{\sigma,\tau}$ 的概率是

$$\pi_n=\frac{1}{n!}[z^n]\log\left(\sum_{n\geqslant 0} n!\ z^n\right)$$

这表示了两个排列生成的一个传递群产生的概率(即对所有的 $x,y\in[0,\cdots,n]$ 存在一个从 x 映到 y 的，由 σ,σ^{-1},τ 和 τ^{-1} 组成的复合映射). 我们有

$$\pi_n\sim 1-\frac{1}{n}-\frac{1}{n^2}-\frac{4}{n^3}-\frac{23}{n^4}-\frac{171}{n^5}-\frac{1\ 542}{n^6}-\cdots \tag{59}$$

令人惊讶的是,渐近公式(59)中的系数1,1,4,23,…(EIS A084357)枚举了一个"第三级"的结构(Ⅱ.4.2节和注记Ⅷ.15),即:$\mathrm{SET}(\mathrm{SET}_{\geqslant 1}(\mathrm{SEQ}_{\geqslant 1}(\mathcal{Z})))$.

此外,我们还有 $n!\,^2\pi_n=(n-1)!\,I_n$,其中 I_{n+1} 是不可分解的排列的数目(例Ⅰ.19).设 π_n^* 是两个随机的排列生成一个完整的对称群的概率,那么根据Babai(巴贝伊)根据经典的群论所得的结果,量 $\pi_n-\pi_n^*$ 是指数级无穷小,因此式(59)也适用于 π_n^*;见Dixon(狄克逊)的著作[167]. ◀

Ⅱ.6.3 次序限制. 一个很适合处理很多组合结构的顺序性质的结构是加修饰的有标记积

$$\mathcal{A}=(\mathcal{B}^{\square}\star\mathcal{C})$$

这表示最小的标签限制在$\mathcal{B}$的分量中的乘积$\mathcal{B}\star\mathcal{C}$的子集(为了使此定义一致,我们必须假设 $B_0=0$).我们称这个二元运算为盒积.

定理Ⅱ.5 盒积是相容的

$$\mathcal{A}=(\mathcal{B}^{\square}\star\mathcal{C})\Rightarrow A(z)=\int_0^z(\partial_t B(t))\cdot C(t)\mathrm{d}t,\partial_t\equiv\frac{\mathrm{d}}{\mathrm{d}t} \tag{60}$$

证明 盒积的定义蕴含如下的系数的关系式

$$A_n=\sum_{k=1}^{n}\binom{n-1}{k-1}B_kC_{n-k}$$

出现在Ⅱ.2节,方程(2)定义的标准的卷积中的系数是经过修改的,由于在两个分量中只有 $n-1$ 个标记需要加以限制:其中$\mathcal{B}$的分量中有 $k-1$ 个需要加以限制(其中已限制这些标记中必须含有1),而$\mathcal{C}$的分量中有 $n-k$ 个需要加以限制,通过取生成函数就得出所需的结果.

一个有用的特殊情况是最小-根(min-rooting)运算

$$\mathcal{A}=(\mathcal{Z}^{\square}\star\mathcal{C})$$

此运算的另一种定义如下:取所有可能的 $\gamma\in\mathcal{C}$的元素,在原子前加一个标签,比如0,前缀有一个标签的原子,例如0.对于小于 γ 的标签,用$[1,\cdots,n+1]$中的数,按照标准方式重新标记,通过将所有标签值移位1,显然就有 $A_{n+1}=C_n$,由此就得出

$$A(z)=\int_0^z C(t)\mathrm{d}t$$

这个结果与盒积的一般公式(60)一致.

对某些应用来说,考虑最大的标记而不是最小的标记是方便的.我们用

$$\mathcal{A}=(\mathcal{B}^{\blacksquare}\star\mathcal{C})$$

表示最大盒积,其定义为在有标记积$\mathcal{B}$的分量中,对标记的限制取最大的.自

然,在表达其对应的生成函数公式时,式(60)中的积分对这一关于盒积的平凡的修改仍然有效.

▶Ⅱ.29 **积分的组合**. 从本书的角度看,分部积分是一个立刻得出的表示. 的确,等式

$$\int_0^z A'(t)\cdot B(t)\mathrm{d}t+\int_0^z A(t)\cdot B'(t)\mathrm{d}t=A(z)\cdot B(z)$$

应读成:"有序对的最小标记或者出现在左边或者出现在右边". ◀

例 Ⅱ.16 排列中的记录. 给定一个数字序列 $x=(x_1,\cdots,x_n)$,设其中的数字都是不同的.

我们定义记录是一个使得对于所有的 $k<j$,都有 $x_k<x_j$ 的元素(一个记录是一个比它的前辈"更好"的元素!). 图 Ⅱ.15 显示了一个有 7 条记录的长度为 $n=100$ 的数字序列. 面对这样的数据,一般统计学要确定数据是否是纯粹的随机波动,还是有一些表明"趋势"或"偏见"的迹象[139,第10章]. (例如,将数据看成反映股价或运动的记录) 特别地,如果把 x_j 从连续的分布中独立地绘制出来,那么记录的数量遵循与[1,…,n]的随机排列相同的规律. 因而,在这一统计背景的前提下,自然就会提出下面的问题:对给定的 n,有多少个有 k 个记录的排列?

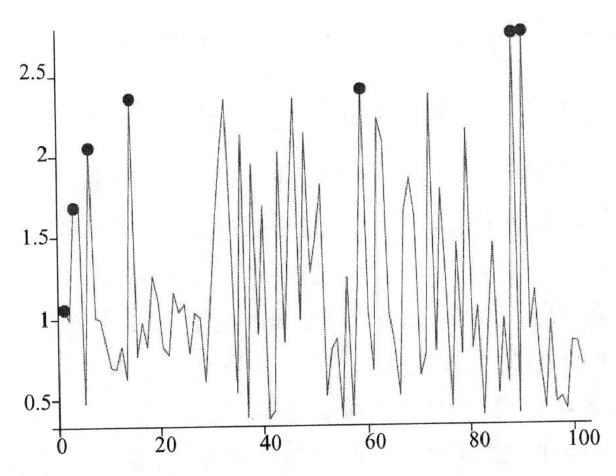

图 Ⅱ.15 一个长度为 100 的数字序列,其中用圆点标出了它的 7 条记录,这 7 条记录分别发生在 1,3,5,11,60,86,88 处

首先,我们从关于排列的一个特殊问题开始,即考虑开头的元素是最大的排列. 这种排列可以用以下方式定义("■"表示基于最大标记的盒积)

$$\mathcal{Q}=(\mathcal{Z}^{\blacksquare}\star\mathcal{P})$$

其中$\mathcal{P}$是所有的排列组成的类. 可看出这一表示就给出 EGF 为

$$Q(z)=\int_0^z\left(\frac{\mathrm{d}}{\mathrm{d}t}t\right)\cdot\frac{1}{1-t}\mathrm{d}t=\log\frac{1}{1-t}$$

这蕴含一个显然的结果:对所有的 $n\geqslant 1$,有 $Q_n=(n-1)!$. 这是一种只具有一条记录的极端排列(译者注:但反过来,只具有一条记录的排列却不一定是这种排列,例如$[1,n,2,3,\cdots,n-1]$). 下面我们考虑

$$\mathcal{P}^{(k)}=\mathrm{SET}_k(\mathcal{Q})$$

$\mathcal{P}^{(k)}$的元素是具有 k 个$\mathcal{Q}$型元素的无序集合. 定义$\mathcal{P}^{(k)}$的任何分量的最大领头("el lider máximo")为其最大元素的值. 那样我们即可按照领头的值递增的顺序把$\mathcal{P}^{(k)}$的分量排成一个序列. 然后读出整个序列,就可得出恰具有 k 个记录的排列. 这一对应[①]显然是可逆的,下面是一个图示,其中领头元素的下面加了下划线

$$\begin{aligned}\{(\underline{7},2,6,1),(\underline{4},3),(\underline{9},8,5)\}&\cong[(\underline{4},3),(\underline{7},2,6,1),(\underline{9},8,5)]\\&\cong\underline{4},3,\underline{7},2,6,1,\underline{9},8,5\end{aligned}$$

因而,具有 k 个记录的排列的数目即可由下面的公式确定

$$P^{(k)}(z)=\frac{1}{k!}\left(\log\frac{1}{1-z}\right)^k,\quad P_n^{(k)}=\begin{bmatrix}n\\k\end{bmatrix}$$

这里,我们重又看到了例 Ⅱ.12 中的 Stirling 轮换数,换句话说:在长度为 n 的排列中,具有 k 个记录的排列的数目就是 Stirling 轮换的数目 $\begin{bmatrix}n\\k\end{bmatrix}$.

回到我们的统计问题,对例 Ⅱ.12(我们将在第 Ⅲ 章中重温这一例子)的处理表明在一个长度为 n 的随机的排列中所能期盼的记录数目就等于调和数 H_n. 我们有 $H_{100}\doteq 5.18$,所以在 100 个数据中,平均来说,我们可以期盼出现 5 个多一点的记录. 看到 7 个或更多个记录的概率仍然是大约 23%,这是一个总体来说并不罕见的事件. 与此相比,记录为其两倍的事件,即有 14 个记录的事件,对于随机的数据来说,就是相当罕见的了,其概率接近于10^{-4}. 总而言之,我们上面的讨论和图 Ⅱ.15 所显示的结果是一致的,如果我们假设数据是随机生成的(实际上,这些数据确实是随机的).

有标记结构理论的实用部分可在有标记的和,积与盒积的基础上建立起来,实际上,我们有以下关系式

① 这个对应关系也可以看成是关于排列的一种变换,这一变换把记录的数目映成轮换的数目——这就是所谓的 Foata 基本对应[413,10.2 节].

$$\mathcal{F}=\mathrm{SEQ}(\mathcal{G})\Rightarrow f(z)=\frac{1}{1-g(z)},f=1+gf$$

$$\mathcal{F}=\mathrm{SET}(\mathcal{G})\Rightarrow f(z)=\mathrm{e}^{g(z)},f=1+\int g'f$$

$$\mathcal{F}=\mathrm{CYC}(\mathcal{G})\Rightarrow f(z)=\log\frac{1}{1-g(z)},f=\int\frac{g'}{1-g}$$

为了给出对应于级数,集合与轮换的另一种标准的算子形式,上表中添加了最后一列的关系式,这些关系式易于通过标准的微积分知识加以验证.在每种情况下,我们都可把这些关系化成定理Ⅱ.5的直接推论的结果,而有标记的积的法则如下:

(ⅰ)级数:遵从递归形式的定义

$$\mathcal{F}=\mathrm{SEQ}(\mathcal{G})\Rightarrow\mathcal{F}\cong\{\varepsilon\}+(\mathcal{F}\star\mathcal{G})$$

(ⅱ)集合:我们有

$$\mathcal{F}=\mathrm{SET}(\mathcal{G})\Rightarrow\mathcal{F}\cong\{\varepsilon\}+(\mathcal{F}\star\mathcal{G}^{\blacksquare})$$

这意味着,在一个集合中,可以随时单独地使用标签最大的成分,而把其余的成分组成一个集合.换一种说法,当这种结构重复时,集合的元素可以按照最大标签,即"领头元素"的值递增的法则安排.(我们在这里认识到如何用排列的记录来生成结构.)

(ⅲ)轮换:可以把包含最大标签的轮换的元素取成循环的"起始者",后面是以轮换的顺序遍历轮换的任意的元素序列.从而有

$$\mathcal{F}=\mathrm{CYC}(\mathcal{G})\Rightarrow\mathcal{F}\cong(\mathcal{F}^{\blacksquare}\star\mathrm{SEQ}(G))$$

在标准的有标记类的积与有标记的盒积的基础上,Green的文献[308]已发展了一套完整的有标记结构的语法框架.其基本形式是把幂表示成实质上相当于我们的记号.由于有了上述关系.我们在此框架内可以进一步考虑同时处理较大和较小元素的集合更复杂的次序限制.

Ⅱ.30 Green**之后更高阶的次序限制**.设□,⊡和■分别表示最小,倒数第二小和最大的标记,那么我们就有以下对应$(\partial_z=\frac{\mathrm{d}}{\mathrm{d}z})$

$$\mathcal{A}=(\mathcal{B}^{\square}\star\mathcal{C}^{\blacksquare}),\partial_z^2A(z)=(\partial_zB(z))\cdot(\partial_zC(z))$$

$$\mathcal{A}=(\mathcal{B}^{\square\blacksquare}\star\mathcal{C}),\partial_z^2A(z)=(\partial_z^2B(z))\cdot C(z)$$

$$\mathcal{A}=(\mathcal{B}^{\square}\star\mathcal{C}^{\boxdot}\star\mathcal{D}^{\blacksquare}),\partial_z^3A(z)=(\partial_zB(z))\cdot(\partial_zC(z))\cdot(\partial_zD(z))$$

等等.这些式子也可变换成(累次)积分表达式(详情见文[308]). ◀

接下来的三个例子说明了使用最小或最大根运算,并结合递归方法的效用.例Ⅱ.17和Ⅱ.18介绍了与排列密切相关的两种重要的树构成的类.例

Ⅱ.19 对一个著名的停车问题提供了一个简单的符号解法，在此基础上可以建立许多分析.

例 Ⅱ.17　递增的二叉树和交替排列. 对于每一个排列，我们可将其与一种称为递增二叉树的特殊类型的二叉树（有时是一个按堆排序的树或一个锦标赛的树）建立一个 1－1 对应. 这是一个平面的有根的二叉树，其内部的节点按照通常的方式配上标签，但是附加节点的标签随着根部的分支而增加的约束. 这种树与许多计算机科学的经典数据结构，如堆和二项式队列密切相关.

上面所说的对应如下（图 Ⅱ.16）：给了一个写成单词的排列 $\sigma=\sigma_1\sigma_2\cdots\sigma_n$，将其分解成 $\sigma=\sigma_L\cdot\min(\sigma)\cdot\sigma_R$ 的形式，其中 $\min(\sigma)$ 是排列的最小的标签的值，而 σ_L 和 σ_R 分别是 $\min(\sigma)$ 的左边和右边，那么二叉树 $\beta(\sigma)$ 即可递归地定义为下面的形式（根，左边，右边）

$$\beta(\sigma)=\langle\min(\sigma),\beta(\sigma_L),\beta(\sigma_R)\rangle,\beta(\varepsilon)=\varepsilon$$

空的树（由一个唯一的容量为 0 的类组成，这个类用一个排列之外的符号表示）对应于空的排列 ε. 反过来，按照对于（中辍）对称的方式写出一个树就得到原来的排列.（例如，在 Stanley 的书[552，p. 23—25] 中描述过这个对应，他自己则在书[267] 中指出，这一描述“主要由“Frenc”（法国人）发展出来”.）

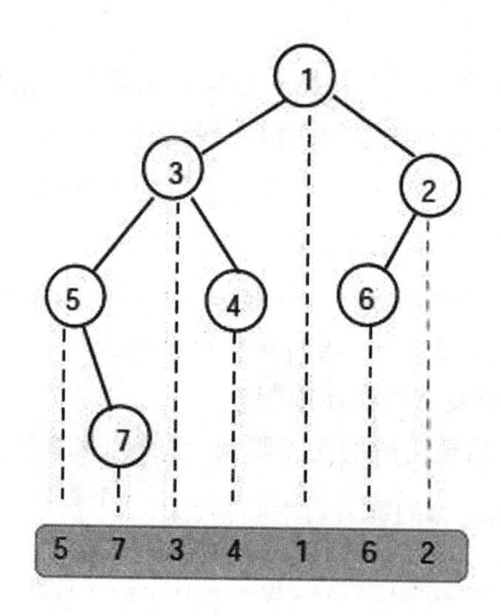

图 Ⅱ.16　一个长度为 7 的排列以及与它对应的递增的二叉树

因而，二叉递增树的族$\mathcal{I}$可递归地定义成

$$\mathcal{I}=\{\varepsilon\}+(\mathcal{Z}^{\Box}\star\mathcal{I}\star\mathcal{I})\tag{61}$$

这一表示蕴含 EGF 的非线性积分方程

$$I(z)=1+\int_0^z I^2(t)\,\mathrm{d}t$$

这个积分方程又可化为一个满足初始条件 $I(0)=1$ 的微分方程 $I(z)=1+\int_0^z I^2(t)\,\mathrm{d}t$. 它的解为 $I(z)=\frac{1}{1-z}$,因而 $I_n=n!$,这与递增的二元树的数目与排列的数目相同这一事实是一致的.

递增树的构造有助于导出排列中各种局部模式的 EGF. 我们这里以上一下(或锯齿形)排列(也称为交错排列)的计数说明其应用. 我们在邀请词中已经提到的结果首先由 Désiré André(德西蕾・安德烈)在 1881 年用直接的递推论证手段得出的.

称一个排列 $\sigma=\sigma_1\sigma_2\cdots\sigma_n$ 是一个交错排列,如果

$$\sigma_1>\sigma_2<\sigma_3>\sigma_4<\cdots \tag{62}$$

因此,相邻的元素对就构成一系列的上坡和下坡的形状.

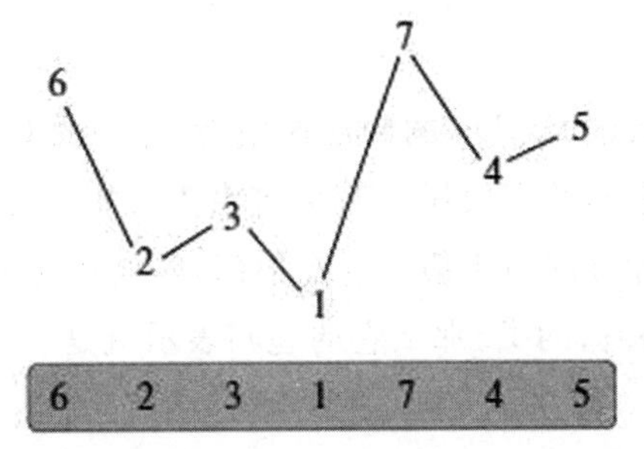

首先考虑长度为奇数的交错排列. 可以验证对应的递增树没有单向的分叉结点,所以这种树仅由二叉结点和树叶组成,因而其对应的表示为

$$\mathcal{J}=\mathcal{Z}+(\mathcal{Z}^{\Box}\star\mathcal{J}\star\mathcal{J})$$

所以有

$$J(z)=z+\int_0^z J^2(t)\,\mathrm{d}t$$

以及

$$\frac{\mathrm{d}}{\mathrm{d}z}J(z)=1+J^2(z)$$

上面的微分方程可用分离变量法解出,由于 $J(0)=0$,这就蕴含 $\arctan(J(z))=z$,因此

$$J(z)=\tan(z)=z+2\frac{z^3}{3!}+16\frac{z^5}{5!}+272\frac{z^7}{7!}+\cdots$$

系数 J_{2n+1} 就是所谓的正切数或奇指标的 Euler 数(EIS A000182).

我们用$\mathcal{K}$表示具有限制条件(62)的长度为偶数的交错排列的类，它具有以下表示

$$\mathcal{K}=(\varepsilon)+(\mathcal{Z}^{\square}\star\mathcal{J}\star\mathcal{K})$$

由于现在除了最右边的一个结点只有一个向左的分叉之外，所有树的内部结点都有两个分叉. 因而 $K'(z)=\tan(z)K(z)$，所以 EGF 就是

$$K(z)=\frac{1}{\cos(z)}=1+1\frac{z^2}{2!}+5\frac{z^4}{4!}+61\frac{z^6}{6!}+1\,385\frac{z^8}{8!}+\cdots$$

其中系数 K_{2n} 是所谓的反余弦数，也称为偶指标的 Euler 数(EIS A000364).

我们将在本书后面(第 Ⅲ 章)用到排列的这种重要的树的表示，由于它开辟了对排列中，例如下降次数，运行次数，和(再次！)记录的参数化的道路. 递增树的分析也告诉我们关于二叉搜索树，快速排序和堆优先队列结构的至关重要的信息[429,538,598,600].

▶**Ⅱ.31 三角函数的组合.** 把 $\tan\frac{z}{1-z}$，$\tan\tan z$，$\tan(e^z-1)$ 翻译成组合类的 EGF. ◀

例 Ⅱ.18 递增的 Cayley 树和后退映射. 递增的 Cayley 树是一种 Cayley 树(即有标记的，非平面的有根树)，其标签沿着从根开始的任何分支形成一个递增的序列. 特别，标签的最小值必须在根部，并且暗含了树不能嵌入在平面中这一假设. 设$\mathcal{L}$是这种树的类. 那么它的递归表示就是

$$\mathcal{L}=(\mathcal{Z}^{\square}\star\mathrm{SET}(\mathcal{L}))$$

因而其生成函数满足关系式

$$L(z)=\int_0^z e^{L(t)}\,dt,\quad L'(z)=e^{L(z)},\quad L(0)=0$$

积分 $L'e^{-L}=1$ 表明 $e^{-L}=1-z$，所以

$$L(z)=\log\frac{1}{1-z}$$

并且 $L_n=(n-1)!$.

因此，递增的Cayley树的数量是$(n-1)!$，这也是长度为$n-1$的排列数目. 这些树已被 Meir(梅厄) 和 Moon(蒙) 在文献[435] 中以“递归树”的名义研究过，但我们在这里不再保留这一术语.

公式 $L_n=(n-1)!$ 的简单性当然要求有一个组合解释. 事实上，递增的 Cayley 树完全由其子代－父代的关系确定(图 Ⅱ.17). 换句话说，对于每个递增的 Cayley 树 τ，它对应于一个映射 $\varphi=\varphi_\tau$，使得当且仅当 i 的父辈的标签是 j 时有 $\varphi(i)=j$.

由于树的根是一个孤儿，所以 $\varphi(1)$ 的值是不定义的 $\varphi(1)=\perp$；又由于树是递增的，所以对所有的 $i\geqslant 2$，我们有 $\varphi(i)<i$. 满足最后两个条件的函数被称为后退映射. 容易验证树和后退映射之间的对应关系是一个 $1-1$ 对应.

因而，定义域是 $[1,\cdots,n]$ 的后退映射和递增的 Cayley 树是等价的，因此我们也可以用 $\mathcal{L}$ 来表示后退函数的类. 现在一个容量为 n 的后退映射显然被其函数值确定，由于 $\varphi(2)$ 只有一个可能的选择 $(\varphi(2)=1)$，$\varphi(3)$ 有两个可能的选择（1 或 2）等，所以公式

$$L_n=1\times 2\times 3\times\cdots\times(n-1)$$

就得到了一个自然的解释.

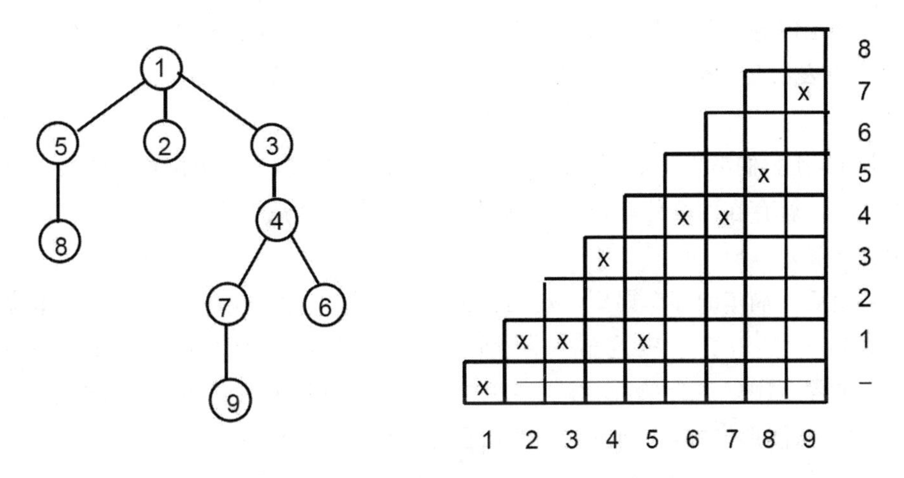

图 Ⅱ.17 一个递增的 Cayley 树（左）及与其对应的后退映射（右）

▶ **Ⅱ.32 后退映射和排列.** 后退映射可以直接和排列联系起来. 将后退映射与排列联系的结构称为“反转表”，见文献[378,538]. 给定一个排列 $\sigma=\sigma_1\cdots\sigma_n$，按照以下法则让它对应于一个从 $[1,\cdots,n]$ 到 $[0,\cdots,n-1]$ 的函数 $\psi=\psi_\sigma$

$$\psi(j)=\operatorname{card}(k<j\mid\sigma_k>\sigma_j)$$

函数 ψ 只不过是后退映射的平凡的另一种表示. ◀

▶ **Ⅱ.33 旋转和递增树.** 一个递增的 Cayley 树可以根据其标签的值，按照从左到右的顺序排列后代. 旋转对应那样就产生了一个二叉的递增树，因此递增的 Cayley 树与递增的二叉树也是直接相关的. 综合这个注记和前一个注记，我们就有一个四重组合等价关系

递增的 Cayley 树 $\cong$ 后退映射 $\cong$ 排列 $\cong$ 递增的二叉树

这开辟了更多种类的排列方式的枚举手段.

例 Ⅱ.19 停车问题. 这里是 Knuth 对这个问题的介绍，这一问题可回溯

到 1973 年(见文献[378,p. 545]),不过现在有些人可能出于政治原因认为这是不正确的:

"一条单行的街道上有 m 个停车位,其标号分别为 $1-m$. 一个男人和他的打瞌睡的妻子开车从这里经过,突然,妻子醒了,命令他立即停车. 他忠实地在第一个可用的空位停下来[…]".

在条件每个人最终找到一个停车位并且最后一个空位仍然为空下,考虑 $n=m-1$ 辆汽车的问题. 一共有 $m^n=(n+1)^n$ 种可能的"愿望",其中有 F_n 种满足条件 —— 这个数字是已确定的(这个问题的一个重要动机是散列算法的分析. 见"线性探测" 策略下的注记 Ⅲ. 11)

满足问题中条件的序列称为几乎全分配序列,其容量 n 是涉及的车的数目. 设$\mathcal{F}$表示几乎全分配序列的类,我们断言有以下分解

$$\mathcal{F}=[(\Theta\,\mathcal{F}+\mathcal{F})\star\mathcal{Z}^{\blacksquare}\star\mathcal{F}] \tag{63}$$

实际上,让我们考虑最后到达的车,设它最终停在左数 $k+1$ 个位置中的某个位置. 那么,就存在两个停车位置的序列,它们本身都是几乎全分配的(其容量分别为 k 和 $n-k-1$).

最后一辆车的停车愿望一定是占据左边前 k 个停车位中的某一个停车位(式(63) 中的因子 $\Theta\,\mathcal{F}$) 或第一个停车序列中的最后一个空位(左边的因子$\mathcal{F}$);右边的停车序列不会受到影响(右边的因子$\mathcal{F}$). 最后,最后一辆车插入街道(因子$\mathcal{Z}^{\blacksquare}$). 从图形上看,我们得到一种几乎全分配的二叉树分解:

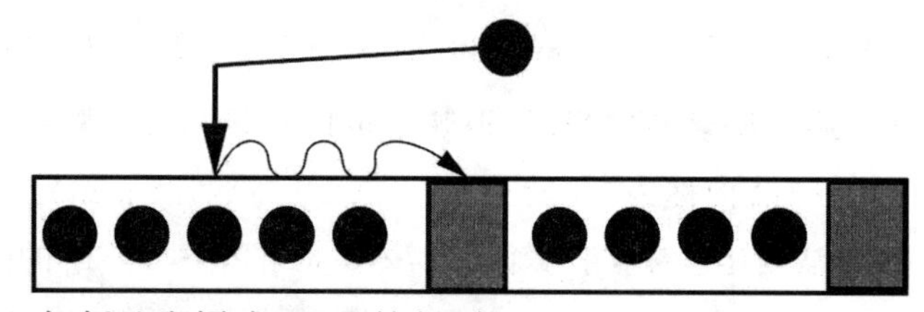

把式(63) 解析地翻译成 EGF 就得到

$$F(z)=\int_0^z (wF'(w)+F(w))F(w)\mathrm{d}w \tag{64}$$

微分上式就得到

$$F'(z)=(zF(z))'\cdot F(z) \tag{65}$$

简单的演算剩下几步就得出$\dfrac{F'}{F}=(zF)'$,由积分得出 $\log F=zF$,$F=\mathrm{e}^{zF}$. 因此,$F(z)$ 满足的函数方程竟不可思议的与 Cayley 树函数 $T(z)$ 类似. 的确,不难看出

$$F(z)=\frac{1}{z}T(z) \tag{66}$$

以及 $F_n=(n+1)^{n-1}$.

这就解决了原来的计数问题. 上述推导是根据 Flajolet, Poblete(波夫莱特), Viola(维奥拉) 和 Knuth 的论文[249,380] 编写的, 他们说明了停车分配的概率属性可以精确的分析(例如, 在注记 Ⅶ.54 中我们发现总排水量服从 Airy(艾里) 分布).

Ⅱ.7　小结和评论

与上一章和图 Ⅰ.18 一起一样, 本章和图 Ⅱ.18 一起为符号方法提供了依据, 这种方法是分析组合学的核心. 把有标记类的基本结构翻译成 EGF 很难变得更简单, 但正如我们所看到的那样, 符号方法具有足够的能力来解决组合学中的经典问题, 这些问题包括从生日悖论和优惠券收藏者问题到树和图的枚举问题, 等等.

我们考虑过的二级结构, 树, 映射和导致 EGF 的图表等例子都得到了简单的表示和自然的推广. (简单的形式经常容易使读者产生一种错误印象, 以为他们本来就是这么简单的 —— 但实际上许多没有出现在本书中的EGF的直接推导对于符号方法来说是相当复杂的.) 的确, 符号方法提供了一个框架, 使我们能够理解很多组合类的本质. 从这里出发, 许多看似不相关的计数问题被组织成广泛的结构类别, 并以几乎机械的方式加以解决.

我们在这一章再次看到, 符号方法只是故事的一半(分析组合学中的"组合"), 这一方法导致能得出许多有趣的组合类的计数序列的 EGF. 其中一些 EGF 立即导致精确的计数结果, 而其他一些则需要应用部分 B(分析组合学的"分析" 部分) 中的复分析和渐近分析中的经典技巧来得出渐近估计. 综合使用这些技巧, 基本结构, 和我们在本章中讨论的翻译和应用程序加强了我们的整体印象, 即符号方法是一个可成功的用于解决组合学中的一般化的经典问题的和新问题及其应用的系统方法.

我们一直在关注枚举问题 —— 即计数一个给定容量的组合类中对象的数量. 在下一章中, 我们将考虑如何扩展符号方法以帮助分析组合类的其他性质.

关于参考文献的注记和评论. 有标记的集合和指数公式很早之前就被图的枚举领域中的研究人员认识到了见文献[319]. Foata 的文献[265]1974 年已提

出了有标记结构的详细形式，特别是在部分带有复杂性的标题下讨论的级数和集合. Stanley(斯坦利)也在他的综述[550]中对此做了简要介绍. 由于 Bender 和 Goldman，这与“prefab”(预制件)的概念是平行的见文献[42]. Comtet 的文献[129]，Wilf 的文献[608]，Stanley 的文献[552]或 Goulden 和 Jackson 的文献[303]等书籍都有很多在组合分析中使用有标记结构的例子.

Green 在他 1983 年的论文[308]中主要是基于蕴含了随机产生的组合结构的盒积引入了一个“标签”语法的总体框架. Joyal 1981 年在范畴的基础上发表了表示理论(原始资料见文献[359]和 Bergeron，Labelle 和 Leroux 的书[50]，这本书可为读者对有关的研究提供一个丰富的博览)；这一理论呈现出在一个共同的框架中统一处理无标记对象和有标记对象的优点.

Flajolet，Salvy 和 Zimmermann 已经开发了和本书中探索的系统密切相关的表示语言. 他们在文[255]中显示了如何把表示自动地编译成生成函数；这一结果是在随机微积分产生的快速生成算法的辅助下得出的，见文献[264].

1. 有标记结构的并，积，级数，集合和轮换及其转换所得的指数生成函数

结构	EGF
并 $\mathcal{A}=\mathcal{B}+\mathcal{C}$	$A(z)=B(z)+C(z)$
积 $\mathcal{A}=\mathcal{B}\star\mathcal{C}$	$A(z)=B(z)\cdot C(z)$
级数 $\mathcal{A}=\mathrm{SEQ}(\mathcal{B})$	$A(z)=\dfrac{1}{1-B(z)}$
集合 $\mathcal{A}=\mathrm{SET}(\mathcal{B})$	$A(z)=\exp(B(z))$
轮换 $\mathcal{A}=\mathrm{CYC}(\mathcal{B})$	$A(z)=\log\dfrac{1}{1-B(z)}$

2. 有固定容量的集合，多重集和轮换

结构	EGF
级数 $\mathcal{A}=\mathrm{SEQ}_k(\mathcal{B})$	$A(z)=B^k(z)$
集合 $\mathcal{A}=\mathrm{SET}_k(\mathcal{B})$	$A(z)=\dfrac{1}{k!}B^k(z)$
轮换 $\mathcal{A}=\mathrm{CYC}_k(\mathcal{B})$	$A(z)=\dfrac{1}{k}B^k(z)$

3. 指定和替换的加性结构

结构	EGF
指定 $\mathcal{A}=\Theta\mathcal{B}$	$A(z)=z\dfrac{\mathrm{d}}{\mathrm{d}z}B(z)$

替换 $\mathcal{A}=\mathcal{B}\circ\mathcal{C}$	$A(z)=B(C(z))$
4. 盒积	
$\mathcal{A}=(\mathcal{B}^{\square}\star\mathcal{C})\Rightarrow A(z)=\int_0^z\left(\frac{\mathrm{d}}{\mathrm{d}t}B(t)\right)\cdot C(t)\mathrm{d}t$	

图 Ⅱ.18　有标记结构及其翻译成指数生成函数(EGF) 的"字典",第一条中的结构是前一章中的无标记结构的类似物(多重集群结构在这里没有意义) 有限容量的复合结构的翻译显得很简单. 最后(与无标记的类似物相比,图 Ⅰ.18),盒积是有标记结构特有的结构.

我模糊的记得那道有六个戴着白帽子的人,六个戴着黑帽子的人的概率习题有多可怕,你肯定想用数学方法得出这些帽子是以什么方式以及按什么比例混合在一起的. 但是我保证,如果你一开始就像这样考虑问题,你肯定会走弯路.

——AGATHA CHRISTIE(阿加莎 克里斯蒂)

《破镜谋杀案》(The Mirror Crack'd),多伦多(Toronto),班坦图书公司(Bantam Books),1962.

第Ⅲ章 组合参数和多元生成函数

生成函数发现了平均值等统计量.

——HERBERT WILF(赫伯特·维尔福)[608]

许多科学工作需要精确的组合对象参数的概率性质的定量信息. 例如,当设计,分析和优化某种算法时,我们感兴趣的一个问题就是,确定某些典型的混乱数据是否遵循某个给定的随机模型,并且其平均值或者甚至分布也确切地或渐近地服从这一模型. 类似的情况也出现在包括概率统计,计算机科学,信息论,统计物理学和计算生物学等各种领域中. 确切的问题是改进有两个参数,即容量和一个额外的特点的计数问题:这就是本章要讨论并通过生成函数框架的自然扩展要进行处理的主题. 渐近问题可以被看作是由可能的容量的值所标志的概率法则的极限的一个特征:这是第Ⅸ章要讨论的主题. 就像这里所展示的那样,最初开发的计数组合对象的符号方法也能很好地适用于各种无标记和有标记的可构建类的参数分析.

多元生成函数(MGFs)——普通的或指数的 ——可以保持和跟踪在组合对象上定义的参数集合. 了解这种生成函数,就会得出确切的概率分布或至少是平均值和方差评估. 对于继承的参数,到目前为止所有讨论过的组合类都适合这样处理. 从技术上讲,涉及组合结构和多元生成函数的翻译方案都没有表现出重大的困难——他们似乎是自然的(标志性甚至是记数的)对第Ⅰ章和第Ⅱ章开发的单变量情况的改进. 经典组合的典型应用是求出一个合成中的和数,一个集合分拆中的块数,一个排列中的轮换数，一个树的根的度数或路径的长度，一个排列中的不动点的数目，一个集合分拆中的单个块的数量，各种树木的叶子的数量，等等.

本章技术方面除了继续锚定作为基础的符号方法外，也第一次遭遇了随机组合结构一般领域中的问题. 一般的问题是：大容量的随机对象的形象是什么样的？多元生成函数首先提供了组合参数的矩——通常是平均值和方差的容易的入口. 另外，结合基本的概率不等式，矩的估计通常导致了以高概率成立的大的随机结构性质的精确特征. 例如，一个大的整数分拆以高概率遵从确定性分布，一个大的随机排列中几乎肯定至少有一个长周期和几个短周期等. 大型对象的这种高度受限制的行为可能反过来又可用于设计专用算法并优化数据结构；它也可以用于建立统计测试——在大量观察数据中什么时候离开随机性并可检测到“信号”？随机性构成了这本书的一个反复出现的主题：它将在第Ⅳ章中进一步发展，其中部分 B 中的复渐近方法将通过把多变量生成函数嫁接在精确建模上的技巧将在本章中介绍.

本章的组织结构如下. 在Ⅲ.1 节中首先给出一些关于二元生成函数的实用的基础，然后在Ⅲ.2 节中给出了二元枚举的概念及其与离散概率的关系模型，包括矩的确定，由于初等概率论的语言确实提供了一种直观的，有吸引力的方式来构想数据的二元计数. 在一般的多变量版本中作用有所下降的符号方法本身，将集中在Ⅲ.3 节和Ⅲ.4 节中开发：利用适当的多指标符号，符号方法几乎可以立即扩展到多变量情况. 递归参数，特别是树统计表中经常出现的参数是Ⅲ.5 节的主题，而完整的生成函数和相关的组合模型将在Ⅲ.6 节中讨论. 其他结构如指定，替换和次序限制导致有趣的发展，特别是在Ⅲ.7 节中对容斥原理的原始处理. 最后，在Ⅲ.8 节中对极端参数，像树的高度或复合结构中最小和最大的组分等内容进行了简短的抽象讨论——这种参数最好是用单变量生成函数的族加以处理.

Ⅲ.1　二元生成函数(BGFs)介绍

我们在第Ⅰ章和第 Ⅱ 章中已经见过可以用普通的或指数的一元的生成函数来生成一些数字序列

$$f_n \quad \rightsquigarrow \quad f(z)=\begin{cases}\displaystyle\sum_n f_n z^n & \text{(普通的 GF)}\\ \displaystyle\sum_n f_n \frac{z^n}{n!} & \text{(指数的 GF)}\end{cases}$$

这种生成方式是有力的，由于许多组合结构可用这种操作翻译成生成函数.用这种方式，可以得到许多有用的计数公式.

类似的，我们可考虑依赖于两个整数下标n和k的数列$f_{n,k}$.在本书中，$f_{n,k}$通常是一个数组或数表(一般是一个三角形的数表)，其中$f_{n,k}$是某个类$\mathcal{F}$中的对象φ的数目，使得$|\varphi|=n$并使得某个参数$\chi(\varphi)=k$.我们可用具有两个变量的二元生成函数(BGF)来产生，其中的一个变量是产生关于n的主变量，而另一个是产生关于k的参变量.

定义 Ⅲ.1 数$f_{n,k}$的普通或指数的二元生成函数(BGF)是一个由下式定义的，具有两个变元的形式幂级数

$$f(z,u)=\begin{cases}\sum_{n,k} f_{n,k}z^n u^k & \text{(普通的 BGF)}\\ \sum_{n,k} f_{n,k}\frac{z^n}{n!}u^k & \text{(指数的 BGF)}\end{cases}$$

(在本书中不采用对应于$\frac{z^n}{n!}\frac{u^k}{k!}$的“双指数”GF.)

正如我们即将看到的那样，可构建类的参数通过这种BGF就可以计数了.根据目前采取的观点，研究者从三字母表示的数列开始，通过二重求和过程形成BGF.我们在这里通过介绍两个关于二项式系数和Stirling循环数的例子以说明如何确定这样的BGF，然后进行演算.下面为方便起见，我们使用水平和垂直生成函数(图Ⅲ.1)，它们是由下面的单个变量定义的GF的单参数族.

水平的GF：$f_n(u):=\sum_k f_{n,k}u^k$；

垂直的GF：$f^{(k)}(z):=\sum_n f_{n,k}z^n$ (普通情况)

$$f^{(k)}(z):=\sum_n f_{n,k}\frac{z^n}{n!} \quad \text{(指数情况)}$$

f_{00}			$\rightarrow$	$f_0(u)$
f_{10}	f_{11}		$\rightarrow$	$f_1(u)$
f_{20}	f_{21}	f_{22}	$\rightarrow$	$f_2(u)$
$\vdots$	$\vdots$	$\vdots$		
$\downarrow$	$\downarrow$	$\downarrow$		
$f^{(0)}(z)$	$f^{(1)}(z)$	$f^{(2)}(z)$		

图 Ⅲ.1 一个三角形数表及与其相关的水平GF和垂直GF

如果把元素$f_{n,k}$排列成一个无限的矩阵，其中$f_{n,k}$位于第n行与第k列，那

么上面的术语就有了明显的意义,由于水平和垂直的 GF 分别就是行和列中的 GF. 自然的,我们就有

$$f(z,u)=\sum_k u^k f^{(k)}(z)=\begin{cases}\sum_n f_n(u)z^n & \text{(普通的 BGF)}\\ \sum_n f_n(u)\dfrac{z^n}{n!} & \text{(指数的 BGF)}\end{cases}$$

例 Ⅲ.1　二项式系数的普通的 BGF. 二项式系数 $\binom{n}{k}$ 计数了出现 k 次不同的字母,长度为 n 的二元单词的数目,见图 Ⅲ.2. 为了构成二元的 GF,我们从 Newton 二项式定理这一最简单的情况开始,并对固定的 n,直接形成水平的 GF

$$W_n(u):=\sum_{k=0}^{n}\binom{n}{k}u^k=(1+u)^n \tag{1}$$

然后对 n 求和,就得出普通的 BGF

$$W(z,u)=\sum_{k,n\geqslant 0}\binom{n}{k}u^k z^n=\sum_{n\geqslant 0}(1+u)^n z^n=\frac{1}{1-z(1+u)} \tag{2}$$

上述计算是典型的 BGF 演算步骤. 我们所做的事情就是从数列 $W_{n,k}$ 开始,先确定式(1) 中的水平 GF,$W_n(u)$,然后再确定式(2) 中的二元 GF,$W(z,u)$,路线如下

$$W_{n,k}\rightsquigarrow W_n(u)\rightsquigarrow W(z,u)$$

所有单词的 BGF 可以归结为 OGF,$\dfrac{1}{1-2z}$,这只需在式(2) 中令 $u=1$ 即可.

我们也可以从式(2) 中导出对于固定的 k 的二项式系数的垂直的 GF

$$W^{(k)}(z)=\sum_{n\geqslant 0}\binom{n}{k}z^n=\frac{z^k}{(1-z)^{k+1}}$$

构成关于 u 的 BGF 的展开式

$$W(z,u)=\frac{1}{1-z}\frac{1}{1-u\dfrac{z}{1-z}}=\sum_{k\geqslant 0}u^k\frac{z^k}{(1-z)^{k+1}} \tag{3}$$

这些结果自然和直接计算所得的结果相一致.

▶ **Ⅲ.1　二项式系数的指数** BGF. 写出来就是

$$\widetilde{W}(z,u)=\sum_{k,n}\binom{n}{k}u^k\frac{z^n}{n!}=\sum(1+u)^n\frac{z^n}{n!}=\mathrm{e}^{z(1+u)} \tag{4}$$

垂直的 GF 是$\dfrac{\mathrm{e}^z z^k}{k!}$,水平的 GF 是$(1+u)^n$,就与通常的一样. ◀

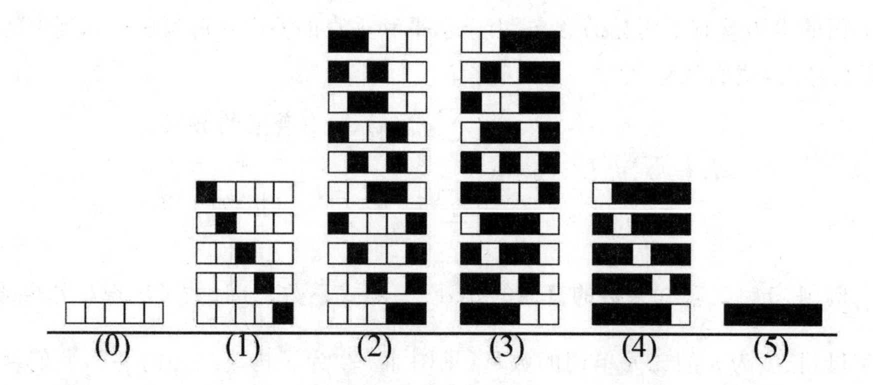

图 Ⅲ.2　用字母表{□,■}构成的 32 个单词的集合$\mathcal{W}_5$枚举了字母■发生的次数,这给出了二元的计数序列 $W_{5,j}=1,5,10,10,5,1$

例 Ⅲ.2　Stirling **轮换数的指数** BGF. 正如我们在例Ⅱ.12 中所看到的那样,具有 k 个轮换,长度为 n 的排列的数目 $P_{n,k}$ 就等于 Stirling 轮换数 $\left[\begin{matrix} n \\ k \end{matrix}\right]$,其垂直 EGF 为

$$P^{(k)}(z):=\sum_n \left[\begin{matrix} n \\ k \end{matrix}\right]\frac{z^n}{n!}=\frac{L^k(z)}{k!},L(z):=\log\frac{1}{1-z}$$

由此,可构成指数 BGF 如下(复习例 Ⅱ.12 中的计算)

$$P(z,u):=\sum_k P^{(k)}(z)u^k=\sum_k\frac{u^k}{k!}L^k(z)=\mathrm{e}^{uL(z)}=\frac{1}{(1-z)^u}\tag{5}$$

上面的公式形式之简单是相当引人注目的,但就像我们即将在有标记集合的章节中所看到的那样,这种简单性也完全是一种典型的现象. 我们这次的起点是垂直 EGF,而这次的模式是

$$P_n^{(k)}\rightsquigarrow P^{(k)}(z)\rightsquigarrow P(z,u)$$

当 $u=1$ 时,式(5) 中的 BGF 就成为所有排列的 EGF,即$\frac{1}{1-z}$.

此外,BGF 的展开式中变量 z 的项也提供了有用的信息:即水平的 GF 可由 Newton 二项式定理得出

$$P(z,u)=\sum_{n\geqslant 0}\left[\begin{matrix} n+u-1 \\ n \end{matrix}\right]z^n=\sum_{n\geqslant 0}P_n(u)\frac{z^n}{n!}\tag{6}$$

其中 $P_n(u)=u(u+1)\cdots(u+n-1)$.

上面最后一个多项式称为关于指标 n 的 Stirling 轮换多项式,这个多项式描述了所有长度为 n 的排列中,轮换数目的全分布. 此外,关系式

$$P_n(u)=P_{n-1}(u)(u+(n-1))$$

等价于递推关系式

$$\left[{n \atop k}\right]=(n-1)\left[{n-1 \atop k}\right]+\left[{n-1 \atop k-1}\right]$$

Stirling 数也常常用以上递推关系式定义,这个递推关系式也是一个比较容易计算 Stirling 数的公式. 见附录 A. 8 Stirling 数.(这个递推关系式也具有一种直接的组合解释:n 或者出现在轮换中,或者作为一个"新的"单独的符号出现.)

数目 $\binom{n}{k}$	水平 GF $(1+u)^n$	数目 $\left[{n \atop k}\right]$	水平 GF $u(u+1)\cdots(u+n-1)$
垂直的 OGF $\frac{z^k}{(1-z)^{k+1}}$	普通的 BGF $\frac{1}{1-z(1+u)}$	垂直的 EGF $\frac{1}{k!}\left(\log\frac{1}{1-z}\right)^k$	指数 BGF $\frac{1}{(1-z)^u}$

图 Ⅲ.3　各种关于二项式系数(左)和 Stirling 轮换数(右)的 GF

在图 Ⅲ.3 中罗列了(2),(3),(5)或(6)各式中的 BGF 的简明表达式. 就像我们在下节中将要看到的那样,这些表达式对于导出分布的矩,方差乃至更好的特征是极其有价值的. 确定哪种 BGF 可以用简单的扩展符号方法的手段予以包括,见 Ⅲ.3 和 Ⅲ.4 节.

Ⅲ.2　二元生成函数和概率分布

本节的目的是分析广泛类型的组合结构的特征. 多元计数的最终目标是对有较高规律性的大型随机结构的性质给出定量结果.

我们将主要对根据容量大小和一个辅助参数确定的枚举问题感兴趣,对应的问题自然地藉由 BGF 处理. 为了避免多余的定义,我们的经验证明引入如下的基本因子序列 $\omega_n, n\geqslant 0$,是方便的

$$\text{对普通的 GF},\omega_n=1,\text{对指数 GF},\omega_n=n! \tag{7}$$

那样,OGF 和 EGF 就可以统一的表示成

$$f(z)=\sum f_n\frac{z^n}{\omega_n},f_n=\omega_n[z^n]f(z)$$

定义 Ⅲ.2　给了一个组合类 $\mathcal{A}$,一个(数量)参数是一个从 $\mathcal{A}$ 到 $Z_{\geqslant 0}$ 的函

数，这个函数把任一对象 $\alpha \in \mathcal{A}$对应于一个整数值$\chi(\alpha)$. 序列

$$A_{n,k} = \text{card}(\{\alpha \in \mathcal{A} \mid |\alpha| = n, \chi(\alpha) = k\})$$

称为符号对$\mathcal{A},\chi$ 的计数序列. 定义$\mathcal{A},\chi$ 的二元生成函数(BGF) 为

$$A(z,u) := \sum_{n,k\geqslant 0} A_{n,k} \frac{z^n}{\omega_n} u^k$$

当 $\omega_n \equiv 1$ 时，称它为普通生成函数，当 $\omega_n \equiv n!$ 时，称它为指数生成函数. 我们称变量 z 标记了类的容量，变量 u 标记了类的参数χ.

自然，$A(z,1)$ 就归结为通常的类$\mathcal{A}$的生成函数 $A(z)$，而类$\mathcal{A}_n$的元素的个数即可表示成

$$A_n = \omega_n [z^n] A(z,1)$$

Ⅲ.2.1　分布和矩. 在这一节中，我们将验证需要用二元计数序列表示的概率模型和二元生成函数之间的关系. 其中需要用到的初等记号可在附录A.3 组合概率中查找和复习.

考虑一个组合类$\mathcal{A}$，$\mathcal{A}_n$上有一个一致概率分布是指，对任意 $\alpha \in \mathcal{A}_n$，其概率都等于$\dfrac{1}{\mathcal{A}_n}$. 我们将使用符号$\mathbb{P}$表示概率并且在需要强调所用的概率模型时给其加上脚标以表示这个模型. 我们将用$\mathbb{P}_{\mathcal{A}_n}$ 去指出依赖于$\mathcal{A}_n$的概率在$\mathcal{A}_n$上是一致分布的(当$\mathcal{A}_n$的意义不会混淆时，我们也简单地写成$\mathbb{P}_n$).

概率生成函数. 考虑一个参数χ. 这个参数对每个$\mathcal{A}_n$确定了一个定义在离散概率空间$\mathcal{A}_n$上的随机变量

$$\mathbb{P}_{\mathcal{A}_n}(\chi = k) = \frac{A_{n,k}}{A_n} = \frac{A_{n,k}}{\sum_k A_{n,k}} \tag{8}$$

给了一个用大写字母 X 表示的随机变量，一个在子类$\mathcal{A}_n$上取值的参数χ，我们复习一下由下面的数量定义的概率生成函数

$$p(u) = \sum_k \mathbb{P}(X = k) u^k \tag{9}$$

从式(8) 到式(9)，立即有

命题 Ⅲ.1　从 BGF 得出 PGF. 设 $A(z,u)$ 是定义在组合类$\mathcal{A}$上的参数χ 的二元生成函数，则$\mathcal{A}_n$上的参数χ 的概率生成函数由下式给出

$$\sum_k \mathbb{P}_{\mathcal{A}_n}(X = k) u^k = \frac{[z^n]A(z,u)}{[z^n]A(z,1)}$$

这也是水平生成函数的正规形式.

用概率语言进行翻译使我们可以在任何具体情况下利用从自然地考虑数

据的解释得出的无论哪方面的直觉(图 Ⅲ.4). 实际上,如果不去注意数量 381 922 055 502 195 表示有 10 个轮换的长度为 20 的排列的数目,也许谈论事件的概率反而能得到更多的信息,这个事件的概率是 0.000 15 ,即约万分之 1.5. 用柱状图或"直方图"表示离散的分布是方便的. 在横坐标 k 处的直方条的高度指出了 $\mathbb{P}\{X=k\}$ 的值. 图 Ⅲ.4 用这种方式显示了两个经典的组合分布. 给了我们一直采用的统一的概率模型,那种柱状图最终不是别的,其实就是对应于图 Ⅲ.2 中所显示的全部项目的浓缩形式的"砖堆".

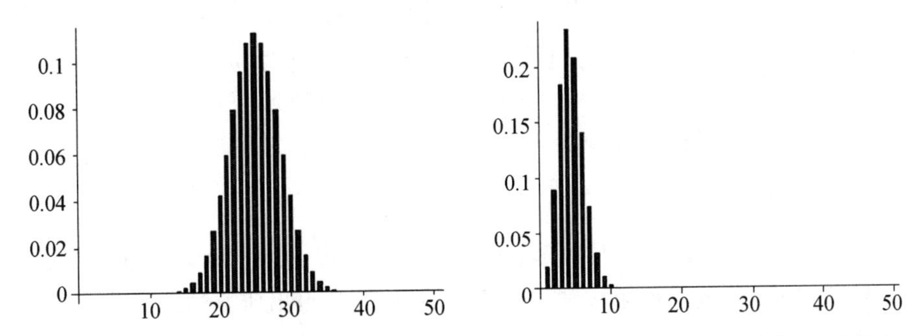

图 Ⅲ.4　两个组合分布的柱状图. 左:在一个长度为 50 的两个字母的串中,一个指定的字母出现的次数(二项分布). 右:长度为 50 的随机排列中的轮换的数目(Stirling 轮换分布)

矩. 矩这个量可以使我们得到一些重要的信息. 给了一个离散随机变量 X, $f(X)$ 的期望可用一个线性泛函定义如下

$$\mathbb{E}(f(X)) := \sum_k \mathbb{P}\{X=k\} \cdot f(k)$$

(各种幂次的) 矩为

$$\mathbb{E}(X^r) := \sum_k \mathbb{P}\{X=k\} \cdot k^r$$

然后,X 的期望(或者平均值),方差及标准偏差就分别是

$$\mathbb{E}(X), \mathbb{V}(X) = \mathbb{E}(X^2) - \mathbb{E}^2(X), \sigma(X) = \sqrt{\mathbb{V}(X)}$$

期望对应于我们在观察大量的数据时通常会形成的算术平均值:这个性质是一个弱的大数定律([205,第 Ⅹ 章]). 标准偏差则测度了在平方根意义下的观察值与预期值的分散程度.

r 阶的阶乘矩的定义为

$$\mathbb{E}(X(X-1)\cdots(X-r+1)) \tag{10}$$

这个量在计算上也是有兴趣的,由于它显然是通过 PGF 的差分得出的(附录 A.3 组合概率). 有了这个量,幂次矩就容易通过阶乘矩的线性组合而得出,见附录 A，注记 Ⅲ.9. 我们将以上内容总结如下：

命题 Ⅲ.2 （从 BGF 得出矩）参数χ 的 r 阶的阶乘矩可通过对 BGF $A(z,u)$ 在 $u=1$ 处做 r 次微分而确定

$$\mathbb{E}_{\mathcal{A}_n}(\chi(\chi-1)\cdots(\chi-r+1))=\frac{[z^n]\partial_u^r A(z,u)\mid_{u=1}}{[z^n]A(z,1)}$$

特别，前两个矩满足

$$\mathbb{E}_{\mathcal{A}_n}(\chi)=\frac{[z^n]\partial_u A(z,u)\mid_{u=1}}{[z^n]A(z,1)}$$

$$\mathbb{E}_{\mathcal{A}_n}(\chi^2)=\frac{[z^n]\partial_u^2 A(z,u)\mid_{u=1}}{[z^n]A(z,1)}+\frac{[z^n]\partial_u A(z,u)\mid_{u=1}}{[z^n]A(z,1)}$$

方差和标准偏差由下式确定

$$\mathbb{V}(\chi)=\sigma^2(\chi)=\mathbb{E}(\chi^2)-\mathbb{E}^2(\chi)$$

证明 $\mathcal{A}_n$上的χ 的 PGF $p_n(u)$ 由命题 Ⅲ.1 给出. 另一方面，可通过微分并计算导数在 $u=1$ 处的值生成和得出阶乘矩，由此就得出所要的结果.

换句话说，数量

$$\Omega_n^{(k)}:=\omega_n\cdot([z^n]\partial_u^k A(z,u)\mid_{u=1})$$

通过简单的正规化（用 $\omega_n\cdot[z^n]A(z,1)$ 去除）之后，就给出阶乘矩

$$\mathbb{E}(\chi(\chi-1)\cdots(\chi-k+1))=\frac{1}{A_n}\Omega_n^{(k)}$$

因此，式(1) 的 GF（普通的或指数的）n 有时被称为累积生成函数. 可以把它看成是未正规化的生成函数的期望值的序列. 这些考虑解释了我们在本章开头所引的 Wilf 的格言，它暗示“生成函数发现了平均值等量”.（“等”可以解释成更高的矩和概率分布.）

▶**Ⅲ.2 累计 GF 的一个组合形式.** 我们有

$$\Omega^{(1)}(z)\equiv\sum_n\mathbb{E}_{\mathcal{A}_n}(\chi)A_n\frac{z^n}{\omega_n}=\sum_{\alpha\in\mathcal{A}}\chi(\alpha)\frac{z^{|\alpha|}}{\omega_{|\alpha|}}$$

其中 $\omega_n=1$（普通情况）或 $\omega_n=n!$（指数情况）. ◀

例 Ⅲ.3 组合分布的矩. 指标 n 的组合分布可以像一个长度为 n 的由两个字母$\{a,b\}$ 组成的随机的单词那样定义. 矩可以从普通的 BGF

$$W(z,u)=\frac{1}{1-z-zu}$$

容易地得出.

通过微分，我们求出

$$\frac{\partial^r}{\partial u^r}W(z,u)\mid_{u=1}=\frac{r!\ z^r}{(1-2z)^{r+1}}$$

提取系数就给出阶数为 $1,2,3,\cdots,r$ 的阶乘矩分别为

$$\frac{n}{2},\frac{n(n-1)}{4},\frac{n(n-1)(n-2)}{8},\cdots,\frac{r!}{2^r}\binom{n}{r}$$

特别,其平均值和方差分别为 $\frac{n}{2}$ 和 $\frac{n}{4}$,标准偏差为 $\frac{1}{2}\sqrt{n}$,它的阶低于平均值的阶,就像图 Ⅲ.4 所建议的那样,这表明它的分布在某种程度上集中在其平均值周围.

▶ **Ⅲ.3　二项式系数的** de Moivre(**棣莫弗**) **逼近**. 二项式分布的平均值和标准偏差分别为 $\frac{n}{2}$ 和 $\frac{1}{2}\sqrt{n}$,这一事实建议我们验证标准偏差和平均值之间的距离. 为简单起见,考虑 $n=2\nu$ 是偶数的情况. 从下面的比率出发

$$r(\nu,l):=\frac{\binom{2\nu}{\nu+l}}{\binom{2\nu}{\nu}}=\frac{\left(1-\frac{1}{\nu}\right)\left(1-\frac{2}{\nu}\right)\cdots\left(1-\frac{k-1}{\nu}\right)}{\left(1+\frac{1}{\nu}\right)\left(1+\frac{2}{\nu}\right)\cdots\left(1+\frac{k}{\nu}\right)}$$

(译者注:原书上式中的 l 疑应为 k 的笔误或误排.) 近似公式 $\log(1+x)=x+O(x^2)$ 表明对任何固定的 $y\in\mathbb{R}$ 成立

$$\lim_{n\to\infty,l=\nu+y\sqrt{\frac{\nu}{2}}}\frac{\binom{2\nu}{\nu+l}}{\binom{2\nu}{\nu}}=\mathrm{e}^{-\frac{y^2}{2}}$$

(或者,我们也可以采用 Stirling 公式). 这个二项式分布的 Gauss 近似是由 Newton 的一个亲密的朋友 Abraham de Moivre(1667－1754) 发现的. 在第 Ⅸ 章中我们建立了这种近似估计的一般方法.) ◀

例 Ⅲ.4　Stirling 轮换分布的矩. 让我们回到排列中的轮换的例子,这一例子在某些像冒泡,插入,发现最大元素或位置重排有关的算法中有兴趣,见文献[374].

我们要处理的是有标记的对象,因此将涉及指数生成函数. 就像我们在例 Ⅲ.2 中所见到的那样,根据轮换的计数而产生的排列的 BGF 是

$$P(z,u)=\frac{1}{(1-z)^u}$$

对 u 微分上面的 BGF,然后令 $u=1$,取其中 Taylor(泰勒) 展开式的系数就

可得出我们所期待的在一个长度为 n 的随机排列中轮换的数目为

$$\mathbb{E}_n(\chi)=[z^n]\frac{1}{1-z}\log\frac{1}{1-z}=1+\frac{1}{2}+\cdots+\frac{1}{n} \tag{11}$$

即调和级数 H_n. 因而,平均说来,在长度为 n 的排列中大致有 $\log n+\gamma$ 个轮换,这是一个我们在 Ⅲ.13 节中用水平生成函数导出的众所周知的离散的概率论结果.

为了求出方差,对二元 BGF 再次微分就给出

$$\sum_{n\geqslant 0}\mathbb{E}_n(\chi(\chi-1))z^n=\frac{1}{1-z}\left(\log\frac{1}{1-z}\right)^2 \tag{12}$$

从上面的表达式和注记 Ⅲ.4(或直接从例 Ⅲ.2 中的 Stirling 轮换多项式) 通过计算就得出

$$\sigma_n^2=\left(\sum_{k=1}^{n}\frac{1}{k}\right)-\left(\sum_{k=1}^{n}\frac{1}{k^2}\right)=\log n+\gamma-\frac{\pi^2}{6}+O\left(\frac{1}{n}\right) \tag{13}$$

因而即可得出渐近表达式为

$$\sigma_n\sim\sqrt{\log n}$$

标准偏差的阶要小于平均值的阶,因此与平均值具有大偏差的事件发生的概率渐近地可以忽略(参见下面关于矩的不等式的讨论). 此外,就像我们将在第 Ⅸ 章中所看到的那样,分布将渐近于 Gauss 分布.

▶Ⅲ.4 Stirling **轮换数和调和数**. 由第 Ⅰ 章的"指数 — 对数技巧"可知 Stirling 轮换分布的 PGF 满足

$$\frac{1}{n!}u(u+1)\cdots(u+n-1)=\exp\left(vH_n-\frac{v^2}{2}H_n^{(2)}+\frac{v^3}{3}H_n^{(3)}+\cdots\right)$$

$$u=1+v$$

其中 $H_n^{(r)}$ 是广义的调和数 $\sum_{j=1}^{n}\frac{1}{j^r}$. 因此,比较(11) 和(13) 两式可知分布的任何矩都是广义调和数的多项式;此外,k 阶矩满足 $\mathbb{E}_{\mathcal{P}_n}(\chi^k)\sim(\log n)^k$. (利用同样的技巧可把 Stirling 轮换数 $\begin{bmatrix}n\\k\end{bmatrix}$ 表示成广义调和数 $H_{n-1}^{(r)}$ 的多项式.)

我们也可以从 $\frac{1}{(1-z)^\alpha}$ 开始,并如对 α 反复微分而得出

$$\frac{1}{(1-z)^\alpha}\log\frac{1}{1-z}\sum_{n\geqslant 0}\left(\frac{1}{\alpha}+\frac{1}{\alpha+1}+\cdots+\frac{1}{n-1+\alpha}\right)\binom{n+\alpha-1}{n}z^n$$

令 $\alpha=1$ 就得出式(11),再微分一次就得出式(13). ◀

排列中的轮换是典型的迭代(非递归) 结构. 在许多其他情况下,特别是在

处理递归结构时，双变量 GF 可能满足一个复杂的两个变量的函数方程(参见下面 Ⅲ.5 节中树的路径长度的例子)，这意味着我们不能确切地表示这些数量. 然而，在大多数情况中我们可以确定渐近的表达式(第 Ⅸ 章). 在所有情况下，利用BGF都是得出平均值和方差的中心手段，由于求导后再令 $u=1$ 所得出的单变量 GF 通常比 BGF 本身满足更简单的关系.

Ⅲ.2.2 关于矩的不等式和分布的集中. 从定性上来说，可以把分布分为两类：(ⅰ) 离散的分布，即分布的标准偏差的阶至少等于平均值的阶(例如$[0,\cdots,n]$上的一致分布，它具有完全平坦的直方图)；(ii) 标准偏差的渐近表达式的阶小于平均值的阶的分布(例如，Stirling 轮换分布，图 Ⅲ.4 中的分布和图 Ⅲ.5 中的二项式分布)；这种非正式的观察确实得到了 Markov-Chebyshev(切比雪夫) 不等式的支持，其优点是综合了前两个矩所提供的信息(其证明可见附录 A.3 组合概率).

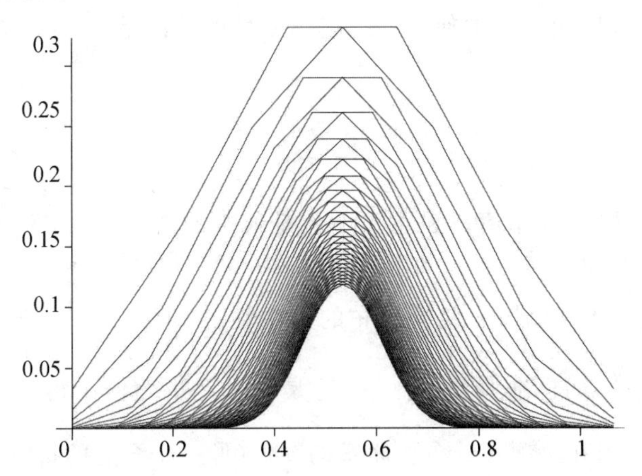

图 Ⅲ.5 对 $n=5,\cdots,50$ 描出的二项式分布. 水平轴已(用因子$\frac{1}{n}$) 标准化了并重新标度为 1，因此图中的曲线是对 $0,\frac{1}{n},\frac{2}{n},\cdots$ 表示的$\left\{P\left(\frac{x_n}{n}=x\right)\right\}$

Markov-Chebyshev **不等式.** 设 X 是一个非负的随机变量，而 Y 是一个任意的实变量，则对任意 $t>0$，我们有

$$\mathbb{P}\{X\geqslant t\,\mathbb{E}(X)\}\leqslant\frac{1}{t}\quad\text{(Markov 不等式)}$$

$$\mathbb{P}\{|Y-\mathbb{E}(Y)|\geqslant t\sigma(Y)\}\leqslant\frac{1}{t^2}\quad\text{(Chebyshev 不等式)}$$

上述结果告诉我们，比平均值大得多的事件的概率一定是衰减的(Markov

不等式)，但其衰减的上限的概率是以标准偏差作为单位来度量的(Chebyshev 不等式).

下一个命题形式化了分布的中心化性质.它适用于指标为整数的分布族.

命题 Ⅲ.3　分布的集中. 考虑一族随机变量 X_n，通常它是子类$\mathcal{A}_n$的一种尺度参数χ. 设平均值 $\mu_n=\mathbb{E}(X_n)$ 和标准偏差 $\sigma_n=\sigma(X_n)$ 满足条件

$$\lim_{n\to+\infty}\frac{\sigma_n}{\mu_n}=0$$

则 X_n 的分布在下述意义下是集中的:对任意 $\varepsilon>0$，成立

$$\lim_{n\to+\infty}\mathbb{P}\left\{1-\varepsilon\leqslant\frac{X_n}{\mu_n}\leqslant1+\varepsilon\right\}=1 \tag{14}$$

证明　上述结果是 Chebyshev 不等式的直接推论.

集中性质(14) 表示当n增加时，X_n 的值(相对地) 越来越接近于平均值μ_n. 另一个更经常在随机组合中使用的描述集中性的术语是“$\frac{X_n}{\mu_n}$依概率趋于1”，用符号表示就是

$$\frac{X_n}{\mu_n}\xrightarrow{P}1$$

当满足这个性质时，期望值在强意义下就是通常的值 —— 这个事实是概率论中弱大数定律的推广.

二项式分布和 Stirling 轮换分布的集中性. 二项式分布是集中的，由于分布的平均值是$\frac{n}{2}$，而标准偏差是$\sqrt{\frac{n}{4}}$，这是一个比平均值小得多的量. 图 Ⅲ.5 对 $n=5,\cdots,50$ 用和二项式分布相联系的图形(像一个多边的折线) 显示了二项式分布的集中性. 集中性在对 n 变大时的模拟中也是相当明显的，下表描述了对二项分布$\left\{\frac{1}{2^n}\binom{n}{k}\right\}_{k=0}^{n}$的四次(每次十个数据) 的模拟结果

$n=100$　39,42,43,49,50,52,54,55,55,57

$n=1\ 000$　487,492,494,494,506,508,512,516,527,545

$n=10\ 000$　4 972,4 988,5 000,5 004,5 012,5 017,5 023,5 025,5 034,5 065

$n=100\ 000$　49 798,49 873,49 968,49 980,49 999,50 017,
50 029,50 080,50 101,50 284

⋮

在上述样本中观察到的对于平均值的最大偏差为 22%($n=10^2$)，9%($n=10^3$)，1.3%($n=10^4$) 和 0.6%($n=10^5$). 在(11) 和(13) 两式中关于平均值和方差的

计算同样意味着在长度很大的随机排列中轮换的数目是集中的.

关于分布的更精确的估计形成了我们第 Ⅸ 章关于极限定律的主题. 读者在验证图 Ⅲ.5 和附注 Ⅲ.3 时可能会感到有些现象没有表现出来:可见的连续出现的曲线(钟形曲线)对应于整个分布的族的共同的渐近形状 —— 这就是 Gauss 定律.

Ⅲ.3 继承的参数和普通的 MGF

在本节和下一节中,我们将解决从组合表示直接确定 BGF 的问题. 其结果是通过简单的推广符号方法得出的,不过这里用到的符号方法是用多变量生成函数(MGF) 的形式表达的. 这种生成函数具有同时考虑有限个组合参数(等价于一个向量) 的能力. 前面讨论的二元生成函数是它的特殊情况.

Ⅲ.3.1 多元生成函数. 以完全一般的形式及对有限个参数的分析发展这一理论是最适宜的.

定义 Ⅲ.3 考虑组合类$\mathcal{A}$,一个这个类上的(多维) 参数$\chi=(\chi_1,\cdots,\chi_d)$是一个从$\mathcal{A}$到自然数的 d 元组的集合$\mathbb{Z}_{\geqslant 0}^d$上的函数. $\mathcal{A}$的关于其容量和参数χ 的计数序列定义为

$$A_{n,k_1,\cdots,k_d}=\operatorname{card}\{\alpha \mid |\alpha|=n,\chi_1(\alpha)=k_1,\cdots,\chi_d(\alpha)=k_d\}$$

当 $d>1$ 时,我们有时会称这种参数为“多元参数”,否则将称它为一个“单参数”或“标量”参数. 例如,可以选所有的排列 σ 组成的集合作为类$\mathcal{A}$,并用$\chi_j(j=1,2,3)$表示σ中长度为j 的轮换的数目. 或考虑所有由四个字母$\{\alpha_1,\alpha_2,\alpha_3,\alpha_4\}$构成的单词 w 组成的类$\mathcal{W}$,并用$\chi_j(j=1,\cdots,4)$表示单词 w 中字母α_j 出现的次数,等等.

多指标的约定在数学的各个分支中都用来极大的简化符号的写法. 设 $\boldsymbol{x}=(x_1,\cdots,x_d)$ 是一个 d 维的形式向量,而 $\boldsymbol{k}=(k_1,\cdots,k_d)$ 是一个同样维数的整数向量,那么我们定义多重幂 $\boldsymbol{x}^{\boldsymbol{k}}$ 为如下的单项式

$$\boldsymbol{x}^{\boldsymbol{k}}:=x_1^{k_1}x_2^{k_2}\cdots x_d^{k_d} \tag{15}$$

利用这一记法,我们就有:

定义 Ⅲ.4 设 $A_{n,\boldsymbol{k}}$ 是一个多指标的数字序列,其中 $\boldsymbol{k}\in\mathbb{N}^d$,则我们定义普通的或指数的多元生成函数(MGF) 为如下的形式幂级数

$$
\begin{cases} A(z,\boldsymbol{u}) = \sum_{n,k} A_{n,k} \boldsymbol{u}^k z^n & \text{(普通生成函数)} \\ A(z,\boldsymbol{u}) = \sum_{n,k} A_{n,k} \boldsymbol{u}^k \dfrac{z^n}{n!} & \text{(指数生成函数)} \end{cases} \tag{16}
$$

给了一个类$\mathcal{A}$和一组参数χ,二元对$\langle A,\chi\rangle$的MGF就是它所对应的计数序列的MGF.特别,我们有以下组合形式的公式

$$
\begin{cases} A(z,\boldsymbol{u}) = \sum_{\alpha\in\mathcal{A}} \boldsymbol{u}^{\chi(\alpha)} z^{|\alpha|} & \text{(普通生成函数,无标记情况)} \\ A(z,\boldsymbol{u}) = \sum_{\alpha\in\mathcal{A}} \boldsymbol{u}^{\chi(\alpha)} \dfrac{z^{|\alpha|}}{|\alpha|!} & \text{(指数生成函数,有标记情况)} \end{cases} \tag{17}
$$

我们也说$A(z,\boldsymbol{u})$是形式变量为u_j的组合类的MGF,其中用χ_j表示参数,用z表示容量.

根据以上定义,**1**就表示所有的组分都是1的向量,而数量$A(z,\mathbf{1})$根据具体情况就表示类$\mathcal{A}$的普通的或者指数的生成函数.那样,利用向量$\boldsymbol{u}$,我们即可把MGF从形式上看成是一个单变量的GF,这种看法具有性质:当$\boldsymbol{u}=\mathbf{1}$时,多元的GF就化成了单元的GF.如果我们把除了一个u_j之外,所有其他的u_j都设成1,那么我们就得到BGF.按照这种方式,我们所想要发展的符号计算就给出了关于BGF的全部信息(从原来我们计算过的对象到现在的矩).

▶**Ⅲ.5** MGF**的特殊情况.** u_1,u_2的排列分别表示1-轮换和2-轮换的数目的指数MGF是

$$
P(z,u_1,u_2) = \frac{\exp\left((u_1-1)z+(u_2-1)\dfrac{z^2}{2}\right)}{1-z} \tag{18}
$$

(我们将在Ⅲ.6节的下面证明这一公式.)可以验证,这个公式和第Ⅱ章中已知的三个结果是一致的:(ⅰ)令$u_1=u_2=1$就重新给出所有的排列的枚举,$P(z,1,1)=\dfrac{1}{1-z}$,正是它应当具有的形式;(ⅱ)令$u_1=0,u_2=1$就重新给出错排的EGF,即$\dfrac{e^{-z}}{1-z}$;(ⅲ)令$u_1=u_2=0$就重新给出所有轮换的长度都大于2的排列的EGF,$P(z,0,0)=\dfrac{e^{-z-\frac{z^2}{2}}}{1-z}$,这是一个广义错排的GF.此外,一个特殊的BGF

$$
P(z,u,1) = \frac{e^{(u-1)z}}{1-z}
$$

根据单轮换列举了排列.这个最后的BGF插在错排$(u=0)$的BGF和所有的排

列$(u=1)$的 BGF 之间.

▶Ⅲ.3.2　继承和 MGF. 从子结构继承的参数(将在下面定义)可以看成是符号方法的一种直接扩展. 通过适当地使用多指标的约定,情况甚至是,在第Ⅰ章和第Ⅱ章中所建立的翻译规则都可以逐字逐句地搬用过来. 按照这一路线通过符号方法可以自动地得出大量的多元枚举结果.

定义 Ⅲ.5　设$\langle\mathcal{A},\chi\rangle,\langle\mathcal{B},\xi\rangle,\langle\mathcal{C},\zeta\rangle$是三个参数的维数都是$d$的组合类,则我们称参数$\chi$在以下情况中是继承的:

• 不相交的并:设$\mathcal{A}=\mathcal{B}+\mathcal{C}$,当且仅当$\chi$的值按照以下法则由$\xi$和$\zeta$确定时,称参数$\chi$是从$\xi$和$\zeta$继承的

$$\chi(\omega)=\begin{cases}\xi(\omega) & \text{如果 } \omega\in\mathcal{B}\\ \zeta(\omega) & \text{如果 } \omega\in\mathcal{C}\end{cases}$$

• Descartes 积:设$\mathcal{A}=\mathcal{B}\times\mathcal{C}$,当且仅当$\chi$的值按照以下法则由$\xi$和$\zeta$确定时,称参数$\chi$是从$\xi$和$\zeta$继承的

$$\chi(\beta,\gamma)=\xi(\beta)+\zeta(\gamma)$$

• 复合结构:设$\mathcal{A}=\mathfrak{K}(\mathcal{B})$其中$\mathfrak{K}$代表 SEQ,MSET,PSET 或 CYC,当且仅当χ的值按照以下法则由ξ确定时,称参数χ是从ξ继承的

$$\chi(\beta_1,\cdots,\beta_r)=\xi(\beta_1)+\cdots+\xi(\beta_r)$$

作为结构符号的一种自然的扩展,我们今后将使用

$$\langle\mathcal{A},\chi\rangle=\langle\mathcal{B},\xi\rangle+\langle\mathcal{C},\zeta\rangle,\langle\mathcal{A},\chi\rangle=\langle\mathcal{B},\xi\rangle\times\langle\mathcal{C},\zeta\rangle$$

$$\langle\mathcal{A},\chi\rangle=\mathfrak{K}\{\langle\mathcal{B},\xi\rangle\}$$

等写法.

这一继承的定义可以看成是不相交并的容量应当等于其组成部分的容量之和这一公理(第Ⅰ章)的自然推广,复合结构的容量通过加法得出的法则与此类似.

接下来,我们需要一点形式化的手续. 考虑一个二元对$\langle\mathcal{A},\chi\rangle$,其中$\mathcal{A}$是一个组合类,其容量像通常那样,用$|\cdot|$表示,而$\chi=(\chi_1,\cdots,\chi_d)$是一个$d$维向量. 用$\chi_0$表示用$z_0$标记的变量的容量(以前用$z$表示). 这个手续的关键之处是定义一个扩展的多元参数$\bar{\chi}=(\chi_0,\chi_1,\cdots,\chi_d)$. 这就是说,我们将用平等的地位处理容量和参数. 那样,式(16)中普通的 MGF 就具有了特别简单和对称的形式

$$A(\boldsymbol{z})=\sum_{\boldsymbol{k}} A_{\boldsymbol{k}} \boldsymbol{z}^{\boldsymbol{k}}=\sum_{\alpha \in \mathcal{A}} \boldsymbol{z}^{\bar{\chi}(\alpha)} \tag{19}$$

这里的不定元是矢量 $\boldsymbol{z}=(z_0, z_1, \cdots, z_d)$，指标是 $\boldsymbol{k}=(k_0, k_1, \cdots, k_d)$，其中 k_0 是容量的指标(以前用 n 表示). 并且式(15) 中的多指标约定继续有效

$$\boldsymbol{z}^{\boldsymbol{k}}=z_0^{k_0} z_1^{k_1} \cdots z_d^{k_d} \tag{20}$$

但是现在这一约定是用在 $d+1$ 维向量上的. 根据这一说明，我们就有

定理 Ⅲ.1　继承参数和普通的 MGF. 设$\mathcal{A}$是一个从组合类$\mathcal{B}$和$\mathcal{C}$构造出的组合类，χ 是从$\mathcal{B}$中的 ξ 和$\mathcal{C}$中的 ζ 继承得出的参数. 那么定理 Ⅰ.1 中所叙述的关于无标记结构相容性的翻译法则在使用多指标约定(19) 的条件下仍然适用. 普通的 MGF 的运算法则(其中 φ 是附录 A.1 中所定义的 Euler 函数) 如下：

并　$\mathcal{A}=\mathcal{B}+\mathcal{C} \Rightarrow A(\boldsymbol{z})=B(\boldsymbol{z})+C(\boldsymbol{z})$

积　$\mathcal{A}=\mathcal{B} \times \mathcal{C} \Rightarrow A(\boldsymbol{z})=B(\boldsymbol{z}) \cdot C(\boldsymbol{z})$

级数　$\mathcal{A}=\operatorname{SEQ}(\mathcal{B}) \Rightarrow A(\boldsymbol{z})=\dfrac{1}{1-B(\boldsymbol{z})}$

幂集　$\mathcal{A} \Rightarrow \operatorname{PSET}(\mathcal{B}) \Rightarrow A(\boldsymbol{z})=\exp \left(\sum_{l=1}^{\infty} \dfrac{(-1)^{l-1}}{l} B(\boldsymbol{z}^l)\right)$

多重集　$\mathcal{A}=\operatorname{MSET}(\mathcal{B}) \Rightarrow A(\boldsymbol{z})=\exp \left(\sum_{l=1}^{\infty} \dfrac{1}{l} B(\boldsymbol{z}^l)\right)$

轮换　$\mathcal{A}=\operatorname{CYC}(\mathcal{B}) \Rightarrow A(\boldsymbol{z})=\sum_{l=1}^{\infty} \dfrac{\varphi(l)}{l} \log \dfrac{1}{1-B(\boldsymbol{z}^l)}$

证明　在不相交并的情况下，由于并的情况下继承的定义，我们就有

$$A(\boldsymbol{z})=\sum_{\alpha \in \mathcal{A}} \boldsymbol{z}^{\bar{\chi}(\alpha)}=\sum_{\beta \in \mathcal{B}} \boldsymbol{z}^{\bar{\xi}(\beta)}+\sum_{\gamma \in \mathcal{C}} \boldsymbol{z}^{\bar{\zeta}(\gamma)}$$

在 Descartes 积的情况下，同样由于积情况下继承的定义，所以同理有

$$A(\boldsymbol{z})=\sum_{\alpha \in \mathcal{A}} \boldsymbol{z}^{\bar{\chi}(\alpha)}=\sum_{\beta \in \mathcal{B}} \boldsymbol{z}^{\bar{\xi}(\beta)} \times \sum_{\gamma \in \mathcal{C}} \boldsymbol{z}^{\bar{\zeta}(\gamma)}$$

对于复合结构，由于级数，幂集和多重集都是用加和乘的运算构造出来的，因此证明的方式完全与定理 Ⅰ.1 的相同. 轮换则可按照附录 A.4 轮换结构中的方式处理.

多指标符号是发展多元枚举一般理论的关键因素. 然而当我们只使用少量的参数，通常是一个或两个参数时，我们经常会发现返回像(z, u) 或(z, u, v) 这样的向量的方便性. 这样可以避免使用不必要的下标.

由于在解释多元符号方法上的作用，我们特别鼓励读者去研究下面的例 Ⅲ.5 和 Ⅲ.6 中整数合成的处理方法. 我们将特别详细地讲解它们的原始版本的处理过程.

例 Ⅲ.5　整数合成与MGF Ⅰ. 所有整数合成的类$\mathcal{C}$(第 Ⅰ 章)可以表示成

$$\mathcal{C}=\mathrm{SEQ}(\mathcal{I}), I=\mathrm{SEQ}_{\geqslant 1}(\mathcal{Z})$$

其中$\mathcal{I}$是所有正整数的集合. 对应的 OGF 为

$$C(z)=\frac{1}{1-I(z)}, I(z)=\frac{z}{1-z}$$

因此 $C_n=2^{n-1}(n\geqslant 1)$. 现在比如说我们想根据加数的数目$\chi$ 来枚举合成,那么根据继承的形式定义,一种枚举方式可以如下进行. 设 ξ 是使得$\mathcal{I}$的所有元素都取常数值 1 的参数. 关于合成的参数χ 是从对于加数定义的(几乎是平凡的参数)$\xi\equiv 1$ 继承而来的. $\langle\mathcal{I},\xi\rangle$ 的普通 MGF 是

$$I(z,u)=zu+z^2u+z^3u+\cdots=\frac{zu}{1-z}$$

设 $C(z,u)$ 是$\langle\mathcal{C},\chi\rangle$ 的 BGF. 根据定理 Ⅲ.1,我们可把关于单变量的相容结构的翻译程序用于多变量情况,因此就有

$$C(z,u)=\frac{1}{1-I(z,u)}=\frac{1}{1-u\dfrac{z}{1-z}}=\frac{1-z}{1-z(u+1)} \tag{21}$$

竟如此简单!

标记. 另一个得出像式(21) 那样的 MGF 的重要方法将始终贯穿在本书中. 表示中的标记(或记号)$\sum$ 是用乘积的手段附属于一个结构或原子的中性对象(即容量为 0 的对象),因此标记不影响容量,所以与$\sum$ 相关的单变量计数的序列不受影响. 另一方面,对象所包含的标记的总数是由继承参数的设计确定的,因而定理 Ⅲ.1 是自动适用的. 用这种方法我们可以装饰我们的表示并跟踪"有趣"的子结构而自动获得 BGF. 类似的可通过插入多个标记而得出 MGF.

例如,如果我们像上面的例 Ⅲ.5 中那样对合成中的加数数目感兴趣,那么我们可用下面加参数的表示,然后通过对应$\mathcal{Z}\mapsto z,\mu\mapsto u$,把它翻译成 MGF

$$\mathcal{C}=\mathrm{SEQ}(\mu\mathrm{SEQ}_{\geqslant 1}(\mathcal{Z}))\Rightarrow C(z,u)=\frac{1}{1-uI(z)} \tag{22}$$

例 Ⅲ.6　整数合成与 MGF Ⅱ. 考虑双参数$\chi=(\chi_1,\chi_2)$,其中χ_1 是整数合成中等于 1 的部分的数目,χ_2 是整数合成中等于 2 的部分的数目. 我们可以像如下那样写出一个带参数的表示,其中 μ_1 组合标记了等于 1 的加数,而 μ_2 组合标记了等于 2 的加数

$$\mathcal{C}=\mathrm{SEQ}(\mu_1\,\mathcal{Z}+\mu_2\,\mathcal{Z}^2+\mathrm{SEQ}_{\geqslant 3}(\mathcal{Z}))$$
$$\Rightarrow C(z,u_1,u_2)=\frac{1}{1-\left(u_1z+u_2z^2+\dfrac{z^3}{1-z}\right)} \tag{23}$$

其中 $u_j(j=1,2)$ 记录了类型 μ_j 的数目.

类似的,设 μ 标记了每个加数,而 μ_1 标记了等于 1 的加数,那么我们就有

$$\mathcal{C}=\mathrm{SEQ}(\mu\mu_1\,\mathcal{Z}+\mu\mathrm{SEQ}_{\geqslant 2}(\mathcal{Z}))\Rightarrow C(z,u_1,u)=\frac{1}{1-\left(uu_1z+\dfrac{uz^2}{1-z}\right)} \tag{24}$$

其中 u 追踪了全体加数的数目,而 u_1 记录了等于 1 的加数的数目.

用这种方式得出的 MGF 通过符号方法的多元扩展,在适当的级数展开之后就可以提供明确的计数. 例如,根据式(21) 可以得出有 k 个部分的 n 的合成的数目是

$$[z^nu^k]=\frac{1-z}{1-(1+u)z}=\binom{n}{k}-\binom{n-1}{k}=\binom{n-1}{k-1}$$

这是一个我们在第 Ⅰ 章中通过直接的组合理由(球 − 球模型) 而得出的结果. 包含 k 个等于 1 的部分的 n 的合成的数目可以从在式(23) 中令 $u_2=1$(译者注:此处似乎作者有笔误,应该是在式(24) 中令 $u=1$ 才能得出下式) 这一特殊情况得出

$$[z^nu^k]\frac{1}{1-uz-\dfrac{z^2}{1-z}}=[z^{n-k}]=\frac{(1-z)^{k+1}}{(1-z-z^2)^{k+1}}$$

其中最后的 OGF 与 Fibonacci 数的 OGF 的幂非常相似.

根据 Ⅲ.2 节的讨论,那种 MGF 也可以给出关于矩的更完全的信息. 特别是 n 的所有合成中各部分的累积值具有如下的 OGF

$$\partial_uC(z,u)\mid_{u=1}=\frac{z(1-z)}{(1-2z)^2}$$

由于累计值可通过微分 BGF 而得出. 因此在随机的 n 的合成中,部分数目的期望值就是(对 $n\geqslant 1$)

$$\frac{1}{2^{n-1}}[z^n]\frac{z(1-z)}{(1-2z)^2}=\frac{n+1}{2}$$

再次微分就给出方差的值. 可以算出标准偏差为 $\frac{1}{2}\sqrt{n-1}$,这是一个阶比平均值的阶小得多的量,因而,当 $n\to\infty$ 时,随机的 n 的合成中加数数目的分布满足集中性质.

根据同样的想法,合成中部分的数目等于一个固定的数 r 的组合类可由下面的表达式确定

$$\mathcal{C}=\mathrm{SEQ}(\mu\,\mathcal{Z}^r+\mathrm{SEQ}_{\neq r}(\mathcal{Z}))\Rightarrow C(z,u)=\frac{1}{1-\left(\frac{z}{1-z}+(u-1)z^r\right)}$$

容易算出在随机的 n 的合成中,r- 部分的数目的期望值. 微分的结果为

$$\partial_u C(z,u)\mid_{u=1}=\frac{z^r(1-z)^2}{(1-2z)^2}$$

将其展开为部分分式就给出

$$\partial_u C(z,u)\mid_{u=1}=\frac{1}{2^{r+2}(1-2z)^2}+\frac{\frac{1}{2^{r+1}}-\frac{r}{2^{r+2}}}{1-2z}+q(z)$$

其中的多项式 $q(z)$ 我们没必要将其确切地算出来. 提取累积数的GF $\partial_u C(z,1)$ 的第 n 个系数再除以 2^{n-1} 就得出在随机的 n 的合成中,r- 部分的数目的期望值,再次微分就可得出二次矩的值,由此得出下面的命题.

命题 Ⅲ.4 整数合成中的加数. n 的随机的整数合成中的加数的数目的平均值为$\frac{1}{2}(n+1)$,分布是围绕平均值集中的. n 的随机的整数合成中具有 r 个加数的合成的数目的平均值为

$$\frac{n}{2^{r+1}}+O(1)$$

标准偏差的阶为$\sqrt{n}$,这保证了分布的集中性.

在图 Ⅲ.6 中显示了这一命题的一个模拟. 下面的注记 Ⅲ.6 对这个命题做了进一步的补充说明.

▶**Ⅲ.6 整数合成的图形表示.** 从随机结构的观点看,命题 Ⅲ.4 表明大尺寸的随机组合倾向于符合全局的"样子". 一个以高概率发生的容量为 n 的合成,应该具有约为$\frac{n}{4}$ 部分的 1,$\frac{n}{8}$ 部分的 2,等等. 当然,在统计上会有不可避免的波动,因此对于任何有限的 n,这条定律中所述的规律不可能是完美的:大部分加数倾向于消失,尤其是在高概率事件中个数约为$\log_2(n)+O(1)$ 的最大加数及更大的加数.(在这个例子中平均值和标准偏差的阶都变成同样的了,即都是 $O(1)$,因此集中性不再成立) 然而,这样的观察确实告诉了我们一个典型的随机合成必须(可能) 看起来就像它应有的样子 —— 它应符合"几何级数的样子",即合成的几何形状的表示应为

$$1^{\frac{n}{4}}2^{\frac{n}{8}}3^{\frac{n}{16}}4^{\frac{n}{32}}\cdots$$

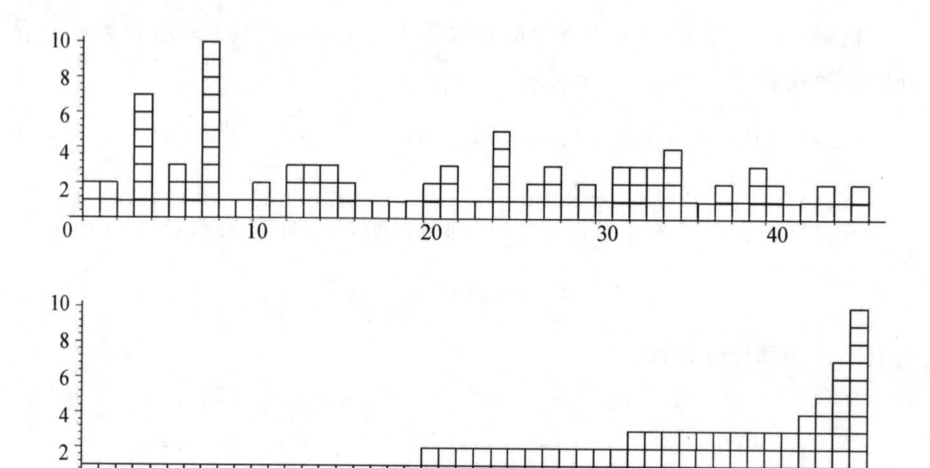

图 Ⅲ.6　用小方块图形表示的 $n=100$ 的随机合成(顶部)及其相关的图形表示简写式子 $1^{20}2^{12}3^{10}4^{1}5^{1}7^{1}\ 10^{1}$(译者注:这是合成 $(1+\cdots+1)$(20 个 1)$+(2+\cdots+2)$(12 个 2)$+(3+\cdots+3)$(10 个 3)$+4+5+7+10=100$ 的一种简单表示形式)的小方块图形表示(底部)

下面是两个都是随机绘制的容量为 $n=1\ 024$ 的形状表示

$$1^{250}2^{138}3^{70}4^{29}5^{15}6^{10}7^{4}8^{0}9^{1}\ \text{和}\ 1^{253}2^{136}3^{68}4^{31}5^{13}6^{8}7^{3}8^{1}9^{1}\ 10^{2}$$

将它们与理想的合成

$$1^{256}2^{128}3^{64}4^{32}5^{16}6^{8}7^{4}8^{2}9^{1}$$

(译者注:上面的合成与 1 024 还差 11,与 $1^{256}2^{128}3^{64}4^{32}5^{16}6^{8}7^{4}8^{2}9^{1}\ 10^{1}$ 只差 1.)相比较可以看出这样一个惊人的事实,用样本的几个元素,甚至只用一个元素(从通常的统计观点来看,这是很荒唐的)就足以说明大型随机结构的渐近性质. 此中的原因要再次归咎于这里表现出来的分布的集中性,正如我们在本书中将要看到的那样,类似性质的表示呈现在用级数结构定义的对象之间.(建立像这样的一般法则通常并不困难,但它需要将在第 Ⅳ 章—第 Ⅷ 章中发展的复分析方法的全部效力). ◀

▶ **Ⅲ.7　合成中的最大加数.** 任给 $\varepsilon>0$,当 $n\to\infty$ 时,事件 n 的随机合成中的最大加数位于区间 $[(1-\varepsilon)\log_2 n,(1+\varepsilon)\log_2 n]$ 的概率趋于 1.(提示:应用一次矩和二次矩方法. 更确切的估计可由例 Ⅴ.4 的方法得出.) ◀

标记符号的简化. 实践已经证明对符号进行简化是非常方便的,这在很大程度上依据了我们目前的做法,其中原子 $\mathcal{Z}$ 按照镜像记法的原则在 GF 中记成变量 z. 我们将系统地采用以下的约定:我们用相同的符号(通常是 u,v,u_1,u_2,

…)自由地指定一个组合标记(容量为0)和MGF中相应于这个标记的变量.例如,我们可以直接写下面这样的式子

$$\mathcal{C}=\mathrm{SEQ}(u\mathrm{SEQ}_{\geqslant 1}\ \mathcal{Z}),\mathcal{C}=\mathrm{SEQ}(uu_1\ \mathcal{Z}+u\mathrm{SEQ}_{\geqslant 2}\ \mathcal{Z})$$

其中 u 标记了所有的加数而 u_1 标记了等于1的加数,利用这一写法就给出了上述的式(22)和式(24).定理 Ⅲ.1 中的符号用法总是适用于根据标记的数量所做的枚举.

Ⅲ.3.3 用抽象的无标记形式表示的合成的数目. 考虑结构 $\mathcal{A}=\mathfrak{K}(\mathcal{B})$,其中元符号 $\mathfrak{K}$ 表示标准的无标记结构 SEQ,MSET,PSET 和 CYC 中的某一种.我们所寻求的是类 $\mathcal{A}$ 的 BGF $A(z,u)$,其中 u 标记了每个成分.如此,我们就可写出这些结构的相应的表示

$$\mathcal{A}=\mathfrak{K}(u\ \mathcal{B}),\mathfrak{K}=\mathrm{SEQ},\mathrm{MSET},\mathrm{PSET},\mathrm{CYC}$$

应用定理 Ⅲ.1 就可立即得出 BGF $A(z,u)$.此外,对 u 微分,再令 $u=1$ 就可给出累积值的GF(因此,以一种未经正规化的形式给出了组合类成分的数目的平均值的级数的 OGF)

$$\Omega(z)=\frac{\partial}{\partial u}A(z,u)\mid_{u=1}$$

综上,我们有如下结论.

命题 Ⅲ.5 无标记形式的合成. 给了一个结构 $\mathcal{A}=\mathfrak{K}(\mathcal{B})$,则与这个结构相关的合成的数目的 BGF $A(z,u)$ 和累积 GF $\Omega(z)$ 由图 Ⅲ.7 中的表给出.

$\mathfrak{K}$	BGF($A(z,u)$)	累积 GF($\Omega(z)$)
SEQ	$\dfrac{1}{1-uB(z)}$	$A^2(z)\cdot B(z)=\dfrac{B(z)}{(1-B(z))^2}$
PSET	$\begin{cases}\exp\left(\sum_{k=1}^{\infty}(-1)^{k-1}\dfrac{u^k}{k}B(z^k)\right)\\ \prod_{n=1}^{\infty}(1+uz^n)^{B_n}\end{cases}$	$A(z)\cdot\sum_{k=1}^{\infty}(-1)^{k-1}B(z^k)$
MSET	$\begin{cases}\exp\left(\sum_{k=1}^{\infty}\dfrac{u^k}{k}B(z^k)\right)\\ \prod_{n=1}^{\infty}(1-uz^n)^{-B_n}\end{cases}$	$A(z)\cdot\sum_{k=1}^{\infty}B(z^k)$
CYC	$\sum_{k=1}^{\infty}\dfrac{\varphi(k)}{k}\log\dfrac{1}{1-u^kB(z^k)}$	$\sum_{k=1}^{\infty}\varphi(k)\dfrac{B(z^k)}{1-B(z^k)}$

图 Ⅲ.7 有关 $\mathcal{A}=\mathfrak{K}(\mathcal{B})$ 中合成的数目的普通 GF(译者注:上表中的 SEQ,PSET,MSET,CYC 分别代表级数,幂集,多重集和轮换结构)

平均值由通常的公式给出

$$\mathbb{E}_{\mathcal{A}_n}(\# \text{ 成分})=\frac{[z^n]\Omega(z)}{[z^n]A(z)}$$

▶Ⅲ.8 **抽象的无标记结构中的 r- 成员.** 考虑无标记的结构. $\mathcal{A}=\mathfrak{R}\{\mathcal{B}\}$ 中的 r- 成员的数目的 BGF 在级数($\mathfrak{R}=\text{SEQ}$) 的情况中和多重集($\mathfrak{R}=\text{MSET}$) 的情况中分别由下面的式子给出

$$A(z,u)=\frac{1}{1-B(z)-(u-1)B_r z^r},\ A(z,u)=A(z)\cdot\left(\frac{1-z^r}{1-uz^r}\right)^{B_r}$$

对于其他基本结构和累积 GF 成立类似的公式. ◀

▶Ⅲ.9 **多重集中不同成员的数目.** 根据前面的原理,这个数目的表示和 BGF 分别是

$$\prod_{\beta\in\mathcal{B}}(1+u\text{SEQ}_{\geqslant 1}(\beta)) \quad \Rightarrow \prod_{n\geqslant 1}\left(1+\frac{uz^n}{1-z^n}\right)^{B_n}$$ ◀

作为命题 Ⅲ.5 的一个图形解释,我们将讨论随机分拆的图形表示(图 Ⅲ.8).

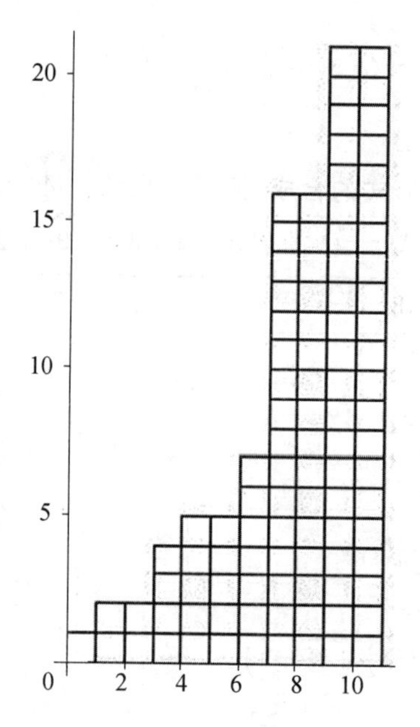

图 Ⅲ.8 $n=100$ 的一个随机的拆分和容量相同的合成(图 Ⅲ.6) 有相当不同的图形表示

例 Ⅲ.7 分拆的图形表示. 设$\mathcal{P}=\text{MSET}(\mathcal{I})$ 是所有整数拆分的类,其中$\mathcal{I}=\text{SEQ}_{\geqslant 1}(\mathcal{Z})$ 表示用一元符号表示的整数. 用 u 标记部分(或加数) 的数目χ,则$\mathcal{P}$ 的 BGF 可从其表示得出

$$\mathcal{P} = \mathrm{MSET}(u\,\mathcal{I}) \Rightarrow P(z,u) = \exp\left(\sum_{k=1}^{\infty}\frac{u^k}{k}\frac{z^k}{1-z^k}\right)$$

等价的，从前面的原理得出

$$\mathcal{P} \cong \prod_{n=1}^{\infty}\mathrm{SEQ}(u\,\mathcal{I}_n) \Rightarrow \prod_{n=1}^{\infty}\frac{1}{1-uz^n}$$

那样累积值的 OGF 就从 BGF 的第二种形式通过对数微分而得出

$$\Omega(z) = P(z)\cdot\sum_{k=1}^{\infty}\frac{z^k}{1-z^k} \tag{25}$$

现在，右边的因子可以展开成

$$\sum_{k=1}^{\infty}\frac{z^k}{1-z^k} = \sum_{n=1}^{\infty}d(n)z^n$$

其中 $d(n)$ 是 n 的因子的数目. 因而 χ 的平均值就是

$$\mathbb{E}_n(\chi) = \frac{1}{P_n}\sum_{j=1}^{n}d(j)P_{n-j} \tag{26}$$

同样的技巧也可用于计算有 r 个部分的分拆的数目. BGF 的形式为

$$\widetilde{\mathcal{P}} \cong \mathrm{SEQ}(u\,\mathcal{I}_r)\times\prod_{n\neq r}\mathrm{SEQ}(\mathcal{I}_n) \Rightarrow \widetilde{P}(z,u) = \frac{1-u^r}{1-uz^r}\cdot P(z)$$

上式蕴含 r- 个部分的分拆的数目 $\widetilde{\chi}$ 的平均值满足

$$\mathbb{E}_n(\widetilde{\chi}) = \frac{1}{P_n}[z^n]\left(P(z)\cdot\frac{z^r}{1-z^r}\right) = \frac{1}{P_n}(P_{n-r}+P_{n-2r}+P_{n-3r}+\cdots)$$

从这些公式和一个合适的符号操作包，用计算的方法很容易对达到数千的 n 值得出结果.

对照图 Ⅲ.6 和图 Ⅲ.8 之间不同的组合模型可能会导致相当的不同类型的概率行为. 图 Ⅲ.9 显示了容量为 $n=1,\cdots,500$ 的随机分拆中(用式(26) 计算)所得的平均数的确切值以及在此范围内对每个 n 值的随机样本的与其相伴的观测值. 平均值的渐近公式为

$$\frac{\sqrt{n}\log n}{\pi\sqrt{\frac{2}{3}}}$$

而分布，尽管有一个比较大的标准差 $O(\sqrt{n})$，在集中这个术语的技术意义上仍然是集中的. 我们将在第 Ⅷ 章中证明某些这种断言.

近年来，Vershik(沃什科) 和他的合作者的文献[152,595] 显示了大多数整数的分拆(用 $\sqrt{n}$ 标准化后) 都趋向于符合一个给定的由连续的平面曲线定义的 $y=\Psi(x)$ 确定的轮廓，其中的 $\Psi(x)$ 由下式隐式的定义

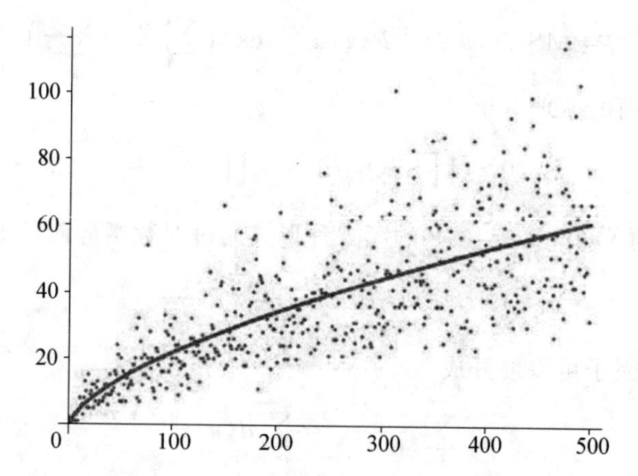

图 Ⅲ.9　容量为 1,…,500 的随机分拆中部分的数目:平均值的确切值和模拟值(圆点,其中之一是对每个 n 的值描的)

$$\text{当且仅当 } e^{-\alpha x}+e^{-\alpha y}=1,\alpha=\frac{\pi}{\sqrt{6}} \text{ 时}, y=\Psi(x) \tag{27}$$

在图 Ⅲ.10 中显示了两个用 1 000 的元素随机绘制的图形以及“最有可能”的极限形状.进行理论结果解释了整数的合成和整数的分拆的模拟的图形之间的巨大差异.

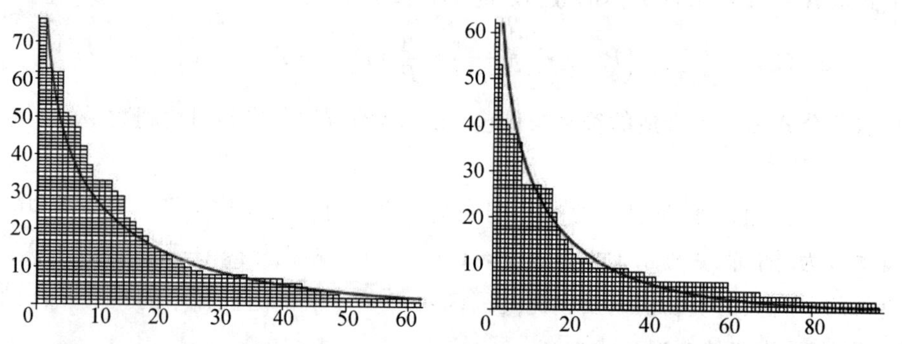

图 Ⅲ.10　1 000 的两个随机的分拆的图形以及与由式(27)定义的极限 $\Psi(x)$ 的形状的对比

这一节的最后一个例子说明了 BGF 对于在一般的容量为 n 的 Catalan 树的类 $\mathcal{G}_n$ 中随机均匀绘制的树的根的度的应用.树的更加具有全局性的参数,如树叶的数量和路径的长度以及需要递归定义的参数将在下面的 Ⅲ.5 节中讨论.

例 Ⅲ.8　一般的 Catalan **树中根的度数.** 考虑参数 χ,它等于一棵树中根的度数.并考虑所有平面的无标记树,即一般的 Catalan 树构成的类 $\mathcal{G}$.先从树($\mathcal{G}$)的定义得出它的表示,然后对挂在根上的所有子树的类($\mathcal{G}^{\circ}$)定义一个标记

$$\begin{cases}\mathcal{G}=\mathcal{Z}\times \mathrm{SEQ}(\mathcal{G}) \\ \mathcal{G}^{\circ}=\mathcal{Z}\times \mathrm{SEQ}(u\,\mathcal{G})\end{cases} \Rightarrow \begin{cases} G(z)=\dfrac{z}{1-G(z)} \\ G(z,u)=\dfrac{z}{1-uG(z)}\end{cases}$$

这个方程组表明根的度等于 r 的概率是

$$\mathbb{P}_n\{\chi=r\}=\frac{1}{G_n}[z^{n-1}]G^r(z)=\frac{r}{n-1}\binom{2n-3-r}{n-2}\sim\frac{r}{2^{r+1}}$$

这个式子可通过 Lagrange 反演和初等的逼近而得出. 此外,计算 GF 可得出

$$\Omega(z)=\frac{zG(z)}{(1-G(z))^2}$$

通过 G 满足的关系式可将上式进一步简化为

$$\Omega(z)=\frac{1}{z}G^3(z)=\left(\frac{1}{z}-1\right)G(z)-1$$

因此根的度数的平均值就是

$$\mathbb{E}_n(\chi)=\frac{1}{G_n}(G_{n+1}-G_n)=3\,\frac{n-1}{n+1}$$

这是一个显然渐近于 3 的量.

因此一个随机的平面树通常是由少量的有根的子树组成,至少其中一个子树应该相当大.

Ⅲ.4 继承的参数和指数 MGF

在上一节中发展的继承理论几乎逐字地适用于有标记的对象. 唯一的区别是标记容量的变量必须带有取决于重复需要的阶乘系数. 再次,通过适当的使用多指标约定,则对单变量情况的翻译机制(第 Ⅱ 章)仍然有效. 这类似于无标记的情况.

让我们考虑对 $\langle\mathcal{A},\chi\rangle$,其中 $\mathcal{A}$ 是具有容量函数 $|\cdot|$ 的有标记的组合类,而 $\chi=(\chi_1,\cdots,\chi_d)$ 是一个 d 维参数. 像以前一样,通过插入一个带有下标 0 的表示容量的参数,可把参数 χ 扩展为 $\bar{\chi}$,并引入一个 $d+1$ 维的向量 $\boldsymbol{z}=(z_0,\cdots,z_d)$,其中 z_0 标记容量而 z_j 标记 χ_j. 再次,我们通过式(20) 中的多指标约定来定义 $\boldsymbol{z}^{\boldsymbol{k}}$,并在下文中继续使用这一符号. $\langle\mathcal{A},\chi\rangle$ 的 MGF(见定义 Ⅲ.4) 可以重新改写成

$$A(\boldsymbol{z})=\sum_{\boldsymbol{k}}A_{\boldsymbol{k}}\frac{\boldsymbol{z}^{\boldsymbol{k}}}{k_0!}=\sum_{\alpha\in\mathcal{A}}\frac{\boldsymbol{z}^{\bar{\chi}(\alpha)}}{|\alpha|!} \tag{28}$$

这个 MGF 对 z(即上面的 z_0) 是指数的，但是对其他变量是普通的，只有阶乘 k_0! 在有标记的积重新标记时需要计算进去.

我们先验地把注意力限于不依赖于标签的绝对数值的参数(但可能依赖于标签的相对顺序):称一个参数是相容的，如果对于任何 α，这个参数在任何标记 α 的标签上都取同样的值，并且对 α 的所有重新标记的值都一致地有相同的次序. 称一个参数是继承的，如果它是相容的并且对不相交并的情况按加法定义，而对有标记的积由定义 Ⅲ.5 确定，在这个定义中通常 Descartes 积被换成了有标记的积. 特别，对于兼容的参数，继承性意味着有标记的级数，集合和轮换的组分的可加性. 然后，我们就可以剪切 - 粘贴(稍作调整) 定理 Ⅲ.1 的说明：

定理 Ⅲ.2　继承参数和指数 MGF. 设$\mathcal{A}$是一个由$\mathcal{B}$和$\mathcal{C}$构造的有标记的组合类，χ 是参数，它继承了定义在$\mathcal{B}$上的参数 ξ 和(视情况而定) 定义在$\mathcal{C}$上的参数 ζ. 那么定理 Ⅱ.1 中所述的关于相容构造的翻译法则仍然适用，其中要使用由式(28) 给出的多指标约定. 与此相关的指数 MGF 的运算就是：

并：$\mathcal{A}=\mathcal{B}+\mathcal{C}\Rightarrow A(\boldsymbol{z})=B(\boldsymbol{z})+C(\boldsymbol{z})$；

积：$\mathcal{A}=\mathcal{B}\star\mathcal{C}\Rightarrow A(\boldsymbol{z})=B(\boldsymbol{z})\cdot C(\boldsymbol{z})$；

级数：$\mathcal{A}=\mathrm{SEQ}(\mathcal{B})\Rightarrow A(\boldsymbol{z})=\dfrac{1}{1-B(\boldsymbol{z})}$；

轮换：$\mathcal{A}=\mathrm{CYC}(\mathcal{B})\Rightarrow A(\boldsymbol{z})=\log\dfrac{1}{1-B(\boldsymbol{z})}$；

集合：$\mathcal{A}=\mathrm{SET}(\mathcal{B})\Rightarrow A(\boldsymbol{z})=\exp(B(\boldsymbol{z}))$.

证明　不相交并的情况可用类似于无标记多变量表示翻译的方法处理. 有标记积的公式可从式子

$$A(\boldsymbol{z})=\sum_{\alpha\in\mathcal{A}}\frac{\boldsymbol{z}^{\overline{\chi}(\alpha)}}{|\alpha|!}=\sum_{\beta\in\mathcal{B},\gamma\in\mathcal{C}}\binom{|\beta|+|\gamma|}{|\beta|,|\gamma|}\frac{\boldsymbol{z}^{\overline{\xi}(\beta)}\boldsymbol{z}^{\overline{\zeta}(\gamma)}}{(|\beta|+|\gamma|)!}$$

以及通常的通过反映了标记的二项式卷积而把积翻译成指数生成函数的方法(如在第 Ⅱ 章中单变量情况下详细描述的那样) 得出. 复合结构的翻译是对和与积翻译法则的直接应用.

这个定理可以用完全平行于无标记对应物的方式来确定矩.

例 Ⅲ.9　排列的图形表示. 设$\mathcal{P}$是所有的排列组成的类，χ 是组分的数量. 利用标记的概念，那么它的表示和 BGF 就是

$$\mathcal{P}=\mathrm{SET}(u\mathrm{CYC}(\mathcal{Z}))\Rightarrow P(z,u)=\exp\left(u\log\frac{1}{1-z}\right)=\frac{1}{(1-z)^u}$$

就像我们在式(5) 中已经得出的那样. 我们还知道轮换的平均值是调和数 H_n,分布是集中的,由于标准偏差比平均值小得多.

至于长度为 r 的轮换的数目 $\bar{\chi}$,其表示和指数 BGF 现在就是

$$\mathcal{P} = \mathrm{SET}(\mathrm{CYC}_{\neq r}(\mathcal{Z}) + u\mathrm{CYC}_{=r}(\mathcal{Z}))$$

$$\Rightarrow P(z,u) = \exp\left(\log \frac{1}{1-z} + (u-1)\frac{z^r}{r}\right) = \frac{e^{\frac{(u-1)z^r}{r}}}{1-z} \tag{29}$$

累积值的 EGF 因而就是

$$\Omega(z) = \frac{z^r}{r}\frac{1}{1-z} \tag{30}$$

这个结果是出人意料的简单:在一个长度为 n 的随机排列中,r- 轮换的平均值对任意 $r \leqslant n$ 都等于 $\frac{1}{r}$.

那样,我们可看出定义成轮换长度的有序级数的随机置换的表示,与整数的合成与分拆的表示差别很大. 公式(30) 也为其中轮换数的平均数的调和数公式揭示了一个新的亮点 —— 调和数公式中的每个项 $\frac{1}{r}$ 表示 r- 轮换的平均值.

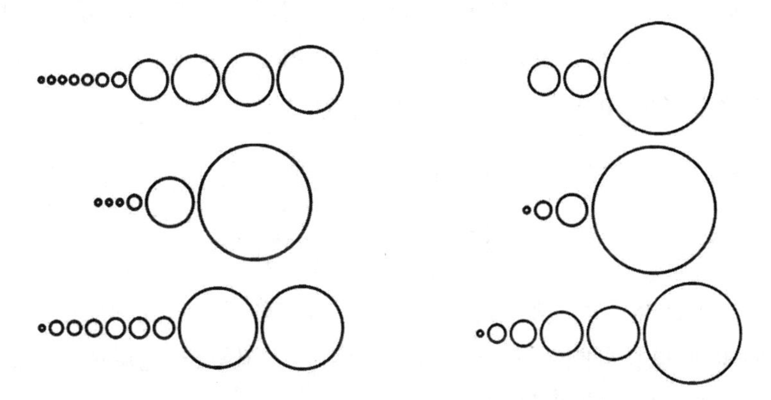

图 Ⅲ.11　排列的图形表示:显示了六个长度为 500 的排列中的轮换结构. 其中圆的面积是按照与轮换的长度成比例的原则绘制的. 这个图形说明排列中一般有几个小的轮换(其数量为 $O(1)$),和一些大的轮换(其数量为 $\Theta(n)$(译者注:此处疑为错误输入或错排,似应为 $O(n)$)),总和起来平均有 $H_n \sim \log n$ 个

由于这个公式如此简单,因此我们可从中提取出更多的信息. 从公式(29)得出

$$\mathbb{P}\{\bar{\chi} = k\} = \frac{1}{k!\ r^k}[z^{n-kr}]\frac{e^{-\frac{z^r}{r}}}{1-z}$$

其中，最后的因子计数了没有长度为 r 的轮换的排列数目. 由此(以及注记 Ⅳ.9 错排数的渐近公式) 我们容易证明 r- 轮换的数目的渐近律是收敛速率为 $\frac{1}{r}$ 的 Poisson①(泊松) 分布. 特别，它不是集中的.(这一在后面章节中所要建立的有趣的性质构成了 Shepp(谢普) 和 Lloyd(劳埃德) 在文[540] 中一项重要研究的出发点.)

此外，长度在 $\frac{n}{2}$ 和 n 之间的轮换的平均数是 $H_n - H_{\lfloor \frac{n}{2} \rfloor}$，这是一个等于存在那种长轮换的概率的数量并且渐近于 $\log 2 \doteq 0.693\ 14$. 换句话说，我们可以期望在一个长度为 n 的随机排列中会出现一个或几个长的轮换.(参见 Shepp 和 Lloyd 在文献[540] 中所进行的关于最大的和最小的轮换的讨论.)

▶**Ⅲ.10　一百个囚犯 Ⅱ.** 这是注记 Ⅱ.15 中囚犯问题的解法. 更好的策略如下. 每个囚犯都先打开对应于他的号码的抽屉. 如果他的号码不在里面，就用他刚刚找到的号码进入另一个抽屉，然后再找到一个数字，指向第三个抽屉，依此类推，囚犯们希望经过至多 50 次试验后能回到原来的抽屉.(因而最后打开的抽屉将放着他的号码.) 这个全局策略成功地提供了一个由 σ_i(第 i 个抽屉中所放的数字) 定义的初始排列 σ. 假如囚犯的希望实现了，则这个排列的所有轮换的长度将至多是 50. 这一事件发生的概率为

$$\begin{aligned} p &= [z^{100}]\exp\left(\frac{z}{1} + \frac{z^2}{2} + \cdots + \frac{z^{50}}{50}\right) \\ &= 1 - \sum_{j=51}^{100} \frac{1}{j} \doteq 0.311\ 827\ 820\ 6 \end{aligned}$$

这些囚犯是否有办法来对付那些不会把数字随机地放在抽屉中的恶意监狱长? 例如，监狱长可能会以循环方式排列数字.(提示：通过随机选出的排列来给抽屉重新编号而使问题随机化.) ◀

例 Ⅲ.10　分配，球 — 盒模型和 Poisson 定律. 我们已在第 Ⅱ 章生日悖论和优惠券收集者问题中介绍过随机分配模型和球 — 盒模型. 在这个模型中，用所有可能的方法把 n 个球放到 m 个盒子中去，分法的总数是 m^n. 通过单词的有标记结构，其中用 z 标记球的数目，并用 u 表示装有 s 个球的盒子的数目 $\chi^{(s)}$(s 是一个固定的参数)，我们就可写出二元 EGF 如下

---

① 收敛速率为 $\lambda > 0$ 的 Poisson 分布以非负整数作为随机变量，并由下式确定 $\mathbb{P}\{k\} = \mathrm{e}^{-\lambda}\frac{\lambda^k}{k!}$.

$$\mathcal{A}=\mathrm{SEQ}_m(\mathrm{SET}_{\neq s}(\mathcal{Z})+u\,\mathrm{SET}_{=s}(\mathcal{Z}))\Rightarrow A^{(s)}(z,u)=\left(\mathrm{e}^z+(u-1)\frac{z^s}{s!}\right)^m$$

特别,空盒($\chi^{(0)}$)数的分布可用 Stirling 分拆数表示成

$$\mathbb{P}_{m,n}(\chi^{(0)}=k)\equiv\frac{n!}{m^n}[u^kz^n]A^0(z,u)=\frac{(m-k)!}{m^n}\binom{m}{k}\left\{\begin{matrix}n\\m-k\end{matrix}\right\}$$

微分 BGF,我们就得出(对任意 $s\geqslant 0$ 的)平均值的确切表达式为

$$\frac{1}{m}\mathbb{E}_{m,n}(\chi^{(s)})=\frac{1}{s!}\left(1-\frac{1}{m}\right)^{n-s}\frac{n(n-1)\cdots(n-s+1)}{m^s}\tag{31}$$

现在设 m 和 n 以 $\frac{n}{m}=\lambda$ 的方式趋于无穷,其中 λ 是一个固定的常数. 这个模式在许多应用中是非常重要的,其中一些将在下面列出. 含有 s 个元素的盒子的平均比例是 $\frac{1}{m}\mathbb{E}_{m,n}(\chi^{(s)})$. 通过对式(31) 的直接计算,可以得出渐近极限估计为

$$\lim_{\frac{n}{m}=\lambda,n\to\infty}\frac{1}{m}\mathbb{E}_{m,n}(\chi^{(s)})=\mathrm{e}^{-\lambda}\frac{\lambda^s}{s!}\tag{32}$$

(参见图 Ⅲ.12,两个对应于 $\lambda=4$ 的模拟). 换句话说,Poisson 公式描述了大规模随机分配中给定容量的盒子的平均比例.(这等价于在满足 Poisson 定律的随机分配中随机占用的盒子的极限.)

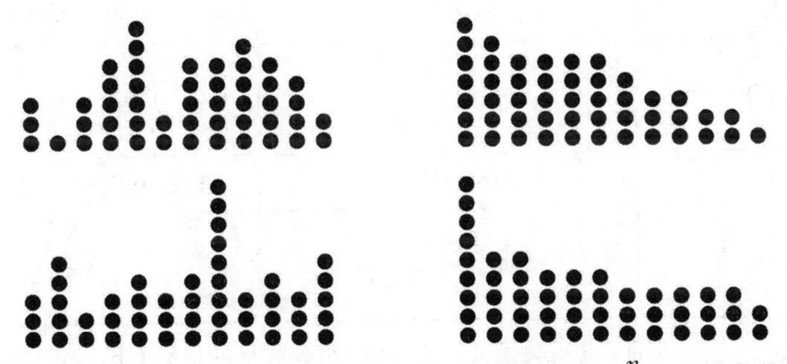

图 Ⅲ.12　两个 12,$n=48$ 的随机分配,它们对应了 $\lambda\equiv\frac{n}{m}=4$ 的条件(左边),右边的图显示了按照盒子中的球的数目递减的方式排列的图形

对每个 $\chi^{(s)}$(其中 s 是固定的) 偏差可通过二次求导类似地求出,我们有

$$\mathbb{V}_{m,n}(\chi^{(s)})\sim m\mathrm{e}^{-2\lambda}\frac{\lambda^s}{s!}E(\lambda)$$

$$E(\lambda):=\left(\mathrm{e}^\lambda-\frac{s\lambda^{s-1}}{(s-1)!}-(1-2s)\frac{\lambda^s}{s!}-\frac{\lambda^{s+1}}{s!}\right)$$

作为上面公式的一个推论,对任何固定的 $s\geqslant 0$,成立下面的依概率收敛的式子

$$\frac{1}{m}\chi^{(s)} \xrightarrow{P} \mathrm{e}^{-\lambda}\frac{\lambda^s}{s!}$$

见例 Ⅷ.14,关于最满的箱子的分析.

▶**Ⅲ.11　散列和随机分配.** 把球随机地分配到盒子中,对理解一类称为Hashing(哈希)算法,见文献[378,537,538,598](译者注:又称散列算法)的计算机科学中的重要算法具有中心意义:给定了一组数据$\mathcal{U}$,设置一个函数(称为散列函数)$h:\mathcal{U}\to[1,\cdots,m]$ 并把 m 个盒子排成一列,然后把元素 $x\in\mathcal{U}$放到 $h(x)$ 号盒子中.如果散列函数以适当的(伪)均匀的方式分配数据,那么将 n 个记录(键,数据项)的文件分配到 m 个盒子中的过程就足以建立一个随机分配方案.如果用 $\lambda=\frac{n}{m}$ 表示"负载",并让它保持在合理的界限之内(比如说,$\lambda\leqslant 10$),那么前面的分析就意味着 Hashing 算法几乎是直接利用了数据.(参见例 Ⅱ.19 中的把互相冲突的项目折叠成一个表的策略.)◀

抽象的有标记模式中组分的数目. 就像在未标记的世界中一样,生成函数给出了基本结构的组分数目的分布.

命题 Ⅲ.6　考虑一个有标记的结构和参数χ,它等于构造$\mathcal{A}=\mathfrak{K}\{\mathcal{B}\}$ 的组分的数目,其中 $\mathfrak{K}$ 表示 SEQ,SET 和 CYC 中的某一个.图 Ⅲ.13 中的表分别给出了指数 BGF $A(z,u)$ 和累积值的指数 GF $\Omega(z)$.

$\mathfrak{K}$	指数 BGF($A(z,u)$)	累积 GF($\Omega(z)$)
SEQ	$\frac{1}{1-uB(z)}$	$A^2(z)\cdot B(z)=\frac{B(z)}{(1-B(z))^2}$
SET	$\exp(uB(z))$	$A(z)\cdot B(z)=B(z)\mathrm{e}^{B(z)}$
CYC	$\log\frac{1}{1-uB(z)}$	$\frac{B(z)}{1-B(z)}$

图 Ⅲ.13　关于$\mathcal{A}=\mathfrak{K}(\mathcal{B})$ 的组分数目的指数 GF

那样,容易用和无标记情况中一样的公式将平均值恢复出来,我们有

$$\mathbb{E}_n(\chi)=\frac{\Omega_n}{A_n}=\frac{[z^n]\Omega(z)}{[z^n]A(z)}$$

▶**Ⅲ.12　有标记模式中的 r- 组分.** 有标记情况中的 BGF $A(z,u)$ 和累积值的指数 EGF $\Omega(z)$ 分别为

$$\text{SEQ}:\frac{1}{1-\left(B(z)+(u-1)\frac{B_r z^r}{r!}\right)},\frac{1}{(1-B(z))^2}\cdot\frac{B_r z^r}{r!};$$

$$\text{SET}:\exp\left(B(z)+(u-1)\frac{B_r z^r}{r!}\right), e^{B(z)}\cdot\frac{B_r z^r}{r!};$$

$$\text{CYC}:\log\frac{1}{1-\left(B(z)+(u-1)\frac{B_r z^r}{r!}\right)}, \frac{1}{(1-B(z))}\cdot\frac{B_r z^r}{r!}.$$ ◀

例 Ⅲ.11 集合的分拆. 集合的分拆$\mathcal{S}$是一些块的集合,这些块本身则是非空的元素的集合.集合的分拆根据块的数目进行计数,因而由下式给出

$$\mathcal{S}=\text{SET}(u\ \text{SET}_{\geqslant 1}(\mathcal{Z}))\Rightarrow S(z,u)=e^{u(e^z-1)}$$

由于集合的分拆也可由 Stirling 分拆数表出,因此作为推论,我们就有如下的 BGF 和垂直 EGF

$$\sum_{n,k}\left\{{n \atop k}\right\}u^k\frac{z^n}{n!}=e^{u(e^z-1)}, \sum_n\left\{{n \atop k}\right\}\frac{z^n}{n!}=\frac{1}{k!}(e^z-1)^k$$

这与第 Ⅱ 章中的计算是一致的.

累积值的 EGF,因而 $\Omega(z)$ 就几乎是直接对 $S(z)$ 求导的结果

$$\Omega(z)=(e^z-1)e^{e^z-1}=\frac{d}{dz}S(z)-S(z)$$

因而,在随机的容量为 n 的分拆中,块数的平均值就等于

$$\frac{\Omega_n}{S_n}=\frac{S_{n+1}}{S_n}-1$$

这是一个可直接用Bell数表出的量.根据Bell数的渐近展开式而做的细致的计算可以得出期望值和标准偏差分别渐近的趋于

$$\frac{n}{\log n},\frac{\sqrt{n}}{\log n}$$

(第 Ⅷ 章).类似的可以得出容量为 k 的块数的指数 BGF 为

$$\mathcal{S}=\text{SET}(u\ \text{SET}_{=k}(\mathcal{Z})+\text{SET}_{\neq 0,k}(\mathcal{Z}))\Rightarrow S(z,u)=e^{e^z-1+(u-1)\frac{z^k}{k!}}$$

它们的平均值和方差因此也可由上面的公式导出.

例 Ⅲ.12 Cayley **树中的根的度数.** 考虑 Cayley 树(非平面的有标记的树)的类$\mathcal{T}$ 和"根 − 度"参数,则其基本的表示为

$$\begin{cases}\mathcal{T}=\mathcal{Z}\star\text{SET}(\mathcal{T})\\ \mathcal{T}^\circ=\mathcal{Z}\star\text{SET}(u\,\mathcal{T})\end{cases}\Rightarrow\begin{cases}T(z)=ze^{T(z)}\\ T(z,u)=ze^{uT(z)}\end{cases}$$

集合构造反映了 Cayley 树的非平面特征,而表示$\mathcal{T}^\circ$ 则丰富了与挂在树的根上的子树相关的标记. Lagrange 逆提供了树的根的度数为 k 的部分的份额

$$\frac{1}{(k-1)!}\frac{n!}{(n-1-k)!}\frac{(n-1)^{n-2-k}}{n^{n-1}}\sim\frac{e^{-1}}{(k-1)!},k\geqslant 1$$

类似的，可以得出累积的 GF 是 $\Omega(z)=T^2(z)$，因此平均的根度满足

$$\mathbb{E}_{\mathcal{T}_n}(\text{根度})=2\left(1-\frac{1}{n}\right)\sim 2$$

因此，根度的规律渐近于速率为1，并且移位了1的 Poisson 定律. 由于它的平均根度渐近于一个常数，所以这里的概率现象类似于我们所遇到过的平面树. 然而 Poisson 定律最终反映了非平面性条件，使得 Poisson 定律取代了出现在平面树中的修改的几何定律(即所谓的负二项式定律).

▶Ⅲ.13　**对齐的组分的数量**. 对齐($\mathcal{O}$) 是轮换的级数(第 Ⅱ 章). 在$\mathcal{O}_n$的随机对齐中，组分的期望数量为

$$\frac{[z^n]\log(1-z)^{-1}(1-\log(1-z)^{-1})^{-2}}{[z^n](1-\log(1-z)^{-1})^{-1}}$$

第 Ⅴ 章中的方法蕴含在随机的对齐中，期望的组分数量 $\sim\frac{n}{\mathrm{e}-1}$，而标准偏差 $\sim\Theta(\sqrt{n})$. ◀

▶Ⅲ.14　**随机的满射的像的基数**. $\mathcal{R}_n$(第 Ⅱ 章) 中一个随机的满射的组分的期望的基数为

$$\frac{[z^n]\mathrm{e}^z(2-\mathrm{e}^z)^{-2}}{[z^n](2-\mathrm{e}^z)^{-1}}$$

原像的基数为 k 的值的数目，可以通过把因子 e^z 换成$\frac{z^k}{k!}$ 而得出. 利用第 Ⅳ 章和第 Ⅴ 章中的方法可知，一个随机的满射的像的基数的期望值为$\frac{n}{2\log 2}$，而标准偏差为 $\Theta(\sqrt{n})$. ◀

▶Ⅲ.15　**集合的分拆中不同组分的容量**. 分别考虑在集合的分拆和排列中，不同的块的容量和轮换的容量，那么根据前面的原理即可得出它们的 EGF 分别是

$$\prod_{n=1}^{\infty}(1-u+u\mathrm{e}^{\frac{z^n}{n!}})\text{ 和 }\prod_{n=1}^{\infty}(1-u+u\mathrm{e}^{\frac{z^n}{n}})$$ ◀

后记：通向模式的理论. 让我们回顾一下并重述 Ⅲ.3 节 ～ Ⅲ.4 节中收集的关于复合结构的组分数量的一些信息. 图 Ⅲ.14 考虑的类是无标记的或有标记的两种结构的复合. 每个条目包含组分数量的 BGF(例如，排列中的轮换，整数分拆中的部分，等等) 以及容量为 n 的对象的组分数量的平均值和标准偏差的渐近的阶.

一些明显的事实从数据中浮现出来并要求解释. 首先是外层的结构似乎起

着实质性的作用:(比较整数的合成,满射与对齐)组分的数量平均起来趋向于$\Theta(n)$,而外层是集合的结构(比较整数的分拆,集合的分拆和排列)则与更多种类的渐近体制相联系.最终,这些事实可以组织成更广泛的分析模式,就像我们将在第Ⅴ—Ⅸ章中所看到的那样.

无标记结构	
整数的分拆,MSET∘SEQ	整数的合成,SEQ∘SEQ
$\exp\left(u\frac{z}{1-z}+\frac{u^2}{2}\frac{z^2}{1-z^2}+\cdots\right)$	$\left(1-u\frac{z}{1-z}\right)^{-1}$
$\sim\frac{\sqrt{n}\log n}{\pi\sqrt{2/3}},\Theta(n)$	$\sim\frac{n}{2},\Theta(n)$
有标记结构	
集合的分拆,SET∘SET	满射,SEQ∘SET
$\exp(u(\mathrm{e}^z-1))$	$(1-u(\mathrm{e}^z-1))^{-1}$
$\sim\frac{n}{\log n},\sim\frac{\sqrt{n}}{\log n}$	$\sim\frac{n}{2\log 2},\Theta(n)$
排列,SET∘CYC	对齐,SEQ∘CYC
$\exp(u\log(1-z)^{-1})$	$(1-u\log(1-z)^{-1})^{-1}$
$\sim\log n,\sim\log\sqrt{n}$	$\sim\frac{n}{\mathrm{e}-1},\Theta(n)$

图Ⅲ.14　6种双层结构的组分数的主要性质.每一类从上到下依次为:(i)表示的类型;(ii)BGF;(iii)组分数的平均数和标准偏差

▶Ⅲ.16　**奇点和概率.** 行为上的差异将归咎于涉及不同类型的奇点(第Ⅳ—Ⅷ章):一方面由于奇点的指数式爆炸,用代数式表示的集合对应于exp(·)算子;另一方面用拟逆的代数式表示的级数则类似于极点表示.像树这样的递归结构导致了涉及组分数量的其他类型的现象.例如,在概率上有界的根的度数,等等. ◀

Ⅲ.5　递归的参数

在这一节中,我们将采用前面几节中的一般方法处理本身的表示也是递归的结构中的由递归法则定义的参数.典型的应用涉及树和树状结构.

对于叶子的数量,或者更一般地说,一棵树中某些度数固定的节点的数量,就像在非递归情况中那样.为了分辨我们感兴趣的元素,使用放置标记的方法以及使用辅助变量就足够了.例如,为了标记由 r 个组分组成的复合对象,

其中 r 是一个整数,而 $\mathfrak{K}$ 表示 SEQ,SET(或 MSET,PSET),CYC 中的任何一种,则应该如下分解结构 $\mathfrak{K}(\mathcal{C})$

$$\mathfrak{K}(\mathcal{C})=u\mathfrak{K}_{=r}(\mathcal{C})+\mathfrak{K}_{\neq r}(\mathcal{C})=(u-1)\mathfrak{K}_r(\mathcal{C})+\mathfrak{K}(\mathcal{C})$$

这一技巧引出了用标记修饰的结构,对这种结构定理 Ⅲ.1 和定理 Ⅲ.2 是适用的.对于递归定义的结构,输出结果是一个用函数方程递归地定义的 BGF.在下面的例 Ⅲ.13 和例 Ⅲ.14 中用 Catalan 树和叶子的参数解释了这种情况.

例 Ⅲ.13　一般的 Catalan 树中的叶子. 某一种随机树有多少个树叶?可以通过它们的树叶的比例来区分不同品种的树吗?除了组合植物学的考虑外,这种考虑也和例如算法分析有关.没有后代,可以更经济的存储;见文献[377,2.3 节]中关于这些问题的算法动机.

再次考虑无标记的平面树的类 $\mathcal{G}$,$\mathcal{G}=\mathcal{Z}\times\mathrm{SEQ}(\mathcal{G})$,用 Catalan 数枚举的结果是 $G_n=\frac{1}{n}\binom{2n-2}{n-1}$.给叶子加了标记的类 $\mathcal{G}^{\circ}$ 是

$$\mathcal{G}^{\circ}=\mathcal{Z}u+\mathcal{Z}\times\mathrm{SEQ}_{\geqslant 1}(\mathcal{G}^{\circ})\Rightarrow G(z,u)=zu+\frac{zG(z,u)}{1-G(z,u)}$$

由此得出的二次方程可以精确地解出来

$$G(z,u)=\frac{1}{2}\left(1+(u-1)z-\sqrt{1-2(u+1)z+(u-1)^2z^2}\right)$$

然而我们可以用 Lagrange 反演定理来将其简单的展开,由此得出

$$\begin{aligned}G_{n,k}&=[u^k]([z^n]G(z,u))=[u^k]\left(\frac{1}{n}[y^{n-1}]\left(u+\frac{y}{1-y}\right)^n\right)\\&=\frac{1}{n}\binom{n}{k}[y^{n-1}]\frac{y^{n-k}}{(1-y)^{n-k}}=\frac{1}{n}\binom{n}{k}\binom{n-2}{k-1}\end{aligned}$$

已知这些数就是所谓的 Narayana(纳拉亚那)数,见 EIS A001263,它们在投票问题中会反复地出现.叶子的平均数可从累积的 GF 中导出,这个累积的 GF 是

$$\Omega(z)=\partial_u G(z,u)\mid_{u=1}=\frac{1}{2}z+\frac{1}{2}\frac{z}{\sqrt{1-4z}}$$

因此对 $n\geqslant 2$,平均数就精确地等于 $\frac{n}{2}$.分布是集中的,由于易于算出标准偏差是 $O(\sqrt{n})$.

例 Ⅲ.14　二叉树中的叶子和结点类型. 二叉树的类$\mathcal{B}$也可用Catalan数来枚举($B_n=\frac{1}{n+1}\binom{2n}{n}$)并可表示成

$$\mathcal{B}=\mathcal{Z}+(\mathcal{B}\times\mathcal{Z})+(\mathcal{Z}\times\mathcal{B})+(\mathcal{B}\times\mathcal{Z}\times\mathcal{B}) \tag{33}$$

这一表示强调了结点的4种类型:叶子,左分叉,右分叉和二分叉. 设u_0,u_1和u_2分别是标记度数为0,1,2的结点的变量,那么根的分解式(33)就产生了MGF,$B=B(z,u_0,u_1,u_2)$. 用Lagrange反演定理可以得出B所满足的函数方程为

$$B=zu_0+2zu_1B+zu_2B^2$$

上式就给出

$$B_{n,k_0,k_1,k_2}=\frac{2^{k_1}}{n}\binom{n}{k_0,k_1,k_2}$$

其中的下标满足自然的条件$k_0+k_1+k_2=n$和$k_0=k_2+1$. 矩可以利用文献[499]中的方法容易地算出,特别每种类型的结点的平均数的渐近表达式为

$$\text{叶子}:\sim\frac{n}{4},1-\text{结点}:\sim\frac{n}{2},2-\text{结点}:\sim\frac{n}{4}$$

双节点,左分叉结点和右分叉结点的比例渐近地和叶子的比例相等. 此外,对每种类型的结点,标准偏差都是$O(\sqrt{n})$,因此,对应于所有类型结点的分布都是集中的.

▶ **Ⅲ.17**　Cayley **树中树叶和结点一度的表示.** 对Cayley树而言,它的二元EGF是下面的函数方程的解,其中的u标记了叶子的数量

$$T(z,u)=uz+z(e^{T(z,u)}-1)$$

(由Lagrange反演可知,分布可用Stirling分拆数表示.)在一棵随机的Cayley树中叶子的平均数量渐近于$\frac{n}{e}$. 更一般的,在一棵随机的容量为n的Cayley树中,外度数为k的结点的平均数目渐近于

$$\frac{n}{e}\cdot\frac{1}{k!}$$

因而度数可渐近地用速率为1的Poisson律描述. ◀

▶ **Ⅲ.18　简单树中结点一度的表示.** 对一族由$T(z)=z\varphi(T(z))$生成的树来说,度数为k的结点的BGF满足下面的方程,其中φ是一个幂级数

$$T(z,u)=z(\varphi(T(z,u))+\varphi_k(u-1)T(z,u)^k)$$

其中$\varphi_k=[u^k]\varphi(u)$. 累积的GF是

$$\Omega(z)=z\frac{\varphi_kT^k(z)}{1-z\varphi'(T(z))}=\varphi_kz^2T^{k-1}(z)T'(z)$$

由此可确定其数学期望. ◀

▶Ⅲ.19 **函数图中的标记.** 考虑第Ⅱ章中讨论过的有限映射的类$\mathcal{F}$

$$\mathcal{F}=\mathrm{SET}(\mathcal{K}),\mathcal{K}=\mathrm{CYC}(\mathcal{T}),\mathcal{T}=\mathcal{Z}\star\mathrm{SET}(\mathcal{T})$$

将上面的表示翻译成 EGF 就是

$$F(z)=\mathrm{e}^{K(z)},K(z)=\log\frac{1}{1-T(z)},T(z)=z\mathrm{e}^{T(z)}$$

对(ⅰ)组分的数量,(ⅱ)最大树的数量,(ⅲ)叶子的数量的二元 EGF 分别是:

(ⅰ)$\mathrm{e}^{uK(z)}$;(ⅱ)$\frac{1}{1-uT(z)}$;(ⅲ)$\frac{1}{1-T(z,u)}$,其中 $T(z,u)=(u-1)z+z\mathrm{e}^{T(z,u)}$.

函数图的三元 EGF $F(z,u_1,u_2)$ 是

$$F(z,u_1,u_2)=\exp\left(u_1\log\frac{1}{1-u_2T(z)}\right)=\frac{1}{(1-u_2T(z))^{u_1}}$$

其中 u_1 标记了组分,u_2 标记了树. 所有系数的确切表示都涉及 Stirling 轮换数. ◀

我们从现在起不再给出随便就可加进去的例子,由于正如在部分 B 中所发展的那样,当用渐近分析的观点进行解释时,那种计算将可极大地予以简化. 用渐近分析的观点对现象进行解释的一个很好的理由是,渐近地观察现象特别接近于分支过程的经典理论所提供的结果.(参见 Athreya(阿特利亚) 和 Ney(内伊) 的书[21] 和 Harris(哈里斯) 的书[324] 以及注记 Ⅲ.29 中我们在关于“完全”的 GF 的讨论).

树中关于参数的线性变换和路径的长度. 到目前为止,我们处理的都是直接由递归方式定义的参数. 下面,我们将转向例如路径的长度等其他的参数. 作为开始,我们需要一个关于组合参数的简单的线性转换. 设$\mathcal{A}$是一个具有两个标量参数χ 和 ξ 的类,这两个参数之间有以下关系

$$\chi(\alpha)=|\alpha|+\xi(\alpha)$$

那么由 BGF 的组合形式就得出

$$\sum_{\alpha\in\mathcal{A}}z^{|\alpha|}u^{\chi(\alpha)}=\sum_{\alpha\in\mathcal{A}}z^{|\alpha|}u^{|\alpha|+\xi(\alpha)}=\sum_{\alpha\in\mathcal{A}}(zu)^{|\alpha|}u^{\xi(\alpha)}$$

也就是

$$A_\chi(z,u)=A_\xi(zu,u)\tag{34}$$

这显然是一个一般性的原理:

线性变换和 MGF:一个参数的线性变换在 MGF 中导致对应的标记变量的

一个单项式代换.

我们现在把这个原理用于树的长度的递归分析.

例 Ⅲ.15 树的路径的长度. 一棵树的路径长度的定义是它所有的结点到树的根的距离之和,其中的距离是指连接此结点和根的最短的路径中的边的数目.路径的长度是树的一个重要特征.例如,当把数据结构看成一棵树,其中的结点含有额外的信息时,路径的长度就表示从树的根开始访问所有的数据所需的总的代价.由于这一原因,在对各种模型的算法分析中,特别是在搜索和分拣数据结构的算法领域中,都会出现路径长度这个量(例如,树的检索,快速检索,根的检索等,见文献[377,538]).

树的路径的长度的公式定义为

$$\lambda(\tau) := \sum_{\nu \in \tau} \operatorname{dist}(\nu, \operatorname{root}(\tau)) \tag{35}$$

其中的求和遍历树的所有的结点,而距离两个节点之间的距离是连接它们的最少边数.这一定义蕴含一种递归法则

$$\lambda(\tau) := \sum_{\nu \prec \tau} (\lambda(\nu) + |\nu|) \tag{36}$$

其中的 $\nu \prec \tau$ 表示 τ 的所有的根子树的总和.(为验证(35)和(36)两式的等价性,注意路径的长度也等于所有子树的容量之和.)

从现在开始,我们专注于讨论一般的 Catalan 树(其他情况可见注记 Ⅲ.20):$\mathcal{G} = \mathcal{Z} \times \operatorname{SEQ}(\mathcal{G})$.引入一个参数 $\mu(\tau) = |\tau| + \lambda(\tau)$,那么从长度的归纳定义(36)和一般的变换法则(34)就得出

$$G_\lambda(z,u) = \frac{z}{1 - G_\mu(z,u)} \quad \text{以及} \quad G_\mu(z,u) = G_\lambda(zu, u) \tag{37}$$

换句话说 $G(z,u) = G_\lambda(z,u)$ 满足一个差分型的非线性函数方程

$$G(z,u) = \frac{z}{1 - G(uz, u)}$$

(在第 Ⅴ 章讨论 Dyck 路径时,我们将再次见到这个函数方程.)对 u 微分,并在所得的结果中令 $u=1$ 就可得出 λ 的累积值的生成函数 $\Omega(z)$.用这一方法可以得出累积 GF:$\Omega(z) := \partial_u G(z,u)\mid_{u=1}$ 满足

$$\Omega(z) = \frac{z}{(1 - G(z))^2}(zG'(z) + \Omega(z))$$

这是一个线性的微分方程,由此可解出

$$\Omega(z) = z^2 \frac{G'(z)}{(1 - G(z))^2 - z} = \frac{z}{2(1-4z)} - \frac{z}{2\sqrt{1-4z}}$$

因此,(对 $n \geqslant 1$)我们就有

$$\Omega_n = 2^{2n-3} - \frac{1}{2}\binom{2n-2}{n-1}$$

其中,对 $n \geqslant 2$,以1,5, 22, 93, 386开头的序列就是EIS A000346. 由初等的渐近分析,我们就得出一棵容量为 n 的随机的Catalan树的平均的路径长度渐近于 $\frac{1}{2}\sqrt{\pi n^3}$,也就是说在一棵容量为 n 的随机的Catalan树中,从根到一个随机的结点的分叉的长度的期望值的阶是 $\sqrt{n}$.

因此随机的Catalan树倾向于某种不平衡的状态 —— 作为对比,一个完全平衡的二叉树的所有路径的长度至多为 $\log_2 n + O(1)$.

随机的Catalan树中的不平衡是一种一般的现象 —— 在二叉Catalan树和所有更一般的单品种的树木中都会发生这种现象. 下面的注释 Ⅲ.20 和例 Ⅶ.9 蕴含在这种情况下平均的路径长度总是 $n\sqrt{n}$ 阶的. 如 Rényi 和 Szekeres(塞凯赖什)的文献[507]所示,高度是一个典型的 $\sqrt{n}$ 的量. 见 Bruijn,Knuth 和 Rice(瑞思)的文献[145],Kolchin(科尔钦)的文献[386]以及 Flajolet 和 Odlyzko 的文献[246],证明的梗概可见 Ⅶ.10.2 节. 从文献[538]借用的图 Ⅲ.15 用模拟说明了这一点.(经过正规化后,各层节点的直方图就已证明它们的轮廓趋向于 Brown(布朗)运动.)

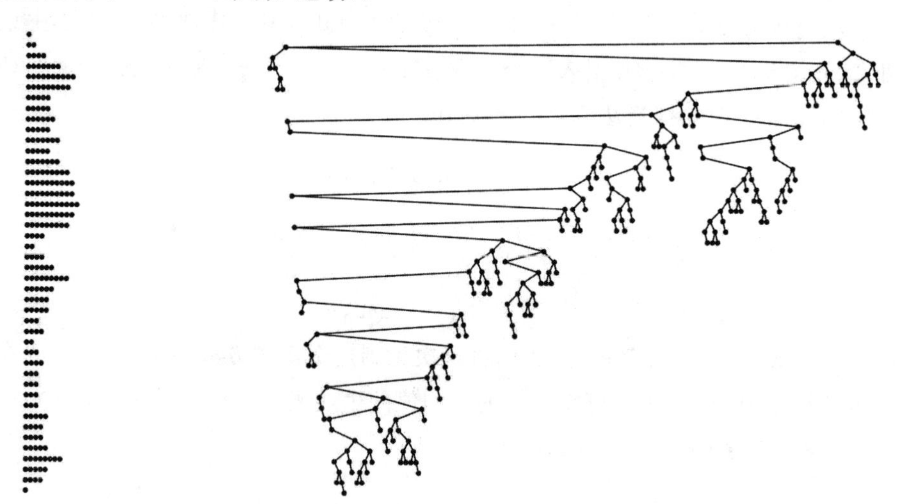

图 Ⅲ.15　容量为256的一棵随机修剪的二叉树及与其相联系的层的图形:左侧的直方图显示的是每一层的结点数量

▶**Ⅲ.20　单品种树的路径长度.** 单品种树的路径长度的BGF由 $T(z) = z\varphi(T(z))$ 生成,它满足

$$T(z,u)=z\varphi(T(zu,u))$$

特别,累积值的 GF 是

$$\Omega(z)\equiv\partial_u(T(z,u))\,|_{u=1}=\frac{\varphi'(T(z))}{\varphi(T(z))}(zT'(z))^2$$

由此即可将其系数提取出来. ◀

Ⅲ.6 完全的生成函数和离散模型

当说到完全的生成函数时,粗略且不那么严格地说,我们是指,一个标记了一个组合类[①]的同类特征的变量的数量(可能很大,甚至在极限情况下是无限的)的生成函数. 例如人们可能会对组成单词的所有的不同的字母的联合分布,排列中的轮换的所有的长度的数量等特征感兴趣. 一个完全的 MGF 自然需要关于结构的枚举性质的相对详细的知识. 由于完全的生成函数的强大的表达能力,也使得适宜用加权模型进行计算,尤其是对 Bernoulli(伯努利) 试验覆盖的情况和经典概率论的分支过程更是如此.

关于单词的完全 GF. 作为一个基本的例子,我们考虑用有限的字母$\mathcal{A}=\{a_1,\cdots,a_r\}$ 组成的所有单词的类$\mathcal{W}=\mathrm{SEQ}\{\mathcal{A}\}$. 设$\chi=(\chi_1,\cdots,\chi_r)$,其中$\chi_j(\omega)$是字母 a_j 在单词 ω 中出现的次数. $\mathcal{A}$的关于χ 的 MGF 是

$$\mathcal{A}=u_1a_1+u_2a_2+\cdots+u_ra_r\Rightarrow A(z,\boldsymbol{u})=zu_1+zu_2+\cdots+zu_r$$

并且显然$\mathcal{W}$上的χ 是从$\mathcal{A}$上的χ 继承的. 因而根据级数的翻译法则,我们就有

$$\mathcal{W}=\mathrm{SEQ}\{\mathcal{A}\}\Rightarrow W(z,\boldsymbol{u})=\frac{1}{1-z(u_1+u_2+\cdots+u_r)} \tag{38}$$

这个式子根据字母合成单词的方式描述了所有的单词. 特别是具有 n_j 个字母 a_j 的单词的数目,并且我们有 $n=\sum n_j$,此式是从

$$[u_1^{n_1}u_2^{n_2}\cdots u_r^{n_r}](u_1+u_2+\cdots+u_r)^n=\binom{n}{n_1,n_2,\cdots,n_r}=\frac{n!}{n_1!\ n_2!\ \cdots n_r!}$$

的结构中得出的.

这样我们又重新得出了多项式的系数.

---

① 完全的 GF 并不是一种新的对象. 他们只是一个多元 GF 的化身. 因此这个术语只是为了提示 MGF 的特定用途,并且在使用它们时基本上不需要新的理论.

▶Ⅲ.21 Bhaskara Acharya(婆什迦罗·阿查里雅,约公元1150年)之后.考虑所有的用一个数字1,用两个数字2,…,用九个数字9构成的十进制数字.这种数共有45位数.计算所有这种数的和S,让你惊奇的是S等于

4587555960000615321908476928639999999999999999541244403999938467809152307136000000

这个数字有一长串9(并且有更多的9隐藏在其中!).对此你能给出一个简单的解释吗?

这个问题是由印度数学家Bhaskara Acharya给出的,他在大约公元1150年左右发现了多项式系数;关于他的简要历史记载可参见文[377,p.23－24].(译者注:这里可能原著有笔误.经译者查证,文[377,p.23－24]处并无关于Bhaskara Acharya的简要历史记载,那两页的主要内容是关于Napier(纳皮尔)对数,即自然对数的.) ◀

(译者注:译者对这个数是怎么算出来的,给出了一个解释:

首先用1个1,2个2,……,n个n可以组成一些$1+2+\cdots+n=\frac{n(n+1)}{2}=T_n$位数,其中$1\leqslant n\leqslant 9$,$T_n$是三角形数.不难算出前9个三角形数的数值为$T_1=1,T_2=3,T_3=6,T_4=10,T_5=15,T_6=21,T_7=28,T_8=36,T_9=45$.

假设用1个1,2个2,……,n个n可以组成L_n个T_n位数.那么在这T_n位中任意取定T_{n-1}位后,剩下的位置就只能填上n了.由于我们已假定用1个1,2个2,……,$n-1$个$n-1$可以组成L_{n-1}个T_{n-1}位数,又从T_n个位置中任意选出T_{n-1}个位置共有$C_{T_n}^{T_{n-1}}=C_{T_n}^{n}$种选法,所以我们就得出下面的递推公式

$$L_n=L_{n-1}C_{T_n}^{n}$$

由此我们就可逐步算出L_1—L_9来,其数值如下:

$L_1=1$;

$L_2=3$;

$L_3=60$;

$L_4=12\ 600$;

$L_5=37\ 837\ 800$;

$L_6=2\ 053\ 230\ 379\ 200$;

$L_7=2\ 431\ 106\ 898\ 187\ 968\ 000$;

$L_8=73\ 566\ 121\ 315\ 513\ 295\ 589\ 120\ 000$;

$L_9=65\ 191\ 584\ 694\ 745\ 586\ 153\ 436\ 251\ 091\ 200\ 000$.

在这L_n个数字中,1—n这n个数字在各位中是以同等的机会出现的,且在

每一位中各个数字所占的比例为 1 : 2 : … : n. 因此在每一位上共有 $\frac{L_n}{1+2+\cdots+n}=\frac{L_n}{T_n}$ 个 1, $\frac{2L_n}{T_n}$ 个 2,……, $\frac{nL_n}{T_n}$ 个 n. 因此所有由 1 个 1,2 个 2,……,n 个 n 组成的数的和就是

$$S_n=\left(1\cdot\frac{L_n}{T_n}+2\cdot\frac{2L_n}{T_n}+\cdots+n\cdot\frac{nL_n}{T_n}\right)(10^{T_n}+\cdots+10+1)$$

$$=\frac{L_n}{T_n}\cdot(1^2+2^2+\cdots+n^2)\cdot 11\cdots1 \quad (\text{共 } T_n \text{ 个 } 1)$$

$$=\frac{L_n}{T_n}\cdot W_n\cdot 11\cdots1 \quad (\text{共 } T_n \text{ 个 } 1)$$

其中 W_n 是前 n 个正整数的平方和:$W_n=\frac{n(n+1)(2n+1)}{6}$. W_1—W_9 的数值分别为 $W_1=1,W_2=5,W_3=14,W_4=30,W_5=55,W_6=91,W_7=140,W_8=204,W_9=285$.

由此,我们即可逐步算出 S_1—S_9 的数值如下:

$S_1=1$;

$S_2=555$;

$S_3=15\cdots5$(5 个 5)40;

$S_4=419\cdots9$(8 个 9)5800;

$S_5=1541539\cdots9$(9 个 9)84584600;

$S_6=98859240479\cdots9$(11 个 9)011407595200;

$S_7=1350614943437759\cdots9$(13 个 9)8649385056562240000;

$S_8=463194097171750379635 19\cdots9$(14 个 9)
536805902828249620364800000[①];

$S_9=4587555960000615321908476928639\cdots9$(15 个 9)
5412444039999384678091523071360000 0.)

排列和集合的分拆的完全的 GF. 考虑一个排列和它的具有各种长度的轮换. 它的 MGF 可以写成一个有无穷多个变量的式子,其中 u_k 标记了长度为 k 的轮换数目,$k=1,2,\cdots$

$$P(z,\boldsymbol{u})=\exp\left(u_1\frac{z}{1}+u_2\frac{z^2}{2}+u_3\frac{z^3}{3}+\cdots\right) \tag{39}$$

这个 MGF 的表达式具有灵活优美的性质,即如果考虑所有的有限个变量 u_j 等

① S_8 和 S_9 由于数位太多,采取转行处理. —— 编校注

于1的限制情况，我们就得出了所有的轮换的长度是一个有限集合的特殊情况. 还要注意的是，我们可以用通常的方式计算任何系数$[z^n]P$，由于这一计算只涉及变量$u_1,\cdots,u_n$.

▶**Ⅲ.22 无穷多个变量的形式幂级数的理论.**（这个注记只是关于形式的.）数学上，一个像式(39)中的P那样的对象完全是良定义的.（译者注：良定义的含义是这个定义本身在使用时是自相容而不矛盾的.）设$U=\{u_1,u_2,\cdots\}$是一个具有无限多个未定元的集合. 首先，多项式环$R=\mathbb{C}[U]$是良定义的，并且给出了R的所有只涉及有限多个未定元的元素. 然后，从R出发，我们可以定义z的形式幂级数的环$R[[z]]$（注意，如果$f\in R[[z]]$，那么每个$[z^n]f$只涉及有限多个变量u_j.），基本的运算和收敛的含义就像附录A.5形式幂级数中那样按照标准的方式应用.

例如在式(39)的情况下，完全的GF $P(z,\boldsymbol{u})$是在装备了形式拓扑的$R[[z]]$中作为一个形式的极限而得出的

$$P(z,\boldsymbol{u})=\lim_{k\to\infty}\exp\left(u_1\frac{z}{1}+\cdots+u_k\frac{z^k}{k}+\frac{z^{k+1}}{k+1}+\cdots\right)$$

（作为对比，那种由无限多个字母组成的单词的生成函数

$$W\overset{!}{=}\left(1-z\sum_{j=1}^{\infty}u_j\right)^{-1}$$

得出的数量不可能被正确合理地定义成形式域$R[[z]]$的元素.）◀

今后，我们应该记住，当需要验证具有无穷多个不定元的幂级数的形式正确性时，我们总是可以用基本定义去做的.

完全的生成函数的展开式通常出人意料的简单. 例如，式(39)的等价形式

$$P(z,\boldsymbol{u})=\mathrm{e}^{u_1\frac{z}{1}}\cdot\mathrm{e}^{u_2\frac{z^2}{2}}\cdot\mathrm{e}^{u_3\frac{z^3}{3}}\cdots$$

立即蕴含具有k_1个长度为1的轮换，k_2个长度为2的轮换等的排列的数目是

$$\frac{n!}{k_1!\ k_2!\ \cdots k_n!\ 1^{k_1}2^{k_2}\cdots n^{k_n}}\tag{40}$$

其中$\sum jk_j=n$. 这一结果最初是属于Cauchy（柯西）的. 类似的，用u_j标记了容量为j的块的数目的集合的分拆的EGF为

$$S(z,\boldsymbol{u})=\exp\left(u_1\frac{z}{1!}+u_2\frac{z^2}{2!}+u_3\frac{z^3}{3!}+\cdots\right)$$

我们有一个类似于式(40)的公式，即具有k_1个容量为1的块，k_2个容量为2的块等的分拆的数目是

$$\frac{n!}{k_1!\ k_2!\ \cdots k_n!\ 1!^{k_1}2!^{k_2}\cdots n!^{k_n}}$$

Comtet 的书中给出了一些那种完全的生成函数的例子，见文献[129，p. 225 和 p. 233].

▶ **Ⅲ.23 合成与满射的完全** GF. 整数的合成和满射的完全 GF 分别是

$$\frac{1}{1-\sum_{j=1}^{\infty} u_j z^j} \text{ 和 } \frac{1}{1-\sum_{j=1}^{\infty} u_j \frac{z^j}{j!}}$$

其中 u_j 标记了容量为 j 的合成的数量. 与之相关的计数分别由

$$\binom{k_1+k_2+\cdots}{k_1,k_2,\cdots} \text{ 和 } \frac{n!}{1!^{k_1}2!^{k_2}\cdots}\binom{k_1+k_2+\cdots}{k_1,k_2,\cdots}$$

给出，其中 $n=\sum_j jk_j$. 这些因子形式直接来自多项式的展开式. 生成函数的幂的多项式展开式的符号形式有时用 Bell 多项式表示，这种多项式本身只不过是多项式展开式的另一种写法. 对这种多项式的一种漂亮的处理可见 Comtet 的书[129，3.3 节]. ◀

▶ **Ⅲ.24** Fádi Bruno(**法迪·布鲁诺**) **公式**. 对复合函数 $h(z)=f(g(z))$ 的连续求导公式

$$\partial_z h(z)=f'(g(z))g'(z), \partial_z^2 h(z)=f''(g(z))g'^2(z)+f'(z)g''(z), \cdots$$

显然等价于一个形式幂级数复合的展开式. 实际上，不是一般性，我们不妨设 $z=0, g(0)=0$，并设 $f_n:=\partial_z^n f(0)$，对 g, h 定义类似的记号，那么我们就有

$$h(z)\equiv \sum_n h_n \frac{z^n}{n!}=\sum_k \frac{f_k}{k!}\left(g_1 z+\frac{g_2}{2!}z^2+\cdots\right)^k$$

因而，作为多元多项式展开的一个直接应用，我们就有

$$\frac{h_n}{n!}=\sum_k \frac{f_k}{k!}\sum_C \binom{k}{l_1,l_2,\cdots,l_k}\left(\frac{g_1}{1!}\right)^{l_1}\left(\frac{g_2}{2!}\right)^{l_2}\cdots\left(\frac{g_k}{k!}\right)^{l_k}$$

其中求和的条件是：$1l_1+2l_2+\cdots+kl_k=n, l_1+l_2+\cdots+l_k=k$. 这一简单的恒等式就是所谓的 Fádi Bruno 公式[129，p. 137]. (Fádi Bruno(1825—1888) 在 1888 年被天主教会册封，但册封的理由似乎与他的公式无关.) ◀

▶ **Ⅲ.25 对称函数之间的关系**. 对称函数往往通过使人联想到集合与多重集的机制来操作. 它们经常会出现在许多组合枚举的领域中. 设 $X=\{x_i\}_{i=1}^r$ 是一个形式变量的集合，我们定义以下对称函数

$$\prod_i (1+x_i z)=\sum_n a_n z^n$$

$$\prod_i \frac{1}{1-x_i z}=\sum_n b_n z^n$$

$$\prod_i \frac{x_i z}{1-x_i z}=\sum_n c_n z^n$$

其中 a_n,b_n,c_n 分别被称为初等的，单项的和幂的对称函数，它们可表示成

$$a_n=\sum_{i_1<i_2<\cdots<i_r} x_{i_1}x_{i_2}\cdots x_{i_r}$$

$$b_n=\sum_{i_1\leqslant i_2\leqslant\cdots\leqslant i_r} x_{i_1}x_{i_2}\cdots x_{i_r}$$

$$c_n=\sum_{i=1}^{r} x_i^r$$

成立以下关于 a_n,b_n,c_n 的 OGF $A(z),B(z),C(z)$ 之间的关系式

$$B(z)=\frac{1}{A(-z)},A(z)=\frac{1}{B(-z)}$$

$$C(z)=z\frac{\mathrm{d}}{\mathrm{d}z}\log B(z),B(z)=\exp\int_0^z C(t)\,\frac{\mathrm{d}t}{t}$$

因此 a_n,b_n,c_n 之中的每一个都可用其他任意一种量来表示，联系它们的系数则如注记 Ⅲ.24 中那样，涉及多项式. ◀

▶**Ⅲ.26 正规图.** 称一个图是 r- 正规的，如果它的每一个结点的度数都恰等于 r. 容量为 n 的 r- 正规的图的数目是

$$[x_1^r x_2^r\cdots x_n^r]\prod_{1\leqslant i<j\leqslant n}(1+x_i x_j)$$

(Gessel(格赛尔) 的文献[289] 已经展示了如何从这种巨大的对称函数中提取显式的表达式；见附录 B.4 完整函数.) ◀

Ⅲ.6.1 单词模型. 单词的枚举构成了组合分析中丰富的内容，而完整的 GF 可以对许多字母出现的概率不一致的情况下的结果(例如在第 Ⅱ 章中所介绍的优惠券收集者问题和生日悖论等) 进行推广. 在古典概率论和统计理论中的文献[139](所谓的 Bernoulli 试验模型) 以及在计算机科学中的文献[564] 和生物学的数学模型中的文献[603] 中都发现了这些结果的应用.

例 Ⅲ.16 单词和记录. 取一个固定的字母表 $\mathcal{A}=\{a_1,\cdots,a_r\}$，并设 $\mathcal{W}=\mathrm{SEQ}\{\mathcal{A}\}$ 是用 $\mathcal{A}$ 中的字母构成的单词组成的类. $\mathcal{A}$ 中的字母有一个自然的次序 $a_1<a_2<\cdots<a_r$. 给了一个单词 $w=w_1\cdots w_n$，一个(严格的) 记录是一个比前面的元素都要大的元素 w_j：对所有的 $i<j$，都有 $w_j>w_i$.(参阅第 Ⅱ 章图 Ⅱ.15 中排列的记录的图形表示.)

首先考虑 $\mathcal{W}$ 的包含字母 $a_{i_1},\cdots,a_{i_k}$ 作为连续的记录的所有单词组成的子类，其中 $i_1<\cdots<i_k$. 这个集合的符号表示是一个 k 项的乘积

$$(a_{i_1}\mathrm{SEQ}(a_1+\cdots+a_{i_1}))\cdots(a_{i_k}\mathrm{SEQ}(a_1+\cdots+a_{i_k}))\tag{41}$$

现在考虑单词的MGF,其中z标记了长度,v标记了记录的数目,而每个u_j标记了字母a_j出现的次数.那样与式(41)中所描述的子集对应的MGF就是

$$\left(\frac{zvu_{i_1}}{1-z(u_1+\cdots+u_{i_1})}\right)\cdots\left(\frac{zvu_{i_k}}{1-z(u_1+\cdots+u_{i_k})}\right)$$

对所有的k和$i_1<\cdots<i_k$求和,给出

$$W(z,v,\boldsymbol{u})=\prod_{s=1}^{r}\left(1+\frac{zvu_s}{1-z(u_1+\cdots+u_s)}\right) \tag{42}$$

其理由是对任意的量y_s,我们有以下分布

$$\sum_{k=0}^{r}\sum_{1\leqslant i_1<\cdots<i_k\leqslant r}y_{i_1}y_{i_2}\cdots y_{i_k}=\prod_{s=1}^{r}(1+y_s)$$

下面我们将见到式(42)的更多的应用.现在让我们先简单地验证一下当以相等的机会抽取字母表$\mathcal{A}$上的长度为n的单词时,单词中记录的平均数.我们应当做置换$u_j\mapsto 1$(不管那些由特定的字母组成的单词),因此可以假定W具有如下简单形式

$$W(z,v)=\prod_{j=1}^{r}\left(1+\frac{vz}{1-jz}\right)$$

对它进行对数微分,就给出累积值的生成函数

$$\Omega(z)\equiv\frac{\partial}{\partial v}W(z,v)\mid_{v=1}=\frac{z}{1-rz}\sum_{j=1}^{r}\frac{1}{1-(j-1)z}$$

因而,利用部分分式的展开式就得出$\mathcal{W}_n$(它的元素个数是r^n)中记录的平均数的精确值是

$$\mathbb{E}_{\mathcal{W}_n}(\#\ \text{记录})=H_r-\sum_{j=1}^{r-1}\frac{\left(\frac{j}{r}\right)^n}{r-j} \tag{43}$$

就像排列的情况那样,这里出现了调和数,但是带有负的修正项.对于固定的r,这些项与n形成指数关系.

例 Ⅲ.17　加权的单词模型和 Bernoulli **实验.** 设$\mathcal{A}=\{a_1,\cdots,a_r\}$是一个含$r$的字母的字母表,$\Lambda=\{\lambda_1,\cdots,\lambda_r\}$是一组称为权的数,其中的权$\lambda_j$是附加在字母$a_j$上的.权的定义可以通过乘法,从字母的权扩展成单词的权,我们定义单词w的权$\pi(w)$如下:设$w=a_{i_1}a_{i_2}\cdots a_{i_n}$,则定义

$$\begin{aligned}\pi(w)&=\lambda_{i_1}\lambda_{i_2}\cdots\lambda_{i_n}\\&=\prod_{j=1}^{r}\lambda_j^{\chi_j(w)}\end{aligned}$$

其中$\chi_j(w)$是字母a_j在单词w中出现的次数.最后一个集合的权定义为其元素

的权之和.

组合上,一旦我们知道了对应的生成函数,集合的权就立即自动得出了.实际上,设$\mathcal{S}\subset \mathcal{W}=\mathrm{SEQ}\{\mathcal{A}\}$ 有完全的 GF

$$S(z,u_1,\cdots,u_r)=\sum_{w\in \mathcal{S}} z^{|w|}u_1^{\chi_1(w)}\cdots u_r^{\chi_r(w)}$$

其中$\chi_j(w)$ 是字母 a_j 在单词 w 中出现的次数,那么我们就有

$$S(z,\lambda_1,\cdots,\lambda_r)=\sum_{w\in \mathcal{S}} z^{|w|}\pi(w)$$

因此提取 z^n 的系数就给出$\mathcal{S}_n=\mathcal{S}\cap \mathcal{W}_n$的总的权数.换句话说,加权集合的 GF 是把其中的加权数换成相关的完全 MGF 中的权而得出的.

在概率论中,Bernoulli 试验是指一个从具有相同分布的概型中独立抽取的具有有限多种可能的值的序列(译者注:简称独立同分布序列).人们可能会想到连续的抛掷一个硬币或一个类似的作废的铸造品.如果一个实验可能有 r 种结果,那么各种可能性可以用一个具有 r 个字母的字母表$\mathcal{A}$中的字母来描述.如果出现第 j 个结果的概率为λ_j,那么关于单词的 Λ- 加权模型就成为通常的独立实验的概率模型.(在这种情况下,通常把λ_j 写成 p_j.)我们注意,在概率情况下,我们必须有 $\lambda_1+\cdots+\lambda_r=1$,其中每个 λ_j 都要满足 $0\leqslant\lambda_j\leqslant 1$ 的条件.在等概率情况下,每个结果的概率为$\frac{1}{r}$,因此我们可在通常的枚举模型中设 $\lambda_j=\frac{1}{r}$.对于GF来说,系数$[z^n]S(z,\lambda_1,\cdots,\lambda_r)$则表示$\mathcal{W}_n$中的一个随机的单词属于$\mathcal{S}$的概率.然后多元生成函数和累积生成函数服从类似于他们通常的类似物(普通的,指数的)的性质.

作为一个例子,假设我们有一个平衡明显有偏的硬币,其头像(H)那面出现的概率为 p,而背面(T)出现的概率为 $q=1-p$.考虑事件"在 n 次投掷硬币的过程中,不会连续 l 次出现头像".字母表是$\mathcal{A}=\{H,T\}$.正像我们在 Ⅰ.4.1 节中所看到的那样,描述有利事件的结构表示为

$$\mathcal{S}=\mathrm{SEQ}_{<l}\{H\}\mathrm{SEQ}\{T\mathrm{SEQ}_{<l}\{H\}\}$$

它的用 u 标记了头像面,而用 v 标记了背面的 GF 因而就是

$$W(z,u,v)=\frac{1-z^lu^l}{1-zu}\left(1-zv\frac{1-z^lu^l}{1-zu}\right)^{-1}$$

因而,在硬币的 n 次随机投掷序列中,没有长为 l 的头像段的概率就可在 MGF 中做代换 $u\to p, v\to q$ 而得出

$$[z^n]\frac{1-p^lz^l}{1-z+qp^lz^{l+1}}$$

这导致一个适合于数值计算或渐近分析的表达式. 例如,Feller(费勒) 的书[206,p. 322 — 326] 对此问题提供了一个经典的讨论.

例 Ⅲ.18 Bernoulli **试验中的记录**. 我们继续做关于单词的概率模型的讨论,并回到关于记录的分析上来. 现在假定字母表$\mathcal{A}=\{a_1,\cdots,a_r\}$具有一般意义的各种概率,即设字母 a_j 出现的概率为 p_j. 那么记录的平均数的分析是以完全类似于式(43) 的推导方式进行的. 我们通过对式(42) 求对数微分而得出

$$\mathbb{E}_{W_n}(\# \text{ 记录})=[z^n]\Omega(z) \tag{44}$$

其中

$$\Omega(z)=\frac{z}{1-z}\sum_{j=1}^{r}\frac{p_j}{1-z(p_1+\cdots+p_{j-1})}$$

式(44) 中的累积 GF $\Omega(z)$ 在点 1,$\frac{1}{P_{r-1}}$,$\frac{1}{P_{r-2}}$ 等处有简单极点,其中 $P_s=p_1+\cdots+p_s$ 为进行渐近分析 ,我们只考虑 $z=1$ 处的占优势的主要极点(系统的讨论见第 Ⅳ 章),在它附近

$$\Omega(z)\underset{z\to 1}{\sim}\frac{1}{1-z}\sum_{j=1}^{r}\frac{p_j}{1-P_{j-1}}$$

结果,我们得出了一个雅致的渐近公式,这一公式推广了排列的情况:

在一个长度为n的字母出现的概率不一致的随机单词中(其中字母 a_j 出现的概率为 p_j),记录的平均数渐近地满足(当 $n\to\infty$ 时)

$$\mathbb{E}_{W_n}(\# \text{ 记录})\sim\sum_{j=1}^{r}\frac{p_j}{p_j+p_{j+1}+\cdots+p_r}$$

这个关系式以及类似的关系式是由 Burge(伯奇) 的文献[97] 获得的; 类似的想法可能有助于分析一类在同等密钥下的快速排序算法的文献[536] 以及 Bentley(本特利) 和 Sedgewick(塞奇威克) 的混合数据结构,见文献[47,124].

优惠券收集者问题和生日悖论. 像第 Ⅱ 章中所考虑的那样,类似的考虑也适用于单词的加权 EGF. 例如,对于公司以概率 p_j 发行第 j 种优惠券的模型,其中$1\leqslant j\leqslant r$,收集者在第n次将其完全收集齐全的概率(优惠券收集者问题)

$$\mathbb{P}(C\leqslant n)=n!\ [z^n]\prod_{j=1}^{r}(\mathrm{e}^{p_jz}-1)$$

在第 n 次,所有的优惠券都不同的(生日问题) 概率为

$$\mathbb{P}(B>n)=n!\ [z^n]\prod_{j=1}^{r}(1+p_jz)$$

这对应于配对周期不一致情况下的生日问题. 我们也可写出和第 Ⅱ 章可对照的积分表示

$$\mathbb{E}(C)=\int_0^\infty \left(1-\prod_{j=1}^{r}(1-\mathrm{e}^{-p_j t})\right)\mathrm{d}t$$

$$\mathbb{E}(B)=\int_0^\infty \prod_{j=1}^{\infty}(1+p_j t)\mathrm{e}^{-t}\mathrm{d}t$$

见 Flajolet，Gardy 和 Thimonier（蒂莫尼耶）的文献[231]中关于这些问题的各种变式的研究.

▶Ⅲ.27　**闰年的生日悖论.** 假设每四年的二月恰有一次有二十九天，试估计第一次发生生日重合的数学期望. ◀

例Ⅲ.19　Bernoulli **实验中的上升：**Simon Newcomb**（西蒙·纽科姆）问题.** Simon Newcomb（1835－1909），也以其天文学方面的工作著名，据说他喜欢玩下述的耐心游戏：从一副 52 张扑克牌中抽出一些牌，堆成一堆. 按照这种方式每次出现一个牌的数量少于前一个的堆时，就得出一个新的堆. 问得出 t 个堆的概率是多少？人们在 MacMahon 的书[428]中发现了一个对这个著名问题的解答. Andrews（安德鲁斯）在文[14，§4.4]中对此问题也给出了一个简洁的叙述.

Simon Newcomb 问题可以用上升的术语重述如下：给定了字母表$\mathcal{A}$上的一个单词 $w=w_1\cdots w_n$，其中$\mathcal{A}$的字母有一个自然的次序 $a_1<a_2<\cdots$. 一个弱的上升是一个使得 $j<n, w_j\leqslant w_{j+1}$ 的位置.（Newcomb 问题中的堆数就等于牌的数目减去 1 再减去弱上升的数目.）设 $W\equiv W(z,v,u)$ 是所有单词的 MGF，其中 z 标记了长度，v 标记了弱上升的数目而 u_j 标记了字母 j（译者注：疑为 a_j）出现的数目. 设 $z_j=zu_j$，并设 $W_j\equiv W_j(z,v,u)$ 是以字母 a_j 开头的非空的单词的 MGF. 因此有

$$W=1+(W_1+\cdots+W_r)$$

$W_j(j=1,\cdots,r)$ 满足方程组

$$W_j=z_j+z_j(W_1+\cdots+W_{j-1})+vz_j(W_j+\cdots+W_r)\tag{45}$$

由于我们可以把情况分解成考虑每个单词的第一个字母. 设 $W_j=z_jX_j$，我们易于解出线性方程组(45). 实际上，通过差分，我们可求出

$$X_{j+1}-X_j=z_jX_j(1-v)\tag{46}$$

因此 $X_{j+1}=X_j(1+z_j(1-v))$.

以这种方式，每个 X_j 都可用 X_1 表出. 因而把所得的结果代入(45)并取 $j=1$ 即可解出 X_1，并得出 X_1 的表达式以及 X_j 的表达式，最后就可得出 W 本身的表达式

$$W=\frac{v-1}{v-\frac{1}{P}} \tag{47}$$

其中 $P:=\prod_{j=1}^{r}(1+(1-v)z_j)$.

Goulden 和 Jackson 在文[303](p. 72 和 236) 中得到了一个类似的表达式.

在提取 MGF 的系数后(另见文[289,303] 中基于对称函数理论的方法),作为计数的结果,我们就可通过式(47) 得到一个 Bernoulli 序列的上升数目的各种矩(例如,均值和方差). OGF(47) 也可以用容 - 斥法的论证得出:关于排列和 Euler 中上升数目的讨论.

▶**Ⅲ.28** Simon Newcomb **问题的最后解答**. 考虑有 r 个不同值的带有不同花色的一套卡片,并设 $N=ra$(对于我们原来的问题有 $r=13,a=4,N=52$),则根据式(47) 我们有 $W=\frac{(v-1)P}{1-vP}$(译者注:似应为 $W=\frac{(v-1)P}{vP-1}$,要不然就是式(47) 中有一个符号反了). 因而,利用$\frac{1}{1-y}$ 的展开式并合并同类项就得

$$\begin{aligned}[z_1^a\cdots z_r^a]W&=(1-v)\sum_{k\geqslant 1}v^{k-1}[z_1^a\cdots z_r^a]P^k\\&=(1-v)^{N+1}\sum_{k\geqslant 1}\binom{k}{a}^r v^{k-1}\end{aligned}$$

因此

$$[z_1^a\cdots z_r^a v^t]W=\sum_{k=0}^{t+1}(-1)^{t+1-k}\binom{N+1}{t+1-k}\binom{k}{a}^r$$ ◀

Ⅲ.6.2 树的模型. 我们在这里验证与树有关的两个重要的 GF. 它们提供了关于树的度和层的轮廓的宝贵信息,而这两种信息都和一类重要的随机过程,即分叉过程紧密相关.

到目前为止,我们所遇到的树的主要类型树种是无标记的平面树和有标记的非平面树,其典型是一般的 Catalan 树(第 Ⅰ 章) 和 Cayley 树(第 Ⅱ 章). 在这两种情况下,计数的 GF 都满足一个形如

$$Y(z)=z\varphi(Y(z)) \tag{48}$$

的关系式,其中的 GF 是普通的(平面的无标记树) 或指数的(非平面的有标记树). 对应于这两种情况,函数 φ 分别由

$$\varphi(w)=\sum_{\omega\in\Omega}w^{\omega}\quad 或 \quad \varphi(w)=\sum_{\omega\in\Omega}\frac{w^{\omega}}{\omega!} \tag{49}$$

确定,其中 $\Omega\subset\mathbb{N}$ 是允许的结点的度的集合. Meir(迈尔) 和 Moon(蒙) 在一篇

重要的文章[435]中已经描述了由公理(48)确定的树族的某些共同的性质(例如,平均的路径长度都是 $n\sqrt{n}$ 阶的变量,见第 Ⅶ 章,而高度是 $O(\sqrt{n})$ 阶的).按照他们的术语,我们称任何计数 GF 由(48)型方程确定的树的族为简单族.我们把式(49)中的两种形式都写成

$$\varphi(w)=\sum_{j=0}^{\infty}\varphi_j w^j \tag{50}$$

树的度数的轮廓. 首先我们验证树的度数的轮廓.这个轮廓是由参数 χ_j 的集合确定的,其中 $\chi_j(\tau)$ 是外度数为 j 的结点 τ 的数目.我们将用变量 u_j 标记 χ_j,即外度数为 j 的结点.我们过去已进行过对递归参数的讨论表明 GF $Y(z,\boldsymbol{u})$ 满足方程

$$Y(z,\boldsymbol{u})=z\Phi(Y(z,u))$$

其中 $\Phi(w)=u_0\varphi_0+u_1\varphi_1 w+u_2\varphi_2 w^2+\cdots$.

然后我们可以对 $Y(z,\boldsymbol{u})$ 应用形式 Lagrange 反演,以从 Φ 的幂的系数得出它的系数.

命题 Ⅲ.7 树的度数的轮廓. 容量为 n 的树的数目和由"生成子"(50)定义的树的简单族的度数$(n_0,n_1,n_2,\cdots)$是

$$Y_{n;n_0,n_1,n_2,\cdots}=\omega_n\cdot\frac{1}{n}\binom{n}{n_0,n_1,n_2,\cdots}\varphi_0^{n_0}\varphi_1^{n_1}\varphi_2^{n_2}\cdots \tag{51}$$

其中在无标记情况下 $\omega_n=1$,而在有标记情况下 $\omega_n=n!$. n_j 需满足两个互相关联的条件:$\sum_j n_j=n$ 和 $\sum_j jn_j=n-1$.

证明 一致性条件反映了下述事实,即结点的总数应该是 n,而度数的总数应该是 $n-1$(每个度数为 j 的结点都是 j 条边的发源地).然后即可从 Lagrange 反演得出

$$Y_{n;n_0,n_1,n_2,\cdots}=\omega_n\cdot[u_0^{n_0}u_1^{n_1}u_2^{n_2}\cdots]\left(\frac{1}{n}[w^{n-1}]\Phi^n(w)\right)$$

对上式应用标准的多项式展开法则就得出式(51).

例如,为生成 Catalan 树($\varphi_j=1$)和 Cayley 树($\varphi_j=\frac{1}{j!}$),上述公式就分别成为

$$\frac{1}{n}\binom{n}{n_0,n_1,n_2,\cdots}\text{ 和 }\frac{(n-1)!}{0!^{n_0}1!^{n_1}2!^{n_2}\cdots}\binom{n}{n_0,n_1,n_2,\cdots}$$

上面的证明也揭示了命题 Ⅲ.7 中一般的树的计数结果和最一般的

Lagrange 反演之间的逻辑等价性(这种等价性是由于任何固定的级数都是 Φ 的一种特殊情况). 式(51)的任何直接证明都提供了一种 Lagrange 反演定理的组合证明. Raney(雷尼)在文献[503]中给出了一个这样的直接推导并且这一推导是基于简单的但富于技巧的关于树的路径表示的格子的手术的处理.("共轭原理",它是 Dvoretzky-Motzkin 的文献[184]中的"圆引理"的一个特例,见注记 Ⅰ.47).

树的层的轮廓. 下面的例子表明了完全的 GF 在研究树的叶子的轮廓上的用处.

例 Ⅲ.20　树和层的轮廓. 给了一个有根树 τ,其层的轮廓定义为一个向量 $(n_0, n_1, n_2, \cdots)$,其中 n_j 表示第 j 层处的(即距离根为 j 的)结点的数目. 我们继续在树的简单族的框架内讨论问题,现在我们定义一个量 $Y_{n;n_0,n_1,\cdots}$,它表示容量为 n 且层的轮廓由 n_j 给出的树的数目. 对应的完全 GF $Y(z,\boldsymbol{u})$ 可用"生成子" φ 的项表出,其中 z 标记了容量,而 u_j 标记了第 j 层处的所有结点

$$Y(z,\boldsymbol{u}) = zu_0\varphi(zu_1\varphi(zu_2\varphi(zu_3\varphi(\cdots)))) \tag{52}$$

我们可称上述表达式为"连续的 φ- 形式". 例如,一般的 Catalan 树具有生成子 $\varphi(w) = \dfrac{1}{1-w}$,因此在这种情况下完全的 GF 是一个连分式

$$Y(z,\boldsymbol{u}) = \cfrac{u_0 z}{1 - \cfrac{u_1 z}{1 - \cfrac{u_2 z}{1 - \cfrac{u_3 z}{\ddots}}}} \tag{53}$$

(其他有关内容见第 Ⅴ.4 节)与之不同,Cayley 树是由 $\varphi(w) = \mathrm{e}^w$ 生成的,因此

$$Y(z,\boldsymbol{u}) = zu_0 \mathrm{e}^{zu_1 \mathrm{e}^{zu_2 \mathrm{e}^{zu_3 \mathrm{e}^{\cdot^{\cdot^{\cdot}}}}}}$$

这是一个"连指数式",即一个指数式的塔. 为了用直接的方式给出下面的命题,我们对 $u_0, u_1, \cdots$ 展开它.

命题 Ⅲ.8　树的层的轮廓. 在生成子为 $\varphi(w)$ 的树的简单族中,容量为 n,层的轮廓为 $(n_0, n_1, n_2, \cdots)$ 的树的数目为

$$Y_{n;n_0,n_1,n_2,\cdots} = \omega_{n-1} \cdot \varphi_{n_1}^{(n_0)} \varphi_{n_2}^{(n_1)} \varphi_{n_3}^{(n_2)} \cdots$$

其中 $\varphi_\nu^{(\mu)} := [w^\nu]\varphi^\mu(w)$. 这里的 $n, n_0, n_1, n_2, \cdots$ 必须满足一致性条件 $n_0 = 1$ 和 $\sum_j n_j = n$. 特别,一般的 Catalan 树和 Cayley 树的枚举公式分别为

$$\binom{n_0+n_1-1}{n_1}\binom{n_1+n_2-1}{n_2}\binom{n_2+n_3-1}{n_3}\cdots \text{ 和 } \frac{(n-1)!}{n_0!\ n_1!\ n_2!\ \cdots} n_0^{n_1} n_1^{n_2} n_2^{n_3} \cdots$$

(注意,对一棵单独的树必须总有 $n_0=1$;当 $n_0\neq 1$ 时,把 ω_{n-1} 换成 ω_{n-n_0} 就给出森林的层的轮廓的一般公式.)第一个这种枚举结果属于 Flajolet 的文献[214],并将这一结果放在了连分数的一般的组合理论之中(Ⅴ.4 节);第二个这种结果属于 Rényi 和 Szekeres,见文献[507],他们在深入研究随机的 Cayley 树的高度的分布的过程中得出了一个这种公式(见第 Ⅶ 章).

▶Ⅲ.29 **路径长度的连续形式.** 路径长度的BGF可以通过代换 $u_j\mapsto q^j$ 从层的轮廓的 MGF 得出. 对一般的 Catalan 树和 Cayley 树,这分别给出

$$G(z,q)=\cfrac{z}{1-\cfrac{zq}{1-\cfrac{zq^2}{\ddots}}}\quad 和\quad T(z,q)=z\mathrm{e}^{zq\mathrm{e}^{zq^2\mathrm{e}^{\cdots}}}\tag{54}$$

其中的 q 标记了长度,MGF 分别是普通的和指数的(同时也具有其他的差别,像 MGF 代表了平均值分析这样的有吸引力的选项). ◀

树和过程. 下一个例子是完全的 GF 的一个特别重要的应用,因为这些 GF 提供了一个组合模型和一类重要的随机过程,即概率论的分支之间的桥梁.

例 Ⅲ.21 带加权的树的模型和分支过程. 考虑所有平面树的族$\mathcal{G}$. 设 $\Lambda=(\lambda_0,\lambda_1,\cdots)$ 是一组数值的权. 我们给外度数为 j 的结点一个权 λ_j,并定义树的权是它的结点的权的乘积

$$\pi(\tau)=\prod_{j=0}^{\infty}\lambda_j^{\chi_j}\tag{55}$$

其中χ_j 是 τ 中度数为 j 的结点的数目. 我们可以把树的加权模型看成这样一个模型,其中每棵树都有一个与 $\pi(\tau)$ 成正比的概率. 确切地说,给定了一个固定的容量 n 后,在这个模型中我们给每一棵具体的树 τ 都赋予一个选定的概率

$$\mathbb{P}_{\mathcal{G}_n,\Lambda}(\tau)=\frac{\pi(\tau)}{\sum_{|T|=n}\pi(T)}\tag{56}$$

这就在集合$\mathcal{G}_n$上定义了一个概率测度,因而我们可以在这个加权模型下考虑事件和随机变量.

由式(55) 和式(56) 定义的加权模型包括了任意一种树的简单族:这只要在由式(50) 给出的:"生成子" 中把数量 φ_j 换成λ_j 即可. 例如,平面的无标记的一叉－二叉树可通过把向量$(\varphi_1,\varphi_2,\cdots)$ 换成$\Lambda=(1,1,1,0,0,0,\cdots)$ 而得出,而 Cayley 树对应于 $\lambda_j=\frac{1}{j!}$. 有两种保等价的变换特别重要:

(ⅰ) 设 Λ^* 由 $\lambda_j^*=c\lambda_j$ 定义,其中 c 是一个非零常数,则对应于 Λ^* 的权满足 $\pi^*(\tau)=c^{|\tau|}\pi(w)$,因此由式(56) 可知,相关的模型 Λ 和 Λ^* 是等价的.

（ⅱ）设 Λ° 由 $\lambda^{\circ}{}_j=\theta^j\lambda_j$ 定义，其中 θ 是一个非零常数，则对应于 Λ° 的权满足 $\pi^{\circ}(\tau)=c^{|\tau|-1}\pi(w)$. 由于对任何树 τ 都成立 $\sum_j j\,\chi_j(\tau)=|\tau|-1$，因而，模型 Λ° 和 Λ 仍然是等价的.

上述的每个变换对生成子 φ 都有一个简单的效应，即分别有

$$\varphi(w)\mapsto\varphi^*(w)=c\varphi(w) \text{ 和 } \varphi(w)\mapsto\varphi^{\circ}(w)=\varphi(\theta w) \tag{57}$$

一旦我们拥有了上述等价的变换，我们即可根据加权模型用概率去描述一个一般的树的生成过程. 设 $\lambda_j\geqslant 0$ 且 λ_j 是可加的，则我们首先可做以下标准化变换

$$p_j=\frac{\lambda_j}{\sum_j\lambda_j}$$

这就得出了一个 $\mathbb{N}$ 上的概率分布. 通过第一种保等价的变换，就由原来的由 λ_j 导出的模型得出一个由权 p_j 导出的模型.（通过第二种保等价变换，我们可进一步假设生成子 φ 是 p_j 的概率生成函数.）

那种由非负的，和数等于 1 的权 $\{p_j\}$ 定义的模型不是别的，就是经典的分支过程(也称为 Galton-Watson(高尔顿－沃特森) 过程)；见文[21,324]. 实际上，一个分支过程的实现 T 经典地由两个规则定义：（ⅰ）产生一个具有概率 p_j 的度数为 j 的根节点；（ⅱ）如果 $j\geqslant 1$，那么对每个根节点附加一个独立实现的过程 $T_1,T_2,\cdots,T_j$. 这可以看成一个具有共同祖先的“家庭”的发展过程. 其中任何一个个体生出 j 个孩子的概率为 p_j. 显然，得出一个具有有限概率的特定的树 τ 的概率为 $\pi(\tau)$，其中 π 由式(55) 给出，而其中的权就是 $\lambda_j=p_j$. 生成子

$$\varphi(w)=\sum_{j=0}^{\infty}p_jw^j$$

不是别的，就是(一代) 子孙的概率生成函数，其平均容量为 $\mu=\varphi'(1)$.

为了确切起见，我们所说的分支过程可以根据 μ 的值分成下述的三类：

(1) 当 $\mu<1$ 时，称为次临界情况：这时产生一个随机树的概率是一个有限的数 1，并且他的期望容量也是有限的；

(2) 当 $\mu=1$ 时，称为临界情况：这时产生一个随机树的概率仍然是一个有限的数 1，然而他的期望容量是无限的；

(3) 当 $\mu>1$ 时，称为超临界情况：这时产生一个随机树的概率严格地小于 1.

根据等价变换(57) 的讨论，我们可进一步确信对于那些有着固定容量 n 的树，在所有的具有

$$\varphi_\theta(w)=\frac{\varphi(\theta w)}{\varphi(\theta)}$$

形式的生成子的分支过程之间，存在一种完全的等价性. 在概率论中已知有那种相关函数的族，就是所谓的“指数族”. 按照这种观点，我们将总可以认为一个从具有某个固定容量 n 的加权模型得出的随机树是来自某个(次临界的，临界的或超临界的)以总后代的容量为条件的分支过程的.

最后，我们取一个集合$\mathcal{S}\subseteq\mathcal{G}$，并假定$\mathcal{S}$的关于度的轮廓的完全生成函数可取

$$S(z,u_0,u_1,\cdots)=\sum_{\tau\in\mathcal{S}}z^{|\tau|}(u_0^{\chi_0(\tau)}u_1^{\chi_1(\tau)}\cdots)$$

那么，对于一个具有加权 Λ 的系统，我们就有

$$S(z,\lambda_0,\lambda_1,\cdots)=\sum_{\tau\in\mathcal{S}}\pi(\tau)z^{|\tau|}$$

因而，我们可通过提取 z^n 的系数来求出一个容量为 n 的加权树属于$\mathcal{S}$的概率. 这也适用于分支过程. 总之，关于具有容量 n 的树的加权模型或分支过程模型的参数分析可通过把加权或概率值代入相应的完全生成函数而得出.

在早期的对于把组合树模型归结为分支过程的工作中，最值得注意的是“俄罗斯学派”：也就是 Kolchin 的著作[386,387]及其中的参考文献.(为了渐近的目的，而使用组合模型和临界的分支过程之间的等价性经常是最有成果的.)反过来，符号组合方法可以看作是一种获得分支过程的特征的等价关系的系统方法. 我们将不再沿着这条路线做进一步的详细阐述，因为这会使我们超出本书的范围.

▶**Ⅲ.30** Catalan **树，**Cayley **树和分支过程**. 在由加权模型定义的容量为 n 的 Catalan 树模型中 $\lambda_j\equiv1$，但是也可以等价地取 $\hat{\lambda}_j=c\theta^j$，其中 $c>0,\theta\leqslant1$ 是任意实数. 特别，这些模型和由后代的概率取成几何级数 $p_j=\frac{1}{2^{j+1}}$ 的临界分支过程重合.

Cayley 树先验的由 $\lambda_j=\frac{1}{j!}$ 定义. 他们可以由带有 Poisson 概率 $p_j=\frac{1}{j!\,\mathrm{e}}$ 的临界分支过程，并且更一般地，由具有任意 Poisson 分布 $p_j=\frac{\mathrm{e}^{-\lambda}\lambda^j}{j!}$ 的临界分支过程生成. ◀

Ⅲ.7 加性结构

我们在这里讨论的加性结构已在前面的章节中提到过；这些结构包括指定和替换(Ⅲ.7.1节)，秩序结构(Ⅲ.7.2节)和隐式结构(Ⅲ.7.3节). 由于前面所

给的基本的翻译机制可以直接适用于多变量情况，因此这种扩展基本上没有新的概念，第 Ⅰ 章和第 Ⅱ 章的方法可以很容易地再次应用. 在 Ⅲ.7.4 节中我们将在函数的视角下重新审视经典的容 - 斥原理. 从这个角度来看，这一原理显得是一个典型的多变量工具，它非常适合根据子构型的发生次数来枚举对象.

Ⅲ.7.1 指定和替换. 设 $\langle F,\chi\rangle$ 是类 - 参数的对，其中 χ 是一个维数 $r\geqslant 1$ 的多元参数，并设 $F(z)$ 是在(19) 和(28) 两式规定的意义下的 MGF. 特别，$z_0\equiv z$ 标记了容量，而 z_k 标记了多元参数 χ 的第 k 个分量. 如果 z 标记了容量，那么就像在单变量情况中一样，$\theta_z\equiv z\partial_z$ 就表示一个特殊的单个原子. 一般地，对某个 j，$0\leqslant j\leqslant r$ 任意捡出一个变量 $x\equiv z_j$，那么由于

$$x\partial_x(s^a t^b x^f)=f\cdot(s^a t^b x^f)$$

因此我们就立即得出算子 $\theta_x\equiv x\partial_x$；这表示"在 $\mathcal{F}$ 的对象中用所有可能的方式捡出用 x 标记的构型并指定它". 例如，如果 $F(z,u)$ 是树的 BGF，其中 z 标记了容量，u 标记了树叶，那么 $\theta_u F(z,u)=u\partial_u F(z,u)$ 就枚举了一个带有特殊树叶的树.

类似地，在 GF F 中做替换 $x\mapsto S(\boldsymbol{z})$ 表示把一个 $\mathcal{S}$ 型的对象附加到 $\mathcal{F}$ 中的用变量 x 标记的构型上去，这里 $S(\boldsymbol{z})$ 是类 $\mathcal{S}$ 的 MGF. 这个过程在实际中要比长形式的发展更容易理解.

在每一种特殊情况下，这一变形都很容易通过回到作为组合类的镜像的生成函数的组合表示而得出.

例 Ⅲ.22 受约束的整数合成和"切片". 这个例子说明了围绕替代方案的变化. 考虑这种整数的合成，其中加数的大小限制在一个固定的集合 $\mathcal{R}\subseteq\mathbb{N}^2$. 例如，给了两个如下的关系式

$$\mathcal{R}_1=\{(x,y)\mid 1\leqslant x\leqslant y\},\mathcal{R}_2=\{(x,y)\mid 1\leqslant y\leqslant 2x\}$$

那么 $\mathcal{R}_1$ 对应了加数递增的情况，而 $\mathcal{R}_2$ 对应了在相加的每一步中加数至多只能加倍的情况.

在表示合成的"片段图形"中，这表示考虑一个沿着水平轴的每个单位线段上方的长度是加数的折线和两边是竖直线的梯形组成的图形，其中相继的列的高度要限制在 $\mathcal{R}$ 中.

设 $F(z,u)$ 是那种 $\mathcal{R}$- 限制的合成的 BGF，其中 z 标记了整个的和而 u 标记了最后一个加数的值；即最后一列的高度，则函数 $F(z,u)$ 满足下述函数方程

$$F(z,u)=f(zu)+(\mathcal{L}[F(z,u)])_{u\mapsto zu}\tag{58}$$

其中 $f(z)$ 是单一列对象的生成函数，而 $\mathcal{L}$ 是由下式给出的 u 的形式级数的线性

算子

$$\mathcal{L}[u^j] := \sum_{(j,k)\in\mathcal{R}} u^k \tag{59}$$

实际上，等式(58) 归纳地描述了构成对象的一列($f(zu)$)或是通过向现有的列添加的新的一列所形成的对象；见图 Ⅲ.16，这一把容量为 j 的切片附加到容量为 k 的切片的过程，其中$(j,k)\in\mathcal{R}$，恰恰是式(59) 所表达的内容；函数方程(58) 最终是通过替换 $u\mapsto zu$ 而得出的，这一替换是为了考虑由新切片所贡献的 k 个原子. 特别 $F(z,1)$ 给出了不考虑最后一列大小的关于$\mathcal{F}$- 对象的枚举.

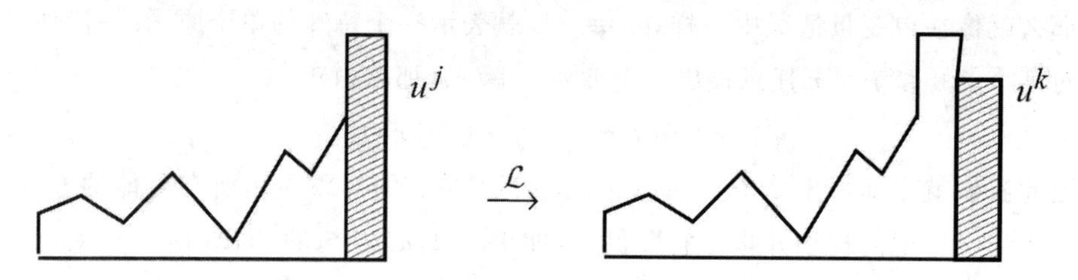

图 Ⅲ.16　对受限制合成"添加切片"的技巧

对于"简单"的规则$\mathcal{R}$，基本方程(58) 通常会涉及替换. 让我们首先以这种方式重新计算分拆的枚举. 我们取$\mathcal{R}=\mathcal{R}_1$并假设第一列可以取任何正的值. 按照加数递增的规则所做的合成显然就是分拆. 由于

$$\mathcal{L}[u^j] = u^j + u^{j+1} + u^{j+2} + \cdots = \frac{u^i}{1-u}$$

因此函数 $F(z,u)$ 满足一个涉及替换的函数方程

$$F(z,u) = \frac{zu}{1-zu} + \frac{1}{1-zu}F(z,zu) \tag{60}$$

这个关系是一个迭代：任意的替换型线性函数方程

$$\varphi(u) = \alpha(u) + \beta(u)\varphi(\sigma(u))$$

均可形式上由下式解出

$$\varphi(u) = \alpha(u) + \beta(u)\alpha(\sigma(u)) + \beta(u)\beta(\sigma(u))\alpha(\sigma^{(2)}(u)) + \cdots \tag{61}$$

其中 $\sigma^{(j)}(u)$ 表示 u 的第 j 次迭代.

现在我们可以再回到分拆问题上去. 对第二个变量进行迭代，并把第一个变量作为参数处理，那么一般的解(61) 就给出

$$F(z,u) = \frac{zu}{1-zu} + \frac{z^2u}{(1-zu)(1-z^2u)} + \frac{z^3u}{(1-zu)(1-z^2u)(1-z^3u)} + \cdots \tag{62}$$

然后通过把 $F(z,u)$ 展开成 u 的级数并应用对于 $(1-zu)F(z,u) = zu + F(z,zu)$ 确定系数的方法容易验证与上式等价的另一个公式

$$F(z,u) = \frac{zu}{1-z} + \frac{z^2u^2}{(1-z)(1-z^2)} + \frac{z^3u^3}{(1-z)(1-z^2)(1-z^3)} + \cdots \quad (63)$$

(此外，表达式(63) 与第 I 章中所给出的分拆的处理是一致的，由于量 $[u^k]F(z,u)$ 显然表示了最大加数为 k 的非空分拆的 OGF. 顺便说一下，式(62) 和式(63) 的相等是一个浅显而又让人惊讶的想法，这是一个非常典型的 q- 类似物的面积).

在文献[250] 中对满足上面的 $\mathcal{R}_2$ 的合成使用了同样的方法. 在这一情况下，每一步相继的加数至多允许加倍. 与此相关的线性算子为

$$\mathcal{L}[u^j] = u + \cdots + u^{2j} = u\,\frac{1-u^{2j}}{1-u}$$

为简单起见，我们设第一列的高度为 1. 因而 F 满足下述替换型的函数方程

$$F(z,u) = zu + \frac{zu}{1-zu}(F(z,1) - F(z,z^2u^2))$$

这个方程可用一般的迭代原理(61) 解出，这时我们把 $F(z,1)$ 看成已知的量，设 $a(u) := zu + \dfrac{F(z,1)}{1-zu}$，我们就有

$$F(z,u) = a(u) - \frac{zu}{1-zu}a(z^2u^2) + \frac{zu}{1-zu}\,\frac{z^2u^2}{1-z^2u^2}a(z^6u^4) - \cdots$$

然后，我们做允许的替换 $u=1$，解出 $F(z,1)$ 后，我们最终即可得出在某种程度上令人好奇的满足 $\mathcal{R}_2$ 的合成的 GF

$$F(z,1) = \frac{\displaystyle\sum_{j\geqslant 1}\frac{(-1)^{j-1}z^{2^{j+1}-j-2}}{Q_{j-1}(z)}}{\displaystyle\sum_{j\geqslant 0}\frac{(-1)^{j}z^{2^{j+1}-j-2}}{Q_{j}(z)}} \quad (64)$$

其中 $Q_j(z) = (1-z)(1-z^3)(1-z^7)\cdots(1-z^{2^j-1})$.

系数序列的开头几项是 1,1,2,3,5,9,16,28,50，这个序列就是 EIS A002572，它表示，例如二叉树的可能的层的轮廓的数目，或者等价的，把 1 分拆成形如 $1, \frac{1}{2}, \frac{1}{4}, \frac{1}{8}, \cdots$ 的加数的和的方式的数目(这和 Kraft(克拉夫特) 不等式的解的数目有关). 细节和确切的渐近估计可见文献[250]，关于它和代数拓扑之间的关系可见 Tangora(坦戈拉) 的论文[571].

在某种程度上详细地介绍切片方法①的原因是，由于这是一种非常一般的方法. 它特别适用于推导一些和由面积确定的多连小正方形拼砌大正方形或矩形的枚举问题，这是统计力学的某些分支所关注的话题：例如，Janse van Rensburg（简斯·范·伦斯堡）的书[592]讨论了不少格子方法对于聚合物和胞腔问题的应用. Bousquet-Mélou（布斯凯－梅卢）的评论文章[82]从方法论的角度对此作了介绍. 这一方法的某些部分起源于 Pólya 20 世纪 30 年代的工作，见文献[490]，以及 Temperley（坦珀利）独立做出的工作[574，p. 65－67].

▶**Ⅲ.31　指定－擦除和 Taylor 公式的组合.** 导算子 ∂_x 在组合上对应了"指定－擦除"操作：在所有可能的方式中，选择一个用 x 标记的原子，并让这个 x- 标记明确出来（即用一个中性对象代替它）. 那么算子 $\frac{1}{k!}\partial_x^k f(x)$ 就对应于用所有可能的方式挑出用 x 标记的 k 个构型的子集合（不考虑顺序）. 然后等式（Taylor 公式）

$$f(x+y)=\sum_{k\geqslant 0}\left(\frac{1}{k!}\partial_x^k f(x)\right)y^k$$

就有了一个简单的组合解释：给定一群个体（由 f 枚举的 $\mathcal{F}$），它们形成了一群由 $f(x+y)$ 枚举的个体的双色人群，其中每个对象的原子可用颜色 x 或颜色 y 重新涂色；这个过程等价于为每个个体对所有可能的 $k\geqslant 0$ 的值，先验地确定 k 种从 x 到 y 的原子的重新涂色. 结论是：从组合学的角度看，Taylor 公式只是表示了两种计数方式的逻辑对等. ◀

▶**Ⅲ.32　Carlitz（卡利茨）合成** Ⅰ. 设 $\mathcal{K}$ 是所有的相邻加数的值不同的合成的类. 这些合成可由算子 $\mathcal{L}[u^j]=\frac{uz}{1-uz}-u^jz^j$ 生成，因此 $L[f(u)]=\frac{uz}{1-uz}f(1)-f(uz)$. 那样 BGF $K(z,u)$，其中 u 标记了最后一个加数的值，就满足函数方程

$$K(z,u)=\frac{uz}{1-uz}+\frac{uz}{1-uz}K(z,1)-K(z,zu)$$

由此就给出 $K(z)\equiv K(z,1)$ 的表达式为

$$K(z)=\frac{1}{1+\sum_{j\geqslant 1}\frac{(-z)^j}{1-z^j}}$$

---

① 其他的应用，可见例 Ⅴ.20（水平的凸多边形纸片）和例 Ⅸ.14（平行四边形纸片），以及 Ⅶ.8.1 节（行走和核方法）.

$$=1+z+z^2+3z^3+4z^4+7z^5+14z^6+23z^7+39z^8+\cdots \qquad (65)$$

系数序列就是 EIS A003242. 这种合成是由 Carlitz 在 1976 年引入的;上面的推导引自 Knopfmacher 和 Prodinger(普罗丁格) 的论文[369],他们提供了早期的参考文献和这个序列的渐近性质.(我们将在注记 Ⅲ.35 中重新处理这一问题,然后在第 Ⅳ 章中处理渐近问题.) ◀

Ⅲ.7.2 次序限制. 我们在这一小节中讨论有标记积中的次序限制,其中的有标记积我们在 Ⅱ.6.3 小节中已经给出过它的定义. 我们回忆一下加修饰的有标记积

$$\mathcal{A}=(\mathcal{B}^{\square}\star\mathcal{C})$$

只包含$(\mathcal{B}\star\mathcal{C})$ 的最小的标签位于$\mathcal{A}$的分量中的元素(译者注:这里的说法与 Ⅱ.6.3 节中的说法不一致,可能有笔误或排印错误. 按照 Ⅱ.6.3 节中的说法,上述符号表示最小的标签限制在$\mathcal{B}$的分量中的乘积$\mathcal{B}\star\mathcal{C}$的子集.(为了使此定义一致,我们必须假设 $B_0=0$). 我们称这个二元运算为盒积.) 再一次把单变量规则逐字地推广到继承的参数,我们就得出相应的指数 MGF 是

$$A(z,\boldsymbol{u})=\int_0^z(\partial_t B(t,\boldsymbol{u}))\cdot C(t,\boldsymbol{u})\,\mathrm{d}t$$

为了说明这个多变量的扩展,我们将考虑一个排列的四元变量的统计量.

例 Ⅲ.23 排列中的局部次序模式. 如果把排列写成 $\sigma=\sigma_1,\cdots,\sigma_n$ 的形式,那么排列中的一个元素 σ_i 和它两边的元素的次序关系可归结为图 Ⅲ.17 中的四种类型①之一. 在例 Ⅱ.17 和图 Ⅱ.16 中描述了与它们对应的二叉树的结点,那么山峰和山谷分别对应了树叶的结点和二叉节点,而双升和双降对应了与右分支和左分支相连的单节点. 考虑非空的增长二叉树的类$\hat{\mathcal{I}}$(因此用符号表示就有$\hat{\mathcal{I}}=\mathcal{I}\setminus\{\varepsilon\}$),并设 u_0,u_1,u'_1,u_2 分别是图 Ⅲ.17 中每类节点的数目的标记,那么在这一统计下的非空的递增树的指数 MGF 就由下面的表示给出

$$\hat{\mathcal{I}}=u_0\,\mathcal{Z}+u_1(\mathcal{Z}^{\square}\star\hat{\mathcal{I}})+u'_1(\hat{\mathcal{I}}\star\mathcal{Z}^{\square})+u_2(\hat{\mathcal{I}}\star\mathcal{Z}^{\square}\star\hat{\mathcal{I}})$$

$$\Rightarrow\hat{I}(z)=u_0z+\int_0^z((u_1+u'_1)\hat{I}(w)+u_2\hat{I}^2(w))\,\mathrm{d}w$$

(译者注:原书中把上式中积分后面括号中的 u'_1 仍写成 u_1,与上下文都不一致,明显是笔误或误排,因此译者已将其更正.)

① 这里,对 $|\sigma|=n$,我们认为σ的边界是$(-\infty,+\infty)$,即我们设 $\sigma_0=\sigma_{n+1}=-\infty$,并设图Ⅲ.17 中的指标 i 在$[1,\cdots,n]$ 中变化,其他的边界约定偶尔也被证明是有用的.

山峰：$\sigma_{i-1} < \sigma_i > \sigma_{i+1}$	树叶结点(u_0)
双升：$\sigma_{i-1} < \sigma_i < \sigma_{i+1}$	单的右分支(u_1)
双降：$\sigma_{i-1} > \sigma_i > \sigma_{i+1}$	单的左分支(u'_1)
山谷：$\sigma_{i-1} > \sigma_i < \sigma_{i+1}$	二叉结点(u_2)

图 Ⅲ.17　排列中的四种次序模式和对应的递增二叉树的结点类型

由此就得出下面的微分方程

$$\frac{\partial}{\partial z}\hat{I}(z,\boldsymbol{u}) = u_0 + (u_1 + u'_1)\hat{I}(z,\boldsymbol{u}) + u_2\hat{I}(z,\boldsymbol{u})^2$$

这个方程可用分离变量法解出

$$\hat{I}(z,\boldsymbol{u}) = \frac{\delta}{u_2}\frac{v_1 + \delta\tan(z\delta)}{\delta - v_1\tan(z\delta)} - \frac{v_1}{u_2} \tag{66}$$

其中，我们使用了下面的简写

$$v_1 = \frac{1}{2}(u_1 + u'_1), \delta = \sqrt{u_0u_2 - v_1^2}$$

这样，我们就求出

$$\hat{I} = u_0z + u_0(u_1 + u'_1)\frac{z^2}{2} + u_0((u_1 + u'_1)^2 + 2u_0u_2)\frac{z^3}{3} + \cdots$$

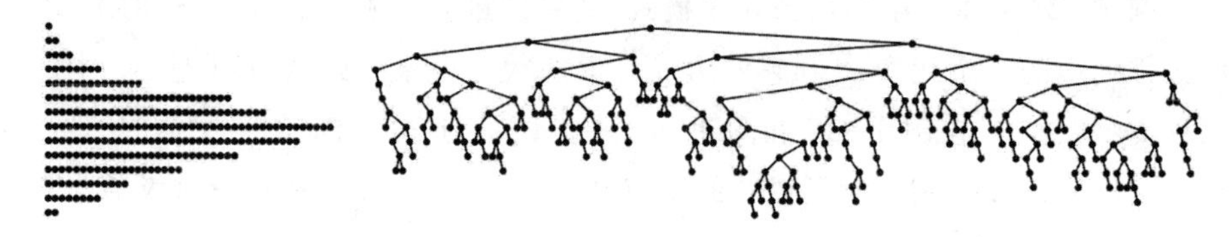

图 Ⅲ.18　容量为 256 的随机增长二叉树的层的轮廓(对照图 Ⅲ.15 中的在一致的 Catalan 统计下所画出的二叉树)

上面的 MGF 和一些特例是吻合的. 这个计算结果也分别与我们在第 Ⅱ 章中所求出的关于非空排列和交错排列的 EGF 相一致，这两个 EGF 分别是

$$\frac{z}{1-z} \text{ 和 } \tan z$$

他们分别都可从替换$\{u_0 = u_1 = u'_1 = u_2 = 1\}$和替换$\{u_0 = u_2 = 1, u_1 = u'_1 = 0\}$得出. 替换$\{u_0 = u_1 = u, u'_1 = u_2 = 1\}$则给出例 Ⅲ.25 中 Euler 数(75) 的 BGF 的一个简单的变形(没有空排列). 从四元的 GF 中，我们得出下述的一个结果，这就是在容量为 n 的树中，空的，一叉的和二叉的节点的平均数都渐近于$\frac{n}{3}$，方差为 $O(n)$，因此保证了分布的集中性.

对路径的长度也可做类似的分析. 我们可以得出对于一个随机的递增的容量为 n 的二叉树来说,路径的平均长度为

$$2n\log n+O(n)$$

与统一的组合模型相反,这种树倾向于相当好的平衡:如图 Ⅲ.18 所示,一个典型的分支只比完美的二叉树多了约 38.6%(由于$\frac{2}{\log 2}\doteq 1.386$). 这一事实也适用于二叉的搜索树(注记 Ⅲ.33),并证明了当对这种树使用随机数据,见文献[378,429,538],或使它们随机化时,见文献[451,520],它们的表现就是相当不错的. 见 Ⅵ.10.3 小节中专用于树的重复式生长而做的对这种树的加性泛函而进行的一般分析和例 Ⅳ.28 中所做的关于深度的分布的分析.

▶ **Ⅲ.33　二叉搜索树**(BST). 给了一个排列 τ,我们用下面的式子归纳地定义一棵树 BST(τ)

$$\mathrm{BST}(\varepsilon)=\varnothing,\mathrm{BST}(\tau)=(\tau_1,\mathrm{BST}(\tau\mid_{<\tau_1}),\mathrm{BST}(\tau\mid_{>\tau_1}))$$

(这里,$\tau\mid_P$ 表示 τ 的由所有满足条件 P 的元素组成的子字.) 设 IBT(σ) 是规范的与 σ 相关的递增二叉树,那么我们就有下面的基本等价原理

$$\mathrm{IBT}(\sigma)\overset{\text{shape}}{\equiv}\mathrm{BST}(\sigma^{-1})$$

其中 $A\overset{\text{shape}}{\equiv}B$ 表示 A 和 B 有完全相同的形状.(提示:像例 Ⅱ.17 中那样,把树和排列的 Descartes 表示联系起来.) ◀

Ⅲ.7.3　隐式结构. 对由形如 $\mathcal{A}=\Re[\mathcal{X}]$ 的关系式定义的隐式结构,我们注意无论是对有标记的结构还是无标记的结构,涉及和与积的方程都可像单变量情况中那样容易地解出. 同样的提醒适用于级数和集合构造,参见第 Ⅰ 章和第 Ⅱ 章中的有关内容. 跟以前一样,对这些过程最好的理解方式是通过举例的解释和操作.

例如,假设我们想通过结点的数目(用 z 标记)和边的数目(用 u 标记)来枚举有标记的连通图. 连通图的类$\mathcal{K}$和所有的图的类$\mathcal{G}$是通过集合构造相联系的

$$\mathcal{G}=\mathrm{SET}(\mathcal{K})$$

上面的关系表示每个图都可用唯一的方式分解成组成它的连通分支. 那么由于图中边的数目是从对应的连通分支中边的数目(加性的)继承的,因而,对应的指数 BGF 就满足 $G(z,u)=\mathrm{e}^{K(z,u)}$,这蕴含 $K(z,u)=\log G(z,u)$.

现在具有 k 条边的容量为 n 的图的数目是$\binom{\frac{n(n-1)}{2}}{k}$,因此就有

$$K(z,u)=\log\left(1+\sum_{n=1}^{\infty}(1+u)^{\frac{n(n-1)}{2}}\frac{z^n}{n!}\right) \tag{67}$$

这个公式显然是对第 Ⅱ 章中的单变量公式的一种改进，那样我们就可将其简单地解释成：连接图可作为一般的图的分量而得出（log 算子），其中一般的图由存在或缺失的边确定（对应于任何一对结点之间的边数 $(1+u)$（指数是 $\frac{n(n-1)}{2}$））.

然而，从公式(67) 中提取信息是不那么明显和直接的，由于 $\log(1+w)$ 的展开式中符号的交错性和所涉及的级数的强烈的发散性. 这里，我们插一段注记，数量

$$\hat{K}(z,u)=K\left(\frac{z}{u},u\right)$$

根据容量（用 z 标记）和边数对于节点数的超出数（用 u 标记）枚举了连通图. 这表示注记 Ⅱ.23 中的用 Wright 分解得出的结果，可以重新写成下面的展开式（在 $\mathbb{C}(u)[[z]]$ 中）

$$\begin{aligned}
&\log\left(1+\sum_{n=1}^{\infty}(1+u)^{\frac{n(n-1)}{2}}\frac{z^n}{n!\ u^n}\right)\\
&=\frac{1}{u}W_{-1}(z)+W_0(z)+\cdots\\
&=\frac{1}{u}\left(T-\frac{1}{2}T^2\right)+\left(\frac{1}{2}\log\frac{1}{1-T}-\frac{1}{2}T-\frac{1}{4}T^2\right)+\cdots
\end{aligned} \tag{68}$$

其中 $T\equiv T(z)$. 早期的工作可见 Temperley 的文献[573,574] 以及“关于大型组分的巨型论文”[354]，关于最终构成了替代 Wright 的组合方法的解析方法的直接推导可见论文[254].

例 Ⅲ.24 Smirnov **单词**. 采取 Goulden 和 Jackson 的著作[303]中的说法，我们将 Smirnov 单词定义为没有连续的相同字母的单词. 设 $\mathcal{W}=\mathrm{SEQ}(\mathcal{A})$ 是有 r 个字母的字母表 $\mathcal{A}=\{a_1,\cdots,a_r\}$ 上的所有单词的集合，$\mathcal{S}$ 是 Smirnov 单词的集合，用 v_j 标记单词中第 j 个字母出现的次数. 那么我们就有①

$$W(v_1,\cdots,v_r)=\frac{1}{1-(v_1+\cdots+v_r)}$$

从一个 Smirnov 单词开始，把任意一个字母 a_j 换成一个任意的非空的字母 a_j 的序列. 当对这个 Smirnov 单词的每一个位置都做完这个操作后，就得出一个

① 在这里的计算中，最好是省略多余的表示长度的变量 z.

不受约束的单词.反过来,任何单词都可以通过把单词中的连续相同的字母群减缩成一个单个的字母的方法而对应于一个唯一的 Smirnov 单词.换句话说,任意一个单词可从对一个 Smirnov 单词做下面的联合替换而得出

$$\mathcal{W}=\mathcal{S}[a_1 \mapsto \mathrm{SEQ}_{\geqslant 1}\{a_1\},\cdots,a_r \mapsto \mathrm{SEQ}_{\geqslant 1}\{a_r\}]$$

这就导出下面的关系式

$$W(v_1,\cdots,v_r)=S\left(\frac{v_1}{1-v_1},\cdots,\frac{v_r}{1-v_r}\right) \tag{69}$$

这个关系式隐式的确定了 $S(v_1,\cdots,v_r)$ 的 MGF.由于$\frac{v}{1-v}$的反函数是$\frac{v}{1+v}$,因此就得出

$$S(v_1,\cdots,v_r)=W\left(\frac{v_1}{1+v_1},\cdots,\frac{v_r}{1+v_r}\right)=\frac{1}{1-\sum_{j=1}^{r}\frac{v_j}{1+v_j}} \tag{70}$$

例如,如果我们设 $v_j=z$,也就是说,我们"忘记"组成单词的字母是什么,我们就得出用单词长度计数的 Smirnov 单词的 OGF 为

$$\frac{1}{1-r\frac{z}{1+z}}=\frac{1+z}{1-(r-1)z}=1+\sum_{n\geqslant 1}r(r-1)^{n-1}z^n$$

由于一个长度为 n 的 Smirnov 单词可以通过先选择第一个字母(有 r 种可能),再跟着一个每个位置有 $r-1$ 种可能选择的字母序列而确定(其中后面的字母要避免选成它前面的字母,因而对应的第一个字母有 r 种可能的选择,以后的每一个字母有 $r-1$ 种可能的选择),所以上面的结果和初等组合方法得出的结果是一致的.式(70)之所以令人感兴趣还在于它同样适用于其中的字母出现的机会可能具有不相等概率的 Bernoulli 模型,这时直接的组合论证看起来不是那么容易.而对这种情况只需做替换 $v_j \mapsto p_j z$ 就够了,见例 Ⅳ.10,关于渐近方面的应用则可见注记 Ⅴ.11.

接下来从上面这些发展中,就可以构建不含连续的多于 m 个相同字母的单词的 GF 了.这只要在式(70)中做替换 $v_j \mapsto v_j+\cdots+v_j^m$ 即可.特别,对于单变量问题(或者等价的,字母出现的概率相等的情况),我们就可求出 OGF 为

$$\frac{1}{1-r\frac{z\frac{1-z^m}{1-z}}{1+z\frac{1-z^m}{1-z}}}=\frac{1-z^{m+1}}{1-rz+(r-1)z^{m+1}}$$

这一方法可以扩展到任意字母表上去,分析单字母运行和双字母运行的二元单

词，即我们在 Ⅰ.4.1 小节中已研究过的情况. 自然，这一方法同样适用于字母出现的概率不一致以及每个字母运行的次数有上限和下限的情况. 这个问题是 Karlin(卡尔林) 及其合作者在他们的一些著作中用不同的方法特别感兴趣和持续研究的课题(例如，见文[446])，他们研究这些问题的动机是想把研究结果用于生命科学.

▶**Ⅲ.34　自由群中的枚举.** 考虑复合的字母表$\mathcal{B}=\mathcal{A}\cup\overline{\mathcal{A}}$，其中$\mathcal{A}=\{a_1,\cdots,a_r\}$，$\overline{\mathcal{A}}=\{\overline{a_1},\cdots,\overline{a_r}\}$. 称由字母表$\mathcal{B}$上的字母组成的一个单词是简化的，如果它是从一个字母表$\mathcal{B}$上的单词通过对所有可能约减的地方做化简手续$a_j\overline{a_j}\mapsto\varepsilon$和$\overline{a_j}a_j\mapsto\varepsilon$(用空字$\varepsilon$代替) 而得出的. 因此，一个简化的单词不含有$a_j\overline{a_j}$或$\overline{a_j}a_j$这种形式的因子. 用那种简化单词作为由$\mathcal{A}$生成的自由群 $\mathbf{F}_r$ 中元素的规范表示，就可约定成立以下的恒同$\overline{a_j}=a_j^{-1}$. 设 u_j 和$\overline{u_j}$ 分别标记了 a_j 和$\overline{a_j}$ 出现的次数，那么简化单词所组成的类$\mathcal{R}$的 GF 就是

$$R(u_1,\cdots,u_t,\overline{u_1},\cdots,\overline{u_r})=S\left(\frac{u_1}{1-u_1}+\frac{\overline{u_1}}{1-\overline{u_1}},\cdots,\frac{u_r}{1-u_r}+\frac{\overline{u_r}}{1-\overline{u_r}}\right)$$

其中，和式(70) 中一样，S 表示 Smirnov 单词的 GF. 特别上式给出了用 z 标记简化单词长度的 OGF 为$R(z)=\dfrac{1+z}{1-(2r-1)z}$，这蕴含 $R_n=2r(2r-1)^n$，这和用初等组合方法得出的结果是一致的.

自由群 $\mathbf{F}_r$(译者注：原文为 $\mathbf{F}_k$ 与上下文不符) 的一个元素 w 的 Abel(阿贝尔) 映像$\lambda(w)$ 是让所有的字母都可交换并应用关系 $a_j\cdot a_j^{-1}=1$ 而得出来的单词. 因此这种单词具有 $a_1^{m_1}\cdots a_r^{m_r}$ 的形式，其中的每个 m_j 都在$\mathbb{Z}$ 中，因此每个这种单词都可以看成一个$\mathbb{Z}^r$中的元素. 设 $\boldsymbol{x}=(x_1,\cdots,x_r)$ 是一个由不定元组成的向量，并定义 $\boldsymbol{x}^{\lambda(w)}$ 是单项式 $x_1^{m_1}\cdots x_r^{m_r}$，那么某些群论中有兴趣的问题就涉及研究这种单词的 MGF 是怎样的问题，根据上面的论述可以写出

$$Q(z;\boldsymbol{x}):=\sum_{w\in\mathcal{R}}z^{|w|}\boldsymbol{x}^{\lambda(w)}=\mathcal{S}\left(\frac{zx_1}{1-zx_1}+\frac{zx_1^{-1}}{1-zx_1^{-1}},\cdots,\frac{zx_r}{1-zx_r}+\frac{zx_r^{-1}}{1-zx_r^{-1}}\right)$$

上式可化简为

$$Q(z;\boldsymbol{x})=\frac{1-z^2}{1-z\sum_{j=1}^{r}(x_j+x_j^{-1})+(2r-1)z^2}$$

Rivin(里温) 在论文[514] 中给出了上面最后这种形式的公式，他是用矩阵技巧得出的. 利用第 Ⅸ 章中所发展的方法可以建立$\mathcal{R}_n$上$\lambda(w)$ 的渐近分布的中心的和局部的极限定律，Rivin 的文献[514] 和 Sharp(沙普) 的文献[539] 给出了其

他的方法.(这一注记是根据 Flajolet,Noy(诺伊)和 Ventura(文图拉)在 2006 年的一本尚未出版的书写出的.) ◀

▶**Ⅲ.35** Carlitz**合成** Ⅱ.下面是Carlitz合成(注记 Ⅲ.32)的 OGF 的另一种推导方法.最大加数 $\leqslant r$ 的Carlitz合成的 OGF 可以在Smirnov单词的 OGF 中做替换 $v_j \mapsto z^j$ 而得出

$$K^{[r]}(z)=\frac{1}{1-\sum_{j=1}^{r}\frac{z^j}{1+z^j}} \tag{71}$$

然后 Carlitz 合成的 OGF 可在上式中令 $r\to\infty$ 得出

$$K(z)=\frac{1}{1-\sum_{j=1}^{\infty}\frac{z^j}{1+z^j}} \tag{72}$$

系数的渐近形式将在第 Ⅳ 章中导出. ◀

Ⅲ.7.4 容斥原理. 容斥原理是一种我们所熟悉的来自初等数学的推理类型.其原理是:为了得出正确的计数,我们先算出包括对象在其中的集合的一个超额的元素数量,然后对此超额数量做一个简单的纠正计算,再对纠正的结果纠正,一直如此纠正下去.其特征是,用容斥原理得出的枚举结果是一个交替的和.下面我们将在多元生成函数的背景下重新研究这个过程,在此过程中,它基本被简化为一个替代和隐式定义的组合.我们在这里的推导是按照 Goulden 和 Jackson 的百科全书式的论文[303]中的方法进行的.

设$\mathcal{E}$是一个具有实值或复值测度$|\cdot|$的集合,其中,测度$|\cdot|$具有性质:对 $A,B\subset\mathcal{E}$成立

$$|A\cup B|=|A|+|B|,\text{其中 } A\cap B=\varnothing$$

因此,$|\cdot|$是一个加性测度,通常可取成集合的基数(即对 $e\in E$,取 $|e|=1$)或$\mathcal{E}$上的离散概率测度(即对 $e\in E$,取 $|e|=p_e$).一般的公式

$$|A\cup B|=|A|+|B|-|AB|,\text{其中 } AB:=A\cap B$$

可立即从集论的原理

$$\sum_{c\in A\cup B}|c|=\sum_{a\in A}|a|+\sum_{b\in B}|b|-\sum_{i\in A\cap B}|i|$$

得出.上式称为容斥原理或下面的一般化的多元的筛法公式:对任意一族 A_1,$\cdots,A_r\subset\mathcal{E}$,有

$$\begin{aligned}|A_1\cup\cdots\cup A_r|&\equiv|\mathcal{E}\backslash(\bar{A}_1\cdots\bar{A}_r)|\\&=\sum_{1\leqslant i\leqslant r}|A_i|-\sum_{1\leqslant i_1<i_2\leqslant r}|A_{i_1}A_{i_2}|+\cdots+\end{aligned}$$

$$(-1)^{r-1}\mid A_1A_2\cdots A_r\mid \tag{73}$$

其中 $\bar{A}:=\mathcal{E}\backslash A$ 表示余集.(根据Boole代数中关于$\mathcal{E}$子集陈述的初等性质的可用归纳法对上式给出一个容易的证明;见[129,第 Ⅳ 章].)上面公式的另一种形式是令 $B_j=\bar{A}_j, \bar{B}_j=A_j$ 而得出

$$\mid B_1B_2\cdots B_r\mid=\mid\mathcal{E}\mid-\sum_{1\leqslant i\leqslant r}\left|\bar{B}_i\right|+\sum_{1\leqslant i_1<i_2\leqslant r}\mid\bar{B}_{i_1}\bar{B}_{i_2}\mid-\cdots+(-1)^r\mid\bar{B}_1\bar{B}_2\cdots\bar{B}_r\mid \tag{74}$$

用测度的术语来说,这一等式量化了在至少违反了某些条件的对象中($\bar{B}_j$),恰同时满足一组条件时的对象的集合(所有的 B_j).

错排. 这是一个用容斥原理进行论证的教科书例子,即错排的枚举. 回忆一下,一个错排是一个对于所有的 i,使得 $\sigma_i\neq i$ 的排列. 取集合的基数作为测度,设$\mathcal{E}$是$[1,\cdots,n]$ 的所有排列的集合,设 B_i 是$\mathcal{E}$中具有性质$\sigma_i\neq i$ 的所有排列组成的子集(因此有 $r=n$ 个条件). 因而,B_i 表示在第i 个位置上没有不动点,而 $\bar{B}_i$ 表示在不是第 i 个位置上有不动点. 那么式(74) 的左边就给出了错排的数目,即 D_n. 而右边的第 k 个和由 $\binom{n}{k}$ 项组成,这个数计数了所有可能的因子 $\bar{B}_{i_1}\cdots\bar{B}_{i_k}$,它描述了所有在不同的位置 $i_1,\cdots,i_k$ 处有不动点的排列(即$\sigma_{i_1}=i_1,\cdots,\sigma_{i_k}=i_k$). 显然,$\mid\bar{B}_{i_1}\cdots\bar{B}_{i_k}\mid=(n-k)!$,因此我们就有

$$D_n=n!\ -\binom{n}{1}(n-1)!\ +\binom{n}{2}(n-2)!\ -\cdots+(-1)^n\binom{n}{n}0!$$

可以把上式写成我们更熟悉的形式

$$\frac{D_n}{n!}=1-\frac{1}{1!}+\frac{1}{2!}-\cdots+\frac{(-1)^n}{n!}$$

这就给出了我们在第 Ⅱ 章中已见过的用有标记的集合与轮换结构得出的错排数的初等推导.

符号容斥原理. 上面的推导是很完美的. 但复杂的例子可能会给出某种挑战. 相反,正如我们现在将要说明的那样,存在一个基于多元生成函数的符号替代方案,它在技术上很简单,而且具有很强的通用性.

现在让我们从生成函数的角度重新来看错排问题. 考虑所有排列的集合$\mathcal{P}$并构建一个扩展集合$\mathcal{Q}$如下. 集和$\mathcal{Q}$由带有任意数目的不动点的排列组成,那就是说,其中有的排列可能没有不动点,而另一些可能有,如果有的话,我们假设这些不动点都是不同的(这对应了上面论证中的 $\bar{B}_j$ 的任意乘积). 例如,$\mathcal{Q}$包含了下面这样的元素

$$\underline{1},3,2 \quad 1,3,2 \quad \underline{1},2,3 \quad 1,\underline{2},\underline{3} \quad \underline{1},2,\underline{3} \quad \underline{1},\underline{2},\underline{3}$$

其中的下划线代表了不同的不动点. 显然如果我们去掉所有的带不动点的排列,剩下的就是所有可能的排列了,因此我们有

$$\mathcal{Q}\cong\mathcal{U}\star\mathcal{P}$$

其中$\mathcal{U}$表示装着原子的箱子的类. 特别,$\mathcal{Q}$的 EGF 是 $Q(z)=\frac{e^z}{1-z}$(我们刚才做的事情是枚举(74) 中出现的带有“错误”符号的量,即所有的带加号的量.)

现在我们引入变量 v,它标记了$\mathcal{Q}$中所有具有不同不动点的对象. 从这一章的一般原理就得出它的指数 BGF 为

$$Q(z,v)=e^{vz}\ \frac{1}{1-z}$$

现在设 $P(z,u)$ 是用 u 标记了不动点数目的排列的 BGF. 那么具有一些不同的不动点的排列就可在 $P(z,u)$ 中做替换 $u\mapsto 1+v$ 而生成. 换句话说,我们有下列关系

$$Q(z,v)=P(z,1+v)$$

由此立即解出

$$P(z,u)=Q(z,u-1)$$

因此从 Q 的知识(容易得出) 就可得出 P 的知识(较难直接得出). 在这种情况下就得出

$$P(z,u)=\frac{e^{(u-1)z}}{1-z},P(z,0)=D(z)=\frac{e^{-z}}{1-z}$$

特别,我们又重新得出了错排的EGF. 注意,我们所需的量 $P(z,0)$ 是作为 $Q(z,-1)$ 而得出的. 因此对应于筛法公式(74) 的符号现在已经是“正确的”了,即它是交错的.

在错排中使用的方法显然是很一般的:计数包含了某种“模式”的确切数目的对象化简成在不同的地方包含模式的对象的数量 —— 后者通常是一个更简单的问题. 当所有的模式完全被排除后,在寻求双变量 GF 时,类似于容斥原理的生成函数,然后就化为一个简单的替换 $v\mapsto u-1$,而在单变量情况下,就化为替换 $v\mapsto -1$.

排列中的上升和单词中的模式. 在 Goulden 和 Jackson 的书[303,p.45—48] 中描述了在计算 MGF 时包含过程操作的有用的形式化手续. 从概念上讲,就像在上面的错排情况中那样,它结合了替换和隐式的定义. 抓住操作手法的最好的途径仍然是通过例子来解释,我们现在详细叙述其中两个例子.

例 Ⅲ.25 排列中的上升和上升段. 排列 $\sigma=\sigma_1\cdots\sigma_n$ 中的上升(也称为升起)是两个连续的使得 $\sigma_i<\sigma_{i+1}$ 的数字组成的对 $\sigma_i\sigma_{i+1}(1\leqslant i<n)$,我们所要解决的问题是确定长度为 n 且恰有 k 个上升的排列的数目 $A_{n,k}$,以及指数 BGF $A(z,u)$. 利用对称性,我们也可以枚举下降(其定义为 $\sigma_i>\sigma_{i+1}$),以及连续上升的段,这种段最后以一个下降结束.

利用容斥原理,我们解决了更容易的具有不同上升的排列的枚举问题,我们用$\mathcal{B}$表示那种排列的集合. 例如,$\mathcal{B}$包括下面的元素

$$2\ 6\ 1\ \boxed{3\nearrow 4\nearrow 8\nearrow 9\nearrow 11}\ 15\ 12\ \boxed{5\nearrow 10}\ 13\ 7\ 14$$

其中用箭头标出了不同的上升所在的位置.(注意,有的上升可能不是不同的.)相邻的不同的上升的最大的段(在上面的图中加了框之处)将被称为一个团. 那样,$\mathcal{B}$就可以用原子($\mathcal{Z}$)和团($\mathcal{C}$)的级数结构表成

$$\mathcal{B}=\mathrm{SEQ}(\mathcal{Z}+\mathcal{C}),\text{其中}\mathcal{C}=(\mathcal{Z}\nearrow\mathcal{Z})+(\mathcal{Z}\nearrow\mathcal{Z}\nearrow\mathcal{Z})+\cdots=\mathrm{SEQ}_{\geqslant 2}(\mathcal{Z})$$

由于团是一个有序的序列,或等价的,一个有序的集合,此外,它至少具有两个元素. 这就给出$\mathcal{B}$的 EGF 为

$$B(z)=\frac{1}{1-(z+(\mathrm{e}^z-1-z))}=\frac{1}{2-\mathrm{e}^z}$$

它恰巧和满射的 EGF 一样.

为了应用容斥原理,我们需要$\mathcal{B}$的 BGF,其中 v 标记了不同的上升的数目. 一个容量为 k 的团含有 $k-1$ 个上升,因此

$$B(z,v)=\frac{1}{1-\left(z+\dfrac{\mathrm{e}^{zv}-1-zv}{v}\right)}=\frac{v}{v+1-\mathrm{e}^{zv}}$$

现在我们就可以用到前面提到的有用的关系了:$A(z,u)$ 的 BGF 满足关系式 $B(z,v)=A(z,1+v)$,因此 $A(z,u)=B(z,u-1)$,这就给出了一个特别简单的形式

$$A(z,u)=\frac{u-1}{u-\mathrm{e}^{z(u-1)}}\tag{75}$$

特别,其 GF 的展开式为

$$A(z,u)=1+z+(u+1)\frac{z^2}{2!}+(u^2+4u+1)\frac{z^3}{3!}+$$

$$(u^3+11u^2+11u+1)\frac{z^4}{4!}+\cdots$$

系数 $A_{n,k}$ 称为 Euler 数(欢迎词). 在组合分析中,这些数几乎与 Stirling 数一样经典;对它们的性质的详细讨论可见 Comtet 的文献[129] 或 Graham 等人的

文献[307].

容易从展开式(75)中导出矩,在式(75)中,令 $u=1$ 就给出

$$A(z,u)=\frac{1}{1-z}+\frac{1}{2}\frac{z^2}{(1-z)^2}(u-1)+\frac{1}{12}\frac{z^3(2+z)}{(1-z)^3}(u-1)^2+\cdots$$

(译者注:此处与前面求矩的手续不符,似应改为在式(75)中对 u 求一阶导数得出,而 $A(z,u)$ 似应改为 $\frac{\partial A(z,u)}{\partial u}$,然后再是在上式中令 $u=1$ 就给出.)

特别,在一个随机的长度为 n 的排列中,上升的平均数为 $\frac{1}{2}(n-1)$,方差 $\sim \frac{1}{12}n$,这就确保了分布的集中性.

同样的方法适用于上升的段的枚举:对于固定参数 l,长度为 l 的上升的段是一个使得 $\sigma_i<\sigma_{i+1}<\cdots<\sigma_{i+l}$ 的连续的元素组成的段 $\sigma_i\sigma_{i+1}\cdots\sigma_{i+l}$(因此,上升是长度为 1 的上升段.)我们定义一个团是一个不同的上升段组成的序列,它们在共享某些排列中的元素的意义下重叠.那么具有不同的上升段的排列的指数 BGF 就是

$$B(z,v)=\frac{1}{1-z-\hat{I}(z,v)},\text{其中 }\hat{I}(z,v)=\sum_{n,k}I_{n,k}v^k\frac{z^n}{n!}$$

而 $I_{n,k}$ 是用 k 个不同的包含在区间 $[1,n]$ 中,并且端点是整数的长度为 l 的区间覆盖 $[1,n]$ 的方式的数量.数 $I_{n,k}$ 可从初等的组合学得出(也可见下面的单词中的模式的例子),并且我们有下面的对应于 $\hat{I}$ 的 OGF

$$I(z,v)=\frac{z^{l+1}v}{1-v(z+z^2+\cdots+z^l)}$$

(证明:第一个覆盖区间的左端点必须放在 1 处,并占据了区间 $[1,l]$,其他的区间则每一个相继向右移动 1 个单位并占据一个长度为 l 的段.)最后两个方程确定了用 z 标记了长度,用 u 标记了长度为 $l+1$ 的排列的指数 BGF.容斥原理给出

$$A(z,u)=B(z,u-1) \tag{76}$$

所得的结果推广了关于升起的结果($l=1$ 的情况).首先通过将 OGF $I(z,v)$ 分解成部分分式,然后应用变换 $\frac{1}{1-\omega z}\mapsto \mathrm{e}^{\omega z}$,以便将 $I(z,v)$ 转变为 $\hat{I}(z,v)$ 就可以得出他们确切的表达式.最后的结果是

$$A(z,u)=\frac{1}{1-z-\hat{I}(z,u-1)}$$

其中 $\hat{I}(z,v)=(1-z)(v+1)+\sum_{j=1}^{l}c_j(v)\mathrm{e}^{\omega_j(v)z}$ 的后一部分是一个指数和. 在最后的等式中，$\omega_j(v)$ 表示特征方程 $\omega^l=v(1+\cdots+\omega^{l-1})$ 的根，而 $c_j(v)$ 是在 $I(z,v)$ 的部分分式分解中对应的系数. 这些表达式首先是由 Elizalde(埃利萨尔德)和 Noy 在文[190] 中用树的分解方法得出并发表的.

BGF(76) 可以用来确定排列中的长段的定量信息. 首先，在 $u=1$ 处的展开式(也可通过直接推理：见第 Ⅰ 章中关于隐藏的单词的讨论) 表明长度为 $l-1$ 的上升段的平均数在 $n\geqslant l$ 时恰是 $\frac{n-l+1}{l!}$. 这就意味着，如果 $n=o(l!)$，那么当 $n\to\infty$ 时，找到长度为 $l-1$ 的上升段的概率趋向于 0. 我们在这段叙述中用到了下面的一般性的事实：对于取值 0,1,2,⋯ 的离散变量 X，我们有(利用 Iverson 括号(译者注：Iverson 括号的定义为当命题 P 为真时，$[[P]]=1$，当命题 P 不真时，$[[P]]=0$)，见第 Ⅰ 章命题 Ⅰ.3 所在的页或前后页的脚注.))

$$\mathbb{P}(X\geqslant 1)=\mathbb{E}([[X\geqslant 1]])=\mathbb{E}(\min(X,1))\leqslant\mathbb{E}(X)$$

反方向的不等式可以通过二阶矩方法得出. 实际上，找到长度为 $l-1$ 的上升段的数目的概率的方差的确切形式为 $\alpha_l n+\beta_l$，其中 α_l 基本是 $\frac{1}{l!}$，而 β_l 具有与之可比较的阶(细节节略).

因此根据 Chebyshev 不等式，只要 l 使得 $(l+1)!=o(n)$，分布就是集中的. 在这种情况下，至少有一个长度为 $l-1$ 的上升段(实际上很多) 就是一个具有高概率的事件(即当 $n\to\infty$ 时，此事件的概率趋向于 1). 特别：

设 L_n 是一个随机的 n 个元素的排列中最长的上升段的长度. 设 $l_0(n)$ 是使得 $l!\geqslant n$ 成立的最小整数，那么 L_n 的分布就是集中的：$\frac{L_n}{l_0(n)}$ 依概率收敛到 1(等式(14) 的意义下)

这里所发现的是一个相当精确的门槛现象.

▶ **Ⅲ.36　没有 $l-$ 上升段的排列.** 没有 $1-$，$2-$，$3-$ 上升段的排列的 EGF 分别是

$$\frac{1}{\sum_{i\geqslant 0}\frac{x^{2i}}{(2i)!}-\frac{x^{2i+1}}{(2i+1)!}},\quad\frac{1}{\sum_{i\geqslant 0}\frac{x^{3i}}{(3i)!}-\frac{x^{3i+1}}{(3i+1)!}},\quad\frac{1}{\sum_{i\geqslant 0}\frac{x^{4i}}{(4i)!}-\frac{x^{4i+1}}{(4i+1)!}}$$

等等.(一些类型的关于排列中的有序模式的有趣的结果可见 Carlitz 的综述[103] 以及 Elizalde 和 Noy 的论文[190].) ◀

显然有各种有关上升和上升段的可能的课题. 排列中的局部有序模式已由

Carlitz在20世纪70年代做了充分的研究. Goulden和Jackson在文献[303,4.3节]中提供了序列和排列中的模式的一般理论. Flajolet, Gourdon(高尔东)和Martínez(马丁内斯)的文献[235](用组合方法)以及Devroye(德夫洛伊)的文献[159](用概率论证)研究了与递增的二叉树有关的特殊的排列模式. 其他的结果还有上面已提到的出现最长的上升段的概率具有$\frac{\log n}{\log\log n}$的阶. 许多表面上类似的关于随机排列中最长的上升序列的问题(其中的元素必须具有上升的次序,但不一定是相邻的)的分析已经引起了很多研究者的关注,但其中很多都是相当困难的问题. 正如Logan(罗干)和Shepp(薛普)的文献[411]以及Vershik(沃申科)和Kerov(科洛夫)的文献[596]中关于随机的Young tableaux(杨形式)的有洞察力的分析所显示的那样,这个量在概率上平均来说大约是$2\sqrt{n}$级的. 他们解决了一个已经公开了20多年而未解决的问题, Baik(拜克), Deift(戴夫)和Johansson(约翰逊)的文献[24]最终确定了其极限分布. Aldöus(埃尔多斯)和Diaconis(迪亚科尼斯)所做的没有证明的综述[10]叙述了这一问题的某些背景. 在第Ⅷ章展示了很多如何用鞍点方法推导出这种界的例子,它们的阶都是正确的.

例Ⅲ.26 单词中的模式. 考虑有限字母表$\mathcal{A}=\{a_1,\cdots,a_r\}$上的单词的集合$\mathcal{W}=\mathrm{SEQ}\{\mathcal{A}\}$. 一个模式$p=p_1p_2\cdots p_k$是一个固定的长度为$k$的单词. 我们所要求的是$\mathcal{W}$的BGF $W(z,u)$,其中u标记了$\mathcal{W}$中出现模式p的单词的数量. 在第Ⅰ章中已给出了不包含这一模式的单词的OGF $W(z,0)$.

根据容斥原理,我们应当引入由出现不同的含有任意个p加以区分的单词的类$\mathcal{X}$. 定义团是不同的最大的可重复的模式的集合. 例如,如果$p=aaaaa$是一个可以给出特别的团的特别的单词

$$\begin{array}{l}\underline{a\,b\,a\,a\,a\,a\,a\,a\,a\,a\,a\,a\,a\,a\,a\,b\,a\,a\,a\,a\,a\,a\,a\,a\,a\,b\,b}\\ \quad\quad a\,a\,a\,a\,a\\ \quad\quad\quad a\,a\,a\,a\,a\\ \quad\quad\quad\quad\quad\quad a\,a\,a\,a\,a\end{array}$$

那样$\mathcal{X}$的对象就被分解成一个由$\mathcal{A}$中的字母或团组成的级数

$$\mathcal{X}=\mathrm{SEQ}(\mathcal{A}+\mathcal{C})$$

其中$\mathcal{C}$是所有的团组成的类.

团本身是通过反复地滑动模式而得出的,但是滑动时必须遵守不断与自己部分重叠的限制. 设$c(z)$是第Ⅰ章中定义的p的自相关多项式,并设$\hat{c}(z)=c(z)-1$. 那么符号方法的对应法则就可使读者确信$z^k\hat{c}^{s-1}(z)$的展开式描述了所有的

形成 s 的重叠发生的团的可能性. 对于上面的例子,我们就有 $\hat{c}(z)=z+z^2+z^3+z^4$,其中 3 个重叠产生的特别的团各自对应了 $z^k\hat{c}^2(z)$ 的展开式中的一个项如下:

$$\overbrace{a\,a\,a\,a\,a}^{z^5} \qquad z^5$$

$$a\,a\,a\,\overbrace{a\,a}^{z^2}\,a \qquad \times(z+\underline{z^2}+z^3+z^4)$$

$$a\,a\,\overbrace{a\,a\,a\,a}^{z^4} \qquad \times(z+z^2+z^3+\underline{z^4})$$

团的 OGF F 因此就是 $C(z)=\dfrac{z^k}{1-\hat{c}(z)}$,由于这个量描述了所有的写出模式($z^k$) 的方式,然后我们滑动这个模式并让它与自身重叠(这个步骤由 $\dfrac{1}{1-\hat{c}(z)}$ 给出).

同理,团的 BGF 是 $\dfrac{vz^k}{1-v\hat{c}(z)}$,而$\mathcal{X}$的 BGF 是

$$X(z,v)=\frac{1}{1-rz-\dfrac{vz^k}{1-v\hat{c}(z)}}$$

其中补充的变量 v 标记了发生的次数.

最后,通常的容斥原理论证(把 v 换成 $u-1$) 就给出 $W(z,u)=X(z,u-1)$. 作为这一关系式的一个结果,我们有:

给了一个长度为 k,相关多项式为 $c(z)$ 的模式 p,用 r 个字母构成的单词的 BGF 就是

$$W(z,u)=\frac{(u-1)c(z)-u}{(1-rz)((u-1)c(z)-u)+(u-1)z^k} \tag{77}$$

其中 u 标记了 p 的发生次数.

特例 $u=0$ 就重新给出了第 Ⅰ 章中已经求出的公式. 同样的原理显然也适用于对于不同的字母有不同的出现概率,并已引入了相关多项式的适当的加权形式的加权模型. 一样原则明确地适用于与不同字母概率相对应的加权模型(见下面的注记 Ⅲ.39).

有很多与字符串中的模式有关的公式. 例如,根据 Bernoulli 或 Markov 模型出现的一种或几种模式的 BGF, 见下面的注记 Ⅲ.39. 我们还要提到

Szpankowski(斯潘阔夫斯基) 的书[564] 和 Lothaire(洛泰尔) 的书[347] 中的有关章节,这种问题在那里得到了系统性的处理. Bourdon(鲍登) 和 Vallée(瓦利) 在文献[81] 中成功地将这种方法扩展到了动态的信息源,从而统一了大量的以前已知的结果. 他们的方法甚至可以用于分析实数的连分式表示中产生的模式.

▶**Ⅲ.37 出现次数的矩.** $X(z,v)$ 在 $v=0$ 处的导数给出模式出现次数的阶乘矩. 用这种方法或通过直接计算,我们就得出

$$W(z,u)=\frac{1}{1-rz}+\frac{z^k}{(1-rz)^2}(u-1)+$$
$$2\frac{z^k((1-rz)(c(z)-1)+z^k)}{(1-rz)^3}\frac{(u-1)^2}{2!}+\cdots$$

平均出现次数是 $u-1$ 的系数中 z^n 的系数的 $\frac{1}{r^n}$ 倍. 正如我们所预期的那样,它就等于 $\frac{n-k+1}{r^k}$, $\frac{(u-1)^2}{2!}$ 的系数具有形式

$$\frac{2}{(1-rz)^3r^{2k}}+\frac{2\left(1+\frac{2k}{r^k}-c\left(\frac{1}{r}\right)\right)}{(1-rz)^2r^k}+\frac{P(z)}{1-rz}$$

其中 P 是一个多项式. 这就表明出现次数的方差的形式为

$$\alpha n+\beta,\alpha=\frac{2c\left(\frac{1}{r}\right)-1+\frac{1-2k}{r^k}}{r^k}$$

因而分布集中在平均值周围(见第 Ⅰ 章关于"Borges 定理" 的讨论). ◀

▶**Ⅲ.38 具有固定重复模式的单词.** 设 $W^{(s)}(z)=[u^s]W(z,u)$ 是恰含 s 个某种模式的单词的 OGF,那么对 $s=0$ 和 $s>0$,我们分别有

$$W^{(0)}(z)=\frac{c(z)}{D(z)},W^{(s)}(z)=\frac{z^kN^{s-1}(z)}{D^{s+1}(z)}$$

其中 $N(z)$ 和 $D(z)$ 为

$$N(z)=(1-rz)(c(z)-1)+z^k,D(z)=(1-rz)c(z)+z^k$$

$W^{(0)}$ 的展开式和第 Ⅰ 章的等式(62) 相同. ◀

▶**Ⅲ.39** Bernoulli **序列中的模式.** 设$\mathcal{A}$是一个字母表,其中字母 α 出现的概率为 π_α. 考虑单词中字母独立选择的 Bernoulli 模型. 固定一个模式 $p=p_1\cdots p_k$ 并定义有限的伸出语言为

$$\Gamma=\bigcup_{i:c_i\neq 0}\{p_{i+1}p_{i+2}\cdots p_k\}$$

其中的并遍历模式中的所有位置. 现在定义(关于 p 和 π_α) 的相关多项式 $\gamma(z)$

为加权为 π_a 的有限伸出的语言的生成函数. 例如, 对 $p=ababa$, $\Gamma=\{\varepsilon, ba, baba\}$ 而

$$\gamma(z)=1+\pi_a\pi_b z^2+\pi_a^2\pi_b^2 z^4$$

用 z 标记了长度, u 标记了 p 出现的次数的单词的 BGF 则是

$$W(z,u)=\frac{(u-1)\gamma(z)-u}{(1-z)((u-1)\gamma(z)-u)+(u-1)\pi[p]z^k}$$

其中 $[p]$ 是 p 的字母的概率的乘积. ◀

▶**Ⅲ.40　树中的模式Ⅰ.** 考虑修剪的二叉树的类 $\mathcal{B}$. 树 τ 中的一个模式 t 由 τ 的那些悬挂了和 t 同构的子树的结点来定义. 我们要求的是 $\mathcal{B}$ 的 BGF $B(z,u)$, 其中 u 标记了 t 的出现次数.

$\mathcal{B}$ 的 OGF 是 $B(z)=\frac{1-\sqrt{1-4z}}{2z}$. 量 $vB(zv)$ 是 $\mathcal{B}$ 的 BGF, 其中 v 标记了外结点. 通过指定操作, 量

$$U_k:=\left(\frac{1}{k!}\partial_v^k(vB(zv))\right)_{v=1}$$

描述了具有 k 个不同的(由指定)区分的外结点的树. 设 $m=|t|$, 由 Taylor 公式可知量 $V:=\sum U_k u^k(z^m)^k$ 满足 $V=(vB(zv))_{v=1+uz^m}$, 它也是用 v 标记了 t 的出现次数的树的 BGF. 在 V 中做替换 $v\mapsto u-1$ 就给出了 $B(z,u)$ 为

$$B(z,u)=\frac{1}{2z}\left(1-\sqrt{1-4z-4(u-1)z^{m+1}}\right) \tag{78}$$

特别 $B(z,0)=\frac{1}{2z}\left(1-\sqrt{1-4z+4z^{m+1}}\right)$ 表示不含有模式 t 的树的 OGF. 这个方法可以推广到任何简单的树种. 它也可以用来证明一个容量为 n 的(作为有向无环图的)随机树的因子表示的期望值的尺度为 $O\left(\frac{n}{\sqrt{\log n}}\right)$. (在文[257]中可以找到这些结果, 也可见例Ⅸ.26关于 Gauss 律的讨论). ◀

▶**Ⅲ.41　树中的模式Ⅱ.** 下面是出于对树的根的分解的考虑而推导式(78)的另一种方法. 一个模式 t 或者出现在左边的根子树 τ_0 中或者出现在右边的根子树 τ_1 中, 或者出现在根本身中, 在最后这种情况中 t 和 τ 重合. 因而 t 在 τ 中出现的数目 $\omega[\tau]$ 满足递推的定义

$$\omega[\tau]=\omega[\tau_0]+\omega[\tau_1]+[[\tau=t]], \omega[\varnothing]=0$$

函数 $u^{\omega[\tau]}$ 是几乎可乘的, 因此有

$$u^{\omega[\tau]}=u^{[[\tau=t]]}u^{\omega[\tau_0]}u^{\omega[\tau_1]}=u^{\omega[\tau_0]}u^{\omega[\tau_1]}+[[\tau=t]]\cdot(u-1)$$

因而二元生成函数 $B(z,u):=\sum_{t} z^{[t]}u^{\omega[t]}$ 满足二次方程

$$B(z,u)=1+(u-1)z^m+zB^2(z,u)$$

将其解出后就得出式(78). ◀

Ⅲ.8 极值参数

除了在本章中已经详细讨论过的加性遗传参数外,另一类重要的参数是由最大规则定义的参数.其中两个主要的情况是组合结构中最大的组件(例如,排列中的最大轮换)以及在递归结构中(一个典型是树的高度)结构的最大嵌套程度.在这种情况下,由于最大函数的非线性特性,双变量生成函数几乎无法帮助我们.标准的技巧是引入一个由感兴趣的参数施加一个界限而定义的单变量生成函数的集合.然后就可以通过其单变量版本的符号方法构造那种 GF.

Ⅲ.8.1 最大成分. 考虑一个结构$\mathcal{B}=\Phi[\mathcal{A}]$,其中 Φ 可能是基本结构的一种任意的组合.这里为简单起见,我们设$\mathcal{B}$是非递归的.它对应了一个如下的生成函数的关系式

$$B(z)=\Psi[A(z)]$$

这里,Ψ 是组合结构 Φ 的"像"的一个函数.因而$\mathcal{A}$的元素就是一个对象 $\beta\in\mathcal{B}$的成分.设$\mathcal{B}^{(b)}$是$\mathcal{B}$的由其中的$\mathcal{A}$- 成分的最大容量为 b 的对象组成的子类.$\mathcal{B}^{(b)}$ 的 GF 可通过与$\mathcal{B}$本身相同的过程得出,只不过其中的 $A(z)$ 应该用最大容量为 b 的元素的 GF 来表示.因而

$$B^{(b)}(z)=\Psi[\mathbf{T}_b A(z)],$$

其中截断函数由下面的级数定义

$$\mathbf{T}_b f(z)=\sum_{n=0}^{b} f_n z^n \quad \left(f(z)=\sum_{n=0}^{\infty} f_n z^n\right)$$

例 Ⅲ.27 最大成分的花瓶. 一些最大成分的例子已经在第 Ⅰ 章和第 Ⅱ 章中做了分析.例如,排列的轮换分解可以翻译成

$$\mathcal{P}=\mathrm{SET}(\mathrm{CYC}(\mathcal{Z}))\Rightarrow P(z)=\exp\left(\log\frac{1}{1-z}\right)$$

上面的式子就给出最一般的最大轮换 $\leqslant b$ 的排列的 EGF 为

$$P^{(b)}(z)=\exp\left(\frac{z}{1}+\frac{z^2}{2}+\cdots+\frac{z^b}{b}\right)$$

其中就出现了截断的对数函数.

由 m 个字母组成的单词的有标记表示为

$$\mathcal{W}=\mathrm{SET}_m(\mathrm{SET}(\mathcal{Z}))\Rightarrow W(z)=(\mathrm{e}^z)^m$$

由此就得出每个字母最多出现 b 次的单词的 EGF 为

$$W^{(b)}(z)=\left(\frac{z}{1!}+\frac{z^2}{2!}+\cdots+\frac{z^b}{b!}\right)^m$$

现在在上面的公式中出现了截断的指数函数. 类似的,块的最大容量为 b 的集合的分拆的 EGF 为

$$S^{(b)}(z)=\exp\left(\frac{z}{1!}+\frac{z^2}{2!}+\cdots+\frac{z^b}{b!}\right)$$

一个不那么直接或显然的例子是二元字符串中的最大运行次数,我们现在重新再讨论一下这个例子. 由字母 a,b 组成的二元单词的集合$\mathcal{W}$具有下面的无标记表示

$$\mathcal{W}=\mathrm{SEQ}(a)\cdot\mathrm{SEQ}(b\mathrm{SEQ}(a))$$

它对应于由字母 b 的出现而决定的"节奏或韵律". 对应的,此表示的 OGF 就是

$$W(z)=Y(z)\cdot\frac{1}{1-zY(z)}$$

其中 $Y(z)=\frac{1}{1-z}$ 对应了$\mathcal{Y}=\mathrm{SEQ}(a)$. 因而,最多有 $k-1$ 个相继的连续出现字母 a 的字符串的 OGF 就可通过把 $Y(z)$ 换成它的截断而得出

$$W^{(k)}(z)=Y^{(k)}(z)\cdot\frac{1}{1-zY^{(k)}(z)}$$

其中 $Y^{(k)}(z)=1+z+z^2+\cdots+z^{k-1}$.

因此

$$W^{(k)}(z)=\frac{1-z^k}{1-2z+z^{k+1}}$$

其渐近分析将在例 V.4 中给出.

由上面的例子可以看出,最大成分的生成函数是易于导出的. 然而与加性参数相比,它们的系数的渐近分析通常要更难一些,由于需要依赖于截断函数的复分析性质. 一般的渐近理论的基础已由 Gourdon 的文献[305] 给出.

▶Ⅲ.42 **最小的成分**. 最小的轮换的容量$>b$ 的排列的 EGF 是

$$\frac{1}{1-z}\exp\left(-\frac{z}{1}-\frac{z^2}{2}-\cdots-\frac{z^b}{b}\right)$$

从组合结构中最小成分的符号理论容易转化出 GF 的形式,Panario(帕纳里奥)和 Richmond(里奇蒙)的文献[470] 则提供了相应的渐近分析的要素. ◀

Ⅲ.8.2 高度. 递归构造的嵌套程度是简单树情况下高度的概念一个一

般化泛化.例如,考虑另一个递归定义的类

$$\mathcal{B}=\Phi[\mathcal{B}]$$

其中Φ是一个结构.设$\mathcal{B}^{[h]}$表示$\mathcal{B}$的其结构仅涉及用h个Φ作用的元素组成的子类,那么根据其定义就有

$$\mathcal{B}^{[h+1]}=\Phi\{\mathcal{B}^{[h]}\}$$

因而,若设Ψ是结构Φ的像的函数,则对应的 GF 就可递归的加以定义如下

$$B^{[h+1]}=\Psi[B^{[h]}]$$

(这个讨论与 Ⅰ.2 节中递归的语义有关.)

例 Ⅲ.28 树的高度的生成函数. 首先考虑一般的平面树

$$\mathcal{G}=\mathcal{Z}\times \mathrm{SEQ}(\mathcal{G})\Rightarrow G(z)=\frac{z}{1-G(z)}$$

定义树的高度是它的最长的分支的边数.那么高度$\leqslant h$的树的集合满足递归关系

$$\mathcal{G}^{[0]}=\mathcal{Z},\mathcal{G}^{[h+1]}=\mathcal{Z}\times \mathrm{SEQ}(\mathcal{G}^{[h]})$$

对应的,有有界的高度的树的 OGF 满足

$$G^{[0]}(z)=z,G^{[h+1]}(z)=\frac{z}{1-G^{[h]}(z)}$$

通过反复迭代,我们就求出

$$G^{[h]}(z)=\cfrac{z}{1-\cfrac{z}{1-\cfrac{z}{\ddots\over 1-z}}}\tag{79}$$

其中分数的层数等于b.这是一个有限形式(用数学的术语来说就是这是一个"收敛")的连分式展开式.从隐式的线性递推和基于 Mellin 变换的分析,de Bruijn(德·布鲁因),Knuth 和 Rice 的文献[145]已经确定了一般的平面树的平均高度$\sim\sqrt{\pi n}$.我们在第 Ⅴ 章中作为有理的和亚纯的渐近的一个应用,提供了这个事实的证明.

对于由

$$\mathcal{B}=\mathcal{Z}+\mathcal{B}\times\mathcal{B}$$

定义的平面二叉树,有

$$B(z)=z+(B(z))^2$$

(这里的容量是外结点的数目).因此,现在的递归关系就是

$$B^{[0]}(z)=z,B^{[h+1]}(z)=z+(B^{[h]}(z))^2$$

在这种情况下,$B^{[h]}$具有"连二次式"形式,即

$$B^{[h]}(z)=z+(z+(z+(\cdots)^2)^2)^2$$

这是 $2h$ 次的多项式，目前还没有已知的封闭式表达式，甚至也不知道这种表达式是否可能存在①. 然而，使用复分析和奇点分析的渐近方法，Flajolet 和 Odlyzko 在文献[246]中已经证明了二叉树的平均高度 $\sim 2\sqrt{\pi n}$. 证明的梗概见 Ⅶ.10.2 节.

最后，对 Cayley 树，其定义方程为

$$\mathcal{T}=\mathcal{Z}\star\mathrm{SET}(\mathcal{T})\Rightarrow T(z)=z\mathrm{e}^{T(z)}$$

有有界高度的树的 EGF 满足递归关系

$$T^{[0]}(z)=z,T^{[h+1]}(z)=z\mathrm{e}^{T^{[h]}(z)}$$

我们现在面对的是一个"连指数"式

$$T^{[h]}(z)=z\mathrm{e}^{z\mathrm{e}^{z\mathrm{e}^{z\mathrm{e}^{\cdot^{\cdot^{\cdot z\mathrm{e}^{z}}}}}}}$$

其平均高度 $\sim\sqrt{2\pi n}$，这是由 Rényi 和 Szekeres 得出的，他们所用的方法仍是复分析方法.

这些例子表明高度的统计是与迭代理论密切相关的. 除了像普通的平面树这样的少数情况外，通常没有可用的代数方法，人们不得不求助下一章中所阐述的复分析方法.

Ⅲ.8.3 平均和矩. 对于极值参数来说，平均值的 GF 服从一个一般的模式. 设 $\mathcal{F}$ 是某个具有 GF $f(z)$ 的类. 考虑，例如，一个极值参数 χ，$f^{[h]}(z)$ 是使得极值参数 χ 最多为 h 的对象的 GF. 那么使得参数 χ 恰等于 h 的对象的 GF 就是

$$f^{[h]}(z)-f^{[h-1]}(z)$$

这些差就给出了 $\mathcal{F}$ 上高度的概率分布. 累积值的生成函数(经过正规化之后，它也给出了平均值)因而就是

$$\begin{aligned}\Xi(z)&=\sum_{h=0}^{\infty}h\left[f^{[h]}(z)-f^{[h-1]}(z)\right]\\&=\sum_{h=0}^{\infty}\left[f(z)-f^{[h]}(z)\right]\end{aligned}$$

这可通过重新排列第二个和或等价的使用部分求和公式来容易地验证.

对于最大的分量，其中的公式将涉及截断的 Taylor 级数. 对于高度的分析除了所有问题都会有的普遍性外，还要涉及函数 Φ(GF $f(z)$) 的不动点和由迭

---

① 这种多项式正是已得到了很多研究的 Mandelbrot(曼德伯罗特) 多项式，它们在复平面上会产生出奇异的图形(图 Ⅶ.23).

代产生的对其中一个不动点($f^{[h]}(z)$)的逼近之间的差异.这就是极值参数统计中的一个共同之处.

▶**Ⅲ.43　增长的二叉树的高度.** 在例Ⅱ.17中,方程(61)已给出了增长的二叉树的表示.高度最多为 h 的树的 EGF 由递归关系式

$$I^{[0]}(z)=1,I^{[h+1]}(z)=1+\int_0^z I^{[h]}(w)^2\mathrm{d}w$$

给出.1986年,Devroye(德夫洛伊)在文献[157,158]中证明了容量为 n 的树的高度渐近于 $c\log n$,其中 $c\doteq 4.311\ 07$ 是方程 $c\log\left(\frac{2\mathrm{e}}{c}\right)=1$ 的解. ◀

▶**Ⅲ.44　分层的分拆.** 设 $\varepsilon(z)=\mathrm{e}^z-1$,生成函数

$$\varepsilon(\varepsilon(\cdots(\varepsilon(z))))\quad(h\text{ 次})$$

可以看成是某种分层的分拆的 EGF(那种结构会出现在统计分类理论中,见文献[585,586]). ◀

▶**Ⅲ.45　平衡的树.** 平衡结构导致的 GF 接近于我们做高度统计时所得出的 GF.高度为 h 的平衡的 2－3 树的按树叶数计数的 OGF 满足递归关系

$$Z^{[h+1]}(z)=Z^{[h]}(z^2+z^3)=(Z^{[h]}(z))^2+(Z^{[h]}(z))^3$$

它可以表示成 $\sigma(z)=z^2+z^3$ 的迭代式子(见注记Ⅰ.67以及第Ⅳ章中关于它的渐近表示的部分).也可以用 σ 的迭代的说法表示这种树的内部的结点数目的累计值的 OGF. ◀

▶**Ⅲ.46　随机映射中的极值统计.** 我们也可以得出最大的轮换,最长的分支和功能图的直径的 EGF.类似的还有最大的树,最大的成分的 EGF.(提示:细节见文献[247].) ◀

▶**Ⅲ.47　树的深处的结点.** 给出一般的平面树或 Caylay 树的最深的结点数目的 BGF 可以用连分数或连指数表示.

Ⅲ.9　小结和评论

本章所给出的讯息是,符号方法不仅可使我们计数组合对象,也可使我们量化它们的性质.我们能够相对容易地做到这一点,就证明了这个方法作为分析组合学的主要方法的威力.

符号方法的全局框架把我们引向组合对象的参数的自然的结构分类.首先是继承参数的概念允许我们对已见过的关于有标记对象和无标记对象的从组合结构到 GF 的形式翻译机制的直接扩展 —— 这导致了用于解决各种各样经典组合问题的 MGF.其次,使用递归参数的理论在甚至没有 MGF 的确切表达

式的情况下也提供了关于树木和类似结构的信息.再次,由最大规则(而不是加法规则)定义的极值参数可以用单变量 GF 的族的分析来进行研究.符号方法的威力的其他例子还可以在完全的 GF 的概念里发现,特别,这使我们能够研究 Bernoulli 试验和分支过程.

正如我们将从第 Ⅳ 章的开始部分所看到的那样,在那里这些方法变得尤其重要,由于它们可以作为对结构的性质进行渐近分析的基础.符号方法不仅对特定的参数提供了精确的信息,而且也为发现将告诉我们对各种组合类型可以期盼什么的一般的模式和定理铺平了道路.

关于参考文献的注记和评论. 多元生成函数是经典的组合分析的常用工具.Comtet 的书[129]再次是一个很好的各种例子的源泉.Goulden 和 Jackson 的书[303]对于遗传参数的多元生成函数给出了系统化的处理.

相比之下,参数累计值的生成函数(与平均值有关)似乎在数字计算机和算法分析出现之前几乎没有受到重视.有许多重要的技巧隐藏在 Knuth 的论文中,尤其是在文献[377,378]中.Wilf 在他的书[608]和论文[606]中讨论了一些有关的问题.

专门针对树的算法的早期的系统是由 Flajolet 和 Steyaert(斯泰亚特)在 1980 年发表的文献[215,261,262,560]中提出的.也可见 Berstel 和 Reutenauer(罗伊特瑙尔)的工作[56].那里发展的一些想法最初是从对于已很完善的关于非交换的未定元的形式幂级数的处理中吸取的灵感.见 Eilenberg(艾伦伯格)的书[189]和 Salomaa(萨洛马)和 Soittola(苏托拉)的著作[527]以及 Berstel(别尔斯太尔)编辑的论文集[54].在此领域中的一些计算现在甚至可以在计算机代数系统的帮助下实现自动化,见文献[255,528,628].

Je n'ai jamais été assez loin pour bien sentir l'application de l'algèbre àla géométrlie. Je n'aimais point cette manière d'opérer sans voir ce qu'on fait, et il me sembloit que résoudre un problème de géométrie par les équations. c'étoit jouer un air en tournant une manivelle.

(“我从来没有做过足够多的工作来获得将代数应用于几何的良好感觉,我并不喜欢这种只按规则操作而不去看看自己在干什么的方法;用方程去解决几何问题似乎是在通过转动曲柄来演奏曲子.”)

——JEAN-JACQUES ROUSSEAU, Les Confessions, Livre Ⅳ

部分 B

复渐近理论

第 IV 章 复分析，有理的和半纯的逼近

Entre deux vérités du domaine réel, le chemin le plus facile et le plus court passe bien souvent par le domaine complexe.

——PAUL PAINLEVÉ(保尔·潘勒维)[467, p. 2]

有人曾经说过通往两个实域之间的真相的最短的和最好的路线是通过一个虚域①.

——JACQUES HADAMARD(雅克·哈达玛)[316, p. 123]

生成函数是组合理论的中心概念. 在部分 A, 我们已经将其作为一种形式的对象, 即形式幂级数加以处理了. 实际上, 我们在第 I—Ⅲ章中已经展示了生成函数的代数结构是如何直接地反映了组合类的结构. 从现在开始, 我们将用分析的眼光来研究生成函数. 这个观点涉及给出现在生成函数中的变量赋值.

只给单变量生成函数中的变量 z 赋以实值的效果相对较小, 相比之下, 允许它取复值往往会产生意想不到的结果. 当我们这样做时, 一个生成函数就成了一个复平面中的几何变换. 这种转变在原点附近是非常正则的——我们说它是解析的(或全纯的). 换句话说, 在 0 附近, 它只光滑地影响复平面的失真. 在离原点更远的地方, 一些裂缝开始出现在图形中. 这些裂缝——正式的名字是奇点——对应于光滑性的消失. 事实证明, 一个函数的奇点提供了函数系数的丰富的信息, 尤其是它们增长的渐近速率. 因此用几何观点去看生成函数将会得到巨大的回报.

① Hadamard(1945 年)引用的 Painlevé(潘勒维)(1900 年)的原话是"(发现)两个实域之间的真相的最短和最简单的路线通常是通过经过复域."

通过关注奇点,分析组合学在数学的很多令人敬畏的领域中踏进了脚步.例如,Euler 认识到 Riemann ζ 函数 $\zeta(s)$ 在 1 处变成无穷大,(因此这意味着 $\frac{1}{\zeta(s)}$ 在 1 处具有奇点)这个事实蕴含存在无限多的素数. Riemann,Hadamard 和 de la Vallée-Poussin(德·拉·瓦利-布善)后来发现了素数的数量性质和 $\frac{1}{\zeta(s)}$ 的奇点之间的深刻联系.

本章的主要目的是对解析函数的基本概念给予一个易于接受的介绍或回顾.我们首先以一种适应分析组合需要的风格回顾了初等的函数论和函数的奇点,Cauchy 积分公式把解析函数的系数表示成围道积分.然后通过适当的使用 Cauchy 积分公式就可能通过适当的选择积分的围道来估计这些系数.对于具有有限奇点的函数的常见情况,指数增长公式与最接近于原点的奇点的位置有关——这种奇点也称为主奇点——和系数的指数阶增长有关.这些奇点的性质因而就决定了函数系数渐近的精细结构,特别是所涉及的次指数因子.

关于生成函数,可根据结构复杂性增加的程度,对组合枚举问题进行大致的分类.在最基本的层面,我们遇到的是足够简单的各种问题,所以相关的生成函数和系数都可以明确地表示出来.(我们在部分 A 中已研究过的关于二叉树和一般的平面树,Cayley 树,错排,映射和集合的分拆的各种例子).在这种情况下,基本的实分析技巧通常就足以渐近地估计计数序列了.在接下来的中间层次上,生成函数仍然是显式的,但它的形式使得系数没有简单的表达式.这就是本章和下一章所述的理论要发挥作用的地方了.由于我们可以推导出系数的精确的渐近估计,因此通常只要有一个生成函数的表达式就足够了,而没有必要给出它的系数的表达式(满射,广义错排,一叉一二叉树都易于采用这一方法.一个引人注意的例子,即串的例子的详情可见Ⅳ.4 节).然后,解析函数的性质就使得这种分析只依赖于生成函数在几个点,即主奇点处的局部性质了.从分析组合学的角度来看,第三个层次,即最高的层次包括:不再能明确表出,而只能由函数方程确定的生成函数.这涵盖了部分 A 中通过递归手段定义的或通过基本结构隐式定义的结构.解析方法甚至适用于一大类的这种情况的问题(例子包括简单树,平衡的树以及本章结尾处将要处理的某些分子的枚举.另一个有特点的例子是非平面的无标记的树,这将在第Ⅶ章中处理.)

正如我们将要在本书中看到的那样,解析方法几乎适用于所有在部分 A 中所用符号方法研究过的组合类.在本章中,我们将对有理函数和半纯函数(即奇点是极点的函数)给出这一套方法.

Ⅳ.1 作为解析对象的生成函数

现在,我们将把在部分A中被看成是受代数运算约束的纯粹形式的对象的生成函数看成一个解析的对象.这样做可以轻松的得出它的系数的渐近形式.这个非正式的一节提供了构成第Ⅳ章—第Ⅶ章基础的主题.

为了引入主题,我们从两个简单的生成函数开始.第一个,$f(z)$ 是 Catalan 数的 OGF(即 Ⅰ.2 节中一般的树中的 $G(z)$,第二个 $g(z)$ 是错排数的 EGF(即例 Ⅱ.14 中的 $D^{(1)}(z)$)

$$f(z)=\frac{1}{2}(1-\sqrt{1-4z}),g(z)=\frac{\exp(-z)}{1-z} \tag{1}$$

在这个阶段,上述形式只是根据标准法则通过初等的级数

$$(1-y)^{-1}=1+y+y^2+\cdots,(1-y)^{\frac{1}{2}}=1-\frac{1}{2}y-\frac{1}{8}y^2-\cdots$$

$$\exp(y)=1+\frac{1}{1!}y+\frac{1}{2!}y^2+\cdots$$

而得出的形式幂级数的一种紧凑的写法.相应的,两个 GF 的系数都已知有明确的表达式

$$f_n:=[z^n]f(z)=\frac{1}{n}\binom{2n-2}{n-1}$$

$$g_n:=[z^n]g(z)=\frac{1}{0!}-\frac{1}{1!}+\cdots+\frac{(-1)^n}{n!}$$

通过 Stirling 公式以及与 $\exp(-1)$ 的交错级数的比较就给出当 $n\to\infty$ 时,分别有

$$f_n\sim\frac{4^{n-1}}{\sqrt{\pi n^3}},g_n\sim \mathrm{e}^{-1}\doteq 0.367\,87 \tag{2}$$

我们现在的目的是提供一种如何才能导出上述那种逼近,而不需要明确的生成函数的公式的直觉.因此,启发式的,我们现在在一瞬间就验证了渐近形式(2)与(1)中对应的生成函数的结构之间的直接联系.

为了给出 f_n 和 g_n 的可用的增长估计,在 GF$f(z)$ 和 $g(z)$ 的幂级数展开式中,代入任意一个模充分小的实数值或复数值都是合法的,这里对于 $f(z)$,模的上界为 $\rho_f=\frac{1}{4}$,而对于 $g(z)$ 则是 $\rho_g=1$.图 Ⅳ.1 画出了当 z 取实值时所给函

数的图形. 这些图形都是光滑的，它们表示当 z 在区间 $(-\rho,\rho)$ 内部变动时，函数是无限次可微的. 然而，在正好处于边界的地方，光滑性中断了：$g(z)$ 在 $z=1$ 处成为无穷大，因此甚至无法对它在这个地方做有限的定义. 当 $z\to\left(\frac{1}{4}\right)^-$ 时，尽管 $f(z)$ 本身确实趋向于有限的极限 $\frac{1}{2}$，但是它的导数在那里成为无限. 光滑性停止的特殊点称为奇点(singularities)，我们将在下一节中给出这个术语的精确的含义.

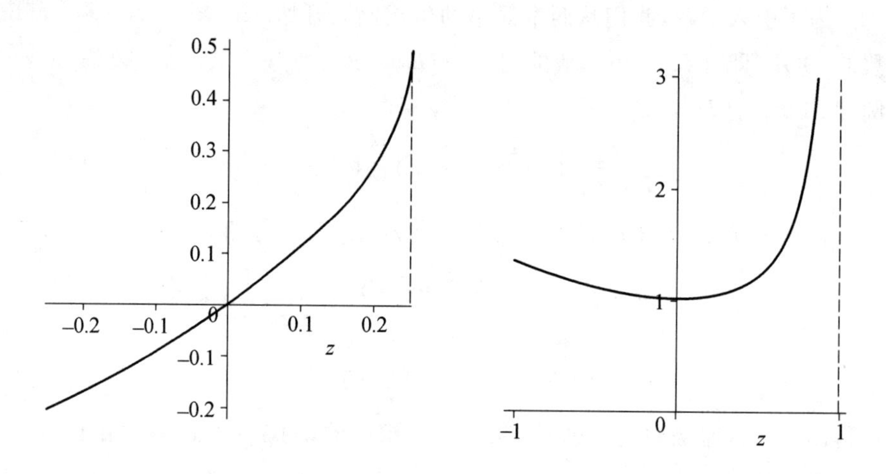

图 Ⅳ.1　左：Catalan数的 OGF $f(z)$ 在 $z\in\left(-\frac{1}{4},\frac{1}{4}\right)$ 上的图形，右：错排数的 EGF $g(z)$ 在 $z\in(-1,1)$ 上的图形

还要注意的是，尽管上面的级数表达式在这些特定的区间之外是发散的，我们仍可把函数 $f(z)$ 和 $g(z)$ 连续的延拓到某个区域中去. 这只要利用公式(1) 的全局表达式，并对其中的"exp"和"$\sqrt{\quad}$"给予通常的实分析解释即可. 例如

$$f(-1)=\frac{1}{2}(1-\sqrt{5}),g(-2)=\frac{e^2}{3}$$

在上面的延拓中，对于开发系数有效的渐近方法中，尤其值得注意的是在复域中所做的延拓.

我们可以用复数来进行类似的延拓，这时我们要求自变量所取得值的模要小于使得 GF 的级数有定义的收敛半径. 图 Ⅳ.2 显示了由公式(1) 给出的标准网格在 $f(z)$ 和 $g(z)$ 的作用下所得到的图像的网格. 这表明了标准网格被变换成了正交的曲线网格. 更确切地说，$f(z)$ 和 $g(z)$ 是保角的，即变换前原来曲线相交的角度在变换后不变 —— 这个性质对应于复可微性，并等价于即将推出的解析性. $f(z)$ 的奇异性在其图的右侧是显而易见的,由于在 $z=\frac{1}{4}$ 处(对应于 $f(z)=\frac{1}{2}$),函数 $f(z)$ 折叠直线并将角度除以因子 2. 在 $z=1$ 处的 $g(z)$ 的奇异性可以从以下事实中间接地感知到:当 $z\to 1$ 时,$g(z)\to\infty$.(由于本书只能容纳有限的图,正方形网格必须在 $z=0.75$ 处中断.)

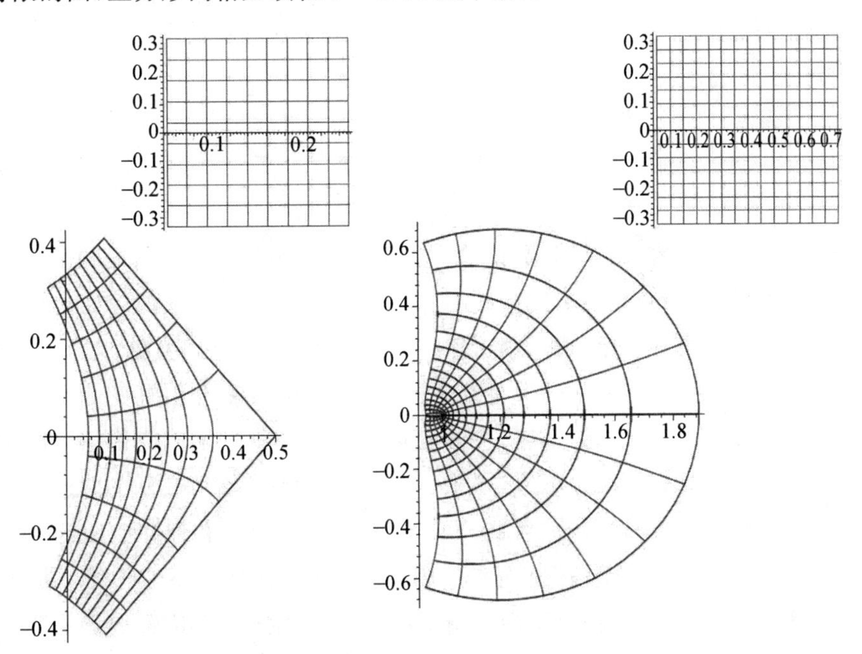

图 Ⅳ.2　在 $f(z)$(左) 和 $g(z)$(右) 的作用下,标准网格的像

现在让我们转向系数的渐近. 就像式(2) 中所示的那样,系数 f_n 和 g_n,其中每个都属于一种一般的某个函数 F 的系数的渐近类型,即

$$[z^n]F(z)=A^n\theta(n) \tag{3}$$

它对应于由带有次指数的次要因子 $\theta(n)$ 调节的指数增长因子 A^n. 这里,对 f_n,我们有 $A=4$,而对 g_n 有 $A=1$;同时对 f_n,我们有 $\theta(n)\sim\frac{1}{4}(\sqrt{\pi n^3})^{-1}$,而对 g_n 有 $\theta(n)\sim \mathrm{e}^{-1}$. 显然 A 应当与级数的收敛半径有关. 我们将看到,对于组合生成函数来说,指数增长率总是由 $A=\frac{1}{\rho}$ 给出,其中 ρ 是沿着正实轴遇到的第一个奇点(定理 Ⅳ.6). 此外,我们将证明,在一般的复分析条件下,$\theta(n)=O(1)$ 和生成函数有一个简单极点有本质的内在联系(定理 Ⅳ.10),而 $\theta(n)=O(n^{-\frac{3}{2}})$ 和奇点是平方根类型的有本质的内在联系(第 Ⅵ 章和第 Ⅶ 章). 我们将阐明:

系数渐近的第一原理:函数奇点的位置决定了系数的指数增长率(A^n).

系数渐近的第二原理:函数奇点的性质决定了相关的次指数因子($\theta(n)$).

注意重尺度化法则

$$[z^n]F(z)=\rho^{-n}[z^n]F(\rho z)$$

使我们能够对函数进行标准化,使得它们在1处是奇异的.因而,下面的各个定理,从定理Ⅳ.9和Ⅳ.10开始,就提供了使下面的基本关系式可以成立的充分条件

$$h(z)\sim\sigma(z)\Rightarrow[z^n]h(z)\sim[z^n]\sigma(z) \tag{4}$$

其中$h(z)$的系数是我们将要估计的,它是一个奇点在1处的函数,而$\sigma(z)$是奇点附近的局部逼近;通常σ是一个形如$(1-z)^{\alpha}\log^{\beta}(1-z)$这样的简单得多的函数,其系数相对容易估计(第Ⅵ章).关系(4)表示的是奇点附近的函数的渐近尺度和系数的渐近标度之间的映射.在适当的条件下,为了渐近地估计一个函数的系数,只需在几个特殊点(奇点)处局部地估计这些函数就够了.

一个简洁的路线图. 下面等待读者的内容是:Ⅳ.2节介绍复变函数理论的基本概念.在Ⅳ.3节中通过具体例子验证了奇点和解释了如何用第一原理来得出系数的指数增长律.接下来,在Ⅳ.4节中我们对所有可表示的非递归结构建立了指数增长率的可计算性.Ⅳ.5节给出了两个处理有理和亚纯函数的重要定理,并演示了最简单情况(次指数因子仅仅是多项式)下应用第二原理的方法.然后在Ⅳ.6节中探讨了用构造的手段来给确定奇点位置的方法并详细处理了单词中的模式情况.最后,Ⅳ.7节显示了如何对只有通过函数方程才能了解的函数应用复渐近方法.

▶**Ⅳ.1 Euler,离散和连续.** Euler关于存在无限多个素数的证明以一种让人一开始意想不到的方式说明了,生成函数的分析形式可以告诉我们离散领域中的事情.对实数$s>1$定义下面的所谓Riemann ζ函数

$$\zeta(s):=\sum_{n=1}^{\infty}\frac{1}{n^s}$$

分解式

$$\begin{aligned}\zeta(s)&=\left(1+\frac{1}{2^s}+\frac{1}{2^{2s}}+\cdots\right)\left(1+\frac{1}{3^s}+\frac{1}{3^{2s}}+\cdots\right)\left(1+\frac{1}{5^s}+\frac{1}{5^{2s}}+\cdots\right)\cdots\\&=\prod_p\left(1-\frac{1}{p^s}\right)^{-1}\end{aligned} \tag{5}$$

精确地表达了每个整数都具有唯一的素数乘积分解式这一事实.从分析的角度来看,很容易验证恒等式(5)对所有的$s>1$都有效.现在假设只有有限个素数.

在分解式(5)中令 s 趋向于 1^+,那么左边将成为无穷大,而右边趋向于有限的极限 $\prod_p\left(1-\frac{1}{p^s}\right)^{-1}$,矛盾. ◀

▶**Ⅳ.2　初等变换.** 从初等的级数运算得出下面的一般性结果:设 $h(z)$ 是一个收敛半径 >1 的幂级数,并设 $h(1)\neq 0$,那么我们就有

$$[z^n]\frac{h(z)}{1-z}\sim h(1),[z^n]h(z)\sqrt{1-z}\sim -\frac{h(1)}{2\sqrt{\pi n^3}},[z^n]h(z)\log\frac{1}{1-z}\sim\frac{h(1)}{n}$$

见我们在定理 Ⅵ.12 中的讨论和 Bender 的综述[36],其中给出了很多陈述,它们类似于我们在本章和第 Ⅵ 章中所给出的许多深远的推广. ◀

▶**Ⅳ.3　广义错排的渐近.** 没有长度为 1 和 2 的轮换的排列的 EGF 满足(图 Ⅱ.8)

$$j(z)=\frac{e^{-z-\frac{z^2}{2}}}{1-z},j(z)\underset{z\to 1}{\sim}\frac{e^{-\frac{3}{2}}}{1-z}$$

与错排的类比表明,当 $n\to\infty$ 时 $[z^n]j(z)\sim e^{-\frac{3}{2}}$(证明要用到注记 Ⅳ.2,或参见下面的例 Ⅳ.9).下面给出的表列出了 $[z^n]j(z)$ 的精确值(以及用圆括号括出的这些值和 $e^{-\frac{3}{2}}$ 的相对误差):

	$n=5$	$n=10$	$n=20$	$n=50$
j_n	0.2	0.223 17	0.223 130 160 0	0.223 130 160 148 429 828 933 280 470 764 401 22
相对误差	(10^{-1})	$(2\cdot 10^{-4})$	$(3\cdot 10^{-10})$	(10^{-33})

渐近逼近的质量非常好,正如我们将要看到的那样,这种性质总是与极点相连的. ◀

Ⅳ.2　解析函数和半纯函数

解析函数是渐近理论的主要数学概念.可以用两种本质上等价的方式来表达这一概念(见第 Ⅳ.2.1 节):其中一种是收敛级数展开的方式(Cauchy 和 Weierstrass(维尔斯特拉斯)),第二种是用可微性质表达(Riemann).第一种方式直接关系到使用枚举的生成函数;第二种形式具有很强的效力,它允许我们对封闭性质进行讨论而只需很少的计算.

本节和下一节的内容构成关于根据计数序列的渐近分析的需要而给出的

解析函数的基本性质的介绍的非正式评论. 附录 B.2 中解析性的等价定义，特别是基本等价性定理的证明和下面的定理 Ⅳ.1 提供了进一步的信息. 关于这一课题的详细论述，我们推荐读者参考有关的许多优秀文献，比如 Dieudonné 的文献（迪厄多内）的文献[165]，Henrici（亨里奇）的文献[329]，Hille（希尔）的文献[334]，Knopp（诺普）的文献[373]，Titchmarsh（梯其马什）的文献[577] 以及 Whittaker（惠特克）和 Watson（沃森）的文献[604] 等. 对于那些以前还不熟悉解析函数理论的读者，最简单和快捷的办法是把定理 Ⅳ.1 和 Ⅳ.2 作为“公理”并以此作为起点，再使用基本的定义和目前公认的基础微积分往下学习. 本章最后的图 Ⅳ.19 简要重述了关于分析组合学的主要结果.

Ⅳ.2.1　基础. 我们将考虑在复域 C 的某个区域中定义的函数. 一个区域是复平面中的一个连通的开子集 Ω. 下面是一些例子：

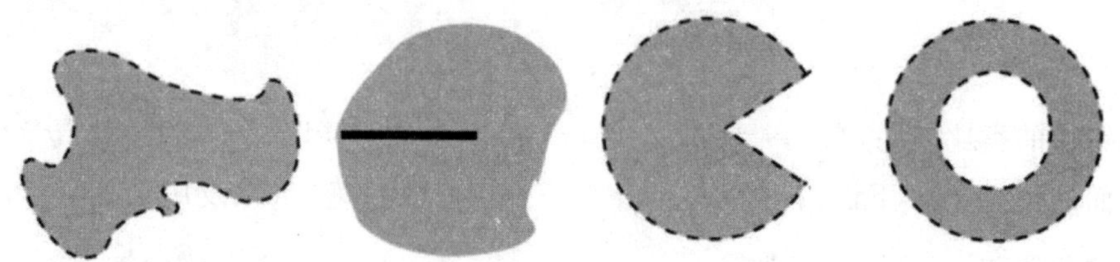

简单的连通区域　　有裂缝的复平面　　缺角的圆盘　　圆环

经典的文献已经告诉了我们如何把实函数的分析扩展到复域中去：由于对复数已定义了加法和乘法，因此多项式可以立即扩展到复域中去，而指数函数则可通过 Euler 公式加以扩展. 例如，我们有

$$z^2=(x^2-y^2)+2\mathrm{i}xy,\mathrm{e}^z=\mathrm{e}^x\cos y+\mathrm{i}\mathrm{e}^x\sin y$$

设 $z=x+\mathrm{i}y$，那么 $x=\mathcal{R}(z)$ 和 $y=\mathcal{T}(z)$ 就分别表示 z 的实部和虚部. 因此这两个函数都在整个复平面 C 上有定义.

平方根函数和对数函数则用极坐标表示更方便：设 $z=\rho\mathrm{e}^{\mathrm{i}\theta}$，则

$$\sqrt{z}=\sqrt{\rho}\,\mathrm{e}^{\frac{\mathrm{i}\theta}{2}},\log z=\log\rho+\mathrm{i}\theta \tag{6}$$

我们可将一条有从 0 到 $-\infty$ 的裂缝的复平面取成式(6) 的定义区域，即将 θ 限制在开区间$(-\pi,\pi)$ 中. 在这种情况下，上面的定义就规定了所谓的主定义域. 例如，在这样的规定下，我们不可能在任何内部包含 0 的区域中，连续地定义 $\sqrt{z}$，由于根据上面的定义，对于 $a>0$，当在上半平面中令 $z\to-a$ 时，我们有 $\sqrt{z}\to\mathrm{i}\sqrt{a}$，而在下半平面中令 $z\to-a$ 时，我们有$\sqrt{z}\to-\mathrm{i}\sqrt{a}$. 下面的图显示了这一情形：

当 z 沿 $|z|=a$ 变动时，$\sqrt{z}$ 的值在 $z=0$ 处，几个定义域“相遇”，因此把 $z=0$ 称为分支点.

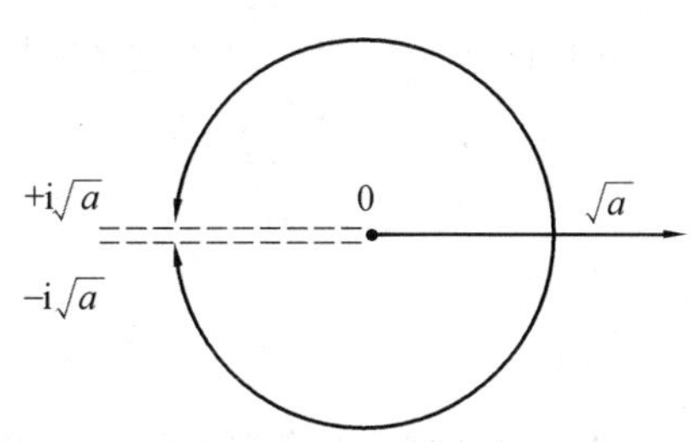

解析函数. 首先我们要介绍的一个主要概念是解析函数的概念，它起源于收敛的级数展开式，因此显然与生成函数有关.

定义 Ⅳ.1 称一个定义在某个区域Ω上的函数$f(z)$，在点$z_0 \in \Omega$处是解析的，如果对某个z_0为中心并包含在Ω内的开圆盘中所有的z，$f(z)$都可表示成一个收敛的幂级数

$$f(z) = \sum_{n \geqslant 0} c_n (z - z_0)^n \tag{7}$$

称一个函数在区域Ω上是解析的，如果它在Ω内的每一点处都是解析的.

从幂级数的基本性质(注记 Ⅳ.4)得出，给了一个在点z_0处解析的函数f，那么就存在一个圆盘(其半径可能为无穷)，使得表示$f(z)$的级数在此圆盘内的每一点z处都是收敛的，而对于圆盘外的点z则是发散的. 我们称这个圆盘为收敛盘，而它的半径就称为$f(z)$在$z = z_0$处的收敛半径，并用$R_{\text{conv}}(f;z_0)$表示. 一个幂级数的收敛半径包含了其系数增长速度的基本信息；详情可见Ⅳ.3.2节以下的部分. 容易证明，如果一个函数在z_0处是解析的，那么就可对表示它的级数的项做任意的重新表示，因此就可证明其在收敛盘内部的所有点处都是解析的.(见附录 B.2 解析性的等价定义).

▶**Ⅳ.4 幂级数的收敛盘**. 设$f(z) = \sum f_n z^n$是一个幂级数. 定义R是使得$\{f_n x^n\}$有界的$x > 0$中的最大者. 那么对$|z| < R$，序列$f_n z^n$以几何级数的速率趋于0(译者注：由于$|f_n z^n| = |f_n R^n| \left|\frac{z}{R}\right|^n \leqslant M k^n$，其中$M > 0$是一个常数，$0 < k = \left|\frac{z}{R}\right| < 1$)；因此$f(z)$是收敛的. 对$|z| > R$，序列$f_n z^n$是无界的；因此$f(z)$是发散的. 总之，幂级数在某个圆盘内部收敛，在这个圆盘外部发散. ◀

例如，考虑通过按通常的复数除法在$\mathbb{C} \setminus \{1\}$中定义的函数$f(z) = \frac{1}{1-z}$. 由于它可表为几何级数

$$\frac{1}{1-z} = \sum_{n \geqslant 0} 1 \cdot z^n$$

因此它在 0 处是解析的，并在圆盘 $|z|<1$ 内收敛. 在点 $z_0 \neq 1$ 处，我们可得

$$\frac{1}{1-z}=\frac{1}{1-z_0-(z-z_0)}=\frac{1}{1-z_0}\,\frac{1}{1-\dfrac{z-z_0}{1-z_0}}$$

$$=\sum_{n\geqslant 0}\left(\frac{1}{1-z_0}\right)^{n+1}(z-z_0)^n \tag{8}$$

上面的等式表明 $f(z)$ 在以 z_0 为圆心，半径为 $|1-z_0|$ 的圆盘上，即在以 z_0 为圆心并通过点 1 的圆盘的内部是解析的. 特别，$R_{\mathrm{conv}}(f,z_0)=|1-z_0|$ 并且 $f(z)$ 在挖了一个洞的复平面 $\mathbb{C}\setminus\{1\}$ 上是全局解析的.

$\dfrac{1}{1-z}$ 的例子解释了解析性的定义. 然而对更复杂的函数来说，可能难以应用上面的级数重新表示方法. 换句话说，我们期待一种更容易实现的方法，下面将要开发的可微性质提供了这种方法.

可微的(全纯)函数. 下面的重要概念是一个基于可微性的几何概念.

定义 Ⅳ.2 定义在区域 Ω 上的函数 $f(z)$ 称为在点 z_0 是复可微(全纯)的，如果下面的极限存在

$$\lim_{\delta\to 0}\frac{f(z_0+\delta)-f(z_0)}{\delta}$$

其中 δ 是任意的复数.（特别，这个极限不依赖于在 $\mathbb{C}$ 中 δ 趋近于 0 的路线和方式.）我们用 $f'(z_0)$ 或 $\dfrac{\mathrm{d}}{\mathrm{d}z}f(z)\Big|_{z_0}$ 或 $\partial_z f(z_0)$ 来表示这个极限. 称函数 $f(z)$ 在 Ω 上是复可微的，如果它在每个点 $z_0\in\Omega$ 都是复可微的.

从定义可知，如果 $f(z)$ 在点 z_0 是复可微的，且 $f'(z_0)\neq 0$，那么它在局部的作用就像一个线性变换一样

$$f(z)-f(z_0)=f'(z_0)(z-z_0)+o(z-z_0)\quad (z\to z_0)$$

因而，$f(z)$ 在一个小的区域中表现得就几乎像一个相似变换一样(一个旋转和缩放的复合变换组成). 特别，它是保角[①]的，并且把无限小的正方形变换为无限小的正方形. 其效果可见图 Ⅳ.3. 解析函数的局部性状的其他内容将在关于鞍点方法的 Ⅷ.1 节中加以介绍.

例如在沿着射线 $(-\infty,0)$ 切开的有狭缝的复平面上，由式(6) 定义的函数 $\sqrt{z}$ 在有狭缝的复平面上的任意点 z_0 处都是复可微的. 由于

---

① 平面上局部保角的映射又称为共形映射，在 Ⅷ.1 节中将进一步介绍解析函数的局部“形状”的性质.

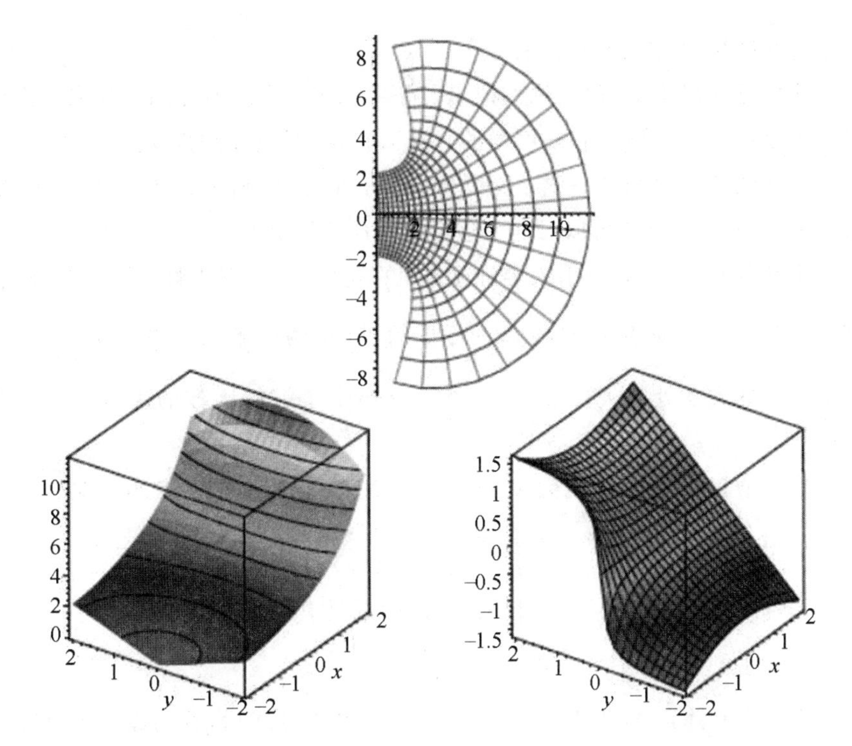

图 Ⅳ.3　一个解析函数的多重视图. 区域 $\Omega=\{z \| \Re(z)|<2, |\Im(z)|<2\}$ 在 $f(z)=\mathrm{e}^z+z+2$ 下的像(上面), f 把 Ω 中的正方形网格变换成的形象, $f(z)$ 的模和幅角(下面)

$$\lim_{\delta\to 0}\frac{\sqrt{z_0+\delta}-\sqrt{z_0}}{\delta}=\lim_{\delta\to 0}\sqrt{z_0}\,\frac{\sqrt{1+\dfrac{\delta}{z_0}}-1}{\delta}=\frac{1}{2\sqrt{z_0}} \tag{9}$$

这扩展了实分析的通常的证明. 同理, $\sqrt{1-z}$ 在沿着射线 $(1,\infty)$ 切割的复平面上是可微的.

更一般地, 通常的实分析证明几乎可以逐字逐句地复制到复域中去, 而得到

$$(f+g)'=f'+g', (fg)'=f'g+fg'$$
$$\left(\frac{1}{f}\right)'=-\frac{f'}{f^2}, (f\circ g)'=(f'\circ g)g'$$

因此复可微的概念要比解析的概念更易于操作.

根据著名的 Riemann 定理(例如, 见文[329, vol. 1, p. 143] 和附录 B.2 解析性的等价定义) 可知解析性和复可微性质是等价的概念.

定理 Ⅳ.1　基本等价性定理. 一个函数在区域 Ω 中是解析的, 充分必要条

件是它在区域 Ω 中是复可微的.

我们已知以下的事实(见注记 Ⅳ.5 ~ Ⅳ.6 和附录 B):(Ⅰ) 如果一个函数在 Ω 中是解析的(等价的,复可微的),那么它就有任意阶的(复数) 导数 —— 这一性质显然和实分析不一样:复可微的,等价的,解析的函数一直是光滑的;(Ⅱ) 一个函数的导数可以对表示这个函数的级数逐项微分而得出.

半纯函数. 最后我们引入半纯函数[①]的概念,它是解析性(或全纯) 概念和基本理论的一个最初步的和必不可少的扩展. 两个解析函数的商 $\frac{f(z)}{g(z)}$ 在使 $g(a)=0$ 的点 a 处将失去解析性;然而这产生了解析函数的商这样一个简单结构.

定义 Ⅳ.3 称一个函数 $h(z)$ 在点 z_0 是半纯的,如果对点 z_0 的某个领域中所有使得 $z \neq z_0$ 的 z,$h(z)$ 都可被表示成 $\frac{f(z)}{g(z)}$ 的形式,其中 $f(z)$ 和 $g(z)$ 都在点 z_0 解析. 在这种情况下,$h(z)$ 在点 z_0 附近具有以下形式的展开式

$$h(z)=\sum_{n \geqslant -M} h_n (z-z_0)^n \tag{10}$$

其中 $h_{-M} \neq 0$ 并且 $M \geqslant 1$. 把 $h(z)$ 表示成上述展开式后,我们称 $h(z)$ 在 $z=z_0$ 处有一个 M 阶的极点. 系数 h_{-1} 称为 $h(z)$ 在 $z=z_0$ 处的留数,并将其记为

$$\operatorname{Res}[h(z);z=z_0]$$

称一个函数在某个区域内是半纯的,如果它在这个区域中的每一点都是半纯的.

Ⅳ.2.2 积分和留数. 一个从[0,1] 到区域 Ω 的连续映射称为区域 Ω 中的一条用参数表示路径. 称 Ω 中的两条路径 γ 和 γ' 是同伦的,如果它们具有相同的端点并且在 Ω 中可以从其中一条连续地形变成另一条. 下面是同伦的路径的例子:

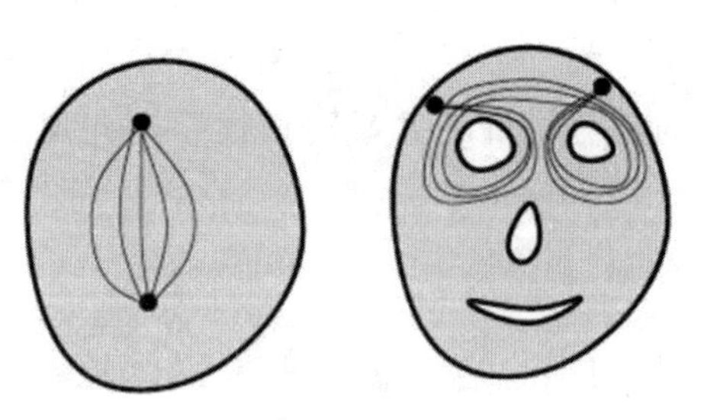

同伦的路径

① 术语"全纯"和"半纯"来自希腊语,它们分别表示"完全形式的"和"部分形式的".

若一条路径的端点是重合的，即 $\gamma(0)=\gamma(1)$，则称它是闭合的或封闭的. 若映射 γ 是 $1-1$ 的，则称这条路径是简单的. 称 Ω 中的一条封闭的路径是 Ω 中的一个圈或环，如果在 Ω 中可将其连续地形变成一个单独的点，这时也称这条路径是同伦于 0 的. 在以下的章节中，如果不特别声明，我们都默认路径是分段连续可微的，并且圈是正定向的.

沿着复平面中的一条曲线的积分就定义成通常的复值函数的曲线积分. 确切地说，设 $f(x+\mathrm{i}y)$ 是一个函数，而 γ 是一条路径，那么

$$\begin{aligned}\int_\gamma f(z)\mathrm{d}z &:= \int_0^1 f(\gamma(t))\gamma'(t)\mathrm{d}t \\ &= \int_0^1 [AC-BD]\mathrm{d}t + \mathrm{i}\int_0^1 [AD+BC]\mathrm{d}t\end{aligned}$$

其中 $f\circ\gamma = A+\mathrm{i}B$，以及 $\gamma'=C+\mathrm{i}D$. 然而，复平面上的积分和实直线上的积分在很多方面是极其不同的，在某种程度上，它更简单并且更加有效力（译者注：即可从这种积分得出更多的结论）. 我们有：

定理 Ⅳ.2　0 积分性质. 设 f 在 Ω 中是解析的，并设 λ 是一个 Ω 中的简单的环，那么就有 $\int_\lambda f=0$.

等价的，也可以把上述性质说成是积分不依赖于路径的细节：即对 Ω 中解析的 f，我们有

$$\int_\gamma f = \int_{\gamma'} f \tag{11}$$

其中 γ 和 γ' 是 Ω 中的两条同伦的路径（不一定是封闭的）. 附录 B.2 解析性的等价定义中给出了定理 Ⅳ.2 的证明的梗概.

留数. Cauchy 所发现的重要的留数定理把半纯函数的全局性质（它的沿着闭曲线的积分）归结为指定点处的局部特征（它的极点处的留数）.

定理 Ⅳ.3　Cauchy 的留数定理. 设 $h(z)$ 是区域 Ω 上的半纯函数，并设 λ 是 Ω 中的一个简单的使得 $h(z)$ 在其上解析的环. 则

$$\frac{1}{2\pi\mathrm{i}}\int_\lambda h(z)\mathrm{d}z = \sum_s \mathrm{Res}[h(z);z=s]$$

其中的和遍历所有被 λ 所围的 $h(z)$ 的极点.

证明（梗概）　在 $h(z)$ 只有一个极点的代表性情况下，我们不妨设这个极点在 $z=0$ 处. 我们把原始的要证的函数积分写成

$$\int_\lambda h(z)\mathrm{d}z = \sum_{\substack{n\geqslant -M\\ n\neq -1}} h_n\left[\frac{z^{n+1}}{n+1}\right]_\lambda + h_{-1}\int_\lambda \frac{\mathrm{d}z}{z}$$

其中的括号符号$[u(z)]_\lambda$表示函数$u(z)$沿着围道λ走了一周后的变化量.这个表达式归结为它的最后一项(译者注:由于λ同伦于围着原点的圆周),所以可以将其沿着一个圆周(设$z=re^{i\theta}$)来计算,从而验证这个项就等于$2\pi i h_{-1}$.然后可以通过平移将计算推广到在$z=a$处有一个唯一的极点的情况.

下面考虑有多个极点的情况,这时注意简单的回路只能包围有限多个极点(根据紧致性).然后,证明就从简单的把λ的内部区域分解成一些单元得出,其中每个单元只包含一个极点.下面是三个极点情况下的分解图示.

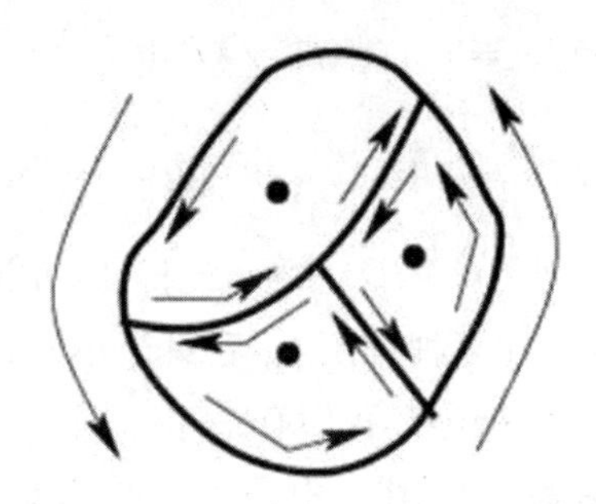

(在内部的边上的积分值已互相抵消)

全局(积分)和局部(留数)的联系. 我们给出一个把解析函数的全局性质归结为局部性质的例子.定义积分

$$I_m := \int_{-\infty}^{\infty} \frac{dx}{1+x^{2m}}$$

并特别考虑I_1.由于被积函数的不定积分是反正切,因此由初等的微积分知识可知

$$I_1 = \int_{-\infty}^{\infty} \frac{dx}{1+x^2} = [\arctan x]\Big|_{-\infty}^{\infty} = \pi$$

下面是另一种算法,在很多方面这种方法更有效果.为应用留数定理,我们把所说的积分看成充分大的区间$[-R,R]$上的积分的极限,然后在如下所示的上半平面中的半圆上积分

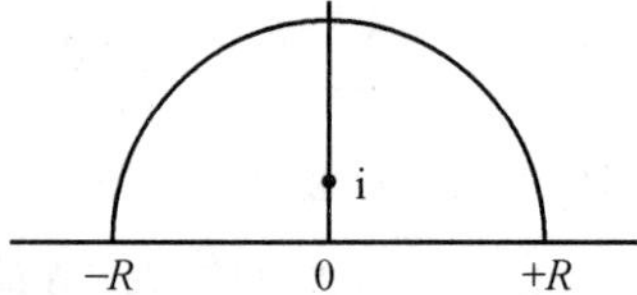

设γ是由区间和半圆组成的围道.在γ内部,被积函数在$x=i$处有一个极点,其中

$$\frac{1}{1+x^2} \equiv \frac{1}{(x+i)(x-i)} = -\frac{i}{2}\frac{1}{x-i} + \cdots$$

因此它的留数就是$-\frac{i}{2}$. 根据留数定理,γ上的积分就等于在i处的被积函数的留数的$2\pi i$倍. 当$R\to\infty$时,沿着半圆的积分趋于0(它的模小于$\frac{\pi R}{R^2-1}$),而沿着实区间上的积分的极限就给出I_1. 下面是得出I_1的关系

$$I_1=2\pi i\operatorname{Res}\left(\frac{1}{1+x^2};x=i\right)=2\pi i\left(-\frac{i}{2}\right)=\pi$$

在复分析中对积分的估计完全取决于被积函数在特定点(在这里是点i)的局部展开式. 这是一个显著的理论特征. 当和实分析比较时,这一特点使复分析中的估计显得非常简单.

▶**Ⅳ.5 一般的积分**I_m. 设$\alpha=\exp\left(\frac{\pi i}{2m}\right)$,因此有$\alpha^{2m}=-1$. 采用积分$I_1$所使用的围道积分得出

$$I_m=2\pi i\sum_{j=1}^{m}\operatorname{Res}\left(\frac{1}{1+x^{2m}};x=\alpha^{2j-1}\right)$$

而对$\beta=\alpha^{2j-1}$,$1\leqslant j\leqslant m$,当$x\to\beta$时,我们有

$$\frac{1}{1+x^{2m}}\underset{x\to\beta}{\sim}\frac{1}{2m\beta^{2m-1}}\frac{1}{x-\beta}\equiv-\frac{\beta}{2m}\frac{1}{x-\beta}$$

因此

$$I_{2m}=-\frac{\pi i}{m}(\alpha+\alpha^3+\cdots+\alpha^{2m-1})=\frac{\pi}{m\sin\frac{\pi}{2m}}$$

特别$I_2=\frac{\pi}{\sqrt{2}}$,$I_3=\frac{2\pi}{3}$,$I_4=\frac{\pi}{4}\sqrt{2}\sqrt{2+\sqrt{2}}$. $\frac{1}{\pi}I_5$和$\frac{1}{\pi}I_6$都可用根号表出,但是$\frac{1}{\pi}I_7$和$\frac{1}{\pi}I_9$不能. $\frac{1}{\pi}I_{17}$和$\frac{1}{\pi}I_{257}$这两种特殊情况,也可用根号表出. ◀

▶**Ⅳ.6 有理分式的积分**. 一般来说,所有的有理函数在整个实直线上的积分都是可用留数计算的. 特别

$$J_m=\int_{-\infty}^{\infty}\frac{dx}{(1+x^2)^m},K_m=\int_{-\infty}^{\infty}\frac{dx}{(1^2+x^2)(2^2+x^2)\cdots(m^2+x^2)}$$

都可确切地表示出来. ◀

Cauchy **的系数公式**. 很多函数论的结果都可从留数定理得出. 例如,设f在Ω中是解析的,$z_0\in\Omega$,并设λ是Ω内一条包围z_0的简单闭环,那么我们就有

$$f(z_0)=\frac{1}{2\pi i}\int_\lambda\frac{f(\zeta)d\zeta}{\zeta-z_0}\tag{12}$$

上式可从下式直接得出

$$\operatorname{Res}\left[\frac{f(\zeta)}{\zeta-z_0};\zeta=z_0\right]=f(z_0)$$

然后在积分号下对 z_0 求导，类似地就可得出

$$\frac{1}{k!}f^{(k)}(z_0)=\frac{1}{2\pi i}\int_\lambda \frac{f(\zeta)d\zeta}{(\zeta-z_0)^{k+1}} \tag{13}$$

因此，一个函数及其导数在某一点的值都可以通过到这点的距离的函数的积分的值而得出. 与实函数的世界相比，解析函数是一个人们可以在其中生活得非常和谐的世界：只要函数可微一次，它就是任意次可微的. 同样，只要 $f(z)$ 在 z_0 处解析，Taylor 公式就总是成立. 我们有

$$f(z)=f(z_0)+f'(z_0)(z-z_0)+\frac{1}{2!}f''(z_0)(z-z_0)^2+\cdots \tag{14}$$

上面的表达式在以 z_0 为圆心的收敛盘中成立.（证明：检验从式(12) 到式(13) 的理由和计算，或者像附录 B 中那样，对级数重新表示.）

留数定理的一个非常重要的应用是解析函数的系数.

定理 Ⅳ.4.4 Cauchy **系数公式.** 设 $f(z)$ 在包含 0 的区域 Ω 中是解析的，并设 λ 是 Ω 中一条正定向的环绕 0 的简单闭环，那么系数 $[z^n]f(z)$ 可用积分表示成

$$f_n=[z^n]f(z)=\frac{1}{2\pi i}\int_\lambda \frac{f(z)dz}{z^{n+1}}$$

证明 这个公式可直接从下面的等式得出

$$\frac{1}{2\pi i}\int_\lambda \frac{f(z)dz}{z^{n+1}}=\operatorname{Res}\left[\frac{f(z)}{z^{n+1}};z=0\right]=[z^n]f(z)$$

这个等式中的第一个可从留数定理得出，第二个则从计算可知，被积函数在零点的留数就等于所说的系数.

从分析的角度来看，系数公式可以让我们通过适当选择的积分围道从函数本身的值推断出关于系数的信息. 因此这一公式可以使我们使用 $f(z)$ 在零点附近的展开式利用远离零点的信息来估计系数 $[z^n]f(z)$. 本章的其余部分将对有理函数和半纯函数确切地说明这一过程.

我们还会注意到，留数定理对 Lagrange 反演定理（见附录 A.6 Lagrange 反演）给出了一个最简单的证明，正如我们在第 Ⅰ 章和第 Ⅱ 章中所看到的那样，这个定理在树的枚举中起着核心的作用. 下面的注释探索了应用留数定理和系数定理所得到的一些独立的结果.

▶**Ⅳ.7** Liouville **定理.** 设函数 $f(z)$ 在整个复平面 $\mathbb{C}$ 上解析，且它的模有一个绝对的上界，即 $|f(z)|\leqslant B$，那么函数 $f(z)$ 必恒等于一个常数.（根据有

界性，在一个大圆上积分后，可知 Taylor 公式中所有角标 $\geqslant 1$ 的系数都等于 0.)（译者注：设 z 是复平面上任意一点，利用有界性和 Cauchy 系数公式，在以 z 为中心，半径为充分大的 R 的大圆上积分后可得，对 $n \geqslant 1$，$|f_n| = \left|\frac{1}{2\pi i}\int_\lambda \frac{f(z)dz}{z^{n+1}}\right| \leqslant \frac{1}{2\pi}\frac{B}{R^{n+1}} \to 0$，因此 $f_n = 0$.）类似地，如果 $f(z)$ 至多是多项式增长，即 $|f(z)| \leqslant B(|z|+1)^r$，那么在整个复平面$\mathbb{C}$上，它必是一个多项式.（译者注：此定理在实数中不成立，例如 $|\sin x| \leqslant 1$ 对一切实数成立，且无穷次可微，但并不是常数. 实际上，$\sin z$ 只在实直线上有界，而在整个复平面上无界.） ◀

Ⅳ.8 Lindelöf**(林德略夫)积分**. 设 $a(s)$ 在 $\Re(s) > \frac{1}{4}$ 上解析，并设对某个 δ，$0 < \delta < \pi$ 满足 $a(s) = O(\exp(\pi - \delta)|s|)$. 那么，对 $|\arg(z)| < \delta$，我们就有

$$\sum_{k=1}^{\infty} a(k)(-z)^k = -\frac{1}{2\pi i}\int_{\frac{1}{2}-i\infty}^{\frac{1}{2}+i\infty} a(s) z^s \frac{\pi}{\sin \pi s} ds$$

在积分存在的意义下，它提供了和式在 $|\arg(z)| < \delta$ 上的解析延拓.（在右半平面上的大的半圆和虚轴组成的闭回路上积分，并应用留数定理进行估计.）这种积分有时称为 Lindelöf 积分，它为许多 Taylor 系数由明确的规则给出的函数提供了表示式，见文献[268,408]. ◀

▶**Ⅳ.9　多对数的延拓**. 作为 Lindelöf 表示的一个结果，广义多对数函数

$$\mathrm{Li}_{\alpha,k}(z) = \sum_{n\geqslant 1} n^{-\alpha}(\log n)^k z^n \quad (\alpha \in \mathbb{R}, k \in \mathbb{Z}_{\geqslant 0})$$

在有裂缝（位于 $(1,\infty)$ 处）的整个复平面$\mathbb{C}$上是解析的.（Ⅵ.8 节中给出了更多的性质，也可见文献[223]，[268]）. 例如，按照上面的表示，我们就有

$$\sum_{n=1}^{\infty}(-1)^n \log n = -\frac{1}{4}\int_{-\infty}^{\infty} \frac{\log\left(\frac{1}{4}+t^2\right)}{\cosh(\pi t)} dt = 0.225\ 79\cdots = \log\sqrt{\frac{\pi}{2}}$$

这时，我们把左边的发散级数看成 $\mathrm{Li}_{0,1}(-1) = \lim_{z\to -1^+} \mathrm{Li}_{0,1}(z)$. ◀

▶**Ⅳ.10　魔法对偶原理**. 设 ϕ 是一个一开始对非负整数有定义但实际上可以扩展到在整个复平面$\mathbb{C}$上的半纯函数. 在注记Ⅳ.8中的那种形式的增长性条件下，函数

$$F(z) := \sum_{n\geqslant 1} \phi(n)(-z)^n$$

在原点是解析的，并具有性质：在正无穷附近，它可表为

$$F(z) \underset{z\to+\infty}{\sim} E(z) - \sum_{n\geqslant 1} \phi(-n)(-z)^{-n}$$

其中 $E(z)$ 是由形如 $z^{a}(\log z)^{k}$ 的项组成的线性组合.(从注记 Ⅳ.8 的表示开始,在左半平面上的一个大的半圆闭环上积分.)在这种情况下,这种函数被称为满足魔法对偶原理 —— 它在点 0 和 ∞ 处可按同样的法则展开.函数

$$\frac{1}{1+z}, \log(1+z), \exp(-z), \mathrm{Li}_2(-z), \mathrm{Li}_3(-z)$$

都满足魔法对偶原理. Ramanujan 在文献[52] 中深入地把这个原理应用于很广泛的一大类函数,包括超几何函数;见 Hardy 在文献[321,第四章]中的具有深刻洞察力的讨论. ◀

▶**Ⅳ.11** Euler-Maclaurin **求和与** Abel-Plana **求和.** 在关于解析函数 f 的简单条件下,我们有下面的 Plana(也称为 Abel) 求和法,它是. Euler-Maclaurin 求和公式的复变量表达形式

$$\sum_{n=0}^{\infty} f(n) = \frac{1}{2} f(0) + \int_0^{\infty} f(x)\,\mathrm{d}x + \int_0^{\infty} \frac{f(\mathrm{i}y) - f(-\mathrm{i}y)}{\mathrm{e}^{2\pi \mathrm{i}y} - 1}\mathrm{d}y$$

(证明和成立的条件可见文献[330,p. 274]). ◀

Ⅳ.12 Nörland-Rice **积分.** 设 $a(z)$ 在 $\Re(z) > k_0 - \frac{1}{2}$ 上解析,并且在右半平面上是至多多项式增长的,γ 是围绕区间$[k_0, n]$ 的一个简单闭环,则

$$\sum_{k=k_0}^{n} \binom{n}{k} (-1)^{n-k} a(k) = \frac{1}{2\pi \mathrm{i}} \int_{\gamma} a(s) \frac{n!\ \mathrm{d}s}{s(s-1)(s-2)\cdots(s-n)}$$

若 $a(z)$ 是半纯的,并且在一个大的区域中是相当小的,则上面的积分可用留数估计.例如

$$S_n = \sum_{k=1}^{n} \binom{n}{k} \frac{(-1)^k}{k}, T_n = \sum_{k=1}^{n} \binom{n}{k} \frac{(-1)^k}{k^2+1}$$

可以证明 $S_n = -H_n$(调和数) 而当 $n \to \infty$ 时,T_n 是振荡式有界的(在有限差的计算中这个技巧是经典的,它可追溯到 Nörland 的著作[458]. 在计算机科学中,它被称为 Rice 积分方法见文献[256] 并用于分析许多算法和数据结构,其中包括数字树和基数的排序见文献[378,564].) ◀

Ⅳ.3 奇点和系数的指数式增长

对于一个给定的函数,奇点可以非正式地定义为一个函数在此不再是解析

的点(极点是最简单的奇点). 正如我们一再强调的那样,系数的渐近是必不可少的. 这一节在解析函数框架内介绍了进行讨论所需的基础理论.

Ⅳ.3.1　奇点. 设 $f(z)$ 是一个在由一条简单闭曲线 γ 所围成的区域 Ω 的内部有定义的解析函数,并设 z_0 是 γ 的边界上的一点. 如果存在定义在某个包含 z_0 的开集 Ω^* 上的解析函数 $f^*(z)$,使得在 $\Omega \cap \Omega^*$ 上有 $F^*(z)=f(z)$,则称 f 在点 z_0 可解析延拓,并称 f^* 是 f 的即时的解析延拓. 这一定义可图示如下

解析延拓

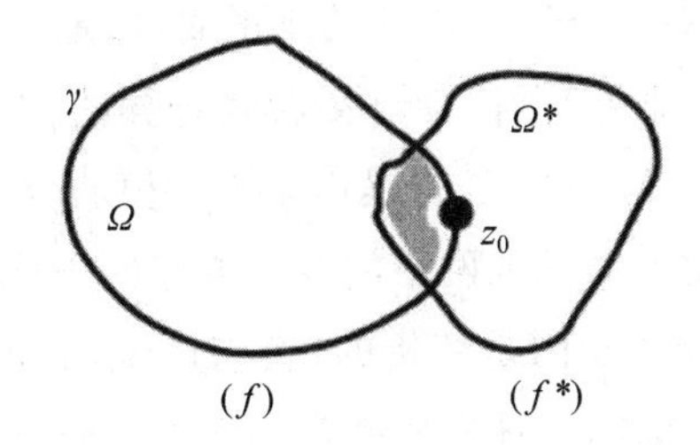

在 $\Omega \cap \Omega^*$ 上, $f^*(z)=f(z)$.

例如考虑准逆函数 $f(z)=\frac{1}{1-z}$. 它的幂级数表达式 $\sum_{n\geqslant 0} z^n$ 原来只在 $|z|<1$ 内收敛. 然而Ⅳ.2节中式(8)的计算表明,它在任意点 $z_0 \neq 1$ 的附近都局部地可表为一个收敛级数. 特别,它可延拓到单位圆上除1之外的任何点处.(或者,你也可用复可微的计算直接验证 $f(z)$ 有"全局"的全纯表达式,因此在挖了一个洞的整个复平面 $C\setminus\{1\}$ 上是解析的.)

与实分析形成鲜明对比的是,在实分析中一个光滑的函数可能有不计其数的扩展方式,在复分析中,解析延拓本质上是唯一的:如果 f^*(在 Ω^* 上)和 F^{**}(在 Ω^{**} 上)都把 f 延拓到 z_0 处,那么必须在交 $\Omega^* \cap \Omega^{**}$ 内有 $f^*(z)=f^{**}(z)$,特别 $\Omega^* \cap \Omega^{**}$ 包含了一个围绕 z_0 的小圆盘,因而解析延拓的概念在边界处是内在的和固有的. 这个过程可以迭代,因此即使 f 和 g 的定义域不重叠,我们也可以说 g 是沿着一条路径的 f 的解析延拓[①],这个延拓提供了一个连接 f 和 g 的有限的中间函数的链. 这个概念再次是内在的和固有的——这被称为解析延拓的唯一性原则(Rudin(芦丁)[523,第16章]对此给出了一个彻底的讨论). 解析函数就像一个全息图:一旦它在任何微小的区域内确定了,它就会在任何可延拓的更广的区域上被严格地确定.

---

① 对一个给定的函数的所有延拓的函数元素的集合给出 Riemann 曲面的概念. 有许多讨论这一概念的好书,例如文献[201,549]. 但我们并不需要涉及这一理论.

定义 Ⅳ.4 给了一个定义在简单闭曲线γ所围成的区域内的函数f，称此区域的边界(γ)上的一点z_0是奇异的或奇点①，如果f不能解析延拓到z_0处.

上面我们所讨论过的两个函数$f(z)=\dfrac{1}{1-z}$和$g(z)=\sqrt{1-z}$一开始都可以被看成是用它们的幂级数表示式在开的单位圆盘上定义的.然后就像我们已经知道的那样，它们可以被解析延拓到更大的区域上去，对于f，这个区域是挖了一个洞的复平面$\Omega=\mathbb{C}\setminus\{1\}$(即定义 Ⅳ.1 中，式(8)的计算)，对于$g$，这个区域则是沿着开的半直线$(1,+\infty)$割开的复平面(即定义 Ⅳ.2 中，式(9)中的连续性和可微性计算)但是两者在$z_0=1$处都是奇异的：对f来说，这可从当$z\to 1$时，$f(z)\to+\infty$得出；对g来说，这是由于平方根的分支特性.图 Ⅳ.4 显示了几种可以通过边界点附近的标准网格的变形追踪的奇点.

收敛幂级数在其收敛盘内是解析的；换句话说，它可以在这个圆盘的内部没有奇点.但是，正如下面的定理所要断言的那样，它在此圆盘的边界上必须至少有一个奇点.此外，一个称为 Pringsheim(普林斯海姆)定理的经典定理对具有非负系数的函数提供了这个性质的一个改进，而这恰好包括了全部的计数生成函数.

定理 Ⅳ.5 **边界奇点**.一个在原点解析，其在原点的展开式具有有限的收敛半径R的函数$f(z)$，在其收敛盘的边界$|z|=R$上必有一个奇点.

证明 考虑展开式

$$f(z)=\sum_{n\geqslant 0}f_n z^n \tag{15}$$

并设其收敛半径为R.我们已经知道，在收敛盘的内部$|z|<R$中可以没有f的奇点.为了证明f在$|z|=R$上必有一个奇点，我们假设这个结论不成立，即假设对某个$\rho>R$，$f(z)$在圆盘$|z|<\rho$内解析.沿着边界上没有奇点的半径$r=\dfrac{R+\rho}{2}$的圆周积分，那么由 Cauchy 系数公式(定理 Ⅳ.4)可知系数$[z^n]f(z)$是$O(r^{-n})$阶的.这说明f的级数展开式在半径为$r>R$的圆盘内收敛，这与f的收敛盘半径为R的假设矛盾.

Pringsheim 定理所陈述和证明的是定理 Ⅳ.5 的一种改进，它适用于所有具有非负系数的级数，特别是生成函数.正如本节的其余部分所述的那样，我们将充分展示它是渐近枚举的核心.

---

① 详细讨论见文献[165，p.229]，[373，第 1 卷，p.82]或[577].

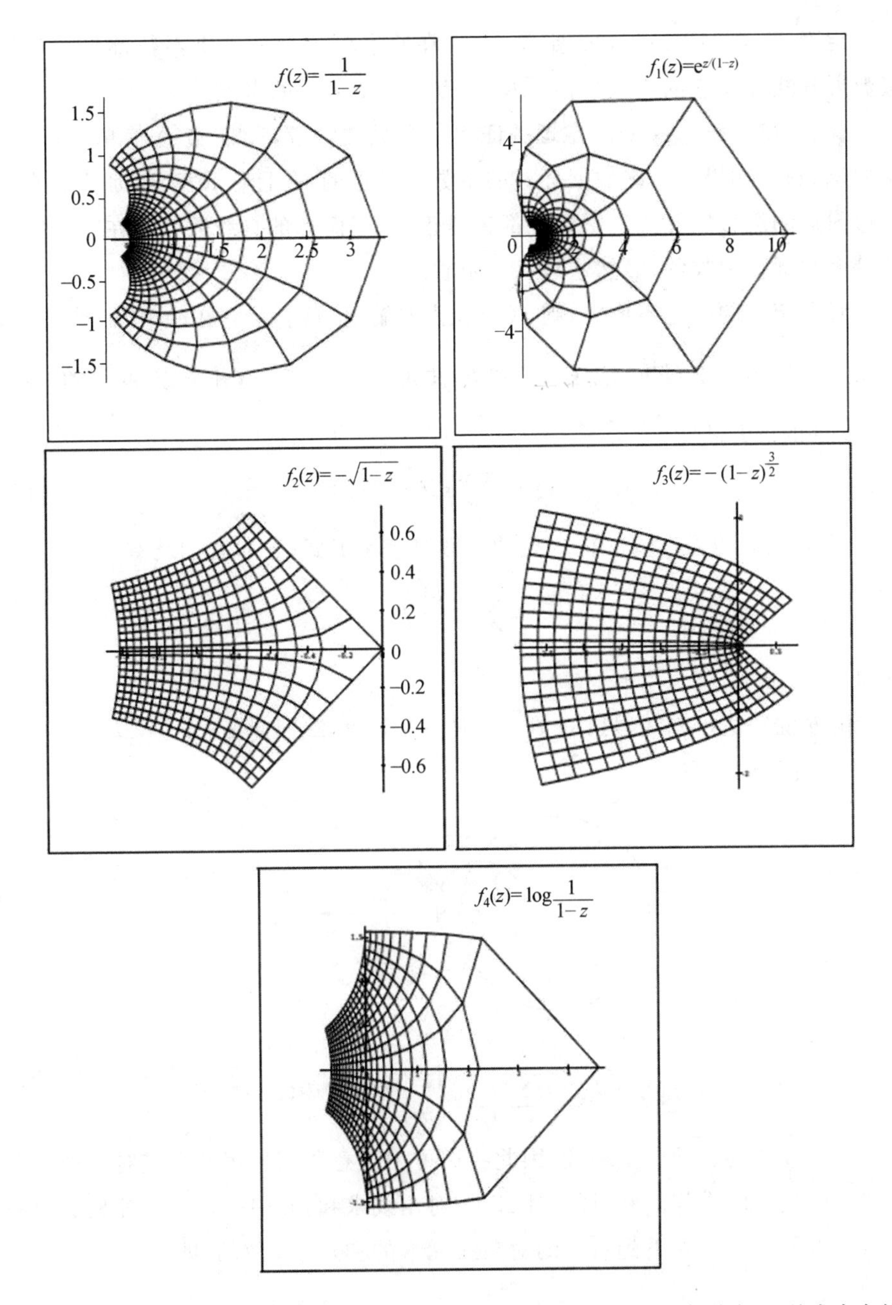

图 Ⅳ.4　由单位正方形(四角处的坐标为±,1±i)的构成的网格在各种在 f_4 处有奇点的函数的映像反映了所涉及的奇点的性质.在每个图的右边显示的奇点处,小正方形的网格被折叠或以各种方式展开(函数 f_0,f_1,f_4 在 f_4 处成为无穷,因此对这几个函数网格被稍微截断了)

定理 Ⅳ.6 Pringsheim **定理**. 设 f 在原点可表示成一个系数都是非负的级数展开式并设它的收敛半径为 R,则点 $z=R$ 是 f 的奇点.

▶**Ⅳ.13** Pringsheim **定理的证明**.(参见文[577,7.21 节]) 简单地说,证明的思想是:如果 f 的级数展开式的系数都是正的,并且在 R 解析,那么它在 R 左边附近的级数展开式的系数也都将是正的,因而 f 的幂级数就将在一个比收敛盘大的圆盘中收敛,显然这是一个矛盾.

假设定理的结论不成立,则 $f(z)$ 在点 R 解析,这表示它在一个以 r 为圆心,半径为 h 的圆盘中解析. 选择一个数 h,使得 $0<h<\frac{r}{3}$,并考虑 $f(z)$ 在 $z_0=R-h$ 处的展开式

$$f(z)=\sum_{m\geqslant 0} g_m(z-z_0)^m \tag{16}$$

由 Taylor 公式以及 $f(z)$ 在 z_0 处的导数可表示成式(15),我们就有

$$g_m=\sum_{n\geqslant 0}\binom{n}{m} f_n z_0^{n-m}$$

特别 $g_m\geqslant 0$.

由 h 的选法可知级数(16) 在 $z=R+h$ 处收敛(因此 $z-z_0=2h$),如下图所示,因此我们就有

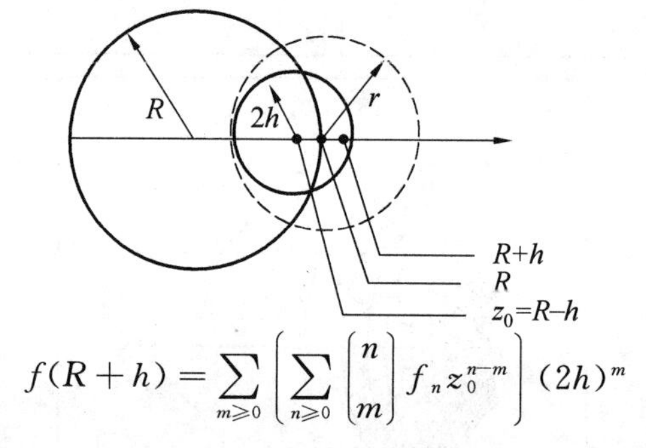

$$f(R+h)=\sum_{m\geqslant 0}\left(\sum_{n\geqslant 0}\binom{n}{m} f_n z_0^{n-m}\right)(2h)^m$$

这是一个收敛的正项二重级数,因此我们可用任意我们想用的方式对其进行重排. 特别,它们的卷积的和(译者注:即按对角线求和,和中的每一项都是上面的二重级数的一条从左下到右上的对角线元素的和) 是收敛的,即

$$\begin{aligned}f(R+h)&=\sum_{m,n\geqslant 0}\binom{n}{m} f_n(R-h)^{n-m}(2h)^m\\&=\sum_{n\geqslant 0} f_n[(R-h)+2h]^n\\&=\sum_{n\geqslant 0} f_n(R+h)^n\end{aligned}$$

这说明 $f_n=O((R+h)^{-n})$，这与我们所做的 $f(z)$ 的收敛半径恰好是 R 的假设矛盾. 因而就证明了 Pringsheim 定理.（译者注：原文中将上面的 $(R-h)^{n-m}$ 写成 $(R-h)^{m-n}$，把 $f_n=O((R+h)^{-n})$ 写成 $f_n=o((R+h)^{-n})$，疑均是输入或排印错误.） ◀

位于收敛盘边界上的，在零点处解析的函数的奇点称为主奇点. Pringsheim 定理显然减少了搜索组合生成函数的主奇点时所费的力量，由于这些函数的级数展开式的系数是非负的，因此只需沿着正实轴方向研究解析性，发现并检测到解析性丧失的第一个地方就够了.

例 Ⅳ.1 某些组合奇点. 错排和满射的 EGF

$$D(z)=\frac{e^{-z}}{1-z},R(z)=\frac{1}{2-e^z}$$

除了简单极点之外都是解析的，对于 $D(z)$，只有一个极点 $z=1$，而对于 $R(z)$，这些极点是 $\chi_k=\log 2+2ki\pi$. 它们的主极点分别是 1 和 $\log 2$.

我们已知$\sqrt{z}$ 在 $z=0$ 的邻域内不可能处处都定义成一个解析函数. 因此 Catalan 树的生成函数

$$G(z)=\frac{1-\sqrt{1-4z}}{2}$$

只能在除去 $\frac{1}{4}$ 的区域中解析. 例如，我们可沿着射线 $\left(\frac{1}{4},+\infty\right)$ 将复平面割开，然后在这个区域上 $G(z)$ 就可定义成一个解析函数了. Catalan 数的 OGF $C(z)=\frac{G(z)}{z}$ 像 $G(z)$ 一样，在割了一条缝的复平面上是先验的、解析的，也许还要除去 $z=0$ 这个点，在这点处，它是一个 $\frac{0}{0}$ 型的不定式. 然而，把 $C(z)$ 解析延拓到 $C(0)=1$ 后，它在 $z=0$ 处就是解析的了，其 Taylor 级数在 $|z|<\frac{1}{4}$ 内收敛. 在这种情况下，我们称 $C(z)$ 在 $z=0$ 处有一个表面上看起来是的奇点或可去除的奇点（参见注记 B. 6 Morera（莫雷拉）定理）.

类似的，轮换的 EGF

$$L(z)=\log\frac{1}{1-z}$$

在沿射线 $(1,+\infty)$ 割开的复平面上是解析的.

一个在有限距离上没有奇点的函数称为整函数，整函数在复平面上是处处解析的. 对合和集合分拆的 EGF

$$e^{z+\frac{z^2}{2}} \text{ 和 } e^{e^z-1}$$

都是整函数.

Ⅳ.3.2　指数增长公式. 我们说数列 a_n 是 K^n 指数阶的(并用下面的"$\bowtie$"符号)简写成 $a_n \bowtie K^n$,如果 $\limsup |a_n|^{\frac{1}{n}} = K$.

关系式"$a_n \bowtie K^n$"读作"a_n 是 K^n 指数阶的".它同时限制了数列的上界和下界,对任意 $\varepsilon > 0$ 我们有:

(ⅰ) $|a_n| >_{i,o} (K-\varepsilon)^n$,即 $|a_n|$ 超过 $(K-\varepsilon)^n$ 无数多次(有无穷多个 n 使得 $|a_n| > (K-\varepsilon)^n$ 成立);

(ⅱ) $|a_n| <_{a,e} (K+\varepsilon)^n$,即 $|a_n|$ 几乎处处小于 $(K+\varepsilon)^n$(除了可能对有限个 n 之外).

我们也可把这个关系式写成 $a_n = K^n\theta(n)$,其中 $\theta(n)$ 是一个次指数因子,即它满足

$$\limsup |\theta(n)|^{\frac{1}{n}} = 1$$

这样一个因子的模因此几乎在任何地方都是以有限指数形式增长的(以 $(1+\varepsilon)^n$ 的形式),并且无限次地以衰减的指数形式(以 $(1-\varepsilon)^n$ 的形式)为下界.典型的次指数因子有

$$1, n^3, (\log n)^2, \sqrt{n}, \frac{1}{\sqrt[3]{\log n}}, \frac{1}{n^{\frac{3}{2}}}, (-1)^n, \log\log n$$

(为了本讨论的目的,我们把 $e^{\sqrt{n}}$ 和 $\exp(\log^2 n)$ 等函数也看成次指数因子).原则上,lim sup 的定义也允许无限次地成为通常无限小或 0 的因子,如 $n^2 \sin\frac{\pi n}{2}$, $\log n\cos\frac{\pi\sqrt{n}}{2}$ 等.在本章和下一章中,我们将系统地发展一套从生成函数中提取这种次指数因子的方法.

由初等的观察可知 $f(z)$ 在零点的级数表示式的收敛半径与系数 $f_n = [z^n]f(z)$ 的指数增长率有关.确切地说,若 $R_{\text{conv}}(f;0) = R$,则有

$$f_n \bowtie \left(\frac{1}{R}\right)^n \tag{17}$$

即 $f_n = R^{-n}\theta(n)$,其中 $\limsup |\theta(n)|^{\frac{1}{n}} = 1$.

▶**Ⅳ.14　收敛半径和指数增长.** 这里只需要幂级数的基本定义.(Ⅰ)由收敛半径的定义,我们有,对任意 $\varepsilon > 0$, $f_n(R-\varepsilon)^n \to 0$.特别,对充分大的 n 有 $|f_n|(R-\varepsilon)^n < 1$,因此"几乎处处"成立 $|f_n|^{\frac{1}{n}} < \frac{1}{R-\varepsilon}$;(Ⅱ)另外对任意

$\varepsilon > 0$，$|f_n|(R+\varepsilon)^n$ 不可能是一个有界的数列，否则 $\sum_n |f_n| \left(R+\frac{\varepsilon}{2}\right)^n$ 就将是一个收敛级数. 因而“无限多次”的有 $|f_n|^{\frac{1}{n}} > \frac{1}{R+\varepsilon}$. ◀

确定增长率的全局方法也是可以达到的. 由定理 Ⅳ.5. 可以得出下面所要叙述的定理.

定理 Ⅳ.7　指数增长公式. 设 $f(z)$ 在零点解析，又设 R 是下述意义下的零点附近的奇点的模①

$$R := \sup\{r \geqslant 0 \mid f \text{ 在 } |z| < r \text{ 中解析}\}$$

那么系数 $f_n = [z^n]f(z)$ 满足

$$f_n \bowtie \left(\frac{1}{R}\right)^n$$

对具有非负系数的函数，包括所有的组合生成函数，我们也可采用下面的模

$$R := \sup\{r \geqslant 0 \mid f \text{ 在所有使得 } 0 \leqslant z < 1 \text{ 的点处解析}\}$$

证明　设 R 的意义如上所述，则不可能有 $R < R_{\text{conv}}(f;0)$，由于一个函数在它的级数表示式的内部是处处解析的. 由边界奇点定理可知，也不可能有 $R > R_{\text{conv}}(f;0)$，因此只能有 $R = R_{\text{conv}}(f;0)$. 从式(17) 就得出要证的命题. 非负系数的结果可从 Pringsheim 定理得出.

指数增长公式因而直接指出了函数系数的指数增长性与离原点最近的奇点的位置的关系. 这可由系数渐近的第一原理确切地表达，由于这一原理的重要性，我们在此再重述如下：

系数渐近的第一原理：函数奇点的位置决定了系数的指数增长率(A^n).

例 Ⅳ.2　指数增长和组合枚举. 这里给出几个指数的界的直接应用.

满射. 函数

$$R(z) = \frac{1}{2 - e^z}$$

是满射的 EGF. 它的分母是一个整函数，因此奇点只可能位于其零点处，即必须位于点 $\chi_k = \log 2 + 2k\pi i, k \in \mathbb{Z}$ 处. R 的主奇点位于 $\rho = \chi_0 = \log 2$ 处，因而

$$r_n \bowtie \left(\frac{1}{\log 2}\right)^n$$

---

① 我们应该将这一定义看成如下的过程：取一个半径逐渐增大的圆盘，直到在边界上遇到奇点为止.（对偶的过程是从一个大的圆盘开始的，然后将其半径限制在无法定义的边界之内 —— 可以 $\sqrt{1-z}$ 作为理解这一过程的例子.）

其中 $r_n=[z^n]R(z)$.

同理,若我们考虑"双"满射(值域中的每个值至少取两次的满射),则对应的 EGF 就是

$$R^*(z)=\frac{1}{2+z-\mathrm{e}^z}$$

其计数序列的前几项为 1,0,1,1,7,21,141(EIS A032032). 主奇点 ρ^* 是方程 $\mathrm{e}^{\rho^*}-\rho^*=2$ 的正根,而系数 r_n^* 满足 $r_n^*\bowtie\left(\frac{1}{\rho^*}\right)^n$,数值上,这些式子给出

$$r_n\bowtie 1.44269^n, r_n^*\bowtie 0.87245^n$$

图 Ⅳ.5 给出了相应数字的对数的实际值.

n	$\frac{1}{n}\log r_n$	$\frac{1}{n}\log r_n^*$
10	0.333 85	−0.225 08
20	0.350 18	−0.181 44
50	0.359 98	−0.154 449
100	0.363 25	−0.145 447
∞	0.366 51	−0.136 44
	$\log\frac{1}{\rho}$	$\log\frac{1}{\rho^*}$

图 Ⅳ.5　单的和双的满射的增长率

这些估计形成了本章稍后将要建立的更精确的结果的弱形式:若认为容量为 n 的随机的满射具有相同的可能性,则双满射的概率就是指数小的.

错排. 设 $d_{1,n}=[x^n]\frac{1}{\mathrm{e}^z(1-z)}$,$d_{2,n}=[x^n]\frac{1}{\mathrm{e}^{z+\frac{z^2}{2}}(1-z)}$,那么从在 $z=1$ 的极点可知 $d_{1,n}\bowtie 1^n$,$d_{2,n}\bowtie 1^n$.

上式中隐含的上界在组合上是不重要的.下界表示了不是指数小的随机的错排出现的概率,对于 $d_{1,n}$ 我们已经通过初等的论证(Ⅳ.1 节)证明了更强的结果 $d_{1,n}\to\frac{1}{\mathrm{e}}$;对 $d_{2,n}$,我们将在后面(Ⅳ.5 节)建立精确的渐近估计 $d_{2,n}\to\frac{1}{\mathrm{e}^{\frac{3}{2}}}$.

一叉－二叉树. 表达式

$$U(z)=\frac{1-z-\sqrt{1-2z-3z^2}}{2z}=z+z^2+2z^3+4z^4+9z^5+\cdots$$

表示(平面无标记的)一叉－二叉树的 OGF. 从它的等价表达式

$$U(z)=\frac{1-z-\sqrt{(1-3z)(1+z)}}{2z}$$

可知,$U(z)$ 在沿着射线$\left(\frac{1}{3},+\infty\right)$和$(-\infty,-1)$剪开的复平面上是解析的. 它的奇点在 $z=-1$ 处和 $z=\frac{1}{3}$ 处,它们都是 $U(z)$ 的分支点. 由于最接近原点的奇点是 $z=\frac{1}{3}$,因此我们有 $U_n\bowtie 3^n$.

对这种情况,更强的上限 $U_n\leqslant 3^n$ 可以直接从对这些树在三元字母表上的单词使用 Lukasiewicz 编码(第 Ⅰ 章)而得出. 作为奇点分析的首批应用之一,我们将在第 Ⅵ 章得出它的完全的渐近展开式.

Ⅳ.15　编码的理论界限和奇点. 设$\mathcal{C}$是一个组合类. 我们称它可以被函数 f 以容量 $f(n)$ 编码,如果对于所有足够大的 n 的值,$\mathcal{C}_n$的元素都可以编码成 $f(n)$ 比特的单词.(一个有趣的例子可见注记 Ⅰ.23.)设$\mathcal{C}$的 OGF 为 $C(z)$,其收敛半径 R 满足 $0<R<1$,那么,对于任何 ε,$\mathcal{C}$都可以以容量$(1+\varepsilon)\kappa n$ 进行编码,其中 $\kappa=-\log_2 R$,但是$\mathcal{C}$不可能以容量$(1-\varepsilon)\kappa n$ 编码.

类似的,如果$\mathcal{C}$的 EGF 为 $\hat{C}(z)$,其收敛半径 R 满足 $0<R<\infty$,那么$\mathcal{C}$可以容量 $n\log\left(\frac{n}{\mathrm{e}}\right)+(1+\varepsilon)\kappa n$ 编码,其中 $\kappa=-\log_2 R$,但是$\mathcal{C}$不可能以容量 $n\log\left(\frac{n}{\mathrm{e}}\right)+(1-\varepsilon)\kappa n$ 编码. 由于收敛半径是由到原点最近的奇点与原点的距离决定的,因此我们就得出有以下的有趣事实:奇点包含了最优编码的信息.

鞍点界. 指数增长公式(定理 Ⅳ.7)可以用有效的上界加以辅助,其结果经常是惊人的准确. 我们有:

命题 Ⅳ.1　鞍点界. 设 $f(z)$ 在圆盘内 $|z|<R$ 解析,其中 $0<R\leqslant\infty$. 对 $r\in(0,R)$ 定义 $M(f;r):=\sup\limits_{|z|=r}|f(z)|$,则我们就有,对任意$(0,R)$ 中的 r,鞍点上界的族

$$[z^n]f(z)\leqslant\frac{M(f;r)}{r^n}\text{ 蕴含 }[z^n]f(z)\leqslant\inf_{r\in(0,R)}\frac{M(f;r)}{r^n}\tag{18}$$

此外,若 $f(z)$ 具有非负系数,则有

$$[z^n]f(z)\leqslant\frac{f(r)}{r^n}\text{ 蕴含 }[z^n]f(z)\leqslant\inf_{r\in(0,R)}\frac{f(r)}{r^n}\tag{19}$$

证明　在式(18) 的一般情况下,第一个不等式可通过平凡的应用 Cauchy 系数公式而得出,这时我们沿着一个圆进行积分

$$[z^n]f(z)=\frac{1}{2\pi i}\int_{|z|=r}\frac{f(z)\mathrm{d}z}{z^{n+1}}$$

因此对于任何小于 f 在零点的收敛半径的 r，所要说的界都是有效的. 式(18)中的第二个不等式明确地表示了这种类型的上界中的最佳界.

在式(19) 的正系数的情况下，可以把其中的上界直接看成是式(18) 的一种特殊情况.（或者，他们也可以直接得出，由于

$$f_n\leqslant\frac{f_0}{r^n}+\cdots+\frac{f_{n-1}}{r}+f_n+\frac{f_{n+1}}{r^{n+1}}+\cdots$$

其中所有的 f_k 都是非负的.）

注意，式(19) 中最佳的界的值 s，可以在下式中令导数为零而确定

$$s\frac{f'(s)}{f(s)}=n \tag{20}$$

由于第一个界的一般性，上面的方程的任何一个近似的解实际上都将给出一个有效的上界.

我们将在第 Ⅷ 章中看到另一种得出这种界限的方法，得出这些界限是渐近分析的重要的第一步，这就是鞍点法. 这个名称的来源可由术语"鞍点界"（定理 Ⅷ.2）得到解释. 由于我们现在就要用到的理由，一般都会得出精确到带有多项式因子的渐近行为的上界. 一个典型的例子是 Stirling 公式的弱形式

$$\frac{1}{n!}\equiv[z^n]e^z\leqslant\frac{e^n}{n^n}$$

比起真正的渐近值 $\sqrt{2\pi n}$，它只能是一个过高的估计.

▶**Ⅳ.16　一个次优但是容易得出的鞍点界.** 设 $f(z)$ 在 $|z|<1$ 中解析，并且系数都是非负的. 又设对所有的 $x\in(0,1)$ 和某个 $\beta\geqslant 0$ 有 $f(x)\leqslant\frac{1}{(1-x)^\beta}$，则

$$[z^n]f(z)=O(n^\beta)$$

（形如 $O(n^{\beta-1})$ 的更好的界通常要用我们将在第 Ⅵ 章中所要探索的奇点分析方法得出.） ◀

例 Ⅳ.3　鞍点界的组合例子. 下面是鞍点界对于分散排列，集合分拆(Bell 数)，对合以及整数的分拆的一些应用.

分散排列. 首先，分散排列（第 Ⅱ 章）是有标记的结构. 其定义为 $\mathcal{F}=\mathrm{SET}(\mathrm{SEQ}_{\geqslant 1}(\mathcal{Z}))$，它的 EGF 为 $e^{\frac{z}{1-z}}$，我们断言

$$\frac{1}{n!}F_n=[z^n]e^{\frac{z}{1-z}}\leqslant e^{2\sqrt{n}-\frac{1}{2}+O\left(\frac{1}{\sqrt{n}}\right)} \tag{21}$$

实际上,式(19)中最小的鞍点界的半径是满足下式的 s

$$0=\frac{\mathrm{d}}{\mathrm{d}s}\left(\frac{s}{1-s}-n\log s\right)=\frac{1}{(1-s)^2}-\frac{n}{s}$$

这个方程的解是 $s=\dfrac{2n+1-\sqrt{4n+1}}{2n}$. 我们可以使用这个确切的值,并计算 $\dfrac{f(s)}{s^n}$ 的渐近逼近,或者采用导致更简单的计算的近似值 $s_1=1-\dfrac{1}{\sqrt{n}}$ 来估计式(21). 它与实际的渐近值之间的误差仅是一个阶为 $n^{-\frac{3}{4}}$ 的因子(参见例 Ⅷ.7).

Bell **数和集合的分拆**. 另一个鞍点界的应用是枚举集合的分拆的 Bell 数的上界. 集合分拆的表示为$\mathcal{S}=\mathrm{SET}(\mathrm{SET}_{\geqslant 1}(\mathcal{Z}))$,其 EGF 为 $\mathrm{e}^{\mathrm{e}^z-1}$. 根据式(20),最好的鞍点界是满足 $s\mathrm{e}^s=n$ 的 s. 因此

$$\frac{1}{n!}S_n\leqslant \mathrm{e}^{\mathrm{e}^s-1-n\log s}\tag{22}$$

其中 $s: s\mathrm{e}^s=n$.

此外,我们还有 $s=\log n-\log\log n+o(\log\log n)$. 完整的鞍点分析可见第 Ⅷ 章.

对合. 对合可用$\mathcal{I}=\mathrm{SET}(\mathrm{CYC}_{1,2}(\mathcal{Z}))$,其 EGF 是 $I(z)=\exp\left(z+\frac{1}{2}z^2\right)$. 我们用 $s=\sqrt{n}$ 作为式(20)的近似解

$$\frac{1}{n!}I_n\leqslant\frac{\mathrm{e}^{\sqrt{n}+\frac{n}{2}}}{n^{\frac{n}{2}}}\tag{23}$$

(数值数据可见图 Ⅳ.6,完整的分析可见例 Ⅷ.5). 对于所有轮换的长度都 $\leqslant k$ 的排列和使得 $\sigma^k=Id$ 的排列 σ 成立类似的界.

整数的分拆. 函数

$$P(z)=\prod_{k=1}^{\infty}\frac{1}{1-z^k}=\exp\left(\sum_{l=1}^{\infty}\frac{1}{l}\frac{z^l}{1-z^l}\right)\tag{24}$$

是整数分拆的 OGF,它是集合分拆的无标记类似物. 它的收敛半径先验地以 1 为上界,由于集合$\mathcal{P}$是无限的. $P(z)$ 的第二种形式说明它恰好等于 1. 因此 $P_n\bowtie 1^n$. 更好的上界可从下面的估计得出(也见式(67))

$$L(t):=\log P(\mathrm{e}^{-t})\sim\frac{\pi^2}{6t}+\log\sqrt{\frac{t}{2\pi}}-\frac{t}{24}+O(t^2)\tag{25}$$

上式可从 Euler-Maclaurin 求和得出,或者更好的是从 Mellin 分析中得出,可见附录 B.7 Mellin 变换. 事实上,由调和求和法则,L 的 Mellin 变换是

$$L^{\star}(s)=\zeta(s)\zeta(s+1)\Gamma(s), s\in(1,+\infty)$$

左边的相继的极点是 $s=1$(简单极点),$s=0$(二重极点) 和 $s=-1$(简单极点). 它们就转化出渐近展开式(25). 当 $z\to 1^-$ 时,我们有

$$P(z)\sim \frac{\mathrm{e}^{-\frac{\pi^2}{12}}}{\sqrt{2\pi}}\sqrt{1-z}\exp\left(\frac{\pi^2}{6(1-z)}\right) \tag{26}$$

从上式(令 $s=D\sqrt{n}$) 我们就得出式(20) 的一个近似解为

$$P_n\leqslant Cn^{-\frac{1}{4}}\mathrm{e}^{\pi\sqrt{\frac{2n}{3}}}$$

其中 $C>0$. 就像我们将要在研究鞍点法时所证明的那样(命题 Ⅷ.6),上面这个最后的界再次是前面带有一个多项式因子的.

n	$\tilde{I}_n$	I_n
100	$0.106\,579\cdot 10^{85}$	$0.240\,533\cdot 10^{83}$
200	$0.231\,809\cdot 10^{195}$	$0.367\,247\cdot 10^{193}$
300	$0.383\,502\cdot 10^{316}$	$0.494\,575\cdot 10^{314}$
400	$0.869\,362\cdot 10^{444}$	$0.968\,454\cdot 10^{442}$
500	$0.425\,391\cdot 10^{578}$	$0.423\,108\cdot 10^{576}$

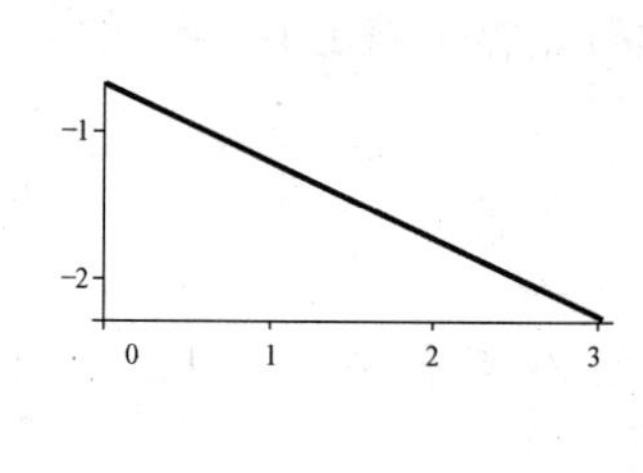

图 Ⅳ.6　对合的精确值 I_n 和近似值 $\tilde{I}_n=n!\ \dfrac{\mathrm{e}^{\sqrt{n}+\frac{n}{2}}}{n^{\frac{n}{2}}}$ 的对比(左边的表);横坐标为 $\log_{10}n$,纵坐标为 $\log_{10}\left(\dfrac{I_n}{\tilde{I}_n}\right)$ 的点描出的图形(右边),这个图形建议精确值和近似值的比,满足 $\dfrac{I_n}{\tilde{I}_n}\sim\dfrac{K}{\sqrt{n}}$,图中曲线的斜率 $\approx -\dfrac{1}{2}$

▶**Ⅳ.17　一个自然的边界.** 当 $r\to 1^-$ 时,对任意等于 2π 的有理倍数的角度 θ,我们有 $P(r\mathrm{e}^{\mathrm{i}\theta})\to\infty$. 点 $\mathrm{e}^{2\pi\mathrm{i}\frac{p}{q}}$ 在单位圆上是稠密的,因此单位圆就成了函数 $P(z)$ 的一个自然的边界,也就是说,它不可能解析延拓到这个圆外. ◀

Ⅳ.4　封闭性质和可计算的界

解析函数是稳定的:它们满足一组丰富的封闭性质. 这一事实使得我们可以对很广泛的函数类确定系数的指数增长常数. 下面的定理 Ⅳ.8 表达了与递归表示相关的所有表示的增长率的可计算性. 它是第一个把涉及部分 A 中的符号方法和这部分要开发的解析方法联系起来的结果.

解析函数的封闭性质. 在点 $z=a$ 解析的函数在运算和与积下是封闭的，因此构成一个环. 如果 $f(z)$ 和 $g(z)$ 在点 $z=a$ 解析，那么$\frac{f(z)}{g(z)}$ 就要求 $g(a)\neq 0$，半纯函数则更进一步在商运算下也是封闭的，因此构成一个域. 这些性质使得我们更容易的使用复－可微性，并将实函数所具有的可微关系扩展到复函数上来，例如$(f+g)'=f'+g'$，$(fg)'=f'g+fg'$.

解析函数在函数的复合下也是封闭的：如果 $f(z)$ 在点 $z=a$ 解析，$g(w)$ 在点 $b=f(a)$ 解析，那么 $g\circ f(z)$ 就在点 $z=a$ 解析. 这可图示如下：

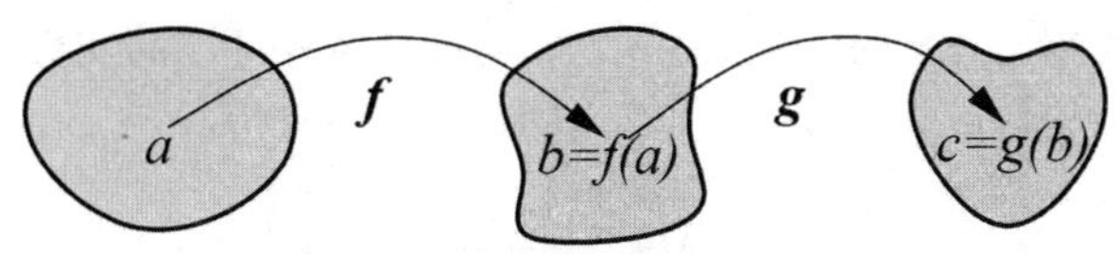

基于复数可微性的证明极其类似于实情况. 反函数在下述条件下存在：如果 $f'(a)\neq 0$，那么 $f(z)$ 在 a 附近是局部线性的，因此是可逆的，所以存在一个 g 满足 $f\circ g=g\circ f=Id$，其中 Id 是恒同函数，$Id(z)\equiv z$. 因此，反函数本身是局部线性的，因而是复可微的，因而是解析的. 总之解析函数 f 的反函数在导数不为 0 的地方仍然是一个解析函数. 在这一章的末尾(第 Ⅳ.7.1 节) 我们将再回到这个重要的性质上来. 然后在第 Ⅵ 章和第 Ⅶ 章中充分地利用它来得出树的简单族的强的渐近性质.

▶**Ⅳ.18　解析函数的一个平均值定理.** 设 f 在 Ω 内解析，并设存在 $M:=\sup_{z\in\Omega}|f'(z)|$，那么对所有 Ω 内的 a,b 就有

$$|f(b)-f(a)|\leqslant 2M|b-a|$$

(提示：对 $\Re(f)$ 和 $\Im(f)$ 应用平均值定理所得的一个简单的推论.) ◀

▶**Ⅳ.19　解析逆定理.** 设 f 在Ω 内解析，$z_0\in\Omega$ 且 $f'(z_0)\neq 0$，那么就存在一个包含 z_0 的小区域 $\Omega_1\subset\Omega$ 以及 $C>0$，使得对所有的 $z,z'\in\Omega_1$，$z\neq z'$ 都成立 $|f(z)-f(z')|>C|z-z'|$. 因此 f 把Ω_1 $1-1$ 对应地映到 $f(\Omega_1)$ 上. (一个基于积分的证明可见 Ⅳ.6.2 节.) ◀

如上所述，建立封闭性的一种方法是从复可微性的基本的等价性定理(定理 Ⅳ.1) 推导出解析性. 另一个更接近于原始的解析概念的方法基于两个步骤：(ⅰ) 证明对于形式幂级数封闭性成立；(ⅱ) 用关于系数的适当的优级数证明，由此而得出的形式幂级数是局部收敛的. 这就是起源于 Cauchy 的经典的优级数方法.

▶**Ⅳ.20　优级数技巧.** 给了两个幂级数，如果对所有的 $n\geqslant 0$ 都有 $|[z^n]f(z)|\leqslant[z^n]g(z)$ 就记 $f(z)\preceq g(z)$，并称 $g(z)$ 优于 $f(z)$. 以下两个条

件是等价的：(ⅰ)$f(z)$ 在圆盘 $|z|<\rho$ 内是解析的；(ⅱ)对任意 $r>\frac{1}{\rho}$，存在 $c>0$ 使得

$$f(z) \le \frac{c}{1-rz}$$

如果$\frac{c}{1-rz}$，$\frac{d}{1-rz}$分别优于 f，g，那么 $f+g$ 和 fg 分别具有下面的优级数

$$f(z)+g(z) \le \frac{c+d}{1-rz},\ f(z)g(z) \le \frac{e}{1-sz}$$

其中 s 是任意使得 $s>r$ 的实数，而 $e>0$ 是某个依赖于 s 的实数. 类似的，复合函数 $f\circ g$ 具有如下的优级数

$$f\circ g(z) \le \frac{c}{1-r(1+d)z}$$

对$\frac{1}{f}$和 f 的反函数也可类似地构造相应的优级数. 见 Cartan(卡坦)的书[104]和 van der Hoeven(范·德·霍文)的专著[587]，这个研究对优级数问题进行了系统的处理. ◀

作为封闭性的结果，对于由解析表达式定义的函数，其奇点可以用直观的方式归纳地确定. 设 Sing(f) 和 Zero(f) 分别表示函数 f 的奇点的集合和零点的集合，那么，根据解析函数的封闭性质，成立下面的非正式陈述的准则

$$\begin{cases} \mathrm{Sing}(f\pm g) \subseteq \mathrm{Sing}(f) \cup \mathrm{Sing}(g) \\ \mathrm{Sing}(f\times g) \subseteq \mathrm{Sing}(f) \cup \mathrm{Sing}(g) \\ \mathrm{Sing}(f/g) \subseteq \mathrm{Sing}(f) \cup \mathrm{Sing}(g) \cup \mathrm{Zero}(g) \\ \mathrm{Sing}(f\circ g) \subseteq \mathrm{Sing}(g) \cup g^{(-1)}(\mathrm{Sing}(f)) \\ \mathrm{Sing}(\sqrt{f}) \subseteq \mathrm{Sing}(f) \cup \mathrm{Zero}(f) \\ \mathrm{Sing}(\log(f)) \subseteq \mathrm{Sing}(f) \cup \mathrm{Zero}(f) \\ \mathrm{Sing}(f^{(-1)}) \subseteq f(\mathrm{Sing}(f)) \cup f(\mathrm{Zero}(f')) \end{cases}$$

数学上的严格处理需要考虑多值函数和 Riemann 曲面，所以我们现在不具备详细说明其有效的条件，而只能以一种有实用价值的形式给出这些公式. 实际上，由于 Pringsheim 定理，搜索组合生成函数的主奇异点可以在形式上避免考虑函数的完全的多值结构，因为我们只需考虑正半实轴上的某个开始的线段即可. 正如我们下面将要说明的那样，这反过来蕴含了对很广泛的一类生成函数确定其系数的指数阶的有力而简单的方法.

指数增长常数的可计算性. 正如我们在第 Ⅰ 章和第 Ⅱ 章中所定义的那样，

称一个组合类是可构造的或可表示的，如果它可用有限个只涉及基本结构的等式来定义．称一个表示是不循环的或非回复的，如果它的表示的依赖图是无环的．在这种情况下，只需用一些单独的功能项（和，积，级数，集合与轮换）来描述这个表示．

我们现在的兴趣是实际上的可计算性．我们先来回忆一下一个实数的可计算性是什么意思．称一个实数 α 是可计算的，如果对一个给定的正整数 m，我们可以用一种程序得出一个有理数 α_m，使得它与 α 的误差不超过 $\pm 10^{-m}$．现在我们叙述下面的结论．

定理 Ⅳ.8　增长的可计算性．设$\mathcal{C}$是一个可构造的无标记类，它可从$(1,\mathcal{Z})$开始，用(SEQ，PSET，MSET，CYC；$+$，$\times$）等符号不循环的表示．那么$\mathcal{C}$的 OGF $C(z)$ 的收敛半径 ρC 是 $+\infty$ 或一个（严格）正的可计算的实数．

设$\mathcal{D}$是一个可构造的有标记类，它可从$(1,\mathcal{Z})$开始，用(SEQ，SET，CYC；$+$，$\star$）等符号不循环的表示．那么$\mathcal{C}$的 EGF $D(z)$ 的收敛半径 ρD 是 $+\infty$ 或一个（严格）正的可计算的实数．

因此，在有限情况下，指数增长估计

$$[z^n]C(z)\equiv C_n\bowtie\left(\frac{1}{\rho C}\right)^n,[z^n]D(z)\equiv\frac{1}{n!}D_n\bowtie\left(\frac{1}{\rho D}\right)^n$$

中的常数 ρC，ρD 是可计算的实数．

证明　在两种情况下，证明的过程都是对类的结构表示实行归纳法．对每个其生成函数为 $F(z)$ 的类$\mathcal{F}$，我们让它对应于一个它的名片，这个名片是一个有序对$\langle\rho_F,\tau_F\rangle$，其中 ρ_F 是 F 的收敛半径，而 τ_F 是 F 在 ρ_F 处的值，确切地说就是

$$\tau_F:=\lim_{x\to\rho_F^-}F(x)$$

（值 τ_F 作为$\mathbb{R}\cup\{+\infty\}$ 的一个元素是良定义的，由于 F 是一个生成函数，因此它在$(0,\rho_F)$上必须是递增的．）

无标记情况．一个无标记的类$\mathcal{G}$或者是有限的，这时它的 OGF $G(z)$ 是一个多项式，或者是无限的，这时它在 $z=1$ 处发散，所以 $\rho G\leqslant 1$．对一个可表示的类，不管这个类是有限的还是无限的，显然它都是可确定的．一个类是无限的充分必要条件是在其表示中插入了一元结构(SEQ，MSET，CYC）中的某一个．我们将用归纳法证明定理的断言及一个更强的性质：只要类是无限的就有 $\tau_F=\infty$．

首先，空类 1（其 OGF 为 1）和原子的类$\mathcal{Z}$（其 OGF 为 z）的名片分别是$(+\infty,1)$和$(+\infty,+\infty)$．在这两种情况下，定理的断言是容易验证的．

接着，设$\mathcal{F}=\mathrm{SEQ}(\mathcal{G})$. OGF $G(z)$ 必须不是一个常数且为了级数结构能够合理定义，它必须满足 $G(0)=0$. 因而，由归纳法假设，我们就有 $0<\rho_G\leqslant+\infty$ 以及 $\tau_G=+\infty$. 现在，由于函数G沿着正轴是递增的和连续的，因此必然存在一个值β，使得 $0<\beta<\rho_G$，$G(\beta)=1$. 对 $z\in(0,\beta)$，拟逆 $F(z)=\dfrac{1}{1-G(z)}$ 是良定义的和解析的；当 z 从左边趋近β 时，$F(z)$ 无限增加. 因此，沿着正轴，F 的最小奇点就在 β 处，由 Pringsheim 定理就可知，$\rho_F=\beta$. 这个论证同时也说明了 $\tau_F=+\infty$. 现在只剩下验证 β 是可计算的. 由于 G 的系数构成一个可计算的整数序列，因此可以用截断的 Taylor 级数很好地逼近 $G(x)$，从而如果 x 本身是一个正的小于 ρ_G 的可计算的数，那么 $G(x)$ 就是一个有效的可计算的数①. 然后二分法就提供了一个有效的确定 β 的过程.

下面我们考虑多重集结构，即$\mathcal{F}=\mathrm{MSET}(\mathcal{G})$，它翻译成 OGF 必须用到第 Ⅰ 章中的 Pólya 指数式

$$F(z)=\mathrm{Exp}(G(z))$$

其中 $\mathrm{Exp}(h(z)):=\exp\left(h(z)+\frac{1}{2}h(z^2)+\frac{1}{3}h(z^3)+\cdots\right)$.

我们再次使用关于 G 的归纳法假设. 如果 G 是一个多项式，则 F 是一个只在单位根处有极点的有理函数. 因此，在这种情况下，$\rho_F=1$，$\tau_F=\infty$. 在$\mathcal{F}=\mathrm{MSET}(\mathcal{G})$，$G$ 是无限的一般情况下，我们从任意一个固定的，使得 $0<r<\rho_G\leqslant 1$ 的数 r 开始，并对 $z\in(0,r)$ 检验 $F(z)$. 我们把 F 的表达式重写成

$$\mathrm{Exp}(G(z))=\mathrm{e}^{G(z)}\cdot\exp\left(\frac{1}{2}G(z^2)+\frac{1}{3}G(z^3)+\cdots\right)$$

因为指数函数是整函数，因此 e^G 中只有G 的奇点，因而第一个因子在$(0,\rho G)$上对 z 是解析的. 至于第二个因子，我们有 $G(0)=0$(为了使得集合构造是良定义的)，而 $G(x)$ 对于 $x\in[0,r]$ 是凸的(由于其二阶导数是正的). 因此，存在一个正的常数K，使得当$x\in[0,r]$时，$G(x)\leqslant Kx$. 因而级数$\frac{1}{2}G(z^2)+\frac{1}{3}G(z^3)+\cdots$有收敛的优级数

$$\frac{K}{2}r^2+\frac{K}{3}r^3+\cdots=K\log\frac{1}{1-r}-Kr$$

---

① 目前的论证只是根据截断的 Taylor 级数在它们的收敛盘的内点以几何速度快速收敛，而建立了一个非一构造性的程序的存在性. 然而，这里没有提到如何明确地制定这个程序以及表示本身涉及的参数这个更难的问题(表示的“统一性”).

根据解析函数理论中的一个众所周知的定理可知，一个解析函数的一致收敛的和函数本身也是解析的；因此，$\frac{1}{2}G(z^2)+\frac{1}{3}G(z^3)+\cdots$ 对$(0,r)$中的所有z都是解析的.因而指数式保留了解析性.所以$F(z)$对任何满足$\rho_F\geqslant\rho_G, r<\rho_G$的收敛半径$r$在$z\in(0,r)$中解析.另外，由于$F(z)$逐项的优于$G(z)$，所以$\rho_F\leqslant\rho_G$.从而最后我们有$\rho_F=\rho_G$.同时$\tau_G=+\infty$蕴含$\tau_F=+\infty$.

类似的讨论也适用于幂集结构(PSET)，与其相关的函数$\overline{\mathrm{EXP}}$是对Pólya指数式Exp的一个小修改.轮换结构应该可以在考虑"Pólya对数"的基础上做类似的处理.由于$F=\mathrm{CYC}(G)$对应于

$$F(z)=\mathrm{Log}\frac{1}{1-G(z)}$$

其中$\mathrm{Log}\,h(z)=\log h(z)+\frac{1}{2}\log h(z^2)+\cdots$.

为了结束无标记的情况，现在只剩下讨论二元运算"+"和"×"，由此产生的结构是$F=G+H$和$F=G\cdot H$.容易验证$\rho_F=\min\{\rho_G,\rho_H\}$.其可计算性可从两个可计算的数的最小值仍是可计算的得出，在每种情况下，都可立即得出$\tau_F=+\infty$.

有标记的情况.上面的论证同样适用于有标记的情况.这时的讨论甚至更简单，由于现在Pólya符号Exp和Log已被换成了通常的指数和对数.无限的非循环的类的EGF在其正的主奇点处是无限的这一结论仍然成立，不过现在收敛半径可以是任何量级的(与1相比).

▶**Ⅳ.21　受限制的结构**.这是一个使用归纳法的练习题.定理Ⅳ.8是对于基本结构的表示叙述的.证明其结论对相应的受限制结构(只要它们是相容的)仍然成立.($\mathfrak{K}_{=r},\mathfrak{K}_{<r},\mathfrak{K}_{>r}$，其中$\mathfrak{K}$表示任意一种基本结构.) ◀

▶**Ⅳ.22　语法可判定性质**.对于无标记的类$\mathcal{F}$，性质$\rho_F=1$是可判定的.对于有标记和无标记的类，性质$\rho_F=+\infty$是可判定的. ◀

▶**Ⅳ.23　Pólya－Carlson(卡尔松)和一个令人惊奇的OGF性质**.这是一个首先由Pólya猜测，后来由Carlson在1921年证明的命题(见文献[164,p.323])：如果一个函数可以表示成一个在单位圆盘内收敛的整系数幂级数，则它或是一个有理函数或是以单位圆盘为自然的边界.特别，这个定理适用于任何组合类的OGF. ◀

▶**Ⅳ.24　树仅仅是递归的**.一般的树和二叉树不可能具有迭代的表示，由于它们的OGF在它们的Pringsheim奇点处具有有限值.这一结论对于树的

简单族也成立;参见命题 Ⅵ.6. ◀

▶ **Ⅳ.25 排列和图的非构造性.** 所有的排列的类$\mathcal{P}$不可能表示成一个可构造的无标记的类,由于 OGF $P(z)=\sum_{z} n!\ z^{n}$ 的收敛半径是0.(当然,对于有标记的类,它是可构造的.)无论是有标记的还是无标记的图,也由于数量太多以至于无法构成可构造的类. ◀

定理 Ⅳ.8 建立了分析组合,可计算性理论和符号操作系统之间的联系.这是在 Flajolet,Salvy 和 Zimmermann 的论文[255]的基础上发展起来的精确和渐近的枚举的可计算性问题.我们现在不讨论循环的表示,由于这种表示倾向于出现适用于奇点分析技巧的分支点,这将在第 Ⅵ 章和第 Ⅶ 章中充分发展.蕴含了定理 Ⅳ.8 的归纳过程,用每个子表达式的收敛半径来修饰一个表示,为确定与不循环表示相关的计数的指数增长率提供了一个实际的基础.

例 Ⅳ.4 组合链. 这是一个文献[219]中用来说明定理 Ⅳ.8 的范围,并展示其在解决问题的过程中的内在机制的人为特地制造的例子(见图 Ⅳ.7).我们用下面的表示定义所有的有标记链的类

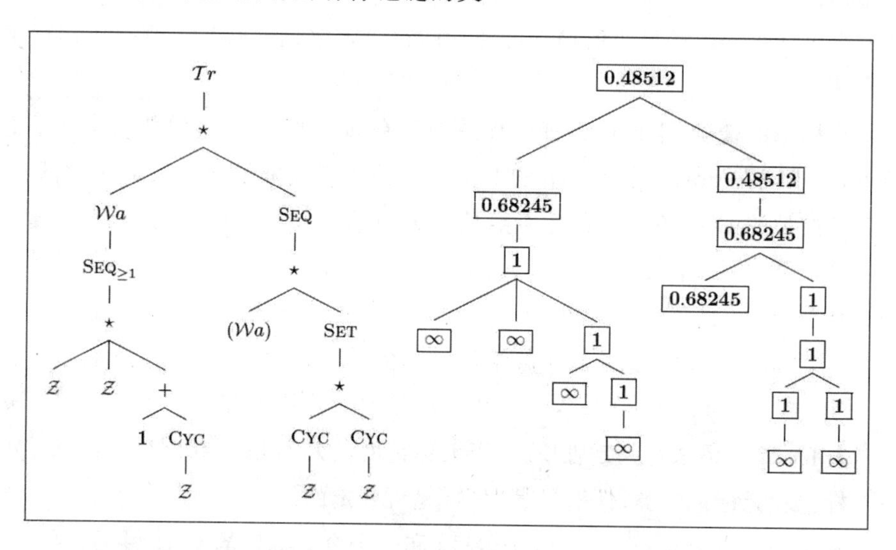

图 Ⅳ.7 归纳地确定一个链的 EGF 的收敛半径:$\mathcal{T}r$ 的表示一个分层次的图示(左边)以及对应于每个层次的子表示的收敛半径(右边)

$$\begin{cases}\mathcal{T}r=\mathcal{W}a\star\mathrm{SEQ}(\mathcal{W}a\star\mathrm{SET}(\mathcal{P}a))\\ \mathcal{W}a=\mathrm{SEQ}_{\geqslant 1}(\mathcal{P}l)\\ \mathcal{P}l=\mathcal{Z}\star\mathcal{Z}\star(\mathbf{1}+\mathrm{CYC}(\mathcal{Z}))\\ \mathcal{P}a=\mathrm{CYC}(\mathcal{Z})\star\mathrm{CYC}(\mathcal{Z})\end{cases}\tag{27}$$

举一个例子,一列火车($\mathcal{T}r$)的组成方式是最前面是一辆货车($\mathcal{W}a$),它的后面是若干节客车,其中每一节客车中乘有一组乘客($\mathcal{P}a$).货车本身通常由一个"木板"($\mathcal{P}l$)组成,按照惯例,这个木板的两个端点用$\mathcal{Z}\star\mathcal{Z}$表示,并且可以随意地加上圆形的轮子($\mathrm{CYC}(\mathcal{Z})$).乘客是由头和一些圆圈表示的原子围成的肚子组成的.下面是一个随机的链的图示:

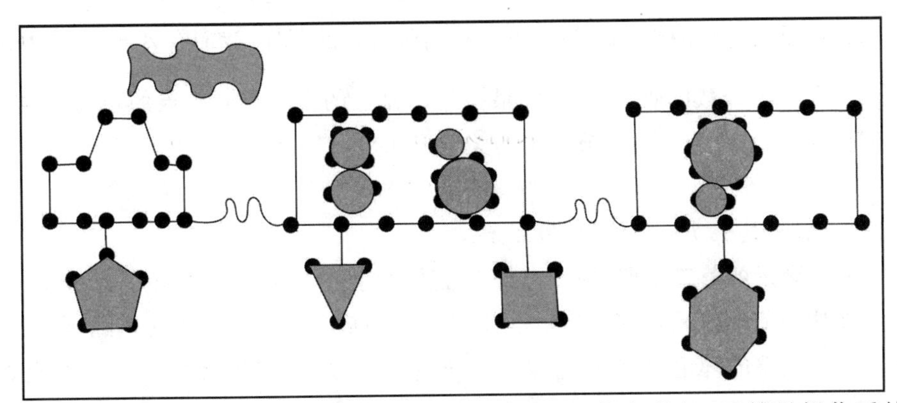

根据链的表示立刻可以将其转化为一个 EGF 的方程组,而符号操作系统就给出了链的 EGF 为

$$Tr(z)=\frac{z^2(1+\log((1-z)^{-1}))}{(1-z^2(1+\log((1-z)^{-1})))}\left(1-\frac{z^2(1+\log((1-z)^{-1}))\mathrm{e}^{(\log((1-z)^{-1}))^2}}{1-z^2(1+\log((1-z)^{-1}))}\right)^{-1}$$

和

$$Tr(z)=2\frac{z^2}{2!}+6\frac{z^3}{3!}+60\frac{z^4}{4!}+520\frac{z^5}{5!}+6\ 660\frac{z^6}{6!}+93\ 408\frac{z^7}{7!}+\cdots$$

就像图 Ⅳ.7 的顶层所建议的那样,表示式(27)是一个有层次的结构.而这个结构本身直接体现为 GF $Tr(z)$ 的表示树的形式.然后,$Tr(z)$ 的表示树的每个节点都可以标记上一个对应的收敛半径的值.这是根据定理 Ⅳ.8 的原则完成的;参见图 Ⅳ.7 的右边.例如,对应于 $Wa(z)$ 的数量为 0.682 45,这个值由序列的规则给出,并可由下面的方程的最小正解确定

$$z^2\left(1-\log\frac{1}{1-z}\right)=1$$

标记过程向上进行,直到到达树的根;这里$\mathcal{T}$ 的收敛半径为 $\rho\doteq0.485\ 12\cdots$,这个值恰好与$\frac{[z^{49}]Tr(z)}{[z^{50}]Tr(z)}$ 几乎一致,这两个数小数点后超过 15 位的数字完全相同.

Ⅳ.5　有理函数和半纯函数

上一节已完全验证了导致解析函数 $f(z)$ 的系数的指数增长公式 $f_n \bowtie A^n$ 的**系数渐近的第一原理**. 事实上，正如我们所看到的那样，我们有 $A=\frac{1}{\rho}$，其中 ρ 等于表示 f 的级数的收敛半径，即最接近于原点的主奇点到原点的距离. 现在我们将开始验证已在 Ⅳ.1 节给出的关于形式

$$f_n = A^n \theta(n)$$

的第二原理，其中 $\theta(n)$ 是次指数因子：

系数渐近的第二原理：函数奇点的性质决定了相关的次指数因子($\theta(n)$).

在这一节中，我们对有理函数(即多项式的商)以及更一般的半纯函数发展了一套完整的理论. 最终的结果是对于这种函数，次指数因子基本是多项式极点⇝次指数因子 $\theta(n)$ 是多项式增长的. 这一逼近的一个显著特点是所得的渐近逼近的质量非常好；对于自然发生的组合问题，小数点后 15 位数字的精确性在脚标低至 50 的系数中并不少见(一个引人注目的例子可见下文图 Ⅳ.8).

Ⅳ.5.1　有理函数. 称函数 $f(z)$ 是有理函数，如果可把它表示成 $f(z)=\frac{N(z)}{D(z)}$ 的形式，其中 $N(z)$ 和 $D(z)$ 都是多项式，不失一般性，可设它们是互素的. 对在原点解析的有理函数(即生成函数)，我们有 $D(0)\neq 0$.

作为有理函数系数的序列 $\{f_n\}_{n\geqslant 0}$ 满足具有常系数的线性递推关系. 很容易建立这个事实：计算 $[z^n]f(z)\cdot D(z)$，那么对于 $D(z)=d_0+d_1z+\cdots+d_mz^m$，对所有的 $n>\deg(N(z))$ 我们就有

$$\sum_{j=0}^{m} d_j f_{n-j}=0$$

我们现在要证明的主要定理用 $f(z)$ 的极点的术语对 $f(z)$ 的系数给出了精确的有限表达式. 这些表达式中的单个的项有时称为指数多项式.

定理 Ⅳ.9　有理函数的展开式. 设 $f(z)$ 是在点 0 解析，且以 $\alpha_1,\alpha_2,\cdots,\alpha_m$ 为极点的有理函数，那么它的系数是指数多项式之和：存在 m 个多项式 $\{\prod_j(x)\}_{j=1}^m$，使得当 n 大于某个固定的 n_0 时，就有

$$f_n \equiv [z^n]f(z)=\sum_{j=1}^{m}\frac{\prod_j(n)}{\alpha_j^n} \tag{28}$$

其中$\prod_j$的次数等于f的极点α_j的阶数减1.

证明 由于$f(z)$是有理函数,因此它有部分分式展开式

$$f(z)=Q(z)+\sum_{(\alpha,r)}\frac{c_{\alpha,r}}{(z-\alpha)^r}$$

其中$Q(z)$是一个多项式,其次数等于$n_0:=\deg(N)-\deg(D)$,α遍历$f(z)$的极点,而r以f的极点的倍数为界.在这个展开式中提取的系数可从Newton展开式得出

$$[z^n]\frac{1}{(z-\alpha)^r}=\frac{(-1)^r}{\alpha^r}[z^n]\frac{1}{\left(1-\frac{z}{\alpha}\right)^r}=\frac{(-1)^r}{\alpha^r}\binom{n+r-1}{r-1}\frac{1}{\alpha^n}$$

其中的二项式系数是n的$r-1$次多项式.而合并α的同类项就得出所要的定理.

注意展开式(28)也是一个化简过的渐近展开式:当按照α的模递增的顺序对α的项来分组时,每一组就都比前一组的尺度指数小.特别,如果有一个唯一的主极点$|\alpha_1|\leqslant|\alpha_2|\leqslant|\alpha_3|\leqslant\cdots$,那么就有

$$f_n\sim\frac{\prod_1(n)}{\alpha_1^n}$$

并且误差项是指数小的,由于对某个r,这个项是$O\left(\frac{n^r}{\alpha_2^n}\right)$.一个经典的例子是Fibonacci数的OGF

$$F(z)=\frac{z}{1-z-z^2}$$

它的极点是$\frac{-1+\sqrt{5}}{2}\doteq0.618\ 03$和$\frac{-1-\sqrt{5}}{2}\doteq-1.618\ 03$,因此

$$[z^n]F(z)\equiv F_n=\frac{1}{\sqrt{5}}\varphi^n-\frac{1}{\sqrt{5}}\bar{\varphi}^n=\frac{1}{\sqrt{5}}\varphi^n+O\left(\frac{1}{\varphi^n}\right)$$

其中$\varphi=\frac{-1+\sqrt{5}}{2}$是黄金分割率,而$\bar{\varphi}$是它的共轭.

▶**Ⅳ.26 一个简单的练习.** 设$f(z)$如定理Ⅳ.9中所述,此外还设它有一个m重的单个主极点α_1.那么,通过检查定理Ⅳ.9的证明就有

$$f_n=\frac{C}{(r-1)!}\ \frac{n^{r-1}}{\alpha_1^{n-r}}\left(1+O\left(\frac{1}{n}\right)\right)$$

其中$C=\lim\limits_{z\to\alpha_1}(z-\alpha_1)^r f(z)$.

这当然是第二原理的最直接的例证:在假设的条件下,一个在其主奇点上

函数的渐近展开只有一项的展开式，就足以确定系数的渐近形式了. ◀

例 Ⅳ.5 有理函数的定性分析. 这是一个为了说明知道完全分解的所有细节通常是不必要的而人为设计的例子. 有理函数

$$f(z)=\frac{1}{(1-z^3)^2(1-z^2)^3\left(1-\frac{z^2}{2}\right)}$$

在 $z=1$ 处有一个5阶极点，在 $z=\omega,\omega^2$ 处有2阶极点(其中 ω 是1的立方根)，在 $z=-1$ 处有一个3阶极点，在 $z=\pm\sqrt{2}$ 处有单极点，因此

$$f_n=P_1(n)+\frac{P_2(n)}{\omega^n}+\frac{P_3(n)}{\omega^{2n}}+P_4(n)(-1)^n+\frac{P_5(n)}{2^{\frac{n}{2}}}+\frac{(-1)^nP_6(n)}{2^{\frac{n}{2}}}$$

在 $z=1$ 处有一个5阶极点，其中 $P_1,\cdots,P_6$ 的次数分别是4,1,1,2,0,0. 对于 f_n 的渐近等价来说，只需考虑1的平方根处的极点，由于它们对应了最快的指数增长，另外，对于一阶渐近，只需考虑 $z=1$；最后，在 $z=1$ 处，只需考虑增长最快的项. 这样，我们就发现了一个对应

$$f(z)\sim\frac{1}{3^2\cdot2^3\cdot\left(\frac{1}{2}\right)}\frac{1}{(1-z)^5}\Rightarrow f_n\sim\frac{1}{3^2\cdot2^3\cdot\left(\frac{1}{2}\right)}\binom{n+4}{4}\sim\frac{n^4}{864}$$

可以不计算部分分式展开的细节，而发展分析是一个典型的现象.

定理 Ⅳ.9 适用于任何导致 GF 是有理函数的表示①. 结合有理系数渐近的定性方法，它为组合问题的计数序列提供了大量有效的渐近估计.

例 Ⅳ.6 有限限制分拆的渐近. 有限限制分拆是整数的一种分拆，其中的加数限制在一个固定的有限集合中(例 Ⅰ.5). 设 $\mathcal{P}^{\mathcal{T}}$ 是关于集合 $\mathcal{T}\subset\mathbb{Z}_{>0}$ 的类，已知它的 OGF 为

$$P^{\mathcal{T}}(z)=\prod_{\omega\in\mathcal{T}}\frac{1}{1-z^{\omega}}$$

不失一般性，我们可设 $\gcd(\mathcal{T})=1$，即使用的硬币不都是某个数 $d>1$ 的倍数.

一个特殊的情况是加数在集合 $\{1,2,\cdots,r\}$ 中的整数的分拆，这时

$$P^{\{1,\cdots,r\}}(z)=\prod_{m=1}^{r}\frac{1}{1-z^m}$$

GF 的所有极点都是单位根. 在 $z=1$ 处，极点的阶数是 r，因而当 $z\to1$ 时，我们有

---

① 在部分 A 中，我们偶尔会讨论到一些足够简单的有理函数的系数函数，从而预见了这个定理的陈述：例如可见合成(例 Ⅰ.6) 与序列的记录(例 Ⅲ.17) 的讨论.

$$P^{\{1,\cdots,r\}}(z) \sim \frac{1}{r!} \frac{1}{(1-z)^r}$$

其他极点具有严格小的重数.例如 $z=-1$ 的重数就等于 $P^{\{1,\cdots,r\}}$ 中因子 $\frac{1}{(1-z^{2j})}$ 数目,这个数和面值为偶数的硬币的数目相同.这个极点的重数至多是 $r-1$,由于我们假设 $\gcd(\mathcal{T})=1$,因此至少有一个硬币的面值是奇数.类似地,我们可以知道第 q 个单位元根的重数至多是 $r-1$.由此就得出极点 $z=1$ 在下标为 n 的系数中贡献了形如 n^{r-1} 项,而其他的极点所贡献的阶数至多为 n^{r-2}.因此我们就得出

$$P_n^{\{1,\cdots,r\}} \sim c_r n^{r-1}$$

其中 $c_r=\frac{1}{r!\,(r-1)!}$.

同理可以给出 $P_n^{\mathcal{T}}$ 的渐近形式,由于在讨论一阶渐近时,只需考虑 $z=1$ 处的极点.

命题 Ⅳ.2 设$\mathcal{T}$ 是一个没有公因数($\gcd(\mathcal{T})=1$)的整数的有限集合,则加数限制在内的分拆的数目满足

$$P_n^{\mathcal{T}} \sim \frac{1}{\tau} \frac{n^{r-1}}{(r-1)!}$$

其中 $\tau := \prod_{\omega \in \mathcal{T}} \omega, r := \operatorname{card}(\mathcal{T})$.

例如,在一个只有 pennies(便士)(1 美分),nickels(奈克)(5 美分),dimes(代姆)(10 美分)和 quarters(夸特)(25 美分)的奇怪国家里,给出 n 分钱零钱的方法的数量(不分次序,允许重复)的渐近估计为

$$[z^n] \frac{1}{(1-z)(1-z^5)(1-z^{10})(1-z^{25})} \sim \frac{1}{1 \times 5 \times 10 \times 25} \frac{n^3}{3!} \equiv \frac{n^3}{7\,500}$$

Ⅳ.5.2 半纯函数. 一个类似于定理 Ⅳ.9 的推广,对于一个更大的类,即半纯函数的类的系数仍然成立.

定理 Ⅳ.10 对于半纯函数的推广定理. 设 $f(z)$ 是一个在圆盘 $|z| \leqslant R$ 内的每一点处都半纯的函数,其极点为 $\alpha_1, \alpha_2, \cdots, \alpha_m$.设 $f(z)$ 在 $|z|=R$ 上的所有点处以及 $z=0$ 处解析,那么就存在 m 个多项式 $\prod_j (x)(j=1,\cdots,m)$ 使得

$$f_n \equiv [z^n]f(z) = \sum_{j=1}^{m} \frac{\prod_j (n)}{\alpha_j^n} + O\left(\frac{1}{R^n}\right) \tag{29}$$

此外 $\prod_j$ 的次数就等于极点 α_j 的阶数减 1.

证明　我们给出两种不同的证明，一种是去除奇点的方法，另一种是围道积分方法.

（ⅰ）去除极点的方法. 围绕任意一个极点 α，$f(z)$ 可局部地展开成

$$f(z)=\sum_{k\geqslant -M} c_{\alpha,k}(z-\alpha)^k \tag{30}$$

$$=S_\alpha(z)+H_\alpha(z) \tag{31}$$

其中"奇异部分"$S_\alpha(z)$ 是把下标为 $-M,\cdots,-1$ 的项集合起来而得出的（即由形如 $S_{(\alpha)}(z)=\dfrac{N_\alpha(z)}{(z-\alpha)^M}$ 的项的和组成的部分，其中 $N_\alpha(z)$ 的次数小于 M)，而 $H_\alpha(z)$ 在 α 处解析. 因此若设 $S(z):=\sum\limits_j S_{\alpha_j}(z)$，则可以看出在 $|z|\leqslant R$ 上，$f(z)-S(z)$ 是解析的. 换句话说，把展式的奇异部分收集起来后再减去它们，我们就"去除"了 $f(z)$ 的奇点. 因而有时也把文献[329，第 2 卷，p. 448] 中的方法称为去除奇点方法.

提取系数，我们就得到

$$[z^n]f(z)=[z^n]S(z)+[z^n](f(z)-S(z))$$

有理函数 $S(z)$ 的系数$[z^n]S(z)$ 可由定理Ⅳ.9 得出. 因此只需证明在 $|z|\leqslant R$ 中解析的函数 $f(z)-S(z)$ 的系数$[z^n](f(z)-S(z))$ 的误差是 $O\left(\dfrac{1}{R^n}\right)$ 的即可. 就像命题 Ⅳ.1（鞍点界）的证明中那样，这个事实可以从应用围道是 $\lambda=\{z:|z|=R\}$ 的 Cauchy 积分公式的平凡界得出

$$|[z^n](f(z)-S(z))|=\frac{1}{2\pi}\left|\int_{|z|=R}\frac{(f(z)-S(z))\mathrm{d}z}{z^{n+1}}\right|\leqslant\frac{1}{2\pi}\frac{O(1)}{R^{n+1}}2\pi R$$

（ⅱ）围道积分方法. 定理 Ⅳ.10 有另一条证明路线，我们现在简要地将其勾画一下，由于这一路线提供了一个可应用于第 Ⅵ 章中将要处理的其他类型的奇点的看法和技巧. 这一方法包括使用 Cauchy 系数公式和并"放置"一个经过奇点的围道积分. 换句话说，我们直接用留数来计算积分

$$I_n=\frac{1}{2\pi\mathrm{i}}\int_{|z|=R}\frac{f(z)\mathrm{d}z}{z^{n+1}}$$

在 $z=0$ 处有一个极点，其留数为 f_n，在 α_j 处的极点的留数对应于定理 Ⅳ.10 的展开式中所述的项；例如，如果当 $z\to a$ 时有 $f(z)\sim\dfrac{c}{z-a}$，那么就有

$$\operatorname{Res}\left(\frac{f(z)}{z^{n+1}};z=a\right)=\operatorname{Res}\left(\frac{c}{(z-a)z^{n+1}};z=a\right)=\frac{c}{a^{n+1}}$$

最后，应用和上面一样的平凡的界就得出 I_n 的误差是 $O\left(\dfrac{1}{R^n}\right)$.

▶ **Ⅳ.27　有效的误差界.** 把式(29)中的误差项 $O\left(\frac{1}{R^n}\right)$ 记成 ε_n，则它满足

$$|\varepsilon_n| \leqslant \frac{1}{R^n}\sup_{|z|=R}|f(z)|$$

可从上面的第二个证明立即得出这一结果. 甚至对有理函数的情况，这个结果也可能是有用的，在有理函数的情况下，这个结果显然是可应用的. ◀

作为定理 Ⅳ.10 的结果，所有主奇点是极点的 GF 都可以很容易地加以分析. 部分 A 中适合这一条件的主要候选类型是由级数结构“驱动”的表示，由于级数的翻译将归结到拟逆，它本身就涉及极点奇点. 这些类型特别包括了满射，对齐，错排和受限制的合成.

我们现在就来处理这些结构.

例 Ⅳ.7　满射. 满射的表示由集合的级数定义($\mathcal{R}=\mathrm{SEQ}(\mathrm{SET}_{\geqslant 1}(\mathcal{Z}))$)，其 EGF 为 $R(z)=\frac{1}{2-\mathrm{e}^z}$(见 Ⅱ.3.1 节). 在例 Ⅳ.2 中我们已经确定了它的极点，其中模最小的极点位于 $\log 2 \doteq 0.693\ 14$ 处. 在这个主极点处，我们求出 $R(z)\sim -\frac{1}{2(z-\log 2)}$，这蕴含了满射的数目的渐近表达式

$$R_n \equiv n!\ [z^n]R(z) - \xi(n)$$

其中 $\xi(n):=\frac{n!}{2}\left(\frac{1}{\log 2}\right)^{n+1}$.

图 Ⅳ.8 对$[\xi(n)]$，$n=2,4,\cdots,32$ 给出了满射数的精确值(左边)和由距渐近值最近的整数构成的近似值(右边)的对照表①. 相当有挑战性的，我们看到对所有 n 的 1－15 的值给出了 R_n 的精确值. 对 $n=17$，它开始有一位数不同，此后几个“错误”数字逐渐出现，但数量非常有限；见图 Ⅳ.8(类似的情况出现在欢迎词中对正切数的讨论中). 这种几乎准确的渐近表示的原因在于半纯函数的渐近表示的误差项是指数小的. 事实上，在 $|z|\leqslant 6$ 中没有其他情况，下一个极点在 $\log 2\pm 2\pi\mathrm{i}$ 处，它们的模约为 6.32. 因此，对 $r_n=[z^n]R(z)$，成立

$$\frac{R_n}{n!}\sim\frac{1}{2}\left(\frac{1}{\log 2}\right)^{n+1}+O\left(\frac{1}{6^n}\right) \tag{32}$$

① 符号$\lceil x\rfloor$表示距离 x 最近的整数：$\lceil x\rfloor:=\lfloor x+\frac{1}{2}\rfloor$.

R_n	$\xi(n)$
3	3
75	75
4683	4683
545835	545835
102247563	102247563
28091567595	28091567595
10641342970443	10641342970443
5315654681981355	5315654681981355
3385534663256845323	338553466325684532 **6**
2677687796244384203115	2677687796244384203 **088**
2574844419803190384544203	2574844419803190384544 **450**
2958279121074145472650648875	2958279121074145472650 64 **6597**
4002225759844168492486127539083	400222575984416849248612 75 **55859**
6297562064950066033518373935334635	629756206495006603351837 3935 **416161**
11403568794011880483742464196184901963	114035687940118804837424 6419617 **4527074**
23545154085734896649184490637144855476395	235451540857348966491844 9063714 **5314147690**

图 Ⅳ.8　对 2,4,…,32 的满射数的金字塔：精确数 R_n（左边）和近似数 $\xi(n)$（右边）的对照.其中用黑体标出了不一致的数字(右边)

引导 α 样板对双满射问题，$R^*(z)=\dfrac{1}{2+z-\mathrm{e}^z}$，同理我们得出

$$[z^n]R^*(z)\sim\frac{1}{\mathrm{e}^{\rho^*}-1}\,\frac{1}{(\rho^*)^{n+1}}$$

其中 $\rho^*\doteq 1.146\ 19$ 是 $\mathrm{e}^{\rho^*}-\rho^*=2$ 的最小的正根.

这个例子是值得我们反复思考的，由于它代表了本书部分 A 和部分 B 的特点，两个衔接的蕴含关系的"生产链"：

$$\begin{cases}\mathcal{R}=\mathrm{SEQ}(\mathrm{SET}_{\geqslant 1}(\mathcal{Z}))\Rightarrow R(z)=\dfrac{1}{2-\mathrm{e}^z}\\[2ex] R(z)\underset{z\to\log 2}{\sim}-\dfrac{1}{2}\,\dfrac{1}{(z-\log 2)}\rightarrow\dfrac{1}{n!}R_n\sim\dfrac{1}{2}(\log 2)^{-n-1}\end{cases}$$

第一个蕴含关系(像通常那样写成"⇒")由符号方法自动给出.第二个蕴含关系(这里写成"→")是 GF 在主奇点处的展开式到系数的渐近形式的直接翻译，它在复分析条件下是有效的，在这里就是定理 Ⅳ.10 的条件.

例 Ⅳ.8　对齐. 对齐的表示由轮换的级数定义($\mathcal{O}=\mathrm{SEQ}(\mathrm{CYC}(\mathcal{Z}))$)，其 EGF 为

$$O(z)=\frac{1}{1-\log\dfrac{1}{1-z}}$$

当 $\log\dfrac{1}{1-z}=1$ 时，$O(z)$ 在 $\rho=1-\dfrac{1}{\mathrm{e}}$ 处有一个奇点，而且这个奇点在奇点 $z=1$ 之前出现，在 $z=1$ 处，对数变成奇异的.因而系数 $[z^n]O(z)$ 的渐近形式的计算

只需要在 ρ 附近的局部展开式，从定理 Ⅳ.19 就可得出系数的渐近估计

$$O(z)\sim-\frac{1}{\mathrm{e}\left(z-1+\frac{1}{\mathrm{e}}\right)}\rightarrow[z^n]O(z)\sim\frac{1}{\mathrm{e}\left(1-\frac{1}{\mathrm{e}}\right)^{n+1}}$$

▶**Ⅳ.28　某些"超级项链"**. 我们有估计

$$[z^n]\log\left(\frac{1}{1-\log\frac{1}{1-z}}\right)\sim\frac{1}{n\left(1-\frac{1}{\mathrm{e}}\right)^n}$$

其中 EGF 枚举了轮换中的有标记轮换(超级项链)(提示：取导数.)　◀

例 Ⅳ.9　广义的错排. 在一个长度为 n 的随机排列中，出现长度为 k 的最短轮换的概率是

$$[z^n]D^{(k)}(z)$$

其中 $D^{(k)}(z)=\frac{1}{(1-z)\mathrm{e}^{\frac{z}{1}+\frac{z^2}{2}+\cdots+\frac{z^k}{k}}}$. 这个结果可从表示 $\mathcal{D}^{(k)}=\mathrm{SET}(\mathrm{CYC}_{>k}(\mathcal{Z}))$ 得出. 对任意固定的 k，当 $z\rightarrow 1$ 时，我们(容易)有 $\mathcal{D}^{(k)}(z)\sim\frac{1}{(1-z)\mathrm{e}^{H_k}}$，其中 1 是一个简单极点. 因此，当 $n\rightarrow\infty$ 时，$[z^n]D^{(k)}(z)\rightarrow\frac{1}{\mathrm{e}^{H_k}}$. 综上所述，由于半纯性，我们就有下面的特征性的蕴含关系

$$\mathcal{D}^{(k)}(z)\sim\frac{1}{(1-z)\mathrm{e}^{H_k}}\rightarrow[z^n]D^{(k)}(z)\sim\frac{1}{\mathrm{e}^{H_k}}$$

由于在有限距离内没有其他奇点，因此逼近的误差项(至少)是指数小的，对任意 $R>1$，我们有

$$[z^n]\frac{1}{(1-z)\mathrm{e}^{\frac{z}{1}+\frac{z^2}{2}+\cdots+\frac{z^k}{k}}}=\frac{1}{\mathrm{e}^{H_k}}+O\left(\frac{1}{R^n}\right)\tag{33}$$

特别，在本章开始时提到的 $k=1,2$ 的情况可以验证上述估计.

这个例子也是值得我们回味的. 在禁止出现长度 $<k$ 的轮换的前提下，我们通过因子 $\mathrm{e}^{\frac{z}{1}+\frac{z^2}{2}+\cdots+\frac{z^k}{k}}$ 修改了所有排列的 EGF，$\frac{1}{1-z}$. 所得的 EGF 在 1 处是半纯的；因此只有修正因子在 $z=1$ 的值是重要的，所以这个值，即 $\frac{1}{\mathrm{e}^{H_k}}$，给出了 k 错排的渐近比例. 当我们深入学习本书时，我们会越来越多地遇见这种捷径.

▶**Ⅳ.29　不太长的排列中最短的轮换**. 设 S_n 是表示长度为 n 的随机排列中，最短的轮换的长度的随机变量. 利用 $|z|=2$ 的轮换去估计上面的逼近 $\frac{1}{\mathrm{e}^{H_k}}$

的误差,我们就求出,当 $k \leqslant \log n$ 时有

$$\left| \mathbb{P}(S_n > k) - \frac{1}{e^{H_k}} \right| \leqslant \frac{1}{2^n} e^{2^{k+1}}$$

上式的误差界在 k 的值域中是指数小的. 因而,逼近 $\frac{1}{e^{H_k}}$ 在 k 相当慢地趋近 n 的情况下仍然是可用的. 读者也可以探索在更大的范围内逼近主项有效的更好的界. (见 Panario(帕纳里奥) 和 Richmond(里士满) 关于集合中的最小组分的一般理论的专著[470]). ◀

▶**Ⅳ.30 最短轮换的期望长度.** 调和数的经典近似 $H_k \approx \log k + \gamma$ 表明 $\frac{1}{k e^{\gamma}}$ 可能是在适当的区域中 n 和 k 都很大时式(33) 的一个近似. 与这个启发式论证一致,在长度为 n 的随机排列中,最短的轮换的期望长度有效的渐近应该是

$$\sum_{k=1}^{n} \frac{1}{k e^{\gamma}} \sim \frac{\log n}{e^{\gamma}}$$

这是一个最先由 Shepp 和 Lloyd[540] 发现的性质. ◀

下面的例子说明了对有理生成函数集合的分析(Smirnov 单词) 相当类似地平行于一种特殊类型的整数组成(Carlitz 合成),其渐近属于半纯性质.

例 Ⅳ.10 Smirnov 单词和 Carlitz 合成. 我们在第 Ⅲ 章中已讨论过 Bernoulli 试验,它涉及加权单词模型. 考虑所有由 r 个字母组成的单词的类 $\mathcal{W}$,其中给予字母 j 一个概率 p_j,并且单词的字母是独立填写的. 在这一加权下,所有单词的 GF 是 $W(z) = \frac{1}{1 - \sum p_j z} = \frac{1}{1-z}$. 考虑随机的长度为 n 的 Smirnov 类型的单词,即所有长度为 2 的块都由不相同的字母组成的单词的概率确定问题. 为了避免退化情况,我们设 $r \geqslant 3$(因为在 $r = 2$ 的情况下,唯一的单词是 $ababa$ 和 $babab\cdots$).

从我们在例 Ⅲ.24 中的讨论可知,Smirnov 单词(再次带有概率加权) 的 GF 是

$$S(z) = \frac{1}{1 - \sum \frac{p_j z}{1 + p_j z}}$$

由分母的单调性可知,这个有理函数有一个主奇点,它位于方程

$$\sum_{j=1}^{r} \frac{p_j \rho}{1 + p_j \rho} = 1 \tag{34}$$

唯一的正根处,并且点 ρ 是一个简单极点. 因此,ρ 是一个由次数 $\leqslant r$ 的多项式

方程隐式定义的代数数,这是它的一个很好的特征.我们可以通过研究分母的变化进一步验证,其他的根都是实的和负的:因此 ρ 是唯一的主奇点.(或者,应用例 V.11 中 Perron-Frobenius(彼龙－佛罗班尼乌斯)的论证).由此可见,一个单词是 Smirnov 类型的概率是指数级小的这一事实并不奇怪,精确的公式是

$$[z^n]S(z) \sim \frac{C}{\rho^n}, C = \frac{1}{\sum_{j=1}^{r} \frac{p_j\rho}{(1+p_j\rho)^2}}$$

使用二元生成函数进行类似的分析表明,随机的长度为 n 的单词成为 Smirnov 单词是有条件的,字母 j 出现的频率渐近于

$$q_j = \frac{1}{Q}\frac{p_j}{(1+p_j\rho)^2}, Q := \sum_{j=1}^{r} \frac{p_j}{(1+p_j\rho)^2} \tag{35}$$

在字母 j 出现次数的平均数渐近于 $q_j n$ 的意义下,所有这些结果就是与等概率字母的情况一致的,在等概率字母的情况中,$p_j = \frac{1}{r}, \rho = \frac{r}{r-1}$.

Carlitz 合成说明了一种极限情况,其中字母表是无限的,而字母有不同的容量.回想一下,整数 n 的 Carlitz 合成是 n 的一个使得任意两个相邻加数的值都不相等的合成.根据注记 Ⅲ.32 的结果可知那种合成可以从 Smirnov 单词通过替换得出,其效果是

$$K(z) = \frac{1}{1 - \sum_{j=1}^{\infty} \frac{z^j}{1+z^j}} \tag{36}$$

然后系数的渐近形式即可从主极点的分析得出.其 OGF 在 ρ 处有一个简单极点,其中 ρ 是方程

$$\sum_{j=1}^{\infty} \frac{\rho^j}{1+\rho^j} = 1 \tag{37}$$

的最小正根(注意与式(34)对比它们的组合论证的共性).因而

$$K_n \sim C \cdot \beta^n, C \doteq 0.456\ 363\ 474\ 0, \beta \doteq 1.750\ 241\ 291\ 7$$

其中 $\beta = \frac{1}{\rho}$. 和 Smirnov 单词的情况类似,加数 k 出现的频率趋向于比例 $\frac{k\rho^k}{(1+\rho^k)^2}$;进一步的性质可见文献[369,421].

Ⅳ.6 奇点的定位

有时会出现函数具有几个主奇点，即在收敛盘的边界上存在几个奇点的情况，在这一节中我们研究对系数的诱导效应，并讨论如何给这些系数的主奇点定位.

Ⅳ.6.1 多个奇点. 在存在不止一个主奇点情况下，好几个形如 β^n 的几何级数项具有同样的模(并且每个都带有自己的次指数因子) 必须组合起来. 在最简单的情况下，这些项在全局范围内会导致系数的容易描述的纯周期性行为. 在一般情况下，则可能要优先考虑有些算术性质的不规则性引起的影响.

纯周期性. 当 $f(z)$ 的几个主奇点具有相同的模，并且在收敛盘的边界上有规律地分隔开时，它们可能导致系数 f_n 的渐近展开式中主要的指数项被完全抵消. 在这种情况下，系数 f_n 中将产生一些由 n 的同余性质导致的不同的规律. 例如，函数

$$\frac{1}{1+z^2}=1-z^2+z^4-z^6+z^8-\cdots,\frac{1}{1-z^3}=1+z^3+z^6+z^9+\cdots$$

分别表现出周期 4 和周期 3 的模式，这对应了 4 阶的单位根($\pm\mathrm{i}$) 和 3 阶的单位根($\omega:\omega^3=1$). 因此函数

$$\phi(z)=\frac{1}{1+z^2}+\frac{1}{1-z^3}=\frac{2-z^2+z^3+z^4+z^8+z^9-z^{10}}{1-z^{12}}$$

的系数便具有周期为 12 的模式(例如，具有 $n\equiv 1,5,6,7,11(\bmod 12)$ 的下标的系数 ϕ_n 都是 0.). 从而系数

$$[z^n]\psi(z)$$

其中 $\psi(z)=\phi(z)+\dfrac{1}{1-\dfrac{z}{2}}$.

当 $n\equiv 1,5,6,7,11(\bmod 12)$ 时，就表现出不同的指数增长率. 见图 Ⅳ.9 中的纯周期性叠加. 在许多组合应用中，可以把涉及周期性的生成函数先加以分解，然后分别求解所产生的相应的渐近子问题.

▶**Ⅳ.31 多项式属性的可判定性.** 给了一个多项式 $p(z)\in\mathbb{Q}[z]$，下面的性质是可判定的：(ⅰ) p 的一个零点是否是一个单位根；(ⅱ) p 的一个零点是否是和 π 可公度的.（可以使用已有的结果. 文献[306] 给出了一个关于这个问题和有关问题的算法讨论.） ◀

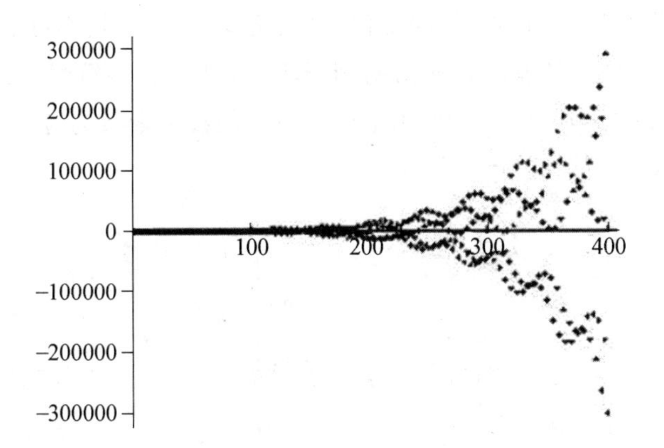

图 Ⅳ.9　有理函数 $f(z)=\frac{1}{(1+0.2z^4)^3(1-1.05z^5)}$ 的系数 $[z^n]f(z)$ 显示了依赖于在模 40 下 n 的同余类的周期的叠加机制

非周期性波动. 作为一个有代表性的例子，考虑多项式 $D(z)=1-\frac{6}{5}z+z^2$. 它的根是

$$\alpha=\frac{3}{5}+\frac{4}{5}\mathrm{i},\bar{\alpha}=\frac{3}{5}-\frac{4}{5}\mathrm{i}$$

这两个根的模都是 1(3,4,5 构成勾股数)，其幅角为 $\pm\theta_0$，其中 $\theta_0=\arctan\left(\frac{4}{3}\right)\doteq 0.927\ 29$. 函数 $f(z)=\frac{1}{D(z)}$ 的展开式的前几项是

$$\frac{1}{1-\frac{6}{5}z+z^2}=1+\frac{6}{5}z+\frac{11}{25}z^2-\frac{84}{125}z^3-\frac{779}{625}z^4-\frac{2\ 574}{3\ 125}z^5+\cdots$$

系数的符号构成的序列的开头几项是

$$+++---++++---+++----+++----+++---$$

这个序列显示出某种不规则的振荡行为，其中三个或四个加号后面又是三个或四个减号.

f 的系数的确切形式可从它的部分分式展开式表达式得出

$$f(z)=\frac{a}{1-\frac{z}{\alpha}}+\frac{b}{1-\frac{z}{\bar{\alpha}}}$$

其中 $a=\frac{1}{2}+\frac{3}{8}\mathrm{i},b=\frac{1}{2}-\frac{3}{8}\mathrm{i},\alpha=\mathrm{e}^{\mathrm{i}\theta_0},\bar{\alpha}=\mathrm{e}^{-\mathrm{i}\theta_0}$. 因此就有

$$f_n=a\mathrm{e}^{-\mathrm{i}n\theta_0}+b\mathrm{e}^{\mathrm{i}n\theta_0}=\frac{\sin((n+1)\theta_0)}{\sin\theta_0}\tag{38}$$

这就解释了我们观察到的符号的变化. 由于角度 θ_0 和 π 是不可公度的,因此系数是波动的,但是这种波动和前面的例子不同,其系数的符号模式中没有精确的周期性. 见图 Ⅳ.10 中的形象和图 Ⅴ.3 中与加数是素数的合成相关的半纯函数的振荡形象.

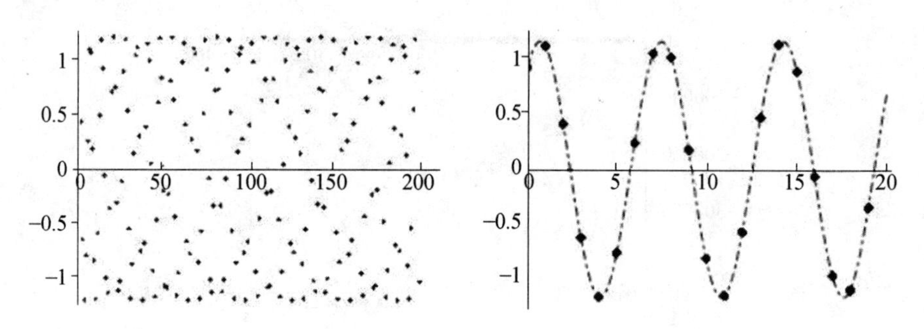

图 Ⅳ.10 函数 $f(z)=\dfrac{1}{1-\frac{6}{5}z+z^2}$ 的系数的行为显然显得是混乱的(左),实际上它们对应了正弦函数的离散采样(右),这反映出这个函数存在两个共轭的复数极点

如果有好几个这种奇点,再与不可公度问题结合起来就可能会出现复杂的算术问题,即使在线性循环序列的分析中也是如此,在这些问题中仍然存在一些公开问题. (例如没有可以确定这种序列最终是否一直是 0 的判定程序[200].) 幸运的是,这种问题在组合应用中很少出现,正如我们下面将要看到的那样,在这些应用中的有理函数(以及许多其他函数) 的主极点往往具有简单的几何形象.

▶ **Ⅳ.32 不规则波动和勾股数.** $\dfrac{\theta_0}{\pi}$ 的无理性决定了(38) 中的符号序列是"不规则"的(即不是纯周期的). (用反证法. 实际上否则 $\alpha=\dfrac{3+4\mathrm{i}}{5}$ 将是一个单位根,但是 α 的最小多项式就将是一个系数不是整数的分圆多项式,矛盾. 后一性质可见文献[401,Ⅷ.3]). ◀

▶ **Ⅳ.33** Skolem-Mahler-Lech(**斯柯伦－马赫勒－赖奇**) **定理.** 设 f_n 是有理函数 $f(z)=\dfrac{A(z)}{B(z)}$ 的系数序列,其中 $A,B\in\mathbb{Q}[z]$. 那么所有的使得 $f_n=0$ 的 n 的集合是一个有限集(可能为空) 和有限个(可能为零) 无限的算术级数的并. (证明的方法要用到 p-adic 分析,但论证的本质是非构造性的;参见文献[452] 对这一主题和有关的参考文献的有吸引力的介绍.). ◀

正的生成函数的周期性条件. 通过前面的讨论,给组合生成函数的主奇点定位是一件有兴趣的工作.特别是确定他们的与 2π 可公度的幅角("主方向").在后一种情况下,系数本身所显示出的不同的渐近机制就将依赖于 n 的同余性质.

定义 Ⅳ.5 设序列 f_n 的GF是 $f(z)$,则称所有使得 $f_n \neq 0$ 的 n 的集合为 $f(z)$ 的支集,用 $\mathrm{Supp}(f)$ 表示.称序列 f_n 以及 f_n 的GF $f(z)$ 是容纳在跨度为 d 的等差级数内的(简称 f 的跨度为 d),如果对某个 r,成立

$$\mathrm{Supp}(f) \subseteq r + d\,\mathbb{Z}_{\geqslant 0} \equiv \{r, r+d, r+2d, \cdots\}$$

最大的跨度 p 称为周期,其他所有的跨度都是 p 的因数.若周期等于1,则称系数序列和它的GF是非周期的.

若 f 在0处解析,并且跨度为 d,则存在在零点解析的函数,g 使得 $f(z) = z^r g(z^d)$,其中 $r \in \mathbb{Z}_{\geqslant 0}$.设 $E := \mathrm{Supp}(f)$,则最大跨度(周期)由 $p = \gcd(\overline{E} - E)$(分段差分)确定,也就是 $p = \gcd(E - \{r\})$,其中 $r := \min(E)$.例如,$\sin(z)$ 具有周期2,$\cos(z) + \cosh(z)\cos(z)$ 具有周期4,$z^3 e^{z^5}$ 具有周期5等.

在周期性问题中,我们所用到的一种基本性质被形象地命名为"水仙花引理".根据这个引理,具有非负系数的函数 f 的跨度与当 z 沿着以原点为中心的圆变化时 $|f(z)|$ 的行为有关(图 Ⅳ.11).

引理 Ⅳ.1 **水仙花引理.** 设 $f(z)$ 在 $|z| < \rho$ 内解析,并且在零点处的展开式具有非负系数.又设 f 不能化成一个单项式,并且对某些满足 $|z| < \rho$ 的非0非正的 z 有

$$|f(z)| = f(|z|)$$

则(ⅰ)z 的幅角必定是和 2π 可公测的,即若设 $z = Re^{\theta i}$,则 $\frac{\theta}{2\pi} = \frac{r}{p} \in \mathbb{Q}$(一个不可约分数),并且 $0 < r < p$;(ⅱ)f 的跨度为 p.

证明 这个经典的引理是从强三角不等式得到的一个简单结果.事实上,为证明(ⅰ),注意对 $z = Re^{\theta i}$,成立等式 $|f(z)| = f(|z|)$ 意味着对于使得 $n \in \mathrm{Supp}(f)$ 的 n,复数 $f_n R^n e^{n\theta i}$ 都位于同一条射线(从0开始的直线)上.如果 $\frac{\theta}{2\pi}$ 不是有理数,这是不可能的,由于从假设可知,f 的展开至少包含两个单项式(不可能有 $n_1\theta \equiv n_2\theta \pmod{2\pi}$).因此,$\frac{\theta}{2\pi} = \frac{r}{p}$ 必是一个有理数.为证明(ⅱ),考虑 $\mathrm{Supp}(f)$ 中的两个不同的下标 n_1 和 n_2,并设 $\frac{\theta}{2\pi} = \frac{r}{p}$,那么由于 $(n_1 - n_2)\theta \equiv 0 \pmod{2\pi}$,即 $\frac{(n_1 - n_2)r}{p} = k_1 - k_2, k_1, k_2 \in \mathbb{Z}_{\geqslant 0}$,这只有在 p 整除 $n_1 - n_2$ 时

才可能.因此,p 是跨度.

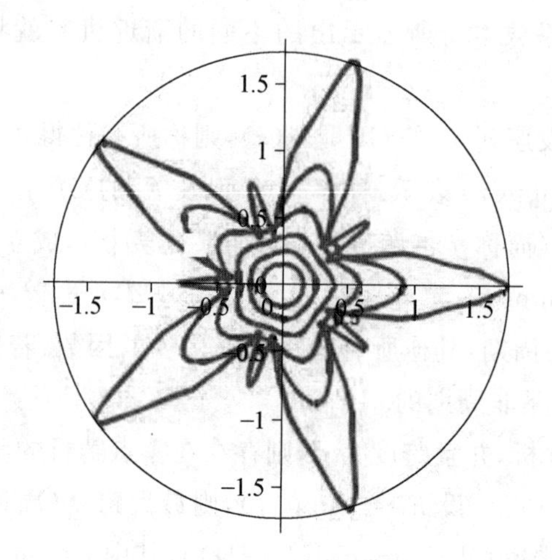

图 Ⅳ.11 “水仙花引理”的图示:极坐标中圆 $z = Re^{\theta i}(R = 0.4, \cdots, 0.8)$ 在函数 $|f(z)|$ 下的像,其中 $f(z) = z^7 e^{z^{25}} + \frac{z^2}{1-z^{10}}$,其跨度是 5

Berstel(贝斯泰尔)[53] 首先认识到由正规语言产生的有理生成函数只能具有形如 $\rho\omega^j$ 的主奇点,其中 ω 是一个单位根.事实上,就像 Flajolet,Salvy 和 Zimmermann 在文献[255] 中所显示的那样,这个性质可以扩展到许多非递归的表示.

命题 Ⅳ.3 主方向的可公度性. 设 $\mathcal{S}$ 是定理 Ⅳ.8 中所述的可构造的有标记的不循环的类.由设 EGF $S(z)$ 有有限的收敛半径 ρ.则存在一个可计算的整数 $d \geqslant 1$,使得 $S(z)$ 的主奇点的集合被包含在集合 $\{\rho\omega^j\}$ 中,其中 $\omega^d = 1$.

证明 (证明梗概可见文献[53,255]) 根据定义,一个不循环的类 $\mathcal{S}$ 可从 1 和 $\mathcal{Z}$ 通过有限个并,积,级数,集合和轮换的结构而得出.我们在前面的第 Ⅳ.4 节中已经看到,可用一种归纳算法确定收敛半径.然后很容易丰富该算法(通过对表示进行归纳),同时确定 GF 的周期和主方向的集合.

周期的确定法则是简单的,例如,设 $\mathcal{S} = \mathcal{T} \star \mathcal{U} (S = T \cdot U)$ 并且 T, U 分别是周期为 p, q 的无穷级数,我们就有如下的蕴含关系

$$\mathrm{Supp}(T) \subseteq a + p\,\mathbb{Z}, \mathrm{Supp}(U) \subseteq b + q\,\mathbb{Z} \Rightarrow \mathrm{Supp}(S) \subseteq a + b + \zeta\,\mathbb{Z}$$

其中 $\xi = \gcd(a, b)$.类似的,设 $\mathcal{S} = \mathrm{SEQ}(\mathcal{T})$,我们就有

$$\mathrm{Supp}(T) \subseteq a + p\,\mathbb{Z} \Rightarrow \mathrm{Supp}(S) \subseteq \delta\,\mathbb{Z}$$

其中 $\delta = \gcd(a, p)$.

关于主奇点,级数构造是典型的,这时对应的有 $g(z) = \frac{1}{1-f(z)}$,设 $f(z) =$

$z^a h(z^p)$，其中 p 是最大的周期，又设 $\rho>0$ 使得 $f(\rho)=1$，则确定主奇点 ζ 的方程是 $f(\zeta)=1$，$|\zeta|=\rho$. 特别，这个方程蕴含 $|f(\zeta)|=f(|\zeta|)$，因此由水仙花引理可知 ζ 的幅角必定具有形式 $\frac{2\pi r}{s}$. 对上面的论证进行简单的改进后可以证明，设 $\delta=\gcd(a,p)$，则所有的主方向都必将与 $\frac{2\pi}{\delta}$ 的倍数重合. 对于轮换的讨论是完全类似的，由于 $\log\frac{1}{1-f}$ 的主奇点和 $\frac{1}{1-f}$ 的主奇点是相同的. 最后对于指数函数，只要注意到由于 $\exp(z)$ 是一个整函数，因此 e^f 不会改动 f 的奇点模式就够了.

▶**Ⅳ.34　水仙花引理和无标记的类**. 命题Ⅳ.3适用于任何未标记的且收敛半径满足 $\rho<1$ 的类 $\mathcal{S}$，只要它具有不循环的表示(当 $\rho=1$ 时，单位圆有可能成为自然边界，这是一个可以用类的表示决定的性质). 正规表示的情况将在Ⅴ.3节中详细研究. ◀

确切的公式. 出现在半纯函数的系数渐近展开式中的误差项已经是指数级的小了. 通过按照模增加的顺序逐层地剥离半纯函数的奇点，我们就可得出系数是极端精确的，有时甚至是精确的展式. 对Bernoulli数 B_n，满射数 R_n 以及正割数 E_{2n} 和正切数 E_{2n+1} 都可以求出这种精确的展式，其定义和公式如下

$$\begin{cases}\displaystyle\sum_{n=0}^{\infty}B_n\frac{z^n}{n!}=\frac{z}{e^z-1} & \text{(Bernoulli 数)}\\ \displaystyle\sum_{n=0}^{\infty}R_n\frac{z^n}{n!}=\frac{1}{2-e^z} & \text{(满射数)}\\ \displaystyle\sum_{n=0}^{\infty}E_{2n}\frac{z^{2n}}{(2n)!}=\frac{1}{\cos z} & \text{(正割数)}\\ \displaystyle\sum_{n=0}^{\infty}E_{2n+1}\frac{z^{2n+1}}{(2n+1)!}=\tan z & \text{(正切数)}\end{cases}\tag{39}$$

Bernoulli **数**. 这些传统上写成 B_n 的数，可以由其EGF $B(z)=\frac{z}{e^z-1}$ 定义，它们是Euler-Maclaurin展开的核心. 函数 $B(z)$ 在点 $\chi_k=2k\pi i$ 处有极点，其中 $k\in\mathbb{Z}\setminus\{0\}$，并且在 χ_k 处的留数就等于 χ_k

$$\frac{z}{e^z-1}\sim\frac{\chi_k}{z-\chi_k}\quad(\text{当 } z\to\chi_k \text{ 时})$$

半纯函数的展开定理在这里是适用的：从Cauchy积分公式开始，并按照定理Ⅳ.10的证明进行，利用一个半径为 R 的，通过两个极点之间的中点的大圆作

为外面的边界，得出当 R 趋于无穷大时，积分趋于 0（只要 $n \geqslant 2$），由于 Cauchy 积分的核函数 $\frac{1}{z^{n+1}}$ 作为 R 的负的幂是递减的，而 EGF 仍保留了 $O(R)$ 的项. 在边界成为无限大的极限情况下，系数积分就等于整个复平面上半纯函数的所有留数之和.

从上面的论证中，我们就得出表达式 $B_n = -n! \sum_{k \in \mathbb{Z} \setminus \{0\}} \frac{1}{\chi_k^n}$. 由此可以得出当 n 是奇数，且 $n \geqslant 3$ 时，$B_n = 0$. 当 n 是偶数时，那么把其中的项两个两个的合并成一组，我们就得出了一个精确的表达式（这也适用于渐近表达式）

$$\frac{B_{2n}}{(2n)!} = (-1)^{n-1} \frac{1}{2^{2n-1} \pi^{2n}} \sum_{k=1}^{\infty} \frac{1}{k^{2n}} \tag{40}$$

从上面的等式，我们也得出

$$\zeta(2n) = (-1)^{n-1} 2^{2n-1} \pi^{2n} \frac{B_{2n}}{(2n)!}$$

其中 $\zeta(s) = \sum_{k=1}^{\infty} \frac{1}{k^s}$，$B_n = n! \ [z^n] \frac{z}{e^z - 1}$.

这是一个著名的恒等式，它说明了当 s 是偶整数时，Riemann-ζ 函数 $\zeta(s)$ 的值是 π 的幂的有理倍数.

满射数. 同理，满射数有 EGF $R(z) = \frac{1}{2 - e^z}$，它在

$$\chi_k = \log 2 + 2k\pi i$$

处有简单极点，而 $R(z) \sim \frac{1}{2} \frac{1}{\chi_k - z}$.

由于 $R(z)$ 在通过两个极点之间的中点的圆中保持有界，所以我们就求出了精确的公式 $R_n = \frac{1}{2} n! \sum_{k \in \mathbb{Z}} \frac{1}{\chi_k^{n+1}}$，等价的实数形式的公式是

$$\frac{R_n}{n!} = \frac{1}{2} \left(\frac{1}{\log 2} \right)^{n+1} + \sum_{k=1}^{\infty} \frac{\cos((n+1)\theta_k)}{(\log^2 2 + 4k^2 \pi^2)^{\frac{n+1}{2}}} \tag{41}$$

其中 $\theta_k := \arctan\left(\frac{2k\pi}{\log 2} \right)$.

这里出现了无数多个振幅快速衰减的谐波.

▶**Ⅳ.35 交错排列，正切数和正割数**. 由于 $E_{2n-1} = (-1)^{n-1} B_{2n} \cdot \frac{4^n (4^n - 1)}{2n}$，式(40) 也给出了正切数的表达式，正割数满足

$$\sum_{k=1}^{\infty}\frac{(-1)^k}{(2k+1)^{2n+1}}=\frac{\left(\frac{\pi}{2}\right)^{2n+1}}{2(2n)!}E_{2n}$$

上面这个等式既可以看成是给出了 E_{2n} 的渐近展开式，也可以看成是用 π 对左边的和(Dirichlet L- 函数的值) 给出了一个估计. 因此交替排列的渐近数值的准确度非常高. ◀

▶ **Ⅳ.36　方程** $\tan x=x$ **的解**. 设 x_n 是方程 $\tan x=x$ 的第 n 个正根. 对任意整数 $r\geqslant 1$，和 $S(r):=\sum_n \frac{1}{x_n^{2r}}$ 是一个可计算的有理数. 例如 $S(2)=\frac{1}{10}$，$S(4)=\frac{1}{350}$，$S(6)=\frac{1}{7\ 875}$(根据数学传说). ◀

Ⅳ.6.2　零点和极点的定位. 我们这里收集了一些结果，它们已被证明经常在确定解析函数的零点的位置上是有用的，因此对确定半纯函数的极点的位置也是有用的. 关于这个主题的详细处理请可见 Henrici(亨利奇) 的书[329，§4.10].

设 $f(z)$ 在区域 Ω 中是解析的，γ 是 Ω 内的一条简单闭曲线，并且在 γ 上没有 $f(z)$ 的零点，那么我们可以断言量

$$N(f,\gamma)=\frac{1}{2\pi i}\int_{\gamma}\frac{f'(z)}{f(z)}dz \tag{42}$$

恰等于 γ 内的 f 的零点个数(连重数计算在内). (证明：函数 $\frac{f'}{f}$ 的极点恰好在 f 的零点处，而每个极点 α 的留数就等于作为 f 的根的 α 的重数；因此由留数定理就得出所说的断言.)

由于 $\frac{f'}{f}$ 的原函数(反导数) 是 $\log f$，因此这个积分也可表示 $\log f$ 沿着 γ 绕行一周后的变化量，我们将这个变化量记为$[\log f]_\gamma$. 这个变化量是 f 沿着 γ 绕行一周后的变化量的 $2\pi i$ 倍，由于 $\log(re^{i\theta})=\log r+i\theta$ 以及模 r 沿着一条封闭曲线的变化量等于 $0([\log r]_\gamma=0)$. 按照定义，数量$[\theta]_\gamma$ 等于 $f(\gamma)$，即闭曲线 γ 在 f 的变换下所得到的闭曲线环绕原点的次数乘以 2π，其中 $f(\gamma)$ 环绕原点的次数称为环绕数. 这个结果称为幅角原理：

幅角原理. $f(z)$ 在简单闭曲线 γ 内的零点的数目(连重数计算在内) 就等于变换后的闭曲线 $f(\gamma)$ 环绕原点的环绕数.

同理，设 f 在区域 Ω 内是半纯的，$\gamma\in\Omega$，则 $N(f;\gamma)$ 就等于 γ 内的连重数计算在内的零点数和 f 的极点数之间的差. 图 Ⅳ.12 举例说明了幅角原理在多项式零点的定位上的用处. 通过类似的论证，我们得到下面的 Rouché(卢西) 定

理：

Rouché **定理.** 设函数 $f(z)$ 和 $g(z)$ 在一个内部包含一条简单闭曲线 γ 的区域内解析，又设 f 和 g 在曲线 γ 上满足条件 $|g(z)|<|f(z)|$，那么 $f(z)$ 和 $f(z)+g(z)$ 在 γ 所围的区域内的零点数相等.

从直观上看，也可把 Rouché 定理说成：如果 $|g(z)|<|f(z)|$，那么 $f(z)$ 和 $f(z)+g(z)$ 必有同样的环绕数.

▶**Ⅳ.37** Rouché **定理的证明.** 根据 Rouché 定理的假设，对 $0\leqslant t\leqslant 1$，函数 $h(z)=f(z)+tg(z)$ 既使得 $N(h;\gamma)$ 是一个整数又是解析的，因此在 t 的变动范围内是 t 的连续函数，由此即可得出定理的结论. ◀

▶**Ⅳ.38 代数基本定理.** 每个次数为 n 的复系数多项式 $p(z)$ 都恰有 n 个根. 这个命题可用 Rouché 定理从以下事实得出：对足够大的 $|z|=R$，这个多项式是一个首一多项式，并可看成是它的首项 z^n 的一个"扰动".（译者注：即在 Rouché 定理中取 $g(z)=p(z)-z^n$，$f(z)=z^n$）（也可以用 Liouville 定理（注记 Ⅳ.7）或最大模原理（定理 Ⅷ.1）给出另外两种证明.） ◀

▶**Ⅳ.39 零点的对称函数.** 设 $S_k(f;\gamma)$ 是方程 $f(z)=0$ 在 γ 内的根的 k 次幂之和，那么根据幅角原理的变相的叙述，我们就有

$$S_k(f;\gamma)=\frac{1}{2\pi i}\int_\gamma \frac{f'(z)}{f(z)}z^k dz$$ ◀

这些原理构成了解析函数零点定位的数值算法的基础. 特别是最接近原点的零点，这是我们最感兴趣的. 我们可以从最初的大的区域开始逐渐地细分它，直到最后已经足够精确地分出了我们所要的信息 —— 在数值积分的每个阶段中子域中根的数量：见图 Ⅳ.12 并参考例如文献[151]中的讨论. 这样的算法甚至能获得完整的状态，如果我们能证明所用的程序可以保证精确度（例如，用区间算法细致地加以辅助）.

Ⅳ.6.3 单词中的模式：一个个案的研究. 分析一个单个的有理生成函数的系数是一项简单的任务，甚至往往是近于平凡的事情，即使要用到系数的指数多项式公式（定理 Ⅳ.9）. 然而，在分析组合学中，我们经常会遇到涉及函数的一个无限族的问题. 在那种情况下，Rouché 定理和幅角原理就为极点的定位提供了决定性的工具，而定理 Ⅳ.3（留数定理）和 Ⅳ.10（半纯函数的展开）可用于确定有效的误差项. 单词中的模式的分析就可用来解释这种情况，它的 GF 已经在第 Ⅰ 章和第 Ⅲ 章中导出了.

例 Ⅳ.11 单词中的模式：渐近分析. 所有的模式并不是天生平等的. 出人意料的是，在硬币抛掷的随机序列中，HTT 模式（平均投掷 8 次之后）显得比 HHH 模式（平均需要投掷 14 次）更快地发生；见例 Ⅰ.12 中的初步讨论. 这类问题在基因序列的统计分析中有显著的兴趣，见文献[414,603]. 比如假如你发

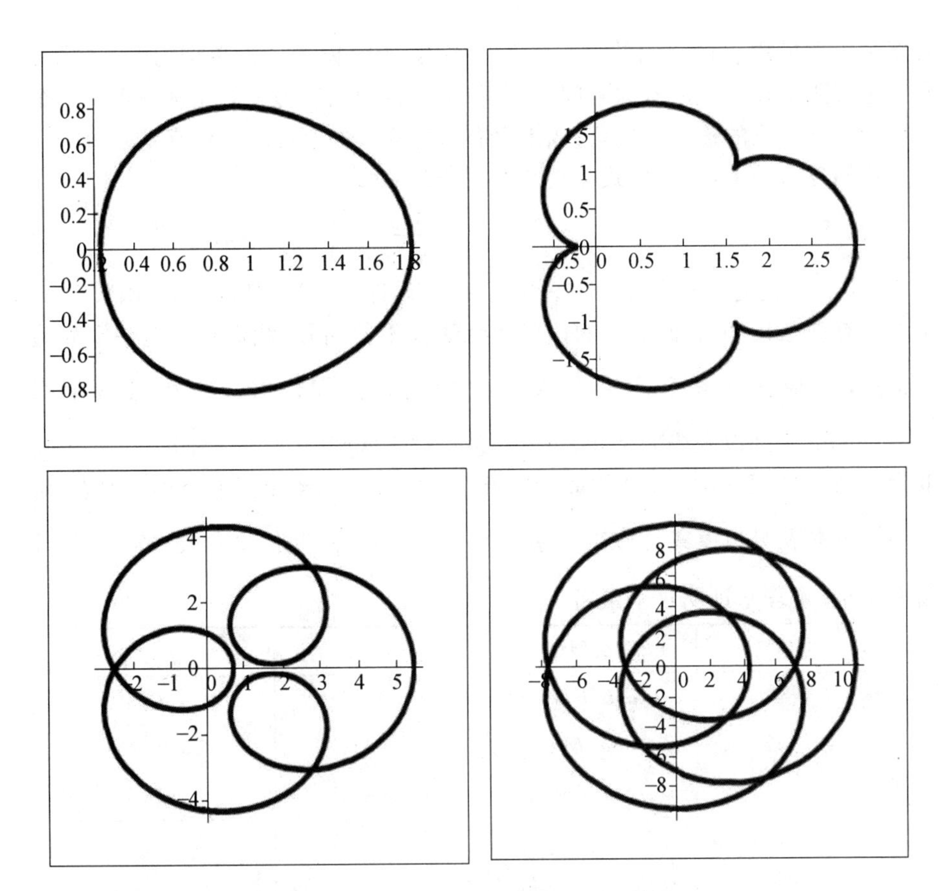

图 Ⅳ.12 $P_4(z)=1-2z+z^4$ 给出的变换 $\gamma_j=\left\{|z|=\frac{4j}{10}\right\}\gamma, j=1,2,3,4$，通过缠绕数表明 $P_4(z)$ 在 $|z|<0.4$ 内没有零点，在 $|z|<0.8$ 内有一个零点，在 $|z|<1.2$ 内有两个零点，在 $|z|<1.6$ 内有四个零点. 实际上，零点在 $\rho_4=0.543\ 68$，1 和 $1.115\ 14\pm 0.771\ 84\mathrm{i}$ 处

现在一个长度为 100 000 的，由四个字母 A,G,C,T 组成的序列中出现了两次形如 $TACTAC$ 的模式，那么这到底是一种由于随机性而产生的现象，还是某种我们所未知的结构的有意义的信号？这里的困难在于精确的量化渐近状态的起点，由于，根据 Borges 定理（注记 Ⅰ.35）可知，只要文本足够长，那么文本中几乎肯定会包含任何固定的模式. 由 Rouché 定理加以补充的对有理生成函数的分析对这一问题提供了确定性的答案，至少在 Bernoulli 模型中是这样的.

考虑基数 $m\geqslant 2$ 的字母表 $\mathcal{A}$ 上的单词构成的类 $\mathcal{W}$. 设给定了某个长度为 k 的模式 p. 正如在第 Ⅰ 章和第 Ⅲ 章中所看到的那样，对于枚举来说，其核心是自相关多项式. 这个多项式的定义是 $c(z)=\sum_{j=0}^{k-1}c_j z^j$，其中 $c_j=1$，如果 p 和它的经过一个长度为 j 的移位变换后所得的模式相重合，否则为 0. 我们现在考虑含

有至少一次模式 p 的单词的枚举以及对偶的，不含模式 p 的单词的枚举. 或者我们也可用下述方式来看这个问题：在一个随机的长度为 n 的文本中含有一个以你的名字形成的连续字母块，或不含有这种连续的字母块的概率是多少？

我们复习一下，不含模式 p 的单词的类的 OGF 是

$$S(z)=\frac{c(z)}{z^k+(1-mz)c(z)} \tag{43}$$

（命题 Ⅰ.4）. 我们将从字母表中只含两个字母，即 $m=2$ 的情况开始. 函数 $S(z)$ 是一个有理函数，但它的极点的位置和性质尚不得而知. 我们只知道一个先验的信息，它应该在某个位于 $\frac{1}{2}$ 和 1 之间的正区间内有一个极点.（根据 Pringsheim 定理以及当 n 充分大时，其系数位于区间$[1,2^n]$.）图 Ⅳ.13 对于长度为 $k=3,4$ 的模式中，$S(z)$ 的最接近于原点的极点 ρ，给出了一个小的列表. 对数字的检查表明当模式足够长时，ρ 将很快地接近 $\frac{1}{2}$. 我们将对式(43) 的分母用 Rouché 定理来证明这个事实.

长度(k)	类型	$c(z)$	ρ
$k=3$	aab,abb,bba,baa	1	0.618 03
	aba,bab	$1+z^2$	0.569 84
	aaa,bbb	$1+z+z^2$	0.543 68
$k=4$	$aaab,aabb,abbb$ $bbba,bbaa,baaa$ $aaba,abba,abaa$	1	0.543 68
	$bbab,baab,babb$	$1+z^3$	0.535 68
	$abab,baba$	$1+z^2$	0.531 01
	$aaaa,bbbb$	$1+z+z^2+z^3$	0.518 79

图 Ⅳ.13　长度等于 3,4 时的模式：自相关多项式和 $S(z)$ 的主极点

通过逐项地比较系数的上界可以知道，自相关多项式介于 1(对于较少涉及的模式，例如 $aaa\cdots ab$) 和 $1+z+\cdots+z^{k-1}$(对于特殊情况 $aaa\cdots aa$) 之间. 我们把只有相同字母的 p 的特殊情况，即自相关多项式“最大”的情况先放在一旁——这种情况将在下一章中详细讨论. 这时自相关多项式将对某个 $l\geqslant 2$，从 $1+z^l+\cdots$ 开始. 固定 $A=0.6$，由于事实证明这样做对我们以后的分析是适用的. 在 $|z|=A$ 上，我们就有

$$|c(z)|\geqslant|1-(A^2+A^3+\cdots)|=\left|1-\frac{A^2}{1-A}\right|=\frac{1}{10} \tag{44}$$

此外，当 z 沿着 $|z|=A$ 变化时，量 $(1-2z)$ 遍历直径为线段 $[-0.2,2.2]$（译者注：原书此处为 $[-0.2,1.2]$，经检验是笔误或排印错误.）的圆，因此 $|1-2z|\geqslant 0.2$. 综上结果，我们可知，对于 $|z|=A$，我们有

$$|(1-2z)c(z)|\geqslant 0.02$$

另外，对 $k>7$，在圆 $|z|=A$ 上我们又有 $|z^k|<0.017$. 因而在组成式(43)的分母的两个项中，在圆 $|z|=A$ 上，第二项强烈地压倒了第一项. 因此根据 Rouché 定理可知分母在 $|z|\leqslant A$ 中的根的个数和 $(1-2z)c(z)$ 在 $|z|\leqslant A$ 中的根的个数相同. 而后者在 $|z|\leqslant A$ 中的根的个数是 1（即位于 $\frac{1}{2}$ 处的根），由于根据式(44)可知 $c(z)$ 在 $|z|\leqslant A$ 中不可能等于 0. 图 Ⅳ.14 非常清楚地显示了复零点的细致地变化行为.

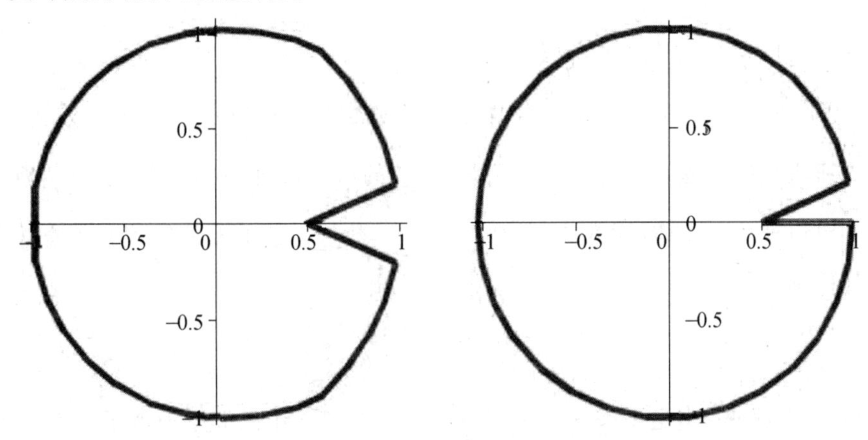

图 Ⅳ.14　用折线多边形表示的 $z^{31}+(1-2z)c(z)$ 的复零点.（左）相关的模式 $a(ba)^{15}$；（右）无关的模式：$a(ab)^{15}$

总之，我们发现对于至少有两个不同的字母 $(l\geqslant 2)$ 的所有模式，当长度 $k\geqslant 8$ 时，分母在 $|z|\leqslant A=0.6$ 中有唯一的根. 对于满足 $4\leqslant k\leqslant 7$ 的长度，容易直接验证上面所说的这个性质. 对应了长的相同字母组成的串的 $l=1$ 的情况，可用完全类似于我们现在所研究的情况论证（详情见例 Ⅴ.4）. 因此，对二元字母表上的单词的类，$S(z)$ 在间隔 $(0.5,0.6)$ 中有一个唯一的简单极点 ρ.

有了前面的准备，确定 $S(z)$ 在点 $z=\rho$ 附近的局部展开式就是一件简单的事了

$$S(z)\underset{z\to\rho}{\sim}\frac{\widetilde{\Lambda}}{\rho-z},\widetilde{\Lambda}:=\frac{c(\rho)}{2c(\rho)-(1-2\rho)c'(\rho)-k\rho^{k-1}}$$

根据定理 Ⅳ.9 和定理 Ⅳ.10，即可从上式得出系数的精确估计了.

对一般的有 m 个字母的单词的类，最后的计算几乎是逐字逐句地相同，相应的结果是 ρ 趋近于 $\frac{1}{m}$. Rouché 定理现在保证当 $m=3,k\geqslant 5$ 以及 $m\geqslant 4,k\geqslant 4$ 时，$S(z)$ 在区间 $\left(\frac{1}{m},A\right)$ 中有唯一的主极点(其余的情况容易个别检验.).

命题Ⅳ.4　考虑由 m 个字母组成的字母表. 设 p 是一个长度 $k\geqslant 4$ 的固定模式，其自相关多项式为 $c(z)$. 那么一个随机的长度为 n 的单词中，不含有模式 p(一个连续的字母组成的块) 的概率满足

$$\mathbb{P}_{W_n}(\text{不出现 } p)=\frac{\Lambda_p}{(m\rho)^{n+1}}+O\left(\left(\frac{5}{6}\right)^n\right) \tag{45}$$

其中 $\rho\equiv\rho_p$ 是方程 $z^k+(1-mz)c(z)=0$ 在区间 $\left(\frac{1}{m},\frac{6}{5m}\right)$ 中的唯一的根，而

$$\Lambda_p:=\frac{mc(\rho)}{mc(\rho)-c'(\rho)(1-m\rho)-k\rho^{k-1}}.$$

尽管这些公式的外观是简洁的，但它们确实具有相当具体的内容. 首先，由于 ρ 所满足的方程可以写成 $mz=1+\frac{z^k}{c(z)}$ 的形式，并且由于 ρ 接近于 $\frac{1}{m}$，所以我们可以期望近似值(注意我们用"≈"表示"数值上近似相等"，但并不意味着严格的渐近等价)

$$m\rho\approx 1+\frac{1}{\gamma m^k}$$

其中 $\gamma:=c\left(\frac{1}{m}\right)$ 满足 $1\leqslant\gamma<\frac{m}{m-1}$. 同理，式(45) 中的概率近似于

$$\mathbb{P}_{W_n}(\text{不出现 } p)\approx\frac{1}{\left(1+\frac{1}{\gamma m^k}\right)^n}\approx \mathrm{e}^{-\frac{n}{\gamma m^k}}$$

对于二元的字母表，这告诉我们长度为 k 的模式可能是当 n 的数量级达到 2^k 时，也就是说，当 k 的数量级达到 $\log_2 n$ 时开始出现的. 发生这种情况的更精确的时刻必须(通过 γ) 依赖于模式的自相关性，强相关模式有一点延迟出现的倾向(这全面地概括了我们在第 Ⅰ 章中的经验观察). 然而，在长度为 n 的文本中一个模式中的平均出现次数并不依赖于模式的形状. 这个明显的悖论其实很容易解决，正如我们在第 Ⅰ 章中已经观察到的那样：相关模式往往发生得较晚，而开始时往往出现在集群中. 例如，"迟到" 的模式 aaa 在发生时仍然有 $\frac{1}{2}$ 的概率出现在下一个位置，并在另一个位置按自己的概率再次发生；与此相反，"早期" 就出现的不相关模式 aab 则是不可能有这种倾向的，它的出现必然是有点

分散的.

这些分析是重要的，由于它们可以用来发展出对于数据压缩算法(Lempel-Ziv(兰博－泽尔)方案)的行为的精确的理解：欲了解详情可见Julien Fayolle(朱丽叶·法尤勒)的论文[204].

▶**Ⅳ.40　一种模式多次出现.** 类似的分析也适用于模式 p 出现 s 次的单词的类的生成函数，其中 s 是一个固定的数. 其 OGF 可通过展开(对 u)第 Ⅲ 章中的 BGF $W(z,u)$ 而得出，而 $W(z,u)$ 本身是用容－斥原理得出的. 对 $s\geqslant 1$，我们求出

$$S^{(s)}(z)=z^{k}\frac{N^{s-1}(z)}{D^{s+1}(z)}$$

$$D(z)=z^{k}+(1-mz)c(z)$$

$$N(z)=z^{k}+(1-mz)(c(z)-1)$$

这时，$S^{(s)}(z)$ 在 $z=\rho$ 处有一个重数为 $s+1$ 的极点. ◀

▶**Ⅳ.41　Bernoulli 序列中的模式 —— 渐近表达式.** 类似的结果对于字母被赋予不统一的概率的情况同样成立，这时我们设字母 $a_j\in\mathcal{A}$ 出现的概率为 $p_j=\mathbb{P}(a_j)$. 然后就可像注记 Ⅲ.39 中那样，用伸出的方式定义加权自相关多项式. 模式多次出现的情况也可以类似地分析. ◀

Ⅳ.7　奇点和函数方程

到目前为止在本章所讨论的各种组合例子中，我们处理的函数一直都是由明确的表达式给出的. 这种情况基本上覆盖了不循环的结构，以及非常简单的递归结构，如 Catalan 树或 Motzkin 树，它们的生成函数可以用根的术语表达. 事实上，正如我们将在本书中广泛看到的那样，复分析方法有助于分析由函数方程形式隐式定义的函数. 换句话说：函数方程的性质常常可以提供有关其奇点的信息的解决方案，我们将在第 Ⅴ 章中对由正定方程组定义的有理函数说明这一点，然后在第 Ⅵ 章和第 Ⅶ 章中给出很多处理比极点更一般的奇点的例子.

在这一节中，我们将处理三个有代表性的函数方程

$$f(z)=z\mathrm{e}^{f(z)},\quad f(z)=z+f(z^{2}+z^{3}),\quad f(z)=\frac{1}{1-zf(z^{2})}$$

它们分别与 Cayley 树，平衡的二叉－三叉树和 Pólya 醇相联系. 这些例子说明

了如何使用基本的反演或迭代性质对主奇点进行定位，以及推导系数的指数增长估计.

Ⅳ.7.1　反函数. 我们从已引入过的一般性问题开始：给了一个在点 y_0 解析的函数 ψ，并设 $z_0=\psi(y_0)$，那么关于它的逆，即方程 $\psi(y)=z$ 在 z 靠近 z_0，y 靠近 y_0 时的解我们能说些什么？

让我们看看当 $\psi'(y_0)\neq 0$ 时会发生什么？我们先不严格地束缚自己而大致看看会出现什么情况. 局部的，我们有（"≈" 像通常那样表示"近似等于"）

$$\psi(y)\approx\psi(y_0)+\psi'(y_0)(y-y_0) \tag{46}$$

因此方程 $\psi(y)=z$ 对靠近 z_0 的 z 就有一个满足下式的解

$$y\approx y_0+\frac{1}{\psi'(y_0)}(z-z_0) \tag{47}$$

如果上式能够成立，那么这个方程的解局部上就是线性的，可微的，因此是解析的. 解析逆引理[①]对这一计算提供了坚实的基础.

引理 Ⅳ.2　解析逆. 设 $\psi(z)$ 在 y_0 处解析，且 $\psi(y_0)=z_0$. 又设 $\psi'(y_0)\neq 0$，则在 z_0 的某个小邻域 Ω 内，就存在一个解析函数 $y(z)$，使得它是方程 $\psi(y)=z$ 满足条件 $\psi(y_0)=z_0$ 的解.

证明　梗概. 证明的思想类似于在建立 Rouché 定理和幅角原理时所使用过的技巧（特别可参见对于方程(42)的论证）. 作为预备步骤，我们先定义一个积分

$$\sigma_j(z)=\frac{1}{2\pi\mathrm{i}}\int_\gamma\frac{\psi'(y)}{\psi(y)-z}y^j\,\mathrm{d}y \tag{48}$$

其中 γ 是 y 平面上，中心在 y_0 的足够小的圆.

首先考虑函数 σ_0，这个函数满足 $\sigma_0(z_0)=1$（由留数定理），是 z 的连续函数，其值只能是整数，这个值是方程 $\psi(y)=z$ 的根的数量. 因此，当 z 充分接近 z_0 时，我们必须有 $\sigma_0(z)\equiv 1$. 换句话说，方程 $\psi(y)=z$ 恰有一个解. 因此函数 ψ 是局部可逆的，并且这个方程的满足条件 $y(z_0)=y_0$ 的解 $y=y(z)$ 是良定义的.

接着我们验证 σ_1. 再次根据留数定理，用积分定义的 $\sigma_1(z)$ 表示位于 γ 内的方程 $\psi(y)=z$ 的根的总和，在我们现在所研究的情况中，它就是 $y(z)$ 自己的值.（这也是注记 Ⅳ.39 的一个特例）. 因此，由于积分定义的 $\sigma_1(z)$ 在 z 充分接近 z_0 时是解析地依赖于 z 的，由 $y(z)$ 的解析性我们就得出 $\sigma_1(z)\equiv y(z)$.

▶**Ⅳ.42　细节.** 设 ψ 在以 y_0 为中心的开圆盘 D 中解析. 那么就存在一个

---

① 更一般的表述和一些证明技巧可见附录 B.5 隐函数定理中的讨论.

包含在 D 中的以 y_0 为中心的小圆 γ，使得在 γ 上 $\psi(y)\neq y_0$.（解析函数的零点是孤立的，这是一个由解析延拓的定义所得出的事实）. 因此当 z 充分接近于 z_0 时，积分 $\sigma_j(z)$ 是良定义的，这就保证存在一个 $\sigma>0$，使得对所有的 $y\in\gamma$ 都有 $|\psi(y)-z|>\sigma$. 因而我们可以在 $z-z_0$ 处把 $\sigma_j(z)$ 展成一个幂级数的积分，逐项积分这个展开式，用这种方式就可以形成 σ_0 和 σ_1 在 z_0 处的解析展开式.（这个证明是按照[334, Ⅰ, § 9.4] 中的线索写的.） ◀

▶ **Ⅳ.43　逆和优级数.** 对应于(46)和(47)两式的过程可以转化成实际可操作的证明：首先导出解的形式幂级数，然后用优级数方法验证这个形式幂级数是局部收敛的. ◀

解析逆引理现在可叙述如下：一个局部解析的函数在一阶导数不为零的任何点附近都有一个解析的逆. 然而，正如我们接下来将会看到的那样，一个函数不可能在其一阶导数变为 0 的点的一个邻域内被解析地求逆.

现在考虑具有性质 $\psi'(y_0)=0$，但是 $\psi''(y_0)\neq 0$ 的函数 $\psi(y)$，那么，由 ψ 的 Taylor 展开式，我们就有下面的近似表达式

$$\psi(y)\approx\psi(y_0)+\frac{1}{2}\psi''(y_0)(y-y_0)^2 \tag{49}$$

对 y 形式地去解上面的方程就给出一个局部的二次依赖关系

$$(y-y_0)^2\approx\frac{2}{\psi''(y_0)}(z-z_0)$$

而求逆问题就有两个适合上述关系的解

$$y\approx y_0\pm\sqrt{\frac{2}{\psi''(y_0)}}\sqrt{z-z_0} \tag{50}$$

这个非正式的论证暗示，解在 z_0 处有一个奇点，而且为了适当地指认这两个不同的解，必须以某种方式限制它们的定义域. Ⅳ.2.1 节中对 $\sqrt{z}$（$y^2-z=0$ 的根）的讨论就是一个典型.

给了某个点 z_0 和 z_0 的邻域 Ω，则 z_0 的沿方向 θ 的一个裂缝邻域是指下面的集合

$$\Omega^{\backslash\theta}:=\{z\in\Omega\mid\arg(z-z_0)\not\equiv\theta\bmod(2\pi),z\neq z_0\}$$

我们叙述下面的引理.

引理 Ⅳ.3　奇点逆. 设 $\psi(y)$ 在点 y_0 解析，$\psi(y_0)=z_0$. 假设 $\psi'(y_0)=0$，$\psi''(y_0)\neq 0$，则存在 z_0 的一个小邻域 Ω_0，使得对任意固定的方向 θ，存在两个定义在 $\Omega^{\backslash\theta}$ 上的函数 $y_1(z)$ 和 $y_2(z)$，它们满足 $\psi(y(z))=z$；其中每个都在 $\Omega^{\backslash\theta}$ 上解析，在 z_0 处有一个奇点，并且满足 $\lim\limits_{z\to z_0}y(z)=y_0$.

证明 （梗概）像前面的引理的证明中方程(48)那样定义函数$\sigma_j(z)$. 我们现在有$\sigma_0(z)=2$,也就是说,当z靠近z_0时,在y_0附近方程$\psi(y)=z$具有两个根. 换句话说,ψ产生的效果是两次把y_0的小邻域Ω覆盖了它的$\Omega_0=\psi(\Omega)$,且$z_0\in\Omega_0=\psi(\Omega)$. 通过可能还需要加的对$\Omega$的某种限制,我们可以进一步假设$\psi'(y)$在$\Omega$中仅在$y_0$处变为0(解析函数的零点是孤立的),以及$\Omega$是单连通的.

固定任何一个方向θ,并考虑裂缝邻域$\Omega^{\setminus\theta}$. 在这个裂缝邻域中固定一个点ζ,那么它就有两个原像$\eta_1,\eta_2\in\Omega$. 任取其中一个原像,例如η_1,由于$\psi'(\eta_1)\neq 0$,因此根据解析逆引理可知局部地存在一个解析逆$y_1(z)$,然后可把这个$y_1(z)$唯一地延拓①到整个$\Omega^{\setminus\theta}$上,对$y_2(z)$可类似证明. 因而我们就得到了两个不同的解析逆.

假设$y_1(z)$可以解析延拓到z_0,那么$y_1(z)$就有一个局部的展开式

$$y_1(z)=\sum_{n\geqslant 0}c_n(z-z_0)^n$$

它满足$\psi(y_1(z))=z$. 但是那样一来,由ψ和y的复合函数的展开式就得出当$z\to z_0$时有

$$\psi(y_1(z))=z_0+O((z-z_0)^2)$$

显然上面的表达式不可能与函数z重合. 这个矛盾就说明点z_0必定是y_1的奇点(同时也是y_2的奇点).

▶**Ⅳ.44** **奇点逆和优级数**. 按照平行于注记Ⅳ.43的方式,方程(49)和(50)也可用优级数方法给予证明,这就给出了奇点逆引理的另一种证明. ◀

▶**Ⅳ.45** **高阶的分支点**. 如果ψ在y_0处的包括直到$r-1$阶的导数都为0,那么就存在r个定义在z_0的裂缝邻域中的逆$y_1(z),\cdots,y_r(z)$. ◀

树的枚举. 我们现在可以考虑当$\phi(u)$在$u=0$解析时获取由隐式方程

$$y(z)=z\phi(y(z)) \tag{51}$$

定义的函数$y(z)$的系数信息的问题了. 为了使问题是适定的(即,存在一个$y(z)$的唯一的在原点附近是解析的形式为幂级数形式的解. 设$\phi(0)\neq 0$,那么就可把方程(51)重写成

$$\psi(y(z))=z,\text{其中 }\psi(u)=\frac{u}{\phi(u)} \tag{52}$$

这样我们就把这个问题转化成一个解析函数的求逆问题了.

---

① 分裂0这个事实使得由此而产生的区域是单联通的,从而解析延拓是唯一定义的. 与此相反,有孔区域$\Omega_0\setminus\{z_0\}$不是单联通的,对它不能应用前面的论证. 事实上,当越过角度θ的射线时,$y_1(z)$就连续地变成了$y_2(z)$,而这两个逆相遇的点z_0就是分支点.

就像在Ⅰ.5.1,Ⅱ.5.1和Ⅲ.6.2等节中所看到的那样,等式(51)在各种类型的树的计数中都会遇见.一个典型的情况是 $\phi(u)=\mathrm{e}^u$,它对应于有标记的非平面树(Cayley 树).函数 $\phi(u)=(1+u)^2$ 和无标记的平面二叉树有关,而 $\phi(u)=1+u+u^2$ 与一叉-二叉树(Motzkin 树)有关.Meir 和 Moon 的文献[435]对此开发了一套完整的分析,他们自己对 Pólya 的文献[488,491]和 Otter 的文献[466]中早期的想法进行了阐述.在所有这些情况下,树的数目的指数增长率都可以自动确定.

命题 Ⅳ.5 设 ϕ 是一个在零点解析的函数,其 Taylor 展式中的系数是非负的,并且 $\phi(0)\neq 0$.又设 $R\leqslant+\infty$ 是 ϕ 在零点的级数表达式的收敛半径.再假设条件

$$\lim_{x\to R^-}\frac{x\phi'(x)}{\phi(x)}>1 \tag{53}$$

以及特征方程

$$\frac{\tau\phi'(x)}{\phi(x)}=1 \tag{54}$$

有一个唯一的解 $\tau\in(0,R)$ 成立.那么方程 $y(z)=z\phi(y(z))$ 的形式解 $y(z)$ 在零点是解析的,并且其系数满足指数增长公式

$$[z^n]y(z)\bowtie\left(\frac{1}{\rho}\right)^n$$

其中 $\rho=\frac{\tau}{\phi(\tau)}=\frac{1}{\phi'(\tau)}$.

注意,当 $\phi(R^-)=+\infty$ 时,条件(53)将自动满足,这种情况包括了我们之前的例子以及 ϕ 是整函数(例如多项式)的情况.图Ⅳ.15在实直线上显示了与一个典型的求逆问题,即 Cayley 树相关的函数的图,其中 $\phi(u)=\mathrm{e}^u$.

证明 由下面的注记Ⅳ.46可知,函数 $\frac{x\phi'(x)}{\phi(x)}$ 在 $x\in(0,R)$ 上是递增的(或者,把特征方程重写成 $\phi_0=\phi_2\tau^2+2\phi_3\tau^3+\cdots$,其中右边显然是一个递增函数).因而条件(53)就保证了特征方程解的唯一性.

接下来,我们注意到方程 $y=z\phi(y)$ 有唯一的形式幂级数解,此外,它的系数都是非负的(这个解可以利用,例如待定系数法构造出来.).因而解析逆引理(引理Ⅳ.2)就蕴含了这个形式幂级数解表示了函数 $y(z)$,它在零点解析并且满足 $y(0)=0$.

现在我们来寻找奇点,由 Pringsheim 定理可知,我们只需把注意力限制在正实轴上即可.设 $r\leqslant+\infty$ 是 $y(z)$ 在零点的收敛半径,并设 $y(r):=\lim\limits_{x\to r^-}y(x)$,

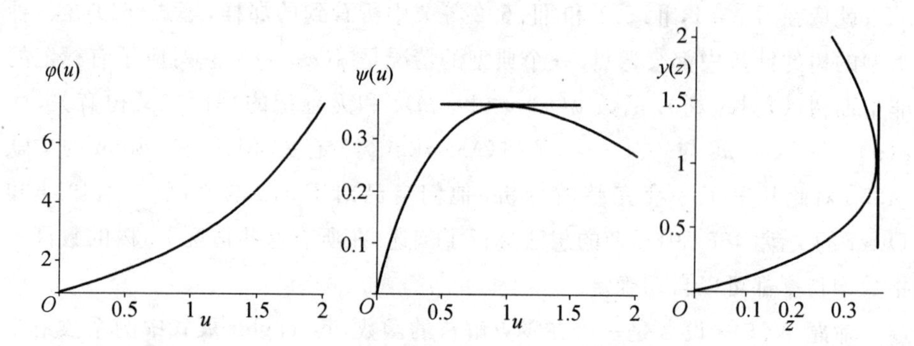

图 Ⅳ.15 函数 $\phi(u)=\mathrm{e}^u$(左),$\psi(u)=\dfrac{u}{\phi(u)}$(中间)和 $y=\ln v(\psi)$(右)的反函数的奇点

它是良定义的(尽管可能是无限),给定的系数是正的. 我们的目的是证明 $y(r)=\tau$.

假设不然,那就只能是 $y(r)<\tau$ 或 $y(r)>\tau$.

—— 如果 $y(r)<\tau$,那么我们将有 $\psi'(y(r))\neq 0$. 那么由解析逆引理就得出 $y(z)$ 将在点 r 处解析,矛盾.

—— 如果 $y(r)>\tau$,那么就将存在一个 $r^*\in(0,r)$,使得 $\psi'(y(r^*))=0$,但是那样一来,由奇点逆引理,r^* 就将是 y 的奇点,我们又得出矛盾.

因而 $y(r)=\tau$ 是有限的. 最后,由于 y 和 ψ 都有反函数,利用当 $x\to r^-$ 时的连续性,我们就必须有

$$r=\psi(\tau)=\frac{\tau}{\phi(\tau)}=\rho$$

这就完成了证明.

因此由命题 Ⅳ.5 可以得出一种有关树函数的指数增长率的算法. 只要 ϕ 是可计算的(即,其系数序列是可计算的),这个比率本身总是一个可计算的数字. 这是对定理 Ⅳ.8 关于可计算性结果的一个补充,由于定理 Ⅳ.8 只适用于不循环的结构.

我们用一般的 Catalan 树作为应用命题 Ⅳ.5 的一个例子,它对应于 $\phi(y)=\dfrac{1}{1-y}$,其收敛半径为 $R=1$. 特征方程是 $\dfrac{\tau}{1-\tau}=1$,由此得出 $\tau=\dfrac{1}{2}$ 和 $\rho=\dfrac{1}{4}$. 因此我们得出(并不令人惊奇!)$y_n\bowtie 4^n$,这是 Catalan 数的一个较弱的渐近公式. 同理,对 Cayley 树有 $\phi(u)=\mathrm{e}^u$ 且 $R=+\infty$. 这时特征方程可化为 $(\tau-1)\mathrm{e}^\tau=0$,所以 $\tau=1$ 及 $\rho=\dfrac{1}{\mathrm{e}}$,给出 Stirling 公式的弱形式:$[z^n]y(z)=\dfrac{n^{n-1}}{n!}\bowtie \mathrm{e}^n$. 图 Ⅳ.16

总结了这一方法对几个我们已经见过的树木的族的应用.

类型	$\phi(u)$	R	τ	ρ	$y_n \bowtie \frac{1}{\rho^n}$
二叉树	$(1+u)^2$	∞	1	$\frac{1}{4}$	$y_n \bowtie 4^n$
Motzkin 树	$1+u+u^2$	∞	1	$\frac{1}{3}$	$y_n \bowtie 3^n$
一般的 Catalan 树	$\frac{1}{1-u}$	1	$\frac{1}{2}$	$\frac{1}{4}$	$y_n \bowtie 4^n$
Cayley 树	e^u	∞	1	$\frac{1}{e}$	$y_n \bowtie e^n$

图 Ⅳ.16　经典树族的指数增长率

正如我们前面的讨论所表明的那样,树的生成函数的主奇点,在相当宽松的条件下是平方根类型的.那种奇点的行为可用第 Ⅵ 章中的方法加以分析:其系数具有如下的渐近形式

$$[z^n]y(z) \sim \frac{C}{\rho^n n^{\frac{3}{2}}}$$

这种渐近形式都带有$\frac{1}{n^{\frac{3}{2}}}$形式的次指数因子,见 Ⅵ.7 节.

▶**Ⅳ.46　GF 的凸性,Boltzmann(波兹曼)模型和方差引理.** 设 $\phi(z)$ 是一个非常数的解析函数,$\phi(0)\neq 0$,其展开式的系数为非负,收敛半径不为 0.对参数 $x\in(0,R)$ 用以下性质定义一个(参数 x 的)Boltzmann 随机变量 Ξ

$$\mathbb{P}(\Xi=n)=\frac{\phi_n x^n}{\phi(x)} \tag{55}$$

以及

$$\mathbb{E}(s^{\Xi})=\frac{\phi(sx)}{\phi(x)}$$

即 Ξ 的概率生成函数,通过微分可求出 Ξ 的前两个矩分别是

$$\mathbb{E}(\Xi)=\frac{x\phi'(x)}{\phi(x)},\mathbb{E}(\Xi^2)=\frac{x^2\phi''(x)}{\phi(x)}+\frac{x\phi'(x)}{\phi(x)}$$

我们有下面的结果:对任意非常数的 GF ϕ,对 $0<x<R$ 成立一般的凸性不等式

$$\frac{\mathrm{d}}{\mathrm{d}x}\left(\frac{x\phi'(x)}{\phi(x)}\right)>0 \tag{56}$$

由于非退化的随机变量的方差总是正的.等价的,在 $t\in(-\infty,\log R)$ 上,函数

$\log(\phi(e^t))$ 是凸的.(在统计物理学中,(参数 x 的)Boltzmann 模型对应于一个类 Φ(具有 OGF ϕ),它的元素是根据尺度的分布(55) 抽取的. 式(56) 的另一种推导见注记 Ⅷ.4.) ◀

▶**Ⅳ.47　另一种形式的求逆问题.** 考虑方程 $y = z + \phi(y)$,其中设 ϕ 是一个整函数,展开式的系数是非负的,并且在 $u=0$ 处有 $\phi(u) = O(u^2)$. 这对应了仅用叶子的数量来计数的树的简单族. 例如,我们已经遇到过有标记的层次结构(Ⅱ.5 节中的谱系树),它对应于 $\phi(u) = e^u - 1 - u$,这产生了一个"Schröder 问题". 设 τ 是 $\phi'(\tau) = 1$ 的根,并设 $\rho = \tau - \phi(\tau)$. 那么就有 $[z^n]y(z) \bowtie \frac{1}{\rho^n}$. 对有标记的层次结构($L = z + e^L - 1 - L$) 的 EGF L,这给出 $\frac{L_n}{n!} \bowtie \frac{1}{(2\log 2 - 1)^n}$.(注意 Lagrange 反演也给出 $[z^n]y(z) = \frac{1}{n}[w^{n-1}]\frac{1}{\left(1 - \frac{\phi(y)}{y}\right)^n}$.) ◀

Ⅳ.7.2　迭代. 解析函数迭代的研究是由 Fatou(法都) 和 Julia(朱莉娅) 在二十世纪上半叶开始的. 我们的读者当然知道与 Mandelbrot 的作品有关的美丽图像,这些图像引起了重新研究这一问题的兴趣,现在这些研究被划归到"复动力系统"的领域,见文献[31,156,443,473]. 特别,出现在这些研究中的集合通常具有分形性质. 这种数学对象偶尔也会在分析组合中遇到. 我们这一节中介绍的是 1982 年由 Odlyzko 在文献[459] 中发表的,被认为是关于这一领域最早的经典研究的关于平衡树的分析.

例 Ⅳ.12　平衡树. 考虑平衡的 2－3 叉树的类 $\mathcal{E}$,其定义是其中的树的结点的度数都限制在集合{0,2,3} 中,并且所有的树叶到根的距离都相等(注记 Ⅰ.67). 我们把树的容量定义成叶子(也称为终极结点) 的数量,下图列出了 4 种容量为 8 的树.

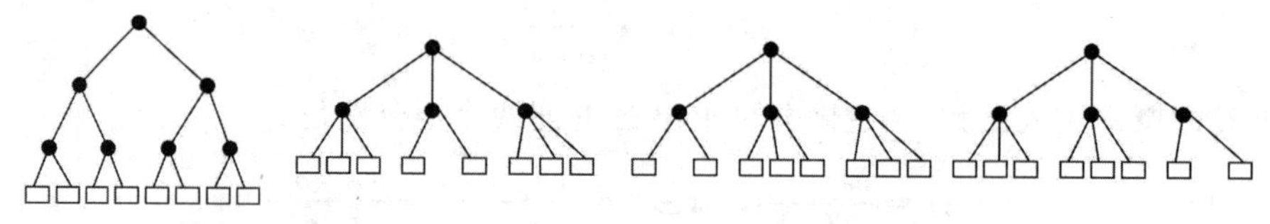

给了一棵树,可以通过对每个终极结点添加一个终极结点(□),一对终极结点(□,□) 或一个三元的终极结点的组(□,□,□) 得出一棵新的树. 用符号表示就是

$$\mathcal{E}[\square] = \square + \mathcal{E}[\square \to (\square\square + \square\square\square)]$$

由上面的表示就得出 $\mathcal{E}$ 的 OGF 应满足下面的函数方程

$$E(z)=z+E(z^2+z^3) \tag{57}$$

它对应于下面的看起来还可以接受的递推关系

$$E_n=\sum_{k=0}^{n}\binom{k}{n-2k}E_k, E_0=0, E_1=1$$

设 $\sigma(z)=z^2+z^3$，则方程(57) 可以用迭代的形式展开成形式幂级数如下

$$E(z)=z+\sigma(z)=\sigma^{[2]}(z)+\sigma^{[3]}(z)+\cdots \tag{58}$$

其中 $\sigma^{[j]}(z)$ 表示多项式 σ 的第 j 次迭代：$\sigma^{[0]}(z)=z$，$\sigma^{[h+1]}(z)=\sigma^{[h]}(\sigma(z))=\sigma(\sigma^{[h]}(z))$. 因而 $E(z)$ 只是一个符号，但并不是 σ 的所有的迭代之和. 我们的问题是要确定 $E(z)$ 的收敛半径. 由 Pringsheim 定理可知寻找主奇点可以限于在正实轴上进行.

对 $z>0$，多项式 $\sigma(z)$ 有唯一的不动点 $\rho=\sigma(\rho)$，其中

$$\rho=\frac{1}{\varphi}, \varphi=\frac{1+\sqrt{5}}{2}$$

是黄金分割率. 同时，对于任何满足 $x<\rho$ 的正的 x，迭代 $\sigma^{[j]}(x)$ 都会收敛到 0，见图 Ⅳ.17. 此外，由于在 0 附近 $\sigma(z)\sim z^2$，迭代收敛到 0 的速度是加倍指数快(注记 Ⅳ.48). 由三角不等式，我们有 $|\sigma(z)|\leqslant\sigma(|z|)$，因此式(58) 中的和是一个绝对收敛的解析函数，因此它本身在 $|z|<\rho$ 中是解析的. 因而 $E(z)$ 在整个开放圆盘 $|z|<\rho$ 中是解析的.

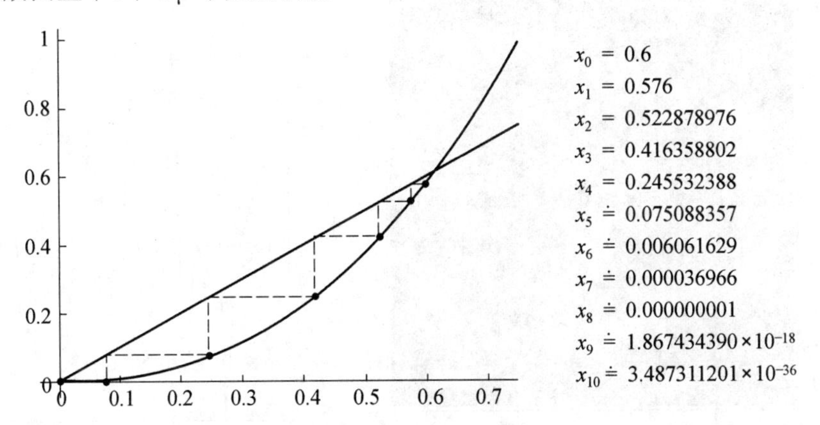

图 Ⅳ.17　点 $x_0\in\left(0,\frac{1}{\varphi}\right)$ 在 $\sigma(z)=z^2+z^3$ 的迭代下，快速地收敛到 0，这里 $x_0=0.6$

余下的事就是证明 $E(z)$ 的收敛半径恰等于 ρ. 为此，只需注意到 $E(z)$，像式(58) 中给出的那样，满足当 $x\to\rho^-$ 时，$E(z)\to+\infty$.

设 N 是一个充分大但是固定的数，那么我们可以选出一个充分接近 ρ 的

x_N 使得 $x_N < \rho$，并且使得它的第 N 次迭代 $\sigma^{[N]}(x_N)$ 大于 $\frac{1}{2}$.（函数 $\sigma^{[N]}(x)$ 以 ρ 作为不动点，并且是 ρ 的连续的和递增的函数.）式(58) 保证对那些满足 $x_N < \rho$ 的 x_N，$E(x_N)$ 有下界 $E(x_N) > \frac{N}{2}$. 因而当 $x \to \rho^-$ 时，$E(x)$ 是无界的，所以 ρ 是奇点.

$E(z)$ 的主奇点是一个正实数 $\rho = \frac{1}{\varphi}$，因此指数增长公式就给出以下估计：

命题 Ⅳ.6 平衡的 2－3 叉树满足

$$[z^n]E(z) \bowtie \left(\frac{1+\sqrt{5}}{2}\right)^n \tag{59}$$

值得注意的是，这个估计可以如此简单地通过对基本的函数方程的纯粹是定性的研究和验证相关的迭代的不动点的方法得出.

对 E_n 的完整的渐近分析需要用到后文在第 Ⅵ 章中开发的奇点分析的全部功能和方法. 下面的方程(60) 叙述了最终的结果，它涉及图 Ⅳ.18(右) 中清晰可见的波动. 表达式(58) 是过度收敛的，即 $E(z)$ 在收敛盘之外的某些区域中也是收敛的. 图 Ⅳ.18(左) 显示了 $E(z)$ 的解析区域，并揭示了它的分形性质(与图 Ⅶ.23 对比).

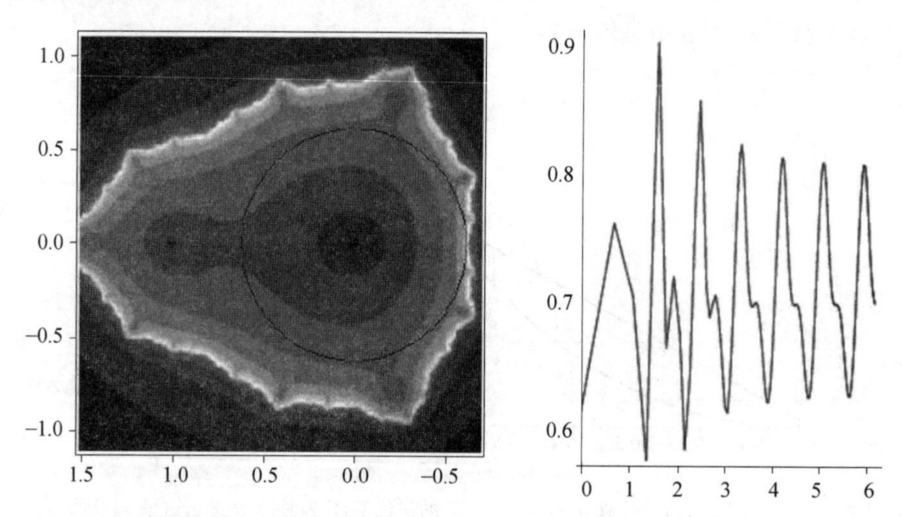

图 Ⅳ.18 左：使得 $E(z)$ 解析的分形区域(内部的白色和灰色区域，较浅的区域表示 σ 的迭代收敛较慢) 和它的收敛圆.

右：比例 $\frac{E_n}{n\varphi^n}$ 和 $\log n$ 在 $n = 1, \cdots, 500$ 时的数值的对比表明 $E_n \bowtie \varphi^n$ 以及式(60) 的周期性波动

▶**Ⅳ.48 二次收敛.** 首先对 $x \in \left[0, \frac{1}{2}\right]$ 我们有 $\sigma(x) \leqslant \frac{3}{2}x^2$，因此 $\sigma^{[j]}(x) \leqslant \left(\frac{3}{2}\right)^{2j-1} x^{2j}$. 其次对 $x \in [0, A]$，其中 A 是任意小于 ρ 的数，存在一个数 k_A，使得 $\sigma^{[k_A]}(x) < \frac{1}{2}$，因此 $\sigma^{[k]}(x) \leqslant \frac{3}{2}\left(\frac{3}{4}\right)^{2^{k-k_A}}$. 因而，对任意 $A < \rho$，当 $z \in [0, A]$ 时，σ 的迭代级数是二次收敛的. ◀

▶**Ⅳ.49 2－3 叉树的渐近数目.** 本注记的内容引自文献[459,461]. 2－3 叉树的数目的渐近表达式为

$$E_n = \frac{\varphi^n}{n}\Omega(\log n) + O\left(\frac{\varphi^n}{n^2}\right) \tag{60}$$

其中 Ω 是一个周期函数，其平均值为 $\frac{1}{\varphi \log(4-\varphi)} \doteq 0.712\ 08$，周期的长度为 $\log(4-\varphi) \doteq 0.867\ 92$. E_n 本身就是波动的：见图 Ⅳ.18(右). ◀

Ⅳ.7.3 一个函数方程的完整的渐近分析. 由于 Pólya 在组合学领域中所得出的原创性的理论，大部分组合学家都知道 George Pólya(1887—1985) 的名字. 这一理论是用来处理在对称群下不变的对象的枚举的一个组合学分支. 然而，在他所写的经典性论文[488,491] 中 Pólya 同时也发现了一些复分析对于渐近枚举①的令人吃惊的应用. 我们现在就来详细介绍其中的一个应用.

例 Ⅳ.13 Pólya **醇.** 这里所感兴趣的组合问题是确定没有不对称的碳原子的醇类物质 $C_nH_{2n+1}OH$ 的同分异构体的数目 M_n. OGF $M(z) = \sum_n M_n z^n$(EIS A000621) 的前几项是

$$M(z) = 1 + z + z^2 + 2z^3 + 3z^4 + 5z^5 + 8z^6 + 14z^7 + 23z^8 + 39z^9 + \cdots \tag{61}$$

它满足下面的函数方程

$$M(z) = \frac{1}{1 - zM(z^2)} \tag{62}$$

我们把这个函数方程作为研究的出发点. 函数方程的迭代给出下面的连分式表达式

$$M(z) = \cfrac{1}{1 - \cfrac{z}{1 - \cfrac{z^2}{1 - \cfrac{z^4}{\ddots}}}}$$

① 在很多方面都可把 Pólya 看成分析组合学的开创者.

从上面这个表达式 Pólya 发现了：

命题 Ⅳ.7 设 $M(z)$ 是函数方程

$$M(z)=\frac{1}{1-zM(z^2)}$$

在 0 附近解析的解，则存在常数 K,β 和 $B>1$ 使得

$$M_n=K\cdot\beta^n\left(1+O\left(\frac{1}{B^n}\right)\right)$$

$$\beta\doteq 1.681\ 367\ 524\ 4, K\doteq 0.360\ 714\ 097\ 1$$

我们给出两个证明. 第一个证明是直接考虑函数方程. 这一方法具有相当普遍的适用性. 第二个证明则是按照 Pólya 的路线，给出问题中存在着的明确的特殊线性结构. 正如主要估计所表明的那样，$M(z)$ 的主奇点是一个简单极点.

第一个证明 由于函数方程是正的，$M(z)$ 的系数将大于任意 GF $\frac{1}{1-zM^{<m}(z^2)}$ 的系数，其中 $M^{<m}(z):=\sum_{0\leqslant j<m}M_jz^j$ 是 $M(z)$ 的第 m 次截断. 特别，我们有以下的优于关系(利用 $M^{<2}(z)=1+z$)

$$M(z)\geq\frac{1}{1-z-z^3}$$

由于右边的有理分式的主极点在 $z\doteq 0.682\ 32$ 处，上式就蕴含 $M(z)$ 的收敛半径 $\rho<0.69$. 另外，由于对 $z\in(0,\rho)$，$M(z^2)<M(z)$，因此就成立不等式

$$M(z)\leqslant\frac{1}{1-zM(z)}, 0\leqslant z<\rho$$

上式说明(注记 Ⅳ.50) 在区间 $\left(0,\frac{1}{4}\right)$ 中 Catalan 生成函数 $C(z)=\frac{1-\sqrt{1-4z}}{2z}$ 是 $M(z)$ 的优函数. 这蕴含 $M(z)$ 在 $\left(0,\frac{1}{4}\right)$ 上是良定义和解析的. 换句话说，我们有 $\frac{1}{4}\leqslant\rho<0.69$. 因此 M 的收敛半径严格的位于 0 和 1 之间.

▶**Ⅳ.50 醇，树和 bootstrap 程序(靴袢算法，又译自举算法).** 由于 $M(z)$ 开始的部分是 $1+z+z^2+\cdots$，而 $C(z)$ 开始的部分是 $1+z+2z^2+\cdots$，因此就存在一个小区间 $(0,\varepsilon)$ 使得在这个小区间上有 $M(z)\leqslant C(z)$. 由 $M(z)$ 的函数方程得出，在更大的区间 $(0,\sqrt{\varepsilon})$ 上成立 $M(z)\leqslant C(z)$. 因而 bootstrap 程序就说明在 $\left(0,\frac{1}{4}\right)$ 上成立 $M(z)\leqslant C(z)$. ◀

接下来我们有当 $z\to\rho^-$ 时必成立 $zM(z^2)\to 1$.(实际上，否则我们将有对

某个 A，成立 $zM(z^2) < A < 1$. 但是那样一来，由于 $\rho^2 < \rho$，我们将得出 $\frac{1}{1-zM(z^2)}$ 在 $z=\rho$ 处解析，这显然是一个矛盾.）因而方程

$$\rho M(\rho^2)=1, 0<\rho<1$$

就隐式地确定了 ρ.

我们可以在数值上估计 ρ（注记 Ⅳ.51），并且对 $\beta=\frac{1}{\rho}$ 的值说明如下（Pólya 用手算将其算到了 5 位小数！）.

前面的讨论也蕴含 ρ 是 $M(z)$ 的极点，这个极点必定是简单的（由于 $\partial_z zM(z^2)|_{z=\rho}>0$）. 因而

$$M(z) \underset{z\to\rho}{\sim} K\frac{1}{1-\frac{z}{\rho}}, \quad K:=\frac{1}{\rho M(\rho^2)+2\rho^3 M'(\rho^2)} \tag{63}$$

上面的论证同时表明 $M(z)$ 在 $|z|<\sqrt{\rho}\doteq 0.77$ 中是半纯的. 从 $zM(z^2)=z+z^3+\cdots$ 得出 ρ 是 $M(z)$ 在 $|z|=\rho$ 上的唯一极点，这可能是受到在水仙花引理的证明中所用到的那种类型的论证的影响（见命题 Ⅳ.3 的证明中关于拟逆的讨论）. 然后把展开式(63) 翻译成关于奇点的表述就可得出结论.

▶ **Ⅳ.51 分子的增长常数.** 可以把 ρ 看成 ρ_m 的极限，再加上条件 $\rho\in\left[\frac{1}{4}, 0.69\right]$ 而得出 ρ，其中 ρ_m 满足 $\sum_{n=0}^{m} M_n\rho_m^{2n+1}=1$. 在任何情况中，只需要用到有限个 M_n（由函数方程提供）. 我们有 $\rho_{10}\doteq 0.595$，$\rho_{20}\doteq 0.594\ 756$，$\rho_{30}\doteq 0.594\ 753\ 97$，$\rho_{40}\doteq 0.594\ 753\ 964$. 这个算法以几何速度收敛到极限 $\rho\doteq 0.594\ 753\ 963\ 9$. ◀

第二个证明 首先，从式(62) 得出以下的逼近序列，其前几个表达式为

$$1, \frac{1}{1-z}, \frac{1}{1-\frac{z}{1-z^2}}=\frac{1-z^2}{1-z-z^2}, \frac{1}{1-\frac{z}{1-\frac{z^2}{1-z^4}}}=\frac{1-z^2-z^4}{1-z-z^2-z^4+z^5}$$

这些表达式允许我们计算级数 $M(z)$ 的任意多个项. 对式(62) 进一步的逼近表达式建议我们设

$$M(z)=\frac{\psi(z^2)}{\psi(z)}$$

其中 $\psi(z)=1-z-z^2-z^4+z^5-z^8+z^9+z^{10}-z^{16}+\cdots$. 把上式代回式(62) 得出

$$\frac{\psi(z^2)}{\psi(z)}=\frac{1}{1-z\frac{\psi(z^4)}{\psi(z^2)}} \quad \text{或} \quad \frac{\psi(z^2)}{\psi(z)}=\frac{\psi(z^2)}{\psi(z^2)-z\psi(z^4)}$$

这说明 $\psi(z)$ 是函数方程

$$\psi(z)=\psi(z^2)-z\psi(z^4),\psi(0)=1$$

的解. ψ 的系数满足以下递推关系

$$\psi_{4n}=\psi_{2n},\psi_{4n+1}=-\psi_n,\psi_{4n+2}=\psi_{2n+1},\psi_{4n+3}=0$$

这意味着,所有的系数只可能是 -1,0 或 $+1$ 之一.

因此,$M(z)$ 是两个函数的商$\frac{\psi(z^2)}{\psi(z)}$,其中每个函数都在单位圆盘内解析,因此 $M(z)$ 在单位圆盘中是半纯的. 数值估计说明 $\psi(z)$ 的最小正实根在 $\rho\doteq 0.594\ 75$ 处,它是一个单根,因此是 $M(z)$ 的极点(由于数值计算表明 $\psi(\rho^2)\neq 0$). 因而

$$M(z)\sim\frac{\psi(\rho^2)}{(z-\rho)\psi'(\rho)}\Rightarrow M_n\sim-\frac{\psi(\rho^2)}{\rho\psi'(\rho)}\left(\frac{1}{\rho}\right)^n$$

这样从数值计算就得出了 Pólya 的估计.

无论从历史的角度还是方法论的角度来看,Pólya 醇的例子都是一个典型. 命题 Ⅳ.7 的第一个证明表明,即使不解出函数方程相当多的信息可以从函数方程中提炼出来(在关于硬币喷泉的例子例 Ⅴ.9 中也会遇到类似的情况),在上面的讨论中我们已经很好地利用了下述事实,即如果 $f(z)$ 在 $|z|<r$ 中是解析的,并具有某些先验的界能够蕴含严格的不等式 $0<r<1$,那么就可将函数 $f(z^2)$,$f(z^3)$ 等看成"已知"的,由于它们在 f 的收敛盘内甚至外面都是解析的. 这也让我们回想起在第 Ⅳ.4 节中所讨论的 Pólya 算子. 从全局的观点来看,从一个函数方程,甚至是相当复杂的函数方程出发,我们都可利用 bootstrap 程序把局部的奇点行为过渡到全局范围中去,而且即使在没有解出任何明显的生成函数表达式的情况下也可以这样做. 从奇点到系数的渐近过渡只是一个简单的跳跃.

▶**Ⅳ.52 一道算术练习题**. 系数 $\psi_n=[z^n]\psi(z)$ 可以用 n 的二进制表达式描述. 对 $n\in[1,\cdots,2^N]$,求出 ψ_n 的渐近性质. 这里可以假设 ψ_n 的值只能取 -1,0 或 $+1$. ◀

Ⅳ.8 小结和评论

在本章中,不像前几章中那样把用幂级数表示的,包含了计数序列信息的

生成函数仅仅看成是一种形式代数的对象,而开始用一种新的观点即把生成函数看成是一种解析的对象,以及复平面上的变换而加以研究.这时生成函数的奇点提供了关于结构的渐近性质的丰富的信息.

奇点为系数的渐近提供了一条捷径.在本章中我们可以用相对简单的预备知识来处理极点型的奇点.从这个角度来看,本章的两个主要内容是关于有理函数和半纯函数的展开定理(定理 Ⅳ.9 和定理 Ⅳ.10).这些都是经典的分析结果.Issai Schur(伊赛・舒尔,1875 — 1941)应该算是一个非常早就认识到它们在组合枚举中的作用的数学家(有限限制分拆,例 Ⅳ.6).George Pólya 在他 1937 年的著名论文(见文献[488,491])中更为深入地开发了复分析的线索.文献[491,p.96]将其称为"组合分析史上的里程碑".在那篇论文中 Pólya 奠定了组合化学的基础,即对在群的作用下的对象进行枚举以及论文的最后但并非不重要的关于图和树的复渐近理论.由于使用了复分析的方法,我们可以对许多用符号方法描述的组合类进行彻底分析,并用少数几个复分析中的定理研究它们的渐近性质.在只有函数方程可用的情况下,对平衡树和分子等结构的研究是关于这些内容的典型例子.

本章是随后将要发展的丰富理论的基础.在下面的部分中,第 Ⅴ 章将阐述有理函数与半纯函数的分析,并从分析组合学的角度介绍图、自动机以及转移矩阵中路径的一致性理论.接下来,在第 Ⅵ 章中开发的奇点分析方法将可观地扩展第二原理的适用范围,这时我们将涉及具有明显更复杂的极点(例如涉及分数幂,对数,迭代的那些极点)的函数.这部分中的应用程序将涉及循环结构,包括第 Ⅶ 章中要讨论的许多类型的树.第 Ⅷ 章研究鞍点方法,然后通过统一的处理来给出单变量函数的渐近的图景,计算 GF 或者是其他的整函数(因此,在有限的距离中没有奇点),或者在奇点处显示出现激烈增长的函数(因此,不属于半纯函数奇点的渐近分析的范围).最后,在第 Ⅸ 章中,我们将使用扰动方法以便提炼出组合结构参数的极限定律.

关于参考文献的注记和评论.本章的目的与作用是复习基本的复分析,其中特别强调了与分析组合学有关的方法.图 Ⅳ.19 简要总结了本章的主要结果.其中给出了对我们的讨论最有用的参考文献,包括 Titchmarsh 的文献[577](面向经典分析),Whittaker 和 Watson 的文献[604](强调特殊函数),Dieudonné 的文献[165],Hille 的文献[334]和 Knopp 的文献[373].Henrici 的文献[329]从构造性和数值计算的角度介绍了复分析方法,这是这本书中非常有价值的观点.

基础. 解析函数的理论起源于两个概念即解析性和可微性之间的等价关系. 这结论建筑在强大的积分计算的基础上,这种计算和实变量中的积分非常不同. 下面的两个结果可以看成解析函数理论的"公理".

定理 Ⅳ.1 [基本等价定理] 以下两个基本概念是等价的,即解析性(由收敛幂级数定义)和全纯(由可微性定义). 组合生成函数,一个先验地由它们在零点的展式确定的对象具有与这两个等价的概念有关的丰富性质.

定理 Ⅳ.2 [0 积分性质] 解析函数沿着一个简单的环的积分(可收缩到一个单个的点的闭合路径)为 0. 因此,这一积分在很大程度上不依赖于积分围道的具体细节.

留数. 对于半纯函数(具有极点的函数),留数是一个不可缺少的实质性的概念. 一个函数的系数可以用来估计积分. 下面的两个定理给出了函数的局部属性(例如,在一个点处的系数)和函数在其他地方的全局性质(例如,沿着远处的曲线的积分)之间的联系.

定理 Ⅳ.3 [Cauchy 留数定理] 在函数半纯的区域中,函数的积分可以由函数在几个特殊点,即它的极点处的局部性质确定.

定理 Ⅳ.4 [Cauchy 系数公式] 这个定理几乎是 Cauchy 留数定理的直接推论:解析函数的系数可以表示成一个围道积分. 因而可以用函数在远离原点的点处的性质来计算或估计.

奇点和系数的增长性. 奇点(解析性消失的地方)提供了函数系数增长率的必要信息. "第一原理"指明了系数的指数增长率和奇点的位置之间的关系.

定理 Ⅳ.5 [边界的奇点] 一个函数(由其在零点处的级数展开式给出)总是在它的收敛盘的边界上有一个奇点.

定理 Ⅳ.6 [Pringsheim 定理] 这个定理对于具有非负系数的函数改进了前面的定理. 这意味着,对于组合生成函数来说,只需在正实轴上寻找主奇点即可.

定理 Ⅳ.7 [指数增长公式] 系数的指数增长率是由最接近原点的奇点 —— 主奇点的位置决定的.

定理 Ⅳ.8 [增长率的可计算性] 对于任何不循环(不回复)的组合类,系数的指数增长率总是一个可计算的数字. 这个命题可以被看作分析组合的第一个一般性的定理.

系数的渐近. "第二原理"涉及刻画奇点本质的系数的次指数因子. 对于有理函数和半纯函数来说,所有的事情都是简单的.

定理 Ⅳ.9 [有理函数的展开扩展] 有理函数的系数可以用极点的位置(坐标值)和性质(重数)明确地表示.

定理 Ⅳ.10 [半纯函数的展开] 只要给出了主极点的位置和和性质,就可知道半纯函数的精确的渐近形式以及指数小的误差项.

图 Ⅳ.19 第 Ⅳ 章主要结果的小结

De Bruijn(德 · 布罗意)的经典小册子[143]是对有效的渐近理论的一个非常具体的介绍,它包含了很多用复分析方法彻底解决来自离散数学中的问题的例子. 现代的在组合学中广泛使用这种分析方法是由 Bender 和 Odlyzko 率先开创的.他们在这一领域中的第一个出版物可以回溯到20世纪70年代.Odlyzko在1995年发表的学术论文[461]中对组合计数中的解析方法的历史进展给出了精彩的总结.Wilf在他的*Generating Functionalology*(生成函数学),即文献[608]的第V章中所关注的就是这个问题.Hofri(霍福瑞)的著作[335],Mahmoud(马哈默德)的著作[429],和Szpankowski的著作[564]包含了从算法分析角度来看有用的说明.这方面的内容的一个简介也可参看我们的书[538],关于这一领域的更多的主题可参看Vitter和Flajolet文献[598]的有关章节.

尽管在(各种领域中)都出现了生成函数,他们(生成函数)仍然属于代数而不是分析.组合学家使用循环,生成函数和像范德蒙(Vandermonde)卷积这样的变换;其他人对我的讨厌是由于我使用了围道积分,微分方程和其他数学分析的工具.

——JOHN RIORDAN(约翰 赖尔登)[513,p. viii]和[512,Pref.(前言)]

对有理函数和半纯函数的应用

第V章

分析方法是非常有力的，并且在应用时，它们往往会得出无与伦比的精确性.

——ANDREW ODLYZKO(安德烈·奥德里兹科)[461]

本章的主要目标是显示用复分析方法去解决组合问题的效力，主要是在前一章中所开发的有理函数和半纯函数的框架内讨论问题. 与此同时，我们把路线转变成在新的一般性水平上来处理计数问题. 准确地说，我们把组合问题组织成适于共同处理的包括广泛的组合类的族，并将其与具有共同的渐近性质的集合联系起来. 我们并不试图对此给出一个正式的定义，而称这个族是由包含了无限多个组合类的由组合条件和解析条件决定的族.

首先，我们讨论一种称为超临界级数的分析组合的一般模式，它给出了半纯渐近效力的一个简明的解释(定理Ⅳ.10)，并且具有广泛的适用性. 这个模式统一了组分，满射和对齐的分析；它适用于任何用级数定义的类，并给出了满足简单的解析条件("超临界")的组成. 例如，人们可以非常精确地(同时也很容易地)预言把一个整数分解成素数(或孪生素数)之和的所有可能的方法的数量. 虽然我们现在已经有许多描述细节的分布，素数对我们来说仍然是一个神秘的对象.

下一个模式包括了正规表示和正规语言，它们先验地导致有理的生成函数，从而系统地遵从定理Ⅳ.9，其效果是用指数多项式描述系数. 在正规表示的情况下，存在许多额外的结构，特别是正性的结构. 因此，计数序列具有简单的指数多项式的形式并可规避系统性的波动.这一章的应用中包括了对最长运行次数的分析,附加的由运气或偶然性引起的好运(或坏运)的最大序列,纯粹的出生过程以及随机文本中的隐藏模式(子序列).

然后我们考虑一个正规表示的对应于级数嵌套的重要子集,在组合上,这一子集描述了各种格子路径.这种级数的嵌套自然会导致嵌套的伪逆,这不是别的,而恰是连分数.那样这种结构就具有了丰富的组合、代数和分析特性.一些初步的例子是对与 Dyck 路径的高度和一般的 Catalan 树的完整分析;其他有趣的应用涉及硬币喷泉和互联网.

最后,在本节的最后两小节中我们从最简单的有限图和自动机的情况开始,讨论了生成函数的正线性系统,这个讨论也包括了转移矩阵的一般框架.虽然由此产生的函数再一次是有理的,它们的好处是可以隐式地定义(而不是明确地求解)并直接地计算奇点.矩阵的谱(特征值的集合)然后就起了核心的作用.一个重要的情况是不可约的线性系统模式,这一模式和非负矩阵的Perron-Frobenius 理论密切相关,研究者在研究有限的 Markov 链理论时,长期以来一直都认识到这一理论的重要性.那样我们就可组织关于奇点的一般性讨论从而对各种模型——图中的路径,有限自动机和传输矩阵等产生有价值的影响.我们在本章中讨论的最后一个例子是处理局部有限制或约束的排列,其中有理函数和容斥原理结合在一起为值受限的排列的单词提供了研究条件.

在本章遇到的各种组合例子中,生成函数在某些超出了在其零点的收敛盘之外的区域中是半纯的,因此,系数的渐近估计涉及那种主项,它们本身是明确的指数多项式而误差项是指数小的.这种情况已被第Ⅴ章章首所引用的 Odlyzko 的格言很好地概括了,他说:“分析方法……往往会得出无与伦比的精确性.”

Ⅴ.1 通往有理渐近和半纯渐近的路标

本章中的关键的特点是组合中的级数结构 SEQ.由于在把它翻译成生成函数时会涉及一个拟逆$\frac{1}{1-f}$,因此在许多情况下,我们应预料到这一结构会导致极点.对线性方程组也是如此,其中最简单的情况是$X=1+AX$,它可以通过求逆求解.在标量情况下解是$X=\frac{1}{1-A}$,在矩阵情况下就要把解表示成行列式的商(Cramer 法则).因此,线性方程组的知识也有助于极点的研究.

对应于上面的说明,本章相应地发展了两条主线.首先,我们研究组合问题的不循环的族,它们在适当的意义上,是由级数结构导出的(Ⅴ.2－Ⅴ.4 节).其次,我们研究自然地由线性方程组描述的循环问题的族(Ⅴ.5—Ⅴ.6 节).显然,应用有理函数和半纯函数的一般定理就可给出了系数的渐近形式.正如我们将要看到的那样,由组合结构的需要所产生的正的加性结构在计数序列的渐近中显著地起了简化作用.

超临界级数模式.将在 Ⅴ.2 节中充分描述的这个模式对应了形式$\mathcal{F}=(\mathcal{G})$,其中对$\mathcal{G}$的生成函数$G(z)$附加了一个简单的分析条件"超临界性".在此条件下序列(F_n)恰好是可预测的并且具有如下的渐近估计

$$F_n = c\beta^n + O(B^n),\text{其中 } 0 \leqslant B < \beta, c \in \mathbb{R}_{>0} \tag{1}$$

并且β满足$G\left(\frac{1}{\beta}\right)=1$.第 Ⅰ 章和第 Ⅱ 章中出现过的整数的合成,满射和对齐都可用这个模式统一处理.超临界模式甚至包括了$\mathcal{G}$不一定是可构造的情况,把整数分解成素数或孪生素数之和就属于这种情况.像组分的数目和其他更一般的参数服从高概率成立的规律.

正规表示和语言.这个问题将在 Ⅴ.3 节中讨论.正规表示是仅涉及(+,×,SEQ)结构的不循环的表示.在无标记的情况下,它们总是可以用 Ⅰ.4 节意义下的正规语言表达和描述.那里的主要结果如下:给定一个正规表示$\mathcal{R}$,就可构造性地确定一个数D,使的对R_n成立以下渐近估计

$$R_n = P(n)\beta^n + O(B^n),\text{其中 } 0 \leqslant B \leqslant \beta, P\text{ 是一个多项式} \tag{2}$$

并且指标n术语模D的一个固定的同余类.(自然,量P,β,B可能依赖于所考虑的特定的同余类.)换句话说,在计数序列$(R_n)_{n\geqslant 0}$的每个长度为D的"部分"(Ⅴ.3.2 小节中定义的子序列)上成立"纯"指数多项式形式的表达式.特别,由于有多个主极点但它们的同余类的模不可公测时而可能产生的不规则的波动(参见 Ⅳ.6.1 节中关于多个奇点的讨论)在正规表示和正规语言中不会出现,因此都是简单的.类似的估计适用于把对象的表示理解成任何固定的结构出现的次数的正规表示.

嵌套的级数,格子路径和连分数.Ⅴ.4 节中所考虑的材料用可以用对应于嵌套级数的 SEQ∘…∘SEQ 的模式表示.与其相关的 GF 是拟逆的链,即连分数.虽然对它们正规表示的一般理论也是适用的,但是由嵌套级数所附加的结构本质上蕴含了唯一性和主极点的简单性,对用嵌套级数枚举的对象,这直接导致如下形式的估计

$$S_n = c\beta^n + O(B^n), 0 \leqslant B < \beta, c \in \mathbb{R}_{>0} \tag{3}$$

这个模式包括了具有有界高度的格子路径，它们的加权版本，以及其他几个等价的类，如互联网络. 在每种情况下都可完全充分地描述它们的表示，对这些表示的估计都具有简单的形式.

图和自动机中的路径. 在 Ⅴ.5 节中所阐述的有向图中的路径的框架具有相当的普遍性. 特别，它包括 Ⅰ.4.2 小节中的有限自动机的情况. 尽管从抽象的意义上说，这个框架的描述能力在形式上等价于一种正规表示(附录 A.7：正规语言)，但这个框架在直接考虑其自然形式是循环的用图或自动机表示的问题时具有很大的优越性.(把自动机归结为正规的表达式是不平凡的，因此它不倾向于保留原始的组合结构.) 代数理论是形如$(\boldsymbol{I} - z\boldsymbol{T})^{-1}$ 的矩阵，其中 $\boldsymbol{T}$ 是元素为非负的矩阵. 作为背景的分析理论是正矩阵的理论和 Perron-Frobenius 理论. 唯一性和生成函数的主极点的简单性保证了易于测试的结构条件 —— 主要是不可约条件，它对应于系统的强连通性. 那样就成立一个纯指数多项式形式的估计

$$C_n \sim c\lambda_1^n + O(\Lambda^n), 0 \leqslant \Lambda < \lambda_1, c \in \mathbb{R}_{>0} \tag{4}$$

其中 λ_1 是转移矩阵 $\boldsymbol{T}$ 的(唯一的) 主特征值. 应用包括在各种图(区间图，魔鬼阶梯) 中的行走和不含一种或多种模式的单词(在 De Bruijn 图上的行走).

转移矩阵. 这个起源于统计物理学的框架是自动机和图中的路径的一个扩展. 它保留了系统的有限状态的概念，但现在在转移时可以以不同的速度进行. 在代数上，我们要处理的是形如$(\boldsymbol{I} - \boldsymbol{T}(z))^{-1}$ 的矩阵，其中矩阵 $\boldsymbol{T}$ 的元素都是(z 的) 具有非负系数的多项式. Perron-Frobenius 理论适用于这种情况，在概率学家看来，它们就像 Markov 链和更新理论的混合物. 对于这一类型的模型来说，在不可约的条件下我们再次有类型(4) 形式的估计，即

$$D_n \sim c\mu_1^n + O(M^n), 0 \leqslant M < \mu_1, c \in \mathbb{R}_{>0} \tag{5}$$

其中 $\mu_1 = \frac{1}{\sigma}$，而 σ 是让 $\boldsymbol{T}(z)$ 取到主特征值 1 的最小的正的 z 的值. 转移矩阵的一个惊人的应用是一项研究，一个具有数学风格的实验，考虑平面上自回避的行走和多联形：可以用高度的置信度来预测(但还不是数学上的确定性) 它的转向，预期的多联形的数量以及面积的分布情况. 转移矩阵方法再加上适当的使用容斥原理(Ⅴ.6.4 小节) 最终提供了组合理论的经典问题以及其他许多有关元素的值受限制的排列问题的解决方案.

关于浏览的注记. 我们建议我们耐心的读者在详细研究例子之前首先通过现在的浏览部分鸟瞰本章的内容，由于后面的某些内容的确需要使用一些高级

的技巧(例如,需要使用 Mellin 变换或发展极限定律). Ⅵ—Ⅷ 章不需要本章的内容,因此那些急于进一步深入分析组合的逻辑的读者可以在任何时候就去阅读 Ⅵ—Ⅷ 章.我们将在 Ⅸ 章中看到(具体来说,在 Ⅸ.6 节中)这里所考虑的所有模式都是在简单的非退化条件下,与 Gauss 极限定律有关的问题.

从 Ⅴ.2 到 Ⅴ.6 节都是按照一个共同的模式组织的:首先,我们讨论"组合方面",然后是"分析方面",最后是"应用程序". Ⅴ.2 节到 Ⅴ.5 节进一步以两个分析组合的定理作为中心,其中一个描述渐近枚举,另一个量化组合结构的渐近表示.我们就用这种方式来研究超临界级数模式(Ⅴ.2 节),一般的正规表示(Ⅴ.3 节),嵌套级数(Ⅴ.4 节)和图中的路径模型(Ⅴ.5 节).最后一节(Ⅴ.6 节)稍微偏离了这种一般的模式,因为转移矩阵可简化为图和自动机中的路径框架,因此我们不需要特别再做新的陈述.

Ⅴ.2 超临界级数模式

这个模式在组合方面是本章中处理起来最简单的模式,由于它主要只涉及级数构造.一个称为"超临界"的辅助的分析条件确保半纯的渐近可以适用并且服从很强的统计规律.超临界级数模式统一了许多看似不同的组合类型,包括整数的合成,满射和对齐的渐近性质.

Ⅴ.2.1 组合方面. 我们考虑一个级数结构,它既可以是无标记的也可以是有标记的,无论在哪种情况下,我们都有

$$\mathcal{F}=\mathrm{SEQ}(\mathcal{G})\Rightarrow F(z)=\frac{1}{1-G(z)}$$

其中 $G(0)=0$.设

$$f_n=[z^n]F(z),g_n=[z^n]G(z)$$

那么结构 $\mathcal{F}_n$ 的数目在无标记情况下就是 f_n,而在有标记情况下就是 $n!\ f_n$.

从第 Ⅲ 章可知,如果用 u 标记 $\mathcal{G}$— 组分的数量,则结构 $\mathcal{F}$ 的 BGF 就是

$$\mathcal{F}=\mathrm{SEQ}(u\,\mathcal{G})\Rightarrow F(z,u)=\frac{1}{1-uG(z)} \tag{6}$$

我们也可用 u 标记 $\mathcal{G}_k$— 组分的数目,则这时 $\mathcal{F}$ 的 BGF 就成为

$$\mathcal{F}^{(k)}=\mathrm{SEQ}(u\,\mathcal{G}_k+(\mathcal{G}\setminus\mathcal{G}_k))\Rightarrow F^{(k)}(z,u)=\frac{1}{1-(G(z)+(u-1)g_kz^k)} \tag{7}$$

Ⅴ.2.2 分析方面. 我们将注意力限制在 $G(z)$ 的收敛半径 ρ 非零的情况下,这时由解析函数的闭包性质可知 $F(z)$ 的收敛半径也是非零的.下面是这一

节中的基本概念.

定义 Ⅴ.1 设 F,G 都是在零点解析的具有非负系数的生成函数,且 $G(0)=0$.那么如果 $G(\rho)>1$,其中 $\rho=\rho G$(译者注:注意此处的 ρG 不是表示 ρ 与 G 相乘之意,而是一个整体的符号,表示这是 G 的 ρ 的意思.)是 G 的收敛半径,则称解析关系 $F(z)=\frac{1}{1-G(z)}$ 是超临界的.如果组合类 $\mathcal{F}$ 和 $\mathcal{G}$ 对应的生成函数 F,G 之间的关系 $F(z)=\frac{1}{1-G(z)}$ 是超临界的,则称组合模式 $\mathcal{F}=\mathrm{SEQ}(\mathcal{G})$ 是超临界的.

注意,由于 $G(x)$ 在正实轴的区间 $(0,\rho)$ 上是递增的,所以极限 $\lim\limits_{x\to\rho^-}G(x)$ 存在,因而 $G(\rho)$ 在 $\mathbb{R}\cup\{+\infty\}$ 上是良定义的.(值 $G(\rho)$ 对应于 Ⅳ.4 节中我们先前在讨论"奇点"时所用过的符号 τ_G 表示的值.)从现在起,我们假设 $G(z)$ 是强无周期的函数,即不存在一个整数 $d\geqslant 2$ 和某个在零点解析的函数 h 使得 $G(z)=h(z^d)$(否则,就像标记 Ⅳ.33 中所定义的那样(译者注:见第 Ⅳ 章"正生成函数的周期性条件"一节中的定义 Ⅳ.5)$1+G(z)$ 的生成集(span)将等于 1.).这个条件保证我们不会失去一般的解析性.

定理 Ⅴ.1 超临界级数模式的渐近性. 设模式 $\mathcal{F}=\mathrm{SEQ}(\mathcal{G})$ 是超临界的,并设 $G(z)$ 是强无周期的函数,那么我们就有

$$F(z)=\frac{1}{\sigma G'(\sigma)}\left(\frac{1}{\sigma}\right)^n(1+O(A^n))$$

其中 σ 是 $G(\sigma)=1$ 在 $(0,\rho G)$ 中的根,而 A 是一个小于 1 的数.在随机的容量为 n 的 $\mathcal{F}$— 结构中 $\mathcal{G}$— 组分的数目 X 的平均值和方差满足

$$\mathbb{E}_n(X)=\frac{1}{\sigma G'(\sigma)}\cdot(n+1)-1+\frac{G''(\sigma)}{G'(\sigma)^2}+O(A^n)$$

$$\mathbb{V}_n(X)=\frac{\sigma G''(\sigma)+G'(\sigma)-\sigma G'(\sigma)^2}{\sigma^2 G'(\sigma)^3}\cdot n+O(1)$$

特别,X 在 $\mathcal{F}_n$ 上的分布是集中的.

证明 也可参看文献[260,547].一个基本的观察是当 x 增加到 ρG 时,G 从 $G(0)=0$ 连续地增加到 $G(\rho G)=\tau_G$(根据假设 $\tau_G>1$).因此我们可定义一个满足 $G(\sigma)=1$ 的正数 σ.那样 F 在区间 $(0,\sigma)$ 上是解析的.函数 G 在 σ 处解析,在 σ 的邻域中满足

$$G(z)=1+G'(\sigma)(z-\sigma)+\frac{1}{2!}G''(\sigma)(z-\sigma)^2+\cdots$$

因此 $F(z)$ 在 $z=\sigma$ 处有一个极点,同时由于 $G'(\sigma)>0$,所以这个极点也是简单

的. 再由 G 的系数都是正的,我们就有

$$F(z) \underset{z\to\rho}{\sim} -\frac{1}{G'(\sigma)(z-\sigma)} \equiv \frac{1}{\sigma G'(\sigma)} \cdot \frac{1}{1-\dfrac{z}{\sigma}}$$

因而 Pringsheim 定理(定理 Ⅳ.6) 就蕴含 F 的收敛半径必须等于 σ.

我们还要要证明 $F(z)$ 在某个半径为 $R>0$ 的圆盘中是半纯的以及 σ 是此圆盘内的唯一的奇点. 这是由 G 是强无周期的这个假设得出的. 实际上,作为水仙花引理的结果(引理 Ⅳ.3),对于所有的 $\theta \not\equiv 0 (\bmod 2\pi)$,我们都有 $G(\sigma e^{i\theta}) \neq 1$. 因此,由紧致性,存在半径为 $R>0$ 的闭圆盘,使得在此圆盘中除了唯一的极点 σ 之外,F 到处是解析. 现在我们就可以应用半纯函数渐近的主要定理(定理 Ⅳ.10) 去推导出现在我们要证明的定理中的公式,这里我们取 $A=\frac{\sigma}{R}$.

接下来,在随机的容量为 n 的 $\mathcal{F}$— 结构中 $\mathcal{G}$— 组分的数目的 BGF 由(6) 给出,微分这个式子就得出

$$\mathbb{E}_n(X) = \frac{1}{f_n}[z^n]\frac{\partial}{\partial u}\frac{1}{1-uG(z)}\bigg|_{u=1} = \frac{1}{f_n}[z^n]\frac{G(z)}{(1-G(z))^2}$$

现在问题已经化成提取一个单变量生成函数的系数了,这个生成函数在 $z=\sigma$ 处有一个二重极点,因此只须在 $z=\sigma$ 处局部地展开它即可

$$\frac{G(z)}{(1-G(z))^2} \underset{z\to\rho}{\sim} \frac{1}{G'(\sigma)^2(z-\sigma)^2} \equiv \frac{1}{\sigma^2 G'(\sigma)^2}\frac{1}{\left(1-\dfrac{z}{\sigma}\right)^2}$$

方差的计算是类似的,只不过这时涉及的是三重极点.

当一个级数结构是超临界时,它的组分的数量的平均数的阶就是 n,而标准方差的阶则是 $O(\sqrt{n})$,因而分布是集中的(在 Ⅲ.2.2 小节的意义下). 事实上,从 Bender(文献[35]) 的一般性理论可以得出组分数的分布是渐近于 Gauss 分布的,这是一个我们将在 Ⅸ.6 节中建立的结果.

超临界级数结构的表示. 我们已经在第 Ⅲ 章中见证过在进行随机抽样时整数的合成与分拆倾向于不同的方面. 给定了一个级数结构 $\mathcal{F}=\mathrm{SEQ}(\mathcal{G})$,一个元素 $\alpha\in\mathcal{F}$ 的表示是一个向量 $(X^{(1)}, X^{(2)}, \cdots)$,其中 $X^{(j)}(\alpha)$ 是 α 中容量为 j 的 $\mathcal{G}$— 组分的数量. 对于(无限制的) 整数合成,可以用初等的技巧证明(例 Ⅲ.6),平均来说,在整数 n 的合成中,加数 1 的数量 $\sim\frac{n}{2}$,加数 2 的数量 $\sim\frac{n}{4}$,等等. 现在由于我们已可应用半纯函数的渐近结果,因此可以从一个更广的视角来看这个结果.

定理 Ⅴ.2　超临界级数结构的表示. 考虑超临界级数结构 $\mathcal{F}=\mathrm{SEQ}(\mathcal{G})$,其

中$G(z)$就像定理Ⅴ.1中那样，假设是强无周期的.那么在一个容量为n的随机的$\mathcal{F}$—结构中，任意容量是一个固定的数k的$\mathcal{G}$—组分的数量满足

$$\mathbb{E}_n(X^{(k)})=\frac{g_k\sigma^k}{\sigma G'(\sigma)}n+O(1),\mathbb{V}_n(X^{(k)})=O(n) \tag{8}$$

其中σ是$(0,\sigma_G)$中使得$G(\sigma)=1$的数，而$g_k=[z^k]G(z)$.

证明 设u标记了容量为k的$\mathcal{G}$—组分的数量，则它的BGF在式(7)中给出.平均值是如下的商

$$\mathbb{E}_n(X^{(k)})=\frac{1}{f_n}[z^n]\frac{\partial}{\partial u}F(z,u)\bigg|_{u=1}=\frac{1}{f_n}[z^n]\frac{g_kz^k}{(1-G(z))^2}$$

累积值的GF在$z=\sigma$处有一个二重极点，这就得出了平均值的估计.接连进行两次微分，方差的估计是类似的，只不过涉及的是一个三重极点.

由定理Ⅴ.1可知，满足$X=\sum X^{(k)}$的组分X的总数的平均值渐近于$\frac{n}{\sigma G'(\sigma)}$，因此，等式(8)表明，至少在某种平均值的意义下，容量为k的$\mathcal{G}$—组分的数量在所有组分中所占的"份数"是$g_k\sigma^k$.

▶Ⅴ.1 **k—组分的比例和依概率收敛**.对任意固定的k，随机变量$\frac{X_n^{(k)}}{X_n}$依概率收敛到值$g_k\sigma^k$，记为$\frac{X_n^{(k)}}{X_n}\xrightarrow{P}g_k\sigma^k$，即对任意$\varepsilon>0$，成立

$$\lim_{n\to\infty}\mathbb{P}\left\{g_k\sigma^k(1-\varepsilon)\leqslant\frac{X_n^{(k)}}{X_n}\leqslant g_k\sigma^k(1+\varepsilon)\right\}=1$$

证明是Chebyshev不等式的简单推论(X_n和$X_n^{(k)}$的分布都是集中的.). ◀

Ⅴ.2.3 应用.我们在这里研究超临界级数模式的两种类型的应用.例Ⅴ.1作了明确的渐近枚举并分析了合成、满射和对齐的表示.我们所强调的是在形式为$\mathrm{SEQ}(\mathfrak{R}(\mathcal{Z}))$的模式中反映其潜在的内部结构$\mathfrak{R}$的结构表示的含义.例Ⅴ.2讨论了加数有限制的合成，包括难度令人难以想象的把整数分解成素数的合成(译者注：例如至今尚未完全解决的哥德巴赫猜想即估计把偶数分解成两个素数之和的方式的数目即属于这种合成).

例Ⅴ.1 合成、满射和对齐.这里所讨论的三种在经典文献中有兴趣的组合类是整数的合成($\mathcal{C}$)，满射($\mathcal{R}$)和对齐($\mathcal{O}$)，它们的表示分别为

$$\mathcal{C}=\mathrm{SEQ}(\mathrm{SEQ}_{\geqslant1}(\mathcal{Z})),\mathcal{R}=\mathrm{SEQ}(\mathrm{SET}_{\geqslant1}(\mathcal{Z})),\mathcal{O}=\mathrm{SEQ}(\mathrm{CYC}(\mathcal{Z}))$$

它们有的属于有标记结构($\mathcal{C}$)，有的属于无标记结构($\mathcal{R}$和$\mathcal{O}$).它们的生成函数(其类型分别为OGF，EGF和EGF)分别是

$$C(z)=\frac{1}{1-\frac{z}{1-z}},R(z)=\frac{1}{1-(e^z-1)},O(z)=\frac{1}{1-\log\frac{1}{1-z}}$$

直接应用定理 V.1 就又给出我们已知的结果

$$C_n=2^{n-1},\frac{1}{n!}R_n\sim\frac{1}{2(\log 2)^{n+1}},\frac{1}{n!}O_n\sim\frac{1}{e\left(1-\frac{1}{e}\right)^{n+1}}$$

其中的对应的 σ 分别是 $\frac{1}{2}$, $\log 2$ 和 $1-\frac{1}{e}$.

类似的,在整数 n 的随机合成中的预期的加数的数目 $\sim\frac{n}{2}$,定义域的基数为 n 的随机的满射的值域的预期基数渐近于 βn,其中 $\beta=\frac{1}{2\log 2}$,在随机的容量为 n 的对齐中预期的组分数目渐近于 $\frac{n}{e-1}$.

定理 V.2 也可用来得出在上述各种情况下容量为 k 的组分的平均数.下表中总结了有关的结果.

结构	表示	规律($g_k\sigma^k$)	类型	σ
合成	$\mathrm{SEQ}(\mathrm{SEQ}_{\geqslant 1}(\mathcal{Z}))$	$\frac{1}{2^k}$	几何级数分布	$\frac{1}{2}$
满射	$\mathrm{SEQ}(\mathrm{SET}_{\geqslant 1}(\mathcal{Z}))$	$\frac{1}{k!}(\log 2)^k$	Poisson 分布	$\log 2$
对齐	$\mathrm{SEQ}(\mathrm{CYC}(\mathcal{Z}))$	$\frac{1}{k}\left(1-\frac{1}{e}\right)^k$	对数分布	$1-\frac{1}{e}$

注意所述的规律要求 $k\geqslant 1$.几何分布律和 Poisson 分布律是经典的;参数 $\lambda>0$ 的对数分布(又称"对数-级数分布")律是有如下的离散随机变量定义的分布律

$$\mathbb{P}(Y=k)=\frac{1}{\log\frac{1}{1-\lambda}}\frac{\lambda^k}{k},k\geqslant 1$$

模式 $\mathrm{SEQ}(\mathfrak{R}(\mathcal{Z}))$ 中的内部结构 $\mathfrak{R}$ 确定了每种情况下的组分的渐近比例,下面的对应关系就脱颖而出了

级数 $\mapsto$ 几何级数分布,集合 $\mapsto$ Poisson 分布,轮换 $\mapsto$ 对数分布

图 V.1 通过显示了对应于三种从容量为 100 的对象中数随机抽取的样本,其中的直方块的高度按组分大小排序.

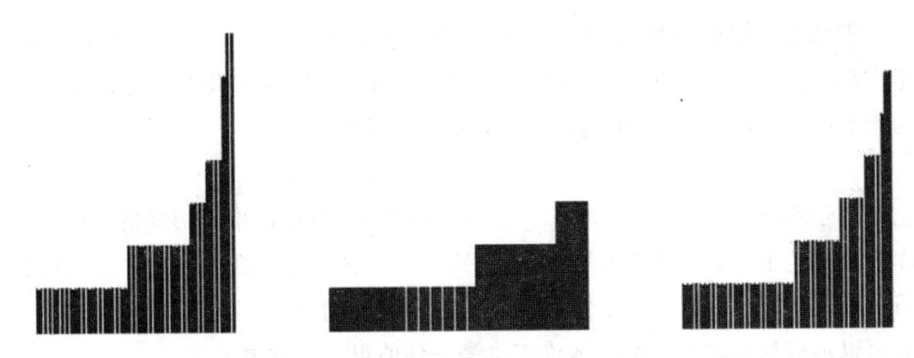

图 Ⅴ.1 用随机抽取的样本数(按组分的容量大小顺序排列)显示的结构的表示:(从左到右)容量为 100 的随机的合成、满射和对齐

例 Ⅴ.2 加数有限制的合成,加数为素数的合成. 就枚举而言,我们已很好地理解了无限制的整数合成:它们的数量是完全清楚的,即 $C_n=2^{n-1}$. 它们的 OGF 是 $C(z)=\dfrac{1-z}{1-2z}$,加数的个数为 k 的合成数目可用二项式系数枚举. 当我们考虑加数有限制的合成时已不再有这种简单的精确公式. 但是,正如我们现在所要表明的那样,由于表示的变化所产生的对于渐近性的影响却不大.

设$\mathcal{S}$是整数$\mathcal{Z}_{\geqslant 1}$的使得 $\gcd(\mathcal{S})=1$ 的子集,即$\mathcal{S}$的所有成员没有 $\geqslant 2$ 的最大公因数 d. 为了避免讨论平凡情况,我们还设$\mathcal{S}$至少含有两个元素. 那么,加数限制在集合$\mathcal{S}$中的整数的合成的类$\mathcal{C}^S$就满足

$$\mathcal{C}^S=\mathrm{SEQ}(\mathrm{SEQ}_S(\mathcal{Z}))\Rightarrow \mathcal{C}^S(z)=\frac{1}{1-S(z)},S(z)=\sum_{s\in S}z^S$$

由求和结果可知 $S(z)$ 是强无周期的,因此可直接应用定理 Ⅴ.1. 存在一个良定义的数 σ 使得

$$S(\sigma)=1,0<\sigma<1$$

而有限制的合成的数目满足

$$C_n^S=[z^n]C^S(z)=\frac{1}{\sigma S'(\sigma)}\cdot\frac{1}{\sigma^n}(1+O(A^n))\tag{9}$$

在已经讨论过的情况中,$\mathcal{S}=\{1,2\}$ 给出 Fibonacci 数 F_n,更一般地,$\mathcal{S}=\{1,\cdots,r\}$ 对应了加数最大只能是 r 的整数的合成. 在这种情况下的 OGF

$$C^{[1,\cdots,r]}(z)=\frac{1}{1-z\dfrac{1-z^r}{1-z}}=\frac{1-z}{1-2z+z^{r+1}}$$

只不过是在例 Ⅴ.4 中研究长度时出现的与符号串中的最长的运行次数相关的 OGF 的一个简单的变形. 后者的处理几乎可以逐字逐句地仿照前者而得出在 n 的随机合成中最长组分的数目是 $\log_2 n+O(1)$,二者的平均值均以高概率成立.

把整数分解成素数之和.这里我们给出一般理论的一个令人惊讶的应用.考虑$\mathcal{S}$是素数的集合,即$\mathcal{S}=\{2,3,5,7,11,\cdots\}$的情况.这样我们就定义了加数为素数的合成的类.这个类的计数序列的开头几项是

$$1,0,1,1,1,3,2,6,6,10,16,20,35,46,72,105,\cdots$$

它对应于$G(z)=z^2+z^3+z^5+\cdots$,并且在Sloane所编的电子形式的在线整数序列百科全书(EIS)中的编号为EIS A023360.公式(9)给出了那种合成的数目的渐近形式(图Ⅴ.2).正如我们下面将要解释的那样,公式(9)中出现的常数可以很容易地被非常准确地确定也是一件值得注意的事.

10	16	1 *5*
20	732	73 *4*
30	36039	360 *57*
40	1772207	17722 *61*
50	87109263	871092 *48*
60	4281550047	42815 *49331*
70	210444532770	21044453 *0095*
80	10343662267187	1034366226 *5182*
90	508406414757253	5084064147 *81706*
100	24988932929490838	24988932929 *612479*

图Ⅴ.2 对$n=10,\cdots,100$的加数为素因子的合成数目的金字塔(左:精确值,右:根据渐近公式得出的值)

根据公式(9)和前面的方程,加数为素数的合成的OGF的主奇点是下面的特征方程

$$S(z)\equiv\sum_{p\in S}z^p=1$$

的正根$\sigma<1$.固定一个阈值m_0(例如取$m_0=10$或100)并引入两个级数

$$S^-(z):=\sum_{s\in S,s\in m_0}z^s,S^+(z):=\Big(\sum_{s\in S,s\in m_0}z^s\Big)+\frac{z^{m_0}}{1-z}$$

显然对$x\in(0,1)$,我们有$S^-(x)<S(x)<S^+(x)$.用下面的条件

$$S^-(\sigma^-)=1,S^+(\sigma^+)=1,0<\sigma^-,\sigma^+<1$$

定义两个常数σ^-和σ^+.这些常数都是可计算的代数数.同时,它们满足$\sigma^+<\sigma<\sigma^-$.随着截断次数m_0的增加,σ^+,σ^-就给出了σ的更好的近似值以及σ的可证明的所在的区间.例如,$m_0=10$确定了$0.66<\sigma<0.69$,而$m_0=100$则给出了15位数字的准确性,即$\sigma\doteq0.677\,401\,776\,130\,660$.渐近公式(9)则成为

$$C_n^{\text{Prime}}\sim g(n),g(n):=\lambda\cdot\beta^n,\lambda\doteq0.303\,655\,263\,3,\beta\doteq1.476\,228\,783\,6\tag{10}$$

（常数 $\beta \equiv \frac{1}{\sigma} \doteq 1.47622$ 有点类似于文献[211]中所描述的Backhouse常数.）

我们再一次得到了非常好的渐近逼近，例如图Ⅴ.2的“金字塔”. 在图Ⅴ.3的左侧绘出了 C_n^{Prime} 与根据(10)而得出的近似值 $g(n)$ 之间的差别. 我们在Ⅳ.6.1小节中曾讨论过原理已很好地解释了它们本身的表面上看似偶然的振荡. OGF的接下来的极点是位于 $-0.76 \pm 0.44\mathrm{i}$ 附近的一对共轭复数，它们的模约为0.88. 对应的留数然后共同贡献给下述形式的数量

$$g_2(n) = c \cdot A^n \sin(\omega n + \omega_0), A \doteq 1.13290$$

其中，c, ω, ω_0 是一些常数. 对比图Ⅴ.3的左边和右边我们看出第二层次的极点相当好地解释了残差 $C_n^{\text{Prime}} - g(n)$.

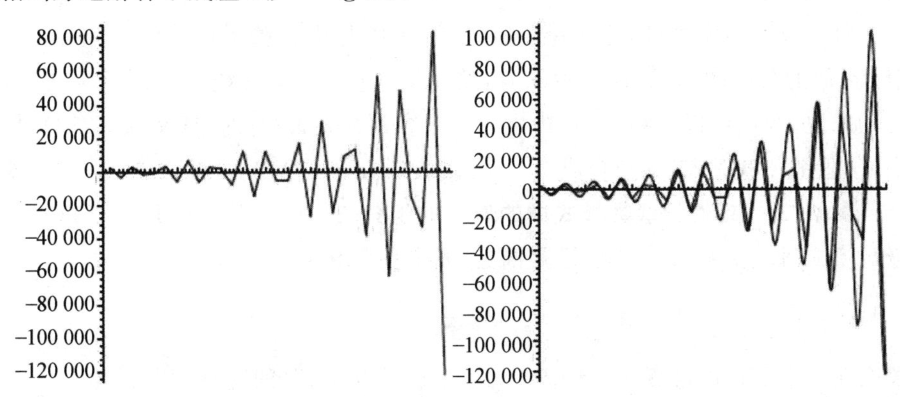

图Ⅴ.3　把 $n = 70, \cdots, 100$ 中的整数分解成素数之和的数目的渐近逼近中的误差. 左：$C_n^{\text{Prime}} - g(n)$ 的值. 右：对 $n = 70, \cdots, 100$，用接下来的两个复共轭的极点纠正的对 $g_2(n)$ 的连续外推生成的图形

这里是把整数分解成素数之和的最后一个版本. 它以惊人的方式显示了这一方法的效力. 定义“孪生素数”的集合 Prime_2 为属于孪生素数对的素数组成的集合，即如果 p 本身是素数，且 $p-2$ 或 $p+2$ 也是素数，则 $p \in \text{Prime}_2$. 集合 Prime_2 开头的几项是3,5,7,11,13,17,19,29,31,…(像23或37这样的素数被排除). 把整数分解成孪生素数之和的数目的渐近公式为

$$C_n^{\text{Prime}_2} \sim 0.13987 \cdot 1.29799^n$$

其中的常数是用类似于分解成素数之和情况中的方法得出的. 值得注意的是这里所涉及的常数仍然是可计算的实数(并且甚至是复杂性较低的). 尽管事实上我们并不知道孪生素数的数目是有限的还是无限的. 顺便提一下，有一个开头部分像 $C_n^{\text{Prime}_2}$ 一样的序列

1,0,0,1,0,1,1,1,2,1,3,4,3,7,7,8,14,15,21,28,33,47,58,…

直到下标 22 为止，这两个序列的元素都完全一致(！)，以后才不相同. MacMahon① 曾遇到过这一序列，作者在查阅 Sloane 的百科全书时惊喜地发现，这个序列就是那里的 EIS A002124.

▶V.2　**超临界级数的随机生成.** 设$\mathcal{F}=\mathrm{SEQ}(\mathcal{G})$是一个超临界级数模式. 考虑随机变量$Y_1,Y_2,\cdots$的 i,i,d(即 independently identically distributed(独立同分布))的序列，其中每个随机变量都服从离散律

$$\mathbb{P}(Y=k)=g_k\sigma^k,k\geqslant 1$$

称一个序列命中了n，如果对于某个$r\geqslant 1$有$Y_1+\cdots+Y_r=n$. 对于一个满足命中了n条件的序列，向量$(Y_1,\cdots,Y_r)$与容量为n的$\mathcal{F}$—对象的组分的长度的序列具有同样的分布.

对于概率学家来说，这解释了定理 V.1 中与更新关系(文献[205] XIII.10 节)类似的公式的形状. 这也意味着，给了一个$\mathcal{G}$—对象的统一的随机生成器，平均来说，我们可以在$O(n)$步内生成一个容量为n的$\mathcal{F}$—对象(文献[177]). 特别，这适用于满射、对齐与合成. ◀

▶V.3　**超临界级数模式中的最长的组分.** 设$\mathcal{F}=\mathrm{SEQ}(\mathcal{G})$是一个超临界级数模式. 设$g_k=[z^k]G(z)$满足渐近"光滑性"条件

$$g_k\underset{k\to\infty}{\sim}\frac{ck^\beta}{\rho^k},c,\rho\in\mathbb{R}_{>0},\beta\in\mathbb{R}$$

那么在一个随机的容量为n的$\mathcal{F}$—对象中最长的$\mathcal{G}$组分的容量L将满足

$$\mathbb{E}_{\mathcal{F}_n}(L)=\frac{1}{\log\left(\frac{\rho}{\sigma}\right)}(\log n+\beta\log\log n)+o(\log\log n)$$

这一结论也适用于整数的合成$(\rho=1,\beta=0)$和对齐$(\rho=1,\beta=-1)$.(按照同样的原理在例 V.4 中对最长的运行次数的情况作了解析的一般化. $L\leqslant m$时的$\mathcal{F}$对象的 GF 是$F^{(m)}(z)=\dfrac{1}{1-\sum\limits_{k\leqslant m}g_kz^k}$，根据 III.7 节，当$m$充分大时，这个 GF 有一个主奇点，它是位于$\sigma_m$处的简单极点，且满足$\sigma_m-\sigma\sim c_1\left(\frac{\rho}{\sigma}\right)^m m^\beta$. 由此得出在"中心"区域内存在一个双指数逼近

$$\mathbb{P}_{\mathcal{F}_n}(L\leqslant m)\approx\exp\left(-c_2nm^\beta\left(\frac{\sigma}{\rho}\right)^m\right)$$

---

① 见"Properties of prime numbers deduced from the calculus of symmetric functions"(从对称函数的计算导出的素数性质)，*Proc. London Math. Soc.*，23(1923)，290-316). MacMahon 的序列对应于加数为任意奇素数的合成，其中 23 是第一个没有配对的素数.

具体的例子和 Gourdon 在文献[305]中对一般理论的研究可见例 Ⅴ.4.) ◀

Ⅴ.3　正规的表示和语言

这一节的目的是对(+, ×,SEQ) 模式做一般性的研究,它们包括了所有的正规表示.正如我们现在所要表明的那样,在这些表示中总可以抽出"纯"的指数－多项式形式(具有单一的主指数的形式).下面的定理 Ⅴ.3 和 Ⅴ.4 提供了正规的类的渐近分析的通用框架常规课程.在将在后面的几节中介绍的其他的结构条件(嵌套级数,依赖图和转移矩阵的不可约性)中我们将会看到对渐近公式所做的进一步的简化.

Ⅴ.3.1　组合方面. 为了方便起见同时不失去分析的一般性,我们在这里只考虑无标记的结构.根据第 Ⅰ 章(定义 Ⅰ.10 以及命题 Ⅰ.2),称一个组合表示是正规的如果它是不循环("迭代")的,正规表示只涉及原子,并,积和级数结构.称一种语言$\mathcal{L}$是 S－正规的,如果它组合同构于一个由正规表示描述的类$\mathcal{M}$.或者说称一种语言是 S－正规的,如果在它的描述中所涉及的所有运算(并、卡积和星运算)都是无疑义的.从结构到 OGF 的翻译字典是

$$\mathcal{F}+\mathcal{G}\mapsto F+G,\mathcal{F}\times\mathcal{G}\mapsto F\times G,\mathrm{SEQ}(\mathcal{F})\mapsto\frac{1}{1-F}\tag{11}$$

在无疑义的基本条件下(附录 A.7:正规语言),对于语言则有

$$\mathcal{L}\cup\mathcal{M}\mapsto L+M,\mathcal{L}\cdot\mathcal{M}\mapsto L\times M,\mathcal{L}^{*}\mapsto\frac{1}{1-L}\tag{12}$$

由法则(11) 和(12) 产生的生成函数总是有理函数.因此,给定一个正规的类$\mathcal{C}$,我们可系统地应用定理 Ⅳ.9 中所表达的系数地指数－多项式形式,并且有

$$C_n\equiv[z^n]C(z)=\sum_{j=1}^{m}\frac{\prod_j(n)}{\alpha_j^n}\tag{13}$$

其中 α_j 是一族代数数($C(z)$ 的极点) 而 $\prod_j$ 是一族多项式.

正如我们在 Ⅳ.6.1 小节关于周期性的讨论中所知道的那样.(13) 中的和的集体行为取决于是否有一个单个的 α 占主导地位.在几个主奇点并存的情况下,各种波动(周期的或不规则的) 都可能表现出来.相反,如果有一个单个的 α 占主导地位,那么指数－多项式公式将获得一个明显的渐近含义.因此,我们给出下面的定义

定义 V.2 称指数－多项式形式 $\sum_{j=1}^{m}\frac{\prod_j(n)}{\alpha_j^n}$ 是纯的，如果对所有的 $j\geqslant 2$ 都有 $|\alpha_1|\leqslant|\alpha_j|$. 在这种情况下，一个单个的指数将渐近地压倒所有其他的指数.

正如我们下面将要看到的那样，对于正规语言和正规表示，相应的计数系数总是可以用纯的指数－多项式形式的有限集合加以描述. 其根本原因是我们正在处理的是有理函数的一个特殊的子集，即具有强正性质的子集.

▶V.4 **正有理函数.** 定义正有理函数的类 Rat^+，它是包含具有正系数的多项式($\mathbb{R}_{\geqslant 0}[z]$) 的最小的类并且在和，积和拟逆运算下封闭，其中 $Q(f)=\frac{1}{1-f}$ 可对使得 $f(0)=0$ 的元素 f 应用. 任何在单位元结构和原子上附加了正加权的正规类的 OGF 都在 Rat^+ 中. 反之，任何 Rat^+ 中的函数都是一个具有正加权的正规类的 OGF. 因此 Rat^+ 函数的概念例如就和具有加权的单词模型的分析以及 Bernoulli 实验(Ⅲ.6.1 小节) 有关. ◀

V.3.2 分析方面. 首先，我们需要序列的段的概念.

定义 V.3 设 f_n 是一个数列. 它的参数 D,r 的段是一个子序列 f_{nD+r}，其中 $D\in\mathbb{Z}_{>0}$，而 $r\in\mathbb{Z}_{\geqslant 0}$. 数 D 和 r 分别表示模和基.

描述正规类的渐近行为的主要结果是定理是命题 Ⅳ.3 的推论，这个结果是属于 Berstel 的.(有关内容可参见 Soittola 的论文[546] 以及 Eilen berg 的书[189] 第 Ⅶ 章，也可见 Berstel-Reutenauer 的文献[56].)

定理 V.3 正规类的渐近行为. 设$\mathcal{S}$是一个由正规表示描述的类. 那么就存在一个整数 D 使得每个 S_n 在模 D 下的不最终为零的段具有一个纯的指数－多项式形式：对所有使得 $n>n_0$ 的整数和基 r 我们有

$$S_n=\prod(n)\beta^n+\sum_{j=1}^{m}P_j(n)\beta_j^n,\ n\equiv r(\bmod D)$$

其中 n_0 是某个正整数，而量 β,β_j 以及多项式 $\prod,\prod\neq 0,P_j$ 都依赖于基 r.

证明 (梗概) 设 α_1 是 $S(z)$ 的正的主极点. 命题 Ⅳ.3 断言任何主极点 α 都使得 $\frac{\alpha}{|\alpha|}$ 是一个单位根. 设 D_0 是包含在集合 $\{\alpha_1\omega^{j-1}\}_{j=1}^{D_0}$ 中的主奇点，其中 $\omega=\exp\left(\frac{2\pi\mathrm{i}}{D_0}\right)$. 通过收集所有在一般的展开式(13) 中的主极点的贡献，并把 n 限制在模 D_0 的一个固定的同余类中，即 $n=vD_0+r,0\leqslant r<D_0$，我们就得到

$$S_{vD_0+r}=\prod^{[r]}(n)\frac{1}{\alpha_1^{D_0v}}+O\left(\frac{1}{A^n}\right)\tag{14}$$

其中$\prod^{[r]}$是一个依赖于r的多项式，而余项表示一个增长速度至多为$O\left(\frac{1}{A^n}\right)$，并且满足条件$A>\alpha_1$的指数多项式.

在模D下最终不为零的段可以分成两类：

① 设$\mathcal{R}_{\neq 0}$是所有使得$\prod^{[r]}$不恒等于零的r组成的集合，那么集合$\mathcal{R}_{\neq 0}$是非空的(否则$S(z)$的收敛半径将大于α_1.)，对任意基$r\in\mathcal{R}_{\neq 0}$，定理那样就断言$\beta=\frac{1}{\alpha_1}$.

② 设$\mathcal{R}_0$是所有使得$\prod^{[r]}\equiv 0$的r组成的集合，其中$\prod^{[r]}$是(14)中给出的式子.

那么我们就必须检查$S(z)$的下一个层次的极点，细节如下：

考虑一个使得$r\in\mathcal{R}_0$的数r，因此多项式$\prod^{[r]}$恒等于零. 首先，我们把$S(z)$中所有在模D下同余于r的那些上下标分出来，这是通过Hadamard积来实现的，它给出两个幂级数$a(z)=\sum a_n z^n$和$b(z)=\sum b_n z^n$，它们由级数$c(z)=\sum c_n z^n$以及规则$c_n=a_n b_n$定义. 我们将此记成$c=a\odot b$. 用符号表示就是

$$\left(\sum_{n\geqslant 0} a_n z^n\right)\odot\left(\sum_{n\geqslant 0} b_n z^n\right)=\sum_{n\geqslant 0} a_n b_n z^n \tag{15}$$

我们有

$$g(z)=S(z)\odot\left(\frac{z^r}{1-z^{D_0}}\right) \tag{16}$$

这是一个从正有理函数(在注记 Ⅴ.4 的意义下)的理论得出的经典定理(见文献[57,189])，这一定理断言正有理函数在 Hadamard 积下封闭.(一个专用于(16)的结构，这个结果也可作为读者的一个练习.)那样，由此而得出的函数$g(z)$(译者注：原文为$G(z)$，疑为笔误或排版错误.)就具有以下形式

$$g(z)=z^r\gamma(z^{D_0})$$

其中有理函数$\gamma(z)$在零点解析. 注意，我们有$[z^v]\gamma(z)=S_{vD_0+r}$，因此$\gamma$恰是$S(z)$的基$r$的段的生成函数. 然后我们即可验证$\gamma(z)$是一个有理函数，由于$\gamma(z)$是在$\frac{g(z)}{z^r}$中通过代换$z\mapsto z^{\frac{1}{D_0}}$得出的，而$\frac{g(z)}{z^r}$本身是一个正有理函数. 然后，通过应用Berstel定理(命题 Ⅳ.3)，就得出这个函数，如果不是多项式，具有收敛半径ρ并且所有的主极点σ都使得$\frac{\sigma}{\rho}$是一个D_1阶的单位根，其中$D_1\geqslant 1$.

原来应用于 $S(z)$ 的论证可以再次应用，只须把 $S(z)$ 换成 $\gamma(z)$ 即可. 特别，我们至少可找到 $\gamma(z)$ 的系数(在模 D_1 下)的一个段具有纯指数多项式的形式. 模 D_1 的其他的段本身可以进一步细化，等等.

换句话说，段的相继的细化过程在每一阶段都给出了至少一个纯指数多项式，在此过程中有可能还会剩下一些有待进一步细化的同余类. 用下式定义一个整数 $\kappa(f)$ 作为有理函数 f 的层指标

$$\kappa(f)=\mathrm{card}\{|\zeta|\mid f(\zeta)=\infty\}$$

(因而，这个指标就是 f 极点的不同的模的数目.) 可以看出在连续的细化过程中每一个细化的步骤至少减少 1 个有理函数的层指标，从而保证整个的细化过程最后必然会终止. 最后，这样所得出的迭代段的集合可以根据共同的模数 D 再被归结为一个单个的段，这个共同的模数就是由此算法所产生的所有细化的模 $D_0,D_1,\cdots$ 的最小公倍数，也就是它们的乘积. (译者注：由于这些模都是两两互素的.)

例如(图 V.4 中的) 和正规语言 $a^*(bb+cccc)^*+d(ddd+eee+fff)^*$ 有关的函数

$$L(z)=\frac{1}{(1-z)(1-z^2-z^4)}+\frac{1}{1-3z^3} \tag{17}$$

的系数表现出明显的不规则性. $L(z)$ 的展开式的开头几项是

$$1+2z+2z^2+2z^3+7z^4+4z^5+7z^6+16z^7+$$
$$12z^8+12z^9+47z^{10}+20z^{11}+\cdots$$

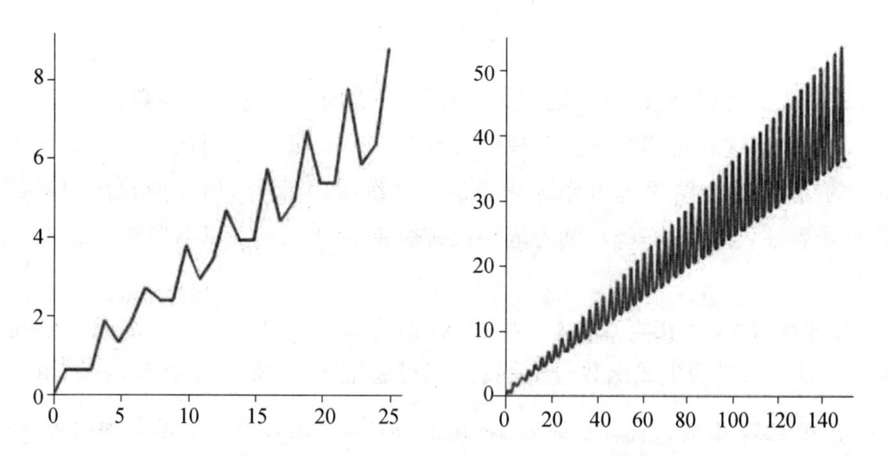

图 V.4 $\log F_n$ 的描点显示出这些点是波动的，然而在模 6 下考虑时，这种不规则性就立刻消失了. 其中 $F_n=[z^n]F(z)$，而 $F(z)$ 如(17) 中所示

函数(17) 的第 1 项具有模 2 的周期性，而第 2 项显出模 3 的周期性，因此根

据上述定理,在模 6 下,每一段都有一个纯指数多项式形式的表达式.因而这些系数就变得易于描述了(注记 V.5).

▶ **V.5** **段和渐近机制.** 对(17) 中的函数,设 $\varphi := \frac{1+\sqrt{5}}{2}$, $c_1, c_2 \in \mathbb{R}_{>0}$,根据定理 V.3 中的一般的周期形式,我们求出

$$L_n = \sqrt[3]{3^{n-1}} + O(\varphi^{\frac{n}{2}}) \quad (n \equiv 1,4 (\mathrm{mod}\ 6))$$

$$L_n = c_1\varphi^{\frac{n}{2}} + O(1) \quad (n \equiv 0,2 (\mathrm{mod}\ 6))$$

$$L_n = c_2\varphi^{\frac{n}{2}} + O(1) \quad (n \equiv 3,5 (\mathrm{mod}\ 6))$$ ◀

▶ **V.6** Rat^+ **函数的扩张.** 定理 V.3 的结论在注记 V.4 的意义下对任意 Rat^+ 中的函数成立. ◀

▶ **V.7** Soittola **定理.** 这是在文献[546] 中证明的定理 V.3 的逆定理.

假设一个任意的有理函数 $f(z)$ 的系数是非负的,那么就存在一种分段方法,使得每个段都有一个纯的指数 - 多项式表达式.因而 $f(z)$ 在注记 V.4 的意义下是 Rat^+ 中的函数;特别 $f(z)$ 是(加权) 正规类的 OGF. ◀

定理 V.3 对于表达正规类和正规语言的枚举是有用的.对于正规类的结构参数它也起着类似的作用.事实上,考虑一个加上了标记 u 的正规表示$\mathcal{C}$,其中像通常那样,u 是一个容量为 0 的空对象(参见第 Ⅲ 章).设 $C(z,u)$ 为对应于$\mathcal{C}$的 BGF,因此 $C_{n,k} = [z^n u^k]C(z,u)$ 是容量为 n 且具有 k 个标记的$\mathcal{C}$- 对象的数目.在适当的位置上加上标记可以记录次数和给出加入的对象的结构.例如,在下面的扩张的二元单词的表示

$$\mathcal{C} = (\mathrm{SEQ}_{<r}(b) + u\mathrm{SEQ}_{\geqslant r}(b))\mathrm{SEQ}(a\mathrm{SEQ}_{<r}(b) + u\mathrm{SEQ}_{\geqslant r}(b))$$

中,用 u 标记了长度至少为 r 的单词中 b 的最大出现次数,从对应于参数"长度 $\geqslant r$ 的单词中 b 的出现次数" 的 BGF

$$C(z,u) = \left(\frac{1-z^r}{1-z} + \frac{uz^r}{1-z}\right) \cdot \frac{1}{1 - z\left(\frac{1-z^r}{1-z} + \frac{uz^r}{1-z}\right)} \tag{18}$$

就可得出我们所要的结果.从上面的式子可以确定平均值和方差.一般来说,标记可以让我们分析随机加入的某种表示的复杂的表示表达式.

定理 V.4 **正规类的表示式.** 考虑具有标记的类$\mathcal{C}$的正规表示,并用χ 表示标记出现数目的参数.那么必存在一个下标 d,使得在模 d 下对 C_n 的任意的固定的段,χ 的 $s \geqslant 1$ 阶整数矩满足下面的渐近表达式

$$\mathbb{E}_{C_n}[\chi^5] = Q(n)\beta^n + O(G^n) \tag{19}$$

其中量 β, Q, G 依赖于所考虑的段，且 $0 < \beta \leqslant 1$，$Q(n)$ 是有理数，$G < \beta$.

（我们只考虑最终不为零的段.）

证明 我们只以期望为例，这种情况已足以指明一般情况下证明的线索.一个可能的途径[①]是导出一个表示$\mathcal{E}$使得

$$\mathbb{E}_{\mathcal{C}_n}[\chi] = \frac{E_n}{C_n}$$

它也是一个正规表示.为此，用下面的规则归纳地定义一个表示的变换

$$\partial(A + B) = \partial A + \partial B, \partial(A \times B) = \partial A \times B + A \times \partial B$$

$$\partial \mathrm{SEQ}(A) = \mathrm{SEQ}(A) \times \partial A \times \mathrm{SEQ}(A)$$

再加上初条件 $\partial u = 1$ 和 $\partial \mathcal{Z} = \varnothing$.这是一个组合微分形式：一个对象 $\gamma \in \mathcal{C}$对应于$\mathcal{E}$中的对象$\chi(\gamma)$，即对标记出现的每一种选择.

作为一个序列，E_n 是χ 跑过$\mathcal{C}_n$时的累计值，因此$\frac{E_n}{C_n} = \mathbb{E}_{\mathcal{C}_n}[\chi]$.另一方面，$\mathcal{E}$是一个正规表示，因此对它可应用定理 V.3.要证的结果可从考虑一个（如果必要）对$\mathcal{C}$和$\mathcal{E}$都加以细化的段而得出.容易把这一证明推广到高阶矩上去.

▶V.8 **有理平均.** 考虑正规语言$\mathcal{C} = a^*(b+c)^* d(b+c)^*$，并设$\chi$ 是起头的 a 的个数，那么我们可以求出

$$C(z) = \frac{z}{(1-z)(1-2z)^2}, E(z) = \frac{z^2}{(1-z)^2(1-2z)^2}$$

而χ 的平均满足

$$\mathbb{E}_{\mathcal{C}_n}[\chi] = \frac{E_n}{C_n} = \frac{(n-3)2^n + (n+3)}{(n-1)2^n + 1} = \frac{n-3}{n-1} + O\left(\left(\frac{3}{4}\right)^n\right)$$

一般地，在定理 V.4 的陈述中，设 $Q(n) = \frac{A(n)}{B(n)}$，其中 A, B 都是多项式，且设

$$a = \deg(A), b = \deg(B)$$

可以证明以下组合（对一阶矩）都是可能的：$\beta = 1$ 以及任意使得 $0 \leqslant a \leqslant b + 1$ 成立的对(a, b) 或者 $\beta < 1$ 以及任意使得元素 $\geqslant 0$ 的对(a, b). ◀

▶V.9 **混积(shuffle product).** 设$\mathcal{L}, \mathcal{M}$是两个不相交的字母表上的语言.那么$\mathcal{L}, \mathcal{M}$的混积$\mathcal{S}$使得$\hat{S}(z) = \hat{L}(z) \cdot \hat{M}(z)$，其中$\hat{S}, \hat{L}, \hat{M}$分别是$\mathcal{S}, \mathcal{L}, \mathcal{M}$的指数生成函数.因此如果 OGF $L(z)$ 和 OGF $M(z)$ 是有理的，则 OGF $S(z)$ 也

---

① 等价地，我们也可以在生成函数层面上操作，只要注意到一个 Rat^+ 函数的导函数仍在 Rat^+ 中即可，参见注记 V.4 和 V.6.

是有理的.(这一技巧曾用于分析生日悖论和优惠券收集者问题;见文献[231].) ◀

V.3.3 应用. 这一节通过几个例子详细说明了如何根据定理 V.3 和 V.4 在正规表示中明确地确定指数-多项式形式. 我们首先重述一些在部分 A 中遇见过的组合问题,给出一个插着"各种小花"的花瓶,其中我们已经顺便使用过有理生成函数的概念. 然后我们验证单词中的最长运行,纯出生类型中的行走和子序列(隐藏模式)统计.

例 V.3 一个正规表示的花瓶. Ⅰ—Ⅳ 章中的一些组合问题,都可化为正规表示. 在图 V.5 中给出了一个小结.

组合类	渐近表示
整数的合成	2^{n-1}
——k 个加数	$\sim \frac{n^{k-1}}{(k-1)!}$
—— 加数 $\leqslant r$	$\sim c\beta_r^n$
整数的分拆	
——k 个加数	$\sim \frac{n^{k-1}}{k!\,(k-1)!}$
—— 加数 $\leqslant r$	$\sim \frac{n^{r-1}}{r!\,(r-1)!}$
集合的分拆,k 个类	$\sim \frac{k^n}{k!}$
没有模式 p 的单词	$\sim c\beta_p^n$

图 V.5 正规表示类和它们的渐近形式的一个花瓶

整数的合成(Ⅰ.3 节). 其表示为$\mathcal{C}=\mathrm{SEQ}(\mathrm{SEQ}_{\geqslant 1}(\mathcal{Z}))$,OGF 为$\frac{1-z}{1-2z}$,系数的闭合形式为$C_n=2^{n-1}$,这是一个具体的指数-多项式形式的变换. 在有 k 个加数的整数合成中也出现了极点,这个类可由表示 $\mathrm{SEQ}_k(\mathrm{SEQ}_{\geqslant 1}(\mathcal{Z}))$ 加以描述. 加数限制在$[1,\cdots,r]$ 中的合成的表示为 $\mathrm{SEQ}(\mathrm{SEQ}_{1,\cdots,r}(\mathcal{Z}))$,对应于它们的生成函数分别为

$$\frac{z^k}{(1-z)^k} \text{和} \frac{1-z}{1-2z+z^{r+1}}$$

在第一种情况下，系数有明确的形式 $\binom{n-1}{k-1}$，这构成了一个特定的指数－多项式形式(以 1 为基的指数形式). 对于第二种情况，需要专门分析主极点，这是例 V.4 的一个专用于随机二进制字中的最长运行的可识别的变体.

整数的分拆涉及多重集构造. 当加数被限制在区间[1,…,r]时，表示和对应的 OGF 就分别由下面的式子给出

$$\text{MSET}(\text{SEQ}_{1\cdots r}(\mathcal{Z})) \cong \text{SEQ}(\mathcal{Z}) \times \text{SEQ}(\mathcal{Z}^2) \times \cdots \times \text{SEQ}(\mathcal{Z}^r) \Rightarrow \prod_{j=1}^{r} \frac{1}{1-z^j}$$

在 I.3 节中介绍的这种情况在例 IV.6 中关于错排的讨论中也是我们讨论的一个主要例子：对 1 处的极点的分析对这种特殊的分拆的起支配作用的项丰富了它的渐近行为：$\frac{n^{r-1}}{r!\,(r-1)}$. 然后，就可得出分拆的部分的数目的枚举，由对偶性，因而可从楼梯表示得出.

集合的分拆是一个典型的有标记对象. 然而通过适当的构造即可用正规表示将其编码. 分拆成 k 个类的讨论可见 I.4.3 小节. 它的 OGF 为

$$S^{(k)}(z) = \frac{z^k}{(1-z)(1-2z)\cdots(1-kz)}\text{，这蕴含 } S_n^{(k)} \sim \frac{k^n}{k!}$$

渐近估计可从部分分式分解和对位于 $\frac{1}{k}$ 处的主极点的分析而得出.

单词会导致很多正规表示框架中的原型问题. 在 I.4 节中，我们见过可以用正规表示描述包含 abb 模式的单词的集合，从这个表示即可导出计数系数的渐近形式. 对于一般的模式 p，无论是包含模式 p(或对偶的，不含模式 p) 的单词的类的生成函数都是有理的. 相应的渐近分析已在 IV.6.3 小节中给出.

也可用 Bernoulli 模型来分析单词，在这一模型中赋予字母 p_i 以概率 p_i，即假设字母 i 出现的概率是 p_i. 一般的讨论可见 III.6.1 小节，其中也包含了对于随机单词中的记录的分析.

▶ **V.10　部分可交换的幺半群.** 设 $\mathcal{W} = \mathcal{A}^*$ 是有限的字母表 $\mathcal{A}$ 上的所有单词的集合. 考虑由 $\mathcal{A}$ 的元素中具有可交换性质的元素组成的集合 $\mathcal{C}$. 例如 $\mathcal{A} = \{a, b, c\}$，$\mathcal{C} = \{ab = ba, ac = ca\}$ 表示 a 和 b 与 c 可交换，但 b 和 c 不可交换，即 $bc \neq cb$. 设 $\mathcal{M} = \mathcal{W} \backslash [\mathcal{C}]$ 是按 $\mathcal{C}$ 的组成规则即交换关系导出的单词的等价类的集合(半群). 集合 $\mathcal{M}$ 称为部分可交换的幺半群或迹半群(文献[105]).

如果 $\mathcal{A} = \{a, b\}$，则 $\mathcal{C}$ 有两种可能的情况，即 $\mathcal{C} = \varnothing$ 或 $\mathcal{C} := \{ab = ba\}$. $\mathcal{M}$ 的标准

形由正规表示$(a+b)^*$ 和 a^*b^* 给出,对应的 OGF 为

$$\frac{1}{1-a-b} \text{和} \frac{1}{1-a-b+ab}$$

如果$\mathcal{A}=\{a,b,c\}$,那么可能的$\mathcal{C}$,对应的标准形$\mathcal{M}$和 OGF M 如下:当$\mathcal{C}=\varnothing$ 时,$\mathcal{M}\cong(a+b+c)^*$,OGF 是$\frac{1}{1-a-b-c}$. 其他的情况是

$ab=ba$	$ab=ba,ac=ca$	$ab=ba,ac=ca,bc=cb$
$(a^*b^*c)^*a^*b^*$	$a^*(b+c)^*$	$a^*b^*c^*$
$\frac{1}{1-a-b-c+ab}$	$\frac{1}{1-a-b-c+ab+ac}$	$\frac{1}{1-a-b-c+ab+ac+bc-abc}$

Cartier 和 Foata(文献[105])(基于扩展的 Möbius 逆) 已发现了如下的一般形式的 OGF

$$M=\frac{1}{\sum_F(-1)^{|F|}F}$$

其中的和遍历所有由不同的可交换字母的对组成的半群.

Vienno(文献[597]) 发现了一个成堆的碎片中的吸引人的部分交换幺半群的几何表示,这种表示方法在组合理论的一些领域中有着意想不到的应用.(例 Ⅰ.18 中关于动物的讨论就是一个例子.)Goldwurm 和 Santini(文献[298]) 证明了

$$[z^n]M(z)\sim K\cdot\alpha^n,\text{其中 } K,\alpha>0$$ ◀

最长的字母串. 发展一套关于在随机序列中连续出现相同字母的段的完整的分析理论是可能的,这一理论属于随机文本中所出现的模式分析的一部分(Ⅳ.6.3 小节). 但是这种模式的特殊性使得我们有可能得出包括渐近分布在内的更精确的结果.

例 Ⅴ.4　单词中的最长串. Ⅰ.4.1 小节中介绍的单词中的最长相同字母串的讨论,对有理函数主奇点的定位技巧和相应的系数提取过程给出了一个说明. Feller 在文献[205] 中讨论的概率问题是这种问题的一个著名例子:它提出了一个基本问题,即在一连串的独立事件中对连续碰到好(或坏) 运气的分析. 我们这里的陈述紧跟 Knuth 的文献[375] 的一个有洞察力的注记,他的动机是分析某种二进制加法器中的进位的传播.

我们从由两个字母 a,b 组成的单词的类$\mathcal{W}$开始. 我们的兴趣是分析单词中最长的连续出现字母 a 的串的长度 L. 对于性质 $L<k$,其表示和对应的 OGF

是

$$\mathcal{W}^{(k)}=\mathrm{SEQ}_{<k}(a)\mathrm{SEQ}(b\mathrm{SEQ}_{<k}(a))\Rightarrow W^{(k)}(z)=\frac{1-z^k}{1-z}\cdot\frac{1}{1-z\dfrac{1-z^k}{1-z}}$$

即

$$W^{(k)}(z)=\frac{1-z^k}{1-2z+z^{k+1}}\tag{20}$$

这表示一个指标为k的OGF的集合,其中含有关于随机单词中相同字母a的最长长度的分布.我们的目的是证明:

命题 Ⅴ.1 (具有一致分布的)长度为n的由两个字母组成的单词的集合的最长运行参数L满足下面的一致估计[①]

$$\mathbb{P}_n(L<\lfloor\lg n\rfloor+h)=\mathrm{e}^{-\frac{\alpha(n)}{2^{h+1}}}+O\left(\frac{\log n}{\sqrt{n}}\right),\alpha(n):=2^{\{\lg n\}}\tag{21}$$

特别,平均值满足

$$\mathbb{E}_n(L)=\lg n+\frac{\gamma}{\log 2}-\frac{3}{2}+P(\lg n)+O\left(\frac{\log^2 n}{\sqrt{n}}\right)$$

其中P是一个连续的周期函数,其Fourier展开式由(29)给出.方差满足$\mathbb{V}_n(L)=O(1)$因而分布是以平均值为中心的集中分布.

(21)中的概率分布称为双指数分布.(图Ⅴ.6)公式(21)并不表示通常在第Ⅸ章的意义下的一个单个的极限分布,而表示的是用$\lg n$的小数部分做指标的一族分布,因此由n自己相对于2的幂的方式来决定.

证明 证明包括以下步骤:定位主极点;估计相应的贡献;将主极点与其他极点分离以便导出结构性的误差项;最后逼近我们主要的感兴趣的量.

(ⅰ)主极点的定位.由(20)的第一个式子可以得出OGF $W^{(k)}$有一个主极点ρ_k,它是方程$1=s(\rho_k)$的根,其中$s(z)=\dfrac{z(1-z^k)}{1-z}$.我们考虑$k\geqslant 2$的情况.由于$s(z)$是递增的多项式以及$s(0)=0,s\left(\dfrac{1}{2}\right)<1,s(1)=k$,所以$\rho_k$必须位于开区间$\left(\dfrac{1}{2},1\right)$之中.事实上容易验证,条件$k\geqslant 2$保证$s(0.6)>1$,因此我们得出第一个估计

---

① 这里符号$\lg x$表示以2为底的对数:$\lg x=\log_2 x$,而$\{x\}$表示x的小数部分(例如$\{\pi\}=0.14159\cdots$).

$$\frac{1}{2} < \rho_k < \frac{3}{5} \quad (k \geqslant 2) \tag{22}$$

现在就可通过 bootstrap 算法(靴袢算法(又译自举算法),译者注:见注记Ⅳ.50)得出的精确估计.(这种技巧是一种用于逼近不动点的迭代形式——它在渐近展开情况下的应用可见 De Bruijn 的著作[143].)将 ρ_k 的定义方程写成不动点形式

$$z = \frac{1}{2}(1 + z^{k+1})$$

并利用粗略估计(22)就得出

$$\frac{1}{2}\left(1 + \left(\frac{1}{2}\right)^{k+1}\right) < \rho_k < \frac{1}{2}\left(1 + \left(\frac{3}{5}\right)^{k+1}\right) \tag{23}$$

因此 ρ_k 以指数阶速度逼近$\frac{1}{2}$,利用(23)做进一步的迭代表明

$$\rho_k = \frac{1}{2} + \frac{1}{2^{k+2}} + O\left(\frac{k}{2^{2k}}\right) \tag{24}$$

(ⅱ)主极点的贡献.直接计算就给出留数值如下

$$R_{n,k} = -\mathrm{Res}\left[\frac{W^{(k)}(z)}{z^{n+1}}; z = \rho_k\right] = \frac{1 - \rho_k^k}{2 - (k+1)\rho_k^k} \cdot \frac{1}{\rho_k^{n+1}} \tag{25}$$

我们希望上式能给出当 $n \to \infty$ 时对于 $W^{(k)}$ 的系数的主逼近项.式(25)中的量的大致形式为$\frac{2^n}{\mathrm{e}^{\frac{n}{2^{k+1}}}}$,我们马上就会再遇到它.

(ⅲ)次主极点的分离.考虑圆周 $|z| = \frac{3}{4}$ 以及 $W^{(k)}$ 的分母的第二种形式,即(20)中的形式

$$1 - 2z + z^{k+1}$$

为了应用 Rouché 定理,我们可以把这个多项式看作和 $f(z) + g(z)$,其中,$f(z) = 1 - 2z$,$g(z) = z^{k+1}$.在圆 $|z| = \frac{3}{4}$ 上,$f(z)$ 的模在$\frac{1}{2}$和$\frac{5}{2}$之间变化;而对任意 $k \geqslant 2$,$g(z)$ 的模至多为$\frac{27}{64}$.因此,在 $|z| = \frac{3}{4}$ 上,有

$$|g(z)| < |f(z)|$$

因此 $f(z)$ 和 $f(z) + g(z)$ 在这个圆中的零点数目相同.由于 $f(z)$ 只在 $z = \frac{1}{2}$ 处有一个零点,因此分母在 $|z| \leqslant \frac{3}{4}$ 中也只能有一个根,因而只能与 ρ_k 重合.

当我们估计满足 $L(w) < k$ 的单词的数量时,对主极点处的留数(25)做类

似的论证也可给出误差项的界. 在圆周 $|z|=\frac{3}{4}$ 上, $W^{(k)}$ 的分母与 0 的距离是有界的(根据前面的讨论可知当 $k\geqslant 2$ 时,它的模至少为 $\frac{5}{64}$). 因此,余项积分的模数为 $O\left(\left(\frac{4}{3}\right)^n\right)$,实际上其上界约为 $35\left(\frac{4}{3}\right)^n$. 总之,设 $q_{n,k}$ 表示在长度为 n 的随机单词中长度小于 k 的最长的相同字母的段出现的概率,我们就得出主要的估计为(当 $k\geqslant 2$ 时)

$$q_{n,k}:=\mathbb{P}_n(L<k)=\frac{1-\rho_k^k}{1-\frac{1}{2}(k+1)\rho_k^k}\left(\frac{1}{2\rho_k}\right)^{n+1}+O\left(\left(\frac{2}{3}\right)^n\right) \tag{26}$$

上式对 k 一致地成立. 下面是一个在 $q_{n,k}$ 的逼近中, $\frac{c_k}{(2\rho_k)^n}$ 的近似值的表:

k	$\frac{c_k}{(2\rho_k)^n}$
2	$1.170\,82\cdot 0.809\,01^n$
3	$1.137\,45\cdot 0.919\,04^n$
4	$1.091\,66\cdot 0.963\,78^n$
5	$1.057\,53\cdot 0.982\,97^n$
10	$1.003\,94\cdot 0.999\,50^n$

(ⅳ) 最后的逼近. 现在,只剩下把主要的估计式(26) 转变成极限形式即可得出我们所要证的命题了. 首先"尾部不等式"(其中 $\lg x=\log_2 x$)

$$\mathbb{P}_n\left(L<\frac{3}{4}\lg n\right)=O(\mathrm{e}^{-\frac{1}{2}\sqrt[4]{n}}),\mathbb{P}_n(L\geqslant 2\lg n+y)=O\left(\frac{1}{n\mathrm{e}^{2y}}\right) \tag{27}$$

刻画了 L_n 的概率分布的尾部. 它们是利用式(24) 对主估计式(26) 应用估界技巧而得出的. 为了得出渐近估计,我们只须考虑包围 $\lg n$ 的一个相对小的区域即可.

对于中心区域,设 $k=\lg n+x$,其中 x 位于 $\left[-\frac{1}{4}\lg n,\lg n\right]$ 之中,应用包含 ρ_k 和其他有关的量的近似式(24),我们就可得出

$$(2\rho_k)^{-n}=\exp\left(-\frac{n}{2^{k+1}}+O\left(kn\ \frac{1}{2^{2k}}\right)\right)=\mathrm{e}^{-\frac{n}{2^{k+1}}}\left(1+O\left(\frac{\log n}{\sqrt{n}}\right)\right)$$

(这个结果是从标准的表达式 $(1-a)^n=\mathrm{e}^{-na}\exp(O(na^2))$ 得出的.) 同时,在式(26) 中量 $(2\rho_k)^{-n}$ 的系数是

$$1+O(k\rho_k^k)=1+O\left(\frac{\log n}{\sqrt{n}}\right)$$

因而,对 $k=\lg n+x$,其中 x 位于 $\left[-\frac{1}{4}\lg n,\lg n\right]$ 之中,双指数逼近(图 V.6)成立,因此我们(一致地)有

$$q_{n,k}=\mathrm{e}^{-\frac{n}{2^{k+1}}}\left(1+O\left(\frac{\log n}{\sqrt{n}}\right)\right) \tag{28}$$

特别,设 $k=\lfloor \lg n\rfloor+h$ 并利用尾部不等式(27),就得出命题的第一部分,即方程(21).(从地板函数的定义可看出 k 必定是个整数.)

均值和方差的估值可从满足中心区域的方程(28)的那些远离 $\lg n$ 的分布值衰减很快(由(27))这一事实得出.均值满足

$$\mathbb{E}_n(L):=\sum_{h\geqslant 1}[1-\mathbb{P}_n(L<h)]=\Phi\left(\frac{n}{2}\right)-1+O\left(\frac{\log^2 n}{n}\right)$$

$$\Phi(x):=\sum_{h\geqslant 0}\left[1-\mathrm{e}^{-\frac{x}{2^h}}\right]$$

下面我们分三种情况讨论:$h<h_0$,$h\in[h_0,h_1]$ 和 $h>h_1$,其中 $h_0=\lg x-\log\log x$,$h_1=\lg x+\log\log x$,其一般项(分别)接近于 1,在 0 与 1 之间或接近于 0.换句话说,我们已用初等的讨论得出了当 $x\to\infty$ 时有

$$\Phi(x)=\lg x+O(\log\log x)$$

(一个用初等方法得出带 $O(1)$ 余项的讨论可见例如文献[538]403 页.)

本书中所选的得出精确的渐近公式的方法是将 $\Phi(x)$ 看成谐波总和并应用 Mellin 变换技巧(附录 B.7:Mellin 变换).$\Phi(x)$ 的 Mellin 变换是

$$\Phi^*(s):=\int_0^\infty \Phi(x)x^{s-1}\mathrm{d}x=\frac{\Gamma(s)}{1-2^s}$$

$$\Re(s)\in(-1,0)$$

Φ^* 在 0 处有一个二重极点,在 $s=\frac{2k\pi\mathrm{i}}{\log 2}$ 处有一个简单极点可由涉及 Fourier 级数的渐近展开式反映出来

$$\Phi(x)=\lg x+\frac{\gamma}{\log 2}+\frac{1}{2}+P(\lg x)+O\left(\frac{1}{x}\right)$$

$$P(w):=-\frac{1}{\log 2}\sum_{k\in\mathbb{Z}/\{0\}}\Gamma\left(\frac{2k\pi\mathrm{i}}{\log 2}\right)\mathrm{e}^{-2k\pi\mathrm{i}w} \tag{29}$$

人们发现振荡函数 $P(w)$ 具有 10^{-6} 数量级的微小波动;例如,第一个 Fourier 系数的振幅为 $\left|\frac{\Gamma\left(\frac{2\pi\mathrm{i}}{\log 2}\right)}{\log 2}\right|\doteq 7.86\cdot 10^{-7}$(对此内容的更多资料可见文献[234,

311,375,564].).对方差可进行类似的分析.这就完成了命题 V.1 的证明.

(21) 中的双指数逼近是极值统计的典型.这里最引人注意的存在一族指标为 $\lg n$ 的小数部分的分布族.然后这个事实在随机变量 L 的矩中出现了振荡函数而反映出来.

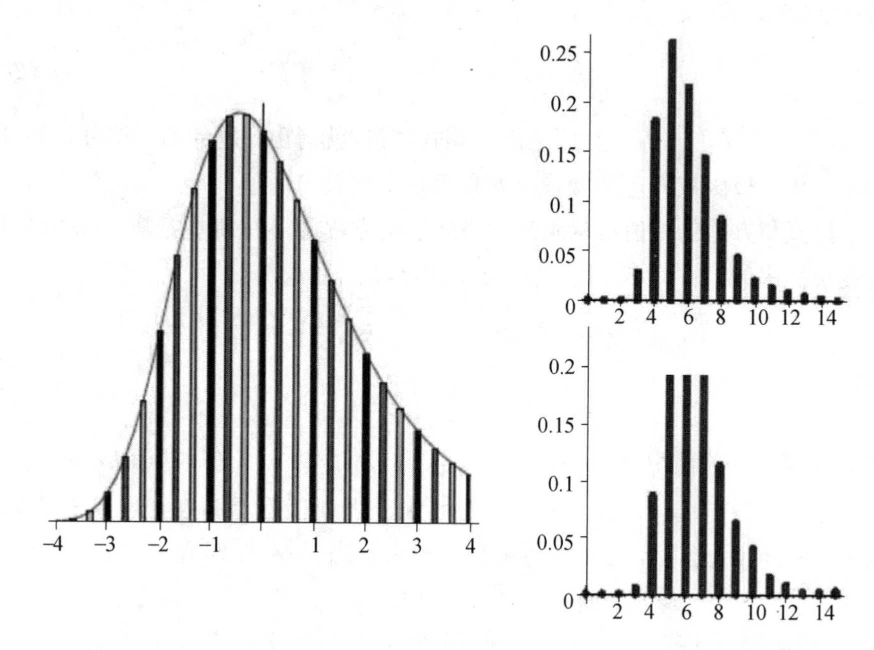

图 V.6 双指数律:左,n 在 2^p 处(黑色),$2^{\frac{p+1}{3}}$ 处(深灰色)和 $2^{\frac{p+2}{3}}$ 处(浅灰色)的直方图,其中 $x = k - \lg n$.右,对 $n = 100$(上)和 $n = 140$(下)所做的 1 000 个模拟实验数据的直方图

▶ V.11 Bernoulli **序列中的最长的相同字母段**.考虑字母表 $\mathcal{A} = \{a_j\}$ 并设我们可以概率 p_j 独立选择字母 a_j.那么可以求出从 Smirnov 单词的构造得出,一个同样的字母至多出现 k 次的单词类的 OGF 是

$$W^{[k]}(z) = \frac{1}{1 - \sum_i p_i z \dfrac{1 - (p_i z)^k}{1 - (p_i z)^{k+1}}}$$

设 $p_{\max}$ 是 p_j 中最大的.那么任何一个字母的最长的段的预期长度是 $\dfrac{\log n}{\log p_{\max}} + O(1)$,并且可以用类似于例 IV.10 中所用的方法(Smirnov 单词和 Carlitz 合成)从 OGF 中得出精确的定量信息. ◀

纯出生类型的行走.下面的两个例子开发了在一种特殊类型的图中的行走的分析.分析这两个例子有两个目的:它们进一步阐明了用正规表示建模的个

案并建立了通往下一节中格子路径分析的桥梁. 此外,把某些特殊的纯出生类型的行走转变成了对于概率算法(近似计数)分析的应用.

例 V.5 纯出生类型的行走. 考虑从 0 开始的在非负整数集合中的行走,行走时只能停留在原地或者移动到加 1 得出的整数上. 我们的目的是枚举从 0 开始用 n 步到达整数 m 的行走的数目. 我们将用字母 a_j 表示从 j 到 $j+1$ 的行走,而用字母 c_j 表示从 j 到 j 的行走并使用如下的状态图:

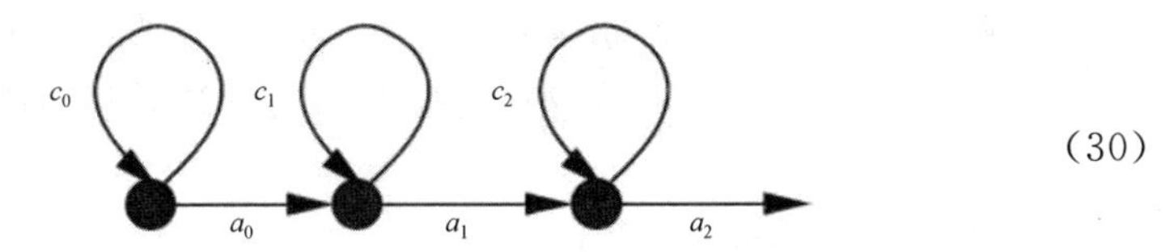

(30)

从状态 0 到状态 m 的所有合法行走的语言可以用以下的正规表示描述

$$\mathcal{H}_{0,m}=\mathrm{SEQ}(c_0)a_0\mathrm{SEQ}(c_1)a_1\cdots\mathrm{SEQ}(c_{m-1})a_{m-1}\mathrm{SEQ}(c_m)$$

如果我们就使用上述字母表示变量,则相应的普通多元生成函数就是(其中 $a=(a_0,\cdots),c=(c_0,\cdots)$)

$$H_{0,m}(a,c)=\frac{a_0a_1\cdots a_{m-1}}{(1-c_0)(1-c_1)\cdots(1-c_m)}$$

现在假设每一步都被赋予了某个加权,其中现在假设这些步骤被分配了权重,其中 a_j 的加权是 α_j,c_j 的加权是 γ_j. 字母的加权可以用通常的方式积性地扩展为单词(参见 Ⅲ.6.1 节). 此外,如果取 $\gamma_j=1-\alpha_j$,我们就得到了一个概率加权:行走者从位置 0 开始,并且在每个 j 时刻,行走者或者以概率 $1-\alpha_j$ 待在原地不动或者以概率 α_j 向右移动. 这种加权行走的 OGF 就成为了

$$H_{0,m}(z)=\frac{\alpha_0\alpha_1\cdots\alpha_{m-1}z^m}{(1-(1-\alpha_0)z)(1-(1-\alpha_1)z)\cdots(1-(1-\alpha_m)z)} \tag{31}$$

而$[z^n]H_{0,m}$ 就是行走者在(离散的)时间 n 时刻在位置 m 处的概率. 这个行走过程可以用通常的概率理论解释成一个(离散时间的)纯出生过程①:有一个由个体组成的人群,并在每个离散的一代,可能会有新的人口出生,其中人口数目为 j 时出生的概率是 α_j.

容易把形式为(31)的公式分解成部分分式. 为简单起见,设所有的 α_j 都是不同的. $H_{0,m}$ 的极点位于 $\frac{1}{1-\alpha_j}$ 点处,因此我们求出当 $z\to\frac{1}{1-\alpha_j}$ 时有

① Bharucha-Reid 在他们的书[62]中用微积分和非测度理论讨论了纯出生过程. 另请参阅 Karlin 和 Taylor 关于具体行为的教科书[363].

$$H_{0,m}(z) \sim \frac{r_{j,m}}{1-(1-\alpha_j)z}, \text{其中 } r_{j,m} := \frac{\alpha_0\alpha_1\cdots\alpha_{m-1}}{\prod_{k\in[0,m],k\neq j}(\alpha_k-\alpha_j)}$$

因而时刻 n 位于状态 m 的概率就由和

$$[z^n]H_{0,m}(z)=\sum_{j=0}^{m} r_{j,m}(1-\alpha_j)^n \tag{32}$$

给出.

一种特别有兴趣的特殊情况是当量 α_k 是几何级数时的纯出生行走,这时对某个 $0<q<1$ 有 $\alpha_k=q^k$. 在这种情况下,经过 n 次转移到达状态 m 的概率就是

$$\sum_{j=0}^{m}\frac{(-1)^j q^{\binom{j}{2}}}{(q)_j(q)_{m-j}}(1-q^{m-j})^n,(q)_j:=(1-q)(1-q^2)\cdots(1-q^j) \tag{33}$$

这对应于在硬度呈指数增长的介质中的随机进展,或等价地,相当于一个人口的增长过程,在此过程中人口的多少对生育率有指数式的不利影响. 从直观的角度来看,我们预计该过程的演变将有理由保持接近曲线 $y=\log_{\frac{1}{q}}x$；一个仿真实验的结果可见图 V.7. 确认了这一事实,这一事实也可以通过公式(33) 进行验证. 这个特例的分析是从文献[218] 中引用的,它最初是在接下来要研究的与“近似计数”算法有关的情况下开发的.

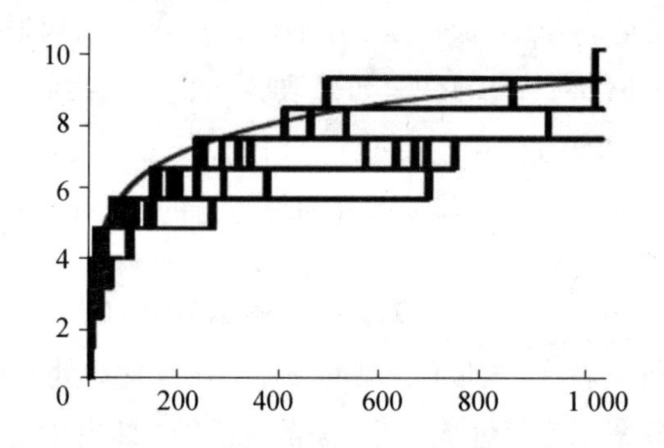

图 V.7 对 $n=1\ 024$ 及对应于 $q=\frac{1}{2}$ 的几何概率情况下的 10 个轨道的仿真以及与曲线 $\log_2 x$ 的对比

例 V.6 近似计数. 假设你需要一个计数器,它能够持续地记录某些事件(比如说脉冲)的数量,并且具有计数直到某个最大值 N 的保留能力.(对具有 ι 个比特,只能跟踪 2^ι 种可能性情况所做的)标准的信息论论证蕴含我们需要 $\lceil\log_2(N+1)\rceil$ 个比特来执行这个任务 —— 即一个标准的二进制计数器确实可以完成的工作. 然而,在 1977 年,Robert Morris 已经提出了一种只须

$\log\log N$ 阶比特的运行计数器的方法. 他抓住了什么关键问题?

Morris 的巧妙而细致的思想在于放宽计数过程中的正确性约束并以某种概率容忍所得出的计数上的小错误. 确切地说,他的解决方案是保持一个初始量为 0 的随机量 Q. 在收到脉冲时,根据以下简单过程更新 Q(其中 $q \in (0,1)$ 是一个设计参数):

更新程序(Q);

以概率 q^Q 做 $Q := Q + 1$(否则保持 Q 不变).

当被问到任何时刻的脉冲次数(更新程序被调用的次数)时,只须使用以下程序返回估计值:

回答程序(Q);

输出 $X = \dfrac{q^{-Q} - 1}{1 - q}$.

设 Q_n 是执行 n 次更新程序后随机量 Q 的值, X_n 是算法输出的相应的估计值. 容易验证(通过迭代或生成函数;见下面的关于高阶矩的注记 Ⅴ.12),对于 $n \geqslant 1$ 有

$$\mathbb{E}(q^{-Q_n}) = n(1-q) + 1, \text{因此} \mathbb{E}(X_n) = n \tag{34}$$

因而,回答程序在任何时刻都给出了一个实际计数 n 次时的无偏估计(在平均值的意义下).

另一方面,几何式纯出生过程的分析也适用于前面的例子. 特别是根据指数近似 $(1-\alpha)^n \approx e^{-n\alpha}$ 再结合基本公式(33) 表明,对于大的 n 和充分接近 $\log_{\frac{1}{q}} N$ 的 m,我们(渐近的) 有几何出生分布

$$\mathbb{P}(Q_n = m) = \sum_{j=0}^{\infty} \frac{(-1)^j q^{\binom{j}{2}}}{(q)_j (q)_\infty} \exp(-q^{x-j}) + o(1), x \equiv m - \log_{\frac{1}{q}} n \tag{35}$$

(关于细节我们推荐文献[218].) 这种计算蕴含 Q_n 以高概率(w. h. p.) 接近 $\log_{\frac{1}{q}} n$. 即如果 $n \leqslant N$, Q_n 的值将 w. h. p. 的以 $(1+\varepsilon)\log_{\frac{1}{q}} N$ 为上界,其中 ε 是一个很小的正数. 但是这表示,对固定的 q,以二进制表示的整数 Q 只须

$$\log_2 \log n + O(1) \tag{36}$$

的级别的存储量.

对上述公式进行更仔细的验证可以发现,当 q 接近于 1 时估计的准确性相当明显地得到提高. 标准误差的定义为 $\frac{1}{n}\sqrt{\mathbb{V}(X_n)}$,它在二次平均的意义下测度了可能产生的相对误差. Q_n 的方差像平均一样是由迭代或生成函数决定的. 我们可以求出

$$\mathbb{V}(q^{-Q_n+1})=\binom{n}{2}\frac{(1-q)^3}{q},\frac{1}{n}\sqrt{\mathbb{V}(X_n)}\sim\sqrt{\frac{1-q}{2q}} \tag{37}$$

(也见下面的注记 V.12.).这表示着精确度随着 q 接近于 1 而增加，并且通过适当地变换 q 的尺度，可以使其渐近地尽可能的小.综上所述，式(34)(36) 和 (37) 表示以下的性质:近似计数使得我们可以大约只使用 $\log\log N$ 的存储量来计数到 N，同时实现标准误差渐近地恒定并且可以取的任意小.现在我们已完全理解了 Morris 的把戏了.

例如，如果取 $q=2^{-\frac{1}{16}}$，则上述证明表明我们可以仅使用 8 比特的存储量(而不是通常的 16 比特的存储量)计数到 $2^{16}=65\ 536$，而误差可能不会超过 20%.自然，当我们需要管理单独的计数器时(每个人都可以负担几个比特)没有强烈的理由要求使用这一算法.然而当需要同时保持数量非常大的计数时，近似计数结果就显得很有用了，它构成了从大量数据中提取信息的概率算法的早期例子之一，这一领域也被称为数据挖掘;见文献[224]以了解其与分析组合学和其他参考文献的联系.

类似于(35)的函数也出现在概率论的其他领域.Guillemin，Robert 和 Zwart 的文献[314]已经在同时增加加法和减少乘法的过程(AIMD 过程)中遇到过它们，研究这一过程的动机是在非常大规模的网络中让"窗口"适应传播的驱动(互联网的 TCP 协议).Biane，Bertoin 和 Yor 的文献[58]在他们研究 Poisson 过程中的指数函数时也遇到了与出现在(35)中相同的函数.

▶**V.12** q^{-Q_n} **的时刻**.下述事实也许是令人惊奇的，即 q^{-Q_n} 的任何整数时刻都像在(34)(37)中那样是一个 n，q 和 q^{-1} 的多项式.为看出这点，定义

$$\Phi(w)\equiv\Phi(w,\xi,q):=\sum_{m\geqslant 0}q^{\frac{m(m+1)}{2}}\frac{\xi^m w^m}{(1+\xi q)(1+\xi q^2)\cdots(1+\xi q^{m+1})}$$

由(31)，我们有

$$\sum_{m\geqslant 0}H_{0,m}(z)w^m=\frac{1}{1-z}\Phi\left(w,\frac{z}{1-z},q\right)$$

另一方面，Φ 满足 $\Phi(w)=1-q\xi(1-w)\Phi(qw)$，因此有 $q-$恒等式

$$\Phi(w)=\sum_{j\geqslant 0}(-q\xi)^j[(1-w)(1-qw)\cdots(1-q^{j-1}w)]$$

这属于一个称为 $q-$计算的领域①.因此当展开完成后，$\Phi(q^{-r},\xi,q)$ 是任意 $r\in$

① 粗略地说，$q-$计算的含义是合并用 $\sum a_n(q)z^n$ 形式的幂级数表示的特殊函数恒等式，其中 $a_n(q)$ 是一个 n 的次数是二次的有理分式.基础内容可见文献[15]第 10 章，更高级的材料($q-$超几何)可见文献[284].

$\mathbb{Z}_{\geqslant 0}$的多项式. 见 Prodinger 关于基本超几何函数和 Heine 变换有关的研究文献[498]. ◀

隐藏模式:正规表示建模和矩. 我们现在再回过头来分析随机文本中作为子序列的模式 $\mathfrak{p}$ 的出现次数. 出现次数的平均数可以通过枚举上下文中的出现次数而得出:在某种意义上,我们这样做是然后通过给出专用的正则表达式的方法枚举所有单词的语言,其中单词的歧义系数(重数) 恰好等于该模式的出现次数. 这个技巧也可以轻松地得出期望及适用于更高的矩. 它是对于无法简单地得出 BGF 的情况的一种补充,同时它显得对于导出分布的集中性也是充分的.

例 Ⅴ.7　Bernoulli 文本中"隐藏" 模式的出现. 给出一个基数为 r 的固定的字母表$\mathcal{A}=\{a_1,\cdots,a_r\}$,并设已给出了$\mathcal{A}$上的概率分布,即设字母 a_j 出现的概率为 p_j. 我们考虑表示形式为$\mathcal{W}=\mathrm{SEQ}(\mathcal{A})$ 的 Bernoulli 模型,其中一个单词的概率是组成它的字母的概率的乘积(见 Ⅲ.6.1 小节). 被称为模式的单词 $\mathfrak{p}=y_1\cdots y_k$ 是固定的. 我们所感兴趣的问题是收集表示集合$\mathcal{W}_n$中 $\mathfrak{p}$ 的出现次数的随机变量 X 的信息,其中我们要计数的出现次数被看成是一种"隐藏模式",即我们要计数它作为一个子序列的出现次数.(等概率字母的情况见例 Ⅰ.11.)

平均值的分析. 与$\mathcal{W}$对应的带有概率加权的生成函数是

$$W(z)=\frac{1}{1-\sum p_j z}=\frac{1}{1-z}$$

正规表示

$$\mathcal{O}=\mathrm{SEQ}(\mathcal{A})y_1\mathrm{SEQ}(\mathcal{A})\cdots\mathrm{SEQ}(\mathcal{A})y_{k-1}\mathrm{SEQ}(\mathcal{A})y_k\mathrm{SEQ}(\mathcal{A}) \tag{38}$$

描述了在所有的单词中作为子序列 $\mathfrak{p}$ 出现的所有内容. 这可以图形表示,例如对于长度为 3 的模式 $\mathfrak{p}=y_1y_2y_3$,这个图形如下

$$\text{———}\boxed{y_1}\text{———}\boxed{y_2}\text{———}\boxed{y_3}\text{———} \tag{39}$$

其中的盒子表示模式中字母出现的位置而水平线表示任意不含模式的单词($\mathrm{SEQ}(\mathcal{A})$). 对应的 OGF 为

$$O(z)=\frac{\pi(\mathfrak{p})z^k}{(1-z)^{k+1}},\pi(\mathfrak{p}):=p_{y_1}\cdots p_{y_{k-1}}p_{y_k} \tag{40}$$

对$\mathcal{W}$的元素进行计数时包括了重数①,其中 $w\in\mathcal{W}$的重数系数 $\lambda(w)$ 恰等于 w

① 如果使用语言理论的术语,我们的正规表示的形式就成为$\mathcal{O}=\mathcal{A}^*y_1\mathcal{A}^*\cdots y_{k-1}\mathcal{A}^*y_k\mathcal{A}^*$它以歧义的方式描述了$\mathcal{A}^*$的子集,其中考虑了歧义系数.

中作为子序列的 $\mathfrak{p}$ 出现次数

$$O(z)=\sum_{w\in\mathcal{A}^*}\lambda(w)\pi(w)z^{|w|}$$

这表明在一个长度为 n 的随机的单词中隐藏的 $\mathfrak{p}$ 出现次数 X 的平均数满足

$$\mathbb{E}_{\mathcal{W}_n}(X)=[z^n]O(z)=\pi(\mathfrak{p})\binom{n}{k} \tag{41}$$

这与出于概率理由而直接得出的表达式一致的.

方差分析.为了确定 X 在 $\mathcal{W}_n$ 上的方差,我们需要模式成对出现的内容.设 $\mathcal{Q}$ 表示 $\mathcal{W}$ 中所有的模式 $\mathfrak{p}$ 作为不同的子序列出现两次的单词(即一个有序的出现的对)的集合,那么显然 $[z^n]Q(z)$ 就表示 $\mathbb{E}_{\mathcal{W}_n}(X^2)$.我们需要考虑几种不同的情况.从图形上看,一个发生的对可能如下所示,没有共同的位置

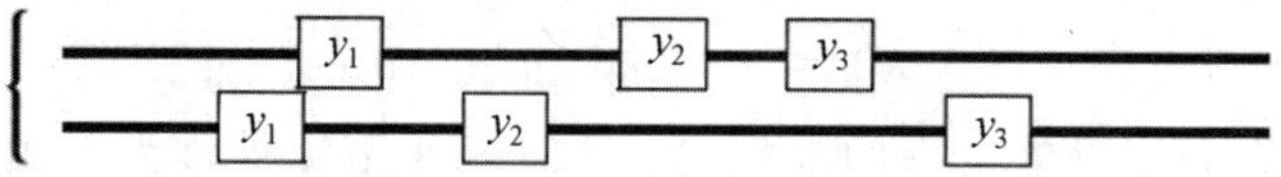

(42)

但是也可能如下那样产生重叠

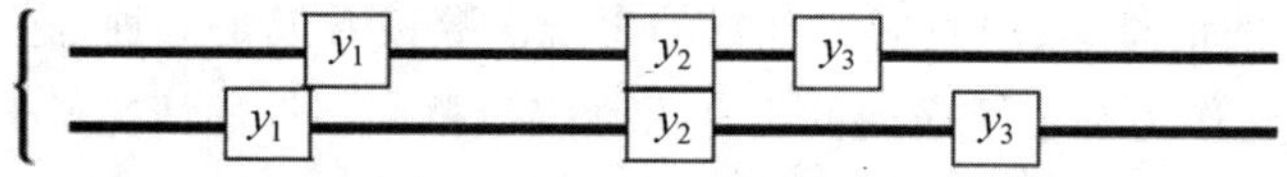

(43)

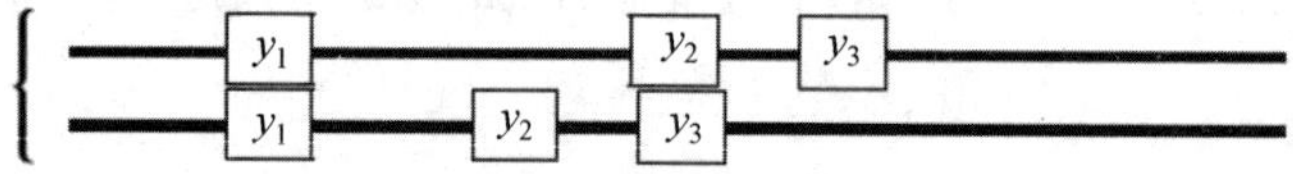

(44)

(这最后一种 $y_2=y_3$ 的情况是一种典型的 abb 或 aaa 的模式).

在第一种对应于(42)的情况下没有重叠的位置,这种构型的 OGF 就是

$$Q^{[0]}(z)=\binom{2k}{k}\frac{\pi(\mathfrak{p})^2z^{2k}}{(1-z)^{2k+1}} \tag{45}$$

这里,二项式系数 $\binom{2k}{k}$ 计数了两个 $\mathfrak{p}$ 的副本自由交错的总数;数量 $\pi(\mathfrak{p})^2z^{2k}$ 则计数了两个副本出现时字母的 $2k$ 个不同的位置;因子 $\frac{1}{(1-z)^{2k+1}}$ 则对应于所有可能的 $2k+1$ 个填充在字母之间的空隙.

在第二种情况下让我们首先考虑像(43)中那样的恰有一个位置重叠的情况.不妨设这个位置对应于 $\mathfrak{p}$ 的第 r 个字母和第 s 个字母(r 和 s 可能不相等).显然这时我们必须有 $y_r=y_s$.现在构型的 OGF 就成为

$$\binom{r+s-2}{r-1}\binom{2k-r-s}{k-r}\frac{\pi(\mathfrak{p})^2z^{2k-1}}{p_{y_r}(1-z)^{2k}}$$

这里，第一个二项式系数$\binom{r+s-2}{r-1}$计数了$y_1\cdots y_{r-1}$和$y_1\cdots y_{s-1}$重叠方式的总数；第二个二项式系数$\binom{2k-r-s}{k-r}$类似地对应于$y_{r+1}\cdots y_k$和$y_{s+1}\cdots y_k$的重叠；分子考虑到已有$2k-1$个位置被预定的字母占据了的事实(译者注：并考虑了字母y_r出现的概率，它出现在分母中，这里已经把本来在分子中指数为负指数的概率放在了分母中)；最后一个因子$\frac{1}{(1-z)^{2k}}$对应了填充在$2k$个字母之间的空隙. 对r和s的所有可能性求和就给出具有一个重叠位置的对的 OGF

$$Q^{[1]}(z)=\left(\sum_{1\leqslant r,s\leqslant k}\binom{r+s-2}{r-1}\binom{2k-r-s}{k-r}\frac{[[y_r=y_s]]}{p_{y_r}}\right)\frac{\pi(\mathfrak{p})^2z^{2k-1}}{(1-z)^{2k}}\qquad(46)$$

用类似的论证可以说明，出现的位置至少有两次重叠(即(44)中的构型)的 OGF 是

$$Q^{[\geqslant 2]}(z)=\frac{P(z)}{(1-z)^{2k-1}}\qquad(47)$$

其中$P(z)$是一个多项式，而分母表示在有限多种其余的情况中，至多有$2k-1$个可能的空隙.

我们现在可以从奇点的角度来研究(45)(46)(47). 系数$[z^n]Q^{[0]}(z)$可以看成是在(41)中给出的平均值的平方的第一个被消除到的渐近阶，系数$[z^n]Q^{[\geqslant 2]}(z)$的贡献显得可以忽略不计，由于它是$O(n^{2k-2})$. 系数$[z^n]Q^{[1]}(z)$是$O(n^{2k-1})$阶的，因此对方差的渐近增长是有贡献的. 综上，经过计算后，我们得到：

命题 Ⅴ.2　在长度为n的随机文本中，隐藏模式$\mathfrak{p}$出现的数目X服从 Bernoulli **模型统计**

$$\mathbb{E}_{W_n}(X)=\pi(\mathfrak{p})\binom{n}{k}\sim\frac{\pi(\mathfrak{p})}{k!}n^k$$

$$\mathbb{V}_{W_n}(X)=\frac{\pi(\mathfrak{p})^2\kappa(\mathfrak{p})^2}{(2k-1)!}n^{2k-1}\left(1+O\left(\frac{1}{n}\right)\right)$$

其中“相关系数”$\kappa(\mathfrak{p})^2$由下式给出

$$\kappa(\mathfrak{p})^2=\sum_{1\leqslant r,s\leqslant k}\binom{r+s-2}{r-1}\binom{2k-r-s}{k-r}\left(\frac{[[y_r=y_s]]}{p_{y_r}}-1\right)$$

特别X的分布围绕平均是集中的.

这个例子是根据 Flajolet，Szpankowski 和 Vallée 的文章[263]编写的. 那

里作者进一步表明,高阶矩的渐近行为可以显出作用. 由矩收敛定理(定理C.2),这个计算要求 X 在$\mathcal{W}_n$上的分布是渐近正态的. 这一方法也可以扩展到很多有关"隐藏"模式的更一般的内容上去;例如,$\mathfrak{p}$ 的字母之间的距离可以被文本中用各种方式确定的起作用的事件加以限制(文献[263]). 它也可以扩展到起源于动力学的非常一般的框架中(文献[81]),其中包括了作为特例的Markov 模型. 参考文献[81,263] 因此提供了一组介于模式出现的极端情况之间的分析 —— 其中一种是连续的符号块而另一种是子序列("隐藏模式"). 这样的研究表明隐藏模式必定会以高概率在足够长的文本中出现很多次,这可能会造成一些对各种文化中遇到的命理解释的怀疑:特别可参考 McKay 等人在文献[433] 中对"Bible Codes"("圣经法典") 的批判性讨论.

▶ Ⅴ.13 **隐藏模式和重组关系**. 对每一个$\mathcal{A}$上的单词的对 u,v,我们用 $\left(\left(\begin{matrix}u\\v\end{matrix}\right)\right)_t$ 表示与它们相关的$\mathcal{A}$中的未定元的加权重组多项式,并用下面的性质定义这个多项式

$$\begin{cases}\left(\left(\begin{matrix}xu\\yv\end{matrix}\right)\right)_t=\left(\left(\begin{matrix}u\\yv\end{matrix}\right)\right)_t+y\left(\left(\begin{matrix}xu\\v\end{matrix}\right)\right)_t+t[[x=y]]x\left(\left(\begin{matrix}u\\v\end{matrix}\right)\right)_t\\ \left(\left(\begin{matrix}1\\u\end{matrix}\right)\right)_t=\left(\left(\begin{matrix}u\\1\end{matrix}\right)\right)_t=u\end{cases}$$

其中 t 是一个参数,x,y 是$\mathcal{A}$中的元素而 $\mathbf{1}$ 是一个空的单词. 那么上面的 $Q(z)$ 的OGF 就是

$$Q(z)=\sigma\left[\left(\left(\begin{matrix}\mathfrak{p}\\\mathfrak{p}\end{matrix}\right)\right)_{(1-z)}\right]\frac{1}{(1-z)^{2k+1}}$$

其中 σ 是替换 $a_j\mapsto p_jz$. ◀

Ⅴ.4 嵌套序列,格子路径和连分数

本节讨论对应于粗略地说是形如串联级数形式SEQ∘SEQ∘…∘SEQ的嵌套序列模式. 这种模式包括了我们已在 Ⅰ.5.3 小节中遇见过的 Dyck 路径和Motzkin 路径,它们都是 Lukasiewicz 路径的特殊情况. 在装备了概率权重后,这些路径就显示出生-灭过程的轨迹(纯出生过程的情况已经在例 Ⅴ.5 中处理过了.). 由于一旦被赋予了整数权重,它们就有了很好的描述力,可以编码大量的组合类,包括树、排列、集合的分拆和满射.

由于组合序列翻译的结果拟逆，$Q(f)=\dfrac{1}{1-f}$，所以用嵌套序列所描述的类的生成函数具有嵌套的分数即连分数[①]的形式.从分析上来说，这些GF在它们的收敛盘中或者有两个主极点(Dyck路径)或一个单极点(Motzkin路径)，从而很容易实现定理Ⅴ.3的基本过程：我们遇到的是一种最简单类型的纯多项式形式，它描述了所有我们感兴趣的计数序列.嵌套序列的表示也很容易刻画.

本节首先从"连分数定理"(命题Ⅴ.3)开始，它取自Flajolet以前的研究(文献[214])，这部分内容为本节的其余部分提供了一般性的基础.然后我们对嵌套序列进行一般的分析处理.然后详细研究了一些离散数学各个领域中的例子.其中包括了对Dyck路径和Catalan树的重要分析.这些例子中的一部分使用了用无限嵌套的序列，也就是无限的连分数描述的结构，对这种结构，有限连分数的理论往往可以得到推广——下面的硬币喷泉的分析就是典型的.

Ⅴ.4.1　组合方面. 我们将在这里讨论连接离散的平面整点$\mathbb{Z}\times\mathbb{Z}$中的元素的格子路径的一个特殊情况.

定义Ⅴ.4　格子路径. 一条Motzkin路径$v=(U_0,U_1,\cdots,U_n)$是格点平面的第一象限$\mathbb{Z}_{\geqslant 0}\times\mathbb{Z}_{\geqslant 0}$中的一个使得$U_j=(j,y_j)$并满足跳跃条件$|y_{j+1}-y_j|\leqslant 1$的格点的序列.称边$(U_j,U_{j+1})$是上升的，如果$y_{j+1}-y_j=+1$；下降的，如果$y_{j+1}-y_j=-1$；以及水平的，如果$y_{j+1}-y_j=0$.一条没有水平边的Motzkin路径称为Dyck路径.

n称为路径的长度，$\mathrm{ini}(v):=y_0$称为v的初始高度，$\mathrm{fin}(v):=y_n$称为v的终止高度.称一条路径是一个游览，如果它的初始高度和终止高度都是0.极值$\sup(v):=\max jy_j$和$\inf(v):=\min jy_j$分别称为这条路径的高度和深度.

我们总可以用一个由a,b,c组成的单词来表示一条路径，其中a,b,c分别代表上升，下降和水平的一步.这就是所谓的标准编码.其中a,b,c的每一步的下标都(可重复地)用单词中作为起始点的字母的y坐标的值替换.例如：

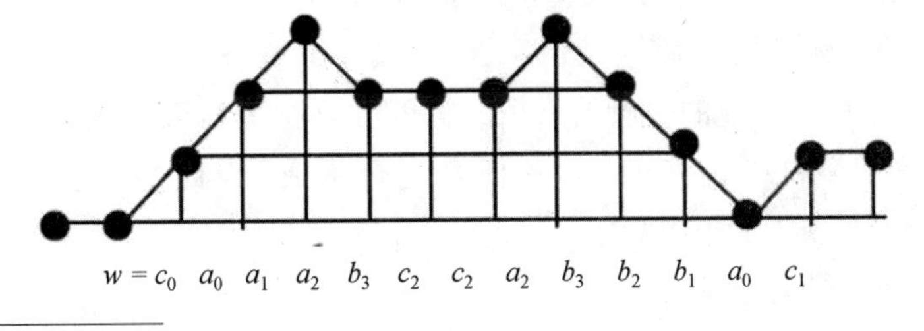

① 有代表性的例子有，德文的"连分数"一词是"Kettenbruch"，字面的意思就是"分数的链".

表示了一条连接从初始点(0,0)到(13,1)点的路径.这条路径也可以看成是在离散的时间点上在整数轴上跳跃限制为{−1,0,+1}的一个行走或等价地,下面的图中的一条路径:

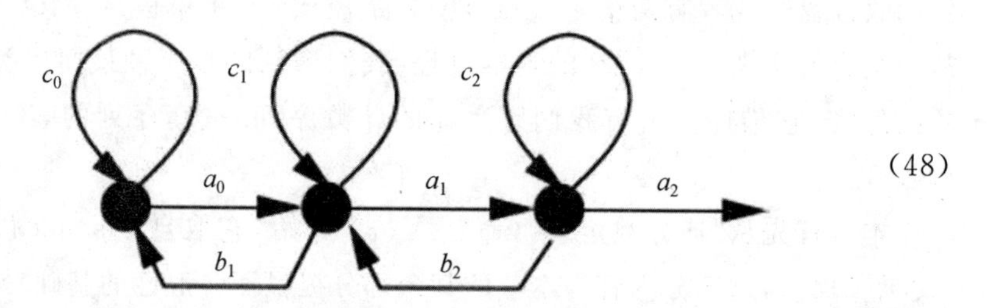

(48)

格子路径也可以被解释为生一灭过程的轨迹,其中的人口可以在任何不连续的时间通过出生或死亡演化(对照本章(30)中的纯出生情况).

作为以后发展的一个预备,让我们研究一个对高度<1的Motzkin游览的类$\mathcal{H}_{0,0}^{[<1]}$的表示.我们有

$$\mathcal{H}_{0,0}^{[<1]} \cong \mathrm{SEQ}(c_0) \Rightarrow H_{0,0}^{[<1]} = \frac{1}{1-c_0}$$

高度<2的游览的类可以用替换

$$c_0 \mapsto c_0 + a_0 \mathrm{SEQ}(c_1) b_1$$

得出,事实上

$$\mathcal{H}_{0,0}^{[<2]} \cong \mathrm{SEQ}(c_0 + a_0 \mathrm{SEQ}(c_1) b_1)$$

$$\Rightarrow H_{0,0}^{[<2]} = \frac{1}{1 - c_0 - \dfrac{a_0 b_1}{1-c_1}} = \frac{1-c_1}{1-c_0-c_1+c_0c_1-a_0b_1}$$

这种简单机制的迭代构成下面计算的核心.显然,用这种方式编写的函数只不过是通常的计数生成函数的一个简洁的描述:例如,如果分别对每个字母a_j,b_j,c_j单独指定一个权[①] α_j,β_j,γ_j,然后乘上了权的路径的生成函数就可通过代换

$$a_j = \alpha_j z, b_j = \beta_j z, c_j = \gamma_j z \tag{49}$$

得出,其中的z标记了长度.

这一节中所感兴趣的一般的路径的类可由地板(m),天花板(h)以及固定的初始高度(k)和终止高度(l)的任意组合构成.因此,我们定义所有的Motzkin路径的类$\mathcal{H}$的子类如下

① 在本章中,所有的权都假设是非负的.

$$\mathcal{H}_{k,l}^{[m\leqslant *<h]} := \{w \in \mathcal{H}: \text{ini}(w)=k, \text{fin}(w)=l, m\leqslant \inf\{w\}, \sup\{w\}<h\}$$

我们还要用到以下特殊的类

$$\mathcal{H}_{k,l}^{[<h]}=\mathcal{H}_{k,l}^{[0\leqslant *<h]}, \mathcal{H}_{k,l}^{[\geqslant m]}=\mathcal{H}_{k,l}^{[m\leqslant *<\infty]}, \mathcal{H}_{k,l}=\mathcal{H}_{k,l}^{[0\leqslant *<\infty]}$$

(因此,上标表示所有路径的顶点的横坐标应满足的条件).因而用三个简单的路径组合分解(图 V.8)就足以得出所有的基本公式.

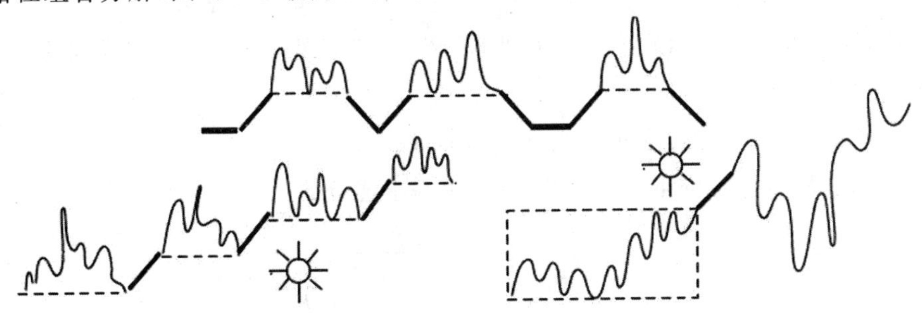

图 V.8 格子路径的三个主要分解:拱形分解(顶部),最后一段的分解(左下)和第一段的分解(右下)

(ⅰ)**拱形分解**.从高度 0 到高度 0 的游览必然由一个"拱形"的序列组成,其中的每一个或是 c_0 或是 $a_0\,\mathcal{H}_{1,1}^{[\geqslant 1]}b_1$,因此

$$\mathcal{H}_{0,0}=\text{SEQ}(c_0 \cup a_0\,\mathcal{H}_{1,1}^{[\geqslant 1]}b_1) \tag{50}$$

这相应于高度 $<h$.

(ⅱ)**最后一段的分解**.最后一次对达到高度 $0,\cdots,k$ 的时间的记录给出

$$\mathcal{H}_{0,k}=\mathcal{H}_{0,0}^{[\geqslant 0]}a_0\,\mathcal{H}_{1,1}^{[\geqslant 1]}a_1\cdots a_{k-1}\,\mathcal{H}_{k,k}^{[\geqslant k]} \tag{51}$$

(ⅲ)**第一段的分解**.数量$\mathcal{H}_{k,l}$(其中 $k\leqslant l$)蕴含了路径中由第一次通过 k 连接了高度 0 到高度 1 确定的部分,因此

$$\mathcal{H}_{0,l}=\mathcal{H}_{0,k-1}^{[<k]}a_{k-1}\,\mathcal{H}_{k,l} \tag{52}$$

(对称的成立对于 $k\geqslant l$ 的公式.).

这个理论的基本结果是以基本的连分数及与其相关的收敛多项式的形式表示了生成函数.这个表示由"分子"和"分母"两个多项式组成,我们分别用 P_h 和 Q_h 表示它们,而它们都是下面的二阶(或"三项")线性递推方程的解

$$Y_{h+1}=(1-c_h)Y_h - a_{h-1}b_hY_{h-1}, h\geqslant 0 \tag{53}$$

其中的初条件是$(P_{-1},Q_{-1})=(-1,0),(P_0,Q_0)=(0,1)$以及约定 $a_{-1}b_0=1$.换句话说,如果设 $C_j=1-a_j, A_j=a_{j-1}b_j$,我们就有

$$P_0=0, P_1=1, P_2=C_1, P_3=C_1C_2-A_2$$

$$Q_0=1, Q_1=C_0, Q_2=C_0C_1-A_1, Q_3=C_0C_1C_2-C_2A_1-C_0A_2 \tag{54}$$

这些多项式也称为连分数多项式(见文献[379,601]).

▶ V.14 **连分数多项式的组合**. 多项式 Q_h 可用以下程序得出：从乘积 $\prod := C_0C_1\cdots C_{h-1}$ 开始；然后用所有可能的方式得出成对的相邻元素 $C_{j-1}C_j$ 的交叉项，再用 $-A_j$ 代替每个这样的交叉对. 例如，Q_4 可以像下面那样得出

$$C_0C_1C_2C_3+\overbrace{\cancel{C_0C_1}}^{-A_1}C_2C_3+C_0\overbrace{\cancel{C_1C_2}}^{-A_2}C_3+C_0C_1\overbrace{\cancel{C_2C_3}}^{-A_3}+\overbrace{\cancel{C_0C_1}}^{-A_1}\overbrace{\cancel{C_2C_3}}^{-A_3}$$

多项式 P_h 可通过下标的移位而类似地得出（这些观察是 Euler 首先发现的；见文献[307] § 6.7). ◀

命题 V.3 （连分数定理文献[214]）

（ⅰ）所有游览的生成函数 $H_{0,0}$ 可用基本连分数

$$H_{0,0}=\cfrac{1}{1-c_0-\cfrac{a_0b_1}{1-c_1-\cfrac{a_1b_2}{1-c_2-\cfrac{a_2b_3}{\ddots}}}} \tag{55}$$

表出.

（ⅱ）封顶的（天花板）游览的生成函数 $H_{0,0}^{[<h]}$ 可由基本连分数(55) 的渐近分数

$$H_{0,0}^{[<h]}=\cfrac{1}{1-c_0-\cfrac{a_0b_1}{1-c_1-\cfrac{a_1b_2}{\ddots\,\cfrac{}{1-c_{h-1}}}}}=\frac{P_h}{Q_h} \tag{56}$$

表出，其中 P_h，Q_h 如式(53) 中所示.

（ⅲ）托底的（地板）游览的生成函数可由基本连分数的尾部截断

$$H_{h,h}^{[\geqslant h]}=\cfrac{1}{1-c_h-\cfrac{a_hb_{h+1}}{1-c_{h+1}-\cfrac{a_{h+1}b_{h+2}}{\ddots}}} \tag{57}$$

$$=\frac{1}{a_{h-1}b_h}\,\frac{Q_hH_{0,0}-P_h}{a_{h-1}b_hQ_{h-1}H_{0,0}-P_{h-1}} \tag{58}$$

表出.

证明 重复使用拱形分解(50) 和拟逆 $\dfrac{1}{1-f}$ 的嵌套就给出 $H_{0,0}^{[<h]}$ 的形式，它是(56) 的一个渐近分数；例如

$$\mathcal{H}_{00}^{[<1]}\cong \mathrm{SEQ}(c_0),\ \mathcal{H}_{00}^{[<2]}\cong \mathrm{SEQ}(c_0+a_0\,\mathrm{SEQ}(c_1)b_1)$$

$$\mathcal{H}_{00}^{[<3]}\cong \mathrm{SEQ}(c_0+a_0\,\mathrm{SEQ}(c_1+a_1\,\mathrm{SEQ}(c_2)b_2)b_1)$$

然后没有高度限制的基本路径的连分数表示(即,$H_{0,0}$)就可通过在式(56)中让 $h\to\infty$ 取极限得到.最后,形式为(57)的封顶的游览的连分数不是别的,而仅仅是基本形式(55)中下标改变后的形式.因此三个连分数展开式(55)(56)(57)成立.

接下来为寻求分数 $H_{0,0}^{[<h]}$ 和 $H_{h,h}^{[\geqslant h]}$ 的确切表达式就需要确定出现在基本形式(55)的渐近分数中的多项式.根据定义,渐近多项式 P_h 和 Q_h 分别是分数 $H_{0,0}^{[<h]}$ 的分子和分母.为了计算 $H_{0,0}^{[<h]}$,P_h 和 Q_h,我们经典地引入分式线性变换

$$g_i(y)=\frac{1}{1-c_j-a_jb_{j+1}y}$$

因此有

$$H_{0,0}^{[<h]}=g_0\circ g_1\circ g_2\circ\cdots\circ g_{h-1}(0),H_{0,0}=g_0\circ g_1\circ g_2\circ\cdots \tag{59}$$

现在,我们用 2×2 矩阵表示线性分式变换

$$\frac{ay+b}{cy+d}\mapsto\begin{pmatrix}a & b\\ c & d\end{pmatrix} \tag{60}$$

在这种表示下,映射的复合对应于矩阵的乘积.对 $H_{0,0}^{[<h]}$ 中的复合实行归纳法,就得出以下等式

$$g_0\circ g_1\circ g_2\circ\cdots\circ g_{h-1}(y)=\frac{P_h-P_{h-1}a_{h-1}b_hy}{Q_h-Q_{h-1}a_{h-1}b_hy} \tag{61}$$

其中 P_h,Q_h 满足迭代关系(53).在(61)中令 $y=0$ 就证明了(56).

最后,$H_{h,h}^{[\geqslant h]}$ 由方程 $g_0\circ g_1\circ g_2\circ\cdots\circ g_{h-1}(y)=H_{0,0}$ 确定,用(61)解这个方程就得出(58).

大量的生成函数可以通过类似的技巧而得出.我们推荐参考文献[214],这一理论首先在这篇论文中得到了系统地开发并综合地形成了文献[303]第5章.我们的介绍也借鉴了文献[238],其中利用这一理论发展了连续时间下一般的生灭过程的形式代数理论.

▶Ⅴ.15 **转移和交叉.** 对应于从高度0到 l(和从 k 到0)的格子路径 $\mathcal{H}_{0,l}$(和$\mathcal{H}_{k,0}$)的 OGF 分别是

$$H_{0,l}=\frac{1}{\mathfrak{B}_l}(Q_lH_{0,0}-P_l)\text{ 和 }H_{k,0}=\frac{1}{\mathfrak{U}_k}(Q_kH_{0,0}-P_k)$$

交叉$\mathcal{H}_{0,h}^{[<h]}$和$\mathcal{H}_{h-1,0}^{[<h]}$的 OGF 分别是

$$H_{0,h-1}^{[<h]}=\frac{\mathfrak{U}_{h-1}}{Q_h}\text{ 和 }H_{h-1,0}^{[<h]}=\frac{\mathfrak{B}_{h-1}}{Q_h}$$

(这里使用了缩写:$\mathfrak{U}_m=a_0\cdots a_{m-1}$ 和 $\mathfrak{B}_m=b_1\cdots b_m$.)这些扩展给出了形式为$\frac{1}{Q}$的

分数的组合解释. 它们可从基本分解以及命题 V.3 得出;详情请参阅[214,238].

◀

▶**V.16　分母多项式和正交性.** 设 $H_n=[z^n]H_{0,0}(z)$ 表示所有的赋予了非负的权的长度为 n 的游览的数目,用 $\mathcal{L}[z^n]=H_n$ 定义一个在多项式空间 $\mathbb{C}(z)$ 上的线性泛函 $\mathcal{L}$. 引入倒数多项式 $\overline{Q}_h(z)=z^hQ\left(\frac{1}{z}\right)$. 从注记 V.15 可以推出 $Q_lH_{0,0}-P_l=O(z^{2l})$ 对应了性质对所有的 $0\leqslant j<l$,成立 $\mathcal{L}[z^j\overline{Q}_l]=0$. 换句话说,多项式 $\overline{Q}_l$ 在内积 $\langle f,g\rangle:=\mathcal{L}[fg]$ 下是正交的.(历史上,正交多项式理论在正式出现之前是从连分数理论发展出来的,这方面的很多材料可见文献[118,343,563].)

◀

▶**V.17　离散时间的生灭过程.** 假设在离散时刻 $n=0,1,2,\cdots$ 时,数量为 j 的种群可以概率 α_j 增长一个单位(出生),以概率 β_j 减少一个单位(死亡)的概率 β_j,并以概率 $\gamma_j=1-\alpha_j-\beta_j$ 保持不变. 设 ω_n 是在时刻 n 时种群的初始数量再次等于 0 的概率,那么序列 ω_n 的 GF 就是

$$\sum_{n\geqslant 0}\omega_nz^n=\cfrac{1}{1-\gamma_0z-\cfrac{\alpha_0\beta_1z^2}{1-\gamma_1z-\cfrac{\alpha_1\beta_2z^2}{\ddots}}}$$

这一结果是由 I.J. Good 1958 年建立的,见文献[302].

◀

▶**V.18　连续时间的生灭过程.** 考虑连续时间的生灭过程,其中把从状态 j 到 $j+1$ 的变换换成增长率为 λ_j 的指数分布,而把从状态 j 到 $j-1$ 的变换换成减少率为 μ_j 的指数分布,又设 $\omega(t)$ 是在时刻 0 时处于状态 0,在时刻 t 时再次处于状态 0 的概率,那么我们就有

$$\int_0^{\infty}\mathrm{e}^{-st}\omega(t)\mathrm{d}t=\cfrac{1}{s+\lambda_0-\cfrac{\lambda_0\mu_1}{s+\lambda_1+\mu_1-\cfrac{\lambda_1\mu_1}{\ddots}}}=\cfrac{1}{s+\cfrac{\lambda_0}{1+\cfrac{\mu_1}{s+\cfrac{\lambda_1}{\ddots}}}}$$

因此,我们可以使用连分数和正交多项式来分析生灭过程(这一事实最初是由 Karlin 和 McGregor 发现的(见文献[362]),后来又增加了 Jones 和 Magnus 的文献[358]. 见文献[238]关于组合理论所进行的系统讨论.).

◀

V.**4.2　分析方面.** 我们现在考虑高度以固定的整数 $h\geqslant 1$ 为上界的格子路径的一般的渐近性质. 表示基本步骤的字母是带有权的,因此就像前面说过的那样有

$$a_j=\alpha_jz,b_j=\beta_jz,c_j=\gamma_jz$$

其中权总是非负的.我们将限于讨论通常从组合观点来看最有兴趣的游览.

作为一个开始,在所有的 γ_j 均为0(不允许有水平的步)的Dyck情况下,由于这时从高度0开始到再回到高度0需要用偶数步返回,因此GF $H^{[<h]}$ 只是 z^2 的函数.在这种情况下,当我们考虑 $[z^n]H^{[<h]}$ 时,我们将始终假设下标是一个偶数,即设 $n=2v$.为了避免平凡的情况,我们每一个上升步和下降步的数目都不是0.

定理Ⅴ.5 嵌套级数的渐近.考虑高度 $<h$ 的加权Motzkin路径的类 $\mathcal{H}_{0,0}^{[<h]}$.在非Dyck情况下(至少有一个 $\gamma_j\neq 0$)它们的数目满足纯指数多项式型的公式

$$H_{0,0,n}^{[<h]}=cB^n+O(C^n)$$

其中 $B>0$ 并且 $0\leqslant C<B$.在Dyck情况下,如果我们进一步假设 $n\equiv 0 \pmod 2$,则上述公式仍然成立.

证明 这个证明是从最内层结构开始,通过对级数结构的深度使用数学归纳法给出的(现在的讨论类似于Ⅴ.2节中超临界模式的分析.).我们令

$$f_j(z):=H_{h-j-1,h-j-1}^{[h-j-1\leqslant\cdot<h]}(z)$$

并用 ρ_j 表示 f_j 的正的主奇点(其存在性由Pringsheim定理保证.).

为使讨论简单起见,我们先验证所有的 γ_i 都不等于0的情况.函数 $f_0(z)$ 是

$$f_0(z)=\frac{1}{1-\gamma_{h-1}z}$$

并且我们有 $\rho_0=\dfrac{1}{\gamma_{h-1}}$.函数 $f_1(z)$ 是

$$f_1(z)=\frac{1}{1-\gamma_{h-2}z-\alpha_{h-2}\beta_{h-1}z^2f_0(z)}$$

分母中的量 $\gamma_{h-2}z-\alpha_{h-2}\beta_{h-1}z^2f_0(z)$ 当 z 从0增加到 ρ_0 时,从0连续地增加到 $+\infty$,因此,它经过某个点时将超过1,这个点只能是 ρ_1.而且特别,必定有 $\rho_1<\rho_0$.我们所做的所有的 γ_i 都不等于0的假设蕴含没有周期性.所以 ρ_1 是唯一的主奇点.重复上述论证蕴含收敛半径的序列是递减的 $\rho_0>\rho_1>\rho_2>\cdots$,它们对应的都是简单极点,它们都是唯一的主极点.因此在所有的 γ_i 都不等于0的情况下命题已得证.

对偶的,在所有的 γ_i 都等于0的Dyck情况下,可用类似的推理方式,对级数 $f_j(\sqrt{z})$ 的"浓缩"对进行操作,它的两个分支都有唯一的主奇点.这就蕴含意味着 $f_j(z)$ 自己恰有两个主奇点,即 ρ_h 和 $-\rho_h$,它们都是简单极点.

在混合情况下,f_j 最初在遇到某个 $\gamma_{h-1-j_0}\neq 0$ 之前都是Dyck型的,这时函

数 f_{j_0} 是非周期性的(在定义 Ⅳ.5 的意义下它的跨度等于 1). 然后继续用类似的方式处理 Motzkin 情况就推出随后所有的 $f_j(j \geqslant j_0)$，包括 $f_{h-1}(z) \equiv H_{0,0}^{[<h]}(z)$ 都具有唯一的主奇点.

类似的推导也可以得出随机路径表示的特征，也就是给定的某种类型的步在随机游览中出现的次数.

定理 Ⅴ.6　嵌套级数的表示. 设 X_n 是表示在一个长度为 n，高度 $<h$ 的随机游览中赋予了非负的权的类型 a_j，b_j 或 c_j 中某种给定的步出现次数的随机变量，则 X_n 的矩满足

$$\mathbb{E}(X_n) = c_1 n + d_1 + O(D^n), \mathbb{V}(X_n) = c_2 n + d_2 + O(D^n)$$

其中，c_1，c_2，d_1，d_2，D 都是常数，满足 $c_1, c_2 > 0, 0 \leqslant D < 1$. 特别 X_n 的分布是集中的.

证明　引入一个标记指定类型的步的数量的辅助变量 u，并且形成相应的 BGF $H(z,u)$. 我们只详细说明期望的情况. 函数 H 是 u 的如下形式的线性分式变换

$$H(z,u) = A(z) + \frac{1}{C(z) + uD(z)}$$

(系数 A，B，C 是先验地属于 $\mathbb{C}(z)$ 的，因此根据命题 Ⅴ.3，它们都是可计算的.). 因而我们有

$$\left.\frac{\partial}{\partial u} H(z,u)\right|_{u=1} = -\frac{D(z)}{(C(z)+D(z))^2}$$

上面的函数类似于 $H(z,1)^2$. 应用锁链法则可以验证确实如此

$$\left.\frac{\partial}{\partial u} H(z,u)\right|_{u=1} = E(z) H(z,1)^2$$

其中 $E(z)$ 在一个比使得 $H(z,1)$ 解析的圆盘更大的圆盘上解析. 然后分析 $\frac{\partial}{\partial u} H(z,u)|_{u=1}$ 的二重极点就得出结果(按照类似的路线可以确定二阶矩：这时将涉及三重极点.).

▶ **Ⅴ.19　所有的极点都是实的.** 仍然设 $\alpha_j \beta_{j+1} > 0$ 以及 $\gamma_j \geqslant 0$. 根据注记 Ⅴ.16，分母多项式 Q_h 是一族形式上在数量积下互相正交的多项式 $\overline{Q}_h$ 的倒数. 因此，任何 $\overline{Q}_h$ 的零点都是实的，从而 Q_H 的零点也都是实的. 因此：天花板游览 $H_{0,0}^{[<h]}$ 的 OGF 的极点也都是实的(基本的论证可见文献[563] § 3.3.). ◀

Ⅴ.4.3　应用. 格子路径已经具有相当广泛的描述能力，尤其在可以赋予权重时更是如此. 我们通过三种例子来说明这一事实.

例 Ⅴ.8 给出了 Dyck 路径的高度的完整分析以及对一般的平面有根树的矩和分布的分析. 这是附属于 Catalan 数的 OGF 并涉及 Fibonacci-Chebyshev 多项式的连分数的最简单(一个系数恒定)的情况. 例 Ⅴ.9 讨论了硬币喷泉. 在那里我们处理的是无限的连分数,对这种连分数可以推广前面小节中所使用过的技巧(关于和 q — 计算和醇类的分析有关的领域中的发展可见第 Ⅳ 章.). 例 Ⅴ.10 是对组合结构进行各种可能的编码的典型应用 —— 这里借助于带有整数加权的格子路径研究了互联网. 其中的枚举涉及 Hermite 多项式(在附加的注记中描述了和集合的分拆和排列有关的其他例子.).

例 Ⅴ.8　Dyck 路径的高度和平面有根树. 为了计数 Dyck(D) 和 Motzkin(M) 类型的格子路径的数目,只须做以下代换即可

$$\sigma_M : a_j \mapsto z, b_j \mapsto z, c_j \mapsto z, \sigma_D : a_j \mapsto z, b_j \mapsto z, c_j \mapsto \mathbf{0}$$

此后我们将把注意力限于 Dyck 路径的情况. 见图 Ⅴ.9 三个模拟,它们表明高度的分布有某种程度的分散. 给定了一个括号系统的表示(注记 Ⅰ.48) 后, Dyck 路径的高度就自动转换成对应的平面有根树的高度.

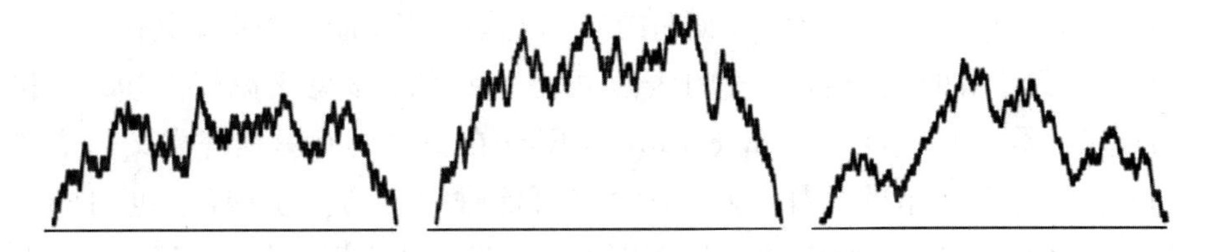

图 Ⅴ.9　三种类型的 Dyck 路径,其长度为 $2n = 500$,高度分别是 20,31,24,分布是分散的,见命题 Ⅴ.4

GS 的表示. 表示 $H_{0,0}$ 的连分数可从命题 Ⅴ.3 直接得出并且在这种情况下,由于 $H_{0,0}$ 满足 $y = \dfrac{1}{1 - z^2 y}$,所以它是周期的(这里的周期是指每一步都是一样的),表示一个平方根的函数

$$H_{0,0}(z) = \cfrac{1}{1 - \cfrac{z^2}{1 - \cfrac{z^2}{1 - \ddots}}} = \frac{1}{2z^2}(1 - \sqrt{1 - 4z^2})$$

多项式的族在这种情况下由一个常系数的递推关系式确定. 按照惯例,我们先用递推关系

$$F_{h+2}(z) = F_{h+1}(z) - zF_h(z), F_0(z) = 0, F_1(z) = 1 \tag{62}$$

定义 Fibonacci 多项式,然后就可求出 $Q_h = F_{h+1}(z^2)$, $P_h = F_h(z^2)$ (Fibonacci 多项式是 Chebyshev 多项式的倒数,见注记 Ⅴ.20.). 根据命题 Ⅴ.3,高度 $< h$ 的

路径的 GF 因而就是

$$H_{00}^{[<h]}(z)=\frac{F_h(z^2)}{F_{h+1}(z^2)}$$

(实际上我们已得出了更多的结果,例如,宽度为 $h-1$ 的条交叉的方式的数量是 $H_{0,h}^{[<h]}(z)=\frac{z^{h-1}}{F_{h+1}(z^2)}$.). Fibonacci 多项式有下面的明确的表达式

$$F_h(z)=\sum_{k=0}^{\lfloor\frac{h-1}{2}\rfloor}\binom{h-1-k}{k}(-z)^k$$

以及下面的生成函数表达式 $\sum_h F_h(z)y^h=\frac{y}{1-y+zy^2}$.

在第 Ⅰ 章中已讨论过的 Dyck 路径与(一般的) 平面树遍历之间的等价性蕴涵容量为 $n+1$,高度至多为 h 的树的数目与长度为 $2n$,高度至多为 h 的 Dyck 路径的数目是相同的. 为方便起见,设

$$G^{[h]}(z)=zH_{00}^{[<h+1]}\sqrt{z}=z\frac{F_{h+1}(z)}{F_{h+2}(z)}$$

这正好是高度 $\leqslant h$ 的一般的平面树的 OGF(这也与第 Ⅲ 章中根据其他文献的方法直接得出的连分数形式的表达式是一致的,参见文献[53]195 页和[79]216 页). 正如 De Bruijn, Knuth 和 Rice 在一篇具有里程碑意义的论文[145]中首先显示的那样,这种方法有可能进一步得到发展,这也构成了 Mellin 变换在分析组合中的历史性应用(我们推荐把这篇文章作为历史背景方面的参考文献.).

首先,把 z 看成参数去解线性递推方程(62) 就可得出 $F_h(z)$ 的另一种封闭形式的表达式如下

$$F_h(z)=\frac{G^h-\overline{G}^h}{G-\overline{G}},G=\frac{1-\sqrt{1-4z}}{2},\overline{G}=\frac{1+\sqrt{1-4z}}{2} \tag{63}$$

这里,G 是所有的树的 OGF,易于验证 $G^{[h]}$ 的另一种等价形式如下

$$G-G^{[h-2]}=\sqrt{1-4z}\ \frac{u^h}{1-u^h},\text{其中 } u=\frac{1-\sqrt{1-4z}}{1+\sqrt{1-4z}}=\frac{G^2}{z} \tag{64}$$

因而 G^h 可用 $G(z)$ 和 z 表出

$$G-G^{[h-2]}=\sqrt{1-4z}\sum_{j\geqslant 1}\frac{G(z)^{2jh}}{z^{jh}}$$

Lagrange-Bürmann 反演然后就给出随后的简单计算

$$G_{n+1}-G_{n+1}^{[h-2]}=\sum_{j\geqslant 1}\Delta^2\binom{2n}{n-jh} \tag{65}$$

其中

$$\Delta^2\binom{2n}{n-m}:=\binom{2n}{n+1-m}-2\binom{2n}{n-m}+\binom{2n}{n-1-m}$$

因此高度$\geqslant h-1$的树的数目具有封闭形式：它就是按照步长为h“取样”求和的 Pascal 三角形的(取二阶差分) 的第二行.

高度的概率分布. 从关系式(65) 容易导出容量为n的随机树的高度的渐近分布. 首先由 Stirling 公式得到当$k=o(n^{\frac{3}{4}})$，$w=\frac{k}{\sqrt{n}}$时二项式系数的 Gauss 近似，我们就求出

$$\frac{\binom{2n}{n-k}}{\binom{2n}{n}}\sim e^{-w^2}\left(1-\frac{w^4-3w^2}{6n}+\frac{5w^8-54w^6+135w^4-60w^2}{360n^2}+\cdots\right) \tag{66}$$

对精确公式(65) 使用 Gauss 近似(66) 蕴含：容量为$n+1$的，高度至少为$h-1$的树的概率对于(任何使得$0<\alpha<\beta<\infty$的α,β)$h\in[\alpha\sqrt{n},\beta\sqrt{n}]$一致地满足估计

$$\frac{G_{n+1}-G_{n+1}^{[h-2]}}{G_{n+1}}=\Theta\left(\frac{h}{\sqrt{n}}\right)+O\left(\frac{1}{n}\right),\Theta(x):=\sum_{j\geqslant 1}\frac{4j^2x^2-2}{e^{j^2x^2}} \tag{67}$$

函数$\Theta(x)$就是所谓的“$\theta-$函数”，经典上它起源于椭圆函数理论[604]. 由于二项式系数偏离中心时是快速衰减的，样本的界也表明高度至少为$n^{\frac{1}{2}+\varepsilon}$概率以$\exp\left(\frac{1}{n^{2\varepsilon}}\right)$速率衰减，因此它是指数小的. 还要注意，高度$H$本身的概率分布满足通过差分(65) 所得出的精确的表达式，它渐近地通过估计式(67) 的导数反映出来

$$\mathbb{P}_{\mathcal{G}_{n+1}}[H=\lfloor x\sqrt{n}\rfloor]=-\frac{1}{\sqrt{n}}\Theta'(x)+O\left(\frac{1}{n}\right)$$

$$\Theta'(x):=\sum_{j\geqslant 1}\frac{12j^2x-8j^4x^3}{e^{j^2x^2}} \tag{68}$$

公式(67) 和(68) 也给出了高度分布的矩，我们算出

$$\mathbb{E}_{\mathcal{G}_{n+1}}[H^r]\sim\frac{1}{\sqrt{n}}S_r\left(\frac{1}{\sqrt{n}}\right),\text{其中 } S_r(y):=-\sum_{h\geqslant 1}h^r\Theta'(hy)$$

量$y^{r+1}S_r(y)$就是所谓的关于函数$-x^r\Theta'(x)$的 Riemann 和，其中的步长$y=$

$\frac{1}{\sqrt{n}}$ 当 $n\to\infty$ 是递减的趋于 0. 和的渐近表达式可由积分表出，我们有

$$\mathbb{E}_{\mathcal{G}_{n+1}}[H^r]\sim n^{\frac{r}{2}}\mu_r, \text{其中 } \mu_r:=-\int_0^\infty x^r\Theta'(x)\mathrm{d}x$$

积分给 μ_r 一个伪装的 Mellin 变换(令 $s=r+1$)，对这个变换我们可以应用调和和处理. 然后我们把 $n+1$ 换成 n 就得出：

命题 Ⅴ.4 具有 $n+1$ 个结点的随机的平面有根树的期望高度是

$$\sqrt{\pi n}-\frac{3}{2}+o(1) \tag{69}$$

更一般的，高度的 r 阶矩渐近于

$$\mu_r n^{\frac{r}{2}}, \text{其中 } \mu_r=r(r-1)\Gamma\left(\frac{r}{2}\right)\zeta(r) \tag{70}$$

随机变量 $\frac{H}{\sqrt{n}}$ 在"中心"估计(67)和"局部"估计(68)两种意义下渐近地服从 θ 分布. 对长度为 $2n$ 的 Dyck 路径的高度成立同样的估计.

平均值(69)的改进的估计来自文献[145].(70)中一般形式的矩实际上对任何实数 r(不仅是整数)都成立. $\theta-$函数的另一种形式见下面的注记 Ⅴ.20. 图 Ⅴ.10 绘出了密度 $-\Theta'(x)$ 的极限，它的形象再次出现在二叉树和其他的简单树的高度中(例 Ⅶ.27).

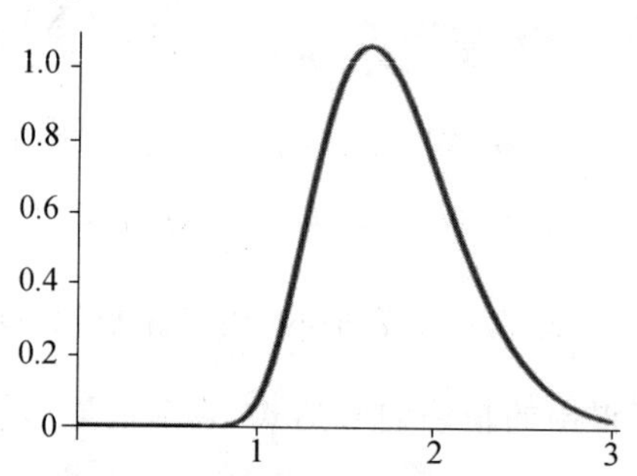

图 Ⅴ.10 高度分布的密度 $-\Theta'(x)$ 的极限

▶**Ⅴ.20 高度和** Fibonacci-Chebyshev **多项式**. 倒数多项式 $\overline{F}_h(z)=F_{h-1}(z)=z^{h-1}F_h\left(\frac{1}{z^2}\right)$ 传统上通过关系式 $\overline{F}_h(2z)=U_h(z)$ 与 Chebyshev 多项式联系起来，其中 $U_h(\cos\theta)=\frac{\sin((h+1)\theta)}{\sin\theta}$(这很容易根据递推关系式(62)和初等的三角公式加以验证.). 因而 $F_h(z)$ 的根就是 $\frac{1}{4\cos^2\frac{j\pi}{h+1}}$ 并且 $G^{[h]}(z)$ 的部

分分式展开式就可以明确地计算出来文献[145].那样,对 $n \geqslant 1$,我们就有

$$G_{n+1}^{[h-2]} = \frac{4^{n+1}}{h} \sum_{1 \leqslant j < \frac{h}{2}} \sin^2 \frac{j\pi}{h} \cos^{2n} \frac{j\pi}{n} \tag{71}$$

特别,上式对任何固定的 h 给出了渐近形式(这个公式也可以通过分段级数从样本和(65) 直接得出.). 令 $h = x\sqrt{n}$,对上面的最后一个表达式进行渐近分析就得出另外一个表达式

$$\lim_{n\to\infty} \mathbb{P}_{\mathcal{G}_n}[H \leqslant x\sqrt{n}] = \frac{4\pi^{\frac{5}{2}}}{x^3} \sum_{j \geqslant 0} j^2 \mathrm{e}^{-\frac{j^2\pi^2}{x^2}} (\equiv 1 - \Theta(x))$$

和(67) 的一个区别是,上述反映了椭圆函数的一个重要的变换公式[604]. 其与 Brown 运动及 Riemann ζ - 函数的函数方程之间的迷人联系可见 Biane, Pitman 和 Yor 的文献[64] 的研究. 树的简单族的高度也服从 θ 律法则,但其证明(例 Ⅶ.27) 则需发挥奇点分析的全部效力. ◀

▶ **Ⅴ.21** *Motzkin* ***路径***. 高度 $< h$ 的 Motzkin 路径的 OGF 是 $\frac{1}{1-z} \cdot D_{H_{0,0}^{[<h]}}\left(\frac{z}{1-z}\right)$,其中 $D_{H_{0,0}^{[<h]}}$ 表示 Dyck 路径. 因此,这种路径正好可以用从方程(65) 到(71) 所导出的公式枚举. 因而平均的高度 $\sim \sqrt{3\pi n}$. ◀

例 Ⅴ.9 ***Dyck 路径下的面积和硬币喷泉***. 考虑 Dyck 路径和面积参数:格子路径下的面积在这里被看成是路径经过标准编码后的所有变量的指标(即,起始高度) 的总和. 因此,Dyck 路径的 BGF $D(z,q)$ 即可在基本连分数(55) 中通过替换

$$a_j \mapsto q^j z, b_j \mapsto q^j, c_j \mapsto 0$$

而得出,这里用 z 标记半长度,q 标记面积(我们在这里重新导出了第 Ⅲ 章中的公式(54).). 推导的过程表明使用连续分数操作是很方便的

$$F(z,q) = \cfrac{1}{1 - \cfrac{zq}{1 - \cfrac{zq^2}{\ddots}}} \tag{72}$$

因此 $D(z,q) = F\left(\frac{z}{q}, q^2\right)$. 由于 F 满足差分方程

$$F(z,q) = \frac{1}{1 - zqF(qz,q)} \tag{73}$$

面积的矩可以通过差分并令 $q = 1$ 确定(直接方法见第 Ⅲ 章).

q - 计算的一般技巧对于导出 F 的其他形式是有效的. 把 F 的连分数表达

式(72) 表示成一个商 $F(z,q)=\frac{A(z)}{B(z)}$,那么关系式(73) 就蕴含

$$\frac{A(z)}{B(z)}=\frac{1}{1-qz\frac{A(qz)}{B(qz)}}$$

然后,通过对照分子和分母,我们就得出

$$A(z)=B(qz),B(z)=B(qz)-qzB(q^2z)$$

这里我们把 q 看成参数.然后 $B(z)$ 所满足的差分方程即容易用待定系数法确定(这个经典的技巧是 Euler 在研究整数的分拆理论时引入的.).设 $B(z)=\sum b_nz^n$,则系数满足递推关系

$$b_0=1,b_n=q^nb_n-q^{2n-1}b_{n-1}$$

展开这个关于 b_n 的一阶循环关系式就给出

$$b_n=(-1)^n\frac{q^{n^2}}{(1-q)(1-q^2)\cdots(1-q^n)}$$

换句话说,如果我们引入所谓的"$q-$指数函数"

$$E(z,q)=\sum_{n=0}^{\infty}\frac{(-z)^nq^{n^2}}{(q)_n},\text{其中}(q)_n=(1-q)(1-q^2)\cdots(1-q^n) \tag{74}$$

我们即可得出

$$F(z,q)=\frac{E(qz,q)}{E(z,q)} \tag{75}$$

在(74) 和(75) 已经给出了分布的完全的特征的意义下,Dyck 路径中的面积的确切的分布就可以认为是已知的了(例 Ⅶ.26,在"矩抽取"的基础上,给出了对于极限分布的分析,其效果已达到 Airy 律的水平.).

由于我们现在正在讨论的函数在各种数学分支中的重要性,我们无法抗拒快速地谈论一下一个题外话.q 指数的名称来自下面的明显性质,那就是当 $q\to 1^-$ 时,$E(z(1-q),q)$ 可化简成 e^{-z}.显式形式(74) 事实上构成了著名 Rogers-Ramanujan 恒等式

$$\begin{aligned}E(-1,q)&=\sum_{n=0}^{\infty}\frac{q^{n^2}}{(q)_n}=\prod_{n=0}^{\infty}\frac{1}{(1-q^{5n+1})(1-q^{5n+4})}\\E(-q,q)&=\sum_{n=0}^{\infty}\frac{q^{n(n+1)}}{(q)_n}=\prod_{n=0}^{\infty}\frac{1}{(1-q^{5n+2})(1-q^{5n+3})}\end{aligned} \tag{76}$$

即 q 指数的模形式的证明的"容易的一半",见 Andrews 的书[14] 第 7 章.

硬币喷泉.最后,这些思想可以巧妙地用在一些特殊的多项式的渐近枚举上.Odlyzko 和 Wilf 在文献[461,464] 中定义了一个(n,m) 硬币喷泉,它是总

共有 n 个硬币的一种排列,其方式是底部的行有 m 个硬币并且更高的行中的每个硬币恰好与下一行中的两个硬币接触.设 $C_{n,m}$ 是 (n,m) 喷泉的数量,$C(z,q)$ 是相应的 BGF,其中用 q 标记 n 而用 z 标记 m.令 $C(q)=C(1,q)$.我们的问题是确定面积等于 n 的硬币喷泉的总数 $[q^n]C(q)$.(作为 EIS A005169)这个级数的开头几项为

$$C(q)=1+q+q^2+2q^3+3q^4+5q^5+9q^6+15q^7+26q^8+\cdots$$

这个结果可以验证下面所示的前几个情况:

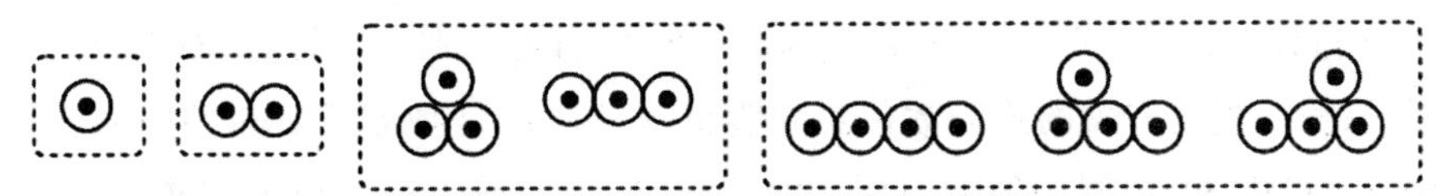

Dyck 路径在计数面积时有一个明显的 1－1 对应(做 135° 的扫描):考虑一个容量为 n 的,其底下一行中有 m 个硬币的硬币喷泉,它等价于一条长度为 $2m$,面积(按照我们之前对 Dyck 路径面积的定义)为 $2n-m$ 的 Dyck 路径.从这个 1－1 就得出 $C(z,q)=F(z,q)$(F 的定义见前面),特别,$C(q)=F(1,q)$.所以,根据(72)和(75),我们就求出

$$C(q)=\cfrac{1}{1-\cfrac{q}{1-\cfrac{q^2}{1-\cfrac{q^3}{\ddots}}}}=\frac{E(q,q)}{E(1,q)}$$

其余的讨论类似于 Ⅳ.7.3 节中关于醇类的讨论.函数 $C(q)$ 在 $|q|<1$ 中是天然的半纯函数.由于当 $q>0$ 时 $C(q)$ 是 $\frac{1-q}{1-q-q^2}$ 的优函数,因此对表格的指数下限对于 $[q^n]C(q)$ 成立 1.6^n 形式的指数下界.同时,$[q^n]C(q)$ 又以合成的数目为上界,而这个数目是 2^{n-1},因此 $C(q)$ 的收敛半径介于 0.5 和 0.618 03… 之间.通过数值分析容易初步估计出分母 $E(1,q)$ 在 $\rho\doteq 0.576\,14$ 附近存在一个简单零点.然后根据 Rouché 定理做常规的计算即可正式验证 ρ 是 $|q|<\frac{3}{5}$ 中的唯一的极点并且这个极点是简单的(过程详见文献[461]).因此,半纯函数的奇点分析是适用的.

命题 Ⅴ.5 由 n 个硬币构成的硬币喷泉的数目渐近地满足

$$[q^n]C(q)=cA^n+O\left(\left(\frac{5}{3}\right)^n\right),c\doteq 0.312\,36,A=\frac{1}{\rho}\doteq 1.735\,66$$

这个例子说明了用连分数建模并且光滑地结合半纯函数的渐近的效力.

经典结构的格子路径编码. 格子路径的枚举和连分数的系统理论最初是出

于对具有加权的格子路径的计算，特别是在计算机科学中对动态数据结构分析的背景下发展起来文献[226]. 在这个框架中，积性的权重 $\alpha_j,\beta_j,\gamma_j$ 与步骤 a_j，b_j,c_j 相联系，其中每个权重都是一个整数，它表示相应步骤类型的"可能性"的数目. 一个具有加权的格子路径的系统具有通常由相应的多元表达式中经过替换后给出的计数生成函数；即

$$a_j \mapsto \alpha_j z, b_j \mapsto \beta_j z, c_j \mapsto \gamma_j z \tag{77}$$

其中 z 标记了路径的长度. 然后我们就可像 Perron 的文献[479]，Wall 的文献[601]和 Lorentzen-Waadeland 在文献[412]中所做的那样，通过逆向工程已知的结果继续收集有关的连分数信息并尝试着解决以这种方式表达的问题的枚举计算. 接下来，按照一般的原则，我们总可以通过权重把多项式 P,Q 看成是正交多项式族的基本的变量而确定它们(见注记 V.16 和文献[118,563]). 当重数有足够的结构规律性时，具有加权的格子路径即可对应于经典的组合对象和经典的正交多项式族；大致情况可见文献[214,226,295,303] 和图 V.11. 我们通过 Lagarias，Odlyzko 和 Zagier 在文献[394] 中的一个简单的与没有不动点的对合有关的例子来说明这一点.

对象	权$(\alpha_j,\beta_j,\gamma_j)$	计数	正交多项式
简单路径	$1,1,0$	Catalan #	Chebyshev
排列	$j+1,j,2j+1$	阶乘 #	Laguerre
交错排列	$j+1,j,0$	正割 #	Meixner
对合	$1,j,0$	奇数阶乘 #	Hermite
集合的分拆	$1,j,j+1$	Bell #	Poisson-Charlier
不重叠的集合分拆	$1,1,j+1$	Bessel #	Lommel

图 V.11　一些特殊的组合对象的族以及对应的权，计数序列和正交多项式(参见注记 V.23—25)

例 V.10　互联网和对合. 这里要处理的问题来自文献[394]. 设在一条直线上给定了 $2n$ 个点，在这些点构成的点对之间共有 n 个点对互相连接，问这种互联网络的宽度可能有什么样行为? 设这些点是 $1,\cdots,2n$，互相连接的点之间用圆弧连接，让一条垂直线从左到右扫过去；宽度的定义是这条垂直线所遇到的弧的最大数目. 人们可以把宽度想象成一个固定的隧道的截面，在隧道中尽可能多地放进去一些连接隧道两端的点的电缆(图 V.12).

设$\mathcal{J}_{2n}$是所有的在 $2n$ 个点中取 n 个点对组成的互联网的集合，或等价的，所

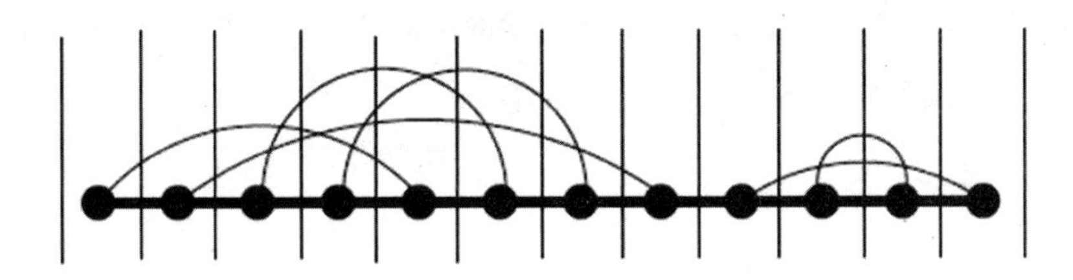

图 V.12　一个 $2n=12$ 个点的互联网

有没有不动点的对合，即只用长度为 2 的轮换构成的排列的集合，则数量 J_{2n} 就等于“奇数阶乘”

$$J_{2n}=1\cdot 3\cdot 5\cdot \cdots \cdot (2n-1)$$

其 EGF 为 $\mathrm{e}^{\frac{z^2}{2}}$（见第 Ⅱ 章）. 我们的问题是确定数量 $J_{2n}^{[h]}$，及所有宽度 $\leqslant h$ 的网络的数目.

与格子路径的关系如下. 首先，在一条垂直线扫过网络时，在横坐标轴上定义一个活动弧，即跨越横坐标的弧. 然后建立一个活动弧的序列，它计数了半整数 $\frac{1}{2},\frac{3}{2},\cdots,2n-\frac{1}{2},2n+\frac{1}{2}$ 的位置. 这构成了一个整数序列，其中前一个序列的每个成员都是这个序列的成员 ± 1；这是一个没有水平台阶的格子路径. 换句话说，对每个格子路径的元素都有一个长度小于循环周期的上升，其余处则下降的段. 我们可以将上升看成是从一个“开”的结点开始的新的循环，而把下降看成是从一个“闭”的结点开始的循环.

对合比格子路径要多得多，所以从对合到格子路径的对应是多对一的. 然而，我们可以很容易地加多格子路径，使得加多后的对象与对合构成 1－1 对应. 重新考虑垂直线与 l（活动）弧相交时的半整数的扫描位置，如果下一个节点是闭的，则从这个节点向前存在着可供选择的 l. 否则（即如果下一个节点是开的）只有一种可能性，即开始一个新的循环. 因此通过把对应于格子路径中的下降的 n 个可能的记录相加就得到了网络的一套完整的编码（某些标准的顺序是固定的，例如，最开始的第一个）. 如果我们将这些选项写成上标，就表示所有加多网络的编码可从一组标准格子路径的编码通过替换

$$b_j \mapsto \sum_{k=1}^{j} b_j^{(k)}$$

而得出.

所有对合的 OGF 可从在命题 V.3 中的一般的连分数中通过替换

$$a_j \mapsto z, b_j \mapsto j\cdot z$$

而得出. 其中 z 标记了增加的格子路径中的步数，或等价地标记了网络中的节

点的数目.换句话说,我们已经通过组合学的论证得出了形式连分数的表达式

$$\sum_{n=0}^{\infty}(1\cdot 3\cdot\cdots\cdot(2n-1))z^{2n}=\cfrac{1}{1-\cfrac{1\cdot z^2}{1-\cfrac{2\cdot z^2}{1-\cfrac{3\cdot z^2}{\ddots}}}}$$

上面的连分数最初是由 Gauss(文献[601]) 发现的.命题 Ⅴ.3 也立即用多项式的商给出了宽度至多为 h 的对合的 OGF.定义

$$J^{[h]}(z):=\sum_{n\geqslant 0}J_{2n}^{[h]}z^{2n}$$

那么我们就有

$$J^{[h]}(z)=\cfrac{1}{1-\cfrac{1\cdot z^2}{1-\cfrac{2\cdot z^2}{\cfrac{\ddots}{1-h\cdot z^2}}}}=\frac{P_{h+1}(z)}{Q_{h+1}(z)}$$

其中 P_h 和 Q_h 满足递推关系

$$Y_{h+1}=Y_h-hz^2Y_{h-1}$$

这些多项式很容易通过它们的生成函数来确定,这个生成函数满足一个反映在递推关系中的一阶线性差分方程.用这种方式所产生的分母中的多项式就是所谓的 Hermite 多项式的倒数

$$\mathrm{He}_h(z)=(2z)^hQ_h\left(\frac{1}{z\sqrt{2}}\right)$$

在文献[3] 第 22 章中以经典的方式定义了这些多项式,它们在$(-\infty,\infty)$ 中对于度量 $\mathrm{e}^{-x^2}\mathrm{d}x$ 是正交的,而且可以表示成

$$\mathrm{He}_m(x)=\sum_{m=0}^{\lfloor\frac{m}{2}\rfloor}\frac{(-1)^jm!}{j!\ (m-2j)!}(2x)^{m-2j}$$

$$\sum_{m\geqslant 0}\mathrm{He}_m(x)\frac{t^m}{m!}=\mathrm{e}^{2xt-t^2}$$

特别,我们有

$$J^{[0]}=1,J^{[1]}=\frac{1}{1-z^2},J^{[2]}=\frac{1-2z^2}{1-3z^2},J^{[3]}=\frac{1-5z^2}{1-6z^2+3z^4},\cdots$$

对于任何固定的h,文献[394]中讨论了有理的GF的主极点分析的有兴趣的方面.此外,数值模拟强烈地建议随机的具有 $2n$ 个结点的互联网的宽度紧密地集中在$\frac{n}{2}$ 周围;见图 Ⅴ.13.Louchard 的文献[418](也见 Janson 的研究

[353]）成功地证明了这个事实并且很好地处理了更多的内容. 随机网络的高度（这里高度的定义是随着时间的演变的活弧的数量）以高概率渐近地趋近于一条确定的抛物线 $2nx(1-x)(x\in[0,1])$，但是附加小振幅的随机波动. $O(\sqrt{n})$ 很好地刻画了 Gauss 过程的特点. 特别，$2n$ 个结点的互联网的随机宽度依概率收敛到 $\frac{n}{2}$.

图 Ⅴ.13 对 $2n=1\ 000$ 的随机网络的三次模拟说明了其轮廓倾向于符合高度接近于 $\frac{n}{2}=250$ 的抛物线

▶ **Ⅴ.22** Bell **数和连分数.** 设 $S_n=n!\ [z^n]e^{e^z-1}$ 是 Bell 数，则

$$\sum_{n\geqslant 0}S_nz^n=\cfrac{1}{1-1z-\cfrac{1z^2}{1-2z-\cfrac{2z^2}{\ddots}}}$$

（提示：定义一个类似于网络的编码，其中的水平步表示块的中间的元素（见文献[214]）.）其改进包括了 Stirling 分拆数和对合数. ◀

▶ **Ⅴ.23 阶乘和连分数.** 我们有

$$\sum_{n\geqslant 0}n!\ z^n=\cfrac{1}{1-1z-\cfrac{1^2z^2}{1-3z-\cfrac{2^2z^2}{\ddots}}}$$

其改进包括了正切数，正割数以及 Stirling 轮换数和 Euler 数（这个连分数可以追溯到 Euler 的文献[198]；一个基于 Françon-Viennot 的文献[269] 的 1－1 对应的证明可见文献[214]，另一个 1－1 对应可见 Biane 的文献[63].）. ◀

▶ **Ⅴ.24 满射数和连分数.** 设 $R_n=n!\ [z^n]\frac{1}{2-e^z}$，则

$$\sum_{n\geqslant 0}R_nz^n=\cfrac{1}{1-1z-\cfrac{2\cdot 1^2z^2}{1-4z-\cfrac{2\cdot 2^2z^2}{1-7z-\cdots}}}$$

这个连分数属于 Flajolet 的文献[216]. ◀

▶ **Ⅴ.25** Ehrenfest[2] **双箱模型.**（见注记 Ⅱ.11）导致 A 室完全充满的演变

数目的 OGF 满足

$$\sum_{n\geqslant 0} E_n^{[N]} z^n = \cfrac{1}{1-\cfrac{1Nz^2}{1-\cfrac{2(N-1)z^2}{\ddots}}} = \frac{1}{2^N}\sum_{k=0}^{N}\frac{\binom{N}{k}}{1-(N-2k)z}$$

这个结果来自注记 Ⅱ.11,连分数定理和 Laplace 变换的基本性质(这个连分数展开式原来是属于 Stieltjes 的文献[562] 和 Rogers 的文献[516]. 其他的公式可见文献[304].). ◀

Ⅴ.5　图和自动机中的路径

在这一节中,我们将要开发路图中的路径的框架:给出一个图,一个源节点和一个目标节点,我们要解决的问题是枚举图中所有从源节点到目标节点的路径. 在边上可以附加积性的非负权重(概率,重数). 应用包括了对各种类型的图中的行走以及用有限自动机所描述的语言的分析. 在一个基本的被称为不可约性和对应于图的强连通性的结构条件下,所有路径的生成函数都具有相同的主奇点,它们都是简单极点. 这个基本属性蕴含了系数渐近的简单指数形式(在周期情况中可能需要用确切的同余条件来加以调节.). 相应的结果可以等价地用相应的伴随矩阵的特征值的集合(谱)来表示与关于非负矩阵的经典的 Perron-Frobenius 理论 —— 在不可约性下的术语表达. 对于渐近问题只有最大的正特征值才是重要的.

Ⅴ.5.1　组合方面. 一个有向图 Γ 是由它的顶点集合 V 和它的边的集合 $E\subset V\times V$ 的一个有序对(V,E)确定的. 这里,我们允许对应于形式(v,v)的自循环的边. 给定一条边 $e=(a,b)$,我们用 $\operatorname{orig}(e):=a$ 表示它的起点,用 $\operatorname{destin}(e):=b$ 表示它的终点. 在这种规定下,一个有向图 Γ 也恒同于集合$\{1,2,\cdots,m\}$. 我们允许每条边(a,b)有一个权 $g_{a,b}$,我们可以在形式上把它看成是一个允许取正值的未知数. 我们用以下方式定义矩阵 $\boldsymbol{G}$

$$\text{如果}(a,b)\in\Gamma,\text{则令 } \boldsymbol{G}_{a,b}=g_{a,b},\text{否则令 } \boldsymbol{G}_{a,b}=\boldsymbol{0} \tag{78}$$

这个矩阵称为(有权的)图 Γ 的伴随权矩阵(图 Ⅴ.14). 通常,我们也用做过代换 $g_{a,b}\mapsto 1$ 后的 $0-1$ 矩阵来表示伴随矩阵.

一条路径 $\overline{\omega}=(e_1,\cdots,e_n)$ 是一个使得 $\operatorname{destin}(e_j)=\operatorname{orig}(e_{j+1}),1\leqslant j<n$ 的

边的序列. 参数 n 称为路径的长度,同时我们定义

$$\mathrm{orig}(\overline{\omega})=\mathrm{orig}(e_1),\mathrm{destin}(\overline{\omega})=\mathrm{orig}(e_n)$$

回路是一条原点和终点相同的路径. 注意,根据我们的定义,回路的起点是应加以区别的. 这里我们不认为两个这样的回路是恒同的,其中一条路径的起点和终点是另一条路径的起点和终点的轮换:我们所考虑的回路是要对称为根的起点加以区别的回路,即一个有根的回路.

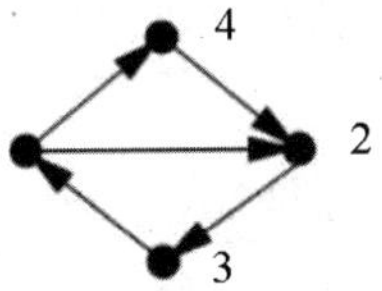

$$\Gamma = 1 \;[\text{图}]\; 2\ ,\quad \boldsymbol{G}=\begin{pmatrix} 0 & g_{1,2} & 0 & g_{1,4} \\ 0 & 0 & g_{2,3} & 0 \\ g_{3,1} & 0 & 0 & 0 \\ 0 & g_{4,2} & 0 & 0 \end{pmatrix}$$

$$F^{1,1}(z)=1+g_{1,2}g_{2,3}g_{3,1}z^3+g_{1,4}g_{4,2}g_{2,3}g_{3,1}z^4+\cdots$$

图 V.14　一个图 Γ,它的形式伴随矩阵 $\boldsymbol{G}$ 和从 1 到 1 的路径的生成函数 $F^{(1,1)}(z)$

从矩阵乘积的标准定义得出,幂 $\boldsymbol{G}^n$ 给出了路径多项式的元素. 更确切地说,我们有以下简单但基本的关系式

$$(\boldsymbol{G})_{1,j}^{n}=\sum_{w\in\mathcal{F}_n^{(i,j)}}w \tag{79}$$

其中$\mathcal{F}_n^{(i,j)}$是从 i 到 j 的长度为 n 的所有路径的集合,而一条路径 w 则恒同于一个未定元$\{g_{i,j}\}$ 的单项式,它可用相继的边的乘积来表示,例如

$$(\boldsymbol{G})_{i,j}^{3}=\sum_{v_1=i,v_2,v_3,v_4=j}g_{v_1,v_2}g_{v_2,v_3}g_{v_3,v_4}$$

换句话说:与图相关联的矩阵的幂产生了图的所有路径,路径的权是组成它的各个边的权的乘积.(这一事实可能构成了代数图论的最基本的结果见文献[66]9 页)因而我们可以通过引入标记长度的变量 z 来同时处理所有路径的长度(以及矩阵的所有的幂).

命题 V.6　(i)设 Γ 是一个有向图,$\boldsymbol{G}$ 是 Γ 的由(78)给出的形式伴随矩阵. 则 Γ 中所有从 i 到 j 的路径集合的 OGF $F^{(i,j)}(z)$ 就是矩阵$(\boldsymbol{I}-z\boldsymbol{G})^{-1}$,其中 z 标记了路径的长度,且矩阵在(i,j)处的元素是边(a,b)的权 $g_{a,b}$,即

$$F^{(i,j)}(z)=((\boldsymbol{I}-z\boldsymbol{G})^{-1})_{i,j}=(-1)^{i+j}\frac{\Delta^{(i,j)}(z)}{\Delta(z)} \tag{80}$$

其中 $\det(\boldsymbol{I}-z\boldsymbol{G})$ 是 $\boldsymbol{G}$ 的特征多项式的倒数,而 $\Delta^{(i,j)}(z)$ 是 $\boldsymbol{G}$ 的指标为(i,j)处的元素的余子式.

(ii)一个(有根)的回路的生成函数可用对数导数表出

$$\sum_i(F^{(i,j)}(z)-1)=-z\frac{\Delta'(z)}{\Delta(z)} \tag{81}$$

在这个代数形式的陈述中,如果将 $g_{a,b}$ 看成形式不定元,则 $F^{(i,j)}(z)$ 就是路径的多元GF,其中变量 $g_{a,b}$ 标记了边(a,b)出现的次数. 这个结果特别适用于 $g_{a,b}$ 被赋予了数值的情况,这时$[z^n]F^{(i,j)}(z)$ 就成了长度为 n 的路径的总权数,我们也将其称为加权图的"路径数".

证明 在证明中假设量 $g_{a,b}$ 可以是任意实数是方便的,这样可以很容易地应用通常的矩阵运算(三角化,对角化,等等). 证明叙述中所表示的性质最终等价于一个多元多项式恒等式的集合,它们的一般的有效性可简单地用它们对所有指定的实数值都成立来加以验证.

部分(ⅰ)是路径和矩阵乘积之间的基本等价性(79)的结果,这一结果以及矩阵逆的余因子公式蕴含

$$F^{(i,j)}(z)=\sum_{n=0}^{\infty}z^n(\boldsymbol{G}^n)_{i,j}=((\boldsymbol{I}-z\boldsymbol{G})^{-1})_{i,j}$$

部分(ⅱ)可从矩阵的迹的初等性质①得出. 设 $\boldsymbol{G}$ 的维数是 m 并设$\{\lambda_1,\cdots,\lambda_m\}$ 是 $\boldsymbol{G}$ 的特征值(算上重数)的集合,则我们有

$$\sum_{i=1}^{m}F_n^{(i,j)}=\mathrm{Tr}\boldsymbol{G}^n=\sum_{j=1}^{m}\lambda_j^n \tag{82}$$

其中 $F_n^{(i,j)}=[z^n]F^{(i,j)}(z)$. 得出生成函数后,我们就有以下结果

$$\sum_{i=1}^{m}\sum_{n=1}^{\infty}F_n^{(i,j)}z^n=\sum_{j=1}^{m}\frac{\lambda_j z}{1-\lambda_j z} \tag{83}$$

这在表示成 $-z$ 的因子后,不是别的,就是 $\Delta(z)$ 的对数导数.

▶Ⅴ.26 **特征多项式的逆的正性.** 设 $\boldsymbol{G}$ 具有非负系数. 则有理函数

$$Z_{\boldsymbol{G}}(z):=\frac{1}{\det(\boldsymbol{I}-z\boldsymbol{G})}$$

就具有非负的 Taylor 系数. 更一般的,如果 $\boldsymbol{G}=(g_{a,b})$ 是一个以形式未定元 $g_{a,b}$ 为元素的矩阵,则$[z^n]Z_{\boldsymbol{G}}(z)$ 是一个 $g_{a,b}$ 的具有非负系数的多项式.(提示:可通过积分(81)式加以证明:我们有$\dfrac{1}{\Delta(z)}$ 的下述等价的表达式

$$\frac{1}{\Delta(z)}=\exp\left(-\int_0^z\frac{\Delta'(t)}{\Delta(t)}\mathrm{d}t\right)=\exp\left(\int_0^z\sum_{i=1}^{m}(F^{(i,i)}(t)-1)\frac{\mathrm{d}t}{t}\right)=\exp\left(\sum_{n\geqslant 1}\frac{z^n}{n}\mathrm{Tr}\boldsymbol{G}^n\right)$$

上式保证了 $Z_{\boldsymbol{G}}$ 的系数的正性.) ◀

---

① 如果 $\boldsymbol{H}$ 是一个 $m\times m$ 矩阵,其算上重数的特征值集合为$\{\mu_1,\cdots,\mu_m\}$,则迹的定义为 $\mathrm{Tr}\boldsymbol{H}:=\sum_{i=1}^{m}\boldsymbol{H}_{ii}$,将其三角化之后(化为 Jordan 形之后)它满足 $\mathrm{Tr}\boldsymbol{H}=\sum_{j=1}^{m}\mu_j$.

▶Ⅴ.27 MacMahon **主定理**.（译者注：主定理(Master Theorenm)是指一个可以包括了各种情况的定理）设 J 是行列式

$$J(z_1,\cdots,z_m)=\begin{vmatrix} 1-z_1g_{11} & -z_2g_{12} & \cdots & -z_mg_{1m} \\ -z_1g_{21} & 1-z_2g_{22} & \cdots & -z_mg_{2m} \\ \vdots & \vdots & \ddots & \vdots \\ -z_mg_{m1} & -z_mg_{m2} & \cdots & 1-z_mg_{mm} \end{vmatrix}$$

MacMahon 主定理断言有系数的恒等式

$$[z_1^{\alpha_1}\cdots z_m^{\alpha_m}]\frac{1}{J(z_1,\cdots,z_m)}=[z_1^{\alpha_1}\cdots z_m^{\alpha_m}]Y_1^{\alpha_1}\cdots Y_m^{\alpha_m}$$

其中 $Y_i=\sum\limits_j g_{ij}z_j$. 这一结果可在关于多元 Lagrange 反演的多元 Cauchy 积分（文献[303]21—23 页）中通过简单的变量替换而得出. Cartier 和 Foata 的文献[105]对迹的单项式给出了一个组合解释，见注记 Ⅴ.10. ◀

▶Ⅴ.28 Jacobi **的迹公式**. 这个迹公式（文献[303]11 页）对正方形矩阵而言是

$$\det\circ\exp(M)=\exp\circ\mathrm{Tr}(M) \tag{84}$$

我们也需注意到对于行列式而言，等价地有：$\log\circ\det(\boldsymbol{M})=\mathrm{Tr}\circ\log(\boldsymbol{M})$. 这些公式推广了数量恒等式 $\mathrm{e}^a\mathrm{e}^b=\mathrm{e}^{a+b}$ 以及 $\log ab=\log a+\log b$（提示：反复做注记 Ⅴ.26 中的计算.）. ◀

▶Ⅴ.29 **特征多项式的快速计算**. 以下算法属于天文学家和数学家 Leverrier(1811—1877)，他与 Adams 一起首先预测了海王星的位置. 由(82)和(83)我们有

$$\sum_{n\geqslant 1}z^n\mathrm{Tr}\boldsymbol{G}^n=\sum_{j=1}^{m}\frac{\lambda_j z}{1-\lambda_j z}$$

这一算法可以导出用 $O(m^4)$ 数量级的算术运算确定维数为 m 的矩阵的特征多项式的算法（提示：对 $j=1,2,\cdots,m$，计算数量 $\mathrm{Tr}\boldsymbol{G}^j$ 恰只须 m 次矩阵乘法即可.）. ◀

▶Ⅴ.30 **矩阵的树的定理**. 设 Γ 是一个无圈的有向图，它对应于一个矩阵 $\boldsymbol{G}$，其元素 $g_{a,b}$ 表示图中边 (a,b) 的权. 我们用下式定义 Laplace 矩阵 $\boldsymbol{L}[\boldsymbol{G}]$

$$\boldsymbol{L}[\boldsymbol{G}]_{i,j}=-g_{i,j}[[i=j]]\delta_j\text{，其中 }\delta_i:=\sum_k g_{i,k}$$

设 $\boldsymbol{L}_1[\boldsymbol{G}]$ 是删除 $\boldsymbol{L}[\boldsymbol{G}]$ 的第一行和第一列所得的矩阵. 那么，"树多项式"

$$T_1[\boldsymbol{G}]:=\det\boldsymbol{L}_1[\boldsymbol{G}]$$

枚举了 Γ 的所有以节点 1 为根的（有向的）生成族（此经典结果属于一个由

Kirchhoff，Sylvester，Borchardt 和其他人在 19 世纪发起的思想圈. 参见 Knuth 的文献[377]582—583 页和 Moon 的文献[445] 中的讨论.). ◀

加权图，单词模型和有限自动机. 数量变换 $\sigma: g_{a,b} \mapsto 1$ 把 Γ 的形式伴随矩阵 $\boldsymbol{G}$ 转变成通常的伴随矩阵. 特别，在此变换下，用 $[z^n]\dfrac{1}{1-z\boldsymbol{G}}$ 可以得出长度为 n 的路径的数量. 就像前面已提到的那样，我们可以考虑加权图，其中 $g_{a,b}$ 是具有正实值的权，同时规定一条路径的权就等于它的边的权的乘积. 在此规定下，我们发现 $[z^n]\dfrac{1}{1-z\boldsymbol{G}}$ 就等于所有长度为 n 的路径的总权数. 如果进一步规定，对所有的 a 都有 $\sum_b g_{a,b}=1$，则称矩阵 $\boldsymbol{G}$ 是一个随机矩阵. 可以把它解释成一个 Markov 链的转移矩阵. 自然，在所有这些情况下，命题 Ⅴ.6 中的公式仍然成立.

对应于正规语言的单词问题可以用正规表示的理论加以，只要它们具有足够的结构并且它们的明确的正规表达式的描述是易于处理的(这是 Ⅰ.4.1 小节的主题，这一主题在 Ⅴ.3 节和 Ⅴ.4 节中得到了进一步的探讨.). 在 Ⅰ.4.2 小节介绍的自动机理论的对偶观点后面将会证明即使在没有这种直接的描述时也是有用的. 有限自动机可以归结为图中的路径理论，因此命题 Ⅴ.6 也对它们适用. 实际上，有限自动机 A 接受的具有状态 Q 的集合，初始状态 q_0，终态的集合 Q_f 所构成的语言$\mathcal{L}$，可以分解为

$$\mathcal{L}=\sum_{q\in Q_f}\mathcal{F}^{\langle q_0,q\rangle}$$

其中$\mathcal{F}^{\langle q_0,q\rangle}$ 是从初始状态 q_0 到终态 q 的路径的集合(对应的图 Γ 可从 A 通过收集任何两个顶点 i 和 j 之间的多个边而得出，其中每个单独的边都配有一个权，它等于所有从 i 到 j 的字母的权的和.). 因而命题 Ⅴ.6 显然就是可应用的.

表示. 这里术语"路径集合的表示"的含义是 m^2 个统计量的集合 $N=(N_{1,1},\cdots,N_{m,m})$ 其中 $N_{i,j}$ 表示经过(从 i 到 j 的(用 $i\to j$ 表示)) 边的次数. 这个记号与概念，例如与早先在 Ⅴ.4 节中格子路径的表示的符号和概念是一致的. 这些统计量也包含了关于正规语言中单词的字母的组成的信息，因此与 Ⅴ.3 节中所引入的表示的概念是兼容的.

设 Γ 是一个边 (a,b) 赋予加权 $\gamma_{a,b}$ 的图. 那么，路径的 BGF 是一个矩阵形式

$$(I-z\widetilde{\boldsymbol{G}})^{-1}，其中\ \widetilde{\boldsymbol{G}}=\boldsymbol{G}[g_{a,b}\mapsto g_{a,b}u^{[[(a,b)-(c,d)]]}]$$

这里 u 标记了一个特定的边 (c,d) 经过的次数. 这个矩阵中的元素 (i,j) 条目给出了出发点为 i，目的地为 j 的路径的 BGF. 然后用通常的方式即微分后再做替

换 $u=1$ 就可得出累积值(阶数 1 的矩)的 GF,继续做微分,则高阶矩也可用类似的方法得出.

Ⅴ.5.2　分析方面. 完全一般地,线性方程组的组成部分可以表现出Ⅴ.3节中正规语言的 OGF 的所有行为. 然而,解的正性还需加上一些简单的辅助条件(即下面将要定义的不可约性和非周期性),这样做是由于需要把我们感兴趣的非常类似于极其简单的有理函数 GF

$$\frac{1}{1-\frac{z}{\rho}} \equiv \frac{1}{1-\lambda_1 z}$$

包括进来,其中 ρ 是正的主奇点,$\lambda_1=\frac{1}{\rho}$ 是 T 的一个具有好性质的特征值. 因此,与这种系统相关的渐近现象是高度可预测的,其系数具有纯指数形式$\frac{c}{\rho^n}$. 我们首先阐述一般的理论,然后处理对于可用有限自动机识别的图中的路径的统计和语言的经典应用.

矩阵和图的不可约性和非周期性. 从现在起,我们只考虑具有非负元素的矩阵. 对这种矩阵而言有两个基本的概念是必不可少的,即不可约形和非周期性(这些术语来自马尔可夫链理论和矩阵理论).

对于一个维数为 $m\times m$ 的(具有非负元素)的数量矩阵 $\mathbf{A}$,依赖图(Ⅰ.2.3小节)起了关键的作用. 这是一个带有顶点集合 $V=\{1,\cdots,m\}$ 和边的集合的(有向)图,其中边的集合当且仅当 $A_{a,b}\neq 0$ 时包含了有向边$(a\rightarrow b)$. 采用这个术语的原因如下:设 $\mathbf{A}$ 代表线性变换$\left\{y_i^*=\sum_j A_{i,j}y_j\right\}$,那么,元素 $A_{i,j}\neq 0$ 就表示 y_i^* 依赖于 y_j 并且可在依赖图中转化为一条有向边$(i\rightarrow j)$.

定义 Ⅴ.5　称一个非负矩阵 $\mathbf{A}$ 是不可约的,如果它的依赖图是强连通的(即任何两个顶点之间都可用一条有向路径连接.).

通过仅考虑简单路径,可以看出不可约性等价于$(\boldsymbol{I}+\mathbf{A})^m$ 的所有元素都是严格正的这个条件. 不可约性的图形和(弱连通)图的一般结构可见图 Ⅴ.15.

定义 Ⅴ.6　称强连通的有向图Γ对于参数d是周期的,如果可以把顶点的集合 V 分成 d 类,$V=V_0\cup\cdots\cup V_{d-1}$,使得任何以 V_j 为起点的边的终点 V_{j+1} 的角标都满足 $j+1(\mathrm{mod}\ d)$. 称最大可能的 d 为周期. 如果对 $d\geqslant 2$ 不存在那种分解,因此,周期具有平凡值 1,那么就称图和它们的矩阵所对应的依赖图是非周期的.

例如,定向的 10－环对参数 $d=1,2,5,10$ 是周期的,且周期是 10. 图 Ⅴ.16

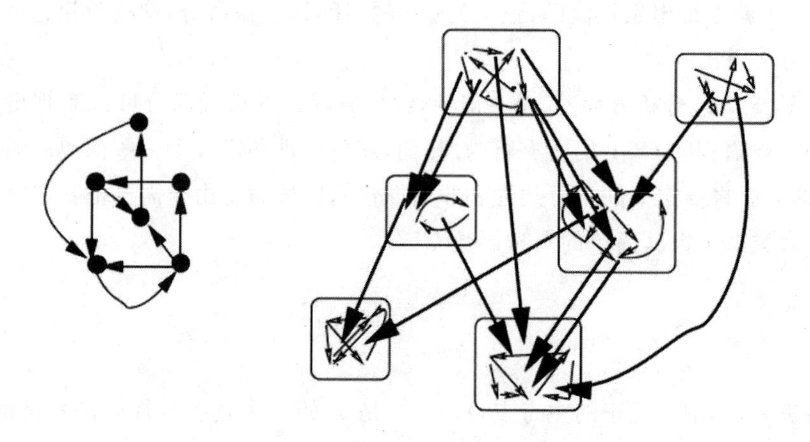

图 V.15　不可约性条件.左图:强连通的有向图.右图:把一个不是强连通的弱连通的有向图分解成作为有向无环图的强连通分量的集合

说明了这个概念.周期性意味着在任何两个给定节点 i,j 之间存在长度为 n 的路径,其中 n 属于同余类 $n \bmod d$.反之,非周期性意味着相反,对于所有充分大的 n,在任何两个给定节点 i,j 之间都存在着长度为 n 的路径.

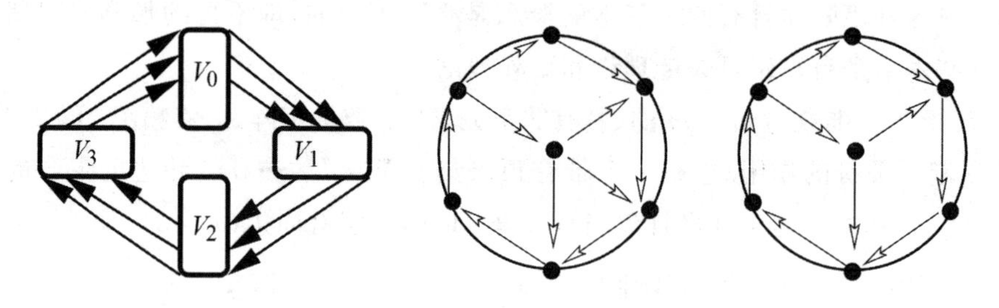

图 V.16　周期性概念:$d=4$ 的周期图的整体结构(左),非周期图(中)和周期 2(右)的周期图

根据定义,具有周期 d 的矩阵 $\boldsymbol{A}$ 在同时置换其行和列时具有循环的分块结构

$$\begin{pmatrix} 0 & \boxed{A_{0,1}} & 0 & \cdots & 0 \\ 0 & 0 & \boxed{A_{1,2}} & \cdots & 0 \\ \vdots & \vdots & \vdots & \ddots & \vdots \\ 0 & 0 & 0 & \cdots & \boxed{A_{d-2,d-1}} \\ \boxed{A_{d-1,0}} & 0 & 0 & \cdots & 0 \end{pmatrix}$$

其中块 $A_{i,i+1}$ 反映了 V_i 和 V_{i+1} 之间的连通性.在周期 d 的情况中,矩阵 $\boldsymbol{A}^d$ 允许一个对角线方块分解,其中对角线上的每一个块都是非周期的(其维数小于原

始矩阵的维数).因而我们可以逐块地分析矩阵 $\boldsymbol{A}^{vd}$,并将分析归结为非周期性情况.类似地,当 v 变化时对于任何固定的 r,我们可分析幂 $\boldsymbol{A}^{vd+r}$.换句话说,我们总可把 $d \geqslant 2$ 的不可约的周期情况归结为 d 个不可约的非周期子问题.由于这个原因,我们通常在我们的陈述中同时假设不可约性条件和非周期性条件.

▶Ⅴ.31 **非周期性的充分条件**.下列条件中的任何一个都是非负矩阵 $\boldsymbol{T}$ 的非周期性的充分条件:

(ⅰ)$\boldsymbol{T}$ 的元素是严格正的;

(ⅱ)$\boldsymbol{T}$ 的某个幂 $\boldsymbol{T}^s$ 的元素是严格正的;

(ⅲ)$\boldsymbol{T}$ 是不可约的并且至少有一个对角线上的元素是非零的;

(ⅳ)$\boldsymbol{T}$ 是不可约的并且 $\boldsymbol{T}$ 的依赖图中存在两个长度互素的闭环.

(根据定理Ⅴ.7和下面的注记Ⅴ.34可以简单地推出以上条件中的任何一个反过来都蕴含 $\boldsymbol{T}$ 存在一个唯一的主特征值.) ◀

▶Ⅴ.32 **周期的可计算性**.存在确定矩阵周期的多项式时间算法.(提示:为了验证 Γ 对参数 d 的周期性,开发一个广度优先的搜索树,按其级别标记节点,并检查边的端点是否满足模 d 的同余条件.) ◀

强连通图的路径.对于分析组合学来说,不可约性和非周期性条件的重要性起源于它们保证了路径的生成函数的主极点的唯一性和简单性这一事实.

定理Ⅴ.7 图中路径的渐近.考虑矩阵

$$\boldsymbol{F}(z)=(\boldsymbol{I}-z\boldsymbol{T})^{-1}$$

其中 $\boldsymbol{T}$ 是一个非负的数量矩阵.特别,$\boldsymbol{T}$ 是一个被赋予了正权的图的伴随矩阵.设 $\boldsymbol{T}$ 是不可约的,那么 $\boldsymbol{F}(z)$ 的所有元素 $F^{(i,j)}(z)$ 具有相同的收敛半径 ρ,它可以用以下两种等价的方式定义:

(ⅰ)$\rho=\dfrac{1}{\lambda_1}$,其中 λ_1 是 $\boldsymbol{T}$ 的最大的正的特征值;

(ⅱ)行列式方程 $\det(\boldsymbol{I}-z\boldsymbol{T})=0$ 的最小的正根.

此外 $\rho=\dfrac{1}{\lambda_1}$ 是每个 $F^{(i,j)}(z)$ 的简单极点.

如果 $\boldsymbol{T}$ 是不可约的和非周期的,那么 $\rho=\dfrac{1}{\lambda_1}$ 是每个 $F^{(i,j)}(z)$ 的唯一的主奇点,并且

$$[z^n]F^{(i,j)}(z)=\varphi_{i,j}\lambda_1^n+O(\Lambda^n),0\leqslant\Lambda<\lambda_1$$

其中常数 $\varphi_{1,j}$ 是可计算的.

证明 我们分阶段进行证明,首先通过约束 $F^{(i,j)}$ 之间的关系得出它们的性质,对这些关系我们可同时利用命题Ⅴ.6和Pringsheim定理.在(ⅰ)—(ⅴ)

部分,我们假设矩阵 $\boldsymbol{T}$ 是非周期的.最后在部分(vi)中研究周期性情况.

(i) **所有的 $F^{(i,j)}$ 都具有相同的收敛半径**.用简单的上下界可以说明每个 $F^{(i,j)}$ 都具有一个有限的非零的收敛半径 $\rho_{i,j}$.根据 Pringsheim 定理可知,这个 $\rho_{i,j}$ 必定是函数 $F^{(i,j)}$ 的奇点.由于每个 $F^{(i,j)}$ 是一个在 $\rho_{i,j}$ 处有极点的有理函数,因此当 $z \to \rho_{i,j}$ 时趋于无穷大.由于矩阵 $\boldsymbol{F}$ 满足恒等式

$$\boldsymbol{F} = \boldsymbol{I} + z\boldsymbol{T}\boldsymbol{F}, \text{ 以及 } \boldsymbol{F} = \boldsymbol{I} + z\boldsymbol{F}\boldsymbol{T} \tag{85}$$

因此,假如给定了的 $\boldsymbol{T}$ 是不可约的,则每个 $F^{(i,j)}$ 与任何其他的 $F^{(k,l)}$ 就是正(线性)相关的.因而,只要有一个 $F^{(i,j)}$ 变成无穷大,则任何其他的 $F^{(i,j)}$ 也必定都变成无穷大.因此,所有的 $\rho_{i,j}$ 都是相等的.因而我们可设它们的共同值是 ρ.

(ii) **所有的极点都具有相同的重数**.根据类似的论述,我们看出所有的 $F^{(i,j)}$ 的共同极点 ρ 都必须具有同样的重数 κ,否则其中的某个函数将增长得较慢,而这与(85)中的线性相关性矛盾.因此对某个 $\varphi_{i,j}$ 和 $\kappa \geqslant 1$ 就必须有

$$F^{(i,j)}(z) \underset{z \to \rho}{\sim} \frac{\varphi_{i,j}}{\left(1 - \dfrac{z}{\rho}\right)^{\kappa}}$$

(iii) **极点的共同重数是 $\kappa = 1$**.这个性质可从来自所有的有根环的GF的表达式(命题Ⅴ.6的部分(ii))中的对数导数形式得出,这一形式根据其构造只有简单的极点.因此,$F^{(i,j)}$ 的正的线性组合只有简单的极点,因而有 $\kappa = 1$ 且有

$$F^{(i,j)}(z) \underset{z \to \rho}{\sim} \frac{\varphi_{i,j}}{\left(1 - \dfrac{z}{\rho}\right)^{\kappa}} \tag{86}$$

另一个推论是 $\rho = \dfrac{1}{\lambda_1}$,其中 λ_1 是矩阵 $\boldsymbol{T}$ 的特征值(根),对 $\boldsymbol{T}$ 的任何一个特征值(根)λ,它满足不等式 $\lambda_1 \geqslant |\lambda|$:在矩阵论中,称这种特征值(根)为主特征值(根)[①].

(iv) **存在正的主特征根**.当 j 固定时,从 $\mathcal{F}^{(i,j)}$ 所满足的关系式(85)以及从(86)我们就得出当 $z \to \rho$ 时有

$$\frac{\varphi_{i,j}}{1 - \dfrac{z}{\rho}} \sim \rho \sum_k \frac{t_{i,k}\varphi_{k,j}}{1 - \dfrac{z}{\rho}}, \text{其中 } T = (t_{i,j}) \tag{87}$$

(译者注:原文为 $\boldsymbol{T} = (T_{i,j})$ 疑为作者笔误或排版错误.)这表示列向量$(\varphi_{1,j}, \cdots,$

---

① 在矩阵论中,主特征值(λ_1)是模最大的特征值,而在解析函数理论中主奇点(ρ)是模最小的奇点.这两个概念在生成函数的奇点是矩阵特征值的逆$\left(\rho = \dfrac{1}{\lambda_1}\right)$这一事实中得到了统一.

$\varphi_{m,j})^{\mathrm{T}}$ 是对应于特征值 $\lambda_1=\dfrac{1}{\rho}$ 的右特征向量，同理，对固定的 i，行向量 $(\varphi_{i,1},\cdots,\varphi_{i,m})$ 是左特征向量.由部分(ⅱ)可知,这些特征向量的所有的分量都是严格正的.

(Ⅴ)**特征值 λ_1 是单的**.这个性质需要得出系数 $\varphi_{i,j}$.我们证明的根据是 Jordan 标准形和一些简单的不等式.

首先假设有两个不同的 Jordan 块都对应于特征值 λ_1,那么就存在两个向量 $\boldsymbol{v}=(v_1,\cdots,v_m)^{\mathrm{T}}$ 和 $\boldsymbol{w}=(w_1,\cdots,w_m)^{\mathrm{T}}$ 使得

$$\boldsymbol{Tv}=\lambda_1\boldsymbol{v},\boldsymbol{Tw}=\lambda_1\boldsymbol{w}$$

根据部分(ⅳ)的结果,我们可假设特征向量 $\boldsymbol{v}$ 的分量都是严格正的.设 j_0 是一个下标,使得

$$\frac{|w_{j_0}|}{v_{j_0}}=\max_{j=1,\cdots,m}\frac{|w_j|}{v_j}$$

在需要时做变换 $w\to -w$ 以及尺度变换,我们不妨设 $w_{j_0}=v_{j_0}$.同时,由于 v 和 w 不共线,因而必定存在一个 j_1 使得 $|w_{j_1}|<v_{j_1}$.综上,我们有

$$w_{j_0}=v_{j_0},|w_{j_1}|<v_{j_1},\text{以及对任意 } j \text{ 成立 } |w_j|\leqslant v_j \tag{88}$$

最后,再考虑两个关系式 $\boldsymbol{T}^m\boldsymbol{v}=\lambda_1^m\boldsymbol{v}$ 和 $\boldsymbol{T}^m\boldsymbol{w}=\lambda_1^m\boldsymbol{w}$ 并检查下标为 j_0 的分量就有

$$v_{j_0}=\sum_{k=1}^{m}U_{j_0,k}v_k,w_{j_0}=\sum_{k=1}^{m}U_{j_0,k}w_k \tag{89}$$

根据不可约性和非周期性假设,每个 $U_{j,k}$ 都是正的,其中(j,k)是 T^m 的元素.然而由三角不等式,这就得出(89)和(88)矛盾,所得的矛盾便说明不可能存在两个都对应于 λ_1 的 Jordan 块.

剩下的事就是证明不存在对应于 λ_1 的维数 $\geqslant 2$ 的 Jordan 块.假设不然,那么必定存在一个向量 $\boldsymbol{w}$ 使得

$$\begin{cases}\boldsymbol{Tv}=\lambda_1\boldsymbol{w}\\ \boldsymbol{Tw}=\lambda_1\boldsymbol{w}+\boldsymbol{v}\end{cases}\Rightarrow\begin{cases}\boldsymbol{T}^{\nu m}\boldsymbol{v}=\lambda_1^{\nu m}\boldsymbol{w}\\ \boldsymbol{T}^{\nu m}\boldsymbol{w}=\lambda_1^{\nu m}\boldsymbol{w}+\boldsymbol{\nu m}\lambda_1^{\nu m-1}\boldsymbol{v}\end{cases} \tag{90}$$

通过比较 $\boldsymbol{w}$ 和 $\boldsymbol{v}$ 的界看出向量 $\boldsymbol{T}^{\nu m}\boldsymbol{w}$ 的所有分量的数量极必须都是 $O(\lambda_1^{\nu m})$,令 $\nu\to\infty$,则得出与(90)的最后关系式矛盾,由于这些分量的增长率为 $\boldsymbol{\nu}\lambda_1^{\nu m}$.这就说明不可能存在维数 $\geqslant 2$ 的 Jordan 块.因此特征值 λ_1 是单的.

(ⅵ)**$\boldsymbol{T}$ 的非周期性等价于存在唯一的主特征值**.如果 λ_1 是唯一占优势的特征值,那么这就表示对所有使得 $\lambda\neq\lambda_1$ 特征值 λ 有 $\lambda_1>|\lambda|$.因而每个 $F^{(i,j)}$ 都有一个唯一的简单的主奇点,即位于 ρ 处的简单极点.于是当 n 充分大时系数 $[z^n]F^{(i,j)}(z)$ 是非零的,由于根据(86),这些系数渐近于 $\dfrac{\varphi_{i,j}}{\rho^n}$.最后这个性质就

保证了非周期性.

反之,如果 $\boldsymbol{T}$ 是非周期的,则 λ_1 唯一地占优势. 假设 μ 是 $\boldsymbol{T}$ 的使得 $|\mu|=\lambda_1$ 的特征值,$\boldsymbol{w}$ 为对应的特征向量. 则我们有 $\boldsymbol{T}^m\boldsymbol{v}=\lambda_1^m\boldsymbol{v}$ 以及 $\boldsymbol{T}^m\boldsymbol{w}=\mu^m\boldsymbol{w}$. 但是,通过类似于部分(Ⅴ)中利用不等式(88)时所做的论证就得出 $\boldsymbol{w}$ 和 $\boldsymbol{v}$ 必须是共线的,矛盾.

我们将验证一些更强的关于周期与主特征值的数目的关系的性质作为练习留给读者. 见注记 Ⅴ.33.

上面的某些论证将启发第 Ⅶ 章中关于由正定的多项式系统定义的代数函数的系数分析方面的更困难的问题的讨论(Ⅶ.6.3 小节).

▶ Ⅴ.33 **周期性.** 如果 $\boldsymbol{T}$ 是周期 d 的,那么每个 $F^{(i,j)}(z)$ 的支集都包括在 $d\mathbb{Z}$ 中. 因此至少有 d 个对应于形如 $\lambda_1 e^{\frac{2k\pi i}{d}}$ 的特征值的共轭奇点. 不可能再有其他形式的特征值了,由于 T^d 是由不可约块组成的,其中每个块都有一个唯一的主特征值 λ_1^d. ◀

▶ Ⅴ.34 **经典的 Perron-Frobenius 定理.** 定理 Ⅴ.7 的证明立即给出了如下的著名的陈述.

定理(Perron-Frobenius 定理). 设 $\boldsymbol{A}$ 是一个元素为非负的不可约矩阵,设可把 $\boldsymbol{A}$ 的特征值排成如下顺序

$$\lambda_1=|\lambda_2|=\cdots=|\lambda_d|>|\lambda_{d+1}|\geqslant|\lambda_{d+2}|\geqslant\cdots$$

并且每个模最大的特征值都是单的. 又设 d 等于依赖图的周期. 特别,在非周期情况下 $d=1$,只有一个唯一的主特征值. 在 $d\geqslant 2$ 的周期情况下,矩阵 $\boldsymbol{A}$ 的谱有一个旋转对称:它在变换

$$\lambda\mapsto\lambda e^{\frac{2j\pi i}{d}},\quad j=0,1,\cdots,d-1$$

组成的集合下是不变的.

1907 年 Perron[478] 以及 1908 年 —1912 年 Frobenius[271] 已经极好地引出了正矩阵和非负矩阵的性质. 相应的理论现在已经广为研究者所知并具有深远的影响:它是有限马尔可夫链理论的基础,并在此基础上扩展到了无限维空间中的正算子见文献[390]. Perron-Frobenius 理论的杰出的处理方法可以在 Bellman 的书[34] 第 16 章, Gantmacher 的文献[276] 页第 13 章,以及 Karlin 和 Taylor 的文献[363]536 — 551 页中找到. ◀

▶ Ⅴ.35 **无根的环.** 考虑强连通加权图 Γ 并设其伴随矩阵为 $\boldsymbol{G}=(g_{ij})$. 设 $\mathcal{RC}$ 是所有有根环的类,$\mathcal{PRC}$ 是它的本原的子类(即它们不是任何 $\mathcal{RC}$ 中的元素的轮换移位). 又设 $\mathcal{UC}$ 是所有无根环的类(不区分原点),并设 $\mathcal{PUC}$ 是它的本原的

子类.定义伴随矩阵$\boldsymbol{G}^{\odot s}:=((g_{ij})^s)$是把$\boldsymbol{G}$的元素换成它的$s$次幂所得的矩阵.最后,令$\Delta_G(z)=\det(\boldsymbol{I}-z\boldsymbol{G})$,则我们得出

$$\begin{cases} RC(z,\boldsymbol{G})=\sum_{k\geqslant 1}PRC(z^k,\boldsymbol{G}^{\odot k}),PUC(z,\boldsymbol{G})=\int_0^z PRC(t,\boldsymbol{G})\,\frac{\mathrm{d}t}{t} \\ UC(z,\boldsymbol{G})=\sum_{k\geqslant 1}PRC(z^k,\boldsymbol{G}^{\odot k}) \end{cases}$$

根据附录 A.4:轮换结构,由此得出

$$UC(z)=\sum_{k\geqslant 1}\frac{\varphi(k)}{k}\log\left(\frac{1}{\Delta_{\boldsymbol{G}^{\odot k}}(z)}\right)$$

$$[z^n]UC(z)=\frac{\lambda_1^n}{n}+O(\Lambda^n),[z^n]PUC(z)=\frac{\lambda_1^n}{n}+O(\Lambda^n)$$

其中两个渐近式都在不可约和非周期条件下成立.这些估计可以看成是图中行走的素数理论(有关图的事实和ζ-函数可见文献[555].). ◀

表示. 定理 Ⅴ.7 的证明另外提供了某种形式的"留数矩阵",通过这个矩阵就可得出路径的一些概率性质.

引理 Ⅴ.1　不可约矩阵的迭代. 设非负矩阵$\boldsymbol{T}$是不可约的和非周期的,其主特征值是λ_1.那么留数矩阵$\boldsymbol{\Phi}$使得

$$(\boldsymbol{I}-z\boldsymbol{T})^{-1}=\frac{\boldsymbol{\Phi}}{1-\lambda_1 z}+O(1)\quad\left(z\to\frac{1}{\lambda_1}\right)\tag{91}$$

其元素由下式给出

$$\varphi_{i,j}=\frac{r_i\ell_j}{\langle r,\ell\rangle}$$

其中$\langle x,y\rangle$表示数量积$\sum_i x_i y_i$,r和ℓ分别表示$\boldsymbol{T}$的对应于λ_1的左特征向量和右特征向量.

证明　我们已经看到$\boldsymbol{\Phi}=(\varphi_{i,j})$的行和列分别和属于特征值$\lambda_1$的右特征向量和左特征向量成比例,因此,我们有

$$\frac{\varphi_{i,j}}{\varphi_{1,j}}=\frac{\varphi_{i,1}}{\varphi_{1,1}}$$

其中$\varphi_{1,j}(\varphi_{i,1})$分别是左(右)特征向量的坐标.又存在标准化常数$\xi$使得

$$\varphi_{i,j}=\xi r_i\ell_j$$

因而,标准化常数由回路的 GF 可被$z=\rho$处的留数确定,这个留数就等于$\rho=\frac{1}{\lambda_1}$.因此$\sum_i\varphi_{j,j}=1$,因而

$$1=\xi\sum_j r_j\ell_j$$

由此即可得出引理.

根据这个引理,我们即可叙述下面的:

定理 V.8 图中路径的表示. 设 $\boldsymbol{G}$ 是一个加权有向图 Γ 所对应的非负矩阵,设它是不可约的和非周期性的. 又设 ℓ, r 分别是对应于主(Perron-Frobenius)特征值 λ_1 的左右特征向量. 考虑 Γ 中具有固定原点 a 和固定终点 b 的(加权)路径的集合 $\mathcal{F}^{\langle a,b\rangle}$. 那么,边 (s,t) 作为 $\mathcal{F}^{\langle a,b\rangle}$ 中的一个随机元素的遍历次数的平均值是

$$\tau_{(s,t)} n + O(1), 其中\ \tau_{(s,t)} := \frac{\ell_s g_{s,t} r_t}{\langle \ell, r\rangle} \tag{92}$$

换句话说,经历一条长的随机路径所花费的时间渐近地逼近于遍历任何给定边所花费的时间的一个固定的(非零的)一部分. 据此,遍历顶点 s 的次数也与 n 成比例,这个比例可通过将(92)的表达式中 t 的所有可能的值相加得出.

证明 首先从引理 V.1 得出 $\mathcal{F}^{\langle a,b\rangle}$ 中路径的总的加权("数")满足

$$[z^n][(\boldsymbol{I} - z\boldsymbol{G})^{-1}]_{a,b} \sim \frac{r_a \ell_b}{\langle \ell, r\rangle} \lambda_1^n \tag{93}$$

其次我们引入修正矩阵 $\boldsymbol{H} = (h_{i,j})$,其定义为

$$h_{i,j} = g_{i,j} u^{[[i=s \wedge j=t]]}$$

换句话说,我们用 u 标记对每个边 i,j 的遍历次数. 那么量

$$[z^n]\left[\frac{\partial}{\partial u}(\boldsymbol{I} - z\boldsymbol{H})^{-1}\Big|_{u=1}\right]_{a,b} \tag{94}$$

就表示连权数算在内的遍历边 (s,t) 的总次数. 简单的代数计算[①]说明

$$\frac{\partial}{\partial u}(\boldsymbol{I} - z\boldsymbol{H})^{-1}\Big|_{u=1} = (\boldsymbol{I} - z\boldsymbol{G})^{-1}(z\boldsymbol{H}')(\boldsymbol{I} - z\boldsymbol{G}) \tag{95}$$

其中在 $\boldsymbol{H}' := (\partial_u \boldsymbol{H})_{u=1}$ 中,除了 s,t 处的元素的值是 $g_{s,t}$ 外,其余的元素都等于 0. 通过计算引理 V.1 中的留数矩阵就得出(94)中的系数渐近于

$$[z^n]\frac{\varphi_{a,s}}{1-\lambda_1 z} g_{s,t} z \frac{\varphi_{t,b}}{1-\lambda_1 z} \sim v n \lambda_1^n, v := \frac{r_a \ell_s g_s r_t \ell_b}{\langle \ell, r\rangle^2} \tag{96}$$

由于在每种情况下,相对误差项的数量级都是 $O\left(\frac{1}{n}\right)$,因此比较(96)和(93)后就可得出所需的结果.

最后的证明和方程(93)的另一个推论是以 a 起始,以 b 或 c 结束的路径的

① 如果 A 是一个依赖于 u 的算子,则我们有 $\partial_u(A^{-1}) = -A^{-1}(\partial_u A)A^{-1}$,这是通常的对反函数求导法则的非交换推广.

数目满足

$$\lim_{n\to\infty}\frac{F_n^{\langle a,b\rangle}}{F_n^{\langle a,c\rangle}}=\frac{\ell_b}{\ell_c} \tag{97}$$

换句话说,量

$$\frac{\ell_b}{\sum_j \ell_j}$$

渐近于一条从某个固定点 a 出发,在其他处不受限制,最后经过充分大的步数在 b 点结束的随机路径的出现概率. 这种性质强烈地激起了将在下面例 Ⅴ.13 中讨论的 Markov 链的理论.

▶ Ⅴ.36 **留数和投影.** 设$\mathcal{E}=\mathbb{C}^m$是背景空间,其中 m 是不可约和非周期的矩阵 $\boldsymbol{T}$ 的维数. 则存在直和分解$\mathcal{E}=\mathcal{F}_1\oplus\mathcal{F}_2$,其中$\mathcal{F}_1$是由对应于特征值 λ_1 的特征向量 $\boldsymbol{r}$ 生成的一维特征空间而$\mathcal{F}_2$是它的补空间,它是由对应于其他的特征值 $\lambda_2,\cdots$ 的特征空间的直和. (出于以下目的,在目前的讨论中,我们不妨设限制在对应于 $\lambda_2,\cdots$ 的特征空间的并上的矩阵是可对角化的.) 那么 $\boldsymbol{T}$ 作为作用于$\mathcal{F}$上的线性算子就有下面的分解

$$\boldsymbol{T}=\lambda_1\boldsymbol{P}+\boldsymbol{S}$$

其中 $\boldsymbol{P}$ 是 $\boldsymbol{T}$ 在$\mathcal{F}_1$上的投影,而 $\boldsymbol{S}$ 作用在$\mathcal{F}_2$上,其谱半径为 $|\lambda_2|$. 这一分解可图示如下:

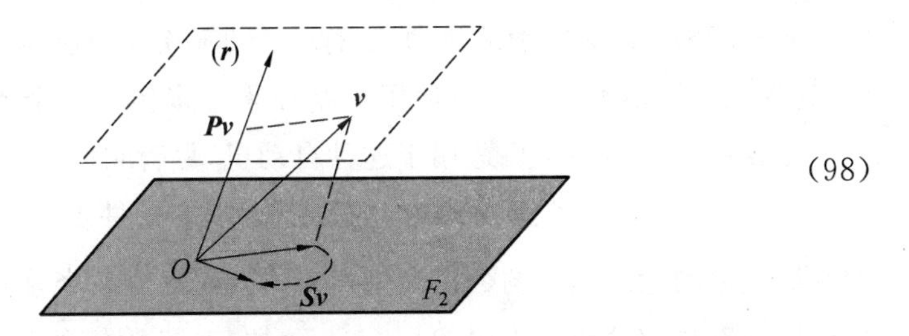

(98)

由标准的投影性质可得 $\boldsymbol{P}^2=\boldsymbol{P}$ 以及 $\boldsymbol{PS}=\boldsymbol{SP}=\boldsymbol{0}$,因此有 $\boldsymbol{T}^n=\lambda_1^n\boldsymbol{P}+\boldsymbol{S}^n$,因而成立

$$(\boldsymbol{I}-z\boldsymbol{T})^{-1}=\sum_{n\geqslant 0}(z^n\lambda_1^n\boldsymbol{P}+z^n\boldsymbol{S}^n)=\frac{\boldsymbol{P}}{1-\lambda_1 z}+(\boldsymbol{I}-z\boldsymbol{S})^{-1} \tag{99}$$

因此,留数矩阵与投影矩阵 $\boldsymbol{P}$ 重合.

由此我们也得出

$$(\boldsymbol{I}-z\boldsymbol{T})^{-1}=\frac{\Phi}{1-\lambda_1 z}+\sum_{k\geqslant 0}R_k\left(z-\frac{1}{\lambda_1}\right)^k,R_k:=\boldsymbol{S}^k\left(\boldsymbol{I}-\frac{1}{\lambda_1}\boldsymbol{S}\right)^{-k-1} \tag{100}$$

它给出了一个完整的展开式. ◀

▶ V.37　**留数的代数性值.** 为了确定 λ_1，我们只须要求解一个多项式方程. 因而(100)中的 Φ 和 R_k 的元素都可在对 $\boldsymbol{T}$ 的元素再添加一个元素 λ_1 所做的代数扩张所得的域中通过有理运算得出. 例如，为了得出特征向量，只要把代数方程组 $\boldsymbol{Tr}=\lambda_1\boldsymbol{r}$ 中的某一个换成一个标准化条件，比如 $r_1+\cdots+r_m=1$ 即可(数值程序可用在大型矩阵上.). ◀

自动机和单词. 由命题 V.6，一种由确定性的有限自动机确定的语言的 OGF 可以用拟逆 $(\boldsymbol{I}-z\boldsymbol{T})^{-1}$ 来表示，其中矩阵 $\boldsymbol{T}$ 是自动机转移的直接记录. 推论 V.7 和引理 V.1 就是对这种情况精确定制的. 对应于 Bernoulli 的单词模型，我们将允许赋予字母表的字母加权. 我们称一个自动机是不可约的(非周期的)，如果这个自动机的背景图(即得出这个自动机的图)和相关的矩阵是不可约的(非周期的).

命题 V.7　随机的单词和自动机. 设 $\mathcal{L}$ 是一个由不可约的和非周期的确定性的有限自动机 A 确定的语言. 则 $\mathcal{L}$ 的单词的数目满足

$$L_n \sim c\lambda_1^n + O(\Lambda^n)$$

其中 λ_1 是 $\boldsymbol{A}$ 的转移矩阵的主(Perron-Frobenius)特征根，而 c,Λ 是满足条件 $c>0$ 和 $0\leqslant\Lambda<\lambda_1$ 的实数.

在 $\mathcal{L}_n$ 的随机单词中，正定理 V.8 所给出的那样，经历指定的顶点或边的遍历次数的平均值线性的渐近于 n.

▶ V.38　**含义明确的自动机.** 称一个非确定性的有限自动机是含义明确的，如果任何给定的单词的可适用的路径集至多包含一个元素. 上述的转换成生成函数后的性质甚至也适用于这种自动机，尽管它们是非确定性的. ◀

▶ V.39　**通道数量的集中分布.** 在定理的条件下，一个指定的结点或边的遍历次数的标准偏差的数量级是 $O(\sqrt{n})$. 因此，在一条随机的长的路径中，这种遍历的数目的分布是集中的. (与(95)比较，二阶矩的计算需要考虑更高阶的导数，这导致三重极点. 二阶矩和平均值的平方的数量级都是 $O(n^2)$ 的，因而都被合并到了主渐近的阶中.) ◀

V.5.3　应用. 我们现在给出几个定理V.7和V.8的应用. 首先，例V.11简要研究了局部有约束的单词的情况，其中禁止字母之间的某些转移；例 V.12 再次研究了区间上的行走问题并且开发了一个适用于连分数理论的其他问题的替代矩阵观点. 接下来，示例 V.13 明确地给出了从有限马尔科夫链理论的基本定理毫不费力地推导出更一般的定理 V.8 的方法. 例 V.14 通过一个比较简单的魔鬼阶梯问题，对比了组合方法和马尔可夫方法. 例 V.15 回到单词问题并得出了一个关于一种重要的组合结构，即 De Bruijn 图的简单推论. 这个图当我们处理单词问题时在预测许多情况下的渐近结果的形状上是非常有价值的；最后，例 Ⅴ.16 通过简要讨论一种具有排除模式的单词的特殊情况结束了本节，由此导出了 Borges 定理的定量形式(注记 Ⅰ.35).

在所有这些情况中，计数估计都具有 $c\lambda_1^n$ 的形式，而有兴趣的参数的期望值都是线性增长的.

例 Ⅴ.11　局部有限制的单词. 考虑一个固定的字母表$\mathcal{A}=\{a_1,\cdots,a_m\}$ 和一个集合$\mathcal{F}\subset\mathcal{A}^2$，在这个集合中禁止某些字母以相邻的状态出现. 用$\mathcal{L}$表示$\mathcal{A}$上的不受那种限制的单词的集合并称它是局部受限制的语言(我们在标记 Ⅳ.30 中已经讨论过所有具有相同的字母段都不允许出现的特殊情况，即 Smirnov 单词的情况.).

显然，$\mathcal{L}$的单词可被状态空间同构于$\mathcal{A}$的自动机识别：状态 q 简单地记住了最后一个字母是q 这一事实. 然后通过收集允许的转移$(q,r)\mapsto a$ 就可得出自动机的图，其中$(q,r)\notin\mathcal{F}$(换句话说，自动机的图形是一个所有对应了禁止转移的边都被删除了的完全图.). 因此，任何局部约束的语言的 OGF 是一个有理函数性. 它的 OGF 由

$$(1,1,\cdots,1)(\boldsymbol{I}-z\boldsymbol{T})^{-1}(1,1,\cdots,1)^{\mathrm{T}}$$

给出(译者注：$(1,1,\cdots,1)^{\mathrm{T}}$ 表示$(1,1,\cdots,1)$ 的转置.). 其中如果$(a_i,a_j)\in\mathcal{F}$，则 $T_{ij}=0$，否则 $T_{ij}=1$. 如果在一个允许的单词中每个字母都可以比任何其他的字母晚出现，则自动机是不可约的. 此外，除了少数退化情况外(例如，在允许转移 $a\to b,c;b\to d;c\to d;d\to a$ 的情况下) 转为 $a\to b,c$; $b\to d$，图也是非周期的. 在不可约和非周期的情况下，单词的数量必须 $\sim c\lambda_1^n$ 并且每个字母平均的具有渐近于常数的频率(对 Smirnov 单词的情况，见第 Ⅳ 章，(34) 和(35).).

例如在图 Ⅴ.17 中，$\mathcal{A}=\{a,b,c,d\}$，有 8 个禁止的转移并且可以看出其特征多项式$\chi_G(\lambda):=\det(\lambda\boldsymbol{I}-\boldsymbol{G})$ 是$\lambda^3(\lambda-2)$. 因而，我们有$\lambda_1=2$. 右特征向量和左特征向量分别是

$$\boldsymbol{r}=(2,2,1,1)^{\mathrm{T}} \text{ 和 } \boldsymbol{l}=(2,1,1,1)$$

因而根据定理 Ⅴ.8，矩阵 $\boldsymbol{\tau}$ 就是

$$\boldsymbol{\tau}=\begin{pmatrix}\frac{1}{4} & \frac{1}{4} & 0 & 0\\ \frac{1}{8} & 0 & \frac{1}{16} & \frac{1}{16}\\ \frac{1}{8} & 0 & 0 & 0\\ 0 & 0 & \frac{1}{16} & \frac{1}{16}\end{pmatrix}$$

其中 $\tau_{s,t}$ 表示从字母 s 到字母 t 转移的渐近频率.

这说明一条随机的路径花费在从字母 a 转移到字母 b 之间的时间比例是 $\frac{1}{4}$，但在字母对 bc，bd，cc，ca 转换时的时间则是少得多的 $\frac{1}{16}$. $\mathcal{L}$的随机单词中字母的频率是 $\left(\frac{1}{2},\frac{1}{4},\frac{1}{8},\frac{1}{8}\right)$，因此 a 的频率是 c 或 d 的 4 倍多，等等. 图形表示可见图 Ⅴ.17(右).

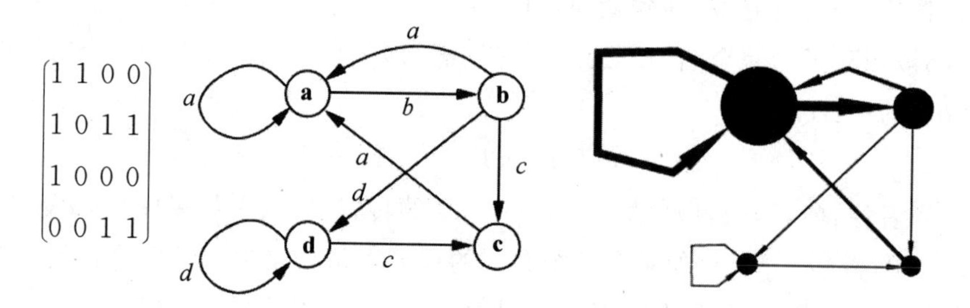

图 Ⅴ.17　局部受约束的单词：与之相关的转移矩阵 $\boldsymbol{T}$，禁止的对 $F=\{ac,ad,bb,cb,cc,cd,da,db\}$，相应的自动机和示意图，其中绘制时顶点和边的宽度是和它们的渐近频率成比例的

组合分析的各种领域，包括多元的 GF 和非统一的字母模型都很容易用这种方法处理. Bertoni 等人在文献[59]中发展了任意正规语言中有关方差，分布符号的出现次数的计算.

例 Ⅴ.12　区间上的行走. 作为一个直接的图示，考虑对应于图 $\Gamma(5)$ 的行走，其顶点集合是 1，2，3，4，5，而它的边由所有使得 $|i-j|\leqslant 1$ 的对 (i,j) 形成. 图 $\Gamma(5)$ 和它的关联矩阵为

$$\Gamma(5)=\quad 1\quad 2\quad 3\quad 4\quad 5,\quad \boldsymbol{G}(5)=\begin{pmatrix}1&1&0&0&0\\1&1&1&0&0\\0&1&1&1&0\\0&0&1&1&1\\0&0&0&1&1\end{pmatrix}$$

特征多项式$\chi_{G(5)}(z):=\det(z\boldsymbol{I}-\boldsymbol{G}(5))$可分解成

$$\chi_{G(5)}(z)=z(z-1)(z-2)(z^2-2z-2)$$

因此它的主特征根是$\lambda_1=1+\sqrt{3}$. 由此,我们可求出它的左特征向量(由于这个矩阵是对称的,因此这个向量的转置同时也是右特征向量)如下

$$\boldsymbol{r}=\ell^{\mathrm{T}}=(1,\sqrt{3},2,\sqrt{3},1)$$

因此,随机路径(其对应于都等于1的权的所有路径的分布是一致的.)访问节点1 ,…,5的频率与

$$1,1.732,2,1.732,1$$

成比例. 这表示对非极值节点的访问更加频繁 —— 由于那种节点具有更高的自由度,因此往往有更多的路径穿越它们.

实际上,这个例子是有结构的. 例如,图$\Gamma(11)$由长度为10个间隔的区间定义,这导致了一个具有高度可分解的特征多项式的矩阵

$$\begin{aligned}\chi_{G(11)}(z)=&z(z-1)(z-2)(z^2-2z-2)\cdot\\&(z^2-2z-1)(z^4-4z^3+2z^2+4z-2)\end{aligned}$$

读者可能已经看出这是可用V.4节中的理论所包括的格子路径的特殊情况,实际上,根据命题V.3,在顶点集为$\{1,\cdots,k\}$的图$\Gamma(k)$中,从顶点1到顶点1路径的OGF可由以下连分数给出

$$\cfrac{1}{1-z-\cfrac{z^2}{1-z-\cfrac{z^2}{\cfrac{\ddots}{1-z-\cfrac{z^2}{1-z}}}}}$$

(连分数的块数是k). 由此可以看出$\boldsymbol{G}$的特征多项式是例V.8中的Fibonacci-Chebyshev多项式的基本变体. 基于定理V.8的分析更简单,虽然它更简陋,由于它只给出了这个问题的一阶渐近解.

这个例子是典型的:每当组合问题有适当数量的规律性时,我们就可用到线性代数的所有知识,包括大量多年来积攒起来的确定结构的计算方法和知识体系,这已由Krattenthaler的综述[391]以及Vein和Dale的书[594]很好地总结了.

例V.13　有限Markov链的基本理论. 考虑矩阵$\boldsymbol{G}$的行和都等于1的情况,即$\sum_j g_{i,j}=1$的情况. 称那种矩阵为随机矩阵. 那么,数量$g_{i,j}$就表示从状态i转移到状态j的概率. 假设矩阵$\boldsymbol{G}$是不可约的和非周期的. 显然,列向量(1,

$1,\cdots,1)^{\mathrm{T}}$ 是矩阵 $\boldsymbol{G}$ 的属于主特征值 $\lambda_1=1$ 的右特征向量. 把左特征向量标准化,使得其元素之和等于 1 后所得的行向量称为稳态概率向量. 求出这一向量必然会涉及线性代数的计算和行列式,而这又涉及求出矩阵 $\boldsymbol{I}-\boldsymbol{G}$ 的核的元素,它们都可以用标准方法完成.

定理 Ⅴ.8 和等式(93) 立即蕴含下面的:

命题 Ⅴ.8 **Markov 链的稳态概率.** 考虑对应于一个不可约和非周期的随机矩阵 G 的加权图. 设 $\boldsymbol{l}$ 是对应于特征值 1 的标准左特征向量. 那么一条具有固定原点和终点的长度为 n 的随机(加权) 路径访问节点 s 的平均次数渐近于 ℓ_s, n,而遍历边(s,t) 的平均次数渐近于 $\ell_s g_{s,t} n$. 一条具有固定原点,终点为 s 的长度为 n 的随机路径出现的概率渐近于 ℓ_s.

向量 $\boldsymbol{l}$ 也称为稳态概率向量. 命题 Ⅴ.8 所表达的 一阶渐近性质当然构成了有限 Markov 链理论的最基本的结果.

例 Ⅴ.14 ***魔鬼阶梯.*** 这个例子说明了一种经常用于计算特征值和特征向量的基本技巧. 这时预先假设矩阵可以简化成稀疏形式并具有足够规则的结构.

设想你住在一个有楼梯的房子里,这个楼梯有 m 级台阶. 假设你回家时已有点醉了,因此在每一秒,你可以登上一级台阶或者倒退. 在登最后一级台阶时你总是绊倒并退回去(图 Ⅴ.18). 问在时刻 n 时,你可能在哪里?

确切地说,有两个略有不同的模型对应于这个非正式陈述的问题. 这个概率模型把这个问题看成一个 Markov 链,其中每一步有两个可能性相同的选择. 图 Ⅴ.18 中的矩阵 $\widetilde{\boldsymbol{G}}$ 反映了这一点. 组合模型只是假设系统的所有可能的演变("历史") 是等可能的,这对应于矩阵 $\boldsymbol{G}$. 这里我们选择后者,但读者必须记住,这一方法对这两种基本情况同样适用.

我们首先给出关于表示一个特征值 λ 和它的右特征向量 $\boldsymbol{x}=(x_1,\cdots,x_m)^{\mathrm{T}}$ 的共同性质的约束. 对应于$(\lambda\boldsymbol{I}-\boldsymbol{G})\boldsymbol{x}=\boldsymbol{0}$ 的第一批等式由 $m-1$ 个关系式组成

$$(\lambda-1)x_1-x_2=0,\ -x_1+\lambda x_2-x_3=0,\cdots,\ -x_1+\lambda x_{m-1}-x_m=0 \tag{101}$$

和一个额外的关系(我们不可能再有比最后一步更高的式子)

$$-x_1+\lambda x_m=0 \tag{102}$$

可以很容易地求出(101) 的解,然后就可逐步地把 $x_2,\cdots,x_m$ 表示成 x_1 的函数

$$x_2=(\lambda-1)x_1,\ x_3=(\lambda^2-\lambda-1)x_1,\cdots,\ x_m=(\lambda^{m-1}-\lambda^{m-2}-\cdots-1)x_1 \tag{103}$$

上述关系再加上特殊关系式(102) 说明 λ 必须满足方程

$$1-\lambda^{m}+z\lambda^{m+1}=0 \tag{104}$$

由 Perron-Frobenius 定理,我们可设 λ_1 是上面的方程的主特征根即最大正根. 注意,量 $\rho:=\frac{1}{\lambda_1}$ 满足特征方程

$$1-2\rho+\rho^{m+1}=0$$

这个方程我们在谈论最长的单词时已经遇到过;然后例 V.4 的讨论就保证了在$\frac{1}{2}$ 附近存在一个孤立的 ρ. 因此 λ_1 略小于 2.

$$\boldsymbol{G}=\begin{pmatrix}1&1&0&0&0&0\\1&0&1&0&0&0\\1&0&0&1&0&0\\1&0&0&0&1&0\\1&0&0&0&0&1\\1&0&0&0&0&0\end{pmatrix}\qquad \widetilde{\boldsymbol{G}}=\begin{pmatrix}\frac{1}{2}&\frac{1}{2}&0&0&0&0\\\frac{1}{2}&0&\frac{1}{2}&0&0&0\\\frac{1}{2}&0&0&\frac{1}{2}&0&0\\\frac{1}{2}&0&0&0&\frac{1}{2}&0\\\frac{1}{2}&0&0&0&0&\frac{1}{2}\\1&0&0&0&0&0\end{pmatrix}$$

图 V.18　魔鬼阶梯($m=6$) 和两个可以模拟它的矩阵

用类似的讨论可得出关于左特征向量 $\boldsymbol{y}=(y_1,\cdots,y_m)$ 的性质. 容易看出 y_j 必须和$\frac{1}{\lambda_1^j}$ 成比例. 因此,从定理 V.8 和等式(97) 就得出:在时刻 n 处于状态 j(即在楼梯的第 j 级台阶处) 的概率趋于极限

$$\overline{\omega}_j = \frac{\gamma}{\lambda_1^j}$$

其中λ_1是多项式(104)在2附近的根而标准化常数γ由$\sum_j \overline{\omega}_j = 1$确定.换句话说,时刻$n$处的高度分布是参数为$\frac{1}{\lambda_1}$的截断的几何分布.例如,$m=6$导致$\lambda_1 = 1.983\ 58$,在状态1,…,6处的渐近概率是

$$0.504\ 13, 0.254\ 15, 0.128\ 12, 0.064\ 59, 0.032\ 56, 0.016\ 41 \tag{105}$$

表现出一种明显的几何级数式的递减.以下是对$n=100$的一个随机轨迹的模拟

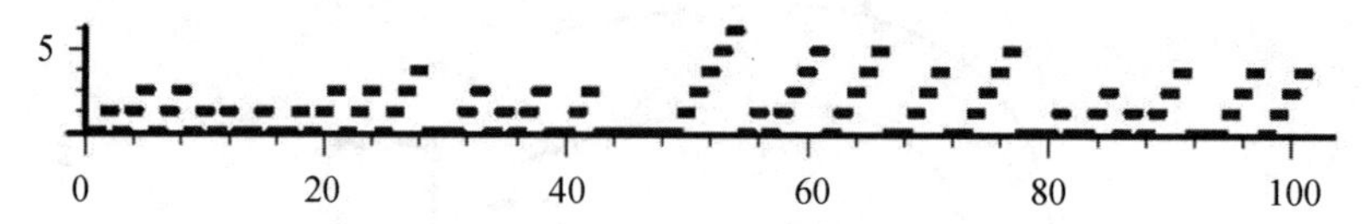

在这种情况下可以观察到在上述6种状态处的频率分别是0.44,0.26,0.17,0.08,0.04,0.01,基本上与期望值是一致的.

最后,与单词中的长时间运行问题的相似性也很容易得到解释.设u和d分别是表示向上和向下一步的字母.从状态1到状态1的路径的集合可由下述正规表式描述

$$\mathcal{P}_{1,1} = (d + ud + \cdots + u^{m-1}d)^*$$

对应的生成函数是

$$P_{1,1}(z) = \frac{1}{1 - z - z^2 - \cdots - z^m}$$

没有m个字母u的串的单词的OGF的变体也对应于加数$\leqslant m$的合成的枚举(概率转移矩阵$\widetilde{G}$的情况留给读者作为练习.).

例Ⅴ.15 De Bruijn **图**.两个小偷想要闯入一个的房子,这个房子的入口设置有一个四位数的密码锁.只要把密码顺序输入,就可以打开门.第一个小偷建议按顺序尝试所有四位数序列,在最坏的情况下这将导致多达40 000次击键.第二个小偷也是一个数学专家,说他可以只用10 003次尝试即可.他的秘密方法是什么?

显然,某些优化是可能的:例如,对于在二进位表示下,序列00110要比00011011更好,由于后者中多余的数字更多.通过一些尝试会发现三位数密码的最佳解决方案的长度是10(而不是24),例如

0001110100

一般的问题是:我们可以达到的最好的结果是什么以及如何构造这样的序列?

设进位制的基数是一个固定的数 m. 所有包含 k 个元素的轮换序列的因子(连续块)称为 de Bruijn 序列. 显然,它的长度至少是

$$\delta(m,k)=m^k+k-1$$

由于在距离末尾 $k-1$ 处时它至少需要 m^k 个可能的位置. 使得 $\delta(m,k)$ 最小的序列称为最小 de Bruijn 序列. 这种序列是 N. G. de Bruijn 的文献[140]在 1946 年为了回答一个电气工程中的问题时发现的,其中所有出现的设备都是一个黑匣子,要求用最低的成本进行测试. 我们将在这里讨论二进制 $m=2$ 的情况,对 $m>2$ 情况的推广是明显的.

设 $\ell=k-1$ 并考虑自动机 $\mathcal{B}_\ell$,当从左到右扫描输入文本时,它将记住最后读出的长度为 ℓ 的块. 因此,一个状态可以理解成一个长度为 ℓ 的串,状态的总数是 2^ℓ. 变换是容易计算的:设 $q\in\{0,1\}^\ell$ 是一个状态,并设 $\sigma(w)$ 是将单词 w 的所有字母向左平移一个位置的函数,在此过程中将去掉 w 的第一个字母(因此 σ 将 $\{0,1\}^\ell$ 映为 $\{0,1\}^{\ell-1}$);变换是

$$q\overset{0}{\mapsto}\sigma(q)0,q\overset{1}{\mapsto}\sigma(q)1$$

如果我们进一步将状态 q 解释成区间 $[0,\cdots,2^\ell-1]$ 中的一个代表它的整数. 那么变换矩阵将具有非常简单的形式

$$T_{i,j}=[[(j\equiv 2i(\bmod 2^\ell)\text{ 或}(j\equiv 2i+1(\bmod 2^\ell)))]]$$

参见图 V.19. 其中借用了文献[263]中绘制的图形.

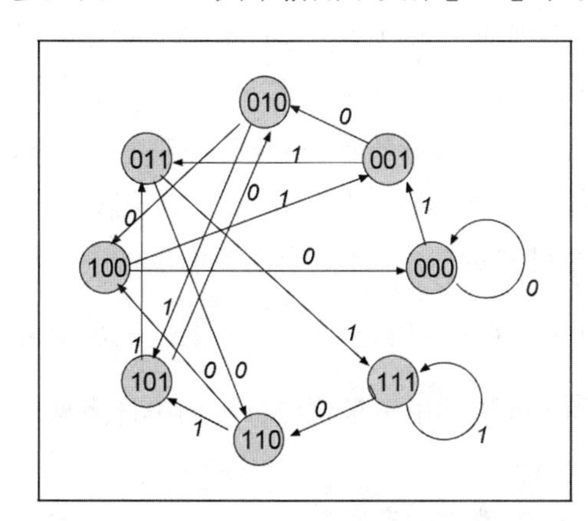

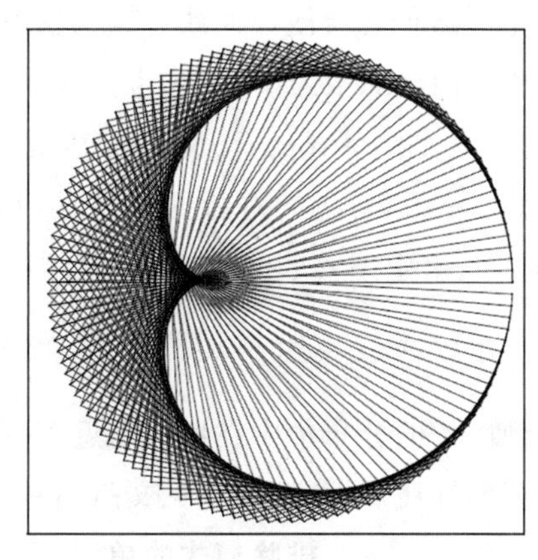

图 V.19 de Bruijn 图:(左)$\ell=3$ 和(右)$\ell=7$

从组合上来说,de Bruijn 图的特征是,每个结点的内度数和外度数都等于 2. 根据众所周知的 Euler 定理可知:无向连通图有一个 Euler 圈(即一条经过每个结点恰好一次的闭路)的充分必要条件是每个结点的度数都是偶数. 对于强

连通的有向图,这个条件就是每个结点的外度数等于其内度数. 这里最后一个条件显然满足. 取一条从结点 0^l 开始并结束的 Euler 圈;它的长度是 $2^{l+1}=2^k$. 因而显然,以一个固定的单词 $0^{k-1}=0^l$ 为前缀的经过的边的标签的序列就构成一个最小的 de Bruijn 序列. 一般的,这个论证给出了如下结果:最小 de Bruijn 序列的长度为 m^k+k-1. 窃贼 —— 数学家的秘密原来如此!(译者注:本例的结果无法应用到由目前银行和计算机键盘的输入设备输入的密码上去,这些设备输入的密码只能被取款机或计算机内部识别而不能保留在输入设备上. 而这个例子中的方法正是针对可以在外部的输入设备上保留的密码而设计的,这种设备与银行与计算机键盘的区别是按键不会自动弹起,而是需要再按一下再弹起或按另一个键时再弹起或者使用插针输入并且对每一位都需单独设置 m 键. 比如为了输入长度为 3 的二进制密码,需要在每一位上设置两个不可自动弹起的键,一个是 0,另一个是 1. 再比如,为了实验完一个十进制的四位密码 1000 后再接着实验密码 3000,在普通的键盘上,你需要击键 8 次,但是在可保留密码的键盘上,你可保留后三位不变,只改变千位,因此只须击键两次(每一个按键需再按一次弹起)或一次(按 3 时 1 自动弹起). 由此可见击键次数的减少是以输入设备的复杂化为代价并与输入设备的输入方式密切相关的,这才是这个方法的真正的秘密.)

回到枚举问题. de Bruijn 矩阵是不可约的,由于一条带有充分多个 0 的加标记的路径总会使任何状态通向状态 0^l,因而一条以字母 $w\in\{0,1\}^l$ 结尾的路径将通向状态 w. 这个矩阵也是非周期性的,因为它在状态 0^l 和 1^l 处各有一个环. 因此,由 Perron-Frobenius 性质,它有唯一的主特征值,并且不难验证它的值是 $\lambda_1=2$,对应的右特征向量是 $(1,1,\cdots,1)^{\mathrm{T}}$. 如果我们固定一个模式 $w\in\{0,1\}^l$,由定理 V.8 就会重新得出一个已知的事实,即一个随机的单词中平均约会出现 $\frac{n}{2^l}$ 次模式 w,而由于方差是 $O(n)$ 阶的,注记 V.39,则更进一步蕴含出现次数的分布集中在均值附近. de Bruijn 图可用于量化随机单词中许多模式出现的性质属性,例如可见文献[43,240,263].

例 V.16　排除模式的单词. 固定一个模式的有限集合 $\Omega=\{w_1,\cdots,w_r\}$,其中每个 w_j 都是 $\mathcal{A}^*$ 的一个单词. 由不含有 Ω 中的单词作为单词因子的单词组成的语言 $\mathcal{E}\equiv\mathcal{E}^{\Omega}$ 可用扩展的正规表达式描述

$$\mathcal{E}\equiv\mathcal{A}^*\setminus\bigcup_{j=1}^{r}(\mathcal{A}^*w_j\mathcal{A}^*)$$

这是一种虽然简洁但高度模糊的描述. 根据正规语言的闭包性质,$\mathcal{E}$ 本身是正规

的，并且必须存在一个可以识别它的确定性的自动机.

一个可识别$\mathcal{E}$的自动机可以在一个下标为 index $k=-1+\max|w_j|$ 并删除了对应于 Ω 中单词的顶点与边的 de Bruijn 自动机的基础上开始构造. 确切地说，只要 q 包含了一个 Ω 中的因子，就删除顶点 q；只要单词 $q\alpha$ 包含 Ω 中的因子，则也删除从 q 开始到字母 α 的转移(边). 修剪过的 de Bruijn 自动机称为$\mathcal{B}_k^0$，当它配备了初始状态 0^k 和所有的终态后，它就能识别 $0^k\,\mathcal{E}$的所有单词. 因此，在所有的情况下 OGF $E(z)$ 都是有理函数.

$\mathcal{B}_k^0$的矩阵是$\mathcal{B}_k$的 de Bruijn 的矩阵，其中的一些非零元素被换成了 0. 设$\mathcal{B}_k^0$是不可约的. 这个假设只消除了一些病态的情况(例如，字母表$\{0,1\}$上的 $\Omega=\{0,1\}$). 因而，$\mathcal{B}_k^0$的矩阵就具有一个简单的 Perron-Frobenius 特征值 λ_1. 由主特征值的性质($\Omega\neq\varnothing$) 可知我们必须有 $\lambda_1<m$，其中 m 是字母表的基数. 非周期性是自动成立的. 因而，我们通过纯粹定性的论证就得出：在不可约性的条件下，排除了有限集 Ω 中的模式的长度为 n 的单词的数量，对于某个 $c>0$ 和 $\lambda_1<m$ 渐近于 $c\left(\frac{\lambda_1}{m}\right)^n$. 这给了我们一个简单的比早先被称为"Borges 定理(注记Ⅰ.35)"的更强大的版本，那时那个定理说：几乎每个充分长的文本都包含某些长度为 l 的预定模式.

修剪的自动机的构造显然是对前面例 Ⅴ.11 中具有局部限制的单词的结果的推广.

▶Ⅴ.40　**无向图中的行走.** 考虑一个无向图 Γ，其中我们在移动时，每次都从当前的位置沿着图的边随机地移动一步. 那么相关的 Markov 链的转移矩阵 $\boldsymbol{P}=(p_{ij})$ 就是 $p_{ij}=\dfrac{1}{\deg(i)}$，其中$(i,j)$ 是一条边，$\deg(i)$ 是顶点(i) 的度. 稳态分布由 $\pi_i=\dfrac{\deg(i)}{2(\|E\|)}$ 给出，其中 $\|E\|$ 是 Γ 的边的数目. 特别，如果图是正规的，稳态分布就是均匀的(更多的内容可见 Aldöus 和 Fill 即将出版的书[11].). ◀

▶Ⅴ.41　**具有排除模式的单词和数字树.** 设$\mathcal{S}$是一个有限的单词的集合. $\mathcal{S}$可被一个自动机识别，可以把$\mathcal{S}$看成是一种有限的语言，它可以构造成一棵树. 得出这棵树的过程类似于经典的数字树或用以维护检索的数据结构的尝试过程[378]. 对结构的修改产生一个容量的线性自动机，它显示了出现在$\mathcal{S}$的单词中的字符的总数.(提示：构造可以基于 Aho-Corasick 自动机的构造进行(见文献[5,538])). ◀

Ⅴ.6　转移矩阵模型

存在一系列有理函数对于自然地描述图中的路径问题的应用，但在这些问题中边可能具有不同的数目. 在物理中，这种模型就是所谓的"转移矩阵方法"的核心. 从技术上讲，这一理论是在 Ⅴ.5 节中发展的图中的路径的标准情况的简单扩展. 对它的主要兴趣是它关于组合问题的数目的表达能力，这包括宽度是有界的树，一部分自回避行走的模型以及某些受限制的排列问题.

Ⅴ.6.1　组合方面. 传递矩阵方法由各种确定性的自动机和标准图中的路径的模型构成建模. 其一般框架总结在图 Ⅴ.20 中. 我们的想法是建立一个巧妙地构造出来的类的集合("状态") $\mathcal{C}_j$ 的线性方程组，它们与原始的需要枚举的类$\mathcal{C}$具有相同的性质. 然后就可以将图 Ⅴ.20 中的组合系统(106) 用图形表示，在这个图中，我们把类 $\Omega_{j,k}$ 的对象附加到边上("状态之间的转移")，这些边的数目一般是不同的.

转移矩阵方法. 设$\mathcal{C}$是一个需要枚举的组合类.

(ⅰ) 确定一个类的集合$\mathcal{C}_1,\mathcal{C}_2,\cdots,\mathcal{C}_m$，使得以下方程组成立

$$\mathcal{C}_1\cong\mathcal{C},\mathcal{C}_j=\sum_{k\in[1,2,\cdots,m]}\Omega_{j,k}\,\mathcal{C}_k+\mathcal{I}_j,j=1,2,\cdots,m \tag{106}$$

其中所有的 $\Omega_{j,k}$ 和$\mathcal{I}_j$都是有限集.

(ⅱ) 然后 OGF $C(z)=C_1(z)$ 就由以下方程组确定

$$C_j(z)=\sum_j\Omega_{j,k}(z)C_k(z)+I_j(z),j=1,2,\cdots,m \tag{107}$$

其中 $\Omega_{j,k}(z)$ 和 $I_j(z)$ 分别是 $\Omega_{j,k}$ 和$\mathcal{I}_j$的生成多项式. 因此 $C(z)$ 就是拟逆矩阵 $(\boldsymbol{I}-\Omega(z))^{-1}$ 的元素的 $C[z]-$线性组合.

图 Ⅴ.20　基本的转移矩阵方法的小结

定义 Ⅴ.7　给了一个有向的多重图 Γ，设其顶点的集合为 V，边的集合为 E，Γ 上的容量函数是一个任意的从 E 映到$\mathbb{Z}_{\geqslant1}$的函数 $\sigma:E\to\mathbb{Z}_{\geqslant1}$. 一个带有容量的图是一个对$(G,\sigma)$，其中 σ 是容量函数.

(译者注：在无向图中，联结一对顶点的无向边如果多于 1 条，则称这些边为平行边，平行边的条数称为重数. 在有向图中，联结一对顶点的有向边如果多于 1 条，并且这些边的始点与终点相同(也就是它们的方向相同)，称这些边为平行边. 含平行边的图称为多重图，既不含平行边也不含环的图称为简单图.)

路径用与 Ⅴ.5 节中相同的方式定义. 路径的长度像通常那样定义为组成

它的边的数目;路径的容量定义成其中的边的容量之和.与前一节中处理的基本情况一样,我们也允许边具有正的权数(重数,概率系数),路径的权数是其边的权数的乘积.

定义 V.8 称一个矩阵 $\boldsymbol{T}(z)$ 是一个转移矩阵,如果它的每个元素都是一个 z 具有非负系数的多项式.称一个转移矩阵 $\boldsymbol{T}(z)$ 是真的,如果 $\boldsymbol{T}(0)$ 是幂零的,即对某个 $r \geqslant 1$ 有 $\boldsymbol{T}(0)^r = \boldsymbol{0}$.

转移矩阵的例子有

$$z\begin{pmatrix} \frac{1}{4} & \frac{3}{4} \\ \frac{1}{2} & \frac{1}{2} \end{pmatrix},\ \begin{pmatrix} 0 & 1 \\ z^3 & z+z^2 \end{pmatrix}$$

并且它们都是真的.对于 V.5 节中考虑的图和自动机,所有边的容量都取成单位.这时与其相关的(带加权的)伴随矩阵总是具有 $\boldsymbol{T}(z) = z\boldsymbol{S}$ 的形式,其中 $\boldsymbol{S}$ 是一个具有非负元素的数量矩阵,因此是真转移矩阵的非常特殊的情况.

给定了一个具有容量和赋予了权函数 $w: E \to \mathbb{R}_{>0}$(具有性质:在纯枚举的情况下 $w(e) \equiv 1$)的图 Γ,我们可以让 Γ 对应一个转移矩阵 $\boldsymbol{T}(z)$ 如下

$$T_{a,b}(z) = \sum_{e \in \mathrm{Edge}(a,b)} w(e) z^{|e|} \tag{108}$$

其中,$\mathrm{Edge}(a,b)$ 表示连接 a 到 b 的所有边的集合;$w(e)$ 和 $|e| \equiv \sigma(e)$ 分别表示边 e 的权重量和容量.矩阵 $\boldsymbol{T}(z)$,其在 (a,b) 处的元素是由(108)给出的多项式 $T_{a,b}$ 称为(具有加权,容量)的图的转移矩阵.根据定义 V.7,具有容量的图的转移矩阵总是真的.由于 $\boldsymbol{T}(z)^m$ 描述了用 z 标记容量的图中的所有路径,命题 V.6 的证明技巧立即给出:

命题 V.9 给定一个转移矩阵为 $\boldsymbol{T}(z)$ 的具有容量的图,从 i 到 j 的路径的集合的 OGF $F^{\langle i,j \rangle}(z)$,其中 z 标记大小,是矩阵 $(\boldsymbol{I} - \boldsymbol{T}(z))^{-1}$ 在 (i,j) 处的元素

$$F^{\langle i,j \rangle}(z) = ((\boldsymbol{I} - \boldsymbol{T}(z))^{-1})_{i,j}$$

其中 z 标记了容量.

V.6.2 分析方面. 为了应用 V.5 节中关于转移矩阵的一般结果,我们必须首先注意容易把转移矩阵化简为图的路径的标准情况,这时所有边的容量都是 1.

给定了一个具有容量的图 Γ,可以用下述方法构造标准图 $\hat{G}$,其中 $\hat{G}$ 的所有的边都具有单位容量.$\hat{G}$ 的顶点集是 Γ 的顶点集的扩充,其中增加了一些称为传递结点的附加顶点.对每条 Γ 中的容量为 $\sigma(e) = m$ 的边 e,引入 $m-1$ 个额外

的传递节点，并在$\hat{G}$中用从a到b的容量都是1的简单路径连接它们.下面是一个把Γ中的长度为4的边转变成$\hat{G}$中具有3个传递节点的边的例子：

显然，Γ的顶点是$\hat{G}$的顶点的子集，并且Γ的所有的路径都对应于$\hat{G}$的路径.设$\hat{\boldsymbol{T}}$是Γ的(数量)伴随矩阵，那么在拟逆$(\boldsymbol{I}-z\hat{\boldsymbol{T}})^{-1}$的$(i,j)$处的元素就是有容量的图$\Gamma$中从编号为$i$的结点到编号为$j$的结点的路径的OGF的意义下，拟逆$(\boldsymbol{I}-z\hat{\boldsymbol{T}})^{-1}$就描述了$\Gamma$中的所有连容量都算在内的路径.

这个构造方法允许我们将Ⅴ.5节的主要结果应用于转移矩阵和有容量的图.如果$\hat{G}$和$\hat{\boldsymbol{T}}$是不可约的(非周期的)，则我们说出有容量的图Γ及其转移矩阵$\boldsymbol{T}(z)$是不可约的(非周期的)的，因而我们可立即转述定理Ⅴ.7和Ⅴ.8如下：

推论Ⅴ.1 (ⅰ)考虑不可约的和非周期的有容量的图Γ，则存在可计算的常数λ_1和数$\varphi_{i,j}$使得Γ中从i到j的路径的OGF满足

$$[z^n]F^{(i,j)}(z)=\varphi_{i,j}\lambda_1^n+O(\Lambda^n),0\leqslant\Lambda<\lambda_1 \tag{109}$$

(ⅱ)在容量充分大的随机的从a到b的路径中，一条指定的边(s,t)出现的数目渐近于

$$\overline{\omega}_{s,t}n+O(1) \tag{110}$$

其中$\overline{\omega}_{s,t}$是一个可计算的常数.

因此，在一般情况下，路径的行为是可预测的.下面的注记探讨了一些进一步的性质，这使得我们可以直接对转移矩阵和有容量的图进行操作而不需要$\hat{\boldsymbol{T}}$和$\hat{G}$的明确的结构.

▶Ⅴ.42 **有容量的图的不可约性.** 有容量的图Γ是不可约的充分必要条件是把Γ的边的长度都取成1后所得的图G_1是强联通的.Γ的转移矩阵是不可约的(在上述意义下)的充分必要条件是$\boldsymbol{T}(1)$在通常的数量转移矩阵的意义下是不可约$\boldsymbol{T}(1)$的. ◀

▶Ⅴ.43 **有容量的图的非周期性.** 称一个多项式$p(z)=\sum_j c_jz^{e_j},c_j\neq 0$是本原的，如果$\delta=\gcd(\{e_j\})=1$(译者注：这里的定义与其他文献上通常的定义不一致，大多数文献上对本原多项式的定义是$\delta=\gcd(\{c_j\})=1$，一开始，译

者以为是笔误或输入错误，但从下文看不是.），否则称它是非本原的. 等价地，$p(z)$ 是非本原的充分必要条件是对某个真多项式 q 和 $\delta > 1$ 有 $p(z) = q(z^{\delta})$. 不可约的有容量的图是非周期的（在上述意义下）的充分必要条件是 $\boldsymbol{T}(z)$ 的某个幂 $\boldsymbol{T}(z)^{e}$ 的至少一个对角线元素是本原多项式. 等价地，存在两个长度相同的环，使得它们的容量 s_1, s_2 满足 $(s_1, s_2) = 1$. ◀

▶ Ⅴ.44 **渐近增长常数的直接确定.** 设 Γ 是一个不可约的和非周期的有容量的图，那么我们就有 $\lambda_1 = \dfrac{1}{\rho}$，其中 ρ 是 $\det(\boldsymbol{I} - \boldsymbol{T}(z)) = 0$ 的最小的正根，$\boldsymbol{T}(z)$ 是 Γ 的转移矩阵. ◀

Ⅴ.6.3 应用. 由(109)和(110)概括的定量性质完全适用于可用转移矩阵方法的研究的类. 我们将首先以 Odlyzko 和 Wilf 的早期文章[463]中所研究过的树的宽度来说明这种情况，然后给出一个从 Graham，Knuth 和 Patashnik 的文献[307]一书中对多米诺骨牌铺砌和生成函数的深刻阐述中汲取了灵感的例子，最后以一个完全可解的多联骨牌模型的例子结束.

例 Ⅴ.17 树的宽度. 树的宽度定义为出现在距离根为固定长度的任意层上的最大的节点数. 如果一棵树是在离散平面上绘制的，那么树宽度和高度就可以看作是包围它的矩形的水平和竖直长度. 此外，宽度是在广度（按照一排）优先搜索下遍历树的复杂性的指标，而高度与深度（一层一层的）优先搜索相联系.

转移矩阵是分析固定宽度的树的数目问题的理想工具. 考虑对应于方程 $Y(z) = z\phi(Y(z))$ 的树的简单族 $\mathcal{Y}$，其中"生成子" ϕ 描述了树的基本结构（命题 Ⅰ.5）. 设 $\mathcal{C} := \mathcal{Y}^{[w]}$ 是宽度最多为 w 的树的子类. 这样的树很容易一层一层地建成. 实际上，参考我们在本节开始时对传递矩阵方法的一般描述，让我们引入一个类 $\mathcal{C}_k$ 的集合，其中每个 $\mathcal{C}_k (k = 1, 2, \cdots, k)$ 由所有宽度 $k \leqslant w$ 并在最深处恰有 k 个结点的树组成. 那么我们就有 $\mathcal{C} = \sum_{k=1}^{w} \mathcal{C}_k$（这是我们在一般描述中考虑的情况的一个微不足道的变体）. 因此，转移矩阵模型的状态，或等价点的，有容量的图的结点，就对应于树的最深的层上的节点数. 从对应于状态 j 的类 $\mathcal{C}_j$ 到对应于状态 k 的类 $\mathcal{C}_k$ 的转移是通过以各种可能的方式把嫁接具有 k 叶的、总高度等于 1，具有 k 个树叶的树嫁接的 j 个树的树林在一起实现的. 关于宽度 $w = 3$ 的情况，请参见图 Ⅴ.21.

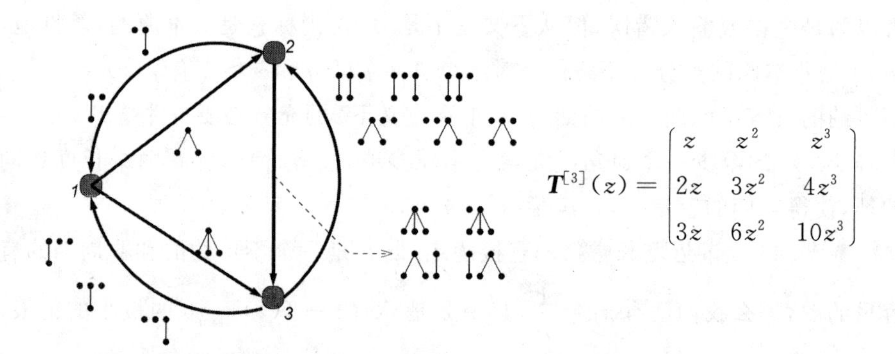

图 V.21　对应于宽度至多为 3 的一般的平面树的有容量的图和它的转移矩阵(为使图形简单起见,省略了从结点到它自身的转移)

有 k 个树叶,深度为 1 的 j 棵树的树林的数目是

$$t_{j,k}=[u^k]\phi(y)^j$$

设 $\boldsymbol{T}$ 是元素为 $T_{j,k}=z^k t_{j,k}$ 的 $w\times w$ 矩阵.那么显然 $z^i(\boldsymbol{T}^h)_{i,j}(1\leqslant i,j\leqslant w)$ 是高度为 h,宽度至多为 w 的,在第 h 层有 j 个结点的 i 棵树的树林的数目.因此,宽度至多为 w 的$\mathcal{Y}$— 树的 GF 就是

$$Y^{[w]}(z)=(z,0,0,\cdots)(\boldsymbol{I}-\boldsymbol{T})^{-1}(1,1,1,\cdots)^{\mathrm{T}}$$

例如,对宽度为 4 的 Catalan 树,矩阵 $\boldsymbol{T}$ 如下形

$$\boldsymbol{T}^{[w]}(z)=\begin{pmatrix} z\binom{1}{0} & z\binom{2}{0} & z^3\binom{3}{0} & z^4\binom{4}{0} \\ z^2\binom{2}{0} & z^2\binom{3}{1} & z^3\binom{4}{1} & z^4\binom{5}{1} \\ z\binom{3}{2} & z^2\binom{4}{2} & z^3\binom{5}{2} & z^4\binom{6}{2} \\ z\binom{4}{3} & z^2\binom{5}{3} & z^3\binom{6}{3} & z^4\binom{7}{3} \end{pmatrix}$$

对主极点的分析给出了$[z^n]Y^{[w]}(z)$ 的渐近公式

$\omega=2$	$\omega=3$	$\omega=4$	$\omega=5$	$\omega=6$
$0.0085\cdot 2.1701^n$	$0.0026\cdot 2.8050^n$	$0.0012\cdot 3.1638^n$	$0.0006\cdot 3.3829^n$	$0.0004\cdot 3.5259^n$

由于转移矩阵中的所有项都是非零的,因此矩阵是不可约的.非周期性来自生成子 ϕ 的非周期性,可以用一个简单的论证(例如,使用注记 V.43)来说明这点.

命题 V.10　树的简单族中宽度至多为 w 的树的数目满足如下形式的渐

近估计

$$Y_n^{[w]}=\frac{c_w}{\rho_w^n}+O(n)$$

其中 c_w,ρ_w 都是可计算的常数.

此外,在容量为 n 的树中高度的确切的分布在多项式阶的时间内是可计算的.

由于从原创性的工作[463]问世以来,这些生成函数的特性尚未被详细研究过,因此,目前复分析还不能引导我们向前进一步发展.幸好,概率论接手了这一研究.Chassaing 和 Marckert 的文献[111]已经说明,对 Cayley 树而言,宽度满足

$$\mathbb{E}_n(W)=\sqrt{\frac{\pi n}{2}}+O(n^{\frac{1}{4}}\sqrt{\log n}),\mathbb{P}_n(\sqrt{2}W\leqslant x\to 1-\Theta(x))$$

其中 $\Theta(x)$ 是在(67)中定义的 $\theta-$ 函数.这恰好回答了 Odlyzko 和 Wilf 的文献[463]中提出的一个公开问题.在文献[111]中关于分布的结果可以扩展到任何简单族中的树上去(在关于生成子 ϕ 的宽松和自然的分析假设下):参见 Chassaing,Marckert 和 Yor 的论文[112],这篇论文建立在 Drmota 和 Gittenberger 的早期结果[173]之上.从本质上讲,这些工作的结论是用广度优先搜索遍历一个简单的族中的大的树的结构将产生一个容量像 Brown 游览一样的渐近波动的序列,在更前意义上说,这表明广度优先搜索和深度优先搜索具有相似的复杂性,统一采集的树对遍历它们的方式没有特别的偏好.

▶ **V.45　一个关于宽度多项式的问题.** 目前还不知道以下断言是否是正确的.这个断言说 $Y^{[k]}(z)$ 的分母的最小正根 ρ_k 满足

$$\rho_k=\rho+\frac{c}{k^2}+o\left(\frac{1}{k^2}\right)$$

其中 $c>0$ 是某个常数.如果成立上述估计,以及给出了与这个估计适合的有关的界,就可以给出一个 $n-$ 树的预期宽度是 $\Theta\sqrt{n}$ 的纯粹的分析证明以及详细的概率估计(Fredholm 方程的经典理论在这种情况下很可能是有用的.).　◀

例 V.18　一个矩形的单－二联矩形的铺砌. 假设给出三种基本形状:单位正方形(m)——1×1 正方形,多米诺骨牌,它们是竖直的 1×2 矩形(v)或水平的 2×1 矩形(h).问有多少种方式可以用这三种基本图形没有重叠的完全覆盖(铺砌)一个 $n\times 3$ 矩形?

基本形状的类型如下:

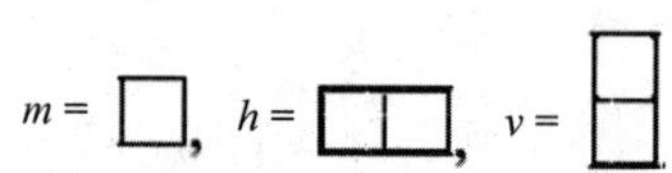

下面是一个具体的 5 × 3 矩形的铺砌：

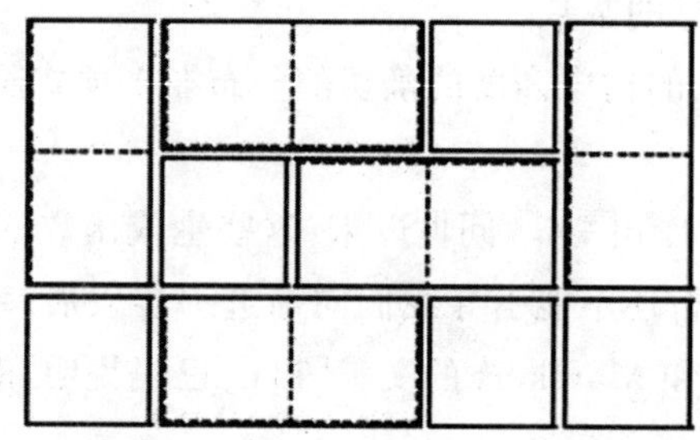

为了解决这个计数问题，首先要定义一个合适的符合图 Ⅴ.20 中的原则的组合类的集合，一般，我们用$\mathcal{C}$表示，称之为配置. 对于 $n \times k$ 矩形的配置是一个部分铺砌，使得所有前 $n-1$ 列完全被多米诺骨牌覆盖，而最后一列被 0 到 3 个单位正方形覆盖而在零之间. 例如，下面是一些对应于上面的例子的配置：

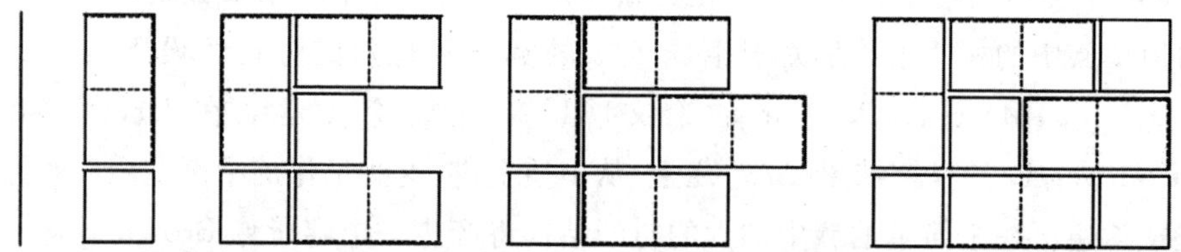

这些图形建议了一种通过连续添加多米诺骨牌构建配置的方式. 从空的 0×3 矩形开始，每个阶段添加一个最多三个不重叠的多米诺骨牌的集合. 这就建立了一个配置其中，与上面的例子中一样，多米诺骨牌可能在右边没有对齐. 继续添加左边界的横坐标 1,2,3 等的多米诺骨牌，使得图形的内部不会出现“空洞”.

根据最后一列的填充状态，我们可以把配置分成 8 个类并用二进制数字把它们编号成$\mathcal{C}_{000}, \cdots, \mathcal{C}_{111}$. 例如$\mathcal{C}_{001}$代表两个单元（按照惯例从上到下）是自由的而第三个被占据的配置. 因而当扫描线向右移动一个位置并添加多米诺骨牌后，一组规则就描述了所得出的新的配置类型. 例如，我们有：

$$\mathcal{C}_{010} \quad \odot \quad \Longrightarrow \quad \mathcal{C}_{101}$$

通过这种方式，我们就可以建立一个线性方程组，它表示了在较短的矩形的最后一层上添加基本形状而得到一个更长的矩形的所有可能的结构（类似于语法或确定性的有限自动机）. 这个方程组包含一些方程式，它们类似于

$$C_{000} = \varepsilon + \underline{mmm}C_{000} + \underline{mv}C_{000} + \underline{vm}C_{000} +$$

$$\underline{mm}C_{100}+\underline{m\cdot m}C_{010}+\underline{mm}\cdot C_{001}+\underline{v\,\cdot}C_{001}+\underline{\cdot\,v}C_{100}+$$
$$\underline{m\cdot\cdot}C_{011}+\underline{m\,\cdot}C_{101}+\underline{\cdot\cdot\,m}C_{110}+\underline{\cdot\cdot\cdot}C_{111}$$

这里,像 mv 这样的“字母”表示从上到下分别依次添加 m,v 类型的多米诺骨牌;字母 $m\cdot m$ 表示在顶部和底部添加两个单位正方形,等等.

做代换

$$m\mapsto z,h\mapsto z^2,v\mapsto z^2$$

后,上面的方程组就成为了一个系数为多项式的线性方程组.解这个方程组就给出了配置的生成函数,其中 z 标记了这种配置所覆盖的面积.例如

$$C_{000}(z)=\frac{(1-2z^3-z^6)(1+z^3-z^6)}{(1+z^3)(1-5z^3-9z^6+9z^9+z^{12}-z^{15})}$$

特别,系数 $[z^{3n}]C_{000}(z)$ 就是 $n\times 3$ 矩形铺砌的数目

$$C_{000}(z)=1+3z^2+22z^6+131z^9+823z^{12}+5\ 096z^{15}+\cdots$$

系数的序列的增长如 $c\alpha^n(n\equiv 0(\bmod 3))$ 其中 $\alpha\doteq 1.838\ 28$(α 是一个5次代数数的立方根).(见文献[109]中的计算机代数会议.)平均来说,对大的 n,单位正方形的比例是固定的并且在大矩形的随机铺砌中单位正方形的分布渐近于正态分布,这是一个从 Ⅸ.6 节的发展得出的结果.

铺砌的例子典型地解释了图 Ⅴ.20 中所描述的转移矩阵方法.在上面的例子中,我们试图枚举一组“特殊”的配置:即 $\mathcal{C}_{000}$ 所表示的完整的矩形覆盖.这时我们确定一个扩展的配置 $\mathcal{C}$ 的集合(在上例中为部分覆盖)使得:(ⅰ)$\mathcal{C}$ 被划分成有限多个类;(ⅱ)存在一个有限的对这些类进行操作的“动作”的结合;(ⅲ)受影响的容量可通过添加动作的方式明确地加以定义.与有限自动机的相似性是显而易见的:类起着状态的作用而动作是字母的组成规则.

通常,传递矩阵方法经常用于困难的尚不知道如何合成的组合问题的渐近.渐近是通过增加一族模型的“宽度”的方式进行的.枚举用单位正方形搭配二连矩形的多米诺骨牌铺砌 $n\times n$ 正方形的方式的数目 T_n 留下了一个著名的统计物理的未解决的问题.这时,我们可以使用转移矩阵方法来解决 $n\times w$ 的覆盖问题.至少在原则上,对于任何固定的宽度 w:结果总是一个有理函数,尽管它的由转移矩阵的维数确定的度数随着 w 的增长以指数速度增长.($n\times w$ 矩形模型 的“对角线”序列对应于正方形模型.).至少计算机专家们已经用计算搜索确定了对角线序列 T_n 开头的几项是(这个序列是 EIS A028420)

$$1,7,131,10\ 012,2\ 810\ 694,2\ 989\ 126\ 727,11\ 945\ 257\ 052\ 321,\cdots$$

从上面的序列和其他的数值证据,专家们估计 $(T_n)^{\frac{1}{n^2}}$ 趋向于一个常数,1.940 21…,对此不存在已知的表达式.问题的难度在于当我们模仿有限宽度

的模型时,其计算复杂性(例如可以用状态的数量来度量它)随着 w 的增长指数式地增长 —— 这种模型最好用计算机代数来处理,见文献[627] —— 但是目前还没有见到可处理对角线问题的法则.不过至少,有限宽度模型在给出困难的"对角线问题"的指数增长率的可证明的上界和下界上还是有价值的.

相比之下,对于只用二连水平和垂直矩形骨牌覆盖 $n\times n$ 正方形的问题,可以使用更强的代数结构发现覆盖数满足最先由 Kasteleyn 发现的漂亮公式(n 是偶数)

$$U_n=2^{\frac{n^2}{2}}\prod_{j=1}^{\frac{n}{2}}\prod_{k=1}^{\frac{n}{2}}\left(\cos^2\frac{j\pi}{n+1}+\cos^2\frac{k\pi}{n+1}\right) \tag{111}$$

已知这个序列是 EIS A004003,其开头几项如下

1,2,36,6 728,12 988 816,258 584 046 368,53 060 477 521 960 000,…

从式(111)出发,容易用初等的技巧证明

$$\lim_{n\to\infty}(U_n)^{\frac{1}{n^2}}=\exp\left(\frac{1}{\pi}\sum_{n=0}^{\infty}\frac{(-1)^n}{(2n+1)^2}\right)=\mathrm{e}^{\frac{G}{\pi}}\doteq 1.338\ 51\cdots$$

其中 G 是 Catalan 常数.这实际上意味着每个方格的自由度在数字上都等价于 1.338 51.这个著名的结果的证明可见 Percus 的专著[477]和 Finch 的书[211]5.23 节中的有关章节和参考文献.

▶ **V.46 斐波纳契数的幂**.考虑 OGF

$$G(z):=\frac{1}{1-z-z^2}=\sum_{n\geqslant 0}F_{n+1}z^n,G^{[k]}(z):=\sum_{n\geqslant 0}(F_{n+1})^k z^n$$

其中 F_n 是 Fibonacci 数.只允许用单位正方形(m)和水平二连矩形(h)覆盖一个 $k\times n$ 矩形的方法的数目的 OGF 显然是 $G^{[k]}(z)$.另一方面,可以建立一个状态为 $i(0\leqslant i\leqslant k)$ 的转移矩阵模型,其中状态 i 对应于上述多米诺骨牌占据了当前的 i 个位置.所以

$$G^{[k]}(z)=\mathrm{coeff}_{k,k}((\boldsymbol{I}-z\boldsymbol{T})^{-1}),\text{其中 } T_{i,j}=\begin{pmatrix} i\\ i+j-k\end{pmatrix}$$

$0\leqslant i,j\leqslant k$(已知道 $G^{[k]}(z)$ 的分母的明确的表达式,见文献[377]习题 1.2.8.30.).◀

▶ **V.47 国际象棋盘上的周游**.在 $n\times w$ 矩形上的哈密顿路线(一条不重复的经过每一个方格的闭环)的 OGF 是有理的(允许从任何一个方格垂直或水平地移动到相邻的方格).这一结果同样适用于国王和马的周游路线.◀

▶ **V.48 图的覆盖次数**.设给定了一个强连接的有向图 Γ 并指定了一个起始顶点,一个人每次从现在所在的顶点以相同的可能性向其相邻的顶点随机

地移动.经过所有顶点的期望次数对时间的期望是一个可有效计算的有理数(尽管可能效率不高!)(提示:建立一个转移矩阵,它的状态是那些已经访问过的顶点的子集.对于区间[0,…,m],这可以像Ⅴ.4节中那样用专门适用于整数区间的行走理论处理;对于完全图,这等价于优惠券收集者问题.对大多数其他在分析上"难以"解决的情况则必须转向概率近似;见 Aldous 和 Fill 的即将出版的关于概率方法的书[11].). ◀

例Ⅴ.19 自回避行走和多联形. 一个长期以来在统计物理学、组合学和概率论等领域中的开放问题是在正方形格点上的自回避构型的数量性质(图Ⅴ.22).这里我们考虑如下的对象:从原点("根")开始,按照一条每一步只由水平或垂直的振幅为±1组成的路径的行走.自回避行走或SAW是可以随意的拐弯但不能穿越或接触自己已走过的路线的行走.自回避的多联形或SAP,是一条只有一个例外点,即终点和原点重合的自回避行走的路径,我们用$\mathcal{P}$表示这种多联形的类.我们将重点关注多联形.以后可以看到考虑无根多联形(也称为单连通的多连骨牌(由多个单位正方形连成的图形))也是方便的,这些多联形是去掉了原点的多联形,因此它们可以清楚地表示SAP的包括转移后的所有可能的形状.对于长度为$2n$,无根多联形的数量p_n满足关系式$p_n=\frac{P_n}{4n}$,由于对应的SAP的原点(有$2n$种可能)和起始点(有2种可能)在这种情况下被看成是一样的图形.下面对小的n值,列出了多联骨牌的类型和相应的计数序列p_n,P_n.

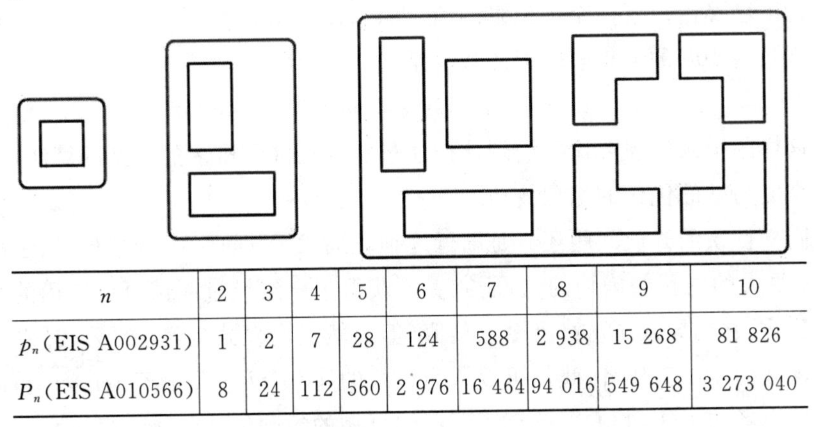

n	2	3	4	5	6	7	8	9	10
p_n(EIS A002931)	1	2	7	28	124	588	2 938	15 268	81 826
P_n(EIS A010566)	8	24	112	560	2 976	16 464	94 016	549 648	3 273 040

我们来看一个(范围很广的开放)问题,它要求确切地确定周长为$2n$的

SAP 的数量 P_n. 这个(棘手的)问题可以看成一个(易处理的)的问题的极限①. 这个较容易的问题是当 w 递增时枚举宽度为 w 的 SAP 的集合 $\mathcal{P}^{[w]}$. 正如 Enting 在 1980 年首次发现的那样,这后一个问题适用于转移矩阵方法,见文献[192]. 实际上,取一个多联形并考虑一条从左到右移动的竖直扫描线. 一旦宽度固定了,就至多有 2^{2w+2} 条可能的与多联形在横坐标为半整数处相交的这种竖线(有 $w+1$ 个边,对于每一个边,都应该"记住"它们是否与上边界或下边界连接.). 因此,转移可以用有限个状态描述. 通过这种方式,就可以对任何宽度为固定长 w 的类建立转移矩阵. 对于固定的 n,当 w 增加时,通过计算 $P_n^{[w]}$ 的值,最终就可(从原则上)确定任何 P_n 的确切值.

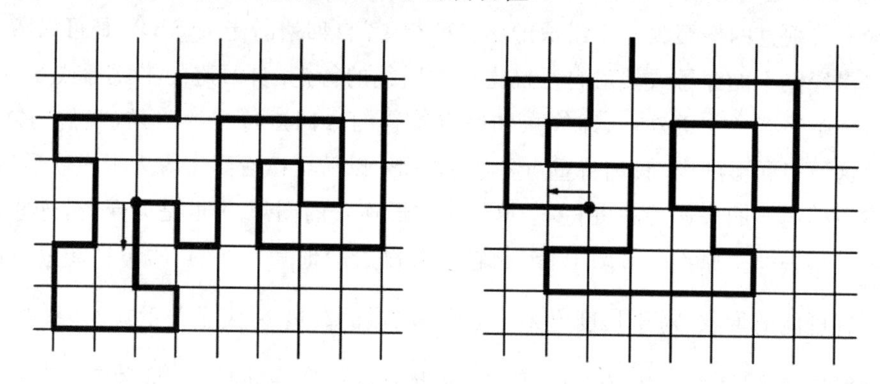

图 V.22　自回避多联形或 SAP(左)和自回避行走或 SAW(右)

上面建议的程序由"Melbourne School(墨尔本学院)"在 Tony Guttmann 的冲动下已经给出了一个创纪录的值. 例如,Jensen 的文献[356]在 2003 年发现了周长为 100 的无根多联形的数量是

$$p_{50}=7\ 545\ 649\ 677\ 448\ 506\ 970\ 646\ 886\ 033\ 356\ 862\ 162$$

获得这样的记录值需要比我们刚才描述过的算法细致得多的复杂的算法,以及一些高度巧妙的优化的编程技巧.

同样性质的开放问题还有是渐近地估计周长为 n 的 SAP 的数量. 给了高达 100 或更大的周长的确切的值,研究者已获得了一组经过测试可以应用的经验渐近公式,它们导致了从高度令人信服(但仍然是启发式的经验)公式. 多亏了这个领域的几位工作者,我们可以认为最终的答案"已知". 由于 Jensen 和他之前的研究者的工作,我们因此有了下面的可靠的经验估计公式

① 这里我们仅限于对问题做简要的描述,细节请读者参考原始文献[192,356].

$$\begin{cases} p_n = B\mu^{2n}(2n)^{-\beta}(1+o(1)) \\ \mu \doteq 2.638\ 158\ 530\ 3, \beta = -\dfrac{5}{2} \pm 3 \cdot 10^{-7}, B \doteq 0.562\ 301\ 3 \end{cases}$$

因而,最后的答案几乎可以肯定具有如下的形式,对无根的多联形是 $p_n \asymp \frac{\mu^{2n}}{n^{\frac{5}{2}}}$,对有根的多联形是 $P_n \asymp \frac{\mu^{2n}}{n^{\frac{3}{2}}}$(译者注:作者未说明符号$\asymp$的意义,我估计是表示猜测的等号,其实没必要再额外制作一个新的符号,只须注明猜测成立所说的等式即可). 据信相同的连接常数 μ 也指出了自回避行走的指数增长率. 这方面的一些看法和大量的参考文献可见 Finch 的书[211]5.10 节.

研究者对于具有周长为 $2n$ 并且面积等于 m 的多联骨牌的数量 $p_{m,n}$ 也有很大的兴趣,这里面积的定义为构成多联形的单位正方形的数量. Melbourne 学院的研究产生的数据与下面的猜想惊人的一致(例如一直到 10 阶的矩并考虑到对小的 n 的校正):***固定周长的多联形的面积的分布渐近地服从一个称为"Airy 面积分布"的极限***. 这个分布被定义成 Dyck 路径下的面积的极限. 这是一个我们在注记 V.21 中引入的问题,并且我们建议以后在第 Ⅶ 章和第 Ⅸ 章再来讨论这个问题. 一些关于多联骨牌面积的专门讨论可见文献[356,509,510] 及其中的参考文献. 最后特别有兴趣的是要注意的是我们在本书中反复考虑过的完全可解决的这类模型强烈地导致了对已知数据的解释.

例 Ⅴ.20 水平覆盖的多米诺骨牌. Pólya 的文献[490] 和 Temperley 的文献[574] 各自独立地发现了一个完全可解的多米诺模型(更多的内容也见 van Rensburg 的文章[592].). 通常将多联形定义为顶点在$\mathbb{Z}_{\geqslant 0} \times \mathbb{Z}_{\geqslant 0}$中的单位正方形的集合,它们形成了没有重合点的连通集. 称这种多米诺骨牌是水平凸的(H. C.),如果它与任何水平线的交点是空的或者是一个区间. 因此,一个 H. C. 的多米诺骨牌是一些正方形的行的堆叠,其中每个长度$\geqslant 1$的行与下面的行共用水平的边.(我们可把 H. C. 想象成一个从下到上生长的多联骨牌. 译者注:水平凸多联形的形象请参看图 Ⅴ.23.)根据 Temperley 的文献[574]66 页,对这些多联骨牌的枚举构成了状态集合无限的情况下转移矩阵方法的一个很好的扩展.

设$\mathcal{T}^{[k]}$是顶行上恰有 k 个单位正方形的类. 多联形的容量是组成它的单位正方形的数量. 我们希望对类$\mathcal{T} := \bigcup_k \mathcal{T}^{[k]}$进行枚举. 为此,根据传递矩阵方法,需要将$\mathcal{T}^{[k]}$互相联系起来. 设 z 是标记容量的变量. 从$\mathcal{T}^{[k]}$到$\mathcal{T}^{[l]}$的转移的重数等于 $k+l-1$. 因此生成函数 $t_k = T^{[k]}(z)$ 满足一个无穷的方程组,其开头几个是

$$t_1 = z + z(t_1 + 2t_2 + 3t_3 + \cdots)$$
$$t_2 = z^2 + z^2(2t_1 + 3t_2 + 4t_3 + \cdots) \tag{112}$$
$$t_3 = z^3 + z^3(3t_1 + 4t_2 + 5t_3 + \cdots)$$

这对应了一个具有高度结构性的无限的转移矩阵

$$M(z)_{k,\ell} = (k + \ell - 1)z^\ell$$

并且就像 Temperley 在文献[574]66 页中所显示的那样,这个方程组可用初等方法解出.但是我们将用更符合本书精神的路线来处理它.

在这种情况下,值得尝试一下二元生成函数.定义

$$T(z,u) = \sum_{n,k} T^{[k]}(z)u^k$$

在多联形的顶行上"添加切片"的动作由作用在 u^k 上的线性算子$\mathcal{L}$反映,其中 u^k 表示做加法之前的多联形的顶行.$\mathcal{L}$把 u^k 变换成单项式 $u^\ell z^\ell$ 的和并具有适当的重数

$$\mathcal{L}[u^k] = k(uz)^k + (k+1)(uz)^{k+1} + \cdots = (k-1)\frac{uz}{1-uz} + \frac{uz}{(1-uz)^2}$$

(较早的"添加切片"的技巧的例子出现在本书有关受限制的合成的章节中,见例 Ⅲ.22.)如果我们采用更一般的表达式

$$\mathcal{L}[f(u)] = \frac{uz}{(1-uz)^2}f(1) + \frac{uz}{1-uz}(f'(1) - f(1)) \tag{113}$$

则我们可以得出更好的公式.现在把 BGF $T(z,u)$ 看成 u 的函数,把 z 看成参数,并将 $T(z,u)$ 写成便于阅读的形式 $\tau(u) := T(z,u)$.一个水平凸的多连体可以从一个在底下的具有任意数目的单位正方形的行开始重复地添加切片来得出.这一结构可以利用式(113)用下面的主函数方程反映出来

$$\begin{aligned}\tau(u) &= \frac{zu}{1-zu} + \mathcal{L}[\tau(u)] \\ &= \frac{zu}{1-zu} + \frac{zu}{1-zu}\tau'(1) + \frac{z^2u^2}{(1-zu)^2}\tau(1)\end{aligned} \tag{114}$$

令 $u=1$ 就得出第一个关系式

$$\tau(1) = \frac{z}{1-z} + \frac{z}{1-z}\tau'(1) + \frac{z^2}{(1-z)^2}\tau(1) \tag{115}$$

在式(114)中对 u 求导,并令 $u=1$ 就得到第二个关系式

$$\tau'(1) = \frac{z}{(1-z)^2} + \frac{z}{(1-z)^2}\tau'(1) + 2\frac{z}{(1-z)^3}\tau(1) \tag{116}$$

我们现在已经得出了一个 $\tau(1)$ 和 $\tau'(1)$ 的二元一次方程组,由此即可解出 $\tau(1) = T(z) = T(z,1)$,它枚举了所有的水平凸多联形

$$T(z)=\frac{z(1-z)^3}{1-5z+7z^2-4z^3} \tag{117}$$

(从式(114)到(117),整个计算在一个还不错的计算机代数系统下只用了三行代码.)注意,原始系统是无限的,生成函数应该是有理的远不是先验明显的 —— 在目前的情况下,有理性是从转移矩阵的高度结构化特征中得出来的.

从上面的表达式即可得出计数序列如下

$$T(z)=z+2z^2+6z^3+19z^4+61z^5+196z^6+629z^7+2\,017z^8+\cdots$$

这个序列是 EIS A001169("具有 n 单位正方形的板桩多联骨牌的数量").由此很容易得出渐近形式,我们求出

$$T_n \sim CA^n, C \doteq 0.180\,91, A \doteq 3.205\,56$$

其中 A 是一个三次无理数.

另一种更细致的推导是由 Klarner 提出的,这一推导可以在 Stanley 的书[552]§4.7 中找到. Hickerson 的文献[333]发现了一种直接的结构,这一结构可以解释通过正规语言编码得出的 GF 的有理性.(通过对 Hickerson 表示应用文献[264]中的递归方法绘出了图 V.23 中的图形.)Louchard 的文献[420]已经用生成函数对一些 H.C. 多联形参数的概率性质进行了深入的研究.

▶ **V.49** H.C. **多联形的高度**.通过引入额外的变量 v 来编码高度,我们可以发现平均说来高度随着 n 的增加是线性增长的,方差为 $O(n)$,因此分布是集中的(见文献[420])(这解释了图 V.23 中绘制的多联形的形状为什么是瘦的.). ◀

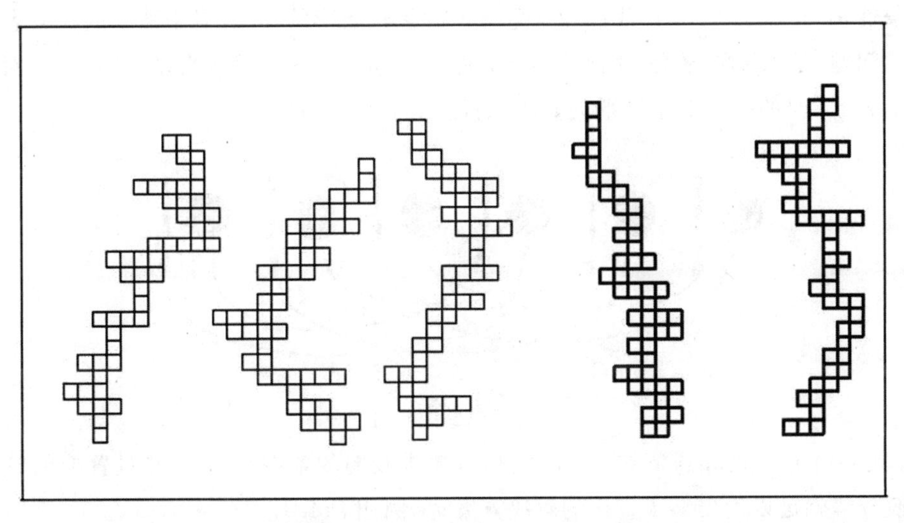

图 V.23 五个随机均匀地绘制出的容量为 50 的水平凸多联形

▶ V.50 **一个对于格子路径的转移矩阵模型.** 考虑 V.4 节中加权格子路径的一般情况. 设 $\alpha_j,\beta_j,\gamma_j$ 分别为起始高度为 j 时,上升、下降和水平步的加权,无限的转移矩阵

$$\boldsymbol{T}=\begin{pmatrix}\gamma_0 & \alpha_0 & 0 & 0 & 0 & \cdots\\ \beta_1 & \gamma_1 & \alpha_1 & 0 & 0 & \cdots\\ 0 & \beta_2 & \gamma_2 & \alpha_2 & 0 & \cdots\\ \vdots & \vdots & \vdots & \vdots & \vdots & \ddots\end{pmatrix}$$

具有三对角形式,通过拟逆$(\boldsymbol{I}-z\boldsymbol{T})^{-1}$"生成"所有格子路径. 特别,任何精确可解的加权格子路径模型等价于同于显式结构的矩阵求逆. ◀

V.6.4 **值有限制的置换.** 我们现在以一个联合使用转移矩阵方法和容—斥原理对组合结构的讨论结束本章. 我们现在处理一个有限制的置换问题,它们来源于 19 世纪的趣味数学. 例如已婚夫妇问题由 Édouard Lucas 于 1891 年解决并推广,见文献[129],这个问题有下面的古老的表述:可以用多少种方式安排 n 个已婚夫妇("ménages")以男女交替的方式围坐在一张圆桌周围,但所有的女人都不坐在她的丈夫旁边?

已婚夫妇问题等价于置换的枚举问题. 首先,为方便起见,设男人们坐在 $1,2,\cdots,n$ 的位置上而妻子们坐在 $\frac{3}{2},\frac{5}{2},\cdots,n+\frac{1}{2}$ 处. 设 σ_i 是使得第 i 处的男人的妻子位于 $\sigma_i+\frac{1}{2}$ 处的置换,那么,对每个 i,关于已婚夫妇的限制就必须加上条件 $\sigma_i\neq i,\sigma_i\neq i-1$. 我们在这里考虑的是长条形的桌子(对于圆桌的经典表述问题,见末尾的评论),因此当 $i=1$ 时,条件 $\sigma_i\neq i-1$ 就成为显然的了. 下面是 $n=6$ 时的一个对于已婚夫妇的配置及其相应的置换

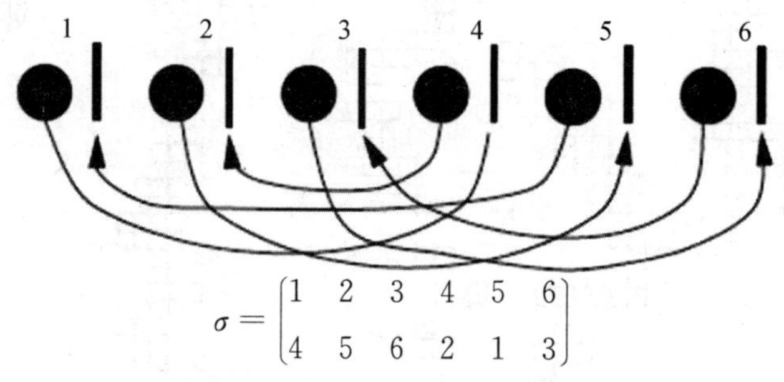

$$\sigma=\begin{pmatrix}1 & 2 & 3 & 4 & 5 & 6\\ 4 & 5 & 6 & 2 & 1 & 3\end{pmatrix}$$

这是一个广义的错排问题(对于错排,只要求较弱的条件 $\sigma_i\neq i$,并且置换的轮换分解就足以给出够了直接的解决方案;见例 Ⅱ.14.).

定义 V.9 给定了一个置换 $\sigma=\sigma_1\cdots\sigma_n$,称所有的数量 σ_i-i 是 σ 的超出

数. 给定了一个整数的有限集合 $\Omega \subset \mathbb{Z}_{\geqslant 0}$，称一个置换是 Ω－回避的，如果这个置换的超出数都不属于 Ω.

原来的已婚夫妇问题要求 $\Omega = \{-1,0\}$，或者经过简单的平移，成为 $\Omega = \{0,1\}$.

容－斥原理. 设给定了一个固定的集合 Ω，首先对所有的 j，考虑扩张的置换 $\mathcal{P}_{n,j}$ 的类，这里 $\mathcal{P}_{n,j}$ 是一个元素个数为 n，使得有 j 个位置已被指定并且对应的超出数都在 Ω 中. 其余的位置处可以取任意的值(但是必须满足置换的性质.). 大致地说 $\mathcal{P}_{n,j}$ 中的对象可以看成是至少有 j 个超出数属于 Ω 的置换. 例如，对 $\Omega = \{1\}$ 和

$$\sigma = \begin{pmatrix} 1 & 2 & 3 & 4 & 5 & 6 & 7 & 8 & 9 \\ 2 & 3 & 4 & 8 & 6 & 7 & 1 & 5 & 9 \end{pmatrix}$$

有 5 个超出数在 Ω 中(在位置 1,2,3,5,6 处)，其中有 3 个处于指定的位置处(比如说，下面用方框框起来的地方)

$$2\ \boxed{3}\boxed{4}\ 86\ \boxed{7}\ 159$$

这样我们就得到了一个 $\mathcal{P}_{9,3}$ 中的元素. 设 $P_{n,j}$ 是 $\mathcal{P}_{n,j}$ 中的元素的个数，那么我们断言元素个数为 n 的 Ω－回避的置换的数目 $Q_n = Q_n^{\Omega}$ 满足

$$Q_n = \sum_{j=0}^{n} (-1)^j P_{n,j} \tag{118}$$

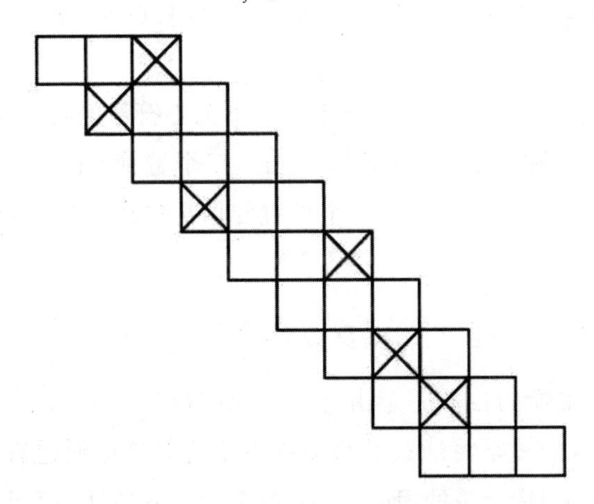

图 V.24　一个 $\Omega = \{0,1,2\}$，合法的模板 20? 02? 11? 的置换的图示

方程(118) 是一个典型的容－斥关系. 为了对式(118) 给出一个形式上合法的证明[①]，定义 $R_{n,k}$ 是在 Ω 中恰 k 个超出数的置换的数量以及生成多项式如

① 也见 Ⅲ.7.4 小节中的讨论.

下

$$P_n(w)=\sum_j P_{n,j}w^j,\ R_n(w)=\sum_k R_{n,k}w^k$$

则上面的两个 GF 的关系为

$$P_n(w)=R_n(w+1)\text{ 或 }R_n(w)=P_n(w-1)$$

(关系式 $P_n(w)=R_n(w+1)$ 在符号上简单地表示了下述事实,即当选出$\mathcal{P}$的元素时,可能会或可能不会取出$\mathcal{R}$中的$\Omega-$超出数.)特别,就像有待证明的那样,我们有 $P_n(-1)=R_n(0)=R_{n,0}=Q_n$.

转移矩阵模型. 前面的讨论表明一切都有赖于枚举在指定位置上的超出数都在Ω中的置换的个数$P_{n,j}$. 引入一个字母表$\mathcal{A}=\Omega\cup\{$"?"$\}$,其中符号"?"称为"不关心符号". $\mathcal{A}$上的一个单词,例如设 $\Omega=\{0,1,2\}$,20? 02? 11?,称为模板. 对于扩充的置换,我们让它对应于一个如下的模板:每个不在指定位置处的超出数用不关心的符号表示;而在指定位置的超出数(因此是一个值在 Ω 中的超出数) 用它的值表示. 称一个模板是合法的,如果它对应于一个扩充的置换. 例如模板 2 1 ··· 不可能是合法的,因为相应的限制,即$\sigma_1-1=2,\sigma_2-2=1$与置换的结构不相容(从上面的式子将得出$\sigma_1=\sigma_2=3$). 相反,模板 20? 02? 11? 是合法的. 图 Ⅴ.24 是模板的一个图示,其中的字母代表多米诺骨牌,在数值属于 Ω 的位置上的多米诺骨牌上有一个叉,而在不关心符号的位置处,没有多米诺骨牌.

设 $T_{n,j}$ 是关于Ω 的长度为n 且含有j 个不关心符号的合法模板的集合中的元素的数量. 任何那种合法模板都恰对应于 $j!$ 个置换,由于在置换中有 $n-j$ 个位置-值的对是固定的,而其余j 个位置和值可以任意取. 因而由式(118) 我们有如下结果

$$P_{n,n-j}=j!\ T_{n,j},\text{以及 }Q_n=\sum_{j=0}^{n}(-1)^{n-j}j!\ T_{n,j} \tag{119}$$

因而,$\Omega-$ 回避的置换的枚举完全由合法模板的枚举确定.

最后合法模板的枚举将通过转移矩阵方法或等价地通过有限自动机实现. 如果模板 $\tau=\tau_1\cdots\tau_n$ 是合法的,那么它必须满足以下条件:对所有使得 $i<j$ 且 τ_i,τ_j 都不是不关心符号的对(i,j) 成立

$$\tau_j+j\neq\tau_i+i \tag{120}$$

(有可以完全刻画模板的附加条件,但这些条件仅涉及少数几个模板末尾的字母,我们可能会在这个讨论中忽略它们.) 换句话说,τ_i 的值必须在τ_i+i的值前面. 图 Ⅴ.24 举例说明了 $\Omega=\{0,1,2\}$ 的情况. 每次多米诺骨牌被转移一个位置

(由于它表示的是 $\sigma - i$ 的值)并且兼容性条件(120)要求没有两个 × 号是垂直对齐的.更确切地说,条件(120)被状态由 $\{0,\cdots,b-1\}$ 的子集编号的确定性有限自动机识别,其中"跨度" b 的定义是 $b=\max\limits_{\omega\in\Omega}\omega$.初始状态是对应于空集的状态(最初不存在约束),转移具有如下形式($j\in\{0,\cdots,b\}$):

$$\begin{cases}(q_S,j)\mapsto q_{S'},S'=((S-1)\cup(j-1))\cap\{0,\cdots,b-1\}\\(q_S,?\ )\mapsto q_{S'},S'=(S-1)\cap\{0,\cdots,b-1\}\end{cases}$$

初始状态(是 $q_{\{\}}$,它也是最终状态(这反映了下述事实:没有多米诺骨牌可以从右边突出,这一事实也被我们现在正在考虑的已婚夫妇问题的直线特点所蕴含).从本质上讲,自动机只须有限的记忆,由于多米诺骨牌沿对角线滑动,因此允许忘记超过跨度的限制.注意自动机的复杂性,如果用状态的数量度量,是 2^b.

下面是对应于 $\Omega=\{0\}$(错排)和对应于 $\Omega=\{0,1\}$(已婚夫妇)的自动机

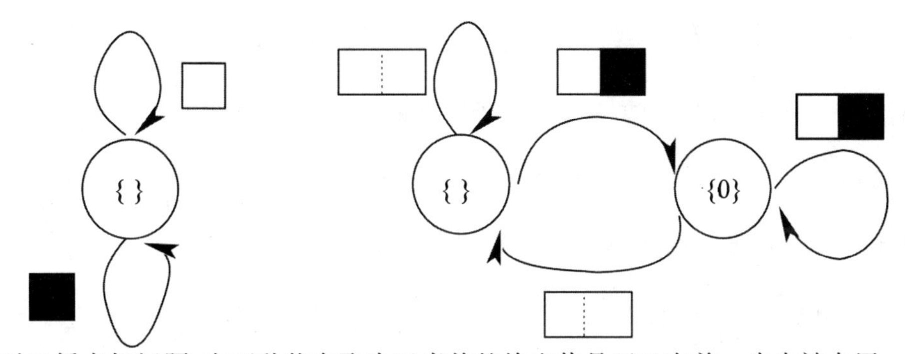

对已婚夫妇问题,有两种状态取决于当前的检查值是否已在前一步中被占用.

从自动机的构造可知,合法模板的二元 GF $T^{\Omega}(z,u)$ 是可以用 Ω 的形式自动确定的有理函数,其中 u 标记了不关心符号的位置.对于错排和已婚夫妇问题,我们求出

$$T^{\{0\}}(z,u)=\frac{1}{1-z(1+u)},\ T^{\{0,1\}}(z,u)=\frac{1-z}{1-z(2+u)+z^2}$$

一般的,这就给出了得出相应置换的 OGF 的方法.确实,Ω - 回避的置换的 OGF 可以从 T^{Ω} 出发用类似于 Laplace 变换的变换得出,我们有

$$z^n u^j\mapsto(-z)^n(-1)^j j!,\text{因此 } Q^{\Omega}(z)=\int_0^{\infty}\mathrm{e}^{-u}T^{\Omega}(-z,-u)\mathrm{d}u \tag{121}$$

上式转录了(119)并构成第一个封闭形式的解.此外,考虑 $T^{\Omega}(z,u)$ 关于 u 的展式,我们得出

$$T^{\Omega}(z,u)=\sum_r\frac{c_r(z)}{1-uu_r(z)} \tag{122}$$

假设只有简单的极点. 在那里,和式是有限的并且只涉及变量 z 的代数函数 c_r 和 u_r. 接下来我们用超几何函数的术语(注记 B.15) 定义所有的置换的(发散的)OGF

$$F(y)=\sum_{n=0}^{\infty} n!\ y^n = {}_2F_0[1,1;y]$$

然后由式(121) 和(122) 我们就求出

$$Q^{\Omega}(z)=\sum_{r} c_r(-z)F(-u_j(-z)) \tag{123}$$

(译者注:上式中的 j 似是 r 的笔误或排版输入错误.) 换句话说:Ω— 回避的置换的 OGF 既可以表为二元有理函数(121) 的 Laplace 变换也可以表为代数函数的阶乘序列的 OGF 的组合(123).

表达式(122) 在已婚夫妇和错排的情况下得到了很多简化,其中 T 的分母对 u 是 1 阶的. 我们求出

$$Q^{\{0\}}(z)=\frac{1}{1+z}F\left(\frac{z}{1+z}\right)=1+z^2+2z^3+9z^4+44z^5+265z^6+1\ 854z^7+\cdots$$

对于错排,这给出了一个已知的公式的新的推导

$$Q_n^{\{0\}}=\sum_{k=0}^{n}(-1)^k\binom{n}{k}(n-k)!$$

类似的,对(直线) 的已婚夫妇的配置,我们求出

$$Q^{\{0,1\}}(z)=\frac{1}{1+z}F\left(\frac{z}{(1+z)^2}\right)=1+z^3+3z^4+16z^5+96z^6+675z^7+\cdots$$

其计数序列是 EIS A000027,对应的公式是

$$Q_n^{\{0,1\}}=\sum_{k=0}^{n}(-1)^k\binom{2n-k}{k}(n-k)!$$

最后,相同的技巧也适用于"环绕" 的限制,即取模下的限制(这对应于围绕圆桌而坐的已婚夫妇问题.). 在这种情况下,应该考虑自动机识别的模板是环的情况(见 Ⅴ.5.1 中的讨论). 通过这种方式获得了环形的(即经典的) 已婚夫妇问题的 OGF(EIS A000179)

$$\hat{Q}^{\{0,1\}}(z)=\frac{1-z}{1+z}F\left(\frac{z}{(1+z)^2}\right)+2z=1+z+z^3+2z^4+13z^5+80z^6+579z^7+\cdots$$

这给出了(环形的) 已婚夫妇问题的经典的解

$$\hat{Q}_n^{\{0,1\}}=\sum_{k=0}^{n}(-1)^k\frac{2n}{2n-k}\binom{2n-k}{k}(n-k)!$$

最后一个公式是属于 Touchard 的; 关于这一课题方面的大量文献见文献

[129]185 页. 上面的处理中的代数部分接近受斯坦利的书[552]的启发而引出的讨论. 对随机图中的互相连接的鲁棒性的一个应用见文献[239].

渐近分析. 对于渐近分析，以下性质证明是有用的. 设 F 为阶乘的数目的 OGF，并设 $y(z)$ 在原点是解析的并且在那里它满足 $y(z)=z-\lambda z^2+O(z^3)$，那么以下估计成立

$$[z^n]F(y(z))\sim[z^n]F(z(1-\lambda z))\sim n!\ \mathrm{e}^{-\lambda} \tag{124}$$

（证明来自文献[36]§5 风格的对于发散级数的简单操作.）

$$Q_n^{\{0\}}\sim\frac{n!}{\mathrm{e}},Q_n^{\{0,1\}}\sim\frac{n!}{\mathrm{e}^2}$$

一般来说，我们有：

命题 V.11 对任意含有 λ 个元素的集合 Ω，在 Ω 中没有超出数的置换的数目满足

$$Q_n^{\Omega}\sim n!\ \mathrm{e}^{-\lambda}$$

此外在 Ω 中恰有 k(k 固定) 个超出数的置换的数目 $R_{n,k}^{\Omega}$ 满足以下渐近关系

$$R_{n,k}^{\Omega}\sim n!\ \mathrm{e}^{-\lambda}\frac{\lambda^k}{k!}$$

也就是说，超出数标属于 Ω 这一罕见事件渐近地服从速率为 $\lambda=|\Omega|$ 的 Poisson 分布.

这个命题在 Bender 的综述[36]§4.2 中是通过基本的组合操作建立的，而在 Barbour，Holst 和 Janson 的书[29]4.3 节中是通过概率技巧建立的. 关系式(124)提供了一种用纯分析－组合技巧进行估算的建立方式.

▶ **V.51** **其他有限制的置换**. 给了一个置换 $\sigma=\sigma_1\cdots\sigma_n$，我们定义相邻的间隙是差 $\sigma_{i+1}-\sigma_i$.

考虑如下问题，一个袋鼠跳从 1 开始到 $n+1$，每次跳的有向间隔限制在集合$\{-1,1,2\}$内，问它跳过整数区间$[1,n+1]$的所有点的方式有多少种？（OGF 是与 EIS A000930 对应的有理函数$\frac{1}{1-z-z^3}$.）

长度为 n 且使得 $\sigma_{i+1}-\sigma_i\neq1$ 的置换数 R_n 具有 OGF $F\left(\frac{z}{1+z}\right)$，系数为 EIS A000255，渐近关系为 $R_n\sim\frac{n!}{\mathrm{e}}$. 那些使得 $|\sigma_{i+1}-\sigma_i|\neq1$ 的数 S_n，具有 OGF $F\left(\frac{1-z}{1+z}\right)$. 证明(对 S_n)：对连续拥有不同的间隔差 ±1 的序列，例如

$$\overleftarrow{\boxed{8\,7\,6}}\ 10\ 15\ \overrightarrow{\boxed{2\,3\,4}}\ 5\ 9\ 1\ 13\ \overleftarrow{\boxed{12\,11}}\ 14\ \cong\ \overleftarrow{\boxed{\bullet\bullet4}}\ 6\ 10\ \overrightarrow{\boxed{2\bullet\bullet}}\ 3\ 5\ 1\ 8\ \overleftarrow{\boxed{\bullet7}}\ 9$$

应用容－斥原理就得出下面的 OGF

$$\left[\sum_{m\geqslant 0} m!\ \left(z+\frac{2z^2u}{1-zu}\right)^m\right]_{u=-1}=\sum_{m\geqslant 0} m!\ \left(z\frac{1-z}{1+z}\right)^m$$
$$=1+z+2z^4+14z^5+90z^6+64z^7+\cdots$$

见 EIS A002464 和文献[4]；这是国际象棋棋盘上每行每列都放置有不在攻击位置的 n 个国王的位置的数量，根据式(124)，渐近地我们有 $S_n\sim\frac{n!}{e^2}$，见文献[572]. 一般的，相继的间隙限制在有限集 Ω 之外的置换的计数序列是什么呢？ ◀

▶ **Ⅴ.52　超已婚夫妇数.** 设 T_n 表示长度为 n，$(\sigma_{i+1}-\sigma_i)\notin\{0,1,2\}$ 的置换的数目，那种置换的 OGF 是

$$T(z)=\frac{1}{1-z^2}\left(-z+F\left(\frac{z(1-z)}{(1+z)(1+z-z^3)}\right)\right)$$
$$=1+z^4+5z^5+33z^6+236z^7+\cdots$$

见文献[222] 和 EIS A001887，渐近表示为 $T_n\sim\frac{n!}{e^3}$. ◀

Ⅴ.7　小结和评论

本章中的定理显示了在第 Ⅳ 章中开发的基本技巧的力量，即用以得出系数的渐近性质的复分析中的经典定理的力量. 正如我们在这一章开始时所看到的那样，这种方法适用于许多本书的部分 A 中的用正规的组合技巧导出的生成函数. 通过仔细地注意所涉及的组合结构的类型，我们就能够识别出能帮助我们解决问题的整体的类的抽象模式. 每个模式都把一种组合结构联系到一种复渐近方法. 用这种方法就可以讨论组合类的无限的集合所共享的性质. 在这一章中，我们已经详细介绍了问题所涉及的序列的构造和由线性方程组递归定义的类(图的路径，自动机，转移矩阵).

在我们的理想中，我们可能希望在组合结构和分析方法之间有一种直接的对应关系 —— 一种可以从任意描述的组合对象到得出它所具有的性质的完全的分析方法的直接的理论. 强连通的图和自动机的路径的问题，导致了 Perron-Frobenius 理论，是这种理想情况的一个例子. 但现实通常是更复杂的：从组合表示推导出渐近结果的定理通常必须具有某种侧面的分析条件. 一个典型的例子是超临界序列的收敛半径条件. 只要满足这些侧面的条件，就可以得出高度可预测的大型结构的渐近性质. 这就是分析组合学的本质.

在以下两章中，我们将要研究奇点不再是极点的生成函数 —— 因此将允许分数指数和对数因子. 首先需要研究一般的方法，这是第 Ⅵ 章的任务，在那

里开发了称为奇点分析的方法.然后,和这一章平行地,在第 Ⅶ 章中,将提出一些新的关于集合和循环结构,以及递归的模式.

关于参考文献的注记和评论. 有理函数在离散和连续数学中的应用是很丰富的.在 Goulden 和 Jackson 的书[303]中可以找到许多例子.Stanley 甚至在他的书 *Enumerative Combinatorics*(计数组合学)Vol. I(文献[552])中用了整整一章来讨论有理生成函数.这两本书比我们在这里做的更进一步推动了这一理论,但是他们的书中没有我们在本书中发展的与这一理论对应的渐近方面的内容.正的有理函数的分析是 20 世纪初从 Perron 和 Frobenius 的工作开始并在 Bellman 的文献[34]和 Gantmacher 关于矩阵理论的书籍[276]中展开的.它的重要性早在有限马氏链的理论中被认识到,因此正矩阵的基本理论在很多关于概率论的初等论述中得到了很好的发展.对此,我们举出 Feller 的文献[205],Karlin 和 Taylor 的文献[363]的经典的介绍作为例子.

超临界序列模式是我们列出的第一个抽象模式,它细致地举例说明了在大型的随机结构中组合、解析和概率性质之间的相互作用.这种方法的起源可以追溯到 Bender 的早期作品[35,36]以及随后的 Soria 和 Flajolet 的著作[258,260,547].

谈到更具体的主题,我们提到 Ⅴ.4 节中 Flajolet 的文献[214]用连分数的组合理论和 Jackson 的有关生灭过程的工作所做的第一次全局性的尝试,对此方面的一个博览可在书[303]第 5 章和文献[238]中的综合性介绍中找到.Godsil 的书[295]从代数的角度很好地讨论了图中的行走;关于无限图和群见 Woess 的文献[613].关于基于文献[239]的局部有限制的置换的讨论,Stanley 的书[552]用分析组合学的一般原理给出了一些初等的界.我们对单词和语言的处理很大程度上来自于由 Schützenberger 在 20 世纪 60 年代早期开始在这一领域的研究所给出的灵感而关于子序列的计数可以在后来的 Lothaire 的书[413]中找到.Bender,Richmond 和 Williamson 在文献[46]中对转移矩阵方法(包括关于极限分布的讨论)给出了一个很好的回顾.

应用数学是坏的数学.

——PAUL HALMOS(文献[317])

好的应用数学就像独角兽:

有些东西我们都能认识到,但很少能真正看到.

——DAVID ALDOUS

(*Statistical Science*, Vol. 5, No. 4(Nov., 1990), pp. 446-447)

生成函数的奇点分析

第VI章

> Es ist eine Tatsache, daβ die genauere Kenntnis des Verhaltens einer analytischen Funktion in der Nähe ihrer singulären Stellen eine Quelle von arithmetischen Sätzen ist. ①
>
> —— ERICH HECKE(文献[326, Kap. VIII])

一个函数的奇点是通过这个函数的系数确定的. 我们在第IV章和第V章中已经详细地处理了有理分式函数和亚纯函数, 在那里极点的局部分析以指数-多项式(多项式和指数的乘积)的形式对系数的性质给出了贡献. 在这一章中, 我们提出了一种分析生成函数系数的一般方法, 它不仅限于极点, 而且扩展到一大类主奇点有适度增长或衰退的函数. 这包括了一些由部分A的组合结构得出来的函数. 这一扩展背后的基本原理是由于下面的两个对象之间, 即

函数在主奇点附近的渐近展开

和

函数系数的渐近展开

之间存在着一般的对应关系. 这一映射在较大的函数倾向于有较大的系数的意义下保留了函数的增长顺序. 它大大扩展了我们在第IV, V章中对亚纯函数的分析并进一步验证了我们在第IV章中所列举的系数渐近原理.

① "事实上, 解析函数在其奇点附近的行为的精确知识是算术性质的来源."

确切地说,奇点分析的方法适用于奇点展开涉及分数幂和对数的函数——我们有时称那种奇点是“代数－对数”型的.这种方法主要由两个部分组成:

(ⅰ)在标准函数的奇点展开中产生的系数的渐近展开;

(ⅱ)转换定理,它允许我们提取系数展开的误差项的渐近的阶.

这些发展是基于使用特殊的称为 Hankel 围道的积分围道的 Cauchy 系数公式,这种围道在非常接近奇点后转向:通过巧妙地设计这种围道就可以捕获包含在函数奇点中的基本的渐近信息.

奇点分析方法是广泛适用的:适合它的函数在各种操作下是封闭的,这些操作包括求和、乘积、积分、微分和复合.这个方法的另一个重要特征是它只须分析函数的局部渐近性质.通过这种方式,经常证明这种方法对于那些只能通过函数方程间接地加以了解的函数是有用的.

这一章的目的是开发奇点分析的基本技巧,与第Ⅳ章一样,它主要是方法论性质的.我们用一些组合问题说明了这种方法,这些问题包括树的简单族(例如一叉－二叉树),组合和,超临界轮换结构,超树,Pólya 的酒鬼行走和树的回归.在下一章,即第Ⅶ章中,我们将用与第Ⅴ章中对有理函数和半纯函数的应用相类似的方式系统地探索组合结构和模式以及可以通过奇点分析进行渐近分析的函数方程.

Ⅵ.1 基本的奇点分析理论一览

有理函数和半纯函数涉及的对象是在奇点 ζ 的局部附近,形如 $\dfrac{1}{\left(1-\dfrac{z}{\zeta}\right)^r}$ 的式子,其中 $r \in \mathbb{Z}_{\geqslant 1}$.因此它们的系数渐近地涉及指数－多项式,即 $\dfrac{n^{r-1}}{\zeta^n}$ 形式的项的有限的线性组合,其中 r 是正整数.我们在这里研究的方法考虑的是奇点比仅仅在有理函数和半纯函数中发现的极点性质更丰富的函数.具体来说,我们将考虑这样的函数,它们在奇点 ζ 处的展开式涉及形如

$$\left(1-\frac{z}{\zeta}\right)^{-\alpha}\left(\log\frac{1}{1-\dfrac{z}{\zeta}}\right)^{\beta}$$

的式子.这一章将详细讨论在适当的条件下,任何这类表达式将对系数贡献一个形如

$$\zeta^{-n} n^{\alpha-1} (\log n)^{\beta}$$

的项，其中 α 和 β 是任意复数.

奇点的位置和指数因子. 出现在早先的展开式中的指数因子 ζ^{-n} 是容易解释的，由于主奇点的位置总是会造成在系数前乘以一个指数因子. 实际上，如果 $f(z)$ 在 $z=\zeta$ 处是奇异的，则由 Taylor 展开的尺度法则，$g(z)=f(z\zeta)$ 将满足以下关系式

$$[z^n]f(z)=\frac{[z^n]f(z\zeta)}{\zeta^n}=\frac{[z^n]g(z)}{\zeta^n}$$

其中 $g(z)$ 现在在 $z=1$ 处有奇点. 因此不失一般性，我们在下面的讨论中将只验证在奇点在 $z=1$ 处的函数.

基本尺度. 考虑以下常见的在 1 处奇异的函数及它们的系数：

	函数	(确切的) 系数	(渐近的) 系数
(f_1)	$1-\sqrt{1-z}$	$\frac{2}{n4^n}\binom{2n-2}{n-1}$	$\sim \frac{1}{2\sqrt{\pi n^3}}$
(f_2)	$\frac{1}{\sqrt{1-z}}$	$\frac{1}{4^n}\binom{2n}{n}$	$\sim \frac{1}{\sqrt{\pi n}}$
(f_3)	$\frac{1}{1-z}$	1	~ 1
(f_4)	$\frac{1}{1-z}\log\frac{1}{1-z}$	H_n	$\sim \log n$
(f_5)	$\frac{1}{(1-z)^2}$	$n+1$	$\sim n$

(1)

这个表中显然已经显示了某种结构：函数中的对数因子反映了系数中的类似因子，平方根以某种方式诱导出平方根，以及具有较高的幂的函数具有较大的系数.

至少部分地解释这些观察结果是很容易的. 像 f_1, f_2, f_3 和 f_5 这样的基本函数，Newton 展开式

$$(1-z)^{-\alpha}=\sum_{n=0}^{\infty}\binom{n+\alpha-1}{n}z^n$$

在 α 取正整数 $\alpha=r\in\mathbb{Z}_{\geqslant 1}$ 时就立即给出了所涉及的系数的渐近形式

$$[z^n](1-z)^{-r} \equiv \frac{(n+1)(n+2)\cdots(n+r-1)}{(r-1)!} = \frac{n^{r-1}}{(r-1)!}\left(1+O\left(\frac{1}{n}\right)\right) \tag{2}$$

对一般的 α，我们自然期盼有

$$[z^n](1-z)^{-\alpha} \equiv \binom{n+\alpha-1}{\alpha-1} = \frac{n^{\alpha-1}}{(\alpha-1)!}\left(1+O\left(\frac{1}{n}\right)\right) \tag{3}$$

这就转向我们需要证明这个渐近公式对于实的或复的 α 仍然有效，只要对 $(\alpha-1)!$ 给予适当的解释. 我们将证明估计

$$[z^n](1-z)^{-\alpha} \sim \frac{n^{\alpha-1}}{\Gamma(\alpha)}\left(1+\frac{\alpha(\alpha-1)}{2n}+\cdots\right) \tag{4}$$

其中 $\Gamma(\alpha)$ 是由下式定义的 Euler Γ 函数

$$\Gamma(\alpha) := \int_0^\infty \mathrm{e}^{-t} t^{\alpha-1} \mathrm{d}t \tag{5}$$

对于 $\Re(\alpha)>0$，只要 α 是整数，$\Gamma(\alpha)$ 与 $(\alpha-1)!$ 就是一致的！（关于 $\Gamma(\alpha)$ 的基本性质，可见附录 B.3：Γ－函数）.

从对式(2)—(3)的观察可以看出在奇点 $z=1$ 处较大的函数确实有更大的系数(图 Ⅵ.1). 这一观察中的对应建议这个结果是一般的，正像我们将在这一章中反复观察到的那样. Ⅵ.2 节中给出了标准奇异函数的系数的精确或渐近形式的列表(见定理 Ⅵ.1).

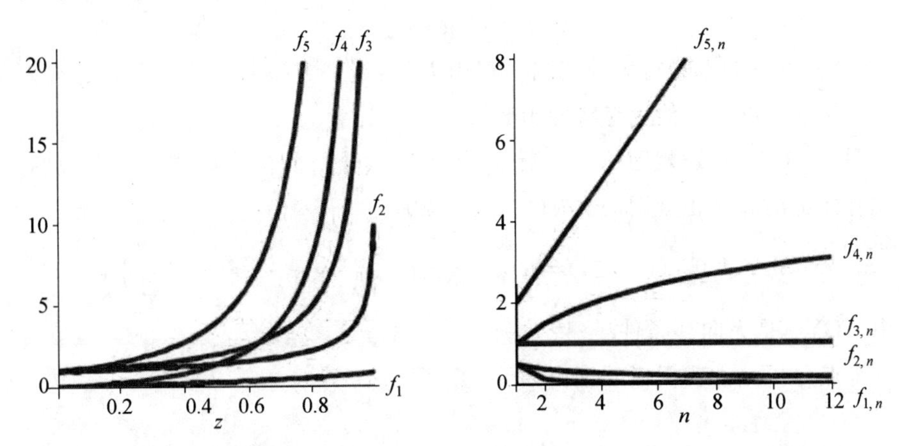

图 Ⅵ.1　表(1)中的五个函数和它们的系数序列的图像说明了提取的系数的阶与函数增长的阶一致的趋势

误差项的转换. 一个奇点在 $z=1$ 处的函数 $f(z)$ 的典型的渐近展开式有如下形式

$$f(z)=\sigma(z)+O(\tau(z))，\text{其中当 } z\to 1 \text{ 时}，\tau(z)=o(\sigma(z)) \tag{6}$$

这里 σ 和 τ 都是例如 $\{(1-z)^{-\alpha}\}_{\alpha\in\mathbb{R}}$ 这样的标准函数的渐近尺度，在较简单的情况下. 在展开式(6) 中形式地取 Taylor 系数，我们就得到

$$f_n \equiv [z^n]f(z) = [z^n]\sigma(z) + [z^n]O(\tau(z)) \tag{7}$$

$[z^n]\sigma(z)$ 项渐近地由式(4) 描述. 因此，为了提取 $f(z)$ 的系数的渐近信息，我们就需要一种只须知道函数在奇点附近的增长的阶的提取方法. 从函数到系数的误差项的这种转换是通过转换定理来实现的，在解析延拓的条件下，这个定理保证

$$[z^n]O(\tau(z)) = O([z^n]\tau(z))$$

见 Ⅵ.3 节和定理 Ⅵ.3. 这是一个比它的符号形式蕴含的意义更深刻的关系式.

总之，本章的目的是探索(好用的) 条件，在此条件下我们可以得到如下的对应

$$f(z) = \sigma(z) + O(\tau(z)) \to f_n = \sigma_n + O(\tau_n) \tag{8}$$

上式定义了称为奇点分析的过程：参见 Ⅵ.4 节和定理 Ⅵ.4.(这可以看成是与第 Ⅳ 章和第 Ⅴ 章中介绍的有理函数及半纯函数的系数分析相平行的结果.)

我们对尺度为

$$(1-z)^{-\alpha}\left(\log\frac{1}{1-z}\right)^{\beta}(z\to 1)$$

的函数开发了处理方法，它的系数具有如下形式的次指数因子

$$n^{\alpha-1}(\log n)^{\beta}$$

(奇点分析考虑的奇异行为的范围是相当大的：这一方法甚至可以包括迭套对数($\log\log s$) 以及其他更奇特的函数.)

例 Ⅵ.1　2－正规图的一阶渐近. 作为奇点分析的操作模式的一个说明，考虑有标记的 2－正规图的类 $\mathcal{R}$(注记 Ⅱ.22)

$$\mathcal{R} = \mathrm{SET}(\mathrm{UCYC}_{\geqslant 3}(\mathcal{Z})) \Rightarrow R(z) = \exp\left(\frac{1}{2}\left(\log\frac{1}{1-z} - z - \frac{z^2}{2}\right)\right)$$

其中 UCYC 是无向环条件.

奇点分析允许我们说明理由如下. 函数

$$R(z) = \frac{\mathrm{e}^{-\frac{z}{2}-\frac{z^2}{4}}}{\sqrt{1-z}}$$

只在 $z=1$ 处有一个奇点，这是一个分支点. 在 $z=1$ 附近展开分子，我们就有

$$R(z) = \frac{\mathrm{e}^{-\frac{3}{4}}}{\sqrt{1-z}} + O(\sqrt{1-z}) \tag{9}$$

因此(见定理 Ⅵ.1 和 Ⅵ.3 以及下面将要讨论的例 Ⅵ.2 中的)，在逐项形式

地转换后,我们就得到

$$[z^n]R(z)=\mathrm{e}^{-\frac{3}{4}}\binom{n-\frac{1}{2}}{n}+O\left(\binom{n-\frac{3}{2}}{n}\right)=\frac{\mathrm{e}^{-\frac{3}{4}}}{\sqrt{\pi n}}+O(n^{-\frac{3}{2}}) \tag{10}$$

进一步,我们可以用同样的方法,从分子在 $z=1$ 附近的完全展开导出 n 的降幂的渐近展开.

本章的计划. 本章的第一部分,Ⅵ.2—Ⅵ.5 节,按照我们前面讨论的路线,专用于研究奇点分析的基本技巧,包括在收敛盘的边界上有有限多个奇点的函数的情形. 之后,我们插入了一段"插曲",Ⅵ.6 节,它是本章的第二部分的前奏,在这一节中我们研究了对奇点的影响是可预知的关于生成函数的操作. 其中最重要的是求逆,它在广泛的条件下导致平方根奇点并提供了树的简单族的统一的渐近理论(Ⅵ.7 节). 在 Ⅵ.8 节中证明了多对数对于奇点分析是有用的,这允许我们在组合和中考虑像$\sqrt{n}$ 或 $\log n$ 等这种形式的权重. Ⅵ.9 节研究了函数的复合. 然后 Ⅵ.10 节给出了几个奇点分析的类的函数的封闭性质,包括微分,积分和 Hadamard 积. 本章以简要讨论奇点分析的两种经典的替代方法:Tauberian 理论和 Darboux 方法(Ⅵ.11 节)作为结束.

Ⅵ.2 标准的尺度变换的系数逼近

这一节和接下来的两节介绍了奇点分析的基础,一种由 Flajolet 和 Odlyzko 在文献[248]中开发的理论. 在技术上,这一理论依赖于在 Cauchy 的系数积分中系统地使用 Hankel 围道. 那种 Hankel 围道经典上用于表达 Γ-函数:见附录 B.3:Γ-函数. 这里首先用它们于估计函数的标准尺度的系数,然后证明误差项的转换定理(Ⅵ.3 节). 通过这个基本过程,函数在奇点附近的渐近展开就被直接映射到和其匹配的系数的渐近展开.

我们从二项式展开开始,对一般的 α

$$[z^n](1-z)^{-\alpha}=(-1)^n\binom{-\alpha}{n}=\binom{n+\alpha-1}{n}=\frac{\alpha(\alpha+1)\cdots(\alpha+n-1)}{n!}$$

这个量可用 Γ-函数表出

$$\binom{n+\alpha-1}{n}=\frac{\Gamma(n+\alpha)}{\Gamma(\alpha)\Gamma(n+1)} \tag{11}$$

其中α不等于0也不等于负整数.(当$\alpha \in \{0,-1,\cdots\}$时,系数$\binom{n+\alpha-1}{n}$甚至全都变成0,因此估计$[z^n](1-z)^{-\alpha}$的渐近问题变得无效.)利用Stirling和实积分的估计,系数$\binom{n+\alpha-1}{n}$的渐近分析是直截了当的,见注记Ⅵ.1和Ⅵ.2.

比初等的实分析技巧更有效的方法是用Cauchy的系数公式估计函数$f(z)$的系数

$$[z^n]f(z)=\frac{1}{2\pi i}\int_\gamma \frac{f(z)}{z^{n+1}}dz$$

基本的原理是简单的:这包括选择一条到奇点$z=1$的距离等于$\frac{1}{n}$的积分围道γ,在变量替换$z=1+\frac{t}{n}$下,积分中的核$\frac{1}{z^{n+1}}$(渐近地)转换成指数函数,并且可以局部地展开成具有仅引入重尺度因子的微分系数的函数

$$\boxed{\begin{array}{ll} z\mapsto\left(1+\frac{t}{n}\right) & dz\mapsto\frac{1}{n}dt \\ \frac{1}{z^{n+1}}\mapsto e^{-t} & (1-z)^{-\alpha}\mapsto n^\alpha(-t)^{-\alpha}\end{array}} \tag{12}$$

我们这里给出一个例子(确切的验证将在下面给出)

$$[z^n](1-z)^{-\alpha}\sim g_\alpha n^{\alpha-1},g_\alpha:=\frac{1}{2\pi i}\int e^{-t}(-t)^{-\alpha}dt$$

围道和相关的重尺度化将捕获奇点附近的函数的行为,从而实现系数估计.

定理Ⅵ.1 标准的函数尺度. 设α是$\mathbb{C}\setminus\mathbb{Z}_{\leqslant 0}$中的任意复数,则在

$$f(z)=(1-z)^{-\alpha}$$

中z^n的系数对大的n具有n的降幂的完全展开式

$$[z^n]f(z)\sim\frac{n^{\alpha-1}}{\Gamma(\alpha)}\left(1+\sum_{k=1}^{\infty}\frac{e_k}{n^k}\right)$$

其中e_k是α的$2k$次多项式.特别[①]

$$[z^n]f(z)\sim\frac{n^{\alpha-1}}{\Gamma(\alpha)}\left(1+\frac{\alpha(\alpha-1)}{2n}+\frac{\alpha(\alpha-1)(\alpha-2)(3\alpha-1)}{24n^2}+\right.$$
$$\left.\frac{\alpha^2(\alpha-1)^2(\alpha-2)(\alpha-3)}{48n^3}+O\left(\frac{1}{n^4}\right)\right) \tag{13}$$

---

① 量e_k是α的一个可以被$\alpha(\alpha-1)\cdots(\alpha-k)$整除的多项式.事实上,当$\alpha\in\mathbb{Z}_{\geqslant 0}$时,渐近展开终止.当$\alpha\in\mathbb{Z}_{\leqslant 0}$时,根据系数在这种情况下渐近于0的事实,因子$\frac{1}{\Gamma(\alpha)}$将恒等于0.

证明 第一步是用 Cauchy 系数公式把系数$[z^n](1-z)^{-\alpha}$表示成一个复积分

$$f_n=\frac{1}{2\pi\mathrm{i}}\int_{\mathcal{C}}\frac{(1-z)^{-\alpha}}{z^{n+1}}\mathrm{d}z \tag{14}$$

其中$\mathcal{C}$是一个围绕原点足够小的围道，见图 Ⅵ.2. 我们可以从$\mathcal{C}\equiv\mathcal{C}_0$开始，其中$\mathcal{C}_0$是一个正定向的圆$\mathcal{C}_0=\left\{z,\ |z|=\frac{1}{2}\right\}$. 第二步是将$\mathcal{C}_0$变形为原点周围的另一条不跨越半直线$\Re(z)\geqslant 1$的简单闭曲线$\mathcal{C}_1$：围道$\mathcal{C}_1$由一个半径$R>1$，在$z=1$的左侧有一个返回的凹口的大圆组成. 由于被积函数沿着大圆以阶$O(R^{-n})$递减，因此我们现在终于可以让R趋向于无穷大，并在f_n的积分表示中，把$\mathcal{C}$换成一条在下半平面中从$+\infty$出发的，按顺时针方向绕过$z=1$的左侧并在上半平面再次通往$+\infty$的围道. 后者是 Hankel 围道的一个典型例子. 仔细地选择与它的距离就可以得出所需的展式.

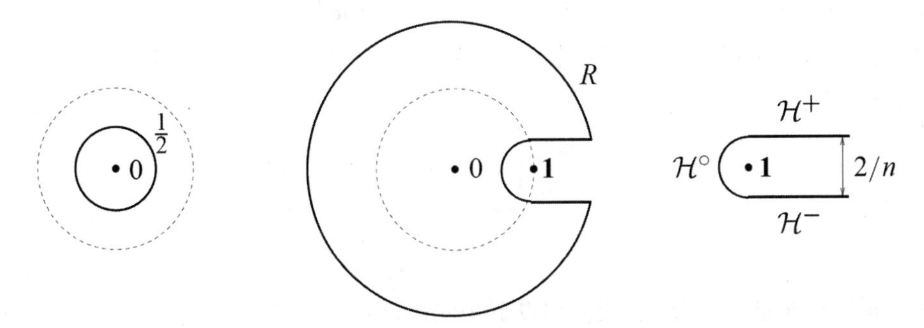

图 Ⅵ.2 用于根据标准函数尺度来估计函数系数的围道$\mathcal{C}_0$，$\mathcal{C}_1$和$\mathcal{C}_2\equiv\mathcal{H}(n)$

为了确切地定出这条积分路径，我们将$\mathcal{C}_2$具体地定为一条到半直线$\mathbb{R}_{\geqslant 1}$的距离为$\frac{1}{n}$的围道$\mathcal{H}(n)$

$$\mathcal{H}(n)=\mathcal{H}^-(n)\cup\mathcal{H}^+(n)\cup\mathcal{H}^\circ(n) \tag{15}$$

其中

$$\begin{cases}\mathcal{H}^-(n)=\{z=\omega-\dfrac{\mathrm{i}}{n},\omega\geqslant 1\}\\ \mathcal{H}^+(n)=\{z=\omega+\dfrac{\mathrm{i}}{n},\omega\geqslant 1\}\\ \mathcal{H}^\circ(n)=\{z=1-\dfrac{\mathrm{e}^{\mathrm{j}\phi}}{n},\phi\in\left[-\dfrac{\pi}{2},\dfrac{\pi}{2}\right]\}\end{cases} \tag{16}$$

现在在积分(14)中做变量替换

$$z = 1 + \frac{t}{n} \tag{17}$$

就给出下面形式的表达式

$$f_n = \frac{n^{\alpha-1}}{2\pi i}\int_{\mathcal{H}} (-t)^{-\alpha}\left(1+\frac{t}{n}\right)^{-n-1} dt \tag{18}$$

(Hankel 围道围绕 0,与正实轴距离为 1;定理 B.1 的证明中的围道与此相同.)

由此我们就得出渐近表达式

$$\left(1+\frac{t}{n}\right)^{-n-1} = e^{-(n+1)\log\left(1+\frac{t}{n}\right)} = e^{-t}\left[1+\frac{t^2-2t}{2n}+\frac{3t^4-20t^3+24t^2}{24n^2}+\cdots\right] \tag{19}$$

上式告诉我们(18) 中的被积函数逐点收敛到(在 t 平面的任何有界域中也是一致收敛到) $(-t)^{-\alpha}e^{-t}$. 用渐近形式

$$\left(1+\frac{t}{n}\right)^{-n-1} = e^{-t}\left(1+O\left(\frac{1}{n}\right)\right)$$

把上式代入积分(18) 并使用对于 Γ - 函数的公式的 Hankel 围道,则当 $n\to\infty$ 时建议(形式上)

$$\begin{aligned}[z^n](1-z)^{-\alpha} &= \frac{n^{\alpha-1}}{2\pi i}\int_{\mathcal{H}} (-t)^{-\alpha}e^{-t}dt\left(1+O\left(\frac{1}{n}\right)\right)\\ &= \frac{n^{\alpha-1}}{\Gamma(\alpha)}\left(1+O\left(\frac{1}{n}\right)\right)\end{aligned}$$

为证明这一形式上的结论,我们按以下步骤进行:

(i) 像下图那样把围道$\mathcal{H}$分成两段,它们分别对应于 $\Re(t)\leqslant \log^2 n$ 和 $\Re(t)\geqslant \log^2 n$ 这两种情况:

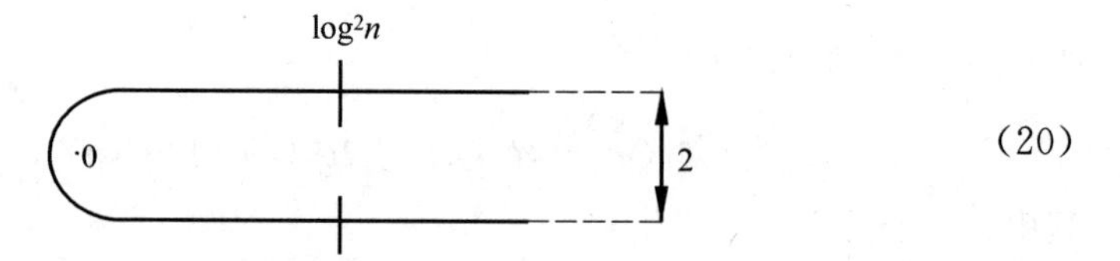

(20)

(ii) 确认对应于 $\Re(t)\geqslant \log^2 n$ 的部分在问题的尺度中可以忽略不计,例如

$$\left(1+\frac{t}{n}\right)^{-n} = O(\exp(-\log^2 n)),\text{对于 } \Re(t)\geqslant \log^2 n$$

(iii) 使用式(19) 的最后形式用统一的误差项把对应于 $\Re(t)\leqslant \log^2 n$ 的部分展开到任何预定的阶(这是可能的,由于$\frac{t}{n} = O\left(\frac{\log^2 n}{n}\right)$很小.).

这些考虑验证了积分式(19) 的内核中的式(18) 是逐项可积的,因此 f_n 的完全展开可确定如下：展式(19) 中每个形如$\frac{t^r}{n^s}$ 的项，由 Hankel 公式就引出一个形如$\frac{n^{-s}}{\Gamma(\alpha-r)}$ 的项(如果 α 不是负整数或零，则如此获得的展式是非退化的，详情见注记 Ⅵ.3.)。由于

$$\frac{1}{\Gamma(\alpha-k)}=\frac{1}{\Gamma(\alpha)}(\alpha-1)(\alpha-2)\cdots(\alpha-k)$$

因此定理中所叙述的展开式最后就得出来了.

从定理 Ⅵ.2 所得出的渐近近似与关于半纯函数的渐近(第 Ⅳ 章)不同，在后者中可以导出指数小的误差项错误. 但是，对10^1-10^2 范围内的 n 值，只须取几个项就可以得到大约10^{-6} 数量级的精度在我们所得到的结果中是并不罕见的. 图 Ⅵ.3 几个这种例子对 Catalan 数

$$C_n=\frac{4^n}{n+1}[z^n](1-z)^{-\frac{1}{2}}$$

的近似值用图显示这种情况. 其中对 C_{10}，C_{20}，C_{50}，最多用了八个渐近项.

	$n=10$	$n=20$	$n=50$
$\frac{4^n}{\sqrt{\pi n^3}}(1$	**1** *8708*	**6** *935533866*	*2022877684829178931751713264*
$-\frac{9}{8}n^{-1}$	**16** *603*	**65** *45410086*	**197** *7362936920522405787299715*
$+\frac{145}{128}n^{-2}$	**16** *815*	**656** *5051735*	**19782** *79553371460627490749710*
$-\frac{1155}{1024}n^{-3}$	**1679** *4*	**6564** *073885*	**1978261** *300061101426696482732*
$+\frac{36939}{32768}n^{-4}$	**16796**	**656412** *2750*	**19782616** *64919884629357813591*
$-\frac{295911}{262144}n^{-5}$	**16796**	**6564120** *303*	**1978261657** *612856326190245636*
$+\frac{4735445}{4194304}n^{-6}$	**16796**	**656412042** *6*	**197826165775** *9023715384519184*
$-\frac{37844235}{33554432}n^{-7})$	**16796**	**6564120420**	**19782616577561** *03402179527600*
C_n	**16796**	**6564120420**	**1978261657756160653623774456**

图 Ⅵ.3　对用连续的项得出的 Catalan 数渐近近似值的改进(粗体字表示精确值)

▶**Ⅵ.1**　Stirling **公式和二项式系数的渐近**. 二项式系数的 $\Gamma-$ 函数形式(11) 产生公式

$$[z^n](1-z)^{-\alpha}=\frac{n^{\alpha-1}}{\Gamma(\alpha)}\left(1+O\left(\frac{1}{n}\right)\right)$$

这时我们可对 $\Gamma-$ 函数的阶乘应用 Stirling 公式. ◀

▶**Ⅵ.2**　$\beta-$ **积分和二项式系数的渐近**. 一个直接得出$\binom{n+\alpha-1}{n}$ 的一般

的渐近形式的方法是使用 Euler 的 $\beta-$ 积分，见文献([604]254 页和附录B.3：$\Gamma-$ 函数.). 考虑量($\alpha>0$)

$$\phi(n,\alpha)=\int_0^1 t^{\alpha-1}(1-t)^{n-1}\mathrm{d}t=\frac{(n-1)!}{\alpha(\alpha+1)\cdots(\alpha+n-1)}=\frac{1}{n\binom{n+\alpha-1}{n}}$$

其中第二个形式初等地来自连续的分部积分. 变量替换 $t=\frac{x}{n}$ 给出

$$\phi(n,\alpha)=\frac{1}{n^\alpha}\int_0^n x^{\alpha-1}\left(1-\frac{x}{n}\right)^{n-1}\mathrm{d}x\underset{n\to\infty}{\sim}\frac{1}{n^\alpha}\int_0^\infty x^{\alpha-1}\mathrm{e}^{-x}\mathrm{d}x=\frac{\Gamma(\alpha)}{n^\alpha}$$

其中的渐近形式是从标准的指数函数的极限形式 $\exp(\alpha)=\lim_{n\to\infty}\left(1+\frac{x}{n}\right)^n$ 得出来的. ◀

▶ Ⅵ.3 **完全展开的可计算性**. 定理 Ⅵ.1 中的系数 e_k 满足

$$e_k=\sum_{l=k}^{2k}\lambda_{k,l}(\alpha-1)(\alpha-1)\cdots(\alpha-l)$$

其中 $\lambda_{k,l}:=[v^k t^l]\mathrm{e}^t(1+vt)^{-1-\frac{1}{v}}$. ◀

▶ Ⅵ.4 **振动和复指数**. 振动发生在奇点的展开涉及复指数的情况. 从考虑 $[z^n](1-z)^{\pm i}\asymp n^{\mp i-1}$ 出发，我们求出

$$[z^n]\cos\left(\log\frac{1}{1-z}\right)=\frac{P(\log n)}{n}+O\left(\frac{1}{n^2}\right)$$

其中 $P(u)$ 是连续的周期 1 的函数. 在一般情况下，那种振动是由 $[z^n](1-z)^{-\alpha}$ 产生的，其中 α 不是实数. ◀

对数因子. 定理 Ⅵ.1 的证明方法中的基本原理(也见式(12))具有易于扩展到一大类奇异函数的优点，其中最明显的是涉及对数项的函数.

定理 Ⅵ.2 标准的函数尺度，对数. 设 α 是 $\mathbb{C}\setminus\mathbb{Z}_{\leqslant 0}$ 中的任意复数，则在函数[①]

$$f(z)=(1-z)^{-\alpha}\left(\frac{1}{z}\log\frac{1}{1-z}\right)^\beta$$

中 z^n 的系数对大的 n 具有 $\log n$ 的幂递减的完全渐近展开

$$f_n\equiv[z^n]f(z)\sim\frac{n^{\alpha-1}}{\Gamma(\alpha)}(\log n)^\beta\left[1+\frac{C_1}{\log n}+\frac{C_2}{\log^2 n}+\cdots\right]\tag{21}$$

---

① 由于 $\log(1-z)^{-1}=z+O(z^2)$，所以在对数前面引入了 $1/z$ 的系数：用这种方法，即使 β 不是整数，$f(z)$ 也是 z 的真正的幂级数. 那种因子不会影响 $z=1$ 附近的对数尺度中的渐近展开.

其中 $C_k = \binom{\beta}{k} \Gamma(\alpha) \dfrac{\mathrm{d}^k}{\mathrm{d}s^k} \dfrac{1}{\Gamma(s)} \Big|_{s=\alpha}$.

证明 证明是定理 Ⅵ.1(详情见文献[248])的一个简单的变形.我们所用的基本的展开式现在是

$$f\left(1+\frac{t}{n}\right)\left(1+\frac{t}{n}\right)^{-n-1} \sim \mathrm{e}^{-t}\left(\frac{-n}{t}\right)^{\alpha}\left(\log\left(\frac{-n}{t}\right)\right)^{\beta}$$

$$\sim \mathrm{e}^{-t}(-t)^{-\alpha} n^{\alpha}(\log n)^{\beta}\left(1-\frac{\log(-t)}{\log n}\right)^{\beta}$$

$$\sim \mathrm{e}^{-t}(-t)^{-\alpha} n^{\alpha}(\log n)^{\beta}\left(1-\beta\frac{\log(-t)}{\log n}+\frac{\beta(\beta-1)}{2}\left(\frac{\log(-t)}{\log n}\right)^{2}+\cdots\right)$$

再次,我们是用系数的 Cauchy 积分表达式来进行验证.逐项积分所得出的是如下形式的 Hankel 积分的和

$$\frac{1}{2\pi\mathrm{i}}\int_{+\infty}^{0}(-t)^{-s}\mathrm{e}^{-t}(\log(-t))^{k}\mathrm{d}t=(-1)^{k}\frac{\mathrm{d}^{k}}{\mathrm{d}s^{k}}\left[\int_{+\infty}^{0}(-t)^{-s}\mathrm{e}^{-t}\mathrm{d}t\right]$$

$$=(-1)^{k}\frac{\mathrm{d}^{k}}{\mathrm{d}s^{k}}\frac{1}{\Gamma(s)}$$

其中导出的对于 $\dfrac{1}{\Gamma(s)}$ 的求导是来自积分号下取微分.

定理 Ⅵ.2 的一个典型的应用是估计式

$$[z^n]\frac{1}{\sqrt{1-z}}\frac{1}{\frac{1}{z}\log\frac{1}{1-z}}=\frac{1}{\sqrt{\pi n}\log n}\left(1-\frac{\gamma+2\log 2}{\log n}+O\left(\frac{1}{\log^2 n}\right)\right)$$

(那种奇异函数确实在对数的组合和分析中会遇到(文献[257]).).

▶**Ⅵ.5 慢变函数的奇点分析**.称一个函数 $\Lambda(u)$ 在(复平面中)趋于无穷远时是慢变的,如果存在一个 $\phi\in(0,\frac{\pi}{2})$,使得对任意固定的 $c>0$ 和对所有满足 $|\theta|\leqslant\pi-\phi$ 的 θ 都成立

$$\lim_{u\to+\infty}\frac{\Lambda(c\mathrm{e}^{\mathrm{i}\theta}u)}{\Lambda(u)}=1 \tag{22}$$

(对数的幂和对数的对数是典型的慢变函数.).在普遍性的条件(22)下成立下面的估计(文献[248])

$$[z^n](1-z)^{-\alpha}\Lambda\left(\frac{1}{1-z}\right)\sim\frac{n^{\alpha-1}}{\Gamma(\alpha)}\Lambda(n) \tag{23}$$

例如,我们有

$$[z^n]\frac{\exp\left(\sqrt{\frac{1}{z}\log\left(\frac{1}{1-z}\right)}\right)}{\sqrt{1-z}}\sim\frac{\exp(\sqrt{\log n})}{\sqrt{\pi n}}$$

也见 Tauber 理论的讨论. ◀

▶**Ⅵ.6　对数的对数.** 对一般的 $\alpha\notin\mathbb{Z}_{\leqslant 0}$，关系式(23) 是下式的一种特殊情况

$$[z^n](1-z)^{-\alpha}\left(\frac{1}{z}\log\frac{1}{1-z}\right)^{\beta}\left(\frac{1}{z}\log\left(\frac{1}{z}\log\frac{1}{1-z}\right)\right)^{\delta}\sim$$
$$\frac{n^{\alpha-1}}{\Gamma(\alpha)}(\log n)^{\beta}(\log\log(n))^{\delta}$$

因此在这种情况下也可以导出一个完全的渐近展开. ◀

特殊情况. 定理 Ⅵ.1 和 Ⅵ.2 的条件明确排除了 α 是负整数时的情况：在这种情况下，如果将它们解释为极限情况，利用 $\frac{1}{\Gamma(0)}=\frac{1}{\Gamma(-1)}=\cdots=0$，则公式实际上仍然有效. 此外，当 β 是正整数时，定理 Ⅵ.2 的展开就停止了：在这种情况下，更强的形式是有效的. 这些情况总结在图 Ⅵ.4 中，并将在下面讨论.

	$\alpha\notin\{0,-1,-2,\ldots\}$	(Eq.)	$\alpha\in\{0,-1,-2,\ldots\}$	(Eq.)
$\beta\notin\mathbb{Z}_{\geq 0}$	$\frac{n^{\alpha-1}}{\Gamma(\alpha)}(\log n)^{\beta}\sum_{j=0}^{\infty}\frac{C_j}{(\log n)^j}$	(21)	$f_n\sim n^{\alpha-1}(\log n)^{\beta}\sum_{j=1}^{\infty}\frac{D_j}{(\log n)^j}$	(24)
$\beta\in\mathbb{Z}_{\geq 0}$	$\frac{n^{\alpha-1}}{\Gamma(\alpha)}\sum_{j=0}^{\infty}\frac{E_j(\log n)}{n^j}$	(25)	$n^{\alpha-1}\sum_{j=0}^{\infty}\frac{F_j(\log n)}{n^j}$	(27)

图 Ⅵ.4　对定理 Ⅵ.2 中的 $f(z)$，$f_n\equiv[z^n]f(z)$ 的一般的和特殊的情况

整数 $\alpha\in\mathbb{Z}_{\leqslant 0}$ 和一般的 $\beta\notin\mathbb{Z}_{\geqslant 0}$ 的情况. 当 α 是负数时，$f(z)=(1-z)^{-\alpha}$ 的系数最终减小到零，因此渐近的系数展开就成为平凡的：这种情况被定理 Ⅵ.1 的陈述隐含地包含了，由于在这种情况下，$\frac{1}{\Gamma(0)}=0$. 当出现对数时(仍然有 $\alpha\in\mathbb{Z}_{\leqslant 0}$)，如果我们再次考虑公式(21) 中的等式 $\frac{1}{\Gamma(0)}=0$，经过 Γ 的因子进行简化之后，则关于

$$f(z)=(1-z)^{-\alpha}\left(\frac{1}{z}\log\frac{1}{1-z}\right)^{\beta}$$

定理 Ⅵ.2 的展开仍然有效，只是式(21) 中的第一项没有了，我们有

$$[z^n]f(z)=n^{\alpha-1}(\log n)^{\beta}\left[\frac{D_1}{\log n}+\frac{D_2}{\log^2 n}+\cdots\right]\qquad(24)$$

其中 $D_k = \binom{\beta}{k} \frac{\mathrm{d}^k}{\mathrm{d}s^k} \frac{1}{\Gamma(s)} \mid_{s=\alpha}$. 例如，我们求出

$$[z^n] \frac{z}{\log \frac{1}{1-z}} = -\frac{1}{n \log^2 n} + \frac{2\gamma}{n \log^3 n} + O\left(\frac{1}{n \log^4 n}\right)$$

一般的 $\alpha \notin \mathbb{Z}_{\leqslant 0}$ 和整数 $\beta \in \mathbb{Z}_{\geqslant 0}$ 的情况. 当 $\beta = k$ 是非负整数时，由定理Ⅵ.2 的一般陈述预测的相对误差项可以进一步改善. 例如，我们有

$$[z^n] \frac{1}{1-z} \log \frac{1}{1-z} = \log n + \gamma + \frac{1}{2n} - \frac{1}{12n^2} + O\left(\frac{1}{n^4}\right)$$

$$[z^n] \frac{1}{\sqrt{1-z}} \log \frac{1}{1-z} \sim \frac{1}{\sqrt{\pi n}} \left(\log n + \gamma + 2\log 2 + O\left(\frac{\log n}{n}\right)\right)$$

(在这种情况下，定理Ⅵ.2 的展开停止，由于只有它的前 $k+1$ 项是非零的.）实际上，在非整数 α 的一般情况下，存在一个形如

$$[z^n] (1-z)^{-\alpha} \log^k \frac{1}{1-z} \sim \frac{n^{\alpha-1}}{\Gamma(\alpha)} \left[E_0(\log n) + \frac{E_1(\log n)}{n} + \cdots\right] \tag{25}$$

的展开式. 其中对于一般的 α 可以通过调整参数来证明 E_j 是 k 次多项式(注记Ⅵ.8).

整数 $\alpha \in \mathbb{Z}_{\leqslant 0}$ 和整数 $\beta \in \mathbb{Z}_{\geqslant 0}$ 的情况. 如果 α 是负整数，则系数可表示成对数的幂的系数的有限差分. 然后就可以从有限差分的计算中初等地得出显式的公式当 β 是正整数时. 例如，当对于 $\alpha = -m, m \in \mathbb{Z}_{\geqslant 0}$ 时，我们有

$$[z^n] (1-z)^m \log \frac{1}{1-z} = (-1)^m \frac{m!}{n(n-1)\cdots(n-m)} \tag{26}$$

下面的注记 Ⅵ.8 包括了 $\alpha = -m, \beta = k$(其中 $\alpha, k \in \mathbb{Z}_{\geqslant 0}$) 的情况：这时有一个与式(25) 类似的公式

$$[z^n] (1-z)^m \log^k \frac{1}{1-z} \sim \frac{1}{n^{m+1}} \left[F_0(\log n) + \frac{F_1(\log n)}{n} + \cdots\right] \tag{27}$$

但是现在 $\deg(F_j) = k-1$.

图 Ⅵ.5 给出了一些定理 Ⅵ.1 和定理 Ⅵ.2 中叙述的标准函数和一些“特殊情况”的系数的渐近形式.

▶Ⅵ.7 ***Frobenius 和 Jungen 方法***. 这是一个解决情况 $\beta \in \mathbb{Z}_{\geqslant 0}$ 的另一种方法(见文献[360]). 我们从下面的观察出发

$$(1-z)^{-\alpha} \left(\log \frac{1}{1-z}\right)^k = \frac{\partial^k}{\partial \alpha^k} (1-z)^{-\alpha}$$

那么由微分算子 $\frac{\partial}{\partial \alpha}$ 和提取系数算子 $[z^n]$ 的可交换性(这可由在 Cauchy 系数公

函数	系数
$(1-z)^{3/2}$	$\frac{1}{\sqrt{\pi n^5}}(\frac{3}{4}+\frac{45}{32n}+\frac{1155}{512n^2}+O(\frac{1}{n^3}))$
$(1-z)$	(0)
$(1-z)^{1/2}$	$-\frac{1}{\sqrt{\pi n^3}}(\frac{1}{2}+\frac{3}{16n}+\frac{25}{256n^2}+O(\frac{1}{n^3}))$
$(1-z)^{1/2}\,\mathrm{L}(z)$	$-\frac{1}{\sqrt{\pi n^3}}(\frac{1}{2}\log n+\frac{\gamma+2\log 2-2}{2}+O(\frac{\log n}{n}))$
$(1-z)^{1/3}$	$-\frac{1}{3\Gamma(\frac{2}{3})n^{4/3}}(1+\frac{2}{9n}+\frac{7}{81n^2}+O(\frac{1}{n^3}))$
$z/\mathrm{L}(z)$	$\frac{1}{n\log^2 n}(-1+\frac{2\gamma}{\log n}+\frac{\pi^2-6\gamma^2}{2\log^2 n}+O(\frac{1}{\log^3 n}))$
1	(0)
$\log(1-z)^{-1}$	$\frac{1}{n}$
$\log^2(1-z)^{-1}$	$\frac{1}{n}(2\log n+2\gamma-\frac{1}{n}-\frac{1}{6n^2}+O(\frac{1}{n^4}))$
$(1-z)^{-1/3}$	$\frac{1}{\Gamma(\frac{1}{3})n^{2/3}}(1+O(\frac{1}{n}))$
$(1-z)^{-1/2}$	$\frac{1}{\sqrt{\pi n}}(1-\frac{1}{8n}+\frac{1}{128n^2}+\frac{5}{1024n^3}+O(\frac{1}{n^4}))$
$(1-z)^{-1/2}\,\mathrm{L}(z)$	$\frac{1}{\sqrt{\pi n}}(\log n+\gamma+2\log 2-\frac{\log n+\gamma+2\log 2}{8n}+O(\frac{\log n}{n^2}))$
$(1-z)^{-1}$	1
$(1-z)^{-1}\,\mathrm{L}(z)$	$\log n+\gamma+\frac{1}{2n}-\frac{1}{12n^2}+\frac{1}{120n^4}+O(\frac{1}{n^6}))$
$(1-z)^{-1}\,\mathrm{L}(z)^2$	$\log^2 n+2\gamma\log n+\gamma^2-\frac{\pi^2}{6}+O(\frac{\log n}{n})$
$(1-z)^{-3/2}$	$\sqrt{\frac{n}{\pi}}(2+\frac{3}{4n}-\frac{7}{64n^2}+O(\frac{1}{n^3}))$
$(1-z)^{-3/2}\,\mathrm{L}(z)$	$\sqrt{\frac{n}{\pi}}(2\log n+2\gamma+4\log 2-4+\frac{3\log n}{4n}+O(\frac{1}{n}))$
$(1-z)^{-2}$	$n+1$
$(1-z)^{-2}\,\mathrm{L}(z)$	$n\log n+(\gamma-1)n+\log n+\frac{1}{2}+\gamma+O(\frac{1}{n})$
$(1-z)^{-2}\,\mathrm{L}(z)^2$	$n(\log^2 n+2(\gamma-1)\log n+\gamma^2-2\gamma+2-\frac{\pi^2}{6}+O(\frac{\log n}{n}))$
$(1-z)^{-3}$	$\frac{1}{2}n^2+\frac{3}{2}n+1$

图 Ⅵ.5　某些通常会遇到的函数和它们的系数的表

其中使用了简写 $L(z)=\log\frac{1}{1-z}$

式在积分号下取微分来验证.）我们就得出

$$[z^n](1-z)^{-\alpha}\left(\log\frac{1}{1-z}\right)^k=\frac{\partial^k}{\partial\alpha^k}\frac{\Gamma(n+\alpha)}{\Gamma(\alpha)\Gamma(n+1)} \tag{28}$$

上式导致下面的"精确"的公式(注记 Ⅵ.8). ◀

▶Ⅵ.8 ***平移的调和数***. 定义 α — 平移调和数如下

$$h_n(\alpha) := \sum_{j=0}^{n-1} \frac{1}{j+\alpha}$$

令 $L(z) = -\log(1-z)$,我们仍然有

$$[z^n](1-z)^{-\alpha}L(z) = \binom{n+\alpha-1}{n} h_n(\alpha)$$

$$[z^n](1-z)^{-\alpha}L(z)^2 = \binom{n+\alpha-1}{n} (h'_n(\alpha) + h_n(\alpha)^2)$$

(注意:$h_n(\alpha) = \psi(\alpha+n) - \psi(\alpha)$,其中 $\psi(s) := \partial_s \log \Gamma(s)$.) 特别

$$[z^n] \frac{1}{\sqrt{1-z}} \log \frac{1}{1-z} = \frac{1}{4^n}\binom{2n}{n}(2H_{2n} - H_n)$$

其中 $H_n \equiv h_n(1)$ 是通常的调和数. ◀

Ⅵ.3 转　　换

我们的总体目标是把奇点附近函数的近似值转换成系数的渐近逼近. 在这一阶段所需要的是一种利用奇点附近函数的展开式提取误差项系数的方法(通常用 $O(\cdot)$ 或 $o(\cdot)$ 表示.). 对只须得出一个相当粗略的分析的目的而言,这个任务在技术上是很简单的. 与前一节一样,它依赖于具有 Hankel 型路径的围道积分:例如见本章等式(12) 中的小结.

上一节中的方法的自然的扩展是假设误差项直到沿着切割复平面的实的半直线 $\mathbb{R}_{\geqslant 1}$ 上仍然有效. 实际上,只要假设一个较弱的条件就够了:即只要在任何边界与半直线 $\mathbb{R}_{\geqslant 1}$ 成锐角的域中仍然有效即可.

定义 Ⅵ.1　给了两个数 ϕ, R,并设它们满足 $R > 1, 0 < \phi < \frac{\pi}{2}$,我们定义开区域 $\Delta(\phi, R)$ 如下

$$\Delta(\phi, R) = \{z \mid |z| < R, z \neq 1, |\arg(z-1)| > \phi\}$$

称一个区域是一个 Δ — 区域,如果对某个 ϕ, R,它是一个 $\Delta(\phi, R)$. 对于复数 $\zeta \neq 0$,一个在 ζ 处的 Δ — 区域是一个在 1 处的 Δ — 区域在映射 $z \mapsto \zeta z$ 下的象. 称一个函数是 Δ — 解析的,如果它在某个 Δ — 区域上是解析的.

Δ — 区域中的解析性(图 Ⅵ.6 左) 是建立在渐近展开中误差项系数的转换

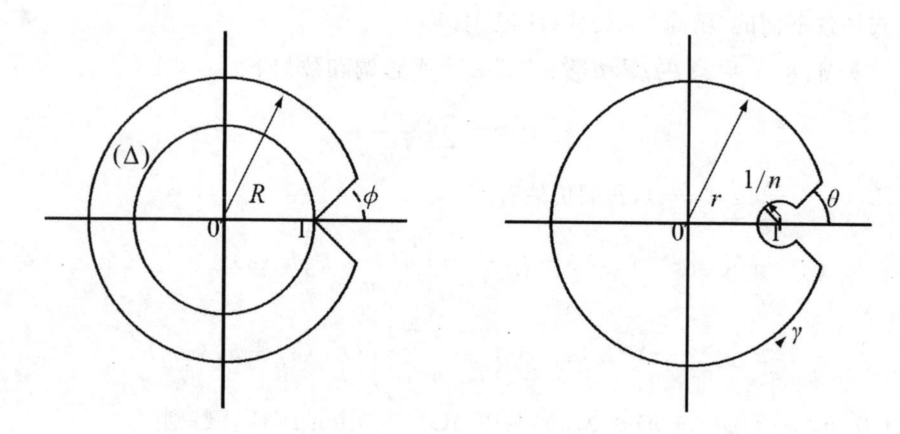

图 Ⅵ.6　一个 Δ－区域和定理 Ⅵ.3 中所说的围道

条件上的.

定理 Ⅵ.3　转换,大 O 和小 o. 设 α,β 是任意实数,$\alpha,\beta\in\mathbb{R}$,并设 $f(z)$ 是一个 Δ－解析的函数.

(ⅰ) 如果 $f(z)$ 在 1 的邻域和它的 Δ－区域的交集中满足条件

$$f(z)=O\left((1-z)^{-\alpha}\left(\log\frac{1}{1-z}\right)^{\beta}\right)$$

则我们有:$[z^n]f(z)=O(n^{\alpha-1}(\log n)^{\beta})$.

(ⅱ) 如果 $f(z)$ 在 1 的邻域和它的 Δ－区域的交集中满足条件

$$f(z)=o\left((1-z)^{-\alpha}\left(\log\frac{1}{1-z}\right)^{\beta}\right)$$

则我们有:$[z^n]f(z)=o(n^{\alpha-1}(\log n)^{\beta})$.

证明　(ⅰ) 我们的出发点是 Cauchy 的系数公式

$$f_n\equiv[z^n]f(z)=\frac{1}{2\pi\mathrm{i}}\int_{\gamma}\frac{f(z)}{z^{n+1}}\mathrm{d}z$$

其中 γ 是位于 f 的 1 域内部的原点周围的任何简单闭环,我们选择一条正定向的围道 $\gamma=\gamma_1\cup\gamma_2\cup\gamma_3\cup\gamma_4$(图 Ⅵ.6 右)

$$\begin{cases}\gamma_1=\left\{z\mid |z-1|=\dfrac{1}{n},\ |\arg(z-1)\geqslant\theta|\right\} & \text{(内圆)}\\ \gamma_2=\left\{z\mid \dfrac{1}{n}\leqslant|z-1|,\ |z|\leqslant r,\arg(z-1)=\theta\right\} & \text{(顶线段)}\\ \gamma_3=\{z\mid |z|=r,\ |\arg(z-1)\geqslant\theta|\} & \text{(外圆)}\\ \gamma_4=\left\{z\mid \dfrac{1}{n}\leqslant|z-1|,\ |z|\leqslant r,\arg(z-1)=-\theta\right\} & \text{(底线段)}\end{cases}$$

如果 f 的 Δ 区域是 $\Delta(\phi,R)$，我们设 $1<r<R,\phi<\theta<\frac{\pi}{2}$，因此上述围道完全位于 f 的解析区域之内.

对 $j=1,2,3,4$，我们设

$$f_n^{(j)}=\frac{1}{2\pi\mathrm{i}}\int_{\gamma_j}\frac{f(z)}{z^{n+1}}\mathrm{d}z$$

我们通过在这四个部分中限制每个积分的绝对值来进行分析. 为使符号简单起见，我们仅对 $\beta=0$ 的情况详细证明.

(1) **内圆(γ_1)**. 从平凡的边界得出，γ_1 对整个积分的贡献满足

$$|f_n^{(1)}|=O\left(\frac{1}{n}\right)\cdot O\left(\left(\frac{1}{n}\right)^{-\alpha}\right)=O(n^{\alpha-1})$$

由于函数的阶是 $O(n^{\alpha})$(由关于 $f(z)$ 的假设.)，围道的长度的阶是 $O\left(\frac{1}{n}\right)$，而 $\frac{1}{z^{n+1}}$ 在这部分围道上的阶是 $O(1)$.

(2) **直线部分(γ_2，γ_4)**. 考虑来自围道的 γ_2 部分对整个积分的贡献. 令 $\omega=\mathrm{e}^{\mathrm{i}\theta}$，并做变量替换 $z=1+\frac{\omega t}{n}$，我们求出

$$|f_n^{(2)}|\leqslant\frac{1}{2\pi}\int_1^{\infty}K\left(\frac{t}{n}\right)^{-\alpha}\left|1+\frac{\omega t}{n}\right|^{-n-1}\mathrm{d}t$$

其中 K 是一个常数，使得在 $\Delta-$ 区域上 $|f(z)|<K(1-z)^{-\alpha}$，这可由关于 $f(z)$ 的假设保证. 由关系式

$$\left|1+\frac{\omega t}{n}\right|\geqslant1+\Re\left(\frac{\omega t}{n}\right)=1+\frac{t}{n}\cos\theta$$

就得出不等式

$$|f_n^{(2)}|\leqslant\frac{K}{2\pi}J_n n^{\alpha-1}\text{，其中 }J_n=\int_1^{\infty}t^{-\alpha}\left(1+\frac{t\cos\theta}{n}\right)^{-n}\mathrm{d}t$$

对给定的 α，积分 J_n 是全有界的(译者注：即上下都有界)，由于当 $n\to\infty$ 时，它具有极限

$$J_n\to\int_1^{\infty}t^{-\alpha}\mathrm{e}^{-t\cos\theta}\mathrm{d}t$$

条件 $0<\theta<\frac{\pi}{2}$ 保证了积分的收敛，因而在整体上，在围道的 γ_2 部分，我们有

$$|f_n^{(2)}|=O(n^{\alpha-1})$$

对 γ_4 成立类似的界.

(3) **外圆**. 在外圆上 $f(z)$ 是有界的，而 z^{-n} 的阶是 r^{-n}，因而积分 $f_n^{(3)}$ 是指数

小的.

总之,在围道的四个部分中的每一部分上积分都贡献了 $O(n^{\alpha-1})$ 的阶. 因此,当 $\beta=0$ 时定理第(ⅰ)部分的陈述就得出来了. 完全类似的边界技巧也适用于对数因子($\beta\neq 0$).

(ⅱ)对证明做适当的修改后表明对 $o(\cdot)$ 误差项可进行类似的转换,所需要做的只是在距离 1 为 $\frac{\log^2 n}{n}$ 的直线上做进一步的拆分(详情可见文献[248]383 页中关于方程(20)的讨论.).

定理 Ⅳ.3 的一个直接推论是可以将渐近等价性转换为系数的奇异形式:

推论 Ⅵ.1 sim－**转换**. 设 $f(z)$ 是 Δ－解析的,且当 $z\to 1, z\in\Delta$ 时

$$f(z)\sim(1-z)^{-\alpha}$$

其中 $\alpha\notin\{0,-1,-2,\cdots\}$,则 $f(z)$ 的系数满足

$$[z^n]f(z)\sim\frac{n^{\alpha-1}}{\Gamma(\alpha)}$$

证明 令 $g(z)=(1-z)^{-\alpha}$,只须注意到当且仅当 $f(z)=g(z)+o(g(z))$ 时成立

$$f(z)\sim g(z)$$

然后,对 $f(z)=g(z)+o(g(z))$ 的第一部分应用定理 Ⅵ.1 对它的余项部分应用定理 Ⅵ.3 即可.

▶**Ⅵ.9 接近多项式的函数的转换**. 设 $f(z)$ 是 Δ－解析的并且满足奇点展开 $f(z)\sim(1-z)^r$,其中 $r\in\mathbb{Z}_{\geqslant 0}$,那么 $f_n=o\left(\frac{1}{n^{r+1}}\right)$(这是小 o 变换的一个直接结果.). ◀

▶**Ⅵ.10 大的负指数的转换**. 对于在奇点处很大的函数,Δ－解析的条件可以减弱. 设 $f(z)$ 在开圆盘 $|z|<1$ 上是解析的,并且在整个开圆盘上满足

$$f(z)=O((1-z)^{-\alpha})$$

如果 $\alpha>1$,则我们有

$$[z^n]f(z)=O(n^{\alpha-1})$$

(提示:在半径为 $1-\frac{1}{n}$ 的圆上积分,见文献[248].). ◀

Ⅵ.4 奇点分析的过程

在 Ⅵ.2 节和 Ⅵ.3 节中我们叙述了一系列命题,它们给出了函数 $f(z)$ 在孤

立点($z=1$)处的性质与其系数 $f_n=[z^n]f(z)$ 的渐近性质之间的对应关系.使用符号"$\rightarrow$"来表示这一对应[①],我们可以将关于尺度$\{(1-z)^{-\alpha},\alpha\in\mathbb{C}\setminus\mathbb{Z}_{\leqslant 0}\}$的一些结果总结如下

$$\begin{cases} f(z)=(1-z)^{-\alpha},f_n=\dfrac{n^{\alpha-1}}{\Gamma(\alpha)}+\cdots & (\text{定理 VI.1}) \\ f(z)=O((1-z)^{-\alpha}),f_n=O(n^{\alpha-1}) & (\text{定理 VI.3(i)}) \\ f(z)=o((1-z)^{-\alpha}),f_n=o(n^{\alpha-1}) & (\text{定理 VI.3(ii)}) \\ f(z)\sim(1-z)^{-\alpha},f_n\sim\dfrac{n^{\alpha-1}}{\Gamma(\alpha)} & (\text{推论 VI.1}) \end{cases}$$

重要的要求是,函数应该具有一个孤立的奇点(Δ 解析条件),并且函数在奇点附近的渐近性质在复平面上的一个使得在原点处收敛的扩展区域内是有效的(在一个 Δ 区域内).就像我们已经知道的那样,这对于对数幂的展开扩展和像 $\alpha\in\mathbb{Z}_{\leqslant 0}$ 这样的特殊情况也是可用的.我们用$\mathcal{S}$表示这类奇异函数的集合

$$\mathcal{S}=\{(1-z)^{-\alpha}\lambda(z)^{\beta}\mid\alpha,\beta\in\mathbb{C}\},\lambda(z):=\frac{1}{z}\log\frac{1}{1-z}\equiv\frac{1}{z}L(z)\quad(29)$$

在这一阶段,我们可用的工具,从函数的奇点展开(也称为奇异展开式)开始,可以一项一项地验证从函数的近似项到系数的渐近估计的项转换[②]是合理的.我们陈述以下定理.

定理 VI.4.　奇点分析,单个奇点. 设 $f(z)$ 是一个在零点解析,在 ζ 处有奇点的函数,使得 $f(z)$ 可解析延拓到形如 $\zeta\cdot\Delta_0$ 的区域,其中 $\zeta\cdot\Delta_0$ 是 Δ_0 在映射 $z\mapsto\zeta z$ 下的象.假设存在两个函数 σ,τ,其中 σ 是$\mathcal{S}$中的函数的(有限的)线性组合,而 $\tau\in\mathcal{S}$,因此当 $z\rightarrow\zeta,z\in\zeta\cdot\Delta_0$ 时

$$f(z)=\sigma\left(\frac{z}{\zeta}\right)+O\left(\tau\left(\frac{z}{\zeta}\right)\right)$$

那么,$f(z)$ 的系数满足渐近估计

$$f_n=\zeta^{-n}\sigma_n+O(\zeta^{-n}\tau_n^*)$$

其中 $\sigma_n=[z^n]\sigma(z)$ 是由定理 VI.1,VI.2 确定的系数,当 $\tau(z)=(1-z)^{-a}\lambda(z)^b$ 时,$\tau_n^*=n^{a-1}(\log n)^b$.

我们注意这一陈述等价于说除了 $a\in\mathbb{Z}_{\leqslant 0}$ 的情况外,$\tau_n^*=[z^n]\tau(z)$,在$a\in$

① 符号"$\Rightarrow$"表示无条件的逻辑蕴涵,因此在本书中用它代表组合表示与生成函数方程之间的系统对应.相反,符号"$\rightarrow$"代表在适当的解析条件下,例如在定理 VI.1—VI.3 中所说的那些条件下,从函数到系数的映射.

② 具有 ζ^{-n}型奇异性的函数,可能带有对数因子,有时称为代数对数.

$\mathbb{Z}_{\leqslant 0}$的情况下，应当省略因子$\frac{1}{\Gamma(a)}$. 此外，一般来说，我们有 $\tau_n^* = o(\sigma_n)$，因此函数在奇点处增长的阶就被映射为系数的增长的阶.

证明　正规化后的函数 $g(z)=f\left(\frac{z}{\zeta}\right)$ 的奇点在1处. 它是 Δ－解析的并且当 $z\to 1$ 时在 Δ_0 内满足关系 $g(z)=\sigma(z)+O(\tau(z))$. 定理 Ⅵ.3(ⅰ)(大 O 转换) 适用于 O 误差项. 由于$[z^n]f(z)=\frac{[z^n]g(z)}{\zeta^n}$，因此最后就得出了定理的陈述.

定理 Ⅵ.4 的陈述可以通过下述对应简明扼要地表达出来

$$f(z) \underset{z\to 1}{=} \sigma\left(\frac{z}{\zeta}\right)+O\left(\tau\left(\frac{z}{\zeta}\right)\right) \to f_n \underset{n\to\infty}{=} \frac{\sigma_n}{\zeta^n}+O\left(\frac{\tau_n^*}{\zeta^n}\right) \tag{30}$$

解析延拓条件和在 Δ 区域中的展开是本质的. 类似的，我们有

$$f(z) \underset{z\to 1}{=} \sigma\left(\frac{z}{\zeta}\right)+o\left(\tau\left(\frac{z}{\zeta}\right)\right) \to f_n \underset{n\to\infty}{=} \frac{\sigma_n}{\zeta^n}+o\left(\frac{\tau_n^*}{\zeta^n}\right) \tag{31}$$

上式是定理 Ⅵ.3 第(ⅱ)部分(小 o 转换) 的简单推论. 对应式(30) 和(31) 及其附带的分析补充构成图 Ⅵ.7 所示的奇点分析过程的核心.

设 $f(z)$ 是一个在零点解析的函数，其系数是渐近解析的.

1. 准备. 这包括确定主奇点的位置和验证解析延拓性性质.

1a. 奇点的定位. 确定 $f(z)$ 的主奇点(假设 $f(z)$ 不是整函数.) 验证 $f(z)$ 在其收敛圆内有一个单个的奇点 ζ.

1b. 验证解析延拓性. 在某个形如 $\zeta\cdot\Delta_0$ 区域内建立 $f(z)$ 的解析性.

2. 在奇点处展开. 在区域 $\zeta\cdot\Delta_0$ 中分析当 $z\to\zeta$ 时的函数，并且确定如下形式的展开式的主部

$$f(z) \underset{z\to 1}{=} \sigma\left(\frac{z}{\zeta}\right)+O\left(\tau\left(\frac{z}{\zeta}\right)\right), \tau(z)=o(\sigma(z))$$

对一个成功的方法来说，函数 σ 和 τ 应当属于标准的尺度函数$\mathcal{S}=\{(1-z)^{-\alpha}\lambda(z)^{\beta}\mid\alpha,\beta\in\mathbb{C}\}$，其中 $\lambda(z):=\frac{1}{z}\log\frac{1}{1-z}\equiv\frac{1}{z}L(z)$.

3. 转换. 利用定理 Ⅵ.1 和定理 Ⅵ.2 转换主项 $\sigma(z)$，利用定理 Ⅵ.3 转换误差项，然后得出

$$[z^n]f(z) \underset{z\to+\infty}{=} \zeta^{-n}\sigma_n+O(\zeta^{-n}\tau_n^*)$$

其中 $\sigma_n=[z^n]\sigma(z)$，$\tau_n^*=[z^n]\tau(z)$ 给出在 $a\notin\mathbb{Z}_{\leqslant 0}$ 情况下的相应的指数(在另外的情况下则应去掉因子$\frac{1}{\Gamma(a)}=0$.).

图 Ⅵ.7　奇点分析过程小结(单个的主奇点)

分析中常见的许多函数都是 Δ - 解析的.这一事实来自初等函数(例如 $\sqrt{\ }$,log,tan)的性质可以延拓到比在 0 处的展开区域更大的区域以及解析函数所满足的丰富的组合性质.此外,最初通过初等的试分析沿着实轴得出的奇点的渐近展开通常在复平面的更广的区域中仍然成立.因而,奇点分析过程可能适用于大量的由符号方法给出的生成函数,其中最值得注意的是 Ⅳ.4 节中所描述的迭代结构.在这种情况下,奇点分析极大地改进了定理 Ⅳ.8 中获得的指数增长估计.条件是奇点的展开应该适当是速度适当①的增长.我们现在通过处理在第 Ⅰ 章和第 Ⅱ 章中用符号方法得出的组合生成函数来说明这种情况,在这些例子中,我们都已经得出了可供我们使用的显式表达式.

例 Ⅵ.2 2 - **正规图的渐近**.这个例子完成了例 Ⅵ.1 关于 EGF

$$R(z)=\frac{e^{-\frac{z}{2}-\frac{z^2}{4}}}{\sqrt{1-z}}$$

的讨论.我们将一步一步地按照在图 Ⅵ.7 中所总结的奇点分析过程做.

1. **准备**.函数 $R(z)$ 是 $e^{-\frac{z}{2}-\frac{z^2}{4}}$(这是一个整函数)和 $(1-z)^{-\frac{1}{2}}$(它在单位圆盘内是解析的)的积,因此它本身在单位圆盘内是解析的.又由于 $(1-z)^{-\frac{1}{2}}$ 是 Δ - 解析的(它在沿着 $\mathbb{R}_{\geqslant 1}$ 割开的整个复平面上是解析的.),所以 $R(z)$ 本身也是 Δ - 解析的且在 $z=1$ 处有一个奇点.

2. **奇点的展开**.$R(z)$ 在 $z=1$ 附近的展开可从 $e^{-\frac{z}{2}-\frac{z^2}{4}}$ 在 $z=1$ 处的标准展开开始计算

$$R(z)\sim\frac{e^{-\frac{3}{4}}}{\sqrt{1-z}}+e^{-\frac{3}{4}}\sqrt{1-z}+\frac{e^{-\frac{3}{4}}}{4}(1-z)^{\frac{3}{2}}-\frac{e^{-\frac{3}{4}}}{12}(1-z)^{\frac{5}{2}}+\cdots \tag{32}$$

在它的最后展开式外面可以提出一个大 O 形式的误差项.

3. **转换**.在展式(32)中取例如两项再加上一个误差项.奇点分析过程允许将式(32)转换成系数,我们可以用表格形式呈现如下:

$R(z)$	$c_n\equiv[z^n]R(z)$
$e^{-3/4}\dfrac{1}{\sqrt{1-z}}+$	$e^{-3/4}\dbinom{n-1/2}{-1/2}\sim\dfrac{e^{-3/4}}{\sqrt{\pi n}}\left[1-\dfrac{1}{8n}+\dfrac{1}{128n^2}+\cdots\right]+$
$e^{-3/4}\sqrt{1-z}+$	$e^{-3/4}\dbinom{n-3/2}{-3/2}\sim\dfrac{-e^{-3/4}}{2\sqrt{\pi n^3}}\left[1+\dfrac{3}{8n}+\cdots\right]+$
$O((1-z)^{3/2})$	$O\left(\dfrac{1}{n^{5/2}}\right)$

① 对于在奇点处快速增长的函数,第 Ⅷ 章中给出的鞍点法将是更加有效的.

然后合并同类项,把展式适当地截断到最主要的误差项,使得得出这里的三项表达式.以后,我们将不再详细说明这些计算.我们将平行的注意函数的展开和系数的展开,并得出如下的对应关系

$$R(z)=\frac{e^{-3/4}}{\sqrt{1-z}}+e^{-3/4}\sqrt{1-z}+O((1-z)^{3/2})\rightarrow$$

$$c_n=\frac{e^{-3/4}}{\sqrt{\pi n}}-\frac{5e^{-3/4}}{8\sqrt{\pi n^3}}+O\left(\frac{1}{n^{5/2}}\right)$$

下面是数值验证.令 $c_n^{(1)}:=\frac{e^{-\frac{3}{4}}}{\sqrt{\pi n}}$,$c_n^{(2)}$ 表示 c_n 的展式中前两项之和,则我们算出

n	5	50	500
$n!\ c_n^{(1)}$	**14.** 302 12	**1. 1**46 288 861 8 • 10^{63}	**1. 45**4 212 037 2 • $10^{1\,132}$
$n!\ c_n^{(2)}$	**12.** 514 35	**1. 131 96**0 251 1 • 10^{63}	**1. 452 394** 272 1 • $10^{1\,132}$
$n!\ c_n$	**12**	**1. 131 967 796 8** • 10^{63}	**1. 452 394 322 4** • $10^{1\,132}$

显然,用这种方法就可得出按照 n 的幂的递减方式排列的完全的渐近展开式.

例 Ⅵ.3　一叉－二叉树和 Motzkin **数的渐近.** 一叉－二叉树是具有如下表示和 OGF 的无标记的树

$$\mathcal{U}=\mathcal{Z}(\mathbf{1}+\mathcal{U}+\mathcal{U}\times\mathcal{U})\Rightarrow U(z)=\frac{1-z-\sqrt{(1+z)(1-3z)}}{2z}$$

(关于格子路径的版本,见注记 Ⅰ.39 和 Ⅴ.4 节.)GF $U(z)$ 在 $z=-1$ 处和 $z=\frac{1}{3}$ 处有奇点,主奇点是 $z=\frac{1}{3}$. 由平方根函数的分支的性质可知 $U(z)$ 在如下所示的 Δ 区域内是解析的:

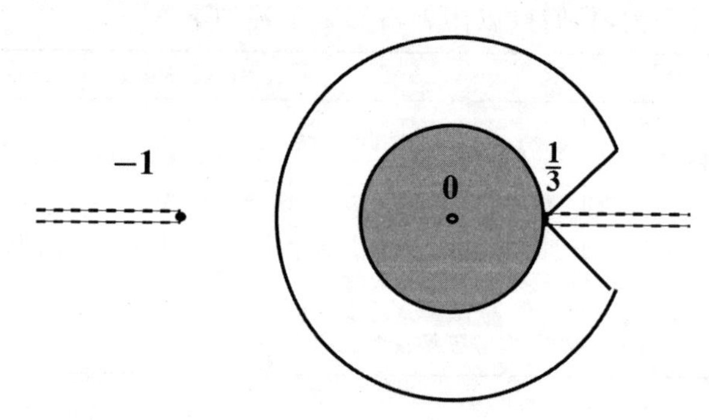

在 1/3 点附近,通过乘以 $\sqrt{1-3z}$ 和因子 $\frac{\sqrt{1-3z}}{2z}$ 的解析展开式,我们就得

出奇点的展开式.

然后应用奇点分析过程就自动地得出

$$U(z)=1-3^{1/2}\sqrt{1-3z}+O((1-3z))\to U_n=\sqrt{\frac{3}{4\pi n^3}}3^n+O(3^n n^{-2})$$

在 $z=\frac{1}{3}$ 处 $U(z)$ 的展开式中更后面的项给出了 Motzkin 数 U_n 的渐近表示中的如下的更多的项

$$U_n=\sqrt{\frac{3}{4\pi n^3}}3^n\left(1-\frac{15}{16n}+\frac{505}{512n^2}-\frac{8\ 085}{8\ 192n^3}+\frac{505\ 659}{524\ 288n^4}+O\left(\frac{1}{n^5}\right)\right)$$

这是 $U(z)$ 展开到 $O((1-3z)^{\frac{11}{2}})$ 阶的结果. 头三项给出近似值非常好:对于 $n=10$,它给出估计 $f_{10}=835$,误差小于 1.

▶ Ⅵ.11　Noah **方舟的总数**. 一个发源点的有向格子动物的数量(金字塔,例 Ⅰ.18)满足

$$P_n\equiv[z^n]\frac{1}{2}\left(\sqrt{\frac{1+z}{1-3z}}-1\right)=\frac{3^n}{\sqrt{3\pi n}}\left[1-\frac{1}{16n}+O\left(\frac{1}{n^2}\right)\right]$$

$\mathcal{A}_n$ 中随机动物的基部的预期的数量 $\sim\sqrt{\frac{4n}{27\pi}}$,有 k 个紧致发源点的动物的渐近数目是什么? ◀

例 Ⅵ.4　儿童圈的渐近. Stanley 的文献[550]引入了某些他昵称为"儿童圈"的组合配置:圈是一个有向圆环的有标记的集合,其中每个圆环都带有一个中心. 圈的表示和 EGF 是

$$\mathcal{R}=\mathrm{SET}(\mathcal{Z}*\mathrm{CYC}(\mathcal{Z}))\Rightarrow R(z)=\exp\left(z\log\frac{1}{1-z}\right)=(1-z)^{-z}$$

由解析函数的复合的初等性质可知函数 $R(z)$ 在沿着 $\mathbb{R}_{\geqslant 1}$ 割开的 $\mathbb{C}$ 平面中是解析的. 那样在奇点 $z=1$ 处的展开式就映射为系数的展开式

$$R(z)=\frac{1}{1-z}+\log(1-z)+O((1-z)^{\frac{1}{2}})\to[z^n]R(z)=1-\frac{1}{n}+O(n^{\frac{3}{2}})$$

更细致的分析得出

$$[z^n]R(z)=1-\frac{1}{n}-\frac{1}{n^2}(\log n+\gamma-1)+O\left(\frac{\log^2 n}{n^3}\right)$$

并且容易得出直到任意阶的展开式.

▶ **Ⅵ.12　圈的数目的渐近形式**. 圈的数目的完全的渐近形式为

$$[z^n]R(z)\sim 1-\sum_{j\geqslant 1}\frac{P_j(\log n)}{n^j}$$

其中 P_j 是 $j-1$ 次的多项式(P_j 的系数是 $\gamma,\zeta(2),\cdots,\zeta(j-1)$ 的幂的有理组

合.).展开式中各个相继的项易于用计算机代数程序得出. ◀

例 Ⅵ.5　一个初等函数的系数的渐近. 我们最后一个例子的目的是说明基本函数的任意组合都可以用很符合 Ⅳ.4 节精神的奇点分析的方式来处理.设$\mathcal{C}=\mathcal{Z}*\mathrm{SEQ}(\mathcal{C})$为一般的有标记的平面树的类.考虑由下面的代换定义的有标记的类

$$\mathcal{F}=\mathcal{C}\circ \mathrm{CYC}(\mathrm{CYC}(\mathcal{Z}))\Rightarrow F(z)=C(L(L(z)))$$

其中$C(z)=\frac{1}{2}(1-\sqrt{1-4z})$,$L(z)=\log\frac{1}{1-z}$.组合上,$\mathcal{F}$是把结点换成轮换的轮换的树的类,这是一个相当人造的对象,并且我们有

$$F(z)=\frac{1}{2}\left[1-\sqrt{1-4\log\frac{1}{1-\log\frac{1}{1-z}}}\right]$$

问题首先是求出$F(z)$的主奇点,然后确定它的性质,这可以逐步地按照$F(z)$的结构进行.$F(z)$的正的主奇点ρ满足$L(L(\rho))=\frac{1}{4}$,并且我们有

$$\rho=1-\mathrm{e}^{\mathrm{e}^{-\frac{1}{4}}}\doteq 0.198\ 443$$

上式是根据$C(z)$的奇点在$\frac{1}{4}$处并且$L(z)$具有正系数而得出.由于$L(L(z))$在ρ处是解析的,因此$F(z)$的局部展开式就可通过$C(z)$在$\frac{1}{4}$处的展开式和$L(L(z))$在ρ处的标准的 Taylor 展开式的复合而得出,我们求出

$$F(z)=\frac{1}{2}-C_1(\rho-z)^{1/2}+O((\rho-z)^{3/2})$$

$$\to[z^n]F(z)=\frac{C_1\rho^{-n+1/2}}{2\sqrt{\pi n^3}}\left[1+O\left(\frac{1}{n}\right)\right]$$

其中$C_1=\mathrm{e}^{\frac{5}{8}-\frac{1}{2}\mathrm{e}^{-\frac{1}{4}}}\doteq 1.265\ 66$.

▶**Ⅵ.13　链的渐近数.** 在例 Ⅳ.4 中引入的组合链是验证复渐近方法效力的一种例子作为一种例证复杂渐近方法的力量的方法.我们求出在它的主奇点ρ处 EGF $Tr(z)$的形式为$Tr(z)\sim\frac{C}{1-\frac{z}{\rho}}$,并且由奇点分析得出

$$[z^n]Tr(z)\sim 0.117\ 683\ 140\ 615\ 497\cdot 2.061\ 317\ 327\ 940\ 138^n$$

(对于$n=50$,根据主奇点是简单极点的事实,这个渐近逼近有 15 个有效数字是正确的.). ◀

Ⅵ.5 多个奇点

前一节已经详细描述了具有单个主奇点的函数的分析.可以按照完全类似的路线把这些结果扩展到在收敛圆上具有有限多个奇点(由必要的孤立性)的函数.这一扩展类似于与第 Ⅳ 章中的有理函数和半纯函数,并且技术上很简单,最终的结果是:

在多个奇点的情况下,总的贡献是由基本奇点分析过程给出的每个单独奇点的贡献之和.

像(29)中一样,我们用$\mathcal{S}$表示奇点在 1 处的标准的尺度函数,即

$$\mathcal{S}=\{(1-z)^{-\alpha}\lambda(z)^{\beta}\mid \alpha,\beta\in\mathbb{C}\},\quad \lambda(z):=\frac{1}{z}\log\frac{1}{1-z}$$

定理 Ⅵ.5 奇点分析,多个奇点. 设 $f(z)$ 在 $|z|<\rho$ 内是解析的并且在 $|z|=\rho$ 上具有有限多个奇点.设这些奇点位于 $\zeta_j=\rho e^{i\theta_j}$, $j=1,\cdots,r$ 处.假设存在一个 Δ 区域 Δ_0 使得 $f(z)$ 在缩小的圆盘

$$\mathbf{D}=\bigcap_{j=1}^{r}(\zeta_j\cdot\Delta_0)$$

上是解析的,其中 $\zeta_j\cdot\Delta_0$ 是 Δ_0 在映射 $z\mapsto\zeta z$ 下的象.

假设存在 r 个函数 $\sigma_1,\cdots,\sigma_r$,其中每个函数都是尺度$\mathcal{S}$的元素的线性组合,和一个函数 $\tau\in\mathcal{S}$,使得当在 $\mathbf{D}$ 中 $z\to\zeta_j$ 时有

$$f(z)=\sigma_j\left(\frac{z}{\zeta_j}\right)+O\left(\tau\left(\frac{z}{\zeta_j}\right)\right)$$

那么 $f(z)$ 的系数就满足渐近估计

$$f_n=\sum_{j=1}^{r}\frac{\sigma_{j,n}}{\zeta_j^n}+O\left(\frac{\tau_n^*}{\rho^n}\right)$$

其中每个 $\sigma_{j,n}=[z^n]\sigma_j(z)$ 都是由定理 Ⅵ.1,Ⅵ.2 确定的系数而在 $\tau(z)=(1-z)^{-a}\lambda(z)^b$ 时 $\tau_n^*=n^{a-1}(\log n)^b$.

一个像在 $\mathbf{D}$ 这样的区域中解析的函数有时被称为是可以星形延拓的,它是 Δ 解析的具有多个主奇点的函数的一个自然的推广.此外,对于小 o 的类似的陈述可把大 O 换成小 o 而给出.

证明 正如单个奇点的情况那样,证明本身基于 Cauchy 的系数公式

$$f_n=[z^n]\int_{\gamma}\frac{f(z)}{z^{n+1}}dz$$

其中使用了如图 Ⅵ.8 所示的合成的围道 γ. 其中每个部分的围道上的积分估计遵循与定理 Ⅵ.1—Ⅵ.3 的证明完全相同的原则. 设 $\gamma^{(j)}$ 是来自外圆的先环绕 ζ_j 后又再次进入外圆的开环, r 是外圆的半径.

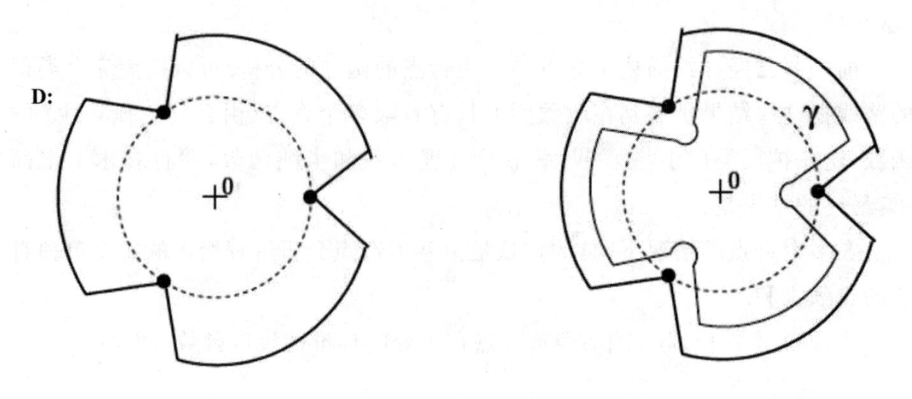

图 Ⅵ.8　多个奇点($r=3$):解析区域(**D**,左边)和合成的积分围道(γ,右边)

(ⅰ) 外圆的弧的贡献是 $O\left(\frac{1}{r^n}\right)$, 它是指数小的.

(ⅱ) $\gamma^{(j)}$, 例如 $\gamma^{(1)}$ 的贡献可以分成

$$\frac{1}{2\pi i}\int_{\gamma^{(1)}} \frac{f(z)}{z^{n+1}} dz = I' + I''$$

其中 $I' := \frac{1}{2\pi i}\int_{\gamma^{(1)}} \sigma_1\left(\frac{z}{\zeta_1}\right)\frac{dz}{z^{n+1}}$, $I'' := \frac{1}{2\pi i}\int_{\gamma^{(1)}} \left(f(z) - \sigma_1\left(\frac{z}{\zeta_1}\right)\right)\frac{dz}{z^{n+1}}$.

用与定理 Ⅵ.1 和 Ⅵ.2 的证明相同的方法, 把开环延伸到无穷大来估计量 I': 可发现它等于 $\frac{\sigma_{1,n}}{\zeta_1^n}$ 再加上一个指数小的项. 量 I'' 对应于误差项, 用与定理 Ⅵ.3 的证明中相同的边界技巧来估计它, 可以求出它的阶是 $O\left(\frac{\tau_1^*}{\rho^n}\right)$.

把各个部分的贡献合并起来就完成了定理的陈述.

定理 Ⅵ.5 表示, 在多个奇点的情况下, 可以先单独分析每个主奇点, 然后把每个奇点都进行单独的展开并转移成系数的展开, 最后就得到相应的合并的渐近贡献. 下面是说明这一过程的两个例子.

例 Ⅵ.6　一个人造的例子. 让我们通过一个简单的函数来展示一下操作过程

$$g(z) = \frac{e^z}{\sqrt{1-z^2}} \tag{33}$$

它分别在 $z=+1$ 和 $z=-1$ 处有两个奇点.

当 $z \to +1$ 时，$g(z) \sim \dfrac{e}{\sqrt{2}\sqrt{1-z}}$；当 $z \to -1$ 时，$g(z) \sim \dfrac{e^{-1}}{\sqrt{2}\sqrt{1+z}}$.

这个函数显然是星形可延拓的，其中每个奇点的展开式在缩进的圆盘上有效. 我们有

$$[z^n]\frac{e}{\sqrt{2}\sqrt{1-z}} \sim \frac{e}{\sqrt{2\pi n}}$$

以及

$$[z^n]\frac{e^{-1}}{\sqrt{2}\sqrt{1+z}} \sim \frac{e^{-1}(-1)^n}{\sqrt{2\pi n}}$$

为了得出系数$[z^n]g(z)$，只须把上述贡献加起来即可(根据定理 Ⅵ.5). 因此

$$[z^n]g(z) \sim \frac{1}{\sqrt{2\pi n}}[e + e^{-1}(-1)^n]$$

如果把在 +1 处(−1 处)的展开式写成带有形式为 $O((z-1)^{\frac{1}{2}})$ · ($O((z+1)^{\frac{1}{2}})$) 的误差项的形式，就可得出系数 $g_n = [z^n]g(z)$ 的估计

$$g_{2n} = \frac{\cosh(1)}{\sqrt{\pi n}} + O(n^{-\frac{3}{2}}), \quad g_{2n+1} = \frac{\sinh(1)}{\sqrt{\pi n}} + O(n^{-\frac{3}{2}})$$

这明确表明了 g_n 的渐近形式对于下标n 的奇偶性的依赖关系. 显然我们也可以得出完全的渐近展开式.

例 Ⅵ.7　具有奇数长度的轮换的排列. 考虑这个类的表示和 EGF

$$\mathcal{F} = \mathrm{SET}(\mathrm{CYC}_{\mathrm{odd}}(\mathcal{Z})) \Rightarrow F(z) = \exp\left(\frac{1}{2}\log\frac{1+z}{1-z}\right) = \sqrt{\frac{1+z}{1-z}}$$

F 的奇点分别在 $z=+1$ 处和 $z=-1$ 处，这个函数显然是星形可延拓的. 根据奇点分析(定理 Ⅵ.5)，我们自动地就有

$$F(z) = \begin{cases} \dfrac{\sqrt{2}}{\sqrt{1-z}} + O((1-z)^{\frac{1}{2}}) \quad (z \to +1) \\ O((1+z)^{\frac{1}{2}}) \quad (z \to -1) \end{cases} \to [z^n]F(z) = \frac{\sqrt{2}}{\sqrt{\pi n}} + O(n^{-\frac{3}{2}})$$

为了得出下一个渐近的阶，根据更精确的奇点展开式

$$F(z) = \begin{cases} \dfrac{\sqrt{2}}{\sqrt{1-z}} - 2^{-\frac{3}{2}}\sqrt{1-z} + O((1-z)^{\frac{3}{2}}) \quad (z \to +1) \\ 2^{-\frac{1}{2}}\sqrt{1+z} + O((1+z)^{\frac{3}{2}}) \quad (z \to -1) \end{cases}$$

就得出

$$[z^n]F(z) = \frac{\sqrt{2}}{\sqrt{\pi n}} - \frac{(-1)^n 2^{-\frac{3}{2}}}{\sqrt{\pi n^3}} + O(n^{-\frac{5}{2}})$$

这个例子说明了在某种意义上具有不同权重的奇点的出现将与不同的指数联系在一起.

对多个主奇点的讨论与之前在 Ⅳ.6.1 节中的讨论很好地联系在了一起. 在主奇点是单位根的周期情况下,如上面两个例子中所示,不同的机制表现出对于下标 n 的同余性质的周期的依赖性. 当主奇点的幅角与 π 不可公度时(相对而言,这属于罕见的情况)将出现不规则的波动,这种情况类似于在 Ⅳ.6.1 节中已经讨论过的关于有理函数和半纯函数的情况.

Ⅵ.6 插曲:适用于奇点分析的函数

我们称一个函数是适合于奇点分析的,或简称是 SA 的,如果它满足定理 Ⅵ.4(单个主奇点)或定理 Ⅵ.5(多个主奇点)所述的奇点分析的条件. SA 的性质在几个基本的分析操作下保持不变:我们已经在例 Ⅵ.2—Ⅵ.5 中通过实行加、乘或复合从函数的奇点展开式得出系数的渐近表达式的过程中看到了这个性质.

作为开始的例子,容易验证在两个函数 $f(z)$,$g(z)$ 都是 Δ-解析的假设下再加上如下的奇点展开形式

$$f(z) \underset{z\to 1}{\sim} c\,(1-z)^{-\alpha},\quad g(z) \underset{z\to 1}{\sim} d\,(1-z)^{-\delta}$$

以及 $\alpha,\delta \notin \mathbb{Z}_{\leqslant 0}$ 的条件下蕴含和的系数满足

$$[z^n](f(z)+g(z)) \underset{z\to 1}{\sim} \begin{cases} c\,\dfrac{n^{\alpha-1}}{\Gamma(\alpha)} & (\alpha > \delta) \\ (c+d)\,\dfrac{n^{\alpha-1}}{\Gamma(\alpha)} & (\alpha = \delta, c+d \neq 0) \\ d\,\dfrac{n^{\alpha-1}}{\Gamma(\delta)} & (\alpha < \delta) \end{cases}$$

类似的,对于积,我们有

$$[z^n](f(z)g(z)) \underset{z\to 1}{\sim} cd\,\frac{n^{\alpha+\delta-1}}{\Gamma(\alpha+\delta)}$$

其中 $\alpha+\delta \notin \mathbb{Z}_{\leqslant 0}$.

上面的简单考虑说明了奇点分析的稳定性. 这些考虑还指出,在没有负整指数存在的一般情况下,性质是很容易叙述的. 但是,如果要涵盖所有的情况,就可能很容易地出现需要单独讨论的特定情况激增的情形,而这可能会使得当我们想要表述一个完整的命题时变得相当笨拙. 因此,在下文中,我们将主要限

于通用情况，只要这些情况足以对每个具体问题发展重要的数学技巧.

在本章的剩余部分，我们将继续扩大被认为属于 SA 的函数类别，并一直注意分析组合学的需要. 以下类型的函数将在后面的部分处理.

（ⅰ）树的简单族的函数的情况下（对应于$\frac{y}{\phi(y)}$ 的反函数），奇点展开式的指数总是$\frac{1}{2}$（平方根奇点）. 这尤其适用于 Cayley 树的函数，其中的术语可以分析许多组合结构和参数.

（ⅱ）多对数（Ⅵ.8 节）. 这些函数是对于任意的$\theta \in \mathbb{C}$，像n^{θ}这样的简单的算术序列的生成函数. 多对数属于 SA 这一事实开启了估计包括组合项以及像$\sqrt{n}$，$\log n$ 这种元素的大的和数（例如，二项式系数）的可能性. 那种和反复地出现在组合结构和算法的成本函数的分析中.

（ⅲ）复合（Ⅵ.9 节）. SA 函数的复合经常证明了它本身就是 SA 函数这一事实就隐含了对于合成模式的分析，这使得有可能将在 Ⅴ.2 节中处理过的超临界级数模式得到广泛地扩展.

（ⅳ）微分，积分和 Hadamard 积（Ⅵ.10 节）是对解析函数的三个操作，它们保留了函数属于 SA 的性质，其应用包括了树的递归和多维行走问题.

本书的一个主题是初等的组合类倾向于具有一个奇点的结构受到严格约束的生成函数，在大多数情况下，奇点是孤立的. 奇点分析过程是一种从这种的生成函数中提取渐近信息的主要技巧.

Ⅵ.7 反 函 数

递归定义的结构导致其解可能经常在奇点附近是局部解析的函数方程. 一种重要的情况是由反演定义的函数. 它包括 Cayley 树函数以及所有与树的简单族相联系的生成函数（Ⅰ.5.1 节，Ⅱ.5.1 节和 Ⅲ.6.2 节）. 在这种情况下，共同的模式是出现平方根类型的奇点，可以证明一般来说这一结果对于一大类涉及树和树状结构的问题都是普遍成立的. 因此，根据奇点分析中，平方根奇点在系数的渐近展开式中造成形式为$n^{-\frac{3}{2}}$ 的次指数因子——我们将在第 Ⅶ 章中进一步发展这个主题.

反函数. 在第 Ⅳ.7.1 节中已经建立了由反演定义的函数的奇点，我们的处理将从那里开始，其目标是估计由以下方程式隐式定义的函数的系数

$$y(z)=z\phi(y(z))\text{ 或等价的 }z=\frac{y(z)}{\phi(y(z))} \tag{34}$$

解决问题(34)是一个函数的反演问题.我们已经看到(引理Ⅳ.2和Ⅳ.3):解析函数可以有一个局部的解析逆的充分必要条件是它的一阶导数是非零的.这里我们在以下假设下操作:

条件(H1). 函数 $\phi(u)$ 在 $u=0$ 处解析并且满足

$$\phi(0)\neq 0,[u^n]\phi(u)\geqslant 0,\phi(u)\equiv \phi_0+\phi_1 u \tag{35}$$

(因此,反演问题在0的周围是良定义的. ϕ 的非线性仅排除了 $\phi(u)=\phi_0+\phi_1 u$ 的情况,这一情况对应于 $y(z)=\dfrac{\phi_0 z}{1-\phi_1 z}$.)

条件(H2). 在 ϕ 在0处的开的收敛盘 $|z|<R$ 内,特征方程

$$\phi(\tau)-\tau\phi'(\tau)=0 \tag{36}$$

存在一个(唯一的)正解 $0<\tau<R$.(存在性由条件当 $x\to R^-$ 时,$\dfrac{x\phi'(x)}{\phi(x)}>1$ 立即得出,其中 R 是 ϕ 在0处的收敛半径.见命题Ⅳ.5.)

那么(根据命题Ⅳ.5),$y(z)$ 的收敛半径对应于一个 z 的正值 ρ,使得 $y(\rho)=\tau$,也就是说

$$\rho=\frac{\tau}{\phi(\tau)}=\frac{1}{\phi'(\tau)} \tag{37}$$

我们从一个计算开始,这个计算可以通过简单的叙述指出会出现平方根奇点.

例Ⅵ.8 **Cayley树函数的一个简单分析.** 这种情况对应于函数 $\phi(u)=e^u$,因此 $y(z)=ze^{y(z)}$(定义Cayley树函数 $T(z)$ 的定义),是一个典型的一般的解析反演.从式(36)可知,$y(z)$ 的收敛半径是 $\rho=e^{-1}$,这对应于 $\tau=1$. y 平面上以原点为中心,半径 $r<1$ 的圆在函数 ye^{-y} 下的象是一条 z 平面上的曲线,它按比例地包围了圆 $|z|=re^{-r}$(图Ⅵ.9),就像 $\phi(y)=e^y$ 那样具有非负系数,满足

$$|\phi(re^{\theta i})|\leqslant\phi(r),\text{对所有的 }\theta\in[-\pi,\pi]$$

上面的不等式对所有的 $\theta\neq 0$ 的都是严格的.下面观察是解析延拓的关键:由于 $\dfrac{y}{\phi(y)}$ 的一阶导数在1处变为0,消失为1,并且映射 $y\mapsto\dfrac{y}{\phi(y)}$ 把幅角加倍,因此半径为1的圆的象是一条在 $\rho=e^{-1}$ 处具有尖端的曲线 $\mathcal{C}$.(见图Ⅵ.9;注记Ⅵ.18和Ⅵ.19给出了有趣的推广.)

这在几何上表明 $z=ye^{-y}$ 的解在 $\mathcal{C}$ 内唯一地定义了 z,因此 $y(z)$ 是 Δ-解析的(见下面定理Ⅵ.6的证明).因而从 $z=ye^{-y}$ 的幂级数展开式的反演就导出了 $y(z)$ 的奇点展开式.我们有

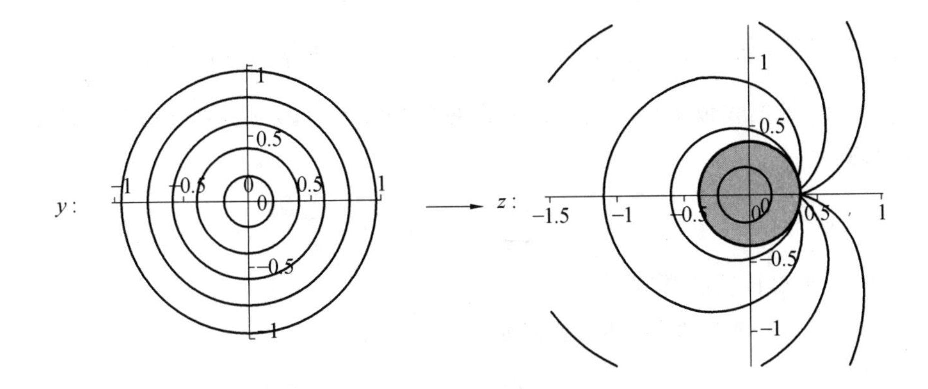

图 Ⅵ.9　同心圆在映射 $y \mapsto z = y\mathrm{e}^{-y}$ 下的象. 可以看出 $y \mapsto z = y\mathrm{e}^{-y}$ 在 $|y| \leqslant 1$ 上是一个单射，并且它的象都在圆 $|z| = \mathrm{e}^{-1}$ 之外(用黑色标出)，因此反函数 $y(z)$ 在 $z = \mathrm{e}^{-1}$ 附近的 Δ 的区域中是可解析延拓的. 由于有向映射 $y\mathrm{e}^{-y}$ 在 1 处是二次的(值为 e^{-1}，见式(38))，因此反函数在 e^{-1} 处具有平方根奇点(值为 1)

$$y\mathrm{e}^{-y} = \mathrm{e}^{-1} - \boxed{\frac{1}{2\mathrm{e}}(y-1)^2} + \frac{1}{3\mathrm{e}}(y-1)^3 - \frac{\mathrm{e}^{-1}}{8}(y-1)^4 + \cdots \tag{38}$$

注意展式中不存在线性项但存在二次项(加框). 那样就给出了 $z = y\mathrm{e}^{-y}$ 的解

$$y - 1 = \sqrt{2}\,(1-\mathrm{e}z)^{\frac{1}{2}} + \frac{2}{3}(1-\mathrm{e}z) + O\left((1-\mathrm{e}z)^{\frac{3}{2}}\right)$$

其中平方根恰好来自二次项的反演. (可以进一步得出完全的展开式.)

反函数的分析. 现在需要将例 Ⅵ.8 的计算扩展到一般的 $y = z\phi(y)$ 的情况. 这涉及三个步骤:(ⅰ)所有的主奇点都要定位;(ⅱ)必须建立 Δ - 区域中 $y(z)$ 的解析性;(ⅲ)需要确定直到目前为止正式得出的涉及平方根奇点的奇点展开. 步骤(ⅰ)需要特别讨论,并与周期有关.

一个基本的例子是 $\phi(u) = 1 + u^2$(二叉树),对这种情况有

$$y(z) = \frac{1 - \sqrt{1 - 4z^2}}{2z}$$

说明这时 $y(z)$ 可能有几个主奇点,即在 $-\frac{1}{2}$ 和 $\frac{1}{2}$ 处有一对共轭奇点. 产生这种情况的条件与我们在定义 Ⅳ.5 中对周期的讨论有关. 按照这个定义,仅当对某个幂级数 g,$\phi(u) = g(u^p)$ 以及 $p \geqslant 2$ 时,$\phi(u)$ 才是 p - 周期的否则就是非周期的. 注记 Ⅵ.17 中发展的初等论证说明了非周期性假设不会失去分析的一般性(除非 $\phi(u)$ 本身是周期的,否则 $y(z)$ 没有周期性,此外,这种情况也可归结为非周期情况.).

定理 Ⅵ.6　奇点逆. 设 ϕ 是满足方程(35) 和(36) 的条件(H_1) 和(H_2) 的非线性函数,$y(z)$ 是满足条件 $y(0)=0$,$y=z\phi(y)$ 的解.最后,设量 $\rho=\frac{\tau}{\phi(\tau)}$ 是 $y(z)$ 在 0 处的收敛半径(τ 是特征方程的根),那么 $y(z)$ 在 ρ 附近的奇点展开式的形式就是

$$y(z)=\tau-d_1\sqrt{1-\frac{z}{\rho}}+\sum_{j\geqslant 2}(-1)^j d_j\left(1-\frac{z}{\rho}\right)^{\frac{j}{2}},d_1:=\sqrt{\frac{2\phi(\tau)}{\phi''(\tau)}}$$

其中 d_j 是可计算的常数.

假设 ϕ 是非周期的,那么我们就有①

$$[z^n]y(z)\sim\sqrt{\frac{2\phi(\tau)}{\phi''(\tau)}}\frac{1}{\rho^n\sqrt{\pi n^3}}\left(1+\sum_{n=1}^{\infty}\frac{e_k}{n^k}\right)$$

其中 e_k 都是可计算的常数.

证明　命题Ⅳ.5表明 ρ 的确是 $y(z)$ 的收敛半径,奇点逆引理(引理Ⅳ.3)则表明 $y(z)$ 在 ρ 的沿着割线 $\mathbb{R}_{\geqslant\rho}$ 的邻域中是可解析延拓的.

就像在例Ⅵ.8中那样,$y(z)$ 在 ρ 处的奇点展开式确实是 z 和 y 之间的关系式,在 $(z,y)=(\rho,\tau)$ 附近,这一关系可以写成以下形式

$$\rho-z=H(y),\text{其中 }\rho-z=H(y):=\left(\frac{\tau}{\phi(\tau)}-\frac{y}{\phi(y)}\right)\tag{39}$$

右边的函数 $H(y)$ 具有性质 $H(\tau)=H'(\tau)=0$.因而,y 和 z 之间的关系局部上是二次的

$$\rho-z=\frac{1}{2!}H''(\tau)(y-\tau)^2+\frac{1}{3!}H'''(\tau)(y-\tau)^3+\cdots$$

当这个关系式是局部可逆时平方根就出现了

$$-\sqrt{\rho-z}=\sqrt{\frac{H''(\tau)}{2}}(y-\tau)[1+c_1(y-\tau)+c_2(y-\tau)^2+\cdots]$$

其中 $a-\sqrt{\quad}$ 应当按照使得当 $z\to\rho^-$ 时,$y(z)$ 递增的趋于 τ^- 的原则确定.这蕴含对 $y-\tau$ 解这个关系式时应当有

$$y-\tau\sim-d_1^*(\rho-z)^{\frac{1}{2}}+d_2^*(\rho-z)-d_3^*(\rho-z)^{\frac{3}{2}}+\cdots$$

其中 $d_1^*=\sqrt{\frac{2}{H''(\tau)}}$,$H''(\tau)=\frac{\tau\phi''(\tau)}{\phi(\tau)^2}$.这就得出了在 ρ 处的奇点展开式.

我们现在还要排除在非周期情况下,$y(z)$ 在圆 $z=|\rho|$ 上存在除 ρ 以外的

---

① 如果 ϕ 有最大周期 p,则必须满足限制 $n\equiv 1(\bmod p)$;在这种情况下,y_n 的估计中就有一个额外的因子 p:见注记Ⅵ.17和方程(40).

奇点的可能性. 注意到 $y(\rho)$（实际上是 $y(\rho)=\tau$）是良定义的，因此表示 $y(z)$ 的级数在 ρ 以及整个圆（给定系数的正性）上收敛. 如果 $\phi(z)$ 不是周期的，那么 $y(z)$ 也不是. 考虑任何一个使得 $|\zeta|=\rho$ 且 $\zeta\neq\rho$ 的点 ζ 并设 $\eta=y(\zeta)$. 那么我们就有 $|\eta|<\tau$（由水仙花引理：引理 Ⅳ.1）. 利用解析逆引理（引理 Ⅳ.2）可知函数 $y(z)$ 在 ζ 点是解析的并具有性质

$$\frac{\mathrm{d}}{\mathrm{d}y}\frac{y}{\phi(y)}\Big|_{y=\eta}\neq 0$$

（由于 $|\eta|<\tau$，根据三角不等式，这最后一个性质可由左边的量的分子中的 $\phi(\eta)$ 的表达式

$$\phi(\eta)-\eta\phi'(\eta)=\phi_0-\phi_2\eta^2-2\phi_3\eta^3-3\phi_4\eta^4-\cdots$$

因此不能为 0 这一事实得出.）因此，在非周期性假设下，$y(z)$ 在 ρ 处有洞的圆环 $|z|=\rho$ 上是解析的. 系数的展开式那样就可由基本的奇点分析得出.

图 Ⅵ.10 给出了最基本的树的简单族和对应的渐近估计的表. 有了定理 Ⅵ.6，我们现在就有了一种强大的方法，它使我们不仅可以分析隐式定义的函数，而且还可以分析建立在它们之上的表达式. 在分析与树的简单族有关的一些参数时，第 Ⅶ 章将很好地利用这一事实.

类型	$\phi(u)$	$y(z)$ 的奇点展开式	系数$[z^n]y(z)$
二叉树	$(1+u)^2$	$1-4\sqrt{\frac{1}{4}-z}+\cdots$	$\frac{4^n}{\sqrt{\pi n^3}}+O(n^{-\frac{5}{2}})$
一叉－二叉树	$1+u+u^2$	$1-3\sqrt{\frac{1}{3}-z}+\cdots$	$\frac{3^{n+\frac{1}{2}}}{2\sqrt{\pi n^3}}+O(n^{-\frac{5}{2}})$
一般的树	$\frac{1}{1-u}$	$\frac{1}{2}-\sqrt{\frac{1}{4}-z}$	$\frac{4^{n-1}}{\sqrt{\pi n^3}}+O(n^{-\frac{5}{2}})$
Cayley 树	e^u	$1-\sqrt{2\mathrm{e}}\sqrt{\frac{1}{\mathrm{e}}-z}+\cdots$	$\frac{\mathrm{e}^n}{\sqrt{2\pi n^3}}+O(n^{-\frac{5}{2}})$

图 Ⅵ.10　一些树的简单族的奇点分析

▶**Ⅵ.14　图的所有种类.** 图 Ⅱ.14 所列各类图中，EGF $f(z)$ 和 $n!\ [z^n]f(z)$ 的渐近形式之间有如下对应关系：

函数	$\mathrm{e}^{T-\frac{T^2}{2}}$	$\log\frac{1}{1-T}$	$\frac{1}{\sqrt{1-T}}$	$\frac{1}{(1-T)^m}$
系数	$\sqrt{\mathrm{e}}\,n^{n-2}$	$\frac{1}{2}\sqrt{2\pi}\,n^{n-\frac{1}{2}}$	$C_1 n^{n-\frac{1}{4}}$	$C_2 n^{n+\frac{m-1}{2}}$

($m \in \mathbb{Z}_{\geqslant 1}$;$C_1$,$C_2$ 表示可计算的常数). 在这种情况下可以用奇点分析验证 Ⅱ.5.3 节中的估计是合理的. ◀

▶ **Ⅵ.15　奇点展开的可计算性**. 定义

$$h(w) = \sqrt{\frac{\dfrac{\tau}{\phi(\tau)} - \dfrac{w}{\phi(w)}}{(\tau - w)^2}}$$

那么 $y(z)$ 满足 $\sqrt{\rho - z} = (\tau - y)h(y)$,因而 y 的奇点展开就可归结为 $h(w)$ 在 $w=\tau$ 处的负幂的 Lagrange 反演. 例如在 $y = z\mathrm{e}^y$ 的情况下,利用这一技巧就可得出奇点展开中系数的确切形式. ◀

▶ **Ⅵ.16　通过奇点分析得出 Stirling 公式**. $T = z\mathrm{e}^T$ 在 0 点解析的解是 Cayley 树函数. 对它有 $[z^n]T(z) = \dfrac{n^{n-1}}{n!}$(根据 Lagrange 反演),同时从定理 Ⅵ.6 和例 Ⅵ.8 可以定出它的奇点和渐近的系数展开式,由此可以得出

$$\frac{n^{n-1}}{n!} \sim \frac{\mathrm{e}^n}{\sqrt{2\pi n^3}}\left(1 - \frac{1}{12n} + \frac{1}{288n^2} + \frac{139}{51\,840n^3} + \cdots\right)$$

因此 Stirling 公式也是奇点分析的一个结果. ◀

▶ **Ⅵ.17　周期性**. 设 $\phi(u) = \psi(u^p)$,其中 ψ 在零点解析,$p \geqslant 2$. 又设 $y = y(z)$ 是 $y = z\phi(y)$ 的根. 设 $Z = z^p$,并设 $Y(Z)$ 是 $Y = Z\psi(Y)^p$ 的根. 那么由 $y(z)$,$Y(Z)$ 的构造可知 $y(z) = Y(z^p)^{\frac{1}{p}}$,$y^p = z^p\phi(y)^p$. 由于 $Y(z) = Y_1 z + Y_2 z^2 + \cdots$,我们可以验证 $y(z)$ 的非零系数的下标在 $1, 1+p, 1+2p, \cdots$ 之中.

如果选择 p 是满足以上要求中的 p 的最大者,那么 $\phi(u)^p$ 是非周期的. 因此,对 $Y(Z)$ 应用定理 Ⅵ.6 就可得出函数 $Y(Z)$ 可解析延拓到它的主奇点 $Z = \rho^p$ 处;它在 ρ^p 处有一个平方根奇点,并且在圆 $|Z| = \rho^p$ 上没有其他奇点. 此外,由于 $Y = Z\psi(Y)^p$,因此函数 $Y(Z)$ 不可能在 $|Z| \leqslant \rho^p$,$Z \neq 0$ 处变为 0. 因而 $Y(Z)^{\frac{1}{p}}$ 在 $|Z| \leqslant \rho^p$ 上除去 ρ^p 是一个平方根的分叉点之外的地方都是解析的. 在做完所有所需的计算后,我们就得出

$$\text{当 } n \equiv 1 (\bmod p) \text{ 时有} [z^n]y(z) \sim p \cdot \frac{d_1}{2\rho^n\sqrt{\pi n^3}} \tag{40}$$

上面的论证也说明 $y(z)$ 在它的收敛圆上有 p 个互相同余的根(这是周期的树函数的一种 Perron-Frobenius 性质.). ◀

▶ **Ⅵ.18　边界情况 Ⅰ**. 当 τ 位于 ϕ 的收敛圆的边界时,可能会导致与通常的 $\dfrac{1}{\rho^n n^{\frac{3}{2}}}$ 比例不同的渐近估计. 不失一般性,取 ϕ 是非周期的,并设其收敛半径

等于 1,又设在 $|u|<1$ 之内,当 $u\to 1$ 时,ϕ 的形式如下

$$\phi(u)=u+c(1-u)^{\alpha}+o((1-u)^{\alpha})\quad(1<\alpha\leqslant 2)\tag{41}$$

(因此,我们没有假设 $\phi(u)$ 在 $|u|<1$ 内的解析延拓性.)因而特征方程 $\phi(\tau)-\tau\phi'(\tau)=0$ 的解是 $\tau=1$. 由 $y=z\phi(y)$ 定义的函数 $y(z)$ 是 $\Delta-$ 解析的(用与图 Ⅵ.9 所示的映射论证类似的论证以及在 1 附近 ϕ 的"倍"角的事实)就得出 $y(z)$ 的奇点展开及其系数满足

$$y(z)=1-\frac{(1-z)^{\frac{1}{\alpha}}}{c^{\frac{1}{\alpha}}}+o((1-z)^{\frac{1}{\alpha}})\to y_n\sim-\frac{1}{c^{\frac{1}{\alpha}}}\cdot\frac{1}{n^{\frac{1}{\alpha}-1}\Gamma\left(-\frac{1}{\alpha}\right)}\tag{42}$$

($\alpha=2$ 的情况是 Janson(文献[350])第一次观察到的. $\alpha\in(1,2)$ 的树已被研究过并将其与稳定的 Lévy 过程联系起来(文献[180]). 奇点指数 $\alpha=\frac{3}{2}$ 出现在平面映射的情况中(Ⅶ.8.2 节),因此如果考虑节点被映为自身的树,GF 的系数中就会出现具有 $\frac{1}{\rho^n n^{\frac{5}{3}}}$ 形式的项.) ◀

▶ **Ⅵ.17 边界情况 Ⅱ.** 设 $\phi(u)$ 是平均值等于 1 的随机变量 X 的概率生成函数,使得 $\phi_n\sim\frac{\lambda}{n^{\alpha+1}}$,$1<\alpha<2$,那么,根据 Abel 定理的一个变形(例如,见文献[69] § 1.7 和[232]),在锥 $|u|<1$ 内,当 $u\to 1$ 时,奇点展开式(41) 成立,因此式(42) 的结论在这种情况下成立. 同理,如果 $\phi''(1)$ 存在,这表示 X 有二阶矩,则估计式(42) 在 $\alpha=2$ 时成立,因而与定理 Ⅵ.6 预测的一致(文献[350]).(用概率的术语说,定理 Ⅵ.6 的条件等价于假设一代后分布的指数矩的存在性.) ◀

Ⅵ.8 多 对 数

对涉及含有多重的 $\sqrt{n}$ 或 $\log n$ 的生成函数也可以进行奇点分析. 其出发点是通常用 $\mathrm{Li}_{\alpha,r}$ 表示①的一般的多对数的定义,其中 α 是任意复数,r 是非负整数

$$\mathrm{Li}_{\alpha,r}(z):=\sum_{n\geqslant 1}(\log n)^r\frac{z^n}{n^{\alpha}}$$

这个级数在 $|z|<1$ 内收敛,因此函数 $\mathrm{Li}_{\alpha,r}$ 先验地是单位圆中的解析函数. 数

---

① 记号 $\mathrm{Li}_{\alpha}(z)$ 现在已经被用得很成熟了. 它来源于这样一个事实:整数阶 $m\geqslant 2$ 的对数多项式可用对数积分表示

$$\mathrm{Li}_{m,0}(x)=\frac{(-1)^{m-1}}{(m-1)!}\int_0^1\log(1-xt)\log^{m-2}t\frac{\mathrm{d}t}{t}$$

量$\mathrm{Li}_{0,1}(z)$ 就是通常的对数型函数，即 $\log\dfrac{1}{1-z}$，因此这种函数被命名为多对数函数(文献[406]). 在下面，我们使用缩写

$$\mathrm{Li}_{\alpha,0}(z)\equiv\mathrm{Li}_{\alpha}(z)$$

因此

$$\mathrm{Li}_1(z)\equiv\mathrm{Li}_{1,0}(z)\equiv\log\frac{1}{1-z}$$

是序列$\dfrac{1}{n}$ 的 GF. 类似地，$\mathrm{Li}_{0,1}$ 是序列 $\log n$ 的 GF，$\mathrm{Li}_{-\frac{1}{2}}(z)$ 是序列$\sqrt{n}$ 的 GF.

多对数可以延拓到有半射线裂缝$\mathbb{R}_{\geqslant 1}$的整个复平面，这是 Ford(文献[268]) 在 20 世纪早期利用积分表示式(48) 建立的事实. 它们适合进行奇点分析(文献[223])，并且它们的奇点展开涉及由

$$\zeta(s)=\sum_{n=1}^{\infty}\frac{1}{n^s}$$

定义的黎曼 ζ 函数，其中 $\Re(s)>1$ 并且可解析延拓到复平面的所有地方(文献[578]).

定理 Ⅵ.7 多对数的奇点. 对所有的 $\alpha\in\mathbb{Z}$ 和 $r\in\mathbb{Z}_{\geqslant 0}$，函数$\mathrm{Li}_{\alpha,r}(z)$ 在有裂缝的平面$\mathbb{C}\setminus\mathbb{R}_{\geqslant 1}$上是解析的. 对 $\alpha\notin\{1,2,\cdots\}$，它有由下述的两个法则给出的无限的奇点展开式(当 $r>0$ 时含有对数项)

$$\begin{cases}\mathrm{Li}_{\alpha}(z)\sim\Gamma(1-\alpha)w^{\alpha-1}+\displaystyle\sum_{j\geqslant 0}\frac{(-1)^j}{j!}\zeta(\alpha-j)w^j, w:=\sum_{l=1}^{\infty}\frac{(1-z)^l}{l}\\ \mathrm{Li}_{\alpha,\gamma}(z)=(-1)^{\gamma}\dfrac{\partial^{\gamma}}{\partial\alpha^{\gamma}}\mathrm{Li}_{\alpha}(z)\quad(r\geqslant 0)\end{cases}\tag{43}$$

Li_{α} 的展开式可以方便地通过两个展式的复合描述(图 Ⅵ.11)：$w=\log z$ 在 $z=1$ 处的展式，即 $w=(1-z)+\dfrac{1}{2}(1-z)^2+\cdots$ 可代入由 w 的幂组成的形式幂级数中. $(1-z)$ 的指数和$\{\alpha-1,\alpha,\cdots\}\cup\{0,1,\cdots\}$ 情况下的展式有关. 对 $\alpha<1$，当 $z\to 1$ 时，$\mathrm{Li}_{\alpha,r}$ 的渐近展开式的主项是

$$\mathrm{Li}_{\alpha,r}(z)\sim\Gamma(1-\alpha)(1-z)^{\alpha-1}L(z)^r\text{，其中 }L(z):=\log\frac{1}{1-z}$$

而对 $\alpha>1$，由于定义$\mathrm{Li}_{\alpha,r}(z)$ 的和在 1 处收敛，所以我们有

$$\mathrm{Li}_{\alpha,r}(z)\sim(1-)^r\zeta^{(r)}(\alpha)$$

证明 这里的分析主要依赖于 Mellin 变换(见附录 B.7：Mellin 变换). 我们从 $r=0$ 的情况开始，考虑 z 接近奇点 1 的几种可能的方式. 下面的步骤(ⅰ)描述了获得展开所需的主要成分，随后的步骤只须在复平面的更大的区域中证

明其合理性.

$$\mathrm{Li}_{-1/2}(z)=\sum_{n\geqslant 1}\sqrt{n}z^n=\frac{\sqrt{\pi}}{2(1-z)^{3/2}}-\frac{3\sqrt{\pi}}{8(1-z)^{1/2}}+\zeta\left(-\frac{1}{2}\right)+O((1-z)^{1/2})$$

$$\mathrm{Li}_0(z)=\sum_{n\geqslant 1}z^n\equiv\frac{1}{1-z}-1$$

$$\mathrm{Li}_{0,1}(z)=\sum_{n\geqslant 1}\log nz^n=\frac{L(z)-\gamma}{1-z}-\frac{1}{2}L(z)+\frac{\gamma-1}{2}+\log\sqrt{2\pi}+O((1-z)L(z))$$

$$\mathrm{Li}_{1/2}(z)=\sum_{n\geqslant 1}\frac{z^n}{\sqrt{n}}=\sqrt{\frac{\pi}{1-z}}+\zeta\left(\frac{1}{2}\right)-\frac{1}{4}\sqrt{\pi}\sqrt{1-z}+O((1-z)^{3/2})$$

$$\mathrm{Li}_{1/2,1}(z)=\sum_{n\geqslant 1}\frac{\log n}{\sqrt{n}}z^n=\sqrt{\pi}\,\frac{L(z)-\gamma-2\log 2}{\sqrt{1-z}}-\zeta\left(\frac{1}{2}\right)\left(\frac{\gamma}{2}+\frac{\pi}{4}+\log\sqrt{8\pi}\right)+\cdots$$

$$\mathrm{Li}_1(z)=\sum_{n\geqslant 1}\frac{z^n}{n}\equiv L(z)$$

$$\mathrm{Li}_2(z)=\sum_{n\geqslant 1}\frac{z^n}{n^2}=\frac{\pi^2}{6}-(L(z)+1)(1-z)-\left(\frac{1}{4}+\frac{1}{2}L(z)\right)(1-z)^2+\cdots$$

图 Ⅵ.11　多对数展开的样本$\left(L(z):=\log\frac{1}{1-z}\right)$

（ⅰ）沿着实直线 $z\to 1^-$ 的情况. 令 $w=-\log z$,并引入

$$\Lambda(w):=\mathrm{Li}_\alpha(\mathrm{e}^{-w})=\sum_{n\geqslant 1}\frac{\mathrm{e}^{-nw}}{n^\alpha}\tag{44}$$

这是一个在 Mellin 理论意义下的调和和,因此 Λ 的 Mellin 变换(在 $\Re(s)>\max(0,1-\alpha)$ 的条件下)是

$$\Lambda^*(s)\equiv\int_0^\infty\Lambda(w)w^{s-1}\mathrm{d}w=\zeta(s+\alpha)\Gamma(s)\tag{45}$$

函数 $\Lambda(w)$ 可以用反 Mellin 积分表示

$$\Lambda(w)=\frac{1}{2\pi\mathrm{i}}\int_{c-\mathrm{i}\infty}^{c+\mathrm{i}\infty}\zeta(s+\alpha)\Gamma(s)w^{-s}\mathrm{d}w\tag{46}$$

其中 c 取自使得 $\Lambda^*(s)$ 有定义的半平面中. 由于 Γ 的因素,$\Lambda^*(s)$ 在 $s=0,-1,-2,\cdots$ 处有极点,而由于 ζ 函数的因素,$\Lambda^*(s)$ 在 $s=1-\alpha$ 处有极点. 取 d 是小于 $1-\alpha$ 的形如 $-m-\frac{1}{2}$ 的数,考虑 c 左边的极点,则由标准的留数计算就有

$$\Lambda(w)=\sum_{s_0\in\{0,-1,\cdots,-m\}\cup\{1-\alpha\}}\mathrm{Res}(\zeta(s+\alpha)\Gamma(s)w^{-s})\big|_{s=s_0}+\frac{1}{2\pi\mathrm{i}}\int_{d-\mathrm{i}\infty}^{d+\mathrm{i}\infty}\zeta(s+\alpha)\Gamma(s)w^{-s}\mathrm{d}s\tag{47}$$

这就得出了Li_{α} 的估计有限形式(43)(当对应于 $z\to 1^{-}$ 的 $w\to 0$ 时).

(ⅱ)在单位圆盘中角度小于 π 的扇形内 $z\to 1^{-}$ 的情况.在这种情况下,我们注意到由于积分仍然收敛(这个性质是在趋于 $\pm\infty$ 时 $\Gamma(s)$ 是快速衰减的这一事实造成的),因此通过解析延拓(46) 仍然有效.因而在实情况 $w>0$ 下的 $\Lambda(w)$ 的展开式基础上进行的留数计算(47) 仍然有意义.这就保证了单位圆盘内Li_{α} 的渐近展开区域的扩展.

(ⅲ)z 垂直地趋于 1 的情况.证明的细节见文献[223].所需验证的只是当允许 z 从单位圆盘的外部趋于 1 时,展式(43) 仍然有效.关键之处在于多对数的 Lindelöf 积分表示(注记 Ⅳ.8 和 Ⅳ.9),它同时也给出了解析延拓,即

$$\mathrm{Li}_{\alpha}(-z)=-\frac{1}{2\pi\mathrm{i}}\int_{\frac{1}{2}-\mathrm{i}\infty}^{\frac{1}{2}+\mathrm{i}\infty}\frac{z^{s}}{s^{\alpha}}\,\frac{\pi}{\sin\pi s}\mathrm{d}s \tag{48}$$

然后通过分析 $z=\mathrm{e}^{\mathrm{i}(w-\pi)}$,$s=\frac{1}{2}+\mathrm{i}t$时的多对数,继续推进证明,这时通过 Mellin 变换把积分(48) 渐近地估计成一个调和积分(调和和的一个连续的模拟见文献[614]).这时的区域是以 1 为顶点的扇形的扩大,它具有垂直的对称性和小于 π 的角度,然后论证解析延拓的合法性.通过渐近扩展的唯一性(部分(ⅰ)和(ⅱ)的水平扇形和垂直扇形具有非空的交),就得出所产生的展开式必须与上面第(ⅰ)部分中计算出的显示的展开式是一致的.

结论就是,对于一般的 $r\geqslant 0$ 的情况,我们可以对每个 $\log n$ 的因子引入 Riemann ζ 函数的导数,因此在 $s=1$ 处有一个多重极点而继续进行类似的处理.然后可以验证所得的展式与下标等于 r 的倍数的Li_{α} 的通过形式微分所得的展式是一致的(见下文注记 Ⅵ.20).

图 Ⅵ.11 给出了一个常见多对数的展开表(函数Li_2 也称为双对数).例 Ⅵ.9 说明了如何用多对数建立一类以 Stirling 公式作为特例的渐近展开式,其中定理 Ⅵ.7 的进一步使用将出现在以下各节中.

例 Ⅵ.9 Stirling **公式,多对数和超阶乘.** 我们有

$$\sum_{n\geqslant 1}\log n!\ z^{n}=\frac{\mathrm{Li}_{0,1}(z)}{1-z}$$

对上面的生成函数可应用奇点分析.定理 Ⅵ.7 可给出奇点展开式如下

$$\frac{\mathrm{Li}_{0,1}(z)}{1-z}\sim\frac{L(z)-y}{(1-z)^{2}}+\frac{1}{2}\,\frac{-L(z)+\gamma-1+\log 2\pi}{1-z}+\cdots$$

由此即可得出 Stirling 公式

$$\log n!\ \sim n\log n-n+\frac{1}{2}\log n+\log 2\pi+\cdots$$

(Stirling 常数 $\log 2\pi$ 恰好以 $-\zeta'(0)$ 的形式出现.) 类似地,可定义超阶乘函数 $1^1 2^2 \cdots n^n$. 我们有

$$\sum_{n\geqslant 1}\log(1^1 2^2\cdots n^n)z^n=\frac{1}{1-z}\operatorname{Li}_{-1,1}(z)$$

对这个生成函数可以机械地应用奇点分析. 由此可得出 Stirling 公式的类似公式

$$1^1 2^2\cdots n^n \sim A n^{\frac{1}{2}n^2+\frac{1}{2}n+\frac{1}{12}}\mathrm{e}^{-\frac{1}{4}n^2}$$

其中

$$A=\exp\left(\frac{1}{12}-\zeta'(-1)\right)=\exp\left(-\frac{\zeta'(2)}{2\pi^2}+\frac{\log 2\pi+\gamma}{12}\right)$$

常数 A 称为 Glaisher-Kinkelin 常数(文献[211]135 页). 高阶阶乘可以类似地处理.

▶ **Ⅵ.20　整数下标的多对数和一般公式**. 设 $\alpha=m\in\mathbb{Z}_{\geqslant 1}$,那么

$$\operatorname{Li}_m(z)=\frac{(-1)^m}{(m-1)!}w^{m-1}(\log w-H_{m-1})+\sum_{j\geqslant 0,j\neq m-1}\frac{(-1)^j}{j!}\zeta(m-j)w^j$$

其中 H_m 是调和数而 $w=-\log z$(证明的路线与定理 Ⅵ.7 中相同,只是在 $s=1$ 处的留数计算不同.). 对所有的 $\alpha\in\mathbb{C}$ 和 $r\in\mathbb{Z}_{\geqslant 0}$ 成立下面的一般公式

$$\operatorname{Li}_{\alpha,r}(z)\underset{z\to 1}{\sim}(-1)^r\frac{\partial}{\partial\alpha^r}\sum_{s\in\mathbb{Z}_{\geqslant 0}\cup\{1-\alpha\}}\operatorname{Res}[\zeta(s+\alpha)\Gamma(s)w^{-s}],w:=-\log z$$

并且和符号操作所得的结果是一致的. ◀

Ⅵ.9　函数的复合

设 f 和 g 是在原点解析并且具有非负系数的函数. 我们考虑复合

$$h=f\circ g,h(z)=f(g(z))$$

设 $g(0)=0$,ρ_f,ρ_g,ρ_h 分别是对应的收敛半径,又设 $\tau_f=f(\rho_f)$,τ_g,τ_h 以此类推. 我们还假设 f 和 g 是可 Δ — 解析延拓的,并具有幂尺度的奇点展开式. 根据 ρ_f 与 τ_g 的比,需要区分以下三种情况:

—— **超临界情况**. 这时 $\tau_g>\rho_f$. 在这种情况下,当 z 从 0 增加时,有一个严格小于 ρ_g 的值 r,使得 $g(r)$ 达到值 ρ_f,这会引起 $f\circ g$ 的奇异性. 换句话说,$r\equiv\rho_h=g^{(-1)}(\rho_f)$. 在这一点周围,$g$ 是解析的,并且通过 f 的奇点展开式和 g 的正则展开式的复合而得到 $f\circ g$ 的奇点展开式. 奇点类型是外部函数(f) 的类型.

—— **临界情况**. 这时 $\tau_g=\rho_f$. 在这个分界情况下,有一个类型重合的奇点. 我们有 $\rho_h=\rho_g$,$\tau_h=\tau_f$,并且可以应用说涉及的奇点展开式的复合来得出所要

求的奇点展开式.奇点类型是内部函数和外部函数(f,g)类型的混合.

——**次临界情况**.这时$\tau_g < \rho_f$.在这种和超临界对称的情况下,$f \circ g$的奇点被内部函数g所驱动.我们有$\rho_h = \rho_g, \tau_h = f(\rho_g)$并且$f \circ g$的奇点展开式可通过$f$的正则展开式和$g$在$\rho_g$处的奇点展开式的复合来得出.奇点类型是内部函数$(g)$的类型.

这一分类扩展了Ⅴ.2节中的超临界序列模式的概念,在那里外部函数是$f(z)=\frac{1}{1-z}, \rho_f=1$.在本章中,我们仅限于根据以上由广义幂级数展开的普通代数的补充的指南直接讨论例子.第Ⅸ章从Ⅸ.3开始,在几个地方研究了复合模式的更好的概率性质.

例Ⅵ.10　超树.设$\mathcal{G}$是一般的Catalan树的类

$$\mathcal{G}=\mathcal{Z}\times \mathrm{SEQ}(\mathcal{G}) \Rightarrow G(z)=\frac{1}{2}(1-\sqrt{1-4z})$$

$G(z)$的收敛半径是$\frac{1}{4}$,奇点的值是$G\left(\frac{1}{4}\right)=\frac{1}{2}$.类$\mathcal{Z}\mathcal{G}$由根附加在茎和外结点的平面树组成,其OGF等于$zG(z)$.我们现在引入两个超树的类,其定义如下

$$\mathcal{H}=\mathcal{G}[\mathcal{Z}\mathcal{G}] \Rightarrow H(z)=G(zG(z))$$

$$\mathcal{K}=\mathcal{G}[(\mathcal{Z}+\mathcal{Z})\mathcal{G}] \Rightarrow K(z)=G(2zG(z))$$

这些是“树的树”:类$\mathcal{H}$是由每个结点都嫁接了一颗平面树的树组成的(在Ⅰ.6节中组合代换的意义下.)类$\mathcal{K}$对应于类似的树,但是其中树的茎可以着上任意两种颜色之一.顺便就得出系数可用组合和表示

$$H_n=\sum_{k=1}^{\lfloor \frac{n}{2} \rfloor} \frac{1}{n-k}\binom{2k-2}{k-1}\binom{2n-3k-1}{n-k-1}, K_n=\sum_{k=1}^{\lfloor \frac{n}{2} \rfloor} \frac{2^k}{n-k}\binom{2k-2}{k-1}\binom{2n-3k-1}{n-k-1}$$

开头的几个值如下

$$H(z)=z^2+z^3+3z^4+7z^5+21z^6+\cdots$$

$$K(z)=2z^2+2z^3+8z^4+18z^5+64z^6+\cdots$$

由于$\rho_G=\frac{1}{4}, \tau_G=\frac{1}{2}$,因此复合模式对$\mathcal{H}$是次临界情况,而对$\mathcal{K}$则是临界情况.在第一种情况下奇点是平方根类型的,我们容易求出

$$H(z) \underset{z\to\frac{1}{4}}{\sim} \frac{2-\sqrt{2}}{4}-\frac{1}{\sqrt{8}}\sqrt{\frac{1}{4}-z} \to H_n \sim \frac{4^n}{8\sqrt{2\pi}\, n^{\frac{3}{2}}}$$

在第二种情况下,两个平方根的复合则产生一个四次方根

$$K(z) \underset{z\to\frac{1}{4}}{\sim} \frac{1}{2}-\frac{1}{\sqrt{2}}\left(\frac{1}{4}-z\right)^{\frac{1}{4}} \to K_n \sim \frac{4^n}{8\Gamma\left(\frac{3}{4}\right) n^{\frac{5}{4}}}$$

完全类似地,考虑完全的二叉树的类$\mathcal{B}$

$$\mathcal{B}=\mathcal{Z}+\mathcal{Z}\times\mathcal{B}\times\mathcal{B}\Rightarrow B(z)=\frac{1-\sqrt{1-4z^2}}{2z}$$

并且由下式定义二叉超树的类(图 Ⅵ.12)

$$\mathcal{S}=\mathcal{B}(\mathcal{Z}\times\mathcal{B})\Rightarrow S(z)=\frac{1-\sqrt{2\sqrt{1-4z^2}-1+4z^2}}{1-\sqrt{1-4z^2}}$$

由于在主奇点 $z=\frac{1}{2}$ 有 $zB(z)=\frac{1}{2}$,所以复合是临界的.只要考虑约简的函数

$$\bar{S}(z)=S(\sqrt{z})=z+z^2+3z^3+8z^4+25z^5+80z^6+267z^7+911z^8+\cdots$$

即可,其系数构成了 EIS A101490,并且出现在 Bousquet-Mélou 关于超 Brown 漫游的综合研究[83] 中.我们求出

$$\bar{S}(z)\sim 1-\sqrt{2}\ (1-4z)^{\frac{1}{4}}+(1-4z)^{\frac{1}{2}}+\cdots\to\bar{S}_n=\frac{4^n}{n^{\frac{5}{4}}}\left(\frac{\sqrt{2}}{4\Gamma\left(\frac{3}{4}\right)}-\frac{1}{2\sqrt{\pi}\,n^{\frac{1}{4}}}+\cdots\right)$$

例如,对于 $n\geqslant 100$,7 项的展开式产生的相对精度就高于10^{-4},这样的近似值在实践中是非常有用的.

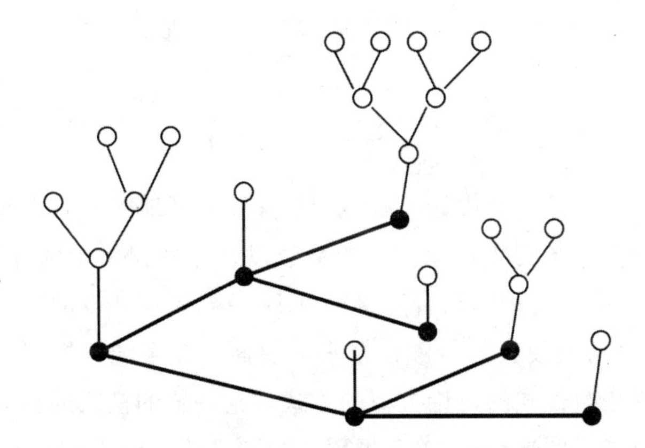

图 Ⅵ.12　一个二叉的超树是成员都是二叉树的“树的树”.有 $2n$ 个结点的二叉超树的数目具有形如$\frac{c4^n}{n^{\frac{5}{4}}}$ 的不同寻常的渐近形式

在枚举双色树和二叉超树时,指数 $-\frac{5}{4}$ 的出现是值得注意的.Kemp 的文献[364] 已经考虑了相关的结构,通过迭代替换结构(连接所谓的“多维树”) 他得出了更一般的形式为 $-1-2^{-d}$ 的指数.重要的是形式为 $n^{\frac{p}{q}}$,$q\neq 1,2$ 的渐近项出现在基本组合学中,即使在简单的代数函数的情况下也是如此.这种指数显得与非标准的极限定律有关,类似于概率论的稳定分布:见 Ⅸ.12 节中的讨

论.

▶ Ⅵ.21　**超超树.** 用下式定义超超树

$$S^{[2]}(z)=B(zB(zB(z)))$$

则我们自动地求出(借助于 B. Salvy(B. 萨尔维) 的程序)

$$[z^{2n+1}]S^{[2]}(z)\sim\frac{1}{2^{\frac{13}{3}}}\frac{4^n}{\Gamma\left(\frac{7}{8}\right)n^{\frac{9}{8}}}$$

进一步的展开有可能涉及 $n^{-1-2^{-d}}$ 形式的渐近项见文献[364]. ◀

▶ Ⅵ.22　**赋值树.** 考虑(有根的)一般平面树的族,其顶点被标上了$\mathbb{Z}_{\geqslant 0}$中的整数(称为"值"),使得两个相邻的顶点的值相差 ±1. 取边数作为容量. 设$\mathcal{T}_j$是根的值为 j 的赋值树的类,并设$\mathcal{T}=\bigcup\mathcal{T}_j$,则 OGF $T_j(z)$ 满足方程组

$$T_j=1+z(T_{j-1}+T_{j+1})T_j$$

因此 $T(z)$ 可通过解方程 $T=1+2zT^2$ 而得出,并且这个解只不过是 Catalan 数的 OGF 的一个简单的变形

$$T(z)=\frac{1-\sqrt{1-8z}}{4z}$$

Bouttier,Di Francesco 和 Guitter 的文献[90,91]发现了 T_j 的一个令人惊讶的确切形式,即

$$T_j=T\frac{(1-Y^{j+1})(1-Y^{j+5})}{(1-Y^{j+2})(1-Y^{j+4})},\text{其中 }Y=z\frac{(1+Y)^4}{1+Y^2}$$

特别,每个 T_j 都是一个代数函数. 函数 T_0 计数了地图的 Euler 三角剖分的数目或对偶的双三分图的数目. 对 T_j 的系数以及这些树木中的标签的分布可以进行渐近分析:很多各种的组合连接可见 Bousquet-Mélou 的文献[83]. ◀

模式. 奇点分析还使我们能够在公平的层面上在半纯分析(Ⅴ.2 节)的基础上用与超临界级数模式的讨论类似的方式讨论一般的模式的行为. 我们将通过超临界轮换模式说明这一点. 关于根据递归定义的结构的更深入的例子将在第 Ⅶ 章中给出.

例 Ⅵ.11　超临界轮换模式. 模式$\mathcal{H}=\mathrm{CYC}(\mathcal{G})$构成了用$\mathcal{G}$的基本成分形成的有标记的轮换

$$\mathcal{H}=\mathrm{CYC}(\mathcal{G})\Rightarrow H(z)=\log\frac{1}{1-G(z)}$$

考虑 G 在成为奇点之前达到值 1,即 $\tau_G>1$ 的情况,这对应于超临界复合模式,它可以用十分类似于超临界级数模式(Ⅴ.2 节)的方式进行讨论:用对数奇点代替极点.

设 $\sigma := \rho_H$,它由 $G(\sigma)=1$ 确定.首先我们求出

$$H(z) \underset{z\to\sigma}{\sim} \log \frac{1}{1-\frac{z}{\sigma}} - \log(\sigma G'(\sigma)) + A(z)$$

其中 $A(z)$ 在 $z=\sigma$ 处是解析的.因而

$$[z^n]H(z) \sim \frac{1}{n\sigma^n}$$

(上面的估计中隐含的误差项是指数小的.)

BGF $H(z,u)=\log \dfrac{1}{1-uG(z)}$ 中的 u 标记了$\mathcal{H}$—对象中成分的数目.特别,在容量为 n 的随机的$\mathcal{H}$—对象中成分的平均数目 $\sim \lambda n$,其中 $\lambda=\dfrac{1}{\sigma G'(\sigma)}$,并且分布是在平均值附近集中的.类似地,在随机的$\mathcal{H}_n$对象中容量为 k 的成分的平均数量渐近于 $\lambda g_k\sigma^k$,其中 $g_k=[z^k]G(z)$.

组合和.奇点分析使我们能够在一般的公平水平上讨论整类组合和的渐近行为,这时渐近估计甚至可以自动地进行.这里我们验证形如

$$S_n=\sum_{k=0}^{n} f_k g_n^{(k)}$$

的组合和.

我们将考虑以 f_k 作为权重的级数,它使得 $f(z)$ 是 Δ—解析的并且其奇点展开是由定理Ⅵ.1,Ⅵ.2和Ⅵ.3所给出的标准尺度函数给出的.图Ⅵ.13中的式(49)中列出了 $f(z)$ 和 f_k 的典型例子[①].这里讨论的三角阵列是某些固定的函数的幂,即

$$g_n^{(k)}=[z^n](g(z))^k, \text{其中 } g(z)=\sum_{n=1}^{\infty} g_n z^n$$

这里 $g(z)$ 是在原点的展开式具有非负系数并且满足 $g(0)=0$ 的解析函数.图Ⅵ.13中式(50)给出了一些这种函数的例子.一类有趣的数组来自Lagrange反演定理.的确,如果 $g(z)$ 由 $g(z)=zG(g(z))$ 隐式的定义,那么我们就有

$$g_{n,k}=\frac{k}{n}[w^{n-k}]G(w)^n$$

式(50)的最后三种情况就是用这种方式得出的(分别取 $G(w)$ 为 $\dfrac{1}{1-w}$,$(1+w)^2$ 和 e^w).

---

① 如Ⅵ.8节中所示,像 $\log k$ 和 $\sqrt{k}$ 等权也满足这些条件.

用以下的约定，S_n 的生成函数可简单地表示成

$$S(z)=\sum_{n=0}^{\infty}S_n z^n=f(g(z))$$

$$f(z)=\sum_{k=0}^{\infty}f_k z^k$$

因此，S_n 的渐近分析就可以通过从 $f(z)$ 和 $g(z)$ 的奇点的复合分析的方法转化得出.

权

f_k	$\frac{1}{k}$	$\frac{1}{4^k}\binom{2k}{k}$	1	H_k	k	k^2
$f(z)$	$\log\frac{1}{1-z}$	$\frac{1}{\sqrt{1-z}}$	$\frac{1}{1-z}$	$\frac{1}{1-z}\log\frac{1}{1-z}$	$\frac{z}{(1-z)^2}$	$\frac{z+z^2}{(1-z)^3}$

(49)

三角阵

$g_n^{(k)}$	$\binom{n-1}{k-1}$	$\frac{k^{n-k}}{(n-k)!}$	$\binom{k}{n-k}$	$\frac{k}{n}\binom{2n-k-1}{n-1}$	$\frac{k}{n}\binom{2n}{n-k}$	$k\frac{n^{n-k-1}}{(n-k)!}$
$g(z)$	$\frac{z}{1-z}$	ze^z	$z(1+z)$	$\frac{1-\sqrt{1-4z}}{2}$	$\frac{1-2z-\sqrt{1-4z}}{2z}$	$T(z)$

(50)

图 Ⅵ.13　在组合和 $S_n=\sum_{k=0}^{n}f_k g_n^{(k)}$ 的讨论中常见的一些典型的权(顶部)和三角阵(底部)

例 Ⅵ.12　Bernoulli 和. 设 ϕ 是从 $\mathbb{Z}_{\geqslant 0}$ 到 $\mathbb{R}$ 的函数，并记 $f_k:=\phi(k)$. 考虑和

$$S_n:=\sum_{k=0}^{n}\frac{\phi(k)}{2^n}\binom{n}{k}$$

设 X 是一个二项式随机变量①，$X_n\in\mathrm{Bin}\left(n,\frac{1}{2}\right)$，那么 $S_n=\mathbb{E}(\phi(X_n))$ 恰是 $\phi(X_n)$ 的期望. 因而由二项式定理就得出序列 S_n 的 OGF 就是

---

① 一个二项式随机变量(C.4)是 Bernoulli 变量的和：$X_n=\sum_{j=1}^{n}Y_j$，其中 Y_j 是独立的并且分布像 Bernoulli 变量 Y 一样，即 $\mathbb{P}(Y=1)=p$，$\mathbb{P}(Y=0)=q=1-p$.

$$S(z)=\frac{2}{2-z}f\left(\frac{z}{2-z}\right)$$

考虑其生成函数如(49)中那样收敛半径等于1的权，那么我们所考虑的是一个带有一个额外的前因子的复合模式的变形. 由于函数 $g(z)=\frac{z}{2-z}$，其收敛半径等于2，$\tau_g=\infty$，所以这个复合模式是超临界型的. 因而 $S(z)$ 的奇点和这些权的生成函数 $f(z)$ 的奇点是同类型的，并且(49)中的所有情况都可以得到验证，在这些情况中有一阶的渐近为 $S_n \sim \phi\left(\frac{n}{2}\right)$：这与二项分布在平均值 $\frac{n}{2}$ 附近集中的事实一致. 奇点分析进一步给出了完整的渐近展开；例如

$$\mathbb{E}\left(\frac{1}{X_n}\mid X_n>0\right)=\frac{2}{n}+\frac{2}{n^2}+\frac{6}{n^3}+O\left(\frac{1}{n^4}\right)$$

$$\mathbb{E}\,(\mathrm{H}_{X_n})=\log\frac{n}{2}+\gamma+\frac{1}{2n}-\frac{1}{12n^2}+O\left(\frac{1}{n^3}\right)$$

更长的展开见文献[208,223].

例 Ⅵ.13　广义的 Knuth-Ramanujan Q **－ 函数.** 由于算法分析方面的原因，Knuth 反复地遇见了形式为

$$Q_n(\{f_k\})=f_0+f_1\frac{n}{n}+f_2\frac{n(n-1)}{n^2}+f_3\frac{n(n-1)(n-2)}{n^3}+\cdots$$

(见例如文献[384]305 至 307 页.) 这里，f_k 是一个系数的序列(通常是至多为多项式增长的). 例如，$f_k\equiv 1$ 的情况产生生日悖论问题中首次重合的预期次数(Ⅱ.3 节).

仔细的研究表明，可以把对这种 Q_n 的分析归结为奇异性分析. 把 Q_n 写成

$$Q_n(\{f_k\})=f_0+\frac{n!}{n^{n-1}}\sum_{k\geqslant 1}f_k\frac{n^{n-k-1}}{(n-k)!}$$

后，就可看出 Q_n 与(50)的最后一列之间有着密切的关系. 确实，设

$$F(z)=\sum_{k\geqslant 1}\frac{f_k}{k}z^k$$

那么我们就有($n\geqslant 1$)

$$Q_n=f_0+\frac{n!}{n^{n-1}}[z^n]S(z)\text{，其中 } S(z)=F(T(z))$$

而 $T(z)$ 是 Cayley 树函数($T=z\mathrm{e}^T$).

对于多项式增长的权 $f_k=\phi(k)$，这一模式是临界的. 从而 S 的奇点展开可通过将 f 的奇点展开与 T 的展开式的复合而得出，即当 $z\to\frac{1}{\mathrm{e}}$ 时，$T(z)\sim 1-$

$\sqrt{2}\sqrt{1-\mathrm{e}z}$. 例如,如果 $\phi(k)=k^r$,其中 $r\geqslant 1$ 是某个整数,那么 $F(z)$ 在 $z=1$ 处就有一个 r 阶的极点. 因而 $F(T(z))$ 的奇点类型就是 $Z^{\frac{r}{2}}$ 形的,其中 $Z=1-\mathrm{e}z$,这反映了 $S_n\asymp \mathrm{e}^n n^{\frac{r}{2}-1}$ 这一事实.(我们用$\asymp$表示增长的阶的信息而不管所乘的常数是什么.)经过最后的正规化之后,我们看到 $Q_n\asymp n^{\frac{r+1}{2}}$. 在全局范围内,对很多形如 $f_k=\phi(k)$ 的权,根据生日问题中首次重合的期望平均来说接近于$\sqrt{\frac{\pi n}{2}}$ 这一事实,我们期望 Q_n 的形式为$\sqrt{n}\,\phi(\sqrt{n})$.

▶Ⅵ.23 **一般的 Bernoulli 和**. 设 $X_n\in \mathrm{Bin}(n;p)$ 是一个具有一般参数 p, q 的二项式随机变量

$$\mathbb{P}(X_n=k)=\binom{n}{k}p^k q^{n-k},q=1-p$$

那么,设 $f_k=\phi(k)$,我们就有

$$\mathbb{E}(\phi(X_n))=[z^n]\frac{1}{1-qz}f\left(\frac{pz}{1-qz}\right)$$

因此对它的分析可像情况 $\mathrm{Bin}\left(n;\frac{1}{2}\right)$ 中那样进行. ◀

▶Ⅵ.24 **生日问题的高阶矩**. 取一年中有 n 天的模型,并设 B 是首次生日重合的随机变量. 那么$\mathbb{P}_n(B>k)=\frac{k!}{n^k}\binom{n}{k}$ 以及

$\mathbb{E}_n(\Phi(B))=\Phi(1)+Q_n(\{\Delta\Phi(k)\})$,其中 $\Delta\Phi(k):=\Phi(k+1)-\Phi(k)$

例如,$\mathbb{E}_n(B)=1+Q_n(\{1,1,\cdots\})$. 这样通过奇点分析我们就得出了各种函数的矩(这里,我们只给出两项的渐近.)

$\Phi(x)$	x	x^2+x	x^3+x^2	x^4+x^3
$E_n(\Phi(B))$	$\sqrt{\frac{\pi n}{2}}+\frac{2}{3}$	$2n+2$	$3\sqrt{\frac{\pi n^3}{2}}-2n$	$8n^2-7\sqrt{\frac{\pi n^3}{2}}$

◀

▶Ⅵ.25 **如何估计箱子中球的数目?"摇动和涂漆"算法**. 给了你一个装着 N 个相同的球的箱子,其中 N 是一个未知的数字. 如何用比 $O(N)$ 次少得多的操作估算这个数字? 这个问题的一种概率解法是由 Brassard 和 Bratley 的文献[92] 利用刷子和油漆提出的. 摇动箱子,拿出一个球,然后用油漆标记它并把它重新放进箱子. 重复这一过程,直到找到已经涂过的球. 设 X 为操作次数,我们就有$\mathbb{E}(X)\sim\sqrt{\frac{\pi N}{2}}$. 此外,由前面的注记可知数量 $Y:=\frac{X^2}{2}$ 在$\mathbb{E}(Y)\sim N$

的意义下构成 N 的无偏的渐近估计. 换句话说，记录首次找到已涂漆球的次数，并算出它的平方的一半，我们就有$\sqrt{\mathbb{V}(Y)}\sim N$. 进行 m 次实验(用 m 种不同的颜色) 并求 m 次估计的算术平均值就得到个无偏的估计量，其典型的相对精度为$\sqrt{\frac{1}{m}}$. 例如，$m=16$ 给出 25% 的精确度(在数据挖掘算法的设计中使用了类似的原理.). ◀

▶**Ⅵ.26** Catalan 和. 这种和由下式定义

$$S_n:=\sum_{k\geqslant 0}f_k\binom{2n}{n-k},S(z)=\frac{1}{\sqrt{1-4z}}f\left(\frac{1-2z-\sqrt{1-4z}}{2z}\right)$$

$\rho_f=1$ 对应于临界情况，这时可用十分类似于 Ramanujan 和的方式进行讨论. ◀

Ⅵ.10 封闭性

在这一阶段[①]，我们对奇点展开可应用像±，×，÷之类的操作的复合：它们可归结为对应的幂级数展开规则并允许使用广义指数和对数因子. 另外，根据Ⅵ.7节，解析函数的反演通常会产生平方根奇点，以及根据 Ⅵ.9 节适合奇点分析的函数在这些复合下基本上是封闭的.

在本节中，我们要说明适合奇点分析的函数(SA 函数) 在微分、积分和 Hadamard 积下满足显式的封闭性值.(其中大量借用了 Fill，Flajolet 和 Kapur 的文章 [208] 中的内容，细节请参考此文.) 为了保持发展的简单性，我们将主要的注意力限于 $\Delta-$ 解析的函数上并承认下面的简单的奇点展开形式

$$f(z)=\sum_{j=0}^{J}c_j\ (1-z)^{\alpha_j}+O((1-z)^A)\tag{51}$$

或带有对数项的简单的奇点展开式

$$f(z)=\sum_{j=0}^{J}c_j(L(z))\ (1-z)^{\alpha_j}+O((1-z)^A),L(z):=\log\frac{1}{1-z}\tag{52}$$

其中那个每个 c_j 都是一个多项式. 这些奇点展开式是最常出现在应用中的情况(容易把对这种情况的证明技巧推广到一般情况.).

Ⅵ.10.1 节处理微分和积分；V.10.2 节引进在 Hadamard 积下允许简单

① 本节中出现了书中其他地方不需要的补充材料，因此在第一次阅读时可以省去.

展开的函数的封闭概念；最后，Ⅵ.10.3 节推出了对几个有趣的树的递归的类的验证，其中先前建立的所有封闭属性得到了应用以准确量化加在树模型上的递归的渐近行为.

Ⅵ.10.1　微分和积分. 属于 SA 的函数恰好在微分运算下封闭，这与实分析形成鲜明的对比. 在(51) 和(52) 的简单情况下[①]，也允许在积分时封闭. 一般的原理(下面的定理 Ⅵ.8 和 Ⅵ.9) 如下：适用于奇点分析的函数的导数和原函数可通过对函数的形式幂级数展开式逐项微分和积分得出.

以下的叙述是根据我们的需要调整的众所周知的复渐近展开的可微性.(见，例如，Olver 的书[465]9 页.)

定理 Ⅵ.8　奇点的可微性. 设 $f(z)$ 是 Δ－解析的函数并且在奇点附近的展开式具有简单形式

$$f(z)=\sum_{j=0}^{J} c_j\,(1-z)^{\alpha_j}+O((1-z)^A)$$

那么，对每个整数 $r>0$，导数 $\frac{\mathrm{d}^r}{\mathrm{d}z^r}f(z)$ 是 Δ－解析的. 导数在奇点处的展开式可以通过逐项微分得出

$$\frac{\mathrm{d}^r}{\mathrm{d}z^r}f(z)=(-1)^r\sum_{j=0}^{J} c_j\,\frac{\Gamma(\alpha_j+1)}{\Gamma(\alpha_j+1-r)}(1-z)^{\alpha_j-r}+O((1-z)^{A-r})$$

证明　我们所要做的所有事情就是建立微分对于误差项的影响，这一效应可用符号表示为

$$\frac{\mathrm{d}}{\mathrm{d}z}O((1-z)^A)=O((1-z)^{A-1})$$

根据 bootstrap(靴袢算法，又译自举算法，见注记 Ⅳ.50)，我们只须考虑单次微分($r=1$) 的情况即可.

设 $g(z)$ 是在区域 $\Delta(\phi,\eta)$ 中正则的函数，我们假设对 $z\in\Delta$ 有 $g(z)=O((1-z)^{A-1})$. 选择子区域 $\Delta':=\Delta(\phi',\eta')$，其中 $\phi<\phi'<\frac{\pi}{2}$，$0<\eta'<\eta$. 由初等几何可知，对充分小的 $\kappa>0$，中心在 $z\in\Delta'$，半径为 $\kappa\mid z-1$ 的圆盘完全位于 Δ 中，见图 Ⅵ.14. 现在固定 κ，并设 $\gamma(z)$ 是圆盘的正定向的边界.

我们的出发点是 Cauchy 的积分公式

---

① 处理更广的类是可能的但是不实用，由于那样做需要包含任意的对数的嵌套. 例如 $\int\frac{\mathrm{d}x}{x}=\log x$，$\int\frac{\mathrm{d}x}{x\log x}=\log\log x$ 等.

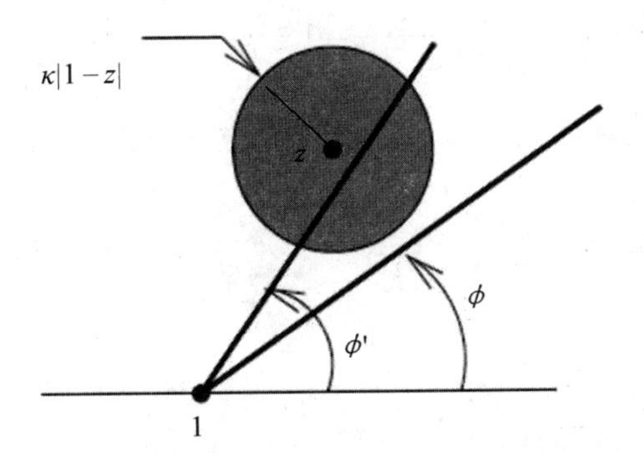

图 Ⅵ.14　在可微性定理的证明中使用的围道 $\gamma(z)$ 的几何形状

$$g'(z)=\frac{1}{2\pi i}\int_C\frac{g(w)}{(w-z)^2}dw \tag{53}$$

这是留数定理的一个直接推论. 这里C应该围绕z并位于使得g正则的区域内, 这里我们选 $C\equiv\gamma(z)$. 那么对式(53) 应用平凡的上界估计就得到

$$|g'(z)|=O\left(||\gamma(z)||\cdot\frac{(1-z)^A}{|1-z|^2}\right)=O(|1-z|^{A-1})$$

上面的估计中涉及围道的长度 $||\gamma(z)||$,由它的构造法和 g 本身的界是 $O((1-z)^A)$ 就得出 $||\gamma(z)||=O(1-z)$,由于围道上所有的点到 1 的距离恰是 $|1-z|$.

▶ **Ⅵ.27　微分和对数**. 设 $g(z)$ 满足

$$g(z)=O((1-z)^AL(z)^k),L(z)=\log\frac{1}{1-z}$$

其中 $k\in\mathbb{Z}_{\geqslant 0}$,那么我们就有

$$\frac{d^r}{dz^r}g(z)=O((1-z)^{A-r}L(z)^k)$$

(证明类似于定理 Ⅵ.8.) ◀

众所周知,渐近展开式的积分通常比微分容易. 下面是根据我们的需求量身定制的叙述.

定理 Ⅵ.9　奇点的积分. 设 $f(z)$ 是 Δ－解析的函数并且在奇点附近的展开式具有简单形式

$$f(z)=\sum_{j=0}^{J}c_j(1-z)^{\alpha_j}+O((1-z)^A)$$

那么$\int_0^z f(t)dt$ 也是 Δ－解析的. 下面我们进一步假设 α_j 和 A 都不等于 -1.

(ⅰ) 如果 $A<-1$,那么$\int_0^z f(t)dt$ 的奇点展开式是

$$\int_0^z f(t)\mathrm{d}t = -\sum_{j=0}^{J} \frac{c_j}{\alpha_j+1}(1-z)^{\alpha_j+1} + O((1-z)^{A+1}) \tag{54}$$

（ⅱ）如果 $A > -1$，那么 $\int_0^z f(t)\mathrm{d}t$ 的奇点展开式是

$$\int_0^z f(t)\mathrm{d}t = -\sum_{j=0}^{J} \frac{c_j}{\alpha_j+1}(1-z)^{\alpha_j+1} + L_0 + O((1-z)^{A+1}) \tag{55}$$

其中，积分常数 L_0 是

$$L_0 := \sum_{\alpha_j<-1} \frac{c_j}{\alpha_j+1} + \int_0^1 \left[f(t) - \sum_{\alpha_j<-1} c_j (1-t)^{\alpha_j} \right] \mathrm{d}t$$

证明 基本技巧是奇点展开式的逐项积分. 设 $r(z)$ 是 $f(z)$ 的奇点展开式的余项，即

$$r(z) := f(z) - \sum_{j=0}^{J} c_j (1-z)^{\alpha_j}$$

根据假设，在整个 Δ 区域内，我们有

$$| r(z) | \leqslant K | 1-z |^A$$

其中 K 是一个常数.

（ⅰ）$A < -1$ 的情况. 在通过 0 和 1 之间的直线段上积分，就像马上就要建立的那样有

$$\int_0^z r(t)\mathrm{d}t = O(| 1-z |^{A+1})$$

由 Cauchy，我们可以选择一条在 r 解析的区域内的路径. 我们选择如图 Ⅵ.15 中所示的围道 $\gamma := \gamma_1 \cup \gamma_2$，那么我们就有

$$\begin{aligned}\left| \int_\gamma r(t)\mathrm{d}t \right| &\leqslant \left| \int_{\gamma_1} r(t)\mathrm{d}t \right| + \left| \int_{\gamma_2} r(t)\mathrm{d}t \right| \\ &\leqslant K\int_{\gamma_1} | 1-t |^A \, | \mathrm{d}t | + K\int_{\gamma_2} | 1-t |^A \, | \mathrm{d}t | \\ &= O(| 1-z |^{A+1})\end{aligned}$$

其中符号 $|\mathrm{d}t|$ 表示对应于以直线上的小直线长度做积分元的曲线积分. 两个积分都是 $O(| 1-z |^{A+1})$：对于沿 γ_1 的积分，这是对明确的表达式进行积分的结果；对于沿 γ_2 的积分，这个结果来自平凡的界 $O(\| \gamma \| (1-z)^A)$. 这就给出了式(54).

（ⅱ）$A > -1$ 的情况. 我们设 $f_-(z)$ 表示 f 中含有不可积成分的"发散部分"

$$f_-(z) := \sum_{\alpha_j<-1} c_j (1-z)^{\alpha_j}$$

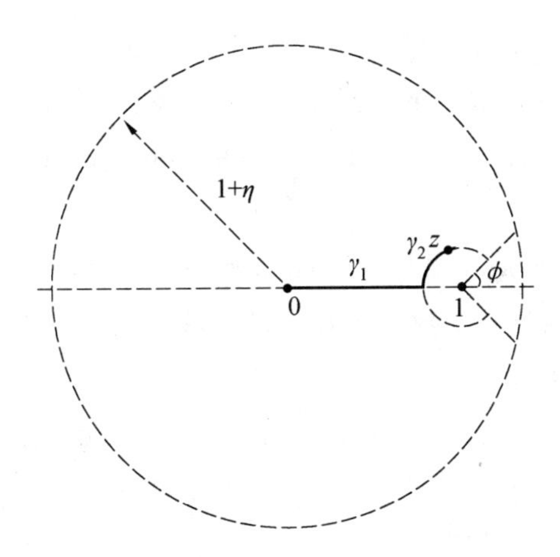

图 Ⅵ.15　在积分定理中使用的围道

那么我们有分解式 $f=|f-f_-|+f_-$，因此积分可分开进行. 首先，我们求出

$$\int_0^z f_-(t)\mathrm{d}t=-\sum_{\alpha_j<-1}\frac{c_j}{\alpha_j+1}(1-z)^{\alpha_j+1}+\sum_{\alpha_j<-1}\frac{c_j}{\alpha_j+1}$$

下面，对积分 $\int_0^1|f(t)-f_-(t)|\mathrm{d}t$ 应用渐近条件保证了这一积分的存在性，因此我们有

$$\int_0^z|f(t)-f_-(t)|\mathrm{d}t=\int_0^1|f(t)-f_-(t)|\mathrm{d}t+\int_1^z|f(t)-f_-(t)|\mathrm{d}t$$

这两个积分中的第一个就是贡献给 L_0 的常数. 而对第二个积分逐项积分就得出

$$\int_1^z|f(t)-f_-(t)|\mathrm{d}t=-\sum_{\alpha_j>1}\frac{c_j}{\alpha_j+1}(1-z)^{\alpha_j+1}+\int_1^z r(t)\mathrm{d}t$$

余项的积分是有限的，它给出了余项的增长条件. 在沿着连接1到 z 的折返直线段进行积分时，平凡的界限表明它确实是 $O(|1-z|^{A+1})$. 这就给出了式(55).

▶**Ⅵ.28　对数情况**. 在某些 α_j 或 A 等于 -1 的情况下，易于根据以下附加法则处理

$$\int_0^z\frac{\mathrm{d}t}{1-t}=L(z),\int_0^z O\left(\frac{1}{1-t}\right)\mathrm{d}t=O(L(z))$$

这与初等积分是一致的，类似的法则很容易从对数的幂得出. 此外，相应的 $O-$转换也成立.(证明是对上面给出的基本情况的简单修改.) ◀

Ⅵ.10.2　Hadamard **积**. 两个函数在原点解析的函数 $f(z)$ 和 $g(z)$ 的 Hadamard 积由它们逐项的积定义

$$f(z)\odot g(z)=\sum_{n\geqslant 0}f_n g_n z^n,\text{其中 } f(z)=\sum_{n\geqslant 0}f_n z^n,g(z)=\sum_{n\geqslant 0}g_n z^n \quad (56)$$

就像我们将要看到的那样，根据 Fill，Flajolet 和 Kapur 的文章［208］，适合奇点分析的函数在 Hadamard 积下是封闭的. 建立这个封闭性质需要关于基本的尺度函数，即$(1-z)^a$ 和误差项$O((1-z)^A)$ 的 Hadamard 积复合函数方法，我们依次叙述如下

定理 Ⅵ.10 Hadamard **复合**. 当a,b都是整数时，Hadamard 积$(1-z)^a \odot (1-z)^b$ 在Δ－域内具有指数在集合$\{0,1,2,\cdots\} \cup \{a+b+1,a+b+2,\cdots\}$ 中的无限的展开式，即

$$(1-z)^a \odot (1-z)^b \sim \sum_{k\geqslant 0}\lambda_k^{(a,b)} \frac{(1-z)^k}{k!} + \sum_{k\geqslant 0}\mu_k^{(a,b)} \frac{(1-z)^{a+b+1+k}}{k!}$$

其中的系数λ 和μ 由下式给出

$$\lambda_k^{(a,b)} = \frac{\Gamma(1+a+b)}{\Gamma(1+a)\Gamma(1+b)} \frac{(-a)^{\overline{k}}\ (-b)^{\overline{k}}}{(-a-b)^{\overline{k}}}$$

$$\mu_k^{(a,b)} = \frac{\Gamma(-a-b-1)}{\Gamma(-a)\Gamma(-b)} \frac{(1+a)^{\overline{k}}\ (1+b)^{\overline{k}}}{(2+a+b)^{\overline{k}}}$$

这里 $x^{\overline{k}}$ 对 $k \in \mathbb{Z}_{\geqslant 0}$，由 $x^{\overline{k}} := x(x+1)\cdots(x+k+1)$ 定义.

证明 原点周围的展式

$$(1-z)^a = 1 + \frac{-a}{1}z + \frac{(-a)(-a+1)}{2!}z^2 + \cdots \tag{57}$$

用过逐项相乘给出了

$$(1-z)^a \odot (1-z)^b = {}_2F_1[-a,-b;1;z] \tag{58}$$

这里${}_2F_1$ 表示 Gauss 的超几何函数类，其定义为

$${}_2F_1[\alpha,\beta;\gamma;z] = 1 + \frac{\alpha\beta}{\gamma}\frac{z}{1!} + \frac{\alpha(\alpha+1)\beta(\beta+1)}{\gamma(\gamma+1)}\frac{z^2}{2!} + \cdots \tag{59}$$

根据他们的变换理论（例如见文献［604］ⅩⅣ 章和附录 B.4：关于证明技术的调和函数），超几何函数一般可以在 $z=1$ 附近通过变换 $z \mapsto 1-z$ 展开. 在此变换下令 $\gamma = 1$ 就得出

$$\begin{aligned}{}_2F_1[\alpha,\beta;1;z] = &\frac{\Gamma(1-\alpha-\beta)}{\Gamma(1-\alpha)\Gamma(1-\beta)}\,{}_2F_1[\alpha,\beta;\alpha+\beta;1-z] + \\ &\frac{\Gamma(\alpha+\beta-1)}{\Gamma(\alpha)\Gamma(\beta)}(1-z)^{-\alpha-\beta+1}\,{}_2F_1[1-\alpha,1-\beta;2-\alpha-\beta;1-z]\end{aligned} \tag{60}$$

根据超几何函数的定义(59)，就得出了定理.

▶ **Ⅵ.29 特殊情况**. 由于$m \in \mathbb{Z}_{\geqslant 0}$，所以$a$ 或b 是整数的情况不会引起任何困难. 函数$(1-z)^m \odot g(z)$ 是一个多项式，而$(1-z)^{-m} \odot g(z)$ 可归结为 g 的

导数,对此可以应用奇点微分定理.

$a+b\in\mathbb{Z}$ 的情况需要一个对(60)加以扩展的变换公式:原理(基于由 Barnes 开发的 Lindelöf 的积分表示(注记Ⅳ.8))可见文献[604]§14.53,明确的公式出现在文献[3]559,560页中. ◀

▶**Ⅵ.30　带有对数项的简单展开式.** 对参数求导的技巧

$$[(1-z)^a L(z)]\odot(1-z)^b=-\frac{\partial}{\partial a}[(1-z)^a\odot(1-z)^b]$$

使得我们有可能对涉及对数项的展式导出明确的组合规则. ◀

下面的命题总结了在奇点展开中 Hadamard 积保留 Δ－解析性以及复合的误差项的方式.

定理 Ⅵ.11(Hadamard 封闭性)　(ⅰ)设 $f(z)$ 和 $g(z)$ 都在 Δ－区域 $\Delta(\psi_0,\eta)$ 内解析,那么 Hadamard 积 $(f\odot g)(z)$ 就在(可能较小)的 Δ－区域 Δ' 中解析;

(ⅱ)进一步设

$$f(z)=O((1-z)^a)\text{ 以及 }g(z)=O((1-z)^b)$$

那么 Hadamard 积 $(f\odot g)(z)$ 在 Δ' 中就具有如下形式的展开式.

如果 $a+b+1<0$,则

$$(f\odot g)(z)=O((1-z)^{a+b+1})$$

如果 $k<a+b+1<k+1$,其中 $k\in\mathbb{Z}_{\geqslant -1}$,则

$$(f\odot g)(z)=\sum_{j=0}^{k}\frac{(-1)^j}{j\,!}(f\odot g)^{(j)}(1)(1-z)^j+O((1-z)^{a+b+1})$$

如果 $a+b+1$ 是非负整数,则

$$(f\odot g)(z)=\sum_{j=0}^{k}\frac{(-1)^j}{j\,!}(f\odot g)^{(j)}(1)(1-z)^j+O((1-z)^{a+b+1}L(z))$$

其中 $L(z)=\log\dfrac{1}{1-z}$.

证明　(梗概)我们的出发点是 Hadamard 的一个重要公式,这一公式可把 Hadamard 积表示成围道积分

$$f(z)\odot g(z)=\frac{1}{2\pi\mathrm{i}}\int_\gamma f(w)g\left(\frac{z}{w}\right)\frac{\mathrm{d}w}{w}\tag{61}$$

选择 w－平面中的围道 γ 的原则是应当使得 $f(w)$ 和 $g\left(\dfrac{z}{w}\right)$ 这两个因子都是解析的. 换句话说,给了 $f(z)$ 和 $g(z)$ 都在其中解析的区域 Δ,我们应如此选择 γ,使得 $\gamma\in\Delta\cap(z\Delta^{-1})$.

文献[208]中描述了在第一种情况下($a+b+1<0$)适用的围道 γ 的精确

的几何形状，其原理类似于在本章其他地方构造Hankel围道时所采用的原理. Hadamard积的积分的值最后可根据在 $z \to 1$ 时对 $f(z)$ 和 $g(z)$ 所做的增长的阶的假设做平凡的估计. 这种方法可以扩展到 $a+b+1=0$ 的情况，其中会加进一个对数因子进来.

对于剩余的情况，可通过下面的简单的恒等式

$$\vartheta^{c+d}(f\odot g)=(\vartheta^c f)\odot(\vartheta^d g)，\text{其中 } \vartheta \equiv z\frac{\mathrm{d}}{\mathrm{d}z}$$

就像奇点积分定理中允许的那样，将式子先微分足够多次再积分回来即可归结为 $a+b+1<0$ 的情况.

总的来说，定理 Ⅵ.10 和 Ⅵ.11 建立了满足展式(51) 的适用于奇点分析的函数的 Hadamard 积的封闭性. 在实践中，为了得出一个函数在奇点处的奇点展开，我们可以方便地引用图 Ⅵ.16 中所描述的锯齿形算法，这时定理 Ⅵ.10 和 Ⅵ.11 先验地保证了展开式的存在性从而使得这一算法是有效的("锯齿形"反映了计算时在系数渐近与奇异渐近之间来回反复使用这一算法的事实.). 这一算法的典型应用是出现在下面的(64) 和(65) 中的 Pólya 醉汉问题中的计算.

设 $f(z)$ 和 $g(z)$ 是 $\Delta-$ 解析的函数并且具有形如(51) 或(52) 的简单奇点展开式. 我们企图得出

$$h(z):=f(z)\odot g(z)$$

的奇点展开式.

步骤 1. 根据 f 和 g 的奇点展开式和奇点分析过程确定渐近展开式 $f_n=[z^n]f(z)$ 和 $g_n=[z^n]g(z)$. 在给了 f 和 g 的有限的奇点展开式之后，就可由定理 Ⅵ.11 先验地知道 h 的展开式中误差项的阶 C.

步骤 2. 通过从步骤 1 中得出的展开式 f_n 和 g_n 的常规乘法推导出 $h_n=[z^n]h(z)$ 的渐近展开式.

步骤 3. 通过奇点分析重建一个函数 $H(z)$ 使得它在奇点 1 处满足

$$[z^n]H(z)\sim[z^n]h(z)$$

这可以通过反方向地使用定理 Ⅵ.1 和 Ⅵ.2 提供的基本函数的展开式来完成. 根据构造方法，$H(z)$ 是形如 $(1-z)^{\alpha}L(z)^k$ 的函数和，它们都在 1 处具有奇点.

步骤 4. 输出形如下式的 $f\odot g$ 的奇点展开式

$$h(z)=H(z)+P(z)+O((1-z)^C)$$

其中 P 是 δ 次的多项式，δ 是 $<C$ 的最大整数. 展式中必须有多项式 $P(z)$ 这一项，由于多项式(更一般的是在 1 处解析的函数) 不会在系数的渐近展开中留下痕迹. 由于 $h(z)-H(z)$ 在 1 处是 δ 次可微的，所以我们必须取

$$P(z)=\sum_{j=0}^{\delta}\frac{(-1)^j}{j!}\partial_z^j(h(z)-H(z))_{z=1}(1-z)^j$$

图 Ⅵ.16　计算 Hadamard 积的锯齿形算法

例 Ⅵ.14 Pólya **醉汉问题**.(本例取自 Fill 等的文献[208].)一个醉汉在 d 维格点$\mathbb{Z}^d$中从原点出发以$\{-1,+1\}^d$ 中的方向每一步都等可能地做随机行走,那么这个醉汉行走了 $2n$ 步后又回到原点的概率是 d 个行走了 $2n$ 步后又回到原点的独立的 1 维随机行走的概率的积

$$q_n^{(d)}=\left(\frac{1}{2^{2n}}\binom{2n}{n}\right)^d \tag{62}$$

而 $2n$ 是第一次回到原点的概率 $p_n^{(d)}$ 作为把一个圈分解为初等圈的结果(参见注记 Ⅰ.65),则由下式隐式地确定

$$\left(1-\sum_{n=1}^{\infty}p_n^{(d)}z^n\right)\left(\sum_{n=0}^{\infty}q_n^{(d)}z^n\right)=1 \tag{63}$$

对于普通的生成函数 P 和 Q 来说,上述关系就是$(1-P(z))Q(z)=1$,这蕴含 $P(z)=1-\dfrac{1}{Q(z)}$.

q_n 的渐近分析是直截了当的;p_n 则更多涉及随机行走的回归和暂态,见,例如,文献[170,403]. Hadamard 封闭性定理提供了解决这个问题的直接工具. 定义

$$\beta(z):=\sum_{n\geqslant 0}\frac{1}{2^{2n}}\binom{2n}{n}z^n\equiv\frac{1}{\sqrt{1-z}}$$

那么,方程(62) 和(63) 就给出

$$P(z)=1-\frac{1}{\beta(z)^{\odot d}},\ \text{其中}\ \beta(z)^{\odot d}:=\beta(z)\odot\cdots\odot\beta(z)\quad(d\ \text{次})$$

$P(z)$ 的奇点可如下求出:

$d=1$ 的情况. 这时不涉及 Hadamard 积并且

$$P(z)=1-\sqrt{1-z}$$

蕴含

$$p_n^{(1)}=\frac{1}{2^{2^{2n-1}}}\binom{2n-2}{n-1}\sim\frac{1}{2\sqrt{\pi n^3}}$$

(这和以 Catalan 数形式表达的经典的组合结果是一致的.)

$d=2$ 的情况. 根据 Hadamard 封闭性定理,函数 $Q(z)=\beta(z)\odot\beta(z)$ 在 $z=1$ 处先验地具有奇点展开式,其仅由形如$(1-z)^\alpha$ 的元素(可能会再乘以对数函数 $L(z)=\log\dfrac{1}{1-z}$ 的幂的积分) 组成. 从计算的角度来看(参见锯齿形算法),最好从系数本身开始

$$q_n^{(2)} \sim \left(\frac{1}{\sqrt{\pi n}} - \frac{1}{8\sqrt{\pi n^3}} + \cdots\right)^2 \sim \frac{1}{\pi}\left(\frac{1}{n} - \frac{1}{4n^2} + \cdots\right) \tag{64}$$

并且重构唯一的可计算的奇点,即

$$Q(z) = \frac{1}{\pi}L(z) + K + O((1-z)^{1-\mathcal{E}}) \tag{65}$$

其中$\mathcal{E}>0$是一个任意小的常数,K作为当$z\to 1$时$Q(z)-\frac{1}{\pi}L(z)$的极限是完全确定的. 因而可以看出函数P是$\Delta-$可延拓的.(证明:否则,函数Q在单位圆盘上的零点将会产生复杂的极点,这将使$p_n^{(2)}$在0附近出现振动项,这和概率必须是正数矛盾.)$P(z)$在$z=1$处的奇点展开可立即从$Q(z)$得出

$$P(z) \sim 1 - \frac{\pi}{L(z)} + \frac{\pi^2 K}{L(z)^2} + \cdots$$

因此由定理 Ⅵ.2 和定理 Ⅵ.3 我们就有

$$p_n^{(2)} = \frac{\pi}{n\log^2 n} - 2\pi\frac{\gamma+\pi K}{n\log^3 n} + O\left(\frac{1}{n\log^4 n}\right)$$

$$K = 1 + \sum_{n=1}^{\infty}\left[\frac{1}{16^n}\binom{2n}{n}^2 - \frac{1}{\pi n}\right]$$

$$\doteq 0.882\ 542\ 400\ 610\ 606\ 373\ 585\ 825\ 7$$

(某些类似的计算可见 Louchard(卢沙尔)等人的研究[422]第4节.)

d=3 的情况. 这种情况是容易的,由于$Q(z)$在奇点$z=1$处仍旧是有限的,并且其展开式为$\sqrt{1-z}$的幂. 因此

$$q_n^{(3)} \sim \left(\frac{1}{\sqrt{\pi n}} - \frac{1}{8\sqrt{\pi n^3}} + \cdots\right)^3 \sim \frac{1}{\pi^{\frac{3}{2}}}\left(\frac{1}{n^{\frac{3}{2}}} - \frac{3}{8n^{\frac{5}{2}}} + \cdots\right)$$

函数$Q(z)$是先验地可$\Delta-$延拓的,因此它的奇点展开式可从系数的形式重构出来

$$Q(z) \underset{z\to 1}{\sim} Q(1) - \frac{2}{\pi}\sqrt{1-z} + O(|1-z|)$$

这导致

$$P(z) = \left(1 - \frac{1}{Q(1)}\right) - \frac{2}{\pi Q(1)^2}\sqrt{1-z} + O(|1-z|)$$

再根据奇点分析就得出最后的表达式

$$p_n^{(3)} = \frac{1}{\pi^{\frac{3}{2}}Q(1)^2}\frac{1}{n^{\frac{3}{2}}} + O\left(\frac{1}{n^2}\right)$$

$$Q(1) = \frac{\pi}{\Gamma\left(\frac{3}{4}\right)^4} \doteq 1.393\ 203\ 929\ 685\ 676\ 859\ 184\ 246\ 3$$

含有幂 $n^{\frac{3}{2}}, n^{\frac{5}{2}}, \cdots$ 的完全的渐近展开式可以用相同的方法得出. 特别,这把上面的误差项改进为 $O\left(\frac{1}{n^{\frac{5}{2}}}\right)$. $Q(1)$ 的明确形式来自它的广义超几何函数表达式 ${}_3F_2\left[\frac{1}{2},\frac{1}{2},\frac{1}{2};1,1,1\right]$,而这个表达式是通过 Clausen 定理和 Kummer 恒等式对完全椭圆积分的平方的估计而得出的.(见 Larry Glasser 的有关论文,例如文献[293];现在,有几个计算机代数系统甚至能够自动给出这个值.)

更高维的情况可以类似地处理,其中所有偶数维情况下的渐近表达式中将会出现对数项.

Ⅵ.10.3　对树的递归的应用. 为了结束奇点分析理论,我们提出了树的递归的一般框架,也称为概率分治递归,其一般形式为

$$f_n = t_n + \sum_k p_{n,k}(f_k + f_{n-a-k}), n \geqslant n_0 \tag{66}$$

其中,f_n 是一个具有初条件 $f_0, \cdots, f_{n_0-1}$,由递归隐式确定的序列. t_n 称为收费序列. 数组 $p_{n,k}$ 是一个三角形的数字数组,是某种意义下的概率,对于每个固定的 $n \geqslant 0$,有 $\sum_k p_{n,k} = 1$.

a 是一个小的固定的整数(通常为 0 或 1).

递归的表达形式是分组的过程:给出了一个有 n 个元素的集合,先把其中的一些元素拿出来,再把剩下的元素分成两组,一个是基数为 K_n 的"左"组,另一个是基数为 $n-a-K_n$ 的"右"组. K_n 是分布为

$$\mathbb{P}(K_n = k) = p_{n,k}$$

的随机变量. 分组是(递归地)重复进行的,直到得出一个容量小于阈值 n_0 的组为止. 假设所有涉及的随机变量 K 都是独立的,那么可以看出 f_n 表示当涉及 n 个元素的单阶段所产生的收费等于 t_n 时,随机(递归)分组的(总)成本 C_n 的期望. 用符号表示就是

$$f_n = \mathbb{E}(C_n), C_n = t_n + C_{K_n} + C_{n-a-K_n}$$

显然,可以用一个二叉树来具体实现分组过程. 通过适当地选择概率,可以使用递增的二叉树,例如二叉的 Catalan 树的成本函数对这些过程进行分析. 这样做的一个主要的动机是分析计算机科学中的像 quicksort(快速排序)算法,mergesort(归类排序)算法,union-find(联合查找)算法等这样的分治算法(见文献[132,383,384,537,538,598]). 我们将再次按照文章[208]进行处理.

树的递归的渐近解的一般求法如下. 首先引进生成函数

$$f(z) = \sum_n f_n \omega_n z^n, t(z) = \sum_n t_n \omega'_n z^n$$

其中ω_n和ω'是某个对于一些特定问题的正规化序列(因此,$\omega_n \equiv 1$产生 OGF,$\omega_n \equiv \frac{1}{n!}$ 产生 EGF,其他有用的正规化序列也是这样). 那么,由于原始递归是线性的,因此就存在一个对于级数(和函数) 的线性算子 $\mathfrak{L}$,使得

$$f(z) = \mathfrak{L}[t(z)]$$

如果分组概率 $p_{n,k}$ 具有易于处理的表达式,则有理由尝试根据通常的分析操作表示 $\mathfrak{L}$. 那样我们就可能研究 $\mathfrak{L}$ 影响奇点的方式,并从它的生成函数 $f(z)$ 的奇点推导出它的成本序列 f_n 的渐近形式. 这种方法的一个有趣的性质是允许我们用类似于 Ⅵ.9 节中对奇点的复合进行讨论的方式对收费和导出的成本之间的关系进行有效力的讨论. 本节前面讨论过的封闭性在奇点分析过程的介入中是一个关键因素.

我们给出的三个例子将封闭性和 Ⅵ.8 节中的对奇点的多对数分析结合起来. 例 Ⅵ.15 是关于递增的二叉树(定义见例 Ⅱ.17)的,它模拟计算机科学的二叉搜索树. 例 Ⅵ.16 从树的递归的角度讨论了随机的二叉 Catalan 树的附加成本. 最后,例 Ⅵ.17 显示了奇点分析在基本的合并 - 分组过程中的适用性.

例 Ⅵ.15　二叉搜索树递归. 一种最简单的随机树模型可以定义如下:一个容量为 $n \geqslant 1$ 的随机二叉树可以通过取根并附加一个容量为 K_n 的左子树和一个容量为 $n-1-K_n$ 的右子树而得出,其中 K_n 在允许值$\{0,1,\cdots,n-1\}$的集合上是一致分布的(这个模型中的树等价于例 Ⅱ.17 中遇到的递增的二叉树和注记 Ⅲ.33 中的二叉搜索树.). 用(66) 中的符号,可把这个过程写成

$$p_{n,k} \equiv \mathbb{P}(K_n = k) = \frac{1}{n}, 0 \leqslant k \leqslant n-1$$

与之相关的递归因而就是

$$f_n = t_n + \frac{2}{n}\sum_{k=0}^{n-1} f_k$$

转换成 OGF 就是

$$f(z) := \sum_{n \geqslant 0} f_n z^n, t(z) := \sum_{n \geqslant 0} t_n z^n$$

又可把上式写成一个线性积分方程

$$f(z) = t(z) + 2\int_0^z \frac{f(w)\mathrm{d}w}{1-w} \tag{67}$$

微分上式就得出一个常微分方程

$$f'(z) = t'(z) + \frac{2}{1-z} f(z), f(0) = t_0$$

这个微分方程可用常数变易法解出. 用这种方法,我们就得出了一个收费的 GF

和总成本的 GF 之间的积分变换. 不失一般性,不妨设 $t_0=0$,那么我们就有(其中 $\partial_w=\frac{\mathrm{d}}{\mathrm{d}w}$)

$$f(z)=\mathfrak{L}[t(z)],\text{其中 }\mathfrak{L}[t(z)]=\frac{1}{(1-z)^2}\int_0^z(\partial_w t(w))(1-w)^2\mathrm{d}w \quad (68)$$

首先,对应于简单形式的生成函数的简单的收费序列可以用来建立一个指令表[①],而它就已经提供了关于 t_n 的增长的阶与 f_n 的增长的阶之间的关系的有用的指示. 例如,我们发现,在 $\alpha\neq1$ 的情况下,对于上升阶乘的通行费,我们有

$$\begin{cases} t_n^{\bar{\alpha}}:=\binom{n+\alpha}{\alpha},t^{\bar{\alpha}}(z)=(1-z)^{-\alpha-1} \\ f^{\bar{\alpha}}=\frac{\alpha-1}{\alpha+1}[(1-z)^{-\alpha-1}-(1-z)^{-\alpha-2}],f_n^{\bar{\alpha}}=\frac{\alpha-1}{\alpha+1}\left[\binom{n+\alpha}{\alpha}-n-1\right]\end{cases}$$

而 $\alpha=1$ 对应于 $t_n^{\bar{1}}=n+1$,这导致

$$f^{\bar{1}}(z)=\frac{2}{(1-z)^2}\log\frac{1}{1-z},f_n^{\bar{1}}=2(n+1)(H_{n+1}-1)=2n\log n+O(n)$$

其中 H_n 是调和数. 当 $\alpha=1$ 时出现了一个额外的对数因子是值得注意的:这对应了在一个容量为 n 的递增的二叉树中,路径的长度 $\sim2n\log n$ 这一事实. 这种初等的技巧给出了图 Ⅵ.17 顶部的两项.

奇点分析还允许我们对 $\sqrt{n}$,$\log n$ 和许多其他形式的通行费开发完全的渐近展开式. 例如考虑收费为 $t_n^\alpha=n^\alpha$ 的情况,可以认出其生成函数 $t(z)$ 是多对数. 根据定理 Ⅵ.7,函数 $t(z)$ 具有元素的项的形式为 $(1-z)^\beta$ 的奇点展开式,当 $\alpha>-1$ 时,其主项对应于 $\beta=-\alpha-1$. (68) 中的变换 $\mathfrak{L}$ 的操作过程就是“微分,乘以 $(1-z)^2$,积分,再乘以 $(1-z)^{-2}$”,这一过程可被定理 Ⅵ.8 和 Ⅵ.9 所包括. 因此,具体的元素的链都从下面的链开始

$$c(1-z)^\beta\xrightarrow{\partial}c\beta(1-z)^{\beta-1}\xrightarrow{\times(1-z)^2}c\beta(1-z)^{\beta+1}$$

在这一阶段,积分介入了:根据定理 Ⅵ.9,不妨设 $\beta\neq-2$,那么,忽略积分常数后,我们就求出

$$c\beta(1-z)^{\beta+1}\xrightarrow{f}-c\frac{\beta}{\beta+2}(1-z)^{\beta+2}\xrightarrow{\times(1-z)^{-2}}-c\frac{\beta}{\beta+2}(1-z)^\beta$$

因而,奇点元素 $(1-z)^\beta$ 就对应于贡献

---

① Gallne 和 Knuth 在文献[310]中以有吸引力的方式开发了指令表方法.

$$-c\frac{\beta}{\beta+2}\binom{n-\beta-1}{-\beta-1}$$

它的阶是 $O(n^{-\beta-1})$. 这个操作链就足以确定 $t_n=n^{\alpha}$, $\alpha>1$ 时的主阶.

收费(t_n)	成本(f_n)
$t_n=\binom{n+\alpha}{\alpha}(\alpha>1)$	$\frac{\alpha-1}{\alpha+1}\left[\binom{n+\alpha}{\alpha}-n+1\right]\sim\frac{\alpha+1}{\alpha-1}\frac{n^{\alpha}}{\Gamma(\alpha+1)}$
$t_n=\binom{n+\alpha}{\alpha}(\alpha<1)$	$\frac{1-\alpha-1}{1+\alpha}\left[n+1-\binom{n+\alpha}{\alpha}\right]\sim\frac{1+\alpha}{1-\alpha}n$
$t_n=n^{\alpha}(2<\alpha)$	$f_n=\frac{\alpha+1}{\alpha-1}n^{\alpha}+O(n^{\alpha-1})$
$t_n=n^{\alpha}(1<\alpha<2)$	$f_n=\frac{\alpha+1}{\alpha-1}n^{\alpha}+O(n)$
$t_n=n^{\alpha}(0<\alpha<1)$	$K_{\alpha}n+O(n^{\alpha})$
$t_n=\log n$	$K'_0n-\log n+O(1)$

图 Ⅵ.17　二叉搜索树递推的收费和成本, $t_0=0$

上面的推导代表了分析的主线,但推导时我们没有确定积分常数,然而当 $t_n=n^{\alpha}$ 并且 $\alpha<1$ 时,积分常数起着主导作用(由于形式为 $\frac{K}{(1-z)^2}$ 的项在 $f(z)$ 中占主导地位). 按照奇点积分定理(定理 Ⅵ.9)的叙述,我们引入下面的量

$$K[t]:=\int_0^1\left[t'(\omega)(1-\omega)^2-(t'(\omega)(1-\omega)^2)_-\right]\mathrm{d}\omega$$

其中 f_- 表示在 $f(z)$ 的奇点展开式中指数 <-1 的奇异项的和. 因而,对情况 $0<\alpha<1$,把积分常数考虑进去(通过乘以 $\frac{1}{(1-z)^2}$ 得到,就给出了 $\mathfrak{K}$ 的形状),对 $\alpha<1$,我们求出

$$f_n\sim K_{\alpha}n, K_{\alpha}=\mathbb{K}[\mathrm{Li}_{-\alpha}]=2\sum_{n=1}^{\infty}\frac{n^{\alpha}}{(n+1)(n+2)}$$

类似地,收费 $t_n=\log n$ 给出

$$f_n\sim K'_0n, K'_0=2\sum_{n=1}^{\infty}\frac{\log n}{(n+1)(n+2)}\doteq 1.203\ 564\ 916\ 7$$

这最后的估计定量化了二元搜索树的分布的熵,Fill 在文献[207] 中研究了这个熵,Cover 和 Thomas 在他们关于信息论的参考书[134]74 — 76 页中也讨论了关于熵的问题.

例 Ⅵ.16 ***二叉树的递推.*** 考虑由容量为 n 的(修剪)的二叉树给出的对花费 t_n 执行某种计算(不影响树本身)的一个程序,那么在左右子树上调用自身的递归.如果在应用这个程序的过程中的二叉树在所有容量为 n 的二叉树中是均匀抽取的,则程序的总成本的期望满足下面的递推关系

$$f_n = t_n + \sum_{k=0}^{n-1} \frac{C_k C_{n-1-k}}{C_n}(f_k + f_{n-k}), C_n = \frac{1}{n+1}\binom{2n}{n} \tag{69}$$

实际上,量

$$p_{n,k} = \frac{C_k C_{n-1-k}}{C_n}$$

表示一个容量为 n 的树有一个容量为 k 的左子树和一个容量为 $n-1-k$ 的右子树的概率.因而我们自然地引入下面的生成函数

$$t(z) = \sum_{n\geqslant 0} t_n C_n z^n, f(z) = \sum_{n\geqslant 0} f_n C_n z^n$$

而递推(69) 可以转换成一个线性方程

$$f(z) = t(z) + 2zC(z)f(z)$$

其中 $C(z)$ 是 Catalan 数的生成函数.现在用普通的生成函数

$$\tau(z) := \sum_{n\geqslant 0} t_n z^n$$

给出收费序列 t_n,那么函数 $t(z)$ 就是一个 Hadamard 积

$$t(z) = \tau(z) \odot C(z)$$

由于 $C(z)$ 是众所周知的,因此,基本关系就成为

$$f(z) = \mathfrak{L}[\tau(z)], 其中\ \mathfrak{L}[\tau(z)] = \frac{\tau(z)\odot C(z)}{\sqrt{1-4z}}, C(z) = \frac{1-\sqrt{1-4z}}{2z} \tag{70}$$

这样这个变换就通过 Hadamard 积将收费的普通生成函数与正规化后的产品的总成本的生成函数联系起来了.

对象 $n^r, r \in \mathbb{Z}_{\geqslant 0}$ 这样的简单收费函数,计算可以初等地得出.对于收费序列 $t_n^\alpha = n^\alpha$,所需要的只是奇点展开式

$$\tau(z) \odot C\left(\frac{z}{4}\right) = \mathrm{Li}_{-\alpha}(z) \odot C\left(\frac{z}{4}\right) = \sum_{n=1}^{\infty} \frac{n^\alpha}{n+1}\binom{2n}{n}\left(\frac{z}{4}\right)^n$$

这可以确切地被定理 Ⅵ.7,Ⅵ.10 和 Ⅵ.11 所包括.图 Ⅵ.18 给出了计算的途径.

收费(t_n)	成本(f_n)
$n^\alpha(\frac{3}{2}<\alpha)$	$\frac{\Gamma(\alpha-\frac{1}{2})}{\Gamma(\alpha)}n^{\alpha+1/2}+O(n^{\alpha-1/2})$
$n^{3/2}$	$\frac{2}{\sqrt{\pi}}n^2+O(n\log n)$
$n^\alpha(\frac{1}{2}<\alpha<\frac{3}{2})$	$\frac{\Gamma(\alpha-\frac{1}{2})}{\Gamma(\alpha)}n^{\alpha+1/2}+O(n)$
$n^{1/2}$	$\frac{1}{\sqrt{\pi}}n\log n+O(n)$
$n^\alpha(0<\alpha<\frac{1}{2})$	$\overline{K}_\alpha n+O(1)$
$\log n$	$\overline{K}'_0+O(\sqrt{n})$

图 Ⅵ.18　二叉树递推的收费和成本

例 Ⅵ.17　Cayley **树递推**. 考虑 n 个分别标记为 $1,2,\cdots,n$ 的顶点. 那么就有$(n-1)!\ n^{n-2}$ 个边的序列

$$(u_1,v_1),(u_2,v_2),\cdots,(u_{n-1},v_{n-1})$$

这些顶点和边就给出一棵$\{1,2,\cdots,n\}$上的树,而那种序列的数目是$(n-1)!\cdot n^{n-2}$,由于共有 n^{n-2} 棵容量为 n 的无根的树. 在每个阶段 k,编号为 1 到 k 的边确定了一个森林. 每增加一条连接两棵树(然后变成根)的边就减少森林中的一棵树,因此森林是从一个完全断开的图形(在时刻 0)演变成一棵无根树(在时刻 $n-1$)而得出来的. 如果我们认为每个序列是等可能的,则 u_{n-1} 和 v_{n-1} 分别属于容量为 k 和 $n-k$ 的成分的概率就是

$$\frac{1}{2(n-1)}\binom{n}{k}\frac{k^{k-1}(n-k)^{n-k-1}}{n^{n-2}}$$

(理由是有 k^{k-1} 棵容量为 k 的有根的树;最后加上去的边有 $n-1$ 种可能并且有两个可能的方向.)

设两棵树合成一棵容量为 ℓ 的树时要付出 t_ℓ 的费用,则合成最后的容量为 n 的树的总成本满足递推下面的关系式

$$f_n=t_n+\sum_{0<k<n}p_{n,k}(f_k+f_{n-k}),p_{n,k}=\frac{1}{2(n-1)}\binom{n}{k}\frac{k^{k-1}(n-k)^{n-k-1}}{n^{n-2}} \quad (71)$$

Knuth 和 Pittel 的文献[383] 在之前 Knuth 和 Schönhage 的分析[384] 的基础上详细研究了递推关系(71),引用他们的工作的主要动机是在研究动态管理等价关系的算法中出现了这种递推关系(所谓的联合发现算法(文献[384])).

给了收费序列 t_n，我们引入生成函数

$$\tau(z)=\sum_{n\geqslant 1} t_n z^n$$

并设 T 是 Cayley 树函数($T=z\mathrm{e}^{T}$). 如果我们采用以下形式的对总成本的生成函数

$$f(z)=\sum_{n\geqslant 1} f_n n^{n-1} z^n$$

那么我们就可把基本递归关系(71) 用一个线性常微分方程重新描述，它可以通过常数变易法求解决. 这就产生了一个涉及 Hadamard 积的积分变换，即

$$f(z)=\mathfrak{L}[\tau(z)],\text{其中 } \mathfrak{L}[\tau(z)]=\frac{1}{2}\,\frac{T(z)}{1-T(z)}\int_0^z \partial_w\left(\tau(w)\odot T(w)^2\right)\frac{\mathrm{d}w}{T(w)} \tag{72}$$

虽然变换的表达式第一眼看去是可怕的(难以处理的)，但实际上它只不过是一个基本操作组成的短序列，即“Hadamard 积、乘法、微分、除法、积分”，其中每个都对适于进行奇点分析类的函数具有可量化的影响($T(z)$ 的奇点结构本身可由奇点反演定理，即定理 Ⅵ.6 确定.).

最后的结果是，形式为 n^α，$\log n$ 等收费的影响都可以加以分析：有关估计的列表，可见图 Ⅵ.19. 证明的细节我们留给读者作为练习并可在文献[208]§5.3 中找到. 与 Catalan 树的递归的行为的类比也就脱颖而出了. 这个例子本身也是有兴趣的，由于它提供了分析合并－分组过程的易处理的模型，这一过程在好几个科学领域中都引起了极大的兴趣，我们推荐读者参考 Aldous 的综述[9].

收费(t_n)	成本(f_n)
$n^\alpha\ (\frac{3}{2}<\alpha)$	$\dfrac{\Gamma(a-\frac{1}{2})}{\sqrt{2}\,\Gamma(a)} n^{\alpha+1/2}+O(n^{\alpha-1/2})$
$n^{1/2}$	$\sqrt{\dfrac{2}{\pi}}\, n^2+O(n\log n)$
$n^\alpha\ (\frac{1}{2}<\alpha<\frac{3}{2})$	$\dfrac{\Gamma(a-\frac{1}{2})}{\sqrt{2}\,\Gamma(a)} n^{\alpha+1/2}+O(n)$
$n^{1/2}$	$\dfrac{1}{\sqrt{2\pi}} n\log n+O(n)$
$n^\alpha\ (0<\alpha<\frac{1}{2})$	$\overline{K}_n n+O(1)$
$\log n$	$\overline{K'}_n+O(\sqrt{n})$

图 Ⅵ.19 Cayley 树递推的收费和成本

Ⅵ.11 Tauber 理论和 Darboux 方法

有几种另外的分析适度增长的函数的系数方法. 当然,所有这些方法都必须提供与奇点分析理论(定理 Ⅵ.1,Ⅵ.2 和 Ⅵ.3)相容的估计. 对其中每一种方法,我们都需要某种关于函数或系数序列的"正规条件",奇点分析的正规条件本质上是解析延拓.

我们在这里要简要概述的方法可分为三大类:(ⅰ)初等的实分析方法;(ⅱ)Tauber 定理;(ⅲ)Darboux 方法.

初等的实分析方法假设系数序列满足某些先验的光滑性条件;尽管为了完整起见,我们把这一方法包括在这里,但是准确地说,它们并不属于复渐近方法的体系. 它们适用的范围主要限于结果的分析而其他方法允许我们逼近更一般的函数复合模式. Tauber 定理属于高级的实分析方法;这种方法也需要某些关于系数的先验的正规条件,通常是正性或单调性. Darboux 方法需要函数在封闭的单位圆盘上具有某种光滑性,这种方法的技巧和适用范围是最接近奇点分析的.

我们只限于对主要结果做简要的讨论. 像获得更多信息的读者可以参考 Odlyzko 的精彩的综述[461].

初等的实分析方法. 函数系数的渐近等价性有时可以从复合函数的简单性质初等地得出来. 正规条件是构成生成函数的积中两个因子之一的系数的光滑的渐近行为. 这些技巧的原始来源是 Bender 的综述[36].

定理 Ⅵ.12　实分析渐近. 设 $a(z)=\sum a_n z^n$,$b(z)=\sum b_n z^n$ 是两个收敛半径分别为 $\alpha>\beta\geqslant 0$ 的幂级数. 设 $b(z)$ 满足比例法则

$$当\ n\to\infty\ 时,\frac{b_{n-1}}{b_n}\to\beta$$

则乘积 $f(z)=a(z)\cdot b(z)$ 的系数满足

$$当\ n\to\infty\ 时,有\ f(z)\sim a(\beta)b_n$$

其中 $a(\beta)\neq 0$.

证明　(梗概)

$$\begin{aligned}f_n&=a_0b_n+a_1b_{n-1}+a_2b_{n-2}+\cdots+a_nb_0\\&=b_n\left(a_0+a_1\frac{b_{n-1}}{b_n}+a_2\frac{b_{n-2}}{b_n}+\cdots+a_n\frac{b_0}{b_n}\right)\end{aligned}$$

$$=b_n\left(a_0+a_1\left(\frac{b_{n-1}}{b_n}\right)+a_2\left(\frac{b_{n-2}}{b_{n-1}}\right)\left(\frac{b_{n-1}}{b_n}\right)+\cdots\right)$$

$$\sim b_n(a_0+a_1\beta+a_2\beta^2+\cdots)$$

这里,只有最后一行需要一点初等的分析技巧,我们把这留给读者作为练习(见 Pólya-Szegö[492],卷 Ⅰ,问题 178.).

这个定理适用于例如 2 — 正规图的 EGF

$$f(z)=a(z)\cdot b(z),\text{其中},a(z)=\mathrm{e}^{-\frac{z}{2}-\frac{z^2}{4}},b(z)=\frac{1}{\sqrt{1-z}}$$

对此,这个定理给出 $f_n\sim\mathrm{e}^{-\frac{3}{4}}\begin{pmatrix}n-\frac{1}{2}\\ n\end{pmatrix}\sim\frac{\mathrm{e}^{-\frac{3}{4}}}{\sqrt{\pi n}}$,与例 Ⅵ.12 一致. 显然,以前的一整套引理都可以用同样的方式陈述. 奇点分析通常可以提供更完全的展式,尽管定理 Ⅵ.12 确实适用于一些奇点分析没有包括的情况.

Tauber **理论**. Tauber 方法仅适用于沿着正实轴增长的函数. 正规条件的形式是关于系数的(正性或单调性)的称为 Tauber"边条件"的附加假设. 对这一主题的深刻介绍可以在 Titchmarsh 的书[577] 中找到,并在 Postnikov 的专著[494] 中和 Korevaar 的纲要[389] 中有详细阐述. 我们引用的是所有的 Tauber 定理中最著名的属于 Hardy,Littlewood 和 Karamata 的定理. 对于本节的目的来说,我们需要以下的概念:称一个函数 $\Lambda(x)$ 在无穷远处是慢变的,如果对于任何 $c>0$,当 $x\to\infty$ 时我们有$\frac{\Lambda(cx)}{\Lambda(x)}\to 1$(对数或迭套的对数的幂给出了慢变函数的实例.).

定理 Ⅵ.13 HLK Tauber **定理**. 设 $f(z)$ 是一个收敛半径等于 1 的幂级数,满足

$$f(z)\sim\frac{1}{(1-z)^{\alpha}}\Lambda\left(\frac{1}{1-z}\right)\tag{73}$$

其中 $\alpha\geqslant 0$,Λ 是一个慢变函数. 又设系数 $f_n=[z^n]f(z)$ 都是非负的(这就是所谓的"边条件"),则有

$$\sum_{k=0}^{n}f_k\sim\frac{n^{\alpha}}{\Gamma(\alpha+1)}\Lambda(n)\tag{74}$$

结论(74) 和奇点分析所给出的结果是一致的:如果我们再附加解析延拓的条件就有

$$f_n\sim\frac{n^{\alpha}}{\Gamma(\alpha)}\Lambda(n)\tag{75}$$

上式求和后就得出估计(74).

必须指出的是,Tauber 定理对函数方面只须很少的条件.但是,它给出的结论也很少,由于它不包括误差估计.而且,它提供的结果仅在更具限制性的平均值意义下,或 Cesàro 平均意义下才有效.(如果对 f_n 加上更进一步的正规条件,例如单调性,那么(75)的结论可以从(74)用纯粹初等的实分析技巧推导出来.)这一方法仅适用于在奇点处足够大的函数(假设 $\alpha \geqslant 0$),尽管做了很多努力来改进结论,情况仍旧是,Tauber 定理没能给出多少误差估计方面的结果.

只有一点对 Tauber 定理的要求可能是合理的,那就是当函数在正半轴之外的收敛圆附近有非常不规则的行为,例如,单位圆上的每个点都是奇点时.(那时我们就说说这个函数以单位圆作为一个自然边界.)Greene 和 Knuth 在文献[309]中讨论了这种情况下的一个有趣的例子,他们考虑了下面的函数

$$f(z)=\prod_{k=1}^{\infty}\left(1+\frac{z^k}{k}\right) \tag{76}$$

它是轮换的长度都不同的排列的 EGF.做一点计算后可知

$$\log\prod_{k=1}^{\infty}\left(1+\frac{z^k}{k}\right)=\sum_{k=1}^{\infty}\frac{z^k}{k}-\frac{1}{2}\sum_{k=1}^{\infty}\frac{z^{2k}}{k^2}+\frac{1}{3}\sum_{k=1}^{\infty}\frac{z^{3k}}{k^3}-\cdots$$

$$\sim\log\frac{1}{1-z}-\gamma+o(1)$$

(只有最后一行需要一点技巧,见文献[309].)因而,根据定理 Ⅵ.12,我们就有

$$f(z)\sim\frac{\mathrm{e}^{-\gamma}}{1-z}\to\frac{1}{n}(f_0+f_1+\cdots+f_n)\sim\mathrm{e}^{-\gamma}$$

事实上,Greene 和 Knuth 用"靴袢"算法(又称"自举"算法)的技巧进行论证可以对此加以补充并给出更强的结果,即

$$f_n\to\mathrm{e}^{-\gamma}$$

▶ **Ⅵ.31** Greene-Knuth **问题的一个加细的渐近.** 设 $f(z)$ 如(76)中所示,则我们有

$$[z^n]f(z)=\mathrm{e}^{-\gamma}+\frac{\mathrm{e}^{-\gamma}}{n}+\frac{\mathrm{e}^{-\gamma}}{n^2}(-\log n-1-\gamma+\log 2)+$$

$$\frac{1}{n^3}[\mathrm{e}^{-\gamma}\log^2 n+c_1\log n+c_2+2(-1)^n+$$

$$\Omega(n)]+O\left(\frac{1}{n^4}\right)$$

其中,c_1,c_2 是可计算的常数,而 $\Omega(n)$ 具有周期 3(论文[227]结合使用 Darboux 方法和奇点分析推导出了完全的展式.). ◀

Darboux **方法.** Darboux 方法(也称为 Darboux-Pólya 方法)作为正规条件,要求函数在它们的收敛圆上是充分可微的("光滑的").该方法的核心是一

个函数的光滑性与它的泰勒系数递减性之间的简单关系.

定理 Ⅵ.14 Darboux **方法**. 设 $f(z)$ 在闭圆盘 $|z|\leqslant 1$ 上是连续的并且在 $|z|=1$ 是 k 次连续可微的($k\geqslant 0$),则

$$[z^n]f(z)=o\left(\frac{1}{n^k}\right) \tag{77}$$

证明 我们从 Cauchy 系数公式

$$f_n=\frac{1}{2\pi\mathrm{i}}\int_C \frac{f(z)}{z^{n+1}}\mathrm{d}z$$

开始. 由于连续性的假设,我们可把积分围道C取成单位圆. 令 $z=\mathrm{e}^{\mathrm{i}\theta}$ 就得出 Cauchy 系数公式的 Fourier 形式

$$f_n=\frac{1}{2\pi}\int_0^{2\pi} f(\mathrm{e}^{\mathrm{i}\theta})\mathrm{e}^{-\mathrm{i}n\theta}\mathrm{d}\theta \tag{78}$$

上式中的积分是强烈振动的. 经典分析中的 Riemann-Lebesgue 引理(文献[577]403 页)表明当 $n\to\infty$ 时,上述积分趋于 0.

上面的论证包括了 $k=0$ 的情况. 对一般的 k,连续使用分部积分就得出

$$[z^n]f(z)=\frac{1}{2\pi\ (\mathrm{i}n)^k}\int_0^{2\pi} f^{(k)}(\mathrm{e}^{\mathrm{i}\theta})\mathrm{e}^{-\mathrm{i}n\theta}\mathrm{d}\theta$$

再次由 Riemann-Lebesgue 引理就得出上面的量是 $o(n^k)$ 阶的.

定理 Ⅵ.14 的各种推论在下面的参考文献中也以 Darboux 方法的名称给出,例如可见文献[129,309,329,608]. 我们则只通过在这个框架中重新分析 2-正规图(例 Ⅵ.2) 的 EGF 的分析来说明 Darboux 方法的机制. 我们有

$$f(z)=\frac{\mathrm{e}^{-\frac{z}{2}-\frac{z^2}{4}}}{\sqrt{1-z}}=\frac{\mathrm{e}^{-\frac{3}{4}}}{\sqrt{1-z}}+\mathrm{e}^{-\frac{3}{4}}\sqrt{1-z}+R(z) \tag{79}$$

其中 $R(z)$ 是$(1-z)^{\frac{3}{2}}$ 和一个在 $z=1$ 处解析的函数的积,它是 $\mathrm{e}^{-\frac{z}{2}-\frac{z^2}{4}}$ 的泰勒展开式中的余项. 因此,$R(z)$ 是 C^1 类的函数,即它是连续可微一次的函数. 根据定理 Ⅵ.14,我们就有

$$[z^n]R(z)=o\left(\frac{1}{n}\right)$$

因此得出

$$[z^n]f(z)=\frac{\mathrm{e}^{-\frac{3}{4}}}{\sqrt{\pi n}}+o\left(\frac{1}{n}\right) \tag{80}$$

Darboux 方法与奇点分析在给出误差项的估计方面有一些相似之处. 但是,二者之间的差别在于 Darboux 方法要求光滑性条件而不是简单的关于增长的阶的信息. 这一方法常常用于类似于(79)(80) 的情况下,这时,函数是

$h(z)(1-z)^{\alpha}$ 类型的积，其中 $h(z)$ 在 1 处解析. 然而，在这种特殊情况下，Darboux 方法仍然被归入奇点分析.

Darboux 方法从其产生的来源和其固有的内容就决定了它不能应用于奇点展开只涉及无穷远处的函数，但是奇点分析可以做到这一点. 在分析中常常出现的子表达问题就是一个明显的例子，见文献[257]，其中出现了一个奇点展开的形式为

$$\frac{1}{\sqrt{1-z}} \frac{1}{\sqrt{\log \frac{1}{1-z}}} \left[1 + \frac{c_1}{\log \frac{1}{1-z}} + \cdots\right]$$

的函数.

▶Ⅵ.32 Darboux **方法对决奇点分析**. 这个注记给出了一个 Darboux 方法适用，但奇点分析不适用的实例. 设

$$F_r(z) = \sum_{n=0}^{\infty} \frac{z^{2^n}}{(2^n)^r}$$

单位圆的每个点都是函数 $F_0(z)$ 的奇点，并且任何 $F_r, r \in \mathbb{Z}_{\geqslant 0}$ 都具有这个性质（提示：F_0 满足函数方程 $F(z) = z + F(z^2)$，它在 1 的第 2^n 个根的附近无界地增长.）. 用 Darboux 方法可以导出

$$[z^n] \frac{1}{\sqrt{1-z}} F_5(z) = \frac{c}{\sqrt{\pi n}} + o\left(\frac{1}{n}\right), \text{其中 } c := \frac{32}{31}$$

我们能得出的最好的误差项是什么？ ◀

Ⅵ.12 小结和评论

奇点分析方法把我们提取系数渐近性的能力扩展到比我们在第 Ⅳ 章和第 Ⅴ 章所研究过的半纯函数和有理函数更广泛的函数. 这种能力是分析许多部分 A 中用符号方法给出的生成函数的基本工具，并且它的适用性具有相当程度的普遍性.

基本方法是直截了当而具有吸引力的：我们定位奇点，建立函数在围绕它们的域中的解析性，在奇点周围展开函数，并应用一般的转换定理从函数展开式中的每个项转换成系数的渐近展开中的项. 这一方法可以直接应用于各种明确给定的函数，例如有理函数，平方根函数和对数的组合函数，以及隐式定义的函数，像可以通过解析逆得出的树的结构的生成函数. 适合奇点分析的函数也

具有丰富的封闭性,并且相应的操作反映了对第 Ⅰ 章至第 Ⅲ 章的组合结构所蕴含的生成函数的自然操作.

这种方法再次使我们朝着有一种使得组合结构和分析方法完全一致的理论的理想情况的方向发展,但是,再次,分析组合学的本质是给出渐近结果的定理并不能像自由地分析边条件那样的如此一般.在奇点分析的情况下,这些边条件必须与建立奇点周围的解析性同时进行.这些条件对大量的在其主奇点附近具有中等程度(至多是多项式)增长的函数是自动满足的,这正好是我们所需要的:从奇点处的生成函数的展开式逐项地转换成系数的渐近形式,包括误差项.涉及奇点分析的计算相当机械化.(Salvy 在文献[528]确实用这种方式成功地实现了一大类生成函数的分析的自动化.)

再次,我们可以仔细查看特定的组合结构,然后应用对一般抽象模式进行奇点分析的方法,从而一次性地解决一整类的组合问题问题.这个过程,以及几个重要的例子,是第 Ⅶ 章的主题,然后,接下来,我们要在第 Ⅷ 章介绍鞍点法,它适用于在有限距离内没有奇点的函数(整函数)以及在靠近奇点处迅速增长(指数式增长)的那些函数.奇点分析也将在第 Ⅸ 章中再次出现,它在得出奇点附近的多元生成函数的统一展开式时是一个关键性的技巧.

关于参考文献的注记和评论. Bender 的文献[36]和最近的 Odlyzko 的文献[461]对枚举中的渐近方法做了精彩的综述.包含了非常具体的方法的渐近分析方面的一般参考读物可见 De Bruijn 的书[143].Comtet 的书[129]和 Wilf 的书[608]各自为这些问题写了一章.

本章主要基于 Flajolet 和 Odlyzko 在文献[248]中提出的理论,其中最早使用了术语“奇点分析”.一个重要的早期(但被不适当地忽视了的)参考文献是 Wong 和 Wyman 的研究[615].这一理论从经典的解析数论,例如素数定理中汲取了灵感,其中使用了类似的围道(参见文献[248]中对理论来源的讨论).另一个使用 Hankel 围道轮廓的领域是积分变换的反演理论(文献[168]),特别是在代数和对数奇点的情况下.这里开发的封闭性来自 Flajolet,Fill 和 Kapur 的论文[208,223].

Darboux 方法通常可以用作奇点分析的替代方法.尽管奇点分析仍然是文献中广泛使用的技巧,由奇点分析提供给我们的渐近尺度的直接映射看起来更加清楚.Darboux 方法在 Comtet 的文献[129],Henrici 的文献[329],Olver 的文献[465]和 Wilf 的书[608]中都有很好的解释.Tauber 理论在 Postnikov 的专著[494]和 Korevaar 的百科全书式的处理(文献[389])中都有详细论述.在 Titchmarsh 的书[577]中也有一个很好的介绍.

奇点分析的应用

第 VII 章

数学是懒惰的.数学让原理为你工作这样你就不必为自己做这项工作了.[1]

——GEORGE PÓLYA

我希望对上帝来说,这些计算是由蒸汽执行的.

——CHARLES BABBAGE(1792—1871)

ऊर्ध्वमूलमधःशाखमश्वत्थं प्राहुरव्ययम्।
छन्दांसि यस्य पर्णानि यस्तं वेद स वेदवित्॥

—*The Bhagavad Gita* XV.1[2]

奇点分析为大量的由第Ⅰ—Ⅲ章中阐述的符号方法给出的生成函数的分析铺平了道路.按照以上引用的Pólya的格言,它可以"懒惰"和"让原理为你工作".在本章中,我们通过众多的与语言、排列、树和各种图形有关的例子内容说明了这种情况.就像在第Ⅴ章中那样,大多数分析被组织成称为模式的广泛的类.

首先,我们开发了一般的指数-对数模式,它包括了有标记的或无标记的集合构造,主奇点应用的生成函数对数型的.这种典型的非递归模式一般类似于第Ⅴ章中的与序列有关的超临界模式,它允许我们量化各种有关排列,错排,2-正规图,映射和功能图的构造,并给出关于有限域上的多项式的分解性质的信息.

---

① 引自M. Walter,T. O'Brien,George Pólya的回忆,数学教学116(1986).

② 据说,有一棵不朽的树,其根部向上,树枝向下,叶子是赞美诗[吠陀].知道它的人拥有知识.

接下来,我们处理递归定义的结构,其研究构成了本章的主题.在这种情况下,生成函数可以通过隐式定义它们的方程式或方程组加以研究.很多这种组合类的一个显著的特征是它们的生成函数具有平方根奇点,也就是说,奇点指数等于 1/2.因此,计数序列特征性地涉及 $A^n n^{-\frac{3}{2}}$ 形式的渐近项,这里后一个渐近指数,$-\frac{3}{2}$,精确地反映了函数的奇点展开式中的点异指数$\frac{1}{2}$,这符合第Ⅵ章所给出的奇点分析的一般原理.

树是一种典型的递归定义的组合类.对许多允许的结点的度受有限集合限制的各种树包括二叉树,一叉 - 二叉树,三叉树和很多其他的树平方根奇点会自动地出现.此外计数估计特征性地涉及 $n^{-\frac{3}{2}}$ 类型的次指数因子,这是一种在有标记和无标记框架中存在的性质.

除了树的增长因子的次指数外,树的简单族所构成的类有许多共同的性质,实际上,在一些容量为很大的 n 的随机树中,可以发现高概率地成立几乎所有层次的结点都具有大约$\sqrt{n}$ 的阶,路径长度增长的阶平均为 $n\sqrt{n}$,高度的阶平均为$\sqrt{n}$.这些结果有助于统一经典树的类型 —— 我们说随机树的这些性质在所有简单生成的具有平方根奇点性质的族中是通有的(这个概念借自物理学中的普适性[①]概念,出于与我们非常类似的原因,现在这个概念在概率论学者中也越来越受欢迎.).从这个角度看,按照主要的模式组织理论的动机完全符合分析组合学中寻求普遍规律的愿望.

在树的简单族的背景下,平方根奇点是由解析函数的逆的一般性质产生的.在适当的条件下,这个特征可以扩展到由函数方程隐式定义的函数.结论是这一特征适用于非平面的无标记的树一般枚举,包括理论化学中的同分异构体,以及分子生物学中的二级结构.

本章的大部分内容都是针对无上下文的表示和语言.在这种情况下,生成函数先验地是代数函数,这表示它们满足一个由多项式组成的方程组,这个方程组本身可以通过任意方式的(消元)归结为一个单个的方程式.对于正多项式方程组的解,在不可简化的简单技术条件下发现平方根奇点是一个规律,由

① 下面的引文很好地说明了物理学中的普适性的概念:"(……)这对应了统计物理学中普适性的概念.最初出现的是一些不相关的现象,例如磁性和液体和气体的相变,都具有一些相同的特征.这种普遍行为并不注意其中的流体是氩气还是二氧化碳.重要的是一些更一般的特征,例如系统是一维,二维还是三维以及它的组成元素是通过长距力还是短距力相互作用的.一般地说,有时候细节并不重要."(引自"乌托邦理论",*Physics World*《物理世界》,2003 年 8 月).

此可引出我们第 V 章中所遇到的关于有限状态和转移矩阵模型的 Perron-Frobenius 条件. 作为一个例子,我们展示了如何在平面(树,森林,图)中开发一个满足非交叉约束的一致的拓扑构形的理论.

对于任意的代数函数(不一定和正系数和方程,或不可约的正的方程组有关的函数),有可能产生一些更丰富的奇点行为:奇点的展开式单一涉及分数指数(不仅仅是对应于上面的平方根例子中的$\frac{1}{2}$). 奇点分析总是可适用的:可以把代数函数看成平面上的代数曲线,并且初等的代数几何中著名的 Newton-Puiseux 定理完全描述了可能产生的奇点的类型. 作为各种类型的函数方程的解,通过众所周知的核方法以及许多类型的平面映射(嵌入在平面图中),通过所谓的二次方法代数函数也浮现出来:这带出了很大一类行走的情况,它们推广了 Dyck 路径和 Motzkin 路径. 在所有这些情况下,一个可预测的(有理)形式的奇点指数必然会产生,这反过来蕴含了随机离散结构和普适性现象的大量的定量性质.

当出现指向结构或序结构时微分方程和微分方程组就与递归定义的结构联系起来了. 为了计数方程是非线性的而 GF 与加法参数有关的生成函数,就导致了线性版本. 微分方程在和完整函数[①]的框架的联系中也起了中心的作用,它介入了许多像正规图和拉丁方这样的"硬"的对象的类的枚举. 奇点分析更有助于一次性地得出精确的渐近估计 —— 出现奇点指数是代数数(而不是有理数)的情况是许多这类估计的特征. 我们在这里验证对于四叉树和各种递增的树的应用程序,其中一些与排列以及用于排序和搜索的算法和数据结构密切相关.

Ⅶ.1 对于奇点分析的一个路径映射

第 Ⅵ 章中的奇点分析定理可以粗略地概括成下面的对应

$$f(z)\sim\left(1-\frac{z}{\rho}\right)^{-\alpha}\to f_n\sim\frac{1}{\Gamma(\alpha)}\rho^{-n}n^{\alpha-1}\tag{1}$$

作为我们在本章中的主要的渐近引擎. 奇点分析有助于量化非递归和递归结构

① Holonomic functions(完整函数)(附录 B.4:完整函数) 的定义是一个系数是有理函数的线性微分方程的解.

的性质.我们的读者可能会对在这一章中不再遇到积分和围道而感到惊讶.实际上,现在只须对函数在奇点处进行局部分析即可,然后奇点分析的一般定理(第 Ⅵ 章)的效应就会自动地转换成计数序列和参数.

exp－log(**指数－对数)模式**.这个将在 Ⅶ.2 节中验证的模式和有标记的集合结构有关,我们有

$$\mathcal{F}=\mathrm{SET}(\mathcal{G})\Rightarrow F(z)=\exp(G(z)) \tag{2}$$

像它的无标记的类似物 MSET 和 PSET 一样,一个$\mathcal{F}$－结构是把$\mathcal{G}$的成分(非递归地)地无序地归成一个集合构造出来的.在这种情况下,成分的 GF 在其主奇点处是对数的

$$G(z)\sim\kappa\log\frac{1}{1-\frac{z}{\rho}}+\lambda \tag{3}$$

一个即刻的计算表明 $F(z)$ 具有幂的类型的奇点

$$F(z)\sim \mathrm{e}^{\lambda}\left(1-\frac{z}{\rho}\right)^{-\kappa}$$

这显然属于奇点分析的范围.结构(2),再补充上关于(3)的简单技术条件,就定义了指数－对数模式.因而对于这种作为对数分量的集合的$\mathcal{F}$－结构,渐近计数问题是系统可解的(定理 Ⅶ.1):在大的随机的$\mathcal{F}$－结构中$\mathcal{G}$－成分的数量的阶是 $O(\log n)$,而在平均值方面和概率方面都以更精确的估计描述了表示的可能的形状.这个模式与 Ⅴ.2 节中所验证的超临界模式具有相当的通用性,但它们所涉及的概率现象似乎形成尖锐的对比:指数－对数的集合,与超临界级数情况下的线性增长率相反,对数的成分的数量通常很小.可用它来分析排列,功能图,映射和有限域上的多项式的性质.

递归和平方根奇点的普适性.这一章所研究的主要模式之一就是递归结构的渐近性质.对很大一类情况,我们都会遇到具有平方根奇点的函数并给出下面的通常的对应

$$f(z)\sim-\sqrt{1-z}\rightarrow f_n\sim\frac{1}{2\sqrt{\pi n^3}}$$

对应的系数的渐近表达式具有 $C\rho^{-n}n^{-\frac{3}{2}}$ 的形式.有几个可以描述的模式能够抓住这种现象;我们在这里按照结构的复杂性逐步增加的顺序来发展这些模式,它们对应于树的简单族,隐式的结构,Pólya 算子和不可约多项式方程组.

树的简单族和反函数.我们对递归组合类的处理从将在 Ⅶ.3 节中研究的树的简单族开始,基本情况是平面的无标记的树,它们的方程式是

$$\mathcal{Y}=\mathcal{Z}\times\mathrm{SEQ}_{\Omega}(\mathcal{Y})\Rightarrow Y(z)=z\phi(Y(z)) \tag{4}$$

其中,像通常那样,$\phi(w)=\sum_{\omega\in\Omega}w^{\omega}$. 因而,OGF $Y(z)$ 由反函数$\frac{w}{\phi(w)}$ 确定,其中函数 ϕ 反映了所有允许的结点的度的集合 Ω. 从解析函数的理论我们知道一个解析函数的逆的奇点通常是平方根类型的(Ⅳ.7.1 节和 Ⅵ.7 节),在这种情况不论什么时候 Ω 都总是一个"良行为"的整数集,特别,是一个有限集. 因而,树的数量总是满足一个形式如下的估计

$$Y_n=[z^n]Y(z)\sim CA^n n^{-\frac{3}{2}} \tag{5}$$

如同在本章的一般介绍中所说的那样,平方根奇点也与几种普适性现象联系在一起.

类树的结构和隐函数. 设 $Y(z)$ 是由下面形式的方程隐式定义的函数

$$Y(z)=G(z,Y(z)) \tag{6}$$

其中 G 是二元解析的,具有非负系数并且满足条件的自然的集合,那么 $Y(z)$ 也会导致出现平方根奇点(定理 Ⅶ.4 和 Ⅶ.3). 模式(6) 显然推广了模式(4):只要在模式(6) 中取 $G(z,y)=z\phi(y)$ 即可得到模式(4). 我们再次得出那种函数总是满足一个式(5) 那样的估计.

对称的树和 Pólya 算子. 前面提到的分析方法也可以进一步扩展到 Pólya 算子上去,它可以转换无标记的集合与轮换结构,见 Ⅶ.5 节. 一个典型的应用是对于非平面的无标记的树的类,它们的 OGF 满足一个无限的函数方程

$$H(z)=z\exp\left(\frac{H(z)}{1}+\frac{H(z^2)}{2}+\cdots\right)$$

奇点分析更普遍地适用于各种非平面的无标记的树(定理 Ⅶ.4),其中包括了组合化学中各种有趣的分子类型的枚举.

无上下文的结构和多项式方程组. 已知任何无上下文的结合或语言的类的生成函数的分量都是一个正多项式的方程组的解

$$\begin{cases}y_1=P_1(z,y_1,\cdots,y_r)\\ \vdots\\ y_r=P_r(z,y_1,\cdots,y_r)\end{cases}$$

在基本的"不可约性"的条件下(Ⅶ.6 节和定理 Ⅶ.5). $n^{-\frac{3}{2}}$ 计数律在这些组合类中更为普适的. 在这种情况下,GF 是满足强正约束的代数函数;相应的分析表述构成了重要的 Drmota-Lalley-Woods 定理(定理 Ⅶ.6).

请注意,模式复杂性的发展会导致平方根奇点. 从分析的角度来看,这可以粗略地用下面的链条表示成

反函数 → 隐函数 → 方程组

然而,以最小的一般性处理每个组合问题通常是有意义的,由于当复杂性增加时表达式往往会变得越来越不明确.

一般的代数函数. 本质上,对所有的代数函数的系数都可以做渐近分析(Ⅶ.7 节). 只在可能存在几个主奇点,例如有理函数的情况时会有很轻微的限制. 出发点是由 Newton-Puiseux 定理给出的对代数函数在任何一个奇点处的局部行为的特征的描述:如果 ζ 是一个奇点,那么代数函数的分支 $Y(z)$ 在 ζ 附近具有如下形式的表示

$$Y(z)=Z^{\frac{r}{s}}\Big(\sum_{k\geqslant 0}c_k Z^{\frac{k}{s}}\Big),Z:=1-\frac{z}{\zeta} \tag{7}$$

其中 $\frac{s}{r}\in\mathbb{Q}$,因此奇点指数总是一个有理数. 奇点分析可系统地加以应用,因此 Y 的第 n 个系数可表示成一些项的线性组合,其中每个项都具有如下的渐近形式

$$\zeta^{-n}n^{\frac{p}{q}},\frac{p}{q}\in\mathbb{Q}\cup\{-1,-2,\cdots\} \tag{8}$$

见图 Ⅶ.1. 在代数函数系数的渐近表达式中出现的各种量(像 ζ,r,s) 都是有效的可计算的.

除了提供一个有独立兴趣的广泛概念框架外,代数系数渐近性的一般理论也适用于任何不适合先前描述过的任何特殊模式的组合问题. 例如,某些类型的超级树(它们被定义成由树组成的树,例 Ⅶ.10.) 导致了 $Z^{\frac{1}{4}}$ 类型的奇点,这反映了渐近计数中的不寻常的次指数因子 $n^{-\frac{5}{4}}$. 地图是在平面(或球体) 上绘制的平面图,它们满足一个普遍性定律,即其奇点指数等于 $\frac{3}{2}$,这涉及渐近因子为 $n^{-\frac{5}{2}}$ 的计数序列.

微分方程和方程组. 当递归与指定或次序约束结合时,枚举问题就转化为积分 − 微分方程. Ⅶ.9 节验证了两种可能在两个重要情况中出现奇点类型,这两种重要情况分别涉及:(ⅰ) 线性微分方程;(ⅱ) 非线性微分方程.

线性微分方程来自分组过程的参数分析,它扩展了树的递归的框架(Ⅵ.10.3 小节),我们从这个角度来处理几何四叉树结构. 特别值得注意的是线性微分方程的来源是完整函数的类(有理系数的线性方程解,见附录 B.4:完整函数),其中包括拉丁方,正规图,对它们的最长的递增子序列的长度有限制的排列,杨图(Young tableaux) 和更多的组合理论结构的 GF. 在一种重要的情况下,即“正规” 奇点的情况下,渐近形式可以系统地提取出来. 有可能发生扩展了(7) 的代数的奇点,这时相应的系数是渐近地由形式为

$$\zeta^{-n} n^{\theta} (\log n)^{\ell} \tag{9}$$

的元素组成(其中 θ 是一个代数数,$\ell \in \mathbb{Z}_{\geq 0}$),这是一个典型的比式(8) 更一般的类型.

有理函数	不可约线性系统	ζ^{-n}	Perron-Frobenius,半纯函数,第Ⅴ章
	一般的有理函数	$\zeta^{-n} n^{\ell}$	半纯函数,第Ⅴ章
代数函数	不可约的正方程组	$\zeta^{-n} n^{-\frac{3}{2}}$	DLW 定理,符号分析,Ⅶ.6节
	一般的代数函数	$\zeta^{-n} n^{\frac{p}{q}}$	Newton-Puiseux 定理,符号分析,Ⅶ.7节
完整函数	正规符号	$\zeta^{-n} n^{\theta} \log^{\ell} n$	常微分方程,符号分析,Ⅶ.9.1节
	非正规符号	$\zeta^{-n} e^{P(n^{\frac{1}{r}})} n^{\theta} \log^{\ell} n$	常微分方程,鞍点方法,Ⅷ.7节

图 Ⅶ.1　按照特殊函数一般水平下层次结构递增顺序排列的简单小结:组成系数的渐近元素和系数的提取方法($\ell, r \in \mathbb{Z}_{\geq 0}$,$\frac{p}{q} \in \mathbb{Q}$,$\zeta$ 和 θ 是代数数,而 P 是一个多项式)

非线性微分方程通常附加到具有各种具有次序限制的树的枚举上.由于奇点展式的极端多样性,因此企图给出统一的全局性的处理本质上是不可能的.因而,我们将只把注意力限制在以下形式的一阶非线性方程

$$\frac{\mathrm{d}}{\mathrm{d}z} Y(z) = \phi(Y(z))$$

这一方程包括了各种递增的树和某些箱过程,也包括了某些和排列密切相关的方法.

图 Ⅶ.1 总结了本书中遇到的三类特殊函数,即有理的,代数的和完整的函数.当结构的复杂性增加时,可能会出现更丰富的渐近系数行为.(复杂的渐近方法远远超出了图中所概括的范围,例如,多项式方程的不可约正方程组的类是更一般的平方根奇点范式的一部分,这时我们将会遇到 Pólya 算符遇到的以及非代数情况中的反函数和隐函数.)

Ⅶ.2　集合和指数 - 对数模式

我们首先验证一种结构上与 Ⅴ.2 节中的超临界级数模式类似的模式,但我们需要用于系数提取的奇点分析.我们的出发点是作为轮换排列($\mathcal{K}$) 的有标

记的集合的排列($\mathcal{P}$)的结构

$$\mathcal{P}=\mathrm{SET}(\mathcal{K})\Rightarrow P(z)=\exp(K(z)),\text{其中 } K(z)=\log\frac{1}{1-z} \tag{10}$$

这引出了许多简单明确的计算.例如,由唯一的轮换组成的随机排列的概率是 $\frac{1}{n}$(因为它等于$\frac{K_n}{P_n}$);这种轮换的数目在平均值和概率(例 Ⅲ.4)上都渐近于 $\log n$;没有单独轮换的随机排列的概率 $\sim \mathrm{e}^{-1}$(见例 Ⅱ.14 和注记 Ⅳ.1,错排问题).

类似的性质在令人惊讶的一般性条件下也成立,我们从描述令我们感兴趣的组合类的定义开始.

定义 Ⅶ.1 称一个在零点解析的,具有非负系数和有限的收敛半径ρ的函数 $G(z)$ 为(κ,λ)-对数型的,其中 $\kappa\neq 0$,如果以下条件成立:

(ⅰ)数 ρ 使得$G(z)$ 在 $|z|=\rho$ 上有唯一奇点;

(ⅱ)$G(z)$ 在 ρ 的Δ 区域中可解析延拓;

(ⅲ)在Δ中,当 $z\to\rho$ 时,$G(z)$ 满足

$$G(z)=\kappa\log\frac{1}{1-\frac{z}{\rho}}+\lambda+O\left(\frac{1}{\left(\log\frac{1}{1-\frac{z}{\rho}}\right)^2}\right) \tag{11}$$

定义 Ⅶ.2 称有标记的结构$\mathcal{F}=\mathrm{SET}(\mathcal{G})$ 是有标记的 exp-log("指数-对数")模式,如果$\mathcal{G}$的指数生成函数$G(z)$是对数型的.称无标记的多重集结构$\mathcal{F}=\mathrm{MSET}(\mathcal{G})$ 是无标记的 exp-log("指数-对数")模式,如果$\mathcal{G}$的普通生成函数 $G(z)$ 是对数型的,并且 $\rho<1$.在每种情况下,称(11)中的量(κ,λ)是模式的参数.

由于$G(z)$具有正系数,我们必须有 $\kappa>0$,而λ的符号则可以是任意的.无标记的多重集合的定义和主要性质很容易推广到幂集结构:见下面的注记Ⅶ.1 和 Ⅶ.5.

定理 Ⅶ.1 **指数-对数模式**.考虑一个参数为(κ,λ)的指数-对数模式.

(ⅰ)计数序列满足

$$\begin{cases}[z^n]G(z)=\dfrac{\kappa}{n}\rho^{-n}(1+O((\log n)^{-2}))\\[2ex][z^n]F(z)=\dfrac{\mathrm{e}^{\lambda+r_0}}{\Gamma(\kappa)}n^{\kappa-1}\rho^{-n}(1+O((\log n)^{-2}))\end{cases}$$

其中在有标记的情况下,$r_0=0$;在无标记的多重集情况下,$r_0=\sum_{j\geqslant 2}\frac{G(\rho^j)}{j}$.

(ⅱ)在随机的$\mathcal{F}$—对象中的$\mathcal{G}$得成分的数目 X 满足

$$\mathbb{E}_{\mathcal{F}_n}(X)=\kappa(\log n-\psi(\kappa))+\lambda+r_1+O((\log n)^{-1})\quad\left(\psi(s)\equiv\frac{\mathrm{d}}{\mathrm{d}s}\Gamma(s)\right)$$

其中在有标记的情况下，$r_1=0$；在无标记的多重集情况下，$r_1=\sum_{j\geqslant 2}\frac{G(\rho^j)}{j}$. 特别，$X$ 的分布[①]集中在平均值周围.

证明 这个结果来自 Flajolet 和 Soria 的论文［258］，并修正了 Jennie Hansen 在文献［318］中给出的对数型条件. 我们先讨论一下有标记的情况，$\mathcal{F}=\mathrm{SET}(\mathcal{G})$，因此 $F(z)=\exp G(z)$.

(ⅰ)对$[z^n]G(z)$ 的估计可直接从带有对数项的奇点分析得出(定理Ⅵ.4)，关于 $F(z)$，我们由指数式的展开式可以求出

$$F(z)=\frac{\mathrm{e}^{\lambda}}{\left(1-\frac{z}{\rho}\right)^{\kappa}}\left[1+O\left(\frac{1}{\left(\log\left(1-\frac{z}{\rho}\right)\right)^{2}}\right)\right]\tag{12}$$

像 G 一样，函数 $F=\mathrm{e}^{G}$ 在 ρ 处具有孤立的奇点，并且可以在使式(11)保持有效的情况下解析延拓到奇点的Δ－域中. 那样基本的变换定理就给出了$[z^n]F(z)$的估计.

(ⅱ)关于成分的数量，$\mathcal{F}$的用 u 标记了$\mathcal{G}$—成分的数量的 BGF 是

$$F(z,u)=\exp(uG(z))$$

按照第 Ⅲ 章中的一般发展函数

$$f_1(z):=\frac{\partial}{\partial u}F(z,u)\mid_{u=1}=F(z)G(z)$$

是 X 的累积值的 EGF. 在 ρ 附近，它满足

$$f_1(z)=\frac{\mathrm{e}^{\lambda}}{\left(1-\frac{z}{\rho}\right)^{\kappa}}\left(\kappa\log\frac{1}{1-\frac{z}{\rho}}+\lambda\right)\left[1+O\left(\frac{1}{\left(\log\left(1-\frac{z}{\rho}\right)\right)^{2}}\right)\right]$$

按照奇点分析理论可以立即得出它的转换

$$[z^n]f_1(z)\equiv\mathbb{E}_{\mathcal{F}_n}(X)=\frac{\mathrm{e}^{\lambda}}{\Gamma(\kappa)}\rho^{-n}(\kappa\log n-\kappa\psi(\kappa)+\lambda+O((\log n)^{-1}))$$

因而$\frac{[z^n]f_1(z)}{[z^n]F(z)}$ 就给出了 X 的平均值的估计. 方差的分析可用二阶导数以相同的方式进行.

---

① 我们将在 Ⅸ.7.1 小节中看到 X 的渐近分布在这种对数－指数条件下总是 Gauss 型的.

对于未标记的情况，$[z^n]G(z)$ 的分析可以逐字重复. 首先，我们必须假设 $\rho<1$(由于否则$[z^n]G(z)$ 不是整数). 经典的多重集的转换(第 Ⅰ 章)则改写成

$$F(z)=\exp(G(z)+R(z)),R(z):=\sum_{j=2}^{\infty}\frac{G(z^j)}{j}$$

其中 $R(z)$ 涉及形如 $G(z^2),\cdots$ 的项，这些项中的每个都在 $|z|<\sqrt{\rho}$ 中解析. 因此，$R(z)$ 本身作为解析函数的一致收敛的和，在 $|z|<\sqrt{\rho}$ 中解析是解析的(这遵循了渐近理论中处理 Pólya 算子的通常策略). 因此，$F(z)$ 是 Δ — 解析的. 当 $z\to\rho$ 时，我们求出

$$F(z)=\frac{e^{\lambda+r_0}}{\left(1-\frac{z}{\rho}\right)^{\kappa}}\left[1+O\left(\frac{1}{\left(\log\left(1-\frac{z}{\rho}\right)\right)^2}\right)\right],r_0\equiv\sum_{j=2}^{\infty}\frac{G(\rho^j)}{j} \tag{13}$$

$[z^n]F(z)$ 的渐近展开式然后即可从奇点分析理论得出.

$\mathcal{F}$的用 u 标记了$\mathcal{G}$— 成分的数量的 BGF$F(z,u)$ 是

$$F(z,u)=\exp\left(\frac{uG(z)}{1}+\frac{u^2G(z^2)}{2}+\cdots\right)$$

因此

$$f_1(z):=\frac{\partial}{\partial u}F(z,u)\mid_{u=1}=F(z)(G(z)+R_1(z))$$

$$R_1(z):=\sum_{j=2}^{\infty}G(z^j)$$

再次，奇点类型是 $F(z)$ 再乘以一个对数项

$$f_1(z)\underset{z\to\rho}{\sim}F(z)(G(z)+r_1),r_1\equiv\sum_{j=2}^{\infty}G(\rho^j) \tag{14}$$

接下来的平均值的估计，方差的分析都是类似的.

▶ **Ⅶ.1　无标记的幂集.** 对幂集结构$\mathcal{F}$=PSET($\mathcal{G}$)，定理 Ⅶ.1 的陈述成立. 正如简单地采用定理 Ⅶ.1 的证明技巧时所看到的那样，其中

$$r_0=\sum_{j\geqslant 2}(-1)^{j-1}\frac{G(\rho^j)}{j}$$

◀

正如我们将在下面看到的那样，除了排列之外，映射，无标记的功能图，有限域上的多项式，2—正规图和广义的错排都属于指数—对数模式；有关的代表性的数据可见图 Ⅶ.2. 此外，奇点分析给出了关于把大的$\mathcal{F}$对象分解成$\mathcal{G}$的成分的精确信息.

$\mathcal{F}$	κ	$n=100$	$n=272$	$n=739$
排列	1	5.187 37	6.184 85	7.183 19
乱排	1	4.197 32	5.188 52	6.184 54
2－正规图	$\frac{1}{2}$	2.534 39	3.034 66	3.534 40
映射	$\frac{1}{2}$	2.978 98	3.463 20	3.953 12

图 Ⅶ.2　对 $n=100, 272\equiv[100e], 739\equiv[100e^2]$ 的一些指数－对数结构 $\mathcal{F}$ 和 $\mathcal{G}$ 成分的平均数. 像预期的那样，相邻的列大约相差 κ

例 Ⅶ.1　*错排中的轮换*. 所有的排列的情况

$$P(z)=\exp(K(z)), K(z)=\log\frac{1}{1-z}$$

可以立即看出满足定理 Ⅶ.1 的条件：它对应于收敛半径 $\rho=1$ 和参数 $(\kappa,\lambda)=(1,0)$.

设 Ω 是有限的整数的集合，然后考虑轮换的长度不属于 Ω 的所有排列的类 $\mathcal{D}\equiv\mathcal{D}^{\Omega}$. 这包括了标准的排列（$\Omega=\{1\}$），其表示是

$$\begin{cases}\mathcal{D}=\mathrm{SET}(\mathcal{K})\\ \mathcal{G}=\mathrm{CYC}_{\mathbb{Z}_{\geqslant 0}/\Omega}(\mathcal{Z})\end{cases}\Rightarrow\begin{cases}D(z)=\exp(K(z))\\ G(z)=\log\dfrac{1}{1-z}-\displaystyle\sum_{\omega\in\Omega}\frac{z^{\omega}}{\omega}\end{cases}$$

我们对 $\kappa=1, \lambda=-\sum_{\omega\in\Omega}\frac{1}{\omega}$ 应用定理. 特别，在随机的长度等于 n 的广义错排中，轮换的数目是 $\log n+O(1)$.

例 Ⅶ.2　*2－正规图中的连通成分*.（非定向的）2－正规图的类可通过对长度 $\geqslant 3$ 的无向环的成分应用集合构造而得出（见例 Ⅵ.2）. 在这种情况下

$$\begin{cases}\mathcal{F}=\mathrm{SET}(\mathcal{G})\\ \mathcal{G}=\mathrm{UCYC}_{\geqslant 3}(\mathcal{Z})\end{cases}\Rightarrow\begin{cases}F(z)=\exp(G(z))\\ G(z)=\dfrac{1}{2}\log\dfrac{1}{1-z}-\dfrac{z}{2}-\dfrac{z^2}{4}\end{cases}$$

这是 $\kappa=\frac{1}{2}, \lambda=-\frac{3}{4}$ 的指数－对数模式. 特别，它的成分的平均值和概率都渐近于 $\frac{1}{2}\log n$.

例 Ⅶ.3　*映射中的联通成分*. 映射（从有限集合到自身的函数）的类 $\mathcal{F}$ 是在 Ⅱ.5.2 小节中引入的. 相关的模式可描述成本身是树（$\mathcal{T}$）的（定向的）环

的联通成分($\mathcal{K}$)的有标记的集合.因此映射的类的 EGF 是

$$F(z)=\exp(K(z)),K(z)=\log\frac{1}{1-T(z)},T(z)=z\mathrm{e}^{T(z)}$$

其中 T 是 Cayley 树函数.反函数的分析(Ⅵ.7 节和例 Ⅵ.8)已表明 $T(z)$ 的奇点在 $z=\mathrm{e}^{-1}$ 处,在那里它具有奇点展开式 $T(z)\sim 1-\sqrt{2}\sqrt{1-\mathrm{e}z}$.因而 $G(z)$ 是 $\kappa=\frac{1}{2},\lambda=-\log\sqrt{2}$ 的对数模式.作为一个推论,联通的映射的数目满足

$$K_n\equiv n!\ [z^n]K(z)=n^n\sqrt{\frac{\pi}{2n}}\left(1+\frac{1}{\sqrt{n}}\right)$$

类似的性质适用于没有不动点的映射,这类似于在第 Ⅱ 章中讨论的错排,我们将在下面的 Ⅶ.24 节中建立也属于指数-对数模式的无标记的功能图.

例 Ⅶ.4 ***有限域上多项式的因子.*** 有限域上随机的多项式的因式分解性质是许多数学领域中的一个重要研究方面并且已在编码理论,符号计算和密码等领域中得到了应用,见文献[51,599,541].例 Ⅰ.20 已给出了一个初步的讨论.

设 $\mathbb{F}_p$ 是有 p 个元素的有限域,而 $\mathcal{P}\subset\mathbb{F}_p[X]$ 是系数在此有限域中的一元多项式的集合.我们把这些多项式看成(无标记)的组合对象,其容量恒同于多项式的次数.由于多项式可以用它的系数的序列加以刻画,因此我们有一个系数的"字母表" $\mathcal{A}$,并且把 $A=\mathbb{F}_p$ 作为一个原子的集合加以处理

$$\mathcal{P}=\mathrm{SEQ}(\mathcal{A})\Rightarrow P(z)=\frac{1}{1-pz}\tag{15}$$

另一方面,多项式的唯一分解性质使得所有不可约的一元多项式的类 $\mathcal{I}$ 和所有多项式的类 $\mathcal{P}$ 之间有下面的关系:$\mathcal{P}=\mathrm{MSET}(\mathcal{I})$.

作为 Möbius 反演的结果,我们得到(第 Ⅰ 章,方程(94))

$$I(z)=\log\frac{1}{1-z}+R(z),R(z):=\sum_{k\geqslant 2}\frac{\mu(k)}{k}\log\frac{1}{1-pz^k}\tag{16}$$

关于复渐近,式(16)中的函数 $R(z)$ 在 $|z|<\frac{1}{\sqrt{\rho}}$ 中解析,因而 $I(z)$ 是对数型的,其收敛半径为 $\frac{1}{p}$,而参数为

$$\kappa=1,\lambda=\sum_{k\geqslant 2}\frac{\mu(k)}{k}\log\frac{1}{1-p^{1-k}}$$

正如我们在第 Ⅰ 章中已经提到过的,我们得出的一个结果是渐近估计 $I_n\sim\frac{p^n}{n}$,这一估计建立了有限域上多项式的"素数定理":$\mathbb{F}_p[X]$ 中比例渐近于 $\frac{1}{n}$ 的

多项式是不可约的．此外，由于 $I(z)$ 是对数型的，并且$\mathcal{P}$是通过多重集构造得出的，因此我们就有一个无标记的指数－对数模式，对此，定理 Ⅶ．1 是适用的，因而，我们有如下结果：

次数等于n的随机的多项式的因子的个数的平均数和方差都渐近于$\log n$；分布是集中的．

（例子和图示见图 Ⅶ．3；平均值的估计见文献[378] 习题 4．6．2．5）我们将在第 Ⅸ 章中重新检视这个例子．对于大次数的随机多项式中不可约因子的数量建立有 Gauss 极限定律的估计．这一结果和类似的开发导致了对已知的用于有限域上的多项式的因式分解的一些基本算法的完整分析；见文献[236]．

$$(X+1)(X^{10}+X^9+X^8+X^6+X^4+X^3+1)(X^{14}+X^{11}+X^{10}+X^3+1)$$
$$X^3(X+1)(X^2+X+1)^2(X^{17}+X^{16}+X^{15}+X^{11}+X^9+X^6+X^2+X+1)$$
$$X^5(X+1)(X^5+X^3+X^2+X+1)(X^{12}+X^8+X^7+X^6+X^5+X^3+X^2+X+1)(X^2+X+1)$$
$$X^2(X^2+X+1)^2(X^3+X^2+1)(X^8+X^7+X^6+X^4+X^2+X+1)(X^8+X^7+X^5+X^4+1)$$
$$(X^7+X^6+X^5+X^3+X^2+X+1)(X^{18}+X^{17}+X^{13}+X^9+X^8+X^7+X^6+X^4+1)$$

图 Ⅶ．3　$\mathbb{F}_2$上 5 个随机的 25 次多项式的因式分解．这些样本中有五分之一的多项式在基域中没有根（渐近概率是$\frac{1}{4}$，见注记 Ⅶ．4．）

▶ **Ⅶ．2**　***多项式的除数函数***．设 $\bar{\omega}\in\mathcal{P}$，$\delta(\bar{\omega})$ 是可整除 $\bar{\omega}$ 的多项式（不必是不可约的）总数：如果 $\bar{\omega}=t_1^{e_1}\cdots t_k^{e_k}$，其中 t_j 是不同的不可约因子，那么

$$\delta(\bar{\omega})=(e_1+1)\cdots(e_k+1)$$

我们有

$$\mathbb{E}_{\mathcal{P}_n}(\delta)=\frac{[z^n]\prod_{j\geqslant 1}(1+2z^j+3z^{2j}+\cdots)}{[z^n]\prod_{j\geqslant 1}(1+z^j+z^{2j}+\cdots)}=\frac{[z^n]P\ (z)^2}{[z^n]P(z)}$$

因此，$\mathcal{P}_n$上的δ 的平均值恰好是$n+1$．这一估计和$\mathbb{Z}$上的多项式因式分解有关，由于它给出了为将分解从$\mathbb{F}_p(X)$ 上提升到$\mathbb{Z}(X)$ 上去所需要考虑的不可约因子数的组合的上限；见文献[379，599]．◀

▶ **Ⅶ．3**　***找出不可约多项式的代价***．假设给出了一个为检验一个随机的n次多项式是否是不可约的期盼时间$t(n)$，那么就要取$\sim nt(n)$ 的期盼时间去找出一个随机的 n 次的不可约多项式：我们随机地抽取一个多项式并验证它是否是不可约的（验证不可约性可以通过开发多项式因式分解的算法来实现，这种算法一旦找到非平凡因式就会停止．对此策略的详细分析可见 Panario 等

人的著作[468,469].) ◀

指数－对数结构的表示. 在指数－对数的条件下,也可能去分析结构的表示,即分析对固定的r,容量为r的成分的数目. 参数ν的Poisson分布(附录C.4:特殊分布)是刻画离散随机变量Y的一种规律,它要求

$$\mathbb{E}(u^Y)=e^{-v(1-u)},\mathbb{P}(Y=k)=\frac{e^{-v}v^k}{k!}$$

称随机变量Y是参数为(m,α)的非负的二项式分布的如果它的概率生成函数和它的概率分布满足

$$\mathbb{E}(u^Y)=\left(\frac{1-\alpha}{1-\alpha u}\right)^m,\ \mathbb{P}(Y=k)=\binom{m+k-1}{k}\alpha^k(1-\alpha)^m$$

(数量$\mathbb{P}(Y=k)$是独立序列中第m次成功并以后在$m+k$时刻以概率α产生一次个别的成功的概率;见文献[206]165页和附录C.4:特殊分布.)

命题 Ⅶ.1　指数－对数结构的表示. 假设定理Ⅶ.1的条件成立,并设$X^{(r)}$是一个$\mathcal{F}$－对象中容量为r的$\mathcal{G}$－成分的数量,则在有标记的情况下,$X^{(r)}$具有Poisson类型的极限分布:对任意固定的k,成立

$$\lim_{n\to\infty}\mathbb{P}_{\mathcal{F}_n}(X^{(r)}=k)=\frac{e^{-v}v^k}{k!},v=g_r\rho^r,g_r=[z^r]G(z) \tag{17}$$

在无标记的情况下,$X^{(r)}$具有非负的二项式类型的极限分布:对任意固定的k,成立

$$\lim_{n\to\infty}\mathbb{P}_{\mathcal{F}_n}(X^{(r)}=k)=\binom{G_r+k-1}{k}\alpha^k(1-\alpha)^{G_r},\alpha=\rho^r,G_r\equiv[z^r]G(z) \tag{18}$$

证明　在有标记情况下,$\mathcal{F}$的用u标记了r－成分数量的$X^{(r)}$的BGF是

$$F(z,u)=\exp((u-1)g_rz^r)F(z)$$

提取u^k的系数就有

$$\phi_k(z):=[u^k]F(z,u)=\exp(-g_rz^r)\frac{(g_rz^r)^k}{k!}F(z)$$

由于前因子(一个乘以多项式的指数)是整函数,所以$\phi_k(z)$的奇点类型就是$F(z)$的奇点类型,因此可以直接应用奇点分析. 作为这个分析的一个结论,我们求出

$$[z^n]\phi_k(z)\sim\exp(-g_rz^r)\frac{(g_rz^r)^k}{k!}([z^n]F(z))$$

这就证明了$X^{(r)}$的分布具有(17)中的形式.

在无标记的情况下,开始的BGF的方程是

$$F(z,u)=\left(\frac{1-z^r}{1-uz^r}\right)F(z)$$

而分析中的推理类似于有标记的情况.

我们将在例 Ⅸ.23 中验证概率生成函数的连续性定理时重新讨论命题 Ⅶ.1. 它的无标记版本包括的内容,特别是有限域上的多项式方面的相关结果可见文献[236,372].

▶Ⅶ.4 ***平均的表示***. $X^{(r)}$ 的平均值在有标记的情况下和无标记的情况下(多重集)分别满足

$$\mathbb{E}_{\mathcal{F}_n}(X^{(r)})\sim g_r\rho^r,\mathbb{E}_{\mathcal{F}_n}(X^{(r)})\sim G_r\frac{\rho^r}{1-\rho^r}$$

特别,基域$\mathbb{F}_p$中在$\mathbb{F}_p$上的随机多项式的根的平均数渐近于$\frac{p}{p-1}$. 还有,在此基域中没有根的多项式的概率渐近于$\left(1-\frac{1}{p}\right)^p$. (对于具有实系数的随机多项式,Kac(1943) 的著名结果断言实根的数目的平均值 $\sim\frac{2}{\pi}\log n$, 见文献[185].) ◀

▶Ⅶ.5 ***幂集的表示***. 对无标记的幂集的情况,$\mathcal{F}=\mathrm{PSET}(\mathcal{G})$(允许不重复的元素),$X^{(r)}$ 的分布满足

$$\lim_{n\to\infty}\mathbb{P}_{\mathcal{F}_n}(X^{(r)}=k)=\binom{G_r}{k}\alpha^k(1-\alpha)^{G_r-k},\alpha=\frac{\rho^r}{1+\rho^r}$$

即分布的极限满足二项式规律,其参数为$\left(G_r,\frac{\rho^r}{1+\rho^r}\right)$. ◀

Ⅶ.3 树的简单族和反函数

这一章中的统一主题是由对允许的结点度数有限制的集合确定的有根树的枚举(Ⅰ.5 节和 Ⅱ.5 节). 有些集合$\Omega\subset\mathbb{Z}_{\geqslant 0}$含有0(叶子)和至少另一个数字$d\geqslant 2$(为避免平凡情况)是固定的;在所考虑的树中,所有结点的外度数都限于属于Ω中. 对应于由无标记/有标记,非平面/平面组合而成的四种情况,有四种类型的函数方程,这些方程总结在图 Ⅶ.4 中. 这四种情况中的三种,即

无标记的平面树,有标记的平面树和有标记的非平面树

的生成函数(对无标记的树是 OGF,对有标记的树是 EGF) 都满足一个形如

$$y(z)=z\phi(y(z)) \tag{19}$$

的函数方程.按照早先的约定(Ⅲ.6.2),我们将把 GF 满足形如(19)的函数方程的树的族称为树的简单族.(无标记的非平面树的外度数有限制的 OGF 所满足的函数方程将进一步涉及 Pólya 算子 Φ,这蕴含其中存在形如 $y(z^2),y(z^3),\cdots$ 类型的项;这种情况将在下面的 Ⅶ.5 节中讨论.)

	平面	非平面
无标记(OGF)	$\mathcal{V}=\mathcal{Z}\times\mathrm{SEQ}_\Omega(\mathcal{V})$ $\mathcal{V}(z)=z\phi(V(z))$ $\phi(u):=\sum_{\omega\in\Omega}u^\omega$	$\mathcal{V}=\mathcal{Z}\times\mathrm{MSET}_\Omega(\mathcal{V})$ $\mathcal{V}(z)=z\Phi(V(z))$ (Φ 是一个 Pólya 算子)
有标记(EGF)	$\mathcal{V}=\mathcal{Z}*\mathrm{SEQ}_\Omega(\mathcal{V})$ $\hat{V}(z)=z\phi(\hat{V}(z))$ $\phi(u):=\sum_{\omega\in\Omega}u^\omega$	$\mathcal{V}=\mathcal{Z}*\mathrm{SET}_\Omega(\mathcal{V})$ $\hat{V}(z)=z\phi(\hat{V}(z))$ $\phi(u):=\sum_{\omega\in\Omega}\frac{u^\omega}{\omega!}$

图 Ⅶ.4　度数有限制的树的族的(OGF $V(z)$ 或 EGF $\hat{V}(z)$ 所满足的)函数方程

关系式 $y=z\phi(y)$ 已经在 Ⅵ.7 节中从奇点分析的角度研究过.为方便起见,我们将其封装成一个那一部分的主要定理,即定理 Ⅵ.6 的条件的定义.

定义 Ⅶ.3　设 $y(z)$ 是一个在零点解析的函数. 称它是属于光滑的可逆类的,如果存在零点解析的函数 ϕ,使得在零点的邻域内有

$$y(z)=z\phi(y(z))$$

并且 $\phi(u)$ 满足以下条件:

(H1) 函数 $\phi(u)$ 使得

$$\phi(0)\neq 0,[u^n]\phi(u)\geqslant 0,\phi(u)\neq\phi_0+\phi_1 u \tag{20}$$

(H2) ϕ 在零点处的收敛的开圆盘 $|z|<R$ 中,使得特征方程

$$\phi(\tau)-\tau\phi'(\tau)=0,0<\tau<R \tag{21}$$

存在一个(唯一的)正解.

生成函数 $y(z)$ 满足以上条件的组合类$\mathcal{Y}$也称为是属于光滑的可逆类的.

称一个光滑的可逆类是非周期的,如果 $\phi(u)$ 是 u 的非周期函数(定义 Ⅳ.5).

Ⅶ.3.1　渐近计数. 正如我们在第 Ⅳ 和第 Ⅵ 章中的一般背景下所看见的那样,当函数的一阶导数变为 0 时,我们就无法保证反函数的解析性了.事情的本质是,在对应于 $z=\frac{\tau}{\phi(\tau)}$($y(z)$ 在 0 处的收敛半径)的失效点 $y=\tau$ 处,依赖关

系 $y\mapsto z$ 成为二次的，因此它的逆 $z\mapsto y$ 产生平方根奇点(因此特征方程也产生). 由此就产生了系数渐近中的典型的 $n^{-\frac{3}{2}}$ 型结果(定理 Ⅵ.6). 由于我们在这一章的需要，我们将定理 Ⅵ.6 重述如下.

定理 Ⅶ.2 设 $y(z)$ 属于非周期的光滑可逆函数类，τ 是特征方程 $\rho=\dfrac{\tau}{\phi(\tau)}$ 的正根，则我们有

$$[z^n]y(z)=\sqrt{\frac{\phi(\tau)}{2\phi''(\tau)}}\frac{\rho^{-n}}{\sqrt{\pi n^3}}\left[1+O\left(\frac{1}{n}\right)\right]$$

正像我们在定理 Ⅵ.6 中看到的那样，存在一个完全的(并且是局部收敛的) 关于 $\sqrt{1-\dfrac{z}{\rho}}$ 的幂的展开式，其开头的项是

$$y(z)=\tau-\gamma\sqrt{1-\frac{z}{\rho}}+O\left(1-\frac{z}{\rho}\right),\gamma:=\sqrt{\frac{2\phi(\tau)}{\phi''(\tau)}} \tag{22}$$

上式蕴含 $y_n=[z^n]y(z)$ 的完全展开式是 $\dfrac{1}{\sqrt{n}}$ 的奇次幂表达式(这个叙述可推广到 ϕ 具有周期 p 的情况，只须加上一个必要条件 $n\equiv 1(\bmod p)$.).

我们已经看见，这一框架包括了二叉树，一叉—二叉树，一般的 Catalan 树以及 Cayley 树(图 Ⅵ.10)，下面是另一种类型的典型应用.

例 Ⅶ.5 **手机.** 按照 Bergeron，Labelle 和 Leroux 的定义(见文献[50]240页)，一个手机是一个(有标记的) 树，其中悬挂在根处的子树构成一个轮换移位：

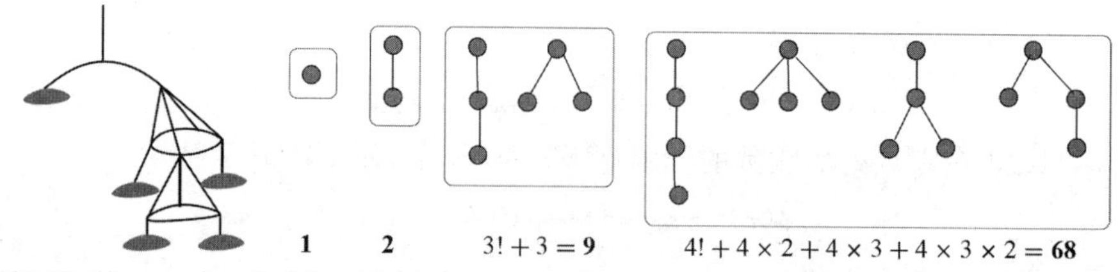

(想想 Alexander Calder 的创造.)EGF 方程的表示是

$$\mathcal{M}=\mathcal{Z}\star(\mathbf{1}+\mathrm{CYC}\,\mathcal{M})\Rightarrow M(z)=z\left(1+\log\frac{1}{1-M(z)}\right)$$

(根据定义，轮换至少有一个分量，因此必须添加中性结构以便允许叶片产生.)EGF 的开头几项是

$$M(z)=z+2\frac{z^2}{2!}+9\frac{z^3}{3!}+68\frac{z^4}{4!}+730\frac{z^5}{5!}+\cdots$$

其系数构成 EIS A038037.

验证定理条件的验证是立即可得的. 我们有 $\phi(u)=1+\log\frac{1}{1-u}$,其收敛半径为 1. 特征方程式是

$$1+\log\frac{1}{1-\tau}-\frac{\tau}{1-\tau}=0$$

它有一个唯一的正根 $\tau\doteq 0.682\ 15$(事实上,我们有 $\tau=1-\frac{1}{T(e^{-2})}$,其中 T 是 Cayley 树函数.). 收敛半径是 $\rho\equiv\frac{1}{\phi'(\tau)}=1-\tau$. 因而手机数目的渐近公式就得出来了,这个公式是

$$\frac{1}{n!}M_n\sim C\cdot A^n n^{-\frac{3}{2}},\text{其中 } C\doteq 0.185\ 76, A\doteq 3.144\ 61$$

(本例引自文献[50]261 页,但做了更正.)

▶ Ⅶ.6 ***结点的度数是素数的树***. 设$\mathcal{P}$是所有无标记的内部结点的外度数属于素数的集合{2,3,5,…} 的平面树的类. 我们有

$$P(z)=z+z^3+z^4+2z^5+6z^6+8z^7+29z^8+50z^9+\cdots$$

以及 $P_n\sim CA^n n^{-\frac{3}{2}}$,其中 $A\doteq 2.792\ 568\ 467\ 6$. 渐近形式"忘记"了许多关于素数分布的细节,这使得它可以得到很高的精确度.(对比例 Ⅴ.2 和注记Ⅶ.24.) ◀

Ⅶ.3.2 基本的树的参数. 在这一小节中,我们考虑树的简单族$\mathcal{V}$,它的生成函数(根据情况而定为 OGF 或 EGF)$y(z)$,满足可逆关系 $y=z\phi(y)$. 为了把所有的情况放在一个单独的框架中,我们记 $y_n=[z^n]y(z)$,因此容量为 n 的树的数目表示 $V_n=y_n$(无标记的情况) 或 $V_n=n!\ y_n$(有标记的情况). 我们设 $y(z)$ 属于光滑的可逆函数类,并且是非周期的.

正如在第 Ⅲ 章(Ⅲ.5 节) 中已经多次看到的那样,加性参数导致产生可用基本的树的生成函数 $y(z)$ 表出的生成函数. 因此然后可以进行奇点分析,那种生成函数可以系统地探索,用相对容易的方法对大容量的树得出丰富的渐近估计. 满足由定义 Ⅶ.3 中的光滑性假设的树的族中平方根奇点的普适性因而就蕴含了许多树的参数的普适行为,我们现在列举如下.

(ⅰ) **结点的度数**. 大型的随机树的根的度平均说来以高概率渐近于$O(1)$,其渐近分布可以按常规确定(例 Ⅶ.6). 类似的性质适用于随机树中随机结点的度(例 Ⅶ.8).

(ⅱ) **树叶的表示也可以确定**. 我们感兴趣的量是从随机树中的根开始的第 k 层中的结点数的平均值. 例如已经有人验证过,在根的附近,简单族中的树

往往会线性地生长(例 Ⅶ.7),这与其他随机树模型形成鲜明的对比(例如,Ⅶ.9.2 节中的增加的树),其增长的速率是指数式的.这个性质是很瘦的,形状极不均匀的简单族中的树的众多指标之一.相关的性质是路径的长度平均为 $O(n\sqrt{n})$(例 Ⅶ.9),这意味着随机树中的随机结点的典型深度是 $O(\sqrt{n})$.

这些基本性质只是冰山之一角.的确,Meir 和 Moon 在他们关于树的简单族的开创性研究中(他们的论文[435]可以作为一个很好的起点)采用类似于本书中的策略[①]已经完成了几十个树的参数的分析.我们将在第 Ⅸ 章中回到满足光滑的可逆函数类的树的简单族的概率性质 —— 我们在此仅举出高度已按习惯的比例变换为$\sqrt{n}$ 的尺度并且具有极限为 θ - 分布的树为例(对 Catalan 树的情况见命题 Ⅴ.4,对一般的树见 Ⅶ.10.2 节),类似的性质,如 Odlyzko-Wilf 和 Chassaing-Marckert-Yor 在文献[112,463]中所示对于宽度也成立.

例 Ⅶ.6　简单族中的根的度.这是奇点分析的一个直接的应用,一个合成类型的推理方法的例子.设$\mathcal{V}$表示一个无标记的简单族,其 OGF 是$\mathcal{V}(z)\equiv y(z)$.设$\mathcal{V}^{[k]}$是$\mathcal{V}$的由所有的根的度数等于 k 的树组成的子集.由于一颗 $V^{[k]}$ 中的树是通过将根附加到 k 个树的集合而形成的,因此我们有

$$V^{[k]}(z)=\phi_k z y\,(z)^k,\phi_k:=[w^k]\phi(w)$$

对任意固定的 k,奇点展开式是将(22) 中的两个成员换成 k 次幂而得出的;特别,我们有

$$V^{[k]}(z)=\phi_k z\left[\tau^k-k\gamma\tau^{k-1}\sqrt{1-\frac{z}{\rho}}+O\left(1-\frac{z}{\rho}\right)\right] \tag{23}$$

将上式与基本估计式(22)进行比较:那么由于比例$\frac{V_n^{[k]}}{V_n}$渐近于对应的生成函数 $V^{[k]}(z)$ 和 $V(z)\equiv y(z)$ 中$\sqrt{1-\frac{z}{\rho}}$ 的系数的比,因此,对于任何固定的 k,我们就求出

$$\frac{V_n^{[k]}}{V_n}=\rho k\phi_k\tau^{k-1}+O\left(\frac{1}{\sqrt{n}}\right) \tag{24}$$

(通过进一步进行展开,可以将误差项加强为 $O\left(\frac{1}{n}\right)$.)

比$\frac{V_n^{[k]}}{V_n}$是容量为 n 的随机树的根具有度树等于 k 的概率.由于 $\rho=\frac{1}{\phi'(\tau)}$,我

---

① 主要的区别在于 Meir 和 Moon 更钟爱用 Ⅵ.11 节中讨论的 Darboux-Pólya 方法而不是奇点分析.

们可以把(24) 改写成：在光滑的树的简单族中，表示根的度的随机变量 Δ 具有由下式给出的离散极限分布

$$\lim_{n\to\infty}\mathbb{P}_{\mathcal{V}_n}(\Delta=k)=\frac{k\phi_k\tau^{k-1}}{\phi'(\tau)} \tag{25}$$

(按照第 Ⅸ 章中阐述的一般原理，收敛是一致的.) 因此，极限律中的概率生成函数(PGF) 具有如下的简单的表达式

$$\mathbb{E}_{\mathcal{V}_n}(u^{\Delta})=\frac{u\phi'(\tau u)}{\phi'(\tau)}$$

因此，这一分布的特征就是它的 PGF 是基本树得结构函数 $\phi(w)$ 的导数的尺度变换. 在图 Ⅶ.5 中总结了这个性质以及它在 4 个方向上的特殊化的性质.

树	$\phi(w)$	τ,ρ	根的度数的 PGF	类型
树的简单族			$\frac{u\phi'(\tau u)}{\phi'(\tau)}$	
二叉树	$(1+w)^2$	$1,\frac{1}{4}$	$\frac{1}{2}u+\frac{1}{2}u^2$	Bernoulli
一叉－二叉树	$1+w+w^2$	$1,\frac{1}{3}$	$\frac{1}{3}u+\frac{2}{3}u^2$	Bernoulli
一般的树	$\frac{1}{1-w}$	$\frac{1}{2},\frac{1}{4}$	$\frac{u}{(2-u)^2}$	两个几何级数之和
Catalan 树	e^w	$1,\frac{1}{\mathrm{e}}$	$u\mathrm{e}^{u-1}$	平移的 Poisson

图 Ⅶ.5　属于光滑可逆类的树的简单族中的树的根的度数的分布

加性泛函. 奇点分析可以应用到树的很多加性参数上. 考虑三个树的参数 ξ,η,σ，它们都满足如下的基本关系

$$\xi(t)=\eta(t)+\sum_{j=1}^{\deg(t)}\sigma(t_j) \tag{26}$$

上式可以看成是用一个更简单的参数 $\eta(t)$(一种“通行费”，见 Ⅵ.10.3 节.) 和 t 个根子树上的 σ 的值的和来定义 $\xi(t)$(其中求和中用 $\deg(t)$ 表示根的度数，用 t_j 表示 t 的第 j 个根子树.). 在递归参数的情况中，$\xi\equiv\sigma$. 展开递归关系表明 $\xi(t):=\sum_{s\leq t}\eta(s)$，其中的求和扩展到 t 的所有的子树. 由于我们对平均情况的分析感兴趣，所以我们现在引入累积的 GF. 为简单起见，我们再次假设讨论的是无标记的树的族

$$\Xi(z)=\sum_t \xi(t)z^{[t]},H(z)=\sum_t \eta(t)z^{[t]},\Sigma(z)=\sum_t \sigma(t)z^{[t]} \tag{27}$$

我们首先叙述一个简单的代数结果,它形式化了 Ⅲ.5 节中的几个专用于递归树参数的计算.

引理 Ⅶ.1　树的迭代引理.对于具有满足加法关系(26) 的 GF $y(z)$ 的简单族的树参数而言,(27) 中的累积生成函数具有以下关系

$$\Xi(z)=H(z)+z\phi'(y(z))\Sigma(z) \tag{28}$$

特别,如果 ξ 是用 η 递归地定义的,即当 $\sigma\equiv\xi$ 时,我们就有

$$\Xi(z)=\frac{H(z)}{1-z\phi'(y(z))}=\frac{zy'(z)}{y(z)}H(z) \tag{29}$$

证明　我们有

$$\Xi(z)=H(z)+\widetilde{\Xi}(z)$$

其中

$$\widetilde{\Xi}(z):=\sum_{t\in\mathcal{V}}\left(z^{[t]}\sum_{j=1}^{\deg(t)}\sigma(t_j)\right)$$

按照根的度的值 r 把 $\widetilde{\Xi}(z)$ 分开,就得到

$$\begin{aligned}\widetilde{\Xi}(z)&=\sum_{r\geqslant 0}\phi_r z^{1+[t_1]+\cdots+[t_r]}(\sigma(t_1)+\sigma(t_2)+\cdots+\sigma(t_r))\\&=z\sum_{r\geqslant 0}\phi_r(\Sigma(z)y(z)^{r-1}+y(z)\Sigma(z)y(z)^{r-2}+\cdots+y(z)^{r-1}\Sigma(z))\\&=z\Sigma(z)\cdot\sum_{r\geqslant 0}(r\phi_r y(z)^{r-1})\end{aligned}$$

这就得出了(28) 中的线性关系式 Ξ.

在递归情况下,Ξ 是由一个线性方程确定的,即有 $\Xi(z)=H(z)+z\phi'(y(z))\Xi(z)$,从中解出 $\Xi(z)$ 就得出了(29) 中的第一个式子,微分基本关系 $y=z\phi(y)$ 就得出恒等式

$$y'(1-z\phi'(y))=\phi(y)=\frac{y}{z},\ 1-z\phi'(y)=\frac{y}{zy'}$$

由此就得出第二个式子.

▶Ⅶ.7　***符号推导***.对于递归的参数,我们可以将 $\Xi(z)$ 看成一颗对子树附加了一个权 η 的树的 GF.那么(29) 就可以解释成:指定$\mathcal{V}$中的树的一个任意的结点(GF 是 $zy'(z)$),去掉附加到这个结点的树(一个 $y(z)^{-1}$ 的因子),并用一颗相同的但现在赋予了权 η 的树(GF 是 $H(z)$).◀

▶Ⅶ.8　***有标记的族***.公式(28) 和(29) 逐字逐句地适用于有标记的树(平面的或非平面类型的),只要我们将 $y(z)$,$\Xi(z)$,$H(z)$ 解释成 EGF:$\Xi(z):=$

$\sum_{v\in\mathcal{V}}\frac{\xi(t)z^{[t]}}{[t]!}$ 即可,其他依此类推. ◀

例 Ⅶ.7 简单族中平均层次的表示. 我们在这个例子中提出的问题是确定容量 n 很大的随机树的第 k 层(即,距根的距离为 k)的结点的平均数目.(各个层的结点的数目以及它们的分布的显式表达式已在 Ⅲ.6.2 小节中得出过,但是这种多变量的表示有点难以渐近地解释.)

设 $\xi_k(t)$ 是树 t 的第 k 层的结点的数目.定义累计值的生成函数如下

$$X_k(z):=\sum_{v\in\mathcal{V}}\xi_k(t)z^{[t]}$$

由于每棵树有唯一的根,所以显然有 $X_0(z)\equiv y(z)$.因而,由于参数 ξ_k 是子树的参数 ξ_{k-1} 的和,(28) 就精确地包括了我们现在所讨论的情况,其中 $\eta(t)\equiv 0$.现在就立即可以解出递推关系式 $X_k(z)=z\phi'(y(z))\Xi_{k-1}(z)$,这就得出

$$X_k(z)=(z\phi'(y(z)))^k y(z) \tag{30}$$

利用 ϕ' 在 τ 处的(解析) 展开式,即

$$\phi'(y)\sim\phi'(\tau)+\phi''(\tau)(y-\tau) \text{ 和 } \rho\phi'(\tau)=1$$

我们就得出,对任意固定的 k 有

$$X_k(z)\sim\left(1-k\gamma\rho\phi''(\tau)\sqrt{1-\frac{z}{\rho}}\right)\left(\tau-\gamma\sqrt{1-\frac{z}{\rho}}\right)$$

$$\sim\tau-\gamma(\tau\rho\phi''(\tau)k+1)\sqrt{1-\frac{z}{\rho}}$$

因此,比较 $X_k(z)$ 的奇点部分和 $y(z)$ 的奇点部分,我们就求出:对于固定的 k,均值树中第 k 层结点的平均数目的渐近形式为

$$\mathbb{E}_{\mathcal{V}_n}[\xi_k]\sim Ak+1, A:=\tau\rho\phi''(\tau)$$

这个结果是由 Meir 和 Moon 首先在文献[435] 中给出的.一个引人注目的事实是,尽管第 k 层的结点数目在每一层至少可以加倍,但其增长平均来说只是线性的.用形象的比喻描述就是紧邻根的区域就像一个"锥形",而简单族中的树在趋向其根部时显得相当瘦.

当与鞍点的界结合使用时,GF 的精确表达式(30) 额外给出了树的高度的概率上界的形式为 $O(n^{\frac{1}{2}+\delta})$,其中 $\delta>0$ 是一个任意的正数.实际上,把 z 限制在区间$(0,\rho)$ 上并假设 $k=n^{\frac{1}{2}+\delta}$,再设χ 是高度参数,那么首先我们就有

$$\mathbb{P}_{\mathcal{V}_n}(\chi\geqslant k)\equiv\mathbb{E}_{\mathcal{V}_n}([[\xi_k\geqslant 1]])\leqslant\mathbb{E}_{\mathcal{V}_n}(\xi_k) \tag{31}$$

然后,由鞍点的界,对任何合法的正的 x(即 $0<x<R_{\mathrm{conv}}(\phi)$(表示 ϕ 的收敛半径)) 就有

$$\mathbb{E}_{\nu_n}(\xi_k) \leqslant (x\phi'(y(x)))^k y(x) x^{-n} \leqslant \tau (x\phi'(y(x)))^k x^{-n} \tag{32}$$

现在，固定 $x = \rho - \frac{n^\delta}{n}$，那么局部的展开式就表明

$$\log((x\phi'(y(x)))^k x^{-n}) \leqslant -Kn^{\frac{3\delta}{2}} + O(n^\delta) \tag{33}$$

其中 K 是一个正常数. 因此，由(31) 和(33) 可知：在光滑的树的简单族中，高度超过 $n^{\frac{1}{2}+\delta}$ 的概率是指数小的，粗略的形式是 $\exp(-n^{\frac{3\delta}{2}})$. 因此，对任何 $\delta > 0$，平均高度是 $O(n^{\frac{1}{2}+\delta})$. 文献[246] 给出了高度的矩的特征：平均值渐近于 $\lambda\sqrt{n}$，极限分布为例 Ⅴ.8 中遇到的 θ 类型，在一般的 Catalan 树的特殊情况下可以给出显式的表达式.（文献[230] 中给出了进一步的局部限制和大偏差估计；我们将在 Ⅶ.10.1 小节中回到树的高度的主题.）

图 Ⅶ.6 中显示了三个容量为 $n = 500$ 的随机树.

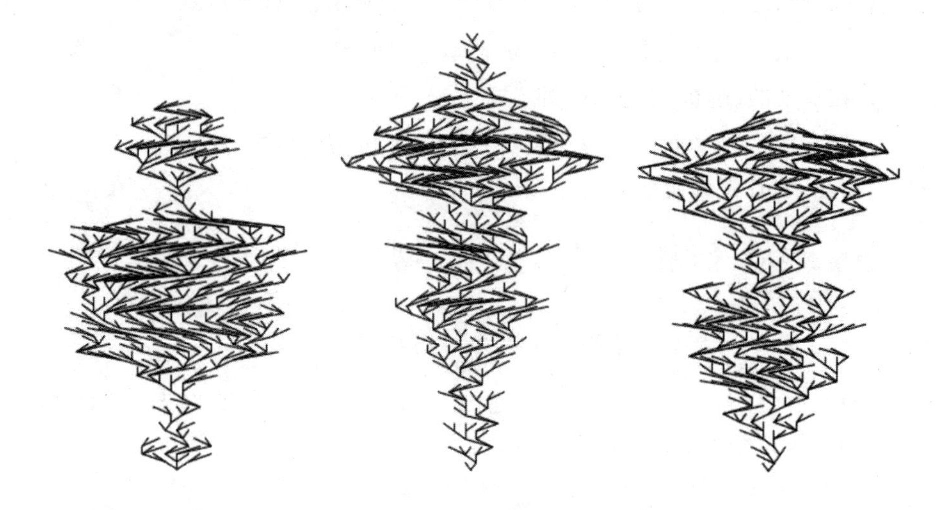

图 Ⅶ.6　三颗容量为 500 的随机的 2－3 叉树($\Omega = \{0,2,3\}$)，其高度分别为 48，57，47，符合高度的典型的阶是 $O(\sqrt{n})$ 这一事实

▶**Ⅶ.9　层次表示的方差.** 根据第 Ⅲ 章的结果，用 u 标记了第 k 层的结点数目的树的 BGF 用有一个明确的表达式. 例如对于 $k = 3$，这个表达式是 $z\phi(z\phi(z\phi(uy(z))))$. 二次微分后再奇点分析表明

$$\mathbb{V}_{\nu_n}[\xi_k] \sim \frac{1}{2}A^2k^2 - \frac{1}{2}A(3-4A)k + \tau A - 1$$

这是 Meir 和 Moon 在文献[435] 中的另一个结果. 文献[435] 精确分析了平均值和方差中的使得 k 与$\sqrt{n}$ 成正比的有趣区域，但它需要鞍点法(第 Ⅷ 章) 或对定理 Ⅸ.16 的奇点分析技巧的巧妙应用. ◀

例 Ⅶ.8　平均度的表示. 设 $\xi(t) \equiv \xi_k(t)$ 是某个族$\mathcal{V}$中的树的度数等于 k 的结点的数目. 对它的分析扩展了之前看到的对根的度数所做的分析. 参数 ξ 是由基本参数 $\eta(t) \equiv \eta_k(t)$ 引出的加性函数,其中 $\eta_k(t) := [[\deg(t)=k]]$. 通过对根的度数的分析,我们已经得到与 η 相关的累积值的 GF

$$H(z) = \phi_k zy\ (z)^k, \phi_k := [w^k]\phi(w)$$

因此根据基本公式(29) 就有

$$X(z) = \phi_k zy\ (z)^k \frac{zy'(z)}{y(z)} = z^2 \phi_k y\ (z)^{k-1} y'(z)$$

$zy'(z)$ 的奇点展开式可通过微分 $y(z)$ 而得出(定理 Ⅵ.8)

$$zy'(z) = \frac{1}{2}\gamma \frac{1}{\sqrt{1-\frac{z}{\rho}}} + O(1)$$

对应地有系数满足$[z^n](zy') = ny_n$. 这就立刻给出了 X 的奇点类型,即反平方根形式,因而

$$X(z) \sim \rho\phi_k\tau^{k-1}(zy'(z))$$

上式蕴含($\rho = \frac{\tau}{\phi(\tau)}$)

$$\frac{X_n}{ny_n} \sim \frac{\phi_k\tau^k}{\phi(\tau)}$$

因此我们有

命题 Ⅶ.2　对光滑的树的简单族,度数等于k的结点数目的平均数渐近于 $\lambda_k n$,其中 $\lambda_k := \frac{\phi_k\tau^k}{\phi(\tau)}$. 等价的,容量为 n 的随机树中的随机的结点的度数的分布 Δ^* 满足

$$\lim_{n\to\infty} \mathbb{P}_n(\Delta^*) = \lambda_k \equiv \frac{\phi_k\tau^l}{\phi(\tau)}, \mathrm{PGF}: \sum_k \lambda_k u^k = \frac{\phi(u\tau)}{\phi(\tau)}$$

对一般的树的族,这给出:

树	$\phi(w)$	τ,ρ	概率分布	类型
二叉树	$(1+w)^2$	$1,\frac{1}{4}$	PGF: $\frac{1}{4}+\frac{1}{2}u+\frac{1}{4}u^2$	Bernoulli
一叉－二叉树	$1+w+w^2$	$1,\frac{1}{3}$	PGF: $\frac{1}{3}+\frac{1}{3}u+\frac{1}{3}u^2$	Bernoulli
一般的树	$\frac{1}{1-w}$	$\frac{1}{2},\frac{1}{4}$	PGF: $\frac{1}{2-u}$	Cayley 几何级数
Cayley 树	e^w	$1,\frac{1}{e}$	PGF: e^{u-1}	Poisson

例如，渐近的，一般的Catalan树平均有$\frac{n}{2}$片叶子，$\frac{n}{4}$个度数等于1的结点，$\frac{n}{8}$个度数等于2的结点，依此类推；Cayley树有$\sim \frac{n}{k!\ \mathrm{e}}$个$k$度的结点；对于二叉的(Catalan)树，四种可能的结点类型各自以频率1/4渐近地出现.（这些数据与$\mathcal{V}_n$下的随机树的分布像分支过程的树的分布一样这一事实相符合，这一分布由PGF $\frac{\phi(u\tau)}{\phi(\tau)}$确定；见Ⅲ.6.2小节.）

▶Ⅶ.10　方差. K－层结点的数目的方差$\sim vn$，因此对于固定的k，这种类型的结点数目的分布是集中的.出发点是由

$$Y(z,u)=z(\phi(Y(z,u))+\phi_k(u-1)Y(z,u)^k)$$

隐式地定义了BGF，对其两次求导，再令$u=1$，最后对由此得出的GF实行奇点分析.

◀

▶Ⅶ.11　随机结点的母亲. 根的度数和随机结点的度之间的分布上的不一致是值得解释的.在一棵随机树中随便拣出一个和根不同的结点，看看它的母亲的度.规律的PGF在极限$\frac{u\phi'(u\tau)}{\phi'(\tau)}$中.因此，根的度渐近地和任何不是根的结点的母亲的度相同.

更一般的，设X具有分布$p_k:=\mathbb{P}(X=k)$.构造一个随机变量Y.使得概率$q_k:=\mathbb{P}(Y=k)$与k和p_k都成比例.那么对于相关的PGF，关系式$q(u)=\frac{p'(u)}{p'(1)}$成立.我们把这说成是Y的规律是X的规律的容量有偏的版本.这里，是根据母亲与和她成比例的度的重要性选中的.从这个角度来看，Eve正像一个随意的母亲.

◀

例Ⅶ.9　路径的长度. 一棵树的路径的长度是所有的结点到根的距离之和.它可以由下式递归地定义

$$\xi(t)=|t|-1+\sum_{j=1}^{\deg(t)}\xi(t_j)$$

（例Ⅲ.15和Ⅵ.10.3小节）.在树的加性函数的框架(28)中，我们有$\eta(t)=|t|-1$对应于累计值得GF $H(z)=zy'(z)-y(z)$，而基本关系式(29)就成为

$$X(z)=(zy'(z)-y(z))\frac{zy'(z)}{y(z)}=\frac{z^2y'(z)^2}{y(z)}-zy'(z)$$

$y'(z)$在其奇点处的类型是$Z^{-\frac{1}{2}}$，其中$Z:=1-\frac{z}{\rho}$.关于$X(z)$的公式涉及y'的

平方,因此 $X(z)$ 的奇点是 Z^{-1} 型的,类似于简单的极点.这表示累积值 $X_n=[z^n]X(z)$ 像 ρ^{-n} 一样增长,因此 ξ 的平均值与$\mathcal{V}_n$之比的增长的阶是 $n^{\frac{3}{2}}$.解出常数后,我们求出

$$X(z)+zy'(z)\sim\frac{\gamma^2}{4\tau}\frac{1}{Z}+O(Z^{-\frac{1}{2}})$$

作为一个推论,我们有

命题 Ⅶ.3 在光滑简单族中的一颗随机的容量为n的树中,路径长度的期望满足

$$\mathbb{E}_{\mathcal{V}_n}(\xi)=\lambda\sqrt{\pi n^3}+O(n),\lambda:=\sqrt{\frac{\phi(\tau)}{2\tau^2\phi''(\tau)}} \tag{34}$$

对我们的经典的族,式(34) 中主项因而是

二叉树	一叉-二叉树	一般的树	Cayley 树
$\sim\sqrt{\pi n^3}$	$\sim\frac{1}{2}\sqrt{3\pi n^3}$	$\sim\frac{1}{2}\sqrt{\pi n^3}$	$\sim\sqrt{\frac{1}{2}\pi n^3}$

观察表示随机树中随机结点的预期深度的数量$\frac{1}{n}\mathbb{E}_{\mathcal{V}_n}(\xi)$(模型是$[1,\cdots,n]\times\mathcal{V}_n$),因此它的阶$\sim\lambda\sqrt{n}$.(这个结果和树的高度的阶高概率的为$O(\sqrt{n})$这一事实一致.)

▶ **Ⅶ.12 路径长度的方差**.可以从由差分类型的函数方程(见第 Ⅲ 章)给出的双变量生成函数开始分析路径长度.这允许计算更高的矩.可以求出标准差渐近于 $\Lambda_2 n^{\frac{3}{2}}$,其中 $\Lambda_2>0$ 是某个可计算常数,因此分布是分散的.Louchard 的文献[416] 和 Takács 的文献[566] 另外得出了所有的矩的渐近形式,这导致了路径长度极限定律的特征,它可以用 Airy 函数的术语加以描述:见 Ⅶ.10.1 小节. ◀

Ⅶ.13 路径长度的一般化.定义 $\alpha\in\mathbb{R}_{\geqslant 0}$阶的子树的容量指标为 $\xi(t)=\sum_{s\leq t}|s|^{\alpha}$,其中求和遍历 t 的所有的子树 s.这对应了一个用 $\eta(t)=|t|^{\alpha}$ 递归地定义的参数.Ⅵ.10 节中关于 Hadamard 积和多对数的结果使得我们有可能去分析 $H(z)$ 和 $X(z)$ 的奇点.可以发现共有三种不同的模式

$\alpha>\frac{1}{2}$	$\alpha=\frac{1}{2}$	$\alpha<\frac{1}{2}$
$\mathbb{E}_{\mathcal{V}_n}(\xi)\sim K_\alpha n^\alpha$	$\mathbb{E}_{\mathcal{V}_n}(\xi)\sim K_{\frac{1}{2}}n\log n$	$\mathbb{E}_{\mathcal{V}_n}(\xi)\sim K_\alpha n$

其中 K_α 是一个可计算的常数(这推广了 Ⅵ.10.3 小节中关于光滑的树的简单族的结果.).

Ⅶ.3.3　映射. 映射的基本结构(第 Ⅱ 章)

$$\begin{cases}\mathcal{F}=\mathrm{SET}(\mathcal{K})\\ \mathcal{K}=\mathrm{CYC}(\mathcal{T})\\ \mathcal{T}=\mathcal{Z}*\mathrm{SET}(\mathcal{T})\end{cases} \Rightarrow \begin{cases}F=\exp(K)\\ K=\log\dfrac{1}{1-T}\\ T=z\mathrm{e}^{T}\end{cases} \tag{35}$$

建立了 Cayley 树的映射,它适合于光滑的简单族. 这个构造把它自身引向多种扩展上去. 例如,从例 Ⅶ.3 中我们已经知道成分的数量在平均和概率两方面都渐近于$\frac{1}{2}\log n$.

我们看下一个参数χ,它等于循环点的数目. 这个参数给出下面的 BGF

$$F(z,u)=\exp\left(\log\frac{1}{1-uT}\right)=\frac{1}{1-uT}$$

容量为 n 的随机映射中的循环点的平均数,因而是

$$\mu_n\equiv\mathbb{E}_{F_n}[\chi]=\frac{n!}{n^n}[z^n]\left(\frac{\partial}{\partial u}F(z,u)\mid_{i=1}\right)=\frac{n!}{n^n}[z^n]\frac{T}{(1-T)^2} \tag{36}$$

由于

$$\frac{T}{(1-T)^2}\underset{z\to\mathrm{e}^{-1}}{\sim}\frac{1}{2}\frac{1}{1-\mathrm{e}z}\to[z^n]\frac{T}{(1-T)^2}\underset{n\to\infty}{\sim}\frac{1}{2}\mathrm{e}^n$$

所以奇点分析的结果可以立即得出,即容量为 n 的随机映射中的循环点的平均数渐近于$\sqrt{\frac{\pi n}{2}}$.

正如综述[247] 中所示,借助于生成函数,对许多参数都可系统地进行类似的分析. 见图 Ⅶ.7 中的小结,结果的证明我们留给读者作为练习. 左边的表格描述了全局的映射参数;右边的表格是关于随机的 $n-$ 映射中的随机点的性质:λ 是到随机的循环点的距离,μ 是循环点导致的循环的长度,树的容量和成分的容量分别是包含相关点的最大树的容量和它的连通(弱) 的成分的容量. 特别是,容量为 n 的随机映射中相对较少的成分的容量,其中一些成分预计是大容量的.

图 Ⅶ.7 的估计与对图 Ⅶ.8 中容量为 $n=100$ 的单个样本的观察结果完全一致:这个特定的映射有 3 个成分(平均值约为 2.97),10 个循环点(平均值,按式(36) 计算,约 12.20),但是有相当大的直径 ——$\lambda+\mu$ 的最大值,遍历所有的结点 —— 等于 14,以及容量为 75 的巨大成分. 度数分别等于 0,1,2,3,4 的结点

的比例为 39%,33%,21%,7%,1%,与速率 1 的 Poisson 定律给出的渐近值 36.7%,36.7%,18.3%,6.1%,1.5%.进行比较,大致吻合(类似于例 Ⅶ.8 中发现的 Cayley 树的度的曲线).

# 成分	$\sim \frac{1}{2}\log n$	尾长(λ)	$\sim\sqrt{\frac{\pi n}{8}}$
# 循环结点	$\sim\sqrt{\frac{\pi n}{2}}$	循环的长度(μ)	$\sim\sqrt{\frac{\pi n}{8}}$
# 终端结点	$\sim\frac{n}{\mathrm{e}}$	树的容量	$\sim\frac{n}{3}$
# 度数等于 k 的结点	$\sim\frac{n}{k!\ \mathrm{e}^k}$	成分的容量	$\sim\frac{2n}{3}$

图 Ⅶ.7　容量等于 n 的随机映射的主要加性参数的期望

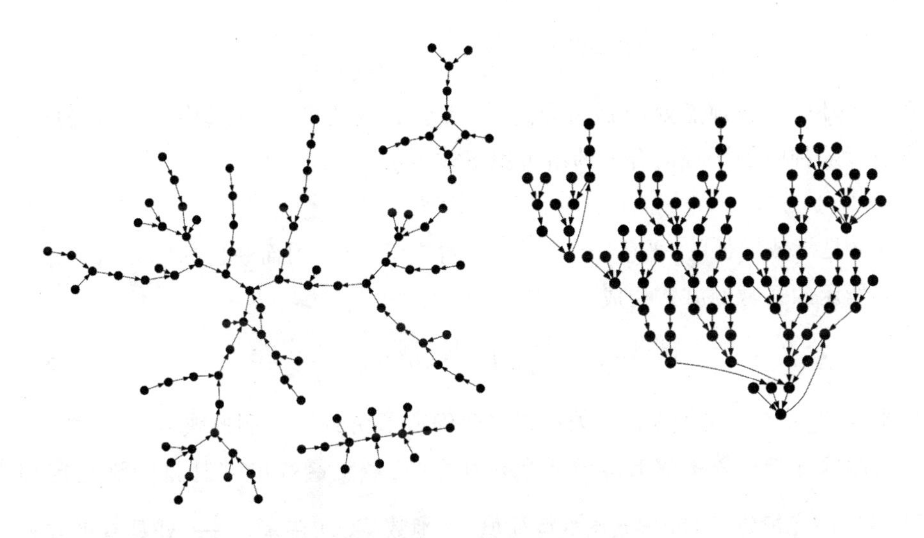

图 Ⅶ.8　两个容量为 $n=100$ 的随机映射图示大小.这两个随机映射有三个连通的成分,容量分别为 2,4,4;它是由一颗相当瘦的树组成的,这棵树有一个直径等于 14 的容量为 75 的巨大成分

▶**Ⅶ.14　映射的极值统计.** 设 $\lambda^{\max}$,$\mu^{\max}$ 和 $\rho^{\max}$ 分别是 λ,μ 和 ρ 的遍历所有可能的出发点所得的最大值,其中 $\rho=\lambda+\mu$.那么它们的期望满足文献[247]

$$\mathbb{E}_{\mathcal{F}_n}(\lambda^{\max})\sim\kappa_1\sqrt{n},\mathbb{E}_{\mathcal{F}_n}(\mu^{\max})\sim\kappa_2\sqrt{n},\mathbb{E}_{\mathcal{F}_n}(\rho^{\max})\sim\kappa_3\sqrt{n}$$

其中 $\kappa_1\sqrt{2\pi}\log 2\doteq 1.737\ 46,\kappa_2\doteq 0.782\ 48,\kappa_3\doteq 2.414\ 9$(关于 κ_3 的估计,也见文献[12].).

最大的树和最大的成分的期望分别渐近于 $\delta_1 n$ 和 $\delta_2 n$,其中 $\delta_1 \doteq 0.48$,而 $\delta_2 \doteq 0.758\,2$. ◀

上面列出的所有映射类的属性也已证明对于各种类型的度受限制定义的各种映射是通用的:我们在例 Ⅶ.10 中概述了相应的理论基础,然后在例 Ⅶ.11 中展示了一些令人惊讶的应用.

例 Ⅶ.10　映射的简单族. 设 Ω 是整数的子集,它包含 0,并且至少还包含一个大于 1 的整数. 考虑映射 $\phi \in \mathcal{F}$,它表示所有原象限制在 Ω 中的点的数目. 这种特殊映射可用于建立迭代时特殊类的函数的行为的模型,因此计算数论和密码学的各个领域都对它感兴趣. 例如,域 $\mathbb{F}_p$ 上的二次函数 $\phi(x)=x^2+a$ 具有这样的性质,每个元素 y 的原象只能是 0,1 或 2(取决于 $y-a$ 是非二次剩余,0 还是二次剩余.).

我们现在需要修改一下映射的基本构造. 我们从对应于 Ω 的树的简单族 T 开始

$$T=z\phi(T),\phi(w):=\sum_{\omega\in\Omega}\frac{u^{\omega}}{\omega\,!} \tag{37}$$

在一个环的任何顶点处,r 棵树受到 $r+1\in\Omega$ 的约束(由于其中一条边来自环本身). 那种附加了根的合法的组可用下式表示

$$U=z\phi'(T) \tag{38}$$

由于 ϕ 是指数增长的,平移 $(r\mapsto(r+1))$ 对应于微分. 因而联通的成分和成分按下式所示的通常的方式构成

$$K=\log\frac{1}{1-U},F=\exp(K)=\frac{1}{1-U} \tag{39}$$

关系式(37)(38)(39) 这三个关系式完全确定了受 Ω - 限制的映射.

函数 ϕ 是指数函数的部分级数; 因此,它是整函数的并且自动满足定理 Ⅶ.2 中的光滑性条件. 用 τ 表示特征值,则函数 $T(z)$ 在 $\rho=\frac{\tau}{\phi(\tau)}$ 处具有平方根奇点. 这同样适用于 U,由于 $U=z\phi'(T)$,因此 U 具有如下的奇异展开(其中 γ_1 是一个简单依赖于与公式(22) 中的 γ 的常数.)

$$U(z)\sim 1-\gamma_1\sqrt{1-\frac{z}{\rho}} \tag{40}$$

那样,我们最后有

$$F(z)\sim\frac{\kappa}{\sqrt{1-\frac{z}{\rho}}},\text{其中 }\kappa:=\frac{1}{\gamma_1}$$

在那种受限制的映射中有一个普适的 $n^{-\frac{1}{2}}$ 阶的计数律.

命题 Ⅶ.4 考虑结点的度数在集合 $\Omega\subseteq\mathbb{Z}_{\geqslant 0}$ 中的映射,使得对应的树族属于光滑的隐函数模式,并且是非周期的. 那么容量为 n 的映射的数目满足

$$\frac{1}{n!}F_n\sim\frac{\kappa}{\sqrt{\pi n}}\rho^{-n},\kappa=\sqrt{\frac{\phi'(\tau)^2}{2\phi(\tau)\phi''(\tau)}}$$

这个命题很好地扩展了已知的不受限制的映射. 然后加性函数的分析可以用与标准映射的情况非常类似的方式逐行进行,尽管具有不同的乘法因子,但是仍然存在与图 Ⅶ.7 中相同形式的估计. 一个刚刚才草拟的程序已经用 Arney 和 Bender 的方式彻底完成了,他们的论文[18] 对此提供了详细的处理.

例 Ⅶ.11 随机映射统计的应用. 我们下面将简要地说明,前面的随机映射的渐近理论在计算数学的一些方面有着有兴趣的结论.

随机数发生器. 很多(伪)随机数的生成操作方法是通过一个函数 φ 在有限域$\mathcal{E}$上的迭代算法实现的;通常,$\mathcal{E}$是一个很大的整数区间[0,…,$N-1$]. 这种模式将产生一个伪随机数序列 $u_0,u_1,u_2,\cdots$,其中 u_0 是“种子”,而

$$u_{n+1}=\varphi(u_n)$$

我们已经知到一些选择 φ 的特定策略,其目的是确保“周期”($\rho=\lambda+\mu$ 的最大值,其中 λ 开始产生循环的长度,μ 是循环的长度) 的阶是 N:例如这可由线性同余生成器和反馈寄存器算法给出;参见 Knuth 在文献[379],第 3 章中的权威性讨论. 相比之下,随机选出的函数 φ 通常具有预期为 $O(\sqrt{N})$ 的循环次数(图 Ⅶ.7),因此很可能产生一个糟糕的发生器. 正如在计算机界流行的一句俏皮话所说的那样:“一个随机的随机数发生器是糟糕的!” 对此,可以利用图 Ⅶ.7 和例 Ⅶ.10 的结果来比较所提出的随机数发生器的统计特性和随机函数的统计特性,如果它们存在明显的依赖性,则放弃这种发生器.

例如,取 φ 是

$$\varphi(x):=x^2+1(\bmod 10^6+3)$$

其中的模是一个素数. 一个长度为10^6+3 的随机映射开始循环的期盼步数是 1 250($\rho=\lambda+\mu$ 的期望 $\sim\sqrt{\frac{\pi N}{2}}$,见图 Ⅶ.7.). 从 5 个初始值开始,我们观察到下面的周期

u_0	3	31	314	3 141	31 415	314 159
$\rho\equiv\lambda+\mu$	1 569	687	985	813	557	932

(41)

其规模看起来像$\sqrt{N}$. 我们因此放弃这种随机数发生器. 出于类似的原因,von

Neumann 的著名的“中间平方”程序(从一个 ℓ 位的数字开始,然后反复平方提取中间的数字)是一个相当差的随机数发生器(见文献[379] 第 5 页).(在文献[501] 中 Quisquater 和 Delescaille 介绍了对密码和加密的有关应用.)

Floyd **的循环检测算法**. 当需要进行大型的映射实验时有一种属于 Floyd 的引人注意的循环检测算法(文献[379],练习 3.1.6)是非常值得了解的. 给定了一个初始的种子 x_0 和一个映射 φ,仅使用两个寄存器,Floyd 的算法可以确定一个小因子 $\rho(x_0)=\lambda(x_0)+\mu(x_0)$ 的值. 其原理如下. 设在时刻 0 有一只乌龟和一只野兔在 u_0 处开始赛跑;设乌龟以每走 1 步用 1 个单位的速度沿着一个 ρ 形的路径移动,野兔每跳一步用 2 个单位的速度移动. 经过 $\lambda(x_0)$ 步之后,乌龟进入一个环形路径,由于野兔与乌龟的速度差等于 1,所以从那时起,已经进入环形路径的野兔(译者注:因为兔子比乌龟跑得快,所以兔子将比乌龟先进入环形)将如下面的画中那样会在至多 $\mu(x_0)$ 步之内抓住乌龟:

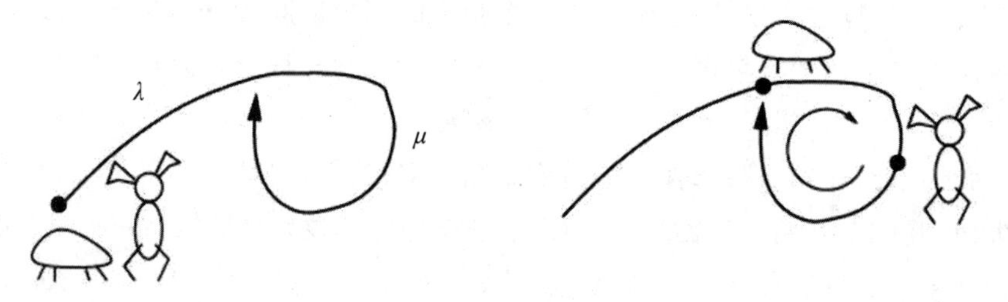

用更正规的术语说,我们设

$$X_0=u_0, X_{n+1}=\varphi(X_n)$$

以及 $Y_0=u_0, Y_{n+1}=\varphi(\varphi(X_n))$,这一运动具有如下的性质:第一个使得 $X_\nu=Y_\nu\equiv X_{2\nu}$ 的 ν 值必须满足下面的不等式

$$\lambda\leqslant\nu\leqslant\lambda+\mu\leqslant 2\nu \tag{42}$$

对应的算法特别的短:

```
Algorithm: Floyd 的循环检测算法:
tortoise := x0; hare := x0; ν := 0;
repeat
tortoise := φ(tortoise); hare := φ(φ(hare)); ν := ν + 1;
untiltortoise = hare {ν is an estimate of λ + μ in the sense of(42)}.
```

(译者注:以上是算法的程序语言或软件的命令(在不同的软件中,命令的语句都略有不同,读者可根据自己使用的软件仿照改写),其中 Algorithm 表示算法,tortoise 表示乌龟,hare 表示野兔,tortoise $:=x_0$; hare $:=x_0$; $\nu:=0$;是赋值命令)

repeat

tortoise $:=\varphi$(tortoise); hare $:=\varphi(\varphi$(hare)); $\nu:=\nu+1$;

untilt ortoise $=$ hare

是循环命令,{ν is an estimate of $\lambda+\mu$ in the sense of(42)}(ν 是式(42) 意义下 $\lambda+\mu$ 的估计值) 是解释语句,不是命令,对算法不产生作用.

Pollard **的整数的因数分解的 ρ 方法**. Pollard 的文献[487] 有洞察力地扩展了 Floyd 的算法,而得出了一种有效的整数分解的因数分解方法. 假设二次函数 $x\mapsto x^2+a(\bmod p)$,其中 p 是一个素数,具有类似于随机函数(我们前面已经通过(41) 验证了这种函数的特定情况) 的统计特性. 那么它必须在大约$\sqrt{p}$ 步之后趋向于一个循环. 设 N 是要分解的(大) 整数,为简单起见,设 $N=pq$,其中 p 和 q 都是未知的素数! 随机地选择一个 a 和随机地选择一个初始值 x_0,令

$$\varphi(x)=x^2+a(\bmod N)$$

让后实行龟兔算法. 根据中国剩余定理,数 $x(\bmod N)$ 值可由一个对

$$(x(\bmod p),x(\bmod q))$$

确定;那么乌龟 T 和野兔 H 可以被看成同时运行两个程序的比赛,一个是对模 p 的,另一个是对模 q 的. 不妨设 $p<q$. 大约经过$\sqrt{p}$ 步后,我们可能会有

$$H\equiv T(\bmod p)$$

而且,很可能发生,野兔和乌龟对 mod q 不同余的情况. 换句话说,差 $H-T$ 和 N 的最大公约数将给出一个 p,因此 p 是 N 的因数. 这个算法也是非常短的:

Algorithm: Pollard 的因数分解算法

在[$0,\cdots,N-1$] 中随机地选择一个 x_0

$T:=x_0$;$H:=x_0$;

repeat

$T:=(T^2+a)(\bmod N)$;$H:=(T^2+a)^2+a(\bmod N)$

$D:=\gcd(H-T,N)$;

until D $\neq 1$ {如果 $D\neq 0$,则已经找到了一个非平凡的因数了.}.

这个算法的结果与随机映射理论所预测的结果符合的非常好:我们确实得到了一种 $O(N^{\frac{1}{4}})$ 阶运算中以高概率对大数 N 进行因子分解的算法(参见文献[538]470 页中的数据).

虽然对于非常大的 N,Pollard 的算法可被包括在其他的因子分解方法中,但对于中等的 N 值或具有小除数的 N,它仍然是最好的,在分解这种数时已经证明了它是远优于通常的除法的. 同样重要的是,类似的想法在许多计算数论

的领域中都有用；例如，离散对数的确定.（它严格地证明了在我们在其他的故事中所观察到的模拟：这通常需要高级的数论方法见文献[23,442].）

▶ **Ⅶ.15　一阶语句的概率.** Lynch 的文献[426] 中的一个漂亮的定理，在很多方面符合分析组合学的全局目标，给出了一类渐近概率可系统计算的随机映射的性质.在数理逻辑学中，一阶语句由变量、等式、布尔连接词（$\vee$，$\wedge$，$\neg$，等）和量词（$\forall$，$\exists$）组成的.此外，还有一个表示通用映射的函数符号 φ.

定理：给了一个用一阶语句表达的性质 P，设 $\mu_n(P)$ 是 P 满足一个容量为 n 的随机映射的概率.那么极限 $\mu_\infty(P)=\lim\limits_{n\to\infty}\mu_n(P)$ 存在，并且这个极限值可用一个由整数常数和算子 $+$，$-$，$\times$，$\div$ 及 e^x 组成的式子表出.

例如：

P	φ 是 perm $\forall x \exists y$ 使得 $\varphi(y)=x$	φ 没有固定的 pt $\forall x \neg\ \varphi(x)=x$	φ 有 $\geqslant 2$ 的 # leves $\exists x,y[x\neq y\ \wedge$ $\forall z[\varphi(z)\neq x\ \wedge$ $\varphi(z)\neq y]]$
$\mu_\infty(P)$	0	e^{-1}	1

我们可以用这种语言表达像 P_{12} 这样的性质："把长度为1的所有的环都加到高度至多为 2 的树上"，极限概率为 $e^{-1+e^{-1+e^{-1}}}$.定理的证明要基于 Ehrenfeucht 博弈再加上巧妙的容－斥原理论证.（有许多情况，例如 P_{12}，可以用奇点分析直接处理.）Compton 在文献[125-127] 已经对这一领域做了清晰的调查，称为有限模理论. ◀

Ⅶ.4　树状结构和隐函数

这一节的目的是对一类递归定义的结构证明平方根奇点的普适性，它们可观地扩展了（光滑的）树的简单族的情况.出发点是研究对应于以下表示

$$\mathcal{Y}=\mathfrak{G}[\mathcal{Z},\mathcal{Y}]\Rightarrow y(z)=G(z,y(z)) \tag{43}$$

的递归类 $\mathcal{Y}$ 及相关的 GF $y(z)$.在有标记的情况下，$y(z)$ 是 EGF，$\mathfrak{G}$ 可以是任意的由二元函数 $\mathfrak{G}(z,w)$ 表示的基本结构的合成；在无标记的情况下，$y(z)$ 是 OGF，而 $\mathfrak{G}$ 可以是并、积和级数的任意合成（对应于无标记的集合和轮换的 Pólya 算符在 Ⅶ.5 节中讨论.）.这种情况包括了我们已经见过的结构，比如 Schröder 的括号系统（第 Ⅰ 章）和层次结构（第 Ⅱ 章），以及在这里要验证的新

的；即，具有对角线台阶的路径和具有可变容量的结点和可变边长的树.

Ⅶ.4.1　光滑的隐函数模式. 研究式(43)要求二元函数 G 必须首先满足某些分析条件，我们先将其封装到模式的定义中.

定义 Ⅶ.4　设 $y(z)$ 是在零点解析的函数，$y(z)=\sum_{n\geqslant 0} y_n z^n$，$y_0=0$，$y_n\geqslant 0$. 称一个函数属于光滑的隐函数类，如果存在一个二元函数 $G(z,w)$ 使得

$$y(z)=G(z,y(z))$$

其中 $G(z,w)$ 满足下列条件：

(I_1) $G(z,w)=\sum_{m,n\geqslant 0} g_{m,n} z^m w^n$ 在区域 $|z|<R$ 和 $|w|<S$ 中解析，其中 R，$S>0$；

(I_2) G 的系数满足

$$g_{0,0}=0, g_{0,1}\neq 1 \tag{44}$$

对某个 m 和某个 $n\geqslant 2$，$g_{m,n}>0$；

(I_3) 特征方程组

$$G(z,w)=w, G_w(z,w)=1 \tag{45}$$

存在满足条件 $0<r<R$ 和 $0<s<S$ 的解 r,s.

具有满足方程 $y(z)=G(z,y(z))$ 的生成函数的类$\mathcal{Y}$称为属于光滑的隐函数模式.

假设 $G(z,w)$ 是解析的并且具有非负系数是分析组合学的背景下的最低要求的. 我们通常都假设问题已经标准化，即假设 $y(0)=0$，$G(0,0)=0$，条件 $g_{0,1}\neq 1$ 是为了避免隐式方程可化成形式 $y=y+\cdots$(式(44)第一行). 式(44)的第二个条件表示在 $G(z,y)$ 中，对 y 的依赖性是非线性的(否则，分析就可简化成第Ⅴ章中的有理函数和半纯函数的渐近方法). 主要的分析条件是(I_3)，这个条件保证了特征方程组在使得 G 解析的区域内存在正解 r,s.

Meir 和 Moon 的文献[439]的主要结果①表达了平方根奇点的普适性以及通常的关于渐近计数的结果.

定理 Ⅶ.3　光滑的隐函数模式. 设 $y(z)$ 属于由 $G(z,w)$ 定义的光滑的隐函数类，(r,s) 是特征方程组的正解. 那么 $y(z)$ 在 $z=r$ 处收敛并有平方根奇点

---

①　这个定理有着有趣的历史. Bender 在 1974 年(文献[36]的定理 5)首先提出了一个过于笼统的版本. Canfield 的文献[102]十年后指出 Bender 的条件并不足以保证平方根奇点. Meir 和 Moon 在文献[439](但在文献[438]中仍有(次要的)错误)中给出了更正的结果. 我们这里按照由 Odlyzko 的综述[461]中给出的定理 10.13 的形式修正了另一个小的印刷错误(应该把 $g_{0,1}$ 排成 $g_{0,1}\neq 1$). 在 Hille的书[334]，Vol. I，274 页中已有了关于受限制的函数(多项式或整函数)的类的陈述.

$$y(z) \underset{z\to r}{=} s-\gamma\sqrt{1-\frac{z}{r}}+O\left(1-\frac{z}{r}\right),\gamma:=\sqrt{\frac{2rG_z(r,s)}{G_{ww}(r,s)}}$$

展式在一个 Δ－区域中有效. 此外,如果 $y(z)$ 是非周期的[1],则 r 是 y 的唯一的主奇点并且系数满足

$$[z^n]y(z) \underset{z\to r}{=} \frac{\gamma}{2\sqrt{\pi n^3}}r^{-n}\left(1+O\left(\frac{1}{n}\right)\right)$$

注意定理的叙述暗示特征方程组在使得 G 解析的正的象限内恰好存在一个解,由于 y_n 不可能具有两个参数不同的渐近表达式. 存在一个形式为 $\sqrt{1-\frac{z}{r}}$ 的幂的完全的展开式(对于 $y(z)$)和 $\frac{1}{n}$ 的幂的完全的展开式(对于 y_n),而周期情况可以通过待开发的技术设备进行简单的扩展来处理.

为证明这个定理首先需要证明两个有独立兴趣的引理:(ⅰ)引理 Ⅶ.2 在逻辑上等价于经典的隐函数定理的解析版本,它可见附录 B.5:隐函数定理.(ⅱ)引理 Ⅶ.3通过描述在隐函数定理"失败"的点处发生的事情来对隐函数定理进行补充. 这两个引理扩展了 Ⅳ.7.1 小节中的解析引理和奇点逆引理.

引理 Ⅶ.2　解析的隐函数. 设 $F(z,w)$ 是一个在 $(z,w)=(z_0,w_0)$ 处解析的二元函数. 设 $F(z_0,w_0)=0$, $F_w(z_0,w_0)\neq 0$,则存在唯一的在 z_0 的邻域中解析的函数 $y(z)$,使得

$$y(z_0)=w_0, F(z,y(z))=0$$

证明　这是在附录 B.5:隐函数定理中的解析隐函数定理的一个重述,但是先做了一个平移变换 $z\to z+z_0$, $w\to z+w_0$.

引理 Ⅶ.3　奇点隐函数. 设 $F(z,w)$ 是一个在 $(z,w)=(z_0,w_0)$ 处解析的二元函数,并假设 $F(z_0,w_0)=0$, $F_z(z_0,w_0)\neq 0$, $F_w(z_0,w_0)=0$, $F_{ww}(z_0,w_0)\neq 0$. 选择任意一条以角度 θ 从 z_0 发出的射线,那么存在一个 z_0 的邻域 Ω,使得在每个在 Ω 内的 $z\neq z_0$ 同时又不在射线上的 z 点处,方程 $F(z,y)=0$ 具有两个解析解 $y_1(z)$ 和 $y_2(z)$ 使得它们当 $z\to z_0$ 时满足

$$y_1(z)=y_0-\gamma\sqrt{1-\frac{z}{z_0}}+O\left(1-\frac{z}{z_0}\right),\gamma:=\sqrt{\frac{2z_0F_z(z_0,w_0)}{F_w(z_0,w_0)}}$$

y_2 满足类似的展开式,只不过在上式中把$\sqrt{\ }$ 号换成了 $-\sqrt{\ }$ 号.

证明　局部上,在 (r,s) 附近,函数 $F(w,z)$ 的行为近似于

---

① 在通常的定义 Ⅳ.5 的意义下,等价地,存在三个下标 $i<j<k$,使得 $y_iy_jy_k\neq 0$,并且 $(j-i,k-i)=1$.

$$F+(w-s)F_w+(z-r)F_z+\frac{1}{2}(w-s)^2F_{ww} \tag{46}$$

(再加上阶更小的项)，其中 F 及其导数都在 (r,s) 处取值. 由于 $F=F_w=0$，因此在式(46) 中消去这两项后建议 $F(z,w)=0$ 在 $z=r$ 附近的解的形式为

$$w-s=\pm\gamma\sqrt{r-z}+O(z-r)$$

这和定理中叙述的一致. 这个不严格的说明可以通过以下步骤证明(细节省略)：(a) 建立以 $\pm\sqrt{1-\frac{z}{z_0}}$ 的幂的形式解的存在性；(b) 用优级数方法证明形式是局部收敛的并给出方程的解.

或者，也可以用 Weierstrass 预备定理(附录 B.5：隐函数定理) 得出关于 s 值的在 $z=r$ 处的以下的二次方程的两个解 $y_1(z)$ 和 $y_2(z)$

$$(Y-s)^2+b(z)(Y-s)+c(z)=0$$

其中 b 和 c 在 $z=r$ 处都是解析的，并且 $b(r)=c(r)=0$. 然后就可用通常的解二次方程而得出

$$Y-s=\frac{1}{2}\left(-b(z)\pm\sqrt{b(z)^2-4c(z)}\right)$$

这就证明了 $y_1(z)$ 可以用一个解析函数的平方根表出从而给出定理中的陈述.

现在我们可以转向主要定理的证明了.

证明(定理 Ⅶ.3) 由于有了两个引理，因此可以比较容易地抓住证明定理 Ⅶ.3 的主要思想. 设 $F(z,w)=w-G(z,w)$，则由解析引理可知，存在一个唯一的解析函数 $y(z)$ 在 $z=0$ 附近满足 $y=G(z,y)$. 另一方面，根据奇点引理，在点 $(z,w)=(r,s)$ 附近，存在两个解 $y_1(z)$，$y_2(z)$，它们都有平方根奇点. 由于 G 的系数都是正的这一特点，不难看出，在 y_1，y_2 之中，当 z 从左边趋于 z_0 时，函数 $y_1(z)$ 是递增的(假设在 γ 的定义中的平方根已首先确定了.). 在图 Ⅶ.9 中简单地图示了方程 $y=G(z,y)$ 的解.

剩下的问题就是说明光滑的解析曲线(图 Ⅶ.9 中的细曲线) 中确实将 0 处的正系数解连接到 r 点处的递增的分支. 确切地说，我们需要验证(在 r 点附近定义的) $y_1(z)$ 当 z 沿着正实轴递增时是 $y(z)$(在 0 附近定义) 的解析延拓. 这确实是一个微妙的连接问题，我们将在注记 Ⅶ.16 中讨论证明的技巧. 一旦证明了这一事实并且证明了 r 是 $y(z)$ 的唯一的主奇点(注记 Ⅶ.17)，定理 Ⅶ.3 的陈述便可直接通过奇点分析得出.

▶**Ⅶ.16 隐函数的连接问题.** $y(z)$ 和 $y_1(z)$ 确实是连接的一个证明是由 Meir 和 Moon 在他们的研究文献[439] 中给出的. 我们采用的论证是根据他们

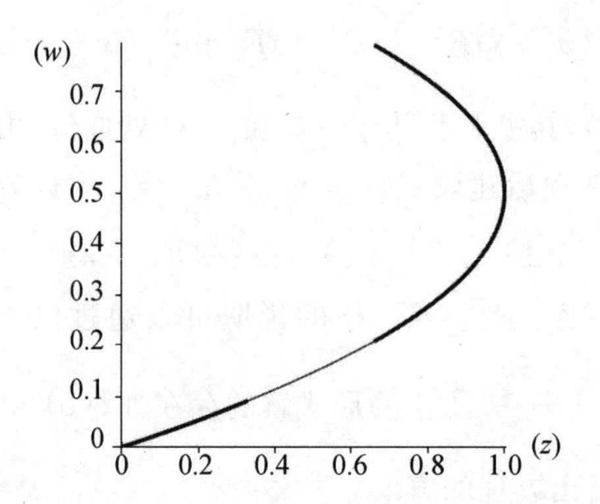

图 Ⅶ.9　方程 $w=\frac{1}{4}z+w^2$ 的两个解的连通问题(解的显式为 $w=\frac{1\pm\sqrt{1-z}}{2}$)：$z=0$ 附近的组合解 $y(z)$ 和 $z=1$ 附近的两个解析解 $y_1(z)$，$y_2(z)$

的论文来进行的.

设 ρ 是 $y(z)$ 在零点的收敛半径，$\tau=y(\rho)$. 那么根据 Pringsheim 定理可知 ρ 是 $y(z)$ 的奇点. 我们的目标是证明 $\rho=r$ 以及 $\tau=s$. 对于曲线

$$C=\{(z,y(z))\mid 0\leqslant z\leqslant \rho\}$$

来说，这表示我们必须排除以下三种情况：

(a) $\mathcal{C}$完全位于矩形区域

$$R:=\{(z,y)\mid 0\leqslant z\leqslant r,0\leqslant y\leqslant s\}$$

内部；

(b) $\mathcal{C}$和矩形 R 的顶部在某个横坐标为 $r_0<r$ 的点处相交，其中 $y(r_0)=s$；

(c) $\mathcal{C}$和矩形 R 的右边在点 $(r,y(r))$ 处相交，而 $y(r)<s$.

用图表示，这三种情况显示在图 Ⅶ.10 中.

在以下的讨论中，我们需要用到具有非负系数的 $G(z,w)$ 对于它的两个变元来说都是递增的这一事实. 此外形式

$$y'=\frac{G_z(z,y)}{1-G_w(z,y)} \tag{47}$$

表明解 y 的可微性(因此解析性) 以及 $G_w(z,y)\neq 1$.

排除情况(a) 的证明. 假设 $0<\rho<r$ 以及 $0<\tau<s$. 那么我们就有 $G_w(r,s)=1$，并且根据 G_w 的单调性可知成立不等式 $G_w(\rho,\tau)<1$，然而那样一来 $y(z)$ 就必须在 $z=\rho$ 处解析，这与 ρ 是一个奇点矛盾.

排除情况(b) 的证明. 假设 $0<r_0<r$ 以及 $y(r_0)=s$. 那么在隐式曲线 $y=$

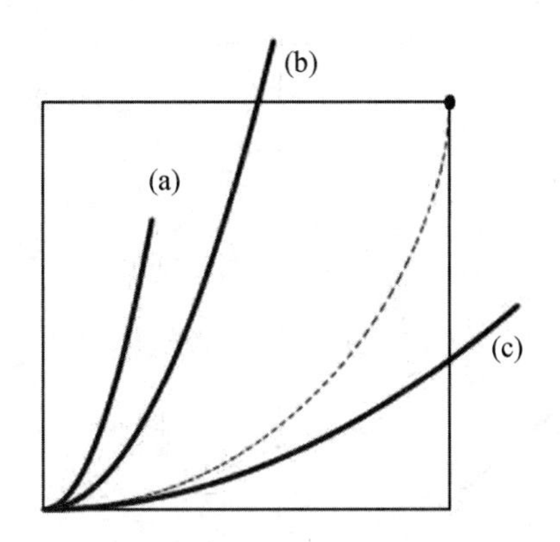

图 Ⅶ.10 需要排除的三种情况(图中的实线)

$G(z,y)$ 上就存在着高度相同的两个不同的点，即(r_0,s) 和(r,s)，这表示成立下面的等式

$$y(r_0)=G(r_0,y(r_0))=G(r,s)=s$$

这与 G 的单调性矛盾.

排除情况(c) 的证明. 假设 $y(r)<s$. 选 $a<r$ 是离 r 足够近的点. 那么在 a 的上方就存在曲线 $y=G(z,y)$ 的三个分支，即 $y(a)$，$y_1(a)$ 和 $y_2(a)$，其中 y_1 和 y_2 的存在性可由引理 Ⅶ.3 得出. 这表示函数 $y\mapsto G(a,y)$ 和主对角线相交于三个点，这与 $G(a,y)$ 是 y 的凸函数矛盾. ◀

▶ **Ⅶ.17 主奇点的唯一性.** 从上面的注记中我们已经知道 $y(r)=s$，其中 r 是 y 的收敛半径. y 的非周期性蕴含对任何不管是使得 $|\zeta|=r$ 还是 $|\zeta|\neq r$ 的 $|\zeta|$ 都有

$$|y(\zeta)|<y(r)\quad(\text{见水仙花引理 Ⅳ.1})$$

因而由 G_w 的单调性就得出，对任何 ζ，我们就有性质

$$|G_w(\zeta,y(\zeta))|<G(r,s)=1$$

但是由上面的(47)，这就蕴含 $y(\zeta)$ 在 ζ 的解析性. ◀

特征方程组(45) 的解可以看成是两条曲线，即

$$G(r,s)-s=0$$
$$G_w(r,s)=1$$

的交点. 下面是两个函数 G 的情况下的图：第一个具有非负系数而第二个(对应于 Canfield 的文献[102] 中的反例) 涉及负系数. 系数的正性蕴含了凸性，这就避免了病态情况.

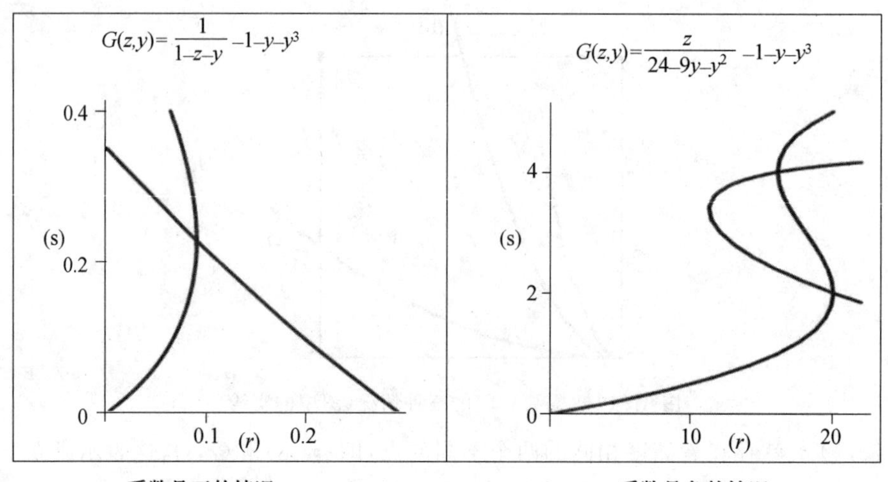

系数是正的情况 **系数是负的情况**

Ⅶ.4.2 组合应用. 很多具有像式(43)中那样的递归表示$\mathcal{Y}=\mathfrak{G}(\mathcal{Z},\mathcal{Y})$的组合类都可以应用定理Ⅶ.3.这些结构包括有变化的度，树的结构的化身等.下面，我们将描述一些平方根奇点普适性成立的例子.

(ⅰ)由叶子的数量枚举的树的层次结构(例Ⅶ.12和Ⅶ.13).

(ⅱ)扩展了树的简单族的具有可变容量的结点的树；这种树特别会出现在作为生物学二级结构的数学模型中(例Ⅶ.14).

(ⅲ)和一些最经典的组合理论的对象相联系的具有可变边长的格子路径(注记Ⅶ.19).

例Ⅶ.12 有标记的层. 在注记Ⅱ.19中定义的有标记的层的类$\mathcal{L}$满足

$$\mathcal{L}=\mathcal{Z}+\mathrm{SET}_{\geqslant 2}(\mathcal{L})\Rightarrow L=z+\mathrm{e}^{L}-1-z$$

这种结构会出现在统计分类理论中：给出n个特定的项的集合，设L_n是非平凡分类的叠加的方法的数量(图Ⅶ.11).那种抽象的分类通常没有平面结构，因此我们通过有标记的集合结构建模.

用定义Ⅶ.4中的记号，基本函数就是$G(z,w)=z+\mathrm{e}^{w}-1-w$，它在$|z|<\infty$，$|w|<\infty$中解析.特征方程组是

$$r+\mathrm{e}^{s}-1-s=s,\mathrm{e}^{s}-1=1$$

它有唯一的正解$s=\log 2$，$r=2\log 2-1$.因而层次结构属于光滑的隐函数模式，并且根据定理Ⅶ.3，EGF $L(z)$具有平方根奇点，所以我们可以机械式地求出

$$\frac{1}{n!}L_n\sim\frac{1}{2\sqrt{\pi n^3}}(2\log 2-1)^{-n+\frac{1}{2}}$$

(无标记的类似对象将在注记Ⅶ.23中讨论.)

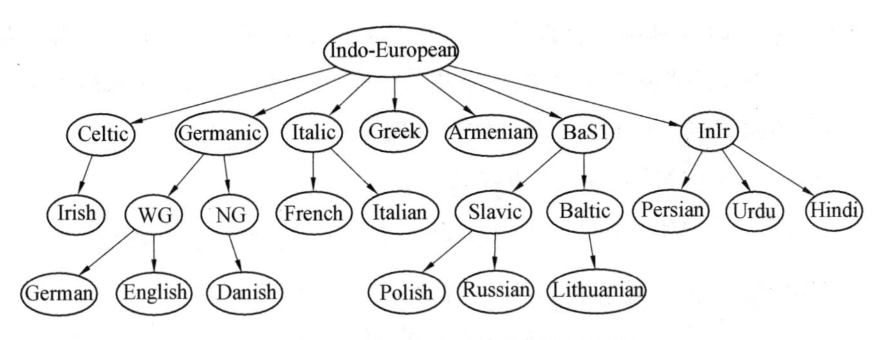

图 Ⅶ.11　某种印欧语言中的层次结构

▶ **Ⅶ.18　层的度数的表示.** 联合使用 BGF 和奇点分析技巧可以得出，在某些容量为大的 n 的随机的层次结构中平均大约有 $0.57n$ 个度数等于 2 的结点，$0.18n$ 个度数等于 3 的结点，$0.04n$ 个度数等于 4 的结点以及 $0.01n$ 个度数在 5 以上的结点. ◀

例 Ⅶ.13　用叶子枚举树. 给了一个不包含 0，1 的(非空的)集合 $\Omega \subset \mathbb{Z}_{\geqslant 0}$，考虑有标记的树的类是有意义的

$$\mathcal{C} = \mathcal{Z} + \mathrm{SEQ}_{\Omega}(\mathcal{C}) \text{ 或 } \mathcal{C} = \mathcal{Z} + \mathrm{SET}_{\Omega}(\mathcal{C})$$

(可以对无标记的平面树进行类似的讨论并用 OGF 替代 EGF.) 我们考虑的是有根的树(平面的或非平面的)，其容量由叶子的数目确定，度数限制在 Ω 中. 那么 EGF 的形式就是

$$C(z) = z + \eta(C(z))$$

这族树包括了有标记的层，它对应于 $\eta(w) = \mathrm{e}^{w} - 1 - w$.

为简单起见，假设 η 是整函数(可能是多项式). 基本函数是 $G(z, w) = z + \eta(w)$，特征方程组是 $s = r + \eta(s)$，$\eta'(s) = 1$. 由于 $\eta'(0) = 0$，$\eta'(+\infty) = +\infty$，所以特征方程组总是有解的

$$s = \eta^{[-1]}(1), r = s - \eta(s)$$

因而，应用定理 Ⅶ.3 后就给出

$$[z^n]C(z) \sim \frac{\gamma}{2\sqrt{\pi n^3}} r^{-n}, \gamma = \sqrt{\frac{1}{2} r \eta''(s)} \tag{48}$$

完全的展开式也可以得出.

例 Ⅶ.14　具有可变边长和结点容量的树. 考虑结点的容量可以不同的无标记的平面树. 可以给定的是有序对 (ω, σ) 的集合 $\hat{\Omega}$，其中值 (ω, σ) 表示允许有值为 ω 的度数和值为 σ 的容量. 简单族对应于 $\sigma \equiv 1$；用叶子枚举的树(包括层)

对应于$\sigma \in \{0,1\}$，其中当且仅当$\omega = 0$时，$\sigma = 1$. 图 Ⅶ.12 显示了一种根据 Waterman 等人的研究文献[336,453,534,558]用树模拟 RNA 等单链核酸的自键合的方式. 显然，可能的变化的数目是极大的.

在$\hat{\Omega}$是有限的情况下，基本方程是

$$Y(z) = P(z, Y(z)), P(z, w) = \sum_{(\omega,\sigma)\in\hat{\Omega}} z^{\sigma} w^{\omega}$$

在非周期的情况下，总是存在如下形式的公式

$$Y_n \sim \kappa \cdot A^n n^{\frac{3}{2}}$$

它对应于通有的平方根奇点.

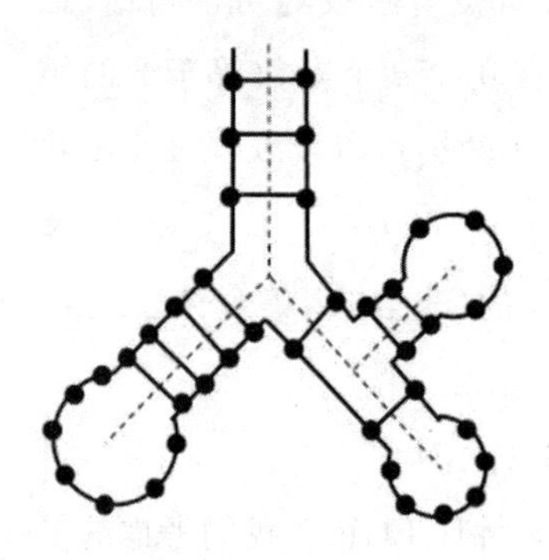

一个首次用类似树的结构近似的 RNA 片段，其中的边对应了碱基的对，而"环"对应了树叶. 对树叶的容量(这里是在 4 和 7 之间)和边长(这里是在 1 和 4 个碱基对之间)都有限制. 我们的 RNA 片段模型是由一棵平面树再加上二叉树而构成的，其方程为

$$P = AY, Y = AY^2 + B$$

$$A = z^2 + z^4 + z^6 + z^8, B = z^4 + z^5 + z^6 + z^7$$

图 Ⅶ.12　一个类似于 Waterman 等人所考虑的那种 RNA 结构的简化的组合模型

▶**Ⅶ.19**　Schröder **数**. 考虑下述一叉－二叉树的类，其中一叉的结点的容量为 2，而树叶和二叉结点的容量是通常的 1. GF 满足$Y = z + z^2 Y + zY^2$，因此

$$Y(z) = zD(z^2), D(z) = \frac{1 - z - \sqrt{1 - 6z + z^2}}{2z}$$

我们有

$$D(z) = 1 + 2z + 6z^2 + 22z^3 + 90z^4 + 394z^5 + \cdots$$

这是 EIS A006318(大 Schröder 数). 通过树和格子路径之间的 1－1 对应，$\mathcal{Y}_{2n+1}$对应于由步子(1,1)，(2,0)，(1,－1)组成的长度等于n的游览. 向上倾斜 45°角后，这个游览等价于一个从$n \times n$的正方形的左下角到右上角的，由水平线、竖直线和对角线组成的台阶，并且它永远不会位于主对角线下方. 级数$S = \frac{z}{2}(1 + D)$枚举了 Schröder 的广义括号系统(第 Ⅰ 章)

$$S := z + \frac{S^2}{1 - S}$$

渐近公式可以直接得出，为

$$Y_{2n-1}=S_n=\frac{1}{2}D_n\sim\frac{1}{4\sqrt{\pi n^3}}(3-2\sqrt{2})^{-n+\frac{1}{2}}$$

◀

Ⅶ.5 无标记的非平面树和 Pólya 算子

基本上所有较早得到的关于树的简单族的结果都可以推广到无标记的非平面树上去. Pólya 算子是中心，并且它们的处理是典型的服从对称性的无标记对象的渐近理论(即，涉及无标记的 MSET，PSET，CYC 结构)，就像我们在本书中已反复见过的那样.

二叉树和一般的树. 我们按照 Pólya 的文献[488,491] 和 Otter 的文献[466] 从考虑两类非平面树的枚举来开始讨论. 这些论文是非平面树枚举的渐近理论的重要历史资料，在文献[319] 中对此作了一个简要的回顾.(这些作者使用了更传统的 Darboux 方法来代替奇点分析，但这一区别是无关紧要的，因为在两种理论中的计算是按照在完全平行的方向发展的.) 我们将要考虑的两个类是一般的树和无标记的非平面的二叉树. 在这两种情况下都可以直接把问题分几步归咎为 Cayley 树和二叉树的枚举. 像往常一样，这里的诀窍是处理起源于 Pólya 算子 $f(z^2)$，$f(z^3)\cdots$ 的值，把它们看成作为"已知" 的解析量.

命题 Ⅶ.5 特殊的无标记的非平面树. 考虑下面两类无标记的非平面树

$$\mathcal{H}=\mathcal{Z}\times\mathrm{MSET}(\mathcal{H}),\quad \mathcal{W}=\mathcal{Z}\times\mathrm{MSET}_{[0,2]}(\mathcal{W})$$

其类型分别是一般的树和二叉树. 那么设 γ_H，A_H 和 γ_W，A_W 分别是由注记 Ⅶ.21 和注记 Ⅶ.22 中给出的常数，我们就有

$$H_n\sim\frac{\gamma_H}{2\sqrt{\pi n^3}}A_H^n,\ W_{2n-1}\sim\frac{\gamma_w}{2\sqrt{\pi n^3}}A_W^n \tag{49}$$

证明 (ⅰ) **一般情况.** 无标记的非平面树的 OGF 是下面的函数方程的解

$$H(z)=z\exp\left(\frac{H(z)}{1}+\frac{H(z^2)}{2}+\cdots\right) \tag{50}$$

设 T 是函数方程

$$T(z)=z\mathrm{e}^{T(z)} \tag{51}$$

的解，也就是说，T 是 Cayley 函数. 由于函数 $H(z)$ 的系数就是 $T(z)$ 的系数，所

以 $H(z)$ 的收敛半径即 $T(z)$ 的收敛半径 ρ 严格小于 1，实际上 $T(z)$ 的收敛半径恰好是 $e^{-1} \doteq 0.367$. 由于树的数目的上界是 OGF 的收敛半径为 $\frac{1}{4}$ 的平面树的数量，因而我们有

$$\frac{1}{4} \leqslant \rho \leqslant e^{-1}$$

把 $H(z)$ 的定义方程重写成

$$H(z) = \xi e^{H(z)}, \xi := z\exp\left(\frac{H(z^2)}{2} + \frac{H(z^3)}{3} + \cdots\right)$$

那么我们看出 $\xi = \xi(z)$ 在 $|z| < \sqrt{\rho}$ 内解析. 那就是说，使 ξ 解析的收敛圆盘被真包含在 $H(z)$ 的收敛圆盘中. 我们可以再把 $H(z)$ 重写成

$$H(z) = T(\xi(z))$$

由于 $\xi(z)$ 在 $z = \rho$ 处是解析的，因此 $H(z)$ 在 $z = \rho$ 附近的奇点展开式可由 T 在 e^{-1} 处的奇点展开式和 ξ 在 ρ 处的解析展开式的复合得出. 用这种方式，我们就得到

$$H(z) = 1 - \gamma\left(1 - \frac{z}{\rho}\right)^{\frac{1}{2}} + O\left(1 - \frac{z}{\rho}\right), \gamma = \sqrt{2e\rho\zeta'(\rho)} \tag{52}$$

因而

$$[z^n]H(z) \sim \frac{\gamma}{2\sqrt{\pi n^3}}\rho^{-n}$$

（ii）**二叉树情况.** 考虑函数方程

$$f(z) = z + \frac{1}{2}f(z)^2 + \frac{1}{2}f(z^2) \tag{53}$$

这枚举了非平面的二叉树，其容量的定义是外结点的数目. 因此 $W(z) = \frac{1}{2}f(z^2)$. 这就足以分析 $[z^n]f(z)$ 了，这使我们可以处理由 n 的奇偶性引起的周期性现象.

OGF $f(z)$ 的收敛半径 ρ 至少为 $\frac{1}{4}$（由于非平面树要比平面树少.），同时也有 ρ 至多是 $\frac{1}{2}$，这可以从 f 与 $g = z + \frac{1}{2}g^2$ 的解的比较中看出. 现在我们就可以像以前那样来处理了：把 $\frac{1}{2}f(z^2)$ 作为 $|z| < \rho^{\frac{1}{2}}$ 中的解析函数来处理，把它看成是已知的，然后求解. 为此，设

$$\zeta(z):=z+\frac{1}{2}f(z^2)$$

它在 $|z|<\rho^{\frac{1}{2}}$ 中存在.这样一来,式(53)就成了一个普通的二次方程 $f=\zeta+\frac{1}{2}f^2$ 了,它的解是

$$f(z)=1-\sqrt{1-2\zeta(z)}$$

奇点 ρ 是 $\zeta(\rho)=\frac{1}{2}$ 的最小的正解. f 的奇点展开式可以从合并 ξ 在点 ρ 的展开式和 $\sqrt{1-2\zeta}$ 的展开式而得出.从通常的平方根奇点就得出

$$f(z)\sim 1-\gamma\sqrt{1-\frac{z}{\rho}}$$

$$\gamma:=\sqrt{2\rho\zeta'(\rho)}$$

这就导致了系数 $[z^n]f(z)\equiv[z^{2n-1}]W(z)$ 中的 $\rho^{-n}n^{-\frac{3}{2}}$ 形式.

在命题的证明中使用的论证可能是非构造性的.但是,在数值上, ρ 和 γ 的值可以高精度地确定.见下面的注记以及 Finch 的文献[211]5.6 节中关于"Otter 树的枚举常量"的部分.

▶Ⅶ.20 **H_n 和 W_{2n-1} 的完全的渐近展开式.** 由于 OGF 具有以 $\sqrt{1-\frac{z}{\rho}}$ 的幂组成的完全展开式,因此 H_n 和 W_{2n-1} 的完全的渐近展开式是可以确定的. ◀

▶Ⅶ.21 **常数的数值计算** Ⅰ.下面是一个通过参数 $m\geqslant 0$ 来估计式(49)中关于一般的无标记的非平面树的常数 γ_H 和 ρ_H 的未经优化的程序.

程序:得出 ρ 的值(m:整数);

1.建立一个计算和记忆我们需要的 H_n 的程序;

(这可以根据 $H'(z)$ 蕴含的递归关系来建立;见文献[456])

2.定义 $f^{[m]}(z):=\sum_{j=1}^{m}H_jz^j$;

3.定义 $\zeta^{[m]}(z):=z\exp\left(\sum_{k=2}^{m}\frac{1}{k}f^{[m]}(z^k)\right)$;

4.对 $x\in(0,1)$ 以 $\max(m,10)$ 的精确度数值地求解 $\zeta^{[m]}(x)=\mathrm{e}^{-1}$;

5.将 x 作为 ρ 的近似值返回.

例如,对 $m=0,10,\cdots,50$ 做保守的估计所得出的精度(用小于十亿次的机器结构)是

$m=0$	$m=10$	$m=20$	$m=30$	$m=40$	$m=50$
$3\cdot 10^{-2}$	10^{-6}	10^{-11}	10^{-16}	10^{-21}	10^{-26}

上面的精度显得略高于$10^{-\frac{m}{2}}$. 这可产生 25D(25 位有效数字) 的近似值

$$\rho \doteq 0.338\,321\,856\,899\,207\,695\,196\,112\,6$$

$$A_W \equiv \frac{1}{\rho} \doteq 2.955\,765\,285\,651\,994\,974\,714\,818$$

$$\gamma_H \doteq 1.559\,490\,020\,374\,640\,885\,542\,206$$

用命题 Ⅶ.5 的公式估计 H_{100} 的相对误差为10^{-3}. ◀

▶**Ⅶ.22　常数的数值计算 Ⅱ**. 前面注记中的方法也可容易地应用到二叉树上去,这给出

$$\rho \doteq 0.402\,697\,503\,671\,441\,290\,969\,045\,3$$

$$A_W \equiv \frac{1}{\rho} \doteq 2.483\,253\,536\,172\,636\,858\,562\,289$$

$$\gamma_W \doteq 1.130\,033\,716\,398\,972\,007\,144\,137$$

命题 Ⅶ.5 的公式对$[z^{100}]f(z)$ 给出了 7.10^{-3} 的相对精度.

因此通过修改获得关于一般的树和二叉树的结果,因而可以通过修改用于树的简单族的方法而得出,这依赖于把 Pólya 算子的部分作为简单树种的相应方程的解析变体来处理.

烷烃,醇类和度数的限制. 前两个例子表明对于由某个 $\Omega\subset\mathbb{Z}_{\geqslant 0}$确定的无标记的非平面树$\mathcal{T}=\mathcal{Z}\mathrm{MSET}_{\Omega}(\mathcal{T})$,给出一种一般的理论是可能的. 首先,我们验证由 $\Omega=\{0,3\}$ 定义的特殊的正规树,当把它们看成烷烃和醇类时,问题就和组合化学有关(例 Ⅶ.15). 的确,枚举这些化合物的同分异构体一直是 Pólya 的基础工作(文献[488,491]) 的起源. 然后,我们将这方法扩展到度数的约束为任意有限集的树一般情况(命题 Ⅶ.5).

例 Ⅶ.15　非平面树和烷烃. 在化学中,已知碳原子(C) 的化合价是 4,而氢(H) 的化合价是 1. 烷烃,也称为烷烃链(图 Ⅶ.13),是根据这一规则由碳和氢原子形成的没有重复连接的非环状分子;因此它们的分子式是 C_nH_{2n+2} 型的. 用组合的术语来说,我们现在所讨论的对象是(所有的) 结点的度数都在$\{1,4\}$ 的无根树. 这些的有根的版本是由选择根和(外) 节点的度数在集合 $\Omega=\{0,3\}$ 中这一事实确定的;这种有根的三叉树因而就对应了醇(标记了其中一个具有 OH 基的碳原子).

```
   H           H  H            H  H  H           H  OH  H
   |           |  |            |  |  |           |  |   |
H—C—H       H—C—C—H        H—C—C—C—H        H—C—C—C—H
   |           |  |            |  |  |           |  |   |
   H           H  H            H  H  H           H  H   H
```

图 Ⅶ.13　一些烷烃(CH_4,C_2H_6,C_3H_8)和醇的例子

醇类($\mathcal{A}$)的枚举是最简单的,由于它对应于有根树.其 OGF 的开头几项是(EIS A000598)

$$A(z)=1+z+z^2+z^3+2z^4+4z^5+8z^6+17z^7+39z^8+89z^9+\cdots$$

这里取结点的数目作为容量.$\mathcal{A}$的表示为

$$\mathcal{A}=\{\mathcal{E}\}+\mathcal{Z}\text{MSET}_3(\mathcal{A})$$

(等价地,$\mathcal{A}^+:=\mathcal{A}\backslash\{\mathcal{E}\}$ 满足$\mathcal{A}^+=\mathcal{Z}\text{MSET}_{0,1,2,3}(\mathcal{A}^+)$.)这蕴含$A(z)$满足函数方程

$$A(z)=1+z\left(\frac{1}{3}A(z^3)+\frac{1}{2}A(z)A(z^2)+\frac{1}{6}A(z)^3\right)$$

为了应用定理 Ⅶ.3,我们引入函数

$$G(z,w)=1+z\left(\frac{1}{3}A(z^3)+\frac{1}{2}A(z^2)w+\frac{1}{6}w^3\right) \tag{54}$$

它在$|z|<|\rho|^{\frac{1}{2}}$和$|w|<\infty$中存在,其中ρ(现在还不知道)是A的收敛半径.像以前一样,把 Pólya 算子项$A(z^2)$,$A(z^3)$都看成已知的函数.用类似于前面处理一般的树和二叉树的方法,我们求出特征方程组的解是

$$r\doteq 0.355\,181\,742\,314\,377\,392\,8,s\doteq 2.117\,420\,700\,953\,631\,022\,5$$

因此$\rho=r$,$y(\rho)=s$.因而醇类数量的增长形式为$\kappa\rho^{-n}n^{-\frac{3}{2}}$,其中

$$\rho^{-1}\doteq 2.815\,46$$

设$B(z)$是烷烃的 OGF(EIS A000602),它是无根树

$$B(z)=1+z+z^2+z^3+2z^4+3z^5+5z^6+9z^7+18z^8+35z^9+75z^{10}+\cdots$$

例如$B_6=5$,由于已烷C_6H_{14}存在5种同分异构体,对此化学家们已经开发了一个有趣的基于树的直径的命名系统:

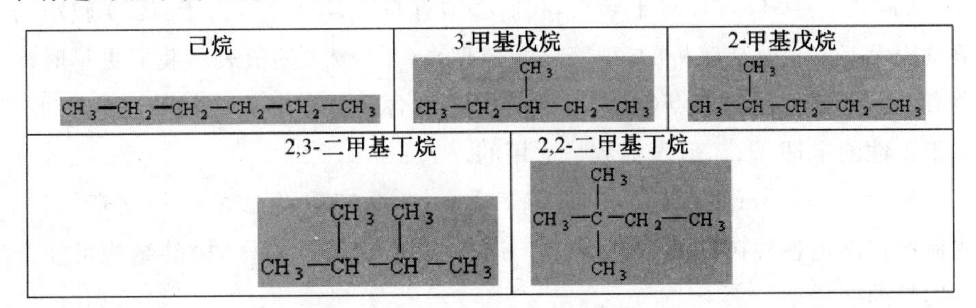

然后,通过改进差异公式(下面的公式(57) 和注记 Ⅶ.26),我们就可以找出结构上不同的烷烃的数量.这个问题对图形树枚举的动机起了有力的促进作用,它的迷人的历史可以追溯到 Cayley(见 Rains 和 Sloane 的文章[502] 和[491]).(无根的)烷烃的渐近公式的全局形式为 $\rho^{-n}n^{-\frac{5}{2}}$,大约占(有根的)醇的数量的 $\frac{1}{n}$:见下文.

分析的模式现在就清晰了,我们叙述以下的:

定理 Ⅶ.4　非平面的无根树. 设 Ω 是 $\mathbb{Z}_{\geqslant 0}$ 的一个包含 0 的有限的子集,考虑外度数在 Ω 中的(有根的)无标记的非平面树的族 $\mathcal{V}$,假设它是非周期的($\gcd(\Omega)=1$),并设 Ω 至少包含一个大于 1 的元素.那么 $\mathcal{V}$ 中容量为 n 的数量的渐近公式为

$$V_n \sim C \cdot A^n n^{-\frac{3}{2}}$$

证明　对于醇类的论证可以从以上的关于烷烃的论证逐字转换而得.只须建立特征方程组的解的存在性.

$V(z)$ 的收敛半径先验的是 $\leqslant 1$ 的.事实上,可以通过指数的下界建立 ρ 是严格小于 1 的事实;即对某个 $B>1$ 和 n 的无穷多个值有 $V_n>B^n$.为了获得这种树的集合的"指数分集" 树集,首先选择一个 n_0 使得 $V_{n_0}>1$,然后(对某些 $d\in\Omega, d\neq 0,1$) 建立一个高度为 h 的完美的 $d-$进制树,最后自由地把容量为 n_0 的子树移植到完美树的 $\frac{n}{4n_0}$ 个叶子处.选择 d 使得 $d^h>\frac{n}{4n_0}$ 就产生了下界.收敛半径是非零的可由相应的平面树所给出的上界得出,这种平面树的增长至多是指数式的.因而,我们有 $0<\rho<1$.

通过有界基数的多重集的转换可得出函数 G 是有限多个量 $\{V(z),V(z^2),\cdots\}$ 的多项式.因此函数 $G(z,w)$ 可像醇的情况下那样构造,在等式(54) 中,它在 $|z|<\rho^{\frac{1}{2}}$,$|w|<\infty$ 中收敛.当 $z\to\rho^{-1}$ 时,我们必须有 $\tau:=V(\rho)$ 是有限的,由于否则将和当 $z\to\rho$ 时非线性方程 $V(z)=\cdots+V(z)^d$ 的增长阶数矛盾.因此 (ρ,τ) 满足 $\tau=G(\rho,\tau)$.对于导数,我们必须有 $G_w(\rho,\tau)=1$,由于:(ⅰ) 较小的值就表示 V 在 ρ 处是解析的(由隐函数定理);(ⅱ) 较大的值表示我们更早时将会有以前曾遇到过的奇点(根据通常的关于隐含函数定理失效的论证).因此,关于正性的定理 Ⅶ.3 蕴含函数是适用的.

显然.正如 Harary,Robinson 和 Schwenk 1975 年发表的一篇文章[320] 的标题:"确定各种树的渐近数的二十步算法" 所建议的那样,树的结构可能会有大量的变化.

▶**Ⅶ.23　无标记的层.** 无标记层的类$\mathcal{H}$可表示成$\mathcal{H}=\mathcal{Z}+\mathrm{MSET}_{\geqslant 2}(\mathcal{H})$；见注记 Ⅰ.45. 我们有

$$\widetilde{H}_n \sim \frac{\gamma}{2\sqrt{\pi n^3}}\rho^{-n}, \rho \doteq 0.292\ 24$$

(与有标记的情况例 Ⅶ.12 相比较.). 当 r 固定时，度数等于 r 的内结点的渐近性质是什么？ ◀

▶**Ⅶ.24　具有素数度数的树和 BBY 理论.** Bell，Burris 和 Yeats 在文献[33] 中发展了一种一般的理论. 用他们的话来说就是，"几乎任何一个由非线性递归方程定义的树的族[...]都会导致形式为 $t(n) \sim C\rho^{-n}n^{-\frac{3}{2}}$ 的 Pólya 渐近律." 他们的最普遍的结果(文献[33] 定理 75)，蕴含例如节点的度数是素数的无标记的非平面树的数量也具有这种 Pólya 形式的渐近律(见注记 Ⅶ.6). ◀

无标记的功能图(映射模式). 无标记的功能图(在文献[319]69，70 页中命名为"函数") 在此用$\mathcal{F}$表示；它们对应于可以带环的无标记有向图，其中每个顶点的外度数都等于 1. 它们可以用无标记的非平面树($\mathcal{H}$) 的轮换构成的成分($\mathcal{L}$) 的多重集表示

$$\mathcal{F}=\mathrm{MSET}(\mathcal{L}), \mathcal{L}=\mathrm{CYC}(\mathcal{H}), \mathcal{H}=\mathcal{Z}\times\mathrm{MSET}(\mathcal{H})$$

上面的表示与公式(35) 中的映射的表示完全相同. 的确，无标记的功能图可用于表示映射的当标签被丢弃时所得到的"形状". 也就是说，当把映射恒同于其底层域的所有可能的排列时就会产生功能图. 这解释了有时会用这种图来作为"映射模式" 文献[436] 的替代术语. 计数序列的开头几项是 1，1，3，7，19，47，130，343，951(EIS A001372).

根据前面的式(52) 可知 $H(z)$ 的 OGF 具有平方根奇点，此外还有 $H(\rho)=1$. 无标记的轮换的转换是

$$L(z)=\sum_{j\geqslant 1}\frac{\varphi(j)}{j}\log\frac{1}{1-H(z^j)}$$

这蕴含 $L(z)$ 是一个对数式，而 $F(z)$ 具有$\frac{1}{\sqrt{Z}}$形的奇点，其中 $Z:=1-\frac{z}{\rho}$. 因此，无标记的功能图构成了一个 Ⅶ.2 节意义下 $\kappa=\frac{1}{2}$ 的指数—对数结构. 未标记功能图的数量的增长因而形式为 $C\rho^{-n}n^{-\frac{1}{2}}$ 而随机的功能图中成分的平均值像有标记的映射一样 $\sim \frac{1}{2}\log n$；对此问题的更多信息，见文献[436].

▶**Ⅶ.25　$F(z)$ 的另一种形式.** 化简 Euler 的 φ－函数(附录 A) 可以得出

$$F(z)=\prod_{k=1}^{\infty}\frac{1}{1-H(z^k)}$$

类似的形式适用于无标记轮换的多重集(注记 Ⅰ.57). ◀

无根树. 到目前为止所考虑的所有的树都是有根的并且这种模式是应用中最有用的一个. 根据定义,无根树[①]是一个无循环的(无向的)连通的图. 在这种情况下,树显然是非平面的,不区分任何特殊的根结点.

无根的有标记的树类$\mathcal{U}$的计数是容易的:显然有 $U_n=n^{n-2}$ 种这种树,由于每个结点都由其标签区分,这就要求 $nU_n=T_n$,其中 $T_n=n^{n-1}$ 可由 Cayley 公式计算. 此外,EGF $U(z)$ 满足

$$U(z)=\int_0^z\frac{T(y)}{y}\mathrm{d}y=T(z)-\frac{1}{2}T(z)^2 \tag{55}$$

就像我们在 Ⅱ.5.3 小节中讨论有标记的图时所见到的那样.

对于无根的无标记树,将出现对称性,树木可以有一个根在很多方面取决于它的形状. 例如,星图导致根的数量等于 2(选择中心或其中一个外围节点)的不同的树,而线图产生$\lceil\frac{n}{2}\rceil$种结构不同的有根树. 设$\mathcal{H}$是根系未标记的树木,而$\mathcal{I}$是无根树的类,在这个阶段,我们只有一个如下形式的一般不等式

$$I_n\leqslant H_n\leqslant nI_n$$

下面的$\frac{H_n}{I_n}$的比值的表建议答案应该是接近上界的

n	10	20	30	40	50	60
H_n/I_n	6.78	15.58	23.89	32.15	40.39	48.62

(56)

解 由下面的著名的 Otter 公式给出(注记 Ⅶ.26)

$$I(z)=H(z)-\frac{1}{2}(H(z)^2-H(z^2)) \tag{57}$$

特别,上述公式给出(EIS A000055)

$$I(z)=z+z^2+z^3+2z^4+3z^5+6z^6+11z^7+23z^8+\cdots$$

给了式(57),当 $H(z)$ 是已知时,就可由此而确定 $I(z)$. I 的收敛半径与 H 是相同的,由于 $H(z^2)$ 只引进了指数小的系数. 因而,只须分析 $H-\frac{1}{2}H^2$ 即可

$$H(z)-\frac{1}{2}H(z)^2\sim\frac{1}{2}-\delta_2 Z+\delta_3 Z^{\frac{3}{2}}+O(Z^2),Z=1-\frac{z}{\rho}$$

① 无根树有时也称为自由树.

值得注意的是 $Z^{\frac{1}{2}}$ 项的系数是0(由于 $1-x-\frac{1}{2}(1-x)^2=\frac{1}{2}+O(x^2)$)，因此 $Z^{\frac{3}{2}}$ 是 I 的实际的奇点类型. 显然，常数 δ_3 可以从 H 在 ρ 处的奇点展开式的前四项计算出来. 因而从奇点分析就得出：容量为 n 的无根树的数目满足公式

$$I_n \sim \frac{3\delta_3}{4\sqrt{\pi n^5}}\rho^{-n}, I_n \sim (0.534\ 949\ 606\ 1\cdots)(2.995\ 576\ 585\ 6\cdots)^n n^{-\frac{5}{2}} \tag{58}$$

以上数值来自文献[211]以及 Otter 的原始结果文献[466]：容量为 n 的无根树的数目平均来说大约和有根树的数目相差 $0.8n$.（当 $n=100$ 时，公式(58)的相应的误差略低于10^{-2}.）

▶Ⅶ.26　**树的不相似定理.** 下面是根据文献[50]§4.1给出的用组合学证明式(57)的方法. 设$\mathcal{I}$（和$\mathcal{I}^{\bullet-\bullet}$）分别是有一个顶点（和一条边）的无根树的类，则我们有$\mathcal{I}^{\bullet}\simeq\mathcal{H}$(有根的树) 和$\mathcal{I}^{\bullet-\bullet}\simeq \mathrm{SET}_2(\mathcal{H})$. 组合同构断言成立下式

$$\mathcal{I}^{\bullet}+\mathcal{I}^{\bullet-\bullet}\simeq\mathcal{I}+(\mathcal{I}^{\bullet}\times\mathcal{I}^{\bullet}) \tag{59}$$

证明　无根树的直径是长度最大的简单路径. 如果任何直径的长度都是偶数，就称它们的（共同的）中点为“中心”；否则，将“双中心”连成的边称为中边.（对于每棵树，必有一个中心或一个双中心.）式(59)的左侧对应于有尖点($\mathcal{I}^{\bullet}$)或边($\mathcal{I}^{\bullet-\bullet}$)的树. 右边的项$\mathcal{I}$对应于尖点恰好与规范中心或双中心重合的情况. 如果没有重合，那么，可以对有尖点的树实行剪切而得到一对有序的树.（提示：在尖点或边附近用某种规范的方式切割.）◀

Ⅶ.6　不可约的无上下文结构

在这节中，我们将讨论一些重要的无上下文类，其中一类会产生平方根奇点的普适规律，这个类自己的计数序列具有一般的渐近形式 $A^n n^{-\frac{3}{2}}$. 首先，我们叙述一个抽象的结构性结果（定理Ⅶ.5)，它把无上下文系统的“不可约性”和平方根奇点现象联系起来. 在开始证明之前，我们首先通过描述平面上的非交叉构型（这比第Ⅰ章中介绍的三角形更丰富）和随机的布尔表达式的应用来说明其梗概. 最后，我们证明了一个重要的复分析结果，即 Drmota-Lalley-Woods 定理（定理Ⅶ.6)，它给出了建立定理Ⅶ.5所需要的分析基础，并验证了不可约的无上下文表示的渐近性质. 一般代数函数将在接下来的Ⅶ.7节中加以处理.

Ⅶ.6.1　无上下文的表示和不可约模式. 我们从已经在Ⅰ.5.4节中引入的无上下文的意义开始.称一个类是无上下文的,如果这个类是有一个组合方程组的第一个分量确定的

$$\begin{cases}\mathcal{Y}_1=\mathfrak{F}_1(\mathcal{Z},\mathcal{Y}_1,\cdots,\mathcal{Y}_r)\\ \vdots\\ \mathcal{Y}_r=\mathfrak{F}_r(\mathcal{Z},\mathcal{Y}_1,\cdots,\mathcal{Y})\end{cases}\tag{60}$$

其中每一个 $\mathfrak{F}_j$ 都是一个只涉及不相交的并和卡积的组合结构(这重复了第Ⅰ章中的方程(83).).就像在Ⅰ.5.4小节中见到的那样,二叉树和一般的树,三角剖分,Dyck语言和Lukasiewicz语言都是无上下文类的例子.

作为第Ⅰ章符号法则的一个推论,无上下文类$\mathcal{C}$是一个形如

$$\begin{cases}y_1(z)=\Phi_1(y_1,\cdots,y_r)\\ \vdots\\ y_r(z)=\Phi_r(y_1,\cdots,y_r)\end{cases}\tag{61}$$

的多项式方程组的解的第一个分量($C(z)\equiv y_1(z)$),其中 Φ_j 都是多项式.由消元法(见附录B.1:代数消去法)可知,我们可以求出一个二元的多项式 $P(z,y)$ 使得

$$P(z,C(z))=0\tag{62}$$

并且 $C(z)$ 是代数函数(代数函数将在下节中一般地讨论.).

在第Ⅴ章我们研究转移矩阵方法时已讨论了线性系统的情况.因此,现在我们只须考虑非线性系统(方程式或表示),这表示在(61)中至少有一个 Φ_j 是某些 y_i 的2次或更高次的多项式,这对应于在(60)中的至少一个结构 S_j 涉及乘积 $y_k y_l$.

定义Ⅶ.5　称无上下文表示(60)是属于不可约模式的,如果它是非线性的并且它的依赖图(注记Ⅰ.8)是强连通的.称它是非周期的,如果所有的 $y_j(z)$ 都是非周期的[①].

定理Ⅶ.5　不可约的无上下文模式. 如果类$\mathcal{C}$属于不可约的无上下文模式,则它的生成函数在它的收敛半径 ρ 处具有平方根奇点

$$C(z)=\tau-\gamma\sqrt{1-\frac{z}{\rho}}+O\left(1-\frac{z}{\rho}\right)$$

其中,ρ,τ,γ 都是可计算的代数数.此外,如果 $C(z)$ 是非周期的,则其主奇点是

---

① 一个非周期函数是系数序列的跨度等于1(定义Ⅳ.5)的函数.对于不可约系统,可以验证当且仅当至少一个 y_j 是非周期时,所有的 y_j 是非周期的.

唯一的,并且其计数序列满足

$$C_n \sim \frac{\gamma}{2\sqrt{\pi n^3}}\rho^{-n} \tag{63}$$

这个定理正是以后(Ⅶ.6.3 小节)将要证明的一个属于 Drmota,Lalley 和 Woods的更强的并且有着独立兴趣的值得注意的分析定理的组合水平的转录.

可计算性问题.对于(63)中出现的数量的计算,有两种补充的方法,一种是基于原始系统(61),另一种是基于由消元法产生的单个等式(62).我们在此向读者提供一个计算方面的简要而实用的讨论,关于这个问题背景和验证,读者可参见 Ⅶ.6.3 节和 Ⅶ.7 节.

(a)方程组:考虑到下面将要证明的定理 Ⅶ.6,我们需要去求一个关于 $m+1$ 个未知数 $\rho,\tau_1,\cdots,\tau_m$ 的由 $m+1$ 个方程组成的方程组,即

$$\begin{cases}\tau=\Phi_1(\rho,\tau_1,\cdots,\tau_m)\\ \vdots\\ \tau_m=\Phi_m(\rho,\tau_1,\cdots,\tau_m)\\ 0=J(\rho,\tau_1,\cdots,\tau_m)\end{cases} \tag{64}$$

的正的实数解.我们称上面的方程组为特征方程组.这里 J 是 Jacobi 行列式

$$J(z,y_1,\cdots,y_m)=\det\left(\delta_{i,j}-\frac{\partial}{\partial y_j}\Phi_i(z,y_1,\cdots,y_m)\right) \tag{65}$$

其中 $\delta_{i,j}\equiv[[i=j]]$ 是通常的 Kronecker 符号.ρ 表示所有 $y_j(z)$ 的公共收敛半径,而 $\tau_j=y_j(\rho)$.(如果像注记 Ⅶ.28 所示的那样,出现好几种可能的 ρ 的情况,那么可以使用先验的组合界限过滤掉虚假的[①]或使用下面的(b)中的约简到最后的单个方程.)定理 Ⅶ.5 中的常数 $\gamma\equiv\gamma_1$ 那样就成为一个线性方程组(系数属于由 ρ,τ_j 生成的域)的解的一个分量,并且可以通过待定系数法确定,由于每个 y_j 的形式都是

$$y_j(z)\sim\tau_j-\gamma_j\sqrt{1-\frac{z}{\rho}},\text{当 } z\to\rho \text{ 时} \tag{66}$$

(b)方程:一般的技巧将在 Ⅶ.7 节中叙述.它们产生以下算法:(ⅰ)确定例外集,确定代数曲线的真分支和正的主奇点;(ⅱ)在先验地知道奇点是平方根类型的前提下确定奇点(Puiseux)展式中的系数.

在所有的过程中,符号代数系统在执行所需要的代数消元和组合地隔离相关的根的时候都被证明是非常有价值的(一般的符号-数字方法见,特别是,

① 这将又一次遇到 Ⅶ.4 节意义下的连接问题.

Pivoteau 等人的文献[485]). 例 Ⅶ.16 用于说明其中的一些计算.

▶**Ⅶ.27** Catalan **数和** Jacobi **行列式.** 对由 $y=1+zy^2$ 定义的 Catalan 数的 GF,特征方程组(64) 成为

$$\tau-1-\rho\tau^2=0,1-2\rho\tau=0$$

它给出我们所料到的解:$\rho=\frac{1}{4},\tau=2$. ◀

▶**Ⅶ.28** Burris **的注记.** 正如 Stanley Burris(在他的私人通信中) 所指出的那样,某些甚至非常简单的无上下文表示的特征方程组(64) 可能会存在几个正解. 考虑

$$(\mathrm{B}):\begin{cases}y_1=z(1+y_2+y_1^2)\\y_2=z(1+y_1+y_2^2)\end{cases}$$

它显然与一叉－二叉树的计数的冗余方式有关(通过确定性的 2－染色). 特征方程组是

$$\tau_1=\rho(1+\tau_2+\tau_1^2),\tau_2=\rho(1+\tau_1+\tau_2^2),(1-2\rho\tau_1)(1-2\rho\tau_2)-\rho^2=0$$

它的正解是

$$\left\{\rho=\frac{1}{3},\tau_1=\tau_2=1\right\}\cup\left\{\rho=\frac{1}{7}(2\sqrt{2}-1),\tau_1=\tau_2=\sqrt{2}+1\right\}$$

只有第一个解具有组合意义.(虽然有点类似,但这是一个出现在例 Ⅶ.20 的超树中的非不可约的无上下文表示,见图 Ⅶ.19.)

Ⅶ.6.2 组合应用. 在自由群上随机行走的格子动物(例 Ⅰ.18(文献[395])),平面上的有向行走(见文献[27,392,395]),染色的树(见文献[616])和布尔表示式的树(见文献[115] 和例 Ⅶ.17) 仅是许多属于不可约的无上下文模式的组合结构中的一些例子. Stanley 在他的书[554] 第 6 章中提出了几个代数 GF 的例子,而 Bousquet-Mélou 在文献[84] 中则给出了一个充满灵感的综述. 我们在这里仅限于对非交叉的构型和随机的布尔表达式做一个简短的讨论.

例 Ⅶ.16 非交叉的构型. 无上下文的描述可以自然地模拟各式各样的对象,其中包括特殊的拓扑几何构型 —— 我们在这里研究的是非交叉的平面构型. 所考虑的问题起源于 Rev. T. P. Kirkman 于 1857 年所做的组合思考,1974 年 Domb 和 Barett 的文献[169] 出于研究统计物理的某种扰动展开问题的目的又重新回顾了这一问题. 我们在下面所给出的材料接近于 Flajolet 和 Noy 在文献[245] 中给出的综合讨论.

对于 n 的每个值,考虑构建在所有的 n 次单位根的第 n 个复根的顶点上的

标号为 0,…,$n-1$ 的图.非交叉图是一个其中没有两个边交叉的图形.我们还可以定义连通的非交叉图,非交叉的森林(不循环的图)和非交叉的树(不循环的连通图);见图 Ⅶ.14.注意所考虑的各种图总是可以被认为是以某种规范的方式有根的(例如,在最小的下标处的顶点.).

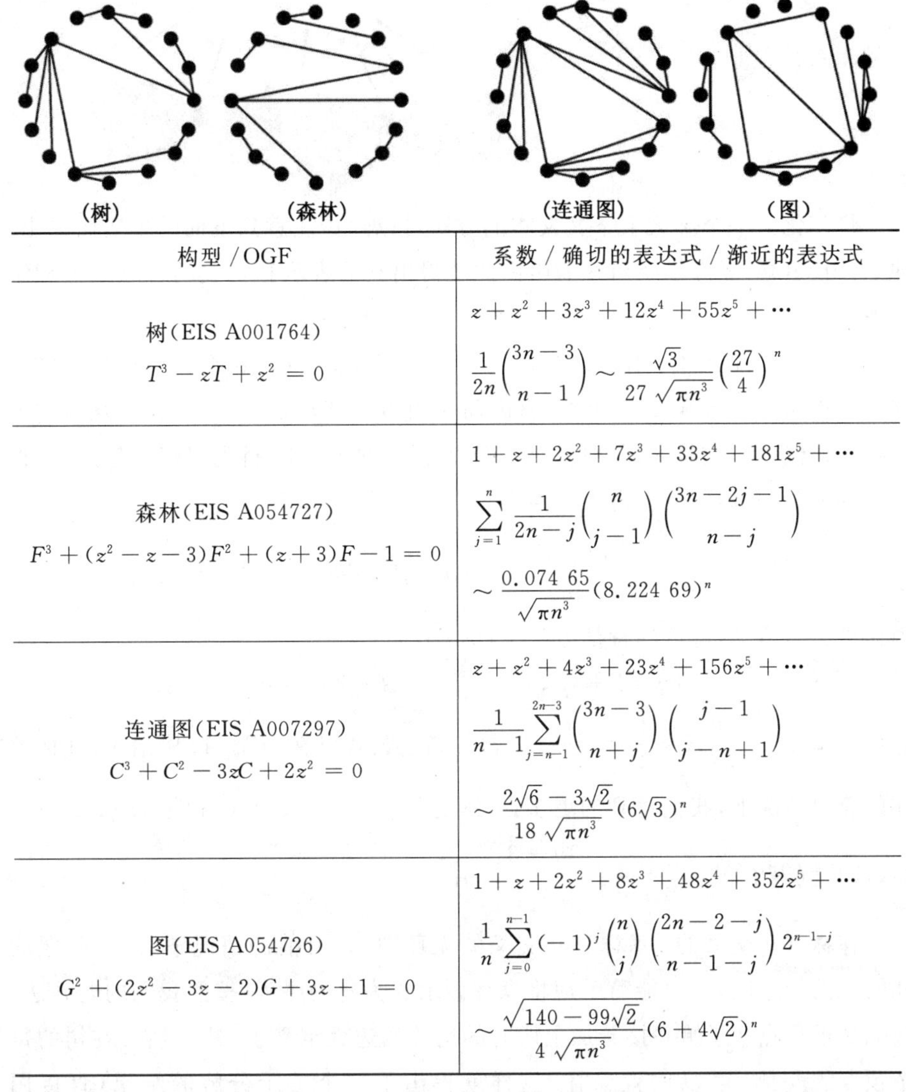

构型 / OGF	系数 / 确切的表达式 / 渐近的表达式
树(EIS A001764) $T^3-zT+z^2=0$	$z+z^2+3z^3+12z^4+55z^5+\cdots$ $\frac{1}{2n}\binom{3n-3}{n-1}\sim\frac{\sqrt{3}}{27\sqrt{\pi n^3}}\left(\frac{27}{4}\right)^n$
森林(EIS A054727) $F^3+(z^2-z-3)F^2+(z+3)F-1=0$	$1+z+2z^2+7z^3+33z^4+181z^5+\cdots$ $\sum_{j=1}^{n}\frac{1}{2n-j}\binom{n}{j-1}\binom{3n-2j-1}{n-j}$ $\sim\frac{0.074\ 65}{\sqrt{\pi n^3}}(8.224\ 69)^n$
连通图(EIS A007297) $C^3+C^2-3zC+2z^2=0$	$z+z^2+4z^3+23z^4+156z^5+\cdots$ $\frac{1}{n-1}\sum_{j=n-1}^{2n-3}\binom{3n-3}{n+j}\binom{j-1}{j-n+1}$ $\sim\frac{2\sqrt{6}-3\sqrt{2}}{18\sqrt{\pi n^3}}(6\sqrt{3})^n$
图(EIS A054726) $G^2+(2z^2-3z-2)G+3z+1=0$	$1+z+2z^2+8z^3+48z^4+352z^5+\cdots$ $\frac{1}{n}\sum_{j=0}^{n-1}(-1)^j\binom{n}{j}\binom{2n-2-j}{n-1-j}2^{n-1-j}$ $\sim\frac{\sqrt{140-99\sqrt{2}}}{4\sqrt{\pi n^3}}(6+4\sqrt{2})^n$

图 Ⅶ.14 (顶部)非交叉图:一棵树,一个森林,一个连通图和一个图.(底部)用代数函数给出的非交叉构型的枚举

树.非交叉树的根的标号是 0.向根添加顶点的有序集合,每个顶点都有一个末端的结点 v,它是两个非交叉树的共同的根,这两棵树一个在边$(0,v)$ 的左

边，另一个在$(0,v)$的右边. 设$\mathcal{T}$表示树的类，$\mathcal{U}$表示根被切掉的树. 用$\bullet \equiv \mathcal{Z}$表示一个通用节点，则我们有

$$\mathcal{T}=\bullet\times\mathcal{U},\mathcal{U}=\mathrm{SEQ}(\mathcal{U}\times\bullet\times\mathcal{U})$$

上面的表示式对应于下面的"蝴蝶分解"图

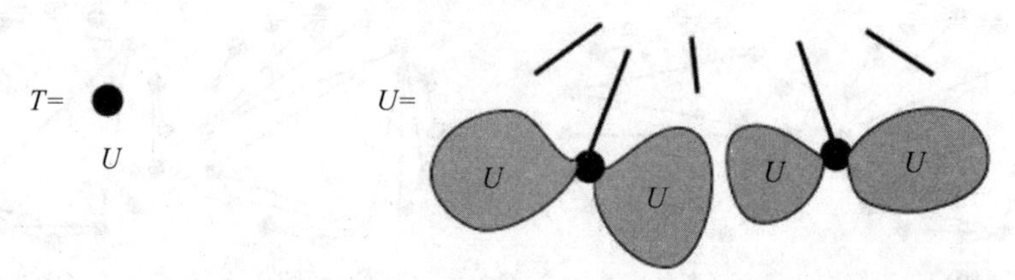

将其化为一个纯无上下文文本的方法可以通过注意到下面的事实而得出，即$\mathcal{U}=\mathrm{SEQ}(\mathcal{V})$等价于$\mathcal{U}=1+\mathcal{U}\mathcal{V}$：由此就得出它的表示和相关的多项式方程组如下

$$\{\mathcal{T}=\mathcal{Z}\mathcal{U},\mathcal{U}=1+\mathcal{U}\mathcal{V},\mathcal{V}=\mathcal{Z}\mathcal{U}\mathcal{U}\}\Rightarrow\{T=zU,U=1+UV,V=zU^2\}\tag{67}$$

这个方程组对U和V是不可约的(因而T可以立即从U得出.)，而且从看它的系数就显然可知它是非周期的. $\{U,V\}$方程组的Jacobi行列式(65)(可通过代换$z\to\rho,U\to v,V\to\beta$得出)是

$$\begin{vmatrix}1-\beta & v\\ 2\rho v & 1\end{vmatrix}=1-\beta-2\rho v^2$$

因而给出U,V的奇点的特征方程组(64)就是

$$\{v=1+v\beta,\beta=\rho v^2,1-\beta-2\rho v^2=0\}$$

它的正解是$\rho=\frac{4}{27},v=\frac{3}{2},\beta=\frac{1}{3}$. 完整的渐近公式已在图Ⅶ.14中给出(在像这样的简单情况下，我们得到的更多：T满足$T^3-zT+z^2=0$，根据Lagrange反演，从它就得出$T_n=\frac{1}{2n-1}\binom{3n-3}{n-1}$.).

森林.(非交叉的)森林是非交叉的无环图. 在目前的情况下，由于问题的几何方面的原因，不可能简单地将森林表示成为树的序列. 按照我们的老办法，我们从根顶点0开始并接着加上所有的连接的边就定义了"骨干"树. 在树的每个顶点的左侧，可以放置森林. 这样就得出了一个关于分解的结果(直接用OGF的项表示)

$$F=1+T[z\mapsto zF]\tag{68}$$

其中T是树的OGF，而F是森林的OGF. 在式(68)中$T[z\mapsto zF]$表示函数的复合. 一个标准的表示可在(67)中把z换成zF而机械地得出

$$\{F=1+T, T=zFU, U=1+UV, V=zFU^2\} \tag{69}$$

这个方程组是不可约和非周期性的,因此根据定理 Ⅶ.5,F_n 先验地具有形式为 $\gamma\omega^n n^{-\frac{3}{2}}$ 的渐近公式.可以求出特征方程组有三个解决,其中只有一个解的所有分量都是正的,它对应于 $\rho \doteq 0.121\,58$,这是三次方程 $\rho^3-8\rho^2-32\rho+4=0$ 的根(其他的常数值在例 Ⅶ.19 中可通过方程的方法得出.).

图. 类似的结构(见文献[245])给出了连通图和一般的图的 OGF,结果已列在图 Ⅶ.14 中.作为一个小结,我们有

命题 Ⅶ.6 非交叉的树,森林,连通图和一般的图的数目都有形式为

$$\frac{C}{\sqrt{\pi n^3}}A^n$$

的渐近公式.

渐近估计的共同形状是值得注意的,正像对一类一般情况的每个特定情况都有二项式表达式一样(注记 Ⅶ.34,其中介绍了"解释"这种二项式表达式存在的一般框架.).

例 Ⅶ.17 随机的 Boole 表达式. 我们重新考虑在例 Ⅰ.15 中和例 Ⅰ.17 中引入的和 Rhodes 岛的 Hipparchus 和 Schröder 有关的由和一或树的形式构成的布尔表达式.这种表达式可用二进制加以描述,树的内部节点可以用"∨"(或一函数)或"∧"(和一函数)标记;外部节点是形式变量和它们的否定("侧边的符号").我们设变量的数目 m 是固定的,所有布尔表达式的类 $\mathcal{E}$ 满足一个形式为

$$\mathcal{E} = {}_{\mathcal{E}}\swarrow\overset{\vee}{}\searrow_{\mathcal{E}} + {}_{\mathcal{E}}\swarrow\overset{\wedge}{}\searrow_{\mathcal{E}} + \sum_{j=1}^{m}\left(\boxed{x_j}+\boxed{\neg x_j}\right)$$

的符号方程.容量取成(二叉的)内结点的数目,即 Boole 连接符的数目.每个用这种和一或树的形式给出的 Bool 表达式都代表了 2^{2^m} 个函数中的某个有 m 个变量的布尔函数.相应的 OGF 和系数是

$$E(z)=\frac{1-\sqrt{1-16mz}}{4z}$$

$$E_n \equiv [z^n]E(z)=2^n(2m)^{n+1}\frac{1}{n+1}\binom{2n}{n} \sim \frac{2m}{\sqrt{\pi n^3}}(16m)^n$$

$E(z)$ 的收敛半径是 $\rho=\dfrac{1}{16m}$.

我们的目的是建立下面的属于 Lefmann 和 Savicky 的文献[405]的结果,

我们的证明是按照文献[115]做的.

命题 Ⅶ.7 设 f 是一个有 m(m 固定)个变量的 Boole 函数,则当 $n\to\infty$ 时,通过容量为 n 的随机的和－或公式计算 f 的概率收敛到一个常数 $\overline{\omega}(f)\neq 0$.

证明 对每个 f,考虑计算 f 的表达式的子类$\mathcal{Y}_f\subset\mathcal{E}$,则我们共有 2^{2^m} 个那种类.然后通过考虑函数 f 的所有可能的产生方式就立即可以写出描述$\mathcal{Y}_f$的组合方程式.实际上,如果 f 不是一个字母,则

$$\mathcal{Y}_f=\sum_{(g\vee h)=f}\mathcal{Y}_g\overset{\vee}{\swarrow\searrow}\mathcal{Y}_h+\sum_{(g\wedge h)=f}\mathcal{Y}_g\overset{\vee}{\swarrow\searrow}\mathcal{Y}_h$$

而如果(比如说)$f=x_j$,则有

$$\mathcal{Y}_f=\boxed{x_j}+\sum_{(g\vee h)=f}\mathcal{Y}_g\overset{\vee}{\swarrow\searrow}\mathcal{Y}_h+\sum_{(g\wedge h)=f}\mathcal{Y}_g\overset{\vee}{\swarrow\searrow}\mathcal{Y}_h$$

因而,在生成函数层次,我们有一个 2^{2^m} 个多项式的方程组.这个方程组是不可约的:给了两个(比如说)由 Φ 和 Γ 表示的函数 f 和 g,我们总是可以构造一个用 Φ 和 Γ 表示 f 的树,其形式为

$$(\Phi\wedge(\mathrm{True}\vee\Gamma))=((\Phi\wedge((x_1\vee\neg x_1)\vee\Gamma)))$$

因而任何一个$\mathcal{Y}_f$都依赖于任何一个$\mathcal{Y}_g$.类似的论证基于以下事实

$$\mathrm{True}=(\mathrm{True}\wedge\mathrm{True})=(\mathrm{True}\wedge\mathrm{True}\wedge\mathrm{True})=\cdots$$

其中“True”本身又可表示成$(x_1\vee\neg x_1)=((x_1\wedge x_1)\vee\neg x_1)=\cdots$,这就保证了非周期性.因而应用定理 Ⅶ.5 就得出:所有的$\mathcal{Y}_f$都有相同的收敛半径,并且由于$\mathcal{E}=\sum_f\mathcal{Y}_f$,这个收敛半径必须等于 $E(z)$ 的收敛半径(即 $\rho=\frac{1}{16m}$).这就证明了命题.

刻画一个函数 f 的极限概率$\overline{\omega}(f)$和其结构复杂性之间的关系是一个有趣的而且基本上是开放的问题.不过至少对于 $m=1,2,3$ 的情况可以精确地和数值地解决:如文献[115]的数据所显示的那样,似乎低复杂度的函数倾向于更频繁地发生.

Ⅶ.6.3 不可约多项式方程组的分析. 定理 Ⅶ.5 背后的分析引擎是一个基本性的结果,即由几位研究者独立得出的“Drmota-Lalley-Woods”(DLW)定理:Drmota 的文献[172]在研究过程中开发了一个关于各种由无上下文语法定义的树的族中的极限律的定理的版本;Woods 的文献[616],出于研究 Bool 复杂性和有限模理论问题的动机,给出了一种用对树的染色规则形式表示的结

果；最后，Lalley 的文献[395]在定量化群上的随机行走的返回概率问题时得出了类似的一般性结果. Drmota 和 Lalley 说明了如何对简单参数提取极限的高斯定律(通过微扰分析；见第 IX 章)；Woods 说明了即使在某些周期的或非不可约的情况下如何也可以推导出系数的估计.

为了处理后面的内容，我们从多项式方程组

$$\{y_f = \Phi_j(z, y_1, \cdots, y_m)\}, j = 1, \cdots, m$$

开始. 根据我们在本节开始时所做的说明，我们只考虑非线性方程组，其含义是至少有一个多项式 Φ_j 关于未定元 $y_1, \cdots, y_m$ 是非线性的(在第 V 章中已很全面地讨论过线性方程组了.).

为了能将结果应用到组合学上，我们要求所讨论的多项式系统具有下述 4 种性质. 第一个自然是正条件.

(i) 代数正性(或 a — 正性). 称一个多项式系统是 a — 正的，如果多项式 Φ_j 的所有分量都具有非负的系数.

接下来，我们希望限于考虑具有唯一解向量 $(y_1, \cdots, y_m) \in (C[[z]])^m$ 的方程组. 定义一个 $\overrightarrow{y} \in (C[[z]])^m$ 的 z — 估值 $\mathrm{val}(\overrightarrow{y})$ 是对所有的 j，单独的估值① $\mathrm{val}(y_j)$ 中的最小者. 又定义两个向量之间的距离是 $d(\overrightarrow{u}, \overrightarrow{v}) = 2^{-\mathrm{val}(\overrightarrow{u} - \overrightarrow{v})}$：那么我们要求的第二个性质便是

(ii) 代数适当性(或 a—适当性). 称一个多项式方程组说是 a—适当的，如果它满足 Lipschitz 条件

$$d(\Phi(\overrightarrow{y}), \Phi(\overrightarrow{y}')) < Kd(\overrightarrow{y}, \overrightarrow{y}'), 0 < K < 1$$

在这种情况下，变换 Φ 在由形式幂级数所构成的完权的度量空间中是压缩的，根据一般的不动点定理，方程式 $\overrightarrow{y} = \Phi(\overrightarrow{y})$ 有唯一解. 这个解可以通过迭代方法得出

$$\overline{y}^{(0)} = (0, \cdots, 0)^{\mathrm{T}}, \overline{y}^{(h+1)} = \phi(\overline{y}^{(h)}), \overline{y} = \lim_{h \to \infty} \overline{y}^{(h)}$$

关键的概念是不可简化性. 对于一个多项式系统，$\overrightarrow{y} = \Phi(\overrightarrow{y})$，将其关联的依赖图以通常的方式定义为顶点为数字 $1, \cdots, m$ 的图，如果 y_j 是 Φ_k 中的项，则终点在顶点 j 的边就是 $k \to j$.

(iii) 代数不可约性(或 a — 不可约性). 称一个多项式方程组是不可约的，

---

① 设 $f = \sum_{n=\beta}^{\infty} f_n z^n$，其中 $f_0 = \cdots = f_{\beta-1} = 0, f_\beta \neq 0$；$f$ 的估值的定义是 $\mathrm{val}(f) = \beta$；见附录A. 5：形式幂级数.

如果它的依赖图是强连通的.(这个概念对应于定义 Ⅶ.5.)

最后,我们要求方程组具有通常的技术性条件 —— 非周期性.

(ⅳ) 代数非周期性(或 $a-$ 非周期性). 称一个适当的多项式方程组是非周期的,如果它的解的每个分量在定义 Ⅳ.5 的意义下都是非周期的.

定理 Ⅶ.6　不可约的正多项式方程组,DLW 定理. 考虑一个 $a-$ 正的,$a-$ 适当的以及 $a-$ 不可约的非线性多项式方程组 $\vec{y}=\Phi(\vec{y})$,则它的解的所有的分量 y_j 都具有相同的收敛半径 $\rho<\infty$,并且存在在原点解析的函数 h_j 使得在 ρ 的邻域内成立

$$y_j=h_j\left(\sqrt{1-\frac{z}{\rho}}\right) \tag{70}$$

此外,所有其他的主奇点都具有 $\rho\omega$ 的形式,其中 ω 是单位根. 如果还有方程组是非周期的,则所有的 y_j 的唯一的主奇点都是 ρ. 在这种情况下,系数具有完全的渐近展开式

$$[z^n]y_j(z)\sim\rho^{-n}\left(\sum_{k\geqslant 0}d_k n^{-\frac{3}{2}-k}\right) \tag{71}$$

其中 d_k 是可计算的.

证明　证明由合并根据分阶段的假设所得的结论组成. 它基本上是基于对多变量隐函数定理“失效”的仔细研究以及在这种情况下导致平方根奇点的方式.

(a) 作为一个初步的观察,我们注意到每个解的分量 y_j 都是一个具有非零收敛半径的代数函数. 这可以通过优级数的方法直接验证(注记 Ⅳ.20),或作为隐函数定理(附录 B.5:隐函数定理) 的多变量版本的一个结果而得出.

(b) 适当性和方程组的正性蕴含每个 $y_j(z)$ 在零点的展开式中的系数都是非负的,由于这些系数都是具有非负系数的近似表达式的极限. 特别,从正性可以得出,ρ_j 是 y_j 的一个奇点(根据 Pringsheim 定理). 从代数函数的奇点的已知性质(即下面的 Newton-Puiseux 定理),必存在某个阶数 $R\geqslant 0$,使得当 $z\to\rho_j^-$ 时每个 R 阶导数 $\partial_z^R y_j(z)$ 都成为无穷.

现在我们证明 $\rho_1=\cdots=\rho_m$. 实际上,微分组成方程组的方程蕴含着任意 r 阶的导数 $\partial_z^r y_j(z)$ 是其他的同阶的导数 $\partial_z^r y_j(z)$(以及更低阶导数的多项式) 的线性型;这些线性组合和多项式也具有非负系数. 假设半径并非全部相等,比如说 $\rho_1=\cdots=\rho_s$,而其他的 $\rho_{s+1},\cdots$ 都严格地更大. 那么考虑微分了足够多的 R 次的方程组. 那么当 $z\to\rho_1$ 时,对 $j\leqslant s$,我们必须有 $\partial_z^R y_j$ 趋于无穷大. 另一方面,y_{s+1} 等量是解析的,因此它们的 R 阶导数也是解析的,因而必须趋于有限的极

限.换句话说,由于不可约性假设(及再次由于正性),无穷大必须传播,这就得出矛盾.因此:所有的 y_j 都有相同的收敛半径.设 ρ 表示这个共同的值.

(c_1) 关键性的一步是建立在共同的奇点 ρ 处奇点的类型是平方根性的.首先考虑一维的标量情况,即

$$y-\phi(z,y)=0 \tag{72}$$

其中假设 ϕ 是 y 的非线性多项式并且具有非负系数.这种情况属于光滑的隐函数模式,我们现在用这一节中的看法对它再做一个简要的论证.

设 $y(z)$ 是在零点解析的代数函数的唯一的分支,对照等式 $y=\phi(z,y)$ 中 y 的渐近阶数表明(通过非线性)当 z 趋向于一个有限的极限时,我们不可能有 $y\to\infty$.现在设 ρ 是 $y(z)$ 的收敛半径.由于 $y(z)$ 在其奇点 ρ 处必然是有限的,我们可设 $\tau=y(\rho)$,并注意,通过连续性就有 $\tau-\phi(\rho,\tau)=0$.

根据隐函数定理,可以把(72)的解 (z_0,y_0) 解析延拓到 z_0 附近的 $(z,y_0(z))$ 点处,只要对于 y 的导数(最简单形式的 Jacobi 行列式)

$$J(z_0,y_0):=1-\phi'_y(z_0,y_0)$$

保持不等于0即可.由于 ρ 是奇点,因此我们必须有 $J(\rho,\tau)=0$.另一方面,二阶导数 $-\phi''_{yy}$ 在 (ρ,τ) 处不等于0(根据非线性和正性).因而,定义方程(72)在 (ρ,τ) 处关于 (z,y) 的局部展开式就是

$$-(z-\rho)\phi'_z(\rho,\tau)-\frac{1}{2}(y-\tau)^2\phi''_{yy}(\rho,\tau)+\cdots=0$$

这蕴含奇点的展开式为

$$y-\tau=-\gamma\sqrt{1-\frac{z}{\rho}}+\cdots$$

这就对标量情况证明了定理的断言的第一部分.

(c_2) 对于多变量情况,我们借用了 Lalley 的文献[395]中的基于 Perron-Frobenius 的适用于线性方程组的理论的版本的巧妙论证.首先,不可约性意味着任何解的分量 y_j 都是正的并且是非线性的(可能通过迭代 Φ),如果我们假设任何一个 y_j 趋向于无穷大,这就与渐近性质矛盾.因此每个 $y_j(z)$ 在正的主奇点 ρ 处保持有限.

现在,隐函数定理的多变量版本(定理 B.6)保证了我们对在 z_0 处的解 y_1, $y_2,\cdots,y_m$ 局部地进行解析延拓,只要 Jacobi 行列式

$$J(z_0,y_1,\cdots,y_m):=\det\left(\delta_{1,j}-\frac{\partial}{\partial y_j}\Phi_i(z_0,y_1,\cdots,y_m)\right)_{i,j=1,\cdots,m}$$

不变为0.因而,我们必须有

$$J(\rho,\tau_1,\cdots,\tau_m)=0 \tag{73}$$

其中 $\tau_j=y_j(\rho)$.

下面的证明用到了 Perron-Frobenius 理论(Ⅴ.5.2 节和注记 Ⅴ.34) 和线性代数. 考虑 Jacobi 矩阵

$$K(z,y_1,\cdots,y_m):=\left(\delta_{1,j}-\frac{\partial}{\partial y_j}\Phi_i(z,y_1,\cdots,y_m)\right)_{i,j=1,\cdots,m}$$

它表示 Φ 的"线性部分". 由于 $z,y_1,\cdots,y_m$ 都是非负的,所以矩阵 K 的元素都是正的(由于 Φ 的正性),因此 Perron-Frobenius 理论适用于它. 特别,它有一个模要比所有其他的特征值的模都大的正的特征值 $\lambda(z,y_1,\cdots,y_m)$. 数量

$$\lambda(z):=\lambda(z,y_1(z),\cdots,y_m(z))$$

是递增的,由于当 $z\geqslant 0$ 时,它是本身是递增的矩阵元素的递增函数.

我们现在证明 $\lambda(\rho)=1$,实际上,我们可以排除 $\lambda(\rho)<1$ 的情况,否则 $I-K$ 在 $z=\rho$ 时是可逆的,而这将蕴含 $J\neq 0$,和 ρ 是 $y_j(z)$ 的奇点矛盾. 现在设 $\lambda(\rho)>1$,那么由 $\lambda(z)$ 的单调性和连续性可知,必将存在一个 $\bar{\rho}<\rho$,使得 $\lambda(\bar{\rho})<1$. 设 $\bar{v}$ 是 $K(\bar{\rho},y_1(\bar{\rho}),\cdots,y_m(\bar{\rho}))$ 的对应于特征值 $\lambda(\bar{\rho})$ 的左特征向量,那么 Perron-Frobenius 理论门保证向量 $\bar{v}$ 的所有分量都是正的. 用 $\bar{v}$ 左乘对应于 y 和 $\Phi(y)$(它们是相等的) 的列向量,我们就得到一个恒等式;这个恒等式就给出下面的在 $\bar{\rho}$ 附近的展开式

$$A(z-\bar{\rho})=-\sum_{i,j}B_{i,j}(y_i(z)-y_i(\bar{\rho}))(y_j(z)-y_j(\bar{\rho}))+\cdots \tag{74}$$

其中 $\cdots$ 是低阶项,系数 $A>0$,$B_{i,j}$ 是非负数. 如果我们假设每个 y_i 在 $\bar{\rho}$ 点都是解析的,那么就可得出一个和增长的阶之间的矛盾,由于(74) 的左边的阶是精确的 $z-\bar{\rho}$,而右边的阶至少与 $(z-\bar{\rho})^2$ 一样小. 因此,我们必须有 $\lambda(\rho)=1$ 以及当 $x\in(0,\rho)$ 时,$\lambda(x)<1$.

把 $\bar{\rho}$ 换成 ρ,然后做类似于(74) 的计算最后表明,如果

$$y_i(z)-y_i(\rho)\sim\gamma_i(\rho-z)^{\alpha}$$

那么渐近展开式两边阶的一致性必然蕴含 $2\alpha=1$,即 $\alpha=\frac{1}{2}$. 因而我们已经证明了解的所有的分量 $y_i(z)$ 在 ρ 点处都具有平方根奇点($(\rho-z)^{\frac{1}{2}}$ 的幂的完全展开式的存在性可从对以上论证的改进得出.). 这就完成了一般情况下(70) 的证明.

(d) 在非周期情况下,我们首先观察到对每个 $y_j(z)$,我们都不能假定它在其收敛圆的圆周 $|z|=\rho$ 上的值是无穷大,否则这将与 $y_j(z)$ 在开盘 $|z|<\rho$ 上

的有界性(其中可用 $y_j(\rho)$ 作为上界)矛盾. 因此,根据奇点分析可得出,任何 $y_j(z)$ 的 Taylor 系数的阶都是 $O(n^{-1-\eta})$,其中 $\eta>1$ 并且在原点表示 y_j 的级数在 $|z|=\rho$ 上收敛.

为了证明剩下的结论,我们注意,如果 $\vec{y}=\Phi(z,\vec{y})$,那么就有 $\vec{y}=\Phi^{(m)}(z,\vec{y})$,其中上标表示变换 Φ 对于变量 $\vec{y}$ 所做的迭代的次数. 根据不可约性可知,构成 $\Phi^{(m)}$ 的每个分量的多项式都包含所有的变量.

现在假设在 $|z|=\rho$ 上存在某些 $y_j(z)$ 的奇点 $\rho^*=\rho$,则由三角不等式就得出 $|y_j(\rho^*)|\leqslant y_j(\rho)$,更强的形式 $|y_j(\rho^*)|<y_j(\rho)$ 可从水仙花引理得出. 然后,考虑在 $y_j(\rho^*)$ 处所取的 $\Phi^{(m)}$ 的 Jacobi 矩阵 $K^{(m)}$,那么在 $y_j(\rho)$ 处所取的 Jacobi 矩阵 $K^{(m)}$ 的元素将严格大于在 $y_j(\rho^*)$ 处所取的 Jacobi 矩阵 $K^{(m)}$ 的元素. 因此,$K^{(m)}(z,\vec{y}_j(\rho^*))$ 的主特征值必须严格地小于1,这将蕴含 $1-K^{(m)}(z,\vec{y}_j(\rho^*))$ 是可逆的,因此 $y_j(z)$ 在 ρ^* 处将是解析的. 这与 ρ 是每个 y_j 的唯一的主奇点矛盾,这就证明了定理的结论.

DLW 定理的许多扩展都是可能的,正如下面的注记和参考文献所表明的那样 —— 基本的论证是有力的,灵活的和非常一般的. 在第 Ⅸ 章中进一步探讨了由 Drmota 和 Lalley 得出的关于极限分布的结果.

▶Ⅶ.29 **解析系统.** Drmota 的文献[172]已经证明了 DLW 定理的结论中关于平方根奇点的普遍性,对更一般的从 $\mathbb{C}^{m+1}$ 到 $\mathbb{C}$ 的解析函数 Φ_j,只要特征方程组在使得 Φ_j 解析的区域中有正解,这一定理就仍然有效.(见文献[172]和[99]中关于确切条件的讨论)因而,这一扩展统一了 DLW 定理和关于光滑的隐函数模式的定理 Ⅶ.3 的结论. ◀

▶Ⅶ.30 **Pólya 系统.** Woods 的文献[616]已经证明了对于一些关于 MSET_k 的 Pólya 算子的方程组也可以用扩展的 DLW 定理加以处理,因而统一了这一定理和定理 Ⅶ.4 的结论. ◀

▶Ⅶ.31 **无限的系统.** Lalley 的文献[398]把 DLW 定理扩展到了某些无限的由生成函数组成的方程组上去. 这使得某些在有限群的无限的自由积上的随机行走的概率有可能定量化. ◀

当定理 Ⅶ.5 和 Ⅶ.6 的实质性假设,即正性或不可约性不能满足时,平方根奇点性质就不再是普遍性的结论了. 例如,由正的但可约的方程组确定的超级树有四次方根类型的奇点(我们将在例 Ⅶ.20 中重新讨论的例 Ⅶ.10). 接下来我们将在 Ⅶ.7 节中讨论适用于任何代数函数的一般方法,这一方法是基于这种函数的最小多项式方程(而不是一个方程组). 注意,那里的结果并不总是能包含现在的结果的，由于通过消元，当系统被约简时，结构不会被保留到一个方程式中去. 但我们至少希望从一个正的(但可约简的)方程组中可以直接确定解的奇异行为的类型，但是涉及这一计划的系统研究尚未开展起来.

Ⅶ.7 代数函数的一般分析

可以把代数级数和代数函数简单地定义成多项式方程或方程组的解. 它们的奇点强烈地限于分支点，在奇点处的局部展开已知是作为 Newton-Puiseux 展式(Ⅶ.7.1 小节)的分数幂的级数. 然后奇点分析即可系统地适用于代数函数，并得出它们的系数的渐近表达式的形式为

$$C\cdot\omega^n n^{\frac{p}{q}},\frac{p}{q}\in\mathbb{Q}\setminus\{-1,-2,\cdots\} \tag{75}$$

见 Ⅶ.7.2 小节. 后一种形式包括了在处理反函数，隐函数和不可约系统时反复遇到过的指数$\frac{p}{q}=-\frac{3}{2}$的特殊情况. 在本节中，我们将开发导致渐近形式(75)的基本的结构性的结果. 然而，在代数情况下设计一种有效的计算(75)中的特征常数方法(即决策程序)却并不明确. 我们将描述几种算法以便定位和分析奇点(例如，Newton 多边形方法). 特别，代数函数的多值的特征要求我们解决所谓的连接问题.

基础. 我们用下面的代数函数或级数的定义(关于其变体，见注记Ⅶ.32.)作为这一节讨论的出发点.

定义 Ⅶ.6 称一个在点 z_0 的邻域$\mathcal{V}$中解析的函数 $f(z)$ 是代数的，如果存在一个(非零的)多项式 $P(z,y)\in\mathbb{C}[z,y]$ 使得

$$P(z,f(z))=0,z\in\mathcal{V} \tag{76}$$

称一个幂级数是一个代数幂级数，如果它与某个代数函数在零点的展开式重合.

代数级数或代数函数 f 的次数的定义是所有能化零 f 的多项式的次数 $\deg_y P(z,y)$ 中的最小的次数程度是最小值(因此有理级数是次数为 1 的代数级数). 我们总可以假设 P 在$\mathbb{C}$上是不可约的(即 $P=QR$ 蕴含 Q 或 R 是一个数量)并且具有最小的次数.

一个代数函数一开始也可能是由一个形如

$$\begin{cases} P_1(z, y_1, \cdots, y_m) = 0 \\ \quad\vdots \\ P_m(z, y_1, \cdots, y_m) = 0 \end{cases} \tag{77}$$

的方程组定义的,其中每个 P_j 都是一个多项式.方程组(77)的解的定义是一个使得每个 P_j 都化零的 m 元组($f_1, \cdots, f_m$),即 $P_j(z, f_1, \cdots, f_m) = 0$.任何 f_j 都称为解的一个分量.消元理论的一个基本的但并不平凡的结果是一个非退化的多项式方程组的解的任何一个分量都是代数级数(附录 B.1:代数消去法).换句话说,我们可以消去冗余的变量 $y_2, \cdots, y_m$ 而得出一个单独的二元多项式 Q 使得 $Q(z, y_1) = 0$.

我们强调指出,在等式(76)或系统(77)的定义中,没有假设任何形式的正性或不可约性.因此现在给出的分析适用于任何代数函数,无论它是否来自组合函数.

▶Ⅶ.32 **代数级数的代数定义**.按照通常的代数级数的定义,习惯上称 f 是一个代数级数,如果它的形式幂级数满足 $P(z, f) = 0$,而不用先验地考虑这个级数的收敛问题.然后用优级数技巧可以证明 f 的系数的增长是指数式的.因而这一形式上不同的定义实际上与定义 Ⅶ.6 是等价的. ◀

▶Ⅶ.33 **"Alg in Diag of Rat"(代数函数是有理函数的对角线)**.每个 $\mathbb{C}(z)$ 上的代数函数 $F(z)$ 是一个有理函数 $G(x, y) = \dfrac{A(x, y)}{B(x, y)} \in \mathbb{C}(x, y)$ 的对角线,确切地说就是

$$F(z) = \sum_{n \geqslant 0} G_{n,n} z^n, G(x, y) = \sum_{m,n \geqslant 0} G_{m,n} x^m y^n$$

Denef 和 Lipshitz 的文献[154]中的一个定理蕴含了上述结论,这一定理与完整性框架有关(附录 B.4:完整函数). ◀

▶Ⅶ.34 **多重和与代数系数**.设 $F(z)$ 是一个代数函数,那么 $F_n = [z^n]F(z)$ 是一个如下定义的"多重形式"的(有限的)线性组合

$$S_n(\mathbf{C}: h; c_1, \cdots, c_r) := \sum_{\mathbf{C}} \binom{n_0 + h}{n_1, \cdots, n_r} c_1^{n_1} \cdots c_r^{n_r}$$

其中求和遍历一个 $n_0, n_1, \cdots, n_r$ 所满足的和 n 有关的线性不等式组 $\mathbf{C}$ 的所有的 $n_0, n_1, \cdots, n_r$ 的值.(提示:Denef-Lipshitz 的结果.)因此:任何 $\mathbb{Q}(z)$ 上的代数函数的系数总是具有组合(即二项式)表达式.(Eisenstein 引理可以用来建立 $\mathbb{Q}(z)$ 上的代数性.)另一个证明可以基于注记 Ⅳ.39 和 B.5 的等式(31). ◀

Ⅶ.7.1 一般的代数函数的奇点

Ⅶ.7.1 一般的代数函数的奇点.设 $P(z, y)$ 是 $\mathbb{C}(z, y)$ 上的一个不可约

多项式

$$P(z,y)=p_0(z)y^d+p_1(z)y^{d-1}+\cdots+p_d(z)$$

多项式方程 $P(z,y)=0$ 的解定义了$\mathbb{C}\times\mathbb{C}$中点$(z,y)$的轨迹，称为复代数曲线. 设 d 是 P 的 y 次数. 那么，对于每个 z，最多有 d 个可能的 y 值. 实际上，存在 y 的“几乎总是”排除了有限种情况的 d 值，即

—— 如果 z_0 使得 $p_0(z_0)=0$，则 y 的次数将减小，因此减少了特定值 $z=z_0$ 的有限个 y 解的数目. 人们可以方便地将消失的点看成“在无穷远处的点”(正式地说，我们然后将在投影平面中操作.).

—— 如果 z_0 使得 $P(z_0,y)$ 有重根，那么 y 的某些值将合并.

定义 P 的例外集是如下的集合(其中 **R** 是附录 B.1:代数消去法中得出的一个数量.)

$$\Xi[P]:=\{z\mid R(z)=0\},R(z):=\mathbf{R}(P(z,y),\partial_y P(z,y),y) \qquad (78)$$

量 $R(z)$ 也称为 $P(z,y)$ 的判别式，其中 y 是主变量，z 是参数. 如果 $z\notin\Xi[P]$，那么我们可以保证 $P(z,y)=0$ 存在 d 个不同的解，由于 $p_0(z)\neq 0$ 并且 $\partial_y P(z,y)\neq 0$. 因而，根据隐函数定理，每个解 y_j 都可以提升为一个局部解析的函数 $y_j(z)$. 代数曲线 $P(z,y)=0$ 的分支是选择一个这种 $y_j(z)$ 及其使得它解析的一个复平面中的单连通区域.

因此，只有当 z 位于例外集 $\Xi[P]$ 中时，才会出现代数函数的奇点. 在使得 $p_0(z_0)=0$ 的点 z_0 处，某些分支逃逸到无穷远，因此无须再分析. 在使得多项式 $R(z)=0$，但 $p_0(z)\neq 0$ 的点处，则两个或多个分支发生碰撞. 这可以是一个多重点(两个或多个分支碰巧有相同的值，但每个分支都在 z_0 周围是一个解析函数)或分支点(某些分支实际上不再是分析的). Bernoulli 给出了一个经典的双扭线的例子，其中的异常点不是分支点:在原点，两个分支相遇，其中每个在那里都是解析的(图 Ⅶ.15).

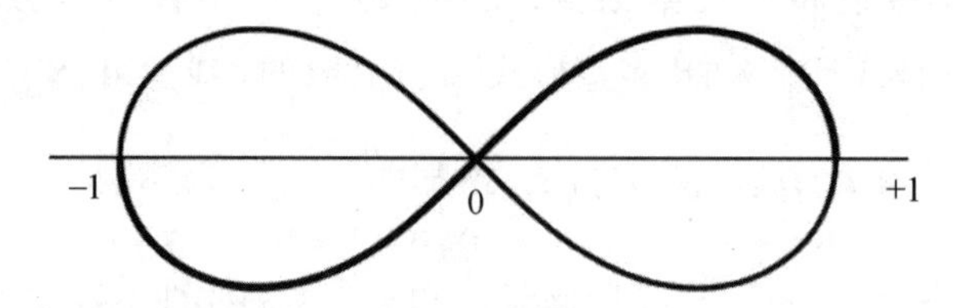

图 Ⅶ.15 Bernoulli的双扭线，其定义为 $P(z,y)=(z^2+y^2)^2-(z^2-y^2)=0$:原点是两个解析分支相遇的二重点;$z=\pm 1$ 处还有两个实分支点

通过先看看对复代数曲线的实的部分有什么限制可以得出复代数曲线的

拓扑的部分知识.考虑例如多项式方程 $P(z,y)=0$,其中

$$P(z,y)=y-1-zy^2$$

它定义了 Catalan 数的 OGF.在图 Ⅶ.16 中描出了这个曲线的实部.曲线的复的方面,由 $\Im(y)$ 作为 z 的函数也在图中给出.按照上面的说明,在每个点上方通常有两个部分(分支).例外集由下面的判别式的根给出

$$\mathcal{R}=z(1-4z)$$

即 $z=0,\frac{1}{4}$.对于 $z=0$,其中一个分支逃逸到无穷远处,而对于 $z=\frac{1}{4}$,两个分支相遇并且有一个分支点:见图 Ⅶ.16.

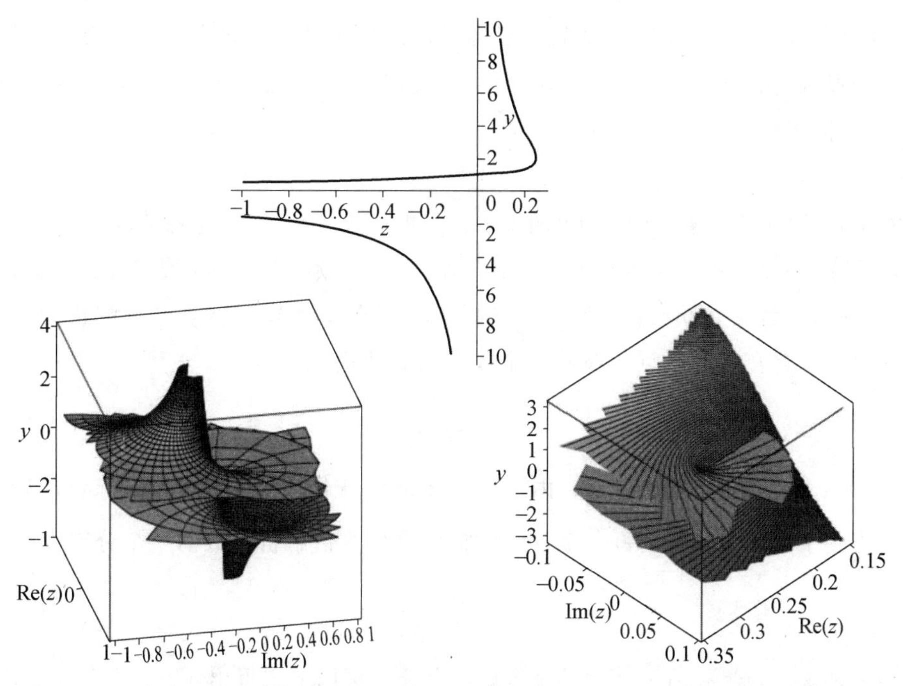

图 Ⅶ.16 Catalan曲线的实部(上方).作为 $z=(\Re(z),\Im(z))$ 的函数的 $\Im(y)$ 的形象描在左下方.$\Im(y)$ 在分支点 $z=\frac{1}{4}$ 附近有一个吹涨(blow-up)(右下方).

总之,例外集为代数函数的奇点提供了一组可能的候选者.

引理 Ⅶ.4 代数函数奇点的定位. 设 $y(z)$ 在原点解析,满足多项式方程 $P(z,y)=0$,那么就可以沿着从原点发出的任何简单的但不跨越由式(78)定义的例外集中的点的路径解析延拓 $y(z)$.

证明 在任何不是例外的 z_0 和对满足 $P(z_0,y_0)=0$ 的 y_0 处,判别式为非零蕴含 $P(z_0,y)$ 有一个单根 y_0,并且我们有 $P_y(z_0,y_0)\neq 0$.根据隐函数定理,

代数函数 $y(z)$ 在 z_0 的邻域中解析.

奇点的性质. 我们从一个位于原点的例外点开始讨论(通过平移 $z \mapsto z + z_0$)并假设方程 $P(0,y)=0$ 有 k 个相等的根 $y_1,\cdots,y_k$,而 $y=0$ 是它们的公共值(通过平移 $y \mapsto y+y_0$ 或如果考虑无穷远点,则做变换 $y \mapsto \frac{1}{y}$). 考虑有洞的圆盘 $|z|<r$,它不包括关于 P 的任何例外点. 在下面的论证中,我们设当 $z \to 0$ 时,$y_1(z),\cdots,y_k(z)$ 是根确定的解析函数.

从实的区间$(0,r)$ 内部的任意值开始,其中数量 $y_1(z)$ 是 z 的局部解析的函数. 根据隐函数定理 $y_1(z)$,可以沿着从 z 开始的包围原点的任意简单回路(并留在有洞的圆盘内)返回到 z 点. 然后,持续地保持解析性,$y_1(z)$ 将进入另一个根,比如,$y_1^{(1)}(z)$ 处. 重复这个过程,我们看到,经过某个次数 κ,$1 \leqslant \kappa \leqslant k$ 后,我们将得到一个根

$$y_1(z)=y_1^{(0)}(z),\cdots,y_1^{(\kappa)}(z)=y_1(z)$$

的集合,这个集合有 κ 个不同的值. 称这些根形成一个环. 在这种情况下,$y_1(t^\kappa)$ 是 t 的解函数,除了零点可能是一个例外,它是连续的并且具有值 0. 因此(根据可去除奇点,见 Morera 定理) 的一般原理,它在零点处实际上也是解析的. 这反过来蕴含在零点附近存在着一个收敛的展开式

$$y_1(t^\kappa)=\sum_{n=1}^{\infty} c_n t^n \tag{79}$$

(参数 t 称为局部单值化参数,因为它把多值函数化成了单值函数.) 这可以转换成关于 z 的话:$z^{\frac{1}{k}}$ 的每一个确定的值就产生多值解析函数的一个分支为

$$y_1(z)=\sum_{n=1}^{\infty} c_n z^{\frac{n}{\kappa}} \tag{80}$$

换一种说法,设 $\omega=\mathrm{e}^{\frac{2\pi \mathrm{i}}{\kappa}}$ 是单位根,则 κ 个分支可用下式得出

$$y_1^{(j)}(z)=\sum_{n=1}^{\infty} c_n \omega^n z^{\frac{n}{k}}$$

其中每一个都在一个开的 $<2\pi$ 的扇形中有效. ($\kappa=1$ 的情况对应于一个解析分支.)

如果 $\kappa=k$,则环将包括所有趋于 0 的根. 否则,我们用另一个根重复这个过程,并以这种方式最终耗尽所有的根. 因此,在 $z=0$ 处的所有的 k 个值为 0 的根被分成了长度不同的环的组 $\kappa_1,\cdots,\kappa_l$. 最后,通过变量替换 $y=\frac{1}{u}$ 将无穷远处的 y 值变为零则将在 y 的展式中导致负指数.

定理 Ⅶ.7 Newton-Puiseux **的奇点展开**. 设 $f(z)$ 是代数函数 $P(z,f(z))=0$ 的一个分支,则在奇点 ζ 的一个沿着从 ζ 发出的射线割开的圆形邻域中,对 $(z-\zeta)^{\frac{1}{\kappa}}$ 的一个固定的分支,$f(z)$ 具有以下形式的局部收敛的分数级数展开式(Puiseux 展开式)

$$f(z)=\sum_{k\geqslant k_0}c_k(z-\zeta)^{\frac{k}{\kappa}}$$

其中 $k_0\in\mathbb{Z}$,而 κ 是一个 $\geqslant 1$ 的称为"分支类型"[①] 的整数.

Newton 发现了定理 Ⅶ.7 的代数形式并发表在他的著名的论文 *De Methodis Serierum et Fluxionum*(流数的级数方法,1671 年完成) 中. 这一方法后来由 Victor Puiseux(1820—1883) 加以发展,因此分数级数展开习惯上又称为 Puiseux 级数. 上面给出的论证取自 Hille 在文献[334]第 12 章,卷 Ⅱ 中给出的巧妙证明. 它被称为"单值论证",意思是它的证明是沿着一条从复平面中的解析函数的一个定值开始最后又返回到原来的值的路径做出的.

Newton **多边形**. Newton 还描述了一种构造性的确定在点 (z_0,y_0) 附近的分支类型的方法. 根据前面的讨论,我们总可认为这个点是 $(0,0)$. 为了引入讨论,我们先用 $z_0=\frac{1}{4}$ 附近的 Catalan 生成函数为例. 初等代数给出了两个分支的显示表达式

$$y_1(z)=\frac{1}{2z}(1-\sqrt{1-4z}),y_2(z)=\frac{1}{2z}(1+\sqrt{1-4z})$$

它们的形式与定理 Ⅶ.7 中断言的一致. 然而我们也可以直接从方程

$$P(z,y)\equiv y-1-zy^2=0$$

开始. 在做变换 $z=\frac{1}{4}-Z$(减号仅仅是为了符号的记法上方便),$y=2+Y$ 后,我们就有

$$Q(Z,Y)\equiv-\frac{1}{4}Y^2+4Z+4ZY+ZY^2 \tag{81}$$

现在我们寻找形式为 $Y=cZ^{\alpha}(1+o(1))$ 的解,其中 $c\neq 0$. 它的存在性可由定理 Ⅶ.7(Newton-Puiseux) 先验地保证. 式(81) 中的每个单项式产生一个确定的渐近项的阶,分别为 $Z^{2\alpha},Z^1,Z^{\alpha+1},Z^{2\alpha+1}$. 为使等式两边能够恒等,$Q(z,y)$ 的主渐近项的阶数必须是 0. 由于 $c\neq 0$,这只能在上面的阶的指数组$(2\alpha,1,\alpha+1,$

① 在一般的讨论时,如果 $k_0<0$,则 $\kappa=1$ 是可能的(在 $f(\zeta)=\infty$ 的极点情况下);如果 $k_0\geqslant 0$,则只有在 $\kappa\geqslant 2$ 时才存在奇点($|f(\zeta)|<\infty$ 的分支点情况).

$2\alpha+1$) 中两个或更多个相同并且在 $Q(z,y)$ 中对应的单项式的系数之和为零才成，这是一个关于常数 c 的代数约束条件. 此外，所有其余的单项式的指数必须更大，由于我们假设它们代表较低渐近阶的项.

验证了所有可能的指数的组合后，我们发现只有一种组合才能消掉 Q 的前两项，即 $-\frac{1}{4}Y^2+4Z$，它对应于下面的限制

$$2\alpha=1,-\frac{1}{4}c^2+4=0$$

以及一组补充的条件 $\alpha+1>1, 2\alpha+1>1$. 这导致选择 $\alpha=\frac{1}{2}$. 因而我们发现 $Q(z,y)=0$ 将导致下面的渐近表达式

$$Y\sim 4Z^{\frac{1}{2}}, Y\sim -4Z^{\frac{1}{2}}$$

我们可以用减去主项的方法迭代这一过程. 它总是给出满足 $Q(z,y)=0$ 的升级到完全形式的渐近展开的形式级数(在 Catalan 函数的例子中，这个完全的展开式就是一个 $\pm Z^{\frac{1}{2}}$ 的级数.). 此外，用初等的优级数方法可以得出这种形式上的渐近解确实是收敛的. 从而，确实已经确定了分支的局部展开式.

有一种改进的算法(也属于 Newton) 被称为 Newton 多边形方法. 考虑一般的多项式

$$Q(Z,Y)=\sum_{j\in J}Z^{a_j}Y^{b_j}$$

它对应了 $\mathbb{N}\times\mathbb{N}$ 中的点 (a_j,b_j) 的一个称为 Newton 图的有限的集合. 容易验证只有形式为 $Y\propto Z^{\tau}$ 的渐近解才能对应于 Newton 图中的两个或多个点的反斜率(即 $\frac{\Delta x}{\Delta y}$) 的值等于 τ 的连线(这表示 Q 的两个单项式之间的消去条件)，并且图中的所有其他点都在这条线或它的右边(因为其他单项式必须有较小的阶). 换句话说：我们有如下的

Newton 的多边形方法 *任何可能的使得 $Y\sim cZ^{\tau}$ 是多项式方程的解的指数 τ 都对应于 Newton 图的最左边的凸包的一条直线的反斜率 对于每个可行的 τ，多项式方程都给出了一个相应的系数 c 可能的值的限制 重复这一过程就可以得出完全的展式，这表示我们可通过替换 $Y\mapsto Y-cZ^{\tau}$ 将 Y 从它的主项中分出更低阶的项*

图 Ⅶ.17 图示了在曲线 $P=0$ 的情况下在原点附近发生了什么，其中

$$\begin{aligned}P(z,y)&=(y-z^2)(y^2-z)(y^2-z^3)-z^3y^3\\&=y^5-y^3z-y^4z^2+y^2z^3-2z^3y^3+z^4y+z^5y^2-z^6\end{aligned}$$

正如因式部分所暗示的那样，我们可预计曲线会（局部地）类似于两个正交的抛物线与曲线 $y=\pm z^{\frac{3}{2}}$ 的并集并且有一个尖点，即是

$$y=z^2, y=\pm\sqrt{z}, y=\pm z^{\frac{3}{2}}$$

的并集. 从图中可以看出，在原点可能的使得 $Y\propto Z^{\tau}$ 成立的指数的值就是组成包络的线段的反斜率，即

$$\tau=2, \tau=\frac{1}{2}, \tau=\frac{3}{2}$$

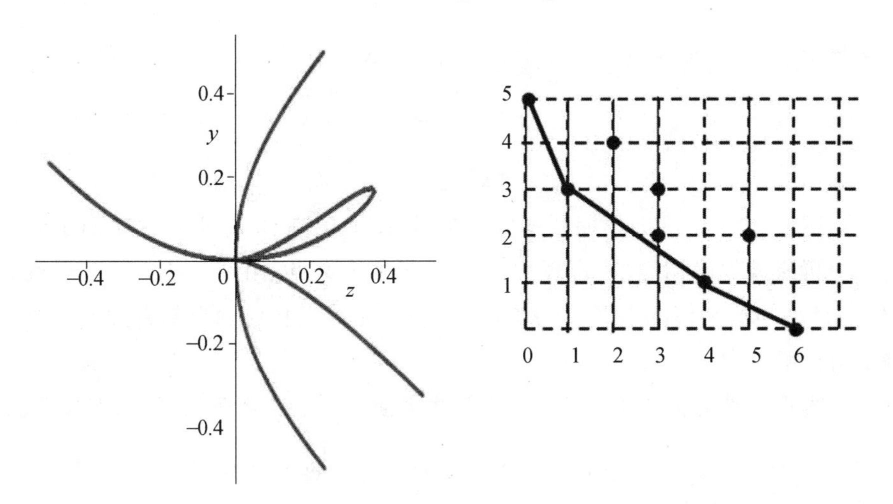

图 Ⅶ.17　由方程 $P=(y-z^2)(y^2-z)(y^2-z^3)-z^3y^3$ 定义的在(0,0)附近的实代数曲线(左边)和对应的 Newton 图(右边)

在实际计算时，一旦确定了分支类型 τ，展式开始处的值 k_0 和第一个系数，完全的展式就可通过把主部从函数的第一项中分解出来并重复 Newton 图的构造的方法恢复出来.

事实上，经过几次初始阶段的迭代之后，最后总是可以应用待定系数法把其余的未知量求出来(Bruno，Salvy，私人通信，2000 年 8 月). 计算机代数系统通常都把这个过程的程序作为标准包之一；见文献[531].

Ⅶ.7.2　系数的渐近形式. Newton-Puiseux 定理正是描述了代数函数的局部奇点的确切的结构. 展式在奇点周围是有效的，特别，它们在为了应用奇点分析的形式转换机制所要求的类型的缩进的圆盘中有效.

定理 Ⅶ.8　代数渐近. 设 $f(z)=\sum_n f_n z^n$ 是一个在零点解析的代数函数的分支. 设 $f(z)$ 在它的收敛盘上有唯一的主奇点 $z=\alpha_1$，那么在非极点的情况下，系数 f_n 满足以下的展开式

$$f_n \sim \alpha_1^{-n}\Big(\sum_{k\geqslant k_0} d_k n^{-1\frac{k}{\kappa}}\Big) \tag{82}$$

其中 $k_0 \in \mathbb{Z}$，而 κ 是一个 $\geqslant 2$ 的整数. 在极点情况下，$\kappa = 1$，而 $k_0 < 0$，估计式(82) 是一个有限形式(指数多项式).

如果 $f(z)$ 有几个主奇点 $|\alpha_1| = |\alpha_2| = \cdots = |\alpha_r|$，则存在下面的渐近分解表达式(其中 $\mathcal{E} > 0$ 是一个固定的小的正数)

$$f_n = \sum_{j=1}^{r} \phi^{(j)}(n) + O((|\alpha_1| + \mathcal{E}))^{-n} \tag{83}$$

其中每个 $\phi^{(j)}(n)$ 都具有一个完全的渐近展开式

$$\phi^{(j)}(n) \sim \alpha_j^{-n}\Big(\sum_{k\geqslant k_0^{(j)}} d_k^{(j)} n^{-1-\frac{k}{\kappa_j}}\Big)$$

其中 $k_0^{(j)} \in \mathbb{Z}$，而 κ_j 是一个 $\geqslant 2$ 的整数或 $\kappa_j = 1$ 而 $k_0^{(j)} < 0$.

证明 这个定理的早期版本可见文献[220]定理D. 定理 Ⅶ.7 给出了展式奇点分析所需的确切类型(定理 Ⅵ.4). 对于多个奇点，用到了基于复合围道的定理 Ⅵ.5：在这种情况下，每个 $\phi^{(j)}(n)$ 的贡献是通过相应的局部奇点元素的转换而得出的.

在多重奇点的情况下，(83) 中的某些主项可能发生部分的抵消，例如考虑

$$\frac{1}{\sqrt{1-\frac{6}{5}z+z^2}} = 1 + 0.60z + 0.04z^2 - 0.36z^3 - 0.408z^4 - \cdots$$

其中的函数根据有理系数渐近的相应讨论(Ⅳ.6.1 小节) 有两个和 π 不可公测的复共轭奇点. 幸运的是，这种细致的算术情况往往不会在组合情况中出现.

例 Ⅶ.18 一叉 － 二叉树的分支. 一叉 － 二叉树的生成函数 $f(z)$(Motzkin 数) 由 $P(z, f(z))$ 定义，其中

$$P(z, y) = y - z - zy - zy^2$$

因此

$$f(z) = \frac{1 - z - \sqrt{1 - 2z - 3z^2}}{2z} = \frac{1 - z - \sqrt{(1+z)(1-3z)}}{2z}$$

只存在两个分支，f 和它的共轭 $\overline{f}$，它们在 $z = \frac{1}{3}$ 处形成一个 2－环. 从 f 的显式形式或从定义方程中可以明显地看出，所有分支的奇点在 $0, -1, \frac{1}{3}$ 处. 表示 $f(z)$ 在原点的分支在那里是解析的(根据一般的论证或问题的组合起源). 因此，$f(z)$ 的主奇点在 $\frac{1}{3}$，并且在它的模数的类中是唯一的. 因而一旦 $f(z)$ 在

1/3 附近展开后，定理 Ⅶ.8 的"简单"情况就适用于它. 一般来说，如果我们使用局部的单值化参数，并根据接近奇点的方向选择符号，可使计算的组织更加简单. 在这个例子中，我们设 $z=\frac{1}{3}-\delta^2$，并求出

$$f(z)=1-3\delta+\frac{9}{2}\delta^2-\frac{63}{8}\delta^3+\frac{27}{2}\delta^4-\frac{2\ 997}{128}\delta^5+\cdots,\delta=\left(\frac{1}{3}-z\right)^{\frac{1}{2}}$$

由此，可立即转换成系数的渐近表达式

$$f_n\equiv[z^n]f(z)\sim\frac{3^{n+\frac{1}{2}}}{2\sqrt{\pi n^3}}\left(1-\frac{5}{16n}+\frac{505}{512n^2}-\frac{8\ 085}{8\ 192n^3}+\cdots\right)$$

这与例 Ⅵ.3 中用直接求导的方法得出的结果是一致的.

▶**Ⅶ.35　元渐近性.** 估计 Catalan-Motzkin(一叉－二叉树)数的渐近展开式中系数的增长的阶. ◀

例 Ⅶ.19　非交叉森林的分支. 考虑多项式方程 $P(z,y)=0$，其中

$$P(z,y)=y^3+(z^2-z-3)y^2+(z+3)y-1$$

(它的分支见图 Ⅶ.18)，它的组合的 GF 满足 $P(z,y)=0$，并且由初条件 $P(z,F)=0$，即

$$F(z)=1+2z+7z^2+33z^3+181z^4+1\ 083z^5+\cdots$$

(EIS A054727) 确定. $F(z)$ 是由例 Ⅶ.16 中定义的非交叉森林的 OGF.

例外集可机械地计算，其元素是判别式

$$R=-z^3(5z^3-8z^2-32z+4)$$

的根. Newton 图表明在 0 处有两个分支，不妨称之为 y_0 和 y_2，其中 $y_0=1-\sqrt{z}+O(z)$，$y_2=1+\sqrt{z}+O(z)$，它们形成一个长度为 2 的环. 而它的"中间分支" $y_1=1+z+O(z^2)$ 对应于组合的 GF $F(z)$.

非零的例外点是$\mathcal{R}$的三次因子，即

$$\Omega\doteq\{-1.930\ 28,0.121\ 58,3.408\ 69\}$$

设 $\xi\doteq0.125\ 8$(译者注：此数据与上面所给的数据不一致，应为 $\xi\doteq0.121\ 6$，因此致使下面的计算结果全部有误，译者已按照 $\xi\doteq0.121\ 58$ 重新做了计算.) 是在 $(0,1)$ 中的根，根据 Pringsheim 定理和一个无限的组合类必须在 $[0,1]$ 中有主奇点这一事实就得出 $y_1(z)$ 的仅有的正的主奇点是 ξ.

对 ξ 附近的 z，三次根的三个分支中一个是在值近似于 0.678 16 左右的解析分支，另外两个共轭的分支位于 $z=\xi$ 处的值约为 1.214 29 处，它们构成了一个环. 两个共轭分支的奇点类型是

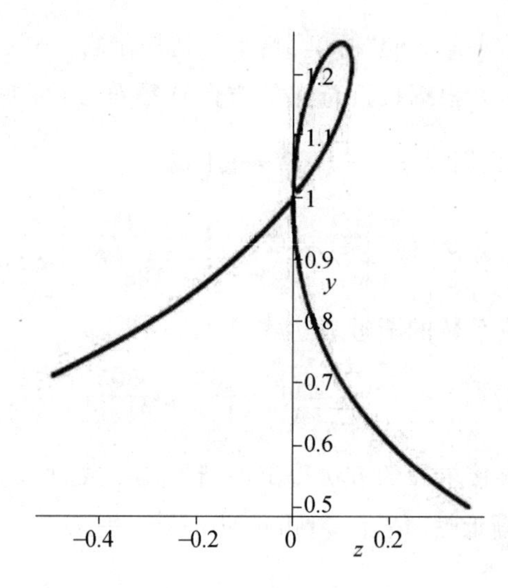

图 Ⅶ.18　对应于非交叉森林的实代数曲线

$$\alpha \pm \beta\sqrt{1-\frac{z}{\xi}}$$

其中

$$\alpha = \frac{43}{37} + \frac{18}{37}\xi - \frac{35}{74}\xi^2 \doteq 1.214\ 32$$

$$\beta = \frac{1}{37}\sqrt{228 - 981\xi - 5\ 290\xi^2} \doteq 0.149\ 35$$

$z \to \xi^-$ 时必须采用负号来表示组合的GF，否则将得到非负的渐近估计的系数．或者，我们也可以沿着$(0,\xi)$的三个实分支验证它们在0和ξ^-处的互相匹配的方式，然后相应地得出结论．

综合以上的结果，通过奇点分析的办法，我们最终得出以下估计

$$F_n = \frac{\beta}{2\sqrt{\pi n^3}}\omega^n\left(1+O\left(\frac{1}{n}\right)\right), \omega = \frac{1}{\xi} \doteq 8.224\ 69$$

其中ξ是上面给出的三次代数数，而β是上面给出的六次代数数．

例 Ⅶ.20　超树的分支．考虑四次方程

$$y^4 - 2y^3 + (1+2z)y^2 - 2yz + 4z^3 = 0$$

并设K是在零点处由初条件

$$K(z) = 2z^2 + 2z^3 + 8z^4 + 18z^5 + 64z^6 + 188z^7 + \cdots$$

确定的解析分支．OGF K对应于例 Ⅵ.10 中的双色超树．图 Ⅶ.19 中给出了它的部分图．

可以求出它的判别式为

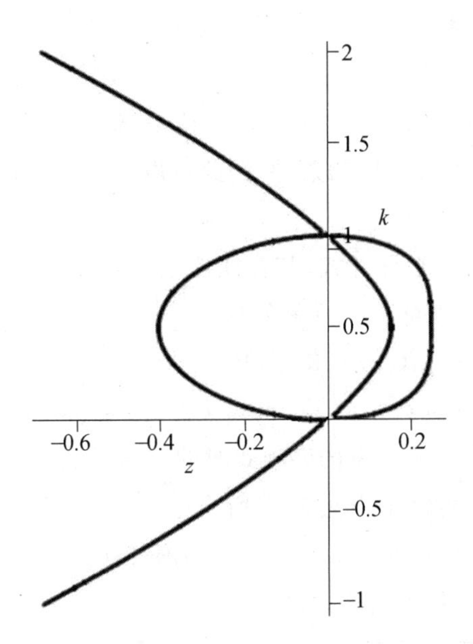

图 Ⅶ.19　对应于类型为 K 的超树的生成函数的实代数曲线

$$\mathcal{R}=16z^4(16z^2+4z-1)(-1+4z)^3$$

它的根在 $\frac{1}{4}$ 和 $\frac{-1\pm\sqrt{5}}{8}$ 处. 组合上有兴趣的分支的主奇点在 $z=\frac{1}{4}$ 处，$K\left(\frac{1}{4}\right)=\frac{1}{2}$. 变换 $z=\frac{1}{4}+Z, y=\frac{1}{2}+Y$ 把基本方程变换成

$$4Y^4+8ZY^2+16Z^3+12Z^2+Z=0$$

按照 Newton 多边形方法，主要的抵消来自 $4Y^4+Z=0$：这对应于 Newton 图中的反斜率等于 $\frac{1}{4}$ 的段，因此对应于由四个共轭分支构成的环，即第四个根处的奇点. 因而，我们有

$$K(z)\underset{z\to\frac{1}{4}}{\sim}\frac{1}{2}-\frac{1}{\sqrt{2}}\left(\frac{1}{4}-z\right)^{\frac{1}{4}}-\frac{1}{\sqrt{2}}\left(\frac{1}{4}-z\right)^{\frac{3}{4}}+\cdots,[z^n]K(z)\underset{n\to\infty}{\sim}\frac{4^n}{8\Gamma\left(\frac{3}{4}\right)n^{\frac{5}{4}}}$$

这与原来所求出的值(Ⅵ.9)是一致的.

可计算的系数的渐近. 前面的讨论包含了用于推导任意代数函数的系数的渐近展开的完整算法的萌芽. 我们在注记 Ⅶ.36 中概述了这一算法的主要原理，同时给读者留下了一些细节. 我们注意到了连接问题：每个点周围的各类部分的“形状”(包括例外点) 现在都已经知道了，但仍剩下一个将它们连接在一起，看看当从一个在原点的给定的分支出发时会首先遇到哪些部分的问题.

▶Ⅶ.36　**代数系数渐近(ACA).** 下面是这一算法的一个大致的轮廓.

算法 ACA:

输入:多项式 $P(z,y)$,$d=\deg_y P(z,y)$;使得 $P(z,Y)$ 的级数 $Y(z)$,我们认为对 $Y(z)$ 已经给出了充分多的初条件,因此可以将 $Y(z)$ 与其他的分支区别开来.

输出:$[z^n]Y(z)$ 的渐近展开式,其存在性已由定理 Ⅶ.8 保证.算法包含三个主要步骤:准备(ⅰ),主奇点(ⅱ)和转换(ⅲ).

ⅰ.**准备**:定义判别式 $\mathbf{R}(z)=\mathbf{R}(P,P'_y,y)$;

(P_1) 计算例外集 $\Xi=\{z\mid R(z)=0\}$ 以及无穷远点 $\Xi_0=\{z\mid p_0(z)=0\}$,其中 $p_0(z)$ 是把 $P(z,y)$ 看成 y 的多项式时的首项系数.

(P_2) 在 $\Xi\cup\{0\}$ 的每个点处确定所有 d 个分支的 Puiseux 展开式(用 Newton 图或定性系数).这也包括解析分支的展开式.设 $\{y_{\alpha,j}(z)\}_{j=1}^{d}$ 是所有的在点 $\alpha\in\Xi\cup\{0\}$ 处的那种展式的并集.

(P_3) 确定在 0 处对应于 $Y(z)$ 的分支.

ⅱ.**主奇点**:(控制匹配分支的渐近)设 $\Xi_1,\Xi_2,\cdots$ 是把 $\Xi\cup\{0\}$ 中的点按照它们的模的值递增的顺序分类而得的点集:即 $\alpha\in\Xi_i,\beta\in\Xi_j$ 等价于 $|\alpha|<|\beta|,i<j$.几何上这表示我们已经把 Ξ 的元素按照它们在哪个同心圆上分成了组.为此,首先必须完成准备步骤.

(D_1) 确定在任何 Ξ 的点处的分支的 Puiseux 展式的局部收敛半径的非零下界 δ,那种下界可从 Ξ 的元素之间的最小距离和方程的次数 d 构造出来.

按顺序检查集合 Ξ_j,直到检测到其中之一包含一个奇点为止.在步骤 j,设 $\sigma_1,\sigma_2,\cdots,\sigma_s,\sigma$ 是 Ξ_j 的元素的任意列表.问题是确定是否任何一个 σ_k 都是奇点,并且在 σ_k 是奇点的情况下,找到与之相关的正确的分支.算法的这一部分通过分支的受控的数值近似和构造不同的分支之间的最小间隔的界来进行.

(D_2) 对每个候选的奇点 $\sigma_k,k\geqslant 2$,设 $\zeta_k=\sigma_k\left(1-\dfrac{\delta}{2}\right)$.根据假设,每个 ζ_k 都在 $Y(z)$ 和任意的 $y_{\sigma_k,j}$ 的收敛域中.

(D_3) 计算 $P(\zeta_k,y)=0$ 的任意两个根之间的最小距离的非零下界 η_k,这个界可从已得到的计算结果得出.

(D_4) 估计 $Y(\zeta_k)$ 和每个 $y_{\sigma_k,j}(\zeta_k)$ 到高于$\dfrac{\eta_k}{4}$ 的精度.如果发现当 $z=\zeta_k$ 时 $Y(z)$ 和 $y_{\sigma_k,j}(z)$ 之间的距离(在数值上)小于 η_k,那么就认为它们已经匹配上了:即 σ_k 是一个奇点并且 $y_{\sigma_k,j}$ 对应于这个奇点.否则就认为 σ_k 是 $Y(z)$ 的正则

点并废除其奇点候选者的资格.

重复关于 j 的主循环,直到检测到奇点为止,当 $j=j_0$ 使得收敛半径 ρ 等于 Ξ_{j_0} 的元素的共同的模时,就保留对应的奇点元素.

ⅲ. **系数的展开式.** 收集在步骤 ⅱ 中已确定为主奇点的所有点 σ 处的奇点元素. 应用奇点分析规则逐项转换

$$(\sigma-z)^{\frac{p}{\kappa}}\mapsto\sigma^{\frac{p}{\kappa}-n}\frac{\Gamma\left(-\frac{p}{\kappa}+n\right)}{\Gamma\left(-\frac{p}{\kappa}\right)\Gamma(n+1)}$$

如果需要,可以将多项式重新组织成 n 的降幂. ◀

这一算法证明了以下断言(见 Chabaud 的论文[110]).

命题 Ⅶ.8 代数连接的可判定性. 代数函数的分支的主奇点可以用注记 Ⅶ.36 中的算法 ACA 的有限次操作确定.

▶ **Ⅶ.37** Eisenstein **引理.** 设 $y(z)$ 是一个满足 $\Phi(z,y(z))=0$ 的具有有理系数的代数函数(例如,组合生成函数),其中多项式 Φ 的系数在 $\mathbb{C}$ 中. 那么就存在一个具有整数系数的多项式 Ψ 使得 $\Psi(z,y(z))=0$(提示见文献[65]. 考虑 Φ 的系数是 1 和一个无理数 α 的 $\mathbb{Q}$-线性组合的情况,令 $\Phi(z,y)=\Phi_1(z,y)+\alpha\Phi_\alpha(z,y)$,其中 $\Phi_1,\Phi_\alpha\in\mathbb{Q}[z,y]$;提取 $[z^n]\Phi(z,y(z))$ 将产生 1 和 α 之间的 $\mathbb{Q}$-线性关系,除非 Φ_1,Φ_α 之一是平凡的,这时情况必然如此.). 因此,我们就可以得出 $\Psi(z,y)$ 在 $\mathbb{Q}[z,y]$ 中. 去分母后,就得出 $\Psi(z,y)$ 在 $\mathbb{Z}[z,y]$ 中. 因此,如果代数函数 $y(z)$ 具有有理系数,则存在一个整数 B 使得对所有的 n 我们都有 $B^n[z^n]y(z)\in\mathbb{Z}$. 由于存在无穷多个素数,函数 $e^z,\log(1+z),\sum\frac{z^n}{n^2},\sum\frac{z^n}{(n!)^3}$ 等都是超越的(即不是代数的). ◀

▶ **Ⅶ.38 二项式系数的幂.** 定义 $S_r(z)=\sum_{n\geqslant0}\binom{2n}{n}^r z^n$,其中 $r\in\mathbb{Z}_{>0}$. 对偶数 $r=2v$,函数 S_{2v} 是超越的(不是代数的),由于在它的奇点展开式中会出现对数项. 对奇数 $r=2v+1,r\geqslant3$,函数 S_{2v+1} 仍然是超越的,由于数 π 的超越性,见文献[220]. 这些函数出现在 Pólya 的酒鬼问题中(例 Ⅵ.14). 比起算术超越理论中的"硬"问题来,通过显示与 Newton-Puiseux 定理相矛盾的局部展式来建立函数的超越性通常是"容易的". ◀

Ⅶ.8　代数函数的组合应用

在这一节中,我们将以一种扩展了基本符号方法的方式引进其构造可导致代数函数的对象.这包括:允许有限数量跳跃的行走(Ⅶ.8.1 小节),和平面地图(Ⅶ.8.2 小节).在这些情况下,二元函数方程反映了对象的组合分解.这些函数方程的通常的形式是

$$\Phi(z,u,F(z,u),h_1(z),\cdots,h_r(z))=0 \tag{84}$$

其中,Φ 是已知的多项式,F 和 $h_1,\cdots,h_r$ 是未知函数.我们需要特殊的方法以获得这些头一眼看去似乎是非常不确定的函数方程的解.行走和短途游览导致(84)的线性版本,用所谓的内核方法处理.地图导致了非线性版本,这种问题需通过 Tutte 的二次方法求解.在这两种情况下,我们的策略都是把 z 和 u 强制绑定在一条(适当选择的以消除对 $F(z,u)$ 的依赖性的)代数曲线上,然后再抽掉这种特殊操作的后果.因而渐近估计就可以从这种代数解发展而来了,这要归咎于上一节所阐述的一般方法.

Ⅶ.8.1　行走和内核方法. 我们从 $\mathbb{Z}$ 的一个被称为跳跃集的有限子集 Ω 开始.一个(相对于 Ω 的)行走是一个使得 $w_0=0$ 以及对所有的 $i,0\leqslant i<n$ 有 $w_{i+1}-w_i\in\Omega$ 的序列 $w=(w_0,w_1,\cdots,w_n)$.一个非负的行走(也称为"漫步(meander)"),满足 $w_i\geqslant 0$,而一个游览是附加了条件 $w_n=0$ 的非负行走.桥是一个使得 $w_n=0$ 的行走.n 称为行走或游览的长度.在 Ⅴ.4 节中分析过的 Dyck 路径和 Motzkin 路径是分别对应于 $\Omega=\{-1,+1\}$ 和 $\Omega=\{-1,0,+1\}$ 的游览的例子(行走和游览也和 Ⅴ.5 节意义下的图中的路径有些关系.).

我们设 $-c$ 表示跳跃的最小的负值,d 表示跳跃的最大的正值.在这个讨论中,行走的基本规则是用如下的行走特征多项式[①]来刻画的

$$S(y):=\sum_{\omega\in\Omega}y^{\omega}=\sum_{j=-c}^{d}S_jy^j$$

这是一个 Laurent 多项式,即涉及变量 y 的负的幂的多项式.

行走. 首先我们注意行走的 BGF 的有理特征,其中 z 标记长度,u 标记最后的高度

---

① 如果 Ω 是一个集合,则 S 的系数在 $\{0,1\}$ 中.这里所介绍的处理方法适用于所有系数是任意正实数的一般情况.这包括了概率情况以及跳跃值的多重集合.

$$W(z,u)=\frac{1}{1-zS(u)} \tag{85}$$

由于行走的最后的高度可能是负的，因此上式是 u 的 Laurent 级数.

桥. 形式上，桥的 GF 是$[u^0]w(z,u)$. 由于桥对应于以高度 0 为结尾的行走，因而我们有

$$B(z)=\frac{1}{2\pi\mathrm{i}}\int_\gamma \frac{1}{1-zS(u)}\frac{\mathrm{d}u}{u} \tag{86}$$

就像下面的讨论中那样，上面的积分是在沿着分开小分支和大分支的圆 γ 进行的. 然后我们就可以通过留数来估计积分：细节见文献[27]；最终的结果是公式(97).

游览和漫步. 下面我们通过对应的 OGF 来确定长度为 n，类型为 Ω 的游览的数目 F_n

$$F(z)=\sum_{n=0}^{\infty}F_n z^n$$

事实上，我们将确定更一般的 BGF

$$F(z,u):=\sum_{n,k}F_{n,k}u^k z^n$$

其中 $F_{n,k}$ 是长度为 n，最终高度为 k(即，在行走的定义中 w_n 的值等于 k) 的非负行走(漫步) 的数量. 特别，我们有 $F(z)=F(z,0)$.

这一小节的主要结果可以非正式地叙述如下(见命题 Ⅶ.9 和命题 Ⅶ.10)：

对于每个有限集 $\Omega\in\mathbb{Z}$，游览的生成函数是可根据 Ω 明确可计算的代数函数. 长度为 n 的游览的数目渐近地满足一个下面形式的普适律

$$CA^n n^{-\frac{3}{2}}$$

有很多种方式可以查到此结果. 这一问题通常在概率论范围内用 Wiener-Hopf 因子分析法处理见文献[515]，而 Lalley 的文献[396] 从这个角度给出了一个深刻的分析处理. 在另一个层面上，Labelle 和 Yeh 的文献[392] 表明游览的无歧义的无上下文的表示可以系统地构造. 这个事实足以保证 GF $F(z)$ 是代数的.(他们的方法隐含地基于下推自动机本身的构造，根据一般原理，这等价于无上下文语法.)Labelle-Yeh 构造将问题归咎到一个大的，但有些"盲目" 的组合预处理问题上. 因此，对于分析者来说，它具有不能提取问题中固有的更简单的分析(但非组合的) 结构的缺点：最终结果的样式确实可以通过 Drmota-Lalley-Woods 定理预测，但是用这种方式无法清楚地了解所涉及的常数的性质.

内核方法. 下面描述的方法通常称为内核方法. 它吸取了 1968 年版的

Knuth 的书[377] 中的习题中的灵感(习题 2.2.1.4 和 2.2.1.11),其中提出了一种新的枚举 Catalan 对象和 Schröder 对象的方法. 这一技巧后来得到了扩展并由几位作者系统化;有关的组合工作可见例如文献[26,27,86,202,203]. 我们下面的叙述将按照 Lalley 的文献[396] 和 Banderier 和 Flajolet 的文献[27] 中的路线进行.

多项式 $f_n(u)=[z^n]F(z,u)$ 是长度为 n 的非负行走的生成函数,其中 u 标记了最终的高度. 它有一个简单的递推关系

$$f_{n+1}(u)=S(u)f_n(u)-r_n(u) \tag{87}$$

其中 $r_n(u)$ 是由 $S(u)f_n(u)$ 中所有涉及 u 的负幂① 的单项式的和组成的 Laurent 多项式. 其中

$$r_n(u):=\sum_{j=-c}^{-1}u^j([u^j]S(u)f_n(u))=\{u^{<0}\}S(u)f_n(u) \tag{88}$$

上述公式背后的想法是去掉那些位于横轴下方的行走的步子的影响. 例如,我们有 $S(u)=\frac{S_{-1}}{u}+O(1)$,因此 $r_n(u)=\frac{S_{-1}}{u}f_n(0)$,$S(u)=\frac{S_{-2}}{u^2}+\frac{S_{-1}}{u}+O(1)$,因此 $r_n(u)=\left(\frac{S_{-2}}{u^2}+\frac{S_{-1}}{u}\right)f_n(0)+\frac{S_{-2}}{u^2}$.(这种技术类似于例 Ⅲ.22 中的"添加切片".)

一般来说,设

$$\lambda_j(u):=\frac{1}{j!}\{u^{<0}\}u^jS(u) \tag{89}$$

然后,从(87) 和(88)(乘以 z^{n+1} 并求和) 就得出生成函数 $F(z,u)$ 满足基本的函数方程

$$F(z,u)=1+zS(u)F(z,u)-z(u^{<0})(S(u)F(z,u)) \tag{90}$$

因而,我们有下面的明确的表达式

$$F(z,u)=1+zS(u)F(z,u)-z\sum_{j=0}^{c-1}\lambda_j(u)\left[\frac{\partial^j}{\partial u^j}F(z,u)\right]_{u=0} \tag{91}$$

其中 Laurent 多项式 $\lambda_j(u)$ 以(89) 中的效应方式依赖于 $S(u)$.

主方程(90) 和(91) 涉及一个未知的二元 GF,$F(z,u)$ 和 c 个单变量 GF,F 的偏导数特别在 $u=0$ 处取值. 一个单独的函数方程(91) 完全确定了 $c+1$ 个未

---

① 可以用一个方便的符号 $\{u^{<0}\}$ 来表示 Laurent 展开式中的奇异部分 $\{u^{<0}\}f(z):=\sum_{j<0}([u^j]f(u))u^j$.

知量是一件真实的,但是完全不显然的事.基本的技巧就是所谓的“消去内核”方法,这依赖于它的强解析性;关于二维行走研究中的更深奥的结果见 Fayolle 等人的书[203].为此我们首先把(91)中涉及 $F(z,u)$ 的项集中在等式的一边

$$F(z,u)(1-zS(u))=1-z\sum_{j=0}^{c-1}\lambda_j(u)G_j(z),G_j(u):=\left[\frac{\partial^j}{\partial u^j}F(z,u)\right] \quad (92)$$

如果右边的和不存在,则解将归结为(85)的解.在现在的情况下从问题的组合起源和隐含的界可以看出,$F(z,u)$ 是 $(z,u)=(0,0)$ 处的二元解析函数(利用关于系数的初等的指数优化技巧).内核方法的主要原理是用 $1-zS(u)=0$ 把 z 和 u 耦合在一起,使得 $F(z,u)$ 从图片中消失.这样做的一个条件是 z 和 u 都应该保持充分小(因而 F 仍然是解析的).然后从特殊化 $(z,u)\mapsto(z,u(z))$ 得出偏导数之间的关系,这一关系恰好取在右边.

因此,我们首先考虑“内核”方程

$$1-zS(u)=0 \quad (93)$$

我们把它重写成

$$u^c=z(u^cS(u))$$

在这种形式下,显然内核方程(93)定义了一个代数函数的 $c+d$ 个分支.局部分析表明,在这 $c+d$ 个分支当中,有 c 个分支当 $z\to 0$ 时趋于0.而另外 d 个分支当 $z\to 0$ 时趋于无穷大(这背后的想法是,在等式(93)的 $zu^{-c}\approx 1$ 或 $zu^d\approx 1$ 中,必有一个占有优势,等价地,可以构造 Newton 多边形.);设 $u_0(z),\cdots,u_{c-1}(z)$ 是趋于0的 c 个分支,我们称它们为“小”分支.另外,用下面的条件把 $u_0(z)$ 单独挑出来作为“主要的”解

$$u_0(z)\sim\gamma z^{\frac{1}{c}},\gamma:=(S_c)^{\frac{1}{c}}\in\mathbb{R}_{>0} \quad (z\to 0^+)$$

通过局部单值化(式(79)),共轭分支局部地由

$$u_l(z)=u_0(\mathrm{e}^{2l\pi\mathrm{i}}z) \quad (z\to 0^+)$$

给出.

用 $u=u_l(z)$ 耦合 z 和 u 就得出了方程(92)的一个有趣的特殊表示.在这种情况下,(z,u) 是接近于(0,0),而 F 是二元的解析函数,因此将 $u=u_l(z)$ 代入方程是合法的,代入后我们就得到式(92)的右边是

$$1-z\sum_{j=0}^{c-1}\lambda_j(u_l(z))\left[\frac{\partial^j}{\partial u^j}F(z,u)\right]\bigg|_{u=0},l=0,\cdots,c-1 \quad (94)$$

现在,方程组已经成为了一个有 c 个未知数(即偏导数),c 个方程的系数为代数函数的线性方程组,原则上,这确定了 $F(z,0)$.

方程组(94)的一种很方便的解法由 Mireille Bousquet-Mélou 给出,我们论

证如下.考虑量

$$M(u):=u^c-zu^c\sum_{j=0}^{c-1}\lambda_j(u)\frac{\partial^j}{\partial u^j}F(z,0)\tag{95}$$

可以把它看成一个 u 的多项式.它是一个 u 的一元多项式,并且由它的构造方法可知,它在 c 个小分支 $u_0,\cdots,u_{c-1}$ 处变为 0,因此我们有下面的因式分解

$$M(u)=\prod_{l=0}^{c-1}(u-u_l(z))\tag{96}$$

现在,由于根据 $M(u)$ 的定义(95) 和确定 $\lambda_0(u)$ 的等式(89) 可知 $M(u)$ 的常数项等于 $-zS_{-c}F(z,0)$.因此,比较(95) 和(96) 的常数项就为我们给出了游览的 OGF 的一个明确的表达式

$$F(z,0)=\frac{(-1)^{c-1}}{S_{-c}z}\prod_{l=0}^{c-1}u_l(z)$$

最后我们就可以回到原始的函数方程上去并得出 BGF $F(z,u)$.综上所述:我们有

命题 Ⅶ.9 设 Ω 是一个有限步的跳跃,$S(u)$ 是 Ω 的特征多项式.考虑"内核"方程

$$1-zS(u)=0$$

的 c 个小分支 $u_0(z),\cdots,u_{c-1}(z)$,则游览的生成函数由下式给出

$$F(z)=\frac{(-1)^{c-1}}{zS_{-c}}\prod_{l=0}^{c-1}u_l(z)$$

其中 $S_{-c}=[u^{-c}]S(u)$.它是最小元素为 $-c\in\Omega$ 的乘积(或重量).更一般的,非负行走(漫步) 的用 u 标记了最终高度的二元生成函数是一个由下式给出代数函数

$$F(z,u)=\frac{1}{u^c-zu^cS(u)}\prod_{l=0}^{c-1}(u-u_l(z))$$

桥的 OGF 可用最小分支表出如下

$$B(z)=z\sum_{j=1}^{c}\frac{u'_j(z)}{u_j(z)}=z\frac{\mathrm{d}}{\mathrm{d}z}\log(u_1(z)\cdots u_c(z))\tag{97}$$

(式(97) 的证明是基于式(86) 中的留数估计.)

例 Ⅶ.21 树和 Lukasiewicz **代码.** 行走的一种特殊的类是特别有趣的;它对应于 $c=1$ 的情况;即,负方向上的最大跳跃的振幅为 1.因此,$\Omega+1=\{0,s_1,s_2,\cdots,s_d\}$.在这种情况下,组合理论告诉我们步子定义在 Ω 中的行走和度数限制在$1+\Omega$ 中的树之间存在基本的同构.这个同构的对应是通过 Lukasiewicz 代

码①,在第 Ⅰ 章中也称为“波兰代码”给出的.我们期望利用这一对应在求出这种情况下的树的 GF.

对于生成函数,现在只存在一个小分支,即 $u_0(z)=z\phi(u_0(z))$ 的解 $u_0(z)$(其中 $\phi(u)=uS(u)$),它在原点是解析的.那样我们就有 $F(z)=F(z,0)=\frac{1}{z}u_0(z)$,因此行走的 GF 就由下式确定

$$F(z,0)=\frac{1}{z}u_0(z),u_0(z)=z\phi(u_0(z)),\phi(u):=uS(u)$$

这种形式与已知的关于树的简单族的枚举是一致的.此外,我们求出

$$F(z,u)=\frac{1-u^{-1}u_0(z)}{1-zS(u)}=\frac{u-u_0(z)}{u-z\phi(u)}$$

一些经典的类可以用这种方法重新导出:

——Catalan **行走(Dyck 路径)**,由 $\Omega=\{-1,+1\}$ 和 $\phi(u)=1+u^2$ 定义,则我们有

$$u_0(z)=\frac{1}{2z}(1-\sqrt{1-4z^2})$$

——Motzkin **行走**,由 $\Omega=\{-1,-,+1\}$ 和 $\phi(u)=1+u+u^2$ 定义,则我们有

$$u_0(z)=\frac{1}{2z}(1-z-\sqrt{1-2z-3z^2})$$

—— **修改的** Catalan **行走**,由 $\Omega=\{-1,0,0,+1\}$(具有两种类型为 0 的步子)和 $\phi(u)=1+2u+u^2$ 的定义,则我们有

$$u_0(z)=\frac{1}{2z}(1-2z-\sqrt{1-4z})$$

——$d-$ **列树行走**(用 $d-$ 列树编码的游览),由 $\Omega=\{-1,d-1\}$ 的定义,则 $u_0(z)$ 由 $u_0(z)=z(1+u_0(z)^d)$ 隐式地定义.

因此,内核方法为 Dyck 路径和有关的对象的枚举提供了一个新的视角.

例 Ⅶ.22　振幅至多为 2 的行走. 取 $\Omega=\{-2,-1,1,2\}$,因此

$$S(u)=u^{-2}+u^{-1}+u+u^2$$

因而 $u_0(z),u_1(z)$ 是曲线

$$y^2=z(1+y+y^3+y^4)$$

① 这种代码(Ⅰ.5.3)是遍历整棵树时利用树的前序得出的,当遇到一个外度数等于 r 的结点时这种码就记录下一个振幅为 $r-1$ 的跳跃.跳跃的序列会产生一个带有额外的 -1 跳跃的游览.

的两个在 $z\to 0$ 时变为 0 的分支.

确定了 $F(z,0)$ 和 $F'_u(z,0)$ 的线性系统是

$$\begin{cases}1-\left(\dfrac{z}{u_0(z)^2}+\dfrac{z}{u_0(z)}\right)F(z,0)-\dfrac{z}{u_0(z)}F'_u(z,0)=0\\1-\left(\dfrac{z}{u_1(z)^2}+\dfrac{z}{u_1(z)}\right)F(z,0)-\dfrac{z}{u_1(z)}F'_u(z,0)=0\end{cases}$$

(其中的导数是对第二个变量取的.),因而我们求出

$$F(z,0)=-\frac{1}{z}u_0(z)u_1(z)$$

$$F'_u(z,0)=\frac{1}{z}(u_0(z)+u_1(z)+u_0(z)u_1(z))$$

这通过级数展开式的组合就给出了行走的数目

$$F(z)=1+2z^2+2z^3+11z^4+24z^5+93z^6+272z^7+971z^8+3\ 194z^9+\cdots$$

对 $F(z)=F(z,0)$ 的单个的代数方程那样就可以从方程组

$$\begin{cases}u_0^2-z(1+u_0+u_0^3+u_0^4)=0\\u_1^2-z(1+u_1+u_1^3+u_1^4)=0\\zF+u_0u_1=0\end{cases}$$

通过消元(即,通过 Gröbner 基)得出.

消元表明 $F(z)$ 是方程

$$z^4y^4-z^2(1+2z)y^3+z(2+3z)y^2-(1+2z)y+1=0$$

的根.

对 $\Omega=\{-2,-1,0,1,2\}$ 我们可类似地求出 $F(z)=-\frac{1}{z}u_0(z)u_1(z)$,其中 u_0,u_1 是 $y^2=z(1+y+y^2+y^3+y^4)$ 的小分支,其展开式的开头几项是

$$F(z)=1+z+3z^2+9z^3+32z^4+120z^5+473z^6+1\ 925z^7+8\ 034z^8+\cdots$$

(EIS A104184,也见文献[441]),它是方程

$$z^4y^4-z^2(1+z)y^3+z(2+z)y^2-(1+z)y+1=0$$

的根,在这种情况下,GF 不再是树的简单类的生成函数.

渐近分析. 所有涉及命题 Ⅶ.9 中的叙述的分支的奇点都可以在文献[27,396]中更一般地得出. 内核方程(93)的根是在 z 处的奇点,它的值 u 满足联立方程组

$$1-zS(u)=0,S'(u)=0$$

其中第二个等式对应于将 u 定义为 z 的解析函数的解析隐函数定理"失效"的地方. 第二个方程总有一个正的根 τ,它对应于 z 的正值,这个值就是 $\rho=\frac{1}{S(\tau)}$.

因而我们自然就认为 ρ 是 $F(z)$ 的收敛半径而奇点是 $Z^{\frac{1}{2}}$ 平方根类型的，其理由可见定理 Ⅶ.3 的证明(光滑的隐函数模式). 在论文[27,395,396] 中显示了这些性质的细节，也确定了奇点类型是 $Z^{-\frac{1}{2}}$ 的桥的GF，就像Dyck桥的情况那样.

命题 Ⅶ.10 设用 $S'(\tau)=0,\tau>0$ 定义了结构常数 τ，并假设对象是非周期的，则桥的数目 B_n 和游览的数目 F_n 满足

$$B_n \sim \beta_0 \frac{S(\tau)^n}{\sqrt{2\pi n}}, F_n \sim \varepsilon_0 \frac{S(\tau)^n}{2\sqrt{\pi n^3}}$$

其中

$$\beta_0=\frac{1}{\tau}\sqrt{\frac{S(\tau)}{S''(\tau)}}, \varepsilon_0=\frac{(-1)^{c-1}}{S_{-c}}\sqrt{\frac{2S(\tau)^3}{S''(\tau)}}\prod_{j=1}^{c-1}u_j\left(\frac{1}{S(\tau)}\right)$$

这里 u_j 表示小分支而 u_0 是主分支，当 $z\to 0$ 时，它是有限的，实的和正的.

命题 Ⅶ.10 表达了游览的 $n^{-\frac{3}{2}}$ 类型的普适律和桥的 $n^{-\frac{1}{2}}$ 类型的普适律，这是一个至少部分地可以得到经典概率论解释的事实.(例如，对桥来说可用局部极限定理解释而对游览则可用 Brown 运动解释.) 因而行走、游览、桥和漫步的基本参数都可用统一的方式分析(见文献[27]).

Ⅶ.8.2 地图和二次方法. 一个(平面的) 地图是一个连通的平面图与其所嵌入的平面. 一般来说，圈和多重边都是允许的. 因此，平面图将平面分成了一些称为面的区域. 此外这里考虑的地图是有根的，这表示特别区分出来的一个面(译者注:以后简称根面)，一个附属的边(译者注:以后简称根边) 和顶点(译者注:以后简称根结点). 在这一节中，只考虑有根的地图.(当加上根时，不会损失随机结构的任何渐近性质. 原因是地图以指数式地接近于1的概率有一个平凡的自同构群;几乎所有的有 m 条边的地图都可以通过选择边和这个边的定向用 $2m$ 种方式来指定一个根，并且在无根的地图和有根的地图之间存在几乎一致的 $2m$ 对1(译者注:简记成 $2m-1$，注意，不要把这记法理解成 $2m$ 减1.) 的对应关系.) 当表示有根地图时，我们将约定用一个指向远离根节点的箭头表示根边，然后取位于有向边左边的面作为根面(下面的用灰色表示的面):

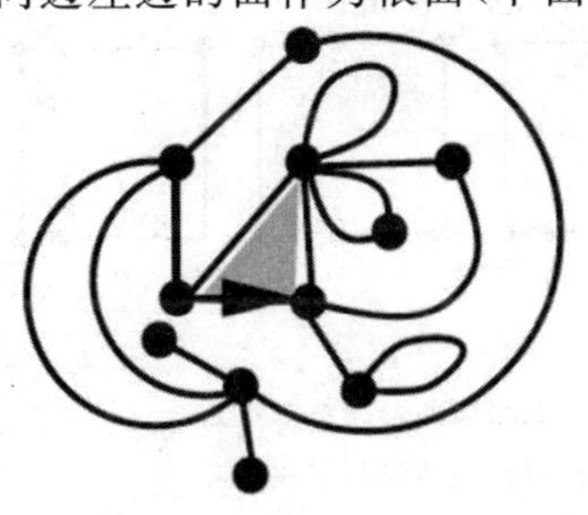

Tutte 在 20 世纪 60 年代普查了大量的平面地图，目的是通过枚举技术攻克四色问题①；见文献[96,579,580,581,582]. 实际上存在着由各种度定义的或连接限制定义的大量的地图. 在这一章中，我们将仅限于让读者尝尝这个庞大的理论的一点味道，目的是展示代数函数是如何产生的. 内容来自 Goulden 和 Jackson 的著作[303] 第 2.9 节中的思想.

二次方法. 设$\mathcal{M}$是所有的地图的类，其容量取成边的数量. 设 $M(z,u)$ 是地图的 BGF，其中 u 标记了外面的面的边的数量. 对地图可以进行两种基本操作，它们对应了根边的性质的两种情况. 称一个有根的地图是有峡谷的，如果地图 μ 的根边 r 是一条"峡谷"，那就是说，删除这条边将会断开地图. 显然，我们有

$$\mathcal{M}=o+\mathcal{M}^{(i)}+\mathcal{M}^{(n)} \tag{98}$$

其中$\mathcal{M}^{(i)}$（$\mathcal{M}^{(n)}$）分别表示有峡谷（无峡谷）的地图的类，"o" 表示由单个的顶点组成的不含有边的地图的类. 因此有两个通过添加新的边从较小的地图构造新的地图的方法.

（ⅰ）对所有有峡谷的地图的类可以像下面那样任取两个图并添加一条新的根边而合并成一个图

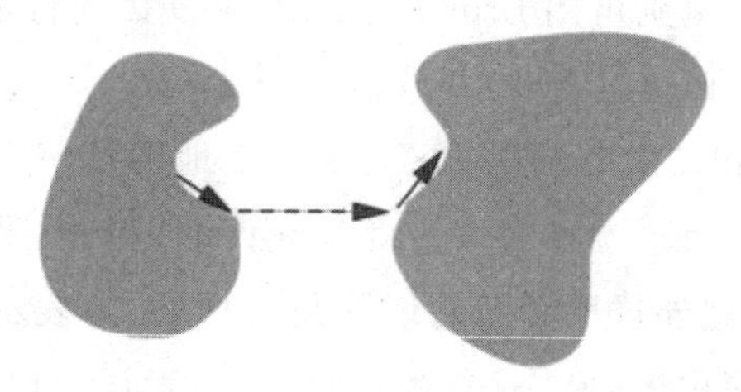

这样做的效果是增加了 1 条边（新的根边）并且根面的度数（即围成这个面的边的条数）变为 2（新的根边的两边）再加上地图成分的根面度数的总和. 操作显然是可恢复的. 换句话说，$\mathcal{M}^{(i)}$ 的 BGF 是

$$M^{(i)}(z,u)=zu^2M(z,u)^2 \tag{99}$$

（ⅱ）无峡谷的地图的类可通过在现有的地图上添加一个保留其根节点的边，并在某些节点中以明确的方式（因此结构应当可以恢复）"跨越" 其根面而得出. 这个操作因此将产生基本上具有更小的根面度数的新地图. 例如，如下所示，有五种方法可以跨越 4 度的根面：

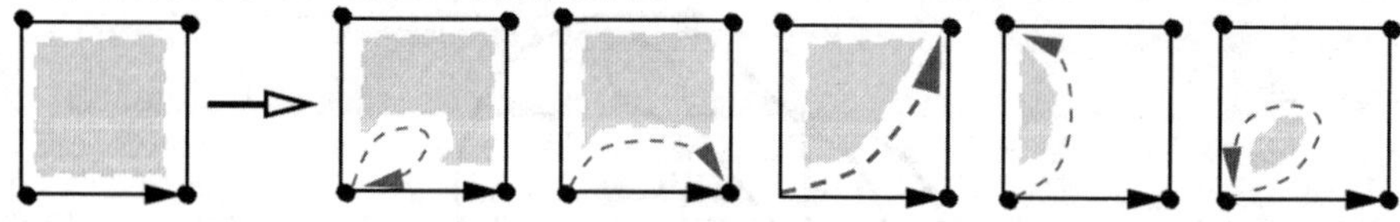

① 四色定理是说每个平面图都能用四种颜色即可着色. 这一定理最终由 Appel 和 Haken 于 1976 年利用图的结构理论并通过计算机辅助搜索得以证明.

这对应了线性变换

$$u^4 \mapsto zu^5 + zu^4 + zu^3 + zu^2 + zu^1$$

一般的，这一操作对于度数为 k 的根面的地图的效果可用变换 $u^k \mapsto \frac{zu(1-u^{k+1})}{1-u}$ 加以描述；等价地，每个单项式 $g(u) = u^k$ 被变换成 $\frac{zu(g(1)-ug(u))}{1-u}$. 因此，$\mathcal{M}^{(n)}$ 的 OGF 涉及离散的差分算子

$$M^{(n)}(z,u) = zu\,\frac{M(z,1)-uM(z,u)}{1-u} \tag{100}$$

把(99) 和(100) 的贡献都合并到(98) 中去就产生了基本的函数方程

$$M(z,u) = 1 + u^2 zM(z,u)^2 + uz\,\frac{M(z,1)-uM(z,u)}{1-u} \tag{101}$$

函数方程(101) 含有两个未知函数 $M(z,1)$ 和 $M(z,u)$. 类似于行走的情况，它似乎是不确定的. 现在，一种归咎于 Tutte 因而被称为二次方法的方法给出了求解方法. 按照 Tutte 和文献[303]138 页，我们暂时考虑更一般的方程式

$$(g_1 F(z,u) + g_2)^2 = g_3 \tag{102}$$

其中 $g_j = G_j(z,u,h(z))$，G_j 是显函数 —— 这里未知函数是 $F(z,u)$ 和 $h(z)$(见(101) 中的 $M(z,u)$ 和 $M(z,1)$). 将 u 和 z 捆绑在一起(译者注：即将 uz 看成一个变量)，这样可使(102) 的左边消失；也就是说，做变量替换 $u = u(z)$(一个现在还是未知的函数)，因此 $g_1 F + g_2 = 0$. 由于(102) 的左边现在有一个 u 的二重根，因此右边也必须有一个 u 的二重根，这蕴含

$$g_3 = 0, \left.\frac{\partial g_3}{\partial u}\right|_{u=u(z)} = 0 \tag{103}$$

现在原始方程已成为包含两个隐式地确定的未知函数 $h(z)$ 和 $u(z)$ 的两个方程的方程组. 从这个系统，用消元法可以给出关于 $u(z)$ 和 $h(z)$ 的单个的方程. (如果需要，$F(z,u)$ 可以通过解一个二次方程恢复出来.) 我们会看到，如果量 g_1, g_2, g_3 是多项式，则这一过程总是产生一个代数函数的解.

我们现在对地图和等式(101) 的情况执行这一程序. 首先，通过配平方来分离 $M(z,u)$，这给出

$$\left(M(z,u) - \frac{1}{2}\cdot\frac{1-u-u^2 z}{u^2 z(1-u)}\right)^2 = Q(z,u) + \frac{M(z,1)}{u(1-u)} \tag{104}$$

其中

$$Q(z,u) = \frac{z^2u^4 - 2zu^2(u-1)(2u-1) + (1-u^2)}{4u^4 z^2(1-u)^2}$$

其次存在二重根的条件是

$$Q(z,u)+\frac{1}{u(1-u)}M(z,1)=0,Q'_u(z,u)+\frac{2u-1}{u^2(1-u)^2}M(z,1)=0$$

由于对 M 的依赖关系是线性的，因此现在容易消去 $M(z,1)$，直接的结算表明 $u=u(z)$ 满足

$$(u^2z+(u-1))(u^2z+(u-1)(2u-3))=0$$

从第一个因式得出 $M(z,1)=\frac{1}{z}$，这是不可接受的. 因此 $u(z)$ 应该是第二个因式的根，而 $M(z,1)$ 可如下参数化

$$z=\frac{(1-u)(2u-3)}{u^2},M(z,1)=-u\frac{3u-4}{(2u-3)^2} \tag{105}$$

渐近分析. 原则上，地图的枚举问题可以通过(105) 解决，尽管是参数化形式. 然而我们也可以消去 u(例如，通过结式) 得到 $M\equiv M(z,1)$ 的显式方程

$$27z^2M^2-18zM+M+16z-1=0$$

这个二次方程可明确地解出

$$M(z,1)=-\frac{1}{54z^2}(1-18z-(1-12z)^{3/2})$$

它的奇点类型是 $Z^{\frac{3}{2}}$(其中 $Z=1-12z$). 作为一个小结，我们已得出了一个地图的枚举理论的非常前卫的结果.

命题 Ⅶ.11 地图的 OGF 具有明确的表达式

$$M(z)\equiv M(z,1)=-\frac{1}{54z^2}(1-18z-(1-12z)^{3/2}) \tag{106}$$

具有 n 条边的地图的数目，$[z^n]M(z,1)$ 满足

$$M_n=2\frac{(2n)!\ 3^n}{n!\ (n+2)!}\sim\frac{2}{\sqrt{\pi n^5}}12^n \tag{107}$$

系数的序列是 EIS A000168

$$M(z,1)=1+2z+9z^2+54z^3+378z^4+2\ 916z^5+24\ 057z^6+208\ 494z^7+\cdots \tag{108}$$

详细的计算(现在借助于计算机代数系统的辅助已成为施行这种计算的一个常规手段) 我们建议读者参考文献[303]2.9 节. 目前，二次方法对满足各种组合数据的约束的地图有很多应用，特别是在多重连接方面，全面的介绍可见文献[533]. 特别有趣的是地图的奇点指数普适的是 $\frac{3}{2}$，这一事实进一步被系数渐近形式中的因子 $n^{-\frac{5}{2}}$ 反映出来. 因此，地图的随机性质与在树和许多通常遇到的无上下文对象(例如，不可约的对象) 中所观察到的结果有明显的差别.

▶Ⅶ.39　一般的地图的 Lagrange 参数化. 参数变换 $u=-\frac{1}{w}$ 把(105)化成为"Lagrange 形式"

$$z=\frac{w}{1-3w},M(z,1)=\frac{1-4w}{(1-3w)^2} \tag{109}$$

对此形式可应用 Lagrange 反演定理而得出(107). ◀

▶Ⅶ.40　地图中的距离. Chassaing 和 Schaeffer 的文献[113]已经证明了一个具有 n 个面的随机的平面地图中的两个随机的顶点之间的距离当 $n\to\infty$ 是具有 $n^{\frac{1}{4}}$ 的尺度.

Le Gall 的文献[404]证明了一个重尺度化的平面三角剖分会收敛到一个具有球面拓扑的随机的"连续统平面地图"上去. 有关随机地图的某些方面,见图 Ⅶ.20(类似于随机平面结构的研究物理学家称之为二维量子重力,有关的材料也见注记 Ⅵ.22.). ◀

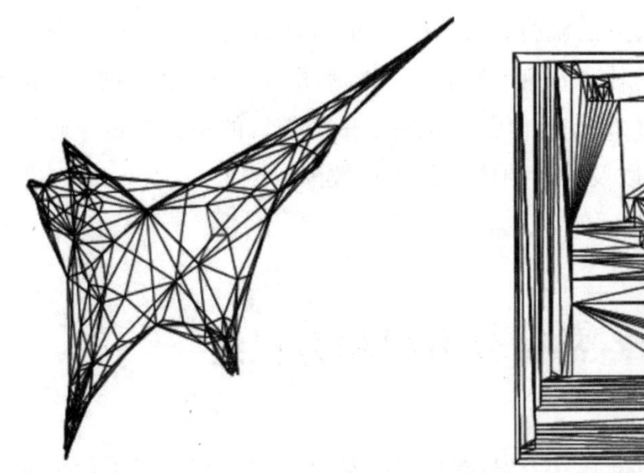
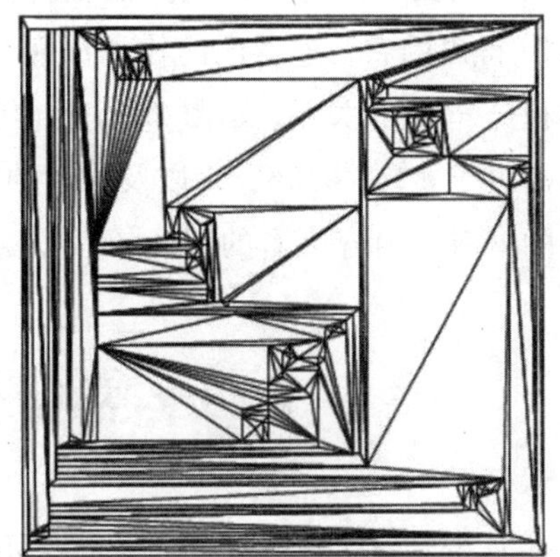

图 Ⅶ.20　"小猫":一个随机的不可约三角剖分,它的四边形的外边的面由 69 个顶点和 200 条边构成. 左:三维投影视图(在 $\mathbb{R}^3$ 中的曲面上绘制的地图的像). 右:用 Fusy 算法得出的直线正交透视图(文献[274])

▶Ⅶ.41　矩阵积分和地图. 考虑一个 $N\times N$ 的 Hermite 矩阵 $\boldsymbol{H}$,它使得

$$\Re(H_{1,j})=\Re(H_{j,i})=x_{ij}$$

以及

$$\Im(H_{i,j})=-\Im(H_{j,i})=y_{ij}$$

并在 Hermite 矩阵的集合上定义一个含有参数 λ 的 Gauss 测度如下

$$d_{\mu N}(\boldsymbol{H};\lambda):=\left(\frac{2\pi}{\lambda}\right)^{-N^2/2}\mathrm{e}^{-\lambda\mathrm{Tr}(\boldsymbol{H}^2)/2}\prod_{i=1}^{N}dx_{i,i}\prod_{i<j}dx_{i,j}dy_{i,j}$$

(其中 Tr 表示矩阵的迹.)设 $M(t,\boldsymbol{v})$ 是有根的平面地图的多元生成函数,其中 t 标记了边的数目,$\boldsymbol{v}$ 表示未定元向量$(v_1,v_2,\cdots)$,其中 v_j 标记了度数等于 j 的顶点的数目.我们有

$$M(t,\boldsymbol{v})=t\frac{\mathrm{d}}{\mathrm{d}t}\left[\lim_{N\to\infty}\frac{1}{N^2}\log\int\exp\left(N\sum_{m=1}^{\infty}v_m\frac{\boldsymbol{H}^m}{m}\right)d_{\mu N}(\boldsymbol{H};N/t)\right]$$

(这个丰富的理论,主要来源于 Bessis,Brézin,Itzykson,Parisi 和 Zuber 的文献[60,94],见 Zvonkin 的优雅的介绍文献[630],Bouttier 的论文[88],以及文献[89]和其中的参考文献.) ◀

▶**Ⅶ.42 平面图的数目.** Giménez 和 Noy 的文献[290]确定了具有 n 个顶点的有标记的平面图的渐近数目的形式为

$$G_n\sim g\cdot\gamma^n n^{-7/2}n!,g\doteq 0.497\ 004\ 399,\gamma\doteq 27.226\ 877\ 768\ 5$$

这一可观的结果,解决了一个长期悬而未决的问题,是通过继承和综合了以下组合和分析的步骤而得出的:(ⅰ)3-连通图的枚举(由于嵌入的唯一性,它们是同样的图),这可用二次方法施行;(ⅱ)由 Bender,Gao 和 Wormald 的文献[41]得出的 2-连通图的枚举;(ⅲ)关于 2-连通图和 1-连通图的 GF 相关的积分-微分关系.文献[290]的作者还表明了一个随机的平面图是连通的概率渐近于 $\mathrm{e}^{-v}\doteq 0.963\ 25$ 以及连通的成分的平均数渐近于 $1+v\doteq 1.037\ 43$.更多的材料见内容丰富的综述[291]. ◀

Ⅶ.9 常微分方程和方程组

在这本书的部分 A 的符号方法中,我们已经遇到过附加在一些组合结构上的微分关系.

—— 指定:在组合类$\mathcal{C}$的对象中指定一个特殊的原子的操作产生一个被指定的类$\mathcal{D}=\Theta\,\mathcal{C}$.如果$\mathcal{C}$的生成函数是$C(z)$(在无标记情况下是 OGF,在有标记的情况下是 EGF),那么我们有

$$\mathcal{D}=\Theta\,\mathcal{C}\Rightarrow D(z)=z\frac{\mathrm{d}}{\mathrm{d}z}C(z)\tag{110}$$

见 Ⅰ.6.2 小节和 Ⅱ.6.1 小节.

—— 序结构:在 Ⅱ.6.3 小节中,我们已经定义了盒积$\mathcal{A}=(\mathcal{B}^{\square}*\mathcal{C})$,它是对元素对组成的有标记的积的一种修饰,使得最小的标签限制在$\mathcal{B}$的分量中的乘积$\mathcal{B}*\mathcal{C}$的子集,OGF 的转换是

$$\mathcal{A}=(\mathcal{B}^{\square} * \mathcal{C}) \Rightarrow A(z)=\int_0^z (\partial_t B(t)) \cdot C(t)\,\mathrm{d}t \tag{111}$$

因此,指向和秩序约束系统地导致了积分 — 微分关系,它可以转化为常微分方程(ODE) 和常微分方程组. 完整性提供了组合学中另一个丰富的微分方程来源(附录 B.4:完整函数). 我们小结一下下面要介绍的一些可用于分析相应的 GF 的主要方法. 在微分方程方面,我们的分析论证主要遵循在 Henrici 的文献[329] 和 Wasow 的文献[602] 在书中找到的可接受的介绍. 在 Ⅶ.9.1 小节中研究了线性 ODE. Ⅶ.9.2 小节中研究了一些简单的非线性 ODE. 我们在这里讨论的主要应用是与序结构有关的树 —— 主要是四叉树和递增的树.

Ⅶ.9.1 线性微分方程的奇点分析. 具有解析系数的线性微分方程在合理的行为良好的奇点 ζ 附近有解,这些奇点的形式为

$$Z^{\theta}(\log Z)^k H(Z), Z := z-\zeta$$

其中 $\theta \in \mathbb{C}$ 是代数数,$k \in \mathbb{Z}_{\geqslant 0}$,$H$ 是局部解析函数. 这种方程的系数具有如下的渐近形式

$$n^{\beta}(\log n)^k, \beta=-\theta-1$$

按照奇点分析给出的一般对应,对于例如,一个自然发生的组合结构,即四叉树会产生一个数字序列. 令人惊讶的是,这个序列渐近地与 $n^{\frac{\sqrt{17}-3}{2}}$ 成比例.

正规奇点. 我们的出发点是线性常微分方程(线性 ODE),其形式为

$$c_0(z)\partial^r Y(z)+c_1(z)\partial^{r-1} Y(z)+\cdots+c_r Y(z)=0, \partial \equiv \frac{\mathrm{d}}{\mathrm{d}z} \tag{112}$$

整数 r 称为方程的阶. 我们假设存在一个单连通的区域 Ω,在这个区域中系数 $c_j \equiv c_j(z)$ 是解析的. 在使得 $c_0(z_0) \neq 0$ 的点 z_0 处,经典的存在定理(注记 Ⅶ.43 和文献[602] 第 3 页) 保证在 z_0 的邻域中存在(112) 的 r 个线性独立的解析解. 从而,奇点 ζ 只能出现在作为首项系数 $c_0(z)$ 的根的地方.

▶ **Ⅶ.43 解析解**. 在 $z_0=0$ 附近考虑(112) 并设 $c_0(0) \neq 0$,那么给定了任何初条件的集合 $Y^{(j)}(0)=w_j$,应用待定系数法就可确定一个形式解 Y. 系数可以递归地构造并且简单的上界估计说明它们至多是指数式增长的. ◀

为了继续往下进行,我们将等式(112) 重写成

$$\partial^r Y(z)+d_1(z)\partial^{r-1} Y(z)+\cdots+d_r(z) Y(z)=0 \tag{113}$$

其中 $d_j=\frac{c_j}{c_0}$. 在我们的假设下,函数 $d_j(z)$ 现在在 Ω 中是半纯的. 给定另一个半纯函数 f,我们定义 $\omega_\zeta(f)$ 是 f 在 ζ 处的极点的阶数,因而 $\omega_\zeta(f)=0$ 就表示 f 在 ζ 处是解析的.

定义 Ⅶ.7 称微分方程(112) 和(113) 在 ζ 处有奇点,如果至少有一个 $\omega_\zeta(d_j)$ 是正的. 称点 ζ 是一个正规奇点①,如果

$$\omega_\zeta(d_1) \leqslant 1, \omega_\zeta(d_2) \leqslant 2, \cdots, \omega_\zeta(d_r) \leqslant r$$

否则就称它是不正规的.

例如,二阶 ODE

$$Y'' + z^{-1}\sin(z)Y' - z^{-2}\cos(z)Y = 0 \tag{114}$$

在 $z=0$ 处有一个正规奇点,由于阶分别是 $0, 2$. 值得注意的是,即使我们不知道如何用通常分析特殊函数的术语来明确地解出方程,但它的解的渐近形式仍然可以精确地确定.

设 ζ 是一个正规奇点,我们企图通过一个形式为 $Z^\theta + \cdots$ 的表达式来尝试求解(112),其中 $Z := z - \zeta$. 例如,对(114) 在 $\zeta = 0$ 处做一些最优的系数配置,以便使得等式的左侧具有以下形式

$$[\theta(\theta-1)z^{\theta-2} + \cdots] + [\theta z^{\theta-1} + \cdots] - [z^{\theta-2} + \cdots] = 0$$

为了消去渐近的主阶 $z^{\theta-2}$,我们必须解一个关于 θ 的二次方程,即 $\theta(\theta-1) - 1 = 0$,它在 0 附近有两个解 z^θ,其中 $\theta = \dfrac{1 \pm \sqrt{5}}{2}$. 这一形式上的讨论建议我们给出以下定义

定义 Ⅶ.8 给了一个形如(113) 的方程和正规奇点 ζ,则我们定义(113) 的在 ζ 处的指标多项式 $I(\theta)$ 为

$$I(\theta) = \theta^{\underline{r}} + \delta_1 \theta^{\underline{r-1}} + \cdots + \delta_r$$

其中 $\theta^{\underline{\ell}} = \theta(\theta-1)\cdots(\theta-\ell+1)$, $\delta_j := \lim\limits_{z\to\zeta}(z-\zeta)^j d_j(z)$. 指标方程(在 ζ 处的)是一个代数方程 $I(\theta) = 0$.

如果我们用 $\mathcal{L}$ 表示对应于(113) 左边的微分算子,则我们在正规奇点处形式地就有

$$\mathcal{L}[Z^\theta] = I(\theta)Z^{\theta-r} + O(Z^{\theta-r-1}), Z = (z - \zeta)$$

这就说明了指标多项式的作用(在确定解的过程中我们可将注意力限制在主渐近项上,这种求解方法类似于代数方程的 Newton 多边形构造.). 下面的重要的结构性定理描述了半纯的 ODE 在正规奇点处的解的可能的类型.

定理 Ⅶ.9 **ODE 的正规奇点.** 考虑微分方程(113) 和正规奇点 ζ. 设在 ζ 处的指标方程 $I(\theta) = 0$ 没有两个根的差是一个整数(特别,所有的根是不同的).

---

① "非正规"的奇点将在 Ⅷ.7 节中看到.

那么在 ζ 的狭缝邻域中，存在由以下形式的函数组成的可表出所有解的线性基

$$(z-\zeta)^{\theta_j}H_j(z-\zeta) \tag{115}$$

其中，$\theta_1,\cdots,\theta_r$ 是指标多项式的根，所有的 H_j 在零点处都是解析的. 在根不是整数(或重根) 的情况下，(115) 中可能包括具有 $\log(z-\zeta)$ 的非负幂的附加的对数项.

叙述对数情况最好使用对应于 ODE 的一阶线性方程组的矩阵处理(文献[329,602]). 注记 Ⅶ.44 描述了定理 Ⅶ.9 的证明的主线；注记 Ⅶ.45 讨论了这一矩阵表示 Euler 系统的情况，这时方程可明确地解出来.

▶ **Ⅶ.44　奇点解.** 在定理 Ⅶ.9 的第一种情况下(任何两个根的差都不是整数)，只要得出 $Z^{-\theta_j}Y(z)$ 所满足的修改后的微分方程并验证它的一个解在 ζ 处的解析性即可：H_j 的系数就像在非奇点的情况中那样满足一个递推关系，由此可以验证它们的增长率至多是指数式的. ◀

▶ **Ⅶ.45　Euler 方程和方程组.** 一个形如

$$\partial^r Y+e_1Z^{-1}\partial^{r-1}Y+\cdots+e_rZ^{-r}Y=0, e_j\in\mathbb{C}, Z:=(z-\zeta)$$

的方程称为 Euler 方程. 在指标方程的根都是单根的情况下存在一个表出所有解的形式为 Z^{θ_j} 的基. 当 θ 是 m 重根时，解的集合中包括 $Z^{\theta}(\log Z)^p, p=0,\cdots,m-1$ 形式的表达式.(Euler 方程出现在例如求三个数的中位数的快速排序算法中(文献[378,538]). 对随机树模型和算法分析方面的一些应用，可见文献[117].) 欧拉方程组是如下形式的一阶方程组

$$\frac{\mathrm{d}}{\mathrm{d}z}\mathbf{Y}(z)=\frac{\mathbf{A}}{z-\zeta}\mathbf{Y}(z)$$

其中 $\mathbf{A}\in\mathbb{C}^{r\times r}$ 是一个数量矩阵而 $\mathbf{Y}=(Y_1,\cdots,Y_p)^{\mathrm{T}}$ 是函数向量. 一个形式解可由

$$(z-\zeta)^{\mathbf{A}}=\exp(\mathbf{A}\log(z-\zeta))$$

给出. 上式指出了 $\mathbf{A}$ 的 Jordan 分解在出现解的对数因子时的作用. ◀

定理 Ⅶ.10　半纯 ODE 系数的渐近. 设 $f(z)$ 是一个在零点解析的函数，并且满足线性微分方程

$$\frac{\mathrm{d}^r}{\mathrm{d}z^r}f(z)+c_1(z)\frac{\mathrm{d}^{r-1}}{\mathrm{d}z^{r-1}}f(z)+\cdots+c_r(z)f(z)=0$$

其中系数 $c_j(z)$ 除了可能有某个使得 $|\zeta|<\rho_1,\zeta\neq 0$ 的极点 ζ 之外，在 $|z|<\rho_1$ 中解析. 设 ζ 是一个正规奇点并且指标方程的任何两个根的差都不是整数，则存在数量常数 $\lambda_1,\cdots,\lambda_r\in\mathbb{C}$ 使得对任意的 ρ_0，$|\zeta|<\rho_0<\rho_1$，我们有

$$[z^n]f(z)=\sum_{j=1}^{r}\lambda_j\Delta_j(n)+O(\rho_0^{-n}) \tag{116}$$

其中 $\Delta_j(n)$ 具有如下渐近形式

$$\Delta_j(n) \sim \frac{n^{-\theta_j-1}}{\Gamma(-\theta_j)}\zeta^{-n}\left[1+\sum_{k=1}^{\infty}\frac{s_{i,j}}{n^i}\right] \tag{117}$$

其中 θ_j 是指标方程在 ζ 处的根.

证明 系数 λ_j 将特定解 $f(z)$ 与(115) 的基础解系联系起来. 对其余的用通过奇点分析解决德玛解,只不过是用结构定理,即定理 Ⅶ.9 直接转换成解的系数,其中 $\Delta_j(n)=[z^n](z-\zeta)^{\theta_j}H_j(z-\zeta)$.

把重根(如注记 Ⅶ.45 中那样) 和相差一个整数的的根都算在内我们看到半纯的线性 ODE 的解,至少在常规情况下,仅由以下形式①的渐近元素的线性组合组成

$$\zeta^{-n}n^{\beta}(\log n)^{\ell} \tag{118}$$

其中 ζ 是方程 $c_0(\zeta)=0$ 的根(可能是超越的),β 是多项式方程 $I(-\beta-1)=0$ 的根,它是一个代数数而 ℓ 是一个整数.

系数 λ_j 用来把我们感兴趣的特定函数 $f(z)$ 和(115) 的奇点解的局部的基"连系"起来. 因此确定它们是一种连接问题(更简单的代数情况见引理 Ⅶ.3). 但是,和在代数方程中所发生的情况不一样的是,一般说来,我们只能用数值方法确定 λ_j(文献[252])(即使在系数 $d_j(z)\in\mathbb{Q}(z)$ 是有理分数的情况下,我们也没有有效的程序可用来决定从初始条件 0 确定 $f(z)\in\mathbb{Q}[[z]]$ 时,哪个连接系数 λ_j 可能会变为 0.). 在许多组合应用中,计算可以明确地进行,在这种情况下,形式(118) 就起着我们所期望的渐近的信号灯的作用(一旦这种形式的存在有保证,例如,由定理 Ⅶ.9 和 Ⅶ.10 保证,通常就可以直接识别出渐近的系数或渐近的指数.) 类似的考虑适用于由线性微分方程组定义的函数(下面的注记 Ⅶ.48).

▶ **Ⅶ.46　多重奇点**. 在有几个奇点 $\zeta_1,\cdots,\zeta_s$ 的情况下,这 s 项的总和,其中每一项当 $\zeta\to\zeta_i$ 时都具有(117) 中的形式,就表示$[z^n]f(z)$. (结构定理可对每个 ζ_i 应用,并且奇点分析也适用于多重奇点,见 Ⅵ.5 节.) ◀

▶ **Ⅶ.47　一个条件的放松**. 在定理 Ⅶ.10 中,可以允许方程在零点具有任何种类的奇点. (只须用到在 ζ 附近有基础解系这一性质.) ◀

▶ **Ⅶ.48　方程和方程组的等价性**. 一个(一阶的) 线性微分方程组由下式定义

---

① 形式(118) 比代数系数渐近(定理 Ⅶ.8) 中出现的形式更为一般,在代数系数的渐近中没有对数项,且指数仅限于有理数.

$$\frac{\mathrm{d}}{\mathrm{d}z}Y(z)=\boldsymbol{A}(z)Y(z)$$

其中$\boldsymbol{Y}=(Y_1,\cdots,Y_m)^{\mathrm{T}}$是一个$m$维列向量，而$\boldsymbol{A}$是一个$m\times m$系数矩阵.一个$m$阶的微分方程总是可以化成一个$m$维的微分方程组，反之亦然.每次转换只涉及有理和求导运算：从技术上讲，系数的运算发生在包含了递归的系数和方程组的系数的微分域$\mathbb{K}$中(例如，有理函数的集合$\mathbb{C}(z)$和半纯函数的集合都在一个微分域的开集Ω中.).

证明是对$m=2$的情况的简单推广.所以我们从方程$y''+by'+cy=0$开始.令$Y_1=y,Y_2=y'$，则我们得到下面的方程组

$$\{\partial Y_1=Y_2,\partial Y_2=-cY_1-bY_2\}$$

反过来，给了方程组

$$\{\partial Y_1=a_{11}Y_1+a_{12}Y_2,\partial Y_2=a_{21}Y_1+a_{22}Y_2\}$$

设$\mathcal{E}=VS[Y_1,Y_2]$是由Y_1,Y_2生成的域$\mathbb{K}$上的向量空间，它的维数$\leqslant 2$.微分关系式$\partial Y_1=a_{11}Y_1+a_{12}Y_2$表明$\partial^2Y_1$可以表示成$Y_1,Y_2$的组合

$$\partial^2Y_1=a'_{11}Y_1+a'_{12}Y_2+a_{11}(a_{11}Y_1+a_{12}Y_2)+a_{12}(a_{21}Y_1+a_{22}Y_2)$$

因此∂^2Y_1位于$\mathcal{E}$中.因此，方程组$\{Y_1,\partial Y_1,\partial^2Y_1\}$是封闭的，它对应于一个$Y_1$所满足的2阶的微分方程(在系数矩阵$\boldsymbol{A}$在$\zeta$处具有一个简单极点的情况下，解的奇点可以通过类似于注记Ⅶ.45中的那种矩阵方法来研究.). ◀

组合应用. 四叉树是一种由Finker和Bentley的文献[212]发现的结构，这种结构可以附加到Euclid空间$\mathbb{R}^d$的任何点的序列上.在计算机科学中，它构成了一些维护算法以及动态地搜索变化的几何对象的基础(文献[532])，它自然地构成了二叉搜索树的扩展.四叉树与微分方程有关，它的阶等于背景空间的维数.它们的一些主要特征可以通过对这些方程做奇点分析来确定文献[233，242].

例Ⅶ.23 平面四叉树. 我们从一个单位正方形$Q=[0,1]^2$开始，设$\mathfrak{p}=(P_1,\cdots,P_n)$是$Q$中$n$个均匀且独立画出点的序列，其中$P_j=(x_j,y_j)$.一个称为四叉树并记为$QT(\mathfrak{p})$的四元树是从$\mathfrak{p}$开始如下的递归式地构建起来的：

—— 如果$\mathfrak{p}$是一个空序列($n=0$)，则$QT(\mathfrak{p})=\varnothing$是一个空集.

—— 否则，设$\mathfrak{p}_{NW},\mathfrak{p}_{NE},\mathfrak{p}_{SW},\mathfrak{p}_{SE}$是$\mathfrak{p}$的点的任意四个子序列，它们分别位于$P_1$的西北、东北、西南、东南方向.例如$\mathfrak{p}_{SW}=(P_{j1},P_{j2},\cdots,P_{jk})$，其中$1<j_1<j_2<\cdots<j_k\leqslant n$，并且$P_{jl}(x_{jl},y_{jl})$是满足条件$x_{jl}<x_1,y_{jl}<y_1$的点，那么$QT(\mathfrak{b})$就是

$$QT(\mathfrak{p})=\langle P_1;QT(\mathfrak{p}_{NW}),QT(\mathfrak{p}_{NE}),QT(\mathfrak{p}_{SW}),QT(\mathfrak{p}_{SE})\rangle$$

换句话说，点的序列引起空间 QT 的分层划分；见图 Ⅶ.21(为简单起见，这里的树仅由 x 坐标和 y 坐标不同的点定义，这是一个概率为 1 的事件.).

四叉树一般用两种方式进行搜索：(ⅰ) 给定一个点 $P_0=(x_0,y_0)$，精确搜索(exact search) 以确定 P_0 是否在 $\mathfrak{p}$ 中出现；(ⅱ) 给出坐标 $x_0\in[0,1]$，部分匹配查询(partial-match query) 要求求出 $\mathfrak{p}$ 中使得 $x=x_0$ 的点 $P=(x,y)$ 的集合(和 y 的值无关). 这两种类型都适用于四叉树结构：精确搜索对应于树中按照由被搜索的点 P_0 的坐标引导的分支的下行；部分匹配用比较坐标 x_0 和根点的 x 坐标的方法式通过下行到两个子树(NW,SW 或 NE,SE) 的递归来实现.

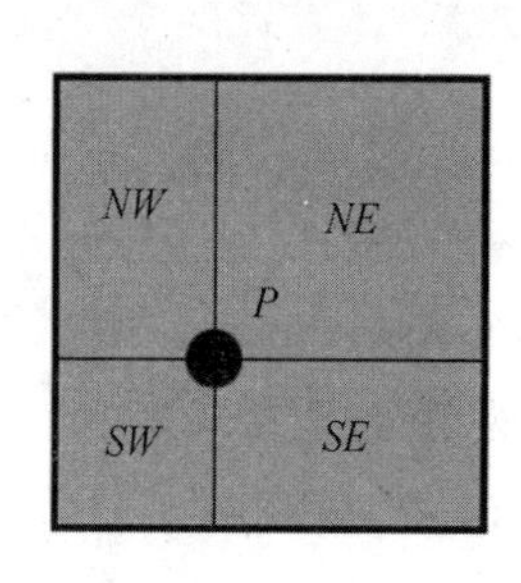

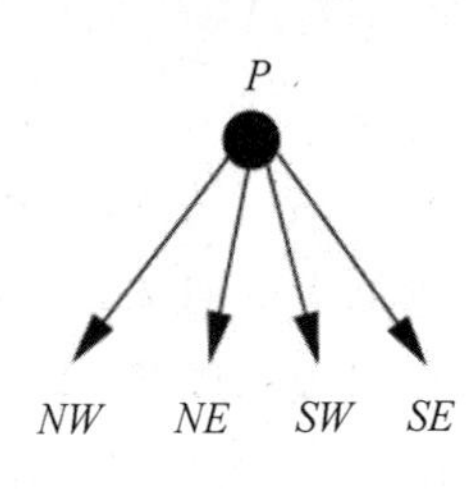

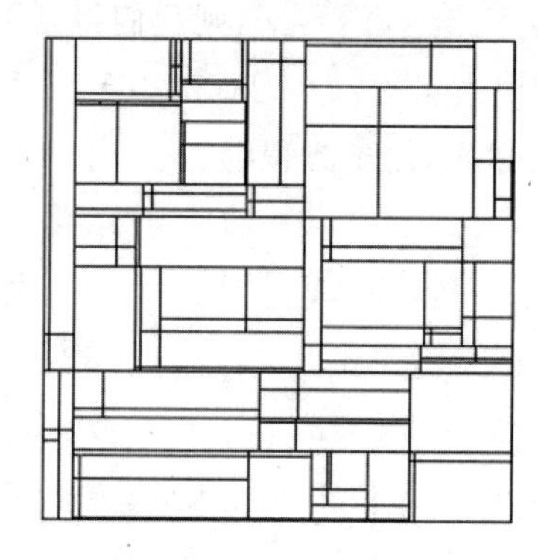

图 Ⅶ.21　四叉树的分裂过程(左，中) 和与 50 个随机点相关的层次的划分(右)

在一个理想的世界里(对计算机来说)，树是完美地平衡的，在这种情况下，精确搜索和部分匹配的代价分别渐近地满足下面的递推关系

$$f_n=1+f_{\frac{n}{4}},g_n=1+2g_{\frac{n}{4}} \tag{119}$$

以上的递推关系的解分别 $\approx\log_4 n$ 和 $\approx\sqrt{n}$. 随机生长的四叉树的形状在多大程度上与完美的四叉树不一致？平均说来代价函数的增长速率又是什么？答案就在于某个线性微分方程的奇点.

精确搜索. 我们的目的是根据 Ⅵ.10.3 小节的原则建立递推关系①. 我们需要概率 $\pi_{n,k}$，即容量为 n 的四叉树产生一个容量为 k 的 NW 根子树的概率，并断言

$$\pi_{n,k}=\frac{1}{n}(H_n-H_k)\text{，其中 }H_n=1+\frac{1}{2}+\cdots+\frac{1}{n} \tag{120}$$

实际上，有 ℓ 个元素在根的西边并且有 k 个元素在西北边的概率是

① 尽管不够方便，但从符号方法的基本原理得出方程还是可能的.

$$\bar{\omega}_{n,\ell,k}=\binom{n-1}{k,\ell-k,n-1-\ell}\int_0^1\int_0^1(xy)^k(x(1-y))^{\ell-k}(1-x)^{n-1-\ell}\mathrm{d}x\mathrm{d}y \tag{121}$$

(其中的二重积分是前 k 个元素落在 NW 而接着的 $\ell-k$ 个元素落在 SW,其余的落在 NE 或者 SE 中的概率;积分对应于根的坐标(x,y)上的条件,其中计入了可能的重组的多项式的系数.)用 Euler 的 $\beta-$ 积分可把积分化简成 $\bar{\omega}_{n,\ell,k}=\frac{1}{n(\ell+1)}$,然后对 ℓ 求和即可得出断言(120).

给了(120),下面的递推关系

$$P_n=n+4\sum_{k=0}^{n-1}\pi_{n,k}P_k,P_0=0 \tag{122}$$

就确定了路径长度的预期值的序列,其中 $\pi_{n,k}$ 如式(120)所示.这个递推关系可以转换成一个积分方程

$$P(z)=\frac{z}{(1-z)^2}+4\int_0^z\frac{\mathrm{d}t}{t(1-t)}\int_0^t P(u)\frac{\mathrm{d}u}{1-u} \tag{123}$$

它等价于一个 2 阶的线性微分方程

$$z(1-z)^4P''(z)+(1-2z)(1-z)^3P'(z)-4(1-z)^2P(z)=1+3z$$

这个齐次方程在 $z=1$ 处有一个奇点.在这种简单情况下,不难猜出"正确"的解,可以把它代入方程加以验证

$$P(z)=\frac{1}{3}\frac{1+2z}{(1-z)^2}\log\frac{1}{1-z}+\frac{1}{6}\frac{4z+z^2}{(1-z)^2},P_n=\left(n+\frac{1}{3}\right)H_n-\frac{n+1}{6n}$$

比率$\frac{P_n}{n}$表示在一个随机生长的四叉树中一个随机的结点的叶子的数目,这是一个阶为 $\log n+O(1)$ 的量.因此,平均来说,四叉树是相当平衡的,预期的叶子的数目具有因子 $\log 4\doteq 1.38$,这对应于完美的四叉树的量.

部分匹配. 部分匹配的分析揭示了不平衡的四叉树的令人惊奇的结果,这种树的增长的阶和完美树模型(119)所预料的生长的阶是不同的.部分匹配查询的预期代价所满足的递推关系可用类似于路径长度的方法确定(文献[233]).我们通过类似于(121)的计算求出

$$Q_n=1+\frac{4}{n(n+1)}\sum_{k=0}^{n-1}(n-k)Q_k,Q_0=0 \tag{124}$$

它对应于 GF $Q(z)=\sum Q_nz^n$,这个生成函数是一个非齐次的微分方程 $\mathfrak{L}[Q(z)]=\frac{2}{1-z}$ 的解,其中的微分算子 $\mathfrak{L}$ 是

$$\mathfrak{L}[f]=z(1-z)^2\partial^2 f+2(1-z)^2\partial f-4f \tag{125}$$

这个非齐次微分方程的一个特解是$-\frac{1}{1-z}$，因此 $y(z):=Q(z)+\frac{1}{1-z}$ 满足齐次方程 $\mathfrak{L}[y]=0$.

微分方程 $\mathfrak{L}[y]=0$ 在 $z=0,1,+\infty$ 处有奇点，并且它在 $z=1$ 处的奇点是正规奇点. 从问题的起源可知 $y_n=O(n)$，这对奇点在 $z=1$ 的情况是重要的. 指标多项式可以根据其定义计算或者，等价地，更简单地是把 $y=(z-1)^\theta$ 代入 $\mathfrak{L}$ 的定义式中并丢弃低阶项，令 $Z=z-1$，我们求出

$$\mathfrak{L}[Z^\theta]=\theta(\theta-1)Z^\theta-4Z^\theta+O(Z^{\theta-1})$$

因而指标方程的根是

$$\theta_1=\frac{1}{2}(1-\sqrt{17}),\theta_2=\frac{1}{2}(1+\sqrt{17})$$

定理 Ⅶ.9 保证 $y(z)$ 在 $z=1$ 附近具有如下形式的表达式

$$y(z)=\lambda_1(1-z)^{\theta_1}H_1(z-1)+(1-z)^{\theta_2}H_2(z-1) \tag{126}$$

其中，H_1,H_2 在零点解析.

为了完成分析，我们还要验证乘在主要的奇异元素前面的系数 λ_1 当 $z\to 1$ 时是非零的. 事实上，如果 $\lambda_1=0$，那么，当 $z\to 1$ 时就会有 $y(z)\to 0$，这与 $y_n\geqslant 1$ 矛盾. 换句话说，这里：连接问题是通过问题的组合起源通过可用的界来解决的. 然后用奇点分析就可产生 y_n 的渐近形式 Q_n，作为小结，我们有：

命题 Ⅶ.12 容量为 n 的随机增长的四叉树的路径的平均长度是 $n\log n+O(n)$，部分匹配查询的预期代价满足

$$Q_n\sim\kappa\cdot n^{\alpha-1},\alpha=\frac{\sqrt{17}-1}{2}\doteq 1.561\ 55 \tag{127}$$

其中 κ 是一个正数. 以上的分析可以扩展到更高维的四叉树(文献[233]). 对一般的维数 d，路径的长度平均为$\frac{2}{d}n\log n+O(n)$. 部分匹配查询的代价大约为 n^β，其中 β 是一个 d 次的代数数. 正如我们在例 Ⅸ.29 中将要证明的那样随机的(全指定的) 搜索的代价具有极限 Gauss 分布.

▶**Ⅶ.49 四叉树和超几何函数.** 对于平面的四叉树($d=2$)，变量替换 $y=(1-z)^{-\theta}\eta(z)$ 产生一个其解为超几何函数的微分方程 $\mathfrak{L}[y]=0$. 由此可求出(127) 中的常数

$$\kappa=\frac{1}{2}\frac{\Gamma(2\alpha)}{\Gamma(\alpha)^3},\text{其中 }\alpha=\frac{\sqrt{17}-1}{2}$$

对 $d\geqslant 2$ 也可以求出超几何解(注记 B.15)；见文献[116,233,242]. ◀

▶**Ⅶ.50　闭合的漫步.** 一个容量为 n 的闭合的漫步是一条可穿过界河 $2n$ 次的回路. 序列的开头几项是 1,1,2,8,42,262(EIS A005315). 例如,下面是一个容量为 4 的漫步:

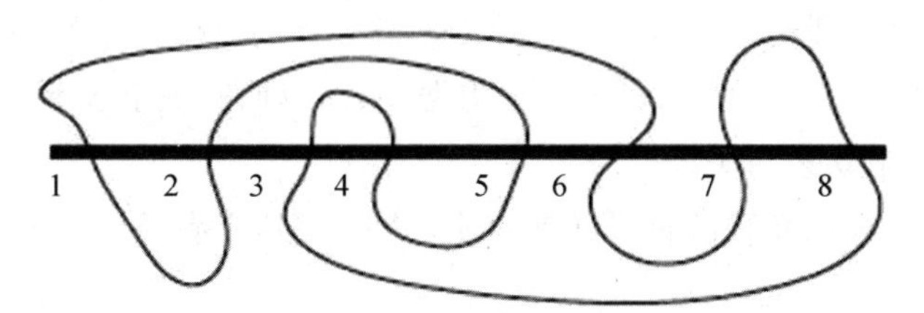

根据和已经建立的统计物理模型(文献[163])的类比,我们有理由相信漫步的数目 M_n 为

$$M_n \sim CA^n n^{-\beta}$$

其中 $\beta = \frac{29+\sqrt{145}}{12}$. ◀

Ⅶ.9.2　非线性微分方程. 非线性微分方程不一定(像线性情况中那样)具有奇点,即使对最简单形式的非线性微分方程也是这样,例如方程

$$Y'(z) = Y(z)^2, Y(0) = a$$

有一个解 $Y(z) = \frac{1}{a-z}$,其奇点取决于初始条件但在方程本身中却看不出来. 因此奇点的定位问题在非线性 ODE 情况下是不明显的. 此外,确定非线性方程奇点的性质问题一般来说也无法进行分类(注记 Ⅶ.51). 在这一节中,我们仅限于研究一些组合上已存在足够的结构,因此可得出相当明确的解,然后才能做奇点分析的例子.

▶**Ⅶ.51　一个通有的微分方程.** 按照 Rubel 的文献[521,522]中的想法,Duffin(文献[178])证明了:微分方程

$$(\mathrm{D})\quad 2y''''y'^2 - 5y'''y''y' + 3y'^3 = 0$$

在 $\mathbb{R}$ 上的任意连续函数 $\varphi(x)$ 都可以被这个方程的解逼近到任意的精确度的意义下是通有的. 因此,一般来说无法对非线性微分方程的实数解进行"分类". (证明:(ⅰ)构造一个函数类 $g_{a,b,c}(x) = a\cos^4(bx+c)$ 满足的三阶微分方程(E),其中 $-\frac{\pi}{2} \leqslant bx+c \leqslant \frac{\pi}{2}$;(ⅱ)验证任何一个是 g 在不相交的区间上取并的函数 $G(x)$ 足够光滑的满足(E);(ⅲ)证明可以取这样的 $G(x)$ 使得 $\int G$ 可以逼近连续函数 $\phi(x)$ 到任意预先给定的精确度,并确定了(D).) ◀

例 Ⅶ.24　递增的树的族. 考虑一个有标记的类,它由下式中的两种表示

中的某一种定义

$$\mathcal{Y}=\mathcal{Z}^{\square} * \mathrm{SEQ}_{\Omega}(\mathcal{Y}), \mathcal{Y}=\mathcal{Z}^{\square} * \mathrm{SET}_{\Omega}(\mathcal{Y}) \tag{128}$$

其中整数的集合$\Omega\subset\mathbb{Z}_{\geqslant 0}$是固定的.这定义了一颗平面的树(SEQ)或非平面的树(SET),并且这棵树在沿着从根开始的任意分支的方向上标签都是递增的意义下是递增的.我们在 Ⅱ.6.3 小节中曾遇到过这种树,它和交错的排列,一般的排列以及后退映射有关.

树的枚举.根据盒积的符号转换规则,$\mathcal{Y}$的 EGF 应满足一个非线性微分方程

$$Y(z)=\int_0^z \phi(Y(\omega))\mathrm{d}\omega \tag{129}$$

其中结构函数 ϕ 是

$$\phi(y)=\sum_{\omega\in\Omega} y^{\omega}(\text{SEQ 情况}), \phi(y)=\sum_{\omega\in\Omega}\frac{y^{\omega}}{\omega!}(\text{SET 情况})$$

积分方程(129) 是我们的出发点;为了统一两种情况,我们设 $\phi_{\omega} := [y^{\omega}]\phi(y)$.下面的讨论摘自 Bergeron,Flajolet 和 Salvy 的文献[49].

首先,我们注意到,(129) 等价于非线性微分方程

$$Y'(z)=\phi(Y(z)), Y(0)=0 \tag{130}$$

这蕴含$\frac{Y'}{\phi(Y)}=1$,将其再积分回去就得出

$$\int_0^{Y(z)}\frac{\mathrm{d}\eta}{\phi(\eta)}=z, K(Y(z))=z, K(y):=\int_0^y\frac{\mathrm{d}\eta}{\phi(\eta)} \tag{131}$$

因而,EGF $Y(z)$ 是结构函数的逆的积分的复合逆.我们可把这个转换链图示如下

$$Y=\mathrm{Inv}\circ\int\circ\frac{1}{(\cdot)}\circ\phi \tag{132}$$

在更简单的情况下,可以把(131) 中定义的积分 $K(y)$ 明确地积分出来,这样 $Y(z)$ 就可以有一个显式的表达式.图 Ⅶ.22 显示了有关的四个类的数据,其中前三个已在第 Ⅱ 章中遇到过.在每种情况下都列出了:微分方程(从这个微分方程就可得出树的定义和 ϕ 的形式),正的主奇点,奇点类型和相应的系数的形式.(131) 的一般的解析表达式包含了更多的信息:这个表达式允许我们一般地讨论奇点的类型,并允许我们分析不具有明确表达式 GF 的渐近类.

为简单起见,设 ϕ 是非周期的整函数(可能是多项式).设 ρ 是 $Y(z)$ 的收敛半径,则 ρ 是一个奇点(根据 Pringsheim 定理).考虑极限值 $Y(\rho)$,则不可能有 $Y(\rho)<\infty$,否则 $K(z)$ 将是解析的因而在 $Y(\rho)$ 处将是解析可逆的(根据隐函数

定理). 因此,我们必须有 $Y(\rho)=+\infty$. 由于 Y 和 K 是互相可逆的,我们因此也得到 $K(+\infty)=\rho$. 因此,$Y(z)$ 的收敛半径就是

$$\rho=\int_0^\infty \frac{d\eta}{\phi(\eta)} \tag{133}$$

微分方程	EGF	ρ	奇点类型	系数
A:$Y'=(1+Y)^2$	$\frac{z}{1-z}$	1	Z^{-1}	$Y_n=n!$
B:$Y'=1+Y^2$	$\tan z$	$\frac{\pi}{2}$	Z^{-1}	$\frac{Y_{2n+1}}{(2n+1)!}\asymp\left(\frac{2}{\pi}\right)^{2n+1}$
C:$Y'=e^Y$	$\log\frac{1}{1-z}$	1	$\log Z$	$Y_n=(n-1)!$
D:$Y'=\frac{1}{1-Y}$	$1-\sqrt{1-2z}$	$\frac{1}{2}$	$Z^{\frac{1}{2}}$	$Y_n=(2n-3)!!$

图 Ⅶ.22 某些经典的递增树的族:(A) 平面二叉树;(B) 笔直的平面二叉树;(C) 递增的 Cayley 树;(D) 递增的平面树

然后 $Y(z)$ 的奇点类型即可根据式(132) 系统地确定. 对一般的次数 $d\geqslant 2$ 的多项式,我们有(不管系数是什么)

$$K(+\infty)-K(y)\approx\int_y^\infty \frac{d\eta}{\eta^d}\approx\eta^{-d+1}, Y(z)\approx Z^{-\frac{1}{d-1}}, Z:=\rho-Z$$

这个简易的快速计算表明

$$\text{如果 } \phi \text{ 是一个 } d \text{ 次的多项式,则 } Y_n\sim Cn!\ n^f\text{,其中 } f=\frac{2-d}{1-d} \tag{134}$$

同样,递增的 Cayley 树的 EGF 的对数奇点(图 Ⅶ.22 情况 C) 最终明显地反映了 $\phi(y)=e^y$ 的指数奇点的逆. 由于当我们考虑具有只有有限的结点度数被排除的集合的递增的非平面树(递增的 Cayley 树) 时,必定系统地存在这种奇点类型——换句话说,每当我们在(128) 中使用SET构造并且Ω的余集是有限集合时就必定系统地存在这种奇点类型. 这一观察扩展了对文献[437] 的分析.

加性参数. 下面我们考虑树的由下面的递推关系定义的加性参数[①]

$$s(\tau)=t_{|\tau|}+\sum_{v\propto\tau}s(v) \tag{135}$$

其中 t_n 是"通行费"的数字序列,$t_0=0$,求和 $v\propto\tau$ 遍历 τ 的所有的根子树. 引进两个函数(累积值)

① 我们已经在 Ⅵ.10.3 节中研究过这种参数:那里的二叉搜索树递归恰与这里的情况 $\phi(w)=(1+w)^2$ 完全一致.

$$S(z)=\sum_{\tau\in y}s(\tau)\frac{z^{|\tau|}}{|\tau|!},T(z)=\sum_{n\geqslant 0}t_nY_n\frac{z^n}{n!}$$

因此$\frac{[z^n]S(z)}{[z^n]Y(z)}$就等于遍历容量为 n 的递增的树时，参数 s 的平均值. 对引理Ⅶ.1 做简单地代数类比就求出 GF $S(z)$ 是

$$S(z)=Y'(z)\int_0^z\frac{T'(w)}{Y'(w)}\mathrm{d}w \tag{136}$$

关系(128)定义了积分变换 $T\mapsto S$ 可以把它看成是一个奇点变换器. 用Ⅵ.10.3 小节中的方法，一旦知道了 $Y(z)$ 的奇点类型就可以对它做系统的研究了.

路径的长度($t_n=n$ 对应于 $T(z)=zY'(z)$)用现在的观点可以讨论如下. 对递增的树的多项式族，我们有 $Y(z)\approx Z^{-\delta}$，其中 $\delta=\frac{1}{d-1}$，因此

$$T\approx Y'\approx Z^{-\delta-1},T'\approx Z^{-\delta-2},\frac{T'}{Y'}\approx Z^{-1},\int\frac{T'}{Y'}\approx\int\frac{1}{Z}\approx\log Z$$

因而，Y 和 S 之间的关系是 $S\approx Y'\log Z$ 的简化形式. 奇点分析，然后蕴含平均的路径长度的阶是 $n\log n$. 得出其中所涉及的常数给出以下命题.

命题 Ⅶ.13 设$\mathcal{Y}$是一个由非周期的次数 $d\geqslant 2$ 的多项式 ϕ 定义的树的递增的族，$\delta=\frac{1}{d-1}$，则容量为 n 的树的数目是

$$Y_n\sim\frac{n!}{\Gamma(\delta)}\left(\frac{\delta}{\rho\phi_d}\right)^{\delta}\rho^{-n}n^{-1+\delta},\rho:=\int_0^{\infty}\frac{\mathrm{d}\eta}{\phi(\eta)},\phi_d=[y^d]\phi(y)$$

树$\mathcal{Y}_n$的路径的期望的长度是$(\delta+1)n\log n+O(n)$.

对于像图 Ⅶ.22 和更多的自然发生的模型，许多递增的树的参数可以用综合的方法加以分析(例如，度数的表示，叶子的表示(文献[49])). 最值得注意的是由奇点分析的推理所提供的类型的概念，它给出了组合计数和参数结构的数量级的正确的阶. 此后的事情只不过是记录和纸上做些使得常数正确的验算而已！

例 Ⅶ.25 Pólya **的箱子模型.** 联合使用非线性 ODE 和奇点分析的一个令人感兴趣的例子是由概率论的箱子模型给出的. 在这个模型中，一个箱子中可能装有颜色不同的球并给出了一组固定的替换规则(每种颜色有一个替换规则). 在任何离散的时刻，均匀地随机选择一个球，确定它的颜色后再应用相应的替换规则. 问题是确定在一个大的时刻 n 时箱子中的演化结果. (Johnson 和 Kotz 的书 [357] 可以作为对此领域的一个基础的导引；Johnson 此外还在文献[349,351] 中开发了一种综合的概率方法.) 对于只有两种颜色并且箱子是所谓平衡的情况下，文献[130,225] 说明了箱子的历史的生成函数由一个一阶的

非线性自治方程组确定,从这个方程组中可以有效地分析出盒子的许多特征.

根据上述的非正式地描述,一个具有两种颜色的箱子模型可以用一个元素为整数的 2×2 矩阵确定

$$\boldsymbol{M}=\begin{pmatrix}\alpha & \beta\\ \gamma & \delta\end{pmatrix},\alpha,\delta\in\mathbb{Z},\beta,\gamma\in\mathbb{Z}_{\geqslant 0}\tag{137}$$

在任何时刻,如果抽到了一个第一种颜色的球,则将它和 α 个第一种颜色的球以及 β 个第二种颜色的球一起放回盒子中;同样,当抽到一个第二种颜色的球时,则将它和 γ 个第一种颜色的球以及 δ 个第二种颜色的球一起放回盒子中.负对角线元素表示把球从盒子中取出(而不是放进去).我们限于注意平衡的盒子,在这种情况下,存在一个使得下式成立的称为平衡数 σ 的量

$$\sigma=\alpha+\beta=\gamma+\delta\tag{138}$$

给了一个一开始装了 a_0 个第一种颜色的球和 b_0 个第二种颜色的球的箱子,我们所求的是多变量生成函数 $H(x,y,z)$(指数型),使得 $n!\ [z^n x^a y^b]H(x,y,z)$ 是在时刻 n 时盒子演变成颜色的组成数为 (a,b) 的可能的数目.对于 $\sigma\geqslant 1$,演变的总数显然是

$$(a_0+b_0)(a_0+b_0+\sigma)\cdots(a_0+b_0+(n-1)\sigma)$$

因此 $H(1,1,z)=\dfrac{1}{(1-\sigma z)^{a_0+b_0}}$.

我们有下面的命题:

命题 Ⅶ.14 用矩阵(137)确定的,平衡数为 σ,初始组成为 (a_0,b_0) 的箱子的指数 MGF 满足

$$H(x_0,y_0,z)=X(z\mid x_0,y_0)^{a_0}Y(z\mid x_0,y_0)^{b_0}$$

其中 $|x_0|,|y_0|\leqslant 1,x_0y_0\neq 0,|z|<\dfrac{1}{\sigma},X(t)\equiv X(t\mid x_0,y_0)$ 和 $Y(t)\equiv Y(t\mid x_0,y_0)$ 是下面的微分方程组的解

$$\Sigma:\begin{cases}\dfrac{\mathrm{d}}{\mathrm{d}t}X(t)=X(t)^{\alpha+1}Y(t)^{\beta}\\ \dfrac{\mathrm{d}}{\mathrm{d}t}Y(t)=X(t)^{\gamma}Y(t)^{\delta+1}\end{cases},X(0)=x_0,Y(0)=y_0\tag{139}$$

证明 证明是用微分算子(注记 Ⅰ.63)确定组合结构模型的一个有趣的实例.作为一个起点,我们注意一个简单的微分法则 $\partial_x(x^n)=nx^{n-1}$ 可以表示成

$$\partial_x(xx\cdots x)=(/xx\cdots x)+(x/x\cdots x)+\cdots+(xx\cdots/x)$$

它的含义是"挑出所有可能的单个的形式变量并将其删除".类似地,$x\partial_x$ 表示:

“挑出所有可能的单个的形式变量但不将其删除”(这是 Ⅰ.6.2 小节中的指定操作).

根据以上原理,我们把箱子对应一个偏微分算子

$$\mathfrak{D} := x^{\alpha+1} y^{\beta} \partial_x + x^{\gamma} y^{\delta+1} \partial_y \tag{140}$$

如果 $m = x^a y^b$ 表示组成为(a,b) 的箱子,则易于验证 $\mathfrak{D}(m)$ 一步生成盒子的所有可能的演变;类似地,$\mathfrak{D}^n(m)$ 是 n 步后箱子组成的生成多项式. 这就给出一个指数 MGF H 的符号形式

$$H(x,y,z) = \sum_{n\geqslant 0} \mathfrak{D}^n [x^{a0} y^{b0}] \frac{z^n}{n!} = \mathrm{e}^{z\mathfrak{D}} [x^{a0} y^{b0}] \tag{141}$$

现在到了看出微分方程组(139) 的解 $X(t)$,$Y(t)$ 和上述符号之间的关系的关键(但是是容易的) 时刻了,我们有

$$\begin{aligned} \partial_t (X^a Y^b) &= aX^{a-1} X' Y^b + bX^a Y^{b-1} Y' \quad (\text{通常的微分法则}) \\ &= aX^{a+\alpha} Y^{b+\beta} + bX^{a+\gamma} Y^{b+\delta} \quad (\text{微分方程组 } \Sigma) \\ &= \mathfrak{D}(x^a y^b) \Big|_{\substack{x\to X \\ y\to Y}} \quad (\mathfrak{D} \text{ 的定义}) \end{aligned}$$

利用数学归纳法就得出

$$\partial_t^n (X^a Y^b) = \mathfrak{D}(x^a y^b) \Big|_{\substack{x\to X \\ y\to Y}} \tag{142}$$

换句话说,对应于箱子模型的微分方程组的解的微分模仿了箱子的演化过程.

现在我们可以开始计算了. 我们已经有了一个表示形式(141) 以及一个对应 $\mathfrak{D}^n \leftrightarrow \partial_t^n$,由此就得出

$$H(X(t),Y(t),z) = \sum_{n\geqslant 0} \partial_t^n [X(t)^{a0} Y(y)^{b0}] \frac{z^n}{n!} = X(t+z)^{a0} Y(t+z)^{b0}$$

(最后这个形式明确地表示了 Taylor 公式.) 在上式中令 $t=0$ 就得出要证的命题.

我们举一个简单的例子,Ehrenfest 箱子(注记 Ⅱ.11 和注记 Ⅴ.25). 这里的矩阵是 $\begin{pmatrix} -1 & 1 \\ 1 & -1 \end{pmatrix}$,平衡数是 $\sigma = 0$. 我们需要解的对应的微分方程组是

$$X'(t) = Y(t), Y'(t) = X(t), X(0) = x_0, Y(0) = y_0$$

它有明确的显式解如下

$$H(x,y,z) = (x\cosh z + y\sinh z)^{a_0} (x\sinh z + y\cosh z)^{b_0}$$

我们只再讨论另一个例子,它是典型的代数解模型和相应的奇点分析. 考虑矩阵为 $\begin{pmatrix} -1 & 2 \\ 2 & -1 \end{pmatrix}$ 的箱子. 它描述了二叉递增树的层的奇偶性(文献

[130]).假设箱子一开始只有一个第一种颜色的球,我们要求在 n 时刻时所有的球都是第二种颜色的概率.因此我们需要求出 $[z^n]H(0,1,z)$.对应的方程组是

$$X'=Y^2, Y'=X^2, X(0)=0, Y(0)=1$$

这个方程组可以通过以下操作解出(一般解法见文献[225])

$$X''=2YY'=2\sqrt{X'}X^2$$

这蕴含 $X''\sqrt{X'}=2X'X^2$,最后的形式可以积分,因为

$$X'=(X^3+1)^{\frac{2}{3}}, \int_0^X \frac{d\zeta}{(1+\zeta^3)^{\frac{2}{3}}}=t$$

这表示 $X(t)$ 是隐式地被一个代数函数的积分的逆确定.在这种情况下,可以验证函数 $X(t)$ 是一个椭圆函数(其他的椭圆函数模型可见文献[225,471]),但其主奇点可以直接用例 Ⅶ.24 的方法确定.我们发现函数 $X(t)$ 在点

$$\rho:=\int_0^\infty \frac{d\zeta}{(1+\zeta^3)^{2/3}}=\frac{1}{2\pi\sqrt{3}}\Gamma\left(\frac{1}{3}\right)^3$$

处成为无穷大.通过类似于式(133)的论证,对积分的局部分析结合反演然后揭示出 $X(t)$ 在 ρ 处有一个简单的极点.另外,用初等的演算可以得出 $X(\omega t)=\omega X(t)$,其中 $\omega^3=1$,这必须要求在 $\rho,\rho e^{\frac{2\pi i}{3}},\rho e^{-\frac{2\pi i}{3}}$ 处存在三个共轭奇点.在初始条件 $(a_0,b_0)=(1,0)$ 下,在时刻 n 时所有的球都是第二种颜色的概率仅在 $n\equiv 1(\bmod 3)$ 时才是非零的.并且可以发现它对某个可计算的常数 $c>0$ 是指数小的:即成立

$$[z^n]X(z)\sim c\rho^{-n}, n\equiv 1(\bmod 3)$$

在文献[225,229]中,表明了我们可以沿着这条路线发展出一套关于 2×2 平衡的箱子模型的完整的处理方法,这套方法完全刻画了所涉及的极限分布.

▶**Ⅶ.52　通过微分算子描述图形模式和组合模型**.定义一个线性微分算子如下

$$\mathfrak{D}:=x\partial_x^2$$

当对单项式 x^n 应用这一算子时,它的含义是挑取两次 x,再把它们换成单位,然后创建一个新的 x(这类似于只有一种颜色的箱子模型).因此,可以用具有两个"输入"和一个"输出"的"门"来表示.对 x^{n+1} 应用 $\mathfrak{D}^n$ 的效果那么就是建立所有的二叉树,其外部结点出现的是原始的 x 变量,其内部结点(门)可用它们到达的顺序刻画.实际上,每个特定的扩展都会导致递减的二叉树(节点的标签从根处减少);这种树就像下面的对于 $n=4$ 的例子所示的那样与具有相同的外

部结点的递增的二叉树显然同构.

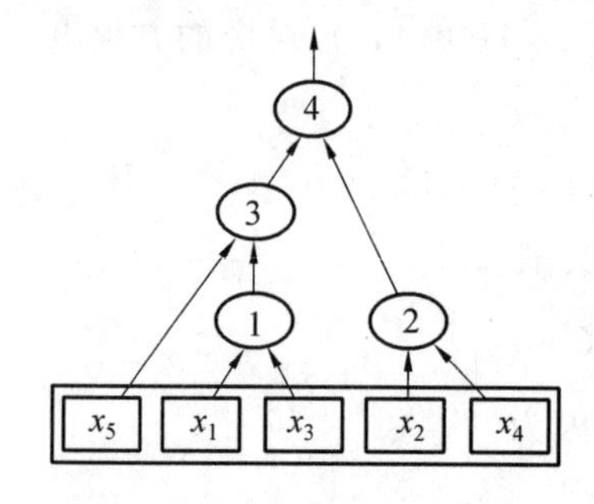

（在这个具体的扩展中，$\mathfrak{D}$ 的第一次应用是在 $xxxxx$ 中出现的第一个 $x(x_1)$ 和第三个 $x(x_3)$，它们对应于第一个门（标记为 1），它创建了一个新的 x（门 1 的输出连接）. 第二次应用是 x_3 和 x_4（2 号门）. 第三次应用是 x_5 和门 1 所产生的 x；等等.）

因此

$$\mathfrak{D}^n(x^{n+1}) = n!\ (n+1)!\ x$$

这等价于

$$\frac{1}{n!}\mathfrak{D}^n\left(\frac{x^{n+1}}{(n+1)!}\right) = 1$$

因而，我们通过 x 的系数的排列就得出了递减树的 EGF

$$e^{z\mathfrak{D}}(e^x) = 1 + x\frac{1}{1-z} + \frac{x^2}{2!}\frac{1}{(1-z)^2} + \cdots$$

其他可考虑的算子包括

$$\mathfrak{D} = x + \partial, x\partial, x^2 + \partial^2, x\partial^3, x\partial^2 + x\partial, \cdots$$

尝试用微分算子和门系统模拟尽可能多的经典组合结构是一件非常迷人的事情.（这一练习是由 Błasiak，Horzela，Penson，Duchamp 和 Solomon 在他们的作品[73,74]中提出的，他们自己的动机来自量子物理学中的“玻色子正规序问题”.） ◀

作为这一节的一个小结，比较一下递增的树（例 Ⅶ.24）和树的简单族（Ⅶ.3.2 节）的性质是有趣的. 结论是树的简单族在结点的典型深度的意义下是“平方根”类型的，而预期高度的阶是$\sqrt{n}$. 相比之下，阶的界受强烈限制的递增的树有对数深度和高度（文献[157,158,160]）—— 它们是属于“对数”类型的. 从奇点的角度看，简单的树与普适 $Z^{\frac{1}{2}}$ 律相联系，而递增的树表现出发散行为（多项项式情况下是 $Z^{-\frac{1}{d-1}}$）. 然后进一步在微分方法中代价影响了 GF 的奇点：对简单树是通过因子 $Z^{\frac{1}{2}}$，对递增的树是通过因子 $\log Z$. 这种抽象的观察正是典型的分析组合学的思想.

关于随机离散结构和非线性微分方程的一般领域中随机排列中最长的递增子序列的法则的可观的结果是由 Baik，Deift 和 Johansson 发现的（注记

Ⅷ.46). 在那里，非线性 Painlevé 方程 $u''(x)=2u(x)^3+xu(x)$ 的解起了核心的作用.

Ⅶ.10　奇点分析和概率分布

奇点分析通常可以用来提取有关组合参数的概率分布的信息. 在第 Ⅸ 章的中心章(Ⅸ.6 节)，我们将把扰动方法嫁接到奇点分析上去，这一方法适用于双变量生成函数 $F(z,u)$ 并且当 u 位于 1 的复邻域中可用来延拓 u. 然而，这种条件并不总是能满足的. 首先，可能发生一旦 $u>1$，$F(z,u)$ 除了在 $z=0$ 之外的地方就没有定义的情况(它发散). 其次，还有可能发生一个参数在一个单变量的 GF 的集合中而不是 BGF 中出现的情况(参见我们在 Ⅲ.8 节中讨论的极值参数.). 我们将在这一节中简要地指出处理这类情况的方法.

Ⅶ.10.1　矩泵. 我们的读者应该没有困难地认识以下的在文献[249] 中绰号为"矩泵" 的程序的至少前两个的熟悉的步骤. 它可用于从二元生成函数中提取矩.

程序:矩泵

输入:一个通过函数方程确定的二元生成函数 $F(z,u)$.

输出:对应于系数序列$[z^n u^k]F(z,u)$ 的极限律;即类$\mathcal{F}_n$的参数χ 的渐近概率分布.

步骤 1　阐明对应于计数问题$[z^n]F(z,1)$ 的奇点结构.(第 Ⅳ—Ⅶ 章的工具非常适合于这项任务，$F(z,1)$ 所满足的函数方程通常比 $F(z,u)$ 所满足的函数方程简单.)

步骤 2　对 $r=1,2,\cdots$，定出每个偏微分方程

$$\mu_r(z)=\frac{\partial^r}{\partial u^r}F(z,u)\bigg|_{u=1}$$

的奇点结构(主项) 并使用半纯方法或奇点分析得出关于$[z^n]\mu_r(z)$ 的结论. 如果，就像在最常见的情况中那样，用 u 标记的组合参数增长率是一个 n 次的多项式，则每个 μ_r 的收敛半径先验地和 $F(z,1)$ 相同. 此外，在许多情况下，$\mu_r(z)$ 的奇点结构的类型是和 $\mu_0(z)\equiv F(z,1)$ 相同的.

步骤 3　利用步骤 2 给出的矩，使用矩收敛定理(定理 C.2) 试着重建极限

分布.为了使程序成功①,我们通常要求χ的标准差与平均值具有相同的阶,这需要,第 Ⅲ 章意义下的分布(否则,χ的中心和尺度变量的矩中的被丢弃的量将越来越大,因此分析就要求在 GF $\mu_r(z)$ 的展开式中有一个无界的数的项.对有关问题的更深刻的讨论可见 Pittel 的研究(文献[484]).).

例 Ⅶ.26 Dyck **游览下的面积**.我们现在研究BGF的系数,这个BGF是下面的函数方程的解

$$F(z,q)=\frac{1}{1-zF(qz,q)},F(z,q)=1+zF(z,q)F(qz,q) \tag{143}$$

$[z^n q^k]F(z,q)$表示长度为$2n$,面积为$k-n$的Dyck游览的数目.因此,我们的目标是描述 Dyck 路径的面积的分布.我们设

$$\mu_r(z):=\partial_q^r F(z,q)\Big|_{q=1}$$

它是GF的第r个阶乘矩的标准化.显然,μ_0满足关系$\mu_0=1+z\mu_0^2$,从而如预期的那样有$\mu_0=\frac{1}{2z}(1-\sqrt{1-4z})$.

应用矩泵程序导致以下的方程组

$$\mu_1=2z\mu_0\mu_1+z^2\mu_0\mu'_0$$

$$\mu_2=2z\mu_0\mu_2+2z\mu_1^2z^2+2z^2\mu_1\mu'_0+2z^2\mu_0\mu'_1+z^3\mu_0\mu''_0$$

等等.更精确地,上述方程对$r\geqslant 1$,根据 Leibniz 的乘积法则和导数$\partial_q^j F(qz,q)$的计算中取$q=1$的结果,就给出μ_r的形状为

$$\mu_r=z\sum_{j=0}^{r}\binom{r}{j}\mu_{r-j}\sum_{k=0}^{j}\binom{j}{k}z^k\partial_z^k\mu_{j-k} \tag{144}$$

特别,每个μ_r都可以用前面的μ及其导数表出,由于关于μ_r的方程是线性形式$\mu_r=2z\mu_0\mu_r+\cdots$,因此$\mu_r(z)$是$z$和$\delta:=\sqrt{1-4z}$的有理形式:对$\mu$的初始值的验证然后建议当$z\to\frac{1}{4}$时,奇点渐近的主项,即有

$$\mu_r(z)=\frac{K_r}{(1-4z)^{\frac{3r-1}{2}}}+O((1-4z)^{-(3r-2)/2}),r\geqslant 1 \tag{145}$$

这是一个种易于用归纳法验证的性质.(在这种情况下,可以很方便地证明奇点解析类的函数在微分运算下的封闭性.)特别,通过奇点分析可以得出,$\mathcal{F}_n$的平

① 对最重要的Gauss情况,主要是通过矩泵排除,往往会对第 Ⅸ 章的扰动方法产生令人满意的结果,因此这里讨论的单变量方法和第 Ⅸ 章中的方法确实是互补的.

均值和标准差χ 的阶都是 $n^{\frac{3}{2}}$.

现在,有了(145) 之后,我们就可以回过头来看(144) 中的主奇点的贡献,注意,测度了(144) 中对应于通用指标 j,k 的项$(1-4z)^{-1}$ 的指数的"权重"是 $\frac{3r-k-2}{2}$. 然后,让对应的系数相等,对 $r\geqslant 2$,我们就得出有效的递推关系如下

$$\Lambda_r=\frac{1}{4}\sum_{j=1}^{r-1}\begin{bmatrix}r\\j\end{bmatrix}\Lambda_{r-j}\Lambda_j+\frac{r(3r-1)}{4}\Lambda_{r-1} \tag{146}$$

(线性项来自 $j=r,k=1$ 的状态.). 从(145)(146) 简单地利用奇点分析就可得出阶乘矩以及通常的幂矩的形状如下

$$\mathbb{E}_n(\chi^r)\sim M_r n^{\frac{3r}{2}},M_r:=\frac{\sqrt{\pi}\Lambda_r}{\Gamma\left(\frac{3r-1}{2}\right)} \tag{147}$$

然后可以验证(见文献[568]) 矩 M_r 唯一地刻画了概率分布(附录 C.5:极限律中的收敛性).

命题 Ⅶ.15 Dyck 游览中的面积χ 的分布,用$n^{-\frac{3}{2}}$ 尺度化之后,收敛到一个称为 Airy[①] 分布的面积型极限,这个极限由它的矩 M_r 确定,并用(146)(147) 表示. 换句话说,存在一个支集为$\mathbb{R}_{>0}$的分布函数 $H(x)$,使得$\lim\limits_{n\to\infty}\mathbb{P}_n(\chi<xn^{\frac{3}{2}})=H(x)$.

由于 Dyck 游览和树之间存在着确切的对应,因此在一般的 Catalan 树中的路径长度和 Dyck 游览具有相同的极限分布. 命题 Ⅶ.15 最初是由 Louchard(文献[415,416]) 建立的,他发展了与 Brown 运动之间的联系 —— 极限分布确实是 Brown 游览面积的标准化.(这里介绍的方法也有提供了 n 次有限校正的优点.) 我们的矩泵方法在很大程度上是按照 Takács 的处理路线(文献[568]) 进行的. 此外,递推关系(144) 进一步也可以用生成函数得出,关于 Λ_r 和 Airy 函数之间的密切关系可见综述[244,352]. 令人吃惊的是,Wright 常数居然出现

---

① Airy 函数 Ai(z) 是一个与阶为$\pm\frac{1}{3}$ 的 Bessel 函数密切相关的超几何型函数. 它被定义成 $y''-zy=0$ 的满足初条件 Ai$(0)=\frac{3^{-\frac{2}{3}}}{\Gamma\left(\frac{2}{3}\right)}$, Ai$'(0)=-\frac{3^{-\frac{1}{3}}}{\Gamma\left(\frac{1}{3}\right)}$ 的解;其基本性质见文献[3,604]. log Ai(z) 在无穷远处的展开式涉及 Λ_r 的文献[244,352],经过 Louchard 和 Takács 的研究之后,分布函数 $H(x)$ 就可以用超几何函数和 Airy 函数的零点表示出来了.

在固定过程的有标图($P_k(1)$)的枚举中,这似乎与矩 M_r 密切相关,如 Spencer 的文献[548] 所述:这一事实可以通过组合上的图的广度优先搜索来解释.

▶ Ⅶ.53 **树的简单族中的路径长度**. 在通常的关于 ϕ 的条件下,就像 Takács 在文献[566] 中表明的那样,极限分布是一个面积型的 Airy 分布. ◀

▶ Ⅶ.54 **停车问题 Ⅱ**. 这是例 Ⅱ.19 的继续. 考虑 m 辆汽车和汽车以及每个人最终都找到了一个停车位,并最后仍剩下一个空的停车位的条件. 定义(所有汽车的)总位移是最初想要的停车位和第一个可用的停车位之间的距离的总和. 分析归结为下面的微分方程(文献[249,380]),它推广了例 Ⅱ.19,式(65)

$$\frac{\partial}{\partial z}F(z,q)=F(z,q)\cdot\frac{F(z,q)-qF(qz,q)}{1-q}$$

在文献[249] 中使用了矩泵方法:极限分布再次是 Airy 分布(面积型). 这个问题出现在线性探测的 Hash 算法问题的分析中(文献[380],§6.4),它和一个重要的凝聚模型的离散版本有关. 文献[249] 也以文献[285] 为基础表明了 Cayley 树中的反演的数目渐近于 Airy 分布. ◀

▶ Ⅶ.55 Wiener **指标和树的其他函数**. 维纳指标是一个化学家感兴趣的结构指标,它的定义是树中所有的结点对之间的距离之和. 对于简单的族,就像 Janson 的文献[348] 中所示的那样,它具有极限分布.(类似的性质对组合树的族的许多加性函数也成立(见文献[210]). 矩泵也和 Ⅵ.10.3 中的研究树的递归的方法有关.) ◀

▶ Ⅶ.56 **差分方程,多项式和极限律**. 许多由 $F(z,q),F(qz,q),\cdots$ 之间的多项式定义的 $q-$差分方程(甚至方程组)像 Richard(文献[509,510]) 所表明的那样都可以加以分析. 这涵盖了多种包括楼梯,水平-垂直凸起和柱凸起等在内的多联形模型. 面积(具有固定周长)渐近于 Airy 分布. 这些结果和类似的结果都基于转移矩阵方法的扩展计算,Guttmann 和墨尔本学派(the Melbourne school) 猜测平面上的自避免多边形(封闭式行走)的极限面积是 Airy 函数(参见我们在例 Ⅴ.20 上方的评论). ◀

▶ Ⅶ.57 **递增的树中的路径长度**. 对二叉递增树,路径长度的分析归结为下面的函数方程

$$F(z,q)=1+\int_0^z F(qt,q)^2\,\mathrm{d}t$$

像 Hennequin 在文献[328] 中用矩泵方法首次显示的那样,这里也存在一个极限律,文献[328] 中的矩泵方法也可用 Régnier 在文献[505] 和 Rösler 在文献

[517] 中的方法代替.这一定律在计算机科学中很重要,由于它描述了二叉搜索树构造中的快速排序算法(Quicksort algorithm)中使用的比较的次数.这个数的平均值的阶是 $2n\log n + O(n)$,方差的阶 $\sim (7-4\zeta(2))n^2$,极限律中的 r 阶矩是 $\zeta(2),\cdots,\zeta(r)$ 的多项式.最近的新进展见文献[209]和其中的参考文献.

◀

Ⅶ.10.2 生成函数的族. 对整个函数族应用奇点分析没有任何逻辑上的障碍.在某种程度上,这类似于第Ⅴ章中更简单的半纯函数系数渐近情况下对单词中的最长运行次数的分析(Ⅴ.3.3 小节)和对一般的 Catalan 树的高度的分析(Ⅴ.4.3 小节).我们然后需要开发合适的带有误差项的奇点展开式.当 GF 是由非线性函数或递推关系给出时,这在技术上是要求很高的任务.我们下面通过对树的简单族的高度的分析说明这一情况.

例 Ⅶ.27 树的简单族的高度. 下面的递推关系

$$y_0(z) = 0, y_{h+1}(z) = 1 + zy_h(z)^2 \tag{148}$$

给出了高度小于 h,容量是二叉结点的数目(例Ⅲ.28)的二叉树的 OGF $y_h(z)$.它是一个次数为 $\deg(y_h) = 2^{h-1} - 1$ 的多项式.由于 y_h 在有限的距离内没有奇点,因此会出现一些技术上的困难.而它们的形式极限 $y(z)$ 是 Catalan 数的 OGF

$$y(z) = \frac{1}{2z}(1 - \sqrt{1-4z})$$

它在 $z = \frac{1}{4}$ 处有一个平方根类型的奇点.事实上,序列 $w_h = zy_h$ 满足递推关系 $w_{h+1} = z + w_h^2$,它由于 Mandelbrot 的著名的研究而闻名,把它看成复平面上的映射,它会产生令人惊叹的图形(见文献[473]);对不了解这方面知识的人,可见图Ⅶ.23.

当 $|z| \leqslant r < \frac{1}{4}$ 时,用简单的优级数技巧就可说明 $y_h(z) \to y(z)$ 是一致几何式的.当 $|z| \geqslant s > \frac{1}{4}$ 时,可以验证 $y_h(z)$ 是倍指数式增长的.在这两种情况之间的 Δ - 域中发生的事情需要量化.我们按照 Flajolet,Gao,Odlyzko 和 Richmond 的文献[230,246]的内容叙述.

我们从基本的递推关系(148)开始,我们有

$$y - y_{h+1} = z(y^2 - y_h^2) = z(y - y_h)(2y - (y - y_h))$$

可以把上式重写成

$$e_{h+1}=(2zy)e_h(1-e_h),e_h(z)=\frac{1}{2y}(y-y_h) \tag{149}$$

与高度为 h 的树的 OGF 成正比.（函数 $x\to\lambda x(1-x)$ 是递推式(149) 的基础，也称为逻辑斯蒂克映射；对实参数 λ，它的迭代，可以产生丰富多样的分支模式.）

首先，让我们验证在奇点 $\frac{1}{4}$ 处发生的事情并考虑 $e_h\equiv e_h\left(\frac{1}{4}\right)$. 这样诱导出的递推是

$$e_{h+1}\equiv e_h(1-e_h),e_0=\frac{1}{2} \tag{150}$$

它的解单调地减少到 0(证明：否则，(0,1) 中就必须要有一个不动点.).

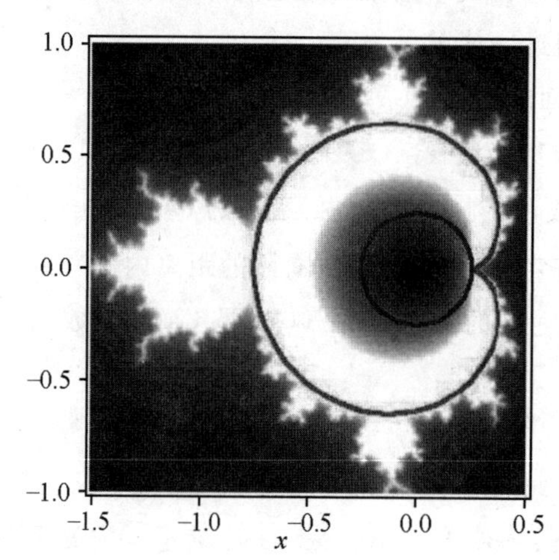

图中点 $z=x+y\mathrm{i}$ 的灰度表示 GF $y_h(z)$ 发散到无穷大(外部，较暗的区域) 或有限的 $y(z)$(内部区域，对应于 Mandelbrot 设置的较暗的区域，围绕着零点的更黑的区域对应于更快的收敛) 所需的迭代次数.

在圆 $|z|=\frac{1}{4}$ 之外由 $|1-\varepsilon(z)|\leqslant 1$ 定义的心形区域是有保证的收敛区域. 确定高度归结为发现在心形区域的心尖附近发生了什么.

图 Ⅶ.23　具有有界高度的二叉树的 GF：收敛速度

这个形式类似于我们熟悉的与不动点方程 $\ell=f(\ell)$ 的迭代的解相关的递推，但在这里它对应于一个"临界"的不动点 $f'(\ell)=1$，这排除了通常的几何式收敛. 在 de Bruijn 的书[143] § 8.4 中可以找到迭代理论的一个经典的技巧，它巧妙地解决了这个问题. 现在我们考虑量 $f_h:=\frac{1}{e_h}$，它满足下面的递推关系

$$f_{h+1}=\frac{f_h}{1-f_h^{-1}}\equiv f_h+1+\frac{1}{f_h}+\frac{1}{f_h^2}+\cdots,f_0=2 \tag{151}$$

这建议 $f_h\sim h$. 实际上，由(151) 的最终形式，我们有

$$f_{h+1}=f_h+1+\frac{1}{f_h}+\frac{f_h^{-2}}{1-f_h^{-1}},f_{h+1}=h+2+\sum_{j=0}^{h}f_j^{-1}+\sum_{j=0}^{h}\frac{f_j^{-2}}{1-f_j^{-1}} \tag{152}$$

我们可以通过"靴袢算法(又译自举算法)"得到序列 f_h 的性质：$f_h>h$ 蕴含

(152) 中的第一个和的阶是 $O(\log h)$，而第二个的阶是 $O(1)$；然后，再一次对估计进行改善就得出对某个 C 有

$$f_h = h + \log h + C + O\left(\frac{\log h}{h}\right)$$

因而我们现在已经很好地定量化了 $e_h = \frac{1}{f_h}$ 的行为.

对 $z \neq \frac{1}{4}$ 情况的分析可按类似的路线进行. 令 $\varepsilon \equiv \varepsilon(z) := \sqrt{1-4z}$ 并再次把 $e_h(z)$ 简写成 e_h. 考虑

$$f_h = \frac{e_h}{(1-\varepsilon)^h}$$

并取逆，我们就得出

$$f_{h+1} = f_h + (1-\varepsilon)^h + \frac{f_h e_h^2}{1-e_h} \tag{153}$$

像上面那样往前推进，就导致到一个一般的逼近式

$$e_h(z) \sim \frac{\varepsilon(z)\,(1-\varepsilon(z))^h}{1-(1-\varepsilon(z))^h}, \varepsilon(z) := \sqrt{1-4z} \tag{154}$$

这就证明了当 $h \to \infty$ 时，对任何不动点 $z \in \left(0, \frac{1}{4}\right)$ 上式都有效. 这一逼近对上述的两种情况都有(先前得出的) $e_h\left(\frac{1}{4}\right) \sim \frac{1}{h}$ 以及 $0 < z < \frac{1}{4}$ 有 $y_h(z)$ 几何数列式地趋近于 y_h. 通过一些额外的工作，可以证明在一个 $\Delta-$ 域中当 $z \to \frac{1}{4}$ 时和当 $h \to \infty$ 时式(154) 仍然有效；见图 Ⅶ.23 得出关于 (z,h) 的详细条件以及对于(154) 的一致的误差项是文献[247] 中分析的关键.

从现在开始，我们限于对后续的发展给出一个简要的指点. 给了(154)，我们将推出累积高度的 GF 当 $z \to \frac{1}{4}$ 时满足①

$$H(z) := 2y(z)\sum_{h\geqslant 0} e_h(z) \sim 4\sum_{h\geqslant 1}\frac{\varepsilon(1-\varepsilon)^h}{1-(1-\varepsilon)h} = 4\log\frac{1}{\varepsilon} + O(1)$$

因而，由奇点分析，我们就有

$$H(z) \sim 2\log\frac{1}{1-4z} \to [z^n]H(z) \sim \frac{2\cdot 4^n}{n}$$

---

① 为了得出 $H(z)$ 的对数逼近，我们可以用一种平行于一般的 Catalan 树的分析的方式 Ⅴ.4.3，借助于例如 Mellin 变换：令 $1-\varepsilon(z) = \mathrm{e}^{-t}$.

这就给出了容量为n的二叉树的期盼的高度$\frac{[z^n]H(z)}{[z^n]y(z)}\sim 2\sqrt{\pi n}$. 高阶的矩可以类似地分析.

注意到在一般的 Catalan 树的高度分析中作为对 GF 的在复平面的适当区域中精确表达式的(最终由于连分数结构和隐含的线性递推而出现的)解析近似(154)也可以进行奇点分析是有兴趣的. 同样也可以分析θ定律对二叉树的高度分布的渐近极限的影响. 最后,这一技巧可以扩展到所有满足平滑的反函数模式(定理 Ⅶ.2)的树的简单族. 总之,我们有以下命题(见文献[230,246]).

命题 Ⅶ.16 设$\mathcal{Y}$是满足定理 Ⅶ.2 条件的树的简单族,ϕ是基本的树的结构函数,τ是特征方程$\phi(\tau)-\tau\phi'(\tau)=0$的根. 设$\chi$表示树的高度,则高度的$r$阶矩满足

$$\mathbb{E}\,\mathcal{Y}_n[\chi^r]\sim r(r-1)\Gamma(r/2)\zeta(r)\xi^r n^{r/2},\xi:=\frac{2\phi'(\tau)^2}{\phi(\tau)\phi''(\tau)}$$

标准化的高度$\frac{\chi}{\sqrt{\xi n}}$无论是在分布还是局部极限律的意义下都收敛到$\theta$律.

(θ分布的定义见 Ⅴ.4.3 式(67);第 Ⅸ 章对此概念发展了收敛律的概念,更进一步又发展了局部极限律的概念.)特别,人们发现一般的 Catalan 树(见文献[145]),二叉树,一叉 - 二叉树,修剪过的t - 列树和 Cayley 树见文献[507])的预期高度分别渐近于

$$\sqrt{\pi n},2\sqrt{\pi n},\sqrt{3\pi n},\sqrt{\frac{2\pi t}{t-1}},\sqrt{2\pi n}$$

并且在简单树的高度中也出现了一种令人愉快的普适性现象.

对奇点附近的多项式迭代进行了某种程度的相关分析,这产生出了平衡树数目的渐近(注记 Ⅳ.49).

Ⅶ.11 小结和评论

这一章的定理证明了奇点分析的核心作用,第 Ⅴ 章曾把第 Ⅳ 章中的研究结果应用到有理函数和半纯函数上去,而这一章用一种类似于第 Ⅴ 章的方式发展了第 Ⅵ 章中提出的理论. 利用复函数的性质开发抽象模式的系数渐近有助于我们一次性地解决一整类的组合结构问题.

在分析组合学的范围内,本章的结果已到达了很广泛的领域,使得我们更

接近于我们理论的理想,即建立一种能包括任何"合理"描述的对象并对其做全面的分析的理论.定义模式的解析边条件经常发挥着重要作用.在本章中添加了处理集合构造(使用指数－对数模式)和无上下文构造(用代数函数的系数渐近)的数学支持以发展第Ⅴ章中处理过的(具有超临界序列模式的)级数构造和(具有有理函数的系数渐近的)正规构造的结果和方法,这些发展给了我们能包含大量组合分析的一般方法和很多应用(图Ⅶ.24).

第Ⅴ章,本章和下面的第Ⅷ章中所述的(关于鞍点法)方法几乎适用于所有的在本书的部分A中通过在那里定义的符号技巧得出的生成函数.SEQ结构和正规表示导致了极点;SET构造导致了代数奇点(在这里讨论的对数生成子的情况下)或导致了基本的奇点(在第Ⅷ章讨论的大多数其余情况中);递归(无上下文)构造导致了平方根奇点.令人惊讶的是最终的渐近计数了所有这些生成函数的结果只有几种形式的函数.这种普适性意味着找出最佳参数值的方法的比较,以及许多其他的对于实际情况下可能非常有效的分析方面的结果.的确,就像我们在本书中反复见到的那样,由于渐近形式的性质,渐近的结果经常是非常准确的.

基于奇点的系数渐近的一般理论有很多分析组合学之外(见下面的注释)的应用.这一理论所触及的广泛的范围强有力地指出了对许多已知的和尚待发现的组合结构和模式都成立着适的规律.

组合类型	系数渐近(次指数)	有关章节
有根的地图	$n^{-\frac{5}{2}}$	Ⅶ.8.2小节
无根的树	$n^{-\frac{5}{2}}$	Ⅶ.5节
有根的树	$n^{-\frac{3}{2}}$	Ⅶ.3,Ⅶ.4节
游览	$n^{-\frac{3}{2}}$	Ⅶ.8.1小节
桥	$n^{-\frac{1}{2}}$	Ⅶ.8.1小节
映射	$n^{-\frac{1}{2}}$	Ⅶ.3.3小节
Exp－log(指数－对数)集合	$n^{\kappa-1}$	Ⅶ.2节
递增的d－列树	$n^{-\frac{d-2}{d-1}}$	Ⅶ.9.2小节

分析形式	奇点类型	系数渐近	有关章节
正的不可约的(多项式方程组)	$Z^{\frac{1}{2}}$	$\zeta^{-n}n^{-\frac{3}{2}}$	Ⅶ.6节
一般的代数方程组	$Z^{\frac{p}{q}}$	$\zeta^{-n}n^{-\frac{p}{q}-1}$	Ⅶ.7节
正规奇点(ODE)	$Z^{\theta}\ (\log Z)^{l}$	$\zeta^{-n}n^{-\theta-1}\ (\log n)^{l}$	Ⅶ.9.1小节

图Ⅶ.24　按所涉及的计数序列的次指数因子排列的普适律的表(顶部)和本章所涉及的主要奇点类型和渐近系数的形式(底部)

关于参考文献的注记和评论. exp－log(指数－对数)模式,就像它的伴侣,超临界级数模式一样,说明了奇点分析技术可以达到的一般性水平.我们所给出的结果的改进可以在 Arratia,Barbour 和 Tavaré 的文献[20]中找到,其中开发了处理这些问题的随机过程方法;另见同一作者们的通俗的介绍文献[19].

本章的其余部分对定义结构的递推进行了必要的处理.如在本章中反复提到的,导致了平方根奇点和 $n^{-\frac{3}{2}}$ 形式的普适行为的递推.在 Meir 和 Moon 的一篇重要论文[435]中,他们基于 Pólya 的文献[488,491]和 Otter 的文献[466]早期开发的方法已经引入了树的简单族.文献[435]的一个优点是表明了我们在讨论树的性质时可能达到的一般地水平.类似的处理方法也可以更一般地扩散到定义树的结构的生成函数满足一个隐式方程的情况.用这种方法可以表明非平面的无标记的树的性质非常类似于它们的平面类似物.注意到最初是由理论化学问题引起的一些枚举问题是有兴趣的,可见 Cayley 和 Sylvester 的丰富多彩的作品[67],Harary 和 Palmer 的参考文献[319],Finch 的文献[211]以及 Pólya 的原始研究[488,491].

代数函数是古典希腊数学家所研究的曲线的现代对应物.学者们或者采用代数方法(这是代数几何的核心)或者通过超越方法来研究这种函数.然而,对于我们的目的,只须用到曲线理论基本的知识.对此,我们推荐几本优秀的入门书籍,其中有 Abhyankar 的文献[2],Fulton 的文献[273]和 Kirwan 的文献[365].对代数方面,我们的目的是提供介绍代数函数时需要的最小的基础.与此同时,我们把重点放在算法方面,由于现在大多数的代数模型都可以借助于计算机代数得到处理.关于符号计算方面,我们推荐 von zur Gathen 和 Gerhard 的文献[599]作为背景材料,而多项式系统在本书中已由 Cox,Little 和 O'Shea 的文献[135]给出了极好的评论.

在组合领域中,Euler 和 Segner 在三角剖分的枚举中(1753)以及根据 Stanley 的文献[554],177 页中的描述,在 Schröder 的著名的著作 *Vier combinatorische* 中很早就使用了代数函数.这方面的一个重大的进展是由 Chomsky 和 Schützenberger 实现的,他们的工作表明代数函数是无上下文语法和语言的"精确"的对应物(见他们的历史论文[119]).对此理论的早期的一个精湛总结出现在 Berstel 编辑的论文集[54]中,而对此方面的一个现代的并给出了确切的表述形式的介绍构成了 Stanley 的书[554]中第6章的主题.在解析渐近方面,许多研究人员早就意识到 Puiseux 展开再加上某种形式的奇点分析(通常基于 Pólya 1937 年的经典论文[488],采用 Darboux-Pólya 方法的形式:见文献[491]) 的效力. 然而,在把这种方法复制到代数系数的渐近的完全一般的问题上似乎出现了困难(见文献[102,440]). 我们相信 Ⅶ.7 节已首次概述了一个完整的理论(尽管大多数成分都是私下流传的知识). 在正系统的情况下,"Drmota-Lalley-Woods" 定理是解决在实践中遇到的大多数问题的关键 —— 从 Ⅶ.6 节中的发展可以清楚地看出它的重要性.

人们对代数函数理论对无上下文语言的应用已经知道一段时间了(例如,见文献[220]). 我们对一般类型的一维行走的介绍是按照 Lalley 的文献[396]和 Banderier 和 Flajolet 的文献[27] 的文章进行的,这些内容可看成是 Gessel 的代数研究[286,287] 的分析形式的一个学究式的装饰. 内核方法起源于排队理论和随机行走问题(见文献[202,203]) 并在 Bousquet-Mélou 和 Petkovšek 的论文[86] 中进一步加以探讨. 用二次方法对随机映射做代数处理属于 20 世纪 60 年代 Tutte 的精彩研究:例如,见他的调查报告[579] 和 Jackson 和 Goulden 的文献[303] 中的叙述. 文献[28] 对多连通问题给出了一种组合-分析处理,显而易见其中大约有十几个地图的族有统一处理的可能性.

关于微分方程,可以在文献[252] 致力于多维搜索树的研究中就看到它很早(并且在时间上令人惊讶) 就出现在形式为 n^{α} 的项的渐近展开上,其中 α 是一个代数数. 线性微分方程的解的系数的渐近分析,原则上,也可以从这些系数所满足的递推关系中得到. 基于 Wimp 和 George Birkhoff 和他的学派(例如文献[70]) 的结果,Zeilberger 的文献[611] 提出了一个令人感兴趣的关于复平面中的差分方程的方法. 然而,一些专家们对于 Birkhoff 计划的完整性尚存在一些疑问(参见我们在 Ⅷ.7 节中的讨论). 相比之下,我们在本章中展示过的线性 ODE 的(更简单的) 奇点理论已经很好地建立起来了,有可能 —— 至少在正规奇点的情况下 —— 可以用我们所知道的理论为基础给出渐近系数提取的方法.

鞍点逼近

第Ⅷ章

对一个懒惰的徒步旅行者,行走的路径是在低点越过山脊;但与此相反,最好的路径是最陡峭的上升到山脊.这时[……]积分将集中在一个小间隔内.

——DANIEL GREENE(丹尼尔·格林)和
DONALD KNUTH(唐纳德·克努特)文献[310]4.3.3节

曲面的鞍点是一个让人想起马鞍内部或鞍部的或两座山之间的地理通道的一个点.如果曲面表示一个解析函数的模,那么鞍点就简单地被函数的导数为零的点所确定.

为了估计一个解析函数的复积分,一个通常是好的策略是采用一条"穿过"被积函数的一个或几个鞍点的曲线作为积分的围道.在很多情况下当将此策略应用于一个依赖于大参数的积分时经常能给出精确的渐近信息.在本书中,我们主要关注表达生成函数的大下标的系数的Cauchy积分.由于可以沿着以原点为中心的圆进行积分,因此实现这一方法是相当简单的.

准确地说,用来估计围道积分的鞍点法的原理是选择一条穿过鞍点的路径,然后在鞍点附近局部地估计被积函数(在围道上被积函数的模达到最大值),并通过局部近似和逐段积分推导出积分本身的渐近展开.我们需要某种"局部化"或"集中"性质以保证在鞍点附近的贡献能捕获到积分的实质部分.这一方法的简化形式提供了所谓的鞍点界——这些有用且技术上简单的上界是通过将平凡的界应用于具有鞍点的路径的积分来得出的.在许多情况下,鞍点方法可以进一步提供完全的渐近展开式.

在分析组合学的范围内，这一方法可用于 Cauchy 系数积分，在函数快速变化的情况下：典型的例子是整函数以及具有几个有限距离的奇点的函数，它们表现出指数增长的行为.因而，鞍点分析就可以作为奇点分析的一个补充，由于奇点分析的适用范围基本上只是中等程度增长的函数类(即在奇点处以多项式速率增长的函数类).鞍点法也是一种在分析一些给定的函数的大幂的系数时可选用的方法，由于这一原因，它为下一章中要发展的多变量渐近和极限高斯分布的研究铺平了道路.

这里也给出了鞍点方法对 Stirling 公式，以及涉及集合的分拆的对合数和 Bell 数的中心二项式系数的渐近的应用.整数的分拆的渐近枚举是经典分析中中的一个瑰宝，我们对这个丰富的主题给出了一个导引，其中鞍点方法对这个令人困惑的量给出了一个非常有效的估计.其他组合应用包括球一箱模型和容量，排列中递增子序列的数目和集合分拆中的块的数目.无环图(等价于无根树的森林)的计数，最终使我们超越了简单鞍点的基本模式而考虑了被称为“猴鞍点”的多重鞍点.

本章的计划.首先，我们验证由解析函数的模确定的曲面，并在Ⅷ.1 节把点分成三类：普通点，零点和鞍点.接下来我们在Ⅷ.2 节中开发为了通用目的的鞍点界，这个界也可用于讨论路径穿过的鞍点的性质.鞍点方法，无论是最一般的形式还是专门针对 Cauchy 系数积分的方式，都将在Ⅷ.3 节中介绍.然后在Ⅷ.4 节中讨论了三个例子，对合，集合的分拆和分段排列，这有助于我们进一步熟悉鞍点方法.接下来我们转到一个新的普遍性水平，并在Ⅷ.5 节中引入了可行性的抽象概念——这种方法具有给出了简单的可验证的条件的优点，同时开启了在一大类函数中确定出鞍点法可适用于哪些函数的可能性.特别是很多其结构导致了集合操作可“自动”进行的组合类是适于做鞍点分析的.技术上讲更先进的整数分拆的情况将用单独一节，即Ⅷ.6 节处理.鞍点方法也有助于分析许多由微分方程隐式地定义的生成函数，其中包括完整函数的系数：见Ⅷ.7节.接下来，Ⅷ.8 节在“大幂”的框架中，发展了概率论中的中心极限定理的组合类似物，这为第Ⅸ章中系统地处理极限分布的研究提供了桥梁.在Ⅷ.9 节中验证了对离散概率分布的其他应用.最后在Ⅷ.10 节中简要介绍了多鞍点和凝结方面的丰富内容.

Ⅷ.1 关于解析函数和鞍点的概述

这一节介绍由解析函数的模表示的曲面上的点的众所周知的分类. 特别是,正如我们将要看到的那样,由函数的导数的根确定的鞍点是和简单的几何性质相联系的,我们将给出这些性质的名称.

考虑任何一个在 $z \in \Omega$ 上解析的函数 $f(z)$,其中 Ω 是$\mathbb{C}$中的某个区域. 它的模 $|f(x+\mathrm{i}y)|$ 可以看成是两个实的量 $x=\Re(z)$ 和 $y=\Im(z)$ 的函数. 按照这种看法,它可以看成是一个三维空间中的曲面的表示. 这个曲面是光滑的(解析函数是无穷次可微的.),但远不是任意的.

设 z_0 是 Ω 的一个内点. 曲面 $|f(z)|$ 在 z_0 附近的局部形状依赖于序列 $f(z_0), f'(z_0), f''(z_0), \cdots$ 的初始元素. 就像我们将要看到的那样,我们可把曲面上的所有的点分成三类:普通点(一般情况),零点和鞍点,见图 Ⅷ.1. 点的分类最终是通过极坐标进行的,这时我们把点写成 $z=z_0+r\mathrm{e}^{\mathrm{i}\theta}$,其中 r 是一个充分小的量.

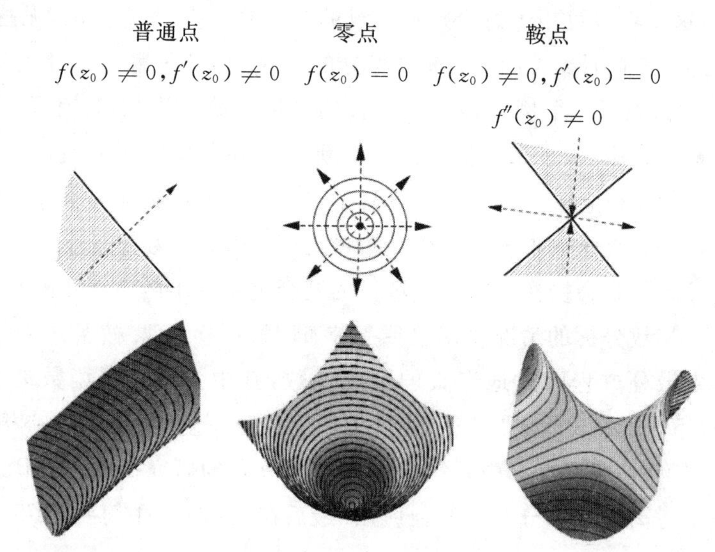

图 Ⅷ.1 曲面 $|f(z)|$ 上不同类型的点:普通的点,零点和简单的鞍点. 顶部:水平线(又称等位线)的局部结构的图示,最速降线(带有箭头的线,箭头指向增加的方向)和位于参考值 $|f(z_0)|$ 下方的曲面的区域(颜色涂深的区域). 底部:函数 $f(z)=\cosh z$ 和位于普通点 $\frac{\pi\mathrm{i}}{4}$,零点 $\frac{\pi\mathrm{i}}{2}$ 和鞍点 0 附近的曲面 $|f(z)|$ 的局部形状以及曲面上的水平线

一个普通点是一个使得 $f(z_0)\neq 0,f'(z_0)\neq 0$ 的点.当解析函数只有孤立的零点时,这是一种一般的情况(译者注:“一般”的严格意义用测度论的话来说就是普通点的集合的测度大于0或它不是一个0测集.).在这种情况下,对充分小的 $r>0$,我们有

$$|f(z)|=|f(z_0)+re^{i\theta}f'(z_0)+O(r^2)|=|f(z_0)||1+\lambda re^{i(\theta+\phi)}+O(r^2)| \tag{1}$$

其中我们已经设 $\frac{f'(z_0)}{f(z_0)}=\lambda e^{i\phi},\lambda>0$.那样模就满足

$$|f(z)|=|f(z_0)|(1+\lambda r\cos(\theta+\phi)+O(r^2))$$

因而,让 r 保持充分小并固定,而让 θ 变化,则当 $\theta=-\phi$ 时,$|f(z)|$ 取得最大值(这里这个最大值 $\sim|f(z_0)|(1+\lambda r)$),而当 $\theta=-\phi+\pi$ 时,$|f(z)|$ 取得最小值(这里这个最小值 $\sim|f(z_0)|(1-\lambda r)$).$\theta=-\phi\pm\frac{\pi}{2}$ 时,我们有

$$|f(z)|=|f(z_0)+o(r)$$

这表示它基本上是一个常数.容易验证:直线 $\theta=-\phi(\operatorname{mod}\pi)$ 是(局部)最陡的下降线;它的垂直线 $\theta=-\phi+\frac{\pi}{2}(\operatorname{mod}\pi)$ 是一条局部的水平线.特别,在普通点附近,曲面 $|f(z)|$ 既没有最小值也没有最大值.就好像站在山的侧翼一样.(译者注:译者觉得倒不如比喻成好像围在山腰的一条皮带的一小段更为合适.)

一个零点是一个使得 $f(z_0)=0$ 的点.在这种情况下,函数 $|f(z)|$ 在点 z_0 达到它的最小值0.局部的,对一阶的简单零点,我们有 $f(z)\sim|f'(z_0)|r$,而对 m 阶有 $f(z)\sim O(r^m)$.因此,零点就像处于湖底最低点的漏水口,此外,一个解析函数的外观是所有的湖都位于海平面上.

一个鞍点是一个使得 $f(z_0)\neq 0,f'(z_0)=0$ 的点.因而,它对应于使得导数为0,而函数本身不为0的点.我们称一个鞍点是一个简单的鞍点,如果进一步还有 $f''(z_0)\neq 0$.在这种情况下,我们有一个类似于(1)的计算

$$|f(z)|=\left|f(z_0)+\frac{1}{2}r^2e^{2\theta i}f''(z_0)+O(r^3)\right|=|f(z_0)||1+\lambda r^2e^{(2\theta+\phi)i}+O(r^3)| \tag{2}$$

其中我们已经设 $\frac{f(z_0)}{2f''(z_0)}=\lambda e^{\phi i}$,这表明模满足

$$|f(z)|=|f(z_0)|(1+\lambda r^2\cos(2\theta+\phi)+O(r^3))$$

因此,对一个鞍点来说,从方向 $\theta=-\frac{\phi}{2}$ 开始并绕着 z_0 转动,就可顺序观察

到模 $|f(z)|=|f(re^{\theta i})|$ 的下述变化;当 $\theta=-\frac{\phi}{2}$ 时,它取得最大值;当 $\theta=-\frac{\phi}{2}+\frac{\pi}{4}$ 时,静止;当 $\theta=-\frac{\phi}{2}+\frac{\pi}{2}$ 时达到最小值;当 $\theta=-\frac{\phi}{2}+\frac{3\pi}{4}$ 时,静止;当 $\theta=-\frac{\phi}{2}+\pi$,再次达到最大,依此类推.符号模式"+ =−=",重复两次.这除了可以观察到两倍的角速度的变化这一重要事实之外,其他地方表面上都与普通点类似.因此,曲面的形状看起来是相当不同的:它就像是一个马鞍的中心部分.两条水平曲线以直角相交:一条最速降线(离开鞍点)垂直于另一条最速降线(朝向鞍点).在山地中,这就像是两座山之间的一条通道.每侧的两个区域对应于海拔低于通常被称为"山谷"的简单鞍点的点.

一般的,称一个鞍点是一个重数等于 p 的多重鞍点,如果 $f(z_0)\neq 0$,且所有的导数,$f'(z_0),f''(z_0),\cdots,f^{(p)}(z_0)$ 都等于0,但 $f^{(p+1)}(z_0)\neq 0$.在这种情况下,基本模式"+ =−=" 重复 $p+1$.例如,从二重鞍点($p=2$)出发,有三条位于三座山的侧翼的道路下降到三个不同的山谷.二重鞍点也被称为"猴鞍点",由于可以把它看成是一个有腿和尾部的的马鞍:见图 Ⅷ.12 和图 Ⅷ.14.

定理 Ⅷ.1　模曲面上的点的分类.开集 Ω 上的解析函数的模 $|f(z)|$ 的曲面上的点只有三种可能的类型:(ⅰ)普通点,(ⅱ)零点,(ⅲ)鞍点.投影到复平面上,一个简单的鞍点局部上是两个顶角为 $\frac{\pi}{2}$ 的曲线扇形的,称为"山谷"的共同的顶点,函数在那里的模的值要小于函数在鞍点处的值.

作为一个推论,我们有:由解析函数的模定义的曲面上没有最大值:这个性质称为最大模原理.除了0值外,它也没有最小值.因此,它是 de Bruijn 的文献[143]中所说的无峰的景象.因此,对于半纯函数来说,山峰值是 ∞,最小值是0,其他点是普通点或孤立的鞍点.

例 Ⅷ.1　三脚架:yige 三次多项式.图 Ⅷ.2 显示了一个解析函数的模曲面的典型的形状,这个曲面中的函数是一个三次多项式 $f(z)=1+z+z^2+z^3$.由于 $f(z)=\frac{1-z^4}{1-z}$ 的零点位于

$$-1,\mathrm{i},-\mathrm{i}$$

处,所以在导数 $f'(z)=1+2z+3z^2$ 的零点,即在

$$\zeta:=-\frac{1}{3}+\frac{\sqrt{2}}{3}\mathrm{i},\zeta':=-\frac{1}{3}-\frac{\sqrt{2}}{3}\mathrm{i}$$

处有鞍点.下面总结了这些"有兴趣的"点

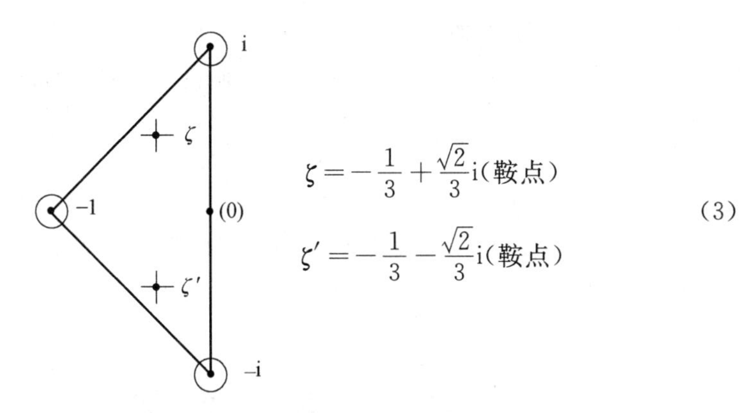

$$\zeta=-\frac{1}{3}+\frac{\sqrt{2}}{3}\mathrm{i}（鞍点）$$
$$\zeta'=-\frac{1}{3}-\frac{\sqrt{2}}{3}\mathrm{i}（鞍点）\tag{3}$$

三个在上面特别明显的零点表现了图 Ⅷ.2(左) 中支在它们上面的三条“腿”. 两个鞍点表现了图 Ⅷ.2(右) 中的两条互相垂直的水平曲线的交点.

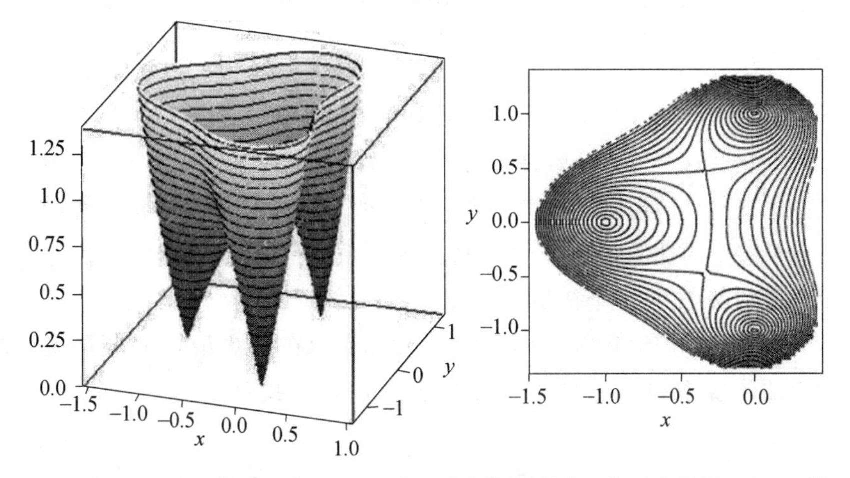

图 Ⅷ.2　作为$\mathbb{R}^3$中的模曲面 $|1+z+z^2+z^3|$ 的“三脚架”的两个视图:(左) 函数 $z=f(x,y)$,(译者注:这里的 z 表示在三维空间中第三个方向上的变量,是一个实变量.) 其中 $x=\Re(z)$, $y=\Im(z)$ 的曲面;(右) 水平线在 z 平面上的投影

▶Ⅷ.1　**代数基本定理.** 这个定理断言一个非常数的多项式至少有一个根,因此如果它是 n 次的,则它有 n 个根(注记 Ⅳ.38). 设 $P(z)=1+a_1z+\cdots+a_nz^n$ 是一个 n 次多项式. 考虑 $f(z)=\frac{1}{P(z)}$,利用基本的分析技巧,我们可取 R 充分大,使得在 $|z|=R$ 上成立 $|f(z)|<\frac{1}{2}$. 假设 $P(z)$ 没有根,那么 $f(z)$ 在 $|z|\leqslant R|$ 中是解析的,因此必在这个圆盘的内点达到最大值(由于 $f(0)=1$),这与最大模原理矛盾. ◀

▶Ⅷ.2 **多项式的鞍点和零点的凸包.** 设 P 是一个多项式而$\mathcal{H}$是它的零点的凸包. 那么 $P'(z)$ 的零点都在$\mathcal{H}$中.(证明:假设零点都是不同的,考虑

$$\phi(z) := \frac{P'(z)}{P(z)} = \sum_{\alpha : P(\alpha)=0} \frac{1}{z-\alpha}$$

如果 z 在$\mathcal{H}$的外面,则由初等几何知识可知一个站在 z 点处的人能"看到"半平面中的所有的零点 α. 向半平面边界的法线上做 $P'(z)$ 的零点的投影就可发现,存在某个 θ,使得 $\Re(e^{\theta i}\phi(z)) < 0$,因此 $P'(z) \neq 0$.) ◀

Ⅷ.2 鞍点的界

鞍点分析是一种适于估计解析函数 $F(z)$ 的积分

$$I = \int_A^B F(z)\mathrm{d}z \tag{4}$$

的一般方法. 其中 $F(z) \equiv F_n(z)$ 涉及某个大的参数 n. 当被积函数 F 遭受相当剧烈的变化时这个方法经常是有用的,典型的情况是当 $n \to \infty$ 时,其中出现了某个指数或某个给定的函数增长到一个大的幂. 在这一节中,我们将讨论鞍点围道的某些全局性质,然后具体地讨论柯西系数积分. 从简单的几何考虑易于导出一般的鞍点界(一个初步的讨论见第 Ⅳ 章).

我们从一般的形式(4) 开始,设$\mathcal{C}$是一条在取在使得 $F(z)$ 解析的度平面的区域内的连接 A 和 B 的围道,根据标准的不等式,我们有

$$|I| \leqslant ||\mathcal{C}|| \cdot \sup_{z\in\mathcal{C}} |F(z)| \tag{5}$$

其中 $||\mathcal{C}||$ 表示$\mathcal{C}$的长度. 这是积分理论中对于一条给定的围道$\mathcal{C}$常用的平凡的界.

对于 A 和 B 在解析域中的解析的被积函数 F,在解析域中存在无限条可任意选择的可行的路径组成的类 $\mathbf{P}$,因此,通过优化(5) 中的界,我们可以写

$$|I| \leqslant \inf_{\mathcal{C}\in\mathbf{P}} \left[||\mathcal{C}|| \cdot \sup_{z\in\mathcal{C}} |F(z)|\right] \tag{6}$$

其中,下确界遍历所有的路径$\mathcal{C} \in \mathbf{P}$. 广义地说,这种类型的界都称为鞍点界[①].

长度因子 $||\mathcal{C}||$ 通常对界的渐近目的来说并不重要 —— 例如,对路径停留在复平面中的有限区域的情况. 如果恰好存在一条从 A 到 B 的路径$\mathcal{C}$,使得$\mathcal{C}$

---

① 此外,注意优化问题并不需要精确的解,由于(5) 中的平凡的界的普适性,(6) 的任何近似解仍然提供了有效的上界.

上没有一个点的高度要高于 $\sup(|F(A)|,|F(B)|)$，那么就有一个简单的界的结果，即 $|I|\leqslant||\mathcal{C}||\cdot\sup(|F(A)|,|F(B)|)$：这在某种意义上是一种没有兴趣的情况．通常的组合的 Cauchy 系数积分的典型情况是路径必须通过某个高于终点的高度．一条通过连接曲面 $F(z)$ 上较低高度的两个点并通过下面的穿过鞍点的两条最速降线的一条遍历鞍点的路径 $\mathcal{C}$．显然对邻近的具有最大高度的路径函数

$$\Phi(\mathcal{C})=\sup_{z\in\mathcal{C}}|F(z)|$$

来说是局部最小的．那种路径称为鞍点路径或最速下降路径．然后，对最小路径

$$\inf_{\mathcal{C}}[\sup_{z\in\mathcal{C}}|F(z)|]$$

的搜索（把(6) 简化到其基本特征）自然地建议我们考虑鞍点和鞍点路径．这导致了(6) 的变形

$$|I|\leqslant||\mathcal{C}_0||\cdot\sup_{z\in\mathcal{C}_0}|F(z)| \tag{7}$$

其中 $\mathcal{C}_0$ 是使得 $\sup_{z\in\mathcal{C}}|F(z)|$ 最小的 $\mathcal{C}$．这个界也被称为鞍点界．

我们现在把上面的讨论总结成下面的定理．

定理 Ⅷ.2　一般的鞍点界． 设 $F(z)$ 是一个在区域 Ω 中解析的函数．考虑积分 $\int_\gamma F(z)\mathrm{d}z$ 的类，其中围道 γ 连接两个点 A 和 B 并且属于 Ω 中允许路径的类 $\mathbf{P}$（即，它们都包围零点），那么我们就有下面的鞍点界[①]

$$\left|\int_\gamma F(z)\mathrm{d}z\right|\leqslant||\mathcal{C}_0||\cdot\sup_{z\in\mathcal{C}_0}|F(z)| \tag{8}$$

其中 $\mathcal{C}_0$ 是使得 $\sup_{z\in\mathcal{C}}|F(z)|$ 最小的任意一条路径．

如果 A 和 B 位于鞍点 z_0 的相对的山谷中，那么最小化问题的解是连接 A 到 B 再到 z_0 的弧形构成的鞍点路径 $\mathcal{C}_0$．在这种情况下，我们有

$$\left|\int_A^B F(z)\mathrm{d}z\right|\leqslant||\mathcal{C}_0||\cdot|F(z_0)|,F'(z_0)=0$$

借用 de Bruijn 的文献[143] 中的比喻，我们可把我们的方法描述如下．估计路径积分就像估计一个山脉中的两个村庄之间的高度差．如果两个村庄位于不同的山谷，最好的路径（这是在道路网中经常做的事情）是穿过山谷之间的边界通过的路径，即通过鞍点的路径．

定理 Ⅷ.2 的内容没有解决围道的所有细节，例如什么时候会有几个鞍点

① 形式(8) 原则上比形式(6) 弱，由于它没有考虑到围道的长度，但在我们所有渐近问题中这一差别并不重要．

“分开”A 和 B？——这问题就像发现跨越整个山峰的最经济的路线一样难. 但至少它建议了由连接从山谷到山谷的穿过鞍点的弧形构成的复合围道的构造. 此外,在某些组合上感兴趣的情况下,可以提出一些更强的合适的鞍点围道的选法,这些方法大大简化了正规的做法. 我们接下将对此加以解释.

▶**Ⅷ.3　幂的积分**. 考虑例 Ⅷ.1 中的多项式 $P(z)=1+z+z^2+z^3$. 定义下面的积分

$$I_n=\int_{-1}^{+\mathrm{i}}P\ (z)^n\mathrm{d}z$$

在连接起点和终点的线段上,$|\ P(z)\ |$ 的最大值约为 0.638 31,这给出一个较弱的平凡的界为 $I_n=O(0.638\ 31^n)$. 作为对照,在 $\zeta=-\frac{1}{3}+\frac{\sqrt{2}}{3}\mathrm{i}$ 处有一个鞍点,$|\ P(\zeta)\ |=\frac{1}{3}$,由此而得出另一个界

$$|\ I_n\ |\leqslant\lambda\left(\frac{1}{3}\right)^n,\lambda:=|\ \zeta+1\ |+|\ \mathrm{i}-\zeta\ |\doteq 1.441\ 41$$

其中的围道是由从 -1 到 i 再从 i 到 ζ 的两个线段连接而成的. 并进一步讨论积分 $\int_{\alpha}^{\alpha'}$ 的界,其中 (α,α') 遍历所有由 P 的根构成的区间. ◀

对 Cauchy 系数积分的鞍点界. 鞍点界也适用于 Cauchy 系数积分

$$g_n\equiv[z^n]G(z)=\frac{1}{2\pi\mathrm{i}}\oint\frac{G(z)}{z^{n+1}}\mathrm{d}z \tag{9}$$

对此积分我们可设 $F(z)=\frac{G(z)}{z^{n+1}}$ 而利用前面的讨论. (9) 中的符号 $\oint$ 表示允许的路径是环绕原点的(被积函数的定义域是 $\mathbb{C}\setminus\{0\}$ 的子集,因而,点 A,B 就可以看成是在负实轴上的某个位置重合的点,等价地,对 $a>0$ 和 $\varepsilon\to 0$,我们可设 $A=-a\mathrm{e}^{\varepsilon\mathrm{i}},B=-a\mathrm{e}^{-\varepsilon\mathrm{i}}$).

在 $G(z)$ 是具有非负系数的函数的特殊情况下,有一个简单的可保证在正实轴上存在鞍点的条件. 实际上,设 $G(z)$ 的收敛半径为 $R,0<R\leqslant+\infty$ 并且沿着实轴当 $z\to R^-$ 时有 $G(z)\to+\infty$,此外设 $G(z)$ 不是一个多项式. 那么被积函数 $F(z)=\frac{G(z)}{z^{n+1}}$ 将具有性质 $F(0^+)=F(R^-)=+\infty$. 这蕴含 F 在 $(0,R)$ 上至少存在一个局部的最小值,因此,至少有一个值 $\zeta\in(0,R)$ 使得导数 F' 在 ζ 点处变为零. (实际上,只有一个这样的点;见注记 Ⅷ.4.) 由于 ζ 对应于 F 的局部最小值,我们额外有 $F''(\zeta)>0$,因此半径为 ζ 的圆穿过鞍点. 因此,对以原点为中心的圆应用上面讨论过的鞍点界就得出以下的推论.

推论 Ⅷ.1　生成函数的鞍点界. 设 $G(z)$ 不是多项式，具有非负系数，在零点解析并且其收敛半径 $R \leqslant +\infty$，又设 $G(R^-)=+\infty$，则我们有

$$[z^n]G(z) \leqslant \frac{G(\zeta)}{\zeta^n} \tag{10}$$

其中 $\zeta \in (0,R)$ 是 $\zeta\frac{G'(\zeta)}{G(\zeta)}=n+1$ 的唯一的根.

证明　鞍点是使得被积函数的导数为 0 的点. 因此，我们考虑方程

$$\left(\frac{G(z)}{z^{n+1}}\right)'=0$$

或

$$\frac{G'(z)}{z^{n+1}}-\frac{(n+1)G(z)}{z^{n+2}}=0$$

或

$$z\frac{G'(z)}{G(z)}=n+1$$

我们将称上式为鞍点方程，并用 ζ 表示它的正根. 圆的周长是 $2\pi\zeta$，由此就得出不等式 $[z^n]G(z)\leqslant\frac{G(\zeta)}{\zeta^n}$.

推论 Ⅷ.1 等价于命题 Ⅳ.1，但它发出了新的光芒并为下一节中将要开发的完整的鞍点方法铺平了道路.

我们下面验证两个特殊情况，其中一个是关于中心二项式的，另一个是关于阶乘的倒数的. 根据前面的讨论，图 Ⅷ.3 中的对应情况证明了例如具有非负系数的函数的一般模式互相之间的令人惊讶的相似之处. 从这两个例子中可以看出鞍点界除了差一个 $O(n^{-\frac{1}{2}})$ 的因子外已经抓住了正确的指数增长的阶.

例 Ⅷ.2　中心二项式和阶乘的倒数的鞍点界. 考虑两个围绕原点的围道积分

$$J_n=\frac{1}{2\pi i}\oint\frac{(1+z)^{2n}}{z^{n+1}}dz, K_n=\frac{1}{2\pi i}\oint\frac{e^z}{z^{n+1}}dz \tag{11}$$

根据 Cauchy 系数公式，我们已知它们的值是 $J_n=\binom{2n}{n}$ 和 $K_n=\frac{1}{n!}$. 在这种情况下，我们可以将端点 A 和 B 看成是在负实轴上多少有点任意的地方重合的点，而围道必须以逆时针方向围绕原点一次.

鞍点方程分别是

$$\frac{2n}{1+z}-\frac{n+1}{z}=0 \text{ 和 } 1-\frac{n+1}{z}=0$$

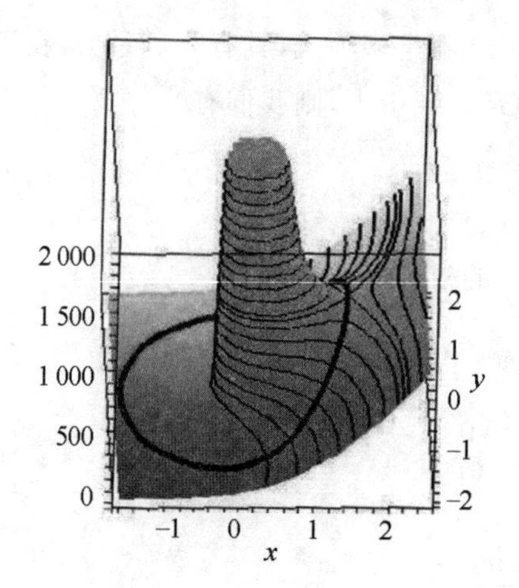

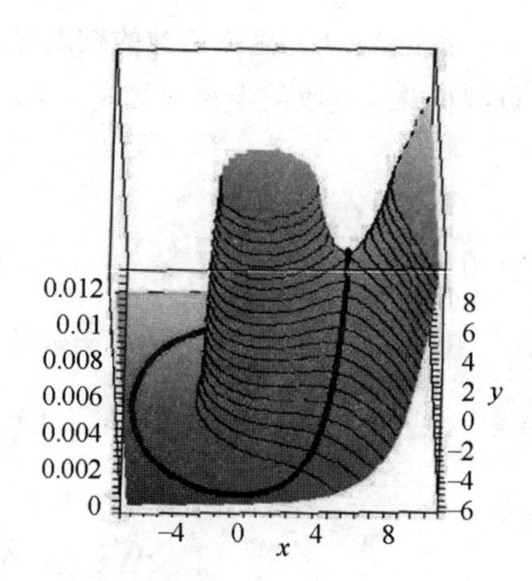

图 Ⅷ.3　$n=5$ 时的积分 J_n(中心二项式) 和 K_n(阶乘的倒数) 的模和对应的鞍点围道

对应的鞍点分别是

$$\zeta=\frac{n+1}{n-1} \text{ 和 } \zeta'=n+1$$

这就给出了这两个数的上界分别是

$$J_n=\binom{2n}{n}\leqslant\left(\frac{4n^2}{n^2-1}\right)^n\leqslant\frac{16}{9}4^n, K_n=\frac{1}{n!}\leqslant\frac{\mathrm{e}^{n+1}}{(n+1)^n} \tag{12}$$

上面的公式对所有的 $n\geqslant 2$ 成立.

▶Ⅷ.4　**$G(x)x^{-n}$ 的上凸性.** 由于 $G(x)$ 在原点具有非负系数,所以当 $x>0$ 时,量 $G(x)x^{-n}$ 是上凸的,因此鞍点方程至多只能有一个根. 二阶导数

$$\frac{\mathrm{d}^2}{\mathrm{d}x^2}\frac{G(x)}{x^n}=\frac{x^2G''(x)-2nxG'(x)+n(n+1)G(x)}{x^{n+2}} \tag{13}$$

当 $x>0$ 时是正的,由于它的分子

$$\sum_{k\geqslant 0}(n+1-k)(n-k)g_kx^k, g_k:=[z^k]G(z)$$

只有非负系数(另一种导数见注记 Ⅳ.46.). ◀

▶Ⅷ.5　**一个小优化.** 在公式(6) 的界中,考虑了围道的长度,这导致了一个非常类似于(10) 的估计. 确实,当我们在以原点为中心的圆上实行优化时,我们就有

$$[z^n]G(z)\leqslant\frac{G(\hat{\zeta})}{\hat{\zeta}^n}$$

其中 $\hat{\zeta}$ 是 $z\frac{G'(z)}{G(z)}=n$ 的根. ◀

Ⅷ.3 鞍点方法概述

对一个围道经过鞍点的复积分,鞍点对应了被积函数沿着路径的局部的最大值.因而我们很自然地可以期盼鞍点的一个小邻域将会给出对于积分的主要贡献.鞍点法恰好适用于这种情况和主贡献可以通过局部展开加以估计的情况.因而这个方法构成了用于估计依赖于大参数的实积分的Laplace方法(附录B.6:Laplace 方法)的复分析对应物,我们可以将这一方法看成是

$$\text{鞍点法} = \text{选择围道} + \text{拉普拉斯方法}$$

与它的实变量对应物类似,鞍点方法是一种通用的策略而不是一种完全确定的算法,由于这一方法的实施涉及围道的选择和如何将围道分段等细节,所以许多选择是开放的.

为了下文中的需要,设 $F(z)=e^{f(z)}$,并考虑

$$I=\int_A^B e^{f(z)}\,dz \tag{14}$$

是方便的.其中 $f(z)\equiv f_n(z)$ 就像前一节中的 $F(z)\equiv F_n(z)$ 一样,涉及某些大的参数 n.根据应用 Cauchy 定理可能需要做的一些准备,我们可以假设围道$\mathcal{C}$连接的两个点A和B分别位于鞍点ζ的两个相对的山谷中.鞍点方程是$F'(\zeta)=0$,或由于 $F=e^f$,因此等价地是

$$f'(\zeta)=0$$

在图 Ⅷ.4 中根据积分围道的基本分段对鞍点方法做了一个总结.我们对围道做如下分解$\mathcal{C}=\mathcal{C}^{(0)}\cup\mathcal{C}^{(1)}$,其中$\mathcal{C}^{(0)}$称为"中心部分",它包含 ζ(或非常靠近它),而$\mathcal{C}^{(1)}$则由剩下的两个"尾部"组成.这种分解必须在每种情况中根据被积函数的增长速度来确定.确定的基本原则取决于两个主要条件,(条件 $\mathbf{SP}_1$):两个尾部的贡献应渐近地可以忽略不计;(条件 $\mathbf{SP}_2$):在中心区域,积分中的量 $f(z)$ 应该是渐近地很好地近似于一个二次函数.在这些条件下,积分渐近地等价于不完全的 Gauss 积分.然后足以对积分进行验证 —— 这就是(条件 $\mathbf{SP}_3$),通常是次要的事后的技术验证 —— 只要引入微不足道的误差项就可以完成尾部的估计.通过这一系列步骤,原始积分渐近地归结为一个完整的高斯积分,对它可以用封闭形式加以估计.

目标:估计$\int_A^B F(z)\mathrm{d}z$. 设 $F=\mathrm{e}^f$,这里 $F\equiv F_n$ 以及 $f\equiv f_n$ 依赖于一个大参数 n.

—— 假设端点 A,B 位于鞍点的相对的山谷中;

—— 围道$\mathcal{C}$通过(或接近)一个简单鞍点 ζ,因此我们已选好了一个 ζ,使得 $f'(\zeta)=0$;

—— 围道被分解成了$\mathcal{C}=\mathcal{C}^{(0)}\cup\mathcal{C}^{(1)}$.

下面的条件需要验证

$\mathbf{SP}_1$:修剪尾部. 在围道$\mathcal{C}^{(1)}$上,尾部的积分$\int_{\mathcal{C}^{(1)}}$ 可以忽略

$$\int_{\mathcal{C}^{(1)}}F(z)\mathrm{d}z=o\left(\int_{\mathcal{C}}F(z)\mathrm{d}z\right)$$

$\mathbf{SP}_2$:中心逼近. 沿着$\mathcal{C}^{(0)}$,成立二次展开式

$$f(z)=f(\zeta)+\frac{1}{2}f''(\zeta)(z-\zeta)^2+O(\eta_n)$$

其中对 $z\in\mathcal{C}^{(0)}$,一致地成立当 $n\to\infty$ 时,$\eta_n\to 0$.

$\mathbf{SP}_3$:完成尾部. 在 $\mathbf{SP}_2$ 部分中取自中心范围内产生的不完全 Gauss 积分,渐近等价于完全的 Gauss 积分($f''(\zeta)=\mathrm{e}^{\phi\mathrm{i}}\mid f''(\zeta)\mid$,其中 $\varepsilon=\pm1$ 依赖于方向)

$$\int_{\mathcal{C}^{(0)}}\mathrm{e}^{\frac{1}{2}f''(\zeta)(z-\zeta)^2}\mathrm{d}z\sim\varepsilon\mathrm{i}\mathrm{e}^{-\mathrm{i}\phi/2}\int_{-\infty}^{\infty}\mathrm{e}^{-|f''(\zeta)|x^2/2}\mathrm{d}x\equiv\varepsilon\mathrm{i}\mathrm{e}^{-\mathrm{i}\phi/2}\sqrt{\frac{2\pi}{\mid f''(\zeta)\mid}}$$

结果:假设 $\mathbf{SP}_1$,$\mathbf{SP}_2$ 和 $\mathbf{SP}_3$ 成立,并设 $\varepsilon=\pm1$,$\arg(f''(\zeta))=\phi$,则我们有

$$\frac{1}{2\mathrm{i}\pi}\int_A^B\mathrm{e}^{f(z)}\mathrm{d}z\sim\varepsilon\mathrm{e}^{-\mathrm{i}\phi/2}\frac{\mathrm{e}^{f(\zeta)}}{\sqrt{2\pi\mid f''(\zeta)\mid}}=\pm\frac{\mathrm{e}^{f(\zeta)}}{\sqrt{2\pi f''(\zeta)}}$$

图 Ⅷ.4 基本的鞍点方法的一个小结

具体地说,鞍点法的三个步骤需要验证由下面的(15)(16)和(18)表示的条件.

$\mathbf{SP}_1$:修剪尾部. 在围道$\mathcal{C}^{(1)}$上,尾部的积分$\int_{\mathcal{C}^{(1)}}$ 应该是可以忽略的

$$\int_{\mathcal{C}^{(1)}}F(z)\mathrm{d}z=o\left(\int_{\mathcal{C}}F(z)\mathrm{d}z\right)\tag{15}$$

这个条件通常是通过证明在远离 ζ 的地方,例如对 $z\in\mathcal{C}^{(1)}$,$F(z)$ 是足够小(对经过尺度化的问题,是指数式小的)的来建立的.

$\mathbf{SP}_2$:中心逼近. 沿着$\mathcal{C}^{(0)}$,成立二次展开式

$$f(z)=f(\zeta)+\frac{1}{2}f''(\zeta)(z-\zeta)^2+O(\eta_n)\tag{16}$$

其中对 $z\in\mathcal{C}^{(0)}$,一致地成立当 $n\to\infty$ 时,$\eta_n\to 0$. 这保证了$\int\mathrm{e}^f$ 可被不完全的 Gauss 很好地逼近

$$\int_{\mathcal{C}^{(0)}} \mathrm{e}^{f(z)} \mathrm{d}z \sim \mathrm{e}^{f(\zeta)} \int_{\mathcal{C}^{(0)}} \mathrm{e}^{\frac{1}{2}f''(\zeta)(z-\zeta)^2} \mathrm{d}z \tag{17}$$

$\mathbf{SP}_3$：完成尾部. 可以以加上一个可以渐近地忽略不计的项为代价完成尾部. 这意味着不完全的渐近地等价于一个完全的 Gauss 积分（由附录 B 式(12)给出）

$$\int_{\mathcal{C}^{(0)}} \mathrm{e}^{\frac{1}{2}f''(\zeta)(z-\zeta)^2} \mathrm{d}z \sim \varepsilon \mathrm{i}\mathrm{e}^{-\mathrm{i}\phi/2} \int_{-\infty}^{\infty} \mathrm{e}^{-|f''(\zeta)|x^2/2} \mathrm{d}x \equiv \varepsilon \mathrm{i}\mathrm{e}^{-\mathrm{i}\phi/2} \sqrt{\frac{2\pi}{|f''(\zeta)|}} \tag{18}$$

其中 $\varepsilon=\pm 1$ 由积分围道的定向决定，而 $f''(\zeta)=\mathrm{e}^{\phi\mathrm{i}}\,|f''(\zeta)|$. 最后一步值得一提的是沿着穿过 ζ 的最速降线，正如我们在讨论鞍点形象（Ⅷ.1）时所看到的那样，$f''(\zeta)(z-\zeta)^2$ 是一个负实数. 实际上，由于 $f''(\zeta)=\mathrm{e}^{\phi\mathrm{i}}\,|f''(\zeta)|$，我们有 $\arg(z-\zeta)=-\frac{\phi}{2}+\frac{\pi}{2}(\mathrm{mod}\ \pi)$. 因此，变量替换 $x=\pm\mathrm{i}(z-\zeta)\mathrm{e}^{-\frac{\phi\mathrm{i}}{2}}$ 把(18)的左侧归结为（或接近于）沿着实直线①的积分. 条件(18)然后就保证上述的积分可以渐近于一个完全的 Gauss 积分，它本身可以以封闭的形式估计.

如果上述这些条件成立，那么借助于(15)(17)(18)我们就有下面的链

$$\int_{\mathcal{C}} \mathrm{e}^{f} \mathrm{d}z \sim \int_{\mathcal{C}^{(0)}} \mathrm{e}^{f} \mathrm{d}z \sim \mathrm{e}^{f(\zeta)} \int_{\mathcal{C}(0)} \mathrm{e}^{\frac{1}{2}f''(\zeta)(z-\zeta)^2} \mathrm{d}z$$

$$\sim \pm\,\mathrm{i}\mathrm{e}^{-\mathrm{i}\phi/2} \mathrm{e}^{f(\zeta)} \sqrt{\frac{2\pi}{|f''(\zeta)|}}$$

终上所述，我们有

定理 Ⅷ.3（鞍点算法） 考虑积分 $\int_A^B F(z)\mathrm{d}z$，其中被积函数 $F=\mathrm{e}^f$ 是一个依赖于大参数的解析函数，而 A,B 分别位于一条穿过鞍点 ζ 的路径两边相对的山谷上，其中 ζ 是鞍点方程

$$f'(\zeta)=0$$

（或等价地 $F'(\zeta)=0$）的根. 假设连接 A,B 的围道可以被分解成 $\mathcal{C}=\mathcal{C}^{(0)}\cup\mathcal{C}^{(1)}$ 并且这一分解满足下列条件：

（ⅰ）在 $\mathbf{SP}_1$ 中式子(15)的意义下，尾部是可以忽略的；

（ⅱ）在 $\mathbf{SP}_2$ 中式子(16)的意义下，成立中心逼近；

（ⅲ）在 $\mathbf{SP}_3$ 中式子(18)的意义下，尾部可以完成.

---

① 一旦数据 A,B 确定了，并且 f 也给定了，那么(18)中的符号自然就被明确地定义了：一种可采用的方法是在经过最后的变量替换 $x=\pm\mathrm{i}(z-\zeta)\mathrm{e}^{-\frac{\phi\mathrm{i}}{2}}$ 后，确定 $\frac{\phi}{2}(\mathrm{mod}\ \pi)$ 使得 A 和 B 分别接近负实轴和正实轴.

又设 $\varepsilon = \pm 1$ 由围道的方向确定以及 $\phi = \arg(f''(\zeta))$，则我们就有

$$\frac{1}{2\mathrm{i}\pi}\int_A^B \mathrm{e}^{f(z)}\mathrm{d}z \sim \varepsilon \mathrm{e}^{-\mathrm{i}\phi/2} \frac{\mathrm{e}^{f(\zeta)}}{\sqrt{2\pi \mid f''(\zeta) \mid}} = \pm \frac{\mathrm{e}^{f(\zeta)}}{\sqrt{2\pi f''(\zeta)}} \tag{19}$$

可以立即验证将上面的公式套用在例 Ⅷ.2 中的两个积分上会产生预期的渐近估计

$$J_n \equiv \binom{2n}{n} \sim \frac{4^n}{\sqrt{\pi n}}, K_n \equiv \frac{1}{n!} \sim \frac{1}{n^n \mathrm{e}^{-n}\sqrt{2\pi n}} \tag{20}$$

对 K_n 的完整的验证将在下面的例 Ⅷ.3 中给出. J_n 的情况可被包括在 Ⅷ.8 节中的“大幂”的一般理论中.

为了使鞍点方法起作用，关于 $\mathcal{C}^{(0)}$ 和 $\mathcal{C}^{(1)}$ 的尺度的互相冲突的要求必须满足. 修剪尾部的条件 $\mathbf{SP}_1$ 和完成尾部的条件 $\mathbf{SP}_3$ 强制我们必须把 $\mathcal{C}^{(0)}$ 选得足够大，以便抓住对积分的主要贡献；而中心逼近条件 $\mathbf{SP}_2$ 又要求 $\mathcal{C}^{(0)}$ 足够小，以便使 $f(z)$ 能够合适地归结为它的二次展开式. 通常，我们必须选取路径使得 $\frac{|| \mathcal{C}^{(0)} ||}{|| \mathcal{C} ||} \to 0$，并进行以下的可能有助于做出正确选择的观察. 两项展开中的误差很像是由下一项给出的，这个项涉及三阶导数，这一有理由的猜测导致我们以下述的方式选择 $\mathcal{C}^{(0)}$ 的尺度化因子 $\delta \equiv \delta(n)$

$$f''(\zeta)\delta^2 \to \infty, f'''(\zeta)\delta^3 \to 0 \tag{21}$$

那样尾部条件和中心近似条件就可以同时满足. 我们称这种程序是鞍点尺度的启发式选择.

另一件事是，已经证明采用足够接近于鞍点而不是恰好通过它的积分路径经常是更方便的. 这样，在同样的山脉中，我们可能只须近似地跟随着最速降线行走，只要定理 Ⅷ.3 的条件成立，这样选出的路径仍然可以得出有效的结论.（注意，这些条件既没有强调围道应该严格地通过鞍点，也没有规定围道必须完全跟着最速降线走.）

对 Cauchy 系数积分的鞍点方法. 对于分析组合学的目的来说，我们需要把一般的鞍点方法具体化. 假设给定了一个在原点解析的并且具有非负系数的生成函数 $G(z)$，我们希望寻求由下式给出的系数的渐近表达式

$$[z^n]G(z) = \frac{1}{2\pi\mathrm{i}}\int_{\mathcal{C}} \frac{G(z)}{z^{n+1}}\mathrm{d}z$$

其中，$\mathcal{C}$ 围绕原点，位于使得 G 解析的区域内，并且是正定向的. 这是前面考虑的一般积分(14) 的一个特例，其被积函数为 $F(z) = \frac{G(z)}{z^{n+1}}$.

现在问题的几何形式很简单，并且由于前面所述的原因在这一节中，用一

个经过(或非常接近于)鞍点的以原点为中心的圆作为积分围道就足够了,这时鞍点位于正实轴上.然后很自然地我们将利用极坐标并设

$$z = re^{\theta i}$$

因此我们需要估计

$$[z^n]G(z) = \frac{1}{2i\pi}\oint G(z)\frac{dz}{z^{n+1}} = \frac{r^{-n}}{2\pi}\int_{-\pi}^{+\pi} G(re^{i\theta})e^{-ni\theta}d\theta \tag{22}$$

在这种情况下,围道的基本分解$\mathcal{C} = \mathcal{C}^{(0)} \cup \mathcal{C}^{(1)}$涉及一个中心部分$\mathcal{C}^{(0)}$,它现在是一段由$|\theta| \leqslant \theta_0$确定的半径为$r$的圆弧,其中$\theta_0$是某个适当选择的角度.根据$\mathbf{SP}_2$(中心近似),在$\mathcal{C}^{(0)}$上,应该成立二次近似.设

$$f(z) := \log G(z) - n\log z \tag{23}$$

我们很自然地要采用一个能使$f'(r)$等于0的值作为半径(译者注:这表示圆经过鞍点),这蕴含

$$r\frac{G'(r)}{G(r)} = n \tag{24}$$

这是鞍点方程[①]的极坐标版.这保证我们局部地能有一个没有线性项的二次近似,利用一个(可用$f(r)$,$f'(r)$,$f''(r)$表出的)可计算的量$\beta(r)$,我们有

$$f(re^{\theta i}) - f(r) = -\frac{1}{2}\beta(r)\theta^2 + o(\theta^3) \tag{25}$$

上式当$\theta \to 0$时,对固定的r(即对固定的n)有效.

截止角θ_0可根据鞍点的启发式选择方法(21)选成一个关于n的(或等价地,关于r的)函数.然后就可以在把记号调整为极坐标后,验证鞍点方法的三个条件$\mathbf{SP}_1$,$\mathbf{SP}_2$(对此,需要发展一个合适的式(25)的统一版本),$\mathbf{SP}_3$和定理Ⅷ.3了.

下面的例子根据前面所述的原理详细介绍了阶乘的倒数的生成函数的鞍点分析的主要步骤.

例Ⅷ.3 指数函数和阶乘的倒数的鞍点分析 Ⅰ.我们的目标是估计$\frac{1}{n!} = [z^n]e^z$,因此我们的出发点是

$$K_n = \frac{1}{2\pi i}\int_{|z|=r}\frac{e^z}{z^{n+1}}dz$$

① 等式(24)与用z—坐标定义了鞍点的方程(10)$\zeta\frac{G'(\zeta)}{G(\zeta)} = n+1$几乎相同.(一个小的次要的)差别是鞍点对积分变量变化的敏感性.在实践中,已证明沿着半径为r或ζ或甚至是r,ζ近似值的圆积分是可行的,通常可根据计算的方便性加以选择.

其中积分将沿着以原点为中心的圆进行. 被积函数的模的形象已经显示在图Ⅷ.3中——在$\zeta=n+1$处有一个$\frac{G(z)}{z^{n+1}}$的鞍点,它的轴垂直于实线. 因此我们可以期待有一个来源于通过鞍点或大约通过鞍点的圆的渐近估计.

我们转换到极坐标,根据(24)选择一个半径$r=n$,并设$z=n\mathrm{e}^{\theta\mathrm{i}}$. 在极坐标下,原来的积分变成

$$K_n=\frac{\mathrm{e}^n}{n^n}\cdot\frac{1}{2\pi}\int_{-\pi}^{\pi}\mathrm{e}^{n(\mathrm{e}^{\theta\mathrm{i}}-1-\theta\mathrm{i})}\mathrm{d}\theta \tag{26}$$

其中,为了形式上好看,我们已经提出了因子$\frac{G(r)}{r^n}\equiv\frac{\mathrm{e}^n}{n^n}$. 设$h(\theta)=\mathrm{e}^{\theta\mathrm{i}}-1-\theta\mathrm{i}$,函数$|\mathrm{e}^{h(\theta)}|=\mathrm{e}^{\cos\theta-1}$是峰值在$\theta=0$处的单峰函数,并且表示(26)中被积函数的模的$|\mathrm{e}^{nh(\theta)}|$具有同样的性质. 当$n\to+\infty$时,它在$\theta=0$处的峰值变得越来越大,见图Ⅷ.5.

图Ⅷ.5　对$n=3$和$n=30$绘出的$\left|\frac{\mathrm{e}^z}{z^{n+1}}\right|$的图(根据鞍点的值做了尺度变换)表明作为基本的中心化条件的n值越大,所产生的鞍点路径就越陡峭

为了符合鞍点分析的策略,我们把围道的对应于实轴附近的z的一小部分分割出来. 因此我们引入

$$K_n^{(0)}=\int_{-\theta_0}^{+\theta_0}\mathrm{e}^{nh(\theta)}\mathrm{d}\theta,K_n^{(1)}=\int_{\theta_0}^{2\pi-\theta_0}\mathrm{e}^{nh(\theta)}\mathrm{d}\theta$$

我们根据启发式方法(21)来选择θ_0,(21)对应于两个条件:$n\theta_0^2\to\infty$(不那么严格的直观解释就是$\theta_0\gg n^{-\frac{1}{2}}$)和$n\theta_0^3\to 0$(不那么严格的直观解释就是$\theta_0\ll n^{-\frac{1}{3}}$). 折中地实现上述要求的一种方法是取$\theta_0=n^a$,其中$a$是介于$-\frac{1}{2}$和$-\frac{1}{3}$之间的任意的一个数. 我们具体取$a=-\frac{2}{5}$,因此

$$\theta_0 \equiv \theta_0(n) = n^{-\frac{5}{2}} \tag{27}$$

特别,中心区域的角趋于 0.

(ⅰ) **修剪尾部.** 对 $z = n\mathrm{e}^{\theta \mathrm{i}}$ 我们有 $|\mathrm{e}^z| = \mathrm{e}^{n\cos\theta}$,并且由余弦的单峰性质可知,积分 $K^{(1)}$ 满足

$$|K_n^{(1)}| = O(\mathrm{e}^{-n(\cos\theta_0 - 1)}) = O(\exp(-Cn^{\frac{1}{5}})) \tag{28}$$

其中 $C > 0$,因而尾部积分是指数小的.

(ⅱ) **中心逼近.** 在 $\theta = 0$ 附近,我们有 $h(\theta) \equiv \mathrm{e}^{\theta \mathrm{i}} - 1 - \theta \mathrm{i} = -\frac{1}{2}\theta^2 + O(\theta^3)$.

因此对 $|\theta| \leqslant \theta_0$

$$\mathrm{e}^{nh(\theta)} = \mathrm{e}^{-\frac{n\theta^2}{2} + O(n\theta^3)} = \mathrm{e}^{-\frac{n\theta^2}{2}}(1 + O(n\theta_0^3))$$

由于 $\theta_0 = n^{-\frac{2}{5}}$,我们有

$$K_n^{(0)} = \int_{-n^{-\frac{2}{5}}}^{n^{-\frac{2}{5}}} \mathrm{e}^{-\frac{n\theta^2}{2}} \mathrm{d}\theta (1 + O(n^{-\frac{1}{5}})) \tag{29}$$

在上面的积分中,做变量替换 $t = \theta\sqrt{n}$ 就得到

$$K_n^{(0)} = \frac{1}{\sqrt{n}} \int_{-n^{\frac{1}{10}}}^{n^{\frac{1}{10}}} \mathrm{e}^{-\frac{t^2}{2}} \mathrm{d}t (1 + O(n^{-\frac{1}{5}})) \tag{30}$$

这样,中心积分就渐近于一个不完全的 Gauss 积分.

(ⅲ) **完成尾部.** 给了(30),验证现在就变得容易了,用初等的计算,对 $c > 0$,我们有

$$\int_c^{+\infty} \mathrm{e}^{-\frac{t^2}{2}} \mathrm{d}t = O(\mathrm{e}^{-\frac{c^2}{2}}) \tag{31}$$

它表示 Gauss 积分的尾部是指数小的. 因此

$$K_n^{(0)} \sim \frac{1}{\sqrt{n}} \int_{-\infty}^{+\infty} \mathrm{e}^{-\frac{t^2}{2}} \mathrm{d}t \equiv \sqrt{\frac{2\pi}{n}} \tag{32}$$

联合(28) 和(32) 我们就得出

$$K_n^{(0)} + K_n^{(1)} \sim \sqrt{\frac{2\pi}{n}}$$

即 $K_n = \frac{1}{2\pi}\frac{\mathrm{e}^n}{n^n}(K_n^{(0)} + K_n^{(1)}) \sim \frac{\mathrm{e}^n}{n^n\sqrt{2\pi n}}$.

这一证明还给出了相对误差项 $O(n^{-\frac{1}{5}})$. 因此可以看出 Stirling 公式(特别是!) 鞍点法的一个结果.

完全的渐近展开. 像 Laplace 方法一样,鞍点方法也经常可以给出完全的渐近展开. 其想法仍然是要将中心区域的主要贡献局部化. 但现在要考虑到二次

近似的校正项.作为这个一般的原则的解释,这里我们给出关于阶乘的倒数的明确的计算.

例 Ⅷ.4　指数函数和阶乘的倒数的鞍点分析 Ⅱ. 为了得出$[z^n]e^z$ 的完全展开式,我们只须重新考虑前面的例子中$K^{(0)}$的估计,由于$K^{(1)}$总是指数小的.首先将$K^{(0)}$重新写成

$$K_n^{(0)}=\int_{-\theta_0}^{\theta_0} e^{-\frac{n\theta^2}{2}} e^{n(\cos\theta-1+\frac{1}{2}\theta^2)}\,d\theta=\frac{1}{\sqrt{n}}\int_{-\theta_0\sqrt{n}}^{\theta_0\sqrt{n}} e^{-\frac{w^2}{2}} e^{n\xi(\frac{w}{\sqrt{n}})}\,dw$$

其中

$$\xi(\theta):=\cos\theta-1+\frac{1}{2}\theta^2$$

计算的完成方式与 Laplace 方法完全相同(附录 B.6:Laplace 方法).将$h(\theta)$展开任意固定的阶顺序就够了,在中心区域,这是合法的.用这种方法,我们得到如下形式的表示

$$K_n^{(0)}=\frac{1}{\sqrt{n}}\int_{-\theta_0\sqrt{n}}^{\theta_0\sqrt{n}} e^{-w^2/2}\left(1+\sum_{k=1}^{M-1}\frac{E_k(w)}{n^{k/2}}+O\left(\frac{1+w^{3M}}{n^{M/2}}\right)\right)dw$$

其中$E_k(w)$是$3k$次的可计算的多项式.在渐近展开式中逐项积分分配积分并完成尾部的条件产生如下形式的展开式

$$K_n^{(0)}\sim\frac{1}{\sqrt{n}}\left(\sum_{k=0}^{M-1}\frac{d_k}{n^{k/2}}+O(n^{-M/2})\right)$$

其中$d_0=\sqrt{2\pi}$,而$d_k:=\int_{-\infty}^{+\infty}e^{-\frac{w^2}{2}}E_k(w)\,dw$,所有奇数项都由于奇偶性消失.最后的结果如下

命题 Ⅷ.1　Stirling 公式. 阶乘数满足

$$\frac{1}{n!}\sim\frac{e^n n^{-n}}{\sqrt{2\pi n}}\left(1-\frac{1}{12n}+\frac{1}{288n^2}+\frac{139}{51\,840n^3}-\frac{571}{2\,488\,320n^4}+\cdots\right)$$

注意上面的结果与附录 B.6:Laplace 方法中直接对$n!$得出的结果在形式上有惊人的相似性!

▶**Ⅷ.6　阶乘的惊讶.** 为什么$n!$和$\frac{1}{n!}$的表达式中有直到符号都相同的系数? ◀

Ⅷ.4　三个组合学的例子

鞍点方法允许我们解决许多分析组合学的渐近问题.在这一节中,我们通

过处理三个组合例子①中的细节来说明它的用法

$$\text{对合}(\mathcal{I}),\text{集合的分拆}(\mathcal{S}),\ \text{分散的排列}(\mathcal{F})$$

这些都是在第 Ⅱ 章引入的有标记的结构，它们的表示和 EGF 分别是

$$\begin{cases}\text{对合}:\mathcal{I}=\mathrm{SET}(\mathrm{CYC}_{1,2}(\mathcal{Z}))\Rightarrow I(z)=\mathrm{e}^{z+\frac{1}{2}z^2}\\ \text{集合的分拆}:\mathcal{S}=\mathrm{SET}(\mathrm{SET}_{\geqslant 1}(\mathcal{Z}))\Rightarrow S(z)=\mathrm{e}^{\mathrm{e}^z-1}\\ \text{分散的排列}:\mathcal{F}=\mathrm{SET}(SEQ_{\geqslant 1}(\mathcal{Z}))\Rightarrow F(z)=\mathrm{e}^{\frac{z}{1-z}}\end{cases}\tag{33}$$

其中前两个都是整函数(即它们只有在 ∞ 处的奇点)，而最后一个在 $z=1$ 处有奇点.它们都在有限的奇点或无穷远处的奇点附近表现出相当激烈的指数类型的增长.就像读者将要注意到的那样，所有这三种组合类型都可用一种可对更简单的结构应用的集合结构加以刻画.

对其中每一个例子，我们都是从较容易的鞍点界开始并继续用鞍点法加以处理.在对合的例子中，我们处理了一个只比阶乘的倒数稍微复杂一点的问题.在集合的分拆(Bell 数)的例子中说明了一个一般的用于隐式定义的鞍点的很好的渐近技巧.最后，在具有有限距离的奇点的分散排列的例子中，我们为第 Ⅷ.6 节中(更难的)整数的分拆的分析铺平了道路.在图 Ⅷ.6 中，我们概括了这三种结构和阶乘的倒数(箱子)中的鞍点的主要特征.

类	EGF	半径(r)	角度(θ_0)	系数$[z^n]$EGF
箱子 SET$(\mathcal{Z})$(例 Ⅷ.3)	e^z	n	$n^{-\frac{2}{5}}$	$\sim\dfrac{\mathrm{e}^n n^{-n}}{\sqrt{2\pi n}}$
对合 SET(CYC$_{1,2}(\mathcal{Z})$)(例 Ⅷ.5)	$\mathrm{e}^{z+\frac{1}{2}z^2}$	$\sim\sqrt{n}-\dfrac{1}{2}$	$n^{-\frac{2}{5}}$	$\sim\dfrac{\mathrm{e}^{\frac{n}{2}-\frac{1}{4}}n^{-\frac{n}{2}}}{2\sqrt{\pi n}}\mathrm{e}^{\sqrt{n}}$
集合的分拆 SET(SET$_{\geqslant 1}(\mathcal{Z})$)(例 Ⅷ.6)	$\mathrm{e}^{\mathrm{e}^z-1}$	$\sim-\log n-\log\log n$	$\dfrac{\mathrm{e}^{-\frac{2r}{5}}}{r}$	$\sim\dfrac{\mathrm{e}^{\mathrm{e}^r-1}}{r^n\sqrt{2\pi r(r+1)\mathrm{e}^r}}$
分散的排列 SET(SEQ$_{\geqslant 1}(\mathcal{Z})$)(例 Ⅷ.7)	$\mathrm{e}^{\frac{z}{1-z}}$	$\sim 1-\dfrac{1}{\sqrt{n}}$	$n^{-\frac{7}{10}}$	$\sim\dfrac{\mathrm{e}^{-\frac{1}{2}+2\sqrt{n}}}{2\sqrt{\pi}\,n^{\frac{3}{4}}}$

图 Ⅷ.6　组合问题中一些主要的鞍点分析例子的小结

例 Ⅷ.5　对合. 对合是一个使得 τ^2 是恒同置换的排列 τ(Ⅱ.4).对应的 EGF 是 $I(z)=\mathrm{e}^{z+\frac{1}{2}z^2}$.我们应用(23)中的写法

① 这些例子的目的是进一步熟悉鞍点方法在分析组合学中的实践技巧.不耐烦的读者可以直接跳到下一节，其中他将找到包括这些例子和更多情况的一般理论.

$$f(z)=z+\frac{1}{2}z^2-n\log z$$

那么,极坐标形式的鞍点方程就是

$$r(1+r)=n$$

这蕴含

$$r=-\frac{1}{2}+\frac{1}{2}\sqrt{4n+1}\sim\sqrt{n}-\frac{1}{2}+\frac{1}{8\sqrt{n}}+O(n^{-\frac{3}{2}})$$

应用鞍点界就机械地给出

$$\frac{I_n}{n!}\leqslant \mathrm{e}^{-\frac{1}{4}}\ \frac{\mathrm{e}^{\frac{n}{2}+\sqrt{n}}}{n^{\frac{n}{2}}}(1+o(1)),I_n\leqslant \mathrm{e}^{-\frac{1}{4}}\sqrt{2\pi n}\,\mathrm{e}^{-\frac{n}{2}+\sqrt{n}}n^{\frac{n}{2}}(1+o(1))\quad(34)$$

(注意,如果我们使用近似的鞍点值$\sqrt{n}$,我们将只丢失了因子 $\mathrm{e}^{-\frac{1}{4}}\doteq 0.778\ 80$.)

中心区域和非中心区域之间的截止点应根据式(21) 确定. 围道的长度 δ(在 z 坐标中) 应该满足 $f''(r)\delta^2\to\infty$ 和 $f'''(r)\delta^3\to 0$,换成角度的符号,这表示我们应该选择一个满足下式的截止角 θ_0

$$r^2f''(r)\theta_0^2\to\infty,r^3f'''(r)\theta_0^3\to 0$$

这里我们有 $f''(r)=O(1)$ 以及 $f'''(r)=O(n^{-\frac{1}{2}})$,因此 θ_0 的阶必须在 $n^{-\frac{1}{2}}$ 和 $n^{-\frac{1}{3}}$ 之间,我们取

$$\theta_0=n^{-\frac{2}{5}}$$

(i) **修剪尾部**. 首先,我们需要对 $|I(z)|$ 沿着一个大圆 $z=r\mathrm{e}^{\theta\mathrm{i}}$ 上的行为做一些一般性的考虑. 我们有

$$\log|I(r\mathrm{e}^{\theta\mathrm{i}})|=r\cos\theta+\frac{r^2}{2}\cos 2\theta$$

看成 θ 的函数,上面这个函数作为两个递减函数的和在 $\left(0,\frac{\pi}{2}\right)$ 上递减. 因而 $|I(z)|$ 在 $z=r$ 处达到它的最大值 $\mathrm{e}^{r+\frac{1}{2}r^2}$,在 $z=r\mathrm{i}$ 处达到它的最小值 $\mathrm{e}^{\frac{1}{2}r^2}$. 在左半平面中,当 $\theta\in\left(\frac{\pi}{2},\frac{3\pi}{4}\right)$ 时,由于 $\cos 2\theta<0$,$|I(z)|$ 至多等于 e^r. 最后,当 $\theta\in\left(\frac{3\pi}{4},\pi\right)$ 时,由于 $\cos\theta<-\frac{1}{\sqrt{2}}$,它变得更小,因此有 $|I(z)|\leqslant \mathrm{e}^{\frac{1}{2}r^2-\frac{r}{\sqrt{2}}}$. 对半平面 $\Im(z)<0$ 可做同样的论证.

作为这些界的一个结果可以得出 $\frac{I(z)}{I(\sqrt{n})}$ 在 $z=r$ 处有一个强烈的峰值,具体地说,它在下述意义下,到实直线的距离是指数小的

$$\frac{I(r\mathrm{e}^{\theta\mathrm{i}})}{I(r)}=O\left(\frac{I(r\mathrm{e}^{\theta_0\mathrm{i}})}{I(r)}\right)=I(\exp(-n^{\alpha}))\quad(35)$$

其中 $\alpha > 0, \theta \notin [-\theta_0, \theta_0]$.

（ⅱ）**中心逼近**. 我们接着往下继续，考虑中心积分

$$J_n^{(0)} = \frac{e^{f(r)}}{2\pi}\int_{-\theta_0}^{+\theta_0} \exp(f(re^{\theta i}) - f(r))\, d\theta$$

我们所需要的是在 $r \sim \sqrt{n}$ 的带余项的 Taylor 展开式. 在中心区域，关系式 $f'(r) = 0, f''(r) = 2 + O\left(\frac{1}{n}\right), f'''(z) = O(n^{-\frac{1}{2}})$ 产生

$$f(re^{i\theta}) - f(r) = \frac{r^2}{2} f''(r)(e^{i\theta} - 1)^2 + O(n^{-1/2} r^3 \theta_0^3) = -r^2\theta^2 + O(n^{-1/5})$$

这足以保证

$$J_n^{(0)} = \frac{e^{f(r)}}{2\pi}\int_{-\theta_0}^{+\theta_0} e^{-r^2\theta^2}\, d\theta (1 + O(n^{-\frac{1}{5}})) \tag{36}$$

（ⅲ）**完成尾部**. 由于 $r \sim \sqrt{n}$ 以及 $\theta_0 = n^{-\frac{2}{5}}$，我们有

$$\int_{-\theta_0}^{+\theta_0} e^{-r^2\theta^2}\, d\theta = \frac{1}{r}\int_{-\theta_0 r}^{+\theta_0 r} e^{-t^2}\, dt = \frac{1}{r}\left(\int_{-\infty}^{+\infty} e^{-t^2}\, dt + O(e^{-n^{1/5}})\right) \tag{37}$$

最后式(35)(36)和(37)就给出：

命题 Ⅷ.2 对合的数目 I_n 满足

$$\frac{I_n}{n!} = \frac{e^{-1/4}}{2\sqrt{\pi n}} n^{-n/2} e^{n/2+\sqrt{n}}\left(1 + O\left(\frac{1}{n^{1/5}}\right)\right) \tag{38}$$

对照鞍点界(34)和真正的渐近式(38)，我们看出前者仅丢失了一个 $O(n^{\frac{1}{2}})$ 的因子. 下面进一步比较了由式(38)的右边给出的渐近估计值 I_n^* 和 I_n 的确切值

n	10	100	1 000
I_n	9 496	$2.405\ 33 \cdot 10^{82}$	$2.143\ 92 \cdot 10^{1\ 296}$
I_n^*	8 839	$2.341\ 49 \cdot 10^{82}$	$2.124\ 73 \cdot 10^{1\ 296}$

经验上，相对误差接近于 $\frac{0.3}{\sqrt{n}}$，这一事实可以沿着上一节所阐述的路线通过开发一个完全的渐近展开式来证明.

I_n 的估计式(38)是 Knuth 在文献[378]中给出的，他的推导只是把 Laplace 方法应用到 I_n 的确切的二项展开式上去，我们的复分析方法的推导是根据 Moser 和 Wyman 的文献[448]中的内容给出的.

例 Ⅷ.6 集合的分拆和 Bell 数. n 个元素的集合的分拆定义了 Bell 数 S_n，我们有

$$S_n = n!\ e^{-1}[z^n]G(z),\text{其中 } G(z) = e^{e^z}$$

关于$\frac{G(z)}{z^{n+1}}$的鞍点方程(在 z 坐标中)是

$$\zeta e^{\zeta} = n+1$$

这个著名的方程有一个渐近解,它可以用迭代法(或者"靴袢算法(又译自举算法)")得出.这只须把上式写成 $\zeta = \log(n+1) - \log\zeta$ 再进行迭代即可(从 $\zeta = 1$ 开始).这给出了一个解

$$\zeta \equiv \zeta(n) = \log n - \log\log n + \frac{\log\log n}{\log n} + O\left(\frac{\log^2\log n}{\log^2 n}\right) \tag{39}$$

(详细的讨论见文献[143]26 页).对应的鞍点界是

$$S_n \leqslant n!\ \frac{e^{e^{\zeta}-1}}{\zeta^n}$$

近似解 $\hat{\zeta} = \log n$ 产生一个简化的上界

$$S_n \leqslant n!\ \frac{e^{n-1}}{(\log n)^n}$$

这已足以验证集合的分拆数要比排列数少得多,它们的比的一个上界是 $e^{-n\log\log n+O(n)}$.

为了实行鞍点方法,我们将在半径为 $r \equiv \zeta$ 的圆上积分,设

$$f(z) = \log\left(\frac{G(z)}{z^{n+1}}\right) = e^z - (n+1)\log z$$

并且要沿着半径为 r 的圆$\mathcal{C}$估计积分

$$J_n = \frac{1}{2\pi i}\int_{\mathcal{C}} \frac{G(z)}{z^{n+1}}dz$$

通常的鞍点的启发式选择方法要求鞍点的范围要由那样一个 $\theta_0 \equiv \theta_0(n)$ 来确定,其中的 θ_0 要使得 f 在 r 处的展开式中的二次项趋向于无穷大,而立方项趋向于零.为了进行计算,用 r 来表示所有的数量是方便的,这可以通过用关系式 $n+1 = re^r$ 消去 n 来达到,我们求出

$$f''(r) = e^r\left(1+\frac{1}{r}\right),\ f'''(r) = e^r(1-2r^2)$$

因而 θ_0 应当选的使得 $r^2e^r\theta_0^2 \to \infty, r^3e^r\theta_0^3 \to 0$.我们选 $r\theta_0 = e^{-\frac{2r}{5}}$ 就适合.

(ⅰ)**修剪尾部**.设 $z = re^{\theta i}$,首先注意,函数 $G(z)$ 在实轴附近是强烈集中的,我们有

$$|e^z| = e^{r\cos\theta},\ |e^{e^z}| = e^{e^{r\cos\theta}} \tag{40}$$

特别,对任意固定的 $\theta \neq 0$,当 r 充分大时,$G(re^{\theta i})$ 比起 $G(r)$ 来是指数式小的.

（ⅱ）**中心逼近.** 然后我们考虑中心区域的贡献

$$J_n^{(0)} := \frac{1}{2\pi i}\int_{\mathcal{C}^{(0)}} \frac{G(z)}{z^{n+1}} dz$$

其中$\mathcal{C}^{(0)}$是圆 $z=re^{\theta i}$ 上对应于 $|\theta| \leqslant \theta_0 \equiv \frac{e^{-\frac{2r}{5}}}{r}$ 的那部分. 由于在$\mathcal{C}^{(0)}$上，三阶导数一致地为 $O(e^r)$，所以我们有

$$f(re^{\theta i}) = f(r) - \frac{1}{2} r^2 \theta^2 f''(r) + O(r^3 \theta^3 e^r)$$

这个逼近式子然后可以用靴袢算法（又译自举算法）移植到 $J_n^{(0)}$ 中去.

（ⅲ）**完成尾部.** 尾部可用通常的方法完成. 最后的净效果是估计

$$[z^n]G(z) = \frac{e^{f(r)}}{\sqrt{2\pi f''(r)}}(1 + O(r^3\theta^3 e^r))$$

将上式中的误差项明确地写出来就得到下面的

命题 Ⅷ.3 容量为 n 的集合的分拆的数目满足

$$S_n = n!\ \frac{e^{e^r - 1}}{r^n \sqrt{2\pi r(r+1)e^r}}(1 + O(e^{-\frac{r}{5}})) \tag{41}$$

其中 r 满足方程式 $re^r = n+1$，因此 $r = \log n - \log\log n + o(1)$.

下面是一个 S_n 的确切的值和(41) 中的主项 S_n^* 的值的对照表：

n	10	100	1 000
S_n	115 975	$4.758\,53 \cdot 10^{115}$	$2.989\,90 \cdot 10^{1\,927}$
S_n^*	114 204	$4.755\,37 \cdot 10^{115}$	$2.990\,12 \cdot 10^{1\,927}$

可以看出，对 $n=10$，相对误差大约是 1.5%，而对 $n=100$ 和 $n=1\,000$，误差分别小于10^{-3} 和10^{-4}.

由于不需要再用替换倒回去得出 r 的（用 n 和 $\log n$ 的项表示的）渐近展开式，所以 r 本身的渐近形式已经是一种合适的形式了，用这一形式可以给出 S_n 的仅用 n 表示的渐近展开式. 我们无法给出 n 的明确的表达式而只能把$\log S_n$ 展开为

$$\frac{1}{n}\log S_n = \log n - \log\log n - 1 + \frac{\log\log n}{\log n} + \frac{1}{\log n} + O\left(\left(\frac{\log\log n}{\log n}\right)^2\right)$$

（系数积分的鞍点估计通常涉及这种隐含定义的量.）

这个例子可能是鞍点技巧在组合枚举中的最著名的应用. 首次正确地用鞍点法处理问题的是 Moser 和 Wyman（文献[447]）. 例如，de Bruijn 在文献[143]104－108 页中就用它作为导出这一方法的一个主要例子.

例 Ⅷ.7　分散的排列. 这个类对应于 $F(z)=\exp\left(\frac{z}{1-z}\right)$. 我们现在用这个例子说明奇点在有限距离处的情况. 像通常那样,我们设

$$f(z)=\frac{z}{1-z}-(n+1)\log z$$

并从鞍点界开始. 鞍点方程是

$$\frac{\zeta}{(1-\zeta)^2}=n+1 \tag{42}$$

所以当 n 充分大时,ζ 有下面的趋向于 1 的渐近表达式

$$\zeta=\frac{2n+3-\sqrt{4n+5}}{2n+2}=1-\frac{1}{\sqrt{n}}+\frac{1}{2n}+O(n^{-\frac{3}{2}})$$

这里,近似值 $\hat{\zeta}=1-\frac{1}{\sqrt{n}}$ 导致

$$[z^n]F(z)\leqslant e^{-\frac{1}{2}}e^{2\sqrt{n}}(1+o(1)) \tag{43}$$

然后鞍点方法要求我们沿着一个半径为 $r\equiv\zeta$ 的圆积分,而鞍点的启发式方法要求在一个角度为 $2\theta_0$ 的小扇形上积分. 由于 $f''(r)=O(n^{\frac{3}{2}})$, 而 $f'''(r)=O(n^2)$,所以这表示我们必须把 θ_0 确定的使它满足 $n^{\frac{3}{4}}\theta_0\to\infty$,并且 $n^{\frac{2}{3}}\theta_0\to 0$,因此例如取 $\theta_0=n^{-\frac{7}{10}}$ 就合适. 集中性是易于验证的,我们有

$$|\,e^{1/(1-z)}\,|_{Z=re^{i\theta}}=e\cdot\exp\left(\frac{1-r\cos\theta}{1-2r\cos\theta+r^2}\right)$$

它在 $(-\pi,\pi)$ 上是 θ 的单峰函数.(这个函数在 $\theta=0$ 处达到的最大值的阶是 $\exp\left(\frac{1}{1-r}\right)$,而在 $\theta=\pi$ 处达到的最小值的阶是 $O(1)$). 特别沿着鞍点圆的非中心部分,我们有

$$|\,e^{\frac{1}{1-z}}\,|_{z=re^{\theta i}}=O(\exp(\sqrt{n}-n^{\frac{1}{10}})) \tag{44}$$

因此尾部是指数小的. 因而,局部的展开式保证我们能在这种情况下应用一般的鞍点公式. 最后的结果如下:

命题 Ⅷ.4　分散排列的数目 $F_n=n!\,[z^n]F(z)$ 满足

$$\frac{F_n}{n!}\sim\frac{e^{-\frac{1}{2}}e^{2\sqrt{n}}}{2\sqrt{\pi}\,n^{\frac{3}{4}}} \tag{45}$$

相当令人印象深刻的是对应的鞍点界(43) 与渐近估计式(45) 只差了一个 $n^{\frac{3}{4}}$ 的因子. 对 $n=10,100,1\,000$,渐近估计式(45) 的相对误差分别是 4%,1%,0.3%.

上面的展开式由 E. Maitland Wright(文献[618,619]) 扩展到一些具有奇

点的函数类，其类型是形式为$(1-z)^{-\rho}$的函数的指数；见注记 Ⅷ.7(对于(45)的情况，Wright(文献[618]) 提到了 Perron 于 1914 年发表的一篇早期的论文.). 他的兴趣至少部分是由于对一般的分拆的应用，其基本情况将在 Ⅷ.6 节中讨论.

▶Ⅷ.7 Wright **的展开式.** 考虑函数

$$F(z)=(1-z)^{-\beta}\exp\left(\frac{A}{(1-z)^{\rho}}\right),A>0,\rho>0$$

那么，当$\rho<1$时，鞍点方法产生

$$[z^n]F(z)=\frac{N^{\beta-1-\frac{\rho}{2}}\exp(A(\rho+1)N^{\rho})}{\sqrt{2\pi A\rho(\rho+1)}},N:=\left(\frac{n}{A\rho}\right)^{\frac{1}{\rho+1}}$$

($\rho\geqslant 1$的情况涉及鞍点的渐近展开式中更多的项.) 他的方法可推广到解析的和指数中是形如$A(1-z)^{-\rho}$的和的多对数函数的情况上去，细节见文献[618, 619]. ◀

▶Ⅷ.8 **某些振动的系数.** 定义函数

$$s(z)=\sin\left(\frac{z}{1-z}\right)$$

可以看出系数$s_n=[z^n]s(z)$在$n=6,21,46,81,125,180,\cdots$处改变符号. 符号是改变无穷次吗？(提示：是的，有两个复共轭的鞍点，渐近形式具有$n^a e^{b\sqrt{n}}$形式的增长性并具有和$\sin\sqrt{n}$类似的振动性.) 和

$$U_n=\sum_{k=0}^{n}\begin{bmatrix}n\\k\end{bmatrix}\frac{(-1)^k}{k!}$$

表现出类似的振动性. ◀

Ⅷ.5 可 行 性

鞍点方法是分析快速增长的生成函数的系数的通用方法，但由于通常要一步一步地实行，因此应用起来很麻烦. 幸运的是，我们可把前面反复遇见的例子中的条件封装在一般的框架中. 这导致了 Ⅷ.5.1 小节中提出的可行性的概念. 根据研究者的设计，适用于这些函数的鞍点分析及其系数的渐近形式可以系统地确定：这是按照由 Hayman 在 1956 年提出的一种方法进行的. 这种抽象的一个重要优点是可行的函数将满足有用的封闭性质，因此我们可确定无穷多的一大类适于组合应用的可行的函数 —— 我们将在 Ⅷ.5.2 小节中开发这个和枚

举有关的主题.最后,在 Ⅷ.5.3 小节中提出了一种非常类似于可行性的适用于所谓去极化的概率问题的方法.

Ⅷ.5.1　可行性理论. 可行性的概念本质上是一种将定理 Ⅷ.3 的条件用于 Cauchy 系数积分这一特殊情况的公理化方法.在这一节中,我们将讨论 H-可行性,这里前缀 H 用来表示 Hayman 的原始贡献(文献[325]).Wong 的书[614]的 Ⅱ.7 节和 Odlyzko 的权威综述[461]12 节对此理论给出了一个清楚的叙述.

我们在这里考虑的是一个在原点解析的函数 $G(z)$,并且其系数$[z^n]G(z)$用下式估计

$$g_n \equiv [z^n]G(z) = \frac{1}{2\pi i}\int_C \frac{G(z)}{z^{n+1}}dz$$

很自然地,我们先将其转换为极坐标对小的θ所做的$G(re^{\theta i})$的展开式起着中心的作用:其中 r 是位于使得 $G(z)$ 解析的圆盘中的正实数.基本的展开式是

$$\log G(re^{\theta i}) = \log G(r) + \sum_{v=1}^{\infty} a_v(r)\frac{(i\theta)^v}{v!} \tag{46}$$

最重要的量是前两项,这并不值得奇怪,一旦我们把$G(z)$写成指数形式$G(z) = e^{h(z)}$,简单的计算就给出

$$\begin{cases} a(r) := \alpha_1(r) = rh'(r) \\ b(r) := \alpha_2(r) = r^2 h''(r) + rh'(r) \end{cases} \tag{47}$$

其中 $h(z) := \log G(z)$,用 G 本身,可把上述的量表示成

$$a(r) = r\frac{G'(r)}{G(r)}, b(r) = r\frac{G'(r)}{G(r)} + r^2\frac{G''(r)}{G(r)} - r^2\left(\frac{G'(r)}{G(r)}\right)^2 \tag{48}$$

(按照注记 Ⅷ.4 中的论证)只要$G(z)$在原点具有非负的 Taylor 系数,当 $r > 0$ 时,$b(r)$就是正的并且当 $r \to \rho$ 时 $a(r)$ 是递增的,其中 ρ 是 G 的收敛半径.

定义 Ⅷ.1　Hayman-**可行性**.设 $G(z)$ 的收敛半径为 $\rho(0 < \rho \leqslant +\infty)$,并且在$(0,\rho)$的子区间$(R_0,\rho)$内总是正的.称函数 $G(z)$ 是 H-可行的(Hayman-可行的),如果(47)中定义的 $a(r)$ 和 $b(r)$ 满足以下三个条件:

H$_1$(捕捉条件)　$\lim\limits_{r\to\rho} a(r) = +\infty$ 以及$\lim\limits_{r\to\rho} b(r) = +\infty$;

H$_2$(局部条件)　对某个定义在(R_0,ρ)中并满足 $0 < \theta < \pi$ 的函数 $\theta_0(r)$,当 $r \to \rho$ 时,我们有

$$G(re^{\theta i}) \sim G(r)e^{a(r)\theta i - \frac{b(r)}{2}\theta^2}$$

在 $|\theta| \leqslant \theta_0(r)$ 内一致地成立;

H$_3$(衰减条件)　在 $\theta_0(r) \leqslant |\theta| < \pi$ 内一致地成立

$$G(re^{\theta i})=o\left(\frac{G(r)}{\sqrt{b(r)}}\right)$$

注意,定义中的条件是函数内在的:它们涉及函数沿着给定的圆周的值而不涉及参数n.易于验证,前面例子中的函数e^z,e^{e^z-1}和$e^{z+\frac{1}{2}z^2}$对$\rho=+\infty$都是可行的,函数$e^{\frac{z}{1-z}}$对$\rho=1$也是可行的(在每种情况下,当θ变化时,都讨论了$G(re^{\theta i})$的模的行为.).与此相对照,e^{z^2},$e^{z^2}+e^z$等函数都是不可行的,由于当$\arg(z)$接近π时,它们达到的值太大.

H-可行函数的系数的渐近可以通过系统地分析一阶渐近而得出,并表述成下面的定理:

定理 Ⅷ.4　可行函数的系数. 设$G(z)$是一个H-可行的函数,而$\zeta\equiv\zeta(n)$是方程

$$\zeta\frac{G'(\zeta)}{G(\zeta)}=n \tag{49}$$

在区间(R_0,ρ)中唯一的根,则当$n\to\infty$时,$G(z)$的Taylor系数满足

$$g_n\equiv[z^n]G(z)\sim\frac{G(\zeta)}{\zeta^n\sqrt{2\pi b(\zeta)}},b(z):=z^2\frac{d^2}{dz^2}\log G(z)+z\frac{d}{dz}\log G(z) \tag{50}$$

证明　证明只是简单地将可行性的定义转换为定理 Ⅷ.3的条件.积分是在以原点为中心的圆上进行的,圆的半径下面将马上确定.做变量替换$z=re^{\theta i}$后,Cauchy系数公式变为

$$g_n\equiv[z^n]G(z)=\frac{r^{-n}}{2\pi}\int_{-\pi}^{+\pi}G(re^{\theta i})e^{-n\theta i}d\theta \tag{51}$$

为了得出没有线性项的二次近似,我们选择方程$a(\zeta)=n$的正解ζ,即方程(49)的解作为圆的半径(因此ζ是$G(z)z^{-n}$的鞍点.).根据捕捉条件H_1,当$n\to\infty$时,我们有$\zeta\to\rho^-$.按照一般的鞍点方法,我们把圆分成两段积分,设θ_0是按条件H_2和H_3确定的角,我们设

$$J^{(0)}=\int_{-\theta_0}^{+\theta_0}G(\zeta e^{\theta i})e^{-n\theta i}d\theta,J^{(1)}=\int_{\theta_0}^{2\pi-\theta_0}G(\zeta e^{\theta i})e^{-n\theta i}d\theta$$

(ⅰ)**修剪尾部.** 根据衰减条件H_3我们可得出一个平凡的界,对于我们的目的来说这个界已经够用了

$$J^{(1)}=o\left(\frac{G(\zeta)}{\sqrt{b(\zeta)}}\right) \tag{52}$$

(ⅱ)**中心逼近.** 局部条件H_2的一致性蕴含

$$J^{(0)}\sim G(\zeta)\int_{-\theta_0}^{+\theta_0}e^{-\frac{\theta^2b(\zeta)}{2}}d\theta \tag{53}$$

（ⅲ）**完成尾部.** 在 $\theta=\theta_0$ 处的局部条件 H_2 再加上衰减条件 H_3 说明当 $n\to\infty$ 时，有 $b(\zeta)\theta^2\to+\infty$，这就使得我们可以回过头去完成尾部，并且有

$$\int_{-\theta_0}^{\theta_0} e^{-\frac{\theta^2 b(r)}{2}} d\theta \sim \frac{1}{\sqrt{b(r)}}\int_{-\frac{\theta_0}{\sqrt{b(\zeta)}}}^{\frac{\theta_0}{\sqrt{b(\zeta)}}} e^{-\frac{t^2}{2}} dt \sim \int_{-\infty}^{+\infty} e^{-\frac{t^2}{2}} dt \tag{54}$$

根据式(52)(53)和(54)(或等价地应用定理 Ⅷ.3)就得出定理的结论.

通常的关于选择函数 $\theta_0(r)$ 的注记仍然适用. 考虑到展开式(46)，我们必须有 $\alpha_2(r)\theta_0^2\to\infty$ 和 $\alpha_3(r)\theta_0^3\to 0$. 因而为了能使这一方法奏效，我们必须先验地有 $\frac{\alpha_3(r)^2}{\alpha_2(r)^3}\to 0$，因而 θ_0 应该根据鞍点尺度的启发式算法来取，可以形象地将此总结如下[①]

$$\frac{1}{\alpha_2(r)^{\frac{1}{2}}}\ll\theta_0\ll\frac{1}{\alpha_3(r)^{\frac{1}{3}}} \tag{55}$$

一个可能的选择是取两个界的几何平均，即 $\theta_0=\alpha_2^{-\frac{1}{4}}\alpha_3^{-\frac{1}{6}}$.

Hayman(文献[325])的原始证明还另外包含了一个一般性的结果，这个结果描述了当 r 靠近其极限值 ρ 时，$G(r)$ 的 Taylor 展开式中个别项 $g_n r^n$ 的形状：它们似乎呈现出一种钟形的轮廓. 确切地说，对于具有非负系数的 G，定义一族离散随机变量 $X(r)$，$r\in(0,R)$ 如下

$$\mathbb{P}(X(r)=n)=\frac{g_n r^n}{G(r)}$$

容量是随机值 $X(r)$ 的，其 GF 为 $G(z)$ 的随机的 $\mathcal{F}$ 结构的模型称为 Boltzmann 模型，那么就有

命题 Ⅷ.5 当 $r\to\rho^-$ 时，与可行函数 $G(z)$ 相关的 Boltzmann 概率满足"局部的"Gauss 估计，即

$$\frac{g_n r^n}{G(r)}=\frac{1}{\sqrt{2\pi b(r)}}\left[\exp\left(-\frac{(a(r)-n)^2}{2b(r)}\right)+\varepsilon_n\right] \tag{56}$$

其中的误差项满足当 $r\to\rho$ 时，对于整数 n 一致地有 $\varepsilon_n=o(1)$.

证明完全类似于定理 Ⅷ.4，见注记 Ⅷ.9 和图 Ⅷ.7.

▶**Ⅷ.9　可行性与 Boltzmann 模型.** Boltzmann 分布可从

$$g_n r^n=\frac{1}{2\pi}\int_{-\theta_0}^{2\pi-\theta_0} G(re^{\theta i})e^{-n\theta i}d\theta$$

这个积分的估计再次基于一个基本的分解

① 如果 $A=o(B)$，有时我们也把这记成 $A\ll B$ 或等价地 $B\gg A$.

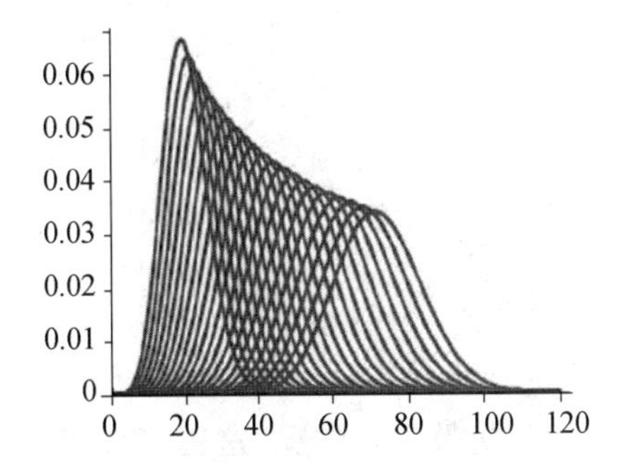

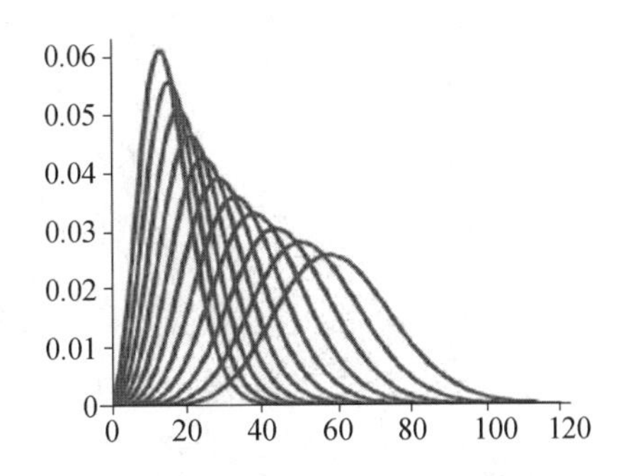

图 Ⅷ.7 对 $r \in [4,\cdots,8]$ 时的一族对合 $G(z)=e^{z+\frac{1}{2}z^2}$ 以及对 $r \in [2,\cdots,3]$ 的分拆 $G(z)=e^{e^z-1}$ 的 Boltzmann 分布，它们都服从渐近的 Gauss 轮廓

$$g_n r^n = J^{(0)} + J^{(1)}，其中\ J^{(0)} = \frac{1}{2\pi}\int_{-\theta_0}^{+\theta_0},\ J^{(1)} = \frac{1}{2\pi}\int_{\theta_0}^{2\pi-\theta_0}$$

而 θ_0 是根据可行性的定义确定的. 只有中心逼近和完成尾部需要进行调整. "局部" 条件 H_2 对 n 一致地给出

$$\begin{aligned} J^{(0)} &= \frac{G(r)}{2\pi}\int_{-\theta_0}^{+\theta_0} e^{i(a(r)-n)\theta-\frac{1}{2}b(r)\theta^2}(1+o(1))\,d\theta \\ &= \frac{G(r)}{2\pi}\int_{-\theta_0}^{+\theta_0} e^{i(a(r)-n)\theta-\frac{1}{2}b(r)\theta^2}\,d\theta + o\left(\int_{-\infty}^{+\infty} e^{-\frac{1}{2}b(r)\theta^2}\right)d\theta \end{aligned} \tag{57}$$

令 $(a(r)-n)\left(\frac{2}{b(r)}\right)^{\frac{1}{2}}=c$，我们得出

$$J^{(0)} = \frac{G(r)}{\pi\sqrt{2b(r)}}\left[\int_{-\theta_0\sqrt{\frac{b(r)}{2}}}^{\theta_0\sqrt{\frac{b(r)}{2}}} e^{-t^2+ict}\,dt + o(1)\right] \tag{58}$$

积分(58) 可以用常规方法扩充为一个误差项为 $o(1)$ 的完全的 Gauss 积分

$$J^{(0)} = \frac{G(r)}{\pi\sqrt{2b(r)}}\left[\int_{-\infty}^{+\infty} e^{-t^2+ict}\,dt + o(1)\right] \tag{59}$$

最后，把高斯积分的围道取为一个边平行于坐标轴的正方形，即可算出它的值为$\sqrt{\pi}\,e^{-\frac{c^2}{4}}$. ◀

▶**Ⅷ.10** Hayman **的原始形式**. 定理 Ⅷ.4 中的条件 H_1 可以换成条件 H'_1（主条件）

$$\lim_{r\to\rho} b(r) = +\infty$$

因而 $a(r)=+\infty$ 是 H'_1，H_2 和 H_3 的一个推论. ◀

▶**Ⅷ.11 不可行的函数**. 奇点分析和 H－可行性条件在某种意义上是互补的. 实际上，函数 $G(z)=\frac{1}{1-z}$ 是不可行的，由于它不符合定理 Ⅷ.4 所蕴含的

渐近形式的误差

$$[z^n]\frac{1}{1-z}\overset{!!}{\sim}\frac{\mathrm{e}}{\sqrt{2\pi}}$$

对应于鞍点，接近于 $1-\frac{1}{n}$. 失败的原因可以解释如下：在展开式(46)中，$\alpha_v(r)$ 的阶是 $(1-r)^{-v}$，因此局部条件和衰减条件不能同时满足.

奇点分析通过使用更大的围道轮廓并通过正规化来得出一个全局的 Hankel Γ - 积分而不是更"局部"的 Gauss 积分挽救这种情况. 这也符合根据鞍点公式给出的事实，在 $[z^n]\frac{1}{1-z}$ 的情况下，一个正确的估计只能和真值 1 差一个常数因子.（更一般的，一个形如 $(1-z)^{-\beta}$ 的函数是典型的增长太慢因而不可行的例子.）◀

封闭性质. Hayman 的工作的一个重要方面是导出了保证一大类函数是可行的一般的定理.

定理 Ⅷ.5　H - 可行函数的封闭性. 设 $G(z)$ 和 $H(z)$ 是可行的函数，而 $P(z)$ 是一个实系数多项式，则我们有：

（ⅰ）积 $G(z)H(z)$ 和指数函数 $\mathrm{e}^{G(z)}$ 都是可行函数；

（ⅱ）和 $G(z)+P(z)$ 是可行的，如果 $P(z)$ 的首项系数是正的，那么 $G(z)P(z)$ 和 $P(G(z))$ 也是可行的；

（ⅲ）如果 $\mathrm{e}^{P(z)}$ 的 Taylor 展开式的系数最终是正的，则 $\mathrm{e}^{P(z)}$ 也是可行的.

证明　（梗概）简单的证明基本上归咎于选择 θ_0 函数时根据灵感而做出的猜测，这时可以用通常的方式，在公式(55)的指导下进行，然后按照前面给出的老一套的办法去验证可行性定义中的条件. 例如，对于指数函数 $K(z)=\mathrm{e}^{G(z)}$ 的情况，如果我们取 $\theta_0(r)=(G(r))^{-\frac{2}{5}}$，定义 Ⅷ.1 中的条件 H_1,H_2,H_3 将得到满足. 细节见 Hayman 的原著[325].

指数是多项式的函数. 封闭定理也特别蕴含对任何形如 $\mathrm{e}^{P(z)}$ 的 GF 可以进行鞍点分析，其中 $P(z)$ 是具有正系数的多项式. 这是 Moser 和 Wyman 首先在文献[449,450]中提到的事实.

推论 Ⅷ.2　指数是多项式的函数. 设 $P(z)=\sum_{j=1}^{m}a_jz^j$ 具有非负系数并且在 $\gcd\{j\mid a_j\neq 0\}=1$ 的意义下是非周期的. 又设 $f(z)=\mathrm{e}^{P(z)}$，则我们有

$$f_n\equiv[z^n]f(z)\sim\frac{1}{\sqrt{2\pi\lambda}}\frac{\mathrm{e}^{P(r)}}{r^n}，其中\ \lambda=\left(r\frac{\mathrm{d}}{\mathrm{d}r}\right)^2P(r)$$

而 r 是一个由 $r\frac{\mathrm{d}}{\mathrm{d}r}P(r)=n$ 隐式定义的 n 的函数.

在这种情况下,计算完全是机械的,由于计算只涉及一个代数方程的(对于 n 的)渐近展开式.

利用基本的可行性定理和封闭性质可以立即看出许多函数的可行性,其中包括

$$\mathrm{e}^{z},\mathrm{e}^{\mathrm{e}^{z}-1},\mathrm{e}^{z+\frac{1}{2}z^{2}}$$

以及前面曾用来解释鞍点方法的主要例子. 推论 Ⅷ.2 还包括了对合,对称群中的阶固定的排列,长度有界的循环的排列,以及块的容量有界的集合的分拆:见下面的注记 Ⅷ.12. 更一般的,推论 Ⅷ.2 适用于任何$\mathcal{G}$—分量的容量限于一个有限的集合的有标记的组合结构$\mathcal{F}=\mathrm{SET}(\mathcal{G})$,在这种情况下,我们有

$$\mathcal{F}^{[m]}=\mathrm{SET}\left(\bigcup_{j=1}^{r}\mathcal{G}_{j}\right)\Rightarrow F^{[m]}(z)=\exp\left(\sum_{j=1}^{m}G_{j}\frac{z^{j}}{j!}\right)$$

这包括了所有的连通分量的容量有界的(平面的或功能的)图.

▶**Ⅷ.12 "指数是多项式的函数"的应用.** 推论 Ⅷ.2 适用于以下组合结构:

阶为 p 的排列($\sigma^{p}=1$)

$$f(z)=\exp\left(\sum_{j|p}\frac{z^{j}}{j}\right)$$

最长的轮换的长度 $\leqslant p$ 的排列

$$f(z)=\exp\left(\sum_{j=1}^{p}\frac{z^{j}}{j}\right)$$

最大的块的容量 $\leqslant p$ 的集合的分拆

$$f(z)=\exp\left(\sum_{j=1}^{p}\frac{z^{j}}{j!}\right)$$

例如,对任何 $\geqslant 3$ 的素数 p,对称群中 $\sigma^{p}=1$ 的解的数目渐近于

$$\left(\frac{n}{\mathrm{e}}\right)^{n\left(1-\frac{1}{p}\right)}p^{-\frac{1}{2}}\exp\left(n^{\frac{1}{p}}\right)$$

(Moser 和 Wyman 的文献[449,450]). ◀

完全的渐近展开. Harris 和 Schoenfeld 在文献[323]中引入了条件比 Hayman 的可行性更强的可行性概念,称为 HS-可行性. 在 HS 的可行性条件下,可以得出完全的渐近展开. 由于其技巧特点,我们在这里略去了它的定义而推荐读者参阅他的原始论文[323]和 Odlyzko 的综述[461]. Odlyzko 和 Richmond 后来在[462]中证明,如果 $g(z)$ 是 H-可行的,那么 $f(z)=\mathrm{e}^{g(z)}$ 就

是 HS－可行的. 因此,一个至少是指数式增长的 H－可行性函数表示,我们可系统地期盼完全的渐近指数展开是倍指数增长或超指数增长的. 发展完全的渐近展开的原则基本上与 Ⅷ.3 中所解释的内容相同——只是在目前这种一般的水平上讨论所涉及的渐近尺度时事情会变得有点错综复杂.

Ⅷ.5.2 更高层的结构和可行性. 可行性的概念及围绕着它的性质(定理 Ⅷ.4,Ⅷ.5 和推论 Ⅷ.2)提供了一个关于哪些组合类会导致一个适于用鞍点方法给出计数序列的精致的讨论,为简单起见,我们限于讨论有标记的对象.

我们从第一层的结构,即

$$\mathrm{SEQ}(\mathcal{Z}),\mathrm{CYC}(\mathcal{Z}),\mathrm{SET}(\mathcal{Z})$$

开始讨论. 它们分别对应了排列、循环图和箱子,其 EGF 分别为

$$\frac{1}{1-z},\ \log\frac{1}{1-z},\mathrm{e}^{z}$$

其中前两个属于奇点分析的类别,而后一个,正如我们已经见过的那样属于鞍点方法研究的范畴,并且是 H－可行的.

下面考虑第二层的结构,它们是由 SEQ,CYC 和 SET 之中的任意两种结构复合而成;预备性的讨论见 Ⅱ.4.2 节(为确定起见,我们理解的内结构的成分的数目限于 $\geqslant 1$.). 有三种外结构是 SEQ 的二层结构,即

$$\mathrm{SEQ}\circ\mathrm{SEQ},\mathrm{SEQ}\circ\mathrm{CYC},\mathrm{SEQ}\circ\mathrm{SET}$$

它们分别对应于有标记的合成、对齐和满射. 所有这些结构都有极点型的主奇点,因此它们适于进行半纯的系数渐近(第 Ⅳ 章和第 Ⅴ 章),或者,做余项估计较弱的奇点分析(第 Ⅵ 章和第 Ⅶ 章).

类似的,有三种外结构是 CYC 的二层结构,即

$$\mathrm{CYC}\circ\mathrm{SEQ},\ \mathrm{CYC}\circ\mathrm{CYC},\mathrm{CYC}\circ\mathrm{SET}$$

它们对应于前面的结构的轮换版本. 在这种情况下,EGF 具有对数型的奇点,因此适于进行奇点分析或者在微分之后,再做半纯的系数渐近.

外结构是 SET 的情况是有兴趣的,这种结构有

$$\mathrm{SET}\circ\mathrm{SEQ},\mathrm{SET}\circ\mathrm{CYC},\mathrm{SET}\circ\mathrm{SET}$$

它们分别对应于分散的排列,所有的排列的类和集合的分拆. 复合 SET ∘ CYC 显得有点特殊,由于对任何的类$\mathcal{C}$都成立一般的同构

$$\mathrm{SET}(\mathrm{CYC}(\mathcal{C}))\cong\mathrm{SEQ}(\mathcal{C})$$

它对应于将$\mathcal{C}$－对象的排列分解成轮换的唯一性. 因此,当与对数奇点结合时,对于生成函数,指数奇点的“简化”产生代数(这里是极点)奇点. 其余两种情况,即分散的排列和集合的分拆,正如我们已经见过的那样,其特征在于鞍点方

法和可行性.

然后,封闭性质就允许我们考虑由{SEQ,CYC,SET}中的结构的任意嵌套定义的结构.例如,“超分拆”可定义成

$$S=\mathrm{SET}(\mathrm{SET}_{\geqslant 1}(\mathrm{SET}_{\geqslant 1}(\mathcal{Z})))\Rightarrow S(z)=\mathrm{e}^{\mathrm{e}^{\mathrm{e}^{z}-1}-1}$$

它是一个三层结构.它们先验地服从可行性理论和鞍点估计.注记Ⅷ.14和Ⅷ.15进一步验证了这种三层结构.

▶**Ⅷ.13　幂等映射**.考虑从有限集到自身的幂等的函数(“映射”或用第Ⅱ章的术语说是“函数图”),即使得$\phi\circ\phi=\phi$的映射.由于环的长度被确切地限制为1,所以其EGF是$I(z)=\exp(z\mathrm{e}^{z})$,函数$I(z)$是可行的,并且

$$I_n\sim\frac{n!}{\sqrt{2\pi n\zeta}}\zeta^{-n}\mathrm{e}^{\frac{n+1}{\zeta+1}}$$

其中ζ是方程$\zeta(\zeta+1)\mathrm{e}^{\zeta}=n+1$的正根.这个例子曾被Harris和Schoenfeld在文献[323]中讨论过. ◀

▶**Ⅷ.14　社团的数目**. Sloane和Wieder的文献[545]把一个有n个不同成员的社团定义如下:首先将n个成员分成非空的子集,然后在每个子集中形成有序集合的分拆(优先排列).因此社团的类是一个三层的(有标记)的结构.其表示和EGF为

$$\mathcal{S}=\mathrm{SET}(\mathrm{SEQ}_{\geqslant 1}(\mathrm{SET}_{\geqslant 1}(\mathcal{Z})))\Rightarrow S(z)=\exp\left(\frac{1}{2-\mathrm{e}^{z}}-1\right)$$

计数序列的开头几项是1, 1, 4, 23, 173,1 602(EIS A075729);它渐近于

$$S_n\sim C\frac{\mathrm{e}^{\sqrt{\frac{2n}{\log 2}}}}{n^{\frac{3}{4}}(\log 2)^{n+\frac{1}{4}}}n!,C:=\frac{1}{4\sqrt{\pi}}\left(\frac{2}{\mathrm{e}}\right)^{\frac{3}{4}}\mathrm{e}^{\frac{1}{4\log 2}}$$

(在$z=\log 2$处有指数-极点型的奇点.) ◀

▶**Ⅷ.15　三层的类**.考虑以原子($\mathcal{Z}$)为基础的,通过SEQ或SET的三层叠套结构定义的有标记的类.那么所有的情况都可用鞍点方法,可行性理论或奇点分析方法加以处理.下面是一个主要结构,EGF以及收敛半径(ρ)的表.

鞍点方法:

$\mathrm{SET}(\mathrm{SET}_{\geqslant 1}(\mathrm{SET}_{\geqslant 1}(\mathcal{Z})))$	$\mathrm{e}^{\mathrm{e}^{\mathrm{e}^{z}-1}-1}$	$\rho=\infty$
$\mathrm{SET}(\mathrm{SET}_{\geqslant 1}(\mathrm{SET}_{\geqslant 1}(\mathcal{Z})))$	$\mathrm{e}^{\mathrm{e}^{z/(1-z)}-1}$	$\rho=1$
$\mathrm{SET}(\mathrm{SET}_{\geqslant 1}(\mathrm{SET}_{\geqslant 1}(\mathcal{Z})))$	$\exp\left(\frac{\mathrm{e}^{z}-1}{2-\mathrm{e}^{z}}\right)$	$\rho=\log 2$
$\mathrm{SET}(\mathrm{SET}_{\geqslant 1}(\mathrm{SET}_{\geqslant 1}(\mathcal{Z})))$	$\mathrm{e}^{z/(1-2z)}$	$\rho=\frac{1}{2}$

奇点分析：

$\mathrm{SEQ}(\mathrm{SET}_{\geqslant 1}(\mathrm{SET}_{\geqslant 1}(\mathcal{Z})))$	$\dfrac{1}{2-\mathrm{e}^{\mathrm{e}^{z}-1}}$	$\rho=\log\log(2\mathrm{e})$
$\mathrm{SEQ}(\mathrm{SET}_{\geqslant 1}(\mathrm{SEQ}_{\geqslant 1}(\mathcal{Z})))$	$\dfrac{1}{2-\mathrm{e}^{z/1-z}}$	$\rho=\dfrac{\log 2}{1+\log 2}$
$\mathrm{SEQ}(\mathrm{SEQ}_{\geqslant 1}(\mathrm{SET}_{\geqslant 1}(\mathcal{Z})))$	$\dfrac{2-\mathrm{e}^{z}}{3-2\mathrm{e}^{z}}$	$\rho=\log\dfrac{3}{2}$
$\mathrm{SEQ}(\mathrm{SEQ}_{\geqslant 1}(\mathrm{SEQ}_{\geqslant 1}(\mathcal{Z})))$	$\dfrac{1-2z}{1-3z}$	$\rho=\dfrac{1}{3}$

在所有情况下都是最外层的结构决定了分析的类型和随后可以发展出来的精确的渐近等价物. ◀

▶Ⅷ.16　**多项选择试卷.** 根据它们是SA类型(奇点分析)还是SP(鞍点方法)类型的原则,对所有27个外层结构为{SEQ,CYC,SET}的三层结构进行分类. ◀

▶Ⅷ.17　**原始的多重选择试卷.** 在 n 层的 3^n 种表示中,SP类型的表示渐近的占多大比例? ◀

Ⅷ.5.3　解析解除 Poisson 化. 我们以对指数生成函数分析的方法学的概述来结束本节,这些结果被其支持者 Jacquet 和 Szpankowski 称之为解析解除 Poisson 化(文献[346,564]). 这种基于鞍点方法的方法和可行性理论有着密切关系,它在一些离散数学的重要模型的问题的研究中起着重要作用.

一个序列 a_n 的 Poisson 生成函数的定义为

$$\alpha(z)=\sum_{n\geqslant 0}a_n\mathrm{e}^{-z}\frac{z^n}{n!}$$

因此,它只不过是EGF的一种简单变体(乘以 e^{-z}),当我们假定 z 是非负的实数值 λ 时,可以把它看成是带有 Poisson 概率加权($\dfrac{\mathrm{e}^{-\lambda}\lambda^n}{n!}$)的 a_n 的和. 由于 Poisson 分布集中在其平均值 λ 周围,因此我们有理由期望成立下面的渐近式

$$\alpha(z)\sim a_{\lfloor\lambda\rfloor}\quad(\lambda\to\infty)\tag{60}$$

这里我们认为 a_n 是已知的并且是"规则"变化的. 我们相信(60)是正确的是根据对于通常分析意义下的Abel定理(见Ⅵ.11节和例如,文献[69]§1.7)的了解先验地得出的;使用 Laplace 求和法容易建立,λ 充分大时 Poisson 定律的 Gauss 逼近(注记Ⅸ.19).

我们在这里感兴趣的是反向的(Tauber)问题:我们寻求一种能将 Poisson 生成函数 $\alpha(z)$ 的信息转变成系数 a_n 的渐近展开式的方法. 这一课题除了完全

符合本书的精神(尤其是第 Ⅵ 章和第 Ⅶ 章),还在于在和 Poisson 模型有关的许多概率问题中也遇到这一有趣的课题.在这一小节中,我们以开发了这一整个的理论的 Jacquet 和 Szpankowski 的文献[346,564] 为主要参考材料介绍这一课题.

一个扇形 S_ϕ 的定义是 $S_\phi=\{z: |\arg(z)|\leqslant\phi\}$,其中 $\phi\in\mathbb{R}$.称函数 $f(z)$ 距离正实轴是小的,如果对某个 $A>0$ 和 $\phi\in\left(0,\frac{\pi}{2}\right)$,当 $|z|\to\infty, z\notin S_\phi$ 时我们有

$$|e^z f(z)|=O(e^{-A|z|})$$

我们有文献[564] 定理 10.6.

定理 Ⅷ.6　解析解除 Poisson 化. 设 Poisson 生成函数 $\alpha(z)$ 对于扇形 S_ϕ 来说距离正实轴是小的,那么我们有下面的 $\alpha(z)$ 的在扇形 S_ϕ 内的展开式中的项和系数 a_n 的渐近展开式的项之间的对应关系

$\alpha(z)$	a_n
$O(\|z\|^B\|\log(z)\|^C)$	$\longrightarrow O(n^B(\log n)^C)$
z^b	$\longrightarrow\sim n^b\left[1-\frac{b(b-1)}{2n}+\frac{b(b-1)(b-2)(3b-1)}{24n^2}-\cdots\right]$
$z^b(\log z)^r$	$\longrightarrow\sim\frac{\partial^r}{\partial b^r}\left(n^b\left[1-\frac{b(b-1)}{2n}+\cdots\right]\right)$

证明　(梗概) 根据假设,我们将 $e^z\alpha(z)$ 看成一个指数函数,我们已知对它鞍点法是适用的,见例 Ⅷ.3 的推导,因此根据 Cauchy 公式,我们有

$$a_n=\frac{n!}{2\pi i}\int_{|z|=n}\frac{e^z\alpha(z)}{z^{n+1}}dz$$

并沿着圆 $|z|=n$ 对其进行积分. $\alpha(z)$ 距离正实轴是小的条件保证了在 S_ϕ 之外的积分是指数意义下可忽略不计的.设 $z=ne^{\theta i}$,我们看到,在 S_ϕ 内部,我们可以忽略对应于 $|\theta|\geqslant\theta_0(n)\equiv n^{-\frac{2}{5}}$ 部分的积分,由于这部分仍是指数小的.那么,对于围道的中心部分

$$a_n^0:=\frac{n!\ n^{-n}e^n}{2\pi\sqrt{n}}\int_{-\theta_0}^{\theta_0}e^{-n\theta^2/2}\exp(n[e^{i\theta}-1-i\theta+\frac{1}{2}\theta^2])\alpha(ne^{i\theta})d\theta$$

这足以实行变量替换 $t=\theta\sqrt{n}$,对外结构的三种情况仔细检查并使用关于 $\alpha(z)$ 的渐近逼近的假设最后即可得出结论.

因此,定理 Ⅷ.6 的估计是对(60) 的相当大的改进.(对一些概率论学者,他

们可能会惊讶地发现居然可以通过复增长率的 Poisson 定律来消除 Poisson 律！）解析解除 Poisson 化与其背后的奇点分析以及可行性理论的哲学是相似的. 它的优点是非常适合解决单词统计，数字树的分析，分布式算法以及数据压缩中的分析中出现的大量问题：应用和有关结果的进展见 Szpankowski 的书[564]第 10 章和基础研究文献[346].

▶**Ⅷ.18** **"Jasz"展开.** Jacquet 和 Szpankowski 在关于 $\alpha(z)$ 的适当的条件下证明了如下的更一般的展开式

$$a_n \sim \alpha(n) + \sum_{k=1}^{\infty}\sum_{i=1}^{k} c_{i,k+1} n^i \left(\partial_z^{k+i}\alpha(z)\right)_{z\mapsto n}$$

其中 $c_{i,j} = [x^i y^j]\exp(x\log(1+y) - xy)$. ◀

▶**Ⅷ.19** **反"Jasz"展开.** Jacquet 和 Szpankowski 也给出了 Abel 的结果，即在关于 g 的某些光滑性条件下有

$$a(z) \sim g(n) + \sum_{k=1}^{\infty}\sum_{j=1}^{k} d_{i,k+i} z^i \partial_z^{k+i} g(z)$$

其中 $d_{i,j} = [x^i y^j]\exp(x(\mathrm{e}^y - 1) - xy)$，从函数 $g(z)$ 可推出 a_n（即 $a_n = g(n)$）.

◀

Ⅷ.6 整数的分拆

我们现在验证整数分拆的渐近枚举，其中鞍点法是主要的渐近引擎. 对应的生成函数具有丰富的性质而对它的分析，可以追溯到 Hardy 和 Ramanujan 1917 年的研究. 正如本章的引言中指出的那样，这一课题是经典分析的一块宝石.

整数分拆表示不考虑加数的次序时整数的加法分解. 当允许加数取所有可能的数值时，其表示和普通的生成函数（Ⅰ.3 节）是

$$P = \mathrm{MSET}(\mathrm{SEQ}_{\geqslant 1}(\mathcal{Z})) \Rightarrow P(z) = \prod_{m=1}^{\infty}\frac{1}{1-z^m} \tag{61}$$

对其实行指数－对数变换可得到它的等价的表达式

$$P(z) = \exp\sum_{m=1}^{\infty}\log\frac{1}{1-z^m} = \exp\left(\frac{z}{1-z} + \frac{1}{2}\frac{z^2}{1-z^2} + \frac{1}{3}\frac{z^3}{1-z^3} + \cdots\right) \tag{62}$$

无论用以上的哪种表达式，都可以看出单位圆是一个自然的边界，超出了

它函数就无法延续. 在第二种形式中, 出现了量 $\exp\left(\frac{z}{1-z}\right)$, 这让人联想到我们曾在例 Ⅷ.7 中验证过的分散的排列的 EGF, 对这个例子可以成功地应用鞍点方法.

在下文中(下面的例子 Ⅷ.8), 我们显示了鞍点法是适用的, 尽管在单位圆附近对 $P(z)$ 的分析是微妙的(并且其孕育的结果具有深刻的性质). 附加的注记说明了类似的方法对各种相似的生成函数, 包括加数为素数的分拆, 平方数的分拆, 加数不同的分拆以及平面的分拆的生成函数也是适用的: 一些已知的渐近结果的小结见图 Ⅷ.8.

加数	表示	渐近	在本书中的位置
所有的 $\mathbb{Z}_{\geqslant 1}$	$\mathrm{MSET}(\mathrm{SEQ}_{\geqslant 1}(Z))$	$\frac{1}{4n\sqrt{3}}\mathrm{e}^{\pi\sqrt{\frac{2n}{3}}}$	例 Ⅷ.8
所有的加数都不同, $\mathbb{Z}_{\geqslant 1}$	$\mathrm{PSET}(\mathrm{SEQ}_{\geqslant 1}(Z))$	$\frac{1}{4\cdot 3^{\frac{1}{4}}\cdot n^{\frac{3}{4}}}\mathrm{e}^{\pi\sqrt{\frac{n}{3}}}$	注记 Ⅷ.24
平方数 1,4,9,16,…		$Cn^{-\frac{7}{6}}\mathrm{e}^{Kn^{\frac{1}{3}}}$	注记 Ⅷ.24
素数 2,3,5,7,…		$\log P_n^{(\Pi)} \sim c\sqrt{\frac{n}{\log n}}$	注记 Ⅷ.26
2 的幂 1,2,4, …		$\log M_{2n} \sim \frac{(\log n)^2}{2\log 2}$	注记 Ⅷ.27
平面	$\prod_m \frac{1}{(1-z^m)^m}$	$c_1 n^{\frac{25}{36}}\mathrm{e}^{c_2 n^{\frac{2}{3}}}$	注记 Ⅷ.25

图 Ⅷ.8　各种类型的分拆的渐近枚举

例 Ⅷ.8　整数的分拆. 我们在这里处理是一个在渐近组合学和加法数论中都非常著名的问题. 这是一个类似于首先由 Ramanujan 在 1913 年写给 Hardy 的一封信中提出来的, 后来又在 Hardy 和 Ramanujan 联合署名的著作(见 Hardy 的 Lectures [321] 中的叙述) 中发展起来的分拆的渐近枚举问题. Hardy-Ramanujan 的发展后来被 Rademacher(文献[22]) 完善了, 从某种意义上来说, 他给出了分拆的数目 P_n 的"精确" 公式.

包含所有细节的完整的衍生内容将需要我们给予这个问题更多的篇幅. 因此我们在这里只概述证明的路线, 我们希望读者自己提供缺失的细节. (引用的

参考文献提供了完整的处理)

在开始讨论之前，我们首先再复习一下我们在例 Ⅳ.3 中已简要讨论过的一个简单的鞍点界. 设 P_n 表示整数 n 的分拆的数目，其 OGF 如(61) 中所述. 一个可用的界可从对(62) 的指数 － 对数重组导出

$$P(z)=\exp\left(\left(\frac{1}{1-z}\right)\cdot\left(\frac{z}{2}+\frac{z^2}{2(1+z)}+\frac{z^3}{3(1+z+z^2)}+\cdots\right)\right)$$

一般项中的分母当 $x\in(0,1)$ 时满足不等式 $mx^{m-1}<1+x+\cdots+x^{m-1}<m$，因此

$$\frac{1}{1-x}\sum_{m\geqslant 1}\frac{x^m}{m^2}<\log P(x)<\frac{1}{1-x}\sum_{m\geqslant 0}\frac{x}{m^2}\tag{63}$$

这证明了当 $x\to 1^-$ 时

$$P(x)=\exp\left(\frac{\pi^2}{6(1-x)}(1+o(1))\right)\tag{64}$$

上式给出一个初等的恒等式 $\sum\frac{1}{m^2}=\frac{\pi^2}{6}$. 在 $z=1$ 处的奇点类型类似于分散的排列的奇点类型，并且它的增长至少在沿着实轴时是类似的. 因而一个近似的鞍点是

$$\hat{\zeta}(n)=1-\frac{\pi}{\sqrt{6n}}\tag{65}$$

这就给出了一个鞍点界

$$P_n\leqslant\exp\left(\pi\sqrt{\frac{2n}{3}}(1+o(1))\right)\tag{66}$$

继续的过程包括将鞍点界转换为完整的鞍点分析. 根据以前的经验，我们将沿着半径为 $r=\hat{\zeta}(n)$ 的圆积分. 为此，需要估计两个积分：(ⅰ) 中心范围内的近似值；(ⅱ) 确定函数 $P(z)$ 远离中心区域的界，因而使得我们可以先将尾部忽略，然后再将其完成. 假设我们把展式(62) 提升到实轴附近的复平面中的一个区域中，那么鞍点的范围应该类似于已经对 $\exp\left(\frac{z}{1-z}\right)$ 找到的范围，因此我们取 $\theta_0=n^{-\frac{7}{10}}$ 并沿着以(65) 给出的 $r=\hat{\zeta}(n)$ 为半径的圆积分并根据 $\theta_0=n^{-\frac{7}{10}}$ 定义中心区域. 在这些条件下中心区域可以看成是一个以 z 为中心的，中心角的阶为 $O(n^{-\frac{1}{5}})$ 的扇形.

(ⅰ) **中心逼近**. 这要求改进(64) 的尾项 $o(1)$ 同时建立到正实轴附近的复平面的提升. 设 $z=\mathrm{e}^{-t}$，其中 $t>0$. 函数

$$L(t):=\log P(e^{-t})=\sum_{m\geqslant 1}\frac{e^{-mt}}{m(1-e^{-mt})}$$

是一个谐波的和,对它适用于Mellin变换技巧(如附录B.7:Mellin变换中所述的那样,也见注记Ⅳ.16).基函数是$\frac{e^{-t}}{1-e^{-t}}$,振幅是系数$\frac{1}{m}$,频率是指数中的数量m.就像附录B中给出的那样,基函数的Mellin变换是$\Gamma(s)\zeta(s)$.与振幅频率相关的Dirichlet级数是$\sum\frac{1}{m}\frac{1}{m^s}=\zeta(s+1)$,因此

$$L^*(s)=\zeta(s)\zeta(s+1)\Gamma(s)$$

因而对$L(t)$适于做Mellin逼近,而我们求出

$$L(t)=\frac{\pi^2}{6t}+\frac{1}{2}\log t-\log\sqrt{2\pi}-\frac{1}{24}t+O(t^2)\quad(t\to 0^+)\tag{67}$$

$L^*(s)$的极点在$s=-1,0,1$处,这对应于(64)的一个改进形式

$$\log P(z)=\frac{\pi^2}{6(1-z)}+\frac{1}{2}\log(1-z)-\frac{\pi^2}{12}-\log\sqrt{2\pi}+O(1-z)\tag{68}$$

在这个阶段,我们有一个重要的观察:对任意$\delta>0$,当t位于半平面$\Re(t)>0$中的任何关于实轴对称的开角为$\pi-\delta$的扇形中时,精确的估计(67)是可以扩展的.这可从只要$|\arg(t)|<\frac{\pi}{2}-\frac{1}{2}\delta$,Mellin反演积分和伴随的留数计算就可把(67)扩展到复区域中去这一事实导出(见附录B.7:Mellin变换,或论文[234].).因此,展开式(68)对我们选定的θ_0在整个中心区域内成立.因而,中心区域的分析实际上是同构于前面的例子中对$\exp\left(\frac{z}{1-z}\right)$的分析而不会出现特别的困难.

(ⅱ)**非中心区域的界**.这是一个不平凡的任务,由于$P(z)$的乘积形式(61)中的一半因子在$z=-1$处是无穷大,三分之一的因子在$z=e^{\pm\frac{2\pi i}{3}}$处是无穷大,等等.因此沿着半径为$r$的圆,当$r\to 1$时,$|P(z)|$的形象看起来是非常混乱的:见图Ⅷ.9.可以通过Mellin变换把实轴附近的$\log P(z)$的分析扩展到情况$z=e^{-t-\phi i}$,并且$\phi=2\pi\frac{p}{q}$和2π可公度,$t\to 0$的情况上去.在这种情况下,我们必须使用算子

$$L_\phi(t)=\sum_{m\geqslant 1}\frac{1}{m}\frac{e^{-m(t+i\phi)}}{1-e^{-m(t+i\phi)}}=\sum_{m\geqslant 1}\sum_{k\geqslant 1}\frac{1}{m}e^{-mk(t+i\phi)}$$

这又是一个调和和.最终结果是当$|z|$径向地趋向$e^{2\pi i\frac{p}{q}}$时,$P(z)$大致地表现得像

$$\exp\left(\frac{\pi^2}{6q^2(1-|z|)}\right) \tag{69}$$

一样.当 $z \to 1^-$ 时,这是指数中按 $\frac{1}{q^2}$ 的幂的增长.然后再把这个分析扩展到相邻的小弧.最后,考虑用中心为 $\frac{2\pi j}{N}$, $j=1,\cdots,N-1$ 的圆弧对整个圆周所做的完整覆盖,其中 N 是充分大的整数.用一个统一的界(69)可以限制非中心区域的贡献并证明它是指数小的.为了证明这个路子是行得通,还有一些技术细节需要补充,以便我们按照文献[14,17,22,321]中的叙述根据 $P(z)$ 的变换性质转换成更综合的方法(这些性质也实质地进入了 Hardy-Ramanujan-Rademacher 的关于 P_n 的公式.).

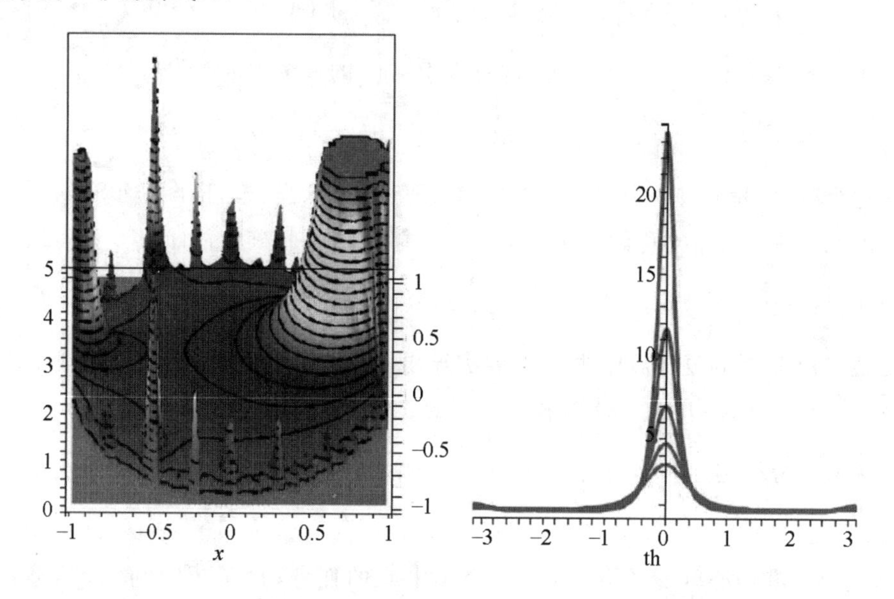

图 Ⅷ.9　整数的分拆.左:曲面 $|P(z)|$,其中 $P(z)$ 是整数的分拆的 OGF.这个图显示了在主奇点 $z=1$ 处的峰值和对应于 $z=-1$, $e^{\pm\frac{2\pi i}{3}}$ 以及其他单位根奇点处的较小的峰值.右:对 $r=0.5,\cdots,0.75$,作为 θ 的函数的 $P(re^{\theta i})$ 的图像,说明了在实轴附近 $P(z)$ 的集中程度逐渐增加的性质

$P(z)$ 所满足的基本的恒等式是

$$P(e^{-2\pi\tau}) = \sqrt{\tau}\exp\left(\frac{\pi}{12}\left(\frac{1}{\tau}-\tau\right)\right)P(e^{-\frac{2\pi}{\tau}}) \tag{70}$$

上式在 $\Re(\tau)>0$ 时有效.证明是对在下面的注记 Ⅷ.20 中叙述的 Dedekind 的 η-函数的变换公式的简单修改.

▶**Ⅷ.20**　Dedekind **的** η-**函数的模变换.** 考虑

$$\eta(\tau) := q^{\frac{1}{24}} \prod_{m=1}^{\infty} (1 - q^m), q = \mathrm{e}^{2\pi\tau\mathrm{i}}$$

其中 $\Im(\tau) > 0$,那么 $\eta(\tau)$ 满足模变换公式

$$\eta\left(-\frac{1}{\tau}\right) = \sqrt{\frac{\tau}{\mathrm{i}}}\, \eta(\tau) \tag{71}$$

这个变换公式首先是对 τ 是纯虚数的情况证明的,然后对它实行解析延拓进行扩展.其对数形式可从积分

$$\frac{1}{2\pi\mathrm{i}} \int_{\gamma} \cos \pi \cot \pi \frac{s}{\tau} \frac{\mathrm{d}s}{s}$$

的留数估计得出,其中 γ 是一个充分大的不包括极点的围道.(这个初等的推导属于 C. L. Siegel(C. L. 西格尔).函数 $\eta(\tau)$ 满足在变换公式 $S: \tau \mapsto \tau + 1$ 和 $T: \tau \mapsto -\frac{1}{\tau}$ 下生成(实际上是"单模")变换 $\tau \mapsto \frac{a\tau + b}{c\tau + d}$ 的群,其中 $ad - bc = 1$,这种函数称为模形式.) ◀

有了(70),$P(z)$ 远离正实轴的行为和在单位圆附近的行为就都可以定量化了.这里我们仅限于满足对 $z \to -1$ 的特殊情况的讨论.因此当我们考虑 $P(z)$ 时,令 $z = \mathrm{e}^{-2\pi t + \pi\mathrm{i}}$,其中,对我们的目的来说,可取 $t = \frac{1}{\sqrt{24n}}$,这样(70)就把 $P(z)$ 和 $P(z')$ 联系起来,其中 $\tau = t - \frac{\mathrm{i}}{2}$,而

$$z' = \mathrm{e}^{-2\pi/\tau} = \exp\left(-\frac{2\pi t}{t^2 + \frac{1}{4}}\right) \mathrm{e}^{\mathrm{i}\phi}, \phi = -\frac{\pi}{t^2 + \frac{1}{4}}$$

因而当 $t \to 0$ 时 $|z'| \to 1$,并且具有一个重要的性质

$$|z'| - 1 = O((|z'| - 1)^{\frac{1}{4}})$$

换句话说,z' 是偏离单位圆运动的.因而,由于 $|P(z')| < P(|z'|)$,我们可以对 $P(|z'|)$ 应用估计式(68)而得出

$$\log |P(z)| \leqslant \frac{\pi}{24(1 - |z|)}(1 + o(1)) \quad (z \to -1^+)$$

这是在(69)中表示的内容的一个例子,它与图 Ⅷ.9 中的曲面符合.现在对任意角度的扩展都已没有太大的困难了.

在前面(ⅰ)和(ⅱ)中所发展的两个性质保证了我们可以使用估计式(68)以及尾部可以完成.我们因此求出

$$P_n \sim [z^n] \mathrm{e}^{-\pi^2/12} \sqrt{1 - z} \exp\left(\frac{\pi^2}{6(1 - z)}\right)$$

现在所有的计算已经完毕,因此我们证明了

命题 Ⅷ.6 整数 n 的分拆数目 p_n 满足

$$p_n \equiv [z^n]\prod_{k=1}^{\infty}\frac{1}{1-z^k} \sim \frac{1}{4n\sqrt{3}}e^{\pi\sqrt{2n/3}} \tag{72}$$

沿着实轴和在实轴附近的奇异行为类似于 $\exp\frac{1}{1-z}$ 的行为,这解释了形式为 $e^{\sqrt{n}}$ 的增长性质.

渐近公式(72) 只是指数递减的完全展开式的第一项,这个完全展开式首先由 Hardy 和 Ramanujan 在 1917 年发现,后来又由 Rademacher 加以完善(参见下面的注记 Ⅷ.22). 而完全的 Hardy 和 Ramanujan 展开式需要考虑单位圆附近的无穷多个鞍点,并需要用到注记 Ⅷ.20 中的模变换. 而(72) 中的主项只须分拆在生成函数在 $z=1$ 处附近的渐近展开.

分拆的例子背后的基本原理已经成为 Meinardus(文献[434]) 于 1954 年提出的一般性的方法. Meinardus 的方法提取了证明的基本特征并给出了实现对无限乘积形式的生成函数的分析的充分条件. 复合 Mellin 对调和和的处理的条件需要对 $\log P(z)$(或其类似物) 的 Dirichlet 级数的解析延拓以及 Dirichlet 级数在无穷远处的小的余项. Meinardus 的方法的总结构成了 Andrews 关于分拆的专著[14] 的第 6 章,这是一个读者需要参考的内容. 这一方法适用于许多加数及其重数具有足够正规的算术结构的情况.

▶Ⅷ.21 **一个简单但有力的公式**. 定义(参看文献[321]118 页)

$$P_n^* = \frac{1}{2\pi\sqrt{2}}\frac{d}{dn}\left(\frac{c^{K\lambda_n}}{\lambda_n}\right),\ K=\pi\sqrt{\frac{2}{3}}, \lambda_n := \sqrt{n-\frac{1}{24}}$$

那么 P_n^* 以阶为 $e^{-c\sqrt{n}}$ 的相对精度逼近 P_n,其中 $c>0$. 例如,对 $n=1\ 000$,误差小于 $3\cdot 10^{-8}$.(提示:变换公式使得我们可以非常精确地估计给出 P_n 的中心部分的积分.) ◀

▶Ⅷ.22 Hardy-Ramanujan-Rademacher **展开式**. 整数分拆的数目满足下面的精确的公式

$$P_n = \frac{1}{\pi\sqrt{2}}\sum_{k=1}^{\infty}A_k(n)\sqrt{k}\ \frac{d}{dn}\frac{\sinh\left(\frac{\pi}{k}\sqrt{\frac{2}{3}\left(n-\frac{1}{24}\right)}\right)}{\sqrt{n-\frac{1}{24}}}$$

$$A_k(n) = \sum_{h(\bmod k),\gcd(h,k)=1}\omega_{h,k}e^{-\frac{2\pi hi}{k}}$$

其中 $\omega_{h,k}$ 是 1 的 24 次单位根

$$\omega_{h,k}=\exp(\pi \mathrm{i} s(h,k))$$

而

$$s(h,k)=\sum_{\mu=1}^{k-1}\left(\left(\frac{\mu}{k}\right)\right)\left(\left(\frac{h\mu}{k}\right)\right)$$

是所谓的 Dedekind 和，其中

$$((x))=x-\lfloor x\rfloor-\frac{1}{2}$$

证明可见文献[14,17,22,321]. ◀

▶**Ⅷ.23** Meinardus **定理**. 考虑无穷乘积($a_n>0$)

$$f(z)=\prod_{n=1}^{\infty}(1-z^n)^{-a_n}$$

对应的 Dirichlet 级数为 $\alpha(s)=\sum_{n\geqslant 1}\frac{a_n}{n^s}$. 假设 $\alpha(s)$ 可延拓成一个在 $\Re(s)\geqslant -C_0$ 上的半纯函数，其中 $C_0>0$，又设它在 ρ 处有一个简单极点，对应的留数是 A. 还假定 $\alpha(s)$ 在半平面中是温和增长的，即 $\alpha(s)=O(|s|^{C_1})$，其中 $C_1>0$(在 $\Re(s)\geqslant -C_0$ 中，当 $|s|\to\infty$ 时). 设 $g(z)=\sum_{n\geqslant 1}a_n z^n$，并假设成立以下形式的集中条件

$$\Re g(\mathrm{e}^{-t-2\pi y\mathrm{i}})-g(\mathrm{e}^{-t})\leqslant -C_2 y^{-\varepsilon}$$

那么系数 $f_n=[z^n]f(z)$ 满足

$$f_n=Cn^{\kappa}\exp(Kn^{\rho/(\rho+1)}),K=(1+\rho^{-1})[A\Gamma(\rho+1)\zeta(\rho+1)]^{1/(\rho+1)}$$

常数 C,κ

$$C=\mathrm{e}^{\alpha'(0)}(2\pi(1+\rho))^{-1/2}[A\Gamma(\rho+1)\zeta(\rho+1)]^{(1-2\alpha(0))/(2\rho+2)}$$

$$\kappa=\frac{\alpha(0)-1-\frac{1}{2}\rho}{1+\rho}$$

集中条件的细节和误差项的估计见文献[14]第 6 章. ◀

▶**Ⅷ.24** **各种类型的分拆**. 加数不同的分拆，加数是平方数、立方数、三角形数的分拆都是 Meinardus 方法的基本情况. 例如这一方法给出了加数不同的分拆的数目 Q_n 的渐近形式

$$Q_n\equiv\prod_{m\geqslant 1}(1+z^m)\sim\frac{\mathrm{e}^{\pi\sqrt{n/3}}}{4\cdot 3^{1/4}n^{3/4}}$$

中心逼近可通过 Mellin 分析从下面的式子得出

$$L(t):=\log Q(\mathrm{e}^{-t})=\sum_{m=1}^{\infty}\frac{(-1)^{m-1}}{m}\frac{\mathrm{e}^{-mt}}{1-\mathrm{e}^{-mt}}$$

$$L^*(s) = \Gamma(s)\zeta(s)\zeta(s+1)(1-2^{-s})$$

$$L(t) \sim \frac{\pi^2}{12t} - \log\sqrt{2} + \frac{1}{24}t$$

(见我们已经引过的参考文献[14,17,22,321].) ◀

▶Ⅷ.25 **平面的分拆.** 对一个给定的整数 n 的平面的分拆是一个从左到右和从上到下都不增加的，并且加起来等于 n 的二维的数阵 $n_{u,j}$. 这个数阵的前几项 (EIS A000219) 分别为 1,1,3,6,13,24,48,86,160,282,500,859 和 P. A. MacMahon(P. A. 麦克马洪) 证明了它 OGF 是

$$R(z) = \prod_{m=1}^{\infty} \frac{1}{(1-z^m)^m}$$

应用 Meinardus 方法给出

$$R_n \sim (\zeta(3)2^{-11})^{1/36} n^{-25/36} \exp(3 \cdot 2^{-2/3} \zeta(3)^{1/3} n^{2/3} + 2c)$$

其中

$$c = -\frac{\mathrm{e}}{4\pi^2}(\log(2\pi) + \gamma - 1)$$

(这个属于 Wright 1931 年文献[617] 的结果可参见文献[14]199 页.) ◀

▶Ⅷ.26 **分拆成素数.** 设 $P_n^{(\Pi)}$ 是 n 的加数都是素数的分拆的数目

$$P^{(\Pi)}(z) = \prod_{m=1}^{\infty} \frac{1}{1-z^{p_m}}$$

其中 p_m 是第 m 个素数($p_1=2, p_2=3$). 这个分拆数的前几项是(EIS A000607)

1,0,1,1,1,2,2,3,3,4,5,6,7,9,10,12,14,17,19,23,26,30,35,40

其渐近形式为

$$\log P_n^{(\Pi)} \sim 2\pi\sqrt{\frac{n}{3\log n}} \tag{73}$$

一个和(73) 一致的上界可以用鞍点界初等地导出，这个推导是基于下面的性质

$$\sum_{n\geqslant 1} \mathrm{e}^{-tp_n} \sim \frac{t}{\log t}, t \to 0$$

上式的右边可以从素数定理或者 Mellin 分析得出，这里用到了 $\Pi(s) := \sum \frac{1}{p_n^s}$ 满足

$$\Pi(s) = \sum_{m=1}^{\infty} \mu(m) \log \zeta(ms)$$

这一事实，其中 $\mu(m)$ 是 Möbius 函数.(参见 Roth 和 Szekeres 的研究[519]，有关的参考资料和近期的技术见 Yang 的论文[625] 和 Vaughan 的文章[593]

的.）现在研究的情况与将分量转化成素数（见第 V 章）形成了鲜明的对比，那里的分析处理是特别简单的. ◀

▶**Ⅷ.27　分拆成 2 的幂.** 设 M_n 是 n 的加数是 2 的幂的分拆的数目. 因而 $M(z)=\prod_{m\geqslant 0}\frac{1}{1-z^{2^m}}$. M_n 的开头几项是 1,1,2,2,4,4,6,6,10（EIS A018819），我们有

$$\log M_{2n}=\frac{1}{2\log 2}\left(\log\frac{n}{\log n}\right)^2+\left(\frac{1}{2}+\frac{1}{\log 2}+\frac{\log\log 2}{\log 2}\right)\log n$$

$$O(\log\log n)$$

De Bruijn（文献[141]）确定了 M_{2n} 的确切的渐近形式（有关的问题也可见文献[179].）. ◀

平均和矩. 根据前面的分析，现在我们有可能实行整数的分拆的一些参数的分析了（也见我们在 Ⅷ.9.1 小节中的关于矩的一般讨论）. 特别是，现在我们有可能去证明在例 Ⅲ.7 中关于分拆的表示的经验观察是合理的了.

▶**Ⅷ.28　整数分拆中成分的平均数.** 在一个随机的整数 n 的分拆中的成分（也就是加数的个数）的平均数是

$$\frac{1}{K}\sqrt{n}\log n+O(n^{\frac{1}{2}}),K=\pi\sqrt{\frac{2}{3}}$$

对一个成分不同的分拆来说，成分的平均数是

$$\frac{2\sqrt{3}\log 2}{\pi}\sqrt{n}+o(n^{\frac{1}{2}})$$

在 Ⅲ.3.3 小节中叙述的只须用到 $\log P(\mathrm{e}^{-t})$ 和 $\log Q(\mathrm{e}^{-t})$ 的中心估计的关于 EGF 的复分析证明和解析性给出了集中性和下面的估计

$$\sum_{m\geqslant 1}\frac{\mathrm{e}^{-mt}}{1-\mathrm{e}^{-mt}}\sim\frac{-\log t+\gamma}{t}+\frac{1}{4}$$

$$\sum_{m\geqslant 1}(-1)^{m-1}\frac{\mathrm{e}^{-mt}}{1-\mathrm{e}^{-mt}}\sim\frac{-\log 2}{t}-\frac{1}{4}$$

上式可从标准的 Mellin 分析得出，对应的变换分别为

$$\Gamma(s)\zeta(s)^2\ \text{和}\ \Gamma(s)(1-2^{1-s})\zeta(s)^2$$

平均数和任意阶的矩的完全的渐近展开都可以确定. 此外还可以确定分布关于围绕平均数的集中性.（一阶估计是属于 Erdös 和 Lahner 的，他们给出了初等的推导并且对两种情况都得出了加数的数目的及极限分布：这两种分布分别是双指数型的（对 P）和 Gauss 型的（对 Q）.） ◀

Ⅷ.7 鞍点和线性微分方程

本节的目的是完成线性常微分方程的奇点的分类(所谓的"正规"情况见Ⅶ.7.1小节),并简要指出潜在可能有用的鞍点连接.我们现在再次给出的是形如

$$\partial^r Y(z)+d_1(z)\partial^{r-1}Y(z)+\cdots+d_r(z)Y(z)=0,\partial\equiv\frac{\mathrm{d}}{\mathrm{d}z} \tag{74}$$

的线性常微分方程(线性ODE,参见Ⅶ.9,方程(114)),以及一个系数 $d_j(z)$ 在其中是半纯的单连通开区域 Ω.设系数 $d_j(z)$ 有一个简单极点 $\zeta\in\Omega$,而在其他地方是处处解析的.就像我们所知道的那样,只有在那种点处会出现奇异性.

例如在 $\zeta=1$ 的邻域内考虑ODE

$$(1-z)^2Y'(z)-(2-z)Y(z)=0 \tag{75}$$

用形式 $(z-1)^\theta$(其中 $\theta\in\mathbb{C}$)的近似解去处理上面的方程是不成功的:没有办法去求出一个可以消去带有主要渐近阶的两个项中的一项的 θ 值.因此,Ⅶ.9.1小节中关于正规奇点的定义Ⅶ.7的条件是不满足的:在这种情况下,我们说点 ζ 是一个线性ODE的非正规的奇点.实际上,带有初条件 $y(0)=1$ 的(75)的解是可以确切地写出来的(见例Ⅷ.13和注记Ⅷ.43)

$$T(z)=\frac{1}{1-z}\exp\left(\frac{z}{1-z}\right)$$

因而,现在我们遇到的是指数极点而不是在正规情况中出现的普通的代数-对数奇点.一般情况更难在此做完全的叙述①.

定理Ⅷ.7 非正规奇点的结构.设给定了一个形式为(74)的微分方程,一个奇点 ζ 和一个顶点在 ζ 处的扇形 S,那么对 S 中的一个充分小的扇形 S' 中的并使得 $|z-\zeta|$ 充分小的 z,存在(74)的 d 个线性无关的解组成的基,使得(74)的在扇形 S' 中的解 Y 在这组基下,当 $z\to\zeta$ 时都可表示成

$$Y(z)\sim\exp(Z^{-\frac{1}{r}})Z^a\sum Q_j(\log Z)Z^{js},Z:=z-\zeta \tag{76}$$

其中 P 是一个多项式,r 是一个 $\mathbb{Z}_{\geqslant 0}$ 中的整数,a 是一个复数,s 是一个 $\mathbb{Q}_{\geqslant 0}$ 中的有理数,而 Q_j 是一族一致有界的多项式.

---

① 无穷远处的奇点可以通过变换 $Z:=\frac{1}{z}$ 化为有限奇点.

证明 证明文献[602]11页从构造形式解的基开始,每个形如(76)的解通过待定系数法和指数确定.然后通过求和机制将形式解转换成实际的解析解.(命题中对扇形的限制是本质的:它与 ODE 理论文献[602]§15 中所谓的"Stokes 现象"[①]有关.)

特别,如果展式(76)中出现的多项式 P 具有正的首项系数,并且扇形足够大,那么所涉及的量就是Hayman可行的.通过这种方式,无论奇点是正规的还是非正规的,连接问题对于半纯 ODE 的解的系数原则上是可以分析的(尽管可能很难).实际上,以后的分析至少形式上(类似的计算见例 Ⅷ.7 中对分散排列的分析和和注记 Ⅷ.7.)建议一个具有半纯系数的线性 ODE 的解的系数形如

$$\zeta^{-n}\exp(R(n^{\frac{1}{\rho}}))n^{\alpha}\sum S_j(\log n)n^{j\sigma} \tag{77}$$

的渐近元素的有限的线性组合.其中 R 是多项式,ρ 是 $\mathbb{Z}_{\geqslant 0}$ 中的整数,α 是复数,σ 是 $\mathbb{Q}_{\geqslant 0}$ 中的有理数而 S_j 是一族次数一致有界的多项式.(在无穷远处具有非正规奇点的整函数的情况进一步涉及 $n!$ 的分数幂形式的乘数)

(77)类型的展开式在各种一般性下都成立可能是正确的,但远没有被专家接受为定理.Odlyzko[461]1135—1138页,Wimp的文献[610]64页和 Wimp-Zeilberger 的文献[611]中都对这些问题给出了清晰(但是谨慎)的讨论.由 G. D. Birkhoff 和 Trjitzinsky 的文献[70,71]所声称的结果(77)是直接根据他们的解析差分方程的一般理论做出的,但是 Wimp 对此说过(文献[610]64页脚注):

> "有些人现在认为,Birkhoff-Trjitzinsky 理论是有缺陷的,见文献[342].不仔细地检查论文[70,71]是很难辨别这个可疑的所谓缺陷的,因为这两篇论文很长,而且要看懂其中的论证是十分费力的.我的政策是不使用这一理论,除非其结果可以通过其他方法得以证明."

合理的策略是利用已经完善的定理 Ⅷ.7 对具有非正规奇点的线性 ODE 进行分析,从而得出局部的奇点展开式.然后再确定 Cauchy 系数公式的适当的像 Ⅶ.9.1 小节中所述的从山谷到山谷的迂回的 Hankel 积分围道,并通过用于正规奇点的鞍点方法估计每个奇点的局部贡献(就像我们已经注记过的那样这可能涉及微妙的连接问题以及与 Stokes 现象有关困难.).通常组合问题附加

① 粗略地说 Stokes 现象是说具有非正规奇点的 ODE 的解对于不同的扇形的渐近展开可能会产生某种不连续性.

的正性可以使我们限于注意主要渐近解．只要我们的策略是成功的，最终就必然会得出包含形如(77)的元素的渐近估计．这特别适用于附录B.4：完整函数意义下的完整序列和完整函数．

例Ⅷ.9　行和等于常数的对称矩阵．设$Y_{k,n}$是元素为非负整数，行和等于k的对称的$n\times n$矩阵的类(因此其列和也等于k)．问题是对小的k值确定类中的元素的数目$Y_{n,k}$．这等价于确定所有的顶点的度数都等于k的(正规的无向)多重图的数目．我们设$Y_k(z)$表示对应的EGF．

对所有的k，EGF $Y_k(z)$都是完整的，即它满足一个系数是多项式的线性ODE，这可以从完整的对称函数的Gessel理论得出(附录B.4)．这里我们按照Chyzak，Mishna和Salvy文献[122]中的说法介绍，他们开发了一个有效算法的原始类，尤其是给出了计算Y_k的方法．$k=1$和$k=2$的情况属于初等的组合学，但只要$k\geqslant 3$，问题就不是平凡的了，我们在这里考虑$k=1,2,3$的情况．

$k=1$的情况．$Y_{1,n}$的矩阵不是别的就是对称排列的矩阵，它和对合是1－1对应的，因此$Y_1(z)=\mathrm{e}^{z+\frac{1}{2}z^2}$，在这种情况下，利用对于整函数的鞍点方法(例Ⅷ.5)得出

$$Y_{1,n}\sim\frac{1}{(8\mathrm{e}\pi)^{\frac{1}{4}}}n!^{\frac{1}{2}}\frac{\mathrm{e}^{\sqrt{n}}}{n^{\frac{1}{4}}}\tag{78}$$

$k=2$的情况．这是一个经典的组合理论中的问题(文献[554]16－19页)．$Y_{2,n}$的矩阵是所有顶点的度数都等于2的多重图的关联矩阵，根据组合方面的一些理由(与注记Ⅱ.22中的2－正规图对照)可以说明连通的成分只可能是以下四种类型之一：

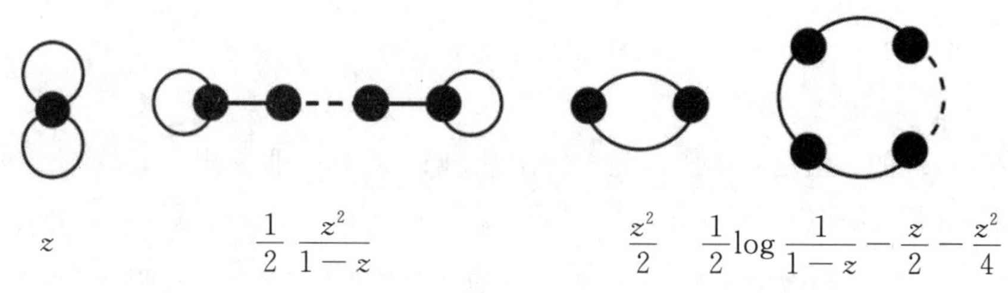

(最后一行给出了对应的EGF；它们的和给出了$\log Y_2(z)$)，因而化简后，我们就得出

$$Y_2(z)=\frac{1}{\sqrt{1-z}}\exp\left(\frac{z^2}{4}+\frac{1}{2}\frac{z}{1-z}\right)\tag{79}$$

序列$Y_{2,n}$的开头几项是1，1，3，11，56，348(EIS A000985)．渐近结果可从

完全类似于分散的排列的分析得出,由于奇点是“指数 — 极点型”的,因此,只要把模函数的增长率修改为$(1-z)^{-\frac{1}{2}}$即可.我们求出

$$Y_{2,n} \sim n!\ \frac{e^{\sqrt{2n}}}{2\sqrt{\pi n}} \tag{80}$$

$k=3$的情况.Chyzak,Mishna和Salvy确定了$Y\equiv Y_3$所满足的线性ODE,其系数如下

$$\phi_0(z)=z^{11}+z^{10}-6z^9-4z^8+11z^7-15z^6+8z^5-2z^3+12z^2-24z-24$$

$$\phi_1(z)=-3z(z^{10}-2z^8+2z^6-6z^5+8z^4+2z^3+8z^2+16z-8)$$

$$\phi_2(z)=9z^3(z^4-z^2+z-2)$$

$Y_{3,n}$的前几个值是1,1,4,23,214,2 698.根据和(78)和(80)的类比再加上补充粗略的组合上界,我们期望序列$Y_{3,n}$的增长率相当于$n!^{\frac{3}{2}}$;也就是说,EGF $Y_3(z)$的收敛半径为0.因此文献[122]的作者选择引入一个用Hadamard积得出的修正的GF

$$\hat{Y}_3(z)=Y_3(z)\odot\left(\sum_{n\geqslant 0}\frac{z^{2n}}{2\cdot 4\cdot\cdots\cdot 2n}+\sum_{n\geqslant 0}\frac{z^{2n+1}}{1\cdot 3\cdot\cdots\cdot(2n+1)}\right)$$

它的收敛半径是有限的,但是是非零的.利用一个专用的符号计算算法和程序,他们确定了$\hat{Y}\equiv\hat{Y}_3$满足一个29阶的线性ODE

$$z^{27}(3z^2-4)^2\partial_z^{29}\hat{Y}(z)+\sum_{j=0}^{28}\hat{\phi}_j(z)\partial_z^j\hat{Y}(Z)=0$$

其系数是37次的(!).这对应于在$\zeta=\frac{2}{\sqrt{3}}$处的主奇点.而平方因子$(3z^2-4)^2$暴露了它是一个非正规的奇点.然后ODE的局部分析揭示了在ζ处恰好存在一个奇异解(精确到积性常数)

$$\sigma(z)\sim\exp\left(\frac{3}{4Z}\right)Z^{-1/2}\left(1-\frac{145}{144}Z-\frac{8\ 591}{41\ 472}Z^2+\cdots\right),Z:=1-z/\zeta$$

它的形式与定理Ⅷ.7一致.因此$z\to\zeta$时我们必须有$\hat{Y}_3(z)\sim\lambda\sigma(z)$,其中$\lambda>0$是某个常数.类似的分析适用于它的共轭根$\zeta'=-\frac{2}{\sqrt{3}}$.$\hat{Y}_3(z)$的形式是指数 — 极点型的,因此适于做鞍点分析.省略中间的计算,最终我们求出

$$Y_{3,n}\sim C_3 n!^{3/2}\left(\frac{\sqrt{3}}{2}\right)^n\frac{\exp(\sqrt{\sqrt{3n}})}{n^{3/4}} \tag{81}$$

其中的常数C_3可用数值方法确定为$C_3\doteq 0.377\ 20$.

▶**Ⅷ.29　一个渐近模式.** 根据(78)(79)(81)和对$k=4$的进一步的(更繁

重的）计算，Chyzak 等人的文献[122] 看出了一般的渐近模式

$$Y_{n,k} \sim C_k n!^{\,k/2}\left(\frac{k^{k/2}}{k!}\right)^n \frac{\exp(\sqrt{kn})}{n^{k/4}}, C_k = \frac{1}{\sqrt{2}} \frac{e^{k(k-2)/4}}{(2\pi)^{k/4}}$$

这个渐近公式确实对每个固定的 k 有效：它是根据 Bender 和 Canfield 的文献[39] 的估计得出的. 虽然这里仅限于小的 k 值，但是 Chyzak 等人的方法仍然有两个优点：（ⅰ）计数序列的确切值是可用线性数量级的算术运算计算的；（ⅱ）可以相对容易地得出完全的渐近展开. ◀

▶**Ⅷ.30　正规矩阵的数目.**（非对称的）正规矩阵的渐近枚举由 Békéssy，Békéssy 和 Kómlos（文献[32]）处理了，综合他们的结果和 Bender 与 Canfield 的文献[39] 中的估计得出了下面的行和列的和都等于 k 的正规矩阵数的渐近值的表

	(0,1) 元素	非负元素
对称	$e^{-\frac{(k-1)^2}{4}} \cdot \frac{I_{kn}}{(k!)^n}$	$\left[\frac{1}{\sqrt{2}} \frac{e^{\frac{k(k-2)}{4}}}{(2\pi)^{\frac{k}{4}}}\right] \cdot n!^{\,\frac{k}{2}} \left(\frac{k^{\frac{k}{2}}}{k!}\right) \frac{\exp(\sqrt{kn})}{n^{\frac{k}{4}}}$
非对称	$e^{-\frac{(k-1)^2}{2}} \cdot (nk)!\ (k!)^{-2n}$	$e^{\frac{(k-1)^2}{2}} \cdot (nk)!\ (k!)^{-2n}$

（这里，I_n 是长度为 n 的对合的数目；见命题 Ⅷ.2.）因此，有向的或无向的，具有重边或没有重边的正规图的渐近数目都已知道了.

▶**Ⅷ.31　多维的积分表示.** 看出下述的多维的围道积分表达式是令人感兴趣的

$$Y_{k,n} = \frac{1}{(2i\pi)^n} \int \cdots \int \prod_{i<j} \left(\frac{1}{1 - x_i x_j}\right) \prod_i \left(\frac{1}{1 - x_i}\right) \frac{dx_1 \cdots dx_n}{x_1^{k+1} \cdots x_n^{k+1}}$$

这一表达式是与 McKay 和他的合作者所用的高级的鞍点方法相联系的，见文献[296，432]. 对上面的注记 Ⅷ.30 中的所有情况求出类似的积分表达式.

Ⅷ.8　大　　幂

固定函数的幂的系数的提取，或更一般地，在形式 $A(z)B(z)^n$ 的函数中建造一个易于应用鞍点法的原型. 因此，我们将在这一节中关注下面的当 n 和 N 都是大数时的估计问题

$$[z^N]A(z)\cdot B(z)^n=\frac{1}{2\pi i}\oint A(z)B(z)^n\frac{dz}{z^{N+1}} \tag{82}$$

这种情况直接概括了指数和阶乘的倒数的系数的例子，在那里我们处理了一个等价于$[z^n](e^z)^n$的提取系数问题(Ⅷ.2和Ⅷ.3)以及对应于$[z^n](1+z)^{2n}$的中心二项式系数的提取问题(Ⅷ.2).关于(82)的一般的估计将在Ⅷ.8.1小节(界)和Ⅷ.8.2小节(渐近)中导出.我们最后讨论了大幂情况下基本鞍点模式的扰动(Ⅷ.8.3小节)：得出了对离散随机变量的和的中心极限定理的"局部"版本的Gauss逼近.最后一小节为下一章中的极限律的分析铺平了道路，在那里"拟幂"的丰富框架将在许多组合应用中发挥核心作用.

Ⅷ.8.1　大幂：鞍点界. 在这个这一节中，我们考虑两个满足下列条件的函数$A(z)$和$B(z)$.

$\mathbf{L}_1$：函数$A(z)=\sum_{j\geqslant 0}a_jz^j$和$B(z)=\sum_{j\geqslant 0}b_jz^j$都在零点解析，并且具有非负系数，此外还假设(不失一般性)$B(0)\neq 0$；

$\mathbf{L}_2$：函数$B(z)$在$\gcd\{j\mid b_j>0\}=1$的意义下是非周期的(因而$B(z)$不是形如$\beta(z^p)$的函数，其中$p\geqslant 2$而β在零点解析)；

$\mathbf{L}_3$：设$R\leqslant\infty$是$B(z)$的收敛半径；$A(z)$的收敛半径至少是$A(z)$.

定义一个称为散布(spread)的量T

$$T:=\lim_{x\to R^-}\frac{xB'(x)}{B(x)} \tag{83}$$

我们的目的是分析系数

$$[z^N]A(z)\cdot B(z)^n$$

其中N和n是线性无关的.我们需要加上一个条件$N<Tn$：它既是一种技术上的需要，也是问题的本质固有的.(如果B是一个次数等于d的多项式，则B的散布$T=d$.对在主的正奇点处导数仍然有界的函数B，其散布是有限的；对$B(z)=e^z$和更一般的(不是多项式的)整函数，散布$T=\infty$.)

鞍点界几乎立即可以从前面的假设中得出.

命题Ⅷ.7　对大幂的鞍点界. 考虑满足以上条件$\mathbf{L}_1$，$\mathbf{L}_2$和$\mathbf{L}_3$的函数$A(z)$和$B(z)$.设λ是使得$0<\lambda<T$的正数而ζ是方程

$$\zeta\frac{B'(\zeta)}{B(\zeta)}=\lambda$$

的唯一正根，那么对整数$N=\lambda n$就有

$$[z^N]A(z)\cdot B(z)^n\leqslant A(\zeta)B(\zeta)^n\zeta^{-N}$$

证明 ζ 的存在性和唯一性可由我们已经用过多次的论证得出(注记 Ⅶ.46 和注记 Ⅷ.4).结论可应用一般的鞍点界而得出(推论 Ⅷ.1).

例 Ⅷ.10 二项式系数的熵的界.考虑二项式系数 $\binom{n}{\lambda n}$ 的估计问题,其中 $0<\lambda<1, N=\lambda n$.命题 Ⅷ.7 给出

$$\binom{n}{\lambda n}=[z^N](1+z)^n \leqslant (1+\zeta)^n \zeta^{-N}$$

其中$\frac{\zeta}{1+\zeta}=\lambda$,即 $\zeta=\frac{\lambda}{1-\lambda}$.简单的计算表明

$$\binom{n}{\lambda n} \leqslant \exp(nH(\lambda))$$

其中 $H(\lambda)=-\lambda\log\lambda-(1-\lambda)\log(1-\lambda)$ 是熵函数.因而,对 $\lambda \neq 1,2$,二项式系数 $\binom{n}{\lambda n}$ 比起中心系数 $\binom{n}{\frac{n}{2}}$ 来是指数小的,并且熵函数确切地定量化了这一指数的差别.

▶**Ⅷ.32 异常的骰子游戏**.从上面的结果可以得出无偏掷 n 次骰子得分等于λn 的概率的界具有 e^{-nK} 的形式,其中

$$K=-\log 6+\log\left(\frac{1-\zeta^6}{1-\zeta}\right)-(\lambda-1)\log\zeta$$

而 ζ 是由 $\sum_{j=0}^{5}(\lambda-j)\zeta^j=0$ 确定的代数函数. ◀

▶**Ⅷ.33 随机变量之和的大偏差的界**.设 $g(u)=\mathbb{E}(u^X)$ 是离散随机变量 $X\geqslant 0$的概率生成函数,并设 $\mu=g'(1)$ 是对应的平均值(设 $\mu<\infty$).设 $N=\lambda n$,并设在 g 的解析区域内方程 $\zeta\frac{g'(\zeta)}{g(\zeta)}=\lambda$ 存在一个根 ζ.那么,对 $\lambda<\mu$,我们就有

$$\sum_{k\leqslant N}[u^k]g(u)^n \leqslant \frac{1}{1-\zeta}g(\zeta)^n\zeta^{-N}$$

对偶地,对 $\lambda>\mu$,我们有

$$\sum_{k\geqslant N}[u^k]g(u)^n \leqslant \frac{\zeta}{\zeta-1}g(\zeta)^n\zeta^{-N}$$

这是变量 X 的 n 个副本的和与预期的值具有大偏差时的指数界. ◀

Ⅷ.8.2 大幂:鞍点分析.大幂的鞍点界在技巧上尽管很浅显,但只要我们需要的只是粗略的估计,这个界还是很有用的.事实上,完整的鞍点方法适用

于前一命题的非常条件.

定理 Ⅷ.8　大幂的鞍点估计. 在命题 Ⅷ.7 的条件下,设 $\lambda=\frac{N}{n}$,则我们有

$$[z^N]A(z)\cdot B(z)^n=A(\zeta)\frac{B(\zeta)^n}{\zeta^{N+1}\sqrt{2\pi n\zeta}}(1+o(1)) \tag{84}$$

其中 ζ 是 $\zeta\frac{g'(\zeta)}{g(\zeta)}=\lambda$ 的唯一的根,且

$$\zeta=\frac{\mathrm{d}^2}{\mathrm{d}\zeta^2}(\log B(\zeta)-\lambda\log\zeta)$$

此外,存在按 n 的降幂排列的完全的展开式.

这个估计在$(0,T)$ 的任意紧致区间内,即在任意区间$[\lambda',\lambda'']$ 内,其中 $0<\lambda'<\lambda''<T$,T 是散布,对 λ 是一致的.

证明　设 λ 固定,对任意使得 $0<r<R$ 的固定的 r,由正系数的非周期性可知函数 $|B(re^{\theta i})|$ 在 $\theta=0$ 处有唯一的最大值(见水仙花引理). 它也是在零点处无限可微的,因此,存在一个(小) 角度 $\theta_1\in(0,\pi)$ 使得对所有的 $\theta\in[\theta_1,\pi]$ 都有

$$|B(re^{\theta i})|\leqslant|B(re^{\theta_1 i})|$$

同时,对 $\theta\in[0,\theta_1]$,$|B(re^{\theta i})|$ 是严格递减的(这可由没有线性项的 Taylor 展开式得出.).

我们沿着鞍点圆 $z=\zeta e^{\theta i}$ 进行积分,这时前面关于 $|B(z)|$ 的不等式成立. 对 $|\theta|>\theta_1$ 的贡献是指数级可忽略的. 因此,指数小的项,就由 $J(\theta_1)$ 渐近地给出了期望的系数,其中

$$J(\theta_1)=\frac{1}{2\pi}\int_{-\theta_1}^{\theta_1}A(\zeta e^{i\theta})B(\zeta e^{i\theta})^n e^{ni\theta}\mathrm{d}\theta$$

然后,根据一般的启发式选择方法,就可以给出对于 θ 的第二个限制,即 $n\theta_0^2\to\infty$,$n\theta_0^3\to 0$. 我们这里固定取

$$\theta_0\equiv\theta_0(n)=n^{-\frac{5}{2}}$$

由 $|B(re^{\theta i})|$ 在$[\theta_0,\theta_1]$ 上的递减性和局部展开式可知,量 $J(\theta_1)-J(\theta_0)$ 的形式为 $\exp(-cn^{\frac{1}{5}})$,其中 $c>0$,因而是指数小的.

最后由于当 $n\to\infty$ 时,$\theta_0\to 0$,所以局部展开式在中心区域内有效,对 $z=\zeta e^{\theta i}$ 和 $|\theta|\leqslant\theta_0$,我们求出

$$A(z)B(z)^n z^{0N}\sim A(\zeta)B(\zeta)^n\zeta^{-N}\exp(-n\zeta\theta^2/2)$$

然后按照通常的过程完成尾部就得出了所说的估计. $n^{-\frac{1}{2}}$ 的幂的完全展开式可通过把 $\log B(z)$ 展开到任意阶(就像 Stirling 公式的情况中那样) 而得出. 此

外，利用分部积分可以得出所有奇数阶的积分都是 0，因而所得的展式是$\frac{1}{n}$（而不是$\frac{1}{\sqrt{n}}$）的幂.

例 Ⅷ.11　中心二项式系数和三项式系数，Motzkin 数. 定理 Ⅷ.8 的一个自动的应用是对中心二项式系数 $\binom{2n}{n}=[z^n](1+z)^{2n}$ 的估计. 用同样的方法，我们可以得到对中心三项式系数的估计

$$T_n :=[z^n](1+z+z^2)^n \text{ 满足 } T_n \sim \frac{3^{n+\frac{1}{2}}}{2\sqrt{\pi n}}$$

Motzkin 数计数了一叉－二叉树的数目

$$M_n=[z^n]M(z), \text{其中 } M=z(1+M+M^2)$$

标准的方法是以前我们已经见过的对隐式定义的函数 $M(z)$ 所做的奇点分析，这一方法表明 $M(z)$ 有一个平方根类型的代数奇点，但是 Lagrange 反演公式提供了一条具有同等效力的路线，这一方法给出

$$M_{n+1}=\frac{1}{n+1}[z^n](1+z+z^2)^{n+1}$$

它适合用定理 Ⅷ.8 做鞍点分析，这导致

$$M_n \sim \frac{3^{n+\frac{1}{2}}}{2\sqrt{\pi n^3}}$$

下面我们还要再回到这个问题上来.

我们已经对基本定理中的 A 和 B 给出了选择条件，但这些条件并不是最低要求. 很容易认识到只要当 $r\in(0,T)$ 固定，且 θ 在 $[-\pi,\pi]$ 上变化时，函数 $|B(re^{\theta i})|$ 在正实轴上达到唯一的最大值，则定理 Ⅷ.8 的估计就继续成立. 同样，为了使定理的陈述成立，只须函数 $A(z)$ 在 $(0,T)$ 上不为 0 即可. 只要这些条件满足，甚至可以允许 $A(z)$ 或 $B(z)$ 具有负系数：见注记 Ⅷ.36. 最后，如果 $A(\zeta)=0$，则对论证进行简单修改后，对这种 $A(z)$ 为 0 的情况仍然能给出准确的估计；见下面的注记 Ⅷ.37.

▶**Ⅷ.34　中间 Stirling 数.** 两类中间 Stirling 数分别满足

$$\frac{n!}{(2n)!}\begin{bmatrix}2n\\n\end{bmatrix}\sim c_1A_1^n n^{-1/2}(1+O(n^{-1}))$$

$$\frac{n!}{(2n)!}\begin{Bmatrix}2n\\n\end{Bmatrix}\sim c_2A_2^n n^{-1/2}(1+O(n^{-1}))$$

其中 $A_1 \doteq 2.455\,40$，$A_2 \doteq 1.544\,13$，并且 A_1，A_2 均可表成 Cayley 树函数的特

殊值.对$\begin{bmatrix}\alpha n\\ \beta n\end{bmatrix}$和$\begin{Bmatrix}\alpha n\\ \beta n\end{Bmatrix}$成立类似的估计. ◀

▶Ⅷ.35 **高维球面上的整点.** 设$L(n,\alpha)$是在半径为$\sqrt{N}$的n一维球面上的格点(即坐标都是整数的点)的数目,其中设$N=\alpha n$是一个整数,则

$$L(n,\alpha)=[z^N]\Theta(z)^n,\text{其中 }\Theta(z):=\sum_{m\in\mathbb{Z}}z^{m^2}=1+2\sum_{m=1}^{\infty}z^{m^2}$$

Mazo 和 Odlyzko 的文献[43],证明存在可计算的常数C,D使得$L(n,\alpha)\sim Cn^{-\frac{1}{2}}D^n$.在球面内部的格点数可类似地估计(那种界对于编码理论,组合优化特别是背包问题和密码学是有用的(见文献[393,431]).). ◀

▶Ⅷ.36 **一个具有负系数并在正实轴上达到最小值的函数.** 取$B(z)=1+z-z^{10}$,则$B(z)$既有正的 Taylor 系数也有负的 Taylor 系数.另一方面,比如说,对$r\leqslant\frac{1}{10}$,$|B(re^{\theta i})|$在$\theta=0$处达到它的唯一的最小值.对N的某个值,(84)给出了$[z^N]B(z)^n$的估计:讨论是有效的. ◀

▶Ⅷ.37 **具有重根的鞍点的合并.** 固定ζ并在定理Ⅷ.8取乘数$A(z)$使得$A(\zeta)=0$,但是$A'(\zeta)\neq0$,那么公式(84)可修改如下

$$[z^N]A(z)\cdot B(z)^n=[A'(\zeta)+\zeta A''(\zeta)]\frac{B(\zeta)^n}{\zeta^{N+1}\sqrt{2\pi n^3\zeta^3}}(1+o(1))$$

高阶项也可以同样地考虑. ◀

大幂:鞍点对比奇点分析. 一般来说,Lagrange 反演公式建立了两个先验的不同问题之间的确切地对应,即

大幂的大阶数的系数估计和隐式定义的函数的系数估计

之间的对应.

一方面,Lagrange 反演定理具有把隐函数的系数的估计引入鞍点方法轨道的能力.实际上,设Y由$Y=z\phi(Y)$隐式地定义,其中ϕ在零点解析,并且是非周期的.那么由 Lagrange 反演定理,我们就有

$$[z^{n+1}]Y(z)=\frac{1}{n+1}[w^n]\phi(w)^{n+1}$$

它是(84)类型的,因而在方程$\phi(\tau)-\tau\phi'(\tau)=0$在$\phi$的收敛盘中有正根的假设下,定理Ⅷ.8的一个直接应用就给出

$$[z^n]Y(z)\sim\gamma\frac{\rho^{-n}}{2\sqrt{\pi n^3}},\rho:=\frac{\tau}{\phi(\tau)},\gamma:=\sqrt{\frac{2\phi(\tau)}{\phi''(\tau)}}$$

这个最后的估计等价于定理Ⅶ.2在那里根据奇点分析所获得的陈述.(正如我

们从第 Ⅶ 章中所知道的那样,这给出了树的简单族的数目,其中 ϕ 是族的度的生成函数.)这种方法在某些情况下比奇点分析更方便,特别是当需要确切的或一致的上界时,由于在圆上构造上界比在变化的Hankel围道上更容易(注记Ⅷ.39).

反过来,Lagrange 反演定理我们有可能通过隐式定义的函数①的奇点分析解决大幂问题使得解决问题成为可能.当产生鞍点和积分奇点重合时,可以证明这种操作模式是非常有用的(注记 Ⅷ.39).

▶**Ⅷ.38** Ramanujan**的断言**.在Ramanujan(1913)给Hardy的信中通告说

$$\frac{1}{2}e^n = 1 + \frac{n}{1!} + \frac{n^2}{2!} + \cdots + \frac{n^{n-1}}{(n-1)!} + \frac{n^n}{n!}\theta$$

其中 $\theta = \frac{1}{3} + \frac{4}{135(n+k)}$,而 k 位于 $\frac{8}{45}$ 和 $\frac{2}{21}$ 之间.Ramanujan的断言对所有的 $n \geqslant 1$ 确实成立:基于鞍点和有效的界的证明可见文献[237]. ◀

▶**Ⅷ.39　鞍点和奇点的重合**.下面的积分中

$$I_n := [y^n](1+y)^{2n}(1-y)^{-\alpha} = \frac{1}{2\mathrm{i}\pi}\int_{0^+} \frac{(1+y)^{2n}}{(1-y)^\alpha}\frac{\mathrm{d}y}{y^{n+1}}$$

可以直接处理,但需要适当地调整鞍点法,由于在1处的鞍点(积分中没有因子 $(1-y)^\alpha$ 的部分)和奇点是重合的.在这种情况下,做变量替换 $z = \frac{y}{(1+y)^2}$,那么 y 就由 $y = z(1+y)^2$ 隐式地定义,因此

$$I_n = \frac{1}{2\mathrm{i}\pi}\int_{0^+} \frac{1+y}{(1-y)^{1+\alpha}}\frac{\mathrm{d}z}{z^{n+1}} = [z^n]\frac{1+y}{(1-y)^{1+\alpha}}$$

由于 $y(z)$ 在 $z = \frac{1}{4}$ 处有平方根类型的奇点,因此积分是 $Z^{-\frac{1+\alpha}{2}}$ 类型的,因而

$$I_n \sim \frac{2^{2n-\alpha}}{\Gamma\left(\frac{\alpha+1}{2}\right)} n^{\frac{\alpha-1}{2}}$$

一般的,如果 $\phi(y)$ 满足定理 Ⅷ.8(关于 B)的假设,并设 τ 是 $\phi(\tau) - \tau\phi'(\tau) = 0$ 的根,则我们可以求出

$$\frac{1}{2\mathrm{i}\pi}\int_{0^+} \frac{\phi(y)^n}{(\phi(\tau)-\phi(y))^\alpha}\frac{\mathrm{d}y}{y^n} \sim c\left(\frac{\phi(\tau)}{\tau}\right)^n \frac{n^{\frac{(\alpha-1)}{2}}}{\Gamma\left(\frac{\alpha+1}{2}\right)}$$

---

① 这实质上是Darboux的原著中的几个部分(文献[137]§3～§5提出的方法),我们在本书的第Ⅵ章"Darboux方法"的讨论中最先提到这一方法.注意到Lagrange变量替换把鞍点圆变换为奇点分析中使用的围道的几何形状也是有意义的.

Van der Waerden 在文献[589] 中系统地讨论了这个问题,其他的重合情况可见下面的 Ⅷ.10 节. ◀

Ⅷ.8.3 大幂:Gauss 形式. 鞍点分析对多元渐近也会产生效应,它构成了一种直接建立许多离散分布趋向于渐近极限中的 Gauss 定律的方式. 对于大幂,这一性质可从我们以前的发展中轻松地得出,特别是从定理 Ⅷ.8,通过"扰动"分析得出.

首先,让我们来看一个特别容易的问题:**当 n 是某个大的固定的数时,作为 N 的函数,系数 $[z^N]e^{nz}$ 如何变化?** 这个系数是

$$C_N^{(n)}=[z^N]e^{nz}=\frac{n^N}{N!}$$

通过比率测试可知,当 $N\approx n$ 时它具有最大值,并且当 N 显著与 n 不同时它是小的;见图 Ⅷ.10. 在图中呈现出很明显的钟形轮廓这一事实容易通过初等的实分析来验证. 情况平行于众所周知的 Pascal 三角形的第 n 行上的二项式系数,当 N 变化时,它对应于 $[z^N](1+z)^n$.

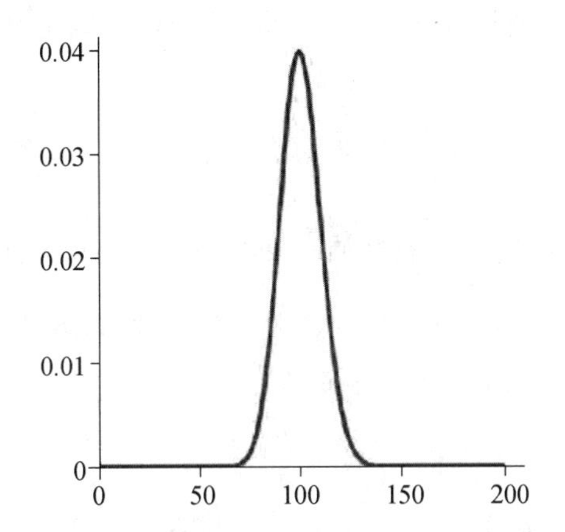

图 Ⅷ.10 用 e^{-n} 标准化后的系数 $[z^N]e^{nz}$,当 $n=100$ 固定,而 $N=0,\cdots,200$ 变化时呈现出钟形轮廓

实际上,大幂系数的渐近的 Gauss 特征对广泛的一类解析函数是普适的. 我们已经在 Ⅷ.8.1 节中在大幂的框架内证明了这一点,并且考虑了当 N 变化时,估计系数 $[z^N](A(z)\cdot B(z)^n)$ 的一般问题. 根据 Ⅷ.8.1,我们假设($\mathbf{L}_1$):$A(z)$,$B(z)$ 在零点是解析的,具有非负系数,并且 $B(0)\neq 0$;($\mathbf{L}_2$):$B(z)$ 是非周期的;($\mathbf{L}_3$)$B(z)$ 的收敛半径 R 小于 $A(z)$ 的收敛半径. 我们还要复习一下,散布的定义是

$$T:=\lim_{x\to R^-}\frac{xB'(x)}{B(x)}$$

定理 Ⅷ.9　大幂和 Gauss 形式. 考虑"大幂"系数

$$C_N^{(n)} := [z^N](A(z)\cdot B(z)^n) \tag{85}$$

假设两个解析函数 $A(z)$,$B(z)$ 满足条件($\mathbf{L}_1$),($\mathbf{L}_2$)和($\mathbf{L}_3$).还假设 B 的收敛半径 $R>1$.定义两个常数

$$\mu=\frac{B'(1)}{B(1)},\sigma^2=\frac{B''(1)}{B(1)}+\frac{B'(1)}{B(1)}-\left(\frac{B'(1)}{B(1)}\right)^2 \quad (\sigma>0) \tag{86}$$

那么当 n 固定,$N=\mu n+x\sqrt{n}$ 变化时系数 $C_N^{(n)}$ 具有 Gauss 逼近,即当 $n\to\infty$,x 属于是直线上的一个有限区间时,对 x 一致地成立

$$\frac{1}{A(1)B(1)^n}C_N^{(n)}=\frac{1}{\sigma\sqrt{2\pi n}}\mathrm{e}^{-x^2/(2\sigma^2)}(1+O(n^{-1/2})) \tag{87}$$

证明　我们从一些可以揭示系数的全局行为的简单观察开始.首先,由于 $R>1$,我们有下面的精确的和式

$$\sum_{N=0}^{\infty}C_N^{(n)}=A(1)B(1)^n$$

这解释了估计(87)中的标准化因子.其次,按照散布的定义,由于 $R>1$,我们有

$$\mu=\frac{B'(1)}{B(1)}<T=\lim_{x\to R^-}\frac{xB'(x)}{B(x)}$$

它给出了 $\frac{xB'(x)}{B(x)}$ 是递增的一般性质.因此,在 $N=\mu n\pm O(\sqrt{n})$ 范围内的系数的估计属于定理 Ⅷ.8 的轨道,这表示大幂情况下的鞍点分析结果.

根据定理 Ⅷ.8 的陈述,鞍点方程是

$$\zeta\frac{B'(\zeta)}{B(\zeta)}=\frac{B'(1)}{B(1)}+\frac{x}{\sqrt{n}}$$

其中 ζ 是 x 和 n 的函数.对于有界集合中的 x,当 $n\to\infty$ 时,我们因此有 $\zeta\sim 1$.因而这足以实现在鞍点方程(84)中量 ζ,$A(\zeta)$,和 $B(\zeta)$ 的渐近展开.换句话说,N 接近于 μn 的事实引起了 ζ 对于值 1 的小扰动.设 $b_j:=B^{(j)}(1)$,我们机械地求出

$$\zeta=1+\frac{b_0^2}{b_0b_2+b_0b_1-b_1^2}\frac{x}{\sqrt{n}}+O(n^{-1})$$

$$\frac{B(\zeta)}{\zeta^\mu}=b_0+\frac{x^2}{2n}\frac{b_0^3}{b_0b_2+b_0b_1-b_1^2}+O(n^{-3/2})$$

这就得出了定理的陈述.

首先取 $A(z)\equiv 1$. 在 $B(z)$ 是离散随机变量 Y 的概率生成函数的特殊情况下，我们有 $B(1)=1$，以及系数 $\mu=B'(1)$ 是分布的平均值. 因此函数 $B(z)^n$ 就是 Y 的 n 个独立副本的和概率生成函数(PGF). 定理 Ⅷ. 9 描述了平均值附近的和的分布的 Gauss 逼近. 这种逼近称为局部极限定律，其中"局部"这一形容词指的是估计适用于系数本身这一事实(与此相对照，用 Gauss 误差函数去逼近系数的部分和则称为中心极限律或有时称为整体极限律.). 在更一般的 $A(z)$ 是非退化的随机变量的 PGF(即 $A(z)\neq 1$) 的情况下，成立类似的性质，我们有：

推论 Ⅷ.3　对和的局部极限律. 设 X 是随机变量，其概率生成函数(PGF)为 $A(z)$，而 $Y_1,\cdots,Y_n$ 是 PGF 为 $B(z)$ 的独立随机变量. 假设 X 和 Y_j 的支集都是 $\mathbb{Z}_{\geqslant 0}$. 假设 $A(z)$ 和 $B(z)$ 都在某个包含单位圆的圆盘内部解析，并且 $B(z)$ 是非周期的. 设 μ,σ 是(86) 中的系数，则和

$$S_n := X + Y_1 + \cdots + Y_n$$

满足 Gauss 型的局部极限律：在任意有限的区间内，我们有

$$\mathbb{P}(S_n = \lfloor \mu n + t\sigma\sqrt{n}\rfloor) = \frac{e^{-t^2/2}}{\sqrt{2\pi n}}(1+O(n^{-1/2}))$$

证明　这是在定理 Ⅷ. 9 中令 $x=t\sigma$，并利用 $A(1)=B(1)=1$(由于 $A(z)$ 和 $B(z)$ 都是概率生成函数) 而得出的结论.

大幂的 Gauss 形式允许许多变形. 正如我们已经指出过的那样，Ⅷ. 4 节中的正性条件可以大大放松. 此外，用类似的技巧得出对系数的部分和的估计也是可能的. 渐近展开可以扩展到任何阶. 最后，对定理 Ⅷ. 8 和 Ⅷ. 9 做适当的改进有可能允许 x 缓慢地趋于无穷大，并且处理所谓的"中度偏差"框架. 我们不再追求这些方面，由于我们在下一章中将开发一个更为通用的"准幂"框架.

▶Ⅷ. 40　推论 Ⅷ. 3 的另一种证明. 当 N 位于中心附近，即 $N\approx\mu n$ 时，鞍点 ζ 在 1 附近. 这时我们也可以沿着圆 $|z|=1$ 积分用 Cauchy 公式恢复 $C_n^{(N)}$，这只是一个近似的鞍点围道. 这种方便的变形经常在文献中使用，但需要注意展开式中的线性项. 它的起源可以追溯到 Laplace 本人的第一个局部极限定理的证明(然而，在其诞生阶段，用 Fourier 级数的语言表达了 Cauchy 的理论.). 有关这个问题的迷人的数学方面见 Laplace 于 1812 年首次发表的论文 *Théorie Analytique des Probabilités*(文献[402]). ◀

Ⅷ.9　鞍点和概率分布

鞍点法不仅可用于估计组合计数，而且还可用于提取大型组合结构的概率特征. 在前一节中我们已经遇到了引起 Gauss 定律的大幂框架，在本节中，我们将进一步研究可用于量化随机结构的性质的鞍点分析的方法.

Ⅷ.9.1　矩分析. 可行的单变量应用包括分布的矩的生成函数的分析，这些生成函数是通过对相应的多变量生成函数的微分和表示得出的. 在鞍点分析的体系下，平均值的主渐近形式以及方差的界通常会导致分布的集中（概率收敛）性质. 下面，我们将集中关注一阶矩的分析（见 Ⅶ.10.1 小节，在奇点分析的背景下开发的"矩泵"方法）.

我们在这里感兴趣的是计数对应于鞍点方法适用的类$\mathcal{G}$的生成函数 $G(z)$. $\mathcal{G}$的参数χ 产生一个二元 GF $G(z,u)$，当 u 接近于 1 时，它是 $G(z)$ 的变形，因而 GF

$$\partial_u G(z,u)\mid_{u=1},\partial_u^2 G(z,u)\mid_{u=1},\cdots$$

就对应于相继的（阶乘）矩，它们在许多情况下都适于做与 $G(z)$ 本身相类似的分析. 通过这种方式就可以渐近地估计矩.

我们用两个例子来说明矩的分析：（ⅰ）例 Ⅷ.12 用二元生成函数给出了随机的集合分拆中的平均块数的分析；（ⅱ）例 Ⅷ.13 用直接的生成函数构造估计了随机排列中递增的子序列平均数. 第一个例子预示了下一章（Ⅸ.8 节）中对应的极限分布的完全处理.

例 Ⅷ.12　随机的集合分拆中的块数. 函数

$$G(z,u)=\mathrm{e}^{u(\mathrm{e}^z-1)}$$

是集合分拆的二元生成函数，其中 u 标记了块（或部分）的数目. 令 $G(z)=G(z,1)$，并定义

$$M(z)=\frac{\partial}{\partial u}G(z,u)\bigg|_{u=1}=\mathrm{e}^{\mathrm{e}^z-1}(\mathrm{e}^z-1)$$

那么，量

$$\frac{m_n}{g_n}=\frac{[z^n]M(z)}{[z^n]G(z)}$$

就表示$[1,\cdots,n]$ 的随机分拆中部分的平均数. 我们已经知道 $G(z)$ 是可行的，因此由封闭性可知 $M(z)$ 也是可行的. $G(z)$ 的系数积分的鞍点在 ζ 处发生，它

使得 $\zeta e^{\zeta} = n$，同时我们也知道 $\zeta = \log n - \log\log n + o(1)$.

有可能通过定理 Ⅷ.4 直接分析 $M(z)$：分析因此就涉及 $M(z)$ 的鞍点 $\hat{\zeta} \neq \zeta$；然后平均值的估计如下，尽管这需付出一些计算工作作为代价. 然而它更清楚地显示出了与命题 Ⅷ.5 的关系，并在 $G(z)$ 的鞍点处分析了 $M(z)$ 的系数.

设 $a(r)$，$b(r)$ 和 $\hat{a}(r)$，$\hat{b}(r)$ 分别是方程(47) 中相对于 $G(z)$ 和 $M(z)$ 的 $\alpha_1(r)$，$\alpha_2(r)$

$$\log G(z) = e^z - 1 \qquad \log M(z) = e^z + z - 1$$

$$a(r) = re^r \qquad \hat{a}(r) = re^r + r = a(r) + r$$

$$b(r) = (r^2 + r)e^r \qquad \hat{b}(r) = (r^2 + r)e^r + r = b(r) + r$$

利用命题 Ⅷ.5 估计 m_n，并在公式中取 $r = \zeta$，我们就求出

$$m_n = \frac{e^{\zeta} G(\zeta)}{\zeta^n \sqrt{2\pi \hat{b}(\zeta)}} \left[\exp\left(-\frac{\zeta^2}{2\hat{b}(\zeta)}\right) + o(1)\right]$$

而对应的关于 g_n 的估计就是

$$g_n = \frac{G(\zeta)}{\zeta^n \sqrt{2\pi b(\zeta)}}(1 + o(1))$$

给了 $\hat{b}(\zeta) \sim b(\zeta)$，那么 ζ^2 是比 $\hat{b}(\zeta)$ 更小的阶，因此我们就有

$$\frac{m_n}{g_n} = e^{\zeta}(1 + o(1)) = \frac{n}{\log n}(1 + o(1))$$

类似的计算适用于部分的数量的二阶矩，它建立在对于 $e^{2\zeta}$ 的渐近的基础上(计算涉及二阶导数). 这样部分数量的标准偏差的阶是 $o(e^{\zeta})$ 小于平均值的阶. 这蕴含着部分的数量的分布是集中的.

命题 Ⅷ.8 集合$[1,\cdots,n]$的随机分拆的部分的数目这一随机变量的数学期望是

$$\mathbb{E}[X_n] = \frac{n}{\log n}(1 + O(1))$$

其分布是"集中"的，即对任意 $\varepsilon > 0$，我们有

当 $n \to +\infty$ 时

$$\mathbb{P}\left\{\left|\frac{X_n}{\mathbb{E}\{X_n\}} - 1\right| > \varepsilon\right\} \to 0$$

计算并不是特别困难(最终结果见注记 Ⅷ.41)，但在进行渐近展开时需要特别仔细和谨慎：例如，Salvy 和 Shackell[530] 报告了两个"做得对"的人在他

们的平均值发表之前给出的不一致的估计(差一个 e^{-1} 的因子.).

▶**Ⅷ.41　集合分拆的块数的矩.** 设 X_n 是 n 个元素的随机分拆的块的数目,那么我们有

$$\mathbb{E}(X_n)=\frac{n}{\log n}+\frac{n\log\log n(1+o(1))}{\log^2 n}$$

$$\mathbb{V}(X_n)=\frac{n}{\log^2 n}+\frac{n(2\log\log n-1+o(1))}{\log^3 n}$$

这证明了集中性质.计算最好用在鞍点 ζ 处的式子表达,然后再转换成 n 的表达式.(见 Salvy 的论文[529] 和[530].) ◀

▶**Ⅷ.42　随机对合的形状.** 考虑容量为 n 的随机的对合.对合的 EGF 是 $e^{z+\frac{z^2}{2}}$,那么 1－轮换和 2－轮换的平均值满足

$$\mathbb{E}(1-\text{轮换})=\sqrt{n}+O(1)$$

$$\mathbb{E}(2-\text{轮换})=\frac{1}{2}n-\frac{1}{2}\sqrt{n}+O(1)$$

此外对应的分布是集中的. ◀

例 Ⅷ.13　排列中递增的子序列. 给了一个写成直线形式的排列 $\sigma=\sigma_1\cdots\sigma_n$,它的一个递增的子序列 $\sigma_{i_1}\cdots\sigma_{i_k}$ 是一个按递增次序排列的序列,即使得 $i_1<\cdots<i_k$,并且 $\sigma_{i_1}<\cdots<\sigma_{i_k}$ 的序列.我们的问题是,在随机的排列中,递增的子序列的平均数是多少?

这个问题的风格类似于第 V 章中随机单词中的"隐藏"模式,实际上类似的方法也适用于此.定义一个加标记的排列并将其中的一个递增的子序列区分出来.(我们也将空子序列看成递增的子序列.)例如

$$7\mid 352\mid 641\mid 89$$

是一个区分出递增子序列 368 的加标记的排列.竖杠用来指出加标记的元素,但是它们也用来插入以便把排列分解成子排列的片段.设 $\mathcal{T}$ 是加标记排列的类,$T(z)$ 是对应的 EGF,而 $T_n=n!\,[z^n]T(z)$.长度为 n 的随机排列中递增的子序列的平均数显然是 $t_n=\dfrac{T_n}{n!}$.

为了枚举 $\mathcal{T}$,设 $\mathcal{P}$ 是所有的排列的类而 $\mathcal{P}^+$ 是非空排列的子类.那么在同构的意义下,我们就有

$$\mathcal{T}=\mathcal{P}*\mathrm{SET}(\mathcal{P}^+)$$

由于加标记的排列可以从其初始片段及其片段的集合重建(通过按照初始元素的值递增的方式对集合进行排序).组合论证给出 EGF $T(z)$ 为

$$T(z)=\frac{1}{1-z}\exp\left(\frac{z}{1-z}\right)$$

生成函数 $T(z)$ 是可以展开的，因此数量 T_n 具有封闭形式

$$T_n=\sum_{k=0}^{n}\binom{n}{k}\frac{n!}{k!}$$

由此，就可以像 Lifschitz 和 Pittel 在文献[407]中所做的那样通过 Laplace 方法对和式进行渐近分析，然而，在分析上，函数 $T(z)$ 只是分散排列的 EGF 的变体. 鞍点条件再次容易验证或直接通过可行性检查，而得出结果

$$t_n\equiv\frac{T_n}{n!}\sim\frac{\mathrm{e}^{-\frac{1}{2}}\mathrm{e}^{2\sqrt{n}}}{2\sqrt{\pi}\,n^{\frac{1}{4}}} \tag{88}$$

(和与其密切相关的估计命题 Ⅷ.4,(45) 相比较.)

估计(88) 具有给出了的更容易获得的参数的重要信息的巨大优点. 实际上，设 $\lambda(\sigma)$ 代表 σ 的长度最长的递增子序列的长度，$I(\sigma)$ 是递增的子序列的数量，则我们有一个一般的不等式

$$2^{\lambda(\sigma)}\leqslant I(\sigma)$$

由于 σ 的递增子序列的数量至少和包含在最长的递增子序列中的子序列的数目一样多. 现在设 ℓ_n 是长度为 n 的排列上 λ 的期望，那么函数 2^x 的图形就蕴含

$$2^{\ell_n}\leqslant t_n,\text{因此 }\ell_n\leqslant\frac{2}{\log 2}\sqrt{n}(1+o(1)) \tag{89}$$

综上所述，就得出

命题 Ⅷ.9 在 n 个元素的随机排列中递增子序列的平均数渐近于

$$\frac{\mathrm{e}^{-\frac{1}{2}}\mathrm{e}^{2\sqrt{n}}}{2\sqrt{\pi}\,n^{\frac{1}{4}}}(1+o(1))$$

因此，长度为 n 的随机排列中最长的递增子序列的长度的期望满足不等式

$$\ell_n\leqslant\frac{1}{\log 2}\sqrt{n}(1+o(1))\approx 2.89\sqrt{n}$$

注记 Ⅷ.45 描述了形式为 $\ell_n\geqslant\frac{1}{2}\sqrt{n}$ 的下界. 事实上，大约在 1977 年，Logan 和 Shepp 的文献[411]以及 Vershik 和 Kerov 的文献[596]各自独立地成功建立了更强的结果

$$\ell_n\sim 2\sqrt{n}$$

他们的证明是基于对随机 Young 画面的表示的详细分析.(这里通过鞍点估计和组合近似的简单综合所获得的界至少给出了正确的数量级.) 这反过来导致了研究者给出最长的递增的子序列长度的渐近分布的特征的企图. 问题尽管取

得了许多切实的进展，但二十年来仍未得以解决. J. Baik，P. A. Deift 和 K. Johansson 的文献[24] 终于在 1999 年通过把最长的递增子序列随机矩阵集合的特征值联系起来的方法得出了解(最终结果见注记 Ⅷ.45). 我们对为了把读者引导到围绕这个轰动的结果的美丽理论的相关领域中，例如[10,148] 而中断了原来的叙述而表示抱歉.

▶**Ⅷ.43　一个有用的递推.** 根据 n 的位置分解产生一个 t_n 的递推公式

$$t_n = t_{n-1} + \frac{1}{n}\sum_{k=0}^{n-1} t_k, t_0 = 1$$

因此 $T(z)$ 满足常微分方程

$$(1-z)^2 \frac{\mathrm{d}}{\mathrm{d}z}T(z) = (2-z)T(z), T(0) = 1$$

它给出一个更简单的递推公式

$$nt_{n+1} = 2t_n - \frac{n}{n+1}t_{n-1}, t_0 = 0, t_1 = 2$$

根据这个公式，可以用操作次数的线性关系的工作量进行有效的计算. ◀

▶**Ⅷ.44　相关的组合学.** 序列 $n!\ t_n$ 的开头几项是 1,2,7,34,209,1 546，这是 EIS A002720. 数 T_n 计数了下面的等价的对象：(ⅰ) 每列至多有一个 1 的 $n\times n$ 的 0－1 矩阵；(ⅱ) 完整的二分图 $K_{n,n}$ 的部分匹配；(ⅲ) $[1,\cdots,n]$ 到自身的部分映射. ◀

▶**Ⅷ.45　一个简单的概率下界.** 初等概率论给出了一个 ℓ_n 的简单下界. 设 $X_1,\cdots,X_n$ 是在$[0,1]$上一致分布的独立的随机变量. 设 $n=m^2$. 把区间$[0,1]$分成 m 个子区间，其中每个子区间的形式为 $\left[\frac{j-1}{m},\frac{j}{m}\right]$，把 $X_1,\cdots,X_n$ 都分成 m 个块，其中每个块的形式为 $X_{(k-1)m+1},\cdots,X_{km}$. 有 $1-\left(1-\frac{1}{m}\right)^m \sim 1-\mathrm{e}^{-1}$ 个概率，编号为 1 的块包含一个编号为 1 的子区间中的元素，编号为 2 的块包含一个编号为 2 的子区间中的元素，等等. 那么，高概率的，至少有 $\frac{m}{2}$ 的块中包含一个与它匹配的子区间中的元素. 因此当 n 充分大时，$\ell_n \geqslant \frac{1}{2}\sqrt{n}$(系数 $\frac{1}{2}$ 甚至还可以稍微改进一下.). Steele 的清晰小册子文献[556] 描述了许多类似的东西以及更高级的组合优化方面的应用. 关于计算机科学中的随机算法的问题可见 Motwani 和 Raghavan 的文献[451]. ◀

▶**Ⅷ.46**　Baik-Deift-Johansson **定理.** 考虑 PainlevéⅡ 型方程

$$u''(x) = 2u(x)^3 + xu(x)$$

和它的使得当 $x \to +\infty$ 时渐近地趋于 $-\mathrm{A_i}(x)$ 的特解，其中 $\mathrm{A_i}(x)$ 是 $y''-xy=0$ 的解 Airy 函数. 定义 Tracy-Widom 分布（产生于随机矩阵理论）

$$F(t)=\exp(\int_t^{\infty}(x-t)u_0(x)^2\mathrm{d}x)$$

最长的递增的子序列的长度的分布 λ，对任意固定的 t 满足

$$\lim_{n\to\infty}\mathbb{P}(\lambda_n\leqslant 2\sqrt{n}+tn^{1/6})=F(t)$$

因而，离散随机变量 λ_n 收敛到一个已有良好刻画的分布（见文献[24]）（相关的 GF 的确切公式由 Gessel 给出；见附录 B. 5.）. ◀

Ⅷ.9.2 生成函数的族. 在我们分析有关极值参数的生成函数的族时，会出现极端多样的可能性，其中有一部分甚至都无法分类. 因此，我们必须满足于讨论单独的关于随机定位的代表性的例子（一个好的经验法则是鞍点方法很可能在 GF 具有某种指数增长的情况下是成功的. ）. 真正的多元性质的问题将在下一章中专门进行研究，在那里，我们将讨论多元渐近和极限分布问题.

随机分配. 下面的例子与 Ⅱ.3.2 节中引入的随机分配，占用统计和球－箱模型有关.

例 Ⅷ.14 占用问题的能力. 假设把 n 个球混匀随机地放到 m 个箱子里，那么一个箱子里最多能装多少个球？我们将对 $(0,+\infty)$ 中固定的 α 验证方案 $n=\alpha m$；首次对此问题的分析及与 Poisson 定律的关系见例 Ⅲ.10. 填的最多的箱子的容量称为能力，当所有 m^n 种分配是等可能时，我们用 $C_{n,m}$ 表示随机变量. 在我们的条件下，一个随机的箱子平均包含常数个球，即 α 个球. 下面的命题证明装的最满的箱子更多，如图 Ⅷ.11 所示.（我们这里限于鞍点界. 它很好地包括了文献[388]94—115 页中的各种分配方案.）

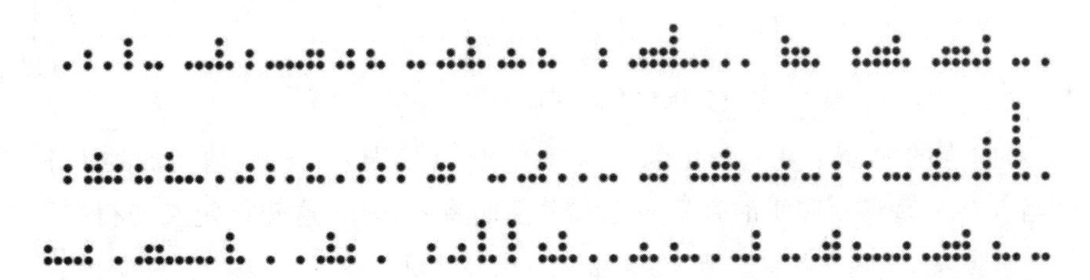

图 Ⅷ.11 把 $n=100$ 个球放到 $m=100$ 个箱子里的 3 种随机分配

命题 Ⅷ.10 设 n 和 m 的比是常数 $\alpha>0$，即 $n=\alpha m$，并同时趋于无穷大，那么能力的期望值满足

$$\frac{1}{2}\frac{\log n}{\log\log n}(1+o(1))\leqslant E\{C_{n,m}\}\leqslant 2\frac{\log n}{\log\log n}(1+o(1))$$

此外，当 $m,n\to\infty$ 时能力位于由上面的下界和上界确定的区间之外的概率趋于 0.

证明 我们只对 $\alpha=1$ 的情况详细证明，并把 $C_{n,m}$ 简写为 $C_n=C_{n,m}$. $\alpha\neq 1$ 的一般情况只须做简单的修改即可. 从第 Ⅱ 章我们知道

$$\begin{cases} P\{C_n\leqslant b\}=\dfrac{n!}{n^n}[z^b](e_b(z))^n \\ P\{C_n>b\}=\dfrac{n!}{n^n}(\mathrm{e}^{nz}-(e_b(z))^n) \end{cases} \tag{90}$$

其中 $e_b(z)$ 是截断的指数函数

$$e_b(z)=\sum_{j=0}^{b}\frac{z^j}{j!}.$$

(90) 中的两个等式允许我们约束分布的左右尾部. 就像球－箱模型的 Poisson 逼近所建议的那样，我们决定采用由 $z=1$ 确定的鞍点界. 这给出了(见定理 Ⅷ.2)

$$\begin{cases} P\{C_n\leqslant b\}\leqslant\dfrac{n!}{\mathrm{e}^n}\left(\dfrac{e_b(1)}{\mathrm{e}}\right)^n \\ P\{C_n>b\}\leqslant\dfrac{n!\ \mathrm{e}^n}{n^n}\left(1-\left(\dfrac{e_b(1)}{\mathrm{e}}\right)^n\right) \end{cases} \tag{91}$$

我们设

$$\rho_b(n)=\left(\frac{e_b(1)}{\mathrm{e}}\right)^n \tag{92}$$

该数量表示 n 个 Poisson 变量的速率都具有值 b 或更小的概率(我们从初等概率论中知道这应该是手头的问题的一个合理的近似.). Stirling 公式的弱形式，即当 $n\geqslant 1$ 时，$\dfrac{n!\ \mathrm{e}^n}{n^n}<2\sqrt{\pi n}$，那么就产生了(91) 的另一个版本

$$\begin{cases} P\{C_n\leqslant b\}\leqslant 2\sqrt{\pi n}\rho_b(n) \\ P\{C_n>b\}\leqslant 2\sqrt{\pi n}(1-\rho_b(n)) \end{cases} \tag{93}$$

对固定的 n，当 b 从 0 变化到 ∞ 时，函数 $\rho_b(n)$ 从 e^{-n} 稳定地增加到 1. 特别是，当 $\rho_b(n)$ 远离 0 和 1 时，"截断区域" 预期将起作用. 这建议定义使得

$$b_0!\ \leqslant n<(b_0+1)!$$

的 $b_0\equiv b_0(n)$，因此

$$b_0(n)=\frac{\log n}{\log\log n}(1+o(1))$$

我们也观察到，当 $n,b\to\infty$ 时，成立

$$\rho_b(n)=(\mathrm{e}^{-1}e_b(1))^n=\left(1-\frac{\mathrm{e}^{-1}}{(b+1)!}+O\left(\frac{1}{(b+2)!}\right)\right)^n$$

$$=\exp\left(-\frac{n\mathrm{e}^{-1}}{(b+1)!}+O\left(\frac{1}{(b+2)!}\right)\right) \tag{94}$$

(左尾部)我们取 $b=\lfloor\frac{1}{2}b_0\rfloor$,并且从(94)出发,做简单的计算就表明当 n 充分大时 $\rho_n(n)\leqslant\exp(-\sqrt[3]{n})$. 因而根据(93)的第一个不等式,能力小于$\frac{1}{2}b_0$ 的概率就是指数小的

$$P\{C_n\leqslant\frac{1}{2}b_0(n)\}\leqslant 2\sqrt{\pi n}\exp(-\sqrt[3]{n}) \tag{95}$$

(右尾部)取 $b=2b_0$,那么再次根据(94)当 n 充分大时,我们有 $1-\rho_b(n)\leqslant 1-\exp\left(-\frac{1}{n}\right)=\frac{1}{n}(1+o(1))$. 因而我们就看出能力超过 $2b_0$ 的概率是非常小的,其阶是 $O(n^{-\frac{1}{2}})$. 下面我们取 $b=2b_0+r,r>0$,类似的,给出了界

$$P\{C_n>2b_0(n)+r\}\leqslant 2\sqrt{\frac{r}{n}}\left(\frac{1}{b_0(n)}\right)^r \tag{96}$$

方程(95)和(96)中左尾部和右尾部的分析蕴含

$$\begin{cases}E\{C_n\}\leqslant 2b_0(n)+\sum_{r=0}^{\infty}2\sqrt{\frac{\pi}{n}}(b_0(n))^{-r}=2b_0(n)(1+o(1))\\ E\{C_n\}\geqslant\sum_{r=0}^{\lfloor\frac{1}{2}b_0(n)\rfloor}[1-2\sqrt{\pi n}\exp(-\sqrt[3]{n})]=\frac{1}{2}b_0(n)(1+o(1))\end{cases} \tag{97}$$

这就验证了 $\alpha=1$ 时命题的断言. 一般情况($\alpha\neq1$)可类似地从 $z=\alpha$ 处的鞍点界得出.

上面描述的鞍点界显然不是紧的:在推导时更仔细一些,我们可以通过相同的方式表明分布是紧密地集中在它的平均值周围的,它的含义是,其自身是渐近于$\frac{n}{\log\log n}$的. 此外,使用鞍点方法可以用来代替天然的粗糙的界. 在由 Gonnet 的文献[301]用 Poisson 模型得出的散列中最长的探测序列的框架下也可以得出这些结果. 关于随机分配(包括能力)的许多关键性的估计可在 Kolchin 等人的书[388]中找到. 这类分析在用鞍点方法评估各种动态 Hash 算法时也是有用的(见文献[217,504]).

Ⅷ.10 多重鞍点

我们以讨论更高阶的鞍点和简要说明应用科学中的所谓的相变或临界现

象结束本章.

多重鞍点公式. 到目前为止的所有分析都是用简单鞍点的术语进行的,它们代表了迄今为止最常见的情况. 为了解在多重鞍点的情况下会发生什么,首先考虑两个实积分的估计问题

$$I_n := \int_0^1 (1-x^2)^n \mathrm{d}x, J_n := \int_0^1 (1-x^3)^n \mathrm{d}x$$

(这些例子都是说明性的:在验证结果时,注意积分可以用 Beta 函数以闭合形式进行估计,注记 B.10) 在任何区间$[x_0, 1]$上的贡献都是指数小的,并且在 0 的右边要考虑的范围分别大约是 $n^{-\frac{1}{2}}$ 和 $n^{-\frac{1}{3}}$. 因此我们

$$\text{对 } I_n, \text{设 } x = \frac{t}{\sqrt{n}}; \text{对 } J_n, \text{设 } x = \frac{t}{\sqrt[3]{n}}$$

按照 Laplace 方法的指导(附录 B.6),我们继续进行如下:应用局部展开,然后以通常的方式完成尾部,就得出

$$I_n \sim \frac{1}{\sqrt{n}} \int_0^{\infty} \mathrm{e}^{-t^2} \mathrm{d}t, J_n \sim \frac{1}{\sqrt[3]{n}} \int_0^{\infty} \mathrm{e}^{-t^3} \mathrm{d}t$$

上面的积分可以归结为 Γ − 函数的积分,这就证明了

$$I_n \sim \frac{1}{2} \frac{\Gamma\left(\frac{1}{2}\right)}{n^{1/2}}, J_n \sim \frac{1}{3} \frac{\Gamma\left(\frac{1}{3}\right)}{n^{1/3}}$$

这里在二次情况下反复出现了三个$\frac{1}{2}$,在三次情况下,反复出现了三个$\frac{1}{3}$. 当存在多重临界点时三次情况对应于积分的拉普拉斯方法(注记 B.23).

正如我们现在解释的那样,我们上面所遇到的实积分的情况对于我们要处理的复积分和更高阶的鞍点是一种典型的情况. 首先,我们要简要回顾一下 Ⅷ.1 节开始时对解析函数的讨论. 为简单起见,考虑一个解析函数 $F(z)$ 的二重鞍点. 在这种点 ζ 处,我们有 $F(\zeta) \neq 0, F'(\zeta) = F''(\zeta) = 0, F'''(\zeta) \neq 0$. 因而,有三条从鞍点沿三个最陡的上升线发出的最速降线. 因此,我们应该想到 $|F(z)|$ 的外观是三个被三座山分开的"山谷",这三个山谷在一个共同点 ζ 相遇,其特征是如图 Ⅷ.12 所示的"猴鞍点"(相当于有一个双腿和尾巴的马鞍).

为了避免对山谷的组合学进行令人不愉快的讨论,我们现在讨论起点 A 与鞍点 ζ 重合的积分$\int_A^B$ 的多重鞍点的估计. 不失一般性,我们对路径做无痛手术,然后我们可以明确地叙述一个定理 Ⅷ.3 的鞍点公式的修改的形式.

定理 Ⅷ.10　二重鞍点算法. 考虑积分$\int_\zeta^B F(z)\mathrm{d}z$,其中被积函数 $F = \mathrm{e}^f$ 是

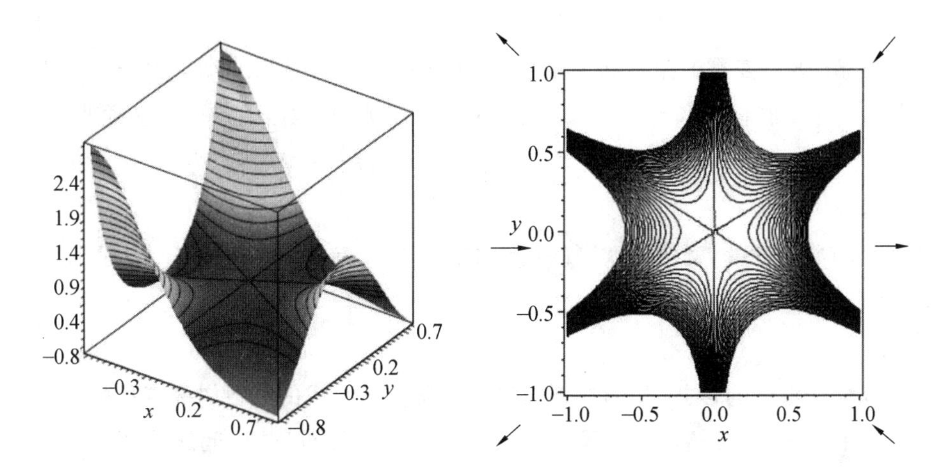

图 Ⅷ.12 一个二重鞍点或"猴鞍点".左:$|\exp(z^3)|$ 在二重鞍点 $z=0$ 附近的曲面;右:箭头指向增加方向的水平曲线(向内的箭头表示山谷.)

一个依赖于大参数的解析函数,ζ 是一个二重鞍点,它是鞍点方程

$$f'(\zeta)=f''(\zeta)=0$$

的根(或者等价地 $F'(\zeta)=F''(\zeta)=0$ 的根).设点 B 在二重鞍点的三个山谷之一中.

设连接 ζ 和 B 的围道可以分成满足以下条件的两段 $C=C^{(0)}\cup C^{(1)}$:(ⅰ)尾部积分 $\int_{C^{(1)}}$ 可以忽略;(ⅱ)在中心区域 $C^{(0)}$ 成立三次逼近

$$f(z)=f(\zeta)+\frac{1}{3!}f'''(\zeta)(z-\zeta)^3+O(\eta_n)$$

其中当 $n\to\infty$ 时,一致地有 $\eta_n\to 0$;(ⅲ)尾部可以完成,则我们就有

$$\int_{\zeta}^{B}\mathrm{e}^{f(z)}\,\mathrm{d}z\sim\frac{\omega}{3}\Gamma\left(\frac{1}{3}\right)\frac{\mathrm{e}^{f(\zeta)}}{\sqrt[3]{-f'''(\zeta)/3!}} \tag{98}$$

其中 ω 是三次单位根($\omega^3=1$),它依赖于 B 位于哪个山谷之中.

证明 证明是对定理 Ⅷ.3 的简单改编.事情的核心现在是积分

$$\int_{C}\exp\left(\frac{1}{3!}f'''(\zeta)(z-\zeta)^3\right)\mathrm{d}z$$

其中 $\mathcal{C}$ 由连接 ζ 到包含 B 的 $f''(\zeta)(z-\zeta)^3$ 的山谷中的无穷远点的半连线组成.变量的线性变化最终把积分归结为正规形式 $\int\mathrm{e}^{-w^3}$.

▶**Ⅷ.47** **高阶鞍点**.对一个 $p+1$ 阶鞍点,鞍点公式是

$$\int_{\zeta}^{B}\mathrm{e}^{f(Z)}\,\mathrm{d}z\sim\frac{\omega}{\rho}\Gamma\left(\frac{1}{\rho}\right)\frac{\mathrm{e}^{f(\zeta)}}{\sqrt[p]{-f^{(p)}(\zeta)/p!}}$$

其中 $\omega^p=1$. ◀

▶**Ⅷ.48　变零的乘数和多重鞍点**. 本注记是对注记 Ⅷ.47 的补充说明. 对于阶为 $p+1$ 的鞍点和形式为 $(z-\zeta)^b\cdot e^{f(z)}$ 的被积函数,鞍点公式必须改成

$$\int_0^\infty x^b e^{-ax^p/p!}\,dx=\frac{1}{p}\Gamma\left(\frac{b+1}{P}\right)\left(\frac{p!}{a}\right)^{(b+1)/p}$$

这样 Γ 函数的变量,就像在大幂的估计中的 n 和 $f^{(p)}(\zeta)$ 的指数那样,从 $\frac{1}{p}$ 变成了 $\frac{b+1}{p}$. ◀

森林和鞍点的合并. 我们在下面对由大量的树组成的无根树的森林的计数给出一个应用. 分析精确地涉及某个关键区域中的二重鞍点. 问题特别与巨大的成分尚未出现时的随机图的分析有关.

例 Ⅷ.15　无根树的森林. 这里的问题在于确定有序森林的数量 $F_{m,n}$,即由 m 个(有标记的,非平面的) 无根树和总共包含 n 个结点构成的序列的数量. 根据 Cayley 公式可知容量为 n 的无根树的数量是 n^{n-2},其 EGF 为 $U=T-\frac{T^2}{2}$,其中 T 是 Cayley 树函数,它满足 $T=ze^T$. 因此,我们有

$$\frac{1}{n!}F_{m,n}=[z^n]\left(T(z)-\frac{T(z)^2}{2}\right)^m=\frac{1}{2i\pi}\int_{0^+}\left(T-\frac{T^2}{2}\right)^m\frac{dz}{z^{n+1}}$$

这里我们感兴趣的是 m 和 n 有线性依赖关系的情况,因而,我们设 $m=\alpha n$,其中先验地有 $\alpha\in(0,1)$. 那样 $F_{m,n}$ 的积分就成为

$$\frac{1}{n!}F_{m,n}=\frac{1}{2i\pi}\int_C e^{nh_\alpha(t)}(1-t)\frac{dt}{t}$$

$$h_\alpha(t):=\alpha\log(1-\frac{t}{2})+t+(\alpha-1)\log t \tag{99}$$

其中 C 环绕 0. 这个公式具有"大幂" 积分的形式. 鞍点像通常那样是 h'_α 的零点,这时共有两个鞍点

$$\zeta_0=2-2\alpha,\zeta_1=1$$

对于 $\alpha<\frac{1}{2}$,我们有 $\zeta_0>\zeta_1$,而对于 $\alpha>\frac{1}{2}$,不等式反转,我们有 $\zeta_0<\zeta_1$. 在这两种情况下,基于更接近原点的鞍点,可以成功地进行简单的鞍点分析;见下面的注记 Ⅷ.49. 相反,当 $\alpha=\frac{1}{2}$ 时,ζ_0 和 ζ_1 合并为一个公共值 1. 在最后一种情况下,我们有 $h'_{\frac{1}{2}}(1)=h''_{\frac{1}{2}}(1)=0$,而 $h'_{\frac{1}{2}}(1)=h''_{\frac{1}{2}}(1)=0$ 不为零:1 处有一个二重鞍点.

根据 $\alpha<\frac{1}{2}$ 或 $\alpha>\frac{1}{2}$，森林的数量呈现两种不同的模式，在 $\alpha=\frac{1}{2}$ 时估计的分析形式存在不连续性(图 Ⅷ.13). 这种情况让人想起"临界现象"和相变这种(例如，从固体到液体再到气体)物理学中遇到的不连续性. 这对研究在"临界"值 $\alpha=\frac{1}{2}$ 时所发生的事情提供了一个很好的动机.

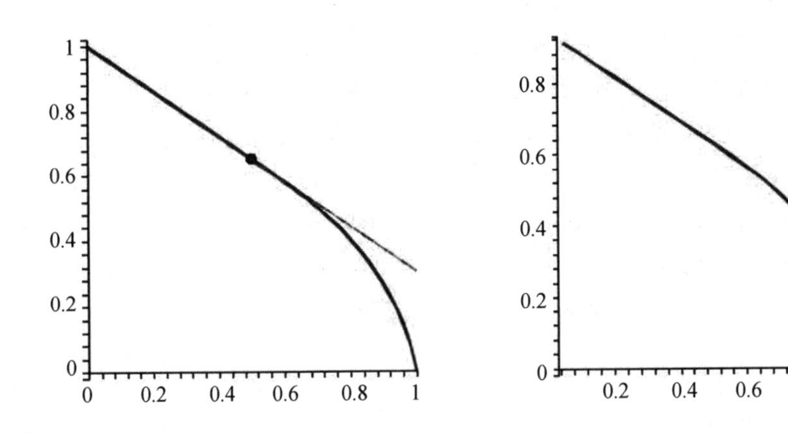

图 Ⅷ.13　描述了森林数量的指数的函数 $H(\alpha)$ 在 $\alpha=\frac{1}{2}$ 时呈现出"相变"(左)；这可由作为 $\alpha=\frac{m}{n}$ 的函数的量 $\frac{1}{n}\log\left(\frac{F_{m,n}}{n!}\right)$ 的图像反映出来，其中 $n=200$(右)

正如在 Lagrange 反演定理的分析证明中那样，采用 $t=T$ 作为自变量是方便的，这时 $z=te^{-t}$ 就成为因变量. 由于 $dz=(1-t)e^{-t}dt$，这就给出了特例(99)的积分表示

$$\frac{1}{n!}F_{m,n}=\frac{1}{2i\pi}\int_{0^+}\left(t-\frac{1}{2}t^2\right)^m e^{nt}(1-t)\frac{dt}{t^{n+1}}$$

因此，我们考虑特殊值 $\alpha=\frac{1}{2}$，并设 $h\equiv h_{\frac{1}{2}}$. 因此，要确定的是当总数为 n 时，由 $\frac{n}{2}$ 棵树组成的森林的数量. 这时我们自然假设 n 是偶数. 注意，二重鞍点位于 $\zeta=\zeta_0=\zeta_1=1$ 处，因此我们有

$$h(z)=1-\frac{1}{3}(z-1)^3+O((z-1)^4)(z\to 1)$$

因此，忽略尾部并将积分定位到以 1 为圆心，半径 $\delta\equiv\delta(n)$ 的圆上时就要求

$$n\delta^3\to\infty, n\delta^4\to 0$$

(取 $\delta=n^{-\frac{3}{10}}$ 即可满足)，在这种条件下，我们就有渐近等价关系(其中 y 对应于

$z-1$)

$$\frac{1}{n!}F_{m,n}=-\frac{\mathrm{e}^{n\left(1-\frac{1}{2}\log 2\right)}}{2\pi\mathrm{i}}\int_D \mathrm{e}^{-\frac{ny^3}{3}}y\mathrm{d}y+\text{指数小} \tag{100}$$

其中 D 由从 C 变换来的包含 0 的中心(小) 围道.

到目前为止的讨论我们一直都忽略了(99) 中围道 C 的选择,我们之所以选择在几何方面让 D 接近于 0,完全是为了满足(100) 所需要的. 由于三阶导数的符号是负的:$h'''(1)=-2$,三条从 1 发出的最速下降的半线的幅角为 $0,\mathrm{e}^{\frac{2\pi\mathrm{i}}{3}}$,$\mathrm{e}^{-\frac{2\pi\mathrm{i}}{3}}$. 这建议(99) 中采用的原始围道 C 是由两个从 1 发出的对称段再连上一个 0 左边的段组成的圈,见图 Ⅷ.14 用初等的计算可以验证围道经过适当的尺度变换后仍能够保持在低于 $h(1)$ 的水平,见图 Ⅷ.14 的右侧,其中绘制了鞍点下方山谷的水平曲线,以及盘旋在 0 周围的合法的积分围道.

一旦固定了原始的积分围道,(100) 中 D 的方向就完全确定了. 在进一步做变量替换 $y=wn^{-\frac{1}{3}}$ 并完成尾部之后,我们求出

$$\frac{1}{n!}F_{m,n}\sim\frac{\lambda}{n^{2/3}}\mathrm{e}^{n(1-\frac{1}{2}\log 2)},\lambda=-\frac{1}{2\mathrm{i}\pi}\int_E \mathrm{e}^{-y^3/3}\mathrm{d}y \tag{101}$$

其中 E 从 $\infty\mathrm{e}^{-\frac{2\pi\mathrm{i}}{3}}$ 连接到 0 再到 $\infty\mathrm{e}^{\frac{2\pi\mathrm{i}}{3}}$. 现在给出 λ 的积分的估计是直截了当的(用 $\Gamma-$ 函数的术语),这产生下面的推论.

命题 Ⅷ.11 容量为 n 的由 $\frac{n}{2}$ 棵无根的 Cayley 树组成的森林的数目满足

$$\frac{1}{n!}F_{n/2,n}\sim 2\cdot 3^{-1/3}\Gamma(2/3)\mathrm{e}^{n(1-\frac{1}{2}\log 2)}n^{-2/3}$$

上面的公式的特征是,到处都出现了数字 3.(此外,由于积分表示(99) 中出现了一个在鞍点1处消失的附加因子 $1-z$,在一般情况下(98) 中的公式中呈现的指数是 $\frac{2}{3}$ 而不是 $\frac{1}{3}$,见注记 Ⅷ.48.)

由大量的树木组成的随机森林的分析问题最初由俄罗斯学派解决的,其中最著名的是 Kolchin 和 Britikov. 我们建议读者参考 Kolchin 的书[387] 第 1 章. 其中他用了近三十页去更深入地研究森林的数量和相关的参数. 然而 Kolchin 的方法是基于独立随机变量之和的替代表示以及指标为 $\frac{3}{2}$ 的稳定律,因此它仅限于一阶渐近. 事实证明,当随机图不再类似于不连通树成分的大集合时,森林数的增长的分析与临界区域中的随机图有着惊人的类似关系.

几乎肯定存在(隐蔽的或明显的) 猴鞍点的迹象是在最后的公式中出现了 $\Gamma\left(\frac{1}{3}\right)$ 的因子和涉及 n 的表达式中出现了立方根. 事实上有可能比我们在这里

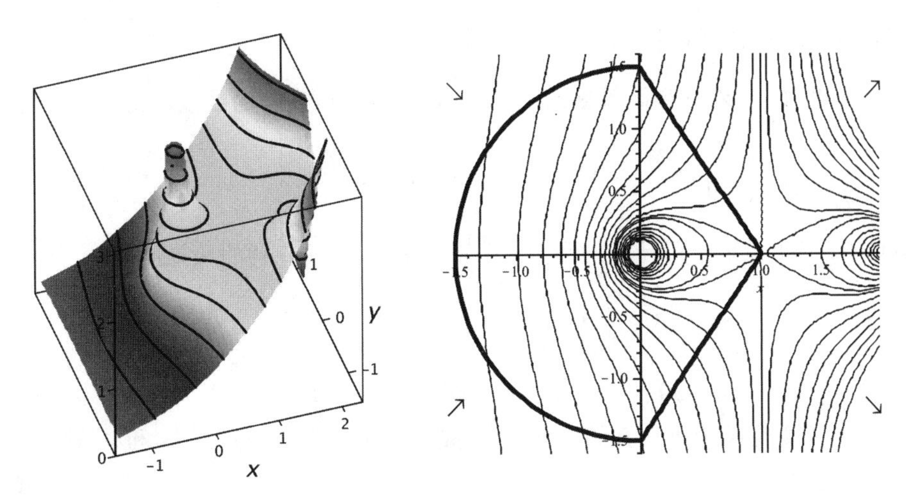

题 Ⅷ.14　左：二重鞍点1附近处函数 e^h 的曲面的形状. 右：e^h 的水平曲线与通过山谷的合法的积分围道

所做的森林分析走得更远(我们始终待在临界点处)并给出描述模式之间过渡的渐近表达式，这里是从 $A^n n^{-\frac{1}{2}}$ 到 $B^n n^{-\frac{2}{3}}$ 然后再到 $C^n n^{-\frac{1}{2}}$. 因而，这一由应用数学家开发的分析很好地适用于重合鞍点理论(见，例如，[75,465,614] 中的介绍)，并且激起了 Airy 函数的作用. 我们之后不再追求这个主题，由于确切地说它属于多元渐近的领域. 在 Banderier，Flajolet，Schaeffer 和 Soria 的论文[28]中以详细的方式开发了随机映射的核，其中我们介绍了森林的建模(也见例Ⅸ.42).

在上一个千年末进行的若干研究的结果确实表明，在门槛现象和临界变化之间，在通过多重渐近和重合鞍点的方法来描述组合问题和概率问题时有相当程度的普适性. 特别是 $\Gamma\left(\frac{1}{3}\right)$ 因子和 Airy 函数曲面反复出现在 Flajolet，Janson，Knuth，Luczak 和 Pittel 的著作[241,354] 中，它们与临界状态中的 Erdös-Renyi 的随机图模型有关；一部分解释也可见文献[254]. 正如 Prellberg 在文献[496] 首次展示的那样，Airy 面积分布的出现(在与随机行走有关的某些多边形模型的框架中)也可归并到这种技巧的路子上来. 第 Ⅴ 章中所提到的很强的数值证据建议这可能扩展到自回避行走的难题上去(见文献[509]). Airy 分布也出现在满足随机 Bool 表达的相关问题，树木的路径长度(命题Ⅶ.15 以及文献[565,566.567]) 以及随机分配的成本函数(注记 Ⅶ.54 和文献[249]) 问题之中(文献[77]). 原因是有时由于概率论研究者、统计物理学家、组合学家和分析学家的不同背景而会对问题有不同的理解，以至于到现在仍然缺乏一个统一的全局框架.

▶Ⅷ.49 **森林和简单鞍点.** 当 $0<\alpha<\frac{1}{2}$ 时,森林的数量满足

$$\frac{1}{n!}F_{n,m}\sim C_{-}(\alpha)\frac{\mathrm{e}^{H_{-}(\alpha)}}{n^{1/2}},H_{-}(\alpha)=1-\alpha\log 2$$

其中 $C_{-}(\alpha)$ 是某个可计算的常数. 当 $\frac{1}{2}<\alpha<1$ 时,森林的数量满足

$$\frac{1}{n!}F_{n,m}\sim C_{+}(\alpha)\frac{\mathrm{e}^{H_{+}(\alpha)}}{n^{1/2}}$$

$$H_{+}(\alpha)=\alpha\log\alpha+2-2\alpha+(\alpha-1)\log(2-2\alpha)$$

其中 $C_{+}(\alpha)$ 是某个可计算的常数. 这一结果是分别对简单鞍点 ζ_0 和 ζ_1 做常规分析得出的. ◀

Ⅷ.11 小结和评论

作为经典分析的支柱之一,鞍点方法在分析组合学中起着重要的作用. 它对不适合奇点分析的组合类给出了系数的渐近和方法. 其中最简单的情况是箱子,其生成函数 e^z 在有限距离内没有奇点. 类似的函数通常作为复合的SET结构出现. 从广义上讲,对于由本书部分A组合结构产生的生成函数的类,奇点分析对在奇点处有适度增长的函数有效,而对其他情况鞍点方法是有效的.

鞍点方法背后的基本思想其实是很简单的,并且非常容易获得系数增长的良好界限. 实际上,对于组合生成函数,Cauchy系数积分在正实轴的某处定义了一个具有明确定义的鞍点的表面,选择一个以原点为中心并通过鞍点的圆已经证明通过初等论证可以给出有用的界限. 完整的鞍点方法的本质是通过将围道分成两部分并平衡有关的误差以更精确地发展界的估计.

迄今为止,适用于鞍点分析的组合类与我们看到的适用于奇点分析的类相比,只有相对较少的模式. 对更多的这种模式,方法的一致性肯定是存在的. 这方面的一个积极信号是一些研究者已经开发了可行性的概念,它把鞍点方法适用的函数类归结为验证用简单条件描述的函数.

鞍点方法还提供了更一般背景下的眼光. 其中最值得注意的是,大幂的分析的一般结果为分布的分析和极限律奠定了基础,它们是下一章的主题.

关于参考文献的注记和评论. 鞍点方法在应用数学中占有一席之地,其中之一是Debye(1909年)对高阶Bessel函数所做的渐近分析.(事实上,正如

Edwards 的文献[186] 的 139 页中当所注意到的那样当 Riemann 的文献[511] 用它研究超几何函数和 ζ - 函数以及 Cauchy 于 1827 年发表的作品中的同有关研究的痕迹就已经可以察觉这种研究的早期信号了，见 Petrova 和 Solov'ev 的学术研究[483].）鞍点分析有时也被称为最速下降分析，特别是在积分围道严格地与最速下降的路径重合时. 鞍点本身也被称为临界点(即，一阶导数为零的点). 由于鞍点分析起源于应用数学，所以应用数学方面的文献也很好地包括了方法，对此方面的广泛的讨论，我们推荐 Olver 的文献[465]，Henrici 的文献[329]，或者 Wong 的文献[614]. 对此主题的生动介绍可以在 De Bruijn 的文献[143] 中找到. 我们还推荐 Odlyzko 的令人印象深刻的综述[460].

1950 年鞍点方法在相当大的范围内被引入到组合枚举的领域中. 早期的组合论文关注的是对合(involutions) 或集合的分拆：这包括 Moser 和 Wyman 的文献[448,449,450] 的主要是针对整函数的工作.

我们在这里阐述的 Hayman 方法(见文献[325]，也参见文献[614])，由于其一般性是值得注意的. 它设想了抽象视角中的鞍点分析，这使得它可能制定一般的封闭性定理. Harris 和 Schoenfeld 的文献[323] 也按着类似的线索给出了允许完全的渐近展开的更强的条件；Odlyzko 和 Richmond 的文献[462] 成功地将这些条件与 Hayman 的可行性联系起来. 另一个有价值的工作是 Wyman 的文献[624] 对非正函数的推广.

足够有趣的是，分析组合学中发展起来的那些内容和方法也相似地发生在数学的其他领域中.

Erwin Schrödinger 1944 年在都柏林的讲座[535] 中为了给有些人研究的统计物理中非常类似于球箱的模型打下一个严谨的基础而介绍了鞍点方法. Daniels 1954 年出版的文献[136] 是概率和统计中鞍点技术的历史资料，其中可以找到中心极限定理的改进版本.(例如可见 Greene 和 Knuth 的书[310] 中的描述.）从此之后，鞍点方法被证明是导出 Gauss 极限分布的有用工具. 我们在这一章中给出了一些关于这种方法的想法，这将在第 Ⅸ 章中得到进一步发展，在那里我们将讨论 Canfield[101] 中的一些结果. 解析数论也大量使用了鞍点分析. 在加法数论中，Hardy，Littlewood 和 Ramanujan 关于整数的分拆的工作特别有影响力，例如可见 Andrews 的书[14] 和 Hardy 以一个迷人的视角讲述的关于 Ramanujan 的讲义[321].（在乘法数论中，生成函数采用 Dirichlet 级数的形式，而 Perron 的公式代替了 Cauchy 的公式. 关于这方面的鞍点方法，我们推荐 Tenenbaum 的书[576] 和他的讨论班讲义[575].）

由于与下一章中要发展的关于局部极限律和大偏差的估计的准幂框架有

密切的关系,所以关于极限概率分布和鞍点技巧的更全面的观点将在下一章中给出.关于鞍点方法的某些方面的一般参考可见 Bender-Richmond 的文章[45],Canfield 的文献[101],Gardy 的文献[280,281,282] 和 Gittenberger-Mandlburger 的文献[292].至于关于多重鞍点和相变方面的文献,我们推荐读者参考第 Ⅷ.10 节末中给出参考资料.

部分 C

随机结构

第IX章 多元渐近和极限定律

Un problème relatif aux jeux du hasard, proposé àun austère janseniste par un homme du monde, a été à l'origine du Calcul des Probabilités. [①]

——SIMÉON-DENIS POISSON(西蒙一丹尼斯 泊松)

分析组合学所关注的是阐明组合结构的性质与生成函数的代数性质和解析性质之间的关系.一个最基本的情况是组合类的枚举和组合参数的矩的分析.这涉及前面章节中广泛讨论过的单变量的生成函数(正规的或复的),因而本质上都是单变量问题.

在各种科学以及组合学本身中的很多应用,都需要量化组合结构的参数的行为.相应的问题现在就具有了多变量性质,其典型的一种问题是通常我们想要对有固定容量和给定参数的组合类中的对象的数目有一种估计方法.平均情况的分析通常是不够的,由于通常很重要的是根据模拟中所观察到的数据或根据随机模型中实际的数据用与平均值的偏差的术语来预测有可能会发生什么事情——这表示需要有关概率分布的信息.一个有用的但是粗略的结果是从Ⅲ.2.2小节中推导出的关于矩的不等式所得出的估计.然而,通常情况下我们需要的更多.实际上,当随机的组合结构的容量趋于无穷时,我们经常观察到组合参数的分布(对于不同的容量的值)的直方图表现出共同的特征"形状".在这种情况下,我们说存在极限定律.本章的目标正是为了介绍一种从组合表示中提取极限定律的方法.

① "世界上的男人对严厉的詹森主义者提出的一个关于机会游戏的问题一直是概率演算的起源."Poisson指的是由Chevalier de Méré,(曾是赌徒和哲学家)投注赌博问题导致了Pascal,(一个严峻的宗教人士)发展了概率论的一些基础.

在较简单的情况下，极限定律是离散的，这时，它们经常表现出 Poisson 型几何形状. 在其他许多情况下，极限定律是连续的，一个最重要的情况是经常在初等组合结构中发现的与著名的钟形曲线相关的 Gauss 定律. 本章利用二元生成函数的性质专门开发了一套连贯的用来提取这种离散和连续的定律的分析技巧. 我们的出发点是部分 A(特别是第Ⅲ章)所给出的符号方法，它使我们能系统地推导出组合结构的很多自然的参数的二元生成函数. 这里使用的方法是部分 B 中的复渐近技巧和附录 C(概率论的概念)中提到的少数经典概率论中偏重分析方面的定理.

在我们将要阐述的理论下，二元生成函数将如下解析地处理. 像诱导出(单变量)计数生成函数的变形那样，标记我们所感兴趣的组合参数的辅助变量. 然后研究这种变形对计数生成函数的奇点类型的影响：当研究某些大容量的对象时，单变量奇点分析的扰动通常就足以推导出给定参数的概率生成函数的渐近估计. 概率论的连续性定理最终将允许我们得出存在极限定律的结论并对其进行描述.

这种模式的一个特别重要的组成部分是"准幂"的框架. 大幂倾向于以计数生成函数的系数的渐近形式出现(考虑收敛半径的边界和 ρ^{-n} 因子). 计数生成函数的变形的集合因而经常显得可以归结为对应的系数的逼近的集合，这一集合对于大幂也是渐近的——从技术上讲，这些大幂就称为准幂. 由此出发，Gauss 定律就可沿着有点让人想起经典概率论的中心极限定理的线索推导出来，这一定律渐近地表达了独立随机变量之和的 Gauss 特征.

本章首先简要地介绍离散的和连续的极限定律(Ⅸ.1 节). 然后Ⅸ.2 节和Ⅸ.3 节介绍了关于组合学中离散定律的方法和例子. 连续极限定律构成Ⅳ.4 节的主题，其中致力于一般的方法，在Ⅸ.5 节引入了准幂框架. 接下来的三节，Ⅸ.6，Ⅸ.7 和Ⅸ.8 节，然后发展了半纯渐近，奇点分析和鞍点方法对组合学中 Gauss 极限定律的特性的描述的扩展. 一些其他的性质，例如局部的极限和大偏差，分别构成了Ⅸ.9 和Ⅸ.10 节的主题. 最后，本章以讨论非 Gauss 极限(特别是Ⅸ.11 中的稳定律)和多变量问题(Ⅸ.12 节)作为结束.

正如在其他地方一样，在组合学中的极限定律中，实质比结论更重要. 也就是说，方法通常比定理更重要，在这些定理的叙述中可能会涉及某些复杂晦涩的技术条件. 我们尽可能以"概念"的方式阐述前者，而尽量避免后者.

在分析组合学的视角下，建立组合表示和渐近性质之间的直接关系经常以极限定律的形式出现这一现象是引人注目的，也是这个理论的一个特征. 特别是本书以前所介绍的所有模式都导致了明确的极限定律. 正如我们将在本章中看到的,几乎所有的概率论和统计的基本定律都会发生在组合学的某个地方;反过来,几乎任何简单的组合参数都会受到极限律的约束.

Ⅸ.1 极限定律和组合结构

下面我们要研究的组合类$\mathcal{F}$,是有标记的或无标记的,带有一个取整数值的组合参数χ.对这种组合类,有两方面的结果.一方面的结果是关于一族概率模型的,即对每个均匀分布在$\mathcal{F}_n$上的n,对任何一个$\gamma \in \mathcal{F}$,都指定一个相同的数作为概率

$$\mathbb{P}(\gamma)=\frac{1}{F_n}$$

其中$F_n=\mathrm{card}(\mathcal{F}_n)$,另一方面的结果是关于对应于$\mathcal{F}_n$的$\chi$的随机变量族的.在上述的均匀分布下,那么我们就有

$$\mathbb{P}_{\mathcal{F}_n}(\chi=k)=\frac{1}{F_n}\mathrm{card}\{\gamma \in \mathcal{F}_n \mid \chi(\gamma)=k\}$$

我们用$\mathbb{P}_{\mathcal{F}_n}$来表示相对于$\mathcal{F}_n$的概率模型,但只要$\mathcal{F}$在文中的意义是清楚的,我们也可以将其简写成$\mathbb{P}_n$或$\mathbb{P}(\chi_n=k)$.

当n增加时,χ_n分布的直方图通常具有共同的轮廓;对两个基本参数的直方图,见例Ⅸ.1和图Ⅸ.1,其中一个参数导致离散律,另一个导致连续的极限.正是从这样的观察中,我们抽象出了极限律的概念.

例Ⅸ.1 两字母单词:初等方法. 考虑由字母$\{a,b\}$组成的两字母单词的类$\mathcal{W}$,我们验证两个特意选择的足够简单的参数,以便能明确写出它们所涉及的概率分布的表达式.定义参数

$\chi(w)$:=单词w中字母开头的a的数目,$\xi(w)$:=单词w中字母a的总数

以及对应的计数符号

$$W_{n,k}^{\chi}:=\mathrm{card}\{w \in \mathcal{W}_n \mid \chi(w)=k\}$$

$$W_{n,k}^{\xi}:=\mathrm{card}\{w \in \mathcal{W}_n \mid \xi(w)=k\}$$

从初等的组合学我们可以得出它们的确切表达式,对$0 \leqslant k \leqslant n$,我们有

$$W_{n,0}^{\chi}=2^{n-1},W_{n,1}^{\chi}=2^{n-2},\cdots,W_{n,n-1}^{\chi}=1,W_{n,n}^{\chi}=1,W_{n,k}^{\xi}=\binom{n}{k}$$

概率分布因此是(其中[[·]]是Iverson的指标函数符号.译者注:见第Ⅰ章命

题 Ⅰ.3 的脚注.)

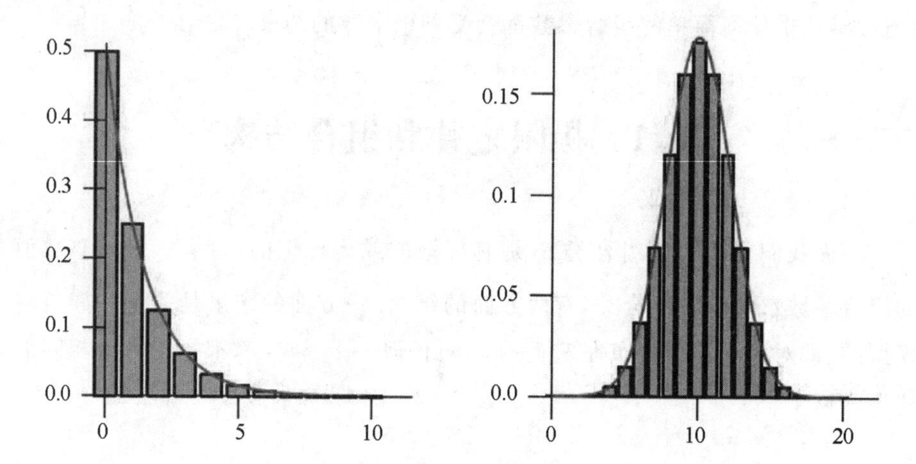

图 Ⅸ.1　$n=10$ 时,初始字母为 a 的随机的二元字符串的概率分布的直方图和总数为 $n=20$ 时的初始字母为 a 的随机的二元字符串的概率分布的直方图(ξ:右).对于χ 的直方图没有标准化并且可以明显地看出它直接收敛到一个几何数列的极限律;对于 ξ 的直方图在做了把水平轴缩放为 n 的尺度变换后,直方图与钟形曲线紧密匹配,这是连续的 Gauss 极限律的特征

$$\begin{cases}\mathbb{P}_{\mathcal{W}_n}(\chi=k)=\dfrac{1}{2^{k+1}}[[0\leqslant k<n]]+\dfrac{1}{2^n}[[k=n]]\\ \mathbb{P}_{\mathcal{W}_n}(\xi=k)=\dfrac{1}{2^n}\dbinom{n}{k}\end{cases}$$

关于χ 的概率在 n 充分大时的渐近的极限过程中类似于几何数列的分布.实际上,对于每个 k,成立

$$\lim_{n\to\infty}\mathbb{P}_{\mathcal{W}_n}(\chi=k)=\frac{1}{2^{k+1}}$$

和

$$\lim_{n\to\infty}\mathbb{P}_{\mathcal{W}_n}(\chi\leqslant k)=1-\frac{1}{2^{k+1}}$$

我们说对χ 成立几何数列类型的离散极限律.

与χ 相对照,$\mathcal{W}_n$上的参数ξ 具有平均值$\mu_n:=\dfrac{n}{2}$ 和标准差$\sigma_n:=\dfrac{1}{2}\sqrt{n}$.我们应当将 ξ 中心化和尺度化,为此,我们引入"标准化"(或"正规化")随机变量

$$X_n^*=\frac{\xi_n-\mathbb{E}(\xi_n)}{\sqrt{\mathbb{V}(\xi_n)}}=\frac{\xi_n-n/2}{\frac{1}{2}\sqrt{n}}\tag{1}$$

然后，对固定的 y 值，我们就可以验证(累积)分布函数$\mathbb{P}(X_n^* \leqslant y)$. 对 ξ 本身，我们现在对 y 的实数值考虑$\mathbb{P}(\xi_n \leqslant \mu_n + y\sigma_n)$. 那么，从经典的二项式系数的逼近就得到以下逼近(注记 Ⅸ.1)

$$\lim_{n\to\infty} \mathbb{P}(\xi_n \leqslant \mu_n + y\sigma_n) = \frac{1}{\sqrt{2\pi}}\int_{-\infty}^{y} e^{-t^2/2}\,dt \tag{2}$$

我们现在称对 ξ 成立 Gauss 型的连续极限律.

▶**Ⅸ.1 二项式律的局部和中心逼近.** 等式(2) 可经典地通过"局部"近似的求和得出

$$\frac{1}{2^n}\binom{n}{\frac{1}{2}n + \frac{1}{2}y\sqrt{n}} = \frac{e^{-y^2/2}}{\sqrt{\pi n/2}}\left(1 + O\left(\frac{y^3}{\sqrt{n}}\right)\right) \tag{3}$$

它对 $y = o(n^{\frac{1}{6}})$ 有效. (3) 的证明可以通过 De Moivre(1721) 的方法获得，见注记 Ⅲ.3，或用 Stirling 公式得出. ◀

组合分布和极限律. 按照一般的分布收敛(或弱收敛，见附录 C.5) 的概念，我们将说对参数存在极限律，如果相应的累积分布的函数族收敛. 在本书中遇到的几乎所有的例子中[①]都有像例 Ⅸ.1 中所说的两种主要的收敛类型，即组合参数的先验的离散分布可能满足：

离散 → 离散　　和　　离散 → 连续

在离散 → 离散的情况下，在没有标准化的情况下建立所涉及的随机变量的收敛性. 在离散 → 连续的情况下，就像式(1) 中那样，参数在平均值处进行中心化并用标准差做尺度化.

如果可以的话，当量化个别对象的概率(而不是累积分布函数) 时所得出的局部极限律也是有兴趣的. 在离散到离散的情况下，局部和"全局" 极限之间的区别并不重要，由于存在其中一种极限律就蕴含着另一种极限律. 在离散到连续的情况下，就像式(3) 中那样，局部极限律是以固定概率密度的术语表示的，由于需要更强的分析性质，因此在技术上更难于驾驭.

极限定律中的收敛速度描述了有限组合的分布接近它们的渐近极限的方式. 这证明有限 n 模型的渐近逼近的质量的信息是有用的.

最后，量化远离平均值极端配置的"风险"，需要对分布的尾部进行估计. 这种估计属于大偏差理论. 对它们的研究构成了对中心和局部极限律的研究的有

① 但是，在例 Ⅴ.4 中单词运行时间最长的情况下，离散的族需要中心化的分布.

益补充. 在图 Ⅸ.2 中总结了这些不同的概念.

经典概率论已经详细阐述了对于分析分布极限的非常有用的工具. 对于上述的两种主要类型,连续性定理给出了可以通过变换的收敛来建立收敛律的条件. 对离散情况,上面所说的变换是概率生成函数(PGF),特征函数或者 Laplace 变换. 这方面的结果一方面是对关于组合分布的收敛速度与其极限的 Berry-Esseen 不等式的改进,另一方面是变换之间的距离. 换句话说,如果它们的变换接近,则分布也很接近. 在概率论和统计中最终通过"移动均值"技巧得出的大偏差估计是大家都熟悉的.

极限定律:用固定的随机变量的累积分布函数的术语叙述的组合参数的累积分布函数的渐近逼近称为"极限"定律. 这时,我们需要估计$\mathbb{P}_n(\chi \leqslant k)$. 中心化和尺度化,一个称为"标准化"的过程,在连续极限律的情况下是需要的.

局部极限定律:组合概率的"局部值",$\mathbb{P}_n(\chi = k)$的一个直接的渐近估计. 在离散情况下,存在基本的极限律和局部的极限律在逻辑上是等价的性质. 在连续的情况下,需要标准化并且用固定的续随机变量的密度的术语来表示所得到的估计.

尾部估计和大偏差:对于给定的分布,尾部估计是对大量偏离平均值的概率的渐近估计. 大偏差估计量化了当分布以指数速率(在适当的尺度下)衰减时分布族尾部的概率.

收敛速度:渐近估计误差的上界.

图 Ⅸ.2　关于组合分布的分析的主要概念的一个非正式的总结

极限律与二元生成函数　在这一章中,分布分析的出发点必然是二元生成函数

$$F(z,u)=\sum_{n,k} f_{n,k}u^k z^n$$

其中 $f_{n,k}$ 表示(可能要乘以一个标准化因子)某个类$\mathcal{F}$中容量为 n 的结构的数目. 我们所寻求的是关于系数

$$f_{n,k}=[z^n u^k]F(z,u)$$

的数阵的渐近信息. 因而我们需要双系数的提取. 这一任务原则上可以通过迭代使用 Cauchy 系数公式来逼近

$$[z^n u^k]F(z,u)=\left(\frac{1}{2\mathrm{i}\pi}\right)^2\int_\gamma\int_{\gamma'}F(z,u)\,\frac{\mathrm{d}z}{z^{n+1}}\,\frac{\mathrm{d}u}{u^{k+1}}$$

但这种方法难以实施[①],而且在我们目前的知识阶段,它显得还不如本章所采

① 然而,Pemantle 及其合作者(文献[474-476])最近的作品集收集了一类良定义的二元渐近问题,它们可用多复变函数论加以攻击,也可用奇异变量的几何加以详细研究.

用的路径方法一般化.

下面是本章接下来的几节要发展的理论背后的原理的一个概述. 首先，正如我们所熟知的那样，$F(z,u)$ 在 $u=1$ 处的表达式给出了$\mathcal{F}$的计数生成函数，即 $F(z)=F(z,1)$. 其次，正如我们从第 Ⅲ 章起开始反复看到的那样，当 n 固定并且 k 变化时，组合分布 $f_{n,k}$ 的矩可通过 $u=1$ 处的偏导数得出，即

$$\text{一阶矩} \leftrightarrow \left.\frac{\partial}{\partial u}F(z,u)\right|_{u=1}, \text{二阶矩} \leftrightarrow \left.\frac{\partial^2}{\partial u^2}F(z,u)\right|_{u=1}$$

等等. 总之：计数可由二元生成函数 $F(z,u)$ 在 $u=1$ 处的表达式得出提供；矩可由二元生成函数 $F(z,u)$ 在 $u=1$ 的无穷小邻域中的展开式得出.

我们得出极限律的方法如下. 目标是估计"水平"生成函数

$$f_n(u):=\sum_k f_{n,k}u^k \equiv [z^n]F(z,u)$$

由于$\mathbb{E}_{\mathcal{F}_n}(u^\chi)=\dfrac{f_n(u)}{f_n(1)}$，所以上式与取在$\mathcal{F}_n$上的$\chi$ 的概率生成函数成比例. 现在问题可看成单个系数的提取(提取 z^n 的系数)，但由 u 参数化 —— 见我们下面关于"奇点扰动"的简短讨论. 由于可应用连续性定理，在很多有组合兴趣的情况下可以证明以下几点：由当 u 在 1 的固定邻域中对 $f_n(u)$ 的估计导出的极限定律的存在性，这一估计依赖于生成函数 $z\mapsto F(z,u)$ 在 $u=1$ 附近的行为. 这就是本章大部分内容所探讨的基本分析模式.

此外，由于 Berry-Esseen 不等式，对 $f_n(u)$ 的一致渐近估计的质量就转化为对应的极限律的收敛估计的速度. 还有，正如我们将要在 Ⅸ.9 节中根据鞍点方法将要看到的那样，对于离散到连续的情况，当 u 的值限于单位圆 $|u|=1$ 上时，从生成函数 $z\mapsto F(z,u)$ 将可导出局部极限律. 在这种情况下，关于 u 的二次反演将受鞍点方法，而不是连续性定理的影响 —— 这一原理扩展了 Ⅷ.8 节中提出的大幂分析. 最后，当 u 是实数，并且 $u<1$(左尾部) 或 $u>1$(右尾部) 时，我们从对 $f_n(u)$ 的估计中发现了大偏差的估计. 这是一个简单地反映了鞍点界的性质，见 Ⅸ.10 节.

二元生成函数的解析性质和分布的概率性质之间的对应关系总结在图 Ⅸ.3 中；也见专门对连续极限律总结的图 Ⅸ.9.

奇点的扰动. 正像我们在 Ⅳ—Ⅷ 章中所看到的那样，分析组合学的方法是从 Cauchy 系数积分公式

$$[z^n]F(z)=\frac{1}{2\pi i}\int_\gamma \frac{F(z)}{z^{n+1}}dz$$

出发的对于容量为 n 的计数对象的单变量问题.

问题	GF	u 的区域	参考章节
计数	$F(z,1)$	$u=1$	第 Ⅰ 和第 Ⅱ 章
矩	$\left.\frac{\partial^r}{\partial u^r}F(z,u)\right\|_{u=1}$	$u=1+o(1)$	第 Ⅲ 章
离散定律 极限律 尾部	$F(z,u)$ $F(z,u)$	$u\in\Omega\subset\{\|u\|\leqslant 1\}$ $\|u\|=r,r>1$	定理 Ⅸ.1 定理 Ⅸ.3
连续定律 Gauss 型极限律 局部极限律 大偏差	$F(z,u)$ $F(z,u)$ $F(z,u)$	$u\in\Omega;\Omega\subset\mathbb{C},1\in\Omega$ $u\in\Omega\cup\{\|u\|=1\}$ $u\in[1-\delta,1+\delta']$	定理 Ⅸ.8 定理 Ⅸ.14 定理 Ⅸ.15

图 Ⅸ.3　二元生成函数的解析性质与组合分布的概率性质之间的对应关系的小结

无论 $F(z)$ 的奇点是极点型的(第 Ⅳ 章和第 Ⅴ 章),奇异型的解析类的代数－对数奇点(第 Ⅵ 章和第 Ⅶ 章)还是实质上是鞍点方法适用的奇点(第 Ⅷ 章),我们都可以对它们加以探索.

从上面的讨论可知,关于组合分布的关键信息可以从二元生成函数 $F(z,u)$ 得出,其中 u 在某个包含1的区域中变化.这建议我们不是把 $F(z,u)$ 看成两个 z 和 u 起对称作用的两个复变量的解析函数,而是要把它看成由辅助参数 u 做指标的 z 的函数的集合.换句话说,我们把 $F(z,u)$ 看成 $F(z)\equiv F(z,1)$ 的变形,其中 u 在某个包含 $u=1$ 的区域中变化.那样.Cauchy 的系数积分就给出

$$\begin{aligned} f_n(u) &\equiv [z^n]F(z,u) \\ &= \frac{1}{2\pi\mathrm{i}}\int_\gamma \frac{F(z,u)}{z^{n+1}}\mathrm{d}z \end{aligned}$$

对于 $u=1$,$f_n(1)=[z^n]F(z,1)$ 的渐近形式可以通过部分B中适当的围道积分技巧得出.然后我们可以检查参数 u 对系数提取过程中系数的渐近的影响方式[①],其目的是导出一个当 u 接近于1时,$f_n(u)$ 的渐近估计.这种方法称为奇点的扰动分析.例如,$F(z,1)$ 在 $z=\rho$ 处的奇点典型地蕴含了 $F(z,1)$ 的系数具有 $f_n(1)\approx\rho^{-n}n^\alpha$ 的渐近形式.并且,在幸运的情况下(在 Ⅸ.6 和 Ⅸ.7 节中有很多这种例子),这个单变量的估计可以扩展为形式为 $f_n(u)\approx\rho(u)^{-n}n^\alpha$ 的估计.

① 正如第 Ⅳ 章至第 Ⅷ 章中所述的,通过基于围道积分的复分析技巧分析 GF 的系数的基本特征的方法是强大的:通常这一方法可以允许光滑的扰动并给出一致的误差项.

在这种情况下,对应于 $F(z,u)$ 的参数χ 的概率生成函数就满足估计

$$\mathbb{E}_{\mathcal{F}_n}(u^{\chi}) \equiv \frac{f_n(u)}{f_n(1)} \approx \left(\frac{\rho(u)}{\rho(1)}\right)^{-n} \tag{4}$$

这种分析形式让人联想到概率论中的中心极限定理,因此根据这一定理,对固定的 PGF(对应于大量独立随机变量的数量之和) 必然收敛到 Gauss 定律[①] —— 我们在这里确实得出了这种定律. 在本章中,我们将看到这个策略的很多应用,我们现在通过重新审视例 Ⅸ.1 中的两字母单词的例子来对此加以简要说明.

例 Ⅸ.2　两字母单词,BGF 方法. 关于两字母单词和两个参数χ(开头的由 a 组成的字符串的长度) 和 ξ(a 的总数),一般的奇点扰动将从 BGF 开始

$$\begin{cases} \mathcal{W}^{\chi} = \mathrm{SEQ}(ua)\mathrm{SEQ}(b\mathrm{SEQ}(a)) \Rightarrow W^{\chi}(z,u) = \dfrac{1}{1-uz}\,\dfrac{1}{1-\dfrac{z}{1-z}} \\[2ex] \mathcal{W}^{\xi} = \mathrm{SEQ}(ua+b) \Rightarrow W^{\xi}(z,u) = \dfrac{1}{1-(zu+z)} \end{cases}$$

然后实际的做法如下:

考虑第二个变元 u 的某个固定值 u_0. 对于 W^{χ} 来说,BGF 中有两种成分

$$W^{\chi}(z,u_0) = \frac{1}{1-u_0 z} \cdot \boxed{\frac{1-z}{1-2z}}$$

只要 $|u_0| < 2$,其主奇点,即在 $z = \frac{1}{2}$ 处的简单极点,就会从上面的第二个因子中产生,因此我们有

$$W^{\chi}(z,u_0) \underset{z\to\frac{1}{2}}{\sim} \frac{\frac{1}{2}}{1-\frac{1}{2}u_0} W(z)$$

蕴含

$$[z^n]W^{\chi}(z,u_0) \sim \frac{\frac{1}{2}}{1-\frac{1}{2}u_0} 2^n$$

然后χ 的遍历$\mathcal{W}_n$的概率生成函数就可通过除以 2^n 而得出

① 也见 Ⅷ.8 节.

$$\mathbb{E}_{\mathcal{W}_n}(u_0^{\chi}) = \frac{1}{2^n}[z^n]\,\mathcal{W}^{\chi}(z,u_0) \sim \frac{\frac{1}{2}}{1-\frac{u_0}{2}}$$

$$= \sum_{k=0}^{\infty} \frac{1}{2^{k+1}} u_0^k$$

其中最后一个表达式不是别的而正是离散极限律的概率生成函数，即，参数为 $\frac{1}{2}$ 的几何数列分布. 正像我们将在 Ⅸ.2 节中看到的那样，在那里我们将阐述概率生成函数的连续性定理，它足以让我们得出χ 的分布收敛到几何数列的极限定律的结论.

对于第二种情况，即对于 W^{ξ}，辅助参数修改奇点的位置

$$W^{\xi}(z,u_0) = \frac{1}{1 - z\boxed{(1+u_0)}}$$

因而，当 u_0 变动时，(唯一的) 奇点光滑地移动

$$\rho(u_0) = \frac{1}{(1+u_0)}$$

而奇点的类型(这里是一个简单的极点) 保持不变 —— 这样我们就遇到一种式(4) 的极其简化的形式. 因此，系数$[z^n]W^{\xi}(z,u_0)$ 是用“大幂”的公式描述的(这里的确切类型可见 Ⅷ.8 节). 作为 ξ 的遍历$\mathcal{W}_n$的概率生成函数，我们有

$$\mathbb{E}_{\mathcal{W}_n}(u^{\xi}) = \frac{1}{2^n}[z^n]W^{\xi}(z,u_0)$$

$$= \left(\frac{1}{2\rho(u_0)}\right)^n$$

从本章的角度来看，这最后一种形式(这里特别简单) 是允许应用积分变换的连续性定理(Ⅸ.4 节). 结果就是在这种情况下存在 Gauss 型的连续极限律.

本章采用的方法是典型的，一旦配备了适当的一般性定理，讨论非平面的无标记的树的叶子的数目以及素数合成中加数的数目就并不困难.

前面的讨论毫不含糊地建议对指向离散极限定律的二元生成函数的“轻微” 扰动既不影响奇点的位置也不影响奇点的性质. 位置或指数中的“主要” 变化是有利于连续极限律的，其中最主要的例子是正态分布. 图 Ⅸ.4 概述了极限律的类型，总结了这一章的精神：分析二元生成函数 $F(z,u)$；由 u 引起的变形以各种方式影响 $F(z,u)$ 的奇点类型，而合适的复系数提取给出了相应的极限定律.

$u\approx 1$ 处的 $F(z,u)$	极限律的类型	方法和模式	参考章节
符号，+指数，不动点	离散极限律（几何数列，非负二项式和 Poisson）	次临界成分	Ⅸ.3 节
		次临界级数，集合	Ⅸ.3 节
符号，移动，指数，不动点	Gauss(n,n) 型	超临界成分	
——	——	半纯扰动	Ⅸ.6 节
——	——	（有理函数）	Ⅸ.6 节
——	——	符号，解析扰动	Ⅸ.7 节
——	——	（代数，隐函数）	Ⅸ.7.3 小节
符号，不动点，指数，移动	Gauss$(\log n,\log n)$ 型	指数－对数结构	Ⅸ.7.1 小节
——	——	（微分方程）	Ⅸ.7.4 小节
符号，+指数，移动	Gauss 型	(Gao-Richmond（文献[277])	
基本奇点	通常是 Gauss 型	鞍点方法	Ⅸ.8 节
不连续类型	非 Gauss 型	各种情况	Ⅸ.11 节
——	稳定的	临界成分	Ⅸ.11.2 小节

图 Ⅸ.4　基于由 $u\approx 1$ 激起的，本章所研究的二元生成函数和极限律的粗略分类

Ⅸ.2　离散极限律

这一节对离散到离散的情况给出了所需的基本分析－概率技巧，其中（离散）组合参数的分布趋向于（没有归一化）的离散极限．相应的收敛概念在Ⅸ.2.1 小节中给出了定义和验证．概率生成函数（PGF）是重要的，由于根据Ⅸ.2.2 小节中所叙述的连续性定理，PGF 的收敛蕴含着分布的收敛．同时，两个分布的 PGF 接近的事实蕴含着原始的分布函数也是接近的．最后，对分布的尾部估计可以很容易地与 PGF 的解析延拓关联起来，这是Ⅸ.2.3 小节中讨论的基本性质．本节组织了一些通用工具，因此我们限于讨论一个单个的组合应用，即容量固定的随机排列中轮换的数目．在下一节中将给出更多的对于随机组合结构的应用．

这一节和下一节将介绍在附录 C.4：特殊分布中所描述的三种经典离散极

限律. 为方便读者起见,我们在图 Ⅸ.5 中给出了它们的定义.

分布	概率	PGF
几何数列(q)	$(1-q)q^k$	$\frac{1-q}{1-qu}$
非负二项式$([m](q))$	$\binom{m+k-1}{k}q^k(1-q)^m$	$\left(\frac{1-q}{1-qu}\right)^m$
Poisson(λ)	$e^{-\lambda}\frac{\lambda^k}{k!}$	$e^{\lambda(1-u)}$

图 Ⅸ.5　分析组合学中的三种主要的离散极限律:几何数列,非负二项式和 Poisson 分布

Ⅸ.2.1　离散极限律的收敛. 为了准确地指定一个极限律,我们将基于附录 C.5:极限律中的收敛性所描述的一般背景:在那里提出了一族离散趋向于一个极限的离散分布的分布的"正确"的收敛概念所必需的原则. 我们在这里特别针对有兴趣的情况给出了一个独立的定义.

定义 Ⅸ.1　离散到离散的收敛. 称一个支集为$\mathbb{Z}_{\geqslant 0}$的离散随机变量 X_n 按极限律收敛,或者依分布收敛到一个支集为$\mathbb{Z}_{\geqslant 0}$的离散变量 Y,记为 $X_n \Rightarrow Y$,如果,对于每个 $k \geqslant 0$,我们有

$$\lim_{n\to\infty}\mathbb{P}(X_n \leqslant k)=\mathbb{P}(Y \leqslant k) \tag{5}$$

称收敛的速度是 ε_n,如果

$$\sup_k |\mathbb{P}(X_n \leqslant k)-\mathbb{P}(Y \leqslant k)| \leqslant \varepsilon_n \tag{6}$$

条件(5) 可以用分布函数 $F_n(k)=\mathbb{P}(X_n \leqslant k)$ 和 $G(k)=\mathbb{P}(Y \leqslant k)$ 的术语表示成

$$\lim_{n\to\infty}F_n(k)=G(k)$$

对每个 k 的逐点收敛,在这种情况下,我们把上式记为 $F_n \Rightarrow G$ 并称为弱收敛. 我们也说 X_n(或 F_n) 具有 Y(或 G) 型的极限定律.

此外,除了在式(5) 意义下的极限律之外,我们有兴趣检验个别概率值的收敛. 我们称存在局部极限律,如果对每个 $k \geqslant 0$ 都成立

$$\lim_{n\to\infty}\mathbb{P}(X_n=k)=\mathbb{P}(Y=k) \tag{7}$$

我们称 δ_n 是局部极限律收敛的速度,如果

$$\sup_k |\mathbb{P}(X_n=k)-\mathbb{P}(Y=k)| \leqslant \delta_n$$

通过差分或求和,很容易看出条件(5) 和(7) 是互相蕴含的. 换句话说:对于离散随机变量(RV) 的另一个离散 RV 的收敛,在意义(5) 下存在极限定律和在意

义(7)下存在局部极限定律是完全等价的.下面的注记 Ⅸ.2 初等地表明了当 $n \to \infty$ 时总存在着趋于 0 的收敛速度.换句话说,分布函数的个别概率的简单收敛蕴含着一致收敛.

在下文中,我们总设随机变量 X_n 表示组合取自某个类$\mathcal{F}$并限制在$\mathcal{F}_n$上的组合参数χ,即

$$\mathbb{P}(\chi_n = k) := \mathbb{P}_{\mathcal{F}_n}(\chi = k)$$

极限变量 Y,即其概率分布为 G 的变量,将在每个具体例子中确定.离散极限定律发生的一个高度可靠的迹象是 X_n 的平均值 μ_n 和方差 σ_n^2 的事实保持有界,即它们满足 $\mu_n = O(1)$ 和 $\sigma_n^2 = O(1)$.检验概率值表中的初始条目通常就会允许我们检测极限定律是否成立.

例 Ⅸ.3 排列中的单轮换. 长度为 n 的随机排列中的单轮换(长度为 1 的轮换)的数目的例子说明了基本概念,而它可以用最少的分析手段进行研究.它的指数 BGF 是

$$\mathcal{P} = \text{SET}(u\mathcal{Z} + \text{CYC}_{\geqslant 2}(\mathcal{Z})) \Rightarrow P(z,u) = \frac{\exp(z(u-1))}{1-z} \tag{8}$$

从上式可确定平均值 $\mu_n = 1$(对 $n \geqslant 1$)以及标准差 $\sigma_n = 1$(对 $n \geqslant 2$).概率 $p_{n,k} := [z^n u^k]P(z,u)$ 的数值表

	$k=0$	$k=1$	$k=2$	$k=3$	$k=4$	$k=5$
$n=4$	0.375	0.333	0.250	0.000	0.041	
$n=5$	0.366	0.375	0.166	0.083	0.000	0.008
$n=10$	0.367	0.367	0.183	0.061	0.015	0.003
$n=20$	0.367	0.367	0.183	0.061	0.015	0.003

立即告诉我们发生了什么.

确切的分布易于从二元 GF 中抽取出来

$$p_{n,k} \equiv [z^n u^k]P(z,u) = [z^n]\frac{z^k}{k!}\frac{e^{-z}}{1-z} = \frac{d_{n-k}}{k!} \tag{9}$$

其中 $n!\,d_n$ 是长度为 n 的错排的数目,即

$$d_n = [z^n]\frac{e^{-z}}{1-z} = \sum_{j=0}^{n}\frac{(-1)^j}{j!}$$

渐近地,我们有 $d_n \sim e^{-1}$,因而对固定的 k,我们有局部极限律

$$\lim_{n\to\infty} p_{n,k} = p_k$$

其中 $p_k=\frac{e^{-1}}{k!}$. 作为一个推论，我们有大长度的随机排列中单轮换的数目的分布趋向于速率 $\lambda=1$ 的 Poisson 分布.

收敛的速度是相当快的，下面是差分 $\delta_{n,k}=p_{n,k}-\frac{e^{-1}}{k!}$ 的表

	$k=0$	$k=1$	$k=2$	$k=3$	$k=4$	$k=5$
$n=0$	2.3×10^{-8}	-2.5×10^{-7}	1.2×10^{-6}	-3.7×10^{-6}	7.3×10^{-6}	1.0×10^{-5}
$n=20$	1.8×10^{-20}	-3.9×10^{-19}	3.9×10^{-18}	-2.4×10^{-17}	1.1×10^{-16}	-3.7×10^{-16}

收敛速度是易于界定的. 实际上，根据交错级数的性质，我们有 $d_n=e^{-1}+O\left(\frac{1}{n!}\right)$，因此一致地有

$$p_{n,k}=\frac{e^{-1}}{k!}+O\left(\frac{1}{k!\ (n-k)!}\right)=\frac{e^{-1}}{k!}+O\left(\frac{1}{n!}\binom{n}{k}\right)=\frac{e^{-1}}{k!}+O\left(\frac{2^n}{n!}\right)$$

作为一个推论，我们就得出了局部速度(δ_n)和中心速度(ε_n)的估计

$$\delta_n=O\left(\frac{2^n}{n!}\right),\varepsilon_n=O\left(\frac{n2^n}{n!}\right)$$

这个界是相当紧的，例如，我们可计算出最佳速度是 $\delta_{50}\doteq1.5\times10^{-52}$，而 $\frac{2^n}{n!}$ 的值约为 3.7×10^{-50}.

▶**Ⅸ.2　收敛的一致性**. 对于离散极限律来说，局部收敛和全局收敛总是一致的. 换句话说，当 $n\to\infty$ 时，总存在速度 ε_n 和 δ_n.

证明　设 $p_{n,k}:=\mathbb{P}(X_n=k)$，$q_k:=\mathbb{P}(Y=k)$. 简单地假设条件(5)及其条件等价形式(7)成立. 固定 $\varepsilon>0$ 充分小. 首先处理尾部：存在 k_0 使得 $\sum_{k\geqslant k_0}q_k\leqslant\varepsilon$. 因此 $\sum_{k<k_0}q_k>1-\varepsilon$.

现在，根据简单的收敛性，对于所有足够大的 $n\geqslant n_0$，对每个 $k<k_0$ 成立 $|p_{n,k}-q_k|<\frac{\varepsilon}{k_0}$.

因此，我们有 $\sum_{k<k_0}p_{n,k}>1-2\varepsilon$，于是 $\sum_{k\geqslant k_0}p_{n,k}\leqslant2\varepsilon$. 现在，我们已经证明了 $\sum_{k\geqslant k_0}q_k$ 和 $\sum_{k\geqslant k_0}p_{n,k}$ 都在 $[0,2\varepsilon]$ 中. 这说明分布函数的收敛是一致的，速度 $\varepsilon_n\leqslant3\varepsilon$. 此外，存在满足 $\delta_n\leqslant2\varepsilon$ 的局部速度. ◀

▶**Ⅸ.3　局部速度和全局速度的估计**. 设 M_n 是 χ 在 $\mathcal{F}_n$ 上的散布，其定义为

$M_n := \max_{\gamma \in \mathcal{F}_n} \chi(\gamma)$，那么式(6)中的收敛速度就由

$$\varepsilon_n := M_n \delta_n + \sum_{k > M_n} q_k$$

给出(可以通过尾部的估计改进这个不等式). ◀

▶**Ⅸ.4　总变差距离.** X 和 Y 之间的总的变化距离经典地满足

$$d_{TV}(X,Y) := \sup_{E \subseteq \mathbb{Z}_{\geqslant 0}} | \mathbb{P}_Y(E) - \mathbb{P}_X(E) | = \frac{1}{2} \sum_{k \geqslant 0} | \mathbb{P}(Y=k) - \mathbb{P}(X=k) |$$

(上式中两种形式之间的等价性是可通过初等地考虑特别的达到最大值的 E 而建立.)注记Ⅸ.2的论证也表明了分布的收敛性蕴含 X_n 和 X 之间的总变化距离趋于0.此外，根据注记Ⅸ.3，我们有

$$d_{TV}(X_n, X) \leqslant M_n \delta_n + \sum_{k > M_n} p_k$$ ◀

▶**Ⅸ.5　逃逸到无穷.** 序列 X_n，其中

$$\mathbb{P}\{X_n = 0\} = \frac{1}{3}, \mathbb{P}\{X_n = 1\} = \frac{1}{3}, \mathbb{P}\{X_n = n\} = \frac{1}{3}$$

虽然对每个 k，都存在 $\lim_{n \to \infty} \mathbb{P}\{X_n = k\}$，但不满足上述意义上的离散极限定律.一些概率质量逃逸到无穷大——在某种程度上，收敛发生在 $\mathbb{Z} \cup \{+\infty\}$ 上.

Ⅸ.2.2　对于 PGF 的连续性定理. 一个处理分析组合学中离散极限定律的高级方法是基于对随机变量 X_n 的 PGF $p_n(u)$ 的渐近估计，其中 X_n 来自类 $\mathcal{C}_n$ 上的参数 χ.如果对充分多的 u 值，当 $n \to \infty$ 时我们有

$$p_n(u) \to q(u)$$

那么我们就可以推断系数 $p_{n,k} = [u^k] p_n(u)$ (对于任何固定的 k) 趋于极限 $q_k = [u^k] q(u)$.PGF 的一般连续性定理精确地描述了 PGF 收敛到一个极限保证系数收敛到一个极限的条件，也就是，发生离散极限定律的条件.

定理Ⅸ.1　离散极限律的连续性定理. 设 Ω 是任何属于单位圆盘并且至少有一个位于单位圆盘内部的聚点的集合.又设概率生成函数 $p_n(u) = \sum_{k \geqslant 0} p_{n,k} u^k$ 和 $q(u) = \sum_{k \geqslant 0} q_k u^k$ 对 Ω 中的每一个 u 逐点的成立收敛关系

$$\lim_{n \to +\infty} p_n(u) = q(u)$$

那么在下述意义下，对每个 k 成立离散极限律

$$\lim_{n \to \infty} p_{n,k} = q_k$$

以及 $\lim_{n \to \infty} \sum_{j \leqslant k} p_{n,j} = \sum_{j \leqslant k} q_j$.

证明　$p_n(u)$ 先验地在 $|u| < 1$ 中解析，并且在 $|u| \leqslant 1$ 中它的模一致地

以 1 为界. 下面我们要应用分析中的一个经典的结果，即下述的 Vitali 定理(见文献[577]168 页或文献[329]566 页).

Vitali **定理**　设$\mathcal{F}$是一族定义在区域 S(一个开的连通集合) 中的解析函数，并且在$\mathcal{S}$的每个紧致子集中一致有界. 设 f_n 是$\mathcal{F}$的在集合$\Omega \subset S$中收敛的函数序列，它们有一个聚点 $q \in S$，那么 f_n 在S 中处处收敛，并且在每一个紧致子集$\mathcal{T} \subset S$ 中一致收敛.

这里我们取 S 是开的单位圆盘，在它里面所有的 $p_n(u)$ 都是有界的(由于 $p_n(1)=1$). 问题中的序列是 $p_n(u)$. 根据假设，在Ω中 $p_n(u)$ 收敛到 $q(u)$. Vitali 定理蕴含在开圆盘的任何紧致子集，例如在 $|u| \leqslant \frac{1}{2}$ 中收敛是一致的，那么 Cauchy 系数公式给出

$$\begin{aligned} q_k &= \frac{1}{2\pi \mathrm{i}} \int_{|u| \leqslant \frac{1}{2}} \frac{q(u)}{u^{k+1}} \mathrm{d}u \\ &= \lim_{n \to \infty} \frac{1}{2\pi \mathrm{i}} \int_{|u| \leqslant \frac{1}{2}} \frac{p_n(u)}{u^{k+1}} \mathrm{d}u \\ &= \lim_{n \to \infty} p_{n,k} \end{aligned} \tag{10}$$

其中由 Vitali 定理保证的一致性已经组合在(关于被积函数) 的围道积分的连续性中去了.

Feller 对$(0,1)$ 上所有的实数都逐点成立 $p_n(u) \to q(u)$ 给出了充分条件，这用我们术语来说对应于$\Omega = (0,1)$ 的特殊情况；只用到初等的实分析的证明见文献[205]280 页.

一件令人惊讶的事也许是我们可以采取非常不同的集合，例如

$$\Omega = \left[-\frac{1}{3}, -\frac{1}{2} \right], \Omega = \left\{ \frac{1}{n} \right\}, \Omega = \left\{ \frac{\sqrt{-1}}{2} + \frac{1}{2^n} \right\}$$

下面的定理涉及两个 PGF，$p(u)$ 和 $q(u)$ 的分布之间的距离的测度. 这在离散到离散的情况下量化收敛到极限的速度时自然会使人感到兴趣.

定理 Ⅸ.2　离散极限律收敛的速度. 考虑两个支集为$\mathbb{Z}_{\geqslant 0}$的随机变量，其分布函数分别为 $F(x)$，$G(x)$，而概率生成函数分别为 $p(u)$，$q(u)$.

(ⅰ) 假设存在一阶矩，那么对任意 $T \in (0, \pi)$，我们有

$$\sup_k |F(k) - G(k)| \leqslant \frac{1}{4} \int_{-T}^{+T} \left| \frac{p(\mathrm{e}^{\mathrm{i}t}) - q(\mathrm{e}^{\mathrm{i}t})}{t} \right| \mathrm{d}t + \frac{1}{2\pi T} \sup_{T \leqslant |t| \leqslant \pi} | p(\mathrm{e}^{\mathrm{i}t}) - q(\mathrm{e}^{\mathrm{i}t}) | \tag{11}$$

(ⅱ) 设 $p(u)$ 和 $q(u)$ 在 $|u| < \rho$ 中解析，其中 $\rho > 1$，那么对任意满足 $1 < r < \rho$ 的 r，我们有

$$\sup_k |F(k)-G(k)| \leqslant \frac{1}{r-1}\sup_{|u|=r}|p(u)-q(u)| \tag{12}$$

证明 (ⅰ)首先注意 $p(1)=q(1)=1$，因此被积函数在对应于 $u\equiv e^t=1$ 的 $t=0$ 处是 $\frac{0}{0}$ 型的.

根据附录 C.3：分布的变换可知存在着一阶矩，比如说对 F 是 μ，对 G 是 ν. 这蕴含，对小的 t，我们有 $p(e^{ti})-q(e^{ti})=(\mu-\nu)t+o(t)$，因此积分确实是良定义的.

对任何固定的 k，Cauchy 系数公式给出

$$F(k)-G(k)=\frac{1}{2i\pi}\int_\gamma \frac{p(u)-q(u)}{1-u}\frac{du}{u^{k+1}}=\frac{1}{2\pi}\int_{-\pi}^{+\pi}\frac{p(e^{it})-q(e^{it})-}{1-e^{it}}e^{-kit}dt \tag{13}$$

其中 γ 取成圆 $|u|=1$，并且令 $u=e^{ti}$ 就得出三角形式.(因子$(1-u)^{-1}$ 及其系数)在三角积分中，把积分间隔分成 $|t|\leqslant T$ 和 $|t|\geqslant T$. 对 $t\in[-\pi,\pi]$，根据初等的分析，我们有

$$\left|\frac{t}{e^{ti}-1}\right|\leqslant\frac{\pi}{2}$$

对 $|t|\leqslant T$，上面的不等式允许我们用 $\frac{1}{|t|}$ 去代替 $|1-u|^{-1}$，最多和式(11)中右边的第一项差一个常数的乘数. 对于 $|t|\geqslant T$，平凡的上界给出了式(11)右边的第二项.

(ⅱ)从式(13)中的围道积分开始，但现在沿着 $|u|=r|$ 积分，平凡的界就给出了式(12).

成立第一种形式只须最少的假设(存在期望)；就像我们下面将在 Ⅸ.2.3 小节中讨论的那样，第二种形式先验地仅适用于具有指数尾部的分布. 第一种形式和单位圆上组合参数的 PGF $p_n(u)$ 与极限的 PGF $q(u)$ 之间的距离以及收敛到极限定律的速度有关 —— 它预示了将在定理 Ⅸ.5 中关于连续极限律的 Berry-Esseen 不等式.

例 Ⅸ.4 排列中长度为 m 的轮换. 让我们首先以新的眼光重新审视单轮换($m=1$)的数目χ. 由例 Ⅸ.3 中的等式(8)给出的 BGF$P(z,u)=\frac{e^{z(u-1)}}{1-z}$，对每个 u 在 $z=1$ 处都具有一个简单极点，并且在$\mathbb{C}\setminus\{1\}$中是处处解析的. 因此，半纯分析对任何固定的 u 逐点地给出对任何 $R>1$ 恒有

$$[z^n]P(z,u)=e^{(u-1)}+O(R^{-n})$$

于是,连续性定理,定理 Ⅸ.1 就蕴含分布收敛到极限定律,它是 Poisson 型的.

下面,为了得出收敛的速度,我们首先应当估计 PGF 在单位圆上的距离.对$\mathcal{P}_n$上χ 的 PGF $p_n(u)$ 和参数为 1 的 Poisson 变量的 PGF $q(u)$,我们有

$$p_n(u)-q(u)=[z^n]\,\frac{e^{z(u-1)}-e^{u-1}}{1-z}$$

在 $z=1$ 处有一个可移除的奇点.因此,在 $z-$平面上的圆 $|z|=2$ 上的积分是允许的,并且有

$$p_n(u)-q(u)=\frac{1}{2i\pi}\int_{|z|=2}\frac{e^{z(u-1)}-e^{u-1}}{1-z}\,\frac{dz}{z^{n+1}}$$

对上面的积分应用平凡的界就得出在$\mathbb{C}$ 的任何紧致集上,对 u 一致地有

$$|p_n(u)-q(u)|\leqslant 2^{-n}\sup_{|z|=2}|e^{z(u-1)}-e^{(u-1)}=O(2^{-n}|1-u|)$$

因此我们就可应用定理 Ⅸ.2 的部分(ⅰ),取 $T=\frac{\pi}{2}$ 是合适的.由此可求出发现收敛到极限的速度的阶是 $O(2^{-n})$(任何 $O(R-n)$ 都可以通过类似的论证可以得出任何 $O(R^{-n})$ 的阶.).图 Ⅸ.6 显示了收敛的数值方面.

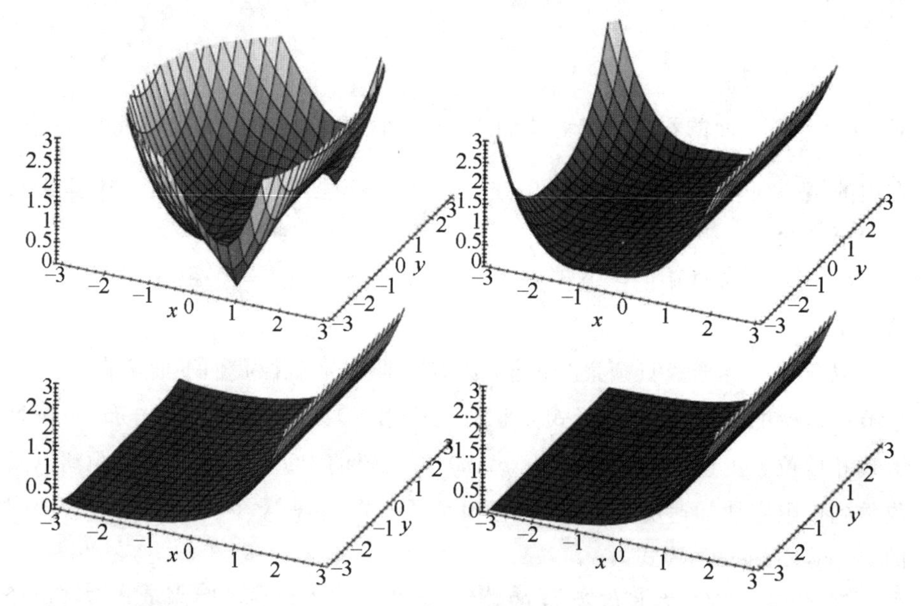

图 Ⅸ.6 长度为 $n=4,8,12$(从左到右,从上到下)的随机排列中的单轮换的 PGF 表示收敛到 Poisson(1) 型分布(右下)的极限 PGF 的图示.其中描绘每个 PGF 时,模都限于 $|\Re(u)|\leqslant 3$, $|\Im(u)|\leqslant 3$ 的范围之内

这个方法可以直接推广到随机排列中的 m 轮换的数目上去(m 保持固定),其指数 BGF 是

$$F(z,u)=\frac{\mathrm{e}^{\frac{(u-1)z^m}{m}}}{1-z}$$

那样 z(对固定的 u) 的半纯函数的奇点分析就立即给出

$$\lim_{n\to\infty}[z^n]F(z,u)=\mathrm{e}^{\frac{u-1}{m}}$$

上面这个等式的右边不是别的,正是速率 $\lambda=\frac{1}{m}$ 的 Poisson 定律的 PGF. 连续性定理和收敛速度定理的第一种形式则蕴含:长度充分大的随机排列中的 m 轮换的数目按速率 $\lambda=\frac{1}{m}$ 的 Poisson 定律收敛并且对任意 $R>1$,收敛速度的阶是 $O(R^{-n})$. 这个最后的结果显然推广了我们前面对单轮换所得到的结果.

▶ **Ⅸ.6 测验.** 图 Ⅸ.6 默认了如果 $|p_n(u)|\to|p(u)|$ 就足以推出 $p_n(u)\to p(u)$ 这一性质. 你能证明这一点吗?(提示:对于一个解析函数,如果我们知道 $|\phi(u)|$,那么我们就知道了

$$\log|\phi(u)|=\Re(\log(\phi(u)))$$

但是我们可以用 Cauchy-Riemann 方程重新构造 $\Im(\log(\phi(u)))$. 因而我们就知道了 $\log(\phi(u))$,从而知道了 $\phi(u)$ 本身.) ◀

▶ **Ⅸ.7 稀有事件的** Poisson **定律.** 考虑 PGF 为 $(q+pu)^n$ 的二项分布. 如果 p 以 $p=\frac{\lambda}{n}$ 的方式依赖于 n,其中 λ 是固定的,则二项式随机变量的极限律就是速率为 λ 的 Poisson 定律.(这个"少数的定律"解释了放射性衰变活动以及普鲁士军队中的士兵因马踢而造成的意外死亡的 Poisson 特征(Bortkiewicz,1898).) ◀

Ⅸ.2.3 尾部估计. 尾部估计量化了分布中远离中心部分的概率的下降速率. 在离散极限律的情况下具有有限的均值,我们需要的是当 k 变大时,关于 $\mathbb{P}(X>k)$ 的信息. 一个简单但通常是有效的方法是应用鞍点界. 我们在这里给出一个一般性陈述,它不是别的,而只是对这种界的一个针对离散概率分布的改写.

定理 Ⅸ.3 离散极限律的尾部的界. 设 $p(u)=E(u^X)$ 是一个概率生成函数,它在 $|u|\leqslant r$ 内解析,其中 $r>1$. 那么成立下面的"局部"和"全局"的尾部的界

$$\mathbb{P}(X=k)\leqslant\frac{p(r)}{r^k},\mathbb{P}(X>k)\leqslant\frac{p(r)}{r^k(r-1)}$$

证明 局部估计是 Cauchy 积分的平凡的界的一个直接推论,即

$$\mathbb{P}(X=k)=\frac{1}{2\mathrm{i}\pi}\int_{|u|=r}p(u)\frac{\mathrm{d}u}{u^{k+1}}\leqslant\frac{p(r)}{r^{k}}$$

累积的界可从下面的有用的积分表达式导出

$$\begin{aligned}\mathbb{P}(X>k)&=\frac{1}{2\pi\mathrm{i}}\int_{|u|=r}p(u)\left(1+\frac{1}{u}+\frac{1}{u^{2}}+\cdots\right)\frac{\mathrm{d}u}{u^{k+2}}\\&=\frac{1}{2\pi\mathrm{i}}\int_{|u|=r}\frac{p(u)}{u^{k+1}(u-1)}\mathrm{d}u\end{aligned}$$

然后再应用平凡的界(或者,也可用局部的界求和.).

上面给出的界总是表现出对于 k 值的几何衰减 —— 这既是这个方法的力量同时又是它的限度.根据这个定理或者通过直接验证很容易验证几何分布和负二项式分布都具有指数尾部;Poisson定律甚至有一个"超指数"尾部,即对任何 $R>1$,它的阶都是 $O(R^{-k})$,由于它的 PGF 是整函数.就这个界的性质而言,就像下面的有特点的例子所示的那样,它也可以同时对整个一族概率生成函数应用.因此,它可用于获取极限定律的一致的估计,这预示了 Ⅸ.10 节中大偏差的研究.

例 Ⅸ.5　具有大量单轮换的排列. 这里的问题是量化长度为 n 并具有 $k=\log n$ 个以上的单轮换的排列的概率,这是一个远离平均值 1 的量.虽然处理例 Ⅸ.3 的初等方法当然是适用的,但是它的缺点是不容易推广到其他的情况上去.从应用定理 Ⅸ.3 的角度,我们转而寻求当 $u>0$ 时的 $p_n(u)$ 的界,其中 $p_n(u):=[z^n]\dfrac{\mathrm{e}^{z(u-1)}}{1-z}$.由方程(8),对 $u>0$ 和任意 $s\in(0,1)$,我们有

$$p_n(u)\equiv[z^n]\mathrm{e}^{uz}\frac{\mathrm{e}^{-z}}{1-z}\leqslant\mathrm{e}^{us}\frac{\mathrm{e}^{-s}}{1-s}s^{-n}$$

从对 BGF $P(z,u)$ 应用的鞍点界(在 z - 平面中)发现,我们可取 $s=1-\dfrac{1}{n}$,这是由奇点分析的常规尺度化以及鞍点原理建议的,这给出了下述的 PGF 的界

$$p_n(u)\leqslant 2n\mathrm{e}^{u}$$

它对所有的 $n\geqslant 2$ 有效.(更好的估计可从例 Ⅸ.4 的精确分析中得出,但是关于尾部的界的改进将是微不足道的.)现在在定理 Ⅸ.3 所陈述的值中令 $r=\log n$ 就给出了近似的鞍点界,(比如说)对 $n\geqslant 10$ 我们得到

$$\sum_{j\geqslant\log n}p_{n,j}\leqslant\frac{2n^2}{n^{\log\log n}}$$

因此,我们看出超过 $\log n$ 的单轮换的概率渐近地小于 n 的任意次幂的倒数.注意,在这个例子中,我们使用了定理 Ⅸ.3,同时简单地用对相应的二元生成函数的主变量 z 的鞍点界估计 PGF.

Ⅸ.3 离散极限定律的组合例子

在一节中，我们将注意力集中在基于复合的一般分析模式上，并且更特别关注其次临界情况（下面的定义 Ⅸ.2）. 这种情况是由第二个变量（u）对一元计数问题引起的既不会影响基本奇点的位置也不会影响它的性质的扰动. 那么，极限定律就是离散型的. 特别，在有标记的情况下，次临界级数，集合和轮换的极限定律分别是负二项式，Poisson 和几何数列类型的. 此外，很容易描述由这种次临界结构所产生的组合对象的表示.

次临界复合. 首先，我们考虑一般的复合模式

$$\mathcal{F}=\mathcal{G}\circ(u\,\mathcal{H})\Rightarrow F(z,u)=g(u(h(z))$$

这一模式表示组合操作 $G\circ H$ 的生成函数中把由 $g(z)$ 枚举的“样板” $\mathcal{G}$的里面换成由 $h(z)$ 枚举的成分$\mathcal{H}$（无标记和有标记的版本分别见第 Ⅰ 章和第 Ⅱ 章，二元版本见第 Ⅲ 章）. 变量 z 像往常那样一样标记容量，而变量 u 标记$\mathcal{G}$— 模板的容量.

我们假设 g 和 h 的全局的展开式中系数都是非负的，并且 $h(0)=0$，因此复合 $g(h(z))$ 是良定义的. 设 ρ_g 和 ρ_h 分别表示 g 和 h 的收敛半径，并且定义

$$\tau_g=\lim_{x\to\rho_g^-}g(x),\tau_h=\lim_{x\to\rho_h^-}h(x) \tag{14}$$

由于系数是非负的，因此上述极限存在（可能是无穷的）. 就像我们已经在 Ⅵ.9 节中讨论过的那样，我们区分以下三种情况.

定义 Ⅸ.2 如果 $\tau_h<\rho_g$，则称复合模式 $F(z,u)=g(uh(z))$ 是次临界的；如果 $\tau_h=\rho_g$，则称此模式是临界的；如果 $\tau_h>\rho_g$，则称它是超临界的.

用奇点的术语来说，在次临界情况下 $g(h(z))$ 的主奇点的行为是由 h 决定的，在超临界情况下 $g(h(z))$ 的主奇点的行为是由 g 决定的，而在临界情况下，$g(h(z))$ 的主奇点的行为则是两者的混合. 这一节涉及次临界情况[①].

命题 Ⅸ.1 次临界复合中成分的数目. 考虑复合模式 $F(z,u)=g(h(z))$ 的行为. 设 $g(z)$ 和 $h(z)$ 满足次临界条件 $\tau_h<\rho_g$，并且 $h(z)$ 在 $\rho=\rho_h$ 处在它的收敛圆盘内的一个 $\Delta-$ 域中有唯一的奇点，它是

---

① 与这里讨论的离散定律形成对比，超临界复合的情况导致 Gauss 型的连续极限定律（Ⅸ.6 节）. 临界情况则涉及奇点的汇合，它导致稳定的极限律（Ⅸ.11 节）.

$$h(z)=\tau-c\left(1-\frac{z}{\rho}\right)^{\lambda}+o\left(\left(1-\frac{z}{\rho}\right)^{\lambda}\right)$$

类型的，其中 $\tau=\tau_h$，$c\in\mathbb{R}^+$，$0<\lambda<1$，则对$\mathcal{H}$—成分的数目成立离散的极限定律，那就是说，如果设 $f_{n,k}:=[z^n u^k]F(z,u)$ 以及 $f_n:=[z^n]F(z,1)$，则我们就有

$$\lim_{n\to\infty}\frac{f_{n,k}}{f_n}=q_k$$

其中

$$q_k=\frac{kg_k\tau^{k-1}}{g'(\tau)}$$

极限分布 q_k 的概率生成函数是

$$q(u)=\frac{ug'(\tau u)}{g'(\tau)}$$

证明 首先，我们验证一元计数问题. 由于 $g(z)$ 在 τ 处解析，函数 $g(h(z))$ 在 ρ_h 处是奇异的并且在 Δ — 域中是解析的. 它的奇点展开可以通过 $g(z)$ 在 τ 处的正则展开式与 $h(z)$ 在 ρ_h 处的奇点展开式的复合而得出

$$F(z)\equiv g(h(z))=g(\tau)-cg'(\tau)\left(1-\frac{z}{\rho}\right)^{\lambda}(1+o(1))$$

因而 $F(z)$ 满足奇点分析的条件，并且有

$$f_n\equiv[z^n]F(z)=-\frac{cg^j(\tau)}{\Gamma(-\lambda)}\rho^{-n}n^{-\lambda-1}(1+o(1)) \tag{15}$$

用类似的方法，可以求出分布的平均值和方差的阶是 $O(1)$.

下面处理二元问题，取任何一个固定的 u，并设 $0<u<1$. 我们看出 BGF $F(z,u)$ 在 $z=\rho$ 处仍然是奇异的，并且它的奇点展开可以从复合

$$F(z,u)\equiv g(uh(z))$$

得出

$$\begin{aligned}F(z,u)&=g(uh(z))=g\left(u\tau-cu\left(1-\frac{z}{\rho}\right)^{\lambda}+o\left(\left(1-\frac{z}{\rho}\right)^{\lambda}\right)\right)\\&=g(u\tau)-cug'(u\tau)\left(1-\frac{z}{\rho}\right)^{\lambda}+o\left(\left(1-\frac{z}{\rho}\right)^{\lambda}\right)\end{aligned} \tag{16}$$

那样，奇点分析立即蕴含

$$\lim_{n\to\infty}\frac{[z^n]F(z,u)}{[z^n]F(z,1)}=\frac{ug'(u\tau)}{g'(\tau)}$$

由 PGF 的连续性定理，这就足以推出收敛到 PGF $\frac{ug'(\tau u)}{g'(\tau)}$ 的离散极限律，因而命题已被证明.

命题 Ⅸ.1 强调的是下述一般事实：在次临界复合中，极限定律直接反映了复合中外部函数的导数.

▶**Ⅸ.8　次临界复合中的尾部的界.** 在次临界复合的模式下，尾部也具有一致的几何数列型衰减. 设 u_0 是区间 $\left(1,\frac{\rho_g}{\tau_h}\right)$ 中的一个任意的数. 那么函数 $z\mapsto F(z,u_0)$ 在原点附近是解析的，并在 ρ_h 处有一个主奇点，它再次可以通过 g 的正则展开和 h 的奇点展开的复合而得出，并且等式(16) 在 $u=u_0$ 时保持有效. 因而我们有下述的渐近估计

$$p_n(u_0)=\frac{[z^n]F(z,u_0)}{[z^n]F(z,1)}\sim g'(u_0\tau_h)$$

因而，存在某个常数 K，使得 $p_n(u_0)<K$. 容易验证 $p_n(u)$ 在 u_0 处是解析的，因此由定理 Ⅸ.3 就得出

$$p_{n,k}\leqslant K(u_0)\cdot u_0^{-k},\sum_{j>k}p_{n,j}\leqslant\frac{K(u_0)}{u_0-1}u_0^{-k}$$

因此，关于 n 的组合分布一致地满足尾部的界. 特别成分数目大于对数的概率满足

$$\mathbb{P}(\chi>\log n)=O(n^{-\theta})\quad(\theta=\log u_0)\tag{17}$$

这种尾部估计还可以在次临界复合模式中用来估计收敛到极限定律的速度(和的总变化距离). ◀

▶**Ⅸ.9　半小幂和奇点分析.** 设 $h(z)$ 满足较强的奇点展开

$$h(z)=\tau-c\left(1-\frac{z}{\rho}\right)^{\lambda}+O\left(\left(1-\frac{z}{\rho}\right)^{\nu}\right)$$

其中 $0<\lambda<\nu<1$，那么对 $k\leqslant C\log n(C>0)$，那么奇点分析的结果可以扩展(在第 Ⅵ 章证明的形式下，只对固定的 k 有效.) 为对 k 一致地有

$$[z^n]h(z)^k=kc\rho^{-n}n^{-\lambda-1}(1+O(n^{-\theta_1}))$$

其中 $\theta_1>0$(证明重新使用了第 Ⅵ 章中的 Hankel 围道，验证 k 的一致性时需要特别仔细.). ◀

▶**Ⅸ.10　次临界复合中的收敛速度.** 联合指数尾部估计(17) 和前面注记中的从“半小”幂的奇点分析中导出的局部估计. 我们就得出关于 $p_{n,k}$ 和 p_k 的分布函数的收敛速度估计

$$\sup_k|F_n(k)-F(k)|\leqslant\frac{L}{n^{\theta_2}}$$

其中 L 和 θ_2 是两个正常数. ◀

次临界结构. 函数复合模式包含有标记的级数，集合和轮换结构. 我们叙述

以下命题内容.

命题 Ⅸ.2　次临界结构中成分的数目. 考虑有标记的级数，集合和轮换结构. 假设前一命题中的次临界条件成立，即对级数，集合和轮换分别有 $\tau<1$，$\tau<\infty$ 和 $\tau<1$，其中 τ 是 $h(z)$ 的奇异值. 那么，由 $\frac{f_{n,k}}{f_n}$ 确定的使得$\chi-1$适合类型分别为负二项式 $NB[2]$，Poisson 和几何离散极限定律，其极限形式为 $q_k=\lim_{n\to\infty}\mathbb{P}_n(\chi=k)$ 的成分的数目χ 的分布对 $k\geqslant 0$ 分别满足

$$q^{\mathrm{S}}\mathrm{EQ}_{k+1}=(1-\tau)^2(k+1)\tau^k, q_{k+1}^{\mathrm{SET}}=\mathrm{e}^{-\tau}\frac{\tau^k}{k!}, q_{k+1}^{\mathrm{CYC}}=(1-\tau)\tau^k$$

证明　只须在复合 $g\circ h$ 中外部的函数 g 分别取成下面的量即可

$$Q(w)=\frac{1}{1-w}, E(w)=\mathrm{e}^w, L(w)=\log\frac{1}{1-w}\tag{18}$$

根据命题 Ⅸ.1 和式(18)，离散极限律涉及它们的导数

$$Q'(w)=\frac{1}{(1-w)^2}, E'(w)=\mathrm{e}^w, L'(w)=\frac{1}{1-w}$$

按照图 Ⅸ.5 中的经典离散定律的定义，可以看出最后两种情况个恰恰产生了经典的 Poisson 和几何定律. 而第一种情况则产生了负二项式 $NB[2]$ 定律，或等价的，两个独立的具有几何分布的随机变量之和.

提取极限定律的技巧的简单性是值得注意的. 自然，这一命题也适用于无标记的级数，由于对有标记的对象和无标记的对象转换为 GF 的方法都是一样的.（其他无标记的结构通常会导致离散极限律，只要它们是次临界的；具体例子，见注记 Ⅸ.14.）此外，为保证 τ_h 是有限的，复合 $g\circ h$ 的次临界性是必要的（根据定义，我们有 $\tau_h<\rho_g<+\infty$.）.

命题 Ⅸ.2应用的主要例子因而是在“树状”结构领域中，在这种情况下，正如我们在第 Ⅶ 章中所知道的那样，GF 在收敛半径处仍然是有限的.

下面的例子说明了命题 Ⅸ.1 对经典的树族的根度分析的应用. 例如，可以发现在大的随机的平面树（一颗 Catalan 树）的根度服从负二项式（$NB[2]$）分布的极限律，在确切的意义下回应表达平面性的级数结构. 对于有标记的非平面树（Cayley 树）Poisson 定律回应了与非平面性相关的集合结构.

例 Ⅸ.6　树的根度. 首先考虑一般的Catalan树的（有序的森林）的级数中成分的数目. 二元 OGF 是

$$F(z,u)=\frac{1}{1-uh(z)}, h(z)=\frac{1}{2}(1-\sqrt{1-4z})$$

我们有 $\tau_h=\frac{1}{2}<\rho_g=1$，因此复合模式是次临界的. 因而，对容量为 n 的森林，树成分的数量 X_n 满足

$$\lim_{n\to\infty}\mathbb{P}[X_n=k]=\frac{k}{2^{k+1}}\quad(k\geqslant 1)$$

由于树等价于附加在森林的结点，这个渐近估计也对一般的 Catalan 树的根度成立.

下面考虑在 Cayley 树(无序的森林) 的集合中树的成分的数目. 二元 EGF 是

$$F(z,u)=\mathrm{e}^{uh(z)},h(z)=z\mathrm{e}^{h(z)}$$

我们有 $\tau_h=1<\rho_g=+\infty$，因此复合模式仍然是次临界的. 因而，在容量为 n 的随机的无序的森林中树成分的数目 X_n 具有极限分布

$$\lim_{n\to\infty}\mathbb{P}[X_n=k]=\mathrm{e}^{-1}/(k-1)!\quad(k\geqslant 1)$$

这是参数为 1 的移位 Poisson 定律；渐近的，同样的性质对随机的 Cayley 树的根度也成立.

同样的方法也可应用于更一般的生成子为 ϕ 的树的简单族$\mathcal{V}$(见 Ⅶ.3 节)，在特征方程 $\phi(\tau)-\tau\phi'(\tau)=0$ 的根 τ 在 ϕ 的收敛盘的内部存在的条件下，BGF 满足

$$V(z,u)=z\phi(uV(z)),V(z)=1-\gamma\sqrt{1-z/\rho}+O(1-z/\rho)$$

因此

$$V(z,u)\underset{z\to\rho}{\sim}\rho\phi(u\tau)-\gamma\frac{u\phi'(u\tau)}{\phi'(\tau)}\sqrt{1-z\rho}$$

因而，根度的分布的 PGF 就是

$$\frac{u\phi'(\tau u)}{\phi'(\tau)}=\sum_{k\geqslant 1}\frac{k\phi_k\tau^k}{\phi'(\tau)}u^k$$

这个极限律是在第 Ⅶ 章通过一元渐近的方法得出的局部形式下建立的；这个例子显示了基于 PGF 的连续性定理推导的综合特点.

PGF 连续性定理的进一步直接应用是再次在次临界条件下，容量是固定的 m，具有 GF $g(h(z))$ 的复合$\mathcal{G}\circ\mathcal{H}$中$\mathcal{H}$一成分的数目的分布. 用第 Ⅲ 章的术语，我们因而就是刻画组合对象的关于某种对象的成分的表示. 二元的 GF 就是

$$\mathcal{F}=\mathcal{G}\circ(\mathcal{H}\setminus\mathcal{H}_m+u\,\mathcal{H}_m)\Rightarrow F(z,u)=g(h(z)+(u-1)h_mz^m)$$

其中 $h_m=[z^m]h(z)$. 在 $z=\rho$ 处的奇点展开是

$$F(z,u)=g(\tau+(u-1)h_m\rho^m)-cg'(\tau+(u-1)h_m\rho^m)\left(1-\frac{z}{\rho}\right)^{\lambda}+o\left(\left(1-\frac{z}{\rho}\right)^{\lambda}\right)$$

因而对容量为 n 的对象的 PGF $p_n(u)$ 满足

$$\lim_{n\to\infty}p_n(u)=\frac{g'(\tau+(u-1)h_m\rho^m)}{g'(\tau)} \tag{19}$$

像前面那样,这个专门针对级数,集合和轮换情况的计算给出了类似于命题 Ⅸ.1 的结果.

命题 Ⅸ.3 次临界情况中具有固定容量的成分的数目. 在命题 Ⅸ.2 的次临界条件下,在GF为 $h(z)$ 的有标记的级数,集合,轮换中的类中的容量为固定数 m 的成分的数目具有离散极限律.设 $h_m:=[z^m]h(z)$,ρ 是 $h(z)$ 的收敛半径,$\tau:=h(\rho)$,则级数,集合,轮换的极限定律分别是负二项式 $NB[2](a)$,Poisson(λ) 和几何数列(b) 类型的,其中的参数分别是

$$a=\frac{h_m\rho^m}{1-\tau+h_m\rho^m},\lambda=h_m\rho^m,b=\frac{h_mp^m}{1-\tau+h_mp^m}$$

证明 把式(19) 中的 g 分别换成式(18) 中的三个函数.

例 Ⅸ.7 容量为 m 的根子树. 在Cayley树中,容量为 m 的根子树的数目的分布具有 Poisson 类型的极限律

$$p_k=\mathrm{e}^{-\lambda}\frac{\lambda^k}{k!},\lambda:=\frac{m^{m-1}\mathrm{e}^{-m}}{m!}$$

在一般的 Catalan 树中,分布是负二项式 $NB[2]$ 类型的

$$p_k=(1-a)^2(k+1)a^k,a^{-1}:=1+\frac{m2^{2m-1}}{\binom{2m-2}{m-1}}$$

一般的,对树的简单族,在通常的条件下,存在特征方程 $V=z\phi(V)$ 的根.我们发现"en deux coups de cuillère à pot(译者注:法国谚语'两个勺子用一口锅')"

$$V(z,u)=z\phi(V(z)+V_mz^m(u-1))$$

$$V(z,u)\sim\rho\phi(\tau+V_mz^m(u-1))-\rho\gamma\phi'(\tau+V_mz^m(u-1))\sqrt{1-\frac{z}{\rho}}$$

$$\text{limit PGF}=\frac{\phi'(\tau+V_mz^m(u-1))}{\phi'(\tau)}$$

(符号与例 Ⅸ.6 相同.)

我们稍后会看到类似的离散分布(命题 Ⅸ.3 中的Poisson分布律和负二项

式分布律）也会出现在指数－对数结构的临界集中（例 Ⅸ.23），而超临界级数导致高斯极限律（命题 Ⅸ.7）. 此外，给出了函数复合方法的一般性和分析的多样性之后，我们应该清楚导致离散极限定律的模式其实是可以随意列出——本质的条件是辅助变量 u 不影响 $F(z,u)$ 的主奇点的位置和性质. 下面的注记给出了许多可能的扩展方法中的一小部分例子.

▶**Ⅸ.11　乘积模式.** 定义

$$F(z,u)=A(uz)\cdot B(z)$$

它对应于乘积结构 $\mathcal{F}=\mathcal{A}\times\mathcal{B}$，其中 u 标记了乘积中的 $\mathcal{A}$－成分. 设收敛半径满足 $\rho_A>\rho_B$，并且 $B(z)$ 具有唯一的代数－对数型的主奇点. 那么在随机的 $\mathcal{F}$－结构中 $\mathcal{A}$－成分的容量就具有离散的极限律，其 PGF 为

$$p(u)=\frac{A(\rho u)}{A(\rho)}$$

证明可用奇点分析给出.（或者利用初等地推导也可在较弱的条件下得出，这个条件就是 $b_n=[z^n]B(z)$ 满足 $\frac{b_{n+1}}{b_n}\to\rho^{-1}$.）◀

▶**Ⅸ.12**　Bell **数分布.** 考虑"集合的集合"模式

$$\mathcal{F}=\mathrm{SET}(\mathrm{SET}_{\geqslant 1}(\mathcal{H}))\Rightarrow F(z,u)=\exp(\mathrm{e}^{uh(z)}-1)$$

假设次临界条件成立. 成分的数目 χ 满足"导数 Bell"律

$$\lim_{n\to+\infty}\mathbb{P}_n(\chi=k)=\frac{1}{K}\frac{kS_k\tau^k}{k!},K=\mathrm{e}^{-\mathrm{e}^{\tau}-\tau-1}$$

其中 $S_k=k!\ [z^k]\mathrm{e}^{\mathrm{e}^z-1}$ 是 Bell 数. 对涉及满射数目的集合的级数模式和涉及分散排列数目的级数的集合模式存在着类似的结果. ◀

▶**Ⅸ.13**　Cayley **树的高层.** Cayley 树第 5 层的结点（即到根的距离是 5 的结点）的数目有一个很好的 PGF 表达式

$$u\frac{\mathrm{d}}{\mathrm{d}u}(\mathrm{e}^{-1+\mathrm{e}^{-1+\mathrm{e}^{-1+\mathrm{e}^{-1+\mathrm{e}^{-1+u}}}}})$$

因此这个分布涉及"超重复高的 Bell 数". ◀

▶**Ⅸ.14　非平面的无标记树的根度.** 离散极限律也可能出现在无标记的集合构造中，但是由于它们反映了 Pólya 算子的出现，所以其形式更加复杂. 考虑非平面无标记树的类

$$\mathcal{H}=\mathcal{Z}\times\mathrm{MSET}(\mathcal{H})\Rightarrow H(z)=z\exp\left(\sum_{k\geqslant 1}\frac{1}{k}H(z^k)\right)$$

OGF$H(z)$ 属于可做奇点分析的类（Ⅶ.5 节），并且

$$H(z) \sim 1-\gamma\left(1-\frac{z}{\rho}\right)^{\frac{1}{2}}$$

那么具有 PGF

$$q(u)=u\rho\exp\left(\sum_{k\geqslant 1}\frac{u^k}{k}H(\rho^k)\right)$$

的分布就是非平面无标记树的根度的极限律. ◀

格子路径. 这里,像上次那样,我们讨论在随机的二字母单词中,开头的最长的由 a 组成的最长的字符串的长度所满足的各种类型的限制. 这个讨论完成了 Ⅸ.1 节中,例 Ⅸ.1 和例 Ⅸ.2 中所得出的信息. 基本的组合对象是二字母单词的集合 $\mathcal{W}=\{a,b\}^*$. 一个单词 $w\in\mathcal{W}$ 可以看成是对平面中行走的一个描述,在此描述中我们分别把 a 和 b 解释成向量 $(+1,+1)$ 和 $(+1,-1)$. 那种行走反过来又描述了掷硬币游戏中硬币的两个面的交替,就像 Feller 在文献[205]中所描述的那样.

Ⅴ.4 节中的组合分解构成了我们组合处理的基础. 这里我们特别感兴趣的是观察那种完整的链,在那种链中一些相继的特殊限制导致了组合分解,一些特殊类型的 BGF 分析和局部的奇点结构,它们最终反映了特殊的极限律.

例 Ⅸ.8 随机行走中的开头的字符串. 我们这里考虑再有半平面从原点出发的每一步都由向量 $a=(1,1)$ 或 $b=(1,-1)$ 组成的行走. 根据第 Ⅶ 章中的讨论,我们可以把行走分成四种主要类型(图 Ⅸ.7).

—— 无限制的行走($\mathcal{W}$),这对应于由 $\mathcal{W}=\mathrm{SEQ}(a,b)$ 自由描述的单词;

——Dyck 路径($\mathcal{D}$),这种路径的坐标总是非负的,且终点的纵坐标是 0;一个与它密切相关的类是 $\mathcal{G}=\mathcal{D}b$,它表示赌博者的厄运序列. 在概率论中,Dyck 路径也指游览.

—— 桥($\mathcal{B}$)是由可能具有负坐标但最后必须回到纵坐标是 0 的步子组成的路径.

—— 漫步($\mathcal{M}$),这种路径的高度总是非负的,且可以在任意非负的高度上结束.

在所有的情况中,我们所感兴趣的参数 χ 都是(最长的)开头的 a 的串的长度.

首先,无限制的行走的分解是我们已经反复用过的下式

$$\mathcal{W}=\mathrm{SEQ}(a)\mathrm{SEQ}(b\mathrm{SEQ}(a))$$

其 BGF 是

$$W(z,u)=\frac{1}{1-zu}\,\frac{1}{1-z(1-z)^{-1}}$$

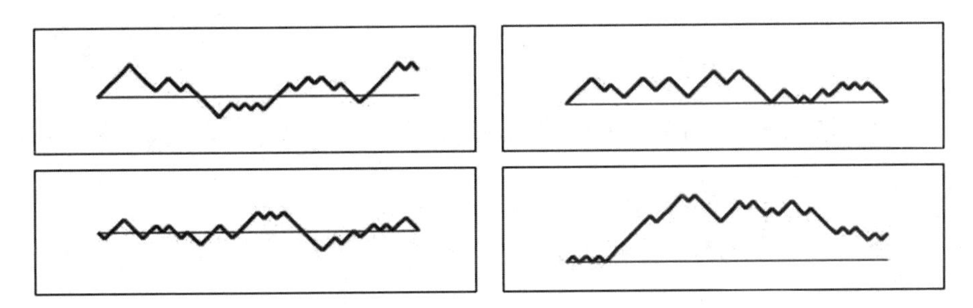

图 Ⅸ.7　Dyck 类型的行走，游览，桥和漫步：从左到右，从上到下，长度为 50 的随机样本

通过在极点 $\rho=\frac{1}{2}$ 处的奇点分析，随机单词 $\mathcal{W}_n$ 的 χ 的 PGF 对所有的 $|u|<2$ 满足

$$p_n(u) \sim \frac{\frac{1}{2}}{1-\frac{u}{2}}$$

这个 PGF 的渐近值对应于一个参数为 $\frac{1}{2}$ 的几何数列类型的极限律，与我们在例 Ⅸ.1，例 Ⅸ.2 中发现的极限律一致.

下面考虑 Dyck 路径. 那种路径可以分解成一些"弓形"，这些弓形本身是由一对 a 和 b 组成的括号，即

$$\mathcal{D}=\mathrm{SEQ}(a\,\mathcal{D}b)$$

它产生 Catalan 数的 GF

$$D(z)=\frac{1}{1-z^2 D(z)}, D(z)=\frac{1-\sqrt{1-4z^2}}{2z^2}$$

为了提取开头的由 a 组成的字符串，我们注意一个开头的由 a 组成的字符串为 a^k 的单词含有 k 个形如 $b\,\mathcal{D}$ 的成分. 这对应于一个第一个高度为 $k-1,\cdots,1,0$ 的旅游者

$$\mathcal{D}=\sum_{k\geqslant 0} a^k (b\,\mathcal{D})^k$$

(这是一个在 Ⅴ.4.1 意义下的特殊的第一段分解)，它可用下面的图形说明

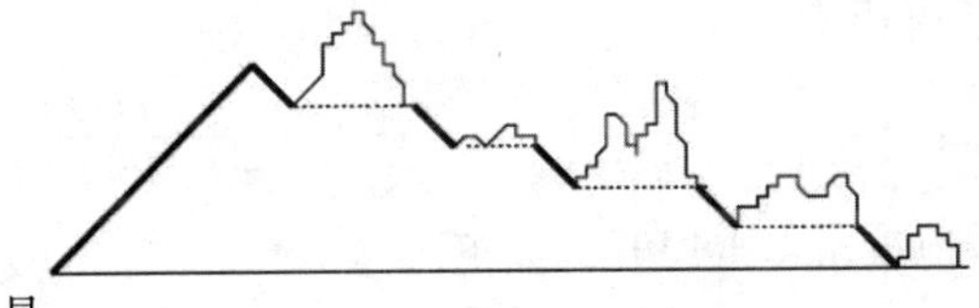

因而，它的 BGF 是

$$D(z,u)=\frac{1}{1-z^2uD(z)}$$

它是一个 z 的偶函数. 用奇点分析的术语来说就是,$\delta=(1-4z)^{\frac{1}{2}}$. 当 $z\to\frac{1}{4}$,我们求出

$$D(z^{1/2},u)=\frac{2}{2-u}-\frac{2u}{(1-u)^2}\delta+O(\delta^2)$$

因而$\mathcal{D}_{2n}$的随机单词的χ 的 PGF 满足

$$p_{2n}(u)\sim\frac{u}{(2-u)^2}$$

这是平移了 1 的参数为$\frac{1}{2}$ 的负二项式分布 $NB[2]$ 的 PGF(当然,在这种情况下,组合分布的确切的表达式也是可以得出的,由于这个计数等价于经典的投票问题.).

桥可以分解成正的或负的弓形序列

$$\mathcal{B}=\mathrm{SEQ}(a\,\mathcal{D}b+b\,\overline{\mathcal{D}}\,a)$$

其中的$\overline{\mathcal{D}}$类似于$\mathcal{D}$,但是 a 和 b 的地位互相交换了. 用 OGF 的术语来说,这给出

$$B(z)=\frac{1}{1-2z^2D(z)}=\frac{1}{\sqrt{1-4z^2}}$$

以至少一个 a 开头的非空行走的集合$\mathcal{B}^+$具有类似的关于$\mathcal{D}$的分解

$$\mathcal{B}^+(z)=\Big(\sum_{k\geqslant 1}a^kb(\mathcal{D}b)^{k-1}\Big)\cdot\mathcal{B}$$

由于作为$\mathcal{D}$的成分的第一个坐标是 0,然后是$\mathcal{B}$的振荡的路径因子是唯一的. 从而

$$\mathcal{B}^+(z)=\frac{z^2}{1-z^2D(z)}B(z)$$

剩余的情况$\mathcal{B}^-=\mathcal{B}\setminus\mathcal{B}^+$由空字或从负弓形开头的正弓形或负弓形的序列组成,因此

$$B^-(z)=1+\frac{z^2D(z)}{1-2z^2D(z)}$$

从这些分解得出的 BGF 是

$$B(z,u)=\frac{z^2u}{1-z^2uD(z)}B(z)+1+\frac{z^2D(z)}{1-2z^2D(z)}$$

由此再次可以机械地得出奇点展开式如下

$$B(z^{\frac{1}{2}},u)=\left(\frac{1}{2-u}\right)\frac{1}{\delta}+O(1)\quad(\delta=(1-4z)^{\frac{1}{2}})$$

因而关于$\mathcal{B}_{2n}$中随机单词的χ 的 PGF 满足

$$p_{2n}(u) \sim \frac{1}{2-u}$$

极限律现在是参数为$\frac{1}{2}$ 的几何数列类型的.

漫步可以分解成一个开头的 a^k 的串接着是个数为 $\ell \leqslant k$ 的一连串下降的(正) 弓形以及相应的一系列上升的(正) 弓形. 计算与以前的情况类似,更烦琐但仍然是“自动的”,这样我们就求出

$$M(z,u) = \left(\frac{XY}{(1-X)(1-Y)} - \frac{XY^2}{(1-XY)(1-Y)}\right)\frac{1}{1-Y} + \frac{1}{1-X}$$

其中 $X = zu$, $Y = zW_1(z)$,因此

$$M(z,u) = 2\,\frac{1-u-2z+2uz^2+(u-1)\sqrt{1-4z^2}}{(1-zu)(1-2z-\sqrt{1-4z^2})(2-u+u\sqrt{1-4z^2})}$$

现在分别在 $z = \pm\frac{1}{2}$ 处有两个奇点,其奇点展开式分别为

$$M(z,u) \underset{z\to\frac{1}{2}}{=} \frac{u\sqrt{2}}{(2-u)^2}\frac{1}{\sqrt{1-2z}} + O(1)$$

$$M(z,u) \underset{z\to-\frac{1}{2}}{=} \frac{4-u}{4-u^2} + o(1)$$

因此只有在 $z = \frac{1}{2}$ 处的展开式才有渐近表达式,因而我们有

$$p_n(u) \sim \frac{u}{(2-u)^2}$$

极限律现在是参数为$\frac{1}{2}$ 的移位负二项式 $NB[2]$ 类型的. 综上所述,我们有

命题 Ⅸ.4 在限制的行走和桥中开头的 a 的串的长度的分布渐近于几何数列型的分布;在 Dyck 型的游览和漫步中开头的 a 的串的长度的分布渐近于负二项式 $NB[2]$ 类型的分布.

类似的分析也适用于步子的类型是一个有限集合的行走.

▶**Ⅸ.15 一叉一二叉(Motzkin) 树的最左侧分支.** 一叉一二叉树的类(或 Motzkin 树) 的定义是结点的(外) 度数限于集合$\{0,1,2\}$ 的无标记的有根的平面树的类. 这里的参数等于最左边的分支的长度,它有负二项式 $NB[2]$ 分布类型的极限律,求出极限律分布的参数. ◀

Ⅸ.4　连续极限律

我们在这一章中的目标始终是量化由组合类$\mathcal{F}$定义的整数值组合参数χ的随机变量序列X_n. 当n充分大时,如果X_n的平均值μ_n和标准差σ_n都倾向于无穷大,那么通常成立连续的极限定律. 这种极限律并非直接来自X_n本身(就像上一节中的离散到离散的收敛那样),而是来自它们的标准化版本

$$X_n^* = \frac{X_n - \mu_n}{\sigma_n}$$

在这一节中,我们提供了处理此类离散连续的情况[①]问题所需的定义和主要定理. 我们的发展大致与Ⅸ.2节关于离散情况的分析类似,但是增加了用于概率生成函数的连续类比的整数变换.

Ⅸ.4.1　收敛到连续的极限律. 一个实的随机变量Y一般总用它的分布函数表示

$$\mathbb{P}\{Y \leqslant x\} = F(x)$$

如果$F(x)$是连续的,则认为这个随机变量是连续的(见附录C.2:随机变量). 在这种情况下,$F(x)$没有跳跃,并且在Y的值域内没有表示非零概率质量的单独的函数值. 此外如果$F(x)$是可微的,则称随机变量Y具有密度

$$g(x) = F'(x)$$

因此

$$\mathbb{P}(Y \leqslant x) = \int_{-\infty}^{x} g(x)\mathrm{d}x$$

$$\mathbb{P}\{x < Y \leqslant x + \mathrm{d}x\} = g(x)\mathrm{d}x$$

这里,对我们特别重要的情况是Gauss分布函数或者标准分布函数$\mathcal{N}(0,1)$

$$\Phi(x) = \frac{1}{\sqrt{2\pi}}\int_{-\infty}^{x} \mathrm{e}^{-w^2/2}\mathrm{d}w$$

它所对应的密度也称为误差函数(erf)

$$\xi(x) \equiv \Phi'(x) = \frac{1}{\sqrt{2\pi}}\mathrm{e}^{-x^2/2}$$

---

① 在概率论中已经阐述了处理离散和连续情况以及混合情况的极限定律的统一方法,见附录C.1:概率空间和测度. 然而分析组合学似乎更倾向于以平行的方式发展离散和连续的理论这两个分支.

这一节和下一节都是关于连续极限定律的存在性的，其中 Gauss 极限律起着突出的作用. 具体的极限律中的收敛和弱收敛一般定义（见附录 C.5：极限律中的收敛性）如下.

定义 Ⅸ.3　离散到连续的收敛. 设 Y 是分布函数为 $F_Y(x)$ 的连续随机变量. 称分布函数为 $F_{Y_n}(x)$ 的随机变量 Y_n 的序列按分布收敛到 Y，如果对每个 x，逐点地成立

$$\lim_{n\to\infty} F_{Y_n} = F_Y(x)$$

这时，我们记 $Y_n \Rightarrow Y$ 以及 $F_{Y_n} \Rightarrow F_Y$. 称收敛的速度是 ε_n，如果

$$\sup_{x\in\mathbb{R}} | F_{Y_n}(x) - F_Y(X) | \leqslant \varepsilon_n$$

这一定义并不先验地蕴含一致收敛. 这是一个众所周知的事实，但是，分布函数收敛到连续的极限却总是一致的. 这个一致性质意味着当 $n\to\infty$ 时，总存在着趋于 0 的速度 ε_n.

Ⅸ.4.2　变换的连续性定理. 离散极限定律可以如 PGF 的连续性定理，即定理 Ⅸ.1 所断言的那样通过 PGF 收敛到共同的极限建立. 在连续极限律的情况下，我们必须采用积分变换（见附录 C.3：分布的变换），我们现在回忆其定义.

——Laplace 变换，也称为矩生成函数 $\lambda_Y(s)$ 的定义是

$$\lambda_Y(s) := \mathbb{E}\{e^{sY}\} = \int_{-\infty}^{+\infty} e^{sX}\,dF(x)$$

——Fourier 变换，也称为特征函数 $\phi_Y(t)$ 的定义是

$$\phi_Y(t) := \mathbb{E}\{e^{itY}\} = \int_{-\infty}^{+\infty} e^{itX}\,dF(x)$$

（上述积分均在 Lebesgue-Stieltjes 意义下或 Riemann-Stieltjes 意义下考虑；见附录 C.1：概率空间和测度.）.

连续性定理有两个经典版本：一个用于特征函数，另一个用于 Laplace 变换. 两者都可以看成是 PGF 连续性定理的研究的扩展. 特征函数总是存在的并且相应的连续性定理给出了分布收敛的充分必要条件. 由于它们是一种通用工具，因此特征函数在概率论文献中经常受到青睐. 在本书中，由于组合结构通常都具有很强的解析性质，因此两种变换通常都存在，并且两者都可以得到很好的利用（图 Ⅸ.8）.

定理 Ⅸ.4　积分变换的连续性. 设 Y, Y_n 是 Fourier 变换（特征函数）为 $\phi(t), \phi_n(t)$ 的随机变量并设 Y 是连续的分布函数，则按分布收敛 $Y_n \Rightarrow Y$ 的充分

必要条件①是对每个 t,逐点地成立

$$\lim_{n\to\infty}\phi_n(t)=\phi(t)$$

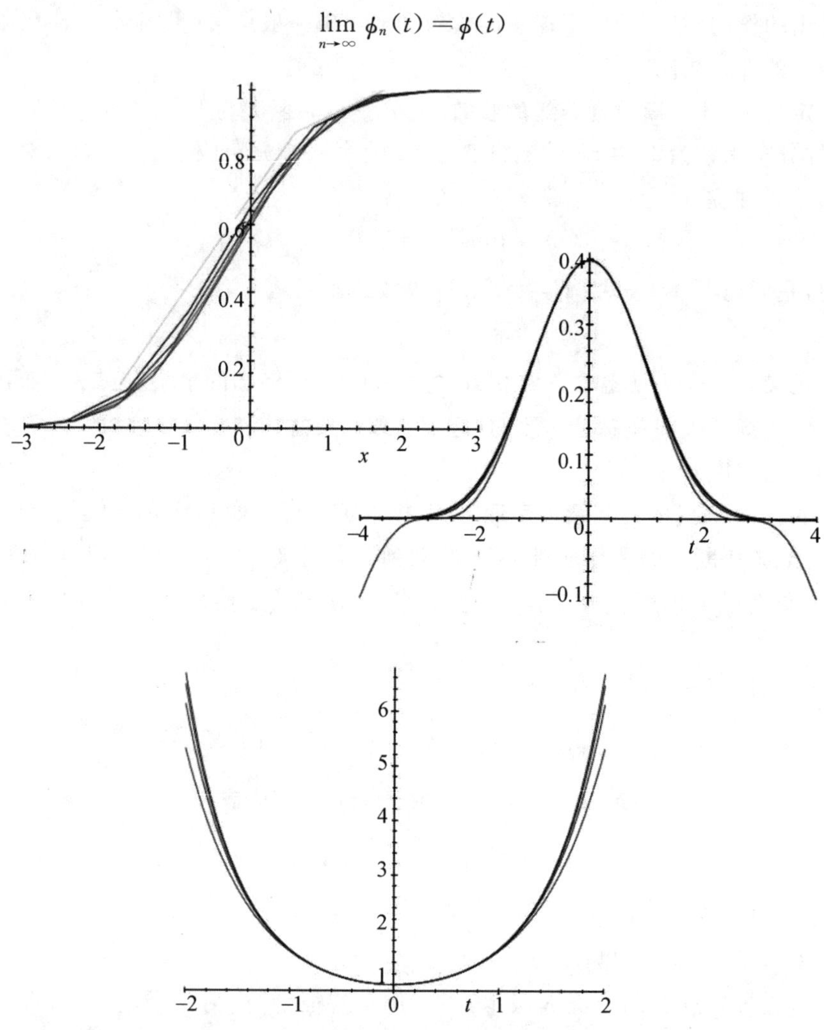

图 Ⅸ.8　对 $n=3,6,9,12,15$ 的二项式律的标准化分布函数(上),相应的 Fourier 变换(右) 和 Laplace 变换(底部). 以平均 $\mu_n=\frac{n}{2}$ 为中心并按照标准差 $\sigma_n=\sqrt{\frac{n}{4}}$ 做尺度变换的分布函数,收敛到极限函数,这个极限函数就是 Gauss 误差函数,$\Phi(x)=\frac{1}{\sqrt{2\pi}}\int_{-\infty}^{x}\mathrm{e}^{-\frac{w^2}{2}}\mathrm{d}w$. 因此,相应的 Fourier 变换(或特征函数) 收敛到 $\phi(t)=\mathrm{e}^{-\frac{t^2}{2}}$,而 Laplace 变换(或矩生成函数) 收敛到 $\lambda(s)=\mathrm{e}^{\frac{s^2}{2}}$

① 这个定理的第一部分也被称为特征函数的 Lévy 连续性定理.

设Y,Y_n是Laplace变换为$\lambda(s)$,$\lambda_n(s)$的随机变量,那么存在一个公共区间$[-s_0,s_0]$,其中$s_0>0$,如果对每个实数$s\in[-s_0,s_0]$,逐点地成立

$$\lim_{n\to\infty}\lambda_n(s)=\lambda(s)$$

则Y_n按分布收敛到Y:$Y_n\Rightarrow Y$.

证明 Fourier 变换见 Billingsley 的书[68]26 节,Laplace 变换见文献[68]408 页.

▶**Ⅸ.16** Laplace **变换的存在性不是必要条件**. 设 Y_n 是 Gauss 型和 Cauchy 型的混合型分布

$$\mathbb{P}(Y_n\leqslant x)=\left(1-\frac{1}{n}\right)\int_{-\infty}^{x}\frac{\mathrm{e}^{-w^2/2}}{\sqrt{2\pi}}\mathrm{d}\omega+\frac{1}{\pi n}\int_{-\infty}^{x}\frac{\mathrm{d}w}{1+w^2}$$

那么尽管$\lambda_n(s)$只在$\Re(s)$时存在,但Y_n仍按分布收敛到标准的Gauss型极限分布Y. ◀

在离散情况下,PGF的连续性定理(定理Ⅸ.1)最终要依赖于Cauchy系数公式的连续性,这个公式实现了从PGF中恢复系数所必需的反演.以类似的方式,积分变换的连续性定理可以看成是在概率分布函数的特定内容中表示了Laplace变换或Fourier变换的连续性.

下面的被称为Berry-Esseen不等式的定理一个定义,是一个Fourier反演定理的有效的版本,它对刻画收敛速度是特别有用的.它以构造性的方式用两个特征函数之间的特别的度量距离的术语给出了两个分布函数的超正规距离.我们首先回忆一下函数的L^∞模的概念

$$||f||_\infty:=\sup_{x\in\mathbb{R}}|f(x)|$$

定理Ⅸ.5 Berry-Esseen **不等式**. 设F,G是特征函数为$\phi(t)$,$\gamma(t)$的分布函数.设G的导数是有界的,则存在绝对常数c_1,$c_2>0$,使得对任何$T>0$都有

$$\|F-G\|_\infty\leqslant c_1\int_{-T}^{+T}\left|\frac{\phi(t)-\gamma(t)}{t}\right|\mathrm{d}t+c_2\frac{\|G'\|_\infty}{T}$$

证明 见Feller的文献[206]538页,他给出

$$c_1=\frac{1}{\pi},c_2=\frac{24}{\pi}$$

作为可能的常数值.

这个定理通常用于G是极限分布函数(通常是Gauss型的,这时$||G'||_\infty=(2\pi)^{-\frac{1}{2}}$),并且$F=F_n$是收敛到$G$的分布的序列.数量$T$可以是一个任意的值,然后我们根据特定的应用情况自然地选择一个最好的界.

▶**Ⅸ.17** Berry-Esseen **不等式的一般版本**. 设 F,G 是两个分布函数,对

$h>0$，定义 Lévy"集中函数"

$$Q_G(h):=\sup_x(G(x+h)-G(x))$$

那么存在一个绝对常数 C 使得

$$\| F-G\|_\infty\leqslant CQ_G\left(\frac{1}{T}\right)+C\int_{-T}^{+T}\left|\frac{\phi(t)-\gamma(t)}{t}\right|\mathrm{d}t$$

见 Elliott 的书[191] 引理 1.47 以及 Stef 和 Tenenbaum 为讨论而写的论文[557]. 后者对实直线上的 Lapulace 变换给出了一个类似于 Berry-Esseen 的不等式(但由于 Lapulace 变换的光滑性，距离的界往往更弱.). ◀

大幂和中心极限定理. 这里是一个我们能想到的最简单的如何利用连续性定理，即定理 Ⅸ.4 的例子. 无偏的二项式分布 $\mathrm{Bin}\left(n,\frac{1}{2}\right)$ 的定义是一个 PGF 为

$$p_n(u)\equiv\mathbb{E}(u^{X_n})=\left(\frac{1}{2}+\frac{u}{2}\right)^n$$

以及特征函数为

$$\phi_n(t)\equiv\mathbb{E}(\mathrm{e}^{\mathrm{i}tX_n})=p_n(\mathrm{e}^{\mathrm{i}t})=\frac{1}{2^n}(1+\mathrm{e}^{\mathrm{i}t})^n$$

的随机变量 X_n 的分布. 平均值是 $\mu_n=\frac{n}{2}$，方差是 $\sigma_n^2=\frac{n}{4}$. 因此，标准化变量 $X_n^*=\frac{X_n-\mu_n}{\sigma_n}$ 具有特征函数

$$\phi_n^*(t)\equiv\mathbb{E}(\mathrm{e}^{\mathrm{i}tX_n^*})=\left(\cosh\frac{\mathrm{i}t}{n}\right)^n=\left(\cos\frac{t}{\sqrt{n}}\right)^n \tag{20}$$

渐近形式可直接通过取对数而求出，对任何固定的 t，当 $n\to\infty$ 时，我们逐点地有

$$\log\phi_n^*(t)=n\log\left(1-\frac{t^2}{2n}+\frac{t^4}{6n^2}+\cdots\right)=-\frac{t^2}{2}+O\left(\frac{1}{n}\right) \tag{21}$$

因此，当 $n\to\infty$ 时，我们有 $\phi_n^*(t)\to\mathrm{e}^{-\frac{t^2}{2}}$. 这就建立了到 Gauss 极限的收敛性. 此外，如果选 $T=n^{\frac{1}{2}}$，则 Berry-Esseen 不等式表明收敛速度是 $O(n^{-\frac{1}{2}})$.

▶**Ⅸ.18** De Moivre **中心极限定理.** 特征函数趋向于正态极限律是根据 PGF 为 $(p+qu)^n$，其中 $p+q=1$ 的二项式分布.(当然，这一结果也可以从基本渐近计算中得出，它构成了 De Moivre 的原始推导；见注记 Ⅸ.1.) ◀

中心极限定理，即所谓的 CLT(这一术语最初是因为它在概率论中的"zentralle Rolle"(中心角色) 由 Pólya 在 1920 年创造) 表示了随机变量和的渐

近的 Gauss 特征. 它是由 De Moivre 在二项式变量的特例中首先发现的[①]. 其一般版本属于 Gauss 和 Laplace(1812—1820 年期间,大约在 1809 年左右,Gauss 在大地测量学和天文学的工作中已经认识到"Gauss"律普遍性,但只是给出了令人不满意的论证). 拉普拉斯特别使用了 Fourier 方法,他的 CLT 的公式是高度一般化的,尽管他的论证中的有些确切有效性条件只在一个世纪后才出现.

定理 Ⅸ.6　基本 CLT. 设 T_j 是支集为$\mathbb{R}$ 的独立随机变量,它们具有公共的分布,这个分布的平均值是(有限的)μ,标准差是(有限的)σ. 设

$$S_n := T_1 + \cdots + T_n$$

那么标准化的和 S_n^* 收敛到标准的正规分布

$$S_n^* \equiv \frac{S_n - \mu n}{\sigma \sqrt{n}} \Rightarrow \mathcal{N}(0,1)$$

证明　证明基于非常类似于等式(20) 和(21) 中的特征函数的局部展开. 首先,根据一般定理(见图 B. 2 和文献[424]22 页中的小结),前两个矩的存在蕴含 ϕ_{T_1} 在 0 处是两次可微的,因此当 $t \to 0$ 时有

$$\phi_{T_1}(t) = 1 + \mathrm{i}\mu t - \frac{1}{2}(\mu^2 + \sigma^2)t^2 + o(t^2)$$

通过平移,不妨设平均值 $\mu = 0$. 那么这时当 $n \to \infty$ 时,对每个 t,就像在方程(20) 和(21) 中那样,我们逐点地有

$$\phi_{T_1}\left(\frac{t}{\sigma\sqrt{n}}\right)^n = \left(1 - \frac{t^2}{2n} + o\left(\frac{t^2}{2n}\right)\right)^n \to \mathrm{e}^{-t^2/2} \tag{22}$$

然后从连续性定理就可得出结论.(这个定理在任何关于概率论的基础书例如,文献[206]259 页或[68]27 节中都有.)

重要的是观察如果 T_j 是离散的,并且它们有共同的 PGF $p(u) \equiv p_{T_1}(u)$ 时会发生什么(在 Ⅷ. 8. 3 中从不同的角度讨论了其他的情况.). 上面的证明使用了特征函数,也就是说,我们设 $u = \mathrm{e}^{ti}$,因此 $u = 1$ 对应于 $t = 0$. 由于在关键的估计(22) 中我们对 t 做了$\frac{1}{\sqrt{n}}$ 的尺度化,所以只须 $p(u)$ 在 $u = 1$ 附近的小邻域中的信息即可. 这个讨论带来的是以下的一般事实:在从离散分布中建立连续极限定律时重要的是离散概率生成函数中在 1 附近的行为. 我们在下一节中将充分利用这一观察.

▶ **Ⅸ. 19　大参数的** Poisson **分布**. 设 X_λ 为速率为 λ 的 Poisson 变量. 当 λ

---

① 关于 CLT 的历史,我们推荐读者参考 Hans Fischer 的博学多闻的专著[213].

趋向于无穷大时,用 Stirling 公式可以很容易地证明 X_λ 收敛到 Gauss 极限.然后误差项可以用 Berry-Esseen 不等式所给出的界加以比较.(用收敛速度的术语来说,这种大参数的 Poisson 变量有时会产生比标准的 Gauss 定律更好的近似的组合分布;一般的分析方法可见 Hwang 的综合研究[341].) ◀

▶ **Ⅸ.20** **CLT 的扩展**.独立情况中的中心极限定理是 Petrov 的综合专著[481,482]的主题.对变量是独立但不一定是同分布的(Lindeberg-Lyapunov 条件)或仅依赖于某种弱意义的变量(混合条件)的情况,CLT 有很多扩展,见 Billingsley 的讨论[68]27 节.在 T_s 是离散的特殊情况下,可以从鞍点法得出定理的一个更强的"局部"形式,见我们在 Ⅷ.8 节中的先前的讨论,Gnedenko 和 Kolmogorov 的经典处理[294],以及下面 Ⅸ.9 节中的扩展. ◀

Ⅸ.4.3 **尾部的估计**.与总是有定义的特征函数不同,仅仅是在包含 0 的非空间隔中分布的 Laplace 变换的存在性就蕴含了有趣的尾部性质.我们这里引用以下结果:

定理 Ⅸ.7 **指数的尾部的界**.设 Y 是一个在区间$[-a,b]$上 Laplace 变换为 $\lambda(s)=\mathbb{E}(e^{sY})$ 的随机变量,其中 $-a<0<b$,那么当 $x\to+\infty$ 时,Y 有如下意义的指数尾部

$$\mathbb{P}(Y<-x)=O(e^{-ax}),\mathbb{P}(Y>x)=O(e^{-bx})$$

证明 由对称性(把 Y 换成 $-Y$ 时不变),只须建立右边的尾部就够了.对任何使得 $0\leqslant s\leqslant b$ 的 s,我们有

$$\begin{aligned}P(Y>x)&=\mathbb{P}(e^{sY}>e^{SX})\\&=\mathbb{P}\left[e^{sY}>\frac{e^{SX}}{\lambda(s)}\mathbb{E}(e^{sY})\right]\\&\leqslant\lambda(s)e^{-SX}\end{aligned}\tag{23}$$

其中最后一行是 Markov 不等式的结果(附录 A.3:组合概率).然后令 $s=b$ 即可.

像它的离散对应物定理 Ⅸ.3 一样,这个定理在技巧上是很浅的,但仍然是有用的,由于它暗中为以后 Ⅸ.10 节中大偏差估计的发展奠定了基础.

Ⅸ.5 准幂和 Gauss 极限律

概率论的中心极限定理在分析组合学中有丰富的扩展.正如我们在本节中将要看到的那样,组合参数的 PGF 的行为几乎像固定的函数的大幂就足以确

保分布收敛到Gauss极限——这就是准幂框架.我们先通过考虑Stirling轮换的分布来说明这一点.

例 Ⅸ.9 Stirling **轮换的分布**.排列中轮换的数目χ可由BGF描述

$$\mathcal{P}=\mathrm{SET}(u\mathrm{CYC}(\mathcal{Z}))\Rightarrow P(z,u)=\exp\left(u\log\frac{1}{1-z}\right)=(1-z)^{-u}$$

设X_n是遍历$\mathcal{P}_n$时对应于χ的随机变量,则X_n的PGF是

$$p_n(u)=\binom{n+u-1}{n}=\frac{u(u+1)(u+2)\cdots(u+n-1)}{n!}=\frac{\Gamma(u+n)}{\Gamma(u)\Gamma(n+1)}$$

我们求出在$u=1$附近有

$$p_n(u)\equiv\mathbb{E}(u^{X_n})=\frac{n^{u-1}}{\Gamma(u)}\left(1+O\left(\frac{1}{n}\right)\right)=\frac{1}{\Gamma(u)}(\mathrm{e}^{(u-1)})^{\log n}\left(1+O\left(\frac{1}{n}\right)\right)\tag{24}$$

最后的估计来自Stirling的Γ函数公式(或来自第Ⅵ章对$[z^n](1-z)^{-u}$的奇点分析),误差项均为$O(n^{-1})$,这些式子均在$u=1$的一个足够小的邻域中,例如$|u-1|\leqslant\frac{1}{2}$中给出.因此当$n\to\infty$时PGF $p_n(u)$近似等于取指数$\log n$并乘以一个固定的函数$\Gamma(u)^{-1}$的e^{u-1}的大幂.通过与中心极限定理的类比,我们可以合理地期望Gauss定律能够成立.

平均值满足

$$\mu_n=\log n+\gamma+o(1)$$

而方差是

$$\sigma_n=\sqrt{\log n}+o(1)$$

然后我们考虑标准化的随机变量

$$X_n^*=\frac{X_n-L-\gamma}{\sqrt{L}}\quad(L:=\log n)$$

X_n^*的特征函数,即$\phi_n^*(t)=\mathbb{E}(\mathrm{e}^{\mathrm{i}tX_n^*})$,因而继承了$p_n(u)$的估计(24)

$$\phi_n^*(t)=\frac{\mathrm{e}^{-\mathrm{i}t(L^{\frac{1}{2}}+\gamma L^{-\frac{1}{2}})}}{\Gamma(\mathrm{e}^{-\mathrm{i}t/\sqrt{L}}-1)}\exp(L(\mathrm{e}^{-\mathrm{i}t/\sqrt{L}}-1))\left(1+O\left(\frac{1}{n}\right)\right)$$

对固定的t,当$L\to\infty$时,其对数可机械地求出满足

$$\log\phi_n^*(t)=-\frac{t^2}{2}+O((\log n)^{-\frac{1}{2}})\tag{25}$$

因此$\phi_n^*(t)\sim\mathrm{e}^{-\frac{t^2}{2}}$.这就足以建立Gauss极限律了

$$\lim_{n\to\infty}\mathbb{P}\{X_n\leqslant\log n+\gamma+x\sqrt{\log n}\}=\frac{1}{\sqrt{2\pi}}\int_{-\infty}^{x}\mathrm{e}^{-\omega^2/2}\mathrm{d}\omega\tag{26}$$

命题 Ⅸ.5(Goncharov 定理)　描述了长度为 n 的随机排列中的轮换的数目(或等价地,记录的数目)的 Stirling 轮换的分布 $\mathbb{P}(X_n=k)=\frac{1}{n!}\begin{bmatrix}n\\k\end{bmatrix}$ 渐近于正规分布.

这个结果早在 1944 年就由 Goncharov 获得(见文献[299]),尽管没有误差项,由于他的研究早于 Berry-Esseen 不等式.我们的处理通过公式(25)和定理 Ⅸ.5 量化了收敛到高斯极限的速度为 $O((\log n)^{-\frac{1}{2}})$.

轮换的例子是分析组合学中 Gauss 定律出现的特征.这里所发生事情是近似式(24)由"大"的指数 $\beta_n=\log n$ 近似(24)在正规化后导致了 Gauss 变量的特征函数,即 $e^{-\frac{1}{2}t^2}$.由此,通过连续性定理得出了极限分布式(26).这实际上像下面的 Hsien-Kuei Hwang 文献[337,340]定理所说明的那样是一种非常普遍的现象,下面我们将陈述这一定理并在早些时候 Bender 和 Richmond 文献[44]结果的基础上建立它.

使用下面的记号将会特别方便.设 $f(u)$ 是一个在 $u=1$ 处解析且 $f(1)\neq 0$ 的函数,我们设

$$\mathfrak{m}(f)=\frac{f'(1)}{f(1)},\mathfrak{v}(f)=\frac{f''(1)}{f(1)}+\frac{f'(1)}{f(1)}-\left(\frac{f'(1)}{f(1)}\right)^2 \tag{27}$$

符号 $\mathfrak{m},\mathfrak{v}$ 建议它们是概率的对应物,同时细致地区分了分析领域和概率领域:如果 f 是随机变量 X 的 PGF,那么 $f(1)=1$ 和 $\mathfrak{m}(f)$,均值,与期望 $\mathbb{E}(X)$ 一致;量 $\mathfrak{v}(f)$ 那么与方差 $\mathbb{V}(X)$ 一致.因此,我们称 $\mathfrak{m}(f)$ 和 $\mathfrak{v}(f)$ 分别是函数 f 的分析均值和分析方差.

定理 Ⅸ.8　准幂定理. 设 X_n 是非负的离散随机变量(支集是 $\mathbb{Z}_{\geqslant 0}$),其概率生成函数是 $p_n(u)$,假设在 $u=1$ 的复邻域内,对序列 $\beta_n,\kappa_n\to\infty$,一致地成立

$$p_n(u)=A(u)\cdot B(u)^{\beta_n}\left(1+O\left(\frac{1}{\kappa_n}\right)\right) \tag{28}$$

其中,$A(u)$,$B(u)$ 在 $u=1$ 处解析,且 $A(1)=B(1)=1$.最后假设 $B(u)$ 满足所谓的"变异性条件"

$$\mathfrak{v}(B(u))\equiv B''(1)+B'(1)-B'(1)^2\neq 0$$

那么在这些条件下,X_n 的平均值和方差满足

$$\begin{aligned}\mu_n&\equiv\mathbb{E}(X_n)=\beta_n\mathfrak{m}(B(u))+\mathfrak{m}(A(u))+O(\kappa_n^{-1})\\ \sigma_n^2&\equiv\mathbb{V}(X_n)=\beta_n\mathfrak{v}(B(u))+\mathfrak{v}(A(u))+O(\kappa_n^{-1})\end{aligned} \tag{29}$$

X_n 的分布,经过标准化之后,渐近于 Gauss 分布,并且收敛到 Gauss 极限的速度是 $O(\kappa_n^{-1}+\beta_n^{-\frac{1}{2}})$

$$\mathbb{P}\left\{\frac{X_n - \mathbb{E}(X_n)}{\sqrt{\mathbb{V}(X_n)}} \leqslant x\right\} = \Phi(x) + O\left(\frac{1}{\kappa_n} + \frac{1}{\sqrt{\beta_n}}\right) \tag{30}$$

其中 $\Phi(x)$ 是标准正规的分布函数

$$\Phi(x) = \frac{1}{\sqrt{2\pi}}\int_{-\infty}^{x} \mathrm{e}^{-w^2/2}\,\mathrm{d}\omega$$

这个定理是以下引理的直接应用,也属于 Hwang 的文献[337,340],更普遍地适用于任意离散或连续分布(见注记 Ⅸ.22),因此完全是用积分变换的术语表达的.

引理 Ⅸ.1　准幂,一般分布. 假设随机变量 X_n 的序列的 Laplace 变换 $\lambda_n(s) = \mathbb{E}\{\mathrm{e}^{sX_n}\}$ 在圆盘 $|s| < \rho$ 中是解析的,其中 $\rho > 0$,并且满足以下的指数表达式

$$\lambda_n(s) = \mathrm{e}^{\beta_n U(s) + V(s)}\left(1 + O\left(\frac{1}{\kappa_n}\right)\right) \tag{31}$$

其中当 $n \to +\infty$ 时,$\beta_n, \kappa_n \to +\infty$,$U(s)$,$V(s)$ 在 $|s| \leqslant \rho$ 中解析. 还假设变异性条件 $U''(0) \neq 0$,则在上述条件下,X_n 的平均值和方差满足

$$\begin{aligned} \mathbb{E}(X_n) &= \beta_n U'(0) + V'(0) + O(\kappa_n^{-1}) \\ \mathbb{V}(X_n) &= \beta_n U''(0) + V''(0) + O(\kappa_n^{-1}) \end{aligned} \tag{32}$$

分布 $X_n^* = \dfrac{X_n - \beta_n U'(0)}{\sqrt{\beta_n U''(0)}}$ 渐近于 Gauss 分布,收敛到 Gauss 极限分布的速度是 $O(\kappa_n^{-1} + \beta_n^{-\frac{1}{2}})$.

证明　首先,我们估计平均值和方差. 变量 s 是先验地属于 0 的一个小邻域中. 根据假设,函数 $\log \lambda_n(s)$ 在零点解析,并且满足

$$\log \lambda_n(s) = \beta_n U(s) + V(s) + O\left(\frac{1}{\kappa_n}\right)$$

由于解析性,这个展开式在零点是可微的,并带有同样类型的误差项. 这可以通过 Cauchy 的积分系数表达式直接验证

$$\frac{1}{k!}\,\frac{\mathrm{d}^r}{\mathrm{d}s^r}\log \lambda_n(s)\bigg|_{s=0} = \frac{1}{2\mathrm{i}\pi}\int_\gamma \log \lambda_n(s)\,\frac{\mathrm{d}s}{s^{r+1}}$$

其中的积分围道 γ 是小的,但是固定的,并利用了 $\log \lambda_n(s)$ 的基本展式中更高阶的项. 特别,可以看出平均值和方差满足估计式(32).

下面,我们考虑标准化变量

$$X_n^* = \frac{X_n - \beta_n U'(0)}{\sqrt{\beta_n U''(0)}}$$

$$\lambda_n^*(s) = \mathbb{E}\{\mathrm{e}^{sX_n^*}\}$$

我们有

$$\log \lambda_n^*(s) = -\frac{\beta_n U'(0)}{\sqrt{\beta_n U''(0)}} s + \log \lambda_n\left(\frac{s}{\sqrt{\beta_n U''(0)}}\right)$$

利用假设(31) 和直到 3 阶的局部展开式以及 $\lambda_n(0) \equiv 1$ 就得出

$$\log \lambda_n^*(s) = \frac{s^2}{2} + O\left(\frac{|s|+|s|^3}{\beta_n^{\frac{1}{2}}}\right) + O\left(\frac{1}{\kappa_n}\right) \tag{33}$$

上式在半径为 $O(\beta_n^{\frac{1}{2}})$ 的圆盘内,特别在 0 的任何固定的邻域中一致地成立. 利用 Laplace 变换(取 s 是实的) 或 Fourier 变换(取 $s=it$) 的连续性定理就足以得出关于分布收敛到 Gauss 极限分布的结论.

最后,收敛速度可在 Berry-Esseen 不等式中取 $T \equiv T_n = c\beta_n^{\frac{1}{2}}$ 而得出,其中 c 是一个充分小但不等于 0 的正数. 在这种情况下可以应用 $\lambda_n(s)$ 在零点处的局部展开式. 然后,取 $s = it$ 成立的展开式(33) 保证成立

$$\Delta_n := \int_{-T_n}^{T_n} \left| \frac{\lambda_n^*(\mathrm{i}t) - \mathrm{e}^{-t^2/2}}{t} \right| \mathrm{d}t + \frac{1}{T_n}$$

上式满足 $\Delta_n = O(\kappa_n^{-1} + \beta_n^{-\frac{1}{2}})$. 这样从 Berry-Esseen 不等式,定理 Ⅸ.5 就得出了引理的结论.

形式为(28) 或(31) 的定理 Ⅸ.8 都可以看成是正式地表达了(伪) 随机变量

$$Z = Y_0 + W_1 + W_2 + \cdots + W_{\beta_n}$$

的分布,其中 Y_0"对应"于 $\mathrm{e}^{V(s)}$(或 $A(u)$),每个 W_j 对应于 $\mathrm{e}^{U(s)}$(或 $B(u)$). 然而,并不能先验地保证 β_n 应该是整数,或 $\mathrm{e}^{U(s)}$, $\mathrm{e}^{V(s)}$ 应该是某个概率分布函数的 Laplace 变换(通常它们不是). 在某种意义下,这个定理回收了作为中心极限定理的经典证明基础的直觉,并利用了它背后的分析机制.

特别重要的是要注意到定理 Ⅸ.8 和引理 Ⅸ.1 纯粹是局部的:我们所需要的只是对于 PGF,在 $u=1$ 附近,或等价地,对于 Laplace-Fourier 变换,在 $s=0$ 附近准幂的局部解析性. 这一重要的特征最终要归咎于随机变量的标准化以及对应的变换的尺度化以及伴随着它们的连续极限律.

▶**Ⅸ.21　均值,方差和累积量**. 有了(27) 的符号,我们也有

$$\mathfrak{m}(f) = \frac{\mathrm{d}}{\mathrm{d}t} \log f(\mathrm{e}^t) \bigg|_{t=0}$$

$$\mathfrak{v}(f) = \frac{\mathrm{d}^2}{\mathrm{d}t^2} \log f(\mathrm{e}^t) \bigg|_{t=0}$$

高阶导数产生了称为累积量的量. ◀

▶Ⅸ.22 **两种等价的标准化形式**. 通过简单的实分析，在引理 Ⅸ.1 的假设下我们也有

$$\mathbb{P}\left\{\frac{X_n-\mathbb{E}(X_n)}{\sqrt{\mathbb{V}(X_n)}}\leqslant x\right\}=\Phi(x)+O\left(\frac{1}{\kappa_n}+\frac{1}{\sqrt{\beta_n}}\right)$$

因此，收敛到高斯极限的主要逼近不受我们用来完成标准化的方式的影响，或者不受标准化时 X_n 的确切的平均值和方差的影响或它们的一阶渐近近似的影响. 定理 Ⅸ.8 也是如此. ◀

▶Ⅸ.23 **准幂条件下的高阶矩**. 按照 Hwang 的文献[340]，对每个固定的 k，在准幂定理的条件下，我们也有

$$\mathbb{E}(X_n^k)=\overline{\omega}_k(\beta_n)+O\left(\frac{1}{\kappa_n}\right)$$

$$\overline{\omega}_k(x):=k!\ [s^k]\mathrm{e}^{xU(s)+V(s)}$$

因而，次数为 k 的多项式 $\overline{\omega}_k$ 描述了高阶矩的渐近形式(提示：像在 Ⅵ.10.1 小节中那样，利用解析函数的渐近展开式的可微性质.).

奇点扰动和 Gauss **律**. 本章的主要线索是二元生成函数. 一般来说，我们被给予一个 BGF $F(z,u)$，而目的是从中提取极限分布. 设组合模型的容量为 n，当平均值和标准偏差都趋向于无穷时，我们要求的就是形式(28) 中的准幂范式.

我们在下面的非正式讨论中的进行是启发式的，这些讨论将扩展 Ⅸ.1 节中关于奇点扰动的简要说明. 确切地发展将在下一节中给出. 从一个 BGF$F(z,u)$ 开始，并认为 u 是一个参数. 如果某种奇点分析适用于计数生成函数 $F(z,1)$，则它导致如下的近似

$$f_n\approx C\cdot\rho^{-n}n^{\alpha}$$

其中 ρ 是 $F(z,1)$ 的主奇点，α 与 $F(z,1)$ 在 ρ 处的临界指数有关. 类似的分析通常适用于 $u=1$ 附近的 $F(z,u)$. 那么，我们有理由希望得到二元 GF 的 z 的展开式中的系数的近似为

$$f_n(u)\approx C(u)\cdot\rho(u)^{-n}n^{\alpha(u)}$$

从这个角度来看，对应的 PGF 的形式就应是

$$p_n(u)\approx\frac{C(u)}{C(1)}\left(\frac{\rho(u)}{\rho(1)}\right)^{-n}n^{\alpha(u)-\alpha(1)}$$

因此，我们在这里设想的策略是当把辅助参数 u 限制在 1 的小邻域中时对奇点展开做扰动分析.

特别，如果只有主奇点随着 u 移动，我们就将有如下粗略的形式

$$p_n(u) \approx \frac{C(u)}{C(1)}\left(\frac{\rho(u)}{\rho(1)}\right)^{-n}$$

因而准幂定理建议了一个平均值和方差都是 $O(n)$ 的 Gauss 律. 如果只有指数在变化,那么

$$p_n(u) \approx \frac{C(u)}{C(1)} n^{\alpha(u)-\alpha(1)}$$
$$= \frac{C(u)}{C(1)} (\mathrm{e}^{\alpha(u)-\alpha(1)})^{\log n}$$

上式再次建议了 Gauss 律,但是平均值和方差这次是 $O(\log n)$.

下面这些情况指出了可能产生极限 Gauss 分布的单变量分析的相当简单的扰动. 在每种情况中第 Ⅳ 章 — 第 Ⅷ 章的方法对主要系数的提取都起了作用,这一章就以下几方面重点说明了这一点.

—— 具有极点的函数的半纯分析(Ⅸ.6 节基于对第 Ⅳ 章和第 Ⅴ 章的方法的扰动);

—— 具有代数对数奇点的函数的奇点分析(Ⅸ.7 节基于对第 Ⅵ 章和第 Ⅶ 章方法的扰动);

—— 对于在奇点处快速增长的函数的鞍点分析(Ⅸ.8 节基于对第 Ⅷ 章的方法的扰动).

本质上,许多基本组合结构的可分解特征,被二元 GF 的强分析性质反映出来. 在扰动分析之后,通过准幂定理(定理 Ⅸ.8) 导致了 Gauss 定律. 这种系数提取方法基于围道积分并补充必要的一致性条件.

我们还将看到其他几个性质经常补充了组合学中的 Gauss 极限定律的存在性:

—— 从准幂逼近产生的局部极限律(Ⅸ.9 节),只要它们对所有单位圆上的 u 值都有效. 在这种情况下,可以通过鞍点法用 Gauss 密度的术语直接表达组合结构的概率分布(采用类似于 Ⅷ.8 节中专门适用于大幂的形式),这取代了用连续性定理来实现$[u^k z^n]F(z,u)$ 中的第二个变元的系数提取.

—— 大偏差估计(在 Ⅸ.10 节中发展) 量化了远离平均值的罕见事件的概率. 就像以前的 Ⅸ.4.3 节中对尾部的界的估计那样,这是对某个不等于 1 的 u_0 的值,考虑$[z^n]F(z,u_0)$,通过本质上对$[z^n]F(z,u_0)$ 应用鞍点界而得出的.

组合分布性质和 u 域之间的对应关系总结在图 Ⅸ.9 中. 下面将充分地对部分 B 的每个主要复渐近方法说明这种范式.

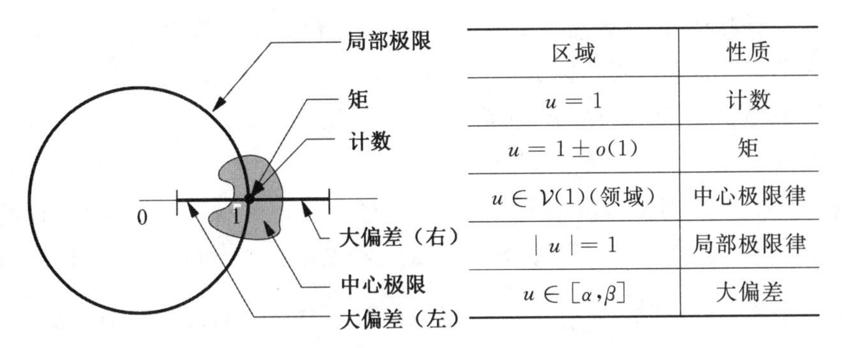

区域	性质
$u=1$	计数
$u=1\pm o(1)$	矩
$u\in\mathcal{V}(1)$（领域）	中心极限律
$\mid u\mid=1$	局部极限律
$u\in[\alpha,\beta]$	大偏差

图 Ⅸ.9　u 平面中的区域和组合结构的 PGF $F(z,u)$ 的性质之间的对应关系

Ⅸ.6　半纯渐近的扰动

一旦有了一般的准幂定理，定理 Ⅸ.8 之后，就可以按照前一节中我们非正式介绍的奇点扰动的原理继续分析广泛的分析模式. 我们首先研究单变量限制 $F(z,1)$ 可以进行的半纯分析（第 Ⅳ 章和第 Ⅴ 章），即它的主奇点是极点的二元生成函数中次要变量 u 的影响. 对这里所验证的结构产生的基本参数，Gauss 律是它们的法则.

在下文中，我们首先研究超临界复合和级数并建立成分数量的 Gauss 特征. 按照这种方式，我们可以得到超临界级数的精确信息，这极大地改进了 Ⅴ.2 节中的平均值的估计值. 接下来我们将确切地叙述一个广泛适用于半纯函数的有力的陈述，其典型应用是排列，平行四边形多联体和硬币喷泉. 这一节以对线性系统的基本的扰动理论的研究结束，其应用是图中的路径，有限自动机和转移矩阵模型（Ⅴ.5 节和 Ⅴ.6 节）.

本节主要基于 Bender 的工作，他从他的开创性论文[35]开始，第一个在分析组合学中提出了导致 Gauss 定律的抽象分析模式. 我们的介绍还依赖于 Bender，Flajolet，Hwang，Richmond 和 Soria 的后续工作，如文献[44，258，260，337，338，339，340，547]. 这里的基本思想是（几乎）在第 Ⅴ 章中研究过的所有单变量问题中关于有理的和半纯的渐近都易接受奇点的扰动，其效果是极限 Gauss 定律适用于基本参数.

超临界复合和级数. 我们的准幂框架的第一个应用是外函数有一个主极点的超临界复合. 这特别包括了超临界级数，对这种结构，我们已在 Ⅴ.2 节中给出了仅仅枚举和矩. 用那里的方法，我们可以研究满射，对齐和各种复合中产生的分布.我们鼓励读者研究下面的证明，由于它构成了技巧上最简单但又十分有特色的奇点扰动过程的例子.

命题 Ⅸ.6　超临界复合. 考虑二元的二层复合模式

$$F(z,u)=g(uh(z))$$

设 $g(z)$ 和 $h(z)$ 满足超临界条件 $\tau_h>\rho_g$，这说明 g 在 $|z|<R$ 中解析，其中 $R>\rho_g$，并在 ρ_g 处有唯一的主奇点，它是一个简单极点，而 h 是非周期的.那么在对应于概率分布 $\frac{[u^k z^n]F(z,u)}{[z^n]F(z,1)}$ 的随机的 $\mathcal{F}_n-$ 结构中的 $\mathcal{H}-$ 成分的数目 χ 的平均数和方差都渐近地与 n 成比例.经过标准化之后，参数 χ 满足 Gauss 极限律，其收敛速度是 $O\left(\frac{1}{\sqrt{n}}\right)$.

证明　我们从通常的单变量分析开始.设 ρ 使得 $h(\rho)=\rho_g$，其中 $0<\rho<\rho_h$（ρ 的存在唯一性由超临界条件保证.）.从假设得出展开式

$$g(z)=\frac{C}{1-z/\rho_g}+D+o(1)$$

$$h(z)=\rho_g+h'(\rho)(z-\rho)+\frac{1}{2}h''(\rho)(z-\rho)^2+\cdots$$

显然 $F(z)\equiv F(z,1)$ 在 $z=\rho$ 处有简单极点，并且由 g 和 h 的展开式的复合就有

$$F(z)=\frac{C_{\rho_g}}{\rho h'(\rho)}\frac{1}{1-\frac{z}{\rho}}+O(1)$$

h 的非周期性也蕴含 ρ 是 $F(z,1)$ 的唯一的主奇点.通常的半纯系数提取分析过程因而就给出

$$[z^n]F(z)=\frac{C\rho_g}{\rho h'(\rho)}\rho^{-n}(1+o(1))$$

其中 $o(1)$ 表示一个指数小的误差项.矩可以通过微分得出，关于 r 阶矩的GF有 $r+1$ 阶的极点，并且是适合于奇点分析的.（这模仿了 Ⅴ.2 节中对超临界复合的单变量分析.）但是矩的估计是后来发展的结果，所以这一阶段的分析可以绕过去.

现在我们到了奇点扰动的时候了，正像我们已经反复说过的那样，我们只考虑 1 的充分小邻域中的 u，关于 $\rho(u)$ 的方程

$$uh(\rho(u))=\rho_g$$

当 u 充分接近于 1 时，在 ρ 附近有唯一的根，并且根据解析反演引理（引理

Ⅳ.2)，函数 $\rho(u)$ 在 $u=1$ 处解析. 函数 $z\mapsto F(z,u)$，因而在 $z=\rho(u)$ 处有简单极点，由展开式的复合，我们得出

$$F(z,u)\sim\frac{C\rho_g}{u\rho(u)h'(\rho(u))}\frac{1}{1-z/\rho(u)}\quad(z\to\rho(u))\tag{34}$$

下面，再次对接近于1的 u，我们断言函数 $z\mapsto F(z,u)$ 以 $\rho(u)$ 为唯一的主奇点. 这一事实的证明依赖于 $h(z)$ 的非周期性，对 $|z|=\rho,z\neq\rho$，非周期性保证了不等式 $|h(z)|<h(\rho)=\rho_g$；同样，对于 ρ 附近的 z，方程 $h(z)=\rho_g$ 就像我们在上面看到的那样，有唯一的局部解. 因此，存在量 $r>\rho$，使得方程 $h(z)=\rho$ 等式在 $|z|<r$ 中有唯一解 $z=\rho$. 但是那样，让 u 保持足够接近于 1，我们就可以求出一个 S，$\rho<S<r$ 使得在 $|z|\leqslant S$ 中，方程 $uh(z)=\rho_g$ 的唯一解是 $\rho(u)$(见附录 B.5 的解析反演定理：隐函数定理证明中用的连续性论证.).

我们现在可以得出结论了. 让 S 像前一段中一样，并让 u 位于一个1的小的复邻域中. 然后我们再次使用半纯函数系数提取的围道积分证明，定理 Ⅳ.10，利用留数，我们有

$$\frac{1}{2\mathrm{i}\pi}\int_{|z|=S}F(z,u)\,\frac{\mathrm{d}z}{z^{n+1}}=[z^n]F(z,u)+\operatorname{Res}(g(uh(z))z^{-n-1},z=\rho(u))$$

由于 $F(z,u)=g(uh(z))$ 是解析的，因此对 $|z|=S$ 存在一致的界，通过式(34)，我们就得到一个主要的一致估计

$$[z^n]F(z,u)=C(u)\cdot\rho(u)^{-n}(1+O(K^{-n}))$$

$$C(u):=\frac{C\rho_g}{u\rho(u)h'(\rho(u))}$$

其中 $K>1$. 因而 $\mathcal{F}_n$ 上 χ 的 PDF $p_n(u)=\dfrac{[z^n]F(z,u)}{[z^n]F(z,1)}$ 满足

$$p_n(u)=A(u)\cdot B(u)^n(1+O(K^{-n}))$$

$$A(u)=\frac{C(u)}{C(1)},B(u)=\frac{\rho(1)}{\rho(u)}$$

那样我们现在正好满足准幂定理的条件(定理 Ⅸ.8).

最后一个命题的主要应用是超临界级数，其中 Gauss 定律可以看成是对 Ⅴ.2 节中引出的性质的补充.

命题 Ⅸ.7　超临界级数. 考虑超临界的级数模式 $\mathcal{F}=\mathrm{SEQ}(u\,\mathcal{H})$，即 h 在正的主奇点处的值满足 $\tau_h>1$. 假设 h 是非周期的，并且 $h(0)=0$，那么对容量 n 充分大的随机 $\mathcal{F}_n$－结构中的 $\mathcal{H}$ 成分的数量 X_n，在经过标准化后渐近于 Gauss 分布，且

$$\mathbb{E}(X_n)\sim\frac{n}{\rho h'(\rho)},\mathbb{V}(X_n)\sim n\frac{h''(\rho)+h'(\rho)-h'(\rho)^2}{\rho h'(\rho)^3}$$

其中 ρ 是 $h(\rho)=1$ 的正根.

容量为固定的 m 的成分的数目 $X_n^{(m)}$ 渐近于平均值 $\sim\theta_m n$ 的 Gauss 分布，其中 $\theta_m=\dfrac{h_m\rho^m}{\rho h'(\rho)}$.

证明 第一部分是在命题 Ⅸ.6 中令

$$g(z)=\frac{1}{1-z}$$

并把 ρ_g 换成1所得出的直接推论.第二部分可从下面的PGF以及 $u\approx 1$ 所造成了 $F(z,1)$ 在对应于 $u=1$ 的 ρ 处的极点的光滑扰动这一事实得出

$$\mathcal{F}=\mathrm{SEQ}(u\,\mathcal{H}_m+\mathcal{H}\setminus\mathcal{H}_m)\Rightarrow F(z,u)=\frac{1}{1-(u-1)h_m z^m-h(z)}$$

下面的例子和注记介绍了命题 Ⅸ.6 和 Ⅸ.7 的两种不同类型的应用.第一种处理在第 Ⅴ 章中已见过的例子，即满射(例 Ⅸ.10)，对齐和合成 —— 图Ⅴ.1 和图 Ⅸ.10 说明了这些结构的典型图示的模样.第二种显示了与更新问题(例 Ⅸ.11)密切相关的一些纯概率应用.

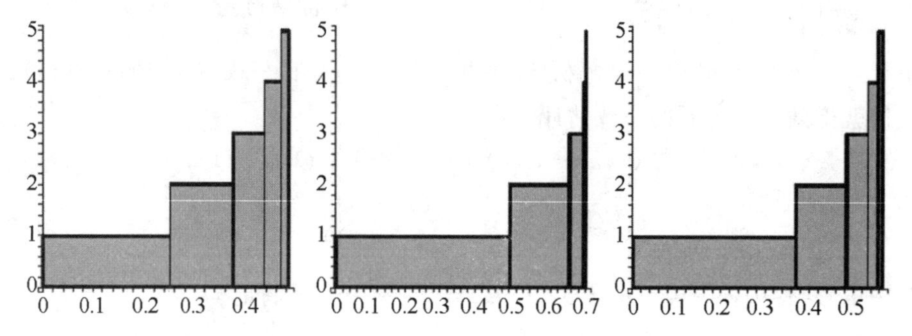

图 Ⅸ.10 当成分按大小顺序排列，并由对应长度的直方图表示时，超临界级数呈现的由命题 Ⅸ.7 所描述的各种分布的图形.图形显示了成分容量 $\leqslant 5$ 的大的合成，满射和对齐的极限平均的模样

例 Ⅸ.10 满射的分布. 我们来重新看一下满射中象的基数的分布，我们已经在第 Ⅴ 章中建立了这个分布的集中性质.这个例子用到了半纯情况下的二元渐近.考虑满射中象的基数的分布

$$\mathcal{F}=\mathrm{SEQ}(u\mathrm{SET}_{\geqslant 1}(\mathcal{Z}))\Rightarrow F(z,u)=\frac{1}{1-u(\mathrm{e}^z-1)}$$

其中的 u 在1附近变动，例如设 $|u-1|\leqslant\frac{1}{10}$. $F(z,u)$ 作为 z 的函数是半纯的，它的奇点位于

$$\rho(u)+2k\pi\mathrm{i},\ \rho(u)=\log\left(1+\frac{1}{u}\right)$$

这里我们使用了对数的主值(当 u 接近于1时,$\rho(u)$ 接近于 $\log 2$).那么我们可以确定,当 $|u-1|\leqslant\frac{1}{10}$ 时,$\rho(u)$ 保持在 $\log 2\pm 0.06$ 的范围内.因此 $\rho(u)$ 是 F 的唯一的主奇点,下一个最近的奇点是 $\rho(u)\pm 2\pi\mathrm{i}$,它们的模数肯定大于5.

从半纯函数的系数分析(第Ⅳ章)可以得出 $f_n(u)=[z^n]F(z,u)$ 的估计如下

$$\begin{aligned}f_n(u)&=-\operatorname{Res}(F(z,u)z^{-n-1})_{z=\rho(u)}+\frac{1}{2\pi\mathrm{i}}\int_{|z|=5}\frac{F(z,u)}{z^{n+1}}\mathrm{d}z\\&=\frac{1}{u\rho(u)\mathrm{e}^{\rho(u)}}\rho(u)^{-n}+O(5^{-n})\end{aligned}\tag{35}$$

重要的是要注意到,只要 u 的变化范围受到限制(比如说) $|u-1|\leqslant 0.1$,误差项对 u 来说就是一致的.这个事实可从系数提取方法导出,由于在式(35)中的Cauchy积分的余项中 $F(z,u)$ 的分母和0之间的距离是有界的.

方程(35)中的第二个估计构成了准幂框架的一个典型的应用.因此,容量为 n 的随机满射中的象的数目 X_n 服从Gauss极限律.$\rho(u)$ 的局部展开式为

$$\rho(u)\equiv\log(1+u^{-1})=\log 2-\frac{1}{2}(u-1)+\frac{3}{8}(u-1)^2+\cdots$$

从它可以得出

$$\frac{\rho(1)}{\rho(u)}=1+\frac{1}{2\log 2}(u-1)-\frac{3\ln 2-2}{8(\log 2)^2}(u-1)^2+O((u-1)^3)$$

因此平均值和标准方差满足

$$\mu_n\sim C_1n,\sigma_n\sim\sqrt{C_2n},C_1:=\frac{1}{2\log 2},C_2:=\frac{1-\log 2}{4(\log 2)^2}\tag{36}$$

特别,变异性(译者注:见本章式(26)下边和式(31)下边)条件满足.最后我们得出

$$\mathbb{P}\{X_n\leqslant C_1n+x\sqrt{C_2n}\}=\Phi(x)+O\left(\frac{1}{\sqrt{n}}\right)$$

其中 Φ 是Gauss误差函数.这个估计也可以看成是Stirling分拆数的纯渐近表述.

命题 Ⅸ.8 由 $\frac{k!}{S_n}\left\{\begin{matrix}n\\k\end{matrix}\right\}$ 定义的满射分布对所有的实数 x 一致地满足

$$\frac{1}{S_n}\sum_{k\leqslant C_1n+x\sqrt{C_2n}}k!\left\{\begin{matrix}n\\k\end{matrix}\right\}=\frac{1}{\sqrt{2\pi}}\int_{-\infty}^{x}\mathrm{e}^{-\omega^2/2}\mathrm{d}\omega+O\left(\frac{1}{\sqrt{n}}\right)$$

其中$S_n=\sum_k k!\begin{Bmatrix}n\\k\end{Bmatrix}$是满射数，$C_1$，$C_2$由式(36)给出. 在Bender的基本研究(文献[35])中已经出现了这个结果.

▶**Ⅸ.24　对齐和 Stirling 轮换数.** 对齐是轮换的级数(第 Ⅱ 章)，其指数PGF由下式给出

$$\mathcal{F}=\mathrm{SEQ}(u\mathrm{CYC}(\mathcal{Z}))\Rightarrow F(z,u)=\frac{1}{1-u\log(1-z)^{-1}}$$

函数$\rho(u)$可确切写出，$\rho(u)=1-\mathrm{e}^{-\frac{1}{u}}$. 随机的对齐中的轮换的数目渐近于Gauss分布. 这产生了一个关于Stirling轮换数的渐近命题：对齐数对所有的实数x一致地成立

$$\frac{1}{O_n}\sum_{k\leqslant C_1 n+x\sqrt{C_2 n}}k!\begin{Bmatrix}n\\k\end{Bmatrix}=\frac{1}{\sqrt{2\pi}}\int_{-\infty}^{x}\mathrm{e}^{-\omega^2/2}\mathrm{d}\omega+O\left(\frac{1}{\sqrt{n}}\right)$$

其中$O_n=\sum_k k!\begin{bmatrix}n\\k\end{bmatrix}$，$C_1=\dfrac{1}{\mathrm{e}-1}$，$C_2=\dfrac{1}{(\mathrm{e}-1)^2}$. ◀

▶**Ⅸ.25　受限制的整数分拆中的加数.** 考虑加数限制在集合$\Gamma\subset\mathbb{Z}_{\geqslant 1}$中的整数分拆，并设$X_n$是整数$n$的随机的分拆中加数的数目. 通常的BGF是

$$F(z,u)=\frac{1}{1-uh(z)},h(z):=\sum_{\gamma\in\Gamma}z^{\gamma}$$

假设Γ至少包含两个互素的元素，因此$h(z)$是非周期的. 这个$h(z)$的收敛半径只能是∞(当$h(z)$是多项式时)或1(当$h(z)$包括无穷多个项，但$(1-z)^{-1}$占优时). 无论在哪种情况下级数构造都是超临界的，因此X_n的分布是渐近正态的. 例如，高斯极限律适用于第 Ⅴ 章中枚举的加数为素数(或甚至是孪生素数)的合成. ◀

例 Ⅸ.11　中心极限定理和离散更新理论. 设$g(u)$是任何支集为$\mathbb{Z}_{\geqslant 0}$，在1处解析并且是非退化的(即$\mathfrak{v}(g)>0$)随机变量的PGF($g(1)=1$)，那么

$$F(z,u)=\frac{1}{1-zg(u)}$$

在$\rho(u):=\dfrac{1}{g(u)}$处有一个简单极点. 定理 Ⅸ.9 可以用来给出一个关于具有一个在1处解析的PGF的离散概率分布的中心极限定理的特殊形式.

在关于g的同样的解析假设下，现在考虑“对偶”的BGF

$$G(z,u)=\frac{1}{1-ug(z)}$$

其中z和u的地位交换了. 此外，为了保持一致性，我们必须要求$g(0)=0$. 在经

典的概率论中当 $g(1)=1$ 时对于更新过程，有一个简单的概率解释. 假设一个灯泡的寿命为 m 天的概率为 $g_m=[z^m]g(z)$，并且当它烧坏时就立刻换上一个新的灯泡. 设 X_n 是 n 天内消耗的灯泡的数量，假设最后一次更换发生在第 n 天. 那么 X_n 的 PGF 是 $\frac{[z^n]G(z,u)}{[z^n]G(z,1)}$（正规化量 $[z^n]G(z,1)$ 是更新恰好发生在第 n 天的概率）. 应用定理 Ⅸ.9，函数 G 在 $z=\rho(u)z$ 处具有简单的主极点使得

$$g(\rho(u))=\frac{1}{u},\rho(1)=1$$

由于我们假设 g 是 PGF. 我们求出

$$\frac{1}{\rho(u)}=1+\frac{1}{g'(1)}(u-1)+\frac{1}{2}\ \frac{g''(1)+2g'(1)-2g'(1)^2}{g'(1)^3}(u-1)^2+\cdots$$

因而 X_n 的分布是正态的，并且平均数和方差满足

$$\mathbb{E}(X_n)\sim\frac{n}{\mu},\mathbb{V}(X_n)\sim n\frac{\sigma^2}{\mu^3}$$

其中 $\mu:=\mathfrak{m}(g),\sigma^2:=\mathfrak{v}(g)$ 是 g 的平均值和方差（这个计算顺便验证了变异性条件.）. 平均值的结果完全符合概率直觉.

▶ **Ⅸ.26　每天更新.** 在更新方案中，条件不再是灯泡在第 n 天发生故障. 设 Y_n 是到目前为止消耗的灯泡数量. 那么 Y_n 的 BGF 可以表示成一个更新的序列，最后一次更新是由所有中间的更新记录

$$\sum_{n\geqslant 1}\mathbb{E}(u^{Y_n})z^n=\frac{1}{1-ug(z)}\ \frac{g(u)-g(zu)}{1-z}$$

Gauss 极限律对 Y_n 也成立. ◀

▶ **Ⅸ.27　混合 CLT 更新情况.** 考虑 $G(z,u)=\frac{1}{1-g(z,u)}$，其中 g 的系数是非负的，满足 $g(1,1)=1$，并在 $(z,u)=(1,1)$ 处解析. 这模拟了成本是随机的更新灯泡的情况，其中成本依赖于灯泡持续的时间. 在一般条件下，极限律成立，并且是 Gauss 型的. 这适用于例如 $H(z,u)=\frac{1}{1-a(z)b(u)}$ 的情况. 其中 a 和 b 是非退化的 PGF（称为随机修理）. ◀

对半纯函数的奇点扰动. 下面的解析模式极大地推广了超临界复合.

定理 Ⅸ.9　半纯模式. 设 $F(z,u)$ 是在 $(z,u)=(0,0)$ 处二元解析的，系数是非负的函数. 设 $F(z,1)$ 在 $z\leqslant r$ 上是半纯的，只在 $z=\rho$ 处有一个简单极点，其中 $0<\rho<r$. 还假设下面的条件：

（ⅰ）半纯扰动：存在 $\varepsilon>0$ 和 $r>\rho$ 使得在区域 $\mathcal{D}=\{|z|\leqslant r\}\times\{|u-1|<\varepsilon\}$ 内函数 $F(z,u)$ 具有如下表达式

$$F(z,u)=\frac{B(z,u)}{C(z,u)}$$

其中,$B(z,u)$,$C(z,u)$ 对 $(z,u)\in\mathcal{D}$ 解析,且 $B(\rho,1)\neq 0$(ρ 是 $C(z,1)$ 的简单零点);

(ⅱ)非退化:我们有 $\partial_z C(\rho,1)\cdot\partial_u C(\rho,1)\neq 0$,这保证非常数的 $\rho(u)$ 在 $u=1$ 处解析,并使得 $C(\rho(u),u)=0$ 以及 $\rho(1)=\rho$;

(ⅲ)变异性:我们有

$$\mathfrak{v}\left(\frac{\rho(1)}{\rho(u)}\right)\neq 0$$

具有概率生成函数

$$p_n(u)=\frac{[z^n]F(z,u)}{[z^n]F(z,1)}$$

的随机变量 X_n 在经过正规化之后以速度 $O(n^{-\frac{1}{2}})$ 收敛到 Gauss 分布. 平均值和标准方差渐近于 n 的线性表达式.

证明 首先,我们给出一些评论. 给了隐式方程 $C(\rho(u),u)=0$ 的解析解 $\rho(u)$,则 PGF $\mathbb{E}(u^{X_n})$ 就像下面将要证明的那样满足形式为 $A(u)\left(\frac{\rho(1)}{\rho(u)}\right)^n$ 的准幂近似. 平均值 μ_n 和方差 σ_n^2 的形式如下

$$\mu_n=\mathfrak{m}\left(\frac{\rho(1)}{\rho(u)}\right)n+O(1),\sigma_n^2=\mathfrak{v}\left(\frac{\rho(1)}{\rho(u)}\right)n+O(1) \tag{37}$$

准幂定理的变异性条件由条件(Ⅲ)保证. 设

$$c_{i,j}:=\frac{\partial^{i+j}}{\partial z^i\partial u^j}C(z,u)\bigg|_{(\rho,1)}$$

式(37)中的数值系数本身可以个别地通过级数反演用 $C(z,u)$ 的偏导数表示

$$\rho(u)=\rho-\frac{c_{0,1}}{c_{1,0}}(u-1)-\frac{c_{1,0}^2c_{0,2}-2c_{1,0}c_{1,1}c_{0,1}+c_{2,0}c_{0,1}^2}{2c_{1,0}^3}(u-1)^2+O((u-1)^3) \tag{38}$$

特别,$\rho(u)$ 不是常数,解析并且是对应于 $c_{0,1}c_{1,0}\neq 0$ 的简单根(根据解析隐函数定理). 然后通过计算可以得出变异性条件等价于下面的三次不等式

$$\rho c_{1,0}^2c_{0,2}-\rho c_{1,0}c_{1,1}c_{0,1}+\rho c_{2,0}c_{0,1}^2+c_{0,1}^2c_{1,0}+c_{0,1}c_{1,0}^2\rho\neq 0 \tag{39}$$

现在我们可以进行渐近估计了. 固定一个 u 的区域 $|u-1|\leqslant\delta$ 使得 B,C 都是解析的,那么我们就有

$$f_n(u):=[z^n]F(z,u)=\frac{1}{2\mathrm{i}\pi}\oint F(z,u)\frac{\mathrm{d}z}{z^{n+1}}$$

其中积分沿着一个包含原点的足够小的圆计算. 我们就像在式(35)中那样利

用第Ⅳ章中所描述的极点分析. 由于$F(z,u)$在$|z|\leqslant r$中至多有一个极点,因此我们有

$$f_n(u)=\operatorname{Res}\left(\frac{B(z,u)}{C(z,u)}z^{-n-1}\right)_{z=\rho(u)}+\frac{1}{2\mathrm{i}\pi}\int_{|z|=r}F(z,u)\frac{\mathrm{d}z}{z^{n+1}} \tag{40}$$

其中我们可以假设取适当的δ,使得当$|u-1|<\delta$时,有

$$|r-\rho(u)|<\frac{1}{2}(r-\rho)$$

从上面可以得出式(40)中的第二项的模以$\frac{K}{r^n}$为上界,其中

$$K=\frac{\sup_{|z|=r,|u-1|\leqslant\delta}|B(z,u)|}{\inf_{|z|=r,|u-1|\leqslant\delta}|C(z,u)|} \tag{41}$$

由于区域$|z|=r$, $|u-1|\leqslant\delta$是闭集,所以$C(z,u)$取到最小值,这个最小值必然不等于0. 这就给出了C的零点的唯一性. 同时$B(z,u)$是解析的,它的模从上面可知是有界的,因而式(41)中的常数K是有限的.

对(40)中的积分应用平凡的界得出

$$f_n(u)=\frac{B(\rho(u),u)}{C'_z(\rho(u),u)}\rho(u)^{-n-1}+O(r^{-n})$$

上式在$u=1$的足够小的固定的邻域中一致地成立. 因而平均值和方差满足(37),方差的首项系数由假设是非零的. 因而,准幂定理中形式为(28)的条件满足,因此渐近的极限律是 Gauss 型的.

某些像(Ⅱ)和(Ⅲ)这样的条件是必要的,例如函数

$$\frac{1}{1-z},\frac{1}{1-zu},\frac{1}{1-zu^2},\frac{1}{1-z^2u}$$

的尾部都满足非退化和变异性条件,对应于离散分布的方差恒等于0. 对像

$$F(z,u)=\frac{1}{1-z(u+2)+2z^2u}=\frac{1}{(1-2z)(1-zu)}$$

这样的函数,方差是$O(1)$. 这被定理的变异性条件所排除 —— 已知离散极限律是几何数列型的. 当我们考虑

$$F(z,u)=\frac{1}{(1-z)(1-zu)}$$

时又出现了另一种情况. 当$u=1$时,在1处由$u=1$的两个解析分支$\rho_1(u)=1$和$\rho_2(u)=\frac{1}{u}$的"汇合"产生了一个二重双极点为1. 在这种特殊情况下,极限律是连续的,但是是非 Gauss 型的;实际上,这个极限在区间[0,1]上是一致分布的,由于

$$F(z,u)=1+z(1+u)+z^2(1+u+u^2)+z^3(1+u+u^2+u^3)+\cdots$$

此外,对这种情况,平均值是 $O(n)$ 而方差是 $O(n^2)$. 这种情况将在这一章末,Ⅸ.11 节中研究.

▶**Ⅸ.28 高阶极点.** 在定理 Ⅸ.9 的条件下,Gauss 极限律对由 BGF $F(z,u)^m$ 生成的分布也成立. 更一般的,这个命题可以扩展到具有 m 阶极点的函数,见文献[35]. ◀

定理 Ⅸ.9 的下面四个应用是关于相排列中的字符串,单词中的模式,平行四边形多边形的周长,最后是在多项式的 Euclid 算法分析上的应用. 有兴趣的是注意到,对于在第 Ⅲ 章中各自通过容-斥原理论证推导出来的字符串和模式的 BGF,本质上都涉及序列.

例 Ⅸ.12 排列中的上升的字符串和 Euclid 数. 由例 Ⅲ.25 可知 Euclid 数的指数 BGF(它计数了排列中字符串的数目)为

$$F(z,u)=\frac{1-u}{\mathrm{e}^{(u-1)z}-u}$$

其中,对 $u=1$,我们有 $F(z,1)=\frac{1}{1-z}$. 因而分母中的根是

$$\rho_j(u)=\rho(u)+\frac{2j\pi\mathrm{i}}{u-1}\quad \left(\rho(u):=\frac{\log u}{u-1}\right) \tag{42}$$

而 j 是 $\mathbb{Z}$ 中的任意元素. 当 $u\to 1$ 时,$\rho(u)\to 1$,而对 $j\neq 1$,其他的极点 $\rho_j(u)$ 趋于无穷. 这一事实也与极限形式 $F(z,1)=\frac{1}{1-z}$ 一致,它只在 1 处有一个简单极点. 如果我们限制 $|u|\leqslant 2$,显然在 $|z|\leqslant 2$ 中,分母至多只有一个根,即 $\rho(u)$. 因而对足够接近于 1 的 u,我们有

$$F(z,u)=\frac{1}{\rho(u)-z}+R(z,u)$$

其中 $z\mapsto R(z,u)$ 在 $|z|\leqslant 2$ 中解析,并且

$$[z^n]F(z,u)=\rho(u)^{-n-1}+O(2^{-n})$$

由于

$$\rho(u)=\frac{\log u}{u-1}=1-\frac{1}{2}(u-1)+\frac{1}{3}(u-1)^2+\cdots$$

所以变异性条件满足. 因此 $\mathfrak{v}\left(\frac{1}{\rho(u)}\right)=\frac{1}{12}$ 不等于 0.

命题 Ⅸ.9 Euclid 分布,经过标准化之后,渐近于 Gauss 分布,平均值和方差分别是 $\mu_n=\frac{n+1}{2}$ 和 $\sigma_n^2=\frac{n+1}{12}$,收敛速度是 $O(n^{-\frac{1}{2}})$.

这是一个著名的例子(也见欢迎词),我们的推导是按照 Bender 的论文[35]进行的.分布的Gauss特征已经知道了很长时间;例如,在*David* 和*Barton* 的 *Combinatorial Chance*(文献[139])中就可以找到它.在这种情况下,存在与初等概率理论的有趣的联系:如果U_j是在区间[0,1]上一致分布的独立随机变量,那么我们有

$$[z^n u^k]F(z,u)=\mathbb{P}\{\lfloor U_1+\cdots+U_n\rfloor<k\}$$

由于这一事实,正态极限因此经常在考虑关于整数部分$\lfloor\cdot\rfloor$函数不重要的细节后作为中心极限定理的结论而导出,见文献[139,524].

例 Ⅸ.13 字符串中的模式. 考虑二元串的类$\mathcal{F}$("文本"),并且固定给一个长度为k的"模式"w.设χ是w(可能重叠)出现的次数.(模式w的字母如果在文本中连续出现,则称为如果它是一个因子.)设$F(z,u)$是关于对$(\mathcal{F},\chi)$的BGF.用$c(z)\equiv c_w(z)$表示关于w的Guibas-Odlyzko相关多项式①.从第Ⅰ章中我们就知道不含模式w的OGF是

$$F(z,0)=\frac{c(z)}{z^k+(1-2z)c(z)}$$

由第 Ⅲ 章的容-斥原理论证就得出BGF是

$$F(z,u)=\frac{1-(c(z)-1)(u-1)}{1-2z-(u-1)(z^k+(1-2z))(c(z)-1)}$$

设$D(z,u)$表示分母.那么当u接近于1,z接近于$\frac{1}{2}$时,分母解析地依赖于z.此外,偏导数$D'_z\left(\frac{1}{2},1\right)$是非零的.因而$\rho(u)$在$u=1$处解析,且$\rho(1)=\frac{1}{2}$(图Ⅸ.11).$D(\rho(u),u)$的根$\rho(u)$的局部展开式可从局部反演得出

$$2\rho(u)=1-2^{-k}(u-1)+(k2^{-2k}-2^{-k}c(\frac{1}{2}))(u-1)^2+O((u-1)^3)$$

当u在单位圆上变化时,分母是z的4次多项式.其一个分支,$\rho(u)$在$F(z,1)$的主奇点$\rho=\frac{1}{2}$附近聚集,而其他三个远离圆盘$|z|\leqslant\frac{1}{2}$的奇点,当$u\to1$时趋向于无穷远.

应用定理 Ⅸ.9 就得出

命题 Ⅸ.10 在大的字符串中固定模式出现的数目,经过标准化之后,渐

---

① 就像第 Ⅰ 章中定义的那样,相关多项式的系数属于{0,1},其中$[z^j]c(z)=1$当且仅当w和其向右平移了j个位置的象相匹配.

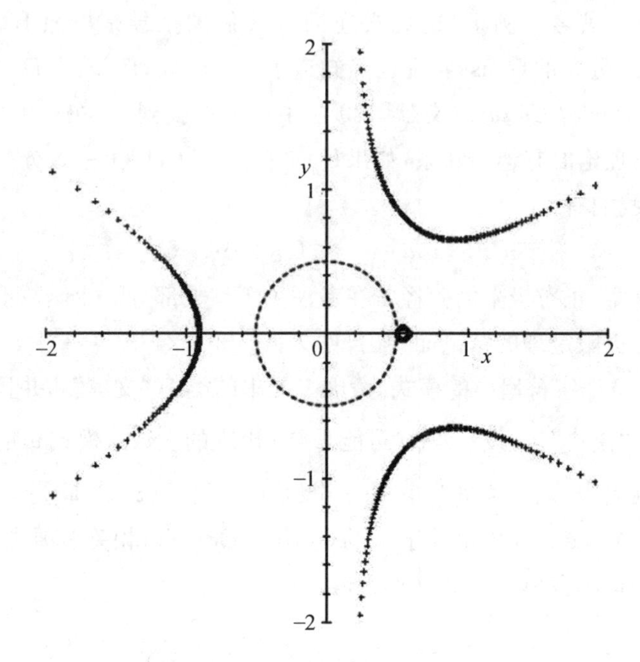

图 Ⅸ.11　关于模式 $abaa$ 的 BGF $z \mapsto F(z,u)$ 的极点的图示，其相关多项式为 $c(z)=1+z^3$

近于正态分布. 平均值 μ_n 和方差 σ_n^2 满足

$$\mu_n = \frac{n}{2^k} + O(1)$$

$$\sigma_n^2 = (2^{-k}(1+2c(\frac{1}{2})) + 2^{-2k}(1-2k))n + O(1)$$

收敛到 Gauss 极限的速度是 $O(n^{-\frac{1}{2}})$.

(平均值不依赖于模式中字母的阶，只有方差依赖.) 命题 Ⅸ.10 由许多作者独立导出，并且用许多方式对其做了推广，例如可见文献[43,45,506,564,603]和其中的参考文献.

▶ **Ⅸ.29** Bernoulli **文本中的模式**. 当符号串中的字母独立选择，但具有任意的概率分布时，渐近正态性值也成立. 这只要使用注记 Ⅲ.39 中的加权相关多项式即可. ◀

例 Ⅸ.14　平行四边形多联形. 多联骨牌是与统计物理模型紧密相关的平面图形，同时也一直是一个丰富的组合文献的主题. 这个例子的优点是它的难度在某种程度上要高于前面的例子，并且是许多"真实"应用的典型. 我们的介绍是按照 Bender 的早期文章[38]，并更多地根据 Louchard 最近的论文[419]进行的. 我们在这里考虑各种称为平行四边形的多联体. 平行四边形是一些线

段的序列

$$[a_1,b_1],[a_2,b_2],\cdots,[a_n,b_n]$$

$$a_1 \leqslant a_2 \leqslant \cdots \leqslant a_m, b_1 \leqslant b_2 \leqslant \cdots \leqslant b_m$$

其中 a_j 和 b_j 都是整数,并且 $b_j - a_j \geqslant 1$. 为确定起见我们取 $a_1 = 0$. 因此一个平行四边形可以看成是一些堆叠的砖块(其中$[a_{j+1},b_{j+1}]$ 放在$[a_j,b_j]$ 的上面),其中上面的砖块紧贴着下面的砖块向右伸出:

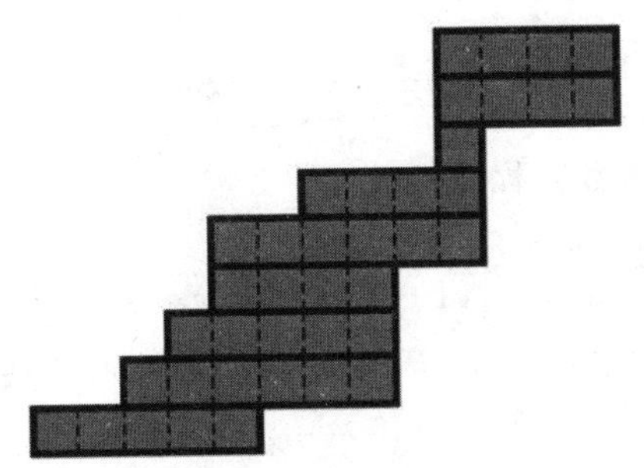

数量 m 称为高度,数量 $b_m - a_1$ 表示宽,它们的总和称为(半)周长而格子的总和 $\sum_j (b_j - a_j)$ 称为面积.(在上面的图形中面积是 39,宽是 13,高度是 9 以及周长是 $13+9=22$.)我们现在要考查的是有固定面积的平行四边形,并研究周长的分布.

用 z 标记面积,并用 u 标记周长①的平行四边形的普通的 BGF,就像我们马上就要证明的那样是

$$F(z,u) = u\frac{J_1(z,u)}{J_0(z,u)} \tag{43}$$

其中,J_0,J_1 属于"q-类似物"的范畴,并且推广了经典的 Bessel 函数

$$J_0(q,u) := \sum_{n\geqslant 0} \frac{(-1)^n u^n q^{n(n+1)/2}}{(q;q)_n (uq;q)_n}$$

$$J_1(q,u) := \sum_{n\geqslant 1} \frac{(-1)^{n-1} u^n q^{n(n+1)/2}}{(q;q)_{n-1} (uq;q)_n}$$

其中使用了"q-阶乘"的符号

$$(a;q)_n = (1-a)(1-aq)\cdots(1-aq^{n-1})$$

组合上,式(43) 所述的 BGF 得出的方式令人联想到例 Ⅲ.22.它的表达式来自一个简单的结构:平行四边形或者是一个区间,或者是通过在堆叠上面的新的区间而从现有的平行四边形中导出的.设 $G(w) \equiv G(x,y,z,w)$ 是平行四

① 因而,$F(z,1) = a + 2z^2 + 4z^3 + 9z^4 + 20z^5 + 46z^6 + \cdots$ 对应了 EIS A006958("楼梯"多联形).

边形的 OGF,其中,x,y,z,w 分别标记了区间的宽度、高度、面积和长度. 由单个非零间隔构成的平行四边形的 GF 是

$$a(w) \equiv a(x,y,z,w) = \frac{xyzw}{1-xzw}$$

在一个可用 w^m 项表示的长度为 m 的平行四边形上方放上一个新的区间的操作可用下式描述

$$y\left(\frac{z^m\omega^m}{1-xz\omega}+\cdots+\frac{z\omega}{1-xz\omega}\right)=yz\omega\ \frac{1-z^m\omega^m}{(1-z\omega)(1-xz\omega)}$$

因而,G 满足下面的函数方程

$$G(\omega)=\frac{xyz\omega}{1-xz\omega}+\frac{xyz\omega}{(1-z\omega)(1-xz\omega)}[G(1)-G(xz\omega)] \tag{44}$$

这种通过式(44) 反映的由第 Ⅲ 章引入的方法称为“添砖”法. 现在,形式为

$$G(w)=a(w)+b(w)[G(1)-G(\lambda w)]$$

的方程可通过迭代法解

$$\begin{aligned}G(w)&=a(w)+b(w)G(1)-b(w)G(\lambda w)\\&=(a(w)-b(w)a(\lambda w)+b(w)b(\lambda w)a(\lambda^2 w)-\cdots)+\\&\quad G(1)(b(w)-b(w)b(\lambda w)+b(w)b(\lambda w)b(\lambda^2 w)-\cdots)\end{aligned}$$

然后我们令 $w=1$ 来分出 $G(1)$. 这表示把 $G(1)$ 看成是两个相似的已求出的级数(由 b 值的乘积的和构成) 商. 这里,由于 $F(z,u)=G(u,u,z,1)$,因此 $G(x,y,z,1)$ 可由 $F(z,u)$ 的形式(43) 导出. 这就给出了 $G(x,y,z,1)$.

解析上,我们应当估计容量(即面积) 为 n 的平行四边形的数目$[z^n]F(z,1)$. 我们有

$$F(z,1)=\frac{J_1(z,1)}{J_0(z,1)}$$

其中分母是

$$J_0(z,1)=1-\frac{z}{(1-z)^2}+\frac{z^3}{(1-z)^2(1-z^2)^2}-\frac{z^6}{(1-z)^2(1-z^2)^2(1-z^3)^2}+\cdots$$

显然 $J_0(z,1)$,$J_1(z,1)$ 在 $|z|<1$ 内解析,并且不难看出 $J_0(z,1)$ 从 1 到大约 -0.24 时递减,而当 z 在 0 和$\frac{1}{2}$之间变动时有一个根

$$\rho \doteq 0.433\ 061\ 923\ 129\ 252$$

并且 $J'_0(\rho,1) \doteq -3.76 \neq 0$,因此零点是简单的[①]. 由于根据构造可知 $F(z,1)$ 在单位圆盘中是半纯的,并且 $J_1(\rho,1) \doteq 0.48 \neq 0$,因此平行四边形的数目满足

$$[z^n]F(z,1) \sim \frac{J_1(\rho,1)}{\rho J'_0(\rho,1)}\left(\frac{1}{\rho}\right)^n = a_1 \cdot a_2^n$$

其中

$$a_1 \doteq 0.297\ 453\ 505\ 807\ 786$$

$$a_2 \doteq 2.309\ 138\ 593\ 331\ 230$$

像在亚纯分析中经常见到的那样,系数的近似是非常好的;例如对于 $n=35$,相对误差仅为大约10^{-8}.

我们现在已准备好进行二元渐近了. 取 $|z| \leqslant r = \frac{7}{10}$ 以及 $|u| \leqslant \frac{11}{10}$. 由于分子中的一般项的形式为 $z^{\frac{n^2}{2}}u^n$,而分母在 0 附近有界,所以 $J_0(z,u)$ 和 $J_1(z,u)$ 在 0 附近保持解析. 因此,$\rho(u)$ 存在,并且在 1 的充分小的邻域中对 u 解析(由 Weierstrass 预备定理或隐函数定理). 非退化条件容易通过数值计算验证,这就得出定理 Ⅸ.9 适用.

命题 Ⅸ.11 随机的面积为 n 的平行四边形多联形的周长具有 Gauss 型的极限律,并且其平均值和方差满足 $\mu_n \sim \mu n$,$\sigma_n \sim \sigma\sqrt{n}$,其中

$$\mu \doteq 0.841\ 762\ 015\ 6, \sigma \doteq 0.424\ 206\ 532\ 6$$

这表明随机的平行四边形倾向于伸出长度相当短的叠层.

▶ **Ⅸ.30** 平行四边形多联形的宽度和高度是正态的. 类似的扰动方法表明,预期的高度和宽度平均为 $O(n)$,再次具有 Gauss 型的极限律. ◀

▶ **Ⅸ.31** **硬币喷泉的基**. 硬币喷泉(例 Ⅴ.9)定义为一个使得 $v_0=0, v_j \geqslant 0$ 是整数,使得 $v_0=0, v_j \geqslant 0$ 是整数,$v_l=0$,并且 $|v_{j+1}-v_j|=1$ 的向量 $\boldsymbol{v}=(v_0, v_1, \cdots, v_l)$. 取面积,$n=\sum v_j$ 做容量. 那么随机的容量为 n 的基长度 l 的分布渐近于正态分布(这相当于考虑所有的面积大致相等的灭亡序列,并认为游戏的步骤数目是一个随机变量.). 类似的,“弓形”的数目也是渐近于Gauss分布的. ◀

例 Ⅸ.15 **多项式的 Euclid GCD 算法**. 我们重新研究类$\mathcal{P} \subset \mathbb{F}_p[X]$,其元

① 像通常那样,这种计算可以很容易地通过精心控制的数值估计再加上 Rouché 定理而加以验证.(见第 Ⅳ 章)

素是变元为 X,系数在素域 F_p 中的一元多项式(例 Ⅰ.20).多项式的容量就等于它的次数.可以对一对多项式(u,v),$v\neq 0$ 应用 Euclid 除法:可以证明,存在一个商(q) 和余式(r) 使得

$$u=vq+r,r=0 \text{ 或 } \deg(r)<\deg(v)$$

Euclid 的最大公因式(GCD) 算法可对任何一对满足

$$\deg(u_1)<\deg(u_0)$$

的多项式(u_1,u_0) 应用,即做以下的文献[379] 中的辗转相除程序

$$\begin{cases}u_0=q_1u_1+u_2\\ u_1=q_2u_2+u_3\\ \vdots\\ u_{h-2}=q_{h-1}u_{h-1}+u_h\\ u_{h-1}=q_hu_h+0\end{cases}\tag{45}$$

其中 h 称为算法的步数.(它也对应于$\frac{u_1}{u_0}$ 的连分数表示$\frac{u_1}{u_0}=\frac{1}{q_1+\frac{1}{\ddots}}$ 的高度.)对 $1\leqslant j\leqslant h$,每个商多项式 q_j 的次数至少为 1,并且我们总是可以通过各项都除以首项系数的操作使得 u_j 是首一多项式.最后一个多项式 u_h 就是这个对的 $\gcd(u_1,u_0)$.(我们约定 $\deg(0)=-\infty$,$(0,u_0)$ 的高度是 0.)

与类$\mathcal{P}$一起,我们引入"一般"的多项式的类$\mathcal{G}$(不一定是首一的) 和次数至少为 1 的子类$\mathcal{G}^+$.分数的类$\mathcal{F}$由所有那种对(u_1,u_0) 组成,它们使得:(ⅰ) 多项式 u_0 是首一的;(ⅱ)$u_1=0$ 或 $\deg(u_1)<\deg(u_0)$(将把这个对看成$\frac{u_1}{u_0}$.)根据定义,分数的容量定义为 u_0 的次数.相应的 OGF 立即可以求出是

$$P(z)=\frac{1}{1-pz},G^+(z)=\frac{p(p-1)z}{1-pz},F(z)=\frac{1}{1-p^2z}\tag{46}$$

一个使得分析变得简单但却令人吃惊的事实是:Euclid 的算法产生了$\mathcal{F}$- 分数和由$\mathcal{G}^+$- 多项式的对组成的序列和$\mathcal{P}$- 多项式(gcd) 之间的组合同构.用符号表示就是

$$\mathcal{F}\cong\mathrm{SEQ}(\mathcal{G}^+)\times\mathcal{P}\tag{47}$$

上式所产生的一个直接的结论是$\mathcal{F}$的 BGF 为

$$F(z,u)=\frac{1}{1-uG^+(z)}\cdot\frac{1}{1-pz}=\frac{1}{1-u\frac{p(p-1)z}{1-pz}}\cdot\frac{1}{1-pz}\tag{48}$$

其中 u 标记了 Euclid 的算法的步数.类似的,如果我们用 u 标记具有某个固定

的次数 k 的商的数目，那么我们可以得出

$$\hat{F}(z,u)=\frac{1}{1-\frac{p(p-1)z}{1-pz}-z^k(u-1)p^k(p-1)}\cdot\frac{1}{1-pz} \tag{49}$$

这两种情况都是定理 Ⅸ.9 对半纯模式的直接应用，一个简单的计算然后给出

命题 Ⅸ.12 当对随机的次数为 n 的分数多项式应用 Euclid 的算法时，Euclid 的算法的步数渐近于正态分布，其平均值为

$$\mathbb{E}(\# steps)=\frac{p-1}{p}n+O(1)$$

其中的 steps 表示步数，而方差是 $O(n)$. 固定次数 k 的商的数目也渐近于 Gauss 正态分布，其平均值 $\sim c_k n$，而方差是 $O(n)$，其中

$$c_k=p^{-k-1}(p-1)^2$$

用类似的考虑和 Ⅸ.2 节中的方法可以得出，gcd 的次数本身是渐近于速率为 $p-1$ 的几何数列分布的. 最初的分析属于 Knopfmacher- Knopfmacher 的文献[371]和 Friesen-Hensley 的文献[270]. 在这种情况下，分析一组合证明的变换特征是值得注意的.

▶ **Ⅸ.32** Euclid **整数** gcd **算法渐近于** Gauss **正态分布**. 这个令人感叹而深刻的结果最初是由 Hensley(文献[331]) 给出的，后来由 Baladi-Vallée 的文献[25] 给出了重要的改进. Euclid 算法应用的参考集现在是整数 $1,2,\cdots,n$ 的对 $[1,2,\cdots,n]$，步数的期望值是

$$\frac{12\log 2}{\pi^2}\log n+o(\log n)$$

这是由 Dixon(文献[166]) 和 Heilbronn(文献[327]) 首先建立的；关于这一结果的一个有趣的故事可见 Knuth 的书[379]356 页. 文献[25,331] 中 Gauss 极限律的证明利用了和变换 $x\mapsto\left\{\frac{1}{x}\right\}\equiv\frac{1}{x}-\left[\frac{1}{x}\right]$ 相关的转移算子 $\mathbf{G}_s$，即

$$\mathbf{G}_s[f](x):=\sum_{n=1}^{\infty}\frac{1}{(n+x)^{2s}}f\left(\frac{1}{n+x}\right)$$

然后他们证明了一个描述 Euclid 算法步数的二元的 Dirichlet 级数可以用拟逆 $(1-u\mathbf{G}_s)^{-1}$ 表示；与 (48) 比较，$\mathbf{G}_s$ 的主特征值 $\lambda_1(s)$ 的扰动理论结合 Mellin-Perron 公式，一种奇点分析的适用形式，以及拟幂定理(以及困难的工作) 就产生了最终的结果. 一个类似于(49) 的算子也成立，利用它可以量化商值的频率：k 的渐近频率是$\log_2\left(1+\frac{1}{k(k+1)}\right)$. 有关这些方法和许多其他应用

的综述可见 Vallée 的综述文献[583,584],Hensley 的书[332] 和其中的参考文献. ◀

线性系统的扰动. 对由函数方程隐式定义的解的 BGF 的分析通常有一种相当清楚的方法. 我们应当从 $u=1$ 的分析开始,然后检查当 u 在 1 的一个非常小的邻域中变化时对奇点的影响. 根据我们过去已经多次见过的那样,这一过程涉及对函数方程的解在奇点附近的扰动分析,这里奇点有一个移动.

我们在这里考虑由线性正方程的线性方程组隐式定义的函数,非线性系统将在下一节中讨论. 正线性系统来源于和图中有限状态的设备,路径,有限 Markov 链,以及转移矩阵模型有关的问题(Ⅴ.5 节和 Ⅴ.6 节). 二元问题可以表示成如下的线性方程

$$Y(z,u)=V(z,u)+T(z,u)\cdot Y(z,u) \tag{50}$$

其中 $T(z,u)$ 是一个元素都是 z,u 的非负系数多项式的 $m\times m$ 矩阵. $Y(z,u)$ 是未知函数的 $m\times 1$ 列向量,而 $V(z,u)$ 是非负的初始条件的列向量.

根据一元问题

$$Y(z)=V(z)+T(z)\cdot Y(z) \tag{51}$$

其中 $Y(z)=Y(z,1)$,其余以此类推. 我们假设推论 Ⅴ.1 成立,这表示适当性、正性、不可约性和非周期性全都成立. 在这种情况下(见第 Ⅴ 章的发展),可对一元矩阵 $T(z)$ 应用 Perron-Frobenius 理论. 换句话说,函数

$$C(z)=\det(\boldsymbol{I}-T(z))$$

有唯一的主根,它是一个简单零点. 因此方程式(50) 的解的任何一个分量 $F(z)=Y_i(z)$ 在 $z=\rho$ 处都有一个唯一的主奇点,它是一个简单极点

$$F(z)=\frac{B(z)}{C(z)}$$

其中 $B(\rho)\neq 0$.

在二元情况下,方程组(50) 的解的每个分量都可以写成如下的形式

$$F(z,u)=\frac{B(z,u)}{C(z,u)},C(z,u)=\det(\boldsymbol{I}-T(z,u))$$

由于 $B(z,u)$ 是多项式,因此它不可能在 $(z,u)=(\rho,1)$ 的充分小的邻域中等于零. 根据解析隐函数定理,在 $u=1$ 附近,必存在一个局部解析函数 $\rho(u)$,使得

$$C(\rho(u),u)=0,\rho(1)=\rho$$

因而,为了使 Gauss 极限律成立,只须变异性条件(38) 满足即可.

定理 Ⅸ.10　正有理系统. 设 $F(z,u)$ 是在 $(0,0)$ 解析的具有非负系数的二元函数. 假设 $F(z,u)$ 是线性方程组

$$\boldsymbol{Y}=\boldsymbol{V}+T\cdot\boldsymbol{Y}$$

的解 $\boldsymbol{Y}=(Y_1,\cdots,Y_m)^{\mathrm{T}}$ 中的分量 Y_1，其中 $\boldsymbol{V}=(V_1(z,u),\cdots,V_m(z,u))$，$T=(T_{i,j}(z,u))_{i,j=1}^{m}$，并且每个 V_j 和 $T_{i,j}$ 都是 z,u 的具有非负系数的多项式. 还假设 $T(z,1)$ 是转移的，真的和素的并设 $\rho(u)$ 是

$$\det(\boldsymbol{I}-T(\rho(u),u))=0$$

的唯一解，并设它在 1 处解析，使得 $\rho(1)=\rho$，那么，如果变异性条件

$$\mathfrak{v}\left(\frac{\rho(1)}{\rho(u)}\right)>0$$

满足，则对于 $F(z,u)$ 的系数，Gauss 极限律成立，其平均值和方差都是 $O(n)$，收敛速度是 $O(n^{-\frac{1}{2}})$.

例 Ⅸ.16　铺砌.（这扩展了例 Ⅴ.18 的枚举讨论.）取一个 2 行 n 列的 $2\times n$ 棋盘，并考虑用“单体”和“二联体”去覆盖它的问题. 其中的单体是一个 1×1 纸片，而二联体是一个水平的 1×2 纸片或竖直的 2×1 纸片. 我们所感兴趣的参数是铺砌的纸片的（随机）数目. 下面我们考虑所有“部分覆盖物”的集合，其中除了最后一列外，每一个列都被完全覆盖了. 这里的部分覆盖物是由图的相容性所要求的上述三种类型以及它们之间的合法过度所构成的四种类型之一（译者注：所谓相容性指的是覆盖时既不能出现空缺，也不能出现重叠.）. 例如，如果前一列以一个水平二联体开头并含有一个单体，那么这个列就有一个方格已被占据并含有一个自由的方格，这个方格可以用一个单体或二联体占据. 这种有限状态可用对应的一组 BGF 上的线性方程加以描述（其中 z 标记覆盖的面积，u 标记纸片的总数）. 我们可求出转移矩阵为

$$T(z,u)=z\begin{pmatrix}u & u^2 & u^2 & u^2\\ 1 & 0 & 0 & 0\\ u & 0 & 0 & 0\\ u & 0 & 0 & 0\end{pmatrix}$$

特别，我们有

$$\det(\boldsymbol{I}-T(z,u))=1-zu-z^2(u^2+u^3)$$

那么，应用定理 Ⅸ.10 即可得出：铺砌的数目渐近于正态分布. 这个方法显然可以推广到 $k\times n$ 棋盘，其中 k 是任何固定的数（见 Bender 等文献[35,46]）.

例 Ⅸ.17　Markov **链的极限定理.** 设 $\boldsymbol{M}$ 是一个不可约的，非周期的 Markov 链的转移矩阵，并考虑参数 χ，它记录了在一条从 1 开始，长度为 n 的路径中通过状态 1 的次数. 那么对

$$\boldsymbol{V}=(1,0,\cdots,0),\ T_{i,j}(z,u)=zM_{i,j}+z(u-1)M_{i,1}\delta_{i,1}$$

应用定理 Ⅸ.10 就可导出经典的 Markov 链的极限定理.

命题 Ⅸ.13 在不可约和非周期的(有限)的 Markov 链中,n 个转移状态中到达指定状态的次数渐近于 Gauss 分布.

这一结论也适用于任何强连通的非周期有向图中的路径以及来源于由和/或终点限制的路径.

▶**Ⅸ.33 单词中的路径集合**. 这一注记扩展了关于随机文本中出现单个模式的例 Ⅸ.13. 给定一个有限字母表$\mathcal{A}$上的单词的类$\mathcal{W}=\mathrm{SEQ}(\mathcal{A})$的类. 固定一个"模式"的有限集合 $S\subset\mathcal{W}$,并定义$\chi(w)$是$\mathcal{S}$的元素在 $w\in\mathcal{W}$中出现的总数. 那么可以建立一个可同时记录每个模式出现次数有限自动机(基本上是一个配有返回边的建在$\mathcal{S}$上的数字树). 那么,χ 的极限定律是 Gauss 分布;见 Bender 和 Kochman 的论文[43],基于 de Bruijn 图的方法可见论文[240,263],用容-斥原理处理的手法可见文献[30,457],用透视角度处理的可见文献[564]. ◀

▶**Ⅸ.34 受限制的整数合成**. 考虑和数至少是 4 的连续的加数构成的整数合成. 这种合成中的加数的数量是渐近于正态分布的文献[46]. 类似的结论,对于 Carlitz 合成也成立. ◀

▶**Ⅸ.35 宽度有界的树的高度**. 考虑宽度小于一个固定的界$\mathcal{W}$的一般的 Catalan 树(在树的任一层中,宽度都是结点的最大数.). 在这种树中,高度的分布渐近于 Gauss 分布. ◀

Ⅸ.7 奇点分析渐近的扰动

在这个核心的节中,我们将研究分析-组合模式,当生成函数包含代数-对数奇点时就会产生这种模式. 潜在的机制是在第 Ⅵ 章和第 Ⅶ 章详述的奇点分析方法上嫁接适当的微扰发展.

主干是 Hankel 围道的奇点分析方法的一个特别重要的特征,它保持了展开的一致性①. 这一特征对于分析双变量生成函数至关重要,我们需要对依赖于参数的系数 $f_n(u)=[z^n]F(z,u)$ 做一致地估计,作为 z 的函数,给出 $F(z,u)$

① 例如,在 Ⅵ.11 节讨论的 Darboux 方法,由于其基础是 Riemann-Lebesgue 引理,只给出了无效的误差项,所以对二元渐近不能方便地使用. 类似的评论适用于 Tauberian 定理.

的奇点结构的一些(一致的)知识.根据这种估计,通过准幂近似和准幂定理(定理 Ⅸ.8)通常可以导出 Gauss 型的极限定律

在本节中,我们将遇到两种不同的情况,具体取决于次要参数引起的变形当 u 接近于 1 时影响函数 $z\mapsto F(z,u)$ 的奇点的方式.根据奇点扰动和注记 Ⅸ.23,关于 PGF $p_n(u)=\frac{f_n(u)}{f_n(1)}$ 的 Gauss 定律的预备讨论,我们将基本上使用两种方法,这取决于我们遇到的是不动奇点的变量指数还是移动的主奇点.

—— 变量指数.这对应于 $z\mapsto F(z,u)$ 的主奇点保持为一个常数 ρ,但奇点指数 $\alpha(u)$ 在近似 $F(z,u)\approx\left(1-\frac{z}{\rho}\right)^{-\alpha(u)}$ 中光滑地变化的情况.其效果是 $p_n(u)\approx n^{\alpha(u)-\alpha(1)}$.然后我们有一个平均值和方差的尺度都是 $\log n$ 的 Gauss 极限律.

—— 移动的奇点.在这种情况下,奇点指数保持为一个常数 α,但是主奇点 $\rho(u)$ 在近似 $F(z,u)\approx\left(1-\frac{z}{\rho(u)}\right)^{-\alpha}$ 中随着 u 的变化而光滑地移动.其效果是

$$p_n(u)\approx\left(\frac{\rho(1)}{\rho(u)}\right)^n$$

这时仍然成立 Gauss 极限律,但是平均值和方差的阶现在是 n.

变量指数的情况通常来自于集合结构中的 Ⅶ.2 节中引入的指数－对数模式.它包括了排列的轮换分解,随机映射中的连通分量以及有限域上多项式的因式分解.我们将在 Ⅸ.7.1 小节中证明的 Gauss 律很好地补充了第 Ⅶ 章中的平均值分析.树通常会导致平方根类型的奇点,并且这种奇点行为会持续存在于许多和加性继承的参数(例如叶子的数量)有关的二元生成函数中.在这种情况下,奇异指数保持不变(等于$\frac{1}{2}$),而奇点移动.在 Ⅸ.7.2 小节中通过解释有关树的简单例子开发了适用于这种可移动奇点的基本技巧.

复分析方法的一个显著特征是只能通过各种函数方程隐含地了解可适用的函数.我们将在 Ⅸ.7.3 小节中研究隐式系统和代数函数:在那里,我们将求出导致了尺度为 n 的 Gauss 极限律的可移动的奇点.在 Ⅸ.9.4 小节中则将研究微分方程组,它会产生更广泛的奇点行为,这些奇点的效果是导致了阶为 $\log n$ 和 n 的 Gauss 极限律.

Ⅸ.7.1 变量指数和指数－对数模式. 这一小节的组织如下:首先,我们叙述一个简单而重要的引理(引理 Ⅸ.2),它的内容是展开式中的余项,因此使得我们可以对扰动系统使用奇异性分析.然后,我们对固定奇点和变量指数的

情况叙述一个一般的定理(定理 Ⅸ.11).主要应用是分析 Ⅶ.2 节中介绍的指数 — 对数模式:发现对一些组合理论的最经典的结构中的成分的数量都成立尺度为 $\log n$ 的 Gauss 极限律.

一致展开. 本节的发展基础是通过从二元渐近的角度对基本奇点分析的简单的重新研究而得出的一致性引理.

引理 Ⅸ.2 一致性引理,奇点分析. 设 $f_u(z)$ 是一族在共同的 Δ - 区域 Δ 中解析的函数,其中 u 是一个属于集合 U 的参数.假设成立以下条件

$$|f_u(z)| \leqslant K(u) \,|(1-z)^{-\alpha(u)}| \quad (z \in \Delta, u \in U) \tag{52}$$

其中 $K(u)$ 和 $\alpha(u)$ 都是绝对有界的:对 $u \in U$ 有 $K(u) \leqslant K$ 和 $|\alpha(u)| \leqslant A$.又设 B 使得 $\Re(\alpha(u)) \leqslant -B$,则存在(可用 A,B 和 Δ 计算的)常数 λ 使得

$$|[z^n]f_u(z)| \leqslant \lambda K n^{B-1} \tag{53}$$

证明 只要重新研究大 O 变换定理(定理 Ⅵ.3)的证明即可,但现在我们则关注这一定理成立的一致性条件.证明是从 Cauchy 公式

$$f_{u,n} \equiv [z^n]f_u(z) = \frac{1}{2\mathrm{i}\pi}\int_\gamma f_u(z)\,\frac{\mathrm{d}z}{z^{n+1}}$$

开始的,其中 $\bigcup_j \gamma_j$ 是图 Ⅵ.6 中的 Hankel 围道.这个围道是由内圆弧 γ_1,外圆弧 γ_4 和两个夹角的一半等于 θ 的线性连接部分 γ_2 和 γ_3 组成的.

把 $\alpha(u)$ 分解成实部和虚部并设 $\alpha(u)=\sigma(u)+\mathrm{i}\tau(u)$.又设 $z=1+\frac{t}{n}$,那么 t 位于虚围道 $\widetilde{\gamma}=-1+n\Delta$ 上,因此我们可记 $t=\rho\mathrm{e}^{\mathrm{i}\xi}$.我们有

$$|(1-z)^{-\alpha(u)}| = |(1-z)^{-\sigma(u)}| \cdot \left|\left(-\frac{t}{n}\right)^{-\mathrm{i}\tau(u)}\right| \tag{54}$$

其中 $|\tau(u)| \leqslant A$.当 t 沿着 $\widetilde{\gamma}$ 变化时,它的幅角 ξ 从 $2\pi-\theta$ 连续地递减到 θ,因而式(54)右边的第二个因子对 n 是有界的

$$\left|\left(-\frac{t}{n}\right)^{-\mathrm{i}\tau(u)}\right| \equiv \left|\left(-\frac{\rho\mathrm{e}^{\mathrm{i}\xi}}{n}\right)^{-\mathrm{i}\tau(u)}\right| \leqslant \lambda_1$$

其中 λ_1 是可计算的常数.综上所述,我们对 γ 上的 z 已得出

$$|(1-z)^{-\alpha(u)}| \leqslant \lambda_1 \,|(1-z)^{-\sigma(u)}| \tag{55}$$

其中 $\sigma(u)$ 是实的,并且 $-\sigma(u) \geqslant B$.

最后,利用式(55),我们可以通过曲线积分得出 $[z^n]f_u(z)$ 的界

$$|[z^n]f_u(z)| \leqslant \frac{\lambda_1}{2\pi}\int_\gamma |(1-z)^{-\sigma(u)}| \,\frac{|\mathrm{d}z|}{|z|^{n+1}}$$

然后直接应用定理 Ⅵ.3 证明中的主要部分即可得出引理的陈述.

▶ **Ⅸ.36 对数多值性中出现的一致性.** 当由于 $L(z)=-\log(1-z)$ 的幂而使得 $f(z)$ 是多值函数时也成立类似的估计:如果把条件(52) 换成

$$|f_u(z)|\leqslant K(u)|(1-z)^{-\alpha(u)}||L(z)|^{\beta}$$

其中 $\beta\in\mathbb{R}$,那么我们就有

$$|[z^n]f_u(z)|<\widetilde{\lambda}Kn^{B-1}(\log n)^{\beta}$$

其中 $\widetilde{\lambda}=\widetilde{\lambda}(A,B,\Delta,\beta)$(和式(53) 比较). ◀

具有固定奇点和变量指数的二元 GF 的原型实例是 $F(z,u)=C(z)^{-\alpha(u)}$. 事实上,在这种情况下和类似的情况下,我们可以对保证存在 Gauss 极限律的结果说的稍微更多一点.

定理 Ⅸ.11 变量指数扰动. 设 $F(z,u)$ 是在 $(z,u)=(0,0)$ 解析的,并具有非负系数的二元函数. 假设下列条件成立:

(ⅰ) 解析指数. 存在 $\varepsilon>0$ 和 $r>\rho$ 使得在区域 $\mathcal{D}$

$$\mathcal{D}=\{(z,u)\mid |z|\leqslant r,\ |u-1|\leqslant\varepsilon\}$$

上,函数 $F(z,u)$ 具有如下的表达式

$$F(z,u)=A(z,u)+B(z,u)C(z)^{-\alpha(u)} \tag{56}$$

其中,$A(z,u)$,$B(z,u)$ 对 $(z,u)\in\mathcal{D}$ 解析. 我们还假设函数 $\alpha(u)$ 在 $|u-1|<\varepsilon$ 中解析,其中 $\alpha(1)\notin\{0,-1,-2,\cdots\}$,并设 $C(z)$ 对 $|z|\leqslant r$ 解析,使得方程 $C(z)=0$ 在圆盘 $|z|\leqslant r$ 中有唯一的简单实零点 $\rho\in(0,r)$,并使得 $B(\rho,1)\neq 0$.

(ⅱ) 变异性

$$\alpha'(1)+\alpha''(1)\neq 0$$

那么具有概率生成函数

$$p_n(u)=\frac{[z^n]F(z,u)}{[z^n]F(z,1)}$$

的随机变量依分布收敛到 Gauss 分布,收敛速度是 $O((\log n)^{-\frac{1}{2}})$. 对应的平均值 μ_n 和方差 σ_n^2 满足

$$\mu_n\sim\alpha'(1)\log n,\sigma_n^2\sim(\alpha'(1)+\alpha''(1))\log n$$

证明 显然,对一元问题,由奇点分析就有

$$[z^n]F(z,1)=B(\rho,1)(-\rho C'(\rho))^{-\alpha(1)}\rho^{-n}\frac{n^{\alpha(1)-1}}{\Gamma(\alpha(1))}\left(1+O\left(\frac{1}{n}\right)\right) \tag{57}$$

对二元问题,$[z^n]A(z,u)$ 对 $[z^n]F(z,u)$ 的贡献指数地一致小于 ρ^{-n},由于 $A(z,u)$ 在 $|z|\leqslant r$ 内解析.

然后我们写

$$B(z,u)=(B(z,u)-B(\rho,u))+B(\rho,u)$$

其中第一项满足

$$B(z,u)-B(\rho,u)=O(z-\rho)$$

上式对 u 一致地成立，由于

$$\frac{B(z,u)-B(\rho,u)}{z-\rho}$$

在$(z,u)\in\mathcal{D}$中解析(看成幂级数表示的除法). 设A是$|u-1|\leqslant\varepsilon$时$|\alpha(u)|$的上界，那么由奇点分析和分量的一致性引理就有

$$[z^n](B(z,u)-B(\rho,u))C(z)^{-\alpha(u)}=O(\rho^{-n}n^{A-2})\tag{58}$$

通过适当地限制 u 所在的区域，我们比如说不妨设 $A<\alpha(1)+\frac{1}{2}$，这保证 $A-2\leqslant\alpha(1)-\frac{3}{2}$. 因而式(58) 的贡献是多项式地一致地小(差一个 $O(n^{-\frac{1}{2}})$ 的因子).

现在只剩下分析

$$[z^n]B(\rho,u)C(z)^{-\alpha(u)}$$

了. 这可以确切地像一元问题那样做：对在 1 的一个充分小的邻域中的 u，我们一致地有

$$C(z)^{-\alpha(u)}=(-\rho C'(\rho))^{-\alpha(u)}(1-z/\rho)^{-\alpha(u)}(1+O(1-z/\rho))\tag{59}$$

并且，再一次利用奇点分析提供的一致性，由式(58) 和(59)，我们就求出

$$[z^n]F(z,u)=\frac{B(\rho,u)\rho^{-n}}{\Gamma(\alpha(u))}(-\rho C'(\rho))^{-\alpha(u)}n^{\alpha(u)-1}(1+O(n^{-\frac{1}{2}}))$$

因而，利用准幂定理我们就得出了 Gauss 的极限律.

指数－对数模式. 下一个命题包括了 Ⅶ.2 节中的指数－对数模式，对此模式奇点扰动技巧是适用的.

命题 Ⅸ.14　有标记的对数结构的集合. 考虑有标记的集合结构$\mathcal{F}=\mathrm{SET}(\mathcal{G})$. 设$G(z)$的收敛半径是$\rho$，并且在$\Delta$的延拓域中具有如下形式的奇点展开式

$$G(z)=\kappa\log\frac{1}{1-z/\rho}+\lambda+O\left(\frac{1}{\log^2(1-z/\rho)}\right)$$

那么，在大容量的$\mathcal{F}$结构中$\mathcal{G}$成分的数量渐近于 Gauss 极限律，其平均值和方差都渐近于 $\kappa\log n$，收敛速度为 $O((\log n)^{-\frac{1}{2}})$.

证明　应用注记 Ⅸ.36 中增强版的一致性引理. 在其中的形式为 $p_n(u)\approx n^{\alpha(u)-\alpha(1)}$ 的准幂逼近中有 $\alpha(u)\equiv\kappa u$，于是从与定理 Ⅸ.11 的证明相同类型的发

展中就得出结果.

显然,所有 Ⅶ.2 节中的有标记结构都可被包括在这个命题中.一些关于排列,2－正规图和映射的例子.

例 Ⅸ.18　错排中的轮换. 用 u 标记了轮换数目的排列的二元 EGF 由下面的表示给出

$$\mathcal{F}=\mathrm{SET}(u\mathrm{CYC}(\mathcal{Z}))\Rightarrow F(z,u)=\sum \begin{bmatrix} n \\ k \end{bmatrix} u^k \frac{z^n}{n!}=\exp\left(u\log\frac{1}{1-z}\right)$$

因此我们现在的情况就是最简单的指数－对数模式.命题 Ⅸ.14 立即蕴含长度为 n 的随机排列中的轮换的数目收敛于 Gauss 极限分布.(这个表明 Stirling 轮换数渐近于正态分布的经典结果可以直接从命题 Ⅸ.5 得出,这要归咎于水平生成函数的明确特征 —— 在这个特殊情况下 —— 归咎于 Stirling 多项式.)

类似的,广义的乱排中的轮换数(例 Ⅱ.14 和例 Ⅶ.1) 渐近于正态分布,其中不允许有长度属于有限集合 S 的轮换.这个结果可立即从命题 Ⅸ.14 得出,它给出以下的 BGF

$$\mathcal{F}=\mathrm{SET}(u\mathrm{CYC}_{\mathbb{Z}_{\geqslant 1}\setminus S}(\mathcal{Z}))\Rightarrow F(z,u)=\exp\left(u\left[\log\frac{1}{1-z}-\sum_{s\in S}\frac{z^s}{s}\right]\right)$$

经典的错排问题对应于 $S=\{1\}$.

例 Ⅸ.19　2－正规图. 一个 2－正规图是一个使得每个顶点的度数恰等于 2 的无向图.任何 2－正规图都可以分解成长度至少为 3 的无向环的连通成分的积(注记 Ⅱ.22 和例 Ⅶ.2).因此,用 u 标记了连通成分的数量的 2－正规图的二元 EGF 可由下面的表示给出

$$\mathcal{F}=\mathrm{SET}(u\mathrm{UCYC}_{\geqslant 3}(\mathcal{Z}))\Rightarrow F(z,u)=\exp\left(u\left[\frac{1}{2}\log\frac{1}{1-z}-\frac{z}{2}-\frac{z^2}{4}\right]\right)$$

由指数上包含有对数这一特征就可得出 2－正规图的连通成分的数量具有 Gauss 极限分布.

例 Ⅸ.20　映射的连通成分. 从有限集到自身的映射可用一个有标记的函数图来表示.用 u 标记了连通成分的数量,则下面的表示(Ⅱ.5.2 小节和例 Ⅶ.3) 就给出

$$\mathcal{F}=\mathrm{SET}(u\mathrm{CYC}(\mathcal{T}))\Rightarrow F(z,u)=\exp\left(u\log\frac{1}{1-T(z)}\right)$$

其中 $T(z)$ 是由隐式方程 $T(z)=z\exp(T(z))$ 定义的 Cayley 树函数.由隐函数的反演定理(例 Ⅵ.8),我们就有一个平方根奇点

$$T(z)=1-\sqrt{2(1-\mathrm{e}z)}+O(1-\mathrm{e}z)$$

因此有

$$F(z,u)=\exp\left(u\left[\frac{1}{2}\log\frac{1}{1-\mathrm{e}z}+O((1-\mathrm{e}z)^{\frac{1}{2}})\right]\right)$$

从命题 Ⅸ.14 我们就得出了一个最初由 Stepanov 的文献[559]得出的定理:函数图中成分的数量具有 Gauss 极限分布.

就像文献[18]中那样,这一方法可以扩展到满足各种有关度数的限制的函数图上去.这个分析类似于使用 Pollard 的 $\rho-$ 方法去分解整数的算法,见文献[247,379,538].

无标记结构.在无标记情况下,所有类$\mathcal{G}$上的都有由下式给出的通常的二元生成函数

$$\mathcal{F}=\mathrm{MSET}(u\,\mathcal{G})\Rightarrow F(z,u)=\exp\left(\frac{u}{1}G(z)+\frac{u^2}{2}G(z^2)+\frac{u^3}{3}G(z^3)+\cdots\right)$$

其中 u 标记了$\mathcal{G}-$ 成分的数量(第 Ⅲ 章).

函数 $F(z,u)$ 因此具有形式 $F(z,u)=\mathrm{e}^{uG(z)}B(z,u)$,其中 $B(z,u)$ 收集了来自 $G(z^2),G(z^3),\cdots$ 的贡献.如果 $G(z)$ 的收敛半径 ρ 严格小于 1,那么容易验证,函数 $B(z,u)$ 是 $|u|<1+\varepsilon$, $|z|<R$ 中的二元解析函数,其中 $\varepsilon>0$ 并且 $R>\rho$.这里,我们感兴趣的是 $G(z)$ 具有对数奇点的结构,在这种情况下,命题 Ⅸ.14 关于$\mathcal{F}=\mathrm{MSET}(u\,\mathcal{G})$ 构造的推论成立(这可通过简单组合命题Ⅸ.14和定理 Ⅸ.11 的证明来加以验证).综上所述:

对于结构$\mathcal{F}=\mathrm{MSET}(\mathcal{G})$,假设$\rho<1$,并且$G(z)$是对数型的函数,那么在随机的$\mathcal{F}_n$结构中的$\mathcal{G}-$ 成分的数量渐近于阶为 $\log n$ 的 Gauss 分布,收敛速度为 $O((\log n)^{-\frac{1}{2}})$.

同样的性质也适用于无标记的幂集结构$\mathcal{F}=\mathrm{PSET}(\mathcal{G})$.

下面,我们将给出两个例子:一个是关于有限域上的多项式分解的,另一个是关于无标记的函数图的.

例 Ⅸ.21　多项式的因式分解.固定一个有限域$\mathbb{F}_p$,并且考虑多项式环$\mathbb{F}_p[z]$上的(首项系数为1的)一元多项式的类$\mathcal{P}$,设$\mathcal{I}$是$\mathcal{P}$的由不可约多项式组成的子类.对它的代数分析已在例 Ⅰ.20 中做过了,我们有 $P_n=p^n$ 以及

$$P(z)=\frac{1}{1-pz}$$

由于唯一分解性质,一个多项式是不可约多项式的多重集,因此我们有以下关系式

$$P(z)=\exp\left(\frac{I(z)}{1}+\frac{I(z^2)}{2}+\frac{I(z^3)}{3}+\cdots\right)$$

上面的关系式可以用 Möbius 反演重新写成

$$I(z)=\sum_{k\geqslant 1}\mu(k)\frac{L(z^k)}{k}=\log\frac{1}{1-pz}+\sum_{k\geqslant 2}\mu(k)\frac{L(z^k)}{k}$$

其中 $L(z)=\log P(z)$，μ 是 Möbius 函数.

显然，$I(z)$ 是对数型的(实际上它是对数项和一个在 $|z|<p^{-\frac{1}{2}}$ 上的解析函数的和；见例 Ⅶ.4). 我们还有另一个指数－对数型($\kappa=1$) 的例子. 因此我们有：

命题 Ⅸ.15 设 Ω_n 是一个表示 $\mathbb{F}_p$ 上的次数为 n 的随机多项式的不可约因式的数量的随机变量，那么当 $n\to\infty$ 时，对任意实数 x，我们有

$$\lim_{n\to+\infty}\mathbb{P}\{\Omega_n<\log n+x\sqrt{\log n}\}=\frac{1}{\sqrt{2\pi}}\int_{-\infty}^{x}\mathrm{e}^{-t^2/2}\mathrm{d}t$$

这一陈述最初出现在文献[258] 中，构成关于自然数的素除数的著名的 Erdös-Kac 定理(1940) 的类似命题(这里在处理至多 n 个整数的情况时，需要把上式中的 $\log n$ 换成 $\log\log n$；见文献[576]). 收敛速度再一次为 $O((\log n)^{-\frac{1}{2}})$. 此外，利用同样的手法，同样的性质对于参数 ω_n 也成立，其中 ω_n 表示随机的 n 次多项式中不同的不可约因子的数量.

在抽象层面用分析组合学的一般原理重新审视这最后一个例子也许是有益的.

一个有限域上的多项式是由其系数的序列确定的. 因此，所有多项式的类作为序列的类的具有极点型奇点. 另一方面，唯一因子分解定理要求多项式也是不可约因式(“素数”) 的多重集. 因此，隐式确定的不可约多项式的类是对数型的. 要反转的多重集结构本质上是一个指数运算符. 作为指数－对数模式的一个结果，不可约因式的数量因此是渐近于 Gauss 分布的.

例 Ⅸ.22 无标记的函数图(映射模式). 存在着无标记的有向图，其中每个顶点的外度数都等于 1(第 Ⅶ 章)，那种图的类的表示是

$$\mathcal{F}=\mathrm{MSET}(\mathcal{L}),\mathcal{L}=\mathrm{CYC}(\mathcal{H}),\mathcal{H}=\mathcal{Z}\times\mathrm{MSET}(\mathcal{H})$$

它对应于有根的无向树 $\mathcal{H}$ 的环的多重集.

分析上，我们从 Ⅶ.5 节中关于非平面树的结果知道 $H(z)$ 的主奇点是平方根奇点

$$H(z)=1-\gamma\sqrt{(1-z/\eta)}+O(1-z/\eta)$$

其中 $\eta \doteq 0.338\ 32$，而 γ 是一个正数. 作为一个结论，从无标记的轮换结构变换而来的 $L(z)$ 是参数为 $\kappa = \frac{1}{2}$ 的对数型函数. 因此有：映射模式的成分的数量具有 Gauss 极限分布，其平均值和方差都具有 $\frac{1}{2}\log n + O(1)$ 的形式.

▶ Ⅸ.37　**算术半群.** Knopfmacher 的文献[370] 将算术半群定义为具有唯一因子分解，并且具有使得下式成立的容量函数（或度）的半群

$$|xy| = |x| + |y|$$

还要求固定容量的元素的数目是有限的. 设 $\mathcal{P}$ 是算术半群的类，而 $\mathcal{I}$ 是"素数"（不可约元素）的集合. Knopfmacher 的公理 $A^{\#}$ 断言以下条件成立

$$\operatorname{card}\{x \in \mathcal{P} / |x| = n\} = cq^n + O(q^{\alpha n})(\alpha < 1)$$

其中 $q > 1$. 在文献[370] 中显示了几个代数结构构成满足 $A^{\#}$ 公理算术半群，因而自动验证了定理 Ⅸ.11 的条件. 因此，从定理 Ⅸ.11 导出的结果符合 Knopfmacher 的"抽象分析数论"的框架 —— 它们提供了 Erdös-Kac 类型的定理成立的一般条件. 文献[370] 中提到的应用实例是 Galois 多项式环（多项式因子分解的情况），有限模或有限域 $K = \mathbb{F}_q$ 上的半简单有限代数，代数函数域中的整数因子，代数函数域中的主阶的理想，有限模或整函数环上的半简单有限代数. ◀

▶ Ⅸ.38　**关于 $GL_n(\mathbb{F}_q)$ 的中心极限定理.** 本注记的标题是 Goh 和 Schmutz 所写的一篇论文[297] 的标题. 在这篇论文中他们证明了元素属于 $\mathbb{F}_q$ 的随机的 $n \times n$ 矩阵的特征多项式的不可约因式的数目渐近于正态分布（这里需要某些属于 Kung 和 Stong 的关于矩阵的正则分解的线性代数知识.）. 有限域上随机矩阵理论的课题正在蓬勃发展：见 Fulman 的综述文献[272]. ◀

指数 － 对数模式中固定容量的成分的数量. 就像我们已很好地了解的那样，排列的轮换结构是一种典型的指数 － 对数模式，其中的每一个问题都可以确切地解决. 关于轮换的总数的 Gauss 定律实际上总结了关于 1 － 轮换，2 － 轮换等轮换的数量的信息. 这些轮换的数目都是可以单独分析的. 我们在例 Ⅸ.4 中已知道，对于固定的 m，m － 轮换的数目渐近于 $\text{Poisson}\left(\frac{1}{m}\right)$ 分布的 —— 在某种程度上，轮换的 Gauss 定律表现为缓慢下降的变量的大数 Poisson 律的结果. 事实上，类似的性质也适用于任何有标记的指数 － 对数模式的类，即 m 成分的数量通常是渐近于 $\text{Poisson}(\lambda_m)$ 律的，其中速率 λ_m 是可计算的并满足 $\lambda_m = O\left(\frac{1}{m}\right)$；有关的说明见图 Ⅸ.12.（我们提醒读者，你们可能已经注意到对于指

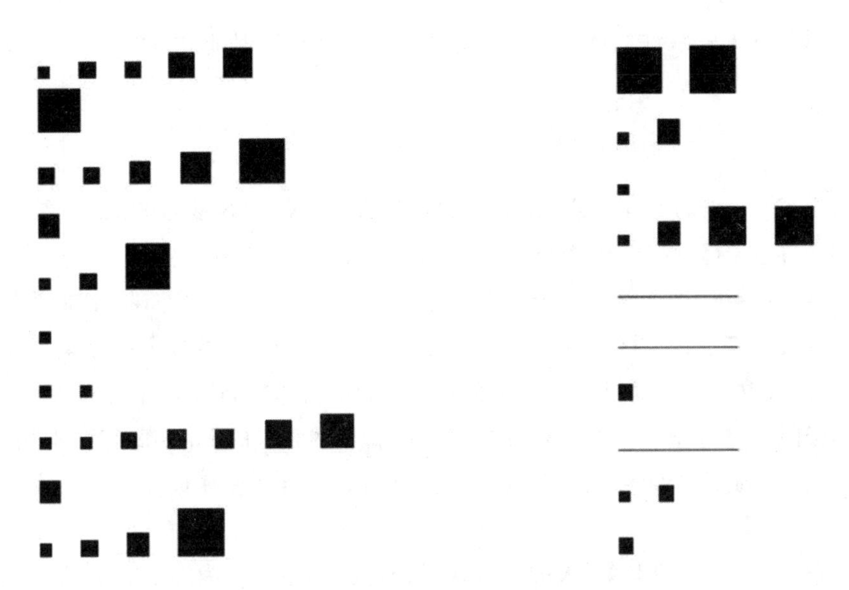

图 Ⅸ.12　容量为1 000的随机排列(左)和随机映射(右)中容量$\leqslant 20$的小成分:每种对象对应一行并且每行的成分由成比例的正方形表示(对于某些映射,那种成分可能缺失)

数－对数结构的表示我们已经在命题 Ⅶ.1 中直接得出了这个性质.类似的情况也发生在命题 Ⅸ.3 的次临界构造中,尽管现在的指数－对数模式是临界的!)这里我们简要说明这些性质如何可以通过奇点扰动得出:其中不涉及准幂逼近,由于发生了离散到离散的收敛.但是奇点分析过程的一致性,引理 Ⅸ.2 仍然是综合分析的一个核心要素,这将在下文中开发.

例 Ⅸ.23　对数结构[①]集合中固定容量的成分.集合结构中容量为固定的 m 的成分的数量对应于以下的表示

$$\mathcal{F}=\mathrm{SET}(u\,\mathcal{G}_m+(\mathcal{G}\setminus\mathcal{G}_m))\Rightarrow F(z,u)=\exp(G(z)+(u-1)g_m z^m)$$

其中 $F(z,u)$ 是指数 BGF,$G(z)$ 是 EGF,而 $g_m:=[z^m]G(z)$.作为上式的推论,我们有

$$F(z,u)=\exp((u-1)g_m z^m)F(z)$$

在 $G(z)$ 是对数型的假设下,当 u 在1的小邻域内,在 Δ－域内当 $z\to\rho$ 时,我们有

$$F(z,u)=\mathrm{e}^{\lambda}\omega(u)(1-z/\rho)^{-\kappa}(1+O(\log^{-2}(1-z/\rho)))$$
$$\omega(u)=\exp((u-1)g_m\rho^m)$$

① 这个例子用对 PGF 的连续性定理的观点重新审视了命题 Ⅶ.1 的分析.

展式对于 u 的一致性仍然由命题 Ⅸ.14 中的论证加以保证.由奇点分析可以得出

$$[z^n]F(z,u)=\frac{e^{\lambda}\omega(u)}{\Gamma(\kappa)}\rho^{-n}n^{\kappa-1}(1+o(\log^{-1}n))$$

这给出了 $w(z)$ 的具体形式.这最后的估计告诉我们大容量的随机$\mathcal{F}$一 结构中的 m 一 成分的数量趋于参数为 $\mu:=g_m\rho^m$ 的 Poisson 分布.

这个结果适用于任何小于某个任意固定的界 B 的 m.此外,将在本章末尾开发的真的多变量方法使我们能够证明容量为 $1,2,\cdots,B$ 的成分的数量是独立地渐近的.这给出了随机的$\mathcal{F}$一 对象中小成分的非常精确的概率分布模型.它们的极限律是对 $m=1,2,\cdots,B$ 的参数为 $g_m\rho^m$ 的独立的 Poisson 律的乘积.类似的结果也适用于无标记的多重集,但这时 Poisson 律要换成复的二项式分布律.

▶**Ⅸ.39　随机映射**.大的随机映射(函数图)中容量为固定的 m 的成分渐近于参数为 λ 的 Poisson 律,其中 $\lambda=\frac{K_m e^{-m}}{m!}$,而 $K_m=m!\ [z^m]\log\frac{1}{1-T}$ 计数了连通的映射(T 是 Cayley 树函数.).$\frac{K_m e^{-m}}{m!}\approx\frac{1}{2m}$ 解释了映射中小成分的数量要比排列中小成分的数量在图形表示中更为稀疏这一事实(图 Ⅸ.12).　◀

最后一个例子总结了我们对指数一对数结构的详细研究,并使我们有可能合理地认识到最基本的现象并理解它们.例 Ⅸ.23 量化了"小"成分数量的分布,它们的出现是相当零散的(图 Ⅸ.12)并且渐近于占优势的独立 Poisson 结构.Panario 和 Richmond 的文献[470]进一步成功地证明了最小成分的容量平均渐近于 $O(\log n)$."大型"成分也具有丰富的性质.它们不可能是独立分布的,由于例如,一个长度为 n 的排列只能有一个长度大于 $\frac{n}{2}$ 的轮换,两个长度大于 $\frac{n}{3}$ 的轮换等.正像 Gourdon 在文献[305]中所表明的那样,在一般的指数一对数条件下,最大成分的容量在概率上平均为 $\Theta(n)$,并且极限律涉及 Dickman 函数,已知这个函数描述了一个随机整数的最大素因子的分布间隔.指数一对数结构中的最大成分分布的一般的概率理论已经由 Arratia,Barbour 和 Tavaré 的文献[20]加以开发,这个理论的一些初步发展从早期的组合分析研究中汲取了灵感.大型成分的联合分布似乎可用所谓的 Poisson-Dirichlet 过程来刻画.

Ⅸ.7.2　可移动的奇点.根据在这一节开头给出的初步讨论,我们现在就

可验证使得函数 $z \mapsto F(z,u)$ 的奇点指数保持不变，而奇点 $\rho(u)$ 的位置当 u 保持在 1 的一个足够小的邻域中随着 u 光滑地移动的 BGF $F(z,u)$ 了. 原型的例子是一个涉及 $C(z,u)^{-\alpha}$ 的 BGF，其中 $C(z,u)$ 是二元解析的，而 $C(z,1)$ 在 $\rho \equiv \rho(1)$ 处有一个孤立的零点. 那样，这一小节的发展就可以看成是对定理 Ⅸ.9 中半纯函数的扰动分析的扩展，其中后者对应的指数限制为 $\alpha = 1,2,\cdots$

这一小节针对这类具有固定指数的可移动奇点的情况给出了解决问题的一般机制，它再一次基于由奇点分析保证的(引理 Ⅸ.2) 一致性. 我们将通过几个关于树的简单例子来说明这一原理，其中的 BGF 是确切知道的.(接下来的两个小节将探讨进一步的应用，其中的 BGF 只能通过隐式的解析(尤其是代数) 方程和微分方程间接地了解.) 我们的出发点是下面的与定理 Ⅸ.9 类似的一般的陈述.

定理 Ⅸ.12　代数奇点模式， 设 $F(z,u)$ 是一个在 $(z,u)=(0,0)$ 处二元解析，并且具有非负系数的函数. 假设以下条件成立：

(ⅰ) 解析扰动：存在三个在区域 $\mathcal{D}=\{|z| \leqslant r\} \times \{|u-1| < \varepsilon\}$ 中解析的函数 A,B,C 使得对某个 r_0，$0 < r_0 \leqslant r$ 和 $\mathcal{E} > 0$，成立以下表达式①，其中 $\alpha \notin \mathbb{Z}_{\leqslant 0}$

$$F(z,u) = A(z,u) + B(z,u)C(z,u)^{-\alpha} \tag{60}$$

此外还设在 $|z| \leqslant r$ 内，$C(z,1)=0$ 存在唯一的单根 ρ，并且 $B(z,1) \neq 0$.

(ⅱ) 非退化性：$\partial_z C(\rho,1) \cdot \partial_u C(\rho,1) \neq 0$，这保证存在一个在 $u=1$ 处解析的非常数的 $\rho(u)$，它使得 $C(\rho(u),u)=0$，并且 $\rho(1)=\rho$.

(ⅲ) 变异性

$$\mathfrak{v}\left(\frac{\rho(1)}{\rho(u)}\right) \neq 0$$

在上述条件下，以

$$p_n(u) = \frac{[z^n]F(z,u)}{[z^n]F(z,1)}$$

为概率生成函数的随机变量按分布收敛到 Gauss 分布，收敛速度为 $O(n^{-\frac{1}{2}})$，平均值 μ_n 和标准方差 σ_n 都线性地渐近于 n.

证明　我们从一元计数问题的渐近分析开始. 根据假设，函数 $F(z,1)$ 在 $|z| < \rho$ 内解析，并且可延拓到一个 $\Delta-$ 区域内. 它具有如下形式的奇点展开

① 根据解析延拓的唯一性，一开始只须在 $(z,u)=(0,1)$ 附近，即在 $|z| \leqslant r_0$ 时建立这一表达式即可，其中 r_0 是某个(任意小的) 正数.

式

$$F(z,1)=(a_0+a_1(z-\rho)+\cdots)+$$
$$(b_0+b_1(z-\rho)+\cdots)(c_1(z-\rho)+c_2(z-\rho)^2+\cdots)^{-\alpha} \tag{61}$$

这里,a_j,b_j,c_j 表示当 z 接近于 $\rho,u=1$ 时 A,B,C 对 z 的展开式的系数.(我们可以认为 $C(z,u)$ 在 c_1 是正实数的条件下,例如 $c_1=1$ 的条件下被正规化.)奇点分析那样就蕴含了下面的估计

$$[z^n]F(z,1)=b_0(-c_1\rho)^{-\alpha}\rho^{-n}\frac{n^{\alpha-1}}{\Gamma(\alpha)}\left(1+O\left(\frac{1}{n}\right)\right) \tag{62}$$

现在所需要做的全部事情就是对在 1 的充分小的邻域中的 u,统一地解出关系式(61) 和(62).

首先,我们注意根据对 A 的解析性假设,当 u 足够接近于 1 时,系数 $[z^n]A(z,u)$ 与 ρ^{-n} 比起来是指数小的,因此,对我们的目的而言,我们可以只须将注意力限于$[z^n]B(z,u)C(z,u)^{-\alpha}$即可(只在某些情况下才需要函数 A 以保证 F 的前几个系数的非负性.).

其次我们注意当 u 足够接近于 1 时,方程

$$C(\rho(u),u)=0$$

在 ρ 附近存在一个唯一的单根 $\rho(u)$,它是 u 的解析函数,并且满足 $\rho(1)=\rho$. 这个结果可从解析隐式函数定理,或者,如果有人喜欢,也可从 Weierstrass 预备定理得出:见附录 B. 5:隐函数定理.

在这个阶段,由于当 u 变化时,Δ - 域的几何形状随着变化,所以实践证明对具有固定的,而不是可移动的奇点进行操作是比较方便的. 这可简单地通过考虑正规化函数

$$\Psi(z,u):=B(z\rho(u),u)C(z\rho(u),u)^{-\alpha}$$

来达到. 当把 u 限制在 1 的适当小的邻域中,并且把 z 限制在 $|z|<R$ 中时,其中 $R>1$,函数 $B(z\rho(u),u)$ 和 $C(z\rho(u),u)$ 对 z 和 u 都是解析的(通过解析函数的复合),而 $C(z\rho(u),u)$ 现在在 $z=1$ 处有一个固定的(简单的)零点. 这就得出函数

$$\frac{1}{1-z}C(z\rho(u),u)$$

在 $z=1$ 处具有可移动的奇点(通过级数展开式的除法),因此它在 $|z|<R$ 和 $|u-1|<\delta$ 时是解析的,其中 $\delta>0$. 特别,在 $z=1$ 附近,Ψ 具有如下形式的展开式

$$\Psi(z,u)=(1-z)^{-\alpha}\sum_{n\geqslant 0}\psi_n(u)(1-z)^n \tag{63}$$

它是收敛的并且当 $|u-1|<\delta$ 时使得每个系数 $\psi_j(u)$ 都是 u 的解析函数.

最后,我们终于可以专心分析 $[z^n]F(z,u)$ 而不用再注意上面已完成的预备工作了.我们有

$$[z^n]F(z,u)=\rho(u)^{-n}[z^n]\Psi(z,u)+[z^n]A(z,u)$$

其中和的第二项是(指数)可忽略的.现在,正如我们从式(63)和围绕着它的考虑所知道的那样,函数 $z\mapsto\Psi(z,u)$ 在固定的 Δ-区域中是解析的,在此区域中,通过简化式(63)可以得出上述函数一致地具有奇点逼近

$$\Psi(z,u)=\psi_0(u)(1-z)^{-\alpha}+O((1-z)^{\alpha-1})$$

应用奇点分析的一致性,引理 Ⅸ.2 就给出以下估计

$$[z^n]F(z,u)=\psi_0(u)\rho(u)^{-n}\frac{n^{\alpha-1}}{\Gamma(\alpha)}\left(1+O\left(\frac{1}{n}\right)\right) \tag{64}$$

对 u 在 1 的充分小邻域内一致地成立.

方程(64)表明 $p_n(u)=\dfrac{f_n(u)}{f_n(1)}$ 确切地满足准幂定理,定理 Ⅸ.8 的条件,其中 $f_n(u):=[z^n]F(z,u)$.因此 PGF $p_n(u)$ 渐近于正态分布,其平均值和标准方差都是 $O(n)$.

由于方程(64)中的误差项是 $O\left(\frac{1}{n}\right)$,所以收敛到 Gauss 极限的速度是 $O\left(\frac{1}{\sqrt{n}}\right)$.

应用定理 Ⅸ.9 后面的评记就得出,平均值 μ_n 和方差 σ_n^2 根据一般公式(37)是可计算的,而变异性条件可以通过等式(39)用 C 的值及其在 $(\rho,1)$ 处的导数的值表出.

▶ **Ⅸ.40 对数乘数**.定理 Ⅸ.12 的结论可以扩展到在更一般的形式下可表示的函数($k\in\mathbb{Z}_{\geqslant 0}$)

$$F(z,u)=A(z,u)+B(z,u)C(z,u)^{-\alpha}(\log C(z,u))^k$$

(证明和注记 Ⅸ.36 中的模式相同.) ◀

在这一小节的剩下的部分中,我们将通过例子用定理 Ⅸ.12 来说明关于二元解析函数的确切的分数幂的方法.应用这个定理的专用情况是经典的树的族,像 Cayley 树,一般的或二元的 Catalan 树以及 Motzkin 树的族中的叶子的数目,它们的 GF 导致了明确的平方根表达式.

例 Ⅸ.24 一般的 Catalan 树中的叶子.我们现在从复渐近的角度从新审视一般的 Catalan 树 $\mathcal{G}$ 的叶子的数目.这是一个已经在例 Ⅲ.13 中介绍过的问题,其表示是

$$\mathcal{G}=\mathcal{Z}u+\mathcal{Z}\times \mathrm{SEQ}_{\geqslant 1}(\mathcal{G})\Rightarrow G(z,u)=zu+\frac{zG(z,u)}{1-G(z,u)}$$

其中u标记了叶子的数目.隐蔽的二次方程因而就给出BGF的确切的表达式如下

$$G(z,u)=\frac{1}{2}(1+(u-1)z-\sqrt{1-2(u+1)z+(u-1)^2z^2})$$

很容易验证定理 Ⅸ.12 适用于上式,事实上,用这个定理中的记号,可把上式重新写成

$$A(z,u)=\frac{1}{2}(1+(u-1)z)$$

$$B(z,u)\equiv -\frac{1}{2}$$

$$C(z,u)=1-2(u+1)z+(u-1)^2z^2$$

它们的解析性是显然的,同时有固定的指数 $\alpha=-\frac{1}{2}$.因式分解

$$C(z,u^2)=(1-z(1+u)^2)\cdot(1-z(1-u)^2)$$

蕴含$z\mapsto$的零点在$(1\pm\sqrt{u})^{-2}$.特别,比如说,如果$|u-1|<\frac{1}{10}$,那么$C(z,u)$的主奇点就在$\rho(u)=(1+\sqrt{u})^{-2}$处以及就像本来就应该是的那样有$\rho\equiv\rho(1)=\frac{1}{4}$.

定理 Ⅸ.12 中的解析扰动假设(条件(ⅰ))因而满足,其中,比如说,$r=\frac{1}{3}$.下面我们可以验证$\partial_2 C(\rho,1)=-4$以及$\partial_u C(\rho,1)=-1$,这两个式子保证了非退化性(条件(ⅱ)).最后,变异性(条件(ⅲ))也满足,由于$\mathfrak{v}\left(\frac{\rho(1)}{\rho(u)}\right)=\frac{1}{8}$.因而定理是可应用的,因此叶子的数目渐近于正态分布.

由第二个变量u引起的奇点是光滑地移动的,这要归咎于 Gauss 极限律.图 Ⅸ.13 显示了这一现象(同时请比较欢迎词中的图 0.6.).

例 Ⅸ.25　经典的树的族中的叶子.首先,考虑二叉的 Catalan 树的叶子.我们有(例 Ⅲ.14)

$$\mathcal{B}=\mathcal{Z}u+2(\mathcal{B}\times\mathcal{Z})+(\mathcal{B}\times\mathcal{Z}\times\mathcal{B})\Rightarrow B(z,u)=z(u+2zB(z,u)+B(z,u)^2)$$

因此

$$B(z,u^2)=\frac{1}{2z}(1-2z-\sqrt{(1-2z(1+u))(1-2z(1-u))})$$

这与一般的Catalan树的叶子的BGF几乎相同.$z\mapsto B(z,u)$的主奇点是$\rho(u)=$

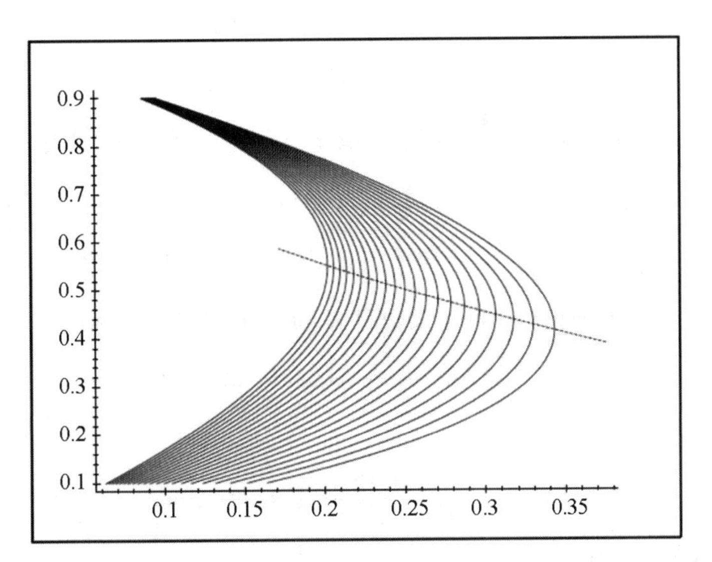

图 Ⅸ.13　对应于一般的Catalan树的叶子的GF $z\mapsto F(z,u)$ 的族的图示，其中 $u\in\left[\frac{1}{2},\frac{3}{2}\right]$. 可以观察到所有的奇点都是平方根类型的，在 $\tilde{\rho}(u)=(1+\sqrt{u})^{-2}$ 处有可移动的奇点(用虚线表示)

$\frac{1}{2(1+\sqrt{u})}$，并且我们可以求出 $\mathfrak{v}\left(\frac{\rho(1)}{\rho(u)}\right)=\frac{1}{16}$，因此极限律是 Gauss 型的. $\rho(u)$ 也给出了平均值和方差的渐近形式：容量为 n 的二叉 Catalan 树的叶子的数量 X_n 满足

$$\mathbb{E}\{X_n\}=\frac{1}{4}n+O(1)$$

而

$$\sigma\{X_n\}=\frac{1}{4}\sqrt{n}+O(n^{-\frac{1}{2}})$$

极限律是 Gauss 型的.

下面，我们考虑 Cayley 树(注记 Ⅲ.17) 的情况

$$\mathcal{T}=\mathcal{Z}u+\mathrm{SET}_{\geqslant 1}(\mathcal{T})\Rightarrow T(z,u)=z(u-1+\mathrm{e}^{T(z,u)})$$

(分布和 Stirling 分拆数密切相关). 利用简单的代数知识可以看出上面的函数方程可用 Cayley 树函数明确地表出(Cayley 树函数本身由函数方程 $T=z\mathrm{e}^{T}$ 定义)，我们求出

$$T(z,u)=z(u-1)+T(z\mathrm{e}^{z(u-1)})$$

就像我们所知道的那样，函数 $T(z)$ 在 $\frac{1}{\mathrm{e}}$ 处有一个平方根类型的主奇点，因此

$$\rho(u)=\frac{1}{1-u}T\left(\frac{1-u}{\mathrm{e}}\right) \tag{65}$$

并且就像应该有的，$\rho(1)=\frac{1}{\mathrm{e}}$. 因此，函数 $z\mapsto T(z,u)$ 在 $\rho(u)$ 处有一个平方根类型的奇点，对它可应用定理 Ⅸ.12. 接近于1的展开式可自动地从式(65)得出

$$\frac{\rho(u)}{\rho(1)}=1-\mathrm{e}^{-1}(u-1)+\frac{3}{2}\mathrm{e}^{-2}(u-1)^2+O((u-1)^3)$$

因此在容量为 n 的随机树中叶子的数目 X_n 的平均数和方差满足

$$\mathbb{E}\{X_n\}\sim\frac{n}{\mathrm{e}}\approx 0.367\ 87n$$

和

$$\sigma^2\{X_n\}\sim\frac{(\mathrm{e}-2)n}{\mathrm{e}^2}\approx 0.097\ 20n$$

极限律是 Gauss 型的.

例 Ⅸ.26　二叉 Catalan 树中的模式. 现在我们介绍一个更细致的例子，它推广了树的叶子的计数问题. 它起源于文献[257,561] 对树的紧凑表示的模式匹配的分析.（修剪）的二叉树数量的 BGF 为

$$F(z,u)=\frac{1}{2z}(1-\sqrt{1-4z-4(u-1)z^{m+1}}) \tag{66}$$

其中 z 标记了容量，u 标记了容量为 m 的模式的出现次数.

当 $u=1$ 时，式(66) 中平方根下的量在 $\rho=\frac{1}{4}$ 处有唯一的根，而当 $u\neq 1$ 时，它有 $m+1$ 个根. 根据隐函数的一般性质，特别是代数函数(隐函数定理，Weierstrass 准备定理)，当 u 趋于 1 时，这 $m+1$ 个根之中有一个趋向于$\frac{1}{4}$，而所有其他的根$\{\rho_j(u)\}_{j=1}^m$ 趋于无穷，我们把这个趋向于$\frac{1}{4}$ 的根称为 $\rho(u)$，我们有

$$H(z,u):=\frac{1-4z-4z^{m+1}(u-1)}{1-z/\rho(u)}=\prod_{j=1}^{m}(1-z/\rho_j(u))$$

这个函数在$\left(\frac{1}{4},1\right)$ 的复邻域中是(z,u) 的解析函数(这可从代数函数 $\rho(u)$ 在 $u=1$ 处是解析的这一事实得出.). $G(z,u)=uF(z,u)$ 的奇点展开

$$G(z,u)=\frac{1}{2}-\frac{1}{2}\sqrt{H(z,u)}\sqrt{1-\frac{z}{\rho(u)}}$$

因此，我们现在已具有应用定理 Ⅸ.12 的条件了. 因而在容量为 $n+1$ 的随机二叉树中，容量为 m 的模式出现的次数的平均值和方差分别渐近于$\frac{4}{\rho(u)}n$ 和

$\frac{4}{\rho(u)}n$. $\rho(u)$ 在 $u=1$ 处的展开式容易根据定义方程

$$z=\frac{1}{4}-z^{m+1}(u-1)=\frac{1}{4}-\left(\frac{1}{4}-z^{m+1}(u-1)\right)^{m+1}(u-1)=\cdots$$

用迭代方法("靴袢算法"或自举算法)算出为

$$\rho(u)=\frac{1}{4}-\frac{1}{4^{m+1}}(u-1)+\frac{m+1}{4^{2m+1}}(u-1)^2+\cdots$$

命题 Ⅸ.16 在容量为 $n+1$ 的随机的 Catalan 树中容量为 m 的模式的出现次数具有 Gauss 极限分布,其平均值 μ_n 和方差 σ_n^2 满足

$$\mu_n\sim\frac{n}{4^m},\sigma_n^2\sim n\left(\frac{1}{4^m}-\frac{2m+1}{4^{2m}}\right)$$

特别,在随机树的随机节点处模式出现的概率随着模式的容量大小而快速地减少(平均的估计值为$\frac{1}{4^m}$). 这是一个类似于字符串的已知性质的性质(命题Ⅸ.9). Steyaert 和 Flajolet 的文献[561]表明,类似的性质适用于任何简单的生成族,至少在期望值的意义下是如此. Flajolet,Sipala 和 Steyaert 的文献[257]根据上述分析显示随机树的最小"dag 表示"(其中相同的子树是"共享"的并且只表示一次)的平均容量为 $O(n(\log n)^{-\frac{1}{2}})$.

▶ **Ⅸ.41** Motzkin **树的叶子**. 一叉 — 二叉树(Motzkin 树)的叶子的数目渐近于 Gauss 分布. ◀

▶ **Ⅸ.42** **经典的树的族中模式**. 对一般的 Catalan 树和 Cayley 树的模式可做类似的分析. ◀

Ⅸ.7.3 代数函数和隐函数. 在单变量计数情况下,我们在 Ⅶ 章中已经遇到过很多导致了非整数的奇点指数的分析组合条件. 例如,很多隐式定义的函数,包括重要的代数情形,都具有平方根类型的主奇点(用定理 Ⅸ.12 的符号,它们的指数是 $\alpha=-\frac{1}{2}$.). 如果对应的表示中添加了标记,那么当标记变量 u 接近于 1 时,平方根奇点性质将继续保持就是自然的(图 Ⅸ.13),因此由定理 Ⅸ.12 就得出尺度为 n 的 Gauss 极限律. 类似的注释对由方程组,包括代数函数隐式定义的函数也适用,由此即可得出这些函数满足适当的非退化性条件①. 这里,我们只陈述一个单独的命题,它说明了由对象隐式定义的 BGF 可以化为简单处理的类型.

① 下面的 Ⅸ.11.2 节研究了奇点汇合的情况,这些情况导致了稳定律而不是通常的 Gauss 分布.

命题 Ⅸ.17　代数函数的扰动. 设 $F(z,u)$ 是在 $(0,0)$ 解析并且具有非负系数的二元函数. 设 $F(z,u)$ 是多项式方程

$$y-\Phi(z,u,y)=0$$

的一个解，其中 Φ 是 y 的次数 $d\geqslant 2$ 的多项式，$\Phi(z,1,y)$ 满足 Ⅶ.4 节中的光滑隐函数模式的条件，令 $G(z,w):=\Phi(z,1,w)$. 设 ρ,τ 是（对于 $u=1$）的特征方程组的解，因此 $y(z):=F(z,1)$ 是 $z=\rho$ 处的奇点，并且 $y(\rho)=\tau$. 定义结式多项式（附录 B.1：代数消去法）

$$\Delta(z,u)=R\left(y-\Phi(z,u,y),1-\frac{\partial}{\partial y}\Phi(z,u,y),y\right)$$

因此 ρ 是 $\Delta(z,1)$ 的单根. 设 $\rho(u)$ 是方程

$$\Delta(\rho(u),u)=0$$

的唯一的根在 1 处解析，并且使得 $\rho(1)=\rho$. 那么如果变异性条件

$$\mathfrak{v}\left(\frac{\rho(1)}{\rho(u)}\right)>0$$

满足，则对 $F(z,u)$ 的系数，Gauss 极限律成立.

证明　根据定理 Ⅶ.3 的发展，函数 $y(z)=F(z,1)$ 在 $z=\rho$ 处具有平方根奇点. 多项式 $y-\Phi(\rho,1,y)$ 在 $y=\tau$ 处具有二重的（非平凡）的奇点，因此

$$\left(\frac{\partial}{\partial y}\Phi(\rho,1,y)\right)_{y=\tau}=0,\left(\frac{\partial^2}{\partial y^2}\Phi(\rho,1,y)\right)_{y=\tau}\neq 0$$

因而，Weierstrass 预备定理给出局部的因式分解

$$y-\Phi(z,u,y)=(y^2+c_1(z,u)y+c_2(z,u))H(z,u,y)$$

其中，$H(z,u,y)$ 是解析的，并且在 $(\rho,1,\tau)$ 处是非零的，而 $c_1(z,u)$ 和 $c_2(z,u)$ 都在 $(z,u)=(\rho,\tau)$ 处解析.

从二次方程的解，我们局部地必须有

$$y=\frac{1}{2}(-c_1(z,u)\pm\sqrt{c_1(z,u)^2-4c_2(z,u)})$$

首先考虑限制在 $0\leqslant z<\rho$ 和 $0\leqslant u<1$ 中的 (z,u). 由于 $F(z,u)$ 在这里是实的，所以我们必须有判别式 $c_1(z,u)^2-4c_2(z,u)$ 也是实的，并且是非负的. 由于当 u 固定时，$F(z,u)$ 对 z 是连续和递增的，并且由于判别式 $c_1(z,u)^2-4c_2(z,u)$ 在 0 处等于 0，因此 $F(z,u)$ 必须一直取减号，由此我们得出

$$F(z,u)=\frac{1}{2}(-c_1(z,u)-\sqrt{c_1(z,u)^2-4c_2(z,u)}) \tag{67}$$

令 $D(z,u):=c_1(z,u)^2-4c_2(z,u)$，那么函数 $D(z,1)$ 在 $z=\rho$ 处有简单的实零点. 因而由解析反函数定理（或再次由 Weierstrass 预备定理），$C(\rho(u)$，

$u)=0$ 的解局部地有一个唯一的解析分支，使得 $\rho(1)=\rho$，并且 $D(z,u)$ 有下面的因式分解

$$D(z,u)=(\rho(u)-z)K(z,u)$$

其中 K 是解析的，并且满足 $K(\rho,1)\neq 0$. 因此，定理 Ⅸ.12 成立，这就得出所述的 Gauss 极限律.

最后一个命题断言，在某些条件下，函数 $z\mapsto F(z,u)$ 的唯一可能的主奇异性是单变量 GF $F(z,1)$ 的奇点的光滑的提升，而奇点的性质没有改变 —— 它仍然是平方根类型的. 对更一般的方程和系统，在适当的非退化和变异性条件下，通过类似方法建立的类似结果也成立. 实际上，我们可以从单个的多项式方程定义的代数函数像上面那样一直走到由解析方程组隐式定义的函数. 这是由 Drmota 在一篇重要论文[172] 中完成的. 对一个方程组 $y=\Phi(z,u,y)$，这个方法包括像在 Ⅶ.6.1 中那样求出变换的 Jacobi 行列式和提出允许光滑的奇点位移的条件. Weierstrass 预备定理通常给出蕴含平方根奇点所需的解析关系的不变条件.

定理 Ⅸ.12，命题 Ⅸ.17 及其导出的结果具有巨大的潜力，所有在 Ⅶ.3—Ⅶ.8 节所遇到的递归组合结构都会受到它们的关注. 这包括各种树，映射，格子路径及其推广，平面地图以及有无上下文表示所描述的语言和类. 我们试举几例如下.

例 Ⅸ.27 Gauss **极限律的花瓶.** 在下面的列举中，所有提到的参数都服从尺度为 n 的 Gauss 极限分布. 在每种情况下，证明(省略)都以类似于定理 Ⅸ.12 的方式涉及对由第二个参数所引起的单变量奇点展开式的扰动的确切研究.

Ⅶ.3 **树的简单族.** 叶子的数量的分布是 Gauss 型的(见例 Ⅸ.24 和例 Ⅸ.25)，并且这一性质就像任何固定模式的出现次数那样(见例 Ⅸ.26) 也可以扩展到任何具有固定度数 r 的节点的数目. 这个性质也适用于 Ⅶ.3 节中介绍的树的简单族，并且可以扩展到无标记的非平面树的文献[121].

Ⅶ.3.3 **映射.** 具有 r 个前辈的点的数目的分布就像映射集合的基数那样是 Gauss 型的，这一性质对于由受限制的度定义的映射也成立的文献[18,247].

Ⅶ.6 **不可约的无上下文结构.** Drmota 的论文如文献[172] 给出的例子是随机树中的独立集合的数目和无上下文语言中模式的数目.

例 Ⅶ.16 非交叉图. 连通成分的数量和森林中边的数目或一般的非交叉图中的边的数目的分布是 Gauss 型的文献[245].(这些性质因此与 Erdös 和 Rényi 的文献[76] 的通常的随机图模型形成了鲜明的对比.)

Ⅶ.8.1 **离散平面中的行走.** 行走，游览，桥和漫步中的任何固定类型的步

数是 Gauss 型的.已知方法的扩展表明,任何(由相邻的字母组成的)固定模式的出现次数也渐近于正态分布,例如,在随机的 Dyck 单词(浏览)中模式上一下一上一上一下的出现次数满足这一性质.

Ⅶ.8.2 **平面地图**.任何固定子图的出现次数都渐近于 Gauss 分布(见文献[278]基于矩方法的证明).因此,地图就像单词和树:在足够大的随机对象中,任何固定模式的集合都会以高概率发生(Borges 定理).

Ⅸ.7.4 微分方程.我们在本书中已经偶尔遇到过其 GF 由常微分方程(ODE)的解确定的组合类,在 Ⅶ.9 节中我们已介绍过几个这样的结构,它们是适于做奇点分析的.基本参数因而很可能仍然导致 ODE,但是现在我们多了一个由第二个变量 u 表示的参数.(与此相对照,到目前为止,在分析组合学中几乎还没有使用过偏微分方程.)在这种情况下,奇点扰动分析常常是可行的.正像我们现在所说明的那样,变量指数和可以动的奇点这两种情况都可能发生,在大多数情况下,我们将通过例子来说明.这里所给出的部分处理至少应该表达微分方程背景下的奇点扰动过程的精神.

线性微分方程.ODE 是一个变量的,当它是线性的和具有时解析系数的时候,则允许奇点出现在良定义的地方的解,即那些需要减少阶的地方(对所谓"正规"的和"非正规"的情况,分别见 Ⅶ.9.1 小节和 Ⅷ.7 节).解的可能的奇点指数然后就可以作为一个多项式方程,即指标方程的根而得出.这种常微分方程通常反映了各种组合分解,因此适当的参数化版本就打开了许多组合参数的入口.在这种情况下,BGF $F(z,u)$ 所满足的 ODE 是一个记录了变量 z 的容量的 ODE,而辅助变量 u 仅影响系数.我们从一个简单的关于递增的二叉树中的节点的层的例子,即例 Ⅸ.28 开始,并继续一般性陈述,命题 Ⅸ.18 是关于线性 ODE 中的变量指数的情况,并且以对例 Ⅸ.29 的四叉树节点的层的应用而结束.

例 Ⅸ.28　递增的二叉树中的节点的层.就像例 Ⅱ.17 所述的那样,递增的二叉树是一个有标记的(经过修剪的)二叉树,使得任何从结点发出的分支都有单调增加的标签.这种树是排列的一种重要的表示.利用第 Ⅱ 章的盒积,它们的表示是

$$\mathcal{F}=1+(\mathcal{Z}^{\square} * \mathcal{F} * \mathcal{F}) \Rightarrow F(z)=1+\int_0^z F(t)^2\,\mathrm{d}t \tag{68}$$

因此,它们的 EGF 是

$$F(z)=\frac{1}{1-z}=\sum_{n\geqslant 0} n!\ \frac{z^n}{n!}$$

设 $F(z,u)$ 是树的 BGF，其中 u 标记了外结点的深度. 换句话说，$f_{n,k}=[z^n u^k]F(z,u)$ 使得 $\frac{1}{n+1}f_{n,k}$ 表示在一个容量为 n 的随机树中随机的外结点的深度等于 k 的概率(因而概率空间是一个基数等于 $(n+1)\cdot n!$ 的积集，由于共有 $n!$ 颗树，每棵树有 $n+1$ 个外结点. 根据标准的等价原则，数量 $\frac{1}{n+1}f_{n,k}$ 也给出在容量为 n 的随机二叉搜索树中随机地需要进行 k 次比较不成功搜索的概率.).

由于节点的深度是从子树继承的，因此函数 $F(z,u)$ 满足从式(68)推导出的线性积分方程(关于 BST 递归的方程(Ⅵ.67))

$$F(z,u)=1+2u\int_0^z F(t,u)\frac{\mathrm{d}t}{1-t} \tag{69}$$

或者，微分后的方程

$$\frac{\partial}{\partial z}F(z,u)=\frac{2u}{1-z}F(z,u),F(0,u)=1$$

上面的方程不是别的，就是下面的线性 ODE，其中 u 是系数中的参数

$$\frac{\mathrm{d}}{\mathrm{d}z}y(z)-\frac{2u}{1-z}y(z)=0,y(0)=0$$

任何那种可分离变量的一阶 ODE 都可通过正交方法得出解

$$F(z,u)=\frac{1}{(1-z)^{2u}}$$

从奇点分析，其中限制 $u\notin\left\{0,-\frac{1}{2},-1,\cdots\right\}$，我们有

$$f_n(u):=|z^n|F(z,u)=\frac{n^{2u-1}}{\Gamma(2u)}\left(1+O\left(\frac{1}{n}\right)\right)$$

只要(例如) $|u-1|\leqslant\frac{1}{4}$，就成立一致地逼近. 因此，应用定理Ⅸ.11就得出在随机的递增二叉树中，具有 PGF $\frac{f_n(u)}{f_n(1)}$ 的随机的外节点的深度的分布满足高斯极限律.

自然，在这种简单的情况下，$\frac{f_n(u)}{f_n(1)}$ 的确切的表达式也是可以求出的

$$\frac{f_n(u)}{f_n(1)}=\frac{2u\cdot(2u+1)\cdots(2u+n-1)}{(n+1)!}$$

所以在 Goncharov 定理中 Gauss 极限律的直接证明显然是可能的；见 Mahmoud 的书[429]第 2 章，这个结果最初属于 Louchard. 这里有趣的是，作

为 z 的函数的 $F(z,u)$ 在 $z=1$ 时具有不移动的奇点. 在某种程度上，这是由于问题的组合来源，因此其 EGF 是排列的 EGF $\frac{1}{1-z}$. 辅助参数 u 直接出现在指数中，所以可立即应用奇点分析或更复杂的定理 Ⅸ.11.

类似的，对于内部节点的层也成立 Gauss 极限律，并且可用由类似的原理证明. 甚至在单个的例子中也可以感受到 Gauss 分布. 特别，图 Ⅲ.18 建议对这些对象成立一个更强大的“函数极限定理”(即几乎所有树木都有一个近似的高斯分布)：这个似乎已超出了分析组合学的范围的性质，已被 Chauvin 和 Jabbour 的文献[114]用鞅论证明了.

命题 Ⅸ.18　线性微分方程. 设 $F(z,u)$ 是一个具有非负系数的二元生成函数，它满足下面的微分方程

$$a_0(z,u)\frac{\partial^r F}{\partial z^r}+\frac{a_1(z,u)\partial^{r-1}F}{(\rho-z)\partial z^{r-1}}+\cdots+\frac{a_r(z,u)}{(\rho-u)^r}F=0$$

其中 $a_j(z,u)$ 在 ρ 处解析，并且 $a_0(\rho,1)\neq 0$. 设 $f_n(u)=[z^n]F(z,u)$，并设以下条件成立：

- (非汇合性) 指标多项式

$$J(\alpha)=a_0(\rho,1)(\alpha)_{(r)}+a_1(\rho,1)(\alpha)_{(r-1)}+\cdots+a_r(\rho,1) \tag{70}$$

具有唯一的简单根 $\sigma>0$，并使得其他的不等于 σ 的根 $\alpha\neq\sigma$ 满足 $\Re(\alpha)<\sigma$；

- (主增长的阶) $f_n(1)\sim C\cdot\rho^{-n}n^{\sigma-1}$，其中 $C>0$；
- (变异性条件)

$$\sup\frac{\mathfrak{v}(f_n(u))}{\log n}>0$$

那么 $F(z,u)$ 的系数满足 Gauss 极限律.

证明　(详细的分析见 Flajolet 和 Lafforgue 的论文[243]，线性 ODE 奇点的一般的处理见 Henrici 的书[329]和 Wasow 的书[602].) 我们假设指标多项式(70) 没有两个根之间的差是整数. 首先考虑单变量问题，为此，我们从 Ⅶ.9 中的小结式讨论开始. 设给定了一个微分方程

$$a_0(z)\frac{\mathrm{d}^r F}{\mathrm{d}z^r}+\frac{a_1(z)}{(\rho-z)}\frac{\mathrm{d}^{r-1}F}{\mathrm{d}z^{r-1}}+\cdots+\frac{a_r(z)}{(\rho-z)^r}F=0 \tag{71}$$

其中 $a_j(z)$ 在点 ρ 处解析，并且 $a_1(\rho)\neq 0$. 上面的方程有一组局部的奇点解组成的基，这个基可通过把 $(\rho-z)^{-\alpha}$ 代入方程并消去最大的增长阶而得出，其中出现的指数是指标方程

$$J(\alpha)\equiv a_0(\rho)(\alpha)_{(r)}+a_1(\rho)(\alpha)_{r-1}+\cdots+a_r(\rho)=0$$

的根. 如果存在一个唯一的实部最大的单根 α_1，则方程(71) 就存在一个形如

$$Y_1(z)=(\rho-z)^{-\alpha_1}h_1(\rho-z)$$

的解，其中$h_1(w)$在零点解析，并且$h_1(0)=1$(这个结果易于从待定系数法的解得出.).所有其他的解的增长的阶都更小，并且具有如下形式

$$Y_j(z)=(\rho-z)^{-\alpha_j}h_j(\rho-z)(\log(z-\rho))^{k_j}$$

其中k_j是整数，$h_j(w)$在$w=0$处解析.那样$F(z)$就具有以下形式

$$F(z)=\sum_{j=1}^{r}c_jY_j(z)$$

因而，如果$c_1\neq 0$，则

$$[z^n]F(z)=\frac{c_1}{\Gamma(\sigma)}\rho^{-n}n^{\alpha_1-1}(1+o(1))$$

在定理的假设下，我们必须有$\sigma=\alpha_1$和$c_1\neq 0$(由于级数$F(z)$的系数是实的，因此要求σ是实数是一个自然的假设.).

当u在1的邻域中变动时，我们有一致的展开式

$$F(z,u)=c_1(u)(\rho-z)^{-\sigma(u)}H_1(\rho-z,u)(1+o(1)) \qquad (72)$$

其中$H_1(w,u)$是一个二元解析函数，并且$H_1(0,u)=1$.$\sigma(u)$是

$$J(\alpha,u)\equiv a_0(\rho,u)(\alpha)_{(r)}+a_1(\rho,u)(\alpha)_{(r-1)}+\cdots+a_r(\rho,u)=0$$

的根的代数分支，并且在$u=1$处与σ重合.根据奇点分析理论，这保证了

$$[z^n]F(z,u)=\frac{c_1(u)}{\Gamma(\sigma)}\rho^{-n}n^{\sigma(u)-1}(1+o(1)) \qquad (73)$$

对在1的小邻域中的u一致地成立并具有形如$O(n^{-a})$的误差项，其中$a>0$.因而应用定理Ⅸ.11就得出极限律是Gauss型的.

式(72)和(73)中的关键点是关于u的展开式的一致性.这是从两个事实得出的:(ⅰ)式(71)的解可以通过使得$z_0<\rho$的点z_0处的解析条件表示并且在z_0和ρ之间没有方程的奇点;(ⅱ)作为微分方程组的矩阵理论和优级数理论的结果，式(71)有一套合适的解的集合，这些解具有对z和u的解析部分以及形式为$(\rho-z)^{-\alpha_j(u)}$的奇异部分(如果指标方程没有两个差是整数的根，则很容易验证后一点;以外，另外一种当u接近于1，$u\neq 1$时的解的基的求法可见文献[243].).

例Ⅸ.29　四叉树中的结点的层. 例Ⅶ.23中定义的四叉树是用于管理多维空间的点集的最通用的数据结构之一.它们的结构基于一种类似于前面的例子中的二叉搜索树和递增的二叉树的递推的分解.

这个例子借用自文献[243].我们固定环境数据空间的维数$d\geqslant 2$.设$f_{n,k}$为随机插入增长的容量为n的四叉树中k层的外节点的数目，设$F(z,u)$为相应

的 BGF. 那么下面两个积分算子起了重要的作用

$$\mathbf{I}g(z)=\int_0^z g(t)\,\frac{\mathrm{d}t}{1-t},\mathbf{J}g(z)=\int_0^z g(t)\,\frac{\mathrm{d}t}{t(1-t)}$$

因而,反映了四叉树的递推分叉过程的基本方程就是(见文献[243],类似的技巧可见第 Ⅶ 章)

$$F(z,u)=1+2^d u\mathbf{J}^{d-1}\mathbf{I}F(z,u) \tag{74}$$

F 所满足的积分方程那么就可化为一个 d 阶的微分方程

$$\mathbf{I}^{-1}\mathbf{J}^{1-d}F(z,u)=2^d uF(z,u)$$

其中

$$\mathbf{I}^{-1}g(z)=(1-z)g'(z),\mathbf{J}^{-1}g(z)=z(1-z)g'(z)$$

式(74) 的线性 ODE 版本具有易于确定的标记多项式,它可用 ODE(74) 在 $z=1$ 时的简化形式验证. 在那里,我们有

$$\mathbf{J}^{-1}g(z)=\mathbf{I}^{-1}g(z)-(z-1)^2g'(z)\approx(1-z)g'(z)$$

因而

$$\mathbf{I}^{-1}\mathbf{J}^{1-d}(1-z)^{-\theta}=\theta^d(1-z)^{-\theta}+O((1-z)^{-\theta+1})$$

而指标多项式就是

$$J(\alpha,u)=\alpha^d-2^d u$$

在单变量情况下,实部最大的根是 $\alpha_1=2$,在二元情况下,我们有

$$\alpha_1(u)=2u^{\frac{1}{d}}$$

其中的主分支已被选定. 因而

$$f_n(u)=\gamma(u)n^{\alpha_1(u)}(1+o(1))$$

由问题的组合起源,我们有 $F(z,1)=\dfrac{1}{(1-z)^2}$,因此系数 $\gamma(1)$ 不等于 0. 因而命题 Ⅸ.18 的条件满足:在随机增长的四叉树中随机的外结点的深度的分布是满足 Gauss 极限律的,平均值和方差的阶是

$$\mu_n\sim\frac{2}{d}\log n,\sigma_n^2\sim\frac{2}{d}\log n$$

就像在文献[243] 中用简单的组合论证所表明的那样,对(完全表示) 的随机搜索的成本同样应用命题 Ⅸ.18 的结果则既可能是成功的也可能是不成功的.

从分析组合学的全观点来看,有兴趣之处是透视最后两个例子. 树的简单族,就像前一小节中所述的那样是“平方根树”,其中随机结点的高度和深度的阶都是$\sqrt{n}$(在分布中平均来说),而相应的单变量 GF 满足代数方程或隐式方程并具有平方根奇点. 在某种程度上起源于排列的树(递增的树,二叉搜索树,四

叉树)是“对数树”:它们可用顺序约束的结构来表示并对应于积分微分算子,它们的深度似乎是具有 Gauss 波动的对数型的,这反映了 ODE 的扰动的奇点分析.

非线性微分方程. 虽然在一般的分类中并不单独列出非线性微分方程,分析组合学中仍然有一些可以通过奇点扰动方法来处理的例子. 我们在这里详述二叉搜索树(BST)中“分页”的典型分析,或等价地递增二叉树的分析,这一例子取自文献[235]. 利用经典的技巧可把 Riccati 方程归结为线性二阶方程,它的扰动分析是特别清楚的,并且类似于早期的 ODE 分析. 在这个问题上,辅助参数引起可移动的奇点,它导致了尺度为 n 的 Gauss 极限律.

例 Ⅸ.30　二叉搜索树和递增二叉树的分页. 固定一个“页的容量”的参数 $b\geqslant 2$. 给定一棵树 t,其 $b-$索引是通过仅保留那些 t 的容量 $>b$ 的子树的内部结点而构造出来的树. 作为计算机的一种数据结构,这一索引非常适合“分页”,其中我们有一个具有两级分层的内存结构:索引驻留在主存储器中,而树的其余部分保存在外设的容量为 b 的页中存储,见例如文献[429]. 设 $\iota[t]=\iota_b[t]$ 表示容量,即 t 的 $b-$索引中节点的数目.

我们在这里考虑二叉搜索树中的分页分析,其模型已知等价于递增的二叉树. 二元生成函数

$$F(z,u):=\sum_t\lambda(t)u^{\iota[t]}z^{[t]}$$

满足一个 Riccati 方程,它反映了树的根的分解(见式(68))

$$\frac{\partial}{\partial z}F(z,u)=uF(z,u)^2+(1-u)\frac{\mathrm{d}}{\mathrm{d}z}\left(\frac{1-z^{b+1}}{1-z}\right)$$

$$F(0,u)=1 \tag{75}$$

其中的二次关系必须用低阶项进行调整.

矩的 GF 是一个分母为 $1-z$ 的幂的有理函数,它可从 $u=1$ 处的微分得出. 平均值和方差如下

$$\mu_n=\frac{2(n+1)}{b+2}-1$$

$$\sigma_n^2=\frac{2}{3}\frac{(b-1)b(b+1)}{(b+2)^2}(n+1)$$

(平均值的结果是众所周知的,见快速排序分析中的量 A_n,见文献[378])

在式(75)的两边都乘以 u,就得出 $H(z,u):=uF(z,u)$ 所满足的方程

$$\frac{\partial}{\partial z}H(z,u)=H(z,u)^2+u(1-u)\frac{\mathrm{d}}{\mathrm{d}z}\left(\frac{1-z^{b+1}}{1-z}\right)$$

上式也可以作为一个出发点，由于 $H(z,u)$ 是参数为 $1+\iota b$（这是一个也等于外部页面的数量）的二元 GF. Riccati 方程的经典的线性化变换

$$H(z,u)=-\frac{X'_z(z,u)}{X(z,u)}$$

得出

$$\frac{\partial^2}{\partial z^2}X(z,u)+u(u-1)A(z)X(z,u)=0$$

$$A(z)=\frac{\mathrm{d}}{\mathrm{d}z}\left(\frac{1-z^{b+1}}{1-z}\right) \tag{76}$$

以及 $X(0,u)=1, X'_z(0,u)=-u$. 由经典的 Cauchy 存在性定理，式(76) 的解对每个固定的 u 都是 z 的整函数，由于线性微分方程在有限的距离中没有奇点. 此外，X 作为 u 的函数也是处处解析的；见文献[602] § 24 的评论，在那里通过验证经典的存在性条件利用待定系数法和优级数方法给出了一个证明. 因此，实际上 $X(z,u)$ 是复变量 z 和 u 的整函数. 因此结论就是，对任何固定的 u，函数 $z\mapsto H(z,u)$ 是一个半纯函数，其系数适合于做奇点分析.

为了进一步推进，我们需要证明，在 $u=1$ 的充分小的邻域中 $X(z,u)$ 只有一个单根，它对应于 $H(z,u)$ 的唯一的主奇点 —— 一个简单极点. 这一事实可从围绕隐函数定理(附录 B. 5:隐函数定理) 和 Weierstrass 预备定理的通常的考虑得出(附录 B. 5:隐函数定理). 这里，我们有 $X(z,1)\equiv 1-z$. 因而，当 u 趋近于1时，除了一个满足 $\rho(1)=1$ 的解析分支外，$X(z,u)=0$ 的所有关于 z 的解都必须趋于无穷大.

现在证明已完成:BGF $F(z,u)$ 及它的伴侣 $H(z,u)=uF(z,u)$ 在 $\rho(u)$ 处有一个可移动的奇点，这是一个极点. 关于半纯函数的定理 Ⅸ.9 适用并最后得到高斯极限律.

就像在文献[235] 中所表明的那样，类似的分析适用于二叉搜索树模式. 对应的性质(有些) 与排列中局部的排序模式的分析有关，它们的 Gauss 极限律已由 Devroye 的文献[159] 使用中心极限定理对于弱随机变量的扩展而得出.

▶ **Ⅸ.43　递增树的族中的叶子**. 类似的奇点位移也出现在在各种递增的树木中的给定类型的结点的数量中(例 Ⅶ.24). 例如，如果 $\phi(w)$ 是递增树的族的度的生成子，叶子的数目的 BGF 满足的非线性 ODE 就是

$$\frac{\partial}{\partial z}F(z,u)=(u-1)\phi(0)+\phi(F(z,u))$$

当 ϕ 是多项式时，在某个 $\rho(u)$ 处就存在一个解析依赖于 u 的自然的奇点. 因此，叶子的数量是渐近于高斯型分布的文献[49]. 类似的结果适用于任何具有固定度数 r 的结点. ◀

Ⅸ.8 鞍点渐近的扰动

构成第 Ⅷ 章主题的鞍点方法也适于施加扰动.例如,我们已经把一个基数等于 n 的区域分成一些类的分拆的数目(由第 n 个 Bell 数枚举的集合的分拆)可以用这种方法估计;然后可以开发一个效果是使得随机的大容量的集合分拆中类的数目渐近于 Gauss 分布的适当的扰动分析.给了一个单变量鞍点展开式的性质和它们的各种样式(它们不会归结为 $\rho^{-n}n^{\alpha}$ 的样式),准幂定理不再适用,而需要更灵活的框架.下面,我们将根据 Sachkov 的书[524]中的一个定理进行简要的讨论.

定理 Ⅸ.13 广义的准幂. 假设 u 在1的一个固定的邻域 Ω 中,非负的离散随机变量(支集为 $\mathbb{Z}_{\geqslant 0}$)X_n 的生成函数 $p_n(u)$ 对于 u 一致地具有如下形式的表示

$$p_n(u)=\exp(h_n(u))(1+o(1)) \tag{77}$$

其中每个 $h_n(u)$ 都在 Ω 中解析.我们还假设对 $u\in\Omega$ 一致地成立以下条件

$$h'_n(1)+h''_n(1)\to\infty \text{ 并且} \frac{h'''_n(u)}{(h'_n(1)+h''_n(1))^{\frac{3}{2}}}\to 0 \tag{78}$$

那么,随机变量

$$X_n^*=\frac{X_n-h'_n(1)}{(h'_n(1)+h''_n(1))^{\frac{1}{2}}}$$

按分布收敛到 Gauss 正态分布,即平均值为 0,方差为 1 的 Gauss 分布.

证明 细节见文献[524]§1.4.设 $\sigma_n^2=h'_n(1)+h''_n(1)$,并且在 $\frac{t}{\sigma_n}$ 处展开 X_n 的特征函数,由于形式(77)和条件(78),由平均值定理(注记 Ⅳ.18)蕴含的不等式就给出

$$h_n(\mathrm{e}^{\mathrm{i}t/\sigma_n})=h'_n(1)\frac{\mathrm{i}t}{\sigma_n}-\frac{t^2}{2}+o(1)$$

因而 X_n^* 的特征函数就收敛到标准的 Gauss 变换形式,由特征函数的连续性定理即可得出定理的结论.

▶ **Ⅸ.44 实邻域.** 定理 Ⅸ.13 的条件可以被放宽为 Ω 是一个包含 $u=1$ 的实区间.(提示:对分布的 Laplace 变换应用连续性定理.) ◀

▶ **Ⅸ.45 有效的速度的界.** 当 Ω 是1的复邻域时(就像在定理 Ⅸ.13 中叙

述的那样)，可以通过在式(77)和(78)中假设一个有效的误差项的界来开发一个具有收敛速度的度量版本(提示：使用 Berry-Esseen 不等式.). ◀

上面的陈述扩展了准幂定理，并且为了强调平行性，我们选择了一个复杂的邻域条件，它有在应用中提供更好的误差界的好处(注记 Ⅸ.45). 实际上，为了看出类似性，注意如果

$$h_n(u)=\beta_n\log B(u)+A(u)$$

那么式(78)中的第二个量 $O(\beta_n^{-\frac{1}{2}})$ 是一致的. 这个定理对鞍点积分的应用原则上是常规的，尽管与涉及鞍点值的表达式相关的渐近尺度的操作可能变得累赘. 事实上，有了 u 的正实数值的信息可能就足够了(注记 Ⅸ.44)，然而，由于在应用中，对正的 u 的表示的 GF $z\mapsto F(z,u)$，当 $F(z,1)$ 本身是可行的时，使我们有了一个使用在第 Ⅷ 章的意义下可行性的机会. 一般的条件 Bender，Drmota，Gardy 和其他共同作者已经在文献[174,279,280,281]中叙述过. 从广义上来说，这种情况构成了鞍点扰动过程. 再一次，展开式的一致性是一个问题，这在技术上可能是苛刻的(需要重新审视单变量分析中对第二个参数 $u\approx 1$ 的依赖性)，但在概念上并不困难.

下面我们首先详细描述了随机对合中的单子的情况，在这种情况中鞍点是 n 和 u 的显式的代数函数. 然后，我们证明了 Stirling 分拆数的 Gauss 特征，这是 Harper 的文献[322]在 1967 年首先得到的经典结果. 我们继续使用高斯律的花瓶，它可以通过鞍点方法得出，并以给出一个关于 BGF 的指示的简要说明的注记结束，其中的 BGF 只能通过函数方程间接地得出.

例 Ⅸ.31　随机对合中的单子. 用 u 标记了单个的轮换的数目的对合的指数 BGF 由下式给出

$$\mathcal{F}=\mathrm{SET}(u\mathrm{CYC}_1(\mathcal{Z})+\mathrm{CYC}_2(\mathcal{Z}))\Rightarrow F(z,u)=\exp\left(zu+\frac{z^2}{2}\right)$$

鞍点方程(定理 Ⅷ.3)，因而是

$$\frac{\mathrm{d}}{\mathrm{d}z}\left(uz+\frac{z^2}{2}-(n+1)\log z\right)_{z=\zeta}=0$$

这定义了鞍点 $\zeta\equiv\zeta(n,u)$

$$\zeta(n,u)=-\frac{u}{2}+\frac{1}{2}\sqrt{4n+4+u^2}$$

$$=\sqrt{n}-\frac{u}{2}+\frac{u^2+4}{8}\frac{1}{\sqrt{n}}+O(n^{-1})$$

其中误差项对接近于 1 的 u 是一致的. 由鞍点公式，我们有

$$[z^n]F(z,u)\sim\frac{1}{\sqrt{2\pi D(n,u)}}F(\zeta(n,u),u)\zeta(n,u)^{-n}$$

根据经典的鞍点公式,分母可由二阶导数确定

$$D(n,u)=\frac{\partial^2}{\partial z^2}\left(uz+\frac{z^2}{2}-(n+1)\log z\right)_{z=\zeta(n,u)}$$

它的主渐近阶当 u 在 1 的一个充分小的邻域中变化时不变

$$D(n,u)=2n-u\sqrt{n}+O(1)$$

再次,它对 u 是一致的. 单个轮换的数目的 PGF 满足

$$p_n(u)=\frac{F(\zeta(n,u),u)}{F(\zeta(n,1),1)}\left(\frac{\zeta(n,u)}{\zeta(n,1)}\right)^{-n}(1+o(1))\tag{79}$$

它具有如下形式

$$p_n(u)=\exp(h_n(u))(1+o(1))$$

而局部展开式因而就给出了中心化常数和尺度化常数

$$a_n:=h'_n(1)=\sqrt{n}-\frac{1}{2}+O(n^{-\frac{1}{2}})$$

$$b_n^2:=h'_n(1)+h''_n(1)=\sqrt{n}-1+O(n^{-\frac{1}{2}})$$

式(79)的一致性可以通过回到原来的Cauchy系数公式去验证并给出关于鞍点围道的界. 然后即可应用定理 Ⅸ.13 得出变量$\frac{X_n-a_n}{b_n}$渐近于标准的正态分布. (稍加处理,可以验证平均值 μ_n 和标准偏差 σ_n 分别渐近于 a_n 和 b_n.) 因此就得出:

命题 Ⅸ.19 容量为 n 的随机对合中单子的数目的平均值 $\mu_n\sim\sqrt{n}$,而方差 $\sigma_n\sim n^{\frac{1}{4}}$,并且这个数目满足 Gauss 的极限律.

因而随机对合高概率地具有小数目的单子.

例 Ⅸ.32 Stirling **分拆数**. 数$\left\{{n \atop k}\right\}$对应于下面的 BGF

$$\mathcal{F}=\mathrm{SET}(u\mathrm{SET}_{\geqslant 1}(\mathcal{Z}))\Rightarrow F(z,u)=\exp(u(\mathrm{e}^z-1))$$

鞍点 $\zeta=\zeta(n,u)$ 由方程 $\zeta\mathrm{e}^\zeta=\frac{n+1}{u}$ 的接近于$\frac{n}{\log n}$ 的正根确定. 鞍点处的导数可用标准的方法用反函数的导数求法算出. 可以验证定理 Ⅸ.13 的条件和一致性,因此,我们有

命题 Ⅸ.20 由$\frac{1}{S_n}\left\{{n \atop k}\right\}$定义的 Stirling 分拆分布渐近于正态分布,其中 S_n 是 Bell 数,其平均数和方差满足

$$\mu_n \sim \frac{n}{\log n}, \sigma_n^2 \sim \frac{n}{(\log n)^2}$$

(一阶矩见 Ⅶ.9.1）计算的细节，我们再一次请读者参考 Sachkov 的书[524, 526].

▶ **Ⅸ.46** Stirling **数行为的** Harper **分析**. 命题 Ⅸ.20 的原来由 Harper 的文献[322] 给出的推导有独立的兴趣. 考虑由

$$\sigma_n(u) := n! \ [z^n]\exp(u(\mathrm{e}^z - 1))$$

定义的 Stirling 多项式. 这些多项式都具有一个实根，它们是非负的和不同的. 那么，我们就有

$$\sigma_n(u) = u\prod_{k=1}^{n-1}\left(1 + \frac{u}{\beta_{n,k}}\right)$$

其中 $\beta_{n,k}$ 是一个正数. 因而 $\frac{\sigma_n(u)}{\sigma_n(1)}$ 就可以看成大数量的独立（但不恒同）的 Bernoulli 变量的和的 PGF，然后我们就可以得出某种合适形式的中心极限定理. ◀

例 Ⅸ.33　鞍点和 Gauss 律的花瓶. 定理 Ⅸ.13 再加上控制使用的鞍点方法对第 Ⅷ 章例子中的大多数结构产生了 Gauss 律，我们把以下一些例子留给读者作为练习.

Ⅷ.4 节已经验证了三个类（对合，集合的分拆和分散的排列），其中前两个已被确定为会导致 Gauss 律. 分散排列也有很多成分（片段）渐近于 Gauss 极限. 在这种情况下，我们在有限距离处有一个奇点，它是指数－极点类型的.（这最后的结果也可以改述成经典的 Laguerre 多项式的系数渐近于正态分布.）

鞍点扰动适用于多项式的指数域，它极大地推广了对合的情况：这个域是由 Canfield 的文献[101] 在 1977 年建立的. 在长度的阶为 p，且最长的轮换的长度 $\leqslant p$ 的排列中成分的数目以及最大的块的基数 $\leqslant p$ 的集合的分拆中块的数目的分布都是 Gauss 型的，其中 p 是一个固定的参数. 幂等映射中的连通成分的数量的分布也是 Gauss 型的.

整数的分拆的枚举已经在 Ⅷ.6 节中做了渐近分析. 关于在无约束的整数分拆中，加数数目的分布的 Gauss 律，最先是由 Erdös 和 Lehner 的文献[194] 给出的. 与此相对照，加数不同的分拆中的加数的数目的分布不是 Gauss 型的（它的分布是双指数型的，如文献[194]）. 这说明在这些情况中出现了微妙的差别，这涉及 Pólya 算子和以单位圆为自然边界的函数.

▶ **Ⅸ.47　鞍点和函数方程**. Jacquet 和 Régnier 的文献[344] 表明在随机

数字树或“尝试”树的结点的平均数的情况中需要使用 Mellin 变换的技巧. 相应的分布分析因而显得更加困难，对此 Mahmoud 的书的 5.4 节给出了完整的描述，我们将按照他的描述叙述. 这里需要分析的 BGF 是

$$F(z,u)=e^{z}T(z,u)$$

其中 Poisson 生成函数 $T(z,u)$ 满足非线性差分方程

$$T(z,u)=uT\left(\frac{z}{2},u\right)^{2}+(1-u)(1+z)e^{-z}$$

这个方程直接反映了问题的表示. 在 $u=1$ 处，我们有 $T(z,1)=1,F(z,1)=e^{z}$. 我们的想法是用鞍点方法分析$[z^{n}]F(z,u)$.

F 的鞍点分析要求知道当 $u=e^{it}$ 时关于 $T(z,u)$ 的渐近信息(文献[344] 原来的处理是基于特征函数.). 主要的思想是把问题准线性化，设

$$L(z,u)=\log T(z,u)$$

其中 u 是参数. 这个函数满足渐近关系 $L(z,u)\approx 2L\left(\frac{z}{2},u\right)$，靴袢算法的论证表明在复平面的适当的区域内对于 u 一致地成立 $L(z,u)=O(|z|)$. 函数 $L(z,u)$ 因而可以利用 Taylor 展开式和它的伴随的积分以及靴袢算法的界在 $u=1$，即 $t=0$ 处对于 $u=e^{it}$ 展开. 类矩的量是

$$L_{j}(z)=\frac{\partial^{j}}{\partial t^{j}}L(z,e^{it})\Big|_{t=0}$$

对 $j=1$，它可以作为 Mellin 分析的对象，而对 $j\geqslant 3$，可以给出它的界. 用这种方法，我们可以得出

$$L(z,e^{it})=L_{1}(z)t+\frac{1}{2}L_{2}(z)t^{2}+O(zt^{3})$$

对 t 一致地成立. 然后 Poisson 模型的 Gauss 极限律就立即可从特征函数的连续性定理得出. 在原来的 Bernoulli 模型中，Gauss 极限律可从对于

$$L(z,e^{it})=e^{z}e^{L(z,e^{it})}$$

的鞍点分析中得出.

一个更细致的分析已由 Jacquet 和 Szpankowski 的文献[345] 通过解析去极化方法(Ⅷ. 5. 3 小节) 给出了. 它涉及数字搜索树中的路径长度和下面的难度令人恐怖的非线性二元差分 - 微分方程

$$\frac{\partial}{\partial z}F(z,u)=F\left(\frac{z}{2},u\right)^{2}$$

见 Szpankowski 的文献[564]，类似的结果在数据表示算法(Lempel- Zivschemes (字符串压缩算法)) 中起了重要的作用. ◀

在目前这个阶段，使用 Ⅸ.5—Ⅸ.8 节中所阐述的材料，我们可以利用很多专门用于从 BGF 提取 Gauss 极限律的技巧. 例如，我们现在可以断言下面所有四种 Stirling 分布

$$\frac{1}{n!}\begin{bmatrix}n\\k\end{bmatrix},\frac{k!}{O_n}\begin{bmatrix}n\\k\end{bmatrix},\frac{1}{S_n}\begin{Bmatrix}n\\k\end{Bmatrix},\frac{k!}{R_n}\begin{Bmatrix}n\\k\end{Bmatrix} \tag{80}$$

它们分别对应了排列、对齐、集合的分拆和满射，在经过了标准化之后都渐近于 Gauss 分布. 在每种情况下所使用的方法都反映了潜在的组合结构. 典型的，对于分布(80) 的四种情况，我们已分别使用了:(ⅰ) 奇点分析扰动(对排列的 SET∘CYC 结构的指数 - 对数模式);(ⅱ) 半纯扰动(对对齐，它们是 SEQ∘CYC 类型的);(ⅲ) 鞍点扰动(对集合的分拆，它们是 SET∘SET 的类型的，并且其 BGF 是整函数);(ⅳ) 再次是半纯扰动(对满射，它们是 SEQ∘SET 类型的).

Ⅸ.9　局部极限律

到目前为止，我们已经从(累积) 分布函数的收敛性的角度研究了连续极限定律. 组合上，对于代表取自类$\mathcal{F}_n$的某个参数χ 的随机变量χ_n，下面我们量化和

$$\sum_{j\leqslant k}F_{n,j}$$

具体来说，我们将注意力集中在前面几节中的那些情况，在这些情况中这些和(一旦用$\frac{1}{F_n}$ 标准化之后) 由 Gauss“误差函数”，即标准正规变量的(累积) 分布函数逼近. 然而组合学家通常会直接估计个别的计数量 $F_{n,k}$，这是一个真正的二元渐近估计.

假设我们已经得出了这样的收敛律使得 $X_n\Rightarrow Y$，并且 X_n 的标准偏差σ_n 趋于无穷大，而 Y 的分布具有密度 $g(x)$(这里，通常 $g(x)$ 是 Gauss 密度.). 如果 $F_{n,k}$ 足够光滑地变化，那么我们有理由期望它们每个项分享大约$\frac{1}{\sigma_n}$ 的总概率质量，并且预测，它们的外形类似于曲线 $x\mapsto g(x)$. 在这种情况下，我们可以期望如下形式的逼近

$$F_{n,k}\approx\frac{1}{\sigma_n}g(x)\text{，其中 } x:=\frac{k-\mu_n}{\sigma_n}$$

其中 μ_n 是 X_n 的期望. 非正式的,我们说在这种情况下成立局部极限律(LLL).

我们在这里将验证 Gauss 型局部极限定律的发生,它表示离散概率分布收敛到 Gauss 密度函数. 图 Ⅸ.14 显示,至少对于 Euler 分布(排列中的上升),成立这种局部的极限律,我们知道,从 De Moivre 的原来的中心极限律(注记 Ⅸ.1),可以得出二项式系数同样具有类似的性质. 事实上,由于很快就会给出的理由,几乎所有 Ⅸ.5—Ⅸ.8 节中具有 Gauss 极限律的例子都具有局部的版本.

定义 Ⅸ.4 称平均值为 μ_n,标准方差为 σ_n 的离散概率分布 $p_{n,k}=\mathbb{P}\{X_n=k\}$ 的序列服从 Gauss 型的局部极限律,如果对序列 $\varepsilon_n\to 0$ 成立

$$\sup_{x\in\mathbb{R}}\left|\sigma_n p_{n,\lfloor\mu_n+x\sigma_n\rfloor}-\frac{1}{\sqrt{2\pi}}\mathrm{e}^{-x^2/2}\right|\leqslant\varepsilon_n \tag{81}$$

就称局部极限律的速度为 ε_n.

注意,局部极限律在逻辑上并不是在通常的取差意义下分布的收敛性(它们是出现在分布函数的几乎相同的点处的个体概率的差,因此它们"隐藏" 在误差项后面.). 一些额外的正规性假设是必要的. 在这里,我们自然关注的是如何从BGF $F(z,u)$ 中提取局部极限律. 事实证明,当u在整个单位圆上全局地变化(而不仅仅是在 1 的复邻域中变化) 时,准幂定理(定理 Ⅸ.8) 可以通过对第二个变量施加约束的方式来影响$[z^n]F(z,u)$ 的渐近逼近. 在这种情况下,鞍点方法就能有效地影响关于第二个变量 u 的反演.

定理 Ⅸ.14(准幂,局部极限律) 设X_n是以$p_n(u)$为概率生成函数的非负的离散的随机变量的序列. 假设 $p_n(u)$ 满足准幂定理的条件,特别,在固定的 1 的复邻域Ω 中对 u 一致地成立如下的准幂渐近

$$p_n(u)=A(u)\cdot B(u)^{\beta_n}\left(1+O\left(\frac{1}{\kappa_n}\right)\right)$$

此外,还假设存在一致的界

$$|\,p_{n(u)}\,|\leqslant K^{-\beta_n} \tag{82}$$

其中 $K>1$,u 在单位圆和余集$\mathbb{C}\setminus\Omega$ 的交中. 在这些条件下,X_n 的分布满足 Gauss 型的局部极限律并具有阶为 $O(\beta_n^{-\frac{1}{2}}+\kappa_n^{-1})$ 的收敛速度.

证明 首先注意,准幂定理给出了 X_n 的分布的平均值和方差是和β_n 成比例渐近的量. 进而,X_n 的标准化就收敛到标准的 Gauss 正态分布(在累积分布函数的意义下.).

我们的想法是应用 Cauchy 公式并沿单位圆积分. 我们有

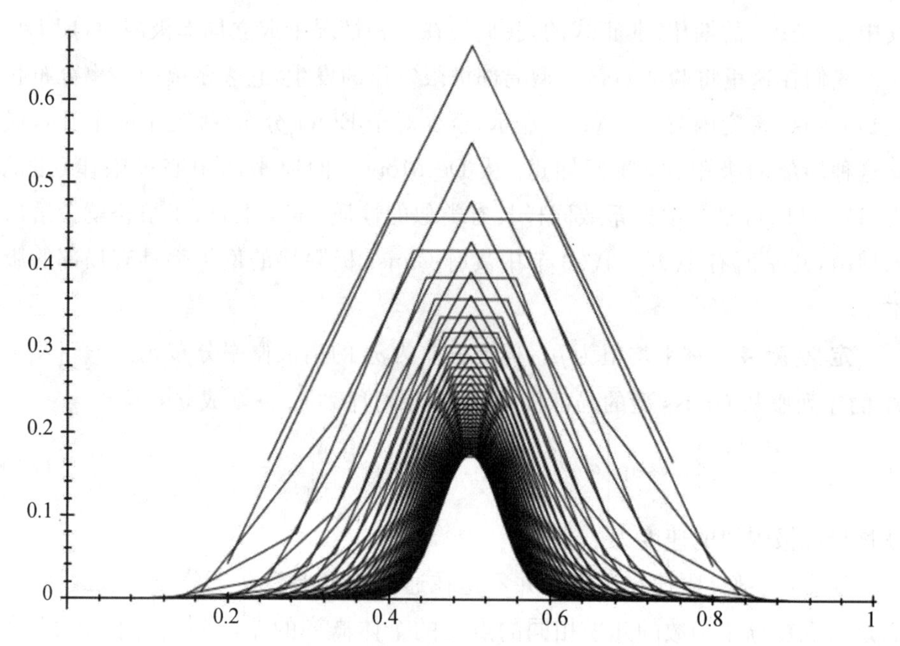

图 Ⅸ.14　对 $n=3,\cdots,60$，Euler 分布的直方图按 $n+1$ 的比例缩放到水平轴上 $n=3,\cdots,60$ 的图形(分布显得很快就会收敛到对应于 Gauss 密度 $\frac{\mathrm{e}^{-\frac{x^2}{2}}}{\sqrt{2\pi}}$ 的钟形曲线.)

$$p_{n,k}\equiv[u^k]p_n(u)=\frac{1}{2\mathrm{i}\pi}\int_{|u|=1}p_n(u)\frac{\mathrm{d}u}{u^{k+1}} \tag{83}$$

我们建议用鞍点方法代替在中心极限定律的情况下使用的积分变换的连续性定理.我们首先在 k 和平均值 μ_n 的差是标准偏差的一个固定的倍数，即 $k=\mu_n+x\sigma_n$ 时估计 $p_{n,k}$，其中 x 限制在实直线的某个任意的紧致集内.然后我们可以逐字逐句地重复 Ⅷ.8 节中对大幂的处理.式(83) 中的积分圆可以划分成靠近实轴的整合圈分为"中心区域" 和剩余区域，其中在中心区域内有

$$|\arg(u)|\leqslant\theta_0,\theta_0=n^{-\frac{5}{2}}$$

正像在定理 Ⅷ.8 的证明中所论证的那样以及条件(82)，剩余部分的积分是指数小的.定理 Ⅸ.14 中的扰动分析表明存在一致的局部 Gauss 渐近(在式(81) 的意义上)，其中定理 Ⅸ.14 陈述中的 β_n 代替了 n.

我们的证明已经几乎完成了.然后只须注意观察，当 x 无限地增长时，$p_{n,k}$ 和 Gauss 密度都是 x 的快速递减的函数，即组合分布的尾部和极限的 Gauss 分布的尾部都很小就够了.(对于 $p_{n,k}$，这是大偏差定理，即下面的定理 Ⅸ.15 的结果.) 因此，等式(81) 实际上对上确界取遍所有实的 x 时(而不仅仅是 x 被限制在紧致集中时) 成立.仔细重新检查证明中的论证然后就表明，收敛的速度，就

像在中央极限律的情况下那样，具有阶为 $O(\beta_n^{-\frac{1}{2}}+\kappa_n^{-1})$ 的收敛速度.

这个定理特别适用于 BGF $F(z,u)$ 具有可移动奇点的情况，只要当 u 在单位圆 $|u|=1$ 中变动时，函数 $z\mapsto F(z,u)$ 的主奇点 $\rho(u)$ 在 $u=1$ 处它的模唯一地达到最小值. 组合上，给了 GF 固有的正性，我们就可以预期经常会出现这种情况. 实际上，对于具有非负系数的 BGF $F(z,u)$，我们已经知道性质 $\rho(u)\leqslant\rho(1)$ 对 $u\neq 1$ 都成立，且仅对在单位圆上的 u，成立严格的不等式 $|\rho(u)|<\rho(1)$ 是必需的. 类似的注记适用于变量指数的情况(其中 $\Re(\alpha(u))$ 应该具有唯一的最小值)，并且定理 Ⅸ.13 的适合广义准幂的框架，鞍点方法也适用. 这就是为什么本质上我们以前的所有中央极限律的结果都可以用局部极限律加以补充的最终的原因.

例 Ⅸ.34　对离散的随机变量之和的局部极限律. 最简单的应用是对二项式分布，对它有 $B(u)=\dfrac{1+u}{2}$. 在精确的技术意义下，局部极限律来源于 BGF

$$F(z,u)=\frac{1}{1-\dfrac{z(1+u)}{2}}$$

由于主奇点在整个单位圆 $|u|=1$ 上存在，并且在 $u=1$ 处达到唯一的最小值，因此 $B(u)=\dfrac{\rho(1)}{\rho(u)}$ 在 $u=1$ 处达到唯一的最大值.

更一般的，定理 Ⅸ.14 可对任意跨度等于 1 的并且其 PGF 在单位圆上解析的独立同分布的离散的随机变量之和 $S_n=T_1+\cdots+T_n$ 加以应用. 在这种情况下，BGF 是

$$F(z,u)=\frac{1}{1-zB(u)}$$

S_n 的 PGF 是纯幂的，$p_n(u)=B(u)^n$，X_j 的最小跨度等于 1 保证 $B(u)$ 在 1 处达到唯一的最大值(根据水仙花引理 Ⅳ.1). 在概率论中对这种情况早已知道多时了，见文献[294] 第 9 章.

例 Ⅸ.35　对 Euler 分布的局部极限律. 这个关于 Euler 数的例子说明了可移动奇点的情况，它服从注记 Ⅸ.28 中的半纯分析. 我们现在重新来看这个例子，那时我们得出的渐近是

$$p_n(u)=B(u)^{-n-1}+O(2^{-n})$$

其中 u 充分接近于 1，而

$$B(u)=\rho(u)^{-1}=\frac{u-1}{\log u}$$

当 u 的范围跨域单位圆时，$|B(u)|$ 的外观见图 Ⅸ.15.

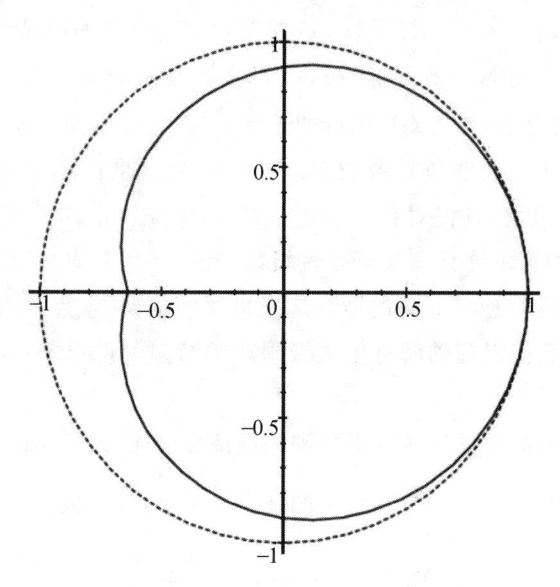

图 Ⅸ.15　当 $|u|=1$ 时，关于 Euler 分布的函数 $|B(u)|$ 的值，它可用在角度为 θ 的射线上，半径为 $|B(e^{i\theta})|$ 的极坐标表示(作为比较之用，用虚线表示单位圆.). 在 $u=1$ 处，$|B(u)|$ 达到唯一的最大值 $B(1)=1$，这保证了局部极限律

注记 Ⅸ.28 的分析导致的式(42)也刻画了相关的 BGF $F(z,u)$ 的极点 $p_j(u), j\in\mathbb{Z}$ 的完全的集合. 从这个集合，我们可以通过简单的复几何推导出，当 $\Re(u)\geqslant 0$ 时，$\rho(u)$ 是唯一的主奇点，而其他的奇点与它的距离至少是 $\frac{\pi}{\sqrt{8}}\doteq 1.110\ 721$. 此外，不难看出当 $\Re(u)<0$，$|u|=1$ 时，包括主奇点在内的所有极点，都位于区域 $|z|>\frac{11}{10}|$ 中. 因此，$p_n(u)$ 满足准幂型的估计(当 $\Re(u)\geqslant 0$ 时)或者是 $O\left(\left(\frac{10}{11}\right)^{-n}\right)$ 型的估计(当 $\Re(u)\leqslant 0$ 时). 因此：对 Euler 分布成立 Gauss 型局部极限律(这个结果出现在文献[35]107 页中.).

▶ **Ⅸ.48　与运行相关的同余性质.** 固定一个整数 $d\geqslant 2$. 设 $P_n^{(j)}$ 是运行数同余于 j 模 d 的排列的数目. 那么存在常数 $K>1$，使得对所有的 j，我们有

$$\left|P_n^{(j)}-\frac{n!}{d}\right|\leqslant K^{-n}$$

因此，运行次数在强意义下几乎一致地分布在模 d 的所有剩余类上.(提示：对值 $u=\omega^d$ 利用 BGF 的性质，其中 ω 是 1 的 d 次原根.)　◀

例 Ⅸ.36　局部极限律的花瓶. 下面的一些组合分布都具有局部极限律(LLL).

对应于Stirling$_2$数(第 Ⅱ 型斯特林数)$k!\left\{{n \atop k}\right\}$的随机满射的成分的数目(例 Ⅸ.10). 在这种情况下,我们有一个位于$\rho(u)=\log\left(1+\frac{1}{u}\right)$的可移动的奇点,所有其他的奇点与它之间的距离至少等于 2π,并且当 $u\to-1$ 时趋于无穷. 这保证条件(82)有效,因此成立 LLL(其中 $\beta_n=n$). 对应于Stirling$_1$数(第 Ⅰ 型斯特林数)$k!\left[{n \atop k}\right]$的对齐的(注记 Ⅸ.24),各种限制下的合成(注记 Ⅸ.24),以及更一般的,超临界合成中的成分的数目,包括素数加数的合成的数目,都类似地成立 LLL.

在正常情况下,变量指数也会导致 LLL. 一个典型的例子是对应于$\left[{n \atop k}\right]$的 Stirling 轮换分布,它满足

$$p_n(u)\sim\frac{\mathrm{e}^{(u-1)\log n}}{\Gamma(u)}$$

并且根据一致性引理可以得出适当的一致性版本,因此都成立 LLL(这一事实已在文献[35]105 页中观察到.). 这一性质可以扩展到指数 − 对数模式的情况中去,包括映射中的成分的数目和有限域上的多项式的不可约因子的数目.

适用于具有可移动奇点的奇点扰动的情况,其中包括 Catalan 树和其他的经典的树的族的叶子的数目,二叉树中的模式以及 BGF 由微分方程给出的递增的树的平均的层的表示.

最后,由鞍点方法和定理 Ⅸ.13 产生的中心极限定律通常可以用LLL加以补充. 一个重要的情况是对应于Stirling$_2$数(第 Ⅱ 型斯特林数)$\left\{{n \atop k}\right\}$的集合分拆中块的数.(这一结果出现在Bender的论文[35]109 页中,其中用对数凸性的考虑导出了结果.).

▶ **Ⅸ.49　局部极限律不成立的例子**. 考虑仅偶数项取值的二项式 RV,因此 $p_{n,2k}=2^{1-n}\binom{n}{2k}$,$p_{n,2k+1}=0$,其 BGF 为

$$F(z,u)=\frac{1}{2}\frac{1}{1-\frac{z(1+u)}{2}}+\frac{1}{2}\frac{1}{1-\frac{z(1-u)}{2}}$$

它有两个极点,即

$$\rho_1(u)=\frac{2}{1+u} \text{ 和 } \rho_2(u)=\frac{2}{1-u}$$

因此在整个域 $|u|=1$ 上只有一个主奇点的条件不成立. 因此 PDF 满足

$$p_n(u)=\frac{(1+u)^n+(1-u)^n}{2^n}$$

因而不能保证在整个单位圆上远离正实直线处值充分小的条件(例如 $p_n(1)=p_n(-1)$.). ◀

Ⅸ.10 大 偏 差

术语大偏差远离[①]可被宽松地定义为限制在随机变量集合的概率对平均值的偏离是指数小的. 因此,它以适当的尺度量化罕见事件. 矩不等式(Ⅲ.2.2节)虽然有助于确定分布的集中性,但通常无法提供指数小的估计值,而这里给出的方法可以戏剧性地改进 Chebyshev 不等式. 例如,对于排列中的运行(Euler 分布),偏离平均值10%或更多的概率对于 $n=1\,000$ 来说约为 10^{-6},对于 $n=10\,000$ 来说,约为 10^{-65},而对于 $n=100\,000$ 来说,竟然约为令人吃惊的 10^{-653}.(与此相对照,Chebyshev 不等式只能对最后一种情况的概率给出 10^{-3} 的上界)图 Ⅸ.16 给出了 Euler 分布的个体概率的对数图,它显示了这里所涉及的现象的特征.

定义 Ⅸ.5 设 β_n 是一个趋于无穷的序列,而 ξ 是一个非零实数. 称一个具有期望 $\mathbb{E}(X_n)\sim\xi\beta_n$ 的随机变量 X_n 在一个包含 ξ 的区间 $[x_0,x_1]$ 上满足大偏差性质,如果

$$\begin{cases}\dfrac{1}{\beta_n}\log\mathbb{P}(X_n\leqslant x\beta_n)=-W(x)+o(1) & x_0\leqslant x\leqslant\xi\text{(左尾部)}\\ \dfrac{1}{\beta_n}\log\mathbb{P}(X_n\geqslant x\beta_n)=-W(x)+o(1) & x\leqslant\xi\leqslant x_1\text{(右尾部)}\end{cases}\tag{84}$$

函数 $W(x)$ 称为速率函数,而 β_n 称为尺度因子.

形象地说,在左尾部($x<\xi$)的情况下大偏差性质表现了对偏离平均值的概率的粗略形式的指数逼近

① 大偏差理论在 den Hollander 的书[153]中有一个很好的介绍.

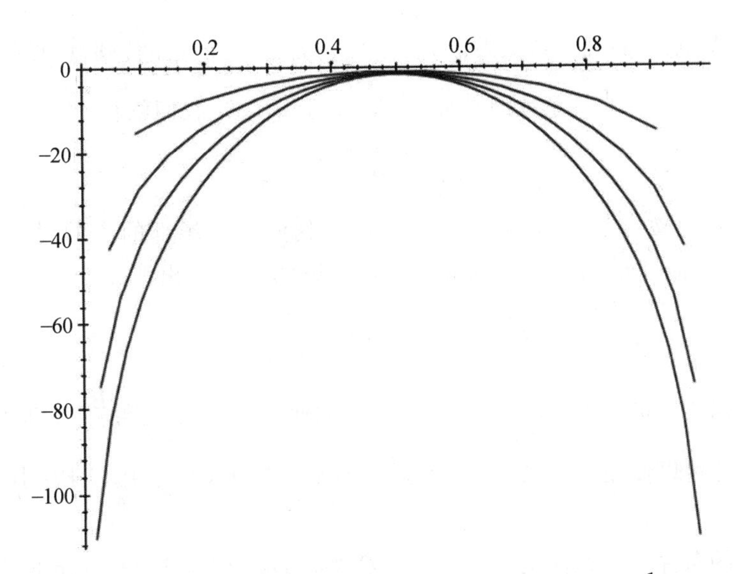

图 Ⅸ.16　对于 Euler 分布的量 $\log p_{n,X_n}$ 说明了对应于 $\xi=\frac{1}{2}$ 时对平均值偏离的快速衰减. 这里绘制了 $n=10,20,30,40$(从上到下)的图. 曲线的共同形状显示了大偏差原理

$$\mathbb{P}(X_n\leqslant x\beta_n)\approx \mathrm{e}^{-\beta_n W(x)}$$

粗糙形式的指数近似. 右尾部的情况是类似的. 在准幂定理的条件下,大偏差原理总是成立的,这是 Hwang 在文献[338]中首次发现的事实.

定理 Ⅸ.15(准幂,大偏差)　考虑具有 PGF $p_n(u)$ 的离散随机变量 X_n 的序列. 假设它满足准幂定理(定理 Ⅸ.8)的条件,特别,存在某个区间$[u_0,u_1]$内解析的函数 $A(u)$,$B(u)$,其中 $0<u_0<1<u_1$,使得当 $\kappa_n\to\infty$ 时,我们一致地有

$$p_n(u)=A(u)B(u)^{\beta_n}(1+O(\kappa_n^{-1}))\tag{85}$$

那么 X_n 在区间$[x_0,x_1]$上满足大偏差性质,其中

$$x_0=\frac{u_0B'(u_0)}{B(u_0)},x_1=\frac{u_1B'(u_1)}{B(u_1)}$$

尺度因子是 β_n,而大偏差速率 $W(x)$ 由下式给出

$$W(x)=-\min_{u\in[u_0,u_1]}\log\left(\frac{B(u)}{u^x}\right)\tag{86}$$

证明　我们仅验证左尾部$\mathbb{P}(X_n\leqslant x\beta_n)$的情况,其中 $x<\xi$,而 $\xi=B'(1)$,右尾部的情况与此类似. 从一个简单的不等式开始证明是有指导性的,这个不等式建议了问题的物理方面,然后我们通过所谓的“平均移位”的经典技巧将其细化为一个等式.

不等式. 基本的观察是如果 $f(u)=\sum_k f_k u^k$ 是一个在单位圆盘中解析并在零点的展开式具有非负系数的函数. 那么，对于 $u\leqslant 1$，我们就有

$$\sum_{j\leqslant k} f_j \leqslant \frac{f(u)}{u^k} \tag{87}$$

这属于广义的鞍点界的范畴(也见 Ⅸ.4.3，我们关于尾部的界的讨论.). 对 $p_n(u):=\mathbb{E}(u^{X_n})$ 应用式(87) 再联合使用假设(85) 就得出

$$\mathbb{P}(X_n\leqslant x\beta_n)\leqslant O(1)\left(\frac{B(u)}{u^x}\right)^{\beta_n} \tag{88}$$

上式对任何固定的 $u\in[u_0,1]$ 都可以先验地使用. 特别在使得 $\frac{B(u)}{u^x}$ 取到最小值的 u 值处可以使用，只要这个值存在，并且 $u<1$ 以及最小值本身也小于 1 即可.

所需的条件就像在注记 Ⅳ.46 中所发展的那样由与 Boltzmann 模型和凸性密切相关的发展给出，我们现在重新再对它加以研究. 对于导数的简单代数运算表明

$$\frac{\mathrm{d}}{\mathrm{d}u}\left(\frac{B(u)}{u^x}\right)=\left[\frac{uB'(u)}{B(u)}-x\right]\frac{B(u)}{u^{x+1}}$$

$$\frac{\mathrm{d}}{\mathrm{d}u}\left(\frac{uB'(u)}{B(u)}\right)=\frac{1}{u}\mathfrak{v}_t(B(ut)) \tag{89}$$

其中，$\mathfrak{v}_t(B(ut))$ 是函数 $t\mapsto B(ut)$ 的解析方差的平均：u 被看成参数，$\mathfrak{v}(f)$ 的意义见命题 Ⅸ.5 的公式(27). 由于方差的非负性，我们看出式(89) 的第二个关系中的函数 $\frac{uB'(u)}{B(u)}$ 是递增的. 这保证了方程 $\frac{uB'(u)}{B(u)}=x$ 的根的存在性. 这时式(89) 中的第一个关系中的量 $\frac{B(u)}{u^x}$ 达到最小值. 由于 $B(1)=1$，因此这个最小值本身严格小于 1，这就得出下面的不等式

$$\log\mathbb{P}(X_n\leqslant x\beta_n)\leqslant -\beta_n W(x)+O(1) \tag{90}$$

其中 $W(x)$ 的意义见式(86).

等式. 具有 PGF

$$p_{n,\lambda}(u):=\frac{p_n(\lambda u)}{p_n(\lambda)}$$

的随机变量的族 $X_{n,\lambda}$ 称为所谓的指数族(或者称为 X_n 的指数平移的族)，其中 λ 是变化的. 现在固定 λ 是使得 $\frac{B(u)}{u^x}$ 达到最小值的 u，因此 $\frac{\lambda B'(\lambda)}{B(\lambda)}$，那么 PGF $p_{n,\lambda}(u)$ 满足准幂逼近

$$p_{n,\lambda}(u)=\frac{A(\lambda u)}{A(\lambda)}\left(\frac{B(\lambda u)}{B(\lambda)}\right)^{\beta_n}(1+O(\kappa_n^{-1})) \tag{91}$$

因此对这些特殊的 $X_{n,\lambda}$ 成立中心极限律. 由初等的计算,我们有

$$\mathbb{E}(X_{n,\lambda})=x\beta_n+O(1)$$

因而对 Gauss 分布的中心应用准幂定理我们就求出

$$\lim_{n\to\infty}\mathbb{P}(X_{n,\lambda}\leqslant x\beta_n)=\frac{1}{2} \tag{92}$$

现在,固定一个任意的 $\varepsilon>0$,那么我们就有一个式(92) 的有用的改进

$$\mathbb{P}((x-\varepsilon)\beta_n<X_{n,\lambda}\leqslant x\beta_n)=\frac{1}{2}+o(1) \tag{93}$$

然后我们就可以写

$$\begin{aligned}\mathbb{P}(X_n\leqslant x\beta_n)&\geqslant\mathbb{P}((x-\varepsilon)\beta_n<X_n\leqslant x\beta_n)\\&\geqslant\frac{p_n(\lambda)}{\lambda^{(x-\varepsilon)\beta_n}}\mathbb{P}((x-\varepsilon)\beta_n<X_{n,\lambda}\leqslant x\beta_n)\\&\geqslant\left(\frac{1}{2}+o(1)\right)\frac{B(\lambda)^{\beta_n}}{\lambda^{(x-\varepsilon)\beta_n}}A(\lambda)(1+o(1))\end{aligned} \tag{94}$$

其中第二行可从指数族的定义得出,而第三行可从式(93) 和准幂假设得出. 然后,由于式(94) 的最后一行对任意 $\varepsilon>0$ 成立,因此令 $\varepsilon\to0$ 取极限就得出我们想要的界

$$\log\mathbb{P}(X_n\leqslant x\beta_n)\geqslant-\beta_nW(x)+O(1) \tag{95}$$

因此不等式(95) 再联合它的逆(90) 就得出了关于左尾部的陈述.

上面的证明产生了一个通过 $B(u)$ 及其导数计算速率函数 $W(x)$ 的显式算法. 实际上,我们可以通过 $\dfrac{uB'(u)}{B(u)}$ 的反演得出量 $\lambda\equiv\lambda(x)$

$$\lambda(x)\frac{B'(\lambda(x))}{B(\lambda(x))}=x \tag{96}$$

而大偏差速率函数就是

$$W(x)=-\log B(\lambda(x))-x\log\lambda(x) \tag{97}$$

▶**Ⅸ.50　扩展**. 收敛速度的估计可以利用带误差项的准幂定理加以发展. 同样,大偏差原理的"局部"形式(关于 $\log p_{n,k}$) 也可以在类似于关于局部极限律的定理 Ⅸ.14 的附加性质下导出.(提示:见文献[338,339].)◀

例 Ⅸ.37　对 Euler 分布的大偏差. 在这种情况下 BGF 具有唯一的对于 u 的主奇点,其中 $\varepsilon<u<\dfrac{1}{\varepsilon}$,$\varepsilon>0$ 是一个任意的正数. 因而存在一个准幂展开式,其中

$$B(u)=\frac{u-1}{\log u}$$

它在正实轴的任何紧致子区间上成立.因而 $\lambda(x)$ 作为

$$h(u)=\frac{u}{u-1}-\log u$$

的反函数是可计算的.(函数 $h(u)$ 递增地将 $\mathbb{R}_{>0}$ 映射到区间(0,1),因此其反函数总是有定义的.)然后,我们可以通过式(96)和(97)计算函数 $W(x)$. 图 Ⅸ.17 给出了 $W(x)$ 的图像,它解释了图 Ⅸ.16 的数据以及本节给出的估计.

前面的 Gauss 极限律和局部极限律的花瓶中提到的所有由半纯扰动或奇点扰动引起的分布(例 Ⅸ.27 和例 Ⅸ.36)作为定理 Ⅸ.15 的结果,都满足大偏差原理.对适用于鞍点法的分布(例 Ⅸ.33)尾部概率也往往非常小:它们的近似值没有像定义 Ⅸ.5 中那么简单的表达式,而是各自像在每种情况中所表现的那样取决于渐近的具体情况.在概率论中大偏差估计的兴趣来源于它们对随机性模型或非保质量变换的组合下变化的鲁棒性.在组合学中,它们最引人注目的应用是对几种类型的递增树和由 Devroye 和他的合作者在文献[95,160,161]众多研究的搜索树中的深度和高度的分析.

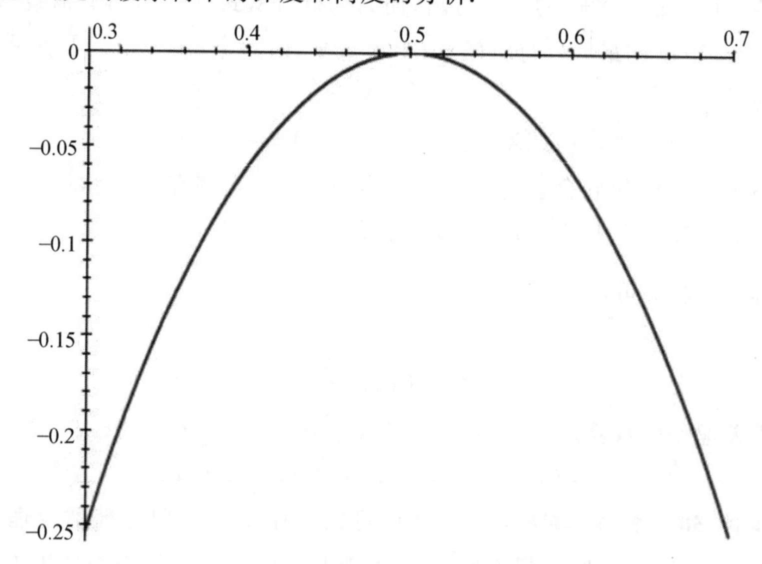

图 Ⅸ.17　Euler 分布的大偏差率函数——$W(x)$ 在区间[0.3,0.7]上的图像,它的尺度序列为 $\beta_n=n$,而 $\xi=\frac{1}{2}$

Ⅸ.11 非 Gauss 型的连续极限律

本章的前几节强调了二元渐近的两个基本范式：

—— 奇点的“小”变化，导致出现离散律，这时主奇点的性质和位置不受第二个参数 u 的值的微小变化的影响；

—— 由可变指数和/或可移动奇点引起的导致 Gauss 律的“大”奇点扰动模式.

然而，到目前为止，我们已经系统收集的那些由辅助变量参数化的奇点展开都属于足够温和的解析类型(最终导致准幂逼近)，特别是当辅助参数穿过特殊值 $u=1$ 时，不会出现明显的不连续性. 在这一节中，我们首先通过例子说明奇点行为的不连续性引起的非 Gauss 型极限律(Ⅸ.11.1 小节)，然后验证一个相当一般的奇点汇合的情况，它对应于临界复合模式(Ⅸ.11.2 小节). 在这种情况下观察到的不连续性让人联想到统计物理学中的所谓相变现象，我们发现在这里引入这个术语是重要的.

Ⅸ.11.1 相变模式. 也许奇点行为的最简单的不连续性是由 BGF

$$F(z,u)=\frac{1}{(1-z)(1-zu)}$$

给出的，其中 u 记录了随机的单字 $\mathcal{F}=\mathrm{SEQ}(a)\mathrm{SEQ}(b)$ 中开头的 a 的数目. 显然分布在离散的集合 $\{0,1,\cdots,n\}$ 上是一致的. 极限律因而是连续的：它是在实区间 $[0,1]$ 上的一致分布. 从 $z\mapsto F(z,u)$ 的奇点结构的观点看，它可用类型为 $\left(1-\frac{z}{\rho(u)}\right)^{-\alpha(u)}$ 的公式概括. 依赖于 u 的值，可以出现三种不同的情况：

—— $u<1$：在 $\rho(u)=1$ 处有简单极点，它对应于 $\alpha(u)=1$；

—— $u=1$：在 $\rho(1)=1$ 处有二重极点，它对应于 $\alpha(u)=2$；

—— $u>1$：在 $\rho(u)=\frac{1}{u}$ 处有简单极点，它对应于 $\alpha(u)=1$.

这里，无论是奇点 $\rho(u)$ 的位置还是指数 $\alpha(u)$ 在 $u=1$ 处都经历了非解析的转变. 这种情况起源于当 $u=1$ 时原来的两个奇点的消失.

为了形象地表示这种情况，引入称为相变图的简化模式是有用的，并定义如下. 令 $Z=\rho(u)-z$，并用其主奇点项 $Z^{\alpha(u)}$ 的奇点展开做代表，则对应的 $F(z,u)$ 就是

$u=1-\varepsilon$	$u=1$	$u=1+\varepsilon$
$p(u)=1$	$p(1)=1$	$p(u)=1/u$
Z^{-1}	Z^{-2}	Z^{-1}

目前还缺乏对这种不连续性的完整分类(但是,可见 Marianne Durand 的论文[181],其中有几个有趣的模式),并且这种不连续性可能已经超过了组合学家所遇到的各种各样的实际情况.我们这里给出两个例子:第一个例子和经典的投掷硬币游戏理论(反正弦分布)有关;第二个是关于游览下面的面积和树中的路径长度(面积类型的 Airy 分布).

这两个例子都是用相变图的角度重新加以研究的,它们给出了一种对非 Gauss 极限律的一种有用的逼近方法和分类方法.

例 Ⅸ.38　无偏随机行走的反正弦律. Feller 的文献[205]94 页详细研究了这个问题,他注意到,关于投掷硬币游戏的收益:"与直觉相反,最大累积收益更可能发生在开始或结尾的时候,而不是中间的某个地方."(图 Ⅸ.18)

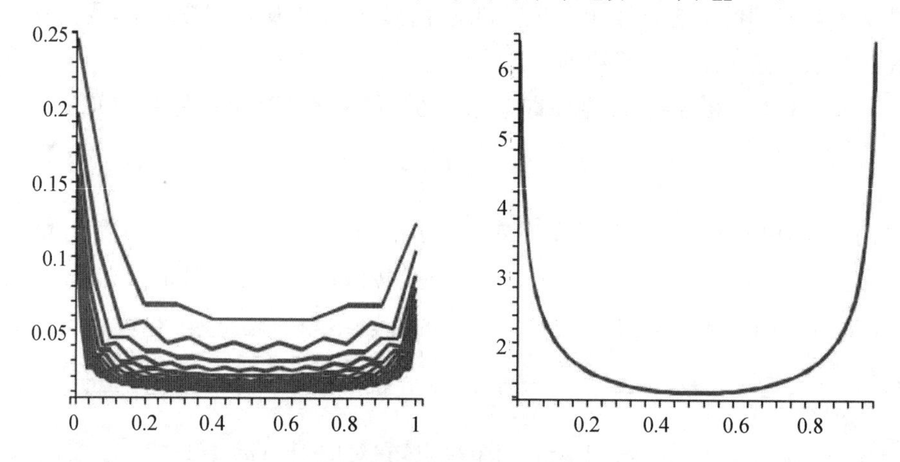

图 Ⅸ.18　$n=10,\cdots,60$ 的随机游走的最大值位置分布的直方图(左)和反正弦法律的密度(右)

设χ是随机游戏中第一次出现最大值的时间(即行走± 1步),并设 X_n 表示对于 RV 的限制在 n 步时间内的行走的集合$\mathcal{W}_n$中的χ. BGF $W(z,u)$ 可从标准的正行走的分解得出,其中 u 标记了χ. 本质上,有一个上升到(非负)最大值的步子的序列伴随着"拱"(左侧因子),然后是镜像地回到最大值游览,然后是伴随拱门的下行步子的一系列序列. 这个结构可直接转换为第一个最大值的位置的 BGF $W(z,u)$ 所满足的方程

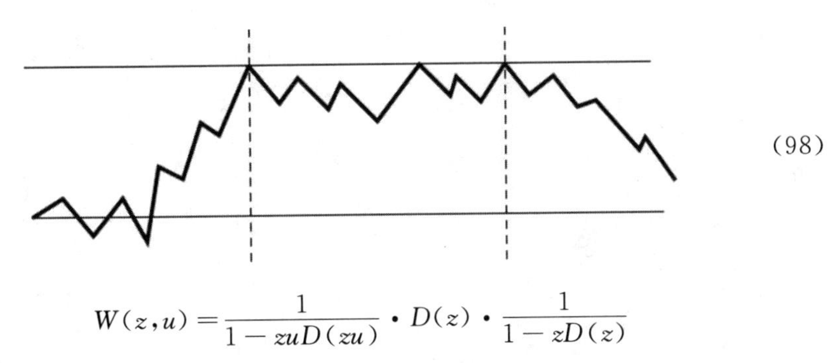

(98)

$$W(z,u)=\frac{1}{1-zuD(zu)}\cdot D(z)\cdot\frac{1}{1-zD(z)}$$

这涉及赌徒的破产序列的GF(等价于例 Ⅸ.8 中的 Dyck 游览),即

$$D(z)=\frac{1-\sqrt{1-4z^2}}{2z^2} \tag{99}$$

在这种简单的情况下,我们可以从式(98) 先对 u 展开,然后对 z 展开而得出一个显式的表达式. 用这种方式我们得出了一个超经典的结果,即 X_n 等于 $k=2r$ 或 $k=2r+1$ 的概率是 $\frac{1}{2}u_{2r}u_{2v-2r}$,其中 $u_{2v}:=2^{-2v}\binom{2v}{v}$. 利用通常的中心二项式系数的逼近 $u_{2v}\sim(\pi v)^{-\frac{1}{2}}$ 再求和可以得出下面的陈述.

命题 Ⅸ.21　反正弦律. 对任意 $x\in(0,1)$,长度为偶数 n 的随机行走中的第一个最大值的位置 X_n 满足反正弦极限律

$$\lim_{n\to\infty}\mathbb{P}_n(X_n<x_n)=\frac{2}{\pi}\arcsin\sqrt{x}$$

把这一结果与奇点随着 u 越过值 1 的方式进行比较是有指导性的. 如果 $u<1$, 则主正奇点为 $\rho(u)=\frac{1}{2}$,而如果 $u>1$,则 $\rho(u)=\frac{1}{2u}$. 局部展开式表明成立以下表达式

$$W(z,u)\sim c_<(u)\frac{1}{\sqrt{1-2z}},W(z,u)\sim c_>(u)\frac{1}{\sqrt{1-2zu}}$$

其中 $c_<(u)$ 和 $c_>(u)$ 是两个可计算的函数. 自然,在 $u=1$ 处,上面两个式子都成为 $W(z,1)=\frac{1}{1-2z}$. 因而对应的有如下的相变图(图 Ⅸ.19):

$u=1-\varepsilon$	$u=1$	$u=1+\varepsilon$
$\rho(u)=\frac{1}{2}$	$\rho(1)=\frac{1}{2}$	$\rho(u)=1/(2u)$
$Z^{-\frac{1}{2}}$	Z^{-1}	$Z^{-\frac{1}{2}}$

这里我们要指出,当发生类似的相变时,可以预期会产生反正弦律. 在这种

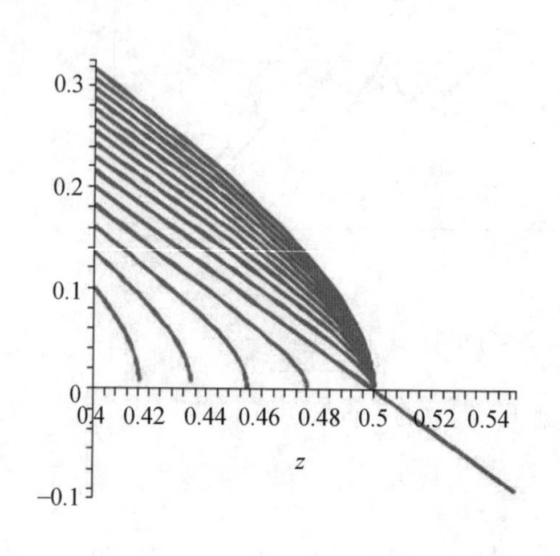

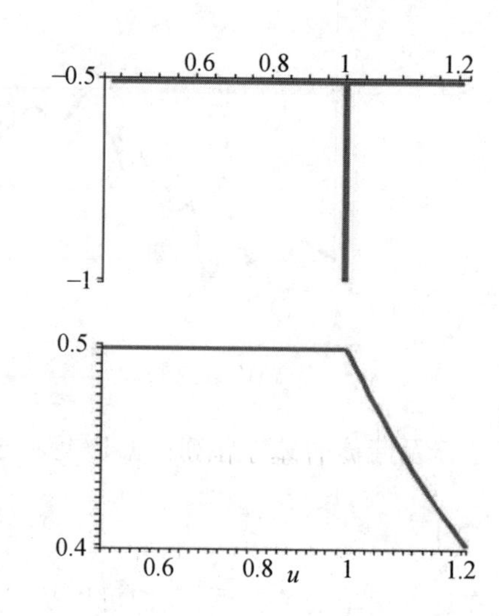

图 Ⅸ.19　当 u 的值介于 $\frac{1}{2}$ 和 $\frac{5}{4}$ 之间，$z \in [0.4, 0.55]$ 时，$\frac{1}{W(z,u)}$ 的图像(左)；当 $u \in [0.5, 0.55]$ 时，指数函数 $\alpha(u)$(右边顶部) 和奇点值 $\rho(u)$ 的图像(右边底部)

奇点中反正弦律确实有普适性，它可以扩展到零漂移的行走(第 Ⅶ 章). 这种普适性的分析类似于 Brown 运动的普适性，这是概率论学者所熟悉的.

▶ **Ⅸ.51　最大值的数目和其他的故事.** 背景(98) 的结构对分析(i) 达到最大值的次数；(ii) 行走的最大高度和最终高度之间的差；(iii) 最大值发生后的周期也是有用的. ◀

例 Ⅸ.39　树中的路径长度. 最后一个例子是树中路径长度的分布，其非高斯极限律的特点最初是由 Louchard 和 Takács 通过计算前几个矩后发现的，见文献[416,417,567,569]. 在一般的 Catalan 树的情况下，分析等价于 Dyck 路径下的面积(例 Ⅴ.9 和例 Ⅶ.26)，同时它与我们在这一章前面对硬币喷泉和平行四边形多联骨牌模型的讨论密切相关. 它可以归结为下面的函数方程

$$F(z,u) = \frac{1}{1 - zF(zu, u)}$$

它可把 $F(z,u)$ 确定成一个形式连分式. 令 $F(z,u) = \frac{A(z,u)}{B(z,u)}$，我们可求出

$$B(z,u) = 1 + \sum_{n=1}^{\infty} (-1)^n \frac{u^{n(n-1)} z^n}{(1-u)(1-u^2)\cdots(1-u^n)}$$

$A(z,u)$ 有一个非常类似的表达式. 由于 u 的指数有二次的，所以当 $u > 1$ 时，函数 $z \mapsto F(z,u)$ 的收敛半径为 0，因此不是解析的. 相反，当 $u < 1$ 时，函数 $z \mapsto B(z,u)$ 是整函数，因而 $z \mapsto F(z,u)$ 是半纯的. 因此奇点的模式图如下：

$u=1-\varepsilon$	$u=1$	$u=1+\varepsilon$
$\rho(u)=\frac{1}{4}$	$\rho(1)=\frac{1}{4}$	$\rho(u)=0$
Z^{-1}	$Z^{\frac{1}{2}}$	—

极限律是面积类型的 Airy 分布，见文献[244,352,416,417,567,569]，这种分布我们在第 Ⅶ 章中分析 Dyck 游览时已遇到过. Prellberg 的文献[496]已经开发出一种基于围道积分表示和凝聚鞍点的方法(第 Ⅷ 章)，这一方法允许我们精确地制作上面的相变图，并且根据 Airy 函数得到一致的渐近展开式. 由于类似的问题也发生在与随机图的连通性有关的 Erdös-Rényi 模型(见文献[254])中以及关于自回避行走的猜测(例 Ⅴ.19)中，因此今后几年可能会看到 Prellberg 方法的更多应用.

Ⅸ.11.2　半大幂，临界合成和稳定律. 我们以讨论临界合成作为这一小节的总结，它通常与奇点的汇合有关，导致一类与概率论的稳定律密切相关的连续分布的一般的类. 我们从一个关于随机桥中的零增益点的例子开始，其中所有的事情都是明确的，然后陈述一个关于奇点分析类型的"半大幂"的一般性定理，最后回到组合应用，特别是树和映射.

例 Ⅸ.40　桥中的 0 增益点. 再一次考虑硬币抛掷中，具体地说是桥的波动，它对应于游戏的最终增益为 0 的条件(中间允许有负收益). 这是任意正的"拱"或负的"拱"组成的序列，并且桥中的拱的数量恰好等于收益为 0 的中间步的数量. 利用拱的分解，可以求出普通的 BGF 是

$$B(z,u)=\frac{1}{1-2uz^2D(z)}$$

其中 z 标记了长度，而 u 标记了 0 增益点的数目，$D(z)$ 的意义见式(99). 我们引入

$$F(z,u)\equiv B\left(\frac{1}{2}\sqrt{z},u\right)=\frac{1}{1-u(1-\sqrt{1-z})}$$

以便对此函数进行分析. 然后容易求出相变模式如下：

$u=1-\varepsilon$	$u=1$	$u=1+\varepsilon$
$\rho(u)=1$	$\rho(1)=1$	$\rho(u)=1-(1-u^{-1})^2$
$Z^{\frac{1}{2}}$	$Z^{-\frac{1}{2}}$	Z^{-1}

由此看出,奇点的位置和指数都存在不连续性,但是与随机行走中产生的反正弦律类型有一点不同.

由于有显式的表达式,因此可以通过 Lagrange 反演定理容易地解决极限律的问题.我们求出

$$
\begin{aligned}
[u^k][z^n]F(z,u) &= [z^n](1-\sqrt{1-z})^k \\
&= \frac{k}{n}[w^{n-k}](2-w)^{-n} \\
&= 2^{k-2n}\frac{k}{n}\binom{2n-k-1}{n-1}
\end{aligned}
\tag{100}
$$

一个由

$$
r(x) = \frac{x}{2}\mathrm{e}^{-x^2/4}
$$

$$
R(x) = 1-\mathrm{e}^{-x^2/4} \tag{101}
$$

给出密度函数和分布函数的随机变量称为 Rayleigh 律.利用 Stirling 公式容易给出下面的命题:

命题 Ⅸ.22 长度为 $2n$ 的随机桥中的 0 增益点的数目 X_n,当 $n\to\infty$ 时,满足 Rayleigh 型的局部极限律

$$
\lim_{n\to\infty}\mathbb{P}(X_n = x\sqrt{n}) = \frac{x}{2\sqrt{n}}\mathrm{e}^{-x^2/4}
$$

(100) 的确切的表达式使得分析显然是简单的.

▶**Ⅸ.52 映射中周期点的数目.** 映射中周期点的数目的指数 BGF 是 $\frac{1}{1-uT(z)}$,其中 T 是 Cayley 树函数.奇点模式和例 Ⅸ.40 相同.确切的形式可由 Lagrange 反演定理导出:极限律再次是 Rayleigh 型的.这个性质可以扩展到映射的简单族(即有有限个关于度的限制定义的映射,见例 Ⅶ.10) 的周期点上去,见文献[18,175,176]. ◀

例 Ⅸ.40 和注记 Ⅸ.52 都说明了形式为 $(1-uh(z))^{-1}$ 的解析复合是临界的,由于在每种情况下我们都假设 h 在奇点处的值是 1.这两种情况都可以初等地处理,由于所涉及的幂都可以使用 Lagrange 反演定理而导出,这最终导致了 Rayleigh 律.正像我们现在将要解释的那样,存在着一族函数,它们在具有类似的奇点类型的问题中显得是普适的.下面的内容在很大程度上借用了 Banderier 等人的论文[28].

我们首先引入一个函数 S,它很自然地在概率论中的稳定[①]分布的研究中浮现出来.对于任意参数 $\lambda \in (0,2)$ 定义整函数

$$S(x,\lambda) := \begin{cases} \dfrac{1}{\pi}\displaystyle\sum_{k\geqslant 1}(-1)^{k-1}x^k\frac{\Gamma(1+\lambda k)}{\Gamma(1+k)}\sin(\pi k\lambda) & (0<\lambda<1) \\ \dfrac{1}{\pi x}\displaystyle\sum_{k\geqslant 1}(-1)^{k-1}x^k\frac{\Gamma(1+k/\lambda)}{\Gamma(1+k)}\sin(\pi k/\lambda) & (1<\lambda<2) \end{cases} \tag{102}$$

函数 $S\left(x,\dfrac{1}{2}\right)$ 是 Rayleigh 密度(101) 的变形.函数 $S\left(x,\dfrac{3}{2}\right)$ 构成随机映射中"Airy 映射分布"的密度,就像在下面的讨论中将要见到的那样,在其他的凝聚现象中也会发现它,见式(109).(图 Ⅸ.20)

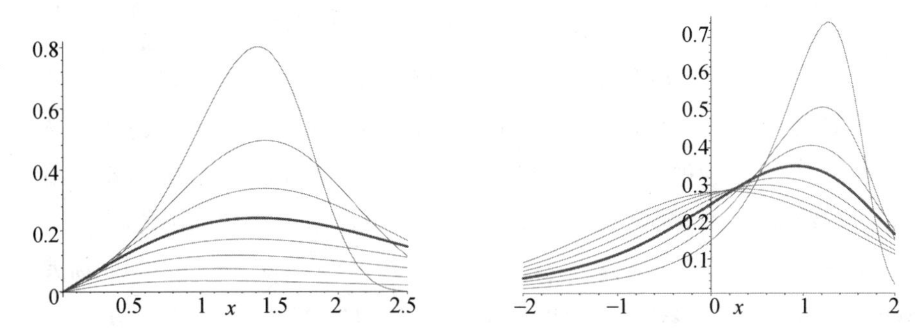

图 Ⅸ.20 对 $\lambda=0.1,\cdots,0.8$ 的 S-函数的图像(左:从底部到顶部)和对 $\lambda=1.2,\cdots,1.9$ 的 S-函数的图像(右:从底部到顶部),其中较粗的曲线表示 Rayleigh 律(左:$\lambda=\dfrac{1}{2}$)和 Airy 律(右:$\lambda=\dfrac{3}{2}$)

定理 Ⅸ.16 半大幂. 在一个奇点指数为 λ 的 Δ-可连续函数 $H(z)$ 的幂 $H(z)^k$ 中,z^n 的系数具有以下渐近估计:

(ⅰ)对 $0<\lambda<1$,即 $H(z)=\sigma-h_\lambda\left(1-\dfrac{z}{\rho}\right)^\lambda+O\left(1-\dfrac{z}{\lambda}\right)$ 以及 $k=xn^\lambda$,其中 x 是一个任意的正实数,成立

$$[z^n]H^k(z)\sim\sigma^k\rho^{-n}\frac{1}{n}S\left(\frac{xh_\lambda}{\sigma},\lambda\right) \tag{103}$$

(ⅱ)对 $1<\lambda<2$,即

---

① 在概率论中,稳定律被定义为独立同分布的随机变量之和的可能的极限律.函数 S 是指标为 λ 的稳定律的密度的平凡变量;见 Feller 的文献[206]581 − 583 页.关于稳定率的有用的信息可以在 Breiman 的文献[93]9.8 节,Durrett 的文献[182]2.7 节和 Zolotarev 的文献[629] 找到.

$$H(z)=\sigma-h_1\left(1-\frac{z}{\rho}\right)+h_\lambda\left(1-\frac{z}{\rho}\right)^\lambda+O\left(\left(1-\frac{z}{\lambda}\right)^2\right)$$

以及 $k=\frac{\sigma}{h_1}n+xn^{\frac{1}{\lambda}}$，其中 x 是一个任意的实数，成立

$$[z^n]H^k(z)\sim\sigma^k\rho^{-n}\frac{1}{n^{1/\lambda}}(h_1/h_\lambda)^{1/\lambda}S\left(\frac{xh_1^{1+1/\lambda}}{\sigma h_\lambda^{1/\lambda}},\lambda\right)\tag{104}$$

（ⅲ）对 $\lambda>2$，成立 Gauss 型渐近律，特别对 $2<\lambda<3$，即

$$H(z)=\sigma-h_1\left(1-\frac{z}{\rho}\right)+h_2\left(1-\frac{z}{\rho}\right)^2-h_\lambda\left(1-\frac{z}{\rho}\right)^\lambda+O\left(\left(1-\frac{z}{\lambda}\right)^3\right)$$

以及 $k=\frac{\sigma}{h_1}n+x\sqrt{n}$，其中 x 是一个任意的实数，成立

$$[z^n]H^k(z)\sim\sigma^k\rho^{-n}\frac{1}{\sqrt{n}}\frac{\sigma/h_1}{a\sqrt{2\pi}}\mathrm{e}^{-x^2/2a^2}\quad\left(a=2\left(\frac{h_2}{h_1}-\frac{h_1}{2\sigma}\right)\sigma^2/h_1^2\right)\tag{105}$$

术语“半大”指的是在情况（ⅰ）中的指数 k 具有形式 $O(n^\theta)$，其中 $\theta<1$ 是根据我们“有兴趣”的重整化发生的区域，并依赖于每个特定的奇点指数选出的. 当我们所感兴趣的区域在情况（ⅲ）中达到 $O(n)$ 级别时，大幂分析就取代了以上的结果(其细节如第 Ⅷ 章所述)，并产生了 Gauss 型的极限律.

证明 证明在某种意义下，有点类似于奇点分析的基础部分，但是需要对 Hankel 围道的几何形状和相应的尺度化做适当的调整.

情况（ⅰ）：经典的 Hankel 围道和变量替换 $z=\rho\left(1-\frac{t}{n}\right)$ 产生如下渐近

$$[z^n]H^k(z)\sim-\frac{\sigma^k\rho^{-n}}{2\mathrm{i}\pi n}\int\mathrm{e}^{t-\frac{h_\lambda x}{\sigma}t^\lambda}\,\mathrm{d}t$$

上面的积分可以简单地通过展开 $\exp\left(-\frac{h_\lambda x}{\sigma}t^\lambda\right)$ 和逐项积分加以估计

$$[z^n]H^k(z)\sim-\frac{\sigma^k\rho^{-n}}{n}\sum_{k\geqslant1}\frac{(-x)^k}{k!}\left(\frac{h_\lambda}{\sigma}\right)^k\frac{1}{\Gamma(-\lambda k)}\tag{106}$$

借助于关于 Γ 函数的公式，上式等价于式(103).

情况（ⅱ）：当 $1<\lambda<2$ 时，我们选一条 z 平面中正定向的环作为积分围道，它由两条在起点左边 $\frac{1}{n^{\frac{1}{\lambda}}}$ 距离处的与实轴相交成 $\frac{\lambda}{2\pi}$ 和 $-\frac{\lambda}{2\pi}$ 的射线组成. 我们设 $z=\rho\left(1-\frac{t}{n^{\frac{1}{\lambda}}}\right)$ 对 H^k 的系数积分重新尺度化，然后就有

$$[z^n]H^k(z)\sim-\frac{\sigma^k\rho^{-n}}{2\mathrm{i}\pi n^{1/\lambda}}\int\mathrm{e}^{\frac{h_\lambda}{h_1}t^\lambda}\,\mathrm{e}^{-\frac{xh_1}{\sigma}t}\,\mathrm{d}t$$

这里 t 平面上的积分围道由两条在 -1 处与实轴相交成 $\frac{\lambda}{\pi}$ 和 $-\frac{\lambda}{\pi}$ 的射线组成.

设 $u=\frac{t^{\lambda}h_{\lambda}}{h_1}$,这个围道就变换成一条经典的 Hankel 围道. 它从 $-\infty$ 出发,在实轴上方围绕原点转到实轴下方后又回到 $-\infty$ 去. 因此,令 $\alpha=\frac{1}{\lambda}$,我们就有

$$[z^n]H^k(z)\sim-\frac{\sigma^k\rho^{-n}}{2\mathrm{i}\pi n^{\alpha}}\alpha\left(\frac{h_1}{h_\lambda}\right)^{\alpha}\int \mathrm{e}^{u}\,\mathrm{e}^{-\frac{xh_1^{\alpha+1}}{\sigma h_\lambda^{\alpha}}u^{\alpha}}u^{\alpha-1}\,\mathrm{d}u$$

把指数展开,逐项积分并应用 $\Gamma-$ 函数的公式就把最后的形式化成了式(104).

情况(ⅲ):把这种情况放在这里仅仅是处于比较的目的. 但是,在回顾证明之前,我们首先指出,这一证明基本上就是第 Ⅷ 章中的鞍点方法的发展. 当 $2<\lambda<3$ 时,z 平面上积分围道的角度 ϕ 可选成 $\frac{\pi}{2}$,而尺度化系数可选成 $\sqrt{n}$. 做变量替换 $z=\rho\left(1-\frac{t}{\sqrt{n}}\right)$ 后,积分围道变换成两条在 -1 相交成 $\frac{\pi}{2}$ 和 $-\frac{\pi}{2}$ 的射线(即一条竖直直线),并且

$$[z^n]H^k(z)\sim-\frac{\sigma^k\rho^{-n}}{2\mathrm{i}\pi\sqrt{n}}\int \mathrm{e}^{pt^2-\frac{h_1x}{\sigma}t}\,\mathrm{d}t$$

其中 $p=\frac{h_2}{h_1}=-\frac{h_1}{2\sigma}$,配平方,再令 $u=t-\frac{h_1x}{2p\sigma}$,我们就得到

$$[z^n]H^k(z)\sim-\frac{\sigma^k\rho^{-n}}{2\mathrm{i}\pi\sqrt{n}}\mathrm{e}^{-\frac{h_1^2}{4p\sigma^2}x^2}\int \mathrm{e}^{pu^2}\,\mathrm{d}u$$

这就给出了方程(105). 用类似的方法可以说明对任意非整数奇点指数 $\lambda>2$,成立 Gauss 型极限律.

▶ **Ⅸ.53** Zipf **分布.** 以哈佛语言学教授 George Kingsley Zipf(1902—1950) 命名的 Zipf 定律是一种观察出的定律,它说像英语这样的语言,一个单词出现的频率大致与其使用的频率成反比 —— 第 k 个最常见的单词的出现频率与 $\frac{1}{k}$ 成正比. 参数 $\alpha>1$ 的广义 Zipf 分布是随机变量 Z 的分布,它使得

$$\mathbb{P}(Z=k)=\frac{1}{\zeta(\alpha)}\frac{1}{k^{\alpha}}$$

对 $\alpha\leqslant 2$,其平均值是无限的;对 $\alpha\leqslant 3$,其方差是无限的. 在第 Ⅵ 章证明了多对数适合于奇点分析. 因此,大量的独立的 Zipf 变量的和满足 $\alpha-1(\alpha\neq 2)$ 型的稳定的局部极限律. ◀

例 Ⅸ.41 树的简单族中平均层次的表示. 考虑 RV,它等于取自满足光滑

反函数模式(定义 Ⅶ.3)的树的简单族$\mathcal{Y}$的随机树中的随机结点的深度.相应分布的量化的问题等价于确定平均层次的表示,这个表示是数 $M_{n,k}$ 的序列,其中 $M_{n,k}$ 表示到根的距离为k 的结点的平均数(实际上,位于层次k中的随机结点的概率是$\frac{M_{n,k}}{n}$.).我们在例 Ⅶ.7 中已经给出了前几个层次的特征,而现在我们可以把第 Ⅶ 章中的分析完全归结为定理 Ⅸ.16 了(问题是由 Meir 和 Moon 在关于树的简单族的分析的一篇重要论文[435]中解决的.他们的分析是基于 Lagrange 变量方法和鞍点方法,沿着我们在第 Ⅷ 章中的注记所给出的路线进行的.).像往常一样,设 $\phi(w)$ 是树的简单族$\mathcal{Y}$的生成子,其中 $Y(z)$ 满足 $Y=z\phi(Y)$.设 τ 表示特征方程

$$\tau\phi'(\tau)-\phi(\tau)=0$$

的正根,从定理 Ⅶ.3 可知,GF $Y(z)$ 在 $\rho=\frac{\tau}{\phi(\tau)}$ 处具有平方根奇点.为方便起见,我们还假设 ϕ 是非周期的.Meir 和 Moon 的主要结果(文献[435]的定理 4.3)如下:

命题 Ⅸ.23 平均层次表示. 树的简单族中的大树的平均表示服从 Rayleigh 型的渐近极限律:对于$\mathbb{R}_{\geqslant 0}$的任何有界区间中的$\frac{k}{\sqrt{n}}$,高度为 k 的结点的平均数渐近地满足

$$M_{n,k}\sim Ak\,\mathrm{e}^{-Ak^2/(2n)}$$

其中 $A=\tau\phi''(\tau)$.

证明如下:对每个 k,定义 $Y_k(z,u)$ 是用 u 标记了深度为k 的结点的数目的 BGF.那么树的根的分解就转变成下面的递推关系

$$Y_k(z,u)=z\phi(Y_{k-1}(z,u)),Y_0(z,u)=zu\phi(Y(z))=uY(z)$$

根据构造方法,我们就有

$$M_{n,k}=\frac{1}{Y_n}[z^n]\left(\frac{\partial}{\partial u}Y_k(z,u)\right)_{u=1}$$

另一方面,基本的递推关系式产生

$$\left(\frac{\partial}{\partial u}Y_k(z,u)\right)_{u=1}=(z\phi'(Y(z)))^kY(z)$$

现在,就像 Y 一样,$\phi'(Y)$ 有平方根奇点.应用 $\lambda=\frac{1}{2}$ 的半大幂定理就得出了结果.

▶**Ⅸ.54 树的宽度.** 树的简单族中宽度为 W 的树的期望满足

$$C_1\sqrt{n} \leqslant \mathbb{E}\,\mathcal{Y}_n(W) \leqslant C_2\sqrt{n\log n}$$

其中,$C_1,C_2>0$(这一结果属于 Odlyzko 和 Wilf 的文献[463]. 一个可能的方法是对随机树的层次表示使用适当的界. 我们已知有更好的界,现在人们已认识到$\frac{W_n}{\sqrt{n}}$和 Brown 游览有关. 特别,期盼的宽度 $\sim c\sqrt{n}$;见例 Ⅴ.17 和那里的参考文献.). ◀

临界复合. 定理 Ⅸ.16 对形如

$$F(z,u)=G(uH(z))$$

的复合给出了有用的信息,其中 $G(z)$ 和 $H(z)$ 都是适合做奇点分析的函数. 就像我们所知道的那样,组合上,这表示结构 $\mathcal{F}=\mathcal{G}\circ\mathcal{H}$之间的替换,而系数 $[z^n u^k]F(z,u)$ 计数了容量为 n 的$\mathcal{M}$—结构的数量,其$\mathcal{G}$成分以下也称为核的容量为 k. 那么在容量为 n 的$\mathcal{F}$—结构中核容量 X_n 的分布的概率由下式给出

$$\mathbb{P}(X_n=k)=\frac{[z^k]G(z)}{[z^n]G(H(z))}[z^n]H(z)^k$$

这种情况在 $H(r_H)=r_G$ 的意义下称为临界复合,其中,r_H,r_G 分别是 H,G 的收敛半径. 对临界复合情况的结果可作为定理 Ⅸ.16 的直接推论而得出. 下面我们非正式地陈述一个一般原理(非常接近定理 Ⅸ.16 的陈述并省略,详情见文献[28]).

命题 Ⅸ.24　临界复合. 设在复合模式 $F(z,u)=G(uH(z))$ 中 H 和 G 的奇点指数分别为 λ,λ',其中 $\lambda'\leqslant\lambda$,则:

(ⅰ) 对 $0<\lambda<1$,正规化的核容量$\frac{X_n}{n^\lambda}$分布在$(0,+\infty)$上,并且满足密度和指标为 λ 的稳定律有关的局部极限律;特别,$\lambda=\frac{1}{2}$ 对应于 Rayleigh 律.

(ⅱ) 对 $1<\lambda<2$,X_n 的分布是二项式和“大范围”的,$X_n=cn+xn^{\frac{1}{\lambda}}$ 涉及指标为 λ 的稳定律.

(ⅲ) 对 $2<\lambda$,标准化的 X_n 具有 Gauss 型的局部极限律.

类似的现象也会出现在$\lambda'>\lambda$的情况中,但是这时“小”区域具有更大的优势. 许多例子,特别是与有根树有关的例子已经散见在各种文献中. 例如,这个命题很好地解释了随机映射中周期点的分布和随机桥中零接触的分布中出现的 Rayleigh 律($\lambda=\frac{1}{2}$). 情况 $\lambda=\frac{3}{2}$ 出现在无根树的森林中(参见第 Ⅷ 章的讨论. 另一种方法是基于合并鞍点的方法.),并且正如 Banderier 等人的文章所证明的那样,这在平面地图中是一种普遍的现象. 这个小节的主要内容是根据文

献[28]. 下面我们详细介绍一个例子，它解释了命题 Ⅸ.24 中“大区域”一词的含义.

例 Ⅸ.42　平面地图中的双连通核. 根据 Ⅶ.8.2 小节，容量由边的数目确定的有根平面地图的 OGF 是

$$M(z)=-\frac{1}{54z^{2}}(1-18z-(1-12z)^{\frac{3}{2}})\tag{107}$$

其特征指数为$\frac{3}{2}$. 在地图中定义一个顶点是分离顶点或关节点，如果将其删除，则图形会断开. 设$\mathcal{C}$表示不可分离的地图的类，即没有关节点的地图（也称为双连通地图）. 从根边开始，任何地图都可分解成一个不可分离的地图，称为“核”，在其上可以嫁接任意的地图，如下图所示：

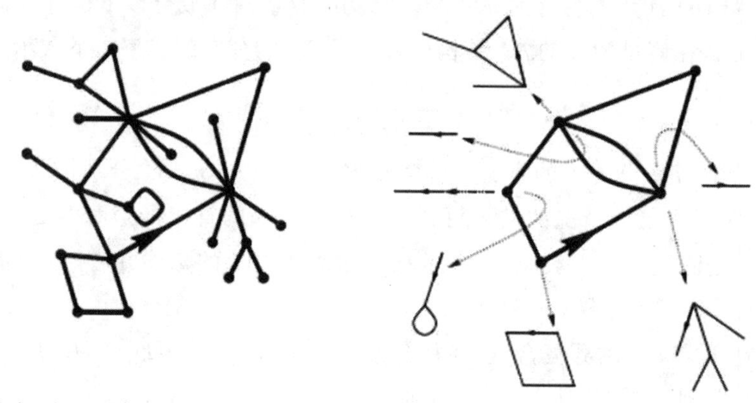

这就得出了以下方程

$$M(z)=C(H(z)),H(z)=z\,(1+M(z))^{2}\tag{108}$$

由于我们知道 M，因此也就知道了 H，上面的关系通过反演就给出了不可分离的地图的 OGF. 它是一个由方程隐式确定的 3 次代数函数

$$C^{3}+2C^{2}+(1-18z)C+27z^{2}-2z=0$$

其在原点的展开式(EIS A000139) 为

$$C(z)=2z+z^{2}+2z^{3}+6z^{4}+22z^{5}+91z^{6}+\cdots,C_{k+1}=2\,\frac{(3k)!}{(k+1)!\,(2k+1)!}$$

（封闭形式可从 Lagrange 封闭化得出.）从式(108) 的反演或上面的三次方程的 Newton 图可以看出 C 的奇点也是 $Z^{\frac{3}{2}}$ 类型的. 实际上，我们可以求出

$$C(z)=\frac{1}{3}-\frac{4}{9}(1-27z/4)+\frac{8\sqrt{3}}{81}(1-27z/4)^{3/2}+O((1-27z/4)^{2})$$

它反映了下面的渐近估计

$$C_{k}\sim\frac{2}{27}\frac{\sqrt{3}}{\pi}\left(\frac{17}{4}\right)^{k}k^{-5/2}$$

我们在这里考虑的参数是容量为n的随机地图中核(包括根)的容量X_n的分布. 复合关系为$\mathcal{M}=\mathcal{C}\circ\mathcal{H}$,其中$\mathcal{H}=\mathcal{Z}\circ(1+\mathcal{M})^2$. 因此 BGF 是$M(z,u)=C(uH(z))$,其中的复合的奇点是$Z^{\frac{3}{2}}\circ Z^{\frac{3}{2}}$类型的. 这里的奇特之处是核的容量的分布的"双峰"特征(见借用于文献[28]的图 Ⅸ.21),现在我们详述如下.

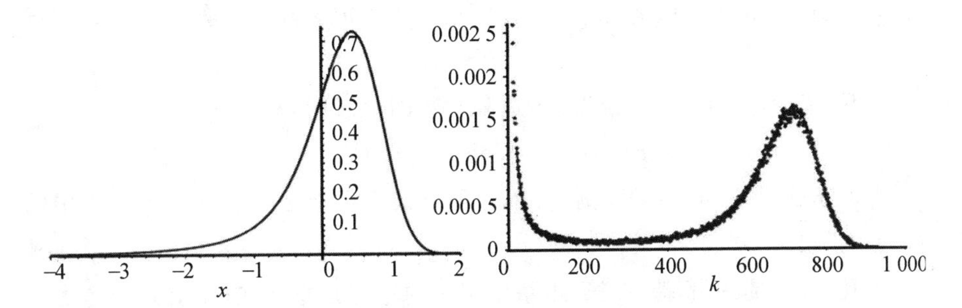

图 Ⅸ.21 左:标准的"Airy 地图分布";右:在 50 000 个容量为 2 000 的随机地图中,观察到的核的容量$k\in[20,1000]$的频率,它显示了分布的双峰特征

首先,直接的奇点分析表明

$$\mathbb{P}(X_n=k)=C_k\frac{[z^n]H(z)^k}{M_n}\underset{n\to\infty}{\sim}kC_kh_0^{k-1}$$

其中$h_0=\frac{4}{27}$是$H(z)$在奇点处的值. 换句话说,存在概率局部收敛到一个固定的离散定律的极限律. 上述估计可以证明只要k充分慢地趋于无穷,就可以保持一致性. 我们称这是"小范围"的k值. 现在,对与小范围的k值相关的概率求和就给出$C(h_0)=\frac{1}{3}$. 因此,三分之一的核的容量的概率来源于小范围,在此范围内可以观察到离散极限律.

分布的其余部分构成了定理 Ⅸ.16 适用的"大范围". 它渐近地包含了X_n分布的三分之二的概率. 在那个范围中极限律与密度为$S\left(x;\frac{3}{2}\right)$的稳定分布有关,也称为"Airy 地图"分布:我们求出对$k=\frac{1}{3}n+xn^{\frac{2}{3}}$,成立局部极限逼近

$$\mathbb{P}(X_n=k)\sim\frac{1}{3n^{2/3}}\mathcal{A}\left(\frac{3}{4}2^{2/3}x\right)$$

$$\mathcal{A}(x):=2\mathrm{e}^{-2x^2/3}(x\mathrm{Ai}(x^2)-\mathrm{Ai}'(x^2)) \tag{109}$$

其中$\mathrm{Ai}(x)$是 Airy 函数(定义见命题 Ⅶ.15 脚注.). 而$\mathcal{A}(x)$是图 Ⅸ.21 中的特殊的 Airy 函数.

现在可以更好地理解核的容量的分布的双峰特征了(见文献[28]). 一个随

机地图可以分解成双连通成分分量和最大双连通成分，后者高概率地具有$O(n)$的容量. 也有大量的容量为$O(n)$的“悬挂”的双连通成分. 在有根地图中，根在某种意义上是“随机”放置的. 因而，当概率固定时，它或者位于大成分中（在这种情况下，大成分的分布可以被观察到，这就是由 Airy 地图律给出的所给分布的连续部分），或者根位于其中的一个小成分中（这是分布的离散部分.）.

▶**Ⅸ.55　临界环**. 上面的理论适和对数因子. 例如临界复合

$$F(z,u)=-\log(1-ug(z))$$

导致类似于临界序列的开发. 例如，用这种方式有可能去分析随机连通图中的循环点的数目. ◀

▶**Ⅸ.56　超树的基**. 在第 Ⅵ 章中定义的超树是嫁接在树上的树. 考虑它的双色变体$\mathcal{K}=\mathcal{G}(2\mathcal{Z}\mathcal{G})$，其中$\mathcal{G}$是一般的 Catalan 树的类. 那么外部的$\mathcal{G}$— 成分的极限律与稳定律相关. ◀

Ⅸ.12　多元极限律

组合学可以利用对于整个参数集合的对象的枚举. 部分 A 的符号方法也是非常适合的，我们在第 Ⅲ 章中已经看到了解决像长度为n的排列中有多少个单轮换n_1和多少个长度为 2 的轮换n_2这种问题的方法. 用组合的术语来说，我们是在寻求有关多变量（而不是明确的双变量）序列，例如F_{n,k_1,k_2}的信息. 用概率的术语来说，我们的目标是刻画随机变量族，例如$(X_n^{(1)},X_n^{(2)})$的联合分布. 这一章所发展的方法适用于多变量情况. 通常，对 PGF 和积分变换的连续性定理存在一种自然的扩展，其中前述理论的最抽象部分可以把中心和局部极限律以及尾部估计和大偏差的内容都包括进来.

例如考虑随机排列中单个轮换的数目χ^1和长度为 2 的轮换的数目χ^2的联合分布，那么参数$\chi=(\chi^1,\chi^2)$具有三元的 EGF

$$F(z,u_1,u_2)=\frac{\exp((u_1-1)z+(u_2-1)z^2/2)}{1-z}$$

因而，由半纯分析可知，其二元 PGF 当(u_1,u_2)位于$\mathbb{C}\times\mathbb{C}$的紧致集中时，一致地满足

$$p_n(u_1,u_2)=[z^n]F(z,u_1,u_2)\sim \mathrm{e}^{(u_1-1)}\mathrm{e}^{(u_2-1)/2}$$

因此(χ_1,χ_2)的联合分布是 Poisson(1) 分布和 Poisson$\left(\frac{1}{2}\right)$分布的积.特别,χ_1和χ_2是独立渐近的.

下面考虑联合分布(χ_1,χ_2),其中χ_j是加数等于j的随机的整数合成的数目.由于所构造的序列是超临界的,所以每个参数都各自服从 Gauss 极限律.三元 GF 是

$$F(z,u_1,u_2)=\frac{1}{1-z(1-z)^{-1}-(u_1-1)z-(u_2-1)z^2}$$

由半纯分析可知可以导出高维准幂逼近为

$$[z^n]F(z,u_1,u_2)\sim c(u_1,u_2)\rho(u_1,u_2)^{-n}$$

其中$\rho(u_1,u_2)$是一个三次代数函数.在每种情况下都可以应用积分变换的连续性定理的多元形式.(见 Gnedenko 和 Kolmogorov 的书[294],特别是 Bender 和 Richmond 在文献[44]中的处理.)因此,联合分布在渐近极限律中是二元的具有可从$\rho(u_1,u_2)$计算的协方差矩阵的Gauss分布.这种一般化是典型的,并且基本上不涉及全新的概念,而只是一种自然的适应技巧.

对于多元问题,一个非常有趣的方法是泛函的极限定理.我们现在的目标是刻画无界的参数集合的联合分布.那么,极限过程是一个本质上处于某个无限维空间的对象的随机过程.例如,随机行走中所有高度的联合分布可由 Brown 运动来解释.随机排列中所有轮换长度的联合分布可由 Cauchy 公式(Ⅲ.6)明确地描述.而 DeLaurentis 和 Pittel 的文献[149]已经表明了标准的 Brown 运动过程的收敛性.经过适当地重整化后,1977 年 Logan,Shepp,Vershik 和 Kerov 的文献[411,596]给出了他们的思想圈的相当壮观的应用.这些作者确立了与随机排列相关的 Young 表格符号的形状,它们符合渐近极限,并高概率地符合由变分问题的解定义的确定性轨迹.特别,Young 表的宽度与排列中最长的递增序列的长度给出的排列有关.然后通过专业化他们的结果,作者能够表明容量为n的随机排列的期望长度渐近于$2\sqrt{n}$,这是一个长期以来未能证明的猜想(也可见我们在注记 Ⅷ.42 中关于后续发展的评论).目前关于这些问题的一系列活动,其研究的范围包括了从纯概率到纯分析的各种方法.

在本书中提出的对于分析组合学的标准方法的扩展中,我们挑出以下一些特别令人兴奋的材料.Lalley 的文献[397]通过引用 Banach 空间的理论已经把重要的 Drmota-Lalley-Woods 定理的框架(Ⅶ.6.3)扩展到了某些无限的方程组,Banach 空间的理论已经应用到群上的随机行走理论上.Vallée 和他的合作

者(见注记Ⅸ.32和综述的文献[584])基于动力系统理论中的转移算子已经发展了一个广泛的理论,其中生成算子取代了生成函数和某些无限维函数空间中的算子,这一理论在信息论和解析数论(例如,欧几里得算法的分析)中都有令人惊讶的应用.McKay的文献[432]已经表明了如何把第Ⅷ章中提出的一维鞍点理论用远不是平凡的方式扩展到某些计数问题的处理上,在这些问题中容量n换成了$d(n)$-维积分,同时当$n\to\infty$时,$d(n)\to\infty$.由于许多困难的组合问题,包括例如文献[77,486]中的著名的随机SAT-问题都可以用这种方式表示,因此这一点显得特别重要.

我们希望本书中对这一理论提供的相当完整的标准处理将有助于我们的读者掌握和丰富一个广阔、盛开着鲜花并孕育着迷人问题的领域,这是一个处于离散数学和连续数学的十字路口的重要领域.

Ⅸ.13 小结和评论

对组合结构参数的研究在对参数值的分布的理解上理想地达到了顶点.在通常的假设下,组合类中给定容量的每个例子,看起来都有相同的可能性出现.

首先,正如我们在第Ⅲ章中已经看到的那样,我们可以对第Ⅰ章和第Ⅱ章中的基本的组合结构包括第二个变量携带了有关参数的信息的双变量生成函数(BGF)进行扩展.然后,我们的组合结构提供了一种系统的方法来开发组合学,计算机科学和其他应用科学中感兴趣的广泛的组合类和参数的简洁的BGF.

接下来,本书第Ⅳ—Ⅷ章(部分B)中所考虑的各种方法通过研究由第二个变量控制的奇点的微扰,可以扩展到BGF的渐近结果.我们在部分B开发的渐近结果的一致的精度是我们能够做到这些的关键组成部分.与其他系数渐近性的经典方法(Darboux方法和Tauberian定理)相比,这种方法在很大程度上是非构造性的.

这些渐近结果采取了极限律的形式:控制着参数行为的分布会收敛到固定的离散分布,或者恰当地按比例缩放到一个连续分布.而BGF纯粹是一个形式的对象,为了确定分布是离散的还是连续的,需要把BGF作为一个复变函数来分析.在大多数情况中,极限律说参数值接近于一种独特的分布,即众所周知的

Gauss(正态)分布.众所周知的中心极限定理只是这种现象的一个例子(不是解释),它的范围是非常引人注意的.例如,我们已遇见过了许多例子,其中在大的随机对象中几乎可以肯定会出现给定的固定模式,其出现的次数都表现出了Gauss型的波动.这一性质对于字符串,一般的树的模型和递增的树都成立.相关的BGF分别是有理函数,代数函数和非线性微分方程的解.部分B研究奇点局部扰动的方法的扩展对上述每个例子同样是有效的,其证明最终归结为建立一个光滑移动的奇点的非常简单的性质.

这些研究是本书的一个恰当的结束,由于它们说明了分析组合学的效力.我们能够使用形式的方法来开发由组合结构(BGF)封装的简洁的形式对象,然后把BGF作为一种分析的对象(一元函数,然后是两个复变量的函数)来加以处理,这使我们能够获得有关原始组合结构的广泛的渐近信息.这种方法会产生意外的后果.而后组合问题可以被组织成涵盖了无穷多种组合类型的广泛适用的模式,但是它们都被一种简单的渐近定律所支配.这种模式和相关的普适性质的发现就构成了分析组合学的本质.

关于参考文献的注记和评论.本章内容主要根据Bender和Richmond的研究文献[35,44,46],Canfield的文献[101],Flajolet,Soria和Drmota的文献[171,172,175,176,258,260,547]以及Hwang的文献[54,338,339,340]编写.Bender对二元分析模式的原创性研究导致了Gauss律和论文[35],因此认为论文[35]是这一领域研究的起源应该是正确的.Canfield的文献[101]早期的研究显示了扩展到鞍点模式的方法.

接下来,奇点分析方法(文献[248])的发展,可以使这一研究取得切实的进展.早期的研究,如论文[35]中所做的那样,主要限于奇点消去的方法,这对半纯情况特别有效.然而,把经典的Darboux方法扩展到代数对数奇点是困难的,由于这一方法不能给出一致的误差项.相比之下,奇点分析确实适用于解析函数的类,因为它允许估计的一致性.Flajolet和Soria的论文[258,260]首次明确了奇点分析对二元渐近的影响.Gao和Richmond的文献[277]然后能够将这一理论扩展到奇点和奇点指数都允许变化的情况.

从那开始,Soria在她的博士学位论文[547]中可观地开发了模式框架.Hwang在他的论文[337]中提出了非常重要的"准幂"概念及其丰富的性质,如完全渐近展开、收敛速度和大偏差等.Drmota的文献[171,172]在隐式的模式下,尤其是在代数函数的情况下,建立了导致高斯律的一般条件.对线性微分方程解的“奇点扰动”框架首先出现在文献[243]中. 最后,Sachkov 的文献[525],特别是文献[526](基于 1978 年出版的文献[524])给出了可应用于经典组合结构的二元渐近的现代观点.

וְיֹתֵר מֵהֵמָּה בְּנִי הִזָּהֵר עֲשׂוֹת סְפָרִים
הַרְבֵּה אֵין קֵץ וְלַהַג הַרְבֵּה יְגִעַת בָּשָׂר׃

(“我儿,还有一件事,我要忠告你:著书立说的工夫是永无止境的;过于埋头苦读,只会使身体疲劳.”)

——Tanakh(圣经),Qohelet(传道书)12:12

部分 D

附 录

初等的公理概念

附录 A

我们在三个附录中集中收集了与关键的数学概念有关,但在本书正文中没有直接给出的定义和定理.通常,附录中的条目是独立的,在处理正文时可供参考.我们自己对于算法分析的介绍(文献[538])是对很多分析组合学的背景知识的一个易于接受的导引,其水平是任何大学生都可以使用的,也是对本科生或任何为了自学而读这本书的人的合理准备.

这个附录中所包含的条目是按字母顺序排列的,它们涉及以下概念:

Arithmetical functions(算术函数);Asymptotic notations(渐近符号);Combinatorial probability(组合概率);Cycle Construction(循环结构);Formal power series(形式幂级数);Lagrange inversion(拉格朗日反演);Regular languages(正规语言);Stirling numbers(斯特林数);Tree concepts(树的概念)

在本书中,特别是在部分 A 符号方法中到处都使用了对应的概念和结果.附录中对于这些条目的可接受的介绍是根据 Graham-Knuth-Patashnik 的文献[307]和 Wilf 的文献[608]关于组合枚举的书以及 De Bruijn 关于渐近分析的生动小册子[142]编写的.组合分析的参考工作包括了 Comtet 的文献[129],Goulden-Jackson 的文献[303]和 Stanley 的文献[552,554].

A.1 算术函数

这一节的一般的参考文献是 Apostol 的文献[16]. 首先,在我们已在无标记的轮换结构(Ⅰ.2.2小节,Ⅰ.6.1小节,Ⅲ.3.2小节以及下面附录A.4)中出现的Euler函数 $\varphi(k)$ 为例. 它的定义是 $1,2,\cdots,k$ 中和 k 互素的整数的数目. 因而,我们有,如果 $p\in[2,3,5,\cdots]$ 是一个素数,则 $\varphi(p)=p-1$. 更一般的,如果 k 的素因子分解式是 $k=p_1^{\alpha_1}\cdots p_r^{\alpha_r}$,则我们有

$$\varphi(k)=p_1^{\alpha_1-1}(p_1-1)\cdots p_r^{\alpha_r-1}(p_r-1)$$

称一个数是一个无平方因子的数,如果它不能被某一个素数的平方整除. Möbius 函数 $\mu(n)$ 的定义是等于0,如果 n 不是一个无平方因子数,否则等于 $(-1)^r$,如果 $n=p_1\cdots p_r$ 是 r 个不同的素数的乘积.

算术函数的许多初等性质容易通过 Dirichlet 生成函数(DGF) 建立. 设 a_n, $n\geqslant 1$ 是一个序列,那么它的 DGF 就可以形式地定义成

$$\alpha(s)=\sum_{n=1}^{\infty}\frac{a_n}{n^s}$$

特别,序列 $a_n=1$ 的 DGF 就是 Riemann－ζ 函数 $\zeta(s)=\sum_{n\geqslant 1}\frac{1}{n^s}$. 每一个整数都可以分解成素数的乘积这一事实可被 Euler 公式

$$\zeta(s)=\sum_{p\in\mathcal{P}}\frac{1}{1-\frac{1}{p^s}} \tag{1}$$

反映出来,其中 p 遍历所有素数的集合 $\mathcal{P}$(作为 Euler 的一个观察 $\zeta(1)=\infty$,式(1) 给出了存在无穷多个素数的一种证明,见注记 Ⅳ.1.).

等式(1) 蕴含 Möbius 函数,满足

$$M(s):=\sum_{n\geqslant 1}\frac{\mu(n)}{n^s}=\prod_{p\in\mathcal{P}}\left(1-\frac{1}{p^s}\right)=\frac{1}{\zeta(s)} \tag{2}$$

(验证:展开上面的无穷乘积并合并 $\frac{1}{n^s}$ 的系数.)

最后,如果 a_n,b_n,c_n 的 DGF 分别是 $\alpha(s),\beta(s),\gamma(s)$,则我们有下面的等价关系

$$\alpha(s)=\beta(s)\gamma(s)\Leftrightarrow a_n=\sum_{d\mid n}b_d c_{\frac{n}{d}}$$

特别,取 $c_n=1(\gamma(s)=\zeta(s))$,并解出(利用式(2))$\beta(s)$,就表明了下面的等价关

系

$$a_n = \sum_{d|n} b_d \Leftrightarrow b_n = \sum_{d|n} \mu(d) a_{\frac{n}{d}} \qquad (3)$$

它称为 Möbius 反演. 在不可约多项式的枚举中用到了这个关系式(Ⅰ.6.3 小节).

A.2 渐近符号

设$\mathbb{S}$是一个集合,而 $s_0 \in \mathbb{S}$是$\mathbb{S}$的一个元素. 我们假设在$\mathbb{S}$上存在邻域的概念和记号. 例如,$\mathbb{S}=\mathbb{Z}_{>0} \cup \{+\infty\}$,$s_0=+\infty$;$\mathbb{S}=\mathbb{R}$,$s_0$ 是$\mathbb{R}$上的任意一个点;$\mathbb{S}=\mathbb{C}$或$\mathbb{C}$的子集,$s_0=0$,等等. ϕ 和 g 是两个从$\mathbb{S}\backslash\{s_0\}$ 到$\mathbb{R}$ 或者$\mathbb{C}$ 的函数.

—— 大 O 符号:我们用

$$\phi(s) \underset{s \to s_0}{=} O(g(s))$$

表示当在$\mathbb{S}$中 $s \to s_0$ 时,比$\dfrac{\phi(s)}{g(s)}$保持有界. 换句话说,存在 s_0 的一个邻域$\mathcal{V}$和一个常数 $C>0$,使得

$$|\phi(s)| \leqslant C |g(s)|, s \in \mathcal{V}, s \neq s_0$$

我们也说:"ϕ 的阶至多是 g"或"ϕ 是 g 的大 O 项(当 s 趋于 s_0 时)".

—— $\sim$ 记号;我们用

$$\phi(s) \underset{s \to s_0}{\sim} g(s)$$

表示当在$\mathbb{S}$中 $s \to s_0$ 时,比$\dfrac{\phi(s)}{g(s)}$趋于1. 我们也说"ϕ 和 g 是渐近等价的(当 s 趋于 s_0 时)".

—— 小 o 记号:我们用

$$\phi(s) \underset{s \to s_0}{=} o(g(s))$$

表示当在$\mathbb{S}$中 $s \to s_0$ 时,比$\dfrac{\phi(s)}{g(s)}$趋于0. 换句话说,对任意(小的)$\varepsilon>0$,存在 s_0 的邻域$\mathcal{V}_\varepsilon$(依赖于 ε),使得

$$|\phi(s)| \leqslant \varepsilon |g(s)|, s \in \mathcal{V}_\varepsilon, s \neq s_0$$

我们也说"ϕ 的阶比 g 小"或"ϕ 是 g 的小 o 项(当 s 趋于 s_0 时)".

这些记号是19世纪末 Bachmann 和 Landau 创造的,见 Knuth 关于历史的讨论文献[381]第4章.

一些偶尔使用的有关记号还有

——Ω 记号：我们用

$$\phi(s) \underset{s \to s_0}{=} \Omega(g(s))$$

表示在$\mathbb{S}$中 $s \to s_0$ 时，比$\frac{\phi(s)}{g(s)}$ 的模对非零的量是有下界的. 我们也说"ϕ 的阶至少是 g".

——Θ 记号：如果 $\phi(s)=O(g(s))$，并且 $\phi(s)=\Omega(g(s))$，我们就记

$$\phi(s) \underset{s \to s_0}{=} \Theta(g(s))$$

这时我们也说"ϕ 的阶恰是 g".

例如，在$\mathbb{Z}_{>0}$中，当 $n \to +\infty$ 时，我们有

$$\sin n = o(\log n), \log n = O(\sqrt{n}), \log n = o(\sqrt{n})$$

$$\binom{n}{2} = \Omega(n\sqrt{n}), \pi n + \sqrt{n} = \Theta(n)$$

在$\mathbb{R}_{\leqslant 1}$中，当 $x \to 1$ 时，我们有

$$\sqrt{1-x} = o(1), \mathrm{e}^x = O(\sin x), \log x = \Theta(x-1)$$

在本书中，为了简洁地介绍分析组合学中的渐近计算（见例如文献[538]第4章）以及de Bruijn对经典的理论的漂亮的展示文献[143]，我们理所当然地要使用上述的记号. 特别，我们认为 Taylor 展开所蕴含的渐近（注记 A. 6）是应该知道的基本事实. 例如，当 $|u|<1$ 时，下面的收敛展开式

$$\log(1+u) = \sum_{k=1}^{\infty} \frac{(-1)^{k-1}}{k} u^k$$

$$\exp(u) = \sum_{k \geqslant 0} \frac{1}{k!} u^k$$

$$(1-u)^{-\alpha} = \sum_{k \geqslant 0} \binom{k+\alpha-1}{k} u^k$$

（当 $u \to 0$ 时）蕴含

$$\log(1+u) = u + O(u^2)$$

$$\exp(u) = 1 + u + \frac{u^2}{2} + O(u^3)$$

$$(1-u)^{\frac{1}{2}} = 1 - \frac{u}{2} + O(u^2)$$

等等. 因此，当 $n \to \infty$ 时，我们有

$$\log\left(1+\frac{1}{n}\right) = \frac{1}{n} + O\left(\frac{1}{n^2}\right)$$

$$\left(1-\frac{1}{\log n}\right)^{\frac{1}{2}}=1-\frac{1}{2\log n}+o\left(\frac{1}{\log n}\right)$$

两个重要的渐近展开是阶乘的 Stirling 公式和调和数的渐近展开，它们都在 $n\geqslant 1$ 时成立

$$\begin{aligned}n!&=n^n\mathrm{e}^{-n}\sqrt{2\pi n}(1+\varepsilon_n),0<\varepsilon_n<\frac{1}{12n}\\H_n&=\log n+\gamma+\frac{1}{2n}-\frac{1}{12n^2}+\eta_n,\eta_n=O(n^{-4}),\gamma\doteq 0.577\ 21\end{aligned}\tag{4}$$

上面的调和数渐近通常被认为是将总和与积分联系起来的 Euler-Maclaurin 公式(见注记 A.7，文献[143,538] 以及附录 B.7：Mellin 变换).

▶**A.1　渐近计算的简化结果.** 其中一些公式如下

$$\begin{aligned}O(\lambda f)&\longrightarrow O(f)\quad(\lambda\neq 0)\\O(f)\pm O(g)&\longrightarrow O(|f|+|g|)\\&\longrightarrow O(f)\quad 如果\ g=O(f)\\O(f\cdot g)&\longrightarrow O(f)O(g)\end{aligned}$$

对 $o(\cdot)$ 有类似的结果. ◀

渐近尺度. Poincaré 的一个重要概念是渐近尺度的概念. 称函数序列 ω_0，ω_1，… 构成渐近尺度，如果所有的函数 ω_j 都在 $s_0\in\mathbb{S}$的邻域的交中存在，并且如果对所有的 $j\geqslant 0$，它们满足

$$\omega_{j+1}(s)=o(\omega_j(s))$$

即

$$\lim_{s\to s_0}\frac{\omega_{j+1}(s)}{\omega_j(s)}=0$$

例如，$u_j(x)=x^j$，$v_{2j}(x)=x^j\log x$，$v_{2j+1}(x)=x^j$，$\omega_j(x)=x^{\frac{j}{2}}$ 在零点都构成渐近尺度，例如 $t_j(n)=n^{-j}$ 在正无穷大处构成渐近尺度，等等. 给了一个渐近尺度 $\Phi=(\omega_j(s))_{j\geqslant 0}$，称函数 f 可用(或具有)尺度 Φ 做(或的)渐近展开，如果存在一族复系数 λ_j(这个族因而必须是唯一的)，使得对每个整数 m 成立

$$f(s)=\sum_{j=0}^{m}\lambda_j\omega_j(s)+O(\omega_{m+1}(s))\quad(s\to s_0)\tag{5}$$

这时，我们也记

$$f(s)\sim\sum_{j=0}^{m}\lambda_j\omega_j(s)\quad(s\to s_0)\tag{6}$$

(某些作者喜欢用符号“$\approx$”，但是在本书中，我们用上面的写法表示非正式的“渐近等于”或“粗形式”.)

尺度可能是有限的，在大多数情况下，我们不需要在行文中明确地指出它，例如，我们可以写

$$H_n \sim \log n + \gamma + \frac{1}{12n}, \tan x \sim x + \frac{1}{3}x^3 + \frac{2}{15}x^5$$

在第一种情况下，我们把它理解为 $n \to \infty$，并且尺度是 $\log n, 1, \frac{1}{n}, \frac{1}{n^2}, \cdots$，在第二种情况下，我们把它理解为 $x \to 0$，而尺度是 $x, x^3, x^5, \cdots$. 我们特别提醒读者注意：在完全展开式(6)的情况下，我们不以任何方式暗示无限和的收敛性：在式(5)的意义上，关系应按字面解释；即，当 s 越来越接近 s_0 时，尺度集合就越来越精确地描述了 f.（事实上，本书发展的几乎所有的数字序列的展开式，从 Stirling 公式开始，都是收敛的.）

▶**A.2　调和数的调和数**. 可以用下式把调和数很容易地扩展到非整数指标的情况（见注记 B.8 中的 ψ 函数）

$$H_x := \sum_{k=1}^{\infty}\left(\frac{1}{k} - \frac{1}{k+x}\right)$$

例如 $H_{\frac{1}{2}} = 2 - 2\log 2$. 这个关系式与 Γ－函数有关（文献[604]），并且可以在渐近估计(4)中把 n 换成 x，而仍让 $x \to \infty$ 而证明. 一个典型的渐近计算表明

$$H_{H_n} = \log\log n + \gamma + \frac{\gamma + \frac{1}{2}}{\log n} + O\left(\frac{1}{\log^2 n}\right)$$

$H_{H_{H_n}}$ 的展开式的形状又是什么样的？ ◀

▶**A.3　多米诺骨牌的堆叠**. 设多米诺骨牌的长度为 2 cm. 众所周知，我们可以用调和模式来叠加多米诺骨牌：

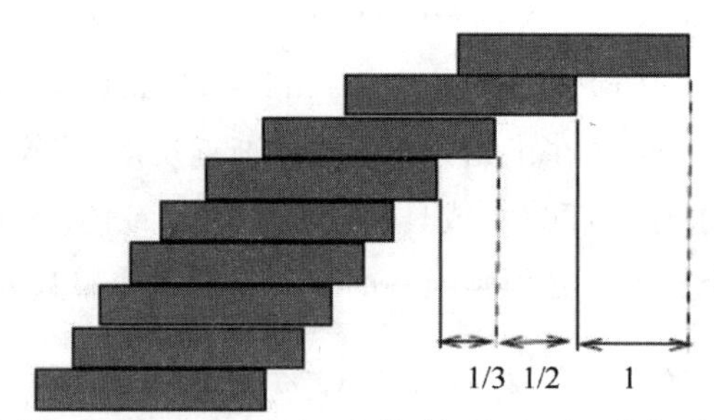

以 1% 的相对精度估计一下为了使骨牌在水平方向向右伸出 1 m (=100 cm) 的长度最少需要多少块骨牌？（提示：大约需要 $1.509\,26 \times 10^{43}$ 块多米诺骨牌！）设计一个方案来估计这个整数，并且实行这个方案. ◀

▶**A.4　高精度的诡辩**. 为什么在小数点后四十位以内地方，我们求出

$$4\sum_{k=1}^{500\,000}\frac{(-1)^{k-1}}{2k-1} \doteq 3.141\,59\underline{0}\,653\,589\,793\,\underline{240}\,462\,643\,383\,2\underline{6}9\,502\,884\,197$$

$$\pi \doteq 3.141\,592\,653\,589\,793\,238\,462\,643\,383\,279\,502\,884\,197$$

这两个结果中只有 4 个数字不一致？考虑一个更简单的问题

$$\frac{1}{9\,801} \doteq 0.000\,102\,030\,405\,060\,708\,091\,011\,121\,314\,151\,617\,181\,920\,212\,223\,242\,5\cdots$$

在 Jon 和 PeterBorwein 的著作[79,80]中有很多这类令人着迷的问题. ◀

一致渐近展开. 前面介绍的概念允许依赖与次要参数的族的一致版本(文献[143]7—9 页). 设$\{f_u(s)\}_{u\in U}$是一个下标属于 U 的函数族. 称下面的渐近等价关系

$$f_u(s)=O(g(s)) \quad (s\to s_0)$$

关于 u 是一致的,如果存在一个绝对常数(不依赖于 $u\in U$)K 和 s_0 的一个固定的邻域$\mathcal{V}$使得

$$\text{对任意 } u\in U, s\in\mathcal{V}\text{有 } |f_u(s)|\leqslant K|g(s)|$$

这个定义反过来又产生了一致渐近展开的概念:即对于每个 m,式(5)中的大 O 误差项是一致的. 这一概念是第 Ⅸ 章中确定极限律的核心,其中通常要求生成函数类在奇点附近的展开是一致的.

▶**A.5 一致渐近的例子.** 对 $u\in\mathbb{R}$ 和 $u\in[0,1]$,我们分别一致地有

$$\sin(ux) \underset{x\to\infty}{=} O(1), \left(1+\frac{1}{n}\right)^u \underset{n\to\infty}{=} 1+\frac{u}{n}+O\left(\frac{1}{n^2}\right)$$

然而第二个展开式对 $u\in\mathbb{R}$ 不再一致地成立(取 $u=\pm n$). 对 $u\in\mathbb{R}$,我们对展式

$$\left(1+\frac{1}{n}\right)^u \underset{n\to\infty}{=} 1+\frac{u}{n}+O\left(\frac{u^2}{n^2}\right)$$

能说什么(一致的还是不一致的)? ◀

▶**A.6** Taylor **展开式.** 设 ϕ_k 是一个多项式的序列,使得 $\phi_0=1$,并且对所有的 k 有 $\phi'_{k+1}=\phi_k$. 反复使用分部积分表明对充分光滑的函数 f,我们有($[h]_A^B$ 表示差 $h(B)-h(A)$)

$$\int_0^1 f(t)\phi_0(t)\mathrm{d}t=[f\phi_1]_0^1-[f'\phi_2]_0^1+\cdots+(-1)^{m-1}[f^{(m-1)}\phi_m]_0^1+ \\ (-1)^m\int_0^1 f^{(m)}(t)\phi_m(t)\mathrm{d}t \tag{7}$$

选择 $\phi_k(t)=\dfrac{(t-1)^k}{k!}$ 就产生了基本的带余项的 Taylor 展开式

$$\int_0^1 f(t)\mathrm{d}t=\sum_{k=0}^{m-1}\frac{f^{(k)}(0)}{(k+1)!}+\frac{1}{m!}\int_0^1 f^{(m)}(t)(1-t)^m\mathrm{d}t \tag{8}$$

如果对某个 $A>1$，$|f^m(t)|$ 小于 $\frac{m!}{A^m}$，那么用下面的表达式更方便，设 $f(t)=xg'(xt)$ 就产生了经典的带余项的 Taylor 展开式

$$g(x)=\sum_{k=0}^{m}g^{(k)}(0)\frac{x^k}{k!}+\frac{1}{m!}\int_0^x g^{(m+1)}(t)(x-t)^m\mathrm{d}t \tag{9}$$

在关于导数的增长的适当的假设下可以推导出无穷级数的收敛性.（第 Ⅳ 章和附录 B 的复分析方法发展了一个强有力的理论，用这个理论可以避免明确地确定导数和导数的界.） ◀

▶**A.7** Euler-Maclaurin **求和公式**. 现在选 $\phi_k(t)=[z^n]\frac{ze^{tz}}{e^z-1}$. ϕ_k 在标准化之前是 Bernoulli 多项式，并且它们的系数和 Bernoulli 数有关（注记 Ⅳ.34）：$\phi_0(t)=1,\phi_1(t)=t-\frac{1}{2},\phi_2(t)=\frac{t^2}{2}t-\frac{t}{2}+\frac{1}{12}$，等等. 等式(7) 那样就产生了基本的带余项的. Euler-Maclaurin 展开式

$$\int_0^1 f(t)\mathrm{d}t=\frac{f(0)+f(1)}{2}-\sum_{k=1}^{M}\frac{B_{2k}}{(2k)!}[f^{(2k-1)}]_0^1+\int_0^1 f^{(2M)}(t)\phi_{2M}(t)\mathrm{d}t$$

从上式出发，通过求和（利用 $\{x\}=x-\lfloor x\rfloor$）就得出一个用于比较总和和积分的公式

$$\int_0^n f(t)\mathrm{d}t=\frac{f(0)+f(n)}{2}+\sum_{j=1}^{n-1}f(j)-\sum_{k=1}^{M}\frac{B_{2k}}{(2k)!}[f^{(2k-1)}]_0^n+\int_0^n f^{(2M)}(t)\phi_{2M}(\{t\})\mathrm{d}t$$

式中的渐近展开式(4)，最终可以利用 $f(t)=\log(t+1)$ 和 $f(t)=\frac{1}{t+1}$ 加以开发.（提示：见文献[142]，§3.6，[465]281－289 页，或[538]§4.5.）

"Euler-Maclaurin 常数"的精细特征（相当于对于 H_n 的 Euler 常数 γ 和对于 Stirling 逼近的 Stirling 常数 $\sqrt{2\pi}$）通常是不明显的：见注记 Ⅳ.10，Ⅵ.8 和 B.7 用于复分析的替代方案. ◀

A.3 组合概率

本条目由离散情况下的概率论基础概念组成，在第 Ⅲ 章中用到了这些概

念.关于概率论的更详细的讨论构成了附录C的主题.

对任何有限集合$\mathcal{S}$,我们对任何一个$\sigma \in \mathcal{S}$指定一个均匀的概率质量

$$\mathbb{P}(\sigma)=\frac{1}{\operatorname{card}(\mathcal{S})}$$

任何由所谓事件组成的集合$\varepsilon \subset \mathcal{S}$的概率因而就由

$$\mathbb{P}\{\varepsilon\}:=\frac{\operatorname{card}(\varepsilon)}{\operatorname{card}(\mathcal{S})}=\sum_{\sigma\in\varepsilon}\mathbb{P}(\sigma)$$

("我们所关注的情况的数目比上所有情况的总数").

给了一个组合类$\mathcal{A}$,我们通过选择$\mathcal{S}=\mathcal{A}_n$扩展上面的概念.这定义了一个概率模型(指标为$n$),其中$\mathcal{A}$中容量为$n$的元素的概率相等.对这种统一的概率模型,每当需要强调所考虑的组合结构的容量和类型时.我们就记

$$\mathbb{P}_n \text{和} \mathbb{P}_{\mathcal{A}_n}$$

下面考虑参数χ,这是一个从$\mathcal{S}$到$\mathbb{Z}_{\geqslant 0}$的函数.我们把这个参数看成是由概率分布

$$\mathbb{P}(\chi=k)=\frac{\operatorname{card}(\{\sigma \mid \chi(\sigma)=k\})}{\operatorname{card}(\mathcal{S})}$$

确定的随机变量.

上面的概念可以很轻松地推广到非均匀的概率模型.它们是由一族总和等于1的非负的数$(p_\sigma)_{\sigma\in\mathcal{S}}$确定的

$$\mathbb{P}(\sigma)=p_\sigma,\mathbb{P}(\varepsilon):=\sum_{\sigma\in\mathcal{E}}p_\sigma,\mathbb{P}(\chi=k)=\sum_{\chi(\sigma)=k}p_\sigma$$

矩.关于分布的重要信息由矩给出.

我们在这里陈述的定义是针对支集为$\mathbb{Z}$的任意离散随机变量的,它由概率分布$\mathbb{P}(X=k)=p_k$确定,其中$(p_k)_{k\in\mathbb{Z}}$是总和等于1的非负实数.$f(X)$的期望由下面的线性函数

$$\mathbb{E}(f(X))=\sum_k \mathbb{P}(X=k)\cdot f(k)$$

定义.特别r阶的(幂)矩由下面的矩定义

$$\mathbb{E}(X^r)=\sum_k \mathbb{P}(X=k)\cdot k^r$$

二阶矩$\mathbb{E}(X^2)$给出了方差

$$\mathbb{V}(X)=\mathbb{E}((X-\mathbb{E}(X))^2)=\mathbb{E}(X^2)-\mathbb{E}(X)^2$$

以及标准差

$$\sigma(X)=\sqrt{\mathbb{V}(X)}$$

Galileo Galilei(1564—1642) 首先观察到以它的名字命名的平均值:如果把大量数绘制出来并观察 X 的值,那么观测值的算术平均值通常接近于期望值 $\mathbb{E}(X)$. 标准差在平方意义下测度了平均值对期望值 $\mathbb{E}(X)$ 的偏差.

▶**A.8 弱大数定律.** 设 X_k 是独立同分布的随机变量的序列,如果期望值 $\mu=\mathbb{E}(X_k)$ 存在,那么对任意 $\varepsilon>0$ 成立

$$\lim_{n\to\infty}\mathbb{P}\left(\left|\frac{1}{n}(X_1+\cdots+X_n)-\mu\right|>\varepsilon\right)=0$$

(证明见文献[205]第 Ⅳ 章). 注意这个性质不需要方差的有限性. ◀

概率生成函数. 值取在 $\mathbb{Z}_{\geqslant 0}$ 上的离散随机变量 X 的概率生成函数(PGF)的定义为

$$p(u):=\sum_k \mathbb{P}(X=k)u^k$$

另一种写法是 $p(u)=\mathbb{E}(u^X)$. 矩可以用 PGF 在 1 处的导数表示,例如

$$\mathbb{E}(X)=\frac{\mathrm{d}}{\mathrm{d}u}p(u)\bigg|_{u=1},\mathbb{E}(X(X-1))=\frac{\mathrm{d}^2}{\mathrm{d}u^2}p(u)\bigg|_{u=1}$$

更一般的,我们有所谓的 k 阶阶乘矩的概念

$$\mathbb{E}(X(X-1)\cdots(X-k+1))=\frac{\mathrm{d}^k}{\mathrm{d}u^k}p(u)\bigg|_{u=1}$$

A.9 阶乘矩和幂矩之间的关系. 设 X 是一个离散随机变量,其 PGF 为 $p(u)$:记 $\mu_r=\mathbb{E}(X^r)$ 是 r 阶矩,而 ϕ_r 是第 r 阶的阶乘矩. 那么我们有

$$\mu_r=\partial_t^r p(\mathrm{e}^t)\mid_{t=0},\phi_r=\partial_u^r p(u)\mid_{u=1}$$

因此就有

$$\phi_r=\sum_j(-1)^{r-j}\begin{bmatrix}r\\j\end{bmatrix}\mu_j,\mu_r=\sum_j\begin{Bmatrix}r\\j\end{Bmatrix}\phi_j$$

其中$\begin{Bmatrix}n\\k\end{Bmatrix}$和$\begin{bmatrix}n\\k\end{bmatrix}$是两类 Stirling 数(见附录 A.8:Stirling 数,提示:当 $\phi_r\to\mu_r$ 时,反方向(利用 $p(\mathrm{e}^t)=p(1+(\mathrm{e}^t-1))$)展开 A.8 中的 Stirling 多项式.).

Markov-Chebyshev 不等式. 这两个不等式是对离散随机变量和连续随机变量同样适用的基本不等式(后者见附录 C).

定理 A.1(Markov-Chebyshev 不等式) 设 X 是非负的随机变量,而 Y 是任意实的随机变量,那么对任意 $t>0$,有

$$\mathbb{P}\{X\geqslant t\,\mathbb{E}(X)\}\leqslant\frac{1}{t}\quad(\text{Markov 不等式})$$

$$\mathbb{P}\{|Y-\mathbb{E}(Y)|\geqslant t\sigma(Y)\}\leqslant\frac{1}{t^2}\quad(\text{Chebyshev 不等式})$$

证明 不失一般性，我们可设 X 已经过尺度化，使得 $\mathbb{E}(X)=1$. 定义一个函数 $f(x)$：当 $x \geqslant t$，其值为 1，否则为 0，那么

$$\mathbb{P}\{X \geqslant t\}=\mathbb{E}(f(X))$$

由于 $f(x) \leqslant \frac{x}{t}$，右边的期望小于 $\frac{1}{t}$，Markov 不等式成立. 然后可在 Markov 不等式中令

$$X=|Y-\mathbb{E}(Y)|^2$$

而得出 Chebyshev 不等式.

定理 A.1 告诉我们比平均值大得多的概率必然衰减 Markov，并且衰减的上界可用标准方差为单位来度量(Chebyshev).

矩不等式例如在 Billingsley 的文献[68]74 页中给予了讨论. 它们在离散数学中是非常重要的，并已应用它们显示了令人惊讶的配置的存在性. 这一领域是由 Erdös 创立的，通常被称为(组合学中) 的“概率方法”；Alon 和 Spencer 的书[13] 中有很多例子. 矩不等式也可以通过把问题归结为更简单的配置这一事件出现的矩的估计来估计复杂事件的概率 —— 这是“一阶矩和二阶矩方法”的基础之一. Erdös 再次开创了这一方法，它是随机图理论的核心(文献[76，355]). 最后，矩不等式可用于设计、分析和优化随机算法，这是一个 Motwani 和 Raghavan 的书 [451] 阐述的极好的主题.

A.4 轮换结构

我们在第 Ⅰ 章中引入了无标记的轮换结构，它可以是经典的在 Pólya 理论的框架内得出(见注记 Ⅰ.58 和文献[129,488,491]). 我们在这里给出的推导是按照文献[259] 中使用的初等的符号方法. 它依赖于第 Ⅲ 章开发的二元 GF，其中 z 标记了容量，而 u 标记了成分的数量. 考虑一个类 $\mathcal{A}$ 和类 $\mathcal{S}=\mathrm{SEQ}_{\geqslant 1}(A)$ 的序列. 称一个序列是本原的(或非周期的)，如果序列 $\sigma \in \mathcal{S}$ 不是另一个序列的重复(例如 $\alpha\beta\beta\alpha\alpha$ 是本原的，但 $\alpha\beta\alpha\beta=(\alpha\beta)^2$ 不是). 本原序列 $\mathcal{PS}$ 的类由下面的式子隐性地确定

$$S(z,u) \equiv \frac{uA(z)}{1-uA(z)}=\sum_{k \geqslant 1} PS(z^k,u^k)$$

它表示，每个序列都有一个本原的“根”. Möbius 反演(附录 A.1 的等式(3)) 因而就给出

$$PS(z,u)=\sum_{k\geqslant 1}\mu(k)S(z^k,u^k)=\sum_{k\geqslant 1}\mu(k)\frac{u^kA(z^k)}{1-u^kA(z^k)}$$

称一个轮换是本原的，如果它的所有的线性表示都是本原的. 在本原的ℓ—轮换和本原的ℓ—序列之间有一个确切的1对ℓ对应. 因此，通过对$PS(z,u)$实行变换$u^\ell\mapsto\frac{1}{\ell}u^\ell$就得到本原轮换的BGF $PC(z,u)$，这表示

$$PC(z,u)=\int_0^u PS(z,v)\frac{\mathrm{d}v}{v}$$

逐项积分后就得出

$$PC(z,u)=\sum_{k\geqslant 1}\frac{\mu(k)}{k}\log\frac{1}{1-u^kA(z^k)}$$

最后，可用任意本原轮换（每个轮换有一个本原的"根"）的重复来合成一个轮换，对$C=\mathrm{CYC}(A)$这就得出

$$C(z,u)=\sum_{k\geqslant 1}PC(z^k,u^k)$$

算术恒等式$\sum_{\frac{d}{k}}\frac{\mu(d)}{d}=\frac{\varphi(k)}{k}$，最后就给出

$$C(z,u)=\sum_{k\geqslant 1}\frac{\varphi(k)}{k}\log\frac{1}{1-u^kA(z^k)}\tag{10}$$

公式(10)可以通过在无标记情况下轮换转换中出现的公式(定理Ⅰ.1)中令$u=1$而化简；这个公式也符合命题Ⅲ.5.关于轮换中的成分的陈述，并且通过简单的改编论证产生一般的多元版本(定理Ⅲ.1).

A.5 形式幂级数

形式幂级数(文献[330]第1章)把通常的多项式上面的代数运算扩展成了无穷级数的形式

$$f=\sum_{n\geqslant 0}f_nz^n\tag{11}$$

其中z是形式未定元(即形式变量). 有时也采用符号$f(z)$. 设$\mathbb{K}$是系数构成的环(通常取成域$\mathbb{Q}$，$\mathbb{R}$或$\mathbb{C}$)；我们用$\mathbb{K}[[z]]$表示形式幂级数构成的环，它是式(11)中系数，$\mathbb{K}$的元素的无穷序列的集合$K^{\mathbb{N}}$. $\mathbb{K}[[z]]$中的加法和乘法运算由下式定义

$$\left(\sum_n f_nz^n\right)+\left(\sum_n g_nz^n\right):=\sum_n(f_n+g_n)z^n$$

$$\left(\sum_n f_n z^n\right)\times\left(\sum_n g_n z^n\right):=\sum_n\left(\sum_{k=0}^{n} f_n g_{n-k}\right)z^n$$

在$\mathbb{K}[[z]]$上可以附加一种称为形式拓扑的拓扑结构，在这种拓扑结构中两个级数f,g“接近”的含义是f,g的大量的项重合. 首先，定义一个形式幂级数$f=\sum_n f_n z^n$的估值是使得$f_r\neq 0$的最小的r，并用$\mathrm{val}(f)$表示(我们约定$\mathrm{val}(0)=+\infty$.). 给了两个幂级数f和g，那么它们之间的距离$d(f,g)$就可以定义成$2^{-\mathrm{val}(f-g)}$. 在这个距离(实际上是一个超度量距离)下，所有的形式幂级数构成的空间就成为一个完备的度量空间. 这就是说，当$j\to\infty$时，一个级数的序列$f^{(j)}$存在极限的意义是对于每个n，$f^{(j)}$的n阶系数最终都稳定在一个固定的值上. 利用这一定义可以定义无限和的形式收敛：在形式拓扑中，和的一般项应当趋向于0，即一般项的估值应该趋于∞. 类似的，对于无穷乘积$\prod(1+u^{(j)})$，在形式幂级数的拓扑中，只要$u^{(j)}$趋向于0，它就是收敛的.

下面是一个简单的练习：证明和$Q(f):=\sum_{k\geqslant 0}f^k$存在(在形式拓扑中和收敛)当且仅当$f_0=0$；我们把上面的量定义成准逆，记为$(1-f)^{-1}$，它具有关于乘法的隐含性质(即$Q(f)(1-f)=1$). 用同样的方式可以定义形式对数和指数，本原级数和导数等. 此外，只要$g_0=0$，用幂级数的代入就定义了复合$f\circ g$. 更一般的，任何对每个系数只涉及有限多次操作过程的级数都可以明确地定义，因此在形式拓扑中也定义了连续的函数.

然后可以验证分析中的通常的函数性质在形式的意义下可以扩展到形式幂级数上面去：例如，像通常的展开式定义那样，形式幂技术的对数和指数互相构成反函数(例如，$\log(\exp(zf))=zf$；$\exp(\log(1+zf))=1+zf$). 多元形式的幂级数的展开可以按照完全类似的路线进行.

▶**A.10　排列的** OGF. 排列的普通生成函数是

$$P(z):=\sum_{n=0}^{\infty}n!\ z^n=1+z+2z^2+6z^3+24z^4+120z^5+720z^6+5\ 040z^7+\cdots$$

它是$\mathbb{C}[[z]]$的元素之一，尽管它的收敛半径为0，但是我们仍可把它作为一个形式幂级数来处理. 量$\dfrac{1}{P(z)}$(通过准逆)是良定义的，因此我们可以有效地计算$1-\dfrac{1}{P(z)}$，其系数枚举了不可分解的排列(Ⅰ.6.3小节). 形式级数$P(z)$甚至可以被解析地定义为渐近级数(Euler的文献[198])，由于

$$\int_0^{\infty}\frac{\mathrm{e}^{-t}}{1+tz}\mathrm{d}t\sim 1-z+2!\ z^2-3!\ z^3+4!\ z^4-\cdots(z\to 0^+)$$

因此，排列的 OGFO 也可表示为与积分有关的（形式的、发散的）渐近级数. ◀

A.6 Lagrange 反演

Lagrange 反演（Lagrange，1770）涉及函数本身的幂函数的系数和复合函数的反函数的系数（见文献[129]§3.8 和[330]§1.9）. 因此它建立了函数的复合与级数的标准乘法之间的基本对应关系. 虽然证明的技巧是很简单的，但结果完全不是初等的.

$z=h(y)$ 的反演问题的目的是把 y 表示为 z 的函数；它可通过下面将要给出的 Lagrange 求解. 假设 $[y^0]h(y)=0$，因此反演形式上是良定义的，并且 $[y^1]h(y)\neq 0$. 令 $\phi(y)=\dfrac{y}{h(y)}$，则问题就方便地标准化了.

定理 A.2 Lagrange **反演定理.** 设 $\phi(u)=\sum_{k\geqslant 0}\phi_k u^k$ 是 $\mathbb{C}[[u]]$ 中的幂级数，$\phi_0\neq 0$，则方程 $y=z\phi(y)$ 在 $\mathbb{C}[[z]]$ 中具有唯一的解，其系数由（Lagrange 形式）给出

$$y(z)=\sum_{n=1}^{\infty}y_n z^n\text{，其中 }y_n=\frac{1}{n}[u^{n-1}]\phi(u)^n \tag{12}$$

此外，对 $k>0$，我们有（Bürmann 形式）

$$y(z)^k=\sum_{n=1}^{\infty}y_n^{(k)}z^n\text{，其中 }y_n^{(k)}=\frac{k}{n}[u^{n-k}]\phi(u)^n \tag{13}$$

用线性的方法，还有一种等价于 Bürmann 式(13) 的形式，其中 H 是一个任意的函数

$$[z^n]H(y(z))=\frac{1}{n}[u^{n-1}](H'(u)\phi(u)^n) \tag{14}$$

证明 用待定系数法给出的 y_n 的多项式方程组

$$y_1=\phi_0,y_2=\phi_0\phi_1,y_3=\phi_0\phi_1^2+\phi_0^2\phi_2,\cdots$$

具有唯一的解，由于 y_n 只多项式地依赖于 $\phi(u)$ 的直到 n 阶的系数，因此为了建立式(12) 和(13)，不失一般性，我们可以假设 ϕ 是一个多项式. 那么，根据解析函数的一般性质就可以得出 $y(z)$ 在零点解析（见第 Ⅳ 章和附录 B.2：解析性的等价定义.），并且它保角地把 0 的邻域映射到另一个 0 的邻域中. 因此，量 $ny_n=[z^{n-1}]y'(z)$ 可以用 Cauchy 系数公式加以估计

$$ny_n=\frac{1}{2\pi i}\int_{0^+}\frac{y'(z)}{z^n}dz \quad (y'(z)\text{ 的系数公式})$$

$$=\frac{1}{2\pi i}\int_{0^+}\frac{dy}{\left(\frac{y}{\phi(y)}\right)^n}\quad (变量替换\ z\mapsto y)$$

$$=[y^{n-1}]\phi(y)^n\quad (\phi(y)^n\ 的反演系数公式)\qquad (15)$$

用复分析的眼光，这个有用的结果只是变量替换公式的一个化身. Bürmann 形式的证明是类似的.

存在一种根据 Lukasiewicz 的工作（文献[503]）得出的“轮换引理”或“共轭原理”的构造性的组合证明（但更长，见注记 Ⅰ.47 和关于命题 Ⅲ.7 的评论.）. 另一种属于 Henrici 的经典证明依赖于迭代矩阵的性质（见文献[330] § 1.9；也见 Comtet 关于形式化的书[129]）.

Lagrange 反演最著名的应用例子是树的简单族（第 Ⅰ 章和第 Ⅱ 章）、映射（Ⅱ.5.2 小节）、平面图（第 Ⅶ 章）以及更一般的涉及函数的幂的系数的问题.

▶**A. 11　分数幂的** Lagrange-Bürmann **反演**. 公式

$$[z^n]\left(\frac{y(z)}{z}\right)^{\alpha}=\frac{\alpha}{n+\alpha}[u^n]\phi(u)^{n+\alpha}$$

对任何实数或复指数 α 成立，因此可以推广 Bürmann 形式. 我们可以类似地展开 $\log\left(\frac{y(z)}{z}\right)$. ◀

▶**A. 12**　Abel **恒等式**. 用两种不同的方法计算

$$[z^n]e^{(\alpha+\beta)y}=[z^n]e^{\alpha y}\cdot e^{\beta y}$$

的系数，其中 $y=ze^y$ 是 Cayley 树函数，我们就导出了一组恒等式

$$(\alpha+\beta)(n+\alpha+\beta)^{n-1}=\alpha\beta\sum_{k=0}^{n}\binom{n}{k}(k+\alpha)^{k-1}(n-k+\beta)^{n-k-1}$$

这就是所谓的 Abel 恒等式. ◀

▶**A. 13**　Lagrange **反演的变形**. 如果 $y(z)$ 满足 $y=z\phi(y)$，那么我们就有 $zy'=\frac{y}{1-z\phi'(y)}$. 因此，对一个函数 $a(y)$，我们有下面的链

$$[z^n]\frac{ya(y)}{1-z\phi'(y)}=[z^{n-1}]y'a(y)=n[z^n]A(y)$$

其中 $A'=a$. 因此，根据式(14) 就产生了下面的一般计算公式

$$[z^n]\frac{ya(y)}{1-z\phi'(y)}=[u^{n-1}]a(u)\phi(u)^n$$

特别，对 $\phi(u)=e^u$，我们就有 $y\equiv T$（树函数）以及 $[z^n]\frac{T}{1-T}=n^n$，它重新又得出了映射的数目. ◀

A.7 正规语言

语言是某个固定的字母表$\mathcal{A}$上的单词的集合. 结构上最简单(但是非平凡的)语言是正规语言,正如在 Ⅰ.4.2 小节中所陈述的那样,可以用几种等价的方式,即模糊的或无歧义的正规表达式,确定性的或非确定性的有限自动机来定义它(见文献[6]第 3 章或文献[189]). 我们在 Ⅰ.4 节中的 $S-$正规性(S是一种表示)和$A-$正规的定义(A是自动机)分别对应了无歧义的正规表达式和确定性的自动机. 明确对应于可定义性正则表达式和确定性的自动机.

正规表达式和模糊性. 下面给出形式语言学中的第一个经典的正规表达式的定义.

定义 A.1 正规表达式的 RegExp 类别是由包含了字母表的所有字母($a \in \mathcal{A}$),空符号 ε 所描述的下述性质归纳的定义的:如果 $R_1, R_2 \in \mathrm{RegExp}$,那么形式表达式 $R_1 \cup R_2, R_1 \cdot R_2$ 和 R_1^* 都是正规表达式.

正规表达式是为了表示语言用的. 和 R 相关的语言 $\mathbf{L}(R)$ 可用集合论中的并"$\cup$",集合的卡积"$\cdot$"和算子的星积"$*$"解释或表示:$\mathbf{L}(R^*) = \{\varepsilon\} \cup \mathbf{L}(R) \cup (\mathbf{L}(R) \cdot \mathbf{L}(R)) \cup \cdots$. 这些操作或运算,由于依赖于集合论的运算,对于乘法是无条件的(一个单词可以用几种不同的方法得出). 因此,正规表达式和正规语言的概念在研究语言的结构性质时是有用的,但它们必须适应枚举的目的,因此需要无歧义的表示.

一个单词 $w \in \mathbf{L}(R)$ 可以根据 R 用多种方式加以解释:w 关于正规表达式 R 的无歧义系数(或重数)的定义[①]是语法解释的数目,记为 $\kappa(w) = \kappa_R(w)$.

称正规表达式 R 是无歧义的,如果对于所有的 w,我们有 $\kappa_R(w) \in \{0,1\}$,否则就认为它是模糊的. 在无歧义的情况下,如果$\mathcal{L} = \mathbf{L}(R)$,那么$\mathcal{L}$在第 Ⅰ 章的意义下是 $S-$ 正规的,而一个表示是对应于翻译规则

$$\cup \mapsto +, \cdot \mapsto \times, ()^* \mapsto \mathrm{SEQ} \tag{16}$$

得出的表示式. 因此命题 Ⅰ.2 所给出的翻译机制是可用的(在模糊情况下使用一般的翻译机制(16)意味着我们在枚举单词是要把重数(模糊系数)算进去.).

---

① 例如,如果 $R = (a \cup aa)^*$,并且 $w = aaaa$,那么 $\kappa(w) = 5$ 对应了 5 个解释:$a \cdot a \cdot a \cdot a, a \cdot a \cdot aa, a \cdot aa \cdot a, aa \cdot a \cdot a, aa \cdot aa$.

$A-$**正规性蕴含** $S-$**正规性**. 这种结构属于 Kleene(文献[367]),其兴趣来源于神经网络的形式表达能力. 在正规语言理论的经典框架内它是由自动机(可能是非确定性的)产生的正规表达式(可能是模糊的).

对我们的目的而言,设给出了一个确定性的自动机 $\mathfrak{a}$(定义见 Ⅰ.4.2 小节),一个字母表$\mathcal{A}$,一个状态集合 Q ,并设 q_0 是初始状态,而$\overline{Q}$是最终状态的集合(定义 Ⅰ.11). 我们的想法是归纳地构造一族单词的语言$\mathcal{L}_{i,j}^{(r)}$,它只在 q_i 和q_j 之间用状态 $q_0,\cdots,q_r$ 把q_i 和q_j 连接起来. 如果链$(q_i\circ a)=q_j$ 存在,我们就初始化数据使得$\mathcal{L}_{i,j}^{(-1)}$ 是一个单元素集合$\{a\}$,否则就让它是一个空集 $\varnothing$. 基本的递归

$$\mathcal{L}_{i,j}^{(r)}=\mathcal{L}_{i,j}^{(r-1)}+\mathcal{L}_{i,r}^{(r-1)}\,\mathrm{SEQ}(S)\{\mathcal{L}_{r,r}^{(r-1)}\}\,\mathcal{L}_{r,j}^{(r-1)}$$

逐步地考虑到了穿越“新”状态 q_r 的可能性.(并显然是不相交的,并且根据通过状态 q_r 的情况对单词的分段是无歧义的,因此所构造的序列是有效的.)然后,被 $\mathfrak{a}$ 接受的语言$\mathcal{L}$就由正规表示

$$\mathcal{L}=\sum_{q_j\in\overline{Q}}\mathcal{L}_{0,j}^{\|Q\|}$$

给出,它描述了从初始状态 q_0 通过自动机的任何中间状态自由地传递到任何最终状态的所有单词的集合.(图 A.1)

$S-$**正规性蕴含** $A-$**正规性**. 一个由正规 τ 所描述的对象首先应该可以编码为单词,并且其单词分隔的方式应该是无歧义解释的. 然后这些编码就可以用式(16)的对应关系来正规表达. 其次,用正规表达式所描述的任何语言作为一种递归的结构应该可由自动机识别(可能是非确定性的,我们在这里只是非正式地陈述原理.). 设 $\to\boxed{\tau}\to$ 符号地表示一个识别正规表达式 τ 的自动机,其中左边的输入箭头表示初始状态,右侧的向外的箭头表示最后的状态,那么,可用下图表示识别的规则

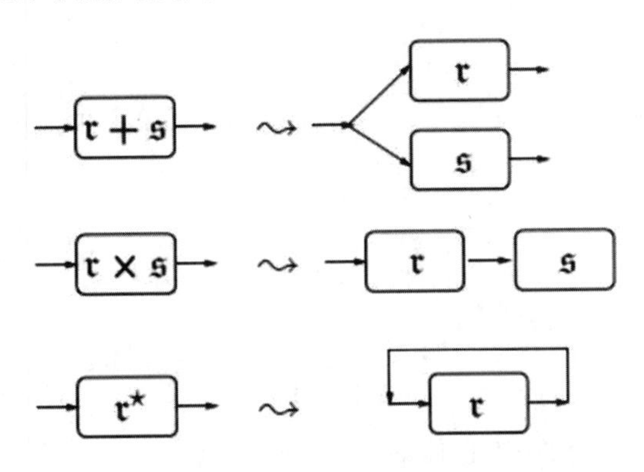

最后,这个理论的标准结果,Rabin-Scott 定理断言任何非确定性的有限自动机可以通过确定性自动机来模拟.(注意:这样做一般会归结为一个那样的确定性自动机,其状态集是原来自动机状态集的幂集;因此它可能会产生描述容量的指数式爆炸.)

$\mathcal{S}$— 正规性 ≡ 无歧义的 RegExp	→	一般的 RegExp
↑ **K**		↓ **I**
A — 正规性 ≡ 确定性的 FA	$\overset{\boldsymbol{RS}}{\leftarrow}$	非确定性的 FA

图 A.1　各种正规性之间的等价关系.其中 **K** 是 Kleene 结构;***RS*** 是 Rabin-Scott 化归;**I** 是上文中的递归结构

A.8　Stirling 数

这些数是组合分析中最著名的数之一.可分为两类:

• Stirling 轮换数(也称为第一类 Stirling 数) $\begin{bmatrix} n \\ k \end{bmatrix}$,它们枚举了有 k 个轮换的长度为 n 的排列的数目;

• Stirling 分拆数(也称为第二类 Stirling 数)$\begin{Bmatrix} n \\ k \end{Bmatrix}$,它们枚举了一个 n 元集合分拆成 k 个等价类的数目.

由 Knuth 提出的(他自己又受到 Karamata 的启发)符号 $\begin{bmatrix} n \\ k \end{bmatrix}$ 和$\begin{Bmatrix} n \\ k \end{Bmatrix}$现在已成为最普遍使用的符号,见文献[307].

定义 Stirling 数的最自然方式是用“竖直”EGF 的形式,其中的 k 值是固定的

$$\sum_{n\geqslant 0} \begin{bmatrix} n \\ k \end{bmatrix} \frac{z^n}{n!} = \frac{1}{k!}\left(\log \frac{1}{1-z}\right)^k$$

$$\sum_{n\geqslant 0} \begin{Bmatrix} n \\ k \end{Bmatrix} \frac{z^n}{n!} = \frac{1}{k!}(\mathrm{e}^z - 1)^k$$

由此,可直接得出二元的 EGF 如下

$$\sum_{n,k\geqslant 0}\begin{bmatrix}n\\k\end{bmatrix}u^k\frac{z^n}{n!}=\exp\left(u\log\frac{1}{1-z}\right)=(1-z)^{-u}$$

$$\sum_{n,k\geqslant 0}\begin{Bmatrix}n\\k\end{Bmatrix}u^k\frac{z^n}{n!}=\exp(u(e^z-1))$$

Stirling 数及其同类数满足一系列的代数关系. 例如,EGF 的差分关系蕴含了下面的递推关系,它让人联想到形状类似的二项式系数的递推关系

$$\begin{bmatrix}n\\k\end{bmatrix}=\begin{bmatrix}n-1\\k-1\end{bmatrix}+(n-1)\begin{bmatrix}n-1\\k\end{bmatrix}$$

$$\begin{Bmatrix}n\\k\end{Bmatrix}=\begin{Bmatrix}n-1\\k-1\end{Bmatrix}+(n-1)\begin{Bmatrix}n-1\\k\end{Bmatrix}$$

通过类似于Lagrange反演的技巧或通过展开Stirling分拆数的竖直EGF,我们可以得出 Stirling 的明确的直接表达式如下

$$\begin{bmatrix}n\\k\end{bmatrix}=\sum_{0\leqslant j\leqslant h\leqslant n-k}(-1)^{j+h}\binom{h}{j}\binom{n-1+h}{n-k+h}\binom{2n-k}{n-k-h}\frac{(h-j)^{n-k+h}}{h!}$$

$$\begin{Bmatrix}n\\k\end{Bmatrix}=\frac{1}{k!}\sum_{j=0}^{k}\binom{k}{j}(-1)^j(k-j)^n$$

尽管由于公式中的符号交错,(相对于一个由 Schlömilch 在 1852 年得出的 Stirling 轮换数的关系式;见文献[129]216 页)这些关系式一般不太有用,因此仅是一种自我安慰.

一个重要的关系是 $\begin{bmatrix}n\\k\end{bmatrix}$ 的生成多项式,其中 n 是固定的

$$p_n(u)\equiv\sum_{r=0}^{n}\begin{bmatrix}n\\r\end{bmatrix}u^r=u\cdot(u+1)\cdot(u+2)\cdot\cdots\cdot(u+n-1)\qquad(17)$$

对固定的 r,上式与 $\begin{Bmatrix}n\\r\end{Bmatrix}$ 的 OGF 是平行的

$$\sum_{n=0}^{\infty}\begin{Bmatrix}n\\r\end{Bmatrix}z^n=\frac{z^r}{(1-z)(1-2z)\cdots(1-rz)}$$

▶**A.14** Schlömilch **公式**. 这个公式是在

$$\frac{k!}{n!}\begin{bmatrix}n\\r\end{bmatrix}=\frac{1}{2i\pi}\oint\log^k\frac{1}{1-z}\frac{dz}{z^{n+1}}$$

中做 *la* Lagrange 变量替换:$z=1-e^{-t}$ 而得出的,见文献[129]216 页和文献[251]. ◀

A.9　树的概念

在抽象的图论的意义下，森林是一种无圈的(非定向的)图，树是仅由一个连通成分组成的森林. 有根树有一个区别于其他结点的特殊结点，即根. 有根树是从根开始向下(数学家和植物学家习惯用的)或向上(系谱学家的和计算机科学家习惯用的)绘制的. 在本书中，根据需要，我们互换地用这两种习惯. 下面是同一个有根树的两种平面表示

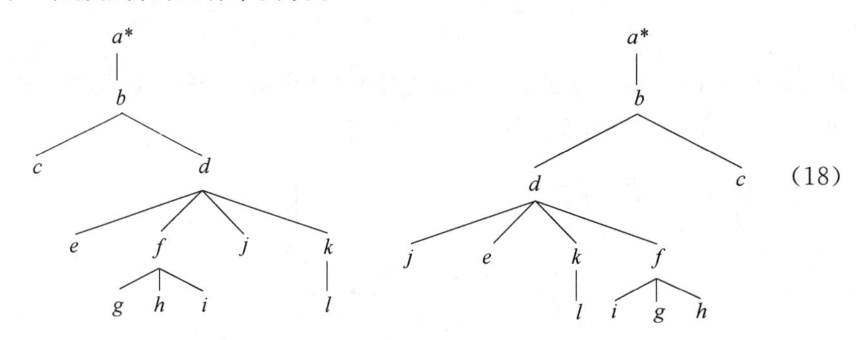

(18)

其中的 * 号标记了根(但结点上的标记，a,b,c 等不属于树的结构，仅用于区分节点.).

在第 Ⅱ 章的确切的技巧意义下，一个结点用不同的数字标记的树称为有标记的树，容量定义为结点(顶点)的数量. 下面是一个容量为 9 的有标记的树的例子：

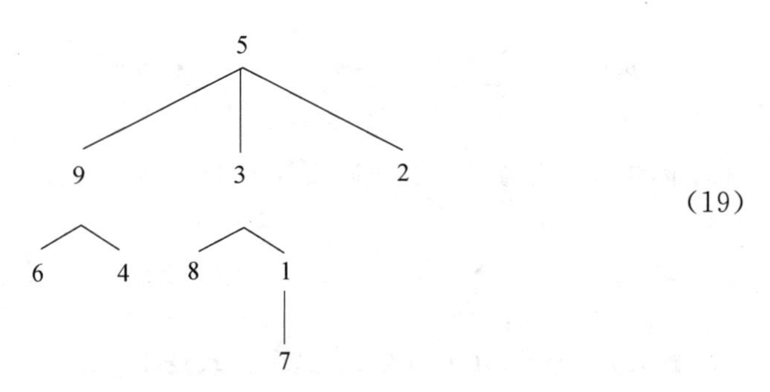

(19)

在有根树中，除了根之外的结点的外度数是其后代的数量，因此，根的外度数就等于度数(在图论的意义下是邻居的数量)减 1. 一旦明确了这个约定，当谈到有根树时，通常把“外度数”简写成“度数”. 一片树叶是一个后代的结点，即(外)度数等于 0 的结点. 例如式(19)中的树有 5 片叶子. 不是树叶的结点也

称为内结点.

从谱系学到计算机科学的许多应用都需要附加一个在图论的树的意义下的额外结构. 平面树(有时也称为平面的树) 的定义是子树悬挂在公共的结点上的树,这些子树本身则按从左到右的顺序排列. 因而式(18) 中的两种表示在图论的树的意义下是等价的,但它们在平面树的意义下就成为了不同的对象.

二叉树在组合学中起着非常特殊的作用. 这种树是有根的树,其中每个不是树叶的结点的度数都等于 2,例如图 A.2 中的前两个图. 在第二种情况下,树叶已经用"□" 加以区分. 修剪的二叉树(第三个表示) 是从正规的二叉树上去掉树叶而得出的,因而这种树具有一个一叉分支结点,它有两种可能的类型(左分支或右分支). 二叉树可以从它的修剪版本完全重建起来,并且容量为 $2n+1$ 的二叉树总是可以修剪成一个容量为 n 的修剪过的树.

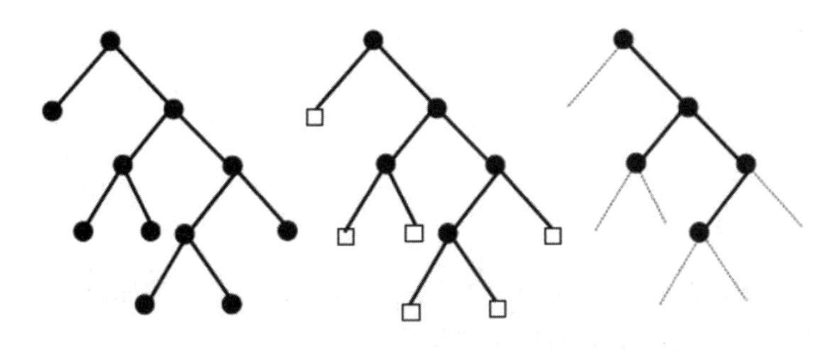

图 A.2 二叉树的三种表示

下面是本书中所遇到的一些主要的树的类型的一个小结[①]

一般的树(Catalan 树)	$\mathcal{G}=\mathcal{Z}\times\mathrm{SEQ}(\mathcal{G})$	无标记
二叉树	$\mathcal{A}=\mathcal{Z}+(\mathcal{Z}\times\mathcal{A}\times\mathcal{A})$	无标记
非空的修剪的二叉树	$\mathcal{B}=\mathcal{Z}+2(\mathcal{Z}\times\mathcal{B})+(\mathcal{Z}\times\mathcal{B}\times\mathcal{B})$	无标记
修剪的二叉树	$\mathcal{C}=1+(\mathcal{Z}\times\mathcal{B}\times\mathcal{B})$	无标记
一般的非平面树(Cayley 树)	$\mathcal{T}=\mathcal{Z}\times\mathrm{SET}(\mathcal{T})$	有标记

其对应的 GF 分别是

$$G(z)=\frac{1-\sqrt{1-4z}}{2}$$

① 术语"一般" 是指对于度数没有特别的限制.

$$A(z)=\frac{1-\sqrt{1-4z^2}}{2z}$$

$$B(z)=\frac{1-2z-\sqrt{1-4z}}{2z}$$

$$C(z)=\frac{1-\sqrt{1-4z}}{2z}$$

$$T(z)=z\mathrm{e}^{T(z)}$$

其中前 4 个是 OGF,而最后一个是 EGF. 对应的计数公式分别是

$$G_n=\frac{1}{n}\binom{2n-2}{n-1}$$

$$A_{2n+1}=\frac{1}{n+1}\binom{2n}{n}$$

$$B_n=\frac{1}{n+1}\binom{2n}{n}\quad (n\geqslant 1)$$

$$C_n=\frac{1}{n+1}\binom{2n}{n}$$

$$T_n=n^{n-1}$$

在上述公式中都出现了 Catalan 数($C_n=B_n=A_{2n+1}=G_{n+1}$)的原因可通过修剪和Ⅰ.5.3 小节所描述的旋转对应来解释.

基本复分析

附录B

在这个附录中按照字母顺序的排列包含了以下的条目：

代数消去法；解析性的等价定义；Γ 函数；完整函数；隐函数定理；Laplace 方法；Mellin 梅林变换；多复变函数.

对应的概念和结果从部分 B 开始使用，它们都与复渐近有关. 这些内容以及第Ⅳ章的第一节应该能够使以前还不熟悉复分析，但具有相当的基本微积分背景的读者跟上分析组合学的主要发展. 我们向读者介绍一些优秀的经典复分析方面的书籍和著作，它们是：Dieudonné 的文献[165]，Henrici 的文献[329]，Hille 的文献[334]，Knopp 的文献[373]，Titchmarsh 的文献[577]以及 Whittaker-Watson 的文献[604]，这些书由于对这一主题所使用的具体方法而显得特别有兴趣(见我们在Ⅳ.8 节中的评论).

B.1 代数消去法

辅助的量可以从多项式方程组中消去. 本质上，消去是通过方程本身的适当组合来实现的. 其中最好的策略之一是使用 Gröbner 基，在 Cox，Little 和 O'Shea 的书[135]以很好的方式介绍了这一方法. 这一节中以结式为基础开发了一种更初等的方法. 为了对注记Ⅰ.40 中引入的无上下文结构能应用一种一般性的理论，对代数曲线、代数函数和代数方程组的分析(Ⅶ.6 节和Ⅶ.7 节)作一介绍是完全必要的.

结式. 考虑一个系数的域$\mathbb{K}$,根据需要,我们可取$\mathbb{K}$为$\mathbb{Q}$,$\mathbb{C}$,$\mathbb{C}(z)$,$\cdots$. 一个在$\mathbb{K}[x]$上的d次多项式在$\mathbb{K}$上至多有d个根,并且在$\mathbb{K}$的闭包$\overline{\mathbb{K}}$上恰有d个根. 给了两个多项式

$$P(x)=\sum_{j=0}^{\ell}a_jx^{\ell-j},Q(x)=\sum_{k=0}^{m}b_kx^{m-k}$$

则它们的(关于变量 x 的) 结式是一个 $\ell+m$ 阶的行列式

$$\mathbf{R}(P,Q,x)=\det\begin{vmatrix} a_0 & a_1 & a_2 & \cdots & 0 & 0 \\ 0 & a_0 & a_1 & \cdots & 0 & 0 \\ \vdots & \vdots & \vdots & & \vdots & \vdots \\ 0 & 0 & 0 & \cdots & a_{\ell-1} & a_\ell \\ b_0 & b_1 & b_2 & \cdots & 0 & 0 \\ 0 & b_0 & b_1 & \cdots & 0 & 0 \\ \vdots & \vdots & \vdots & & \vdots & \vdots \\ 0 & 0 & 0 & \cdots & b_{m-1} & b_l \end{vmatrix} \tag{1}$$

也称为 Sylvester 行列式. 根据定义,结式是一个 P 和 Q 的系数的多项式. 结式的主要性质如下:

(ⅰ) 如果 $P(x),Q(x)\in\mathbb{K}[x]$ 在$\mathbb{K}$的代数闭包$\overline{\mathbb{K}}$ 中有公根,则 $\mathbf{R}(P(x),Q(x),x)=0$;

(ⅱ) 反过来,如果成立 $\mathbf{R}(P(x),Q(x),x)=0$,那么 $a_0=b_0=0$ 或者 $P(x)$,$Q(x)$ 在$\overline{\mathbb{K}}$ 中有公根.

((ⅰ) 的证明的想法如下:设 S 是为式(1) 中的矩阵. 那么齐次线性方程组 $\boldsymbol{S}\boldsymbol{w}=\mathbf{0}$ 具有解 $\boldsymbol{w}=(\xi^{m+\ell-1},\cdots,\xi^2,\xi,1)$,其中 ξ 是 P 和 Q 的公根常见的;这只有在 $\det(\boldsymbol{S})=\mathbf{R}$ 等于 0 时才可能.) 特别见 van der Waerden 的文献[590] 中干净的处理和 Lang 的论文[40]Ⅴ. 10 中介绍结式的详尽处理.

结式等于 0 给出了存在公根的必要条件,但这个条件并不是充分的. 这对系数 a_j,b_k 依赖于一个或多个参数的情况是有影响的. 在这种情况下,条件 $\mathbf{R}(P,Q,x)=0$ 肯定会包括所有 P 和 Q 有公根的情况,但也可能会包括一些虽然多项式没有公根但次数又减少的情况. 例如,取 $P(x)=tx-2$,$Q(x)=tx^2-4$(其中 t 是参数);那么关于 x 的结式是

$$\mathbf{R}=4t(1-t)$$

实际上,条件 $\mathbf{R}=0$ 对应于根($t=1$,这时 $P(2)=Q(2)=0$) 或者次数的某种退化($t=0$ 这时 $P(x)=-2$,$Q(x)=-4$ 没有公根).

方程组. 给了一个方程组

$$\{P_j(z, y_1, y_2, \cdots, y_m) = 0\} \quad (j = 1, \cdots, m) \tag{2}$$

它就定义了一条代数曲线,那么我们就可以通过以下程序提取一个未知数所满足的单个方程.

利用关于 P_m 的结式,我们就可以消去出现在前 $m-1$ 个方程中的所有的 y_m. 从而得到含有 $m-1$ 个变量的由 $m-1$ 个方程组成的新的方程组系(把 z 看成参数,因此基域是$\mathbb{C}(z)$.). 重复该过程就可继续消去 $y_{m-1}, \cdots, y_2$. 我们把这一策略(在更简单的情况下,变量一次接着一次地消去)总结在下面的消去骨架程序中:

消去程序$(P_1, \cdots, P_m, y_1, y_2, \cdots, y_m)$:
{用结式消去 $y_2, \cdots, y_m$}
$(A_1, \cdots, A_m) := (P_1, \cdots, P_m)$;
for j from m by -1 to 2 do
for k from $j-1$ by -1 to 1 do
　　$A_k := (A_k, A_j, y_j)$
Return(A_1)

获得的多项式不必是最小的,在这种情况下,应该注意多元多项式因式分解,以便在每个阶段选择一个有关的因子.(Gröbner 基为这些问题提供了更简洁的方案,见文献[135].)

计算机代数系统通常同时给出结式和得出结式的 Gröbner 基. 然而,在最坏的情况下消去法的复杂性是指数级的:次数本质上是乘法的,这在某种程度上是内在的.

例如,y_0 在 k 个方程组成的二次方程组

$$y_0 - z - y_k = 0, y_k - y_{k-1}^2 = 0, \cdots, y_1 - y_0^2 = 0$$

中(确定了度数为 2^k 的正规树的 OGF)代表一个次数不低于 2^k 的代数函数.

▶**B.1　结式和根.** 设 $P, Q \in \mathbb{C}[x]$ 的根分别是 α_j, β_k,那么

$$\mathbf{R}(P, Q, x) = a_0^{\ell} b_0^m \prod_{i=1}^{\ell} \prod_{j=1}^{m} (\alpha_i - \beta_j) = a_0^{\ell} \prod_{i=1}^{m} Q(\alpha_j)$$

P 的判别式经典地由 $D(P) := \frac{1}{a_0}\mathbf{R}(P(x), P'(x), x)$ 定义,它满足

$$D(P) := \frac{1}{a_0}\mathbf{R}(P(x), P'(x), x) = a_0^{2\ell-2} \prod_{i \neq j} (\alpha_i - \alpha_j)$$

给了 P 的系数和 $D(P)$ 的值，那么就可以求出分隔 P 的任意两个根的最小距离 δ 的一个有效的可计算的界.（提示：设 $A=1+\max_j\left|\frac{a_j}{a_0}\right|$，则每个 α_j 满足 $|\alpha_j|<mA$. 设 $L=\binom{\ell}{2}$，那么 $\delta\geqslant\frac{1}{|a_0|^{2\ell-2}}|D(P)|(2A)^{L-1}$.） ◀

B.2 解析性的等价定义

在第 Ⅳ 章的开始部分引入了两个平行的概念：解析性（由幂级数展开定义）和全纯（由复可微性定义）. 正如任何关于复分析的教科书所论证的，这两个概念是等价的. 由于它们对分析组合学的重要性，本节梗概地描述了它们的等价性的证明，如下所示：

$$
\begin{array}{ccc}
\text{解析性} & \underset{[C]}{\overset{[A]}{\rightleftarrows}} & \mathbb{C}-\text{可微性} \\
 & & \downarrow [B] \\
 & & \text{核积分性质}
\end{array}
$$

A. **解析性蕴含复可微性**. 设 $f(z)$ 在圆盘 $D(z_0;R)$ 内解析. 不失一般性，我们可设 $z_0=0$ 以及 $R=1$（否则可对变量 z 做一个变量替换.）. 根据解析性的定义，级数

$$f(z)=\sum_{n=0}^{\infty}f_n z^n \tag{3}$$

在对所有的 $|z|<1$ 中的 z 收敛. 初等的级数重排首先保证由上面的表达式给出的 $f(z)$ 在 $D(0;1)$ 内部的任何点 z_0 处解析；类似的技巧然后表明导数存在以及导数可以用对式(3) 逐项微分得出. 细节见注记 B.2.

▶**B.2** ［A］**的证明：解析性蕴含可微性**. 形式上，二项式定理给出

$$
\begin{aligned}
f(z) &= \sum_{n\geqslant 0}f_n z^n=\sum_{n\geqslant 0}f_n(z_1+z-z_1)^n \\
&= \sum_{n\geqslant 0}\sum_{k=0}^{n}\binom{n}{k}f_n z_1^k(z-z_1)^{n-k} \\
&= \sum_{m\geqslant 0}c_m(z-z_1)^m \qquad (4)
\end{aligned}
$$

$$c_m:=\sum_{k\geqslant 0}\binom{m+k}{k}f_{m+k}z_1^k$$

设 r_1 是任意小于 $1-|z_1|$ 的数,我们注意到式(4)具有解析意义.实际上,对任意 $A>1$ 和某个常数 $C>0$,我们有系数的上界 $|f_n|\leqslant CA^n$.因此,式(4)中的项以绝对值的二重级数

$$\sum_{n\geqslant 0}\sum_{k=0}^{n}\binom{n}{k}CA^n|z_1|^k r_1^{n-k}=C\sum_{n\geqslant 0}A^n(|z_1|+r_1)^n$$

$$=\frac{C}{1-A(|z_1|+r_1)} \tag{5}$$

为优级数,只要选 $A<\dfrac{1}{|z_1|+r_1}$,它就是绝对收敛的.

在任意点 $z_1\in D(0;1)$ 处的复可微性可用类似的计算导出,对充分小的 δ 成立

$$\frac{1}{\delta}(f(z_1+\delta)-f(z_1))=\sum_{n\geqslant 0}nf_n z_1^{n-1}+\delta\sum_{n\geqslant 0}\sum_{k=2}^{n}\binom{n}{k}f_n z_1^k\delta^{n-k-2}$$

$$=\sum_{n\geqslant 0}nf_n z_1^{n-1}+O(\delta) \tag{6}$$

其中 δ 的系数的界可从类似于式(5)的论证得出. ◀

注记 B.2 的论证表明,z_1 处的导数可通过对表示 f 的级数逐项微分而得出.更一般的所有阶的导数都存在,并且可以用类似的方式得出.由于这个事实,等式(4)也可以用 Taylor 展开式表达(通过对前 k 项进行分组)

$$f(z_1+\delta)=f(z_1)+\delta f'(z_1)+\frac{\delta^2}{2!}f''(z_1)+\cdots \tag{7}$$

一般地,上式对解析函数有效.

B. **复可微性蕴含"核积分"性质**.关于区域 Ω 的核积分性质如下

$$\int_\lambda f(z)\mathrm{d}z=0,\text{对任意闭环 }\lambda\in\Omega$$

(闭环是一个可以收缩到区域中的单个点的封闭的路径.).上式可用 Cauchy-Riemann 方程和 Green 公式证明.

▶**B.3 [B]的证明,核积分性质**.我们从 Cauchy-Riemann 方程开始.设 $P(x,y)=\Re f(x+\mathrm{i}y)$,$Q(x,y)=\Im f(x+\mathrm{i}y)$.在可微性的定义中分别令 $\delta=h$ 和 $\delta=\mathrm{i}h$ 就得出 $P'_x+\mathrm{i}Q'_x=Q'_y-\mathrm{i}Q'_y$,这个式子蕴含了 Cauchy-Riemann 方程

$$\frac{\partial P}{\partial x}=\frac{\partial Q}{\partial y},\frac{\partial P}{\partial y}=-\frac{\partial Q}{\partial x} \tag{8}$$

(函数 P 和 Q 满足偏微分方程 $\Delta f=0$,其中 Δ 是二维 Laplace 算子:$\Delta:=\dfrac{\partial^2}{\partial x^2}+$

$\frac{\partial^2}{\partial y^2}$,这种函数称为调和函数.)可微性给出核积分性质可从 Cauchy-Riemann 方程,并同时考虑多元微积分中的 Green 定理

$$\int_{\partial K} A\,\mathrm{d}x + B\mathrm{d}y = \iint_K \left(\frac{\partial B}{\partial x} - \frac{\partial A}{\partial y}\right)\mathrm{d}x\,\mathrm{d}y$$

而得出,上式对任何由简单闭曲线 ∂K 围成的(复)域 K 成立. ◀

C. **复可微性蕴含解析性**. 出发点是下面的公式

$$f(a) = \frac{1}{2\mathrm{i}\pi}\int_\gamma \frac{f(z)}{z-a}\mathrm{d}z \tag{9}$$

我们只知道 f 及其导数的可微性蕴含核积分性质,但确切地说,这并没有假设存在解析展开式(这里 γ 是在 f 解析的区域内的一条正定向的简单闭曲线.).

▶**B.4** [C]**的证明:积分表示**. 式(9)的证明可从把 $f(z)$ 在原点的积分分解成 $f(z)=f(z)-f(a)+f(a)$ 而得出. 对 $z\neq a$ 定义 $g(z)=\frac{f(z)-f(a)}{z-a}$ 以及 $g(a)=f'(a)$. 由可微性的假设可知 g 在不等于 a 的任何点处是连续的和全纯的(可微的). 因而它沿着 γ 的积分等于 0. 换句话说,我们有

$$\int_\gamma \frac{1}{z-a}\mathrm{d}z = 2\mathrm{i}\pi$$

这只须做简单的计算即可验证. 把 γ 变形成一个围绕 a 的小圆,再设 $z-a=re^{\theta\mathrm{i}}$. ◀

一旦式(9)成立,我们就可以例如,在下面的积分中使用 f 在零点的展开式

$$\begin{aligned} f(z) &= \frac{1}{2\mathrm{i}\pi}\int_\gamma f(t)\frac{\mathrm{d}t}{t-z} \\ &= \frac{1}{2\mathrm{i}\pi}\int_\gamma f(t)\left(1+\frac{z}{t}+\frac{z^2}{t^2}+\cdots\right)\frac{\mathrm{d}t}{t} \\ &= \sum_{n\geqslant 0} f_n z^n \end{aligned}$$

$$f_n := \frac{1}{2\mathrm{i}\pi}\int_\gamma f(t)\frac{\mathrm{d}t}{t^{n+1}}$$

(交换积分和求和并验证其形式收敛性.)这样,从核积分性质就得出了解析性.

▶**B.5** **导数的 Cauchy 公式**. 我们有

$$f^{(n)}(a) = \frac{n!}{2\mathrm{i}\pi}\int_\gamma \frac{f(z)}{(z-a)^{n+1}}\mathrm{d}z$$

这可在式(9)中在积分号下做微分得出. ◀

▶**B.6** Morera **定理**. 假设 f 在开集 Ω 中是连续的(但并不先验地知道它

是否是可微的.）以及它沿着任何 Ω 中的三角形的积分等于 0，那么 f 在 Ω 中就是解析的（因此是全纯的）.（细节可见文献[497]68 页）这个定理在处理显式的（或“可移动”的奇点），例如 $\frac{\cos(z)-1}{\sin(z)}$ 时是有用的. ◀

B.3 Γ－函数

第 Ⅳ 章中的奇点分析本质上涉及 Γ－函数. Γ－函数可以扩展到非整数变量的阶乘. 我们在这个附录中收集了一些关于它的经典事实. 证明可以在经典的文章中找到，如 Henrici 的文献[329]或 Whittaker 和 Watson 的文献[604].

基本性质. Euler 用下面的表达式引入 Γ－函数

$$\Gamma(s)=\int_0^\infty e^{-t}t^{s-1}\,dt \tag{10}$$

其中的积分在 $\Re(s)>0$ 时收敛. 利用分部积分，我们立即得出 Γ－函数所满足的基本的函数方程

$$\Gamma(s+1)=s\Gamma(s) \tag{11}$$

由于 $\Gamma(1)=1$，我们就有 $\Gamma(n+1)=n!$. 因此 Γ－函数是阶乘对于非整数变量的推广. 下面的特殊值

$$\Gamma\left(\frac{1}{2}\right):=\int_0^\infty e^{-t}\frac{dt}{\sqrt{t}}=2\int_0^\infty e^{-x^2}\,dx=\sqrt{\pi} \tag{12}$$

是一个很重要的常数，它蕴含 $\Gamma\left(-\frac{1}{2}\right)=-2\sqrt{\pi}$.

利用式(11)可把 Γ－函数解析延拓到除了极点 $0,-1,-2,\cdots$ 之外的整个复平面 $\mathbb{C}$ 上. 实际上，反向利用 Γ－函数所满足的函数方程可以得出

$$\Gamma(s)\sim\frac{(-1)^m}{m!}\frac{1}{s+m}\quad(s\to-m)$$

因此 $\Gamma(s)$ 在 $s=-m$ 处的留数是 $\frac{(-1)^m}{m!}$. 图 B.1 对 s 的实数值描出了 $\Gamma(s)$ 的图像.

▶**B.7** Gauss **积分的计算.** 定义 $J:=\int_0^\infty e^{-x^2}\,dx$. 为计算这个积分的值，我们的想法是去计算 J^2 的值，我们有

$$J^2=\int_0^\infty\int_0^\infty e^{-(x^2+y^2)}\,dx\,dy$$

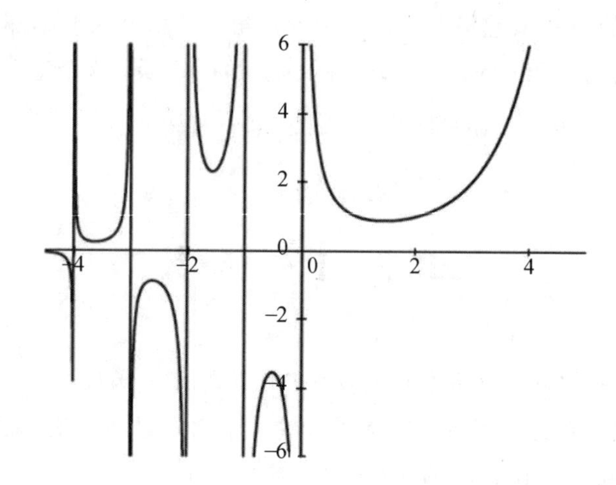

图 B.1　对实的 s，$\Gamma(s)$ 的极点

将其换成极坐标，即令$\sqrt{x^2+y^2}=\rho$，$x=\rho\cos\theta$，$y=\rho\sin\theta$，则根据变量替换公式就得出

$$J^2=\int_0^{\infty}\int_0^{\frac{\pi}{2}}\mathrm{e}^{-\rho^2}\rho\mathrm{d}\rho\mathrm{d}\theta$$

由此即可得出 $J^2=\frac{\pi}{4}$. ◀

Hankel **围道表示**. $\Gamma(s)$ 的 Euler 积分表示结合使用它所满足的函数方程使我们能够把 $\Gamma(s)$ 延拓到整个复平面. Hankel 的直接方法给出了另一种对所有的 s 使得积分有效的途径.

定理 B.1(Hankel 围道积分)　设$\int_{+\infty}^{(0)}$表示一个从上半平面的 $+\infty$ 出发按逆时针方向环绕原点后又在下半平面中趋向于 $+\infty$ 的围道. 那么，对所有的 $s\in\mathbb{C}$ 成立

$$\frac{1}{\pi}\sin(\pi s)\Gamma(1-s)=\frac{1}{\Gamma(s)}=-\frac{1}{2\mathrm{i}\pi}\int_{+\infty}^{(0)}(-t)^{-s}\mathrm{e}^{-t}\mathrm{d}t \tag{13}$$

在式(13)中，设$(-t)^{-s}$在t是负实数时取主值，然后，这个变量可以通过整个围道唯一地扩展. 积分则非常类似于 $\Gamma(1-s)$ 的定义. 式(13) 的前面的式子也可根据下面将要给出的余元公式改写成$\frac{1}{\Gamma(s)}$.

▶**B.8**　Hankel **表示的证明**. 证明的细节，我们推荐读者参考 Henrici 的书[329]的第 2 卷 35 页或 Whittaker 和 Watson 的论文[604]245 页.

满足定理条件的积分围道通常是一个距离正实轴为 1 的围道$\mathcal{H}$，它由三部

分组成：一条在上半平面中平行于正实轴的直线；以原点为中心的连接半圆；一条在下半平面中平行于正实轴的直线. 更确切地说，$\mathcal{H}=\mathcal{H}^+\cup\mathcal{H}^\circ\cup\mathcal{H}^-$，其中

$$\begin{cases}\mathcal{H}^-=\{z=w-\mathrm{i},w\geqslant 0\}\\ \mathcal{H}^+=\{z=w+\mathrm{i},w\geqslant 0\}\\ \mathcal{H}^\circ=\{z=-\mathrm{e}^{\mathrm{i}\phi},\phi\in\left[-\frac{\pi}{2},\frac{\pi}{2}\right]\}\end{cases}\tag{14}$$

设 ε 是一个充分小的正实数，并用 $\varepsilon\cdot\mathcal{H}$ 表示 $\mathcal{H}$ 在变换 $z\mapsto\varepsilon z$ 下的象. 由解析性，对任意 $\varepsilon>0$，我们对积分表示同样可采用积分路径 $\varepsilon\cdot\mathcal{H}$. 证明的主要的思想是让 $\varepsilon\to 0$.

暂时设 $s<0$（然后可以通过解析延拓把自变量扩展到任意的 s.）. 把沿着 $\varepsilon\cdot\mathcal{H}$ 的积分分解成两部分：

1. 沿着半圆的积分等于0. 我们可取一个半径趋于0的小圆并注意 $-s>0$.

2. 当 $\varepsilon\to 0$ 是，上半平面和下半平面中的直线的并的贡献由下式给出

$$\int_{+\infty}^{(0)}(-t)^{-s}\mathrm{e}^{-t}\mathrm{d}t=(-U+L)\int_0^{\infty}t^{-s}\mathrm{e}^{-t}\mathrm{d}t$$

其中 U 和 L 分别表示位于上半平面和下半平面中 $(-1)^{-s}$ 的值.

由主值的连续性，我们有 $U=(\mathrm{e}^{-\mathrm{i}\pi})^{-s}$ 以及 $L=(\mathrm{e}^{+\mathrm{i}\pi})^{-s}$，因此式(13) 的右边就等于

$$-\frac{(-\mathrm{e}^{\mathrm{i}\pi s}+\mathrm{e}^{-\mathrm{i}\pi s})}{2\mathrm{i}\pi}\Gamma(1-s)=\frac{\sin(\pi s)}{\pi}\Gamma(1-s)$$

这就完成了定理的证明. ◀

扩展. Γ－函数在非正整数处具有极点，但是没有零点. 因此，$\frac{1}{\Gamma(s)}$ 是零点为 $0,-1,\cdots$ 的整函数，并且零点的位置可以通过下面的无穷乘积反映出来

$$\frac{1}{\Gamma(s)}=s\mathrm{e}^{\gamma s}\prod_{n=1}^{\infty}\left[\left(1+\frac{s}{n}\right)\mathrm{e}^{-s/n}\right]\tag{15}$$

（所谓的 Weierstrass 类型）. 其中 $\gamma\doteq 0.577\ 21$ 表示 Euler 常数

$$\gamma=\lim_{n\to\infty}(H_n-\log n)\equiv\sum_{n=1}^{\infty}\left[\frac{1}{n}-\log\left(1+\frac{1}{n}\right)\right]$$

Γ－函数的对数导数众所周知是用所谓的 ψ－函数，$\psi(s)$ 表示

$$\psi(s):=\frac{\mathrm{d}}{\mathrm{d}s}\log\Gamma(s)=\frac{\Gamma'(s)}{\Gamma(s)}$$

根据式(15)，$\psi(s)$ 具有部分分式分解

$$\psi(s+1)=-\gamma-\sum_{n=1}^{\infty}\left[\frac{1}{n+s}-\frac{1}{n}\right]\tag{16}$$

从式(16) 可以得出 $\psi(s+1)$ 的 Taylor 展开式,从而得出 $\Gamma(s+1)$ 的 Taylor 展开式,它涉及 Riemann $-\zeta$ 函数 $\zeta(s)=\sum_{n=1}^{\infty}\frac{1}{n^s}$,当 $|s|<1$ 时在正整数处的值

$$\psi(s+1)=-\gamma+\sum_{n=2}^{\infty}(-1)^n\zeta(n)s^{n-1}$$

因此,在任何整数旁边,$\Gamma(s)$ 的展开式的系数都可表示成 Euler 常数 γ 和 $\zeta-$ 函数在整数处的值的多项式,例如,当 $s\to 0$ 时,我们有

$$\Gamma(s+1)=1-\gamma s+\left(\frac{\pi^2}{12}+\frac{\gamma^2}{2}\right)s^2+\left(-\frac{\zeta(3)}{3}-\frac{\pi^2\gamma}{12}-\frac{\gamma^3}{6}\right)s^3+O(s^4)$$

$\Gamma(s)$ 和 $\sin\pi s$ 的无穷乘积公式的另一个直接的结果是 $\Gamma-$ 函数的余元公式

$$\Gamma(s)\Gamma(-s)=-\frac{\pi}{s\sin\pi s} \qquad (17)$$

(译者注:通常习惯上称下面的公式

$$\Gamma(s)\Gamma(1-s)=\frac{\pi}{\sin\pi s}\quad (0<s<1)$$

为余元公式.在此公式中令 $s=\frac{1}{2}$ 即可得出 $\Gamma\left(\frac{1}{2}\right)=\sqrt{\pi}$,而从方程(17) 得不出这一结果,估计有笔误或输入排印错误) 它直接来自正弦函数的因子分解(属于 Euler)

$$\sin s=s\prod_{n=1}^{\infty}\left(1-\frac{s^2}{n^2\pi^2}\right)$$

特别,方程(17) 重新给出特殊值(见式(12))

$$\Gamma\left(\frac{1}{2}\right)=\sqrt{\pi}$$

▶**B.9　$\Gamma-$ 函数的倍元公式.** $\Gamma-$ 函数的倍元公式如下

$$2^{2s-1}\Gamma(s)\Gamma\left(s+\frac{1}{2}\right)=\pi^{\frac{1}{2}}\Gamma(2s)$$

它可以给出 $\Gamma-$ 函数在 $\frac{1}{2}$ 附近的展开式

$$\Gamma\left(s+\frac{1}{2}\right)=\pi^{\frac{1}{2}}-(\gamma+2\log 2)\pi^{\frac{1}{2}}s+$$
$$\left(\frac{\pi^{5/2}}{4}+\frac{(\gamma+2\log 2)^2\pi^{\frac{1}{2}}}{2}\right)s^2+O(s^2)$$

系数现在涉及 $\log 2$ 以及 $\zeta-$ 函数的值. ◀

最后,一个著名的、绝对是基本的渐近公式是 Stirling 逼近,也就是众所周

知的"Stirling 公式"

$$\Gamma(s+1)=s\Gamma(s)\sim s^{s}\mathrm{e}^{-s}\sqrt{2\pi s}\left[1+\frac{1}{12s}+\frac{1}{288s^{2}}-\frac{139}{51\ 840s^{3}}+\cdots\right]$$

这个公式对于(大的)实数 $s\in\mathbb{R}_{>0}$ 有效,更一般的,对所有满足 $|\arg(s)|<\pi-\delta$ 的复数,当 $s\to\infty$ 时有效(其中 $\delta>0$ 是任意正数). 为了得出有效的界,下面的文献[604]253 页中的数量关系是有用的

$$\Gamma(s+1)=s^{s}\mathrm{e}^{-s}\sqrt{2\pi s}\,\mathrm{e}^{\frac{\theta}{12s}},\text{其中 }0<\theta\equiv\theta(s)<1$$

上面的等式对所有的 $s\geqslant 1$ 成立. Stirling 公式通常可对 $\Gamma(s+1)$ 的积分表示应用 Laplace 方法而得出,见附录 B. 6:Laplace 方法,或用 Euler-Maclaurin 求和(注记 A. 7)得出. 而 Euler-Maclaurin 求和可用附录 B. 7 中的 Mellin 变换得出.

▶**B. 10** Euler β－ **函数**. 这个函数用下面的积分对任何满足 $\Re(p)$, $\Re(q)>0$ 的复数定义

$$\mathrm{B}(p,q):=\int_{0}^{1}x^{p-1}(1-x)^{q-1}\mathrm{d}x=\int_{0}^{\infty}\frac{y^{p-1}}{(1+y)^{p+q}}\mathrm{d}y$$

$$=2\int_{0}^{\frac{\pi}{2}}\cos^{2p-1}\theta\sin^{2q-1}\theta\mathrm{d}\theta$$

其中最后的形式就是所谓的 Wallis 积分. Euler β－函数和 Γ－函数有下面的关系

$$\mathrm{B}(p,q)=\frac{\Gamma(p)\Gamma(q)}{\Gamma(p,q)}$$

证明可见文献[604]254 页,它推广了注记 B. 7. ◀

▶**B. 11 关于 Riemann ζ－函数的一些事实**. 我们在这里给出这个函数的一些性质,其初等理论肯定要涉及 Γ－函数,我们从它的定义开始

$$\zeta(s):=\sum_{n\geqslant 1}\frac{1}{n^{s}},\Re(s)>1$$

它在整个复平面 $\mathbb{C}$ 中具有半纯展开式 $\zeta(s)=\frac{1}{s-1}+\gamma+\cdots$,其唯一的极点是 $s=1$,γ 是 Euler 常数. 其特殊值($k\in\mathbb{Z}_{\geqslant 1}$)是

$$\zeta(2k)=\frac{2^{2k-1}\mid B_{2k}\mid}{(2k)!}\pi^{2k},\zeta(-2k+1)=-\frac{B_{2k}}{2k},\zeta(-2k)=0$$

其中 B_{2k} 是 Bernoulli 数. 其他有兴趣的值是

$$\zeta(0)=-\frac{1}{2},\zeta'(0)=-\log\sqrt{2\pi}$$

Riemann ζ－函数所满足的函数方程有很多形式,其中之一是所谓的反射公式

$$\Gamma\left(\frac{s}{2}\right)\pi^{-s/2}\zeta(s)=\Gamma\left(\frac{1-s}{2}\right)\pi^{-(1-s)/2}\zeta(1-s)$$

证明本质上是应用 Mellin 变换(附录 B. 7,特别是注记 B. 26 中的等式(46))以及 Hankel 围道. 在文献[186,578,604] 中可以找到容易接受的介绍. ◀

B. 4 完整函数

Doron Zeilberger 的文献[626] 给离散数学家引入了一个强大的框架,即完整函数的框架,它起源于经典的微分代数的文献[72,133],并在特殊函数和符号计算的理论(如文献[480])、组合恒等式和组合枚举中找到了大量的应用. 在这几页中,我们只能对这个精彩的理论给予一个(太) 简短的定向导游. 从分析组合学视角出发的主要贡献属于 Stanley 的文献[551],Zeilberger 的文献[626],Gessel 的文献[289] 和 Lipshitz 的文献[409,410]. 就像我们将要看到的那样,存在一个在普遍性和效力上不断加强的链

有理函数 → 代数函数 → 完整函数

我们在 Ⅶ. 9. 1("正规" 奇点) 和 Ⅷ. 7("不规则" 奇点) 中已经见证了有关的渐近问题.

一元完整函数. 完整函数①是一个系数为有理函数的线性微分方程或微分方程组的解. 其中一元完整函数的理论是基本的.

定义 B. 1 称一个形式幂级数(或函数)$f(z)$ 是完整的,如果它满足一个线性微分方程

$$c_0(z)\frac{\mathrm{d}^r}{\mathrm{d}z^r}f(z)+c_1(z)\frac{\mathrm{d}^{r-1}}{\mathrm{d}z^{r-1}}f(z)+\cdots+c_r(z)f(z)=0 \tag{18}$$

其中的系数 $c_j(z)$ 在有理函数域 $\mathbb{C}(z)$ 中. 等价的,如果 $\mathbb{C}(z)$ 上由 $f(z)$ 的所有导数 $\{\partial^j f(z)\}_{j=0}^{\infty}$ 的集合所生成的向量空间是有限维的,则 $f(z)$ 是完整的.

如果需要,消去分母后,可设式(18) 中的系数 $c_j(z)$ 都是多项式. 这就得出完整函数 $f(z)$ 的系数满足以下递推关系

$$\hat{c}_s(n)f_{n+s}+\hat{c}_{s-1}(n)f_{n+s-1}+\cdots+\hat{c}_0(n)f_n=0 \tag{19}$$

其中 $\hat{c}_j(n)$($n\geqslant n_0$,n_0 是某个正整数) 是多项式. 递推关系(19) 就是所谓的 $P-$

---

① 同义名称是 $\partial-$ 有限或 $D-$ 有限函数.

递推(完整函数系数的定义和它的 P — 递推性质这两种说法是等价的.).

像 e^z, $\log z$, $\cos(z)$, $\arcsin(z)$, $\sqrt{1+z}$ 和 $\mathrm{Li}_2(z) := \sum_{n\geqslant 1}\frac{z^n}{n^2}$ 这样的函数都是完整的. 像 $\sum \frac{z^n}{(n!)^2}$ 和 $\sum n!\ z^n$ 这样的形式幂级数也是完整的. 像 $\frac{1}{n+1}\binom{2n}{n}$, $\frac{2^n}{n^2+1}$ 这样的序列都是完整函数的系数,并且是 P — 递推的. 然而,像 $\sqrt{n}$, $\log n$ 这样的序列都不是 P — 递推的,这一事实可以通过验证相关的生成函数的奇点来证明文献[232]. 同理 $\tan z$, $\sec z$ 和 $\Gamma(z)$ 都由于有无穷多个奇点,因而不是完整的.

完整函数具有丰富的封闭属性. 定义两个函数的 Hadamard 积 $h=f\odot g$ 是它们的级数表示的逐项乘积

$$[z^n]h(z)=([z^n]f(z))([z^n]g(z))$$

则我们有以下定理.

定理 B.2　一元完整函数的封闭性. 一元完整函数的类在下列运算下是封闭的:和($+$),积($\times$),Hadamard 积($\odot$),微分(∂_z),不定积分($\int^z$)和代数代换($z\to y(z)$,其中 $y(z)$ 是代数函数).

证明　这只不过是向量空间的一道练习题. 例如,设 $\mathrm{VS}(\partial^* f)$ 是$\mathbb{C}(z)$上由所有的导数$\{\partial_z^j f\}_{j\geqslant 0}$生成的向量空间,如果 $h=f+g$(或 $h=f\cdot g$),那么 $\mathrm{VS}(\partial^* f)$ 是有限维的,由于它被包含在直和 $\mathrm{VS}(\partial^* f)\oplus \mathrm{VS}(\partial^* g)$ 中(分别为张量积 $\mathrm{VS}(\partial^* f)\otimes \mathrm{VS}(\partial^* g)$). 对于 Hadamard 积产品,如果 $h_n=f_n g_n$,那么对量 $h_n^{(i,j)}=f_{n+1}g_{n+1}$ 可以得出一个关于 f_n, g_n 的递推的方程组,然后再得出一个单个的 P — 递推方程. 代数代换下的封闭性可用注记 B.12 的方法得出. 详情可见 Stanley 的历史性论文[551]和他的书[554]第 6 章.

▶**B.12　代数函数是完整的.** 设 $y(z)$ 满足 $P(z,y(z))=0$,其中 P 是一个多项式. 任何非退化的有理函数 $Q(z,y(z))$ 都可以表示成系数在$\mathbb{C}(z)$中的 $y(z)$ 的多项式.(证明:设 D 是 Q 的分母. 那么利用 Bezout 关系式 $AP-BD=1$(在$\mathbb{C}(x)[y]$中)就可把$\frac{1}{D}$表示成 y 的多项式,其中 Bezout 关系式可通过(y 的)多项式的求 gcd 的算法得出.)然后,y 的所有的导数就都属于$\mathbb{C}(z)$上由 $1, y, \cdots, y^{d-1}$ 生成的空间中,其中 $d=\deg_y P(x,y)$.(Abel 已经知道代数函数是完整的这一事实(文献[1]287 页). 最近,Comtet 的文献[128]已经描述了一种算法.）定理 B.2 中断言的在替换（$y \mapsto y(z)$）下的封闭性可以按照类似的路线建立.

◀

Zeilberger 观察到可以用有限的信息来确定系数在 $\mathbb{Q}$ 中的完整函数. 这个子类中的相等可用下面所示的框架算法判定（详细的成立条件省略）.

算法 Z：确定两个完整函数 $A(z)$，$B(z)$ 是否相等

设 Σ，T 分别是 A，B 的完整描述（通过方程或方程组）；计算 $h := A - B$：的完整微分方程 Υ；

设 e 是 Υ 的阶，

如果 $h(0) = h'(0) = \cdots = h^{(e-1)}(0)$，则输出"相等"

在 Petkovsek，Wilf 和 Zeilberger 的名为"$A = B$"的书[480]中充分说明了这一方法在组合恒等式和特殊函数恒等式中的应用. 对这一方法的兴趣由于强有力的符号操作系统和算法而得到了加强：Salvy 和 Zimmermann 的文献[531]已经实行了一元代数封闭操作；Chyzak 和 Salvy 的文献[120，123]已经发展了下面将要讨论的多元完整性算法.

例 B.1 Euler-Landen **关于双对数的恒等式**. 像通常那样设 $\mathrm{Li}_\alpha(z) := \sum_{n\geqslant 1} \frac{z^n}{n^\alpha}$ 代表多对数函数（Ⅵ.8 节）. 大约在 1760 年，Landen 和 Euler 在他们的书[52]247 页中已经发现了下面的双对数恒等式

$$\mathrm{Li}_2\left(-\frac{z}{1-z}\right) = -\frac{1}{2}\log^2(1-z) - \mathrm{Li}_2(z) \tag{20}$$

（容易）将上式对应成一个关于系数的恒等式

$$\sum_{k=1}^{n} \binom{n-1}{k-1} \frac{(-1)^k}{k^2} = -\frac{1}{n^2} - \sum_{k=1}^{n-1} \frac{1}{k(n-k)} \tag{21}$$

并且（在 $z = \frac{1}{2}$ 处）得出一个无穷级数表达式

$$\begin{aligned}\mathrm{Li}_2\left(\frac{1}{2}\right) &= \sum_{n\geqslant 1} \frac{1}{n^2 2^n} \\ &= \frac{\pi^2}{12} - \frac{1}{2}\log^2 2\end{aligned}$$

把式（20）的左边和右边分别写成 A 和 B，则根据封闭性，我们可以分阶段地构造 A 和 B 所满足的微分方程

$$\begin{aligned}
&\mathrm{Li}_1(z): && (1-z)\partial^2 y - \partial y = 0\\
&\mathrm{Li}_1(z)^2: && (1-z)^2\partial^3 y + 3(1-z)\partial^2 y + \partial y = 0\\
&\mathrm{Li}_2(z): && z(1-z)\partial^3 y + (2-3z)\partial^2 y - \partial y = 0 \quad (22)\\
&B(z): && z^3(36z^5+\cdots)(1-z)^6\partial^9 y + \cdots - 48(225z^5+\cdots)\partial y = 0\\
&A(z): && z(1-z)^2\partial^3 y + (1-z)(2-5z)\partial^2 y - (3-4z)\partial y = 0
\end{aligned}$$

因而 $A-B$ 先验地属于一个 $12=3+9$ 维的向量空间.因此,为了证明恒等式 $A=B$,只须验证式(20)的两边的展式中12(向量空间维数的一个上界)阶以下的项是一致的即可.等价的,利用式(22)的自动计算,为了完全地证明这一等式,只须验证式(21)中的足够多的情况即可.

▶**B.13 作为微分方程组的解的完整函数**.(这是注记Ⅶ.48的简单结果.)一个满足系数在 $\mathbb{C}(z)$ 中的 m 阶的线性微分方程的完整函数 $y(z)$ 也是一个系数为有理数的维数为 m 的一阶微分方程组的第一个分量:$y(z)=Y_1(z)$,其中

$$\begin{cases}\dfrac{\mathrm{d}}{\mathrm{d}z}Y_1(z)=a_{11}(z)Y_1+\cdots+a_{1m}(z)Y_m(z)\\ \quad\vdots\\ \dfrac{\mathrm{d}}{\mathrm{d}z}Y_m(z)=a_{m1}(z)Y_1+\cdots+a_{mm}(z)Y_m(z)\end{cases}\tag{23}$$

其中,每个 $a_{i,j}(z)$ 都是有理函数.反之,任何 $a_{i,j}\in\mathbb{C}(z)$ 的方程组(23)的解都是定义B.1意义下的完整函数. ◀

▶**B.14 Laplace变换**.设 $f(z)=\sum_{n\geqslant 0}f_n z^n$ 是一个形式幂级数,它的(形式)Laplace变换 $g=\mathcal{L}[f]$ 定义成下面的形式幂级数

$$\mathcal{L}[f](x)=\sum_{n=0}^{\infty}n!\ f_n x^n$$

(因而,Laplace变换方便地把EGF转变成了OGF.)在适当的收敛条件下,可把Laplace变换解析地表示成

$$\mathcal{L}[f](x)=\int_0^{\infty}f(xz)\mathrm{e}^{-z}\mathrm{d}z$$

成立下面的性质:一个级数是完整的当且仅当它的Laplace变换是完整的(提示:利用 $P-$ 递推式(19).). ◀

▶**B.15 超几何函数**.习惯上用符号 $(a)_n$ 表示下降的阶乘 $a(a-1)\cdots(a-n+1)$,我们用下面的式子定义一个有三个参数 a,b,c 和一个变元 z 的一元函数

$$F[a,b;c;z]=1+\sum_{n=1}^{\infty}\frac{(a)_n(b)_n}{(c)_n}\frac{z^n}{n!}\tag{24}$$

这就是所谓的超几何函数.它满足下面的微分方程

$$z(1-z)\frac{\mathrm{d}^2 y}{\mathrm{d}z^2}+(c-(a+b+1)z)\frac{\mathrm{d}y}{\mathrm{d}z}-aby=0 \tag{25}$$

因此超几何函数肯定是一个完整函数.一个容易接受的介绍可见文献[604]XIV 章.

依赖于 $p+q$ 个参数 $a_1,\cdots,a_p$ 和 $c_1,\cdots,c_q$ 的广义超几何函数(或级数)的定义是

$$_pF_q[a_1,\cdots,a_p;c_1,\cdots,c_q;z]=1+\sum_{n=1}^{\infty}\frac{(a_1)_n\cdots(a_p)_n}{(c_1)_n\cdots(c_q)_n}\frac{z^n}{n!} \tag{26}$$

因此,式(24)中的 F 就是 $a\,_2F_1$.有很多关于超几何函数的恒等式,见文献[193,542],其中很多(但不是全部)都可以用算法 Z 加以验证. ◀

多元完整函数. 设 $\boldsymbol{z}=(z_1,\cdots,z_m)$ 是一族变量构成的向量,$C(\boldsymbol{z})$ 是由变量 $\boldsymbol{z}$ 的分式构成的域.对 $\boldsymbol{n}=(n_1,\cdots,n_m)$,我们定义 $\boldsymbol{z}^{\boldsymbol{n}}$ 是 $z_1^{n_1}\cdots z_m^{n_m}$ 以及 $\partial^{\boldsymbol{n}}$ 是 $\partial_{z_1^{n_1}}\cdots\partial_{z_m^{n_m}}$.

定义 B.2 称一个多元的形式幂级数(或函数)是一个完整函数,如果由所有导数 $\partial^{\boldsymbol{n}}f(\boldsymbol{z})$ 在$\mathbb{C}(\boldsymbol{z})$上生成的向量空间是有限维的.

由于偏导数 $\partial_{z_1}^{j}f$ 是有界的,所以一个多元完整函数满足下面形式的微分方程

$$c_{1,0}(\boldsymbol{z})\frac{\partial^{r_1}}{\partial z_1^{r_1}}f(\boldsymbol{z})+\cdots+c_{1,r1}(\boldsymbol{z})f(\boldsymbol{z})=0$$

以及类似的对于 $z_2,\cdots,z_m$ 的微分方程.(任何可能具有偏导数的方程组允许我们用有限数的偏导数确定所有的用于定义多元完整函数的偏导数.)定义方程可以通过去分母(乘以方程组中的所有分母的 l.c.m)而得出.结果就是多元完整函数满足一个系数为多项式的特定的递推方程组,在文献[410]中描述了它的特征.

把 $f(\boldsymbol{z})$ 看成 z_1,z_2 的函数(把其他的变量看成参数),并且把它简写成 $f(z_1,z_2)$,则关于变量 z_1,z_2 的对角化就是

$$\mathrm{Diag}_{z_1,z_2}[f(z_1,z_2)]=\sum_{v}f_{v,v}z_1^{v}$$

其中 $f(z_1,z_2)=\sum_{n_1,n_2}f_{n_1,n_2}z_1^{n_1}z_2^{n_2}$.

这样,像单变量的情况一样就定义了关于特殊变量(即 z_1)的 Hadamard 积.

定理 B.3 **多元完整函数的封闭性.** 多元完整函数的类在下列运算下是封

闭的：和(+)，积(×)，Hadamard积(⊙)，微分(∂)，不定积分($\int$)和特定化(把某些变量看成常数)和对角化.

这个非凡的定理的初等证明(从某种意义上来说它还没有使用微分代数的高级概念有吸引力)是由Lipshitz在文献[409,410]中给出的.封闭定理及伴随它的算法(文献[120,570])使我们有可能自动地取证明或验证恒等式，在这些恒等式中有许多是非平凡的.例如，Apéry在证明$\zeta(3)=\sum_{n\geqslant 1}\frac{1}{n^3}$的无理性时，引入了组合序列

$$A_n=\sum_{k=0}^{n}\binom{n}{k}^2\binom{n+k}{k}^2 \tag{27}$$

并必须证明它满足递推关系(文献[588])

$$(n+1)^3B_n+(n+2)^3B_{n+2}-(2n+3)(17n^2+51n+39)B_{n+1}=0 \tag{28}$$

其中$B_1=5$，$B_2=73$.显然，由式(28)的$P-$递推定义的序列B_n的生成函数$B(z)$是一个一元的完整函数.反复使用多元完整函数的封闭定理表明序列(27)的序列A_n的普通生成函数$A(z)$是完整的.(确实，我们可从确切的关系式

$$\sum_{n_1,n_2}\binom{n_1}{n_2}z_1^{n_1}z_2^{n_2}=\frac{1}{1-z_1(1+z_2)}$$

$$\sum_{n_1,n_2}\binom{n_1+n_2}{n_2}z_1^{n_1}z_2^{n_2}=\frac{1}{1-z_1-z_2}$$

出发并适当地应用Hadamard积和对角化运算.)这就给出了$A(z)$所满足的常微分方程，然后就可通过对足够多的初始的n值验证A_n和B_n相等来完成证明.

有无穷多个变量的完整函数. 设f是一个具有无穷多个变量$x_1,x_2,\cdots$的幂级数，$S\subset\mathbb{Z}_{\geqslant 1}$是下标的子集.令$f_S$表示变量的集合，其中所有下标不属于$S$的变量都是0.按照Gessel的文献[289]，称级数f是完整的，如果对每个有限的S，(对于$s\in S$的变量x_s)f_S都是完整的.对于级数f是对称的情况，Gessel已经开发了一个强大的算法，这一算法在组合枚举上具有惊人的效果.

称一个无向图是k正规的，如果它的每个顶点的度数都恰等于k.一个标准的Young表是整数分拆的Ferrers图，其中行和列中的元素都是连续递增的整数.经典的Robinson-Schensted-Knuth对应建立了长度为n排列和容量为n的同样形状的Young表的对之间的$1-1$对应.这个对中的Young表的共同高度对应了一个排列σ，Young表的长度与σ的最长的递增的子序列的长度一致.一个$k\times n$的拉丁方是一个元素为$1,2,\cdots,n$的，并且每行和每列的元素都不同的

$k\times n$ 矩阵(因此它是"不一致" 排列的 k 元组.).

Gessel算法(文献[288,289])给出了建立很多组合结构的生成函数的完整性的统一方法,例如:Young 表,一致的多重集的排列,排列的递增子序列,拉丁方,正规图,具有固定行和或列和的矩阵,等等.例如:拉丁方和高度至多为 k 的 Young表,$k-$正规图,最长的递增子序列的长度等于 k 的排列的生成函数都是完整函数.特别,最长的递增子序列的长度 $\leqslant k$ 的长度为 n 的排列的数目 $Y_{n,k}$ 满足

$$\sum_{n\geqslant 0}Y_{n,k}\frac{z^{2n}}{(n!)^2}=\det|\boldsymbol{I}_{|i-j|}(2z)|_{1\leqslant i,j\leqslant k}\quad \left(I_v(2z)=\sum_{n=0}^{\infty}\frac{x^{2n+v}}{n!\ (n+v)!}\right) \tag{29}$$

因而对应的 GF 可用 Bessel 函数的行列式表出.其他的应用可见文献[122,444].

有关完整函数的渐近问题可见 Ⅶ.9.1 小节和 Ⅷ.7 节.

B.5 隐函数定理

在实分析中,隐函数定理断言,对充分光滑的二元函数 $F(z,w)$,如果 (z_0,w_0) 是 $F(z,w)$ 的化零点,同时偏导数 $F'_w(z_0,w_0)\neq 0$,则方程 $F(z,w)=0$ 在 (z_0,w_0) 附近存在解(因此有 $F(z_0,w_0)=0$).这个定理可以扩展到复变量函数上去,这对分析递归结构是至关重要的.

不失一般性,不妨设 $(z_0,w_0)=(0,0)$.我们这里在多圆盘中具有收敛表示的意义下考虑对两个复变量都解析的函数 $F(z,w)$

$$F(z,w)=\sum_{m,n\geqslant 0}f_{m,n}z^mw^n\quad (|z|<R,\ |w|<S) \tag{30}$$

其中 $R,S>0$(见附录 B.8:多复变函数).

定理 B.4　解析隐函数定理.设 F 在 $(0,0)$ 附近是二元解析的.假设 $F(0,0)\equiv f_{0,0}=0$,以及 $F'_w(0,0)\equiv f_{0,1}\neq 0$,则存在一个在 0 的邻域 $|z|<\rho$ 中解析的函数 $f(z)$,使得 $f(0)=0$,并且

$$F(z,f(z))=0,\ |z|<\rho$$

▶**B.16　隐函数定理的证明**.细节见 Hille 的书[334].

(ⅰ)用留数证明.利用幅角原理和 Rouché 定理来看,方程 $F(z,w)$ 当 $|z|$ 充分小时在0的附近具有唯一解.然后根据留数定理就可得出结果.留数作

为一个围道积分表示所有这个方程的解的和，其中的积分路线是 w 平面上一个围绕零点的充分小的围道，这时我们有

$$f(z)=\frac{1}{2\mathrm{i}\pi}\int_C w\,\frac{F_w^i(z,w)}{F(z,w)}\mathrm{d}w \tag{31}$$

（注记 Ⅳ.39）可以验证它是 z 的解析函数.

（ⅱ）用优级数证明. 设 $G(w):=w-\frac{1}{f_{0,1}}F(z,w)$，那么方程 $F(z,w)=0$ 就成为 $w=G(w)$，而方程 $F(z,w)=0$ 的解就成了方程 $w=G(w)$ 的不动点. 二元级数 G 的系数逐项地被函数

$$\hat{G}(z,w)=\frac{A}{(1-z/R)(1-w/S)}-A-A\frac{w}{S}$$

的展开式的系数囿于上（即 $\hat{G}(w)$ 构成 G 的优级数.）. 方程 $w=\hat{G}(w)$ 是二次的，它具有一个在零点解析的解 $\hat{f}(z)$

$$\hat{f}(z)=A\frac{z}{R}+\frac{A(A^2+AS+S^2)}{S^2}\frac{z^2}{R^2}+\cdots$$

它的系数逐项地优于 f 的系数.

（ⅲ）迭代逼近的 Picard 方法. 设 G 和前面一样，定义函数序列如下

$$\phi_0(z):=0;\phi_{i+1}(z)=G(z,\phi_j(z))$$

其中每个函数都在零点的充分小的邻域中解析. 然后函数 $f(z)$ 即可作为下面的极限而得出

$$f(z)=\lim_{j\to\infty}\phi_j(z)\equiv\phi_0(z)-\sum_{j=0}^{\infty}(\phi_j(z)-\phi_{j+1}(z))$$

它本身的解析性可以利用级数是按几何级数速度收敛的而得到验证. ◀

Weierstrass **预备定理**. Weierstrass 预备定理（WPT）习惯上也称为 Vorbereitungssatz（德语：准备），是隐函数定理的一个有用的补充定理.

给定变量的集合 $\mathbf{z}=(z_1,\cdots,z_m)$，我们通常用$\mathbb{C}[[\mathbf{z}]]$表示未定元 $\mathbf{z}$ 的形式幂级数所构成的环. 设 $C\{\mathbf{z}\}$ 表示在$(0,\cdots,0)$附近收敛的形式幂级数，即解析的形式幂级数构成的（见附录 B.8：多复变函数.）.

定理 B.5（Weierstrass 预备定理）设 $F=F(z_1,\cdots,z_m)$ 在$\mathbb{C}[[\mathbf{z}]]$中（在 $C\{\mathbf{z}\}$ 中），使得 $F=F(0,\cdots,0)=0$，并且 F 至少依赖于一个 z_j，$j\geqslant 2$（即 $F(0,z_2,\cdots,z_m)$ 不横等于 0.）. 定义形式为

$$W(\mathbf{z})=\mathbf{z}^d+g_1\mathbf{z}^{d-1}+\cdots+g_d$$

的多项式为 Weierstrass 多项式，其中 $g_j\in\mathbb{C}[[z_2,\cdots,z_m]]$（属于$\mathbb{C}\{z_2,\cdots,$

$z_m\}$)，并且 $g_j(0,\cdots,0)=0$，则 F 具有唯一的因式分解式

$$F(z_1,z_2,\cdots,z_m)=W(z_1)\cdot X(z_1,\cdots,z_m)$$

其中 $W(z)$ 是 Weierstrass 多项式，而 X 是 $\mathbb{C}[[z_1,\cdots,z_m]]$($\mathbb{C}\{z_1,\cdots,z_m\}$) 中满足 $X(0,0,\cdots,0)\neq 0$ 的元素.

▶**B.17** Weierstrass **预备定理：证明的梗概.** 一个可以接受的证明和形式代数结果的讨论可见 Abhyankar 的讲义[2] 第 16 章.

本书中使用的是这个定理的解析版本. 我们对有代表性的情况 $m=2$ 证明这一定理，并且把 $F(z_1,z_2)$ 写成 $F(z,w)$. 首先 $F(z,w)=0$ 的根的数目由下面的积分公式给出

$$\frac{1}{2\mathrm{i}\pi}\int_{\gamma}\frac{F'_w(z,w)}{F(z,w)}\mathrm{d}w \tag{32}$$

其中 γ 是 w 平面上环绕 0 的小围道. 存在足够小的包含 0 的开集 Ω 使得式(32) 中的量是 z 的解析函数，这个量是一个常数并且是一个整数，因此必须等于它在 $z=0$ 时的值，我们称之为 d. 这个数量 d 是作为方程 $F(0,w)=0$ 的根的重数. 换句话说，我们已经表明，如果 $F(0,w)=0$ 有 d 个等于 0 的根，那么就有 d 个接近 0 的 w 的值(在 γ 内) 使得 $F(z,w)=0$，条件是 z(在 Ω 内) 保持足够小.

设 $y_1,\cdots,y_d$ 是这 d 个根，那么我们有下面的对称幂和函数

$$y_1^r+\cdots+y_r^d=\frac{1}{2\mathrm{i}\pi}\int_{\gamma}\frac{F'_w(z,w)}{F(z,w)}w^r\mathrm{d}w$$

当 z 充分接近于 0 时，它是 z 的解析函数. 有一个关于对称函数的结果(注记 Ⅲ.64)，它说 $y_1,\cdots,y_r$ 是系数是解析的多项式 W 的解，它唯一地定义了一个 Weierstrass 多项式，最后因式分解就可由 $\frac{F}{W}$ 的奇点是可去除的得出. ◀

本质上，根据定理 B.5，由超越等式(等式 $F=0$) 隐式定义的函数在局部具有与代数函数相同的性质(对应于等式 $W=0$). 特别对于 $m=2$，当解具有奇点时，这些奇点只能是分支点，并且具有 Puiseux 展开(Ⅶ.7 节). 当扰动奇点展开时由于这一定理可以得到更大的好处，因而在第 Ⅸ 章中提取极限律时变得更加重要(对应于 $m\geqslant 3$).

▶**B.18 多元隐函数定理.** 下面的定理 B.4 的扩展对于方程组的解是重要的(Ⅶ.6 节). 叙述这一定理需要用到多元解析函数的概念(附录 B.8).

定理 B.6 多元隐函数定理. 设 $f_i(x_1,\cdots,x_m;z_1,\cdots,z_p)$，$j=1,\cdots,m$ 在点 $x_j=a_j$，$z_k=c_k$ 的邻域中是解析函数. 假设其 Jacobi 行列式

$$J:=\det\left(\frac{\partial f_i}{\partial x_j}\right)$$

在所考虑的点处不等于0,那么(关于 x_j 的)方程

$$y_i = f_i(x_1, \cdots, x_m; z_1, \cdots, z_p) \quad (i = 1, \cdots, m)$$

在 a_j 附近具有解 x_j,当 z_k 充分接近 c_k,并且 y_i 充分接近 $b_i := f_i(a_1, \cdots, a_m; c_1, \cdots, c_p)$ 时,我们有

$$x_j = g_j(y_1, \cdots, y_m; z_1, \cdots, z_p)$$

其中,每个 g_j 在点 $(b_1, \cdots, b_m; c_1, \cdots, c_p)$ 的邻域中都是解析的.

基本思想是由 Jacobi 矩阵 $\left(\frac{\partial f_i}{\partial x_j}\right)$ 确定的线性近似是可逆的. 因此,x_j 在局部是线性依赖于 y_j,z_k 的,因此它们是解析的. ◀

B.6 Laplace 方法

Laplace 方法适用于渐近地估计一个依赖于大参数 n(n 可以是一个整数或者实数)的实积分. 尽管这个方法主要是一种实分析的技巧,但我们详细地给出了它与鞍点方法的关系,后者是处理复的围道积分的.

个案的研究:Wallis 积分. 为了说明这一方法的本质,我们首先考虑 Wallis 积分的渐近估计问题,即当 $n \to \infty$ 时,以下积分

$$I_n := \int_{-\pi/2}^{\pi/2} (\cos x)^n \mathrm{d}x \tag{33}$$

的估计问题. 余弦函数在 $x = 0$ 处达到最大值(其值为1),由于被积函数 I_n 是一个大的幂,因此在任何包含0的固定线段外的部分上对积分的贡献都是指数小的,因而在渐近的估计积分时都可以丢弃. 当 n 变化时,从 $\cos^n x$ 的图像(图 B.2)可以看出当 n 增加时,被积函数在中心附近趋于一个钟形的轮廓. 令 $x = \frac{w}{\sqrt{n}}$,不难验证:从局部展开式就可以得出

$$\cos^n x \equiv \exp(n\log \cos(x)) = \exp\left(-\frac{w^2}{2} + O(n^{-1}w^4)\right) \tag{34}$$

只要 $w = O(n^{\frac{1}{4}})$,渐近估计就是有效的. 因此我们选(在某种程度上是任意的)

$$\kappa_n := n^{\frac{1}{10}}$$

并且用 $|w| \leqslant \kappa_n$ 定义中心范围. 这种考虑建议我们把积分重写成

$$I_n = \frac{1}{\sqrt{n}} \int_{-\pi\sqrt{n}/2}^{+\pi\sqrt{n}/2} \left(\cos \frac{w}{\sqrt{n}}\right)^n \mathrm{d}w$$

并期望在这种新形式下所考虑的积分可由中心范围内的 Gauss 积分近似地得出.

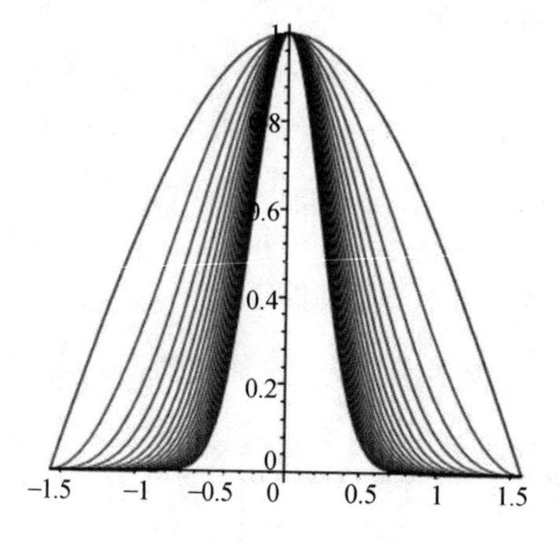

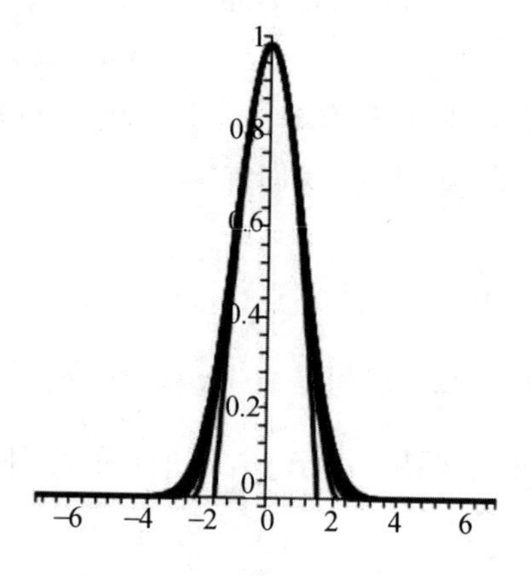

图 B.2　对 $n=1,\cdots,20$，$\cos^n x$（左边）和$\cos^n\left(\frac{w}{\sqrt{n}}\right)$（右边）的图形

Laplace 由三个步骤组成：

（ⅰ）抛弃原积分的尾部；

（ⅱ）用 Gauss 积分在中心区域进行渐近；

（ⅲ）完成 Gauss 积分的尾部.

在余弦积分(33) 的情况下，渐近估计的链条总结在图 B.3 中，分析的细节如下.

$$
\begin{aligned}
\int_{-\frac{\pi}{2}}^{\frac{\pi}{2}} \cos^n dx &= \frac{1}{\sqrt{n}}\int_{-\frac{\pi}{2}\sqrt{n}}^{\frac{\pi}{2}\sqrt{n}} \left(\cos\frac{w}{\sqrt{n}}\right)^n \mathrm{d}w \quad \left(\text{设 } x=\frac{w}{\sqrt{n}}, \text{并选 } \kappa_n = n^{\frac{1}{10}}\right)\\
&\sim \frac{1}{\sqrt{n}}\int_{-\kappa_n}^{\kappa_n} \left(\cos\frac{w}{\sqrt{n}}\right)^n \mathrm{d}w \quad (\text{忽略尾部})\\
&\sim \frac{1}{\sqrt{n}}\int_{-\kappa_n}^{\kappa_n} \mathrm{e}^{-\frac{w^2}{2}}\mathrm{d}w \quad (\text{中心逼近})\\
&\sim \frac{1}{\sqrt{n}}\int_{-\infty}^{+\infty} \mathrm{e}^{-\frac{w^2}{2}}\mathrm{d}w \quad (\text{完成尾部})\\
&\sim \sqrt{\frac{2\pi}{n}}
\end{aligned}
$$

图 B.3　Laplace 方法的一个典型的应用

（ⅰ）忽略原积分的尾部. 由式(34)，我们有

$$\cos^n\left(\frac{\kappa_n}{\sqrt{n}}\right) \sim \exp\left(-\frac{1}{2}n^{1/5}\right)$$

由于被积函数是单峰的，因此只要 $|w|>\kappa_n$，即在大部分积分区间上被积函数

都是指数小的.这就给出

$$I_n=\int_{-\kappa_n/\sqrt{n}}^{+\kappa_n/\sqrt{n}}\cos^n x\,\mathrm{d}x+O\left(\exp\left(-\frac{1}{2}\kappa_n^2\right)\right) \tag{35}$$

误差项的阶是 $\exp\left(-\frac{1}{2}n^{\frac{1}{5}}\right)$.

(ⅱ)在中心区域用 Gauss 函数逼近被积函数.在中心区域,我们有

$$\begin{aligned}I_n^{(1)}:&=\int_{-\kappa_n/\sqrt{n}}^{+\kappa_n/\sqrt{n}}\cos^n x\,\mathrm{d}x=\frac{1}{\sqrt{n}}\int_{-\kappa_n}^{+\kappa_n}\mathrm{e}^{-w^2/2}\exp(O(n^{-1}w^4))\mathrm{d}w\\&=\frac{1}{\sqrt{n}}\int_{-\kappa_n}^{+\kappa_n}\mathrm{e}^{-w^2/2}(1+O(n^{-1}w^4))\mathrm{d}w\\&=\frac{1}{\sqrt{n}}\int_{-\kappa_n}^{+\kappa_n}\mathrm{e}^{-w^2/2}\mathrm{d}w+O(n^{-3/5})\end{aligned} \tag{36}$$

这对在积分区间中的 w 给出了逼近(34)的一致性.

(ⅲ)完成 Gauss 积分的尾部.当看出尾部是很小时,式(36)的最后一行中的不完全 Gauss 积分就容易估计了,确切地说,对于 $W\geqslant 0$,我们有

$$\int_W^{\infty}\mathrm{e}^{-w^2/2}\mathrm{d}w\leqslant\mathrm{e}^{-W^2/2}\int_0^{\infty}\mathrm{e}^{-h^2/2}\mathrm{d}h\equiv\sqrt{\frac{\pi}{2}}\mathrm{e}^{-W^2/2}$$

(做变量替换 $w=W+h$)因而就有

$$\int_{-\kappa_n}^{+\kappa_n}\mathrm{e}^{-w^2/2}\mathrm{d}w=\int_{-\infty}^{+\infty}\mathrm{e}^{-w^2/2}\mathrm{d}w+O\left(\exp\left(-\frac{1}{2}\kappa_n^2\right)\right) \tag{37}$$

现在只要把三个逼近(35)(36)和(37)合起来,我们就得出

$$I_n=\frac{1}{\sqrt{n}}\int_{-\infty}^{+\infty}\mathrm{e}^{-w^2/2}\mathrm{d}w+O(n^{-3/5})\equiv\sqrt{\frac{2\pi}{n}}+O(n^{-3/5}) \tag{38}$$

这三步就构成了 Laplace 方法.

▶**B.19　完全的渐近展开式**.在尺度渐近问题上,尾部中的指数小误差项完全可以忽略;因而式(38)中的主要误差项就来自中心逼近(34)及其伴随项 $O(w^4n^{-1})$.这容易加以改进,并且出现在 $\log\cos x$ 在 0 附近的展开式中的后面的项中.例如,我们有(设 $x=\frac{w}{\sqrt{n}}$)

$$\cos^n x=\mathrm{e}^{-w^2/2}(1-w^4/12n+O(n^{-2}w^8))$$

项前面那样继续,通过加入校正项,我们可以求出 I_n 的展开式中的更多的项

$$\varepsilon_n:=-\frac{1}{\sqrt{n}}\int_{-\infty}^{+\infty}\mathrm{e}^{-w^2/2}\left(\frac{w^4}{12n}\right)\mathrm{d}w\equiv-\sqrt{\frac{\pi}{8n^3}}$$

因此

$$I_n=\sqrt{\frac{2\pi}{n}}-\sqrt{\frac{\pi}{8n^3}}+O(n^{-17/10})$$

用这种方法就可以容易地得出 I_n 的尺度为 $n^{-\frac{1}{2}},n^{-\frac{3}{2}},n^{-\frac{5}{2}},\cdots$ 的完全的展开式.

◀

▶**B.20** Wallis **积分，中心二项式和轮换的平方.** I_n 是一个 John Wallis(1616—1703) 考虑过的积分. 这个积分可通过分部积分或 β－积分加以估算(注记 B.10)，由于

$$I_n=\Gamma\left(\frac{1}{2}\right)\Gamma\left(\frac{n}{2}+\frac{1}{2}\right)\Gamma\left(\frac{n}{2}+1\right)$$

我们有下面的结果($n\mapsto 2n$)

$$\binom{2n}{n}\sim\frac{2^{2n}}{\sqrt{\pi n}}\left(1-\frac{1}{8n}+\frac{1}{128n^2}+\frac{5}{1\,024n^3}-\cdots\right)$$

这是 Stirling 公式的另一个化身. Wallis 的推演再加上对 I_n 的渐近估计，用 Euler 的术语来说就得出下面的"轮换平方"公式

$$\frac{\pi}{4}=\frac{2\cdot 4\cdot 4\cdot 6\cdot 6\cdot 8\cdot 8\cdot 10\cdot 10\cdot\cdots}{3\cdot 3\cdot 5\cdot 5\cdot 7\cdot 7\cdot 9\cdot 9\cdot 11\cdot\cdots}$$

虽然这个数不能用有限次的使用直尺和圆规做出. ◀

一般的大幂情况. 对一般条件下的积分应用 Laplace 方法涉及固定函数的大幂.

定理 B.7(Laplace 方法)　设 f 和 g 是定义在实直线的紧致区间 I 上的无限次可微的实值函数. 假设 $|g(x)|$ 在 I 内部的唯一一点 x_0 处达到最大值，并且 $f(x_0),g(x_0),g''(x_0)\neq 0$，那么积分

$$I_n:=\int_I f(x)g(x)^n\mathrm{d}x$$

具有完全的渐近展开式

$$I_n\sim\sqrt{\frac{2\pi}{\lambda n}}f(x_0)g(x_0)^n\left(1+\sum_{j\geqslant 1}\frac{\delta_j}{n^j}\right),\lambda:=-\frac{g''(x_0)}{g(x_0)}\tag{39}$$

▶**B.21** Laplace **方法的证明.** 首先假设 $f(x)\equiv 1$. 然后我们选择一个缓慢趋向于无穷的函数作为 κ_n(比如说，选 $\kappa_n=n^{\frac{1}{10}}$). 我们只须展开

$$I_n^{(1)}:=\int_{x_0-\kappa_n/\sqrt{n}}^{x_0+\kappa_n/\sqrt{n}}\mathrm{e}^{n\log g(x)}\mathrm{d}x$$

即可，由于差 $I_n-I_n^{(1)}$ 是指数小的. 再设 $x=x_0+X$ 和

$$L(X):=\log g(x_0+X)-\log g(x_0)+\lambda\frac{x^2}{2}$$

因此,令 $w=X\sqrt{n}$,则中心的贡献就成为

$$I_n^{(1)}=\frac{g(x_0)^n}{\sqrt{n}}\int_{-\kappa_n}^{\kappa_n}\mathrm{e}^{-\lambda w^2/2}\mathrm{e}^{nL(w/\sqrt{n})}\mathrm{d}w$$

然后,把 $L(X)$ 展开到任意阶 M

$$L(X)=\sum_{j=3}^{M-1}l_jX^j+O(X^M)$$

这表明 $\mathrm{e}^{nL\left(\frac{w}{\sqrt{n}}\right)}$ 具有用$\sqrt{n}$ 的幂表示的完全的展开式

$$\mathrm{e}^{nL(w/\sqrt{n})}\sim 1+\frac{l_3w^3}{\sqrt{n}}+\frac{2l_4w^4+l_3^2w^6}{2n}+\cdots$$

根据构造可知 $n^{-\frac{k}{2}}$ 的系数是 $3k$ 次的多项式 $E_k(w)$. 这个展开式可以进行到任意阶,这就得出

$$I_n^{(1)}=\frac{g(x_0)^n}{\sqrt{n}}\int_{-\kappa_n}^{\kappa_n}\mathrm{e}^{-\lambda w^2/2}\left(1+\sum_{k=1}^{M-1}\frac{E_k(w)}{n^{k/2}}+O\left(\frac{1+w^{3M}}{n^{M/2}}\right)\right)\mathrm{d}w$$

然后,我们可以以指数小的代价完成尾部,由于 Gauss 尾部是指数级小的.

完全的渐近展开和下面的机制有关:对任何幂级数 $h(w)$,引入 Gauss 变换

$$\mathfrak{G}[f]:=\int_{-\infty}^{+\infty}\mathrm{e}^{-w^2/2}f(w)\mathrm{d}w$$

可以把这个变换理解成对 w 的幂的积分的线性操作

$$\mathfrak{G}[w^{2r}]=1\cdot 3\cdot\cdots\cdot(2r-1)\sqrt{2\pi},\mathfrak{G}[w^{2r+1}]=0$$

然后,I_n 的完全的渐近展开式就可由形式展开式

$$\frac{g(x_0)^n}{\sqrt{n\lambda}}\cdot\mathfrak{G}[\exp(\lambda^{-3/2}w^3y\widetilde{L}(\lambda^{-\frac{1}{2}}wy))],\widetilde{L}(X):=\frac{1}{X^3}L(X),y\mapsto\frac{1}{\sqrt{n}}\quad(40)$$

得出.

前因子 $f(x)$ 的添加(到目前为止一直省略)可由在最终结果中的主要因子中引入因子 $f(x_0)$ 而出现. 它会影响到阶数较小的项的系数,并且是可计算的. 细节留给读者作为练习. ◀

▶B. 22　下一项? 我们有(其中 $f_j:=f^{(j)}(x_0)$)

$$\frac{I_n\sqrt{\lambda n}}{\sqrt{2\pi}\,g(x_0)^n}=f_0+\frac{-9\lambda^3f_0+12\lambda^2f_2+12\lambda f_1g_3+3\lambda f_0g_4+5g_3^2f_0}{24\lambda^3n}+O(n^{-2})$$

这最好用符号操作系统来确定. ◀

Laplace 方法还有很大的扩展的可能性. 粗略地说,它要求被积函数有一个取得最大值的点,并在这一点引起某种指数行为,因而就允许我们用标准的积分来替换积分的局部展开式.

▶**B.23** Laplace **方法的特殊情况.** 当 $f(x_0)=0$ 时,可以通过标准化把积分化为$\int w^2 e^{-\frac{w^2}{2}} dw$ 的形式. 如果

$$g'(x_0)=g''(x_0)=g'''(x_0)=0$$

但是 $g^{(4)}(x_0)\neq 0$,则因子 $\Gamma\left(\frac{1}{4}\right)$ 就要换成特殊值

$$\sqrt{\pi}=\Gamma\left(\frac{1}{2}\right)$$

(提示:$\int_0^{\infty}\exp(-w^{\beta})w^{\alpha}dw=\frac{1}{\beta}\Gamma\left(\frac{\alpha+1}{\beta}\right)$.). 如果在区间 $I=[a,b]$ 的一个端点取得最大值,而 $g'(x_0)=0, g''(x_0)\neq 0$,则估计值(39)必须乘以因子$\frac{1}{2}$. 如果在区间 $I=[a,b]$ 的一个端点取得最大值,而 $g'(x_0)\neq 0$,则右边的标准化是 $w=\frac{x}{n}$,并且被积函数可简化为指数函数 e^{-w}. 下面列出了一些渐近的主项:

$x_0\neq a,b \quad g''(x_0)\neq 0, f(x_0)=0$	$\sqrt{\frac{\pi}{2\lambda^5 n^3}}g(x_0)^n(\lambda f''(x_0)+f'(x_0)g'''(x_0))$
$x_0\neq a,b \quad g''(x_0)=0, g^{(\text{iv})}(x_0)\neq 0$	$\Gamma\left(\frac{1}{4}\right)\sqrt[4]{\frac{3}{2\lambda^* n}}f(x_0)g(x_0)^n\left(\lambda^*=-\frac{g^{(\text{iv})}(x_0)}{g(x_0)}\right)$
$x_0=a \quad f(x_0)\neq 0, g'(x_0)\neq 0$	$-\frac{1}{ng'(x_0)}f(x_0)g(x_0)^{n+1}$

在 Ⅷ.10 节中我们讨论奇点的合并情况时采用了类似的分析,当时我们用的是鞍点方法.

◀

例 B.2 **用** Laplace **方法得出** Stirling **公式.** 我们从 $n!$ 的积分表示开始,即

$$I_n:=\int_0^{\infty}e^{-nx}x^n dx=\frac{n!}{n^{n+1}}$$

这是定理的直接应用,除了积分区间不是紧致的. 在 $x_0=1$ 处,被积函数取得最大值,因此正如下面的式子中所证明的那样,剩余的积分$\int_2^{\infty}$ 是指数小的

$$\begin{aligned}\int_2^{\infty}e^{-nx}x^n dx&=(2e^{-2})^n\int_0^{\infty}\left(1+\frac{x}{2}\right)^n e^{-nx}dx \quad (x\mapsto x+2)\\&<(2e^{-2})^n\int_0^{\infty}e^{nx/2}e^{-nx}dx\\&=\frac{2}{n}(2e^{-2})^n \quad (\log(1+x/2)<x/2)\end{aligned}$$

然后,就像在定理 B.7 中叙述的那样,用标准的 Laplace 方法就可得出

$$n! = n^n e^{-n}\sqrt{2\pi n}\left(1+O\left(\frac{1}{n}\right)\right)$$

I_n 的渐近展开可从式(40)中得出,并且涉及组合的 GF

$$H(z,u) := \exp\left(u\left(\log(1-z)^{-1} - z - \frac{z^2}{2}\right)\right) \tag{41}$$

值得注意的是 $H(z,u)$ 是生成没有长度是 1 或 2 的轮换的乱排的指数 BGF

$$\begin{aligned} H(z,u) &= \sum_{n,k\geqslant 0} h_{n,k}u^k \frac{z^n}{n!} \\ &= 1 + \frac{1}{3}uz^3 + \frac{1}{4}uz^4 + \frac{1}{5}uz^5 + \left(\frac{1}{6}u + \frac{1}{18}u^2\right)z^6 + \\ &\quad \left(\frac{1}{7}u + \frac{1}{12}u^2\right)z^7 + \cdots \end{aligned}$$

然后 I_n 的完全的渐近展开就可以对 $H(wy, -y^{-2})$(其中 $y = n^{-\frac{1}{2}}$)应用 Gauss 变换 $\mathfrak{G}$,而

$$n! \sim n^n e^{-n}\sqrt{2\pi n}\left(1 + \frac{1}{12n} + \frac{1}{288n^2} - \frac{139}{51\ 840n^3} - \cdots\right)$$

命题 B.1 Stirling **公式**. 阶乘函数具有如下的渐近展开式

$$x! \equiv \Gamma(x+1) \sim x^x e^{-x}\sqrt{2\pi x}\left(1 + \sum_{q\geqslant 1}\frac{c_q}{x^q}\right) \quad (x \to +\infty)$$

系数 $c_q = \sum_{k=1}^{2q}\frac{(-1)^k}{2^{q+k}(q+k)!}h_{2q+2k,k}$,其中 $h_{n,k}$ 计数了有 k 个长度 $\geqslant 3$ 的轮换的长度等于 n 的排列的数目.

上面的推导属于 Wrench(见文献[129]267 页).

这个方法的应用范围远远超出了大幂积分的情况. 粗略地说,我们所需要做的是把积分的主要贡献在一个小范围内局部化(“忽略尾部”),其中的积分可以应用局部的近似值(“中心逼近”). 最后可以通过找回尾部来近似地估计积分(“完成尾巴”).

Laplace 方法在 de Bruijn 的书[143]和 Henrici 的书[329]中得到了极好的描述. 对特殊情况和多维积分的深入讨论可见 Bleistein 和 Handelsman 的书[75]. 它的原理是第 Ⅷ 章中发展的鞍点方法的基础.

▶**B.24** Stirling **公式的经典证明**. 从积分

$$J_n := \int_0^\infty e^{-x}x^n dx \quad (=n!)$$

开始. 最大值在 $x_0 = n$ 处达到,现在,中心范围是 $x_0 = n \pm \kappa_n\sqrt{n}$. 下面是归结到 Gauss 积分,但是估计不再是直接应用定理 B.7 了. ◀

求和的 Laplace 方法.（对积分的）拉普拉斯方法的基本原理也可以用于离散和的渐近估计. 取一个由下式定义的有限和或无限和

$$S_n := \sum_k t(n,k)$$

初步的任务是对于固定的(但大的)n,当 k 变化时,计算数字族 $t(n,k)$ 的和. 特别是,我们应该求出使得 $t(n,k)$ 最大的 k 值 $k_0 \equiv k_0(n)$. 在很多情况下,尾部可以忽略;对于在 k_0 附近的"中心"区域中的 k 可以确定一个中心逼近 $\hat{t}(n,k)$. 通常我们使用下面的形式(记住,本书在松散的意义下使用"近似相等"的符号"$\approx$")

$$\hat{t}(n,k) \approx s(n)\phi\left(\frac{k-k_0}{\sigma_n}\right)$$

其中 ϕ 是某个光滑的函数,而 s_n 和 σ_n 是尺度常数. 量 σ_n 指出了渐近有效项的范围,然后我们期盼有

$$S_n \approx s(n)\sum_k \phi\left(\frac{k-k_0}{\sigma_n}\right)$$

然后当 $\sigma_n \to \infty$ 时,我们可以进一步期望通过积分逼近和,在完成尾部之后,给出

$$S_n \approx s(n)\sigma_n \int_{-\infty}^{+\infty} \phi(t)\,\mathrm{d}t$$

例 B.3　二项式系数的幂的和. 下面是对二项式的幂的和

$$S_n^{(r)} = \sum_{k=-n}^{+n} \binom{2n}{n+k}^r$$

的一个简洁风格的应用. 最大项在 $k_0 = 0$ 处取得. 初等的,我们有

$$\frac{\binom{2n}{n+k}}{\binom{2n}{n}} = \frac{\left(1-\frac{1}{n}\right)\cdots\left(1-\frac{k-1}{n}\right)}{\left(1+\frac{1}{n}\right)\cdots\left(1+\frac{k}{n}\right)}$$

利用指数 - 对数表示和 $\log(1 \pm x)$ 的展开式,我们有

$$\frac{\binom{2n}{n+k}}{\binom{2n}{n}} = \exp\left(-\frac{k^2}{n} + O(k^3 n^{-2})\right) \tag{42}$$

这一逼近对于 $k = o(n^{\frac{2}{3}})$ 成立. 这就建议了具有宽度 $\sigma_n = \sqrt{n}$ 的 Gauss 逼近 $(\phi(x) = \mathrm{e}^{-rx^2})$. 尾部可以忽略,因此我们有

$$\frac{1}{\binom{2n}{n}^r} S_n^{(r)} \sim \sum_k \exp\left(-r\frac{k^2}{n}\right)$$

其中例如可取 $|k| < \sqrt{n}\kappa_n, \kappa_n = n^{\frac{1}{10}}$. 然后就可用积分去逼近 Riemann 和,完成尾部后,我们就有

$$S_n^r \sim \binom{2n}{n}^r \sqrt{n}\int_{-\infty}^{+\infty} e^{-rw^2} dw, S_n^r \sim \frac{2^{2m}}{\sqrt{r}}(\pi n)^{-(r-1)/2}$$

这就是我们最后的估计.

▶**B.25** Bell **数的初等逼近**. 计数了集合分拆的数目的 Bell 数是

$$B_n = n!\ [z^n]e^{e^z-1} = e^{-1}\sum_{k=0}^{\infty}\frac{k^n}{k!}$$

和号后面的式子的最大值发生在最接近于 e^u 的 k 值处,其中 u 是方程 $ue^u = n+1$ 的正根;中心项是近似于 Gauss 函数的. 我们有如下的估计

$$B_n = n!\ e^{-1}(2\pi)^{-\frac{1}{2}}(1+u^{-1})^{-\frac{1}{2}}\exp\left(e^u(1-u\log u)-\frac{1}{2}u\right)(1+O(e^{-u})) \tag{43}$$

这是一种代替鞍点逼近(Ⅷ.4 节)的方法,细节见文献[143]108 页. ◀

B.7 Mellin 变换

在$\mathbb{R}_{>0}$上定义的函数 f 的 Mellin 变换[①]是一个由下面的积分定义的复变量函数 $f^*(s)$

$$f^*(s) := \int_0^{\infty} f(x)x^{s-1}dx \tag{44}$$

我们有时偶尔也用$\mathcal{M}[f]$或$\mathcal{M}[f(x);s]$来表示这个变换. 它的重要性是由于它有下述两个重要的性质:(ⅰ)它把函数在零点和在 $+\infty$ 处的渐近展开式映为变换的奇点;(ⅱ)它把调和和分解因式(定义见下文). 把这两个性质结合起来使得利用这一变换有可能渐近地分析由不同尺度下的模型的线性叠加产生的相当复杂的和. 在图 B.4 中总结了这一变换的主要特性. 在这个简要的介绍中,我们不得不省略详细的分析条件,对此,可参看综述文献[234] 以及本条目末尾的评论和参考文献.

---

① 本书中,在分析相对最长运行问题(Ⅴ.3.3 小节)、树的高度(Ⅴ.4.3 小节)、多对数(Ⅵ.8 节)和整数的分拆(Ⅷ.6 节)等问题时 Mellin 变换都是有用的. 这一变换也可用于建立基本的渐近展开式,如在调和数和阶乘数的情况下(见下文).

函数 $f(x)$	Mellin 变换 $f^*(s)$	
$f(x)$	$\int_0^{\infty} f(x)x^{s-1}\mathrm{d}x$	定义，$s \in \langle -u, -v \rangle$
$\frac{1}{2\pi \mathrm{i}}\int_{c-\mathrm{i}\infty}^{c+\mathrm{i}\infty} f^*(s)x^{-s}\mathrm{d}s$	$f^*(s)$	逆，$-u < c < -v$
$\sum_i \lambda_i f_i(x)$	$\sum_i \lambda_i f_i^*(s)$	线性性
$f(\mu x)$	$\mu^{-s} f^*(s)$	尺度法则($\mu > 0$)
$x^{\rho} f(x^{\theta})$	$\frac{1}{\theta} f^*\left(\frac{s+\rho}{\theta}\right)$	幂法则
$\sum_i \lambda_i f(\mu_i)$	$\left(\sum_i \lambda_i \mu_i^{-s}\right) f^*(s)$	调和和法则($\mu_i > 0$)
$\int_0^{\infty} \lambda(t) f(tx)\mathrm{d}t$	$\int_0^{\infty} \lambda(t) t^{-s}\mathrm{d}t \cdot f^*(s)$	调和积分法则
$f(x)\log^k x$	$\partial_s^k f^*(s)$	微分法则 Ⅰ，$k \in \mathbb{Z}_{\geqslant 0}$，$\partial_s := \frac{\mathrm{d}}{\mathrm{d}s}$
$\partial_x^k f(x)$	$\frac{(-1)^k \Gamma(s)}{\Gamma(s-k)} f^*(s-k)$	微分法则 Ⅱ，$k \in \mathbb{Z}_{\geqslant 0}$，$\partial_s := \frac{\mathrm{d}}{\mathrm{d}s}$
$\underset{x\to 0}{\sim} x^{\alpha}(\log x)^k$	$\underset{s\to -\alpha}{\sim} \frac{(-1)^k k!}{(s+\alpha)^{k+1}}$	映射：$x \to 0$，左极点
$\underset{x\to +\infty}{\sim} x^{\beta}(\log x)^k$	$\underset{s\to -\beta}{\sim} \frac{(-1)^{k-1} k!}{(s+\beta)^{k+1}}$	映射：$x \to \infty$，右极点

图 B.4　Mellin 变换的主要性质的一个小结

我们假设 f 是局部可积的，并满足以下两个条件

$$f(x) \underset{x\to 0^+}{=} O(x^u),\ f(x) \underset{x\to +\infty}{=} O(x^v)$$

这些条件保证 f^* 在下面的带形区域

$$s \in \langle -u, -v \rangle$$

即 $-u < \Re(s) < -v$ 中存在. 因而 $v < u$ 保证了变换的存在性. 一个典型的 Mellin 变换是这个附录前面所讨论的 $\Gamma-$ 函数

$$\Gamma(s) := \int_0^{\infty} \mathrm{e}^{-x} x^{s-1}\mathrm{d}x = \mathcal{M}[\mathrm{e}^{-x}; s] \quad (0 < \Re(s) < +\infty)$$

类似的，$f(x) = \frac{1}{1+x}$ 在 0 点处是 $O(x^0)$，而在无穷远处是 $O(x^{-1})$，因此它的变换在带形区域 $\langle 0,1 \rangle$ 中存在. 事实上，作为 Euler $-\beta$ 函数的一个推论，这个变换是 $\frac{\pi}{\sin \pi s}$. 由式子 $H(x) := [[0 \leqslant x < 1]]$ 定义的 Heaviside 函数的变换在 $\langle 0, +\infty \rangle$ 上存在，它就是 $\frac{1}{s}$.

调和和性质. Mellin 变换是一个线性变换. 此外它满足一个简单的但是重

要的尺度规律:对任何 $\mu > 0$

$$f(x) \overset{\mathcal{M}}{\mapsto} f^*(s) \text{ 蕴含 } f(\mu x) \overset{\mathcal{M}}{\mapsto} \mu^{-s} f^*(s)$$

线性性质,然后就产生下面的导出的规则

$$\sum_k \lambda_k f(\mu_k x) \overset{\mathcal{M}}{\mapsto} \left(\sum_k \lambda_k \mu_k^{-s}\right) \cdot f^*(s) \tag{45}$$

对任何对(λ_k, μ_k)的有限集合先验地有效,并且只要和号$\sum$与积分号$\int$可交换即可将其扩展到无穷和上去.形式(45)的和被称为调和和,其中函数f是"基函数",λ值是"振幅",而μ值是"频率".等式(45)然后产生"调和和"规则:调和和的 Mellin 变换可分解因子为基函数的变换与关于振幅和频率的广义 Dirichlet 级数的乘积.在分析组合中,调和和曲面递归和 Mellin 变换是解决问题时的首选方法.

下面是一些应用调和和法则的例子

$$\sum_{k\geqslant 1} e^{-k^2x^2} \underset{\Re(s)>1}{\mapsto} \frac{1}{2}\Gamma(s/2)\zeta(s)$$

$$\sum_{k\geqslant 0} e^{-x2^k} \underset{\Re(s)>0}{\mapsto} \frac{\Gamma(s)}{1-2^{-s}}$$

$$\sum_{k\geqslant 0} (\log k) e^{-\sqrt{k}x} \underset{\Re(s)>2}{\mapsto} -\zeta'(s/2)\Gamma(s)$$

$$\sum_{k\geqslant 1} \frac{1}{k(k+x)} \underset{0<\Re(s)<1}{\mapsto} \zeta(2-s)\frac{\pi}{\sin \pi s}$$

▶**B. 26 幂级数和 Dirichlet 级数之间的联系.** 设f_n是一个至多为多项式增长的数列,即$f_n = O(n^r)$,其 OGF 为$f(z)$,那么,我们就有

$$\sum_{n\geqslant 1} \frac{f_n}{n^s} = \frac{1}{\Gamma(s)}\int_0^\infty f(e^{-x}) x^{s-1} dx \quad (\Re(s) > r+1)$$

例如,我们可以得出下面的 Mellin 对

$$\frac{e^{-x}}{1-e^{-x}} \overset{\mathcal{M}}{\mapsto} \zeta(s)\Gamma(s) \quad (\Re(s) > 1)$$

$$\log \frac{1}{1-e^{-x}} \overset{\mathcal{M}}{\mapsto} \zeta(s+1)\Gamma(s) \quad (\Re(s) > 0) \tag{46}$$

这可以用来分析和或反过来,推导出 Dirichlet 级数的解析性质. ◀

映射性质. Mellin 变换把f在零点处和∞处的展开式中的渐近项映为f^*的奇点.这个性质源于基本的 Heaviside 函数恒等式

$$H(x)x^\alpha \overset{\mathcal{M}}{\mapsto} \frac{1}{s+\alpha} \quad (s \in \langle -\alpha, +\infty \rangle)$$

$$(1-H(x))x^{\beta} \overset{\mathcal{M}}{\mapsto} -\frac{1}{s+\beta} \quad (s \in \langle -\infty, -\beta \rangle)$$

以及通过对 α,β 的微分所得出的恒等式.

逆映射性质也成立. 与其他积分变换一样,存在一个反演公式:如果 f 在包含 x 的区间内是连续的,那么就有

$$f(x)=\frac{1}{2\mathrm{i}\pi}\int_{c-\mathrm{i}\infty}^{c+\mathrm{i}\infty} f^{*}(s)x^{-s}\mathrm{d}s \tag{47}$$

其中横坐标 c 应在 f 的"基本带形区域"中选择;例如任何满足 $-u<c<-v$ 的 c,这里 u,v 如上所述是适当的数.

在很多具有实际兴趣的情况下,f^{*} 作为半亚函数可延拓到整个的复平面 $\mathbb{C}$ 上去. 如果 f^{*} 的延拓沿着垂直线不增长得太快,则可以通过留数估计式(47)的逆 Mellin 积分. 这对应于将积分线平移到某些 $d \neq c$ 处,并利用留数定理将极点考虑在内. 由于 f^{*} 在极点 s_0 处的留数涉及因子 x^{-s_0},因此如果 s_0 位于 c 的右边,则 s_0 的贡献将给出当 $x \to \infty$ 时关于 $f(x)$ 的有用的信息,而如果 s_0 位于 c 的左边,则 s_0 的贡献将给出当 $x \to 0$ 时关于 $f(x)$ 的有用的信息. 高阶极点引入了额外的对数因子. 这个"字典"是简单的

$$\frac{1}{(s-s_0)^{k+1}} \overset{\mathcal{M}^{-1}}{\mapsto} \pm \frac{(-1)^k}{k!}x^{-s_0}(\log x)^k \tag{48}$$

其中当 s_0 是基本条形区域左边的极点时取"+"号,当 s_0 是基本条形区域右边的极点时取"—"号.

Mellin **渐近求和**. 就像我们将在下面的例子和注记中看到的那样,映射性质和调和和性质结合起来就构成了渐近分析的有力工具.

例 B.4 简单调和和的渐近. 我们首先研究对

$$F(x):=\sum_{k\geqslant 1}\frac{1}{1+k^2x^2}$$

$$F^{*}(s)=\frac{1}{2}\frac{\pi}{\sin\frac{1}{2}\pi s}\zeta(s)$$

其中 F^{*} 是根据调和和性质得出的,而基本条形区域是(1,2). 函数 F^{*} 可延拓到整个复平面$\mathbb{C}$,它的极点在 0,1,2 和 4,6,8 等处. 这个变换在 x 趋于无穷时是小的,因此可应用字典(48). 我们求出

$$F(x) \underset{x\to 0^{+}}{\sim} \frac{\pi}{2x}-\frac{1}{2}+O(x^{M})$$

$$F(x) \underset{x\to +\infty}{\sim} \frac{\pi^2}{6x^2}-\frac{\pi^4}{90x^4}+\cdots$$

其中在 0 处的展开式对任何 $M>0$ 有效.

例 B.5　二重合的渐近. 分析组合中的一个特别重要的量是下面的调和和及其 Mellin 变换

$$\Phi(x):=\sum_{k=0}^{\infty}(1-\mathrm{e}^{-x/2^k})$$

$$\Phi^*(s)=-\frac{\Gamma(s)}{1-2^s}\quad(s\in\langle -1,0\rangle)$$

例如,它发生在对单词的最长运行的分析中(Ⅴ.11 节). $\mathrm{e}^{-x}-1$ 的变换也是 $\Gamma(s)$,但是已平移到带形区域 $\langle -1,0\rangle$ 中了. Φ^* 的奇点是 $s=0$. 在 $s=-1$, $-2,\cdots$ 处,奇点是二重的简单极点,但是在复数

$$\chi_k=\frac{2k\pi\mathrm{i}}{\log 2}$$

Mellin 字典(48) 仍然可以应用,只要沿着通过两极之间的长的矩形围道积分即可. 突出的特征是存在由虚极点引起的波动,由于

$$x^{-\chi_k}=\exp(-2k\pi\mathrm{i}\log_2 x)$$

其中每个极点都可归结为一个 Fourier 元素. 总而言之,我们求出(对任何 $M>0$) 有

$$\begin{cases}\Phi(x)\underset{x\to+\infty}{\sim}\log_2 x+\dfrac{\gamma}{\log 2}+\dfrac{1}{2}+P(x)+O(x^M)\\ P(x):=\dfrac{1}{\log 2}\displaystyle\sum_{k\in\mathbb{Z}\setminus\{0\}}\Gamma\left(\frac{2\mathrm{i}k\pi}{\log 2}\right)\mathrm{e}^{-2\mathrm{i}k\pi\log_2 x}\end{cases}\tag{49}$$

对 $x\to 0$ 的分析也可以得出,在这一具体情况下 $\Phi(x)\underset{x\to 0}{\sim}\sum_{\geqslant 1n}\frac{(-1)^{n-1}}{1-2^{-n}}\frac{x^n}{n!}$,这个式子也可从在 $\Phi(x)$ 中展开 $\exp\left(-\frac{x}{2^k}\right)$ 并重组各项而得出.

例 B.6　通过 Mellin 分析求 Euler-Maclaurin 和. 设 f 在 $(0,+\infty)$ 上连续,$\underset{x\to+\infty}{f(x)}=O(x^{-1-\delta})$,其中 $\delta>0$,并且

$$f(x)\underset{x\to 0^+}{\sim}\sum_{k=0}^{\infty}f_k x^k$$

根据调和和法则,和函数 $F(x)$ 满足

$$F(x):=\sum_{n\geqslant 1}f(nx),F^*(s)=\zeta(s)f^*(s)$$

f^* 在 $s=0,-1,-2,\cdots$ 处的(修剪的) 奇点展开的集合,可以通过形式展开来求和. 习惯上用 $\asymp$ 表示比较方便

$$f^*(s)\asymp\left(\frac{f_0}{s}\right)_{s=0}+\left(\frac{f_1}{s+1}\right)_{s=1}+\left(\frac{f_2}{s+2}\right)_{s=1}+\cdots$$

因而,由映射性质,如果 $F^*(s)$ 在无穷的条形区域中当 $s\to\pm i\infty$ 是小的,我们就有

$$F(x) \underset{x\to 0}{\sim} \frac{1}{x}\int_0^\infty f(t)\mathrm{d}t + \sum_{j=0}^{\infty} f_j \zeta(-j) x^j$$

其中的主项与 F^* 在 1 处的奇点有关,并且由 $\zeta(s)$ 的极点产生,由于 $f^*(1)$ 给出了 f 的积分. 这种方法的兴趣在于它非常通用,并允许我们把 f 在 0 处的各种形式的渐近展开式表示成 $(-1)^k$, $\log k$ 等等量的倍数. 详细情况可见文献[234];有关的其他方法,见 Gonnet 的注记[300].

▶**B.27** Stirling **公式的** Mellin **推导**. 我们有下面的 Mellin 对

$$L(x) = \sum_{k\geqslant 1} \log\left(1+\frac{x}{k}\right) - \frac{x}{k}$$

$$L^*(s) = \frac{\pi}{s\sin \pi s}\zeta(-s) \quad (s\in\langle -2,-1\rangle)$$

注意 $L(x)=\log\left(\frac{\mathrm{e}^{-\gamma x}}{\Gamma(1+x)}\right)$. 因此 Mellin 渐近就给出

$$L(x) \underset{x\to+\infty}{\sim} -x\log x - (\gamma-1)x - \frac{1}{2}\log x - \log\sqrt{2\pi} - \frac{1}{12x} + \frac{1}{360x^3} - \frac{1}{1\,260x^5} + \cdots$$

其中,我们用到了 $x!$ 的 Stirling 展开式

$$\log x! \underset{x\to+\infty}{\sim} \log(x^x \mathrm{e}^{-x}\sqrt{2\pi x}) + \sum_{n\geqslant 1} \frac{B_{2n}}{2n(2n-1)} x^{1-2n}$$

(其中 B_n 是 Bernoulli 数). ◀

▶**B.28** **调和数的** Mellin **分析**. 对 $\alpha>0$,我们有 Mellin 对

$$K_\alpha(x) = \sum_{k\geqslant 1}\left(\frac{1}{k^\alpha} - \frac{1}{(k+x)^\alpha}\right)$$

$$K_\alpha^*(s) = -\zeta(\alpha - s)\frac{\Gamma(s)\Gamma(\alpha-s)}{\Gamma(\alpha)}$$

这可以用于估计调和数及其推广,由于 $K_1(n)=H_n$,例如

$$H_n \underset{n\to\infty}{\sim} \log n + \gamma - \frac{1}{2n} - \sum_{k\geqslant 2}\frac{B_k}{k} n^{-k} \sim \log n + \gamma + \frac{1}{2n} - \frac{1}{12n^2} + \frac{1}{120n^4} - \cdots$$

◀

关于梅林变换的一般参考文献有 Doetsch 的文献[168] 和 Widder 的书[605]. 术语"调和和"和相应的某些技巧起源于摘要[253]. 本节的简要介绍是根据 Flajolet, Gourdon 和 Dumas 的综述[234],其中有我们提到的详细处理;一些自满足的处理方法可见 Butzer 和 Jansche 的文献[100]. "调和积分"的

Mellin分析是应用数学的一个经典主题,对此,我们推荐 Wong 的文献[614]和 Paris-Kaminski 所写书的[472]. 在 Hofri 的文献[335],Mahmoud 的文献[429]和 Szpankowski 的文献[564]中有在离散数学和算法分析中用到的有价值的性质的叙述.

B.8 多复变函数

单复变量的解析(或全纯)的函数理论可以扩展到非平凡的多复变函数论. 这个深刻的理论在很大程度上是在 20 世纪中发展起来的. 这里,我们只须多复变函数论的最基本的概念,而不会用到更深层次的结果.

考虑赋予了度量的空间$\mathbb{C}^m$

$$|\mathbf{z}|=|(z_1,\cdots,z_m)|=\sum_{j=1}^{m}|z_j|^2$$

在此度量下,它同构于 Euclid 空间$\mathbb{R}^{2m}$. 称一个从$\mathbb{C}^m$到$\mathbb{C}$的函数 f 在某个点$\mathbf{a}$处是解析的,如果在 $\mathbf{a}$ 的一个邻域中 f 可以表示成一个收敛的幂级数

$$f(\mathbf{z})=\sum_{\mathbf{n}}f_{\mathbf{n}}(\mathbf{z}-\mathbf{a})^{\mathbf{n}}\equiv\sum_{n_1,\cdots,n_m}f_{n_1,\cdots,n_m}(z_1-a_1)^{n_1}\cdots(z_m-a_m)^{n_m}\qquad(50)$$

在整个理论中,习惯上广泛使用了第 Ⅲ 章所述的多指标.

设展开式(50) 在多圆盘$\prod_j\{|z_j-a_j|<r_j\}$中收敛. 一个在(0,…,0) 处收敛的级数的系数的绝对值有如下形式的优级数

$$\prod_{j=1}^{m}\frac{1}{1-z_j/R_j}=\sum_{\mathbf{n}}\mathbf{R}^{-\mathbf{n}}\mathbf{z}^{\mathbf{n}}\equiv\sum_{n_1,\cdots,n_m}R_1^{-n_1}\cdots R_m^{-n_m}z_1^{n_1}\cdots z_m^{n_m}$$

解析函数在和、积以及复合下的封闭性可从标准的优级数操作下得出(见 Ⅳ.4 节对一元函数的论证). 最后,一个函数在某个开集 $\Omega\subset\mathbb{C}^m$中解析的充分必要条件是它在这个开集$\Omega$ 中的每个点 $\mathbf{a}$ 处解析.

Hartogs 的一个著名的定理断言 $f(\mathbf{z})$ 在 $\mathbf{z}\in\mathbb{C}^m$处对所有的$z_j$ 是合并解析的(在展开式(50) 的意义下),如果它对每个变量 z_j 分别都是解析的.(在这个定理中关于连续性的先验的假设是初等的.)

和在一维情况下一样,解析函数可以等价地用可微的条件定义. 称一个函数在 $\mathbf{a}$ 点是$\mathbb{C}-$可微的或全纯的,如果在$\mathbb{C}^m$中,当 $\Delta\mathbf{z}\to 0$ 时有

$$f(\mathbf{a}+\Delta\mathbf{z})-f(\mathbf{a})=\sum_{j=1}^{m}c_j\Delta z_j+o(|\Delta\mathbf{z}|)$$

系数 c_j 是偏导数，$c_j=\partial_{z_j}f(\boldsymbol{a})$. 上述关系不依赖于 $\Delta\boldsymbol{z}$ 趋向于0的方式这一事实蕴含 Cauchy-Riemann 方程. 用类似于单变量情况的方法可以证明 f 是解析的和 f 是复可微的这两个条件是等价的.

重积分可用反复使用单变量的积分而自然地加以定义

$$f(\boldsymbol{z})=\frac{1}{(2\mathrm{i}\pi)^m}\int_{C_1}\cdots\int_{C_m}\frac{f(\zeta)}{(\zeta_1-z_1)\cdots(\zeta_m-z_m)}\mathrm{d}\zeta_1\cdots\mathrm{d}\zeta_m \tag{51}$$

其中 C_j 是 z_j 一平面中围绕 z_j 的小圆. 通过积分号下求微分，等式(51)也给出了 f 的偏导数的积分公式，它是 Cauchy 系数公式的类似物. 重积分是不依赖于它所取的“多路径”的细节的并且具有唯一的解析延拓.

多复变函数论正朝着积分计算的方向发展，这一方法要比上述的重积分方法有力得多；例如，可见 Aĭzen berg 和 Yuzhakov 的书[8]中的多维留数方法. Egorychev 的专著[187]系统开发了单复变或多复变函数论对估计组合和的应用. Pemantle 和几位共同作者的文献[474-476]已发起了一项雄心勃勃的研究计划，目标是通过这一理论提取半纯的多元生成函数的系数，其最终的目标是从多元生成函数中系统地得出渐近性. 与此相对照，特别见第 Ⅸ 章，我们可限于开发一种单变量复函数的微扰理论.

在本书中，解释了一些多复变量的基本概念，这些概念赋予了多变量生成函数的解析意义. 在通过形式为 $H(z,f)=0$ 或 $H(z,u,f)=0$ 的函数方程隐式定义的两个或多个复变量的函数 f 中也需要用到这些基本定义(特别见此附录，关于解析隐函数定理与 Weierstrass 预备定理的讨论.).

概率论的概念

附录C

这个附录按主题的逻辑顺序排列包含了以下的条目：

概率空间和度量；随机变量；分布的变换；特殊的分布；极限律的收敛性.

在本书中，我们从有限的概率空间开始，由于它们来自某些具有固定容量的组合对象（其初等方面见第Ⅲ章和附录A.3：组合概率），然后为了讨论渐近极限律，我们需要连续分布的基本性质. 这个附录中的条目主要与部分C的第Ⅸ章（随机结构）有关. 它们提供了一个离散概率分布和连续概率分布类似性的统一框架. 如需进一步研究，我们建议读者参考Feller的经典著作[205,206]，Billingsley的文献[68]，其中Feller的文献[205,206]给出了具体方法，而Billingsley的文献[68]，则因其包括了对分析组合学具有重要价值的极限分布的内容.

C.1 概率空间和测度

Kolmogorov在20世纪30年代给出了概率论的公理化系统①.

① 关于这个内容，我们推荐读者参考Williams的生动并清楚地解释了这一系统产生的动机的书[609]或其他许多经典论文，如Billingsley的文献[68]和Feller的文献[205].

可测空间由一组称为基本事件的集合 Ω 和一个称为事件的 Ω 的 σ − 代数子集 $\mathcal{A}$（即包含空集 $\varnothing$ 和在取余和可数并操作下封闭的集合的所有集合）组成. 一个测度空间是具有一个对于有限个或可数个不相交集合可加的测度 μ：$\mathcal{A}\mapsto\mathbb{R}_{\geqslant 0}$ 的可测空间. 在这种情况下，$\mathcal{A}$的元素被称为可测集. 概率空间是一个测度进一步满足正规化条件 $\mu(\Omega)=1$ 的测度空间. 在这种情况下，我们把 μ 写成$\mathbb{P}$. 任何使得 $\mu(S)=1$ 的集合 $S\subset\Omega$ 称为概率测度的支集，上述这些定义包括了以下几种重要情况.

（ⅰ）具有一致测度的有限集（也就是所谓的“计数”测度）. 在这个情况下 Ω 是有限的并且所有的集合都在$\mathcal{A}$中（即，可测的），并且（其中 $||\cdot||$ 表示集合的基数即元素的个数）

$$\mu(E)=\frac{||E||}{||S||}$$

有限集合 Ω 上的非一致测度是对 Ω 的每一个元素指定一个非负的加权 $\rho(\omega)$（它满足 $\sum_{\omega\in\Omega}\rho(\omega)=1$），并且令

$$\mu(E)=\sum_{e\in E}\rho(e)$$

（我们也把$\mathbb{P}(\{e\})\equiv\mu(\{e\})=\rho(e)$ 记成$\mathbb{P}(e)$）. 在本书中，Ω通常是某个组合类$\mathcal{C}$的所有容量为 n 的对象所构成的子类$\mathcal{C}_n$. 尽管适当的加权模型经常被证明是有意义的，但通常我们都假设测度是一致的：例如可见第 Ⅲ 章中关于加权的单词模型，Bernoulli 试验以及加权树模型和分支过程情况的讨论.

（ⅱ）整数上的（支集为$\mathbb{Z}$ 或$\mathbb{Z}_{\geqslant 0}$）离散概率测度. 在这个情况中，测度是由函数 ρ：$\mathbb{Z}\mapsto\mathbb{R}_{\geqslant 0}$确定的，并且

$$\mu(E)=\sum_{e\in E}\mu(e)$$

其中 $\mu(\mathbb{Z})=1$（所有的集合都是可测的）. 更一般的支集为$\mathbb{R}$的可数子集上的离散测度可类似地定义.

（ⅲ）实直线$\mathbb{R}$上由开区间生成的 σ − 代数构成可测空间的标准例子；在这种情况下，σ − 代数的任何成员被称为 Borel 集. 测度用 λ 表示，规定区间 (a,b) 的测度为 $\lambda(a,b)=b-a$（并且通过可加性非平凡地扩展到所有的 Borel 集合上去）的测度被称为 Lebesgue 测度. 赋予了测度 λ 的区间 $[0,1]$ 构成一个概率空间，但是由于 $\lambda(\mathbb{R})=+\infty$，所以直线$\mathbb{R}$ 本身不是一个概率空间.

在测度论的框架下，一个随机变量是一个从概率空间 Ω（并连同它所附有的 σ − 代数$\mathcal{A}$和它的测度$\mathbb{P}_\Omega$）到$\mathbb{R}$（连同它所附有的 Borel 集$\mathcal{B}$）的使得任何 $B\in$

$\mathcal{B}$的原象 $X^{-1}(B)$ 都位于$\mathcal{A}$内的映射 X. 对 $B \in \mathcal{B}$,X 位于 B 内的概率因而就定义为

$$\mathbb{P}(X \in B) := \mathbb{P}_{\Omega}(X^{-1}(B))$$

由于 Borel 集可以由半无限区间$(-\infty, x]$生成,这个概率也等价于确定函数

$$F(x) := \mathbb{P}(X \leqslant x)$$

它被称为 X 的分布函数或累计分布函数. 这样就可通过分布函数直接引入随机变量,见下面的随机变量条目.

积分. 下一步是从集合的测度发展到(实值) 函数的积分. 这就产生了 Lebesgue 积分. 我们按照以下步骤构造:首先是区间的指标函数,然后是简单(阶梯) 函数,最后是用于可积函数的非负函数. 对于任意测度 μ,用这种方式就定义了 Lebesgue 积分

$$\int f \mathrm{d}\mu, \text{也把它写成} \quad \int f(x)\mathrm{d}\mu(x) \text{ 或} \int f(x)\mu(\mathrm{d}x) \tag{1}$$

其中最后一种写法通常被概率论学者所偏爱. 基本思想是将 f 的值域分解成有限多个可测集 A_i,然后考虑正函数 f 的所有有限分解 A_i 的上确界

$$\int f \mathrm{d}\mu := \sup_{(A_i)} \sum_i \left[\inf_{\omega \in A_i} f(\omega)\right] \mu(A_i) \tag{2}$$

(因此,与 Riemann 积分是通过分解函数的积分域来进行相比,Lebesgue 积分的分解值域的论点更加一般,(译者注:并包括了 Riemann积分,即Riemann可积的函数必定是 Lebesgue 可积的,但反过来却不成立,也就是说,一个 Riemann不可积的函数有可能是Lebesgue可积的,在这个意义下Lebesgue积分是 Riemann 积分的推广.) 并表现出更加丰富的点集测度概念.)

在式(1) 和(2) 中,μ 可能赋予某些个别的点以非零的测度. 在这种情况下,有时, 我们称这种积分为 Lebesgue-Stieltjes 积分. 它适当地推广了 Riemann-Stieltjes 积分. 给定一个实值函数 M, 它定义了以下的标准的 Riemann 积分的推广

$$\int f(x)\mathrm{d}M(x) = \lim_{(B_k)} \sum_k f(x_k)\Delta_{B_k}(M) \tag{3}$$

这里,B_k 构成积分域的有限分拆,其中对于极限是在 B_k 的最大长度趋于 0 时,在每个 B_k 中任取一个 x_k,再求 f 的值的和取的,$\Delta_{B_k}(M)$ 是在 B_k 上 M 的改变量.

Stieltjes 积分(因此自动的 Lebesgue 积分) 的巨大优势是它的公式对于离散和连续概率分布是统一的,同时给出了适用于混合情况的简单框架.

C.2 随机变量

一个实的随机变量 X 完全由它的累计分布函数

$$F_X(x) := \mathbb{P}(X \leqslant x)$$

所刻画，这是一个非减的右连续函数，它满足 $F(-\infty)=0, F(+\infty)=1$.

称一个随机变量是离散的，如果它的支集是有限的或可数的. 本书中几乎所有的连散随机变量的支集都是$\mathbb{Z}$或$\mathbb{Z}_{\geqslant 0}$（一个有兴趣的例外是发生在单词中的最长运行次数的分布的集合，见第 Ⅳ 章）.

称一个随机变量是连续的，如果对任何有限集或可数集，其概率质量都是0. 特别，它没有跳跃. 一个浅显的定理说任何分布函数都可以分解成离散部分和连续部分

$$F(x) = c_1 F^d(x) + c_2 F^c(x), c_1 + c_2 = 1$$

（跳跃必须至多是1，因此跳跃的集合是至多可数的.）称一个随机变量是绝对连续的，如果任何 Borel 集的测度都是 0. 在这种情况下，Radon-Nikodym 定理断言存在一个函数使得

$$F_X(x) = \int_{-\infty}^{x} w(y)\mathrm{d}y$$

（在一般情况下，Lebesgue 积分是必需的，但在本书中，对于所有的实际目标 Riemann 积分是已足够用了.）函数 $w(x)$ 称为随机变量 X（或其分布函数）的密度. 当 F_X 是可微的时，由微积分基本定理可知处处都具有密度

$$w(x) = \frac{\mathrm{d}}{\mathrm{d}x} F_X(x)$$

▶**C.1** Lebesgue **分解定理**. 这个定理说，任何分布函数 $F(x)$ 都可以分解成

$$F(x) = c_1 F^d(x) + c_2 F^{ac}(x) + c_3 F^s(x), c_1 + c_2 + c_3 = 1$$

其中 F^d 是离散的，F^{ac} 是绝对连续的，F^s 是连续的但是奇异的，即它的支集是一个 Lebesgue 测度等于零的 Borel 集合. ◀

在本书中，所有的组合分布在性质上都是离散的（因而支集是$\mathbb{Z}_{\geqslant 0}$.）. 所有的连续分布都是作为离散分布的极限而得出的，在我们的讨论中，绝对连续和修饰词“绝对”在讨论连续分布时都应全局地加以理解.

如果 X 是一个随机变量，那么函数 $g(X)$ 的期望的定义是

$$\mathbb{E}(g(X)) = \int_{\mathbb{R}} g(X)\mathrm{d}F(x)$$

其中涉及 X 的分布函数 F. 特别 X 的期望或平均值是$\mathbb{E}(X)$，一般的，X 的 r 阶矩是

$$\mu^{(r)} = \mathbb{E}(X^r)$$

（对 $r=0$，这个量不存在.）

▶**C.2　期望的另外一些形式的公式.** 如果 X 的支集是$\mathbb{R}_{\geqslant 0}$，那么

$$\mathbb{E}(X) = \int_0^{\infty}(1-F(x))\mathrm{d}x$$

如果 X 的支集是$\mathbb{Z}_{\geqslant 0}$，那么

$$\mathbb{E}(X) = \sum_{k\geqslant 0}\mathbb{P}(X>k)$$

证明是分部积分和求和：例如设 $p_k=\mathbb{P}(X=k)$

$$\mathbb{E}(X) = \sum_{k\geqslant 1}kp_k = (p_1+p_2+p_3+\cdots)+(p_2+p_3+\cdots)+(p_3+\cdots)+\cdots$$

对于高阶矩成立类似的公式. ◀

C.3　分布的变换

X(或者它的分布函数 F) 的 Laplace 变换的定义是

$$\lambda_X(s) := \mathbb{E}(\mathrm{e}^{sX}) = \int_{-\infty}^{+\infty}\mathrm{e}^{sx}\mathrm{d}F(x)$$

（如果 F 具有离散分量，那么积分应在 Lebesgue-Stieltjes 或 Riemann-Stieltjes 意义下取.）Laplace 变换也称为矩生成函数（见下面的存在性讨论）. 特征函数的定义为

$$\phi_X(t) = \mathbb{E}(\mathrm{e}^{\mathrm{i}tX}) = \int_{-\infty}^{+\infty}\mathrm{e}^{\mathrm{i}tx}\mathrm{d}F(x)$$

这是一个 Fourier 变换. 这两个变换彼此都可以用另一个形式写出，我们有 $\phi_X(t)=\lambda_X(it)$.

如果 X 是支集为$\mathbb{Z}$的离散随机变量，那么就像附录 A.3：组合概率中所定义的那样，它的概率生成函数(PGF) 就是

$$P_X(u) := \mathbb{E}(u^X) = \sum_{k\in\mathbb{Z}}\mathbb{P}(X=k)u^k$$

作为一种解析的对象，在 X 为非负(支集为$\mathbb{Z}_{\geqslant 0}$) 的情况下，PGF 至少在开圆盘 $|u|<1$ 中是解析的. 如果假设 $X\in\mathbb{Z}$ 可以取任意大的负值，那么 PGF 肯定在

单位圆上存在,但是有时在更大的域上可能不存在. PGF 存在的确切的域作为一个解析函数取决于分布的左右尾部衰减的几何速率,即当 $k \to \pm\infty$ 时,$\mathbb{P}(X=k)$ 衰减的几何速率. 随机变量 X(及其分布函数 F_X)的特征函数是

$$\phi_X(t) := \mathbb{E}(\mathrm{e}^{\mathrm{i}tX}) = P_X(\mathrm{e}^{\mathrm{i}t}) = \sum_{k\in\mathbb{Z}} \mathbb{P}(X=k)\mathrm{e}^{\mathrm{i}kt}$$

它对所有的实数值 t 存在. 离散随机变量 X 的 Laplace 变换是

$$\lambda_X(s) := \mathbb{E}(\mathrm{e}^{sX}) = P_X(\mathrm{e}^{S}) = \sum_{k\in\mathbb{Z}} \mathbb{P}(X=k)\mathrm{e}^{ks}$$

如果 X 是分布函数为 $F(X)$,密度函数为 $w(x)$ 的连续随机变量,那么它的特征函数可表示成

$$\phi_X(t) := \mathbb{E}(\mathrm{e}^{\mathrm{i}tX}) = \int_{\mathbb{R}} \mathrm{e}^{\mathrm{i}tX} w(x)\mathrm{d}x$$

而它的 Laplace 变换是

$$\lambda_X(s) := \mathbb{E}(\mathrm{e}^{sX}) = \int_{\mathbb{R}} \mathrm{e}^{sX} w(x)\mathrm{d}x$$

实变量的 Fourier 变换总是存在的(由于 Fourier 核 $\mathrm{e}^{\mathrm{i}t}$ 的可积性,这个核的模是 1). 根据关系式 $\phi_X(t)=\lambda_X(\mathrm{i}t)$ 可知,当 Laplace 变换在带形区域中存在时,将解析地趋向特征函数. Laplace 变换也称为矩生成函数,由于下面的定义它的另一个公式在离散和连续的情况下都是有效的

$$\lambda_X(s) := \sum_{k\geqslant 0} \mathbb{E}(X^k)\frac{s^k}{k!}$$

这确实表示矩的指数生成函数.(我们避免在文中使用这个术语,因为有可能与本书中使用的许多其他类型的生成函数相混淆.)

变换的重要性是由于连续性定理,根据这一定理可以通过变换的收敛来建立分布的收敛.

▶**C.3 中心化,尺度化与标准化**. 设 X 是随机变量,定义 $Y=\dfrac{X-\mu}{\sigma}$,这个表达式作为特征函数的 Laplace 变换显然有

$$\phi_Y(t) = \mathrm{e}^{-\mu\mathrm{i}t}\phi_X\left(\frac{t}{\sigma}\right), \lambda_Y(s) = \mathrm{e}^{-\mu s}\lambda_X\left(\frac{s}{\sigma}\right)$$

我们说,Y 是从 X 通过中心化(通过平移 μ)和尺度化(通过因子 σ)得出的. 如果 μ 和 σ 是 X 的平均值和标准差,则称 Y 是 X 的标准化. ◀

▶**C.4 矩和变换**. 对矩可以做下述的变换

$$\mu^{(r)} := E\{Y^{\Gamma}\} = \frac{\mathrm{d}^{\Gamma}}{\mathrm{d}s^{\Gamma}}\lambda(s)\bigg|_{s=0} = (-\mathrm{i})^r \frac{\mathrm{d}r}{\mathrm{d}t^r}\phi(t)\bigg|_{t=0}$$

特别,我们有

$$\mu = \frac{\mathrm{d}}{\mathrm{d}s}\lambda(s)\bigg|_{s=0} = -\mathrm{i}\frac{\mathrm{d}}{\mathrm{d}t}\phi(t)\bigg|_{t=0}$$

$$\mu^{(2)} = \frac{\mathrm{d}^2}{\mathrm{d}s^2}\lambda(s)\bigg|_{s=0} = -\frac{\mathrm{d}}{\mathrm{d}t}\phi(t)\bigg|_{t=0} \tag{4}$$

$$\sigma^2 = \frac{\mathrm{d}^2}{\mathrm{d}s^2}\log\lambda(s)\bigg|_{s=0} = -\frac{\mathrm{d}^2}{\mathrm{d}t^2}\log\phi(t)\bigg|_{t=0}$$

用 $\log\lambda(s)$ 直接表示标准差，称为累积生成函数，实践表明这通常在计算上是更方便的. ◀

▶**C.5 分布的** Mellin **变换.** 当 X 的支集是 $\mathbb{R}_{\geqslant 0}$ 时，$M(s) := \mathbb{E}(X^{s-1})$ 是 X 或其分布函数 F 的 Mellin 变换(见附录 B.7：Mellin 变换). 特别是，如果 X 具有密度，那么这个概念就和通常的 Mellin 变换的定义是一致的. 当它存在时，Mellin 变换在整数 $s=k$ 处的值就给出了 $k-1$ 阶的矩；在其他点，它给出了分数阶的矩. ◀

▶**C.6 概率论的"符号"片段.** 考虑支集为 $\mathbb{Z}_{\geqslant 0}$ 的离散随机变量. 设 X，X_1，… 是 PGF 为 $p(u)$ 的独立随机变量，设 Y 的 PGF 为 $q(u)$，那么某些自然的操作允许我们把变换转换为 PGF.

操作		PGF
转换	$(\mathrm{Bern}(\lambda) \Rightarrow X \mid Y)$	$\lambda p(u) + (1-\lambda) q(u)$
求和	$X+Y$	$p(u)\cdot q(u)$
	$X_1+\cdots+X_n$	$p(u)^n$
随机求和	$X_1+\cdots+X_Y$	$q(p(u))$
容量偏差	∂_X	$\dfrac{up'(u)}{p'(1)}$

("Bern(λ)"表示变量为 B，$\mathbb{P}(1)=\lambda$ 的 Bernoulli$\{0,1\}$ 实验的分布；转换的解释是 $BX+(1-B)Y$，容量偏差均见第 Ⅶ 章.) ◀

C.4 特殊分布

图 C.1 中给出了分析组合学中经常出现的一些特殊分布.

分布	概率(*D*),密度(*C*)	PGF(*D*),特征函数(*C*)
D 二项式(n,p)	$\binom{n}{k} p^k (1-p)^{n-k}$	$(q+pu)^n$
D 几何(q)	$(1-q)q^k$	$\frac{1-q}{1-qu}$
D 负二项式$[m](q)$	$\binom{m+k-1}{k} q^k (1-q)^m$	$\left(\frac{1-q}{1-qu}\right)^m$
D 对数－级数(λ)	$\frac{1}{-\log(1-\lambda)} \frac{\lambda^k}{k!}$	$\frac{\log(1-\lambda u)}{\log(1-\lambda)}$
D Poisson(λ)	$\mathrm{e}^{-\lambda} \frac{\lambda^k}{k!}$	$\mathrm{e}^{\lambda(1-u)}$
C Gauss 或正态 $\mathcal{N}(0,1)$	$\frac{\mathrm{e}^{-\frac{x^2}{2}}}{\sqrt{2\pi}}$	$\mathrm{e}^{-\frac{t^2}{2}}$
C 指数	e^{-x}	$\frac{1}{1-\mathrm{i}t}$
C 一致$\left[-\frac{1}{2},\frac{1}{2}\right]$	$\left[\left[-\frac{1}{2} \leqslant x \leqslant \frac{1}{2}\right]\right]$	$\frac{\sin\frac{t}{2}}{\frac{t}{2}}$

图 C.1　常遇到的离散(*D*)和连续(*C*)概率分布:类型、名称、概率或密度,概率生成函数或特征函数

一个参数为 q 的 Bernoulli 试验是一个取值为 1(表示“成功”)的概率为 p,取值为 0(表示“失败”)的概率为 q 的事件,其中 $p+q=1$.形式上,这是一个赋予了概率测度$\mathbb{P}(0)=q$,$\mathbb{P}(1)=p$的集合$\Omega=\{0,1\}$(一般的,我们也把可能出现有限种结果的独立试验称为 Bernoulli 试验.从这个意义上讲,有限字母表上的某些固定长度的,带有不一致的字母权重(或概率)的单词模型也属于 Bernoulli 模型的范畴,见第 Ⅲ 章.).参数为 n,q 的二项式分布表示是一个表示在 n 个独立的 Bernoulli 试验中成功次数的随机变量.这是一个与头尾游戏相关的概率分布.几何分布是一个在可能任意长的 Bernoulli 试验的序列中记录了失败之后第一次成功的数量的随机变量 X 的分布.负二项式分布对应于失败后接连有 m 次成功的参数为 q 的 Bernoulli 试验的关于指标 m 和参数 q 的分布(记为 $NB[m]$).我们在第 Ⅶ 章中已经发现它和无标记的多重集模式$\mathcal{F}=\mathfrak{M}(G)$的 $r-$成分的数量有系统的联系,它的奇点是指数－对数类型的.几何分布出现在一些与序列有关的模式中,而对数级数分布则与轮换密切相关(第 Ⅴ 章).

Poisson 分布是概率论中最重要的分布. 图 C.1 中给出了它的基本属性. 例如,它发生在随机排列中的单轮换和 r 轮换的分布中,更一般地发生在有标记的复合模式中(第 Ⅸ 章).

在本书中,直接来自组合学的所有概率分布都先验地是离散的,因为它们都是定义在有限集上的 —— 通常是组合类$\mathcal{C}$的某个子类$\mathcal{C}_n$上. 然而,随着所考虑对象的容量 n 的增长,这些有限分布通常具有连续极限. 在这种框架下,到目前为止,最重要的定律就是 Gauss 定律,也称为正态定律,它可由其密度或分布函数加以定义

$$g(x)=\frac{e^{-x^2/2}}{\sqrt{2\pi}},\Phi(x)=\frac{1}{\sqrt{2\pi}}\int_{-\infty}^{x}e^{-y^2/2}dy \tag{5}$$

对应的 Laplace 变换可以通过配平方计算得出

$$\lambda(s)=\frac{1}{\sqrt{2\pi}}\int_{-\infty}^{+\infty}e^{-y^2/2+sy}dy=e^{s^2/2}$$

类似的,特征函数是 $\phi(t)=e^{-\frac{t^2}{2}}$. 分布(5) 通称为标准正态分布$\mathcal{N}(0,1)$;如果 X 是$\mathcal{N}(0,1)$,则我们定义变量 $Y=\mu+\sigma X$ 是以 μ 为平均值,以 σ 为标准差的正态分布,记为$\mathcal{N}(\mu,\sigma)$.

在本书出现的其他连续分布中,我们还要提到和树的高度和 Dyck 路径相关的 θ — 分布(第 Ⅴ 章)以及出现在第 Ⅸ 章的稳定律.

C.5 极限律中的收敛性

分析组合学最感兴趣的核心概念是极限律中的收敛概念,也称为弱收敛.

定义 C.1 设 F_n 是一族分布函数. 称 F_n 是弱收敛到分布函数 F,如果在 F 的每个连续点 x 处逐点地成立

$$\lim_{n} F_n(x)=F(x) \tag{6}$$

可以把上式写成 $F_n \Rightarrow F$,如果 X_n, X 分别是对应于 F_n, F 的随机变量,我们也可以把上式写成 $X_n \Rightarrow X$. 我们称 X_n 按照分布或极限律收敛到 X.

这个定义具有同时包括了离散分布和连续分布两种情况的优点. 对于支集为$\mathbb{Z}$的离散分布,式(6) 的等价形式是对每个 $k\in\mathbb{Z}$ 有$\lim\limits_{n} F_n(k)=F(k)$;对于连续分布,式(6) 就表示$\lim\limits_{n} F_n(x)=F(x)$. 虽然由于组合学的有限性质,在所有可能的一般性中任何东西都可以趋向于其他任何东西,我们在本书中只须以下

两种收敛性

离散 ⇒ 离散，离散 ⇒ 连续（经过标准化之后）

有三种主要的工具可以用来建立极限律的收敛性：特征函数，Laplace 变换和矩的收敛定理.

特征函数和极限律. 根据 Fourier 分析的一般原理，随机变量的性质可以通过特征函数的概率反映出来 —— 图 C.2 给出了一个小结. 对我们来说最重要的是 Lévy 的特征函数的连续性定理，它曾广泛应用于第 Ⅸ 章，从 Ⅸ.4 开始的一直到 Ⅸ.5 的准幂定理的讨论中.

定理 C.1　特征函数的极限定理. 设 Y, Y_n 是特征函数为 ϕ, ϕ_n 的随机变量，则弱收敛 $Y_n \Rightarrow Y$ 成立的充分必要条件是对每个 t 成立 $\phi_n(t) \to \phi(t)$.

证明可见文献[68] § 26. 值得注意的是这个定理给出了充分必要条件. 此外，第 Ⅸ 章中叙述的 Berry-Esseen 的不等式则给出了原点处渐近的精确的收敛速度的估计.

Laplace **变换和极限律.** Laplace 变换的连续性定理见第 Ⅸ 章，原则上，它的应用范围比定理 C.1 更有限，由于 Laplace 变换不一定存在. 此外，从 Laplace 变换得出的误差界可能在指数上要比用 Berry-Esseen 不等式得出的误差界更糟（文献[557]）. 由于这些原因，本书中 Laplace 变换的作用主要局限于大偏差估计（Ⅸ.10 节）.

矩方法. 为了建立组合学中的极限律，采用矩的分布可能更方便（有时甚至是必要的）. 然后，人们试图从矩的收敛推导出分布的收敛. 这种方法需要被矩特征化的分布是唯一的条件 —— 找出这些条件在分析中通称为矩问题. Billingsley 在文献[68] § 30 中提供了清晰的讨论，我们在本书中也采用了他的方法.

一个分布函数 $F(x)$，称为被它的矩特征化，如果实数

$$\mu_k = \int_{\mathbb{R}} X^k \mathrm{d}F(x) \quad (k = 0, 1, 2, \cdots)$$

的序列唯一地确定了 F（即对所有的 k，$\int x^k \mathrm{d}F = \int x^k \mathrm{d}G$ 蕴含 $F = G$）. 已知下面的基本条件对这个性质来说是充分的：（ⅰ）F 具有限的支集；（ⅱ）μ_k 的指数生成函数在零点解析，也就是说对某个 $R > 0$，我们有

$$\mu_k \frac{R^k}{k!} \to 0, k \to \infty \tag{7}$$

特征函数 $\phi(t)$	分布函数 $F(x)$
$\phi(0)=1$	$F(-\infty)=0, F(+\infty)=1$
$\lvert\phi(t_0)\rvert=1$，对某个 $t_0\neq 0$	间距为 $\frac{2\pi}{t_0}$ 的格子分布
$\phi(t)\underset{t\to 0}{=}1+\mathrm{i}\mu t+o(t)$	$\mathbb{E}(X)=\mu<\infty$
$\phi(t)\underset{t\to 0}{=}1+\mathrm{i}\mu t-v\frac{t^2}{2}+o(t^2)$	$\mathbb{E}(X^2)=v<\infty$
$\log\phi(t)=-\frac{t^2}{2}$	$X\overset{d}{=}\mathbf{N}(0,1)$
$\phi(t)\to 0$，当 $t\to\infty$ 时	X 是连续的
$\phi(t)$ 是可积的(在 $\mathcal{L}_1$ 中)	X 是绝对连续的 密度是 $w(x)=\frac{1}{2\pi}\int_{-\infty}^{+\infty}\mathrm{e}^{-\mathrm{i}tx}\phi(t)\mathrm{d}t$
$\lambda(s):=\phi(-\mathrm{i}s)$，在 $\alpha<\Re(s)<\beta$ 上存在	指数尾部
$\lim\limits_{T\to\infty}\frac{1}{2T}\int_{-T}^{+T}\lvert\phi(t)\rvert^2\mathrm{d}t$	等于 $\sum_i(p_i)^2$；p_i 是跃度
$\phi_n(t)\to\phi(t)$(点收敛)	$F_n\Rightarrow F$(弱收敛) $X_n\Rightarrow X$(分布的弱收敛)
ϕ_n“接近于”ϕ	F_n“接近于”F (Berry-Esseen)

图 C.2　随机变量 X 的分布函数 F 的性质和特征函数 ϕ 的性质之间的对应

(第一种情况可通过 Weierstrass 定理来证明，这一定理断言多项式在有限区间的连续函数的集合中关于一致模是稠密的；第二种情况可从 Laplace 变换的连续性定理得出，它们不是别的，其实就是矩的指数生成函数.). 显然，[0,1] 上的一致分布，指数分布和 Gauss 分布都可被它们的矩特征化.

等式(7) 表达了分布被它们的矩特征化这一事实，证明了只要它们不增长得太快，它们的尾部将充分迅速地衰减. $F(x)$ 的其他有用的被矩特征化的充分条件可见文献[157] XⅣ.2

$$\begin{cases}\text{Carleman}: \sum_{k=0}^{\infty}\mu_{2k}^{-\frac{1}{2k}}=+\infty \quad (\text{支集}(F)\subset\mathbb{R}) \\ \text{Carleman}: \sum_{k=0}^{\infty}\mu_{k}^{-\frac{1}{2k}}=+\infty \quad (\text{支集}(F)\subset\mathbb{R}) \\ \text{Krein}: \int_{-\infty}^{+\infty}\frac{\log(f(x))}{1+x^2}\mathrm{d}x=-\infty \quad (F'(x)=f(x))\end{cases} \tag{8}$$

我们有下面的定理

定理 C.2　矩收敛定理. 设 F 被它的矩所确定，并设分布函数的序列 $F_n(x), x \in \mathbb{R}$ 对 $k=0,1,2,\cdots$ 满足

$$\lim_{n\to\infty}\int_{\mathbb{R}} x^k \mathrm{d}F_n(x) = \int_{\mathbb{R}} x^k \mathrm{d}F(x)$$

那么，成立弱收敛 $F_n \Rightarrow F$.

证明可见文献[68] § 30. 在本书中，矩方法有效地用在了我们在第 Ⅶ 章中所探索的矩泵方法.

▶**C.7　对数正态分布**. 正像它的名称所表明的那样，这是一个标准化的指数的分布，其密度是 $f(x)=\frac{1}{x\sqrt{2\pi}}\mathrm{e}^{-\frac{(\log x)^2}{2}}, x>0$. 密度为 $f(x)(1+\sin(2\pi\log(x)))$ 的分布具有同样的矩. (Stieltjes, 1895) ◀

参考文献

[1] ABEL, N. H. *Oeuvres complètes. Tome II.* Éditions Jacques Gabay, Sceaux, 1992. Suivi de "Niels Henrik Abel: sa vie et son action scientifique" par C.-A. Bjerknes. [Followed by "Niels Henrik Abel: his life and his scientific activity" by C.-A. Bjerknes] (1884), Edited and with notes by L. Sylow and S. Lie, Reprint of the second (1881) edition.

[2] ABHYANKAR, S.-S. *Algebraic geometry for scientists and engineers.* American Mathematical Society, 1990.

[3] ABRAMOWITZ, M., AND STEGUN, I. A. *Handbook of Mathematical Functions.* Dover, 1973. A reprint of the tenth National Bureau of Standards edition, 1964.

[4] ABRAMSON, M., AND MOSER, W. Combinations, successions and the n-kings problem. *Mathematics Magazine 39*, 5 (November 1966), 269–273.

[5] AHO, A. V., AND CORASICK, M. J. Efficient string matching: an aid to bibliographic search. *Communications of the ACM 18* (1975), 333–340.

[6] AHO, A. V., AND ULLMAN, J. D. *Principles of Compiler Design.* Addison-Wesley, 1977.

[7] AIGNER, M., AND ZIEGLER, G. *Proofs from THE BOOK.* Springer-Verlag, 2004.

[8] AĬZENBERG, I. A., AND YUZHAKOV, A. P. *Integral representations and residues in multidimensional complex analysis*, vol. 58 of *Translations of Mathematical Monographs.* American Mathematical Society, 1983.

[9] ALDOUS, D. J. Deterministic and stochastic models for coalescence (aggregation and coagulation): a review of the mean-field theory for probabilists. *Bernoulli 5*, 1 (1999), 3–48.

[10] ALDOUS, D. J., AND DIACONIS, P. Longest increasing subsequences: from patience sorting to the Baik-Deift-Johansson theorem. *American Mathematical Society. Bulletin. New Series 36*, 4 (1999), 413–432.

[11] ALDOUS, D. J., AND FILL, J. A. *Reversible Markov Chains and Random Walks on Graphs.* 2003. Book in preparation; manuscript available electronically.

[12] ALDOUS, D. J., AND PITMAN, J. The asymptotic distribution of the diameter of a random mapping. *C. R. Math. Acad. Sci. Paris 334*, 11 (2002), 1021–1024.

[13] ALON, N., AND SPENCER, J. H. *The probabilistic method.* John Wiley & Sons Inc., 1992.

[14] ANDREWS, G. E. *The Theory of Partitions*, vol. 2 of *Encyclopedia of Mathematics and its Applications.* Addison–Wesley, 1976.

[15] ANDREWS, G. E., ASKEY, R., AND ROY, R. *Special Functions*, vol. 71 of *Encyclopedia of Mathematics and its Applications.* Cambridge University Press, 1999.

[16] APOSTOL, T. M. *Introduction to Analytic Number Theory.* Springer-Verlag, 1976.

[17] APOSTOL, T. M. *Modular functions and Dirichlet series in number theory.* Springer-Verlag, 1976. Graduate Texts in Mathematics, No. 41.

[18] ARNEY, J., AND BENDER, E. A. Random mappings with constraints on coalescence and number of origins. *Pacific Journal of Mathematics 103* (1982), 269–294.

[19] ARRATIA, R., BARBOUR, A. D., AND TAVARÉ, S. Random combinatorial structures and prime factorizations. *Notices of the American Mathematical Society 44*, 8 (1997), 903–910.

[20] ARRATIA, R., BARBOUR, A. D., AND TAVARÉ, S. *Logarithmic Combinatorial Structures: a Probabilistic Approach.* EMS Monographs in Mathematics. European Mathematical Society (EMS), 2003.

[21] ATHREYA, K. B., AND NEY, P. E. *Branching processes.* Springer-Verlag, New York, 1972. Die Grundlehren der mathematischen Wissenschaften, Band 196.

[22] AYOUB, R. *An introduction to the analytic theory of numbers.* Mathematical Surveys, No. 10. American Mathematical Society, 1963.

[23] BACH, E. Toward a theory of Pollard's rho method. *Information and Computation 90*, 2 (1991), 139–155.

[24] BAIK, J., DEIFT, P., AND JOHANSSON, K. On the distribution of the length of the longest increasing subsequence of random permutations. *Journal of the American Mathematical Society 12*, 4 (1999), 1119–1178.

[25] BALADI, V., AND VALLÉE, B. Euclidean algorithms are Gaussian. *Journal of Number Theory 110* (2005), 331–386.

[26] BANDERIER, C., BOUSQUET-MÉLOU, M., DENISE, A., FLAJOLET, P., GARDY, D., AND GOUYOU-BEAUCHAMPS, D. Generating functions of generating trees. *Discrete Mathematics 246*, 1-3 (Mar. 2002), 29–55.

[27] BANDERIER, C., AND FLAJOLET, P. Basic analytic combinatorics of directed lattice paths. *Theoretical Computer Science 281*, 1-2 (2002), 37–80.

[28] BANDERIER, C., FLAJOLET, P., SCHAEFFER, G., AND SORIA, M. Random maps, coalescing saddles, singularity analysis, and Airy phenomena. *Random Structures & Algorithms 19*, 3/4 (2001), 194–246.

[29] BARBOUR, A. D., HOLST, L., AND JANSON, S. *Poisson approximation*. The Clarendon Press Oxford University Press, 1992. Oxford Science Publications.

[30] BASSINO, F., CLÉMENT, J., FAYOLLE, J., AND NICODÈME, P. Counting occurrences for a finite set of words: an inclusion-exclusion approach. *Discrete Mathematics & Theoretical Computer Science Proceedings* (2007). 14 pages. Proceedings of the AofA07 (Analysis of Algorithms) Conference. In press.

[31] BEARDON, A. F. *Iteration of Rational Functions*. Graduate Texts in Mathematics. Springer Verlag, 1991.

[32] BÉKESSY, A., BÉKESSY, P., AND KOMLÓS, J. Asymptotic enumeration of regular matrices. *Studia Scientiarum Mathematicarum Hungarica 7* (1972), 343–355.

[33] BELL, J. P., BURRIS, S. N., AND YEATS, K. A. Counting rooted trees: The universal law $t(n) \sim C\rho^{-n}n^{-3/2}$. *Electronic Journal of Combinatorics 13*, R63 (2006), 1–64.

[34] BELLMAN, R. *Matrix Analysis*. S.I.A.M. Press, 1997. A reprint of the second edition, first published by McGraw-Hill, New York, 1970.

[35] BENDER, E. A. Central and local limit theorems applied to asymptotic enumeration. *Journal of Combinatorial Theory 15* (1973), 91–111.

[36] BENDER, E. A. Asymptotic methods in enumeration. *SIAM Review 16*, 4 (Oct. 1974), 485–515.

[37] BENDER, E. A. The asymptotic number of non-negative integer matrices with given row and column sums. *Discrete Mathematics 10* (1974), 217–223.

[38] BENDER, E. A. Convex *n*–ominoes. *Discrete Mathematics 8* (1974), 219–226.

[39] BENDER, E. A., AND CANFIELD, E. R. The asymptotic number of labeled graphs with given degree sequences. *Journal of Combinatorial Theory,* Series A *24* (1978), 296–307.

[40] BENDER, E. A., CANFIELD, E. R., AND MCKAY, B. D. Asymptotic properties of labeled connected graphs. *Random Structures & Algorithms 3*, 2 (1992), 183–202.

[41] BENDER, E. A., GAO, Z., AND WORMALD, N. C. The number of labeled 2-connected planar graphs. *Electronic Journal of Combinatorics 9*, 1 (2002), Research Paper 43, 13 pp.

[42] BENDER, E. A., AND GOLDMAN, J. R. Enumerative uses of generating functions. *Indiana University Mathematical Journal* (1971), 753–765.

[43] BENDER, E. A., AND KOCHMAN, F. The distribution of subword counts is usually normal. *European Journal of Combinatorics 14* (1993), 265–275.

[44] BENDER, E. A., AND RICHMOND, L. B. Central and local limit theorems applied to asymptotic enumeration II: Multivariate generating functions. *Journal of Combinatorial Theory,* Series A *34* (1983), 255–265.

[45] BENDER, E. A., AND RICHMOND, L. B. Multivariate asymptotics for products of large powers with application to Lagrange inversion. *Electronic Journal of Combinatorics 6* (1999), R8. 21pp.

[46] BENDER, E. A., RICHMOND, L. B., AND WILLIAMSON, S. G. Central and local limit theorems applied to asymptotic enumeration. III. Matrix recursions. *Journal of Combinatorial Theory,* Series A *35*, 3 (1983), 264–278.

[47] BENTLEY, J., AND SEDGEWICK, R. Fast algorithms for sorting and searching strings. In *Eighth Annual ACM-SIAM Symposium on Discrete Algorithms* (1997), SIAM Press.

[48] BERGE, C. *Principes de combinatoire*. Dunod, 1968.

[49] BERGERON, F., FLAJOLET, P., AND SALVY, B. Varieties of increasing trees. In *CAAP'92* (1992), J.-C. Raoult, Ed., vol. 581 of *Lecture Notes in Computer Science*, pp. 24–48. Proceedings of the 17th Colloquium on Trees in Algebra and Programming, Rennes, France, February 1992.

[50] BERGERON, F., LABELLE, G., AND LEROUX, P. *Combinatorial species and tree-like structures*. Cambridge University Press, 1998.

[51] BERLEKAMP, E. R. *Algebraic Coding Theory*. Mc Graw-Hill, 1968. Revised edition, 1984.

[52] BERNDT, B. C. *Ramanujan's Notebooks, Part I*. Springer Verlag, 1985.

[53] BERSTEL, J. Sur les pôles et le quotient de Hadamard de séries n-rationnelles. *Comptes–Rendus de l'Académie des Sciences 272*, Série A (1971), 1079–1081.

[54] BERSTEL, J., Ed. *Séries Formelles*. LITP, University of Paris, 1978. (Proceedings of a School, Vieux–Boucau, France, 1977).

[55] BERSTEL, J., AND PERRIN, D. *Theory of codes*. Academic Press Inc., 1985.

[56] BERSTEL, J., AND REUTENAUER, C. Recognizable formal power series on trees. *Theoretical Computer Science 18* (1982), 115–148.

[57] BERSTEL, J., AND REUTENAUER, C. *Les séries rationnelles et leurs langages*. Masson, 1984.

[58] BERTOIN, J., BIANE, P., AND YOR, M. Poissonian exponential functionals, q-series, q-integrals, and the moment problem for log-normal distribution. In *Proceedings Stochastic Analysis, Ascona* (2004), vol. 58 of *Progress in Probability*, Birkhäuser Verlag, pp. 45–56.

[59] BERTONI, A., CHOFFRUT, C., GOLDWURM, M. G., AND LONATI, V. On the number of occurrences of a symbol in words of regular languages. *Theoretical Computer Science 302*, 1–3 (2003), 431–456.

[60] BESSIS, D., ITZYKSON, C., AND ZUBER, J.-B. Quantum field theory techniques in graphical enumeration. *Advances in Applied Mathematics 1* (1980), 109–157.

[61] BETREMA, J., AND PENAUD, J.-G. Modèles avec particules dures, animaux dirigés et séries en variables partiellement commutatives. ArXiv Preprint, 2001. arXiv:math/0106210.

[62] BHARUCHA-REID, A. T. *Elements of the Theory of Markov Processes and Their Applications*. Dover, 1997. A reprint of the original McGraw-Hill edition, 1960.

[63] BIANE, P. Permutations suivant le type d'excédance et le nombre d'inversions et interprétation combinatoire d'une fraction continue de Heine. *European Journal of Combinatorics 14* (1993), 277–284.

[64] BIANE, P., PITMAN, J., AND YOR, M. Probability laws related to the Jacobi theta and Riemann zeta functions, and Brownian excursions. *Bulletin of the American Mathematical Society (N.S.) 38*, 4 (2001), 435–465.

[65] BIEBERBACH, L. *Lehrbuch der Funktionentheorie*. Teubner, 1931. In two volumes. Reprinted by Johnson, 1968.

[66] BIGGS, N. L. *Algebraic Graph Theory*. Cambridge University Press, 1974.

[67] BIGGS, N. L., LLOYD, E. K., AND WILSON, R. *Graph Theory, 1736–1936*. Oxford University Press, 1974.

[68] BILLINGSLEY, P. *Probability and Measure*, 2nd ed. John Wiley & Sons, 1986.

[69] BINGHAM, N. H., GOLDIE, C. M., AND TEUGELS, J. L. *Regular variation*, vol. 27 of *Encyclopedia of Mathematics and its Applications*. Cambridge University Press, 1989.

[70] BIRKHOFF, G. D. Formal theory of irregular linear difference equations. *Acta Mathematica 54* (1930), 205–246.

[71] BIRKHOFF, G. D., AND TRJITZINSKY, W. J. Analytic theory of singular difference equations. *Acta Mathematica 60* (1932), 1–89.

[72] BJÖRK, J. E. *Rings of Differential Operators*. North Holland P. C., 1979.

[73] BŁASIAK, P., A., H., PENSON, K. A., DUCHAMP, G. H. E., AND SOLOMON, A. I. Boson normal ordering via substitutions and Sheffer-type polynomials. *Physical Letters A 338* (2005), 108.

[74] BŁASIAK, P., A., H., PENSON, K. A., SOLOMON, A. I., AND DUCHAMP, G. H. E. Combinatorics and Boson normal ordering: A gentle introduction. `arXiv:0704.3116v1 [quant-ph]`, 8 pages.

[75] BLEISTEIN, N., AND HANDELSMAN, R. A. *Asymptotic Expansions of Integrals*. Dover, New York, 1986. A reprint of the second Holt, Rinehart and Winston edition, 1975.

[76] BOLLOBÁS, B. *Random Graphs*. Academic Press, 1985.

[77] BOLLOBÁS, B., BORGS, C., CHAYES, J. T., KIM, J. H., AND WILSON, D. B. The scaling window of the 2-SAT transition. *Random Structures & Algorithms 18*, 3 (2001), 201–256.

[78] BORWEIN, D., RANKIN, S., AND RENNER, L. Enumeration of injective partial transformations. *Discrete Mathematics 73* (1989), 291–296.

[79] BORWEIN, J. M., AND BORWEIN, P. B. Strange series and high precision fraud. *American Mathematical Monthly 99*, 7 (Aug. 1992), 622–640.

[80] BORWEIN, J. M., BORWEIN, P. B., AND DILCHER, K. Pi, Euler numbers and asymptotic expansions. *American Mathematical Monthly 96*, 8 (1989), 681–687.

[81] BOURDON, J., AND VALLÉE, B. Generalized pattern matching statistics. In *Mathematics and computer science, II (Versailles, 2002)*, B. Chauvin *et al.*, Ed. Birkhäuser, 2002, pp. 249–265.

[82] BOUSQUET-MÉLOU, M. A method for the enumeration of various classes of column-convex polygons. *Discrete Math. 154*, 1-3 (1996), 1–25.
[83] BOUSQUET-MÉLOU, M. Limit laws for embedded trees: Applications to the integrated SuperBrownian excursion. *Random Structures and Algorithms 29* (2006), 475–523.
[84] BOUSQUET-MÉLOU, M. Rational and algebraic series in combinatorial enumeration. In *Proceedings of the International Congress of Mathematicians* (2006), pp. 789–826.
[85] BOUSQUET-MÉLOU, M., AND GUTTMANN, A. J. Enumeration of three-dimensional convex polygons. *Annals of Combinatorics 1* (1997), 27–53.
[86] BOUSQUET-MÉLOU, M., AND PETKOVŠEK, M. Linear recurrences with constant coefficients: the multivariate case. *Discrete Mathematics 225*, 1-3 (2000), 51–75.
[87] BOUSQUET-MÉLOU, M., AND RECHNITZER, A. Lattice animals and heaps of dimers. *Discrete Mathematics 258* (2002), 235–274.
[88] BOUTTIER, J. *Physique statistique des surfaces aléatoires et combinatoire bijective des cartes planaires*. Ph.D. Thesis, Universté Paris 6, 2005.
[89] BOUTTIER, J., DI FRANCESCO, P., AND GUITTER, E. Census of planar maps: from the one-matrix model solution to a combinatorial proof. *Nuclear Physics B 645*, 3 (2002), 477–499.
[90] BOUTTIER, J., DI FRANCESCO, P., AND GUITTER, E. Geodesic distance in planar graphs. *Nuclear Physics B 663*, 3 (2003), 535–567.
[91] BOUTTIER, J., DI FRANCESCO, P., AND GUITTER, E. Statistics of planar graphs viewed from a vertex: A study via labeled trees. *Nuclear Physics B 675*, 3 (2003), 631–660.
[92] BRASSARD, G., AND BRATLEY, P. *Algorithmique: conception et analyse*. Masson, Paris, 1987.
[93] BREIMAN, L. *Probability*. Society for Industrial and Applied Mathematics (SIAM), 1992. Corrected reprint of the 1968 original.
[94] BRÉZIN, É., ITZYKSON, C., PARISI, G., AND ZUBER, J.-B. Planar diagrams. *Communications in Mathematical Physics 59* (1978), 35–51.
[95] BROUTIN, N., AND DEVROYE, L. Large deviations for the weighted height of an extended class of trees. *Algorithmica 46* (2006), 271–297.
[96] BROWN, W. G., AND TUTTE, W. T. On the enumeration of rooted non-separable planar maps. *Canadian Journal of Mathematics 16* (1964), 572–577.
[97] BURGE, W. H. An analysis of binary search trees formed from sequences of nondistinct keys. *Journal of the ACM 23*, 3 (July 1976), 451–454.
[98] BURRIS, S. N. *Number theoretic density and logical limit laws*, vol. 86 of *Mathematical Surveys and Monographs*. American Mathematical Society, 2001.
[99] BURRIS, S. N. Two corrections to results in the literature on recursive systems. Unpublished memo. 8 pages., January 2008.
[100] BUTZER, P. L., AND JANSCHE, S. A direct approach to the Mellin transform. *The Journal of Fourier Analysis and Applications 3*, 4 (1997), 325–376.
[101] CANFIELD, E. R. Central and local limit theorems for the coefficients of polynomials of binomial type. *Journal of Combinatorial Theory,* Series A *23* (1977), 275–290.
[102] CANFIELD, E. R. Remarks on an asymptotic method in combinatorics. *Journal of Combinatorial Theory,* Series A *37* (1984), 348–352.
[103] CARLITZ, L. Permutations, sequences and special functions. *S.I.A.M. Review 17* (1975), 298–322.
[104] CARTAN, H. *Théorie élémentaire des fonctions analytiques d'une ou plusieurs variables complexes*. Hermann, 1961.
[105] CARTIER, P., AND FOATA, D. *Problèmes combinatoires de commutation et réarrangements*, vol. 85 of *Lecture Notes in Mathematics*. Springer Verlag, 1969. (New free web edition, 2006).
[106] CATALAN, E. Note sur une équation aux différences finies. *Journal de Mathématiques Pures et Appliquées 3* (1838), 508–516. Freely accessible under the Gallica-MathDoc site.
[107] CATALAN, E. Addition à la note sur une équation aux différences finies, insérée dans le volume précédent, page 508. *Journal de Mathématiques Pures et Appliquées 4* (1839), 95–99. Freely accessible under the Gallica-MathDoc site.
[108] CATALAN, E. Solution nouvelle de cette question: Un polygone étant donné, de combien de manières peut-on le partager en triangles au moyen de diagonales? *Journal de Mathématiques Pures et Appliquées 4* (1839), 91–94. Freely accessible under the Gallica-MathDoc site.
[109] CAZALS, F. Monomer-dimer tilings. *Studies in Automatic Combinatorics 2* (1997). Electronic publication `http://algo.inria.fr/libraries/autocomb/autocomb.html`.
[110] CHABAUD, C. *Séries génératrices algébriques:asymptotique et applications combinatoires*. PhD thesis, Université Paris VI, 2002.

[111] CHASSAING, P., AND MARCKERT, J.-F. Parking functions, empirical processes, and the width of rooted labeled trees. *Electronic Journal of Combinatorics 8*, 1 (2001), Research Paper 14, 19 pp. (electronic).

[112] CHASSAING, P., MARCKERT, J.-F., AND YOR, M. The height and width of simple trees. In *Mathematics and computer science (Versailles, 2000)*, Trends Math. Birkhäuser Verlag, 2000, pp. 17–30.

[113] CHASSAING, P., AND SCHAEFFER, G. Random planar lattices and integrated superBrownian excursion. *Probability Theory and Related Fields 128* (2004), 161–212.

[114] CHAUVIN, B., DRMOTA, M., AND JABBOUR-HATTAB, J. The profile of binary search trees. *The Annals of Applied Probability 11*, 4 (2001), 1042–1062.

[115] CHAUVIN, B., FLAJOLET, P., GARDY, D., AND GITTENBERGER, B. And/Or Trees Revisited. *Combinatorics, Probability and Computing 13*, 4–5 (2004), 501–513. Special issue on Analysis of Algorithms.

[116] CHERN, H.-H., AND HWANG, H.-K. Partial match queries in random quadtrees. *SIAM Journal on Computing 32*, 4 (2003), 904–915.

[117] CHERN, H.-H., HWANG, H.-K., AND TSAI, T.-H. An asymptotic theory for Cauchy-Euler differential equations with applications to the analysis of algorithms. *Journal of Algorithms 44*, 1 (2002), 177–225.

[118] CHIHARA, T. S. *An Introduction to Orthogonal Polynomials*. Gordon and Breach, 1978.

[119] CHOMSKY, N., AND SCHÜTZENBERGER, M. P. The algebraic theory of context–free languages. In *Computer Programing and Formal Languages* (1963), P. Braffort and D. Hirschberg, Eds., North Holland, pp. 118–161.

[120] CHYZAK, F. Gröbner bases, symbolic summation and symbolic integration. In *Gröbner Bases and Applications*, B. Buchberger and F. Winkler, Eds., vol. 251 of *London Mathematical Society Lecture Notes Series*. Cambridge University Press, 1998, pp. 32–60. In *Proceedings of the Conference 33 Years of Gröbner Bases*.

[121] CHYZAK, F., DRMOTA, M., KLAUSNER, T., AND KOK, G. The distribution of patterns in random trees. *Combinatorics, Probability and Computing 17* (2008), 21–59.

[122] CHYZAK, F., MISHNA, M., AND SALVY, B. Effective scalar products of D-finite symmetric functions. *Journal of Combinatorial Theory, Series A 112*, 1 (2005), 1–43.

[123] CHYZAK, F., AND SALVY, B. Non-commutative elimination in Ore algebras proves multivariate identities. *Journal of Symbolic Computation 26*, 2 (1998), 187–227.

[124] CLÉMENT, J., FLAJOLET, P., AND VALLÉE, B. Dynamical sources in information theory: A general analysis of trie structures. *Algorithmica 29*, 1/2 (2001), 307–369.

[125] COMPTON, K. J. A logical approach to asymptotic combinatorics. I. First order properties. *Advances in Mathematics 65* (1987), 65–96.

[126] COMPTON, K. J. A logical approach to asymptotic combinatorics. II. Second–order properties. *Journal of Combinatorial Theory,* Series A *50* (1987), 110–131.

[127] COMPTON, K. J. 0–1 laws in logic and combinatorics. In *Proceedings NATO Advanced Study Institute on Algorithms and Order* (Dordrecht, 1988), I. Rival, Ed., Reidel, pp. 353–383.

[128] COMTET, L. Calcul pratique des coefficients de Taylor d'une fonction algébrique. *Enseignement Mathématique. 10* (1964), 267–270.

[129] COMTET, L. *Advanced Combinatorics*. Reidel, 1974.

[130] CONRAD, E. V. F., AND FLAJOLET, P. The Fermat cubic, elliptic functions, continued fractions, and a combinatorial excursion. *Séminaire Lotharingien de Combinatoire 54*, B54g (2006), 1–44.

[131] CORLESS, R. M., GONNET, G. H., HARE, D. E. G., JEFFREY, D. J., AND KNUTH, D. E. On the Lambert *W* function. *Advances in Computational Mathematics 5* (1996), 329–359.

[132] CORMEN, T. H., LEISERSON, C. E., AND RIVEST, R. L. *Introduction to Algorithms*. MIT Press, 1990.

[133] COUTINHO, S. C. *A primer of algebraic D-modules*, vol. 33 of *London Mathematical Society Student Texts*. Cambridge University Press, 1995.

[134] COVER, T. M., AND THOMAS, J. A. *Elements of information theory*. John Wiley & Sons Inc., 1991. A Wiley-Interscience Publication.

[135] COX, D., LITTLE, J., AND O'SHEA, D. *Ideals, Varieties, and Algorithms: an Introduction to Computational Algebraic Geometry and Commutative Algebra*, 2nd ed. Springer, 1997.

[136] DANIELS, H. E. Saddlepoint approximations in statistics. *Annals of Mathematical Statistics 25* (1954), 631–650.

[137] DARBOUX, G. Mémoire sur l'approximation des fonctions de très grands nombres, et sur une classe étendue de développements en série. *Journal de Mathématiques Pures et Appliquées* (Feb. 1878), 5–56,377–416.

[138] DAVENPORT, H. *Multiplicative Number Theory*, revised by H. L. Montgomery, second ed. Springer-Verlag, 1980.
[139] DAVID, F. N., AND BARTON, D. E. *Combinatorial Chance*. Charles Griffin, 1962.
[140] DE BRUIJN, N. G. A combinatorial problem. *Nederl. Akad. Wetensch., Proc. 49* (1946), 758–764. Also in *Indagationes Math.* **8**, 461–467 (1946).
[141] DE BRUIJN, N. G. On Mahler's partition problem. *Indagationes Mathematicae X* (1948), 210–220. Reprinted from Koninklijke Nederlansche Akademie Wetenschappen.
[142] DE BRUIJN, N. G. A survey of generalizations of Pólya's enumeration theory. *Nieuw Archief voor Wiskunde XIX* (1971), 89–112.
[143] DE BRUIJN, N. G. *Asymptotic Methods in Analysis*. Dover, 1981. A reprint of the third North Holland edition, 1970 (first edition, 1958).
[144] DE BRUIJN, N. G., AND KLARNER, D. A. Multisets of aperiodic cycles. *SIAM Journal on Algebraic and Discrete Methods 3* (1982), 359–368.
[145] DE BRUIJN, N. G., KNUTH, D. E., AND RICE, S. O. The average height of planted plane trees. In *Graph Theory and Computing* (1972), R. C. Read, Ed., Academic Press, pp. 15–22.
[146] DE SEGNER, A. Enumeration modorum quibus figurae planae rectlineae per diagonales dividuntur in triangula. *Novi Commentarii Academiae Scientiarum Petropolitanae 7* (1758/59), 203–209.
[147] DÉCOSTE, H., LABELLE, G., AND LEROUX, P. Une approche combinatoire pour l'itération de Newton-Raphson. *Advances in Applied Mathematics 3* (1982), 407–416.
[148] DEIFT, P. Integrable systems and combinatorial theory. *Notices of the American Mathematical Society 47*, 6 (2000), 631–640.
[149] DELAURENTIS, J. M., AND PITTEL, B. G. Random permutations and brownian motion. *Pacific Journal of Mathematics 119*, 2 (1985), 287–301.
[150] DELEST, M.-P., AND VIENNOT, G. Algebraic languages and polyominoes enumeration. *Theoretical Computer Science 34* (1984), 169–206.
[151] DELLNITZ, M., SCHÜTZE, O., AND ZHENG, Q. Locating all the zeros of an analytic function in one complex variable. *J. Comput. Appl. Math. 138*, 2 (2002), 325–333.
[152] DEMBO, A., VERSHIK, A., AND ZEITOUNI, O. Large deviations for integer partitions. *Markov Processes and Related Fields 6*, 2 (2000), 147–179.
[153] DEN HOLLANDER, F. *Large deviations*. American Mathematical Society, 2000.
[154] DENEF, J., AND LIPSHITZ, L. Algebraic power series and diagonals. *Journal of Number Theory 26* (1987), 46–67.
[155] DERSHOWITZ, N., AND ZAKS, S. The cycle lemma and some applications. *European Journal of Combinatorics 11* (1990), 35–40.
[156] DEVANEY, R. L. *A first course in chaotic dynamical systems*. Addison-Wesley Studies in Nonlinearity. Addison-Wesley Publishing Company Advanced Book Program, 1992. Theory and experiment, With a separately available computer disk.
[157] DEVROYE, L. A note on the height of binary search trees. *Journal of the ACM 33* (1986), 489–498.
[158] DEVROYE, L. Branching processes in the analysis of the heights of trees. *Acta Informatica 24* (1987), 277–298.
[159] DEVROYE, L. Limit laws for local counters in random binary search trees. *Random Structures & Algorithms 2*, 3 (1991), 302–315.
[160] DEVROYE, L. Universal limit laws for depths in random trees. *SIAM Journal on Computing 28*, 2 (1999), 409–432.
[161] DEVROYE, L. Laws of large numbers and tail inequalities for random tries and patricia trees. *Journal of Computational and Applied Mathematics 142* (2002), 27–37.
[162] DHAR, D., PHANI, M. K., AND BARMA, M. Enumeration of directed site animals on two-dimensional lattices. *Journal of Physics A: Mathematical and General 15* (1982), L279–L284.
[163] DI FRANCESCO, P. Folding and coloring problems in mathematics and physics. *Bulletin of the American Mathematical Society (N.S.) 37*, 3 (2000), 251–307.
[164] DIENES, P. *The Taylor Series*. Dover, New York, 1958. A reprint of the first Oxford University Press edition, 1931.
[165] DIEUDONNÉ, J. *Calcul Infinitésimal*. Hermann, Paris, 1968.
[166] DIXON, J. D. The number of steps in the Euclidean algorithm. *Journal of Number Theory 2* (1970), 414–422.
[167] DIXON, J. D. Asymptotics of generating the symmetric and alternating groups. *Electronic Journal of Combinatorics 12*, R56 (2005), 1–5.
[168] DOETSCH, G. *Handbuch der Laplace-Transformation,* Vol. 1–3. Birkhäuser Verlag, Basel, 1955.

[169] DOMB, C., AND BARRETT, A. Enumeration of ladder graphs. *Discrete Mathematics 9* (1974), 341–358.

[170] DOYLE, P. G., AND SNELL, J. L. *Random walks and electric networks*. Mathematical Association of America, 1984.

[171] DRMOTA, M. Asymptotic distributions and a multivariate Darboux method in enumeration problems. Manuscript, Nov. 1990.

[172] DRMOTA, M. Systems of functional equations. *Random Structures & Algorithms 10*, 1–2 (1997), 103–124.

[173] DRMOTA, M., AND GITTENBERGER, B. On the profile of random trees. *Random Structures & Algorithms 10*, 4 (1997), 421–451.

[174] DRMOTA, M., GITTENBERGER, B., AND KLAUSNER, T. Extended admissible functions and Gaussian limiting distributions. *Mathematics of Computation 74*, 252 (2005), 1953–1966.

[175] DRMOTA, M., AND SORIA, M. Marking in combinatorial constructions: Generating functions and limiting distributions. *Theoretical Computer Science 144*, 1–2 (June 1995), 67–99.

[176] DRMOTA, M., AND SORIA, M. Images and preimages in random mappings. *SIAM Journal on Discrete Mathematics 10*, 2 (1997), 246–269.

[177] DUCHON, P., FLAJOLET, P., LOUCHARD, G., AND SCHAEFFER, G. Boltzmann samplers for the random generation of combinatorial structures. *Combinatorics, Probability and Computing 13*, 4–5 (2004), 577–625. Special issue on Analysis of Algorithms.

[178] DUFFIN, R. J. Ruble's universal differential equation. *Proceedings of the National Academy of Sciences USA 78*, 8 (1981), 4661–4662.

[179] DUMAS, P., AND FLAJOLET, P. Asymptotique des récurrences mahleriennes: le cas cyclotomique. *Journal de Théorie des Nombres de Bordeaux 8*, 1 (June 1996), 1–30.

[180] DUQUESNE, T., AND LE GALL, J.-F. Random Trees, Levy Processes and Spatial Branching Processes. arXiv:math.PR/0509558, 2005.

[181] DURAND, M. *Combinatoire analytique et algorithmique des ensembles de données*. Ph.D. Thesis, École Polytechnique, France, 2004.

[182] DURRETT, R. *Probability: theory and examples*, second ed. Duxbury Press, 1996.

[183] DUTOUR, I., AND FÉDOU, J.-M. Object grammars and random generation. *Discrete Mathematics and Theoretical Computer Science 2* (1998), 47–61.

[184] DVORETZKY, A., AND MOTZKIN, T. A problem of arrangements. *Duke Mathematical Journal 14* (1947), 305–313.

[185] EDELMAN, A., AND KOSTLAN, E. How many zeros of a random polynomial are real? *Bulletin of the American Mathematical Society (N.S.) 32*, 1 (1995), 1–37.

[186] EDWARDS, H. M. *Riemann's Zeta Function*. Academic Press, 1974.

[187] EGORYCHEV, G. P. *Integral representation and the computation of combinatorial sums*, vol. 59 of *Translations of Mathematical Monographs*. American Mathematical Society, 1984. Translated from the Russian by H. H. McFadden, Translation edited by Lev J. Leifman.

[188] EHRENFEST, P., AND EHRENFEST, T. Über zwei bekannte Einwände gegen das Boltzmannsche H-Theorem. *Physikalische Zeitschrift 8*, 9 (1907), 311–314.

[189] EILENBERG, S. *Automata, Languages, and Machines*, vol. A. Academic Press, 1974.

[190] ELIZALDE, S., AND NOY, M. Consecutive patterns in permutations. *Advances in Applied Mathematics 30*, 1-2 (2003), 110–125.

[191] ELLIOTT, P. D. T. A. *Probabilistic number theory. I*, vol. 239 of *Grundlehren der Mathematischen Wissenschaften [Fundamental Principles of Mathematical Science]*. Springer-Verlag, 1979.

[192] ENTING, I. G. Generating functions for enumerating self-avoiding rings on the square lattice. *Journal of Physics A: Mathematical and General 18* (1980), 3713–3722.

[193] ERDÉLYI, A. *Higher Transcendental Functions*, second ed., vol. 1-2-3. R. E. Krieger publishing Company, Inc., 1981.

[194] ERDŐS, P., AND LEHNER, J. The distribution of the number of summands in the partitions of a positive integer. *Duke Mathematical Journal 8* (1941), 335–345.

[195] ERDŐS, P., AND RÉNYI, A. On a classical problem of probability theory. *Magyar Tud. Akad. Mat. Kutató Int. Közl. 6* (1961), 215–220.

[196] EULER, L. Letter to Goldbach, dated September 4, 1751. Published as "Lettre CXL, Euler à Goldbach". In *Leonhard Euler Briefwechsel*, Vol. I, p. 159, letter 868.

[197] EULER, L. Enumeration modorum, quibus figurae planae rectlineae per diagonales dividuntur in triangula, auct. i. a. de segner. *Novi Commentarii Academiae Scientiarum Petropolitanae 7* (1758/59), 13–14. Report by Euler on de Segner's note [146].

[198] EULER, L. De seriebus divergentibus. *Novi Commentarii Academiae Scientiarum Petropolitanae 5* (1760), 205–237. In *Opera Omnia*: Series 1, Volume 14, pp. 585–617. Available on the Euler Archive as E247.

[199] EULER, L. Observationes analyticae. *Novi Commentarii Acad. Sci. Imper. Petropolitanae 11* (1765), 124–143.

[200] EVEREST, G., VAN DER POORTEN, A., SHPARLINSKI, I., AND WARD, T. *Recurrence sequences*, vol. 104 of *Mathematical Surveys and Monographs*. American Mathematical Society, 2003.

[201] FARKAS, H. M., AND KRA, I. *Riemann surfaces*, second ed., vol. 71 of *Graduate Texts in Mathematics*. Springer-Verlag, 1992.

[202] FAYOLLE, G., AND IASNOGORODSKI, R. Two coupled processors: the reduction to a Riemann-Hilbert problem. *Zeitschrift für Wahrscheinlichkeitstheorie und Verwandte Gebiete 47*, 3 (1979), 325–351.

[203] FAYOLLE, G., IASNOGORODSKI, R., AND MALYSHEV, V. *Random walks in the quarter-plane*. Springer-Verlag, 1999.

[204] FAYOLLE, J. An average-case analysis of basic parameters of the suffix tree. In *Mathematics and Computer Science III: Algorithms, Trees, Combinatorics and Probabilities* (2004), M. Drmota *et al.*, Ed., Trends in Mathematics, Birkhäuser Verlag, pp. 217–227.

[205] FELLER, W. *An Introduction to Probability Theory and its Applications*, third ed., vol. 1. John Wiley, 1968.

[206] FELLER, W. *An Introduction to Probability Theory and Its Applications*, vol. 2. John Wiley, 1971.

[207] FILL, J. A. On the distribution of binary search trees under the random permutation model. *Random Structures & Algorithms 8*, 1 (1996), 1–25.

[208] FILL, J. A., FLAJOLET, P., AND KAPUR, N. Singularity analysis, Hadamard products, and tree recurrences. *Journal of Computational and Applied Mathematics 174* (Feb. 2005), 271–313.

[209] FILL, J. A., AND JANSON, S. Approximating the limiting quicksort distribution. *Random Structures & Algorithms 19* (2001), 376–406.

[210] FILL, J. A., AND KAPUR, N. Limiting distributions for additive functionals on Catalan trees. *Theoretical Computer Science 326*, 1–3 (2004), 69–102.

[211] FINCH, S. *Mathematical Constants*. Cambridge University Press, 2003.

[212] FINKEL, R. A., AND BENTLEY, J. L. Quad trees, a data structure for retrieval on composite keys. *Acta Informatica 4* (1974), 1–9.

[213] FISCHER, H. *Die verschiedenen Formen und Funktionen des zentralen Grenzwertsatzes in der Entwicklung von der klassischen zur modernen Wahrscheinlichkeitsrechnung*. Shaker Verlag, 2000. 318 p. (ISBN: 3-8265-7767-1).

[214] FLAJOLET, P. Combinatorial aspects of continued fractions. *Discrete Mathematics 32* (1980), 125–161. Reprinted in the 35th Special Anniversary Issue of *Discrete Mathematics*, Volume 306, Issue 10–11, Pages 992-1021 (2006).

[215] FLAJOLET, P. *Analyse d'algorithmes de manipulation d'arbres et de fichiers*, vol. 34–35 of *Cahiers du Bureau Universitaire de Recherche Opérationnelle*. Université Pierre et Marie Curie, Paris, 1981. 209 pages.

[216] FLAJOLET, P. On congruences and continued fractions for some classical combinatorial quantities. *Discrete Mathematics 41* (1982), 145–153.

[217] FLAJOLET, P. On the performance evaluation of extendible hashing and trie searching. *Acta Informatica 20* (1983), 345–369.

[218] FLAJOLET, P. Approximate counting: A detailed analysis. *BIT 25* (1985), 113–134.

[219] FLAJOLET, P. Elements of a general theory of combinatorial structures. In *Fundamentals of Computation Theory* (1985), L. Budach, Ed., vol. 199 of *Lecture Notes in Computer Science*, Springer Verlag, pp. 112–127. Proceedings of FCT'85, Cottbus, GDR, September 1985 (Invited Lecture).

[220] FLAJOLET, P. Analytic models and ambiguity of context–free languages. *Theoretical Computer Science 49* (1987), 283–309.

[221] FLAJOLET, P. Mathematical methods in the analysis of algorithms and data structures. In *Trends in Theoretical Computer Science*, E. Börger, Ed. Computer Science Press, 1988, ch. 6, pp. 225–304. (Lecture Notes for *A Graduate Course in Computation Theory*, Udine, 1984).

[222] FLAJOLET, P. Constrained permutations and the principle of inclusion-exclusion. *Studies in Automatic Combinatorics II* (1997). Available electronically at `http://algo.inria.fr/libraries/autocomb`.

[223] FLAJOLET, P. Singularity analysis and asymptotics of Bernoulli sums. *Theoretical Computer Science 215*, 1-2 (1999), 371–381.

[224] FLAJOLET, P. Counting by coin tossings. In *Proceedings of ASIAN'04 (Ninth Asian Computing Science Conference)* (2004), M. Maher, Ed., vol. 3321 of *Lecture Notes in Computer Science*, pp. 1–12. (Text of Opening Keynote Address.).

[225] FLAJOLET, P., DUMAS, P., AND PUYHAUBERT, V. Some exactly solvable models of urn process theory. *Discrete Mathematics & Theoretical Computer Science (Proceedings) AG* (2006), 59–118.

[226] FLAJOLET, P., FRANÇON, J., AND VUILLEMIN, J. Sequence of operations analysis for dynamic data structures. *Journal of Algorithms 1* (1980), 111–141.

[227] FLAJOLET, P., FUSY, E., GOURDON, X., PANARIO, D., AND POUYANNE, N. A hybrid of Darboux's method and singularity analysis in combinatorial asymptotics. *Electronic Journal of Combinatorics 13*, 1:R103 (2006), 1–35.

[228] FLAJOLET, P., FUSY, É., AND PIVOTEAU, C. Boltzmann sampling of unlabelled structures. In *Proceedings of the Ninth Workshop on Algorithm Engineering and Experiments and the Fourth Workshop on Analytic Algorithmics and Combinatorics* (2007), D. A. *et al.*, Ed., SIAM Press, pp. 201–211. Proceedings of the New Orleans Conference.

[229] FLAJOLET, P., GABARRÓ, J., AND PEKARI, H. Analytic urns. *Annals of Probability 33*, 3 (2005), 1200–1233. Available from ArXiv:math.PR/0407098.

[230] FLAJOLET, P., GAO, Z., ODLYZKO, A., AND RICHMOND, B. The distribution of heights of binary trees and other simple trees. *Combinatorics, Probability and Computing 2* (1993), 145–156.

[231] FLAJOLET, P., GARDY, D., AND THIMONIER, L. Birthday paradox, coupon collectors, caching algorithms, and self–organizing search. *Discrete Applied Mathematics 39* (1992), 207–229.

[232] FLAJOLET, P., GERHOLD, S., AND SALVY, B. On the non-holonomic character of logarithms, powers, and the nth prime function. *Electronic Journal of Combinatorics 11(2)*, A1 (2005), 1–16.

[233] FLAJOLET, P., GONNET, G., PUECH, C., AND ROBSON, J. M. Analytic variations on quadtrees. *Algorithmica 10*, 7 (Dec. 1993), 473–500.

[234] FLAJOLET, P., GOURDON, X., AND DUMAS, P. Mellin transforms and asymptotics: Harmonic sums. *Theoretical Computer Science 144*, 1–2 (June 1995), 3–58.

[235] FLAJOLET, P., GOURDON, X., AND MARTÍNEZ, C. Patterns in random binary search trees. *Random Structures & Algorithms 11*, 3 (Oct. 1997), 223–244.

[236] FLAJOLET, P., GOURDON, X., AND PANARIO, D. The complete analysis of a polynomial factorization algorithm over finite fields. *Journal of Algorithms 40*, 1 (2001), 37–81.

[237] FLAJOLET, P., GRABNER, P., KIRSCHENHOFER, P., AND PRODINGER, H. On Ramanujan's Q–function. *Journal of Computational and Applied Mathematics 58*, 1 (Mar. 1995), 103–116.

[238] FLAJOLET, P., AND GUILLEMIN, F. The formal theory of birth-and-death processes, lattice path combinatorics, and continued fractions. *Advances in Applied Probability 32* (2000), 750–778.

[239] FLAJOLET, P., HATZIS, K., NIKOLETSEAS, S., AND SPIRAKIS, P. On the robustness of interconnections in random graphs: A symbolic approach. *Theoretical Computer Science 287*, 2 (2002), 513–534.

[240] FLAJOLET, P., KIRSCHENHOFER, P., AND TICHY, R. F. Deviations from uniformity in random strings. *Probability Theory and Related Fields 80* (1988), 139–150.

[241] FLAJOLET, P., KNUTH, D. E., AND PITTEL, B. The first cycles in an evolving graph. *Discrete Mathematics 75* (1989), 167–215.

[242] FLAJOLET, P., LABELLE, G., LAFOREST, L., AND SALVY, B. Hypergeometrics and the cost structure of quadtrees. *Random Structures & Algorithms 7*, 2 (1995), 117–144.

[243] FLAJOLET, P., AND LAFFORGUE, T. Search costs in quadtrees and singularity perturbation asymptotics. *Discrete and Computational Geometry 12*, 4 (1994), 151–175.

[244] FLAJOLET, P., AND LOUCHARD, G. Analytic variations on the Airy distribution. *Algorithmica 31*, 3 (2001), 361–377.

[245] FLAJOLET, P., AND NOY, M. Analytic combinatorics of non-crossing configurations. *Discrete Mathematics 204*, 1-3 (1999), 203–229. (Selected papers in honor of Henry W. Gould).

[246] FLAJOLET, P., AND ODLYZKO, A. M. The average height of binary trees and other simple trees. *Journal of Computer and System Sciences 25* (1982), 171–213.

[247] FLAJOLET, P., AND ODLYZKO, A. M. Random mapping statistics. In *Advances in Cryptology* (1990), J.-J. Quisquater and J. Vandewalle, Eds., vol. 434 of *Lecture Notes in Computer Science*, Springer Verlag, pp. 329–354. Proceedings of EUROCRYPT'89, Houtalen, Belgium, April 1989.

[248] FLAJOLET, P., AND ODLYZKO, A. M. Singularity analysis of generating functions. *SIAM Journal on Algebraic and Discrete Methods 3*, 2 (1990), 216–240.

[249] FLAJOLET, P., POBLETE, P., AND VIOLA, A. On the analysis of linear probing hashing. *Algorithmica 22*, 4 (Dec. 1998), 490–515.

[250] FLAJOLET, P., AND PRODINGER, H. Level number sequences for trees. *Discrete Mathematics 65* (1987), 149–156.

[251] FLAJOLET, P., AND PRODINGER, H. On Stirling numbers for complex argument and Hankel contours. *SIAM Journal on Discrete Mathematics 12*, 2 (1999), 155–159.

[252] FLAJOLET, P., AND PUECH, C. Partial match retrieval of multidimensional data. *Journal of the ACM 33*, 2 (1986), 371–407.

[253] FLAJOLET, P., RÉGNIER, M., AND SEDGEWICK, R. Some uses of the Mellin integral transform in the analysis of algorithms. In *Combinatorial Algorithms on Words* (1985), A. Apostolico and Z. Galil, Eds., vol. 12 of *NATO Advance Science Institute Series*. Series F: Computer and Systems Sciences, Springer Verlag, pp. 241–254. (Invited Lecture).

[254] FLAJOLET, P., SALVY, B., AND SCHAEFFER, G. Airy phenomena and analytic combinatorics of connected graphs. *Electronic Journal of Combinatorics 11*, 2:#R34 (2004), 1–30.

[255] FLAJOLET, P., SALVY, B., AND ZIMMERMANN, P. Automatic average–case analysis of algorithms. *Theoretical Computer Science 79*, 1 (Feb. 1991), 37–109.

[256] FLAJOLET, P., AND SEDGEWICK, R. Mellin transforms and asymptotics: finite differences and Rice's integrals. *Theoretical Computer Science 144*, 1–2 (June 1995), 101–124.

[257] FLAJOLET, P., SIPALA, P., AND STEYAERT, J.-M. Analytic variations on the common subexpression problem. In *Automata, Languages, and Programming* (1990), M. S. Paterson, Ed., vol. 443 of *Lecture Notes in Computer Science*, pp. 220–234. Proceedings of the 17th ICALP Conference, Warwick, July 1990.

[258] FLAJOLET, P., AND SORIA, M. Gaussian limiting distributions for the number of components in combinatorial structures. *Journal of Combinatorial Theory*, Series A *53* (1990), 165–182.

[259] FLAJOLET, P., AND SORIA, M. The cycle construction. *SIAM Journal on Discrete Mathematics 4*, 1 (Feb. 1991), 58–60.

[260] FLAJOLET, P., AND SORIA, M. General combinatorial schemas: Gaussian limit distributions and exponential tails. *Discrete Mathematics 114* (1993), 159–180.

[261] FLAJOLET, P., AND STEYAERT, J.-M. A complexity calculus for classes of recursive search programs over tree structures. In *Proceedings of the 22nd Annual Symposium on Foundations of Computer Science* (1981), IEEE Computer Society Press, pp. 386–393.

[262] FLAJOLET, P., AND STEYAERT, J.-M. A complexity calculus for recursive tree algorithms. *Mathematical Systems Theory 19* (1987), 301–331.

[263] FLAJOLET, P., SZPANKOWSKI, W., AND VALLÉE, B. Hidden word statistics. *Journal of the ACM 53*, 1 (Jan. 2006), 147–183.

[264] FLAJOLET, P., ZIMMERMAN, P., AND VAN CUTSEM, B. A calculus for the random generation of labelled combinatorial structures. *Theoretical Computer Science 132*, 1-2 (1994), 1–35.

[265] FOATA, D. *La série génératrice exponentielle dans les problèmes d'énumération*. S.M.S. Montreal University Press, 1974.

[266] FOATA, D., LASS, B., AND HAN, G.-N. Les nombres hyperharmoniques et la fratrie du collectionneur de vignettes. *Seminaire Lotharingien de Combinatoire 47*, B47a (2001), 1–20.

[267] FOATA, D., AND SCHÜTZENBERGER, M.-P. *Théorie Géométrique des Polynômes Euleriens*, vol. 138 of *Lecture Notes in Mathematics*. Springer Verlag, 1970. Revised edition of 2005 freely available from D. Foata's web site.

[268] FORD, W. B. *Studies on divergent series and summability and the asymptotic developments of functions defined by Maclaurin series*, 3rd ed. Chelsea Publishing Company, 1960. (From two books originally published in 1916 and 1936.).

[269] FRANÇON, J., AND VIENNOT, G. Permutations selon leurs pics, creux, doubles montées et doubles descentes, nombres d'Euler et de Genocchi. *Discrete Mathematics 28* (1979), 21–35.

[270] FRIESEN, C., AND HENSLEY, D. The statistics of continued fractions for polynomials over a finite field. *Proceedings of the American Mathematical Society 124*, 9 (1996), 2661–2673.

[271] FROBENIUS, G. Über Matrizen aus nicht negativen Elementen. *Sitz.-Ber. Akad. Wiss., Phys-Math Klasse, Berlin* (1912), 456–477.

[272] FULMAN, J. Random matrix theory over finite fields. *Bulletin of the American Mathematical Society 39*, 1 (2001), 51–85.

[273] FULTON, W. *Algebraic Curves*. W.A. Benjamin, Inc., 1969.

[274] FUSY, ÉRIC. Transversal structures on triangulations: combinatorial study and straight-line drawing. In *Graph Drawing* (2006), P. Healy and N. S. Nikolov, Eds., vol. 3843 of *Lecture Notes in Computer Science*, pp. 177–188. Proceedings of 13th International Symposium, GD 2005, Limerick, Ireland, September 12-14, 2005.

[275] GÁL, A., AND MILTERSEN, P. B. The cell probe complexity of succinct data structures. In *Automata, Languages and Programming* (2003), vol. 2719 of *Lecture Notes in Computer Science*, Springer Verlag, pp. 332–344. Proceedings of ICALP 2003.

[276] GANTMACHER, F. R. *Matrizentheorie*. Deutscher Verlag der Wissenschaften, 1986. A translation of the Russian original Teoria Matriz, Nauka, 1966.

[277] GAO, Z., AND RICHMOND, L. B. Central and local limit theorems applied to asymptotic enumerations IV: Multivariate generating functions. *Journal of Computational and Applied Mathematics 41* (1992), 177–186.

[278] GAO, Z., AND WORMALD, N. C. Asymptotic normality determined by high moments and submap counts of random maps. *Probability Theory and Related Fields 130*, 3 (2004), 368–376.

[279] GARDY, D. On coefficients of powers of functions. Tech. Rep. CS-91-53, Brown University, Aug. 1991.

[280] GARDY, D. Méthode de col et lois limites en analyse combinatoire. *Theoretical Computer Science 92*, 2 (1992), 261–280.

[281] GARDY, D. Normal limiting distributions for projection and semijoin sizes. *SIAM Journal on Discrete Mathematics 5*, 2 (1992), 219–248.

[282] GARDY, D. Some results on the asymptotic behaviour of coefficients of large powers of functions. *Discrete Mathematics 139*, 1-3 (1995), 189–217.

[283] GARDY, D. Random Boolean expressions. In *Computational Logic and Applications (CLA'05)* (2005), vol. AF of *Discrete Mathematics and Theoretical Computer Science Proceedings*, pp. 1–36.

[284] GASPER, G., AND RAHMAN, M. *Basic Hypergeometric Series*, vol. 35 of *Encyclopedia of Mathematics and its Applications*. Cambridge University Press, 1990.

[285] GESSEL, I., AND WANG, D. L. Depth-first search as a combinatorial correspondence. *Journal of Combinatorial Theory*, Series A *26*, 3 (1979), 308–313.

[286] GESSEL, I. M. A factorization for formal Laurent series and lattice path enumeration. *Journal of Combinatorial Theory* Series A *28*, 3 (1980), 321–337.

[287] GESSEL, I. M. A noncommutative generalization and q–analog of the Lagrange inversion formula. *Transactions of the American Mathematical Society 257*, 2 (1980), 455–482.

[288] GESSEL, I. M. Enumerative applications of symmetric functions. In *Actes du 17ième Séminaire Lotharingien de Combinatoire* (Strasbourg, 1988), P. IRMA, Ed., pp. 5–21.

[289] GESSEL, I. M. Symmetric functions and P–recursiveness. *Journal of Combinatorial Theory*, Series A *53* (1990), 257–285.

[290] GIMÉNEZ, O., AND NOY, M. The number of planar graphs and properties of random planar graphs. *Discrete Mathematics and Theoretical Computer Science Proceedings AD* (2005), 147–156.

[291] GIMÉNEZ, O., AND NOY, M. Counting planar graphs and related families of graphs. Preprint, August 2008.

[292] GITTENBERGER, B., AND MANDLBURGER, J. Hayman admissible functions in several variables. *Electronic Journal of Combinatorics 13*, R106 (2006), 1–29.

[293] GLASSER, M. L. A Watson sum for a cubic lattice. *Journal of Mathematical Physics 13* (1972), 1145–1146.

[294] GNEDENKO, B. V., AND KOLMOGOROV, A. N. *Limit Distributions for Sums of Independent Random Variables*. Addison-Wesley, 1968. Translated from the Russian original (1949).

[295] GODSIL, C. D. *Algebraic Combinatorics*. Chapman and Hall, 1993.

[296] GODSIL, C. D., AND MCKAY, B. D. Asymptotic enumeration of Latin rectangles. *Journal of Combinatorial Theory*, Series B *48* (1990), 19–44.

[297] GOH, W. M. Y., AND SCHMUTZ, E. A central limit theorem on $GL_n(F_q)$. *Random Structures & Algorithms 2*, 1 (1991).

[298] GOLDWURM, M., AND SANTINI, M. Clique polynomials have a unique root of smallest modulus. *Information Processing Letters 75*, 3 (2000), 127–132.

[299] GONCHAROV, V. On the field of combinatory analysis. *Soviet Math. Izv., Ser. Math. 8* (1944), 3–48. In Russian.

[300] GONNET, G. H. Notes on the derivation of asymptotic expressions from summations. *Information Processing Letters 7*, 4 (1978), 165–169.

[301] GONNET, G. H. Expected length of the longest probe sequence in hash code searching. *Journal of the ACM 28*, 2 (1981), 289–304.

[302] GOOD, I. J. Random motion and analytic continued fractions. *Proceedings of the Cambridge Philosophical Society 54* (1958), 43–47.

[303] GOULDEN, I. P., AND JACKSON, D. M. *Combinatorial Enumeration*. John Wiley, New York, 1983.

[304] GOULDEN, I. P., AND JACKSON, D. M. Distributions, continued fractions, and the Ehrenfest urn model. *Journal of Combinatorial Theory. Series A 41*, 1 (1986), 21–31.
[305] GOURDON, X. Largest component in random combinatorial structures. *Discrete Mathematics 180*, 1-3 (1998), 185–209.
[306] GOURDON, X., AND SALVY, B. Asymptotics of linear recurrences with rational coefficients. Tech. Rep. 1887, INRIA, Mar. 1993. To appear in Proceedings FPACS'93.
[307] GRAHAM, R. L., KNUTH, D. E., AND PATASHNIK, O. *Concrete Mathematics*. Addison Wesley, 1989.
[308] GREENE, D. H. *Labelled formal languages and their uses*. Ph.D. Thesis, Stanford University, June 1983. Available as Report STAN-CS-83-982.
[309] GREENE, D. H., AND KNUTH, D. E. *Mathematics for the analysis of algorithms*. Birkhäuser, 1981.
[310] GREENE, D. H., AND KNUTH, D. E. *Mathematics for the analysis of algorithms*, second ed. Birkhauser, Boston, 1982.
[311] GUIBAS, L. J., AND ODLYZKO, A. M. Long repetitive patterns in random sequences. *Zeitschrift für Wahrscheinlichkeitstheorie und Verwandte Gebiete 53*, 3 (1980), 241–262.
[312] GUIBAS, L. J., AND ODLYZKO, A. M. Periods in strings. *Journal of Combinatorial Theory*, Series A *30* (1981), 19–42.
[313] GUIBAS, L. J., AND ODLYZKO, A. M. String overlaps, pattern matching, and nontransitive games. *Journal of Combinatorial Theory. Series A 30*, 2 (1981), 183–208.
[314] GUILLEMIN, F., ROBERT, P., AND ZWART, B. AIMD algorithms and exponential functionals. *Annals of Applied Probability 14*, 1 (2004), 90–117.
[315] HABSIEGER, L., KAZARIAN, M., AND LANDO, S. On the second number of Plutarch. *American Mathematical Monthly 105* (1998), 446–447.
[316] HADAMARD, J. *The Psychology of Invention in the Mathematical Field*. Princeton University Press, 1945. (Enlarged edition, Princeton University Press, 1949; reprinted by Dover.).
[317] HALMOS, P. Applied mathematics is bad mathematics. In *Mathematics Tomorrow*, L. Steen, Ed. Springer-Verlag, 1981, pp. 9–20. Excerpted in *Notices of the AMS* , 54:9, (2007), pp. 1136–1144.
[318] HANSEN, J. C. A functional central limit theorem for random mappings. *Annals of Probability 17*, 1 (1989), 317–332.
[319] HARARY, F., AND PALMER, E. M. *Graphical Enumeration*. Academic Press, 1973.
[320] HARARY, F., ROBINSON, R. W., AND SCHWENK, A. J. Twenty-step algorithm for determining the asymptotic number of trees of various species. *Journal of the Australian Mathematical Society* (Series A) *20* (1975), 483–503.
[321] HARDY, G. H. *Ramanujan: Twelve Lectures on Subjects Suggested by his Life and Work*, third ed. Chelsea Publishing Company, 1978. Reprinted and Corrected from the First Edition, Cambridge, 1940.
[322] HARPER, L. H. Stirling behaviour is asymptotically normal. *Annals of Mathematical Statistics 38* (1967), 410–414.
[323] HARRIS, B., AND SCHOENFELD, L. Asymptotic expansions for the coefficients of analytic functions. *Illinois Journal of Mathematics 12* (1968), 264–277.
[324] HARRIS, T. E. *The Theory of Branching Processes*. Dover Publications, 1989. A reprint of the 1963 edition.
[325] HAYMAN, W. K. A generalization of Stirling's formula. *Journal für die reine und angewandte Mathematik 196* (1956), 67–95.
[326] HECKE, E. *Vorlesungen über die Theorie der algebraischen Zahlen*. Akademische Verlagsgesellschaft, Leipzig, 1923.
[327] HEILBRONN, H. On the average length of a class of continued fractions. In *Number Theory and Analysis* (New York, 1969), P. Turan, Ed., Plenum Press, pp. 87–96.
[328] HENNEQUIN, P. Combinatorial analysis of quicksort algorithm. *Theoretical Informatics and Applications 23*, 3 (1989), 317–333.
[329] HENRICI, P. *Applied and Computational Complex Analysis*, vol. 2. John Wiley, 1974.
[330] HENRICI, P. *Applied and Computational Complex Analysis*, vol. 1. John Wiley, 1974.
[331] HENSLEY, D. The number of steps in the Euclidean algorithm. *Journal of Number Theory 49*, 2 (1994), 142–182.
[332] HENSLEY, D. *Continued fractions*. World Scientific Publishing, 2006.
[333] HICKERSON, D. Counting horizontally convex polyominoes. *Journal of Integer Sequences 2* (1999). Electronic.
[334] HILLE, E. *Analytic Function Theory*. Blaisdell Publishing Company, Waltham, 1962. 2 Volumes.

[335] HOFRI, M. *Analysis of Algorithms: Computational Methods and Mathematical Tools*. Oxford University Press, 1995.

[336] HOWELL, J. A., SMITH, T. F., AND WATERMAN, M. S. Computation of generating functions for biological molecules. *SIAM Journal on Applied Mathematics 39*, 1 (1980), 119–133.

[337] HWANG, H.-K. *Théorèmes limites pour les structures combinatoires et les fonctions arithmetiques*. Ph.D. Thesis, École Polytechnique, Dec. 1994.

[338] HWANG, H.-K. Large deviations for combinatorial distributions. I. Central limit theorems. *The Annals of Applied Probability 6*, 1 (1996), 297–319.

[339] HWANG, H.-K. Large deviations of combinatorial distributions. II. Local limit theorems. *The Annals of Applied Probability 8*, 1 (1998), 163–181.

[340] HWANG, H.-K. On convergence rates in the central limit theorems for combinatorial structures. *European Journal of Combinatorics 19*, 3 (1998), 329–343.

[341] HWANG, H.-K. Asymptotics of Poisson approximation to random discrete distributions: an analytic approach. *Advances in Applied Probability 31*, 2 (1999), 448–491.

[342] IMMINK, G. K. *Asymptotics of Analytic Difference Equations*. No. 1085 in Lecture Notes in Mathematics. 1980.

[343] ISMAIL, M. E. H. *Classical and Quantum Orthogonal Polynomials in One Variable*. No. 98 in Encyclopedia of Mathematics and its Applications. Cambridge University Press, 2005.

[344] JACQUET, P., AND RÉGNIER, M. Trie partitioning process: Limiting distributions. In *CAAP'86* (1986), P. Franchi-Zanetacchi, Ed., vol. 214 of *Lecture Notes in Computer Science*, pp. 196–210. Proceedings of the 11th Colloquium on Trees in Algebra and Programming, Nice France, March 1986.

[345] JACQUET, P., AND SZPANKOWSKI, W. Asymptotic behavior of the Lempel-Ziv parsing scheme and digital search trees. *Theoretical Computer Science 144*, 1–2 (1995), 161–197.

[346] JACQUET, P., AND SZPANKOWSKI, W. Analytical de-Poissonization and its applications. *Theoretical Computer Science 201*, 1-2 (1998), 1–62.

[347] JACQUET, P., AND SZPANKOWSKI, W. Analytic approach to pattern matching. In *Applied Combinatorics on Words* (2004), M. Lothaire, Ed., vol. 105 of *Encycl. of Mathematics and Its Applications*, Cambridge University Press, pp. 353–429. Chapter 7.

[348] JANSON, S. The Wiener index of simply generated random trees. *Random Structures & Algorithms 22*, 4 (2003), 337–358.

[349] JANSON, S. Functional limit theorems for multitype branching processes and generalized Pólya urns. *Stochastic Processes and Applications 110*, 2 (2004), 177–245.

[350] JANSON, S. Random cutting and records in deterministic and random trees. Technical Report, 2004. *Random Structures & Algorithms*, 42 pages, to appear.

[351] JANSON, S. Limit theorems for triangular urn schemes. *Probability Theory and Related Fields 134* (2006), 417–452.

[352] JANSON, S. Brownian excursion area, Wright's constants in graph enumeration, and other Brownian areas. *Probability Surveys 3* (2007), 80–145.

[353] JANSON, S. Sorting using complete subintervals and the maximum number of runs in a randomly evolving sequence. arXiv:math/0701288, January 2007. 31 pages. Extended abstract, *DMTCS Proceedings* (AofA 2007 Conference).

[354] JANSON, S., KNUTH, D. E., ŁUCZAK, T., AND PITTEL, B. The birth of the giant component. *Random Structures & Algorithms 4*, 3 (1993), 233–358.

[355] JANSON, S., ŁUCZAK, T., AND RUCINSKI, A. *Random graphs*. Wiley-Interscience, 2000.

[356] JENSEN, I. A parallel algorithm for the enumeration of self-avoiding polygons on the square lattice. *Journal of Physics A: Mathematical and General 36* (2003), 5731–5745.

[357] JOHNSON, N. L., AND KOTZ, S. *Urn Models and Their Application*. John Wiley, 1977.

[358] JONES, W. B., AND MAGNUS, A. Application of Stieltjes fractions to birth-death processes. In *Padé and rational approximation* (New York, 1977), E. B. Saff and R. S. Varga, Eds., Academic Press Inc., pp. 173–179. Proceedings of an International Symposium held at the University of South Florida, Tampa, Fla., December 15-17, 1976.

[359] JOYAL, A. Une théorie combinatoire des séries formelles. *Advances in Mathematics 42*, 1 (1981), 1–82.

[360] JUNGEN, R. Sur les séries de Taylor n'ayant que des singularités algébrico-logarithmiques sur leur cercle de convergence. *Commentarii Mathematici Helvetici 3* (1931), 266–306.

[361] KAC, M. Random walk and the theory of Brownian motion. *American Mathematical Monthly 54* (1947), 369–391.

[362] KARLIN, S., AND MCGREGOR, J. The classification of birth and death processes. *Transactions of the American Mathematical Society 86* (1957), 366–400.
[363] KARLIN, S., AND TAYLOR, H. *A First Course in Stochastic Processes*, second ed. Academic Press, 1975.
[364] KEMP, R. Random multidimensional binary trees. *Journal of Information Processing and Cybernetics (EIK) 29* (1993), 9–36.
[365] KIRWAN, F. *Complex Algebraic Curves*. No. 23 in London Mathematical Society Student Texts. Cambridge University Press, 1992.
[366] KLAMKIN, M. S., AND NEWMAN, D. J. Extensions of the birthday surprise. *Journal of Combinatorial Theory 3* (1967), 279–282.
[367] KLEENE, S. C. Representation of events in nerve nets and finite automata. In *Automata studies*. Princeton University Press, 1956, pp. 3–41.
[368] KNOPFMACHER, A., ODLYZKO, A. M., PITTEL, B., RICHMOND, L. B., STARK, D., SZEKERES, G., AND WORMALD, N. C. The asymptotic number of set partitions with unequal block sizes. *Electronic Journal of Combinatorics 6*, 1 (1999), R2:1–37.
[369] KNOPFMACHER, A., AND PRODINGER, H. On Carlitz compositions. *European Journal of Combinatorics 19*, 5 (1998), 579–589.
[370] KNOPFMACHER, J. *Abstract Analytic Number Theory*. Dover, 1990.
[371] KNOPFMACHER, J., AND KNOPFMACHER, A. The exact length of the Euclidean algorithm in $F_q[X]$. *Mathematika 35* (1988), 297–304.
[372] KNOPFMACHER, J., AND KNOPFMACHER, A. Counting irreducible factors of polynomials over a finite field. *Discrete Mathematics 112* (1993), 103–118.
[373] KNOPP, K. *Theory of Functions*. Dover Publications, 1945.
[374] KNUTH, D. E. Mathematical analysis of algorithms. In *Information Processing 71* (1972), North Holland Publishing Company, pp. 19–27. Proceedings of IFIP Congress, Ljubljana, 1971.
[375] KNUTH, D. E. The average time for carry propagation. *Indagationes Mathematicae 40* (1978), 238–242.
[376] KNUTH, D. E. Bracket notation for the 'coefficient of' operator. E-print `arXiv:math/9402216`, Feb. 1994.
[377] KNUTH, D. E. *The Art of Computer Programming*, 3rd ed., vol. 1: Fundamental Algorithms. Addison-Wesley, 1997.
[378] KNUTH, D. E. *The Art of Computer Programming*, 2nd ed., vol. 3: Sorting and Searching. Addison-Wesley, 1998.
[379] KNUTH, D. E. *The Art of Computer Programming*, 3rd ed., vol. 2: Seminumerical Algorithms. Addison-Wesley, 1998.
[380] KNUTH, D. E. Linear probing and graphs. *Algorithmica 22*, 4 (Dec. 1998), 561–568.
[381] KNUTH, D. E. *Selected papers on analysis of algorithms*. CSLI Publications, Stanford, CA, 2000.
[382] KNUTH, D. E., MORRIS, JR., J. H., AND PRATT, V. R. Fast pattern matching in strings. *SIAM Journal on Computing 6*, 2 (1977), 323–350.
[383] KNUTH, D. E., AND PITTEL, B. A recurrence related to trees. *Proceedings of the American Mathematical Society 105*, 2 (Feb. 1989), 335–349.
[384] KNUTH, D. E., AND SCHÖNHAGE, A. The expected linearity of a simple equivalence algorithm. *Theoretical Computer Science 6* (1978), 281–315.
[385] KNUTH, D. E., AND VARDI, I. Problem 6581 (the asymptotic expansion of $2n$ choose n). *American Mathematical Monthly 95* (1988), 774.
[386] KOLCHIN, V. F. *Random Mappings*. Optimization Software Inc., 1986. Translated from *Slučajnye Otobraženija*, Nauka, Moscow, 1984.
[387] KOLCHIN, V. F. *Random Graphs*, vol. 53 of *Encyclopedia of Mathematics and its Applications*. Cambridge University Press, 1999.
[388] KOLCHIN, V. F., SEVASTYANOV, B. A., AND CHISTYAKOV, V. P. *Random Allocations*. John Wiley and Sons, 1978. Translated from the Russian original *Slučajnye Razmeščeniya*.
[389] KOREVAAR, J. *Tauberian theory*, vol. 329 of *Grundlehren der Mathematischen Wissenschaften [Fundamental Principles of Mathematical Sciences]*. Springer-Verlag, 2004.
[390] KRASNOSELSKII, M. *Positive solutions of operator equations*. P. Noordhoff, 1964.
[391] KRATTENTHALER, C. Advanced determinant calculus. *Seminaire Lotharingien de Combinatoire 42* (1999). Paper B42q, 66 pp.
[392] LABELLE, J., AND YEH, Y. N. Generalized Dyck paths. *Discrete Mathematics 82* (1990), 1–6.
[393] LAGARIAS, J. C., AND ODLYZKO, A. M. Solving low-density subset sum problems. *JACM 32*, 1 (1985), 229–246.

[394] LAGARIAS, J. C., ODLYZKO, A. M., AND ZAGIER, D. B. On the capacity of disjointly shared networks. *Computer Networks and ISDN Systems 10*, 5 (1985), 275–285.

[395] LALLEY, S. P. Finite range random walk on free groups and homogeneous trees. *The Annals of Probability 21*, 4 (1993), 2087–2130.

[396] LALLEY, S. P. Return probabilities for random walk on a half-line. *Journal of Theoretical Probability 8*, 3 (1995), 571–599.

[397] LALLEY, S. P. Random walks on regular languages and algebraic systems of generating functions. In *Algebraic methods in statistics and probability (Notre Dame, IN, 2000)*, vol. 287 of *Contemporary Mathematics*. American Mathematical Society, 2001, pp. 201–230.

[398] LALLEY, S. P. Algebraic systems of generating functions and return probabilities for random walks. In *Dynamics and randomness II*, vol. 10 of *Nonlinear Phenom. Complex Systems*. Kluwer Academic Publishers, 2004, pp. 81–122.

[399] LAMÉ, G. Extrait d'une lettre de M. Lamé à M. Liouville sur cette question: Un polygone convexe étant donné, de combien de manières peut-on le partager en triangles au moyen de diagonales? *Journal de Mathématiques Pures et Appliquées 3* (1838), 505–507. Accessible under the Gallica-MathDoc site.

[400] LANDO, S. K. *Lectures on generating functions*, vol. 23 of *Student Mathematical Library*. American Mathematical Society, 2003. Translated from the 2002 Russian original by the author.

[401] LANG, S. *Linear Algebra*. Addison-Wesley, 1966.

[402] LAPLACE, P.-S. *Théorie analytique des probabilités. Vol. I, II.* Éditions Jacques Gabay, 1995. Reprint of the 1819 and 1820 editions.

[403] LAWLER, G. F. *Intersections of random walks*. Birkhäuser Boston Inc., 1991.

[404] LE GALL, J. F. The topological structure of scaling limits of large planar maps. ArXiv, 2006. arXiv:math/0607567v2, 45 pages.

[405] LEFMANN, H., AND SAVICKÝ, P. Some typical properties of large AND/OR Boolean formulas. *Random Structures & Algorithms 10* (1997), 337–351.

[406] LEWIN, L., Ed. *Structural Properties of Polylogarithms*. American Mathematical Society, 1991.

[407] LIFSCHITZ, V., AND PITTEL, B. The number of increasing subsequences of the random permutation. *Journal of Combinatorial Theory*, Series A *31* (1981), 1–20.

[408] LINDELÖF, E. *Le calcul des résidus et ses applications à la théorie des fonctions*. Collection de monographies sur la théorie des fonctions, publiée sous la direction de M. Émile Borel. Gauthier-Villars, Paris, 1905. Reprinted by Gabay, Paris, 1989.

[409] LIPSHITZ, L. The diagonal of a D-finite power series is D-finite. *Journal of Algebra 113* (1988), 373–378.

[410] LIPSHITZ, L. D-finite power series. *Journal of Algebra 122* (1989), 353–373.

[411] LOGAN, B. F., AND SHEPP, L. A. A variational problem for random Young tableaux. *Advances in Mathematics 26* (1977), 206–222.

[412] LORENTZEN, L., AND WAADELAND, H. *Continued Fractions With Applications*. North-Holland, 1992.

[413] LOTHAIRE, M. *Combinatorics on Words*, vol. 17 of *Encyclopedia of Mathematics and its Applications*. Addison–Wesley, 1983.

[414] LOTHAIRE, M. *Applied combinatorics on words*. Encyclopedia of Mathematics and its Applications. Cambridge University Press, Cambridge, 2005. (A collective work edited by Jean Berstel and Dominique Perrin).

[415] LOUCHARD, G. The Brownian motion: a neglected tool for the complexity analysis of sorted table manipulation. *RAIRO Theoretical Informatics 17* (1983), 365–385.

[416] LOUCHARD, G. The Brownian excursion: a numerical analysis. *Computers and Mathematics with Applications 10*, 6 (1984), 413–417.

[417] LOUCHARD, G. Kac's formula, Lévy's local time and Brownian excursion. *Journal of Applied Probability 21* (1984), 479–499.

[418] LOUCHARD, G. Random walks, Gaussian processes and list structures. *Theoretical Computer Science 53*, 1 (1987), 99–124.

[419] LOUCHARD, G. Probabilistic analysis of some (un)directed animals. *Theoretical Computer Science 159*, 1 (1996), 65–79.

[420] LOUCHARD, G. Probabilistic analysis of column-convex and directed diagonally-convex animals. *Random Structures & Algorithms 11*, 2 (1997), 151–178.

[421] LOUCHARD, G., AND PRODINGER, H. Probabilistic analysis of Carlitz compositions. *Discrete Mathematics & Theoretical Computer Science 5*, 1 (2002), 71–96.

[422] LOUCHARD, G., SCHOTT, R., TOLLEY, M., AND ZIMMERMANN, P. Random walks, heat equations and distributed algorithms. *Journal of Computational and Applied Mathematics 53* (1994), 243–274.
[423] LUCAS, E. *Théorie des Nombres*. Gauthier-Villard, Paris, 1891. Reprinted by A. Blanchard, Paris 1961.
[424] LUKACS, E. *Characteristic Functions*. Griffin, 1970.
[425] LUM, V. Y., YUEN, P. S. T., AND DODD, M. Key to address transformations: A fundamental study based on large existing format files. *Communications of the ACM 14* (1971), 228–239.
[426] LYNCH, J. F. Probabilities of first-order sentences about unary functions. *Transactions of the American Mathematical Society 287*, 2 (Feb. 1985), 543–568.
[427] MACKAY, D. J. C. *Information theory, Inference and Learning Algorithms*. Cambridge University Press, 2003.
[428] MACMAHON, P. A. *Introduction to combinatory analysis*. Chelsea Publishing Co., New York, 1955. A reprint of the first edition, Cambridge, 1920.
[429] MAHMOUD, H. M. *Evolution of Random Search Trees*. John Wiley, 1992.
[430] MARTÍNEZ, C., AND MOLINERO, X. A generic approach for the unranking of labeled combinatorial classes. *Random Structures & Algorithms 19*, 3-4 (2001), 472–497. Analysis of algorithms (Krynica Morska, 2000).
[431] MAZO, J. E., AND ODLYZKO, A. M. Lattice points in high-dimensional spheres. *Monatshefte für Mathematik 110*, 1 (1990), 47–61.
[432] MCKAY, B. D. The asymptotic numbers of regular tournaments, Eulerian digraphs and Eulerian oriented graphs. *Combinatorica 10*, 4 (1990), 367–377.
[433] MCKAY, B. D., BAR-NATAN, D., BAR-HILLEL, M., AND KALAI, G. Solving the bible code puzzle. *Statistical Science 14* (1999), 150–173.
[434] MEINARDUS, G. Asymptotische Aussagen über Partitionen. *Mathematische Zeitschrift 59* (1954), 388–398.
[435] MEIR, A., AND MOON, J. W. On the altitude of nodes in random trees. *Canadian Journal of Mathematics 30* (1978), 997–1015.
[436] MEIR, A., AND MOON, J. W. On random mapping patterns. *Combinatorica 4*, 1 (1984), 61–70.
[437] MEIR, A., AND MOON, J. W. Recursive trees with no nodes of out-degree one. *Congressus Numerantium 66* (1988), 49–62.
[438] MEIR, A., AND MOON, J. W. Erratum: "On an asymptotic method in enumeration". *Journal of Combinatorial Theory, Series A 52*, 1 (1989), 163.
[439] MEIR, A., AND MOON, J. W. On an asymptotic method in enumeration. *Journal of Combinatorial Theory, Series A 51*, 1 (1989), 77–89.
[440] MEIR, A., AND MOON, J. W. The asymptotic behaviour of coefficients of powers of certain generating functions. *European Journal of Combinatorics 11* (1990), 581–587.
[441] MERLINI, D., SPRUGNOLI, R., AND VERRI, M. C. The tennis ball problem. *Journal of Combinatorial Theory,* Series A *99*, 2 (2002), 307–344. lattice paths.
[442] MILLER, S. D., AND VENKATESAN, R. Spectral analysis of Pollard rho collisions. Arxiv:math.NT/0603727, 2006.
[443] MILNOR, J. *Dynamics in one complex variable*. Friedr. Vieweg & Sohn, 1999.
[444] MISHNA, M. Automatic enumeration of regular objects. Preprint available on ArXiv, 2005. ArXiv:CO/0507249.
[445] MOON, J. W. Counting labelled trees. In *Canadian Mathematical Monographs N.1* (1970), William Clowes and Sons.
[446] MORRIS, M., SCHACHTEL, G., AND KARLIN, S. Exact formulas for multitype run statistics in a random ordering. *SIAM Journal on Discrete Mathematics 6*, 1 (1993), 70–86.
[447] MOSER, L., AND WYMAN, M. An asymptotic formula for the Bell numbers. *Transactions of the Royal Society of Canada XLIX* (June 1955).
[448] MOSER, L., AND WYMAN, M. On the solution of $x^d = 1$ in symmetric groups. *Canadian Journal of Mathematics 7* (1955), 159–168.
[449] MOSER, L., AND WYMAN, M. Asymptotic expansions. *Canadian Journal of Mathematics 8* (1956), 225–233.
[450] MOSER, L., AND WYMAN, M. Asymptotic expansions II. *Canadian Journal of Mathematics* (1957), 194–209.
[451] MOTWANI, R., AND RAGHAVAN, P. *Randomized Algorithms*. Cambridge University Press, 1995.
[452] MYERSON, G., AND VAN DER POORTEN, A. J. Some problems concerning recurrence sequences. *The American Mathematical Monthly 102*, 8 (1995), 698–705.

[453] NEBEL, M. Combinatorial properties of RNA secondary structures. *Journal of Computational Biology 9*, 3 (2002), 541–574.

[454] NEWMAN, D. J., AND SHEPP, L. The double dixie cup problem. *American Mathematical Monthly 67* (1960), 58–61.

[455] NICODÈME, P., SALVY, B., AND FLAJOLET, P. Motif statistics. *Theoretical Computer Science 287*, 2 (2002), 593–617.

[456] NIJENHUIS, A., AND WILF, H. S. *Combinatorial Algorithms*, 2nd ed. Academic Press, 1978.

[457] NOONAN, J., AND ZEILBERGER, D. The Goulden-Jackson cluster method: Extensions, applications, and implementations. *Journal of Difference Equations and Applications 5*, 4 & 5 (1999), 355–377.

[458] NÖRLUND, N. E. *Vorlesungen über Differenzenrechnung*. Chelsea Publishing Company, New York, 1954.

[459] ODLYZKO, A. M. Periodic oscillations of coefficients of power series that satisfy functional equations. *Advances in Mathematics 44* (1982), 180–205.

[460] ODLYZKO, A. M. Explicit Tauberian estimates for functions with positive coefficients. *Journal of Computational and Applied Mathematics 41* (1992), 187–197.

[461] ODLYZKO, A. M. Asymptotic enumeration methods. In *Handbook of Combinatorics*, R. Graham, M. Grötschel, and L. Lovász, Eds., vol. II. Elsevier, 1995, pp. 1063–1229.

[462] ODLYZKO, A. M., AND RICHMOND, L. B. Asymptotic expansions for the coefficients of analytic generating functions. *Aequationes Mathematicae 28* (1985), 50–63.

[463] ODLYZKO, A. M., AND WILF, H. S. Bandwidths and profiles of trees. *Journal of Combinatorial Theory*, Series B *42* (1987), 348–370.

[464] ODLYZKO, A. M., AND WILF, H. S. The editor's corner: n coins in a fountain. *American Matematical Monthly 95* (1988), 840–843.

[465] OLVER, F. W. J. *Asymptotics and Special Functions*. Academic Press, 1974.

[466] OTTER, R. The number of trees. *Annals of Mathematics 49*, 3 (1948), 583–599.

[467] PAINLEVÉ, P. *Analyse des travaux scientifiques jusqu'en 1900*. Albert Blanchard, 1967. (A summary by Painlevé of his scientific works until 1900, published posthumously.).

[468] PANARIO, D., PITTEL, B., RICHMOND, B., AND VIOLA, A. Analysis of Rabin's irreducibility test for polynomials over finite fields. *Random Structures Algorithms 19*, 3-4 (2001), 525–551. Analysis of algorithms (Krynica Morska, 2000).

[469] PANARIO, D., AND RICHMOND, B. Analysis of Ben-Or's polynomial irreducibility test. In *Proceedings of the Eighth International Conference "Random Structures and Algorithms" (Poznan, 1997)* (1998), vol. 13, pp. 439–456.

[470] PANARIO, D., AND RICHMOND, B. Smallest components in decomposable structures: Exp-log class. *Algorithmica 29* (2001), 205–226.

[471] PANHOLZER, A., AND PRODINGER, H. An analytic approach for the analysis of rotations in fringe-balanced binary search trees. *Annals of Combinatorics 2* (1998), 173–184.

[472] PARIS, R. B., AND KAMINSKI, D. *Asymptotics and Mellin-Barnes integrals*, vol. 85 of *Encyclopedia of Mathematics and its Applications*. Cambridge University Press, 2001.

[473] PEITGEN, H.-O., AND RICHTER, P. H. *The beauty of fractals*. Springer-Verlag, 1986. Images of complex dynamical systems.

[474] PEMANTLE, R. Generating functions with high-order poles are nearly polynomial. In *Mathematics and computer science (Versailles, 2000)*. Birkhäuser, 2000, pp. 305–321.

[475] PEMANTLE, R., AND WILSON, M. C. Asymptotics of multivariate sequences. I. Smooth points of the singular variety. *Journal of Combinatorial Theory. Series A 97*, 1 (2002), 129–161.

[476] PEMANTLE, R., AND WILSON, M. C. Asymptotics of multivariate sequences, Part II: Multiple points of the singular variety. *Combinatorics, Probability and Computing 13*, 4–5 (2004), 735–761.

[477] PERCUS, J. K. *Combinatorial Methods*, vol. 4 of *Applied Mathematical Sciences*. Springer-Verlag, 1971.

[478] PERRON, O. Über Matrizen. *Mathematische Annalen 64* (1907), 248–263.

[479] PERRON, O. *Die Lehre von der Kettenbrüchen*, vol. 1. Teubner, 1954.

[480] PETKOVŠEK, M., WILF, H. S., AND ZEILBERGER, D. $A = B$. A. K. Peters Ltd., 1996.

[481] PETROV, V. V. *Sums of Independent Random Variables*. Springer-Verlag, 1975.

[482] PETROV, V. V. *Limit theorems of probability theory*, vol. 4 of *Oxford Studies in Probability*. The Clarendon Press Oxford University Press, New York, 1995. Sequences of independent random variables, Oxford Science Publications.

[483] PETROVA, S. S., AND SOLOV'EV, A. D. The origin of the method of steepest descent. *Historia Mathematica 24* (1997), 361–375.

[484] PITTEL, B. Normal convergence problem? Two moments and a recurrence may be the clues. *The Annals of Applied Probability 9*, 4 (1999), 1260–1302.
[485] PIVOTEAU, C., SALVY, B., AND SORIA, M. Boltzmann oracle for combinatorial systems. *Discrete Mathematics & Theoretical Computer Science Proceedings* (2008). *Mathematics and Computer Science Conference*. In press, 14 pages.
[486] PLAGNE, A. On threshold properties of k-SAT: An additive viewpoint. *European Journal of Combinatorics 27*, 3 (2006), 1186–1198 1186–1198 1186–1198.
[487] POLLARD, J. M. A Monte Carlo method for factorization. *BIT 15*, 3 (1975), 331–334.
[488] PÓLYA, G. Kombinatorische Anzahlbestimmungen für Gruppen, Graphen und chemische Verbindungen. *Acta Mathematica 68* (1937), 145–254.
[489] PÓLYA, G. On picture-writing. *American Mathematical Monthly 63*, 10 (1956), 689–697.
[490] PÓLYA, G. On the number of certain lattice polygons. *Journal of Combinatorial Theory,* Series A *6* (1969), 102–105.
[491] PÓLYA, G., AND READ, R. C. *Combinatorial Enumeration of Groups, Graphs and Chemical Compounds*. Springer Verlag, 1987.
[492] PÓLYA, G., AND SZEGŐ, G. *Aufgaben und Lehrsätze aus der Analysis*, 4th ed. Springer Verlag, 1970.
[493] PÓLYA, G., TARJAN, R. E., AND WOODS, D. R. *Notes on Introductory Combinatorics*. Progress in Computer Science. Birkhäuser, 1983.
[494] POSTNIKOV, A. G. *Tauberian theory and its applications*, vol. 144 of *Proceedings of the Steklov Institute of Mathematics*. American Mathematical Society, 1980.
[495] POUYANNE, N. On the number of permutations admitting an mth root. *Electronic Journal of Combinatorics 9*, 1:R3 (2002), 1–12.
[496] PRELLBERG, T. Uniform q-series asymptotics for staircase polygons. *Journal of Physics A: Math. Gen. 28* (1995), 1289–1304.
[497] PRIESTLEY, H. A. *Introduction to Complex Analysis*. Oxford University Press, 1985.
[498] PRODINGER, H. Approximate counting via Euler transform. *Mathematica Slovaka 44* (1994), 569–574.
[499] PRODINGER, H. A note on the distribution of the three types of nodes in uniform binary trees. *Séminaire Lotharingien de Combinatoire 38* (1996). Paper B38b, 5 pages.
[500] PROSKUROWSKI, A., RUSKEY, F., AND SMITH, M. Analysis of algorithms for listing equivalence classes of k-ary strings. *SIAM Journal on Discrete Mathematics 11*, 1 (1998), 94–109 (electronic).
[501] QUISQUATER, J.-J., AND DELESCAILLE, J.-P. How easy is collision search? Application to DES. In *Proceedings of EUROCRYPT'89* (1990), vol. 434 of *Lecture Notes in Computer Science*, Springer-Verlag, pp. 429–434.
[502] RAINS, E. M., AND SLOANE, N. J. A. On Cayley's enumeration of alkanes (or 4-valent trees). *Journal of Integer Sequences 2* (1999). Article 99.1.1; available electronically.
[503] RANEY, G. N. Functional composition patterns and power series reversion. *Transactions of the American Mathematical Society 94* (1960), 441–451.
[504] RÉGNIER, M. Analysis of grid file algorithms. *BIT 25* (1985), 335–357.
[505] RÉGNIER, M. A limiting distribution for quicksort. *Theoretical Informatics and Applications 23*, 3 (1989), 335–343.
[506] RÉGNIER, M., AND SZPANKOWSKI, W. On pattern frequency occurrences in a Markovian sequence. *Algorithmica 22*, 4 (1998), 631–649.
[507] RÉNYI, A., AND SZEKERES, G. On the height of trees. *Australian Journal of Mathematics 7* (1967), 497–507.
[508] RÉVÉSZ, P. Strong theorems on coin tossing. In *Proceedings of the International Congress of Mathematicians (Helsinki, 1978)* (Helsinki, 1980), Acad. Sci. Fennica, pp. 749–754.
[509] RICHARD, C. Scaling behaviour of two-dimensional polygon models. *Journal of Statistical Physics 108*, 3/4 (2002), 459–493.
[510] RICHARD, C. On q-functional equations and excursion moments. ArXiv:math/0503198, 2005.
[511] RIEMANN, B. Sullo svolgimento delquoziente di due serie ipergeometriche in frazione continua infinita. In *Bernhard Riemann's Gesammelte mathematische Werke und wissenschaftlicher Nachlass*, H. Weber and R. Dedekind, Eds. Teubner, 1863. Fragment of a manuscript (# XXIII), posthumously edited by H. A. Schwarz.
[512] RIORDAN, J. *Combinatorial Identities*. Wiley, 1968.
[513] RIORDAN, J. *Combinatorial Identities*. Dover Publications, 2002. A reprint of the Wiley edition 1958.

[514] RIVIN, I. Growth in free groups (and other stories). ArXiv, 1999. arXv:math.CO/9911076v2, 31 pages.
[515] ROBERT, P. *Réseaux et files d'attente: méthodes probabilistes*, vol. 35 of *Mathématiques & Applications*. Springer, Paris, 2000.
[516] ROGERS, L. J. On the representation of certain asymptotic series as convergent continued fractions. *Proceedings of the London Mathematical Society (Series 2) 4* (1907), 72–89.
[517] RÖSLER, U. A limit theorem for quicksort. *RAIRO Theoretical Informatics and Applications 25*, 1 (1991), 85–100.
[518] ROTA, G.-C. *Finite Operator Calculus*. Academic Press, 1975.
[519] ROTH, K. F., AND SZEKERES, G. Some asymptotic formulae in the theory of partitions. *Quarterly Journal of Mathematics, Oxford Series 5* (1954), 241–259.
[520] ROURA, S., AND MARTÍNEZ, C. Randomization of search trees by subtree size. In *Algorithms—ESA'96* (1996), J. Diaz and M. Serna, Eds., no. 1136 in Lecture Notes in Computer Science, pp. 91–106. Proceedings of the Fourth European Symposium on Algorithms, Barcelona, September 1996.
[521] RUBEL, L. A. Some research problems about algebraic differential equations. *Transactions of the American Mathematical Society 280*, 1 (1983), 43–52.
[522] RUBEL, L. A. Some research problems about algebraic differential equations II. *Illinois Journal of Mathematics 36*, 4 (1992), 659–680.
[523] RUDIN, W. *Real and complex analysis*, 3rd ed. McGraw-Hill Book Co., 1987.
[524] SACHKOV, V. N. *Verojatnostnye Metody v Kombinatornom Analize*. Nauka, 1978.
[525] SACHKOV, V. N. *Combinatorial Methods in Discrete Mathematics*, vol. 55 of *Encyclopedia of Mathematics and its Applications*. Cambridge University Press, 1996.
[526] SACHKOV, V. N. *Probabilistic methods in combinatorial analysis*. Cambridge University Press, Cambridge, 1997. Translated and adapted from the Russian original edition, Nauka,1978.
[527] SALOMAA, A., AND SOITTOLA, M. *Automata-Theoretic Aspects of Formal Power Series*. Springer, 1978.
[528] SALVY, B. *Asymptotique automatique et fonctions génératrices*. Ph.D. Thesis, École Polytechnique, 1991.
[529] SALVY, B. Asymptotics of the Stirling numbers of the second kind. *Studies in Automatic Combinatorics II* (1997). Published electronically.
[530] SALVY, B., AND SHACKELL, J. Symbolic asymptotics: Multiseries of inverse functions. *Journal of Symbolic Computation 27*, 6 (June 1999), 543–563.
[531] SALVY, B., AND ZIMMERMANN, P. GFUN: a Maple package for the manipulation of generating and holonomic functions in one variable. *ACM Transactions on Mathematical Software 20*, 2 (1994), 163–167.
[532] SAMET, H. *The Design and Analysis of Spatial Data Structures*. Addison–Wesley, 1990.
[533] SCHAEFFER, G. *Conjugaison d'arbres et cartes combinatoires aléatoires*. Ph.D. Thesis, Université de Bordeaux I, Dec. 1998.
[534] SCHMITT, W. R., AND WATERMAN, M. S. Linear trees and RNA secondary structure. *Discrete Applied Mathematics. Combinatorial Algorithms, Optimization and Computer Science 51*, 3 (1994), 317–323.
[535] SCHRÖDINGER, E. *Statistical thermodynamics*. A course of seminar lectures delivered in January-March 1944, at the School of Theoretical Physics, Dublin Institute for Advanced Studies. Second edition, reprinted. Cambridge University Press, 1962.
[536] SEDGEWICK, R. Quicksort with equal keys. *SIAM Journal on Computing 6*, 2 (June 1977), 240–267.
[537] SEDGEWICK, R. *Algorithms*, second ed. Addison–Wesley, Reading, Mass., 1988.
[538] SEDGEWICK, R., AND FLAJOLET, P. *An Introduction to the Analysis of Algorithms*. Addison-Wesley Publishing Company, 1996.
[539] SHARP, R. Local limit theorems for free groups. *Mathematische Annalen 321* (2001), 889–904.
[540] SHEPP, L. A., AND LLOYD, S. P. Ordered cycle lengths in a random permutation. *Transactions of the American Mathematical Society 121* (1966), 340–357.
[541] SHPARLINSKI, I. E. *Finite fields: theory and computation*, vol. 477 of *Mathematics and its Applications*. Kluwer Academic Publishers, Dordrecht, 1999. The meeting point of number theory, computer science, coding theory and cryptography.
[542] SLATER, L. J. *Generalized Hypergeometric Functions*. Cambridge University Press, 1966.
[543] SLOANE, N. J. A. *The On-Line Encyclopedia of Integer Sequences*. 2006. Published electronically at `www.research.att.com/~njas/sequences/`.
[544] SLOANE, N. J. A., AND PLOUFFE, S. *The Encyclopedia of Integer Sequences*. Academic Press, 1995.

[545] SLOANE, N. J. A., AND WIEDER, T. The number of hierarchical orderings. *Order 21* (2004), 83–89.
[546] SOITTOLA, M. Positive rational sequences. *Theoretical Computer Science 2* (1976), 317–322.
[547] SORIA-COUSINEAU, M. *Méthodes d'analyse pour les constructions combinatoires et les algorithmes*. Doctorat ès sciences, Université de Paris–Sud, Orsay, July 1990.
[548] SPENCER, J. Enumerating graphs and Brownian motion. *Communications on Pure and Applied Mathematics 50* (1997), 293–296.
[549] SPRINGER, G. *Introduction to Riemann surfaces*. Addison-Wesley Publishing Company, 1957. Reprinted by Chelsea.
[550] STANLEY, R. P. Generating functions. In *Studies in Combinatorics,* M.A.A. Studies in Mathematics, Vol. 17. (1978), G.-C. Rota, Ed., The Mathematical Association of America, pp. 100–141.
[551] STANLEY, R. P. Differentiably finite power series. *European Journal of Combinatorics 1* (1980), 175–188.
[552] STANLEY, R. P. *Enumerative Combinatorics*, vol. I. Wadsworth & Brooks/Cole, 1986.
[553] STANLEY, R. P. Hipparchus, Plutarch, Schröder and Hough. *American Mathematical Monthly 104* (1997), 344–350.
[554] STANLEY, R. P. *Enumerative Combinatorics*, vol. II. Cambridge University Press, 1999.
[555] STARK, H. M., AND TERRAS, A. A. Zeta functions of finite graphs and coverings. *Advances in Mathematics 121*, 1 (1996), 124–165.
[556] STEELE, J. M. *Probability theory and combinatorial optimization*. Society for Industrial and Applied Mathematics (SIAM), 1997.
[557] STEF, A., AND TENENBAUM, G. Inversion de Laplace effective. *Ann. Probab. 29*, 1 (2001), 558–575.
[558] STEIN, P. R., AND WATERMAN, M. S. On some new sequences generalizing the Catalan and Motzkin numbers. *Discrete Mathematics 26*, 3 (1979), 261–272.
[559] STEPANOV, V. E. On the distribution of the number of vertices in strata of a random tree. *Theory of Probability and Applications 14*, 1 (1969), 65–78.
[560] STEYAERT, J.-M. *Structure et complexité des algorithmes*. Doctorat d'état, Université Paris VII, Apr. 1984.
[561] STEYAERT, J.-M., AND FLAJOLET, P. Patterns and pattern-matching in trees: an analysis. *Information and Control 58*, 1–3 (July 1983), 19–58.
[562] STIELTJES, T. Sur la réduction en fraction continue d'une série procédant selon les puissances descendantes d'une variable. *Annales de la Faculté des Sciences de Toulouse 4* (1889), 1–17.
[563] SZEGŐ, G. *Orthogonal Polynomials*, vol. XXIII of *American Mathematical Society Colloquium Publications*. A.M.S, Providence, 1989.
[564] SZPANKOWSKI, W. *Average-Case Analysis of Algorithms on Sequences*. John Wiley, 2001.
[565] TAKÁCS, L. A Bernoulli excursion and its various applications. *Advances in Applied Probability 23* (1991), 557–585.
[566] TAKÁCS, L. Conditional limit theorems for branching processes. *Journal of Applied Mathematics and Stochastic Analysis 4*, 4 (1991), 263–292.
[567] TAKÁCS, L. On a probability problem connected with railway traffic. *Journal of Applied Mathematics and Stochastic Analysis 4*, 1 (1991), 1–27.
[568] TAKÁCS, L. Random walk processes and their application to order statistics. *The Annals of Applied Probability 2*, 2 (1992), 435–459.
[569] TAKÁCS, L. The asymptotic distribution of the total heights of random rooted trees. *Acta Scientifica Mathematica (Szeged) 57* (1993), 613–625.
[570] TAKAYAMA, N. An approach to the zero recognition problem by Buchberger algorithm. *Journal of Symbolic Computation 14*, 2-3 (1992), 265–282.
[571] TANGORA, M. C. Level number sequences of trees and the lambda algebra. *European Journal of Combinatorics 12* (1991), 433–443.
[572] TAURASO, R. The dinner table problem: The rectangular case. *INTEGERS 6*, A11 (2006), 1–13.
[573] TEMPERLEY, H. N. V. On the enumeration of the Mayer cluster integrals. *Proc. Phys. Soc. Sect. B. 72* (1959), 1141–1144.
[574] TEMPERLEY, H. N. V. *Graph theory and applications*. Ellis Horwood Ltd., Chichester, 1981.
[575] TENENBAUM, G. La méthode du col en théorie analytique des nombres. In *Séminaire de Théorie des Nombres, Paris 1985–1986* (1988), C. Goldstein, Ed., Birkhauser, pp. 411–441.
[576] TENENBAUM, G. *Introduction to analytic and probabilistic number theory*. Cambridge University Press, 1995. Translated from the second French edition (1995) by C. B. Thomas.
[577] TITCHMARSH, E. C. *The Theory of Functions*, second ed. Oxford University Press, 1939.

[578] TITCHMARSH, E. C., AND HEATH-BROWN, D. R. *The Theory of the Riemann Zeta-function*, second ed. Oxford Science Publications, 1986.
[579] TUTTE, W. T. A census of planar maps. *Canadian Journal of Mathematics 15* (1963), 249–271.
[580] TUTTE, W. T. On the enumeration of planar maps. *Bull. Amer. Math. Soc. 74* (1968), 64–74.
[581] TUTTE, W. T. On the enumeration of four-colored maps. *SIAM Journal on Applied Mathematics 17* (1969), 454–460.
[582] TUTTE, W. T. Planar enumeration. In *Graph theory and combinatorics (Cambridge, 1983)*. Academic Press, 1984, pp. 315–319.
[583] VALLÉE, B. Dynamical sources in information theory: Fundamental intervals and word prefixes. *Algorithmica 29*, 1/2 (2001), 262–306.
[584] VALLÉE, B. Euclidean dynamics. *Discrete and Continuous Dynamical Systems 15*, 1 (2006), 281–352.
[585] VAN CUTSEM, B. Combinatorial structures and structures for classification. *Computational Statistics & Data Analysis 23*, 1 (1996), 169–188.
[586] VAN CUTSEM, B., AND YCART, B. Indexed dendrograms on random dissimilarities. *Journal of Classification 15*, 1 (1998), 93–127.
[587] VAN DER HOEVEN, J. Majorants for formal power series. Preprint, 2003. 29 pages. Available from author's webpage.
[588] VAN DER POORTEN, A. A proof that Euler missed ... Apéry's proof of the irrationality of $\zeta(3)$. *Mathematical Intelligencer 1* (1979), 195–203.
[589] VAN DER WAERDEN, B. L. On the method of saddle points. *Applied Scientific Research 2* (1951), 33–45.
[590] VAN DER WAERDEN, B. L. *Algebra. Vol. I*. Springer-Verlag, New York, 1991. Based in part on lectures by E. Artin and E. Noether, Translated from the seventh German edition.
[591] VAN LEEUWEN, J., Ed. *Handbook of Theoretical Computer Science*, vol. A: Algorithms and Complexity. North Holland, 1990.
[592] VAN RENSBURG, E. J. J. *The statistical mechanics of interacting walks, polygons, animals and vesicles*. Oxford University Press, 2000.
[593] VAUGHAN, R. C. On the number of partitions into primes. *Ramanujan Journal 15*, 1 (2008), 109–121.
[594] VEIN, R., AND DALE, P. *Determinants and Their Applications in Mathematical Physics*, vol. 134 of *Applied Mathematical Sciences*. Springer-Verlag, 1998.
[595] VERSHIK, A. M. Statistical mechanics of combinatorial partitions, and their limit configurations. *Funktsional'nyĭ Analiz i ego Prilozheniya 30*, 2 (1996), 19–39.
[596] VERSHIK, A. M., AND KEROV, S. V. Asymptotics of the Plancherel measure of the symmetric group and the limiting form of Young tables. *Soviet Mathematical Doklady 18* (1977), 527–531.
[597] VIENNOT, G. X. Heaps of pieces, I: basic definitions and combinatorial lemmas. In *Combinatoire énumérative* (1986), G. Labelle and P. Leroux, Eds., vol. 1234 of *Lecture Notes in Mathematics*, Springer-Verlag.
[598] VITTER, J. S., AND FLAJOLET, P. Analysis of algorithms and data structures. In *Handbook of Theoretical Computer Science*, J. van Leeuwen, Ed., vol. A: Algorithms and Complexity. North Holland, 1990, ch. 9, pp. 431–524.
[599] VON ZUR GATHEN, J., AND GERHARD, J. *Modern computer algebra*. Cambridge University Press, 1999.
[600] VUILLEMIN, J. A unifying look at data structures. *Communications of the ACM 23*, 4 (Apr. 1980), 229–239.
[601] WALL, H. S. *Analytic Theory of Continued Fractions*. Chelsea Publishing Company, 1948.
[602] WASOW, W. *Asymptotic Expansions for Ordinary Differential Equations*. Dover, 1987. A reprint of the John Wiley edition, 1965.
[603] WATERMAN, M. S. *Introduction to Computational Biology*. Chapman & Hall, 1995.
[604] WHITTAKER, E. T., AND WATSON, G. N. *A Course of Modern Analysis*, fourth ed. Cambridge University Press, 1927. Reprinted 1973.
[605] WIDDER, D. V. *The Laplace Transform*. Princeton University Press, 1941.
[606] WILF, H. S. Some examples of combinatorial averaging. *American Mathematical Monthly 92* (Apr. 1985), 250–261.
[607] WILF, H. S. *Combinatorial Algorithms: An Update*. No. 55 in CBMS–NSF Regional Conference Series. Society for Industrial and Applied Mathematics, Philadelphia, 1989.
[608] WILF, H. S. *Generatingfunctionology*. Academic Press, 1990.

[609] WILLIAMS, D. *Probability with martingales*. Cambridge Mathematical Textbooks. Cambridge University Press, Cambridge, 1991.

[610] WIMP, J. Current trends in asymptotics: Some problems and some solutions. *Journal of Computational and Applied Mathematics 35* (1991), 53–79.

[611] WIMP, J., AND ZEILBERGER, D. Resurrecting the asymptotics of linear recurrences. *Journal of Mathematical Analysis and Applications 111* (1985), 162–176.

[612] WINKLER, P. Seven puzzles you think you must not have heard correctly. Preprint, 2006. Paper presented at the Seventh Gathering for Gardner (in honour of Martin Gardner).

[613] WOESS, W. *Random walks on infinite graphs and groups*, vol. 138 of *Cambridge Tracts in Mathematics*. Cambridge University Press, Cambridge, 2000.

[614] WONG, R. *Asymptotic Approximations of Integrals*. Academic Press, 1989.

[615] WONG, R., AND WYMAN, M. The method of Darboux. *J. Approximation Theory 10* (1974), 159–171.

[616] WOODS, A. R. Coloring rules for finite trees, and probabilities of monadic second order sentences. *Random Structures Algorithms 10*, 4 (1997), 453–485.

[617] WRIGHT, E. M. Asymptotic partition formulae: I plane partitions. *Quarterly Journal of Mathematics, Oxford Series II* (1931), 177–189.

[618] WRIGHT, E. M. The coefficients of a certain power series. *Journal of the London Mathematical Society 7* (1932), 256–262.

[619] WRIGHT, E. M. On the coefficients of power series having exponential singularities. *Journal of the London Mathematical Society 24* (1949), 304–309.

[620] WRIGHT, E. M. The number of connected sparsely edged graphs. *Journal of Graph Theory 1* (1977), 317–330.

[621] WRIGHT, E. M. The number of connected sparsely edged graphs. II. Smooth graphs. *Journal of Graph Theory 2* (1978), 299–305.

[622] WRIGHT, E. M. The number of connected sparsely edged graphs. III. Asymptotic results. *Journal of Graph Theory 4* (1980), 393–407.

[623] WRIGHT, R. A., RICHMOND, B., ODLYZKO, A., AND MCKAY, B. Constant time generation of free trees. *SIAM Journal on Computing 15*, 2 (1985), 540–548.

[624] WYMAN, M. The asymptotic behavior of the Laurent coefficients. *Canadian Journal of Mathematics 11* (1959), 534–555.

[625] YANG, Y. Partitions into primes. *Transactions of the American Mathematical Society 352*, 6 (2000), 2581–2600.

[626] ZEILBERGER, D. A holonomic approach to special functions identities. *Journal of Computational and Applied Mathematics 32* (1990), 321–368.

[627] ZEILBERGER, D. Symbol-crunching with the transfer-matrix method in order to count skinny physical creatures. *Integers 0* (2000), Paper A9. Published electronically at `http://www.integers-ejcnt.org/vol0.html`.

[628] ZIMMERMANN, P. *Séries génératrices et analyse automatique d'algorithmes*. Ph. d. thesis, École Polytechnique, 1991.

[629] ZOLOTAREV, V. M. *One-dimensional stable distributions*. American Mathematical Society, 1986. Translated from the Russian by H. H. McFaden, Translation edited by Ben Silver.

[630] ZVONKIN, A. K. Matrix integrals and map enumeration: An accessible introduction. *Mathematical and Computer Modelling 26*, 8–10 (1997), 281–304.

刘培杰数学工作室

已出版(即将出版)图书目录——高等数学

书　　名	出版时间	定　价	编号
距离几何分析导引	2015－02	68.00	446
大学几何学	2017－01	78.00	688
关于曲面的一般研究	2016－11	48.00	690
近世纯粹几何学初论	2017－01	58.00	711
拓扑学与几何学基础讲义	2017－04	58.00	756
物理学中的几何方法	2017－06	88.00	767
几何学简史	2017－08	28.00	833
微分几何学历史概要	2020－07	58.00	1194

书　　名	出版时间	定　价	编号
复变函数引论	2013－10	68.00	269
伸缩变换与抛物旋转	2015－01	38.00	449
无穷分析引论(上)	2013－04	88.00	247
无穷分析引论(下)	2013－04	98.00	245
数学分析	2014－04	28.00	338
数学分析中的一个新方法及其应用	2013－01	38.00	231
数学分析例选:通过范例学技巧	2013－01	88.00	243
高等代数例选:通过范例学技巧	2015－06	88.00	475
基础数论例选:通过范例学技巧	2018－09	58.00	978
三角级数论(上册)(陈建功)	2013－01	38.00	232
三角级数论(下册)(陈建功)	2013－01	48.00	233
三角级数论(哈代)	2013－06	48.00	254
三角级数	2015－07	28.00	263
超越数	2011－03	18.00	109
三角和方法	2011－03	18.00	112
随机过程(Ⅰ)	2014－01	78.00	224
随机过程(Ⅱ)	2014－01	68.00	235
算术探索	2011－12	158.00	148
组合数学	2012－04	28.00	178
组合数学浅谈	2012－03	28.00	159
分析组合学	2021－09	88.00	1389
丢番图方程引论	2012－03	48.00	172
拉普拉斯变换及其应用	2015－02	38.00	447
高等代数.上	2016－01	38.00	548
高等代数.下	2016－01	38.00	549
高等代数教程	2016－01	58.00	579
高等代数引论	2020－07	48.00	1174
数学解析教程.上卷.1	2016－01	58.00	546
数学解析教程.上卷.2	2016－01	38.00	553
数学解析教程.下卷.1	2017－04	48.00	781
数学解析教程.下卷.2	2017－06	48.00	782
数学:代数、数学分析和几何(10－11年级)	2021－01	48.00	1250
数学分析.第1册	2021－03	48.00	1281
数学分析.第2册	2021－03	48.00	1282
数学分析.第3册	2021－03	28.00	1283
数学分析精选习题全解.上册	2021－03	38.00	1284
数学分析精选习题全解.下册	2021－03	38.00	1285
函数构造论.上	2016－01	38.00	554
函数构造论.中	2017－06	48.00	555
函数构造论.下	2016－09	48.00	680
函数逼近论(上)	2019－02	98.00	1014
概周期函数	2016－01	48.00	572
变叙的项的极限分布律	2016－01	18.00	573
整函数	2012－08	18.00	161
近代拓扑学研究	2013－04	38.00	239
多项式和无理数	2008－01	68.00	22
密码学与数论基础	2021－01	28.00	1254

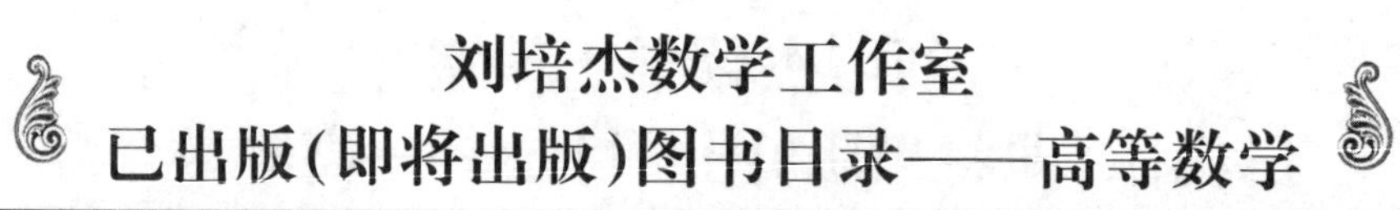

刘培杰数学工作室
已出版(即将出版)图书目录——高等数学

书　　名	出版时间	定　价	编号
模糊数据统计学	2008－03	48.00	31
模糊分析学与特殊泛函空间	2013－01	68.00	241
常微分方程	2016－01	58.00	586
平稳随机函数导论	2016－03	48.00	587
量子力学原理.上	2016－01	38.00	588
图与矩阵	2014－08	40.00	644
钢丝绳原理:第二版	2017－01	78.00	745
代数拓扑和微分拓扑简史	2017－06	68.00	791
半序空间泛函分析.上	2018－06	48.00	924
半序空间泛函分析.下	2018－06	68.00	925
概率分布的部分识别	2018－07	68.00	929
Cartan 型单模李超代数的上同调及极大子代数	2018－07	38.00	932
纯数学与应用数学若干问题研究	2019－03	98.00	1017
数理金融学与数理经济学若干问题研究	2020－07	98.00	1180
清华大学"工农兵学员"微积分课本	2020－09	48.00	1228
力学若干基本问题的发展概论	2020－11	48.00	1262
受控理论与解析不等式	2012－05	78.00	165
不等式的分拆降维降幂方法与可读证明(第2版)	2020－07	78.00	1184
石焕南文集:受控理论与不等式研究	2020－09	198.00	1198
实变函数论	2012－06	78.00	181
复变函数论	2015－08	38.00	504
非光滑优化及其变分分析	2014－01	48.00	230
疏散的马尔科夫链	2014－01	58.00	266
马尔科夫过程论基础	2015－01	28.00	433
初等微分拓扑学	2012－07	18.00	182
方程式论	2011－03	38.00	105
Galois 理论	2011－03	18.00	107
古典数学难题与伽罗瓦理论	2012－11	58.00	223
伽罗华与群论	2014－01	28.00	290
代数方程的根式解及伽罗瓦理论	2011－03	28.00	108
代数方程的根式解及伽罗瓦理论(第二版)	2015－01	28.00	423
线性偏微分方程讲义	2011－03	18.00	110
几类微分方程数值方法的研究	2015－05	38.00	485
分数阶微分方程理论与应用	2020－05	95.00	1182
N 体问题的周期解	2011－03	28.00	111
代数方程式论	2011－05	18.00	121
线性代数与几何:英文	2016－06	58.00	578
动力系统的不变量与函数方程	2011－07	48.00	137
基于短语评价的翻译知识获取	2012－02	48.00	168
应用随机过程	2012－04	48.00	187
概率论导引	2012－04	18.00	179
矩阵论(上)	2013－06	58.00	250
矩阵论(下)	2013－06	48.00	251
对称锥互补问题的内点法:理论分析与算法实现	2014－08	68.00	368
抽象代数:方法导引	2013－06	38.00	257
集论	2016－01	48.00	576
多项式理论研究综述	2016－01	38.00	577
函数论	2014－11	78.00	395
反问题的计算方法及应用	2011－11	28.00	147
数阵及其应用	2012－02	28.00	164
绝对值方程—折边与组合图形的解析研究	2012－07	48.00	186
代数函数论(上)	2015－07	38.00	494
代数函数论(下)	2015－07	38.00	495

刘培杰数学工作室

已出版(即将出版)图书目录——高等数学

书　　名	出版时间	定　价	编号
偏微分方程论:法文	2015—10	48.00	533
时标动力学方程的指数型二分性与周期解	2016—04	48.00	606
重刚体绕不动点运动方程的积分法	2016—05	68.00	608
水轮机水力稳定性	2016—05	48.00	620
Lévy 噪音驱动的传染病模型的动力学行为	2016—05	48.00	667
铣加工动力学系统稳定性研究的数学方法	2016—11	28.00	710
时滞系统:Lyapunov 泛函和矩阵	2017—05	68.00	784
粒子图像测速仪实用指南:第二版	2017—08	78.00	790
数域的上同调	2017—08	98.00	799
图的正交因子分解(英文)	2018—01	38.00	881
图的度因子和分支因子:英文	2019—09	88.00	1108
点云模型的优化配准方法研究	2018—07	58.00	927
锥形波入射粗糙表面反散射问题理论与算法	2018—03	68.00	936
广义逆的理论与计算	2018—07	58.00	973
不定方程及其应用	2018—12	58.00	998
几类椭圆型偏微分方程高效数值算法研究	2018—08	48.00	1025
现代密码算法概论	2019—05	98.00	1061
模形式的 p—进性质	2019—06	78.00	1088
混沌动力学:分形、平铺、代换	2019—09	48.00	1109
微分方程,动力系统与混沌引论:第 3 版	2020—05	65.00	1144
分数阶微分方程理论与应用	2020—05	95.00	1187
应用非线性动力系统与混沌导论:第 2 版	2021—05	58.00	1368
非线性振动,动力系统与向量场的分支	2021—06	55.00	1369
Galois 上同调	2020—04	138.00	1131
毕达哥拉斯定理:英文	2020—03	38.00	1133
模糊可拓多属性决策理论与方法	2021—06	98.00	1357

吴振奎高等数学解题真经(概率统计卷)	2012—01	38.00	149
吴振奎高等数学解题真经(微积分卷)	2012—01	68.00	150
吴振奎高等数学解题真经(线性代数卷)	2012—01	58.00	151
高等数学解题全攻略(上卷)	2013—06	58.00	252
高等数学解题全攻略(下卷)	2013—06	58.00	253
高等数学复习纲要	2014—01	18.00	384
数学分析历年考研真题解析.第一卷	2021—04	28.00	1288
数学分析历年考研真题解析.第二卷	2021—04	28.00	1289
数学分析历年考研真题解析.第三卷	2021—04	28.00	1290

超越吉米多维奇.数列的极限	2009—11	48.00	58
超越普里瓦洛夫.留数卷	2015—01	28.00	437
超越普里瓦洛夫.无穷乘积与它对解析函数的应用卷	2015—05	28.00	477
超越普里瓦洛夫.积分卷	2015—06	18.00	481
超越普里瓦洛夫.基础知识卷	2015—06	28.00	482
超越普里瓦洛夫.数项级数卷	2015—07	38.00	489
超越普里瓦洛夫.微分、解析函数、导数卷	2018—01	48.00	852

统计学专业英语	2007—03	28.00	16
统计学专业英语(第二版)	2012—07	48.00	176
统计学专业英语(第三版)	2015—04	68.00	465
代换分析:英文	2015—07	38.00	499

刘培杰数学工作室
已出版(即将出版)图书目录——高等数学

书　　名	出版时间	定　价	编号
历届美国大学生数学竞赛试题集.第一卷(1938—1949)	2015－01	28.00	397
历届美国大学生数学竞赛试题集.第二卷(1950—1959)	2015－01	28.00	398
历届美国大学生数学竞赛试题集.第三卷(1960—1969)	2015－01	28.00	399
历届美国大学生数学竞赛试题集.第四卷(1970—1979)	2015－01	18.00	400
历届美国大学生数学竞赛试题集.第五卷(1980—1989)	2015－01	28.00	401
历届美国大学生数学竞赛试题集.第六卷(1990—1999)	2015－01	28.00	402
历届美国大学生数学竞赛试题集.第七卷(2000—2009)	2015－08	18.00	403
历届美国大学生数学竞赛试题集.第八卷(2010—2012)	2015－01	18.00	404
超越普特南试题:大学数学竞赛中的方法与技巧	2017－04	98.00	758
历届国际大学生数学竞赛试题集(1994－2020)	2021－01	58.00	1252
历届美国大学生数学竞赛试题集:1938—2017	2020－11	98.00	1256
全国大学生数学夏令营数学竞赛试题及解答	2007－03	28.00	15
全国大学生数学竞赛辅导教程	2012－07	28.00	189
全国大学生数学竞赛复习全书(第2版)	2017－05	58.00	787
历届美国大学生数学竞赛试题集	2009－03	88.00	43
前苏联大学生数学奥林匹克竞赛题解(上编)	2012－04	28.00	169
前苏联大学生数学奥林匹克竞赛题解(下编)	2012－04	38.00	170
大学生数学竞赛讲义	2014－09	28.00	371
大学生数学竞赛教程——高等数学(基础篇、提高篇)	2018－09	128.00	968
普林斯顿大学数学竞赛	2016－06	38.00	669
考研高等数学高分之路	2020－10	45.00	1203
考研高等数学基础必刷	2021－01	45.00	1251
越过211,刷到985:考研数学二	2019－10	68.00	1115
初等数论难题集(第一卷)	2009－05	68.00	44
初等数论难题集(第二卷)(上、下)	2011－02	128.00	82,83
数论概貌	2011－03	18.00	93
代数数论(第二版)	2013－08	58.00	94
代数多项式	2014－06	38.00	289
初等数论的知识与问题	2011－02	28.00	95
超越数论基础	2011－03	28.00	96
数论初等教程	2011－03	28.00	97
数论基础	2011－03	18.00	98
数论基础与维诺格拉多夫	2014－03	18.00	292
解析数论基础	2012－08	28.00	216
解析数论基础(第二版)	2014－01	48.00	287
解析数论问题集(第二版)(原版引进)	2014－05	88.00	343
解析数论问题集(第二版)(中译本)	2016－04	88.00	607
解析数论基础(潘承洞,潘承彪著)	2016－07	98.00	673
解析数论导引	2016－07	58.00	674
数论入门	2011－03	38.00	99
代数数论入门	2015－03	38.00	448
数论开篇	2012－07	28.00	194
解析数论引论	2011－03	48.00	100
Barban Davenport Halberstam 均值和	2009－01	40.00	33
基础数论	2011－03	28.00	101
初等数论100例	2011－05	18.00	122
初等数论经典例题	2012－07	18.00	204
最新世界各国数学奥林匹克中的初等数论试题(上、下)	2012－01	138.00	144,145
初等数论(Ⅰ)	2012－01	18.00	156
初等数论(Ⅱ)	2012－01	18.00	157
初等数论(Ⅲ)	2012－01	28.00	158

刘培杰数学工作室
已出版(即将出版)图书目录——高等数学

书　　名	出版时间	定　价	编号
平面几何与数论中未解决的新老问题	2013－01	68.00	229
代数数论简史	2014－11	28.00	408
代数数论	2015－09	88.00	532
代数、数论及分析习题集	2016－11	98.00	695
数论导引提要及习题解答	2016－01	48.00	559
素数定理的初等证明.第2版	2016－09	48.00	686
数论中的模函数与狄利克雷级数(第二版)	2017－11	78.00	837
数论:数学导引	2018－01	68.00	849
域论	2018－04	68.00	884
代数数论(冯克勤　编著)	2018－04	68.00	885
范氏大代数	2019－02	98.00	1016
新编640个世界著名数学智力趣题	2014－01	88.00	242
500个最新世界著名数学智力趣题	2008－06	48.00	3
400个最新世界著名数学最值问题	2008－09	48.00	36
500个世界著名数学征解问题	2009－06	48.00	52
400个中国最佳初等数学征解老问题	2010－01	48.00	60
500个俄罗斯数学经典老题	2011－01	28.00	81
1000个国外中学物理好题	2012－04	48.00	174
300个日本高考数学题	2012－05	38.00	142
700个早期日本高考数学试题	2017－02	88.00	752
500个前苏联早期高考数学试题及解答	2012－05	28.00	185
546个早期俄罗斯大学生数学竞赛题	2014－03	38.00	285
548个来自美苏的数学好问题	2014－11	28.00	396
20所苏联著名大学早期入学试题	2015－02	18.00	452
161道德国工科大学生必做的微分方程习题	2015－05	28.00	469
500个德国工科大学生必做的高数习题	2015－06	28.00	478
360个数学竞赛问题	2016－08	58.00	677
德国讲义日本考题.微积分卷	2015－04	48.00	456
德国讲义日本考题.微分方程卷	2015－04	38.00	457
二十世纪中叶中、英、美、日、法、俄高考数学试题精选	2017－06	38.00	783
博弈论精粹	2008－03	58.00	30
博弈论精粹.第二版(精装)	2015－01	88.00	461
数学 我爱你	2008－01	28.00	20
精神的圣徒　别样的人生——60位中国数学家成长的历程	2008－09	48.00	39
数学史概论	2009－06	78.00	50
数学史概论(精装)	2013－03	158.00	272
数学史选讲	2016－01	48.00	544
斐波那契数列	2010－02	28.00	65
数学拼盘和斐波那契魔方	2010－07	38.00	72
斐波那契数列欣赏	2011－01	28.00	160
数学的创造	2011－02	48.00	85
数学美与创造力	2016－01	48.00	595
数海拾贝	2016－01	48.00	590
数学中的美	2011－02	38.00	84
数论中的美学	2014－12	38.00	351
数学王者　科学巨人——高斯	2015－01	28.00	428
振兴祖国数学的圆梦之旅:中国初等数学研究史话	2015－06	98.00	490
二十世纪中国数学史料研究	2015－10	48.00	536
数字谜、数阵图与棋盘覆盖	2016－01	58.00	298
时间的形状	2016－01	38.00	556
数学发现的艺术:数学探索中的合情推理	2016－07	58.00	671
活跃在数学中的参数	2016－07	48.00	675

刘培杰数学工作室
已出版(即将出版)图书目录——高等数学

书　名	出版时间	定　价	编号
格点和面积	2012－07	18.00	191
射影几何趣谈	2012－04	28.00	175
斯潘纳尔引理——从一道加拿大数学奥林匹克试题谈起	2014－01	28.00	228
李普希兹条件——从几道近年高考数学试题谈起	2012－10	18.00	221
拉格朗日中值定理——从一道北京高考试题的解法谈起	2015－10	18.00	197
闵科夫斯基定理——从一道清华大学自主招生试题谈起	2014－01	28.00	198
哈尔测度——从一道冬令营试题的背景谈起	2012－08	28.00	202
切比雪夫逼近问题——从一道中国台北数学奥林匹克试题谈起	2013－04	38.00	238
伯恩斯坦多项式与贝齐尔曲面——从一道全国高中数学联赛试题谈起	2013－03	38.00	236
卡塔兰猜想——从一道普特南竞赛试题谈起	2013－06	18.00	256
麦卡锡函数和阿克曼函数——从一道前南斯拉夫数学奥林匹克试题谈起	2012－08	18.00	201
贝蒂定理与拉姆贝克莫斯尔定理——从一个拣石子游戏谈起	2012－08	18.00	217
皮亚诺曲线和豪斯道夫分球定理——从无限集谈起	2012－08	18.00	211
平面凸图形与凸多面体	2012－10	28.00	218
斯坦因豪斯问题——从一道二十五省市自治区中学数学竞赛试题谈起	2012－07	18.00	196
纽结理论中的亚历山大多项式与琼斯多项式——从一道北京市高一数学竞赛试题谈起	2012－07	28.00	195
原则与策略——从波利亚"解题表"谈起	2013－04	38.00	244
转化与化归——从三大尺规作图不能问题谈起	2012－08	28.00	214
代数几何中的贝祖定理(第一版)——从一道 IMO 试题的解法谈起	2013－08	18.00	193
成功连贯理论与约当块理论——从一道比利时数学竞赛试题谈起	2012－04	18.00	180
素数判定与大数分解	2014－08	18.00	199
置换多项式及其应用	2012－10	18.00	220
椭圆函数与模函数——从一道美国加州大学洛杉矶分校(UCLA)博士资格考题谈起	2012－10	28.00	219
差分方程的拉格朗日方法——从一道 2011 年全国高考理科试题的解法谈起	2012－08	28.00	200
力学在几何中的一些应用	2013－01	38.00	240
高斯散度定理、斯托克斯定理和平面格林定理——从一道国际大学生数学竞赛试题谈起	即将出版		
康托洛维奇不等式——从一道全国高中联赛试题谈起	2013－03	28.00	337
西格尔引理——从一道第 18 届 IMO 试题的解法谈起	即将出版		
罗斯定理——从一道前苏联数学竞赛试题谈起	即将出版		
拉克斯定理和阿廷定理——从一道 IMO 试题的解法谈起	2014－01	58.00	246
毕卡大定理——从一道美国大学数学竞赛试题谈起	2014－07	18.00	350
贝齐尔曲线——从一道全国高中联赛试题谈起	即将出版		
拉格朗日乘子定理——从一道 2005 年全国高中联赛试题的高等数学解法谈起	2015－05	28.00	480
雅可比定理——从一道日本数学奥林匹克试题谈起	2013－04	48.00	249
李天岩－约克定理——从一道波兰数学竞赛试题谈起	2014－06	28.00	349
整系数多项式因式分解的一般方法——从克朗耐克算法谈起	即将出版		

刘培杰数学工作室
已出版(即将出版)图书目录——高等数学

书　　名	出版时间	定　价	编号
布劳维不动点定理——从一道前苏联数学奥林匹克试题谈起	2014－01	38.00	273
伯恩赛德定理——从一道英国数学奥林匹克试题谈起	即将出版		
布查特－莫斯特定理——从一道上海市初中竞赛试题谈起	即将出版		
数论中的同余数问题——从一道普特南竞赛试题谈起	即将出版		
范·德蒙行列式——从一道美国数学奥林匹克试题谈起	即将出版		
中国剩余定理:总数法构建中国历史年表	2015－01	28.00	430
牛顿程序与方程求根——从一道全国高考试题解法谈起	即将出版		
库默尔定理——从一道 IMO 预选试题谈起	即将出版		
卢丁定理——从一道冬令营试题的解法谈起	即将出版		
沃斯滕霍姆定理——从一道 IMO 预选试题谈起	即将出版		
卡尔松不等式——从一道莫斯科数学奥林匹克试题谈起	即将出版		
信息论中的香农熵——从一道近年高考压轴题谈起	即将出版		
约当不等式——从一道希望杯竞赛试题谈起	即将出版		
拉比诺维奇定理	即将出版		
刘维尔定理——从一道《美国数学月刊》征解问题的解法谈起	即将出版		
卡塔兰恒等式与级数求和——从一道 IMO 试题的解法谈起	即将出版		
勒让德猜想与素数分布——从一道爱尔兰竞赛试题谈起	即将出版		
天平称重与信息论——从一道基辅市数学奥林匹克试题谈起	即将出版		
哈密尔顿－凯莱定理:从一道高中数学联赛试题的解法谈起	2014－09	18.00	376
艾思特曼定理——从一道 CMO 试题的解法谈起	即将出版		
一个爱尔特希问题——从一道西德数学奥林匹克试题谈起	即将出版		
有限群中的爱丁格尔问题——从一道北京市初中二年级数学竞赛试题谈起	即将出版		
糖水中的不等式——从初等数学到高等数学	2019－07	48.00	1093
帕斯卡三角形	2014－03	18.00	294
蒲丰投针问题——从 2009 年清华大学的一道自主招生试题谈起	2014－01	38.00	295
斯图姆定理——从一道“华约”自主招生试题的解法谈起	2014－01	18.00	296
许瓦兹引理——从一道加利福尼亚大学伯克利分校数学系博士生试题谈起	2014－08	18.00	297
拉姆塞定理——从王诗宬院士的一个问题谈起	2016－04	48.00	299
坐标法	2013－12	28.00	332
数论三角形	2014－04	38.00	341
毕克定理	2014－07	18.00	352
数林掠影	2014－09	48.00	389
我们周围的概率	2014－10	38.00	390
凸函数最值定理:从一道华约自主招生题的解法谈起	2014－10	28.00	391
易学与数学奥林匹克	2014－10	38.00	392
生物数学趣谈	2015－01	18.00	409
反演	2015－01	28.00	420
因式分解与圆锥曲线	2015－01	18.00	426
轨迹	2015－01	28.00	427
面积原理:从常庚哲命的一道 CMO 试题的积分解法谈起	2015－01	48.00	431
形形色色的不动点定理:从一道 28 届 IMO 试题谈起	2015－01	38.00	439
柯西函数方程:从一道上海交大自主招生的试题谈起	2015－02	28.00	440

刘培杰数学工作室
已出版(即将出版)图书目录——高等数学

书　　名	出版时间	定　价	编号
三角恒等式	2015－02	28.00	442
无理性判定:从一道 2014 年"北约"自主招生试题谈起	2015－01	38.00	443
数学归纳法	2015－03	18.00	451
极端原理与解题	2015－04	28.00	464
法雷级数	2014－08	18.00	367
摆线族	2015－01	38.00	438
函数方程及其解法	2015－05	38.00	470
含参数的方程和不等式	2012－09	28.00	213
希尔伯特第十问题	2016－01	38.00	543
无穷小量的求和	2016－01	28.00	545
切比雪夫多项式:从一道清华大学金秋营试题谈起	2016－01	38.00	583
泽肯多夫定理	2016－03	38.00	599
代数等式证题法	2016－01	28.00	600
三角等式证题法	2016－01	28.00	601
吴大任教授藏书中的一个因式分解公式:从一道美国数学邀请赛试题的解法谈起	2016－06	28.00	656
易卦——类万物的数学模型	2017－08	68.00	838
"不可思议"的数与数系可持续发展	2018－01	38.00	878
最短线	2018－01	38.00	879

书　　名	出版时间	定　价	编号
从毕达哥拉斯到怀尔斯	2007－10	48.00	9
从迪利克雷到维斯卡尔迪	2008－01	48.00	21
从哥德巴赫到陈景润	2008－05	98.00	35
从庞加莱到佩雷尔曼	2011－08	138.00	136

书　　名	出版时间	定　价	编号
从费马到怀尔斯——费马大定理的历史	2013－10	198.00	Ⅰ
从庞加莱到佩雷尔曼——庞加莱猜想的历史	2013－10	298.00	Ⅱ
从切比雪夫到爱尔特希(上)——素数定理的初等证明	2013－07	48.00	Ⅲ
从切比雪夫到爱尔特希(下)——素数定理 100 年	2012－12	98.00	Ⅲ
从高斯到盖尔方特——二次域的高斯猜想	2013－10	198.00	Ⅳ
从库默尔到朗兰兹——朗兰兹猜想的历史	2014－01	98.00	Ⅴ
从比勃巴赫到德布朗斯——比勃巴赫猜想的历史	2014－02	298.00	Ⅵ
从麦比乌斯到陈省身——麦比乌斯变换与麦比乌斯带	2014－02	298.00	Ⅶ
从布尔到豪斯道夫——布尔方程与格论漫谈	2013－10	198.00	Ⅷ
从开普勒到阿诺德——三体问题的历史	2014－05	298.00	Ⅸ
从华林到华罗庚——华林问题的历史	2013－10	298.00	Ⅹ

书　　名	出版时间	定　价	编号
数学物理大百科全书.第 1 卷	2016－01	418.00	508
数学物理大百科全书.第 2 卷	2016－01	408.00	509
数学物理大百科全书.第 3 卷	2016－01	396.00	510
数学物理大百科全书.第 4 卷	2016－01	408.00	511
数学物理大百科全书.第 5 卷	2016－01	368.00	512

书　　名	出版时间	定　价	编号
朱德祥代数与几何讲义.第 1 卷	2017－01	38.00	697
朱德祥代数与几何讲义.第 2 卷	2017－01	28.00	698
朱德祥代数与几何讲义.第 3 卷	2017－01	28.00	699

刘培杰数学工作室
已出版(即将出版)图书目录——高等数学

书　　名	出版时间	定　价	编号
闵嗣鹤文集	2011—03	98.00	102
吴从炘数学活动三十年(1951～1980)	2010—07	99.00	32
吴从炘数学活动又三十年(1981～2010)	2015—07	98.00	491
斯米尔诺夫高等数学.第一卷	2018—03	88.00	770
斯米尔诺夫高等数学.第二卷.第一分册	2018—03	68.00	771
斯米尔诺夫高等数学.第二卷.第二分册	2018—03	68.00	772
斯米尔诺夫高等数学.第二卷.第三分册	2018—03	48.00	773
斯米尔诺夫高等数学.第三卷.第一分册	2018—03	58.00	774
斯米尔诺夫高等数学.第三卷.第二分册	2018—03	58.00	775
斯米尔诺夫高等数学.第三卷.第三分册	2018—03	68.00	776
斯米尔诺夫高等数学.第四卷.第一分册	2018—03	48.00	777
斯米尔诺夫高等数学.第四卷.第二分册	2018—03	88.00	778
斯米尔诺夫高等数学.第五卷.第一分册	2018—03	58.00	779
斯米尔诺夫高等数学.第五卷.第二分册	2018—03	68.00	780
zeta 函数,q-zeta 函数,相伴级数与积分	2015—08	88.00	513
微分形式:理论与练习	2015—08	58.00	514
离散与微分包含的逼近和优化	2015—08	58.00	515
艾伦·图灵:他的工作与影响	2016—01	98.00	560
测度理论概率导论,第 2 版	2016—01	88.00	561
带有潜在故障恢复系统的半马尔柯夫模型控制	2016—01	98.00	562
数学分析原理	2016—01	88.00	563
随机偏微分方程的有效动力学	2016—01	88.00	564
图的谱半径	2016—01	58.00	565
量子机器学习中数据挖掘的量子计算方法	2016—01	98.00	566
量子物理的非常规方法	2016—01	118.00	567
运输过程的统一非局部理论:广义波尔兹曼物理动力学,第 2 版	2016—01	198.00	568
量子力学与经典力学之间的联系在原子、分子及电动力学系统建模中的应用	2016—01	58.00	569
算术域	2018—01	158.00	821
高等数学竞赛:1962—1991 年的米洛克斯·史怀哲竞赛	2018—01	128.00	822
用数学奥林匹克精神解决数论问题	2018—01	108.00	823
代数几何(德文)	2018—04	68.00	824
丢番图逼近论	2018—01	78.00	825
代数几何学基础教程	2018—01	98.00	826
解析数论入门课程	2018—01	78.00	827
数论中的丢番图问题	2018—01	78.00	829
数论(梦幻之旅):第五届中日数论研讨会演讲集	2018—01	68.00	830
数论新应用	2018—01	68.00	831
数论	2018—01	78.00	832
测度与积分	2019—04	68.00	1059
卡塔兰数入门	2019—05	68.00	1060
多变量数学入门(英文)	2021—05	68.00	1317
偏微分方程入门(英文)	2021—05	88.00	1318
若尔当典范性:理论与实践(英文)	2021—07	68.00	1366

刘培杰数学工作室

已出版(即将出版)图书目录——高等数学

书　　名	出版时间	定　价	编号
湍流十讲	2018－04	108.00	886
无穷维李代数:第 3 版	2018－04	98.00	887
等值、不变量和对称性:英文	2018－04	78.00	888
解析数论	2018－09	78.00	889
《数学原理》的演化:伯特兰·罗素撰写第二版时的手稿与笔记	2018－04	108.00	890
哈密尔顿数学论文集(第 4 卷):几何学、分析学、天文学、概率和有限差分等	2019－05	108.00	891
数学王子——高斯	2018－01	48.00	858
坎坷奇星——阿贝尔	2018－01	48.00	859
闪烁奇星——伽罗瓦	2018－01	58.00	860
无穷统帅——康托尔	2018－01	48.00	861
科学公主——柯瓦列夫斯卡娅	2018－01	48.00	862
抽象代数之母——埃米·诺特	2018－01	48.00	863
电脑先驱——图灵	2018－01	58.00	864
昔日神童——维纳	2018－01	48.00	865
数坛怪侠——爱尔特希	2018－01	68.00	866
当代世界中的数学.数学思想与数学基础	2019－01	38.00	892
当代世界中的数学.数学问题	2019－01	38.00	893
当代世界中的数学.应用数学与数学应用	2019－01	38.00	894
当代世界中的数学.数学王国的新疆域(一)	2019－01	38.00	895
当代世界中的数学.数学王国的新疆域(二)	2019－01	38.00	896
当代世界中的数学.数林撷英(一)	2019－01	38.00	897
当代世界中的数学.数林撷英(二)	2019－01	48.00	898
当代世界中的数学.数学之路	2019－01	38.00	899
偏微分方程全局吸引子的特性:英文	2018－09	108.00	979
整函数与下调和函数:英文	2018－09	118.00	980
幂等分析:英文	2018－09	118.00	981
李群,离散子群与不变量理论:英文	2018－09	108.00	982
动力系统与统计力学:英文	2018－09	118.00	983
表示论与动力系统:英文	2018－09	118.00	984
分析学练习.第 1 部分	2021－01	88.00	1247
分析学练习.第 2 部分.非线性分析	2021－01	88.00	1248
初级统计学:循序渐进的方法:第 10 版	2019－05	68.00	1067
工程师与科学家微分方程用书:第 4 版	2019－07	58.00	1068
大学代数与三角学	2019－06	78.00	1069
培养数学能力的途径	2019－07	38.00	1070
工程师与科学家统计学:第 4 版	2019－06	58.00	1071
贸易与经济中的应用统计学:第 6 版	2019－06	58.00	1072
傅立叶级数和边值问题:第 8 版	2019－05	48.00	1073
通往天文学的途径:第 5 版	2019－05	58.00	1074

刘培杰数学工作室 已出版(即将出版)图书目录——高等数学

书　　名	出版时间	定　价	编号
代数与数论:综合方法	2020－10	78.00	1185
复分析:现代函数理论第一课	2020－07	58.00	1186
斐波那契数列和卡特兰数:导论	2020－10	68.00	1187
组合推理:计数艺术介绍	2020－07	88.00	1188
二次互反律的傅里叶分析证明	2020－07	48.00	1189
旋瓦兹分布的希尔伯特变换与应用	2020－07	58.00	1190
泛函分析:巴拿赫空间理论入门	2020－07	48.00	1191
典型群,错排与素数	2020－11	58.00	1204
李代数的表示:通过 gln 进行介绍	2020－10	38.00	1205
实分析演讲集	2020－10	38.00	1206
现代分析及其应用的课程	2020－10	58.00	1207
运动中的抛射物数学	2020－10	38.00	1208
2－扭结与它们的群	2020－10	38.00	1209
概率,策略和选择:博弈与选举中的数学	2020－11	58.00	1210
分析学引论	2020－11	58.00	1211
量子群:通往流代数的路径	2020－11	38.00	1212
集合论入门	2020－10	48.00	1213
酉反射群	2020－11	58.00	1214
探索数学:吸引人的证明方式	2020－11	58.00	1215
微分拓扑短期课程	2020－10	48.00	1216
抽象凸分析	2020－11	68.00	1222
费马大定理笔记	2021－03	48.00	1223
高斯与雅可比和	2021－03	78.00	1224
π与算术几何平均:关于解析数论和计算复杂性的研究	2021－01	58.00	1225
复分析入门	2021－03	48.00	1226
爱德华・卢卡斯与素性测定	2021－03	78.00	1227
通往凸分析及其应用的简单路径	2021－01	68.00	1229
微分几何的各个方面.第一卷	2021－01	58.00	1230
微分几何的各个方面.第二卷	2020－12	58.00	1231
微分几何的各个方面.第三卷	2020－12	58.00	1232
沃克流形几何学	2020－11	58.00	1233
仿射和韦尔几何应用	2020－12	58.00	1234
双曲几何学的旋转向量空间方法	2021－02	58.00	1235
积分:分析学的关键	2020－12	48.00	1236
为有天分的新生准备的分析学基础教材	2020－11	48.00	1237

刘培杰数学工作室
已出版(即将出版)图书目录——高等数学

书 名	出版时间	定 价	编号
数学不等式.第一卷.对称多项式不等式	2021—03	108.00	1273
数学不等式.第二卷.对称有理不等式与对称无理不等式	2021—03	108.00	1274
数学不等式.第三卷.循环不等式与非循环不等式	2021—03	108.00	1275
数学不等式.第四卷.Jensen 不等式的扩展与加细	2021—03	108.00	1276
数学不等式.第五卷.创建不等式与解不等式的其他方法	2021—04	108.00	1277

书 名	出版时间	定 价	编号
冯·诺依曼代数中的谱位移函数:半有限冯·诺依曼代数中的谱位移函数与谱流(英文)	2021—06	98.00	1308
链接结构:关于嵌入完全图的直线中链接单形的组合结构(英文)	2021—05	58.00	1309
代数几何方法.第1卷(英文)	2021—06	68.00	1310
代数几何方法.第2卷(英文)	2021—06	68.00	1311
代数几何方法.第3卷(英文)	2021—06	58.00	1312

书 名	出版时间	定 价	编号
代数、生物信息和机器人技术的算法问题.第四卷,独立恒等式系统(俄文)	2020—08	118.00	1119
代数、生物信息和机器人技术的算法问题.第五卷,相对覆盖性和独立可拆分恒等式系统(俄文)	2020—08	118.00	1200
代数、生物信息和机器人技术的算法问题.第六卷,恒等式和准恒等式的相等 问题、可推导性和可实现性(俄文)	2020—08	128.00	1201
分数阶微积分的应用:非局部动态过程,分数阶导热系数(俄文)	2021—01	68.00	1241
泛函分析问题与练习:第2版(俄文)	2021—01	98.00	1242
集合论、数学逻辑和算法论问题:第5版(俄文)	2021—01	98.00	1243
微分几何和拓扑短期课程(俄文)	2021—01	98.00	1244
素数规律(俄文)	2021—01	88.00	1245
无穷边值问题解的递减:无界域中的拟线性椭圆和抛物方程(俄文)	2021—01	48.00	1246
微分几何讲义(俄文)	2020—12	98.00	1253
二次型和矩阵(俄文)	2021—01	98.00	1255
积分和级数.第2卷,特殊函数(俄文)	2021—01	168.00	1258
积分和级数.第3卷,特殊函数补充:第2版(俄文)	2021—01	178.00	1264
几何图上的微分方程(俄文)	2021—01	138.00	1259
数论教程:第2版(俄文)	2021—01	98.00	1260
非阿基米德分析及其应用(俄文)	2021—03	98.00	1261

刘培杰数学工作室
已出版(即将出版)图书目录——高等数学

书 名	出版时间	定 价	编号
古典群和量子群的压缩(俄文)	2021—03	98.00	1263
数学分析习题集.第3卷,多元函数:第3版(俄文)	2021—03	98.00	1266
数学习题:乌拉尔国立大学数学力学系大学生奥林匹克(俄文)	2021—03	98.00	1267
柯西定理和微分方程的特解(俄文)	2021—03	98.00	1268
组合极值问题及其应用:第3版(俄文)	2021—03	98.00	1269
数学词典(俄文)	2021—01	98.00	1271
确定性混沌分析模型(俄文)	2021—06	168.00	1307
精选初等数学习题和定理.立体几何.第3版(俄文)	2021—03	68.00	1316
微分几何习题:第3版(俄文)	2021—05	98.00	1336
精选初等数学习题和定理.平面几何.第4版(俄文)	2021—05	68.00	1335

书 名	出版时间	定 价	编号
狭义相对论与广义相对论:时空与引力导论(英文)	2021—07	88.00	1319
束流物理学和粒子加速器的实践介绍:第2版(英文)	2021—07	88.00	1320
凝聚态物理中的拓扑和微分几何简介(英文)	2021—05	88.00	1321
混沌映射:动力学、分形学和快速涨落(英文)	2021—05	128.00	1322
广义相对论:黑洞、引力波和宇宙学介绍(英文)	2021—06	68.00	1323
现代分析电磁均质化(英文)	2021—06	68.00	1324
为科学家提供的基本流体动力学(英文)	2021—06	88.00	1325
视觉天文学:理解夜空的指南(英文)	2021—06	68.00	1326
物理学中的计算方法(英文)	2021—06	68.00	1327
单星的结构与演化:导论(英文)	2021—06	108.00	1328
超越居里:1903年至1963年物理界四位女性及其著名发现(英文)	2021—06	68.00	1329
范德瓦尔斯流体热力学的进展(英文)	2021—06	68.00	1330
先进的托卡马克稳定性理论(英文)	2021—06	88.00	1331
经典场论导论:基本相互作用的过程(英文)	2021—07	88.00	1332
光致电离量子动力学方法原理(英文)	2021—07	108.00	1333
经典域论和应力:能量张量(英文)	2021—05	88.00	1334
非线性太赫兹光谱的概念与应用(英文)	2021—06	68.00	1337
电磁学中的无穷空间并矢格林函数(英文)	2021—06	88.00	1338
物理科学基础数学.第1卷,齐次边值问题、傅里叶方法和特殊函数(英文)	2021—07	108.00	1339
离散量子力学(英文)	2021—07	68.00	1340
核磁共振的物理学和数学(英文)	2021—07	108.00	1341
分子水平的静电学(英文)	2021—08	68.00	1342
非线性波:理论、计算机模拟、实验(英文)	2021—06	108.00	1343
石墨烯光学:经典问题的电解解决方案(英文)	2021—06	68.00	1344
超材料多元宇宙(英文)	2021—07	68.00	1345
银河系外的天体物理学(英文)	2021—07	68.00	1346
原子物理学(英文)	2021—07	68.00	1347
将光打结:将拓扑学应用于光学(英文)	2021—07	68.00	1348
电磁学:问题与解法(英文)	2021—07	88.00	1364
海浪的原理:介绍量子力学的技巧与应用(英文)	2021—07	108.00	1365

刘培杰数学工作室
已出版(即将出版)图书目录——高等数学

书　　名	出版时间	定　价	编号
多孔介质中的流体:输运与相变(英文)	2021—07	68.00	1372
洛伦兹群的物理学(英文)	2021—08	68.00	1373
物理导论的数学方法和解决方法手册(英文)	2021—08	68.00	1374
非线性波数学物理学入门(英文)	2021—08	88.00	1376
波:基本原理和动力学(英文)	2021—07	68.00	1377
光电子量子计量学.第1卷,基础(英文)	2021—07	88.00	1383
光电子量子计量学.第2卷,应用与进展(英文)	2021—07	68.00	1384
复杂流的格子玻尔兹曼建模的工程应用(英文)	2021—08	68.00	1393
电偶极矩挑战(英文)	2021—08	108.00	1394
电动力学:问题与解法(英文)	2021—09	68.00	1395
自由电子激光的经典理论(英文)	2021—08	68.00	1397
曼哈顿计划——核武器物理学简介(英文)	2021—09	68.00	1401
粒子物理学(英文)	2021—09	68.00	1402
引力场中的量子信息(英文)	2021—09	128.00	1403
器件物理学的基本经典力学(英文)	2021—09	68.00	1404
等离子体物理及其空间应用导论.第1卷,基本原理和初步过程(英文)	2021—09	68.00	1405

书　　名	出版时间	定　价	编号
拓扑与超弦理论焦点问题(英文)	2021—07	58.00	1349
应用数学:理论、方法与实践(英文)	2021—07	78.00	1350
非线性特征值问题:牛顿型方法与非线性瑞利函数(英文)	2021—07	58.00	1351
广义膨胀和齐性:利用齐性构造齐次系统的李雅普诺夫函数和控制律(英文)	2021—06	48.00	1352
解析数论焦点问题(英文)	2021—07	58.00	1353
随机微分方程:动态系统方法(英文)	2021—07	58.00	1354
经典力学与微分几何(英文)	2021—07	58.00	1355
负定相交形式流形上的瞬子模空间几何(英文)	2021—07	68.00	1356

书　　名	出版时间	定　价	编号
广义卡塔兰轨道分析:广义卡塔兰轨道计算数字的方法(英文)	2021—07	48.00	1367
洛伦兹方法的变分:二维与三维洛伦兹方法(英文)	2021—08	38.00	1378
几何、分析和数论精编(英文)	2021—08	68.00	1380
从一个新角度看数论:通过遗传方法引入现实的概念(英文)	2021—07	58.00	1387

刘培杰数学工作室
已出版(即将出版)图书目录——高等数学

书　　名	出版时间	定　价	编号
动力系统:短期课程(英文)	2021－08	68.00	1382
几何路径:理论与实践(英文)	2021－08	48.00	1385
广义斐波那契数列及其性质(英文)	2021－08	38.00	1386
论天体力学中某些问题的不可积性(英文)	2021－07	88.00	1396
对称函数和麦克唐纳多项式:余代数结构与 Kawanaka 恒等式	2021－09	38.00	1400
杰弗里・英格拉姆・泰勒科学论文集:第 1 卷.固体力学(英文)	2021－05	78.00	1360
杰弗里・英格拉姆・泰勒科学论文集:第 2 卷.气象学、海洋学和湍流(英文)	2021－05	68.00	1361
杰弗里・英格拉姆・泰勒科学论文集:第 3 卷.空气动力学以及落弹数和爆炸的力学(英文)	2021－05	68.00	1362
杰弗里・英格拉姆・泰勒科学论文集:第 4 卷.有关流体力学(英文)	2021－05	58.00	1363
非局域泛函演化方程:积分与分数阶(英文)	2021－08	48.00	1390
理论工作者的高等微分几何:纤维丛、射流流形和拉格朗日理论(英文)	2021－08	68.00	1391
半线性退化椭圆微分方程:局部定理与整体定理(英文)	2021－07	48.00	1392
非交换几何、规范理论和重整化:一般简介与非交换量子场论的重整化(英文)	2021－09	78.00	1406
数论论文集:拉普拉斯变换和带有数论系数的幂级数(俄文)	2021－09	48.00	1407
挠理论专题:相对极大值,单射与扩充模(英文)	2021－09	88.00	1410
强正则图与欧几里得若尔当代数:非通常关系中的启示(英文)	2021－10	48.00	1411
拉格朗日几何和哈密顿几何:力学的应用	2021－10	48.00	1412

联系地址:哈尔滨市南岗区复华四道街 10 号　哈尔滨工业大学出版社刘培杰数学工作室

网　　址:http://lpj.hit.edu.cn/

邮　　编:150006

联系电话:0451－86281378　　13904613167

E-mail:lpj1378@163.com